Österreichischer Eisenbahnbeamten-Verein

Geschichte der Eisenbahnen der Österreichisch-Ungarischen Monarchie

Zweiter Band

Österreichischer Eisenbahnbeamten-Verein

Geschichte der Eisenbahnen der Österreichisch-Ungarischen Monarchie
Zweiter Band

ISBN/EAN: 9783741183454

Hergestellt in Europa, USA, Kanada, Australien, Japan

Cover: Foto ©Andreas Hilbeck / pixelio.de

Manufactured and distributed by brebook publishing software
(www.brebook.com)

Österreichischer Eisenbahnbeamten-Verein

Geschichte der Eisenbahnen der Österreichisch-Ungarischen Monarchie

GESCHICHTE

DER EISENBAHNEN

DER

OESTERREICHISCH-UNGARISCHEN

MONARCHIE.

II. BAND.

WIEN • TESCHEN • LEIPZIG.
KARL PROCHASKA
K. U. K. HOFBUCHHANDLUNG & K. U. K. HOFBUCHDRUCKEREI.
MDCCCXCVIII.

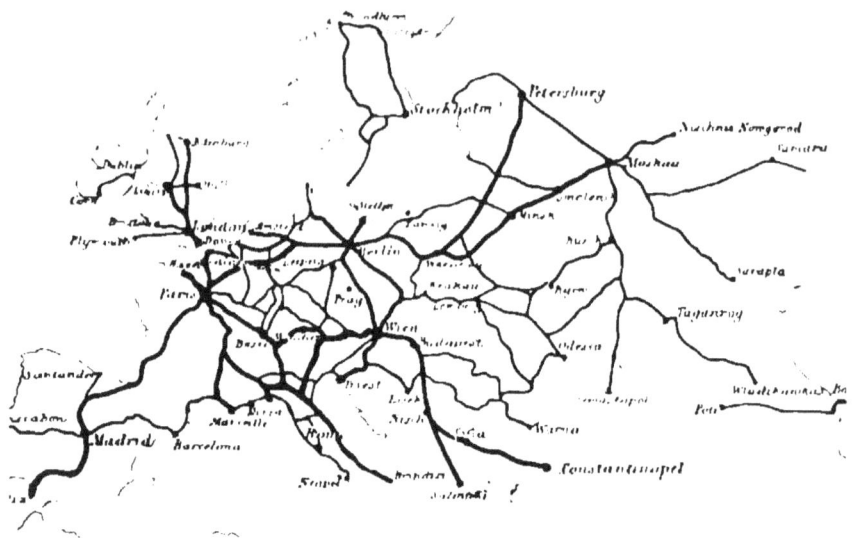

ZUM

FÜNFZIGJÄHRIGEN REGIERUNGS-JUBILÄUM

SEINER KAISERLICHEN UND KÖNIGLICH-

APOSTOLISCHEN MAJESTÄT

FRANZ JOSEPH I.

UNTER DEM PROTECTORATE

SR. EXC. DES K. U. K. GEHEIMEN RATHES HERRN

DR. LEON RITTER V. BILIŃSKI

MINISTER A. D. ETC. ETC.

UNTER BESONDERER FÖRDERUNG

SR. EXC. DES K. U. K. GEHEIMEN RATHES HERRN

FML. EMIL RITTER V. GUTTENBERG

MINISTER A. D. ETC. ETC.

UNTER MITWIRKUNG

DES K. U. K. REICHSKRIEGSMINISTERIUMS

UND

HERVORRAGENDER FACHMÄNNER

HERAUSGEGEBEN

VON

OESTERREICHISCHEN EISENBAHNBEAMTEN-VEREIN.

UNTER MITWIRKUNG DER FACHREFERENTEN:

WILHELM AST, K. K. REGIERUNGSRATH,

HANS KAROL, K. K. MINISTERIALRATH, DR. FRANZ LIHARZIK, K. K. SECTIONSCHEF

UND DES REDACTIONS-COMITÉS:

FRANZ BAUER, ALFRED BIRK, THEODOR BOCK, KARL GÖLSDORF, FRANZ MÄHLING,

JOSEF SCHLÜSSELBERGER

REDIGIRT

VON

HERMANN STRACH.

Oesterreichs Eisenbahnen

und die

Staatswirthschaft.

Von

Dr. Heinrich Ritter von Wittek,

Geh. Rath, Sectionschef im k. k. Eisenbahn-Ministerium.

Oesterreichs Eisenbahnen und die Staatswirthschaft.

I. Einleitung.

DIE nachstehenden Untersuchungen verfolgen den Zweck, in allgemeinen Umrissen die Stellung zu kennzeichnen, welche die Eisenbahnen in Oesterreich während der 50jährigen Epoche seit dem Regierungsantritte Seiner Majestät unseres allergnädigsten Kaisers innerhalb der Staatswirthschaft eingenommen haben. An die im ersten Bande dieses Werkes enthaltene Geschichte des Eisenbahnwesens anknüpfend und dieselbe durch übersichtliche Zusammenfassung der materiellen Ergebnisse der einzelnen Entwicklungsphasen ergänzend, leiten diese Erörterungen zugleich auf das Gebiet der heimischen Wirthschaftsgeschichte hinüber, zu deren Darstellung sie einen vielleicht nicht unwillkommenen Beitrag bieten. Allerdings einen nicht ganz vollständigen. Denn die Eisenbahnen und mit ihnen die durch sie bedingten Rückwirkungen auf die Staatswirthschaft reichen in ihren vielfach zielgebenden Anfängen — wir erinnern hier nur an das a. h. Cabinetsschreiben vom 19. December 1841[*]), dann die Errichtung und Gebarung der ausserordentlichen Creditcassa[**]) — in die Zeit vor 1848 zurück. Gleichwohl kann diese letztere, wie die beigegebene Karte zeigt, bei dem Mangel eines zusammenhängenden

Eisenbahnnetzes nur als Vorläuferin der Aera des Eisenbahnverkehres gelten und fällt daher ausser den Rahmen dieser Arbeit. Auch so bleibt unser Thema noch umfassend genug. Handelt es sich doch darum, den Beziehungen nachzugehen, in welchen die Eisenbahn als das in die Entwicklung des modernen wirthschaftlichen und Cultur-Lebens vielleicht am tiefsten eingreifende und dessen eigenartige Gestaltung massgebend beeinflussende Verkehrsmittel mit der Gesammtwirthschaft des Staates zusammenhängt und auf sie nachweisbar eingewirkt hat. Je weiter aber die Ausblicke sind, welche diese Beziehungen eröffnen — denn es gibt fast kein Gebiet des staatlichen und wirthschaftlichen Lebens, das von der Wirkung der durch den Bahnverkehr erzielten Zeit- und Geldersparnis unberührt bliebe — desto augenfälliger wächst die Schwierigkeit, diese Beziehungen auch nur einigermassen vollständig zu erfassen und darzustellen. Um ihrer Herr zu werden, müsste man im Stande sein, sich die Eisenbahnen aus der Gesammt-Entwicklung der letzten 50 Jahre wegzudenken und ein vergleichbares Bild der Gestaltung zu geben, wie sie sich ohne das Hinzutreten der Dampf-Locomotion auf der Schiene vollzogen haben würde. In diesem Negativbilde würden beispielsweise alle die grossen Industrieen fehlen, deren Entstehung theils mit den Eisenbahnen selbst im ursächlichen Zusammenhange steht, theils durch dieselben überhaupt erst ermöglicht worden

---

[*]) Hofkanzleidecret vom 23. December 1841, P. G. S. Nr. 145, vergl. Bd. I, Strach, »Die ersten Privatbahnen«, S. 195 u. ff.
[**]) Vergl. Bd. I, Strach, »Die ersten Staatsbahnen«, S. 250 u. ff.

1*

ist. Ein starres System unüberschreitbarer Schranken, durch die Raumdistanz und die Transportkosten gezogen, hätte, von den Küstengebieten und schiffbaren Wasserwegen abgesehen, die wirthschaftliche Entwicklung des Binnenlandes gehemmt und zersplittert, die Theilnahme am Weltverkehr auf jene durch den Zufall der natürlichen Lage begünstigten Gebiete beschränkt. Gerade für Oesterreich aber — ein Ländergebiet, dem die Naturgabe leicht und bequem schiffbarer Wasserstrassen nur in sehr beschränktem Masse zutheil geworden ist — kann die Bedeutung der Schienenwege nicht hoch genug angeschlagen werden. Die Ausbreitung und Verdichtung des Eisenbahnnetzes stellt demnach eine grosse wirthschaftliche Culturarbeit dar. Sie bildet die Grundlage, auf welcher die heutige Entwicklung der einzelnen Productionszweige, namentlich aber des Handels und der Industrie, zum wesentlichsten Theile beruht. Schon dieser Zusammenhang lässt die Wichtigkeit des Eisenbahnwesens für die Volks- und Staatswirthschaft klar erkennen. So erscheint der Stand des Eisenbahnwesens als Gradmesser der gesammten wirthschaftlichen Entwicklung. Von diesem Gesichtspunkte aus gewinnt der Umfang, in dem der Ausbau des Eisenbahnnetzes und der durch dasselbe vermittelte Verkehr Fortschritte aufweisen, ein vielleicht noch höheres Interesse, als diesen an und für sich vermöge der darin zum Ausdruck gelangenden Bethätigung materieller und intellectueller Volkskraft zukommt.

Als Umrisslinien für die dimensionale Entwicklung des Eisenbahnwesens der im Reichsrathe vertretenen Königreiche und Länder seit 1848 bis zur Gegenwart mögen die nachstehenden statistischen Daten dienen.

Für das Jahr 1848 wird nach der amtlichen Statistik *) die Länge der dem Verkehre übergebenen Bahnen der österreichischen Monarchie mit 214·4 Meilen [zu 4000 Wr. Klafter] = 1626 km angegeben. Hievon entfallen auf die damals

*) Tafeln zur Statistik der österreichischen Monarchie für die Jahre 1847 und 1848, zweiter Theil, S. 59.

eröffneten Strecken der	Meilen		km
Nördlichen Staatsbahn . .	32·8	=	249
Südlichen Staatsbahn . .	31·2	=	237
Kaiser Ferdinands - Nordb.	53·0	=	402
Wien - Gloggnitzer Bahn sammt Seitenbahnen .	11·0	=	83
Wien-Brucker Bahn . .	5·5	=	42
Lombardisch-venetianisch. Ferdinands-Bahn . . .	13·0	=	99
Mailand-Monza-Bahn . .	1·7	=	13
Ungarischen Centralbahn	20·5	=	155
Oedenburg - Katzelsdorfer Bahn	3·7	=	28
Budweis - Linz - Gmundner Bahn	26·0	=	197
Pressburg-Tyrnauer Bahn	8·5	=	64
Prag-Lanaez Bahn . . .	7·5	=	57
Zusammen	214·4	=	1626

Von diesen Bahnen waren die drei letzteren [zusammen 42 Meilen = 318 km] Pferdebahnen, so dass die Gesammtlänge der Dampfbahnen sich auf 172·4 Meilen [= 1308 km] herabmindert. Zum Zwecke des Vergleiches mit dem heutigen Stande sind hievon jedoch die ausserhalb der im Reichsrathe vertretenen Königreiche und Länder gelegenen Bahnen auszuscheiden, wonach sich das Bahnnetz des der dermaligen österreichischen Reichshälfte entsprechenden Ländercomplexes im Jahre 1848 auf 133·5 Meilen [= 1013 km] Dampfbahnen [hievon 64 Meilen = 485 km Staatsbahnen] und 33·5 Meilen [= 254 km] Pferdebahnen, zusammen 167 Meilen [= 1267 km] reducirt.

Die Bau- und Einrichtungskosten aller Bahnen, wovon nur die Strecken Wien-Gänserndorf und Wien-Neustadt doppelgeleisig hergestellt waren, sind für Ende 1848 mit zusammen 78,233.666 fl. C.-M. [= 82,145.349 fl. ö. W.] ausgewiesen.

Die Zahl der im Jahre 1848 auf obigem Bahnnetze in Verwendung gestandenen Locomotiven betrug 232.

Der Personen- und Waaren-Verkehr, welcher in Folge der inneren Unruhen dieses Jahres einen Rückgang gegen das Vorjahr aufweist, umfasste auf den

	Beförderte Personen	Ctr. Waaren
Locomotivbahnen	2,844.320	10,779.421
Pferdebahnen . .	157.695	2,348.416
Zusammen	3,002.024	13,127.837

Die finanziellen Ergebnisse waren, von den politischen Umwälzungen gleichfalls ungünstig beeinflusst, folgende:

Nördl.Staats-	Einnahmen in fl. C.-M.	Ausgaben	Ueberschuss od. Abgang
bahn	1,010.448	1,142.278 —	131.830
Südl. Staats-			
bahn	1,355.107	960.670 +	394.437
Kaiser Ferd.-			
Nordbahn .	2,984.764	1,971.492 +	1,013.272
Wien Glogg-			
nitzer Bahn	1,073.229	555.539 +	517.690
Wien-Bruck.			
Bahn	128.739	106.460 +	22.279
Budw.-Linz-			
Gmundner			
Bahn. . . .	576.940	396.800 +	180.140
im Ganzen	7,129.227	5,133.239 +	1,995.988
		[= fl. ö. W.	2,095 787]

Die überaus bescheidenen Verhältnisse des Bahnbetriebes in seinen Anfängen vor 50 Jahren bedürfen keiner weiteren Erläuterung. Die damals eröffneten Strecken der Stammlinien des heutigen Hauptbahnnetzes — von Wien im Norden einerseits über Prerau, Olmütz bis Prag, andererseits bis Oderberg, im Süden bis Gloggnitz und nach der Lücke des Semmerings über Bruck und Graz bis Cilli reichend — lieferten insgesammt einen Reinertrag von rund 2 Mill. fl. Dem gegenüber stellt sich der gegenwärtige Stand des Eisenbahnwesens in den Reichsrathsländern durch folgende statistische Zahlen dar:

Die Ausdehnung des Bahnnetzes [incl. der über die Grenze reichenden Anschlussstrecken] hat mit Ende 1895 eine Gesammtbaulänge von 16.492 km erreicht, wovon 7.381 km auf die österreichischen Staatsbahnen [davon 53 km im fremden oder Privatbetriebe], 9092 km auf gemeinsame und österreichische Privatbahnen [darunter 1503 km vom Staate theils für eigene, theils für Rechnung der Eigenthümer betrieben] und 99 km auf fremde Bahnen entfallen. Im eigenen Staatsbetriebe standen 8751 km, im fremden 115 km, im Privatbetriebe 7626 km.

Das verwendete Anlage-Capital des österreichischen Bahnnetzes beziffert sich Ende 1895 auf 2.628,344.385 fl. Darunter sind die Kosten der Staats- und vom Staate betriebenen Bahnen [incl. Localbahnen] mit 1.195,802.630 fl. und jene der selbstständigen Privatbahnen mit 1.432,541.755 fl. inbegriffen.

Die Anzahl der Locomotiven war Ende 1895 bei den Staatsbahnen auf 1879, bei den Privatbahnen auf 2342, zusammen auf 4221 gestiegen.

Der Personen- und Güterverkehr zeigt pro 1895 nachstehende Mengen *):

	Beförderte Personen	Gepäck u. Güter Tonnen
Staatsbetrieb. .	44,326.806	28,673.469
Privatbetrieb. .	62,115.739	65,205.251
Zusammen	106,442.545	93,878.720

Die finanziellen Betriebsergebnisse weisen im Jahre 1895 folgende Gesammtziffern aus:

	Gesammte Betriebs-Einnahmen in fl. ö. W.	Ausgaben in fl. ö. W.
Staatsbetrieb . . .	94,348.410	63,511.740
Privatbetrieb . .	153,284.451	82,330.645
zusammen	247,632.861	145,842.385

	Betriebs-Netto-Ertrag
Staatsbetrieb	30,836.670
Privatbetrieb	70,863.836
zusammen	101,700.506

Von dem zuzüglich der sonstigen Einnahmen, welche bei den im Staatsbetriebe stehenden Bahnen 3,623.753 fl. betrugen, mit 34,460.423 fl. ausgewiesenen Jahresertrage der k. k. Staatsbahnen und vom Staate für eigene Rechnung betriebenen Privat-Hauptbahnen wurden 1,797.746 fl. als Pachtzins für den Betrieb fremder Bahnen, ferner 9,791.422 fl. als vertragsmässige Zahlungen für Verzinsung und Amortisation verwendet; zur Abfuhr an den Staat gelangten [abzüglich der den Eigenthümern der Localbahnen auszubezahlten Erträgnisse per 217.931 fl.] 21,336.554 fl., wovon das Netto-Erfordernis der Extraordinarial-Ausgaben mit 7,161.805 fl. in Abschlag kommt, so dass das Reinerträgnis aus dem Staatseisenbahn-Betriebe sich für das Jahr 1895 auf 14,174.749 fl.**) beziffert. Um die Grossartigkeit dieser Entwicklung mit einem Blicke übersehbar zu machen, folgt hier eine kurz zusammengefasste Gegenüberstellung der we-

*) Hauptergebnisse der österreichischen Eisenbahn-Statistik im J. 1895, S. XXI.

**) Hauptergebnisse der österreichischen Eisenbahn-Statistik im Jahre 1895, S. XXVII.

sentlichsten charakteristischen Ziffern aus den vorher im Einzelnen gegebenen statistischen Daten des Anfangs und des Schlusses der Epoche von 1848 bis zur Gegenwart, wobei sämmtliche Längenziffern sowie Bestand und Ergebnisse 1895 sich nur auf die österreichische Reichshälfte beziehen:

Längen-Ausdehnung der für den öffentlichen Verkehr eröffneten Eisenbahnen in km	Im Jahre 1848	Zunahme-1895 Verhältnis	
Längen-Ausdehnung der für den öffentlichen Verkehr eröffneten Eisenbahnen in km	1.267	16.492	1 : 13
Hievon Staatsbahnen km	485	7.301	1 : 15
Anzahl der Locomotiven	232	4.221	1 : 18
Anzahl der beförderten Personen in Tausenden	3.002	106.443	1 : 35
Menge der beförderten Güter in tausend Tonnen	750	93.879	1 : 125
Anlage-Capital in Millionen fl. ö. W.	82	2.628	1 : 32
Betriebs-Netto-Ertrag fl. ö. W.	2·1	101·7	1 : 51

Es ist fürwahr eine grossartige Leistung, die in dieser doppelten Zahlenreihe zum vergleichenden Ausdruck gelangt. Welche Summe von Thatkraft, technischer Arbeit und Opferwilligkeit in diesen nüchternen Zahlen begriffen ist, erhellt schon aus den ganz aussergewöhnlichen Schwierigkeiten, die bei dem Ausbaue und Betriebe des österreichischen Bahnnetzes zu überwinden waren. Nicht umsonst hat die österreichische Ingenieurkunst bei der Lösung des Problems der Gebirgsbahnen von Anbeginn bahnbrechende

Erfolge errungen und neuestens auf dem Gebiete der öconomischen Ausführung von Bahnen niederer Ordnung bemerkenswerthe Fortschritte erzielt. Ihren Leistungen im Vereine mit einer umsichtigen administrativen Organisation des Localbahnwesens ist es vornehmlich zuzuschreiben, wenn Oesterreich ungeachtet der den Eisenbahnbau erschwerenden und vertheuernden Bodengestaltung seiner Gebirgsländer in Bezug auf die Entwicklung des Eisenbahnwesens hinter den wirthschaftlich und culturell weiter vorgeschrittenen und capitalsreicheren westlichen Staaten keineswegs zurückgeblieben ist, vielmehr in der technischen Ausbildung und wirthschaftlichen Verwerthung dieses mächtigen Hebels der Betriebsamkeit und des Volkswohlstandes seit einem halben Jahrhundert stets eine hervorragende Stelle eingenommen hat. Es ist hier nicht der Ort, auf die technischen und betriebsöconomischen Momente, welche dabei in hervorragendem Masse mitspielen, näher einzugehen. Für den Zweck der gesammtwirthschaftlichen Betrachtung genügt wohl der Hinweis auf die Grösse der Dimensionen, die sich als das reale Ergebnis der bisherigen Entwicklung darstellen, und auf jene der materiellen Mittel, deren Aufwendung erforderlich war, um dieses Ergebnis herbeizuführen. Insofern es sich dabei in erster Reihe um die directe oder subsidiäre Verwendung von Staatsmitteln handelt, ist der Zusammenhang des Eisenbahnwesens mit der Staatswirthschaft von selbst gegeben. Dass er aber den Gegenstand nicht erschöpft, wird aus der folgenden Darlegung klar werden.

II. Theorie und Literatur.

Um die in ihrer Gesammtheit kaum je zu überblickenden Beziehungen der Eisenbahnen zur Staatswirthschaft anschaulich und darstellbar zu machen, hat die Theorie zu dem Hilfsmittel gegriffen, diese Beziehungen in eine Reihe concreter Momente zu gliedern, welche zum grossen Theile ziffermässig erfasst werden können.

Eine solche Eintheilung lässt sich etwa in folgender Weise aufstellen:

A. Die Eisenbahnen wirken einerseits d i r e c t auf die Staatswirthschaft ein, u. zw.

a) im s p e c i e l l e n S t a a t s b u d g e t der das Eisenbahnwesen umfassenden Verwaltungszweige, insofern die Eisenbahnen selbst Bestandtheile der staatlichen

Wirthschafts-Gebarung sind [Staats-eisenbahnbau, Staatseisenbahn-Betrieb] oder eine unmittelbare Einwirkung ihrer Gebarungs-Ergebnisse auf den Staats-haushalt durch bestimmte, vom Staate mit denEisenbahn-Unternehmungen eingegangene Rechtsverhältnisse [Staatsgarantie, Staatsbetheiligung an der Capitalsbeschaffung oder am Reinertrage] herbeigeführt wird;

b) in den Etats anderer Dienstzweige, zumal der fiscalischen, indem die Eisenbahnen selbst gleich dem durch sie vermittelten Verkehre Objecte bilden, aus denen dem Staate kraft seiner Finanz-hoheit Einnahmen zufliessen [Steuerleistung], dann dadurch, dass die Eisenbahnen concessions- oder vertragsmässig gehalten sind, für staatliche Dienstzweige [Post, Telegraph, Militär] theils unentgeltlich, theils zu ermässigten Preisen Leistungen zu vollziehen, welche gegenüber dem normalen Preise dieser letzteren für den Staatshaushalt geldwerthe Vortheile [Ersparnisse] darstellen;

c) ausserhalb des Staatsbudgets, indem die im Staatseigenthum befindlichen Eisenbahnen Bestandtheile des Staats-vermögens bilden, die, abgesehen von ihrem Ertrage, schon vermöge des auf dieselben verwendeten Erwerbungs- oder Herstellungs-Aufwandes Werthobjecte darstellen. Auch die Privatbahnen können vermöge des vorbehaltenen Heimfalls dem Staatsvermögen im weiteren Sinne beigezählt werden.

B. Die indirecten Einwirkungen der Eisenbahnen auf die Staatswirthschaft sind ebenso mannigfacher als zum Theil verwickelter Art.

Am nächsten liegt hier die Beziehung zu den Hilfsindustrieen des Eisenbahn-wesens, welches ja an und für sich eine eigene grosse Industrie [Transport-industrie] darstellt, indem der Eigenbedarf der Eisenbahnen an Bau- und Betriebs-materialien die einschlägigen Industrie-zweige ins Leben ruft. Schienen-Erzeu-gung und Eisenbrücken-Construction, Locomotiv- und Waggonbau, der Auf-schwung des Kohlenbergbaues können als Beispiele dienen, wobei die hiedurch geschaffenen Steuerobjecte nicht zu übersehen sind.

Ein weiteres, nur durch Detail-forschung, für welche namentlich das Attractionsgebiet neu entstehender Local-bahnen reiches Material bieten würde, ziffermässig erfassbares Moment der indi-recten staatswirthschaftlichen Einwirkung der Eisenbahnen bietet die durch sie be-einflusste Entwicklung des Wirthschafts-lebens und der Steuerkraft der von Eisen-bahnen durchzogenen Gegenden, wobei namentlich die Erweiterung bestehender und die Errichtung neuer Industriestätten sowie die Hebung des Grundwerthes und die fortschreitende Verbauung in der Nähe der Bahnhöfe und Haltestellen in Betracht kommen. Schliesslich ist ein bedeutsames staatswirthschaftliches Moment in der staatlichen Einflussnahme auf die Verkehrsgestaltung durch Tarife, Fahr-ordnungen etc. insoferne zu erblicken, als hiedurch staatswirthschaftliche Zwecke [Export, Fremdenverkehr] gefördert wer-den. Dass diese Einflussnahme des Staa-tes auf die Eisenbahn-Tarifpolitik im weitesten Umfange beim Staatsbetriebe ermöglicht ist, und hier namentlich zu Gunsten der Hebung der heimischen In-dustrie wirksam bethätigt werden kann, wird insgemein als einer der über-wiegenden Vortheile dieser Verwaltungs-form der Eisenbahnen anerkannt.

Von den aufgezählten Beziehungen erscheint die als *a)* angeführte directe Einwirkung der Eisenbahnen auf den Staatshaushalt nicht nur als die augen-fälligste, sondern auch vermöge der gros-sen Summen, mit denen sie in den Staats-budgets und Gebarungs-Nachweisungen auftritt, als die quantitativ überwiegende und deshalb finanziell wichtigste. Sie vor allen hat daher den Blick auf sich ge-zogen, und ist Ausgangspunkt wie auch Hauptgegenstand der fachwissenschaft-lichen Behandlung dieser Seite des Eisen-bahnwesens geworden.

Was nun die leitenden Gesichtspunkte betrifft, welche die Theorie für die staats-wirthschaftliche Gebarung der Eisen-bahnen aufstellt, so stimmen alle Autoren darin überein, dass der staatliche Ein-fluss auf die Verwaltung des Eisenbahn-wesens ohne Unterschied, ob es sich um vom Staate selbst oder von privaten Gesellschaften unter Heranziehung öffentlicher Mittel betriebene Bahnen handelt, neben den volkswirthschaftlichen auch die finanziellen Rücksichten zu wahren hat.

Hierbei wird allgemein davon ausgegangen, dass normalerweise anzustreben sei, aus den Betriebs-Einnahmen nebst den Betriebs-Auslagen die Verzinsung und Tilgung des verwendeten Anlage-Capitals zu bestreiten, so dass für selbe Zuschüsse aus Staatsmitteln nicht erforderlich werden. Gleichwohl wird diese Regel keineswegs als eine absolute hingestellt, sondern zugegeben, dass dieselbe namentlich bei Bahnen, die ungeachtet mangelnder Ertragsfähigkeit aus höheren staatlichen Rücksichten, wie etwa zu Zwecken der Landesvertheidigung, gebaut werden müssen, Ausnahmen leidet. Auch wird zur Rechtfertigung solcher Ausnahmen auf die »indirecte Rentabilität« hingewiesen. Dieser Hinweis findet mit vollem Grunde bei Bahnen in wirthschaftlich minder entwickelten Ländern statt, deren Einbeziehung in das Bahnnetz eben deshalb erfolgt, um das culturelle und wirthschaftliche Niveau zu heben. Beide Ausnahmsfälle begegnen sich in der Anwendung der vorstehenden Sätze auf das österreichische Bahnnetz, welches eine grosse Zahl rein militärischer und solcher Bahnlinien umfasst, deren Existenzberechtigung in der Aufschliessung räumlich ausgedehnter entlegener Landestheile für den Verkehr und die wirthschaftliche Entwicklung begründet ist, wobei auch die abnormen Anlage- und Betriebskosten in den Gebirgsländern nicht zu übersehen sind.

Es kann daher für die österreichischen Eisenbahnen im Ganzen und zumal für die österreichischen Staatsbahnen, welche derzeit zum grösseren Theile die jüngeren, minder ertragsfähigen Linien umfassen, billigerweise wohl nicht davon die Rede sein, den Grundsatz der eigenen Aufbringung der Capitalslasten aus dem Betriebe in seiner vollen Schärfe anzuwenden und zu fordern, dass diese Bahnen ohne Zuschüsse aus Staatsmitteln, d. i. ohne Gebarungs-Deficit verwaltet werden. Das Gebarungs-Deficit der Eisenbahn-Verwaltung bildet daher den eigentlich kritischen Punkt der ganzen Sache. Seine ziffermässige Höhe

und mit der Ausdehnung des Bahnnetzes zeitweilig zunehmende Steigerung, seine Ursachen und seine Rückwirkung auf das Deficit im Staatshaushalte — alle diese Momente sind schon während der Herrschaft des Garantie-Systems in der Fachliteratur eingehend erörtert worden.

Abgesehen von auswärtigen Arbeiten, welche den Stoff in vergleichender Darstellung für die verschiedenen Staaten wie auch im Zusammenhange mit den eisenbahnpolitischen Zeitfragen[*]) behandeln, hat zuerst der Altmeister der österreichischen Finanz- und Wirthschaftsgeschichte, Hofrath Professor Adolf Beer in seinem bekannten Buche »Der Staatshaushalt Oesterreich-Ungarns seit 1868« [Prag 1881, F. Tempsky] eine umfassende Darstellung der Eisenbahn-Gebarung im Rahmen des gesammten Staatshaushaltes gegeben. Der Verfasser führt auf S. 241 die Subventionen und Dotationen an Industrie-Unternehmungen nach dem wirklichen Erfolge mit den summarischen Jahresziffern für die Periode 1868—1877 an, beziffert sodann die ertheilten Bauvorschüsse und die im Jahre 1878 verausgabten, ferner pro 1879 und 1880 präliminirten Beträge und knüpft daran die Bemerkung:

»In diesen Summen liegt zum Theil die Erklärung für das seit einigen Jahren gestörte Gleichgewicht im Staatshaushalte. Es lässt sich wohl schwerlich in Abrede stellen, dass übertriebene Vor-

---

[*]) Vgl. Dr. Alfred von der Leyen's Abhandlung: »Die Erträge der Eisenbahnen und der Staatshaushalt« in Schmoller's Jahrbuch, 16. Jahrg., 4. Heft. Daselbst wird den günstigen finanziellen Erfolgen des Staatsbahn-Systems in Preussen und den übrigen deutschen Staaten der Einfluss, den bei dem Bestande des Privatbahn-Systems auf die Staatsfinanzen übt, gegenübergestellt:

»Als finanzielle Aufgabe aller Eisenbahnen kann wohl die bezeichnet werden, soviel Einnahmen aus dem Eisenbahnbetrieb zu erzielen, dass einmal die Betriebs-Ausgaben gedeckt und ausserdem das Anlage-Capital der Eisenbahnen zu dem landesüblichen Zinsfusse verzinst wird. Die Frage, ob es unter Umständen nicht nur wünschenswerth, sondern — aus Gründen, die nicht auf dem Eisenbahngebiete, sondern auf anderem, sei es z. B. allgemein wirthschaftlichem, politischem, militärischem Gebiet liegen — sogar geboten ist, auch Eisenbahnen anzulegen, die mit

stellungen von der Prosperität der Bahnen bei der Ertheilung von Eisenbahn-Concessionen und der Gewährung von Zinsengarantien mitgewirkt haben.«

Am Schlusse dieses Abschnittes, welcher eine eingehende Darstellung der Garantie-Verhältnisse der einzelnen Bahnen und der ziffermässigen Ergebnisse derselben enthält, folgt eine Uebersicht des Standes des Garantie-Guthabens des Staates [Ende 1862: 3'34 Mill. fl., Ende 1867: 15'047 Mill. fl., Ende 1877: 129'146 Mill. fl., wozu noch etwas über 19 Mill. fl. an Zinsen kommen, zusammen daher 148·368 Mill. fl.; Ende 1878 : Gesammtguthaben 172·4 Mill. fl.].

»Diese gewiss nicht unbedeutenden Beträge müssen bei Beurtheilung der Finanzlage Oesterreichs in dem letzten Jahrzehent mit in Anschlag gebracht werden und erklären auch zum Theile das Anwachsen der Staatsschuld.« [S. 254 a. a. O.]

Die gleiche Anschauung, dass das Deficit im Staatshaushalte grösstentheils durch die Subventionirung von Privatbahnen begründet sei, vertritt Dr. Gustav Gross in seiner Abhandlung »Die Staatssubventionen für Privatbahnen« [Wien 1882, Hölder]. In erster Reihe die österreichischen Verhältnisse berücksichtigend, bietet diese Schrift als systematische Behandlung der Lehre von den Eisenbahn-Subventionen, durch eine sehr übersichtliche genetische Darstellung der österreichischen Staatsgarantie [S. 121 bis 128] sowie durch die Zusammenfassung

der für das Garantie-System anzuführenden staatswirthschaftlichen Gründe besonderes Interesse. Die Eintheilung der Subventionen in positive und negative, letztere als Befreiung von gewissen staatlichen Lasten und Abgaben verstanden [S. 49], bildet den Ausgangspunkt, um in dem der letzteren Subventionsform gewidmeten Schlusscapitel die Besteuerung der Eisenbahnen einer eingehenden Erörterung zu unterziehen [S. 158—186]. Die uns hier als directe staatswirthschaftliche Vortheile aus dem Betriebe der Eisenbahnen interessirenden concessionsmässigen Vorbehalte [Heimfallsrecht, Besteuerung, Betheiligung am Reinertrage, Benützung der Eisenbahnen durch Staatsbehörden und Staatsanstalten] sind am Schlusse der Einleitung [S. 23—25] erwähnt. In der Heranziehung des weiteren Kreises der volks- und staatswirthschaftlichen Interessen, die mit dem Eisenbahnwesen in Verbindung stehen, findet der Verfasser triftige Argumente, um für die wenigstens theilweise Aufrechthaltung des Privatbahnsystems einzutreten und darzuthun, dass die Subventionirung von Privatbahnen in rationellen Grenzen theoretisch zu rechtfertigen sei.

Auch Prof. Dr. Kaizl, dem wir eine überaus werthvolle, durch die anziehende Form der Darstellung und das warme Interesse des Autors für seinen Gegenstand ausgezeichnete Abhandlung: »Die Verstaatlichung der Eisenbahnen in Oester-

---

ihren Erträgen das Anlage-Capital überhaupt nicht oder nicht vollständig verzinsen, soll hier ausser Erörterung bleiben. Die Regel wird sein, dass man eine derartige Verzinsung verlangt, und zwar bei Staatsbahnen so viel Zinsen, als der Staat zur Aufbringung des Anlage-Capitals zahlen müssen, bei den Privatbahnen möglichst höhere Zinsen. Privatbahnen sind gewerbliche Unternehmungen, mit deren Betrieb ein oft recht bedeutendes Risico verbunden ist. Einen Gegenwerth für ein solches Risico bildet eine den landesüblichen Zinsfuss überschreitende Dividende.«

»Ein unmittelbares Interesse des Staates an der Finanzpolitik der Privatbahnen liegt da vor, wo der Staat für deren Erträge Bürgschaft geleistet hat. Wenn der Staat die Verpflichtung übernommen hat, für eine bestimmte Höhe der Dividenden, oder auch nur für die Zinsen der Obligationen einer Eisenbahn aufzukommen, muss ihm

daran gelegen sein, einmal, dass seine Bürgschaft in möglichst geringem Umfange in Anspruch genommen wird, und sodann, dass, wenn sie in Anspruch genommen ist und er Zuschüsse geleistet hat, ihm diese Zuschüsse und deren Zinsen möglichst bald zurückerstattet werden. Hier liegt also eine sehr enge Beziehung der Staatsfinanzen und der Finanzen der Privatbahnen vor. Mit wirklichem Erfolg kann der Staat in diesen Fällen seine Interessen nur wahrnehmen, wenn er die Verwaltung der Bahnen in die eigene Hand nimmt. Thut er das nicht, so werden derartige Privatbahnen genau so wirthschaften, wie nicht garantirte Bahnen, ja, sie werden noch weniger, als reine Privatbahnen, zu einer wirklich sparsamen Finanzwirthschaft geneigt sein, weil sie sicher sind, dass ihnen Erträge, wenn auch vielleicht bescheidene Erträge, unter allen Umständen zufallen müssen.«

reich« (Leipzig, Dunker & Humblot, 1885) verdanken, die er treffend »eine staatspsychologische Untersuchung« [Vorwort S. II] nennt, verschliesst sich, wiewohl decidirt auf dem Standpunkte des Staatsbahnprincipes stehend, keineswegs der Erkenntnis, »dass sich die Subventionirung von Privatbahn-Unternehmungen theoretisch sehr glänzend begründen lässt, und dies vor Allem durch den [von Sax, Verkehrsmittel, I. Bd., S. 71 ff. aufgestellten] geistreichen Hinweis auf den Unterschied zwischen der directen oder anders gesagt der privatwirthschaftlichen Rentabilität, d. i. dem Gewinn, welcher dem Einzelunternehmer zukommt, und welcher möglicherweise gering ist oder auch ganz fehlt, und zwischen der indirecten oder der volkswirthschaftlichen Rentabilität, welche gleichzeitig und vielleicht von allem Anfange an übergross sein kann und in den mannigfaltigen näheren und entfernteren wirthschaftlichen und ausserwirthschaftlichen Vortheilen besteht, welche der gesammten Volksgenossenschaft durch jede Eisenbahn zutheil werden.« [S. 31, 32.]

Was nun weiters die schon oben allgemein besprochene Wahl und nähere Abgrenzung des für die Verwaltung des Eisenbahnwesens in staatswirthschaftlich-finanzieller Hinsicht aufzustellenden leitenden Grundsatzen anlangt, dessen theoretische Formulirung durch Sax [Verkehrsmittel, II. Bd. Die Eisenbahnen, S. 222] wohl als grundlegend zu betrachten ist, so bedingt die a. a. O. erörterte Behandlung der Eisenbahn als einer öffentlichen Unternehmung im Gegensatze zum allgemeinen Genussgute und zur öffentlichen Anstalt, welch letztere nach dem lediglich auf Deckung der Gesammtkosten abzielenden Gebührenprincip zu verwalten ist, das Streben nach Erzielung eines höheren, dem vollen Verkehrswerthe der Leistungen entsprechenden Ertrages. [S. 224 a. a. O.] Wenn nun schon das Gebührenprincip bemüssigt ist, in die Eigenkosten die nothwendige Verzinsung und Amortisation des Anlage-Capitals einzurechnen [S. 225 a. a. O.], so besteht wohl kein Zweifel, dass das Augenmerk der Verwaltung in staatswirthschaftlicher

Hinsicht auch bei Staatsbahnen*) auf die Erzielung möglichst hoher Ertrags-Ueberschüsse über die Gesammtkosten gerichtet sein muss. Hiebei kann es keinen Unterschied machen, ob dem Princip der öffentlichen Unternehmung, wie Sax auf S. 229 a. a. O. will, für Bahnen höherer Ordnung zwei positive Ziele gesetzt werden: der Ausbau des Netzes und die Refundirung der Ausfälle früherer Betriebsperioden, — oder ob das in Rede stehende Ziel aus socialökonomischen Gründen noch weiter, nämlich dahin gesteckt wird, dem Staate für die Erfüllung der heute an ihn herantretenden gemeinwirthschaftlichen und socialen Aufgaben möglichst ausgiebige Zuschüsse zu liefern.**)

In dieser Hinsicht sind von Friedrich Freiherrn von Weichs-Glon [»Das finanzielle und sociale Wesen der modernen Verkehrsmittel«, Tübingen, Laupp 1894] zwei Momente hervorgehoben, welche in enger Beziehung zum Verkehrswesen stehen; einerseits die wachsenden Erfordernisse des Staatshaushaltes zur Befriedigung der sich mehrenden und erhöhenden gesellschaftlichen Bedürfnisse sowie die fortwährend steigenden Erfor-

---

*) Vgl. Adolf Wagner »Finanzwissenschaft«, Leipzig 1879, IV. Bd., S. 746: »Als staats- und volkswirthschaftliche Anstalten ersten Ranges sollen die Staatsbahnen auch zunächst nach staats- und volkswirthschaftlichen Gesichtspunkten, nur unter gleichzeitiger genügender Wahrnehmung des finanziellen Interesses verwaltet werden. Demnach erscheint es zweckmässig, sie wie die Staatsforste und Domänen unter eines der volkswirthschaftlichen Ministerien, nicht direct unter das Finanzministerium zu stellen, eventuell bei allgemeinem Staatsbahnsystem und beim Vorhandensein eines grösseren Bahnnetzes unter ein eigenes Eisenbahn-Ministerium.«

**) »Der Einfluss volkswirthschaftlicher Interessen darf nicht soweit gehen, dass hiedurch der staatsfinanzielle Beruf der Staatsbahnen zu Schaden kommt. Das Staatsbahnprincip ist sicherlich an sich nicht fiscalischen Zwecken entsprungen, doch war speciell in Oesterreich die Rücksicht auf die Staatsfinanzen nicht ohne bestimmenden Einfluss schon auf die Inaugurirung dieses Systems.« [Exc. Dr. Ritter v. Biliński in seiner Antrittsrede als Präsident der General-Direction der österreichischen Staatsbahnen am 9. Januar 1892. Zeitschrift f. Eisenb., 1892, S. 41.]

dernisse für Zwecke der Vertheidigung und
Sicherheit und die zunehmende Schwierigkeit der Beschaffung der hiefür nothwendigen Mittel; anderseits die sociale
Frage [S. IV]. Indem an einer späteren
Stelle [S. 126] die Gründe für die be-
jahende Entscheidung der Frage ausgeführt werden, ob die Ueberschüsse aus
dem Betriebe der öffentlichen Verkehrsmittel auch zur Erfüllung allgemeiner
staatlicher Zwecke herangezogen werden
dürfen, schliesst die Beweisführung mit dem
Hinweise auf die rein praktische Erwägung,
dass für die stetig zunehmenden Erfordernisse des Staatshaushaltes die nöthigen
Mittel unbedingt herbeigeschafft werden
müssen.

Von diesem Gesichtspunkte aus werden der staatlichen Verkehrsmittel-Finanz-
politik zwei Gruppen von Aufgaben
gestellt: so viele Einnahmen aus dem
Betriebe zu erzielen, dass nicht nur die
Kosten für Abnützung, resp. Erneuerung
der Anlagen ersetzt, die eigentlichen
Betriebs-Auslagen gedeckt und die Forderungen öffentlich-rechtlicher Natur erfüllt
werden, sondern auch neben Beibringung
von Quoten zur Schuldentilgung eine
solche Verzinsung des Anlage-Capitals
sich ergibt, welche die vom Staate zu
bestreitenden Capitalslasten übersteigt,
um derart Zuschüsse zu den allgemeinen staatlichen Einnahmen
zu schaffen. Andererseits ist es Aufgabe
der vorerwähnten Politik, Vorsorge zu
treffen, dass der Staatshaushalt thunlichst
vor den störenden Wirkungen geschützt
werde, welche die Schwankungen in den
Verkehrsmittel-Erträgnissen ausüben. [S.
127 a. a. O.]

Es kann nun nicht wundernehmen,
dass angesichts der in der Theorie herrschenden Uebereinstimmung hinsichtlich
der staatswirthschaftlichen Ziele, denen die
Verwaltung der Eisenbahnen sowohl bei
dem Bestande subventionirter Privatbahnen, als namentlich in der Führung des
Staatsbetriebes nachzustreben hat und die
allgemein in der Erreichung des höchst-
möglichen Ertrages gesucht werden, neuestens zumal die finanziellen Ergebnisse
des Staatsbetriebes sowie die Methode,
welche die Verwaltung der Staatsbahnen
zu diesen Ergebnissen geführt hat, in der

Publicistik und Fachliteratur den Gegenstand der eindringlichsten Untersuchungen
gebildet haben. Dr. Albert Eder hat
in seinem Buche »Die Eisenbahnpolitik
Oesterreichs nach ihren finanziellen Ergebnissen« [Wien, Manz 1894] eine auf
umfangreiches Ziffern-Material gestützte
historisch-kritische Gesammtdarstellung
des Gegenstandes durch die einzelnen Entwicklungsphasen bis zur neuesten Zeit
geliefert. Die pessimistische Beurtheilung
dieses Entwicklungsganges ist, insoweit
sie sich auf die Wiederaufnahme des
Staatsbetriebes bezieht, nicht unwider-
sprochen geblieben [*] und sind auch sonst
gegen den rein privatwirthschaftlichen
Standpunkt der Abhandlung gewisse
Bedenken nicht zu unterdrücken. An
dieses Buch anknüpfend, wendet sich
Professor Dr. Josef Kaizl in einer scharf
polemischen Abhandlung [»Passive Eisenbahnen. Ein Capitel zur Finanz- und
Socialpolitik Oesterreichs« in der Wiener
Wochenschrift »Die Zeit« vom Juni 1895]
vornehmlich gegen die in den Jahren
1891 und 1892 bewirkten Herabsetzun-
gen der Gütertarife auf den Staatsbahnen.
Seinen Ausführungen, die von ihm auch
im Abgeordnetenhause wiederholt mit
Nachdruck geltend gemacht wurden,
ist wohl nicht ohne Grund der Hinweis
auf die ungarischen Tarifmassnahmen
[Zonen- und Localgütertarif des Handels-
ministers von Baross], unter deren Druck
die österreichische Tarif-Ermässigungen
erfolgten, entgegengestellt worden. Auch
wären ja bei dem empirischen Versuche,
das für die Verkehrs-Entwicklung und
die Einnahmen-Steigerung wirksamste
Tarif-Niveau zu finden, Irrthümer wohl
entschuldbar. Wie man nun aber die
letzten Ziele der damaligen Tarif-Herabsetzungen und ihre Rückwirkung auf die
einlösungsreifen Privatbahnen beurtheilen
möge, so viel ist sicher, dass ihr anfäng-
liches Ergebnis Anlass geboten hat, zu
dem neuen Curse der staatlichen Eisenbahn-Tarifpolitik überzugehen, wie er mit
stärkerer Betonung der staatsfinanziellen
Rücksichten seit dem Jahre 1892 wahrnehmbar hervortritt.

*) S. »Neue Freie Presse« vom 22. Septem-
ber 1894 »Die Eisenbahnpolitik Oesterreichs«.

Der leitende Gedanke, diesen Rücksichten neben den volkswirthschaftlichen
Interessen beim Staatseisenbahn-Betriebe
zu ihrem vollen Rechte zu helfen, kann
wohl nicht leicht schärfer und treffender
zum Ausdruck gebracht werden, als dies in
einer Rede Sr. Excellenz Dr. Emil S t e i n -
b a c h's — dem im Abgeordnetenhause
am 5. November 1892 gegebenen Finanz-
Exposé — geschehen ist, deren einschlägiger Theil hier nach dem stenographischen
Protokolle des Abgeordnetenhauses im
Wortlaute folgt:

»Sie haben Alle die Einführung des
Staatseisenbahnwesens mit Beifall begrüsst, und ich darf sagen, dass ich mich
dieser Empfindung jederzeit angeschlossen
habe, und mich ihr auch heute noch aus
vollem Herzen anschliesse. Wenn Sie
aber das Staatseisenbahnwesen aufrecht
erhalten wollen, müssen Sie trachten, dass
Ausgaben und Einnahmen überhaupt im
Verhältnisse bleiben. Wenn die Ausgaben
fortwährend steigen und die Einnahmen
zu stark herabgesetzt werden, dann ist
gar nichts anderes möglich, als dass das
Staatseisenbahnwesen in seinen Erfolgen in
einer bestimmten Reihe von Jahren com-
promittirt werden muss. Der Staat kann
seine Eisenbahnen im Wesentlichen nach
dem Princip verwalten, welches man
immer das Gebührenprincip genannt hat,
aber auf eine wenn auch verhältnismässig niedrigere Durch-
schnittsrentabilität muss der
Staat sehen; das ist das Princip, das
anzustreben ist, und ich bin vom Finanz-
standpunkte unbedingt dazu verpflichtet,
darauf zu sehen, und ich glaube damit
auch im Interesse des Staatseisenbahnwesens zu handeln. Würde man dies
nicht thun, dann wäre das Resultat einfach
das, dass die Nichtinteressenten
den Ausfall zu bezahlen haben
für die Eisenbahninteressenten,
und auf die Dauer lassen sich
das die Nicht-Eisenbahninteres-
senten nicht gefallen.«

III. Die Eisenbahnen im Staatsbudget
unter dem Garantie-System.

Nach dem glänzenden Aufschwung,
den das österreichische Eisenbahnwesen in
den Fünfziger-Jahren unter der unmittelbaren Leitung des Staates genommen hatte,
folgt die ungefähr 25 Jahre umfassende
Periode, in welcher das Privatbahn-System
in Verbindung mit staatlichen Zinsen- und
Ertrags-Garantien der verschiedensten Art
zur nahezu ausschliesslichen Geltung gelangte. Die Erlassung des Eisenbahn-Con-
cessionsgesetzes vom 14. September 1854,
R.-G.-Bl. Nr. 238, und die mit 1. Januar
1855 erfolgte Concessionirung der österr.
Staatseisenbahn-Gesellschaft zum Betriebe
der derselben zeitweilig überlassenen nördlichen und südöstlichen Staatsbahnlinien,
können als Ausgangspunkt dieser eisenbahnpolitischen Wandlung betrachtet werden. Unter dem Drucke der Zeitverhält-
nisse war der Staat leider bemüssigt, sich
seines werthvollen Bahnbesitzes, auf welchen nach den von H. S t r a c h im Abschnitte über die ersten Staatsbahnen
[Bd. I, S. 313] angestellten, auf Original-
quellen zurückgreifenden Berechnungen
rund 350 Mill. fl. C.-M.[*] = 367·5 Mill. fl.
öst. Währg. verwendet worden waren,
unter keineswegs günstigen Bedingungen
zu entäussern - der Verkaufserlös
wird mit nur 168·56 Mill. fl. C.-M.
= 176·88 Mill. fl. Oest. Währg.,
d. i. etwa 48 Procent der Selbstkosten
angegeben — und sich zunächst dem
Eisenbahnwesen gegenüber eine weitgehende finanzielle Zurückhaltung aufzu-
erlegen. Doch ist, wie Adolf W a g n e r
in seiner Finanzwissenschaft [2. Aufl.,

_____

[*] Adolf W a g n e r, Finanzwissenschaft
[2. Aufl., Leipzig 1877] I., S. 598, gibt
346·20 Mill. fl. C.-M. = 354·073 Mill. fl. öst.
Währg. an. E d e r berechnet in seinem Buche
»Die Eisenbahnpolitik Oesterreichs etc. S. 4]
den Capitalsverlust des Staates mit über
225·54 Mill. fl.

Leipzig 1877, IV/1, S. 696] treffend hervorhebt, das Princip des Staatsbahnwesens, das in Oesterreich von allem Anfang gewahrt wurde, keineswegs aufgegeben worden, indem nicht nur bei der Concessionirung, sondern auch bei der Veräusserung der Bahnen der Vorbehalt eines Wiedereinlösungsrechtes stipulirt wurde. Nachdem gleichwohl der Betrieb des Bahnnetzes fortan der Privatindustrie überlassen war, schien hiedurch der angestrebte Zweck, den Staatshaushalt von weiteren Ausgaben für Eisenbahnzwecke zu entlasten, im Wesentlichen erreicht. Denn die Zinsengarantien, mit welchen die vormaligen Staatsbahnen den concessionirten Gesellschaften übertragen worden waren, hatten zunächst nur formelle Bedeutung. Der Ausbau des Netzes aber ging insgemein in die Hände der Gesellschaften über und nahm sohin mit Ausnahme einiger wenigen Strecken, deren Bau durch den Staat fortgesetzt oder neu eingeleitet wurde [Norditiroler Bahn, Wiener Verbindungsbahn, späterhin Siebenbürger Bahn Arad-Carlsburg], die Staatsfinanzen nicht in Anspruch.

Gleichwohl begann schon Anfangs der Sechziger-Jahre das bei der Ueberlassung der Eisenbahnen an die Privatindustrie angewandte Garantie-System, welches ursprünglich, wie bei den Garantie-Zusicherungen an die Staatseisenbahn-Gesellschaft und späterhin die Südbahn, nur als formelle Verstärkung des gesellschaftlichen Credits gedacht war, effective Wirkung zu äussern, indem der garantirende Staatsschatz infolge des Zurückbleibens der wirklichen hinter den garantirten Bahnerträgnissen mit Garantie-Zuschüssen in Anspruch genommen wurde. Schon das erste, in Form eines Finanzgesetzes*) verfassungsmässig zustande gekommene Staatsbudget für das Jahr 1862, in welchem die Summe der Staatsausgaben mit 388,772.222 fl. 94 kr., die Bedeckung durch Staatseinnahmen mit 294,650.334 fl. angesetzt und der sohin im Wege des Credites zu bedeckende Abgang mit 94,121.888 fl. 94 kr. beziffert ist, weist im ersten Theile — Erfordernis

— unter den anderen, zu keinem der bestehenden Verwaltungszweige gehörigen Ausgaben [A. XV] in der Abtheilung »Subventionen und Zinsengarantien für verschiedene Industrie-Unternehmungen C« eine Reihe solcher Ausgabsposten für Eisenbahnen auf, und zwar:

Für die Süd-Norddeutsche Verbindungsbahn . . . . 600.000 fl.
für die Theissbahn . . . . 400.000 »
Kaiserin Elisabeth-Bahn . . 900.000 »

Letztere Ausgabspost erscheint mit dem charakteristischen Beisatze »Ausnahmsweise und unter Aufrechterhaltung aller der Staatsverwaltung in Betreff des Umfanges der übernommenen Zinsengarantie aus lit. g des § XII der Concessions-Urkunde zukommenden Rechte als Vorschuss«.

Nebst diesen, zusammen 1,900.000 fl. betragenden Garantie-Zahlungen enthält das 1862er Budget noch unter »Schuldentilgung E« als Capitalsrückzahlung von durch Einlösung von Privateisenbahnen entstandenen Schulden den Betrag von 105.400 fl. und unter »Capitalsanlagen F« eine Ausgabspost für Staatseisenbahnbau, welche nach Abschlag der eigenen Bedeckung per 100.000 fl. mit 1,740.855 fl. eingestellt ist.

Im zweiten Theile des Staatsvoranschlages — Bedeckung — kommen auf das Eisenbahnwesen bezügliche Posten nicht vor.

Aus dem Titel der Eisenbahnen hatte somit der Staatshaushalt im Jahre 1862 eine Netto-Belastung von 3,746.255 fl. zu tragen.

In dem Finanzgesetze*) für das Verwaltungsjahr 1863, welches bezüglich seiner Eintheilung mit jenem des Vorjahres übereinstimmt und bei einem Staatsausgaben-Erfordernisse von . . . . . . 367,087.748 fl. dem eine Bedeckung von nur . . . . 304,585.094 » gegenübersteht, mit einem

Abgange von . . . 62,502.654 fl.

abschliesst, sind in der Hauptrubrik XV, C Subventionen und Zinsengarantien an

---

solchen zu Eisenbahnzwecken mit den im Vorjahre gemachten Vorbehalten eingestellt:

Für die Süd-Norddeutsche Verbindungsbahn [gleich dem Vorjahre] . . . . . . 600.000 fl.
für die Theissbahn [gleich dem Vorjahre] . . . . 400.000 »
für die Kaiserin Elisabeth-Bahn [— 42.000 fl.] . . . 858.000 »
für die Zittau-Reichenberger Bahn [neu] . . . . . 337.000 »
zusammen Garantie-Erfordernis . . . . 2,195.000 fl.
[gegen das Vorjahr + 295.000 fl.]

Die Ausgabspost der Capitalsrückzahlung von durch Einlösung von Privateisenbahnen entstandenen Schulden [E] mit 105.400 fl. ist unverändert geblieben.

Für Staatseisenbahnbau [F] erscheint ein specificirtes Präliminar, welches an Ausgabsposten enthält:
a) Regieaufwand . . . . 67.321 fl.
b) Auslagen zur Vermehrung des Stammvermögens . . . . 642.985 »
c) Unter-, Ober- und Hochbau . . . . 1,496.250 »
zusammen 2,206.556 fl.
und nach Abschlag der eigenen Bedeckung von . . 130.000 »
die Netto-Ausgabe von . . 2,076.556 fl. ausweist.

Der gesammte Aufwand für Eisenbahnzwecke ist im Jahre 1863 mithin gestiegen auf 4,376.956 fl.

Im Finanzgesetze vom 29. Februar 1864,*) welches die 14 monatliche Periode vom 1. November 1863 bis letzten December 1864 umfasst, sind die gesammten Staatsausgaben auf . . . . . . 614.260.059 fl. die Staatseinnahmen mit 568,547.335 » festgesetzt. Der Abgang beträgt somit . . . . . 45,712.724 fl.

Bei den Subventionen [B] an Industrie-Unternehmungen [Cap. 14] sind unter den ausserordentlichen Ausgaben als mit

4 °/₀ verzinsliche Vorschüsse eingestellt an die Süd-Norddeutsche Verbindungsbahn . . . . 600.000 fl.
Theissbahn . . . . 860.000 »
Kaiserin Elisabeth-Bahn [mit dem gleichen Vorbehalte wie in den Vorjahren] . . . . 1,300.000 »
Böhmische Westbahn . . 250.000 »
ferner an die Zittau-Reichenberger Bahn . . . . . . 100.000 »
zusammen 3,110.000 fl.

Bei dem Etat der Staatsschuld kehrt im Cap. 20 [Schuldentilgung] wieder die Post: Einlösung von Privateisenbahnen . . . . 105.400 »
so dass die Eisenbahn-Ausgaben . . . . 3,215.400 fl. ausmachen, welchen gegenüberstehen die Einnahmen aus den Aerarialeisenbahnen [Cap. 31, Titel 5 der Bedeckung] mit . . . . . . 106.813 »

Der präliminirte Netto-Staatsaufwand für Eisenbahnzwecke beträgt mithin in der Finanzperiode vom 1. November 1863 bis 31. December 1864 . . . 3,108.587 fl.

Im Staatsvoranschlage für das Jahr 1865, dessen Staatsausgaben laut des Finanzgesetzes vom 26. Juli 1865 *) mit . . . . 522,888.222 fl. und Staatseinnahmen mit 514,905.453 » festgesetzt sind, wornach ein Abgang von . . . 7,982.769 fl. resultirt, nehmen die Subventionen für Eisenbahnen an ausserordentlichen Ausgaben [Erfordernis-Cap. 15, Titel 3—8] folgende Summen in Anspruch:

Süd-Norddeutsche Verbindungsbahn . . . . 680.000 fl.
Theissbahn . . . . 970.000 »
Kaiserin Elisabeth-Bahn 1,100.000 »
Böhmische Westbahn . . 315.000 »
Zittau-Reichenberg. Bahn 100.000 »
Südliche Staatsbahn . . 8.218 »
zusammen 3,473.218 fl.

*) R.-G.-Bl. Nr. 14.

*) R.-G.-Bl. Nr. 51.

Transport . . 3,473.218 fl.
Im Etat der Staats-
schuld [Cap. 21, Titel 7]
sind für Einlösung von
Privatbahnen . . . . 105.993 »
eingestellt. Die Ausgaben
für Eisenbahnzwecke be-
tragen mithin . . . . 3,579.211 fl.
An Einnahmen gleicher
Art ist nur eine Post im
Ordinarium — Aerarial-
eisenbahnen — in der Be-
deckung Cap. 33, Tit. 6 mit 138.029 »
präliminirt, so dass die
Netto-Belastung für Eisenbahnzwecke . . . . 3,441.182 fl.
ausmacht.

Auch das Budget des Jahres 1866
bietet bezüglich der Eisenbahnen ein
ähnliches Bild. Es schliesst nach dem
Finanzgesetze vom 30. December 1865 *)
bei . . . . 531,273.881 fl.
Staatsausgaben und . 491,134.735 »
Staatseinnahmen mit einem
Abgange von . . . . 40,139.146 fl.
ab.

Unter den Eisenbahn-Ausgaben ist
nebst den im Subventions-Etat [Cap. 16,
Titel 3 — 8] fortlaufenden Garantie-Vorschüssen, für die gleichen Bahnen wie im
Vorjahre mit zusammen 3,498.736 fl.
und der Einlösung von
Privatbahnen [Cap. 22,
Titel 8] mit . . . . 117.495 »
eine grössere Post für
Aerarialeisenbahnen im
Erfordernis-Etat d. Staats-
eigenthums [Cap. 34, Titel
6 der Bedeckung] mit . 1,466.985 »
eingestellt, so dass für
Eisenbahnen im Ganzen 5,083.216 fl.
zu verausgaben waren.

An Einnahmen ist un-
ter jenen vom Staatseigenthum [Cap. 33 der Be-
deckung] in Tit. 6 eine
solche von den Aerarial-
eisenbahnen mit . . . 158.029 »
präliminirt. Die Netto-Belastung des Budgets be-
trägt mithin . . . . . 4,925.187 fl.

*) R.-G.-Bl. Nr. 149.

Das Finanzgesetz für das Jahr 1867*)
bestimmt die Staatsaus-
gaben mit . . . . . 433,896.000 fl.
und die Staatseinnahmen
mit . . . . . . 407,297.000 »
den Abgang sohin mit . 26,599.000 fl.

Auch hier erscheinen Ausgabsposten
der gleichen Eisenbahnen im Subventions-Etat mit zusammen 1,416.000 fl.
die Einlösung von Privat-
bahnen mit . . . . 117.000 »
die Aerarialeisenbahnen mit 78.000 »
zusammen Ausgaben von 1,611.000 fl.
denen die Einnahme von
den Aerarialeisenbahnen
mit . . . . 159.000 »
gegenübersteht, so dass
die Nettobelastung . . 1,452.000 fl.
beträgt.

Mit dem Jahre 1868 — dem ersten,
in welchem die neugeordneten staatsrechtlichen Verhältnisse der Monarchie
auf das österreichische Budget ihre Wirkung äussern — beginnt die Periode,
die sich durch das stetige Anwachsen
der Garantie-Vorschuss-Zahlungen an die
Eisenbahnen charakterisirt.

Im Staatsvoranschlage dieses Jahres,
für welches nach dem
Finanzgesetze vom 24.
Juni 1868*) die Staats-
ausgaben mit . . . . 320,230.526 fl.
die Staatseinnahmen mit 281,245.907 »
festgesetzt sind und der
zu bedeckende Abgang mit 38,984.619 fl.
beziffert ist, erscheint im Subventions-
Etat [Cap. 10, Titel 1—3]
neben der Böhmischen
Westbahn mit . . . , 250.000 fl.
und der Zittau-Reichen-
berger Bahn mit . . . 216.000 »
zum ersten Male die Lem-
berg-Czernowitzer Bahn
mit der Vorschuszzahlung
von . . . . . . 1,000.000 »
zusammen Eisenbahn-
Ausgaben . . . . . 1,466.000 fl.

In der Bedeckung [Cap. 9] gelangt,
gleichfalls zum ersten Male, ein Rückersatz

*) Vom 28. Dec. 1866, R.-G.-Bl. Nr. 176.

geleisteter Vorschüsse, und zwar von der Kaiserin Elisabeth-Bahn mit 700.000 fl. zur Einstellung. Ausserdem sind unter den Einnahmen vom Staatseigenthume [Cap. 26, Tit. 3] als solche der Aerarial-eisenbahnen eingestellt . . 158.029 »
zusammen Eisenbahn-Einnahmen . . . . 858.029 fl.

so dass die präliminirte Netto-Belastung des Budgets für Eisenbahnzwecke nur . . . . 637.971 fl. beträgt.

Die Budgetziffern der einzelnen Jahre von 1862 bis 1868 sind in der folgenden Tabelle übersichtlich zusammengestellt:

Tabelle I.

Staatsausgaben und Staatseinnahmen für Eisenbahnzwecke in Millionen Gulden innerhalb der Budgets 1862—1868.

Jahr	Gesammt-		Abgang	Für Eisenbahnzwecke präliminirte Ausgaben				Einnahme aus Aerarial-eisenbahnen	Mehr-Ausgaben
	Erfordernis	Bedeckung		Garantie-Vorschüsse	Privatbahn-Einlösung	Staats-eisenbahn-bau	Zusammen		
1862	388·772	294·650	94·122	1·900	0·105	1·741	3·746	—·—	3·746
1863	307·088	304·585	62·503	2·195	0·105	2·077	4·377	—	4·377
1864	614·260	568·547	45·713	3·110	0·105	—	3·215	0·107	3·108
1865	522·888	514·905	7·983	3·473	0·106	—	3·579	0·138	3·441
1866	531·274	491·135	40·139	3·499	0·117	1·467	5·083	0·158	4·925
1867	433·896	407·297	26·599	1·416	0·117	0·078	1·611	0·159	1·452
1868	320·231	281·246	39·985	1·466	—	—	1·466	0·828*)	0·608
1862—68 im Ganzen . .			316·144	17·059	0·655	5·363	23·077	1·420	21·657
durchschnittlich . .			45·163	2·435	0·093	0·763	3·297	0·203	3·094

*) Einschliesslich einer Garantie-Vorschuss-Rückzahlung der Kaiserin Elisabeth-Bahn im Betrage von 700.000 fl.

Die Ziffern der vorstehenden Tabelle können, wie hier zur Vermeidung eines Missverständnisses hervorgehoben werden muss, kein vollständiges Bild der directen Einwirkung der Eisenbahnen auf den Staatshaushalt in der besprochenen Periode bieten, da es sich bei der Budget-Aufstellung nur um Präliminar-Annahmen pro futuro und nicht um die zur Zeit derselben noch unbekannte wirkliche Gebarung handelt, deren Ergebnisse von den Präliminar-Ansätzen wesentlich abweichen können. Auch erleiden die Staatsvoranschläge durch Nachtrags-Credite oder Specialgesetze, welche auf das Budget rückwirkende Bestimmungen enthalten, häufig Aenderungen. Hiezu kommt noch, dass in der hier behandelten Periode, welche die ersten Jahre nach Wiedereinführung verfassungsmässiger Einrichtungen umfasst, die Technik der Budgetirung und Präliminar-

Aufstellung erst am Beginn ihrer Ausbildung stand und dass schliesslich der ruhige Gang der wirthschaftlichen Entwicklung in dieser Zeit wiederholt durch Kriegsereignisse [1864 und 1866] unterbrochen wurde, welche die Einhaltung des Budgets unmöglich machten.

Das Interesse, welches die angeführten Ziffern für den Zweck unserer Darstellung bieten, beschränkt sich daher auf die Wiedergabe der bei der Budgetirung angenommenen oder vorausgesetzten Wirkungen des damals noch am Beginn seiner Entwicklung stehenden Garantie-Systems auf den Staatshaushalt. Die in den einzelnen Jahren von 1868—1881 unter Berücksichtigung des Silber-Agios geleisteten Garantie-Vorschuss-Zahlungen sind in der folgenden Tabelle II summarisch zusammengestellt.

Tabelle II.

Geleistete Garantie-Vorschüsse in den Jahren 1868—1881 in Millionen Gulden österr. Währung.

	Silber-Agio	Vorschuss-Zahlung			
		bisml.	hievon in Silber zahlung	Agio-nell	Zusammen
1868	114.80	1.399	1.283	0.190	1.589
1869	121.52	3.868	3.609	0.777	4.645
1870	122.22	6.042	5.815	1.292	7.331
1871	120.64	8.638	8.562	1.767	10.405
1872	109.49	13.374	11.428	1.085	14.459
1873	108.49	14.409	13.499	1.133	15.542
1874	105.42	19.358	16.496	0.894	20.252
1875	103.52	20.493	18.349	0.646	21.139
1876	104.77	21.115	18.968	0.905	22.020
1877	105.55	17.627	15.453	1.476	19.103
1878	102.67	19.813	17.710	0.173	20.286
1879	--	19.341	17.505	--	19.341
1880	--	17.925	16.271		17.925
1881	-	14.265	13.410		14.265
1868—1881		197.667	178.358	10.638	208.305

Geschichte der Eisenbahnen. II.

In der vorstehenden Zeitperiode gelangten Garantie-Vorschuss-Schulden zur Rückzahlung:

1. Seitens der Böhmischen Westbahn im Jahre 1869 für die Periode vom 2. April 1863 bis Ende 1867 mit 1,515.353 fl. Noten, durch Uebergabe von Prioritäts-Obligationen;

2. seitens der Kaiserin Elisabeth-Bahn, welche im Jahre 1870 ihre ganze bis dahin aufgelaufene Garantieschuld im ursprünglichen Betrage von 7,676.004 fl. sammt Zinsen tilgte;

3. seitens der Kaschau-Oderberger Eisenbahn, welche im Jahre 1880 eine Theilquote der empfangenen Vorschüsse mit 173.172 fl. Silber an den Staat rückzahlte.

Diese Rückzahlungen, welche zusammen 9,364.529 fl. ausmachen, sind in der Tabelle II nicht berücksichtigt. Werden dieselben von der Summe der in den Jahren 1868 - 81 geleisteten Garantie-Vorschüsse in Abzug gebracht, so ergibt sich die Netto-Garantie-Leistung in dieser Periode mit rund 198.941 Millionen fl. *)

Ueber die Ergebnisse der Eisenbahn-Gebarung im Rahmen des Staatshaushalts geben vom Jahre 1868 ab die in den Mittheilungen des k. k. Finanzministeriums enthaltenen Nachweisungen Aufschluss. Sie bringen die Erfolge der etatmässigen Gebarung im gesammten Staatshaushalte, die geleisteten Garantie-Vorschüsse und den Netto-Aufwand für den seit 1873 wieder in grösserem Umfange aufgenommenen Staatseisenbahnbau, dann die Betheiligung des Staates beim Baue von Privateisenbahnen. Die Ziffern, welche wie dies auf eisenbahn-finanziellem Gebiete infolge der Verschiedenartigkeit der Contirungsgrundsätze so häufig begegnet · · von den aus anderen Quellen geschöpften Angaben theilweise abweichen, sind in Tabelle III zusammengestellt.

---

*) Gesammtlänge des österr. Bahnnetzes in km:

1868	4.533	1873	9.334	1878	11.302
1869	5.273	1874	9.073	1879	11.370
1870	6.112	1875	10.146	1880	11.444
1871	7.350	1876	10.750	1881	11.712
1872	8.508	1877	11.255		

2

Tabelle III.

Jahr	Erfolg der etatmässigen Gebarung im gesammten Staatshaushalte			Geleistete Garantie-Vorschüsse [incl. Silber-Agio]	Netto-Aufwand für Eisenbahnbau und Betheiligung beim Bau von Privatbahnen	Zusammen Netto-Ausgaben für Eisenbahnen
	Brutto-Ausgaben	Brutto-Einnahmen	Ueberschuss oder Abgang			
	in Millionen Gulden österr. Währung*)					
1868	324·968	325·251	+ 0·3	1·6		1·6
1869	300·479	323·192	+ 22·7	4·7	--	4·7
1870	332·333	355·570	+ 23·2	7·3		7·3
1871	345·645	356·296	+ 10·7	10·4	--	10·4
1872	353·038	367·205	+ 14·2	14·5	--	14·5
1873	398·851	[386·470]**)	—	15·5	0·2	15·7
1874	400·248	[381·486]**)	--	20·3	17·8	38·1
1875	391·764	[384·725]**)	—	21·1	34·4	55·5
1876	415·904	381·418	— 34·5	23·9***)	15·9	39·8
1877	415·478	388·130	— 27·3	19·1	13·2	32·3
1878	503·512	410·597	92·9	20·3	4·4	24·7
1879	454·920	394·766	60·2	19·3	3·8	23·1
1880	432·075	422·197	— 9·9	17·9	2·6	20·5
1881	479·643	442·333	— 37·3	14·3	5·9	20·2
1868—1881	im Ganzen		— 191·0	210·2	98·2	308·4
	durchschnittlich		—	15·1	7·1	22·2

*) Von den in dieser Periode geleisteten Garantie-Vorschüssen per nom. 197·6 Mill. fl. waren 178·3 Millionen fl. in Silber zu zahlen.

**) Die factischen Gebarungs-Deficite der Jahre 1873—75 per 12·381, 18·762 und 7·039 Millionen fl. wurden aus den Cassabeständen bedeckt.

***) Die Garantie-Abrechnungen, welche für das Gegenstandsjahr aufgestellt sind und daher nicht die in demselben factisch geleistete Zahlung ausweisen, geben die Ziffer von 22·0 Millionen fl. als Garantie-Vorschuss-Leistung pro 1876, daher die kleinere Summe von 208·3 Millionen fl.

Die vorstehende Tabelle schliesst mit 1881 als dem letzten Jahre ab, in welchem der Staatshaushalt, soweit es sich um die Einwirkung der Eisenbahnen handelt, noch unter dem Zeichen des Garantie-Systemes stand. Zwei Momente treten dabei augenfällig hervor.

Zunächst das durch die Inbetriebsetzung ertragsschwacher Neubaulinien bedingte rapide Anwachsen der Garantie-

Vorschuss-Zahlungen in der Periode 1868 bis 1876 von 1·6 auf 23·9 Millionen fl., welcher Umstand bekanntlich den Anstoss dazu gab, durch das von dem damaligen Handelsminister Ritter von Chlumecky [Abb. 1] eingebrachte und mit Erfolg vertretene Gesetz vom 14. December 1877, R.-G.-Bl. Nr. 116,*) »die garantirten Bahnen betreffend«, die Wiederaufnahme des Staatsbetriebes bei nothleidenden und den Staat übermässig belastenden garantirten Bahnen sowie deren Erwerbung durch den Staat grundsätzlich vorzuzeichnen.

Hiemit war der erste entscheidende Schritt gethan, um die bisherige eisenbahnpolitische Richtung zu verlassen und zum gemischten Systeme überzugehen, in welchem fortan den Privatbahnen die vom Staate selbst betriebenen Bahnen zur Seite stehen.

Ueber den hiefür bestimmenden Gedankengang gibt die am 1. December 1876 eingebrachte Regierungs-Vorlage, welche dem obigen Gesetze zugrunde liegt, authentischen Aufschluss. Die ein-

Abb. 1.

schlägigen Stellen des Motivenberichtes [589 der Beilagen der VIII. Session] folgen hier auszugsweise:

»Indem der Staat die zum Baue und Betriebe von Eisenbahnen ins Leben gerufenen Erwerbsgesellschaften durch Gewährung von Zinsen- und Ertragsgarantien in ausgiebiger Weise unterstützte und den Staatsfinanzen die Gefahr schwerer Lasten aufbürdete, wurde von dem Grundgedanken ausgegangen, dass diese Unterstützung nur als eine formelle, die Aufbringung der zur Begründung des Unternehmens nöthigen Geldmittel erleichternde, jedenfalls nur vorübergehende Staatshilfe zur Ueberwindung der Schwierigkeiten der ersten Betriebsjahre zu dienen habe, und dass für die Abkürzung dieser Periode wirthschaftlicher Unmündigkeit der wirksamste Antrieb eben in jenem individuellen Erwerbsinteresse der Gesellschaften zu suchen sei, von dessen Bethätigung die künftige wirthschaftliche Prosperität der Unternehmungen zu erwarten war.

Thatsächlich hat die bezeichnete Annahme sich jedoch nur bei einer Minderzahl der mittels Staatsgarantie ins Leben getretenen Eisenbahn-Unternehmungen bewahrheitet, bezüglich welcher die steigende Ertragsfähigkeit der Linien eine Vorschussleistung des garantirenden Staatsschatzes nach einigen Jahren ganz entbehrlich werden liess oder doch ausreicht, um dieses Ziel unter normalen Verhältnissen in näherer Zukunft sicher gewärtigen zu lassen.

In diesen Fällen hat das System des Privatbetriebes mit Staatsgarantie den gehegten Erwartungen und Voraussetzungen entsprochen.

*) Vgl. Dr. Victor Röll »Das Gesetz vom 14. December 1877 über die Regelung der Verhältnisse garantirter Bahnen« [Wien, 1880, Zamarski], woselbst namentlich die Rechtsfrage vom Standpunkte der Bahnen scharf geprüft wird.

2*

Bei der Mehrzahl der garantirten Bahnen gestaltete sich die Sachlage jedoch anders, namentlich seitdem man dazu gelangt war, das System der Concessionirung an Privatgesellschaften mit Staatsgarantie auch auf Eisenbahnlinien anzuwenden, deren Ertragsverhältnisse eine wirksame Bethätigung des individuellen Erwerbsinteresses der concessionirten Gesellschaften gänzlich oder doch zum allergrössten Theile ausschliessen mussten.

Bei diesen Bahnen, welche seit ihrem Bestande genöthigt sind, die Staatsgarantie alljährlich, und zwar mitunter in sehr grossem Umfange, ja sogar mit dem höchsten zulässigen Betrage in Anspruch zu nehmen und denen jede Hoffnung auf eine Besserung dieses Verhältnisses in näherer Zukunft benommen ist, erscheint die wirthschaftliche Lage durch das rapide Anwachsen einer den Vermögenswerth des Unternehmens aufzehrenden Garantie-Schuldenlast ernstlich bedroht sowie das Interesse des garantirenden Staatsschatzes in hohem Grade gefährdet.

Hiezu kommt, dass bei einer thatsächlich auf Kosten des Staates stattfindenden Gebarung selbst durch scharfe und kostspielige Controle die Gefahr einer immerhin möglichen Misswirthschaft nicht beseitigt werden kann, und dass die bei so ungünstigen Ergebnissen naheliegende Vermuthung einer solchen Gefahr die Thatkraft und den Geist der Verwaltung in nachtheiligster Weise beeinflussen muss.

Der Anwendung des Garantie-Systems auf derartige Bahnen ist schliesslich in jenen einzelnen Fällen, wo die Betriebseinnahmen nicht einmal zur Deckung der Betriebskosten ausreichten, das Hervortreten der Streitfrage über das Betriebs-Deficit zuzuschreiben — einer Streitfrage, deren schädliche Folgen für den österreichischen Eisenbahncredit keiner weiteren Erörterung bedürfen.

— — — — — — —

In der That haben sich bei einigen garantirten Bahnen derartige Missverhältnisse herausgebildet und sind die finanziellen Opfer, welche hieraus für den Staatsschatz erwachsen, ungeachtet der wirksamsten Controle, welche schliesslich doch den Mangel des individuellen Erwerbsinteresses nicht ersetzen kann, namentlich im Hinblicke auf die stetige Steigerung der Garantielast, nahezu erdrückend geworden.

Wie die als Beilage I angeschlossene Uebersicht der im Staatsvoranschlage der Finanzgesetze eingestellten Ausgaben an 4%igen Vorschüssen für garantirte Eisenbahn-Unternehmungen zeigt, ist das budgetmässig bewilligte Jahreserforderniss für Garantie-Vorschüsse in den Jahren 1868 bis 1876 von 1,437.500 fl. oder 0·45%, des gesammten Staatsausgaben-Budgets auf 23,124.680 fl. oder 5·73% dieses Budgets gestiegen.

Nach der als Beilage II nachfolgenden Zusammenstellung haben die derzeit noch aushaftenden Garantie-Schulden von Eisenbahnen der im Reichsrathe vertretenen Länder seit 1861 bis 1875 den Gesammtbetrag von 94,263.719 fl., darunter an Vorschüssen 83,783.288 fl. und an Zinsen bis 31. December 1875 10,480.430 fl. erreicht.[*] — Dabei ist nicht zu übersehen, dass bei mehreren garantirten Bahnen infolge der noch anhängigen Abrechnungen und Capitalsfeststellungen, Nachtragszahlungen für die verflossenen Jahre ausständig sind. — Eine erhebliche Besserung der Garantielast ist auch nach den Aufstellungen des Staatsvoranschlages für 1877, woselbst die Erfordernisssumme von der Regierung mit 22,160.000 fl., darunter 21,105.000 fl. Silber beziffert wird, nicht zu gewärtigen, vielmehr eine weitere Mehrbelastung infolge des höheren Silber-Agios zu befürchten. — Wenngleich die Hoffnung begründet erscheint, dass die Höhe der Garantielast der bestehenden Bahnen den Culminationspunkt erreicht hat, so ist doch nicht zu vergessen, dass demnächst die Garantie für die Salzkammergutbahn (rund mit 1½ Millionen) in Wirksamkeit treten wird, und einige andere Linien mit Staatsgarantie dotirt sind, deren Concessionirung immerhin in Aussicht genommen werden darf.

Ausserdem zeigen die Schlussziffern der Tabelle II, dass das seit 1876 im Staatshaushalte neuerdings eingetretene Gebarungs-Deficit mit den für Eisenbahnzwecke gemachten Ausgaben in so naher Beziehung steht, dass wohl von einem ursächlichen Zusammenhange gesprochen werden kann.[**]

Die Summe der Garantie-Nettozahlungen in den Jahren 1868—1881 mit nominell 197·6, effectiv 208·3 Mill. fl. deckt sich nahezu mit dem Passiv-Saldo der Staatshaushalts-Bilanzen derselben Periode, wogegen die Summe der Staats-Deficite 1876—1881 mit 262 Millionen fl. augenscheinlich dadurch so hoch ausgefallen ist, dass der mit den hohen Garantie-Vorschusszahlungen im Gesammtbetrage von 114·8 Mill. fl. zu-

---

[*] In dem vom Abg. Dr. Russ als Berichterstatter verfassten, ein glänzendes Plaidoyer für den Staatsbetrieb darstellenden Berichte des Eisenbahn-Ausschusses vom Mai 1877 (Z. 678 der Beilagen) ist die Garantieschuld Ende 1876 incl. Zinsen mit 122,672.434 fl. berechnet.

[**] Vgl. Beer, »Staatshaushalt Oesterreich-Ungarns«, an den im I. Abschnitt angeführten Stellen, S. 241 u. 254.

sammentreffende Aufwand für den Eisenbahnbau nach Verwendung des demselben
überwiesenen 52 Millionen-Antheils aus
dem Nothstands-Anlehen vom Jahre 1873
mit noch fast weiteren 50 Mill. fl. gleich
einer laufenden Gebarungs-Auslage behandelt und mit der vollen Capitalsziffer
in die Jahresbudgets eingestellt wurde,
obwohl er doch eine Capitals-Investition
darstellt. Ohne diese beiden Ausgabsposten würde die
Summe der Ge-
barungs - Deficite
obiger Jahre statt
262 nur 100 Mil-
lionen fl. betragen
haben.

Unter diesen
Umständen be-
greift sich die
sorgenvolle Acht-
samkeit, welche
die Ressortmini-
ster der zweiten
Hälfte der Sieb-
ziger-Jahre, Rit-
ter von Chlu-
mecky und Frei-
herr von Pretis,
der Garantie-Ge-
barung zuwand-
ten. Nebst dem
vorhin bespro-
chenen Gesetze
über die garantir-
ten Bahnen war
es die Einrichtung
einer schärferen
Controle und
eines die frühere
Unsicherheit und
Verschleppung
der Garantie-Abrechnungen behebenden
Rechnungswesens, auf welches Ziel die
Bemühungen der leitenden Staatsmänner
vornehmlich gerichtet waren. Es bleibt
ein nicht hoch genug anzuschlagendes
Verdienst des damals zum zweiten Male
nach Oesterreich berufenen General-
Directors Sectionschefs von Nördling
[Abb. 2], in diesen schwierigen und verwickelten Gegenstand Ordnung und Klarheit gebracht und nebst der Errichtung
einer eigenen General - Inspections - Ab-

theilung für diesen Dienstzweig, durch
die Einsetzung der Garantie-Rechnungs-
commission den festen organisatorischen
Rahmen geschaffen zu haben, in dem die
Abwicklung der Garantie - Verhältnisse
mit den Gesellschaften unter sorgsamer
Wahrung der Interessen des Staatsschatzes sich seither anstandslos und
rechtzeitig vollzieht. *)

Um die Gebarungs-Ergebnisse der
Staatsgarantie bis
zur Gegenwart
zur Darstellung zu
bringen, sind die-
selben in den bei-
den nachstehen-
den Tabellen IV
und V zuerst jahr-
weise, dann sum-
marisch bis Ende
1895 für die ein-
zelnen Bahnen
nach den Sum-
men der denssel-
ben ausgezahl-
ten Garantie-Vor-
schüsse, der ge-
leisteten Rück-
zahlungen, der
bei den Verstaat-
lichungen erfolg-
ten Abschreibun-
gen und dem
Stande der per
1. Januar 1896
aufrecht verblie-
benen Forderung
des Staates an
solchen Vorschüs-
sen zusammen-
gefasst. – Die
von den Garantie-

Abb. 2.

Vorschüssen rechnungsmässig zu entrich-
tenden 4%igen Zinsen, deren Höhe
nach den einzelnen Jahren variirt, sind
hierbei nicht berücksichtigt; ebenso
nicht die auf Abschlag der Zinsenfor-
derung des Staates geleisteten Garantie-
Rückzahlungen.

---

*) Ueber das Wirken Sectionschef von
Nördling's in Oesterreich enthält eingehende
Mittheilungen: Konta, Eisenbahn-Jahrbuch,
neue Folge, II. [13] Bd., S. 5, Wien 1880,
Lehmann & Wentzel.

Garantie-Vorschüsse und Rückzahlungen, dann Netto-
[Die Rückzahlungen

Bezeichnung der Bahn	1882	1883	1884	1885	1886	1887
a) Verstaatlichte Bahnen.						
1. Kaiserin Elisabeth-Bahn . . .	—	—				
2. Kaiser Franz Josef-Bahn . . .	0·567	0·421	—	—		—
3. Kronprinz Rudolf-Bahn . . .	6·147	6·079	—	—	—	—
4. Vorarlberger Bahn	0·643	0·651	0·687	—	—	—
5. Galizische Carl Ludwig-Bahn	0·638	1·060	0·989	1·120	1·310	1·239
6. Erzherzog Albrecht-Bahn . .	1·002	0·804	0·878	1·070	0·964	0·819
7. Mährische Grenzbahn	0·318	0·293	0·330	0·357	0·352	0·303
8. Eisenerz-Vordernberg	—		—	—	—	—
9. Localbahn Laibach-Stein . .			—	—	—	—
10. Dux-Bodenbacher Bahn . . .	—		—	—	—	—
11. Böhmische Westbahn	—		—	—	—	—
b) Für Rechnung des Staates betriebene Bahnen.						
12. Erste ungar.-galizische Eisenbahn*)	0·953	0·951	1·022	1·205	1·171	0·865
13. Ungarische Westbahn*) . . .	0·282	0·360	0·285	0·333	0·330	0·245
14. Lemberg - Czernowitz - Jassy - Eisenbahn*)	1·869	1·029	1·506	1·617	1·922	1·860
c) Selbstständige Privatbahnen.						
15. Kaschau-Oderberger Eisenb. .	—	—	—		—	0·013
16. Kaiser Ferdinands-Nordbahn . [Mähr.-schles. Nordbahn] . . .	0·300	0·288	0·334	8·089	—	—
17. Brünn-Rossitzer Bahn	0·005	0·012	0·019	0·011	0·006	0·018
18. Oesterr. Nordwestbahn . . .	0·296	0·407	1·852	3·280 / 1·333	0·128 / 0·933	0·820
19. Süd-Norddeutsche Verbindgs.-Bahn	0·435	0·942	0·606	0·804	0·794	0·891
20. Oesterr.-ungar. Staatseisenb.-Gesellschaft [Ergänzungsnetz]	0·355	0·159	0·439	0·626	0·090	0·833
d) Localbahnen.						
21. Wodñan-Prachatitz	—		—		—	
22. Strakonitz-Winterberg	—	—	—			
23. Gailthalbahn		—	—	—	—	
24. Friauler Eisenbahn			—		—	—
25. Deutschbrod-Humpoletz . . .	—		—			
Netto-Garantie-Gebarung	13·800	13·522	8·909	2·985	8·534	7·844

Garantie-Gebarung in Millionen Gulden 1882—1895.
sind fett gedruckt.]   *Tabelle IV.*

1888	1889	1890	1891	1892	1893	1894	1895	Anmerkung
—	—	—	—	—	—	—	—	
—	—	—	—	—	—	—	—	
—	—	—	—	—	—	—	—	
1·306	1·306	1·052	1·218	—	—	—	—	
0·770	0·835	0·703	—	—	—	—	—	
0·204	0·301	0·251	0·238	0·311	0·322	—	—	
—	—	—	—	0·123	—	—	—	
—	—	—	—	—	0·006	—	—	
0·208	0·208	—	—	—	—	—	—	
—	—	—	—	—	—	—	—	
1·307	—	—	—	—	—	—	—	
0·266	—	0·371	—	—	—	—	—	
1·866	1·787	1·772	2·074	2·328	1·884	—	3·874	
0·133	**2·145**	—	—	—	—	—	—	
0·028	**0·033**	—	—	—	—	—	—	
0·430	0·389	—	0·572	0·530	0·136	—	—	
0·810	0·929	1·175	1·055	1·262	3·570 / 0·746	0·657	0·874	
0·730	0·589	0·258	0·281	0·259	0·196	0·345	0·707	
—	—	—	—	—	0·005	0·010	0·010	
—	—	—	—	—	0·004	0·007	0·005	
—	—	—	—	—	—	0·019	0·046	
—	—	—	—	—	—	0·033	0·069	
—	—	—	—	—	—	0·003	0·012	
7·828	3·750	4·840	5·438	4·813	0·280	4·074	1·851	

*) Die Zuschüsse für die Erste ungarisch-galizische Eisenbahn, ungarische Wettbahn und Lemberg-Czernowitz-Jassy-Eisenbahn sind bezüglich der beiden ersten seit 1889, bezüglich der letztgenannten Bahn seit 1893, mit welchen Jahren die Betriebsführung für Rechnung des Staates begann, nicht mehr als Garantie-Vorschüsse, sondern als vertragsmässige Zahlungen verrechnet.

Tabelle V.
Staats-Garantie-Vorschüsse vom Beginn der Garantie-Leistung bis Ende 1895.

Name der Bahn	Ausgezahlte Garantie-Vorschüsse [incl. Betriebs-Defizit]	Rückgezahlte Garantie-Vorschüsse	Abgeschriebene Garantie-Vorschüsse	Stand der Garantie-Vorschuss-Forderung des Staates per 1. Jänner 1896
	In Gulden österr. Währung			
a) Verstaatlichte Bahnen.				
1. Kaiserin Elisabeth-Bahn	31,124.485	7,676.004	23,448.481	
2. Kaiser Franz Josef-Bahn	21,042.356	--	21,042.356	
3. Kronprinz Rudolf-Bahn	72,774.987		72,774.987	
4. Vorarlberger Bahn	10,440.377	—	10,440.377	
5. Erste ungar.-galizische Eisenbahn	17,055.425	--	17,055.425	
6. Ungarische Westbahn	5,104.121	—	5,104.121	
7. Galiz. Carl Ludwig-Bahn	18,115.926	--	18,115.926	—
8. Erzherzog Albrecht-Bahn	14,686.675	-	14,686.675	
9. Mährische Grenzbahn	6,493.884		6,493.884	
10. Eisenerz-Vordernburg	122.691		122.691	
11. Localbahn Laibach-Stein	5.747		5.747	
12. Dux-Bodenbach	207.604	207.604		
13. Böhmische Westbahn	1,515.353	1,515.353		
b) Selbstständige Privatbahnen.				
14. Kaschau-Oderberger Bahn	2,465.549	2,465.549	--	
15. Mähr.-schlesische Nordbahn	8,088.657	8,088.657		
16. Brünn-Rossitzer Bahn	130.400	130.400		
17. Lemberg-Czernowitzer Bahn *)	40,436.562	3,574.003		36,862.559
18. Oesterr. Nordwestbahn	21,197.445	3,376.312		17,821.133
19. Süd-Nordd. Verbindungs-Bahn	25,422.883	3,579.177		21,843.706
20. Staatseisenbahn-Gesellschaft [Ergänzungsnetz]	14,681.300			14,681.300
c) Localbahnen				
21. Wodňan-Prachatitz	24.350	—	—	24.350
22. Strakonitz-Winterberg	15.242		—	15.242
23. Gailthalbahn	64.815		--	64.815
24. Friauler Eisenbahn	101.485		—	101.485
25. Localb. Deutschbrod-Humpoletz	15.192		—	15.192
Zusammen 1—25	311,333.580	30,613.128	189,290.070	91,429.782

*) Seit 1889 vom Staate für eigene Rechnung gegen eine der Garantie gleichkommende fixe Jahresrente betrieben.

Die Schlussziffern zeigen den Gesammterfolg, dass von den 311·3 Mill. fl. Garantie-Vorschüssen 30·6 Mill. fl. = 9·8 % an den Staat zurückgezahlt, 189·3 Mill. fl. = 60·8 % durch Abschreibung erloschen sind und 91·4 Mill. fl. = 29·4 % als Forderung des Staates aufrecht bestehen. Diese Forderung repräsentirt allerdings nur insofern einen realisirbaren Werth, als die Erträgnisse der betreffenden Bahnen Aussicht auf Ueberschüsse, welche den garantirten Reinertrag übersteigen, eröffnen oder im Falle ihrer Einlösung ein erübrigendes Vermögen rechtlich zur Tilgung der Garantie-Schuld herangezogen werden kann.

Der Vollständigkeit halber ist noch beizufügen, dass in den vorstehenden Aufstellungen nicht inbegriffen sind die [nicht rückzahlbaren] Garantie-Zuschüsse für die Zittau-Reichenberger Bahn, deren österreichischen Staat seit ihrer Eröffnung ständig mit Beträgen belastet, welche von 337.000 fl. [1863] successive bis auf jährlich 35.000 fl. herabgesunken sind.

Dessgleichen ist die auf Grund des Gesetzes vom 20. Mai 1869, R.-G.-Bl. Nr. 85, zufolge des Uebereinkommens vom 27. Juli 1869, R.-G.-Bl. Nr. 138, und des Zusatzartikels vom 30. Januar 1870 an die Südbahn-Gesellschaft als fixer Staatsbeitrag zur Verzinsung und Tilgung des für den Bau der Eisenbahnlinien Villach-Franzensfeste und St. Peter-Fiume aufgenommenen fünfpercentigen Specialanlehens per 50,000.000 fl. bezahlte Annuität von 762.047 fl. ö. W. Noten in den vorerwähnten Gesammtziffern nicht enthalten. Diese Ausgabspost wird

übrigens von Anbeginn nicht im Etat des Eisenbahnwesens [Handelsministerium] sondern in jenem des Finanzministeriums unter dem Titel »Staatsschuld der im Reichsrathe vertretenen Königreiche und Länder« verrechnet.

Andererseits besteht für den Staat der Südbahn gegenüber ein Participations-Verhältnis an den Brutto-Einnahmen, indem zufolge des Uebereinkommens vom 13. April 1867, R.-G.-Bl. Nr. 69, Antheile [$^1/_{10}$ und $^1/_4$] derselben, insoweit sie die Grenzwerthe von 107.000 fl. und 110.000 fl. per Meile übersteigen, dem Staate auf Abschlag seiner Kaufschillingsrest-Forderungen zugewiesen sind. Aus diesem Titel sind dem Staate, bevor die Frage infolge Ablaufs der Steuerfreiheit der Unternehmung mit Ende 1880 streitig wurde — ein Streit, der bekanntlich in allerjüngster Zeit durch schiedsgerichtliches Urtheil zur Austragung gelangt ist*) — in den Jahren 1871–1879 zusammen 6,166.405 fl. zugeflossen. Infolge des Schiedsrichterspruches empfing der Staat für die Jahre 1880—1895 eine weitere Abschlagszahlung von 1,669.950 fl.

Die Betheiligung des Staates an dem Reingewinn der Kaiser Ferdinands-Nordbahn datirt seit der Neu-Concessionirung mit 1. Jänner 1886 und wird an einer späteren Stelle berücksichtigt werden. Das analoge Verhältnis bei der Aussig-Teplitzer Eisenbahn [seit 1894] kommt in den Einnahmen des Staatsbetriebes zum Ausdruck.

_____

*) Vgl. Band I. Konta: »Geschichte der Eisenbahnen Oesterreichs von 1867 bis zur Gegenwart«.

IV. Staatsbetrieb und Staatshaushalt.

Mit der von dem Handelsminister Ritter v. Kremer [Abb. 3] und dem Finanzminister Dr. Ritter v. Dunajewski Ende 1880 eingeleiteten Erwerbung der Kaiserin Elisabeth-Bahn beginnt in Oesterreich die Eisenbahn-Verstaatlichung in grossem Stile — eine staatswirthschaftliche Action, welche die folgenden Handelsminister systematisch fortgeführt haben, und zwar Baron Pino-Frieden-

thal [Abb. 4] bezüglich der Kaiser Franz Josef-, Kronprinz Rudolf-, Vorarlberger-, Pilsen-Priesener-, Prag-Duxer- und Dux-Bodenbacher Bahn, Marquis Bacquehem bezüglich der galizischen Carl Ludwig-Bahn, Ersten ungarisch-galizischen Eisenbahn und ungarischen Westbahn, Graf Wurmbrand bezüglich der Lemberg-Czernowitzer Eisenbahn, Böhmischen Westbahn, mährisch-schlesischen Centralbahn und mährischen Grenzbahn. Wie kaum eine andere hat diese Action, bei deren Durchführung bis zum Jahre 1886 Sectionschef Freiherr von Pusswald [Abb. 5] in hervorragender Weise leitend mitwirkte, das Staatsbudget schon durch die Erweiterung des staatlichen Wirthschaftsbereiches nachhaltig beeinflusst.[*)]

Mit dem Jahre 1882 wird die gesammte Einnahmen- und Ausgaben-Gebarung der neu erworbenen Kaiserin Elisabeth-Bahn in den Staats-Voranschlag einbezogen und erlangt fortan der bis dahin auf die Präliminirung zersplitterter Bahnfragmente beschränkte Titel »Staatseisenbahn-Betrieb« eine hervorragende, durch die hinzutretenden Verstaatlichungen stetig wachsende Bedeutung. Die Gebarungs-Ergebnisse des Staatsbetriebes, dessen Neu-Einführung unter den schwierigsten Verhältnissen nur der rastlosen Energie und seltenen Spannkraft des ersten Präsidenten Sectionschefs Freiherrn von Czedik [Abb. 6] gelingen konnte, nehmen fortan im Staatshaushalte wie in der

---

*) Die nachstehende Zahlenreihe zeigt den wachsenden Umfang der im Staatsbetriebe stehenden Bahnen:

Jahr	Betriebslänge in *km*	
	durchschnittlich	mit Jahresschluss
1881	987	987
1882	2089	2089
1883	2303	2488
1884	4542	5104
1885	5135	5190
1886	5210	5227
1887	5431	5541
1888	5608	5777
1889	6744	6913
1890	6948	7003
1891	7048	7132
1892	8006	8026
1893	8077	8210
1894	8284	8433
1895	8826	8902
1896	9000	9180

Oeffentlichkeit einen breiten Raum ein; sie werden als Prüfstein für den Werth des geltenden eisenbahnpolitischen Systems Gegenstand des allgemeinen Interesses und rufen eine eigene Literatur hervor, in der die Meinungs-Gegensätze scharf auf einander stossen. Die Trennung der Materie in zwei Etats — Handels- und Finanzministerium — zwischen welchen überdies manche Posten, wie die Rentenzahlungen für verstaatlichte Bahnen, je nach der Form des Entgelts hin- und herschwanken, erschwert die Uebersicht. Die finanziellen Gesammt-Ergebnisse des Staatsbetriebes stellen sich, nach dem Massstabe der für diesen Verwaltungszweig in der Theorie angenommenen Gebarungs-Principien im Ganzen als ungünstige dar, da von einer Aufbringung von Netto-Beiträgen zu allgemeinen Staatszwecken bisher nicht die Rede sein kann. Vielmehr ist die Gebarung des Etats der Staatsbahnen gegenüber den aus dem Eisenbahnbesitze erwachsenen Capitalslasten durchwegs eine passive, indem die Betriebs-Ueberschüsse der Staatsbahnen aus den oben im Abschnitt II erörterten Gründen nicht ausreichen, um die zumeist im Etat der Staatsschuld wirkenden Zinsen- und Tilgungs-Erfordernisse der für den Bau und die Erwerbung der Staatsbahnen aufgenommenen Schulden zu bedecken. Wenn es aber auch als feststehend gelten muss, dass das österreichische Staatsbahnnetz seine Anlagekosten nur zum Theil aus dem Betriebe verzinst und deshalb Jahr für Jahr Zuschüsse aus allgemeinen Staatsmitteln beansprucht, so ist doch das Ausmass dieser Zuschüsse je nach den verschiedenen für die Berechnung der Capitalslasten angewendeten Methoden ein bestrittenes. Die hierüber veröffentlichten amtlichen Daten der Staatsvoranschläge und Verwaltungsberichte wurden von parlamentarischer und publicistischer Seite namentlich deshalb bemängelt, weil in denselben die auf die Höhe des zu verzinsenden Anlage-Capitals Einfluss übenden Nachtragsbauten und Investitionen anfangs nicht vollständig in Rechnung gezogen waren.[*)]

---

*) Kaizl, »Passive Eisenbahnen«, S. 7.

Ohne auf diese Controverse hier näher einzugehen — die hauptsächlichen Beanständungen sind seit 1895 durch Einbeziehung der Nachtrags-Erfordernisse in den amtlichen Berechnungen berücksichtigt — darf doch auch andererseits nicht übersehen werden, dass die Betriebs-Ueberschüsse der österreichischen Staatsbahnen in ihrem budgetären Effecte eigentlich künstlich verschlechtert sind.

Im Zusammenhange mit dem bei der Wiederaufnahme des Staatsbetriebes proclamirten Grundsatze, »dass die Staatsbahnen in jeder Hinsicht gleich den Privatbahnen behandelt werden sollen«, ist man bei strenger und nicht immer wohlwollender Anwendung der staatlichen Budget- und Verrechnungsformen auf die Gebarung des Staatsbetriebes dazu gelangt, diese letztere so eng einzuschnüren, dass ihre Ergebnisse schon aus diesem Grunde hinter jenen der Privatbahnen nothgedrungen zurückstehen mussten. Vor Allem schon dadurch, dass den Staatsbahnen weder ein Erneuerungs- oder Reservefond, noch ein Capitalconto zu Gebote stand, um — wie es die Natur derartiger Unternehmungen erheischt — Auslagen, die ausserhalb der normalen Betriebskosten erwachsen und eine nutzbringende Capitalanlage oder Wertherhöhung darstellen, auf mehrere Jahre zu vertheilen oder dem Anlage-Capital zuzurechnen. Die Methode,

derartige Auslagen als ausserordentliche Betriebsausgaben zu behandeln, drängte späterhin zu dem Nothbehelf der offenen oder verdeckten Ressortschulden, als welche die fallweise bei Einzeltransactionen beschafften Investitionsfonde, die sodann bei ihrer Verwendung im Budget als laufende Einnahmen figurirten, wohl gelten müssen. Die Unzulänglichkeit dieser in der Sachlage vollauf begründeten Vorsorgen gegenüber der Höhe des Bedarfes hatte eine sachlich durchaus ungerechtfertigte Herabdrückung des Reinertrages der Staatsbahnen und im budgetären Effect eine Verschlechterung der Bilanz des Staatseisenbahn-Etats zur Folge, welcher, insoweit nicht einzelne Investitionen in den vorerwähnten Specialfonden Bedeckung fanden, mit den vollen Capitalssummen der Investitions-Auslagen statt mit der durch deren Beschaffung dem Staate erwachsenen Jahreslast herangezogen wurde. Vom Standpunkte einer sachlich richtigen Darstellung der Gebarungs-Ergebnisse der Staatsbahnen muss daher die von Sr. Excellenz dem Herrn Finanzminister Dr. Ritter v. Biliński angebahnte Aenderung der bisherigen Budgetirung durch Schaffung eines besonderen Investitions-Budgets dankbar begrüsst werden. Als praktische Anwendung des Annuitäten-Princips [*]

[*] Vgl. die im Bericht des Eisenbahn-Ausschusses vom 17. Mai 1887, S. 10, beantragte Resolution [Z. 413 der Beilagen].

Abb. 3.

schliesst sich die neue Budgetirungs-Methode folgerichtig jener an, in welcher der Staat sich an der Donau-Regulirung und den Wiener Verkehrsanlagen betheiligt hat. Die consequente Durchführung dieser Reform wird bei aller fachlichen Strenge, die das Staatsbahn-Budget nicht zu scheuen hat, fortan ein treues und wahres Bild der Eisenbahn-Betriebs-Gebarung des Staates zustande bringen helfen. Ein weiterer, die Gebarungs-Ergebnisse der österreichischen Staatsbahnen ungünstig beeinflussender Umstand liegt in ihrer Besteuerung. So sehr es gerechtfertigt ist, den durch Staatsbahnen vermittelten Verkehr hinsichtlich seiner öffentlichen Abgabenpflicht [Fahrkarten- und Frachtbriefstempel etc.] gleich jenem der Privatbahnen zu behandeln, muss es doch theoretisch genommen als Anomalie erscheinen, das dem Staate aus dem Betriebe seiner Eisenbahnen zufliessende Einkommen, wiewohl es dem Staate ohnedies zur Gänze gehört, einer Besteuerung zu unterziehen. Die Anomalie wird dadurch besonders auffällig, dass andere staatliche Erwerbszweige oder Regalitäten unbestritten steuerfrei sind. Wenn nun auch das Gesetz vom 19. März 1887, R.-G.-Bl. Nr. 33, mit welchem die Erwerb- und Einkommensteuerpflicht der Staatseisenbahnen eingeführt worden ist [§ 1: »Die im Eigenthum des Staates befindlichen Eisenbahnen sind der Erwerb- und Einkommensteuer zu unterziehen«], sein Zustandekommen dem an sich gewiss wohlbegründeten Widerstande der autonomen Körper verdankt, welche durch den Fortgang der Verstaatlichungsaction mit Ein-

Abb. 4.

bussen an ihrem Einkommen aus den Zuschlägen zu den directen Steuern der vormaligen Privatbahnen bedroht waren, so scheint die dadurch geschaffene Rechtslage doch über den gerechtfertigten Schutz des Fortgenusses der erwähnten Zuschläge merklich hinauszugehen. Es wird nämlich auf dem betretenen Wege nicht nur im Staatsbudget eine empfindliche Verschiebung zu Gunsten des Steuer-Etats und zum Nachtheile des Staatsbahn-Etats herbeigeführt, die mindestens $1/9$ des Betriebs-Ueberschusses der Staatsbahnen beträgt, sondern auch der Staat bezüglich seines Eisenbahn-Einkommens den autonomen Körpern abgabenpflichtig gemacht — ein Verhältnis, welches nur bei obwaltender hoher Einsicht und Billigkeit auf Seite der autonomen Vertretungskörper als für den Staat erträglich bezeichnet werden kann.

Um zu einem Ueberblick der Wirkungen der vorhin besprochenen, die Gebarungs-Ergebnisse der Staatsbahnen ungünstig beeinflussenden Momente — der den Ertrag belastenden Capitalsauslagen und der Besteuerung zu gelangen, sind die einschlägigen Jahresziffern in der nachfolgenden, den Verwaltungsberichten der k. k. Staatsbahnen entnommenen Zusammenstellung der finanziellen Ergebnisse der Staatsbahnen und für Rechnung des Staates betriebenen Bahnen für die Jahre 1881—1896 Tabelle VI — in der Weise ersichtlich gemacht, dass die unter Repartition der im Jahre 1887 vorgeschriebenen Steuernachträge pro 1881—1887 auf jedes der einzelnen Jahre entfallende Leistung an Steuern sammt Zuschlägen und Gebühren bei den Betriebs-Ausgaben [Colonne 3] in Klammer beigesetzt, die auf andere Conti gehörigen, im Budget als Ausgaben des Eisenbahn-Etats behandelten Ausgaben und Lasten aber in Colonne 5—7, dann summarisch [Colonne 8] dem Betriebs-Ueberschusse zur Seite gestellt sind. Die in der Tabelle gegebenen Zahlen sind durchwegs mit Berücksichtigung der weggelassenen Stellen abgerundet, wodurch sich die in einzelnen Summen und Differenzen bemerkbare Abweichung um eine Einheit der letzten Decimalstelle [= 1000 fl.] erklärt.

Tabelle VI.

Finanzielle Ergebnisse der Staatsbahnen und für Rechnung des Staates betriebenen Bahnen [incl. Bodensee-Dampfschifffahrt] in Millionen fl. ö. W.

1	2	3	4	5	6	7	8	9
	Betriebs- und sonstige Einnahmen	Betriebs-Ausgaben [darunter Steuern sammt Zuschlägen und Gebühren]	Betriebs-Ueberschuss	Hiervon bestrittene auf andere Conti gehörige Ausgaben				Budgetärer Netto-Erfolg im Eisenbahn-Etat
Jahr				Pachtzinse und Renten-Zahlungen	Vertragsmässige Zahlungen für Verzinsung und Amortisation	Investitionen und sonstige Ausgaben im Extraordinarium	Zusammen	
1881	12·829	7·369 [0·350]	5·460	0·024	0·819	0·548	1·391	4·069
1882	21·856	12·486 [0·562]	9·370	0·024	0·819	0·646	1·489	7·881
1883	21·635	13·449 [0·665]	8·186	0·024	0·819	1·588	2·431	5·755
1884	35·013	23·961 [1·754]	11·052	0·024	0·819	1·011	1·854	9·198
1885	36·598	24·427 [1·257]	12·171	0·029	0·819	2·968	3·816	8·355
1886	38·910	23·857 [1·424]	15·133	0·030	0·819	3·665	4·514	10·619
1887	39·457	24·503 [1·564]	14·954	0·056	0·819	2·484	3·358	11·596
1888	42·706	25·988 [1·450]	16·718	0·056	0·819	4·703	5·578	11·140
1889	50·052	31·852 [1·759]	18·800	1·157	0·819	5·107	7·083	11·717
1890	54·715	36·332 [2·004]	18·383	1·907	0·819	4·357	7·083	11·300
1891	55·254	39·217 [2·199]	16·037	1·967	0·819	7·028	9·814	6·223
1892	67·668	49·002 [2·395]	18·666	5·168	0·819	6·058	12·045	6·621
1893	72·620	50·440 [2·543]	22·180	5·107	0·819	3·780	9·706	12·414
1894	82·146	52·553 [2·918]	29·593	5·171	0·819	2·922	8·912	20·681
1895	91·852	64·318 [3·714]	30·534	7·309	1·015	6·640	15·064	15·470
1896	104·005	69·618 [4·156]	34·387	7·400	0·819	6·721	14·910	19·417

Erläuterungen.

Zu Colonne 2:

1882—83 abzüglich der Einnahmen der Vorarlberger Eisenbahn.

1884—85 abzüglich der Einnahmen der Vorarlberger Eisenbahn, der Erzh. Albrecht-Bahn, der Mährischen Grenzbahn und der Duxer Bahnen.

1889 zuzüglich der Einnahmen der Ungarischen Westbahn und der Ersten ungarisch-galizischen Eisenbahn.

1893 zuzüglich der Einnahmen der Bodensee-Dampfschifffahrt.

1894 zuzüglich der Einnahmen der Bodensee-Dampfschifffahrt, der verstaatlichten Linien der österr. Localeisenbahn-Gesellschaft im Staatsbetriebe und der verstaatlichten Localbahnen im Privatbetriebe [Caslau-Zawratetz, Caslau-Močowitz, Königshan-Schatzlar], der Linie Czernowitz-Nowosielitza und des Betriebs-Ueberschusses der Böhmischen Westbahn pro 1894.

1895 zuzüglich der Einnahmen pro 1895 der Böhmischen Westbahn und der Mährisch-schlesischen Centralbahn, der Bodensee-Dampfschifffahrt und der verstaatlichten Localbahnen im Privatbetriebe, jedoch abzüglich des Betriebs-Ueberschusses 1894 der Böhmischen Westbahn.

1896 zuzüglich des Antheils des Staatseisenbahn-Betriebes an den Einnahmen des Eisenbahnministeriums, ferner zuzüglich der Einnahmen der Bodensee-Dampfschifffahrt, dann jener der verstaatlichten Localbahnen im Privatbetriebe [Caslau-Zawratetz und Königshan-Schatzlar].

Zu Colonne 3:

Bezüglich der Ausgaben gelten ebenfalls die vorstehenden Bemerkungen, ausserdem sind in den Jahren 1881—1887 die im Verwaltungs-Berichte pro 1887, Seite 147, ausgewiesenen Steuernachträge einbezogen.

Zu Colonne 5:

Die pro 1881—1886 ausgewiesenen Pachtzinse betreffen die Strecke Braunau-¹⁄₂Innbrücke [1885 und 1886 einschliesslich des Agio]; ab 1887 treten die Annuitäten für die Erwerbung von Sechstel-Antheilen an der Wiener Verbindungsbahn hinzu, ab 1889 weiters die Rentenbeträge an die Ungarische Westbahn und die Erste ungarisch-galizische Eisenbahn; ab 1891 die Verzinsung und Tilgung des Investitions-Anlehens der Ungarischen Westbahn vom Jahre 1890; ab 1892 die Rente der Duxer Bahnen; ab 1895 die Rente an die Lemberg-Czernowitzer Eisenbahn.

Zu Colonne 6:

Hier ist das Erfordernis für die Verzinsung und Amortisation des Creditanstalt-Anlehens der Kaiserin Elisabeth-Bahn eingestellt. Im Jahre 1895 Zuwachs durch die Zinsen des 4%igen Prior.-Anlehens von ursprünglich 10 Millionen der Eisenbahn Lemberg-Czernowitz-Suczawa ab II. Semester 1895, welcher im Jahre 1896 in den Etat der Staatsschuld überstellt wurde.

Zu Colonne 7:

Enthält die Extraordinarial-Ausgaben abzüglich der Extraordinarial-Einnahmen, inclusive des Münzverlustes, bezw. Münzgewinnes; ab 1893 zuzüglich der Ergebnisse der Bodensee-Dampfschifffahrt.

Die vorstehende Zusammenstellung lässt, abgesehen von der sofort zu besprechenden Steuerleistung, den budgetär ungünstigen Einfluss ersehen, den die Bestreitung der Extraordinarial-Auslagen [Col. 7] zu Lasten der laufenden Gebarung auf die Höhe des Netto-Erfolges im Eisenbahn-Etat ausgeübt hat. Nachdem ein gewisser Theil jener über die eigentlichen Betriebskosten hinausgehenden Erneuerungs-Auslagen, wie Oberbau-Auswechslung-, Fahrparks-Erneuerung u. dgl., welche zugleich eine Verbesserung des Bestandes in sich schliessen, regelmässig aus dem Ordinarium bestritten wurde, darf bei voller Anerkennung der Richtigkeit des Grundsatzes, dass bei einer grossen Eisenbahnverwaltung gewisse ausserordentliche Ausgaben eine jährlich wiederkehrende ständige Ausgabspost bilden, doch das Extraordinarium der Staatsbahnen im Grossen und Ganzen als eine Summe von Ausgabsposten betrachtet werden, welche den Charakter von Investitionen an sich tragen. Von dieser Auffassung ausgehend, stellte die Entnahme dieser Capitalsbeträge aus dem Betriebs-Ueberschusse der Staatsbahnen gleichsam eine innerhalb des Staatsbudgets von einem Etat für den andern geleistete Geldbeschaffungs-Operation dar, welche dem entlehnenden Etat — der Staatsschuld — zunächst keine Zinsen kostete, den darleihenden Etat — die Staatsbahnen — aber in eine grössere budgetäre Passivität versetzte, als sie durch die Ergebnisse der Betriebs-Gebarung bedingt war. Um demnach den finanziellen Gesammteffect des Staatsbahn-Betriebes theoretisch richtig darzustellen, sind die aus demselben resultirenden Eingänge zu ermitteln, wie selbe sich ergeben hätten, wenn die Verrechnung der Investitions-Auslagen nach eisenbahnfachlichen Grundsätzen derart erfolgt wäre, dass die dem Betriebs-Ueberschusse entnommenen Capitalsbeträge und

Capitalslasten dem etatmässigen Netto-Erfolge zugerechnet, der Betriebs-Ueberschuss hiedurch auf seine volle Höhe ergänzt und der Gesammtsumme der aus dem Staatsbetriebe resultirenden Bedeckung die jeweilig wirkenden gesammten Capitalslasten des Staatsbetriebsnetzes als Erforderniss gegenübergestellt würden. Dabei ist der Investitions-Aufwand als Capitalsanlage während des Jahres, in welchem derselbe erwachsen ist, dem durchschnittlichen Bedarfe entsprechend, mit der halben Jahresverzinsung in Rechnung zu stellen und mit Jahresschluss dem Anlage-Capitale zuzurechnen. Ferner ist auch die Steuerleistung zu berücksichtigen. Dieselbe stellt jenen Theil des erzielten Betriebs-Ueberschusses dar, welcher zur Zahlung der öffentlichen Abgaben verwendet wurde. Da es sich hier nicht um eine Vergleichung des finanziellen Effectes der Verstaatlichung, bei dem die Steuern als gleichbleibende Last ausser Betracht bleiben müssten, sondern um die absolute Ziffer des dem Staate aus den von ihm betriebenen Bahnen zufliessenden Gesammt-Einkommens handelt, wird die Zurechnung der Steuerleistung zu dem Netto-Betriebs-Ertrage theoretisch kaum anzufechten sein. Eine gewisse Ungenauigkeit spielt dabei allerdings insofern mit, als die statistisch ausgewiesenen Steuersummen auch die nichtärarischen Zuschläge in sich begreifen.

In der nachstehenden Tabelle VII ist versucht, eine theoretische Darstellung des finanziellen Gesammterfolges des Staatsbetriebes in den Jahren 1881 bis

Abb. 5.

1896 nach den soeben besprochenen Gesichtspunkten zu geben. Als Zinsfuss für jenen Theil der Capitalslasten, bezüglich dessen ziffermässig bestimmte Daten fehlen,[*]) also insbesondere bezüglich der nachträglichen Investitionen wurde, entsprechend dem vom Abg. Szczepanowski 1894 in den Budget-Berichten befolgten und seither in den amtlichen Berechnungen eingehaltenen Vorgange der Durchschnittssatz von $4\frac{1}{4}$ Percent angenommen. Zu der Annahme eines einheitlichen Durchschnittszinsfusses nöthigt der Umstand, dass die Ermittlung der wirklichen Lasten, die dem Staate infolge der Beschaffung der einzelnen Capitalsquoten für den Eisenbahnbau, die ersten Erwerbungen von Privatbahnen und die Nachtrags-Investitionen erwachsen sind, unübersteiglichen Schwierigkeiten begegnet. Dieselben ergeben sich aus der in dieser Zeit cumulativen Beschaffung der erstgenannten Jahreserfordernisse mit den Gebarungs-Deficiten des Staatsbudgets, wobei die Ausgabe von Renten-Obligationen zu den verschiedensten Emissionscursen erfolgte.[**])

Bezüglich der Abweichungen der letzten Decimale bei einzelnen Zahlen der folgenden Tabelle gilt das zu Tabelle VI Bemerkte.

---

[*]) Ueber die eigentliche Staatseisenbahn-Schuld werden alljährlich in den Staatsvoranschlägen für den Etat der Staatsschuld detaillirte Nachweisungen gegeben. Vergl. für 1898, S. 18 u. a. O.

[**]) Vergl. Eder, »Eisenbahnpolitik Oesterreichs«, S. 94.

Tabelle VII.

Theoretischer finanzieller Gesammterfolg des Staatsbetriebes in Millionen fl. ö. W.

1	2	3	4	5	Erfordernis für Capitalslasten				10
					6	7	8	9	
Jahr	Budgetärer Netto-Erfolg im Eisenbahn-Etat	Aus dem Betriebs-Ueberschusse bestrittene Capitalslasten u. Capitalszahlungen [Investitionen]	Steuern sammt Zuschlägen und Gebühren	Zusammen Bedeckung	Pachtzinse, Renten, Vertragszahlungen	Verzinsung und Tilgung des Anlage-Capitales	2½% per Jahr Verzinsung der Investitionen des laufenden Jahres	zusammen	Theoretischer Abgang = Zuschuss aus allgemeinen Staatsmitteln
1881	4·089	1·391	0·350	5·810	0·843	8·353	0·012	9·208	3·398
1882	7·884	1·489	0·562	9·932	0·843	16·140	0·009	16·992	7·060
1883	5·755	2·431	0·665	8·851	0·843	17·406	0·024	18·273	9·422
1884	9·198	1·854	1·754	12·806	0·843	27·916	0·021	28·780	15·974
1885	8·355	3·816	1·257	13·428	0·848	28·104	0·056	29·008	15·580
1886	10·610	4·514	1·423	16·557	0·849	29·591	0·078	30·521	13·964
1887	11·596	3·358	1·564	16·518	0·875	24·821	0·077	25·773	9·255
1888	11·140	5·578	1·450	18·168	0·875	28·406	0·136	29·417	11·249
1889	11·717	7·083	1·759	20·559	1·976	31·789	0·141	33·906	13·347
1890	11·300	7·083	2·004	20·387	2·726	31·981	0·133	34·840	14·453
1891	6·223	9·814	2·199	18·236	2·786	31·760	0·196	34·742	16·506
1892	6·621	12·015	2·395	21·061	5·987	35·634	0·170	41·791	20·730
1893	12·414	9·766	2·513	21·723	5·986	39·203	0·142	45·331	20·608
1894	20·681	8·912	2·018	31·511	5·990	40·454	0·080	46·524	14·013
1895	15·470	15·064	3·714	34·248	8·424	42·832	0·120	51·376	17·128
1896	19·447	14·940	4·156	38·543	8·219	45·435	0·160	53·814	15·271

Erläuterungen.

Col. 2 u. 3. Entsprechen der Col. 9 und 8 der Tabelle VI.

Col. 4. Identisch mit den in Col. 3 der Tabelle VI unter Klammer eingesetzten Ziffern.

Col. 6. Summe der Col. 5 und 6 der Tabelle VI.

Col. 7. Die Anlagekosten, von welchen bei Ermangelung ziffernmässig bestimmter Annuitäten die 4½%igen Zinsen berechnet wurden, sind pro 1881 bis inclusive 1891 einer Denkschrift über die Gebarung 1881—1891 entnommen.

Rücksichtlich der Jahre 1882—1891 erscheinen diese Daten im Verwaltungs-Berichte 1892, Seite 198, publicirt.

Die gleichen Daten ab 1892 sind den betreffenden Verwaltungs-Berichten entnommen. Pro 1887—1890 sind die Anlagekosten der Wiener Verbindungsbahn in Abschlag gebracht, weil die zu zahlende Annuität in der Rubrik 5 der Tabelle VI (Pachtzinse) aufgenommen wurde.

Ab 1889 sind die Anlagekosten der Ungar. Westbahn und der Ersten ungar.-galizischen Eisenbahn und ab 1892 jene der Duxer Bahnen ausgeschieden worden, weil deren Renten unter Rubrik 5 der Tabelle VI (Pachtzinse) ausgewiesen sind. Ab 1893 treten die Anlagekosten der Bodensee-Dampfschiffahrt dazu; in den Jahren 1895 und 1896 sind aus dem vorerwähnten Grunde die Anlagekosten der Lemberg-Czernowitz-Jassy-Bahn ausgeschieden.

Col. 8. Die 2½%igen Zinsen wurden von der eigentlichen Investitions-Auslagen gerechnet und sind die Daten für das Jahr 1881 dem Verwaltungs-Bericht 1881, Seite 14, jene für 1882 bis inclusive 1891 dem Verwaltungs-Berichte 1892, Seite 196—197, und die für die folgenden Jahre den bezüglichen Verwaltungs-Berichten, u. zw.: der »Zusammenstellung der Kosten für den Bau, die Erwerbung und die nachträglichen Investitionen der Staatseisenbahnen« entnommen.

Die vorstehende Zusammenstellung zeigt, dass das theoretische Gebarungs-Deficit des Staatsbetriebes in den Jahren 1881 bis 1896 keineswegs jene Höhe erreicht hat, wie sie aus den hierüber auf Grund der jeweiligen Budgetziffern angestellten Berechnungen [s. unten] gefolgert wird. Bei dem Ansteigen der jährlichen Zuschussleistung, welche durchschnittlich 13·626 Mill. fl. und im Jahre 1892 als Maximum 20·370 Mill. fl. betragen hat, seither jedoch auf 15·271 Mill. fl. [1896] zurückgegangen ist, darf überdies die successive Ausdehnung des Staatsbetriebsnetzes von 987 km bis auf 9180 km, [Ende 1896], mithin nahezu das Zehnfache nicht ausser Acht gelassen werden. Die factischen Gebarungsziffern geben mit Berücksichtigung der Steuererleistung und der Capitalslasten gegenüber jenen der vorstehenden Tabelle VII ein minder günstiges Bild, wie dies vermöge der hier mitspielenden Investitions-Auslagen bei der durchschnittlich geringen Ertragsfähigkeit des Staatsbetriebsnetzes und den durch die Tarif-Herabsetzungen bedingten Ertragsschwankungen kaum überraschen kann.

Werden nämlich aus Tabelle VII die Jahressummen des budgetären Netto-Erfolges im Eisenbahn-Etat [Col. 2], welcher bereits um die in diesem Etat verrechneten Pachtzinse, Renten und Vertragszahlungen für Verzinsung und Amortisation sowie um die Capitalsbeträge der Investitionen gekürzt ist, und der Steuern sammt Zuschlägen und Gebühren [Col. 4] den im Etat der Staats-schuld verrechneten Capitalslasten exclusive Verzinsung der Investitionen des Gegenstandsjahres [Col. 7] gegenübergestellt, so ergibt die Differenz das factische Gebarungs-Deficit des Staatsbetriebes, d. i. den Zuschuss, der aus allgemeinen Staatsmitteln in den einzelnen Jahren geleistet werden musste. Diese den factischen finanziellen Erfolg des Staatsbetriebes darstellende Ermittlung, welche am Schlusse in Tab. VIII folgt, bringt nachstehende Ergebnisse:

Die Ziffer des factischen Gebarungs-Abganges erreicht gleich jener des theoretischen Deficits im Jahre 1892 — in welchem die Tarif-Herabsetzungen zur vollen Wirkung gelangten — ihr Maximum, und zwar mit 26·6 Mill. fl.

Durchschnittlich ergibt sich für die Jahresreihe 1881 bis 1896 ein factischer Jahresabgang von 17·364 Mill. fl., welcher die theoretische Durchschnittsziffer von 13·626 Mill. fl. um den in der Hauptsache auf Investitionen verwendeten Extraordinarial-Ausgabenbetrag von durchschnittlich 3·7 Mill. fl. übersteigt.

So empfindlich es nun auch für den Staatshaushalt ist, dass der Staatseisenbahn-Betrieb als wichtigster Theil der staatlichen Eisenbahn-Gebarung zur vollen Capitalsverzinsung Zuschüsse erfordert, welche trotz der naturgemässen Brutto-Ertragszunahme durch die steigende Tendenz der Betriebsausgaben und das Anwachsen des Anlage-Capitals-Contos bedingt sind, so kann dabei doch — wie schon früher erwähnt — nicht übersehen werden, dass es gerade der Staatsbetrieb

Abb. 6.

ist, bei welchem die für die ertragsschwachen, aber staatsnothwendigen Bahnlinien unvermeidlichen finanziellen Opfer zu Tage treten. Die Vortheile, welche auch diese Linien indirect dem Staate bringen, müssen eben in die andere Wagschale gelegt werden.

Nach der Methode, die seit einigen Jahren zur Berechnung des Staatszuschusses

Tabelle VIII.

Factischer finanzieller Erfolg des Staatsbetriebes 1881—1896.

Jahr	Budgetärer Gesammt-Netto-Erfolg (incl. Steuern)	Anlage-Capitalslasten (exl. f. Investitionen)	Factischer Gebarungs-Abgang = Staatszuschuss
	In Millionen Gulden österr. Währung		
1881	4·419	8·353	3·934
1882	8·343	16·140	7·607
1883	6·420	17·406	10·986
1884	10·952	27·916	16·964
1885	9·612	28·104	18·492
1886	12·043	29·594	17·551
1887	13·159	24·821	11·662
1888	12·590	28·406	15·816
1889	13·475	31·789	18·314
1890	13·404	32·081	18·677
1891	8·422	31·760	23·338
1892	9·016	35·034	26·018
1893	14·957	39·203	24·246
1894	23·599	40·454	16·855
1895	19·185	42·832	23·647
1896	23·103	45·435	22·032

in den Erläuterungen zum Staatsvoranschlage der Staatseisenbahn-Verwaltung angewendet wird und wobei die Steuerleistung nicht berücksichtigt ist, ergibt sich die Höhe des Staatszuschusses und bei weiterer Bedachtnahme auf die neben demselben im Extraordinarium bestrittenen Investitionen jene des Gebarungs-Abgangs mit folgenden Summen:

Tabelle IX.

Präliminirte Staatszuschüsse zum Staatsbahnbetriebe in Millionen fl. ö. W.

Jahr	Erfordernis für Verzinsung und Tilgung des in den Staatsbahnen investirten Capitales	Betriebs-Überschuss (incl. Budgetär. Schifffahr)	Staats-Zuschuss	Netto-Erfordernis im Extra-Ordinarium [Investitionen]	Zusammen Gebarungs-Abgang
1881	9·2	5·5	3·7	0·5	4·2
1882	17·0	9·4	7·6	0·4	8·0
1883	18·3	8·2	10·1	1·1	11·2
1884	28·8	11·1	17·7	1·0	18·7
1885	29·0	12·2	16·8	2·6	19·4
1886	30·5	15·1	15·4	3·7	19·1
1887	25·8	15·0	10·8	3·6	14·4
1888	29·4	16·7	12·7	6·4	19·1
1889	33·0	18·8	15·1	6·6	21·7
1890	44·6	18·4	16·4	6·3	22·7
1891	34·7	16·0	18·7	9·2	27·9
1892	41·8	18·7	23·1	8·0	31·1
1893	45·3	22·2	23·1	6·7	29·8
1894	46·5	26·0	10·9	3·8	20·7
1895	51·4	30·5	20·9	5·7	26·6
1896	53·8	34·4	19·4	7·5	26·9

V. Staatsaufwand für Eisenbahn-Neubau.

Zur vollständigen Uebersicht des Umfanges, in welchem in Oesterreich seit der Neu-Ordnung der staatsrechtlichen Verhältnisse der Monarchie der Ausbau des Eisenbahnnetzes durch directe Verwendung von Staatsmitteln zum Zwecke des Baues neuer Eisenbahnlinien gefördert wurde, ist es nothwendig, auf das letzte Decennium der Vorherrschaft des Garantie-Systems zurückzugreifen. Durch das Versagen der privaten Bauthätigkeit auf diesem Gebiete infolge der 1873er Krise war die Staatsverwaltung bemüssigt, selbst einzugreifen und den Bau der als erforderlich erkannten Eisenbahnen theils auf Staatskosten auszuführen, theils durch Bauvorschüsse [meist gegen Refundirung in Actien] an die bedürftigen Bahngesellschaften zu unterstützen. Die anfangs nur suppletorisch gedachte Wiederaufnahme des Staatseisenbahnbaues entwickelte sich in der folgenden Zeit unter dem Einflusse der dem Staatsbahnsystem günstigen Strömung zu einer ständigen Einrichtung für den Neubau der grossen ergänzenden Hauptbahnlinien, wogegen die Betheiligung des Staates an der Capitalsbeschaffung für den Bau neuer Privatbahnen — eine vordem, namentlich zu Ende der Sechziger-Jahre in grossem Umfange angewendete Unterstützungsform

— zumeist und in neuerer Zeit ausschliesslich dem Zwecke der Förderung des Localbahnwesens dient. Den seit 1873 wiederaufgenommenen Staatseisenbahnbau anlangend ist hier nicht der Ort, in eine nähere Darstellung seines Entwicklungsganges oder seiner hervorragenden technischen Leistungen einzugehen. Der Staatshaushalt indess ist durch die Jahr für Jahr im Budget als Ausgaben eingestellten Erfordernisse für Staatseisenbahnbauten, welche — wie bereits im Abschnitt III erwähnt ist — nur anfangs aus dem 80 Millionenanlehen und sodann ständig aus laufenden Budgetmitteln bestritten wurden und nach dem Wiederauftreten des Gebarungs-Deficits dieses letztere erhöhten, namhaft in Anspruch genommen worden. Gleichwohl kann hierin, da es sich um einen eminent productiven Investitions-Aufwand handelt, ein dauernder staatswirthschaftlicher Nachtheil kaum erblickt werden. Die durch die 1873er Krise in ihrem Lebensnerv getroffene Eisenbahnbau-Industrie hat es als Wohlthat empfunden und durch Erhaltung ihrer Steuerkraft vergütet, dass der Staat die vier von den Concessions-Bewerbern im Stiche gelassenen Linien Rakonitz-Protivin, Tarnów-Leluchów, Divacca-Pola und Spalato-Siverich auszubauen übernahm. Die ersten Localbahnen, eine neue Type vereinfachter Bahnanlagen, haben sich durch den volkswirthschaftlichen Nutzen des mit ihrem Baue auf Staatskosten inaugurirten Fortschritts reichlich gelohnt. Mit dem Staatsbaue der als internationale Anschlusslinie wichtigen Bahnstrecke Tarvis-Pontafel beginnen die grossen Aufgaben und Leistungen der zweiten Glanzepoche dieses Dienst-

zweiges, auf dessen technische Organisation Sectionschef von Nördling massgebenden Einfluss geübt hat, wie auch die ersten Bauten unter ihm durch den damaligen General-Inspector, späteren Sectionschef Mathias Ritter von Pischof geleitet wurden. Zunächst folgt der 1880 begonnene und 1884 vollendete Bau der Arlberg-Bahn, deren legislative Sicherstellung dem damaligen Handelsminister Freiherrn von Korb-Weidenheim [Abb. 7] ein bleibendes Gedächtnis sichert, an dem auch Sectionschef Freiherr von Pusswald als Regierungsvertreter bei der parlamentarischen Behandlung der Vorlage Antheil hat. An dieses ruhmvolle Werk der österreichischen Bautechnik, dessen Vollendung der hochbegabte Leiter seiner Ausführung, Oberbaurath Julius Lott, leider nicht erleben sollte, reihen sich in rascher Folge der Staatsbau der galizischen Transversalbahn sammt Abzweigungen, der Beskid-Bahn, der Linien Herpelje-Triest, Siverich-Knin und der böhmischen Transversalbahn. Seit 1890 sind

Abb. 7.

mehrere grössere, zunächst gesammtstaatlichen Zwecken dienende Linien in Galizien, darunter die schwierige Karpathenbahn Stanislau-Woronienka und eine grössere Zahl von Nebenbahnen zumeist in Schlesien im Wege des Staatsbaues zur Ausführung gelangt.

Die nachfolgenden Tabellen bringen die in den Jahren 1873—1896 für die einzelnen Staatsbau-Linien verwendeten Beträge, dann die Aufwendungen zur Unterstützung des Baues von Privatbahnen durch Betheiligung des Staates an der Capitalsbeschaffung, gleichfalls jahrweise nach Linien getrennt, zur Darstellung.

3*

Tabelle X.

Staats-Aufwand für Staats-

[Die Gegenposten — überschüssige Eingänge an Landes-

		1873	1874	1875	1876	1877	1878	1879	1880	1881
				in	M i l	l i o	n e n			
1	Tarnów-Lelochów	0·143	3·978	6·116	2·378	0·061	0·047	—	—	
2	Istrianer Staatsbahn	0·069	2·584	5·508	3·161	0·987	0·452	—		
3	Dalmatiner Staatsbahn	—	0·394	3·141	3·593	2·400	0·840	0·604	—	
4	Rakonitz-Protivín	—	6·017	7·592	1·722	0·692	—	—	—	
5	Donau-Ufer-Bahn	—	—	—	0·139	0·461	0·103	0·056	0·182	0·027
6	Mürzzuschlag-Neuberg	—	—	—	0·002	0·011	0·059	0·388	0·006	
7	Unter-Drauburg-Wolfsberg	—	—	—	0·012	0·288	0·500	0·035	0·184	—
8	Kriegsdorf-Römerstadt	—	—	—	0·017	0·283	0·181	0·032	—	
9	Erbersdorf-Würbenthal	—	—	—	0·006	—	0·018	0·024	0·470	0·070
10	Tarvis-Pontafel	—	—	—	0·148	0·896	1·011	1·005	0·435	—
11	Arlberg-Bahn	—	—	—	—	—	—	—	0·783	4·622
12	Galizische Transversalbahn nebst Abzwei-									
	gungen	—	—	—	—	—	—	—	—	0·226
13	Stryj-Beskid	—	—	—	—	—	—	—	—	—
14	Herpelje-Triest	—	—	—	—	—	—	—	—	—
15	Siverich-Knin	—	—	—	—	—	—	—	—	—
16	Böhmisch-Mährische Transversalbahn . .	—	—	—	—	—	—	—	—	—
17	Traject-Anstalt in Bregenz	—	—	—	—	—	—	—	—	—
18	Jaslo-Rzeszów	—	—	—	—	—	—	—	—	—
19	Schrambach-Kernhof	—	—	—	—	—	—	—	—	—
20	Stanislau-Woronienka	—	—	—	—	—	—	—	—	—
21	Halicz-Ostrów [Tarnopol]	—	—	—	—	—	—	—	—	—
22	Lindewiese-Barzdorf [Heinersdorf] . . .	—	—	—	—	—	—	—	—	—
23	Niklasdorf-Zuckmantel	—	—	—	—	—	—	—	—	—
24	Podwysokie-Chodorów	—	—	—	—	—	—	—	—	—
25	Troppau-Ratibor	—	—	—	—	—	—	—	—	—
26	Beraun-Dušnik	—	—	—	—	—	—	—	—	—
27	Bärn-Andersdorf-Hof	—	—	—	—	—	—	—	—	—
28	Oberndorf-Hotzenplotz	—	—	—	—	—	—	—	—	—
29	Przeworsk-Rozwadów	—	—	—	—	—	—	—	—	—
30	Haugsdorf-Weidenau	—	—	—	—	—	—	—	—	—
31	Barzdorf-Jauernig	—	—	—	—	—	—	—	—	—
	Summe	0·212	12·973	22·357	11·178	6·009	3·201	3·044	2·150	4·954

*) Ausgaben 0·09 Millionen Gulden durch in gleicher Höhe eingegangene Interessentenbeiträge

Eisenbahnbauten 1873—1896.

und Interessenten-Beiträgen — sind **fett** gedruckt.

Tabelle X.

1882	1883	1884	1885	1886	1887	1888	1889	1890	1891	1892	1893	1894	1895	1896	Zusammen
							G u l d e n ö s t e r r. W ä h r g.								
—	—	—	—	—	—	—	—	—	—	—	—	—	—	—	13·323
—	—	—	—	—	—	—	—	—	—	—	—	—	—	—	12·761
—	—	—	—	—	—	—	—	—	—	—	—	—	—	—	10·972
—	—	—	—	—	—	—	—	—	—	—	—	—	—	—	16·023
—	—	—	—	—	—	—	—	—	—	—	—	—	—	—	0·968
—	—	—	—	—	—	—	—	—	—	—	—	—	—	—	0·556
—	—	—	—	—	—	—	—	—	—	—	—	—	—	—	1·919
—	—	—	—	—	—	—	—	—	—	—	—	—	—	—	0·513
—	—	—	—	—	—	—	—	—	—	—	—	—	—	—	0·547
—	—	—	—	—	—	—	—	—	—	—	—	—	—	—	3·565
9·076	12·088	12·407	1·880	0·214	0·177	0·053	—			—	—	—	—	—	41·301
0·602	11·268	18·818	2·113	0·635	0·409	0·308	0·079	—		—		—	—	—	34·300
—	0·047	0·114	2·021	3·227	1·206	0·204	0·221	0·107	—	—	—	—	—	—	7·240
—	0·016	0·036	0·151	1·687	1·219	0·193	0·035	—	—	—	—	—	—	—	3·337
—	0·012	0·020	0·004	0·610	0·695	0·200	0·026	0·053	—	—	—	—	—	—	1·680
	0·006	0·047	0·069	3·150	5·394	7·477	4·041	2·316	1·443	0·089	0·012	0·001	0·005	0·005	23·861
		0·700	0·120	—	—	—		—	—	—		—	—	—	0·820
—	—	—	—	—	—	0·782	3·300	0·609	0·324	0·222	—	—	—	—	5·237
—	—	—	—	—	—	—	0·107	0·519	0·505	0·088	0·076	0·008	—	—	1·289
—	—	—	—	—	—	—	—	0·283	2·579	5·744	0·864	0·244		—	9·714
—	—	—	—	—	—	—	—	—	—	0·211	2·581	1·194		—	6·986
—	—	—	—	—	—	—	—	—	—	0·038	0·723	0·544		—	1·305
—	—	—	—	—	—	—	—	—	—	0·010	0·116	0·294		—	0·420
—	—	—	—	—	—	—	—	—	—	—	0·035	—*)		—	0·035
—	—	—	—	—	—	—	—	—	—	—	0·328	0·050		—	0·378
—	—	—	—	—	—	—	—	—	—	—	0·008	0·305		—	0·297
—	—	—	—	—	—	—	—	—	—	—	—	0·020	0·020		0·020
—	—	—	—	—	—	—	—	—	—	—	—	0·080	0·080		0·080
—	—	—	—	—	—	—	—	—	—	—	—	0·015		—	0·015
—	—	—	—	—	—	—	—	—	—	—	—	0·001		—	0·001
—	—	—	—	—	—	—	—	—	—	—	—	0·014		—	0·014
9·678	23·437	32·142	6·421	9·523	9·100	8·436	5·026	5·866	2·159	1·007	3·294	0·000	4·710	5·580	199·357

bedeckt, daher keine Einstellung.

Staatsaufwand durch Betheiligung des Staates

Tabelle XI.   (Die Rückzahlungen

	1873	1874	1875	1876	1877	1878	1879	1880	1881
			in		M i l l i o n e n				
1 Eisenbahn Pilsen-Priesen (Komotau) . .		3·895	3·113	5·355	1·276	0·390	0·525	0·219	0·024
2 Falkenau-Graslitz (Buschtěhrader Eisenb.)	—	0·954	0·540	1·100		—		—	—
3 Niederösterreichische Südwestbahnen . .	—	—	0·809	4·057	3·258	0·642	0·182	0·087	0·087
4 Brüx-Klostergrab [Prag-Duxer Eisenb.] .	—	—	—	0·900	-	—			
5 Bozen-Meraner Eisenbahn			—	—	—	—	0·130	0·811	
6 Kremsmünster - Micheldorf [Kremsthal-bahn]			—		—		—	—	—
7 Czernowitz-Nowosielitza, Localbahn .	—	—	—	—	—	—	—	—	
8 Fehring-Fürstenfeld, Localbahn .	—							...	
9 Asch-Rossbach, Localbahn . .	—	—	—	—	—	—	—	—
10 Hannsdorf-Ziegenhals, Localbahn . . .	—			—		—			
11 Eisenbahn Lemberg-Belzec [Tomaszów] .	—			—	—	—	—	—	—
12 Mühlkreisbahn				—		—			
13 Bukowinaer Localbahnen	—	—		—		—	—	—	—
14 Laibach-Stein, Localbahn .	..		—	—		—			
15 Fürstenfeld-Hartberg, Localbahn	—	—	—		—	—	—	—	—
16 Unterkrainer Bahnen .			—		—	—	—	—	—
17 Murthalbahn [Unzmarkt-Mauterndorf] .			.	—	—	—	—	—	—
18 Itzkany-Suczawa, Localbahn . .	—			.		—		—	—
Summe	—	4·849	4·470	10·512	5·434	1·032	0·707	0·445	0·022

am Baue von Privatbahnen 1873—1896.

sind **fett** gedruckt.]

Tabelle XI.

1882	1883	1884	1885	1886	1887	1888	1889	1890	1891	1892	1893	1894	1895	1896	Zusammen
G	**u**	**l**	**d**	**e**	**n**		**ö**	**s**	**t**	**e**	**r**	**r.**	**W**	**ä h r g.**	
0·010	—	—	—	—	—	—	—				—	—		—	14·790
—	1·100	—	—	—	—	1·800	—			·					—
0·003	—	—	—	—	—	—	—				—		—	—	9·125
—	0·900	—	—	—	—	—						·			—
0·050	0·004	0·004	0·001	0·007	0·010	0·009	0·008	0·017	0·012	0·022	—	—			—
—	0·225	0·075	—	—	—	—	—	—		—				—	0·300
—		0·350	—	—	—		—	—						—	0·350
—		—	0·300	—	0·125		—					—		—	0·425
—		—	0·280	—	—	—		—					—		0·280
—	—	—	—	—	0·600	0·010	0·010	0·010	0·010	0·010			—		0·550
—	—	—	—	—	0·180	0·180	0·180	—	0·180	0·180			—		0·900
—	—	—	—	—	0·300	0·300	0·300			—	—		—		0·900
—	—	—	—	—	0·220	0·205	0·235	0·220		0·220		—			1·100
—	—	—	—	—	—	—	0·100		0·100	0·031			—		0·131
				—	—		0·150	0·150	0·150	0·150	0·150				0·750
—		—	—	—	—		—		0·500	0·500	0·500	0·500			2·000
—	—	—	—	—	—	—						0·400			0·400
—	—	—	—	—	—	—						0·004			0·004
0·063	1·775	0·421	0·576	0·001	0·118	1·281	0·833	0·707	0·193	0·408	0·149	0·650	0·650	1·051	32·114

Die letzte Tabelle [XII] zeigt summarisch den für die beiden bezeichneten Zwecke erwachsenen Staatsaufwand in den einzelnen Jahren der Gegenstands-Periode.

Tabelle XII.

Staatsaufwand für Eisenbahn-Neubau.

(Die Mehr-Rückzahlungen sind als Gegenposten **fett** gedruckt.)

Jahr	Staatsbau	Betheiligung am Bau von Privatbahnen	Zusammen
	In Millionen Gulden ö. W.		
1873	0·212	—	0·212
1874	12·973	4·839	17·812
1875	22·357	4·470	26·827
1876	11·178	10·512	21·690
1877	6·669	5·434	12·103
1878	3·291	1·032	4·323
1879	3·044	0·707	3·751
1880	2·150	0·445	2·595
1881	4·954	0·922	5·876
1882	9·078	0·663	9·741
1883	23·437	1·775	21·002
1884	32·142	0·421	32·563
1885	6·421	0·576	6·997
1886	9·523	**0·001**	9·522
1887	9·100	0·118	9·218
1888	8·436	1·284	9·720
1889	5·026	**0·834**	4·192
1890	5·860	0·797	6·663
1891	2·159	0·193	2·352
1892	1·067	0·408	1·475
1893	3·304	0·140	3·444
1894	6·090	0·650	6·740
1895	4·710	0·650	5·360
1896	5·580	1·054	6·634
1873–1896	199·357	32·114	231·471

Wie die vorstehende Tabelle XII zeigt, hat der Jahresaufwand für den Staatseisenbahnbau nach einer gleich anfangs [1874—1876] bemerkbaren Steigerung auf rund 22·4 Mill. fl. seinen bisherigen Culminationspunkt mit 23·4 und 32·1 Mill. fl. in den Jahren 1883 und 1884 erreicht, in welchen die hohen Erfordernisse für die Arlberg- und die galizische Transversalbahn zusammentrafen. Die späteren Jahre weisen namhaft geringere Ziffern auf. Seit 1892 — dem Tiefpunkte mit 1·1 Mill. fl. ist eine vornehmlich durch die Bahnbauten in Galizien bedingte Steigerung des Jahresaufwandes wahrnehmbar, der zwischen 5 und 6 Mill. fl. schwankt.

Die Staatsbetheiligung am Privatbahnbaue ist von anfangs hohen Jahresziffern [1876 : 10·5 Mill. fl., veranlasst durch die Pilsen-Priesener Eisenbahn und die österreichischen Südwestbahnen, denen der Staat Bauvorschüsse gegen Uebernahme von Titeln gewährte] auf geringfügige Beträge herabgesunken. Die Summen des Gesammtaufwandes seit 1873 für Staatseisenbahnbau mit 199·4 Mill. fl. und für Staats-Betheiligung am Privatbahnbaue mit 32·1 Mill. fl., zusammen 231·5 Mill. fl., haben für die staatliche Eisenbahn-Gebarung eigentlich nur historischen Werth, da einerseits die Bau-Aufwandssummen successive dem Anlage-Capitale der Staatsbahnen zuwachsen und dort mit ihrer Verzinsung als Erhöhung der Jahreslast wirken, andererseits mehrere der durch Capitals-Betheiligung unterstützten Bahnen seither vom Staate erworben worden sind, wobei die nicht rückgezahlten Vorschüsse in den Ankaufspreis eingerechnet wurden, mithin wieder einen Theil des Anlage-Capitals der Staatsbahnen bilden. Dahin gehört auch der aus Budgetmitteln bestrittene Betrag von 3·011 Mill. fl., den der Staat für die Erwerbung der Dniester und Braunau-Strasswalchener Bahn in den Jahren 1876—1883 verausgabt hat.

VI. Die Steuerleistung und sonstige öffentliche Leistungen der Eisenbahnen.

Wie in der am Eingange des II. Abschnitts gegebenen Gliederung der Beziehungen, in denen die Eisenbahnen auf die Staatswirthschaft einwirken, näher ausgeführt wurde, steht der directen Einwirkung der Eisenbahn-Gebarung auf den Eisenbahn-Etat des Staatshaushalts jene auf die anderen Etats und vornehmlich auf die eigentlich fiscalischen zur Seite, indem die Eisenbahnen selbst ein wichtiges Steuerobject bilden, überdies von dem Eisenbahn-Verkehre in Form verschiedener Gebühren Abgaben erhoben werden, endlich die Eisenbahnen für öffentliche Zwecke Leistungen vollziehen, welche vermöge ihres Mehrwerthes gegenüber dem hiefür geleisteten Entgelte einen finanziellen Vortheil für den Staatshaushalt zumeist in Form von Kosten-Ersparnissen darstellen.

Es wäre nun allerdings von hohem Interesse, die genauen Ziffern zu kennen, mit welchen die Eisenbahnen seit ihrem Bestande aus den bezeichneten Titeln zu den allgemeinen Staatslasten beigetragen haben. Es stehen dieser Ermittlung aber mannigfache Schwierigkeiten im Wege. Für einige der hier in Betracht kommenden Leistungen fehlen statistische Nachweise; die einschlägigen Ausgabsposten sind nach dem Contirungs-Schema mit anderen, nicht zu den eigentlichen Betriebskosten gehörigen Auslagen vermischt. In den Rechenschaftsberichten der Eisenbahnen werden die eigentlichen Staatssteuern nicht besonders, sondern zusammen mit den infolge des geltenden Besteuerungssystems als Zuschläge zu den directen Staatssteuern zugleich mit diesen letzteren zur Einhebung gelangenden Abgaben für die autonomen Körper [Länder, Bezirke, Gemeinden] cumulativ ausgewiesen. Was daher die hier an erster Stelle zu besprechende Steuerleistung der Eisenbahnen anlangt, so erübrigt nur und wird für den angestrebten Zweck wohl genügen müssen, auf Grund der für die einzelnen Jahre ausgewiesenen Gesammtwerthe annäherungsweise Anhaltspunkte für die Höhe der Ziffern zu geben, um die es sich bei der Steuerleistung der Eisenbahnen — diese im allgemeinsten Sinne, also einschliesslich der Gebühren und der neben den rein staatlichen auch für autonome Zwecke geleisteten Abgaben verstanden — handelt, wobei die unterlaufene Ungenauigkeit dadurch vielleicht etwas gemildert erscheinen kann, dass der Autonomie in Oesterreich zum Theil auch die Vollziehung staatlicher Functionen obliegt, wodurch der Staatshaushalt um den entsprechenden Aufwand entlastet wird.

Für das Jahr 1880 — knapp vor dem Uebergange zum Staatsbetriebe — gibt die folgende, der officiellen Statistik entnommene Nachweisung die von den Eisenbahnen geleisteten Steuern sammt Zuschlägen mit folgenden Ziffern an:

Tabelle XIII.

	fl. ö. W.
A. Staatsbahnen und Staatsbetrieb.	
K. k. Staatsbahnen incl. der Staatsbahnen im Privatbetrieb	7.940
Staatsbetrieb von Privatbahnen	68.787
Zusammen . . .	76.727
B. Gemeinsame Eisenbahnen.	
Erste ungar.-galizische Eisenbahn	8.801
Kaschau-Oderberger Bahn . .	3.681
Oesterr. Staatseisenbahn-Gesellschaft[1]	2.513.113
Südbahn[1]	1.944.324
Ungarische Westbahn	10.918
Zusammen . . .	4.480.837
C. Oesterr. Privatbahnen.	
Aussig-Teplitzer Eisenbahn	62.071
Böhmische Nordbahn . .	14.471
Böhmische Westbahn . . .	101.934
Buschtěhrader Eisenbahn	86.802
Dux-Bodenbacher Eisenbahn .	59.008
Galizische Carl Ludwig-Bahn .	704.084
Graz-Köflacher Eisenbahn . .	46.449
Kaiser Ferdinands-Nordbahn .	2.202.840
Kaiser Franz Josef-Bahn . .	26.101
Kaiserin Elisabeth-Bahn . .	672.503
Lemberg-Czernowitzer Eisenb.	304.214
Leoben-Vordernberger Eisenb.	1.280
Mährische Grenzbahn . . .	10.512
Mähr.-schlesische Centralbahn	15.004
Oesterreichische Nordwestbahn	49.551
Ostrau-Friedländer Eisenbahn	15.430
Pilsen-Priesener Eisenbahn .	10.650
Prag-Duxer Eisenbahn . .	14.188
Süd-Nordd. Verbindungsbahn	118.521
Turnau-Kralup-Prager Eisenb.	88.699
Vorarlberger Bahn . . .	5.170
Wien-Pottendorf-Wr. Neust.-B.	7.108
Wiener Verbindungsbahn .	50.184
Zusammen . . .	4.755.419
Gemeinsame und österreichische Privatbahnen [B + C] .	9.236.286
Im Ganzen [A + B + C]	9.313.013

[1] In diesen Ziffern ist die Steuerleistung für die ungarischen Linien inbegriffen. Eine besondere Nachweisung für die österreichischen Linien ist in der officiellen Eisenbahnstatistik nicht enthalten, nachdem die Trennung der Betriebsrechnung der österreichischen und ungarischen Linien bei der Staatseisenbahn-Gesellschaft erst mit dem Jahre 1883 erfolgt ist; bezüglich der Südbahn, bei welcher die Trennung der Betriebsrechnung erst im Jahre 1880 durchgeführt wurde, ist jedoch zu bemerken, dass dieselbe für ihr ungarisches Netz im Jahre 1880 noch die Steuerfreiheit genoss.

Wenn in dieser Nachweisung vor Allem die Geringfügigkeit der Ziffer auffällt, mit der die Staatsbahnen und der Staatsbetrieb an der gesammten Eisenbahn-Steuerleistung pro 1880 betheiligt sind, so erklärt sich dies einerseits aus dem damals noch geringen Umfange des Staatsbahnnetzes [955 km], dessen Besteuerung erst mit einem späteren Gesetze [1887] eingeführt wurde, und des Staatsbetriebes, welch' letzterer nur die Kronprinz Rudolf-Bahn seit 1. Jänner 1880 und die Erzherzog Albrechtbahn seit 1. August 1880 umfasste, andererseits aus der geringen Ertragsfähigkeit der einzelnen, in verschiedenen Ländern zerstreuten Staatslinien.

Die Steuerleistung der Privatbahnen weist dagegen schon für das Jahr 1880 sehr ansehnliche Beträge auf, die bei der Kaiser Ferdinands-Nordbahn über 2·2 Mill. fl., bei der Südbahn über 1·9 Mill. fl. und bei der Staatseisenbahn-Gesellschaft (incl. der ungarischen Linien) über 2·5 Mill. fl. ausmachen, bei der Carl Ludwig-Bahn 0·7 Mill. fl.

übersteigen und diese Ziffer bei der Kaiserin Elisabeth-Bahn nahezu erreichen.

Im Ganzen haben alle Eisenbahnen zusammen pro 1880 über 9·3 Mill. fl. an Steuern und Zuschlägen geleistet. Die Netto-Garantie-Vorschussleistung des Staates an die Eisenbahnen ist für das gleiche Jahr mit 17·925 Mill. fl. ausgewiesen. Werden diese beiden Ziffern einander gegenübergestellt, wofür sich vom Standpunkte der Staatswirthschaft betrachtet, im Ganzen Argumente anführen lassen, so gestaltet sich der Saldo der Staatsgebarung bezüglich des Eisenbahnwesens um etwa die Hälfte besser, indem der Nettozuschuss aus Staatsmitteln für den Eisenbahnbetrieb auf 8·625 Mill. fl. herabsinkt. Die successive Zunahme der jährlichen Steuerleistung ist aus der nachstehenden Tabelle ersichtlich, in welcher die Steuer-Eingänge von den Staats- und Privatbahnen nebst dem Stempel- und Gebühren-Aequivalent für die einzelnen Jahre 1880—1895 nach der amtlichen Statistik zusammengestellt sind:

Tabelle XIV.

Eingänge an Steuern sammt Zuschlägen, dann an Stempeln und Gebühren von den Eisenbahnen in den Jahren 1880—1895.

Jahr	Steuern sammt Zuschlägen in Millionen fl. österr. Währ.			Stempel und Gebühren-Aequivalent in Millionen fl. österr. Währ.			Im Ganzen Mill. fl.
	Privat-bahnen	Staats-bahnen	zusammen	Privat-bahnen	Staats-bahnen	zusammen	
1880	9 236*)	0·008	9·244	1·027	0·00005	1·027	10·271
1881	9·387*)	0·011	9·398	0·974	0·012	0·986	10·384
1882	11·265*)	0·014	11·279	1·025	0·001	1·026	12·305
1883	10·591	0·013	10·604	0·841	0·0001	0·841	11·445
1884	9·670	0·809	10·519	0·703	0·101	0·804	11·400
1885	10·259	0·338	10·597	0·549	0·056	0·605	11·202
1886	10·120	0·355	10·475	0·534	0·051	0·585	11·060
1887	9·652	5·148**)	14·800	0·738	0·034	0·772	15·572
1888	9·633	1·624	11·257	0·647	0·012	0·669	11·926
1889	10·402	2·058	12·460	0·579	0·041	0·620	12·980
1890	10·816	2·416	13·232	0·505	0·040	0·545	13·777
1891	11·565	2·708	14·273	0·541	0·048	0·589	14·862
1892	11·182	2·531	13·713	0·539	0·033	0·572	14·285
1893	11·477	2·655	14·132	0·545	0·022	0·567	14·699
1894	12·306	3·006	15·312	0·464	0·024	0·488	15·800
1895	12·499	3·708	16·207	0·455***)	0·018	0·473	16·740
Summa 1880—1895	169·560	27·519	197·479	10·712	0·516	11·228	208·707

*) Bei der Staatseisenbahn-Gesellschaft für die Jahre 1880, 1881 und 1882 einschließlich der Steuern und Gebühren für das ungarische Netz, für welches pro 1881 zum ersten Male ausgewiesen sind: Steuern fl. 1.179.179, Gebühren fl. 162703, zusammen fl. 1.341.142. Bei der Südbahn, welche in Ungarn bis 1. Jänner 1891 die Steuerfreiheit genoss, erfolgte die Trennung der Betriebsrechnung im Jahre 1892.

**) Infolge der auf Grund des Gesetzes vom 19. März 1887 Ret.-Bl. Nr. 4 errichteten Erwerbs- und Einkommensteuer nebst Zuschlägen für die Jahre 1877—1886 fl. 3.411.777. Hiezu das Jahr 1887 mit fl. 1.736.393 ergibt zusammen fl. 5.148.170.

***) Die Abnahme der Eingänge an Stempeln und Gebühren-Aequivalent ist begründet in dem Fortschreiten der Eisenbahn-Verstaatlichung.

Wie die vorstehende Tabelle zeigt, haben die österreichischen Eisenbahnen an Steuern und Gebühren in den Jahren 1880–1895 eine von 10 successive auf beinahe 17 Millionen fl. steigende Jahressumme geleistet, welche mit Ausnahme der hier nicht ausgeschiedenen Zuschläge an autonome Körper dem Staate zugeflossen ist. Für die ganze Periode beträgt die Steuer- [und Gebühren-] leistung der Eisenbahnen nahezu 200 Millionen fl., eine imposante Ziffer, welche beispielsweise die Netto - Garantieleistung des Staates in dem gleichen Zeitraum [abzüglich der Rückzahlungen rund 107 Mill. fl.] weit übersteigt. Die Vertheilung der angeführten jährlichen Steuersumme auf die einzelnen Steuergattungen ist für das Jahr 1895 aus der nachstehenden Zusammenstellung ersichtlich:

Tabelle XV.

Zergliederung der von den Eisenbahnen im Jahre 1895 entrichteten Steuern sammt Zuschlägen, dann Stempeln und Gebühren.

	Grund-steuer	Gebäude-steuer	Erwerb-steuer	Ein-kommen-steuer	zusammen Steuern	Stempel und Gebühren Aequivalent	Gesammt-leistung an Steuern und Gebühren
K. k. Staatsbahnen und für Rechnung des Staates betriebene Hauptbahnen [einschliesslich der Staatsbahnen im Privatbetriebe]	fl.	fl.	fl.	fl.	fl.	fl.	fl.
	121.848	153.020	36.143	3,446.138	3,758.055	16.817	3.774.902
Localbahnen im Staatsbetr.	1.958	7.842	118	145	10.063	992	11.055
Privatbahnen:							
Aussig-Teplitzer Eisenbahn	6.500	13.280	10.122	778.713	808.615	24.235	832.850
Böhmische Nordbahn . .	5.938	20.179	20.822	420.962	467.901	15.821	483.722
Buschtěhrader Eisenbahn .	8.901	23.614	10.095	1,047.824	1,090.404	30.286	1,120.750
Graz-Köflacher Eisenbahn .	2.593	1.800	10.735	148.448	163.362	8.681	171.903
Kaiser Ferdinands-Nordbahn	120.250	—*)	4.913	2,578.573	2,703.741	121.404	2,825.205
Kaschau-Oderb. Bahn[öst.L]	1.464	2.562	—	308.421	312.447	2.890	315.337
Leoben-Vordernberger Eisenbahn	256	301	3.492	25.234	29.263	189	29.452
Oesterr. Nordwestbahn [garantirtes Netz]	14.393	25.354	5.076	832.062	876.885	17.251	894.136
Oesterr. Nordwestbahn [Ergänzungsnetz]	7.265	15.132	5.265	214	27.876	8.871	36.747
Oesterr.-ungar. Staatseisenbahn-Gesellschaft . . .	39.374	93.104	23.542	2,109.592	2,265.612	57.808	2,323.420
Ostrau-Friedländer Eisenb.	1.304	—	5.774	33.228	40.306	7.976	48.282
Südbahn [österr. Linien] .	28.553	104.385	5.394	3,190.523	3,328.855	131.869	3,460.724
Süd-Norddeutsche Verbindungsbahn	5.163	7.811	17.067	222.048	252.089	7.767	259.856
Eisenbahn Wien-Aspang	1.992	2.058	4.708	1.504	10.412	2.390	12.808
Wien - Pottendorf - Wiener-Neustädter Bahn . . .	1.613	858	4.142	86.764	93.679	4.060	97.739
Selbstständige Local- und Kleinbahnen	6.283	8.191	1.582	5.100	21.186	13.249	34.105
zusammen . . .	375.756	480.103	175.319	15,235.583	16,266.761	472.592	16,739.353

*) Cumulative mit der Grundsteuer ausgewiesen.

Die einzelnen Schlussziffern dieser Tabelle verdienen es wohl beachtet zu werden. Abgesehen von dem Staatsbahnnetze, dessen Leistung 3·7 Mill. fl. übersteigt, stellen die grossen Privatbahnen — die Südbahn mit fast 3·5 Mill. fl., die Kaiser Ferdinands-Nordbahn mit über 2·8 Mill. fl., die Staatseisenbahn-Gesellschaft mit über 2·3 Mill. fl., die Buschtěhrader Bahn mit über 1·1 Mill. fl., die Aussig-Teplitzer Bahn und die österr. Nordwestbahn mit je über 0·8 Mill. fl.

— stattliche Steuerobjecte dar. Diese Ziffern sind wohl ein schlagender Beweis dafür, wie sehr der Staat im Allgemeinen auch an der finanziellen Prosperität der Privatbahnen interessirt ist.

Mit den vorstehend angeführten eigenen Leistungen ist aber die fiscalische Fruchtbarkeit der Eisenbahnen keineswegs erschöpft.

Neben den öffentlichen Abgaben, welche die Eisenbahnen selbst zu entrichten haben, schaffen sie nämlich dem Fiscus in dem durch sie vermittelten Personen- und Güterverkehre ein wichtiges und durch Vermittlung der Bahnverwaltungen, welche die Einhebung zugleich mit den Bahngebühren besorgen, äusserst bequem benützbares Besteuerungsobject. Die Heranziehung des Eisenbahn-Verkehres zur Leistung öffentlicher Abgaben erfolgt in Oesterreich bisher nur in der Form der Gebühren-Einhebung

von den Personen-Fahrkarten [Billetstempel], dann von den Frachtbriefen und Aufnahmescheinen [Frachtbriefstempel, Aufnahmescheingebühr]. Wiewohl diese Abgabe beiweitem nicht jene Höhe erreicht, die in anderen Ländern durch die sogenannte Transportsteuer erzielt wird *), handelt es sich dabei doch um ein ganz ansehnliches Einkommen, welches dem Staate durch Vermittlung und infolge der Eisenbahnen zufliesst. Als Anhaltspunkt können die Ziffern des Jahres 1895 dienen, welche in der nachstehenden Tabelle zusammengestellt sind.

*) Vgl. Sonnenschein, die Eisenbahn-Transportsteuer und ihre Stellung im Staatshaushalte. Berlin, Springer 1897. Ihre Einführung in Oesterreich ist durch den neuestens als Regierungsvorlage eingebrachten Gesetzentwurf in den Vordergrund der wirthschaftspolitischen Erörterungen getreten.

Tabelle XVI.

Zusammenstellung der von den österr. Eisenbahnen für das Jahr 1895 entrichteten Gebühren für Fahr- und Frachtkarten.

Bezeichnung der Eisenbahnen	Gebühr für		zusammen
	Personen-Fahrkarten	Frachtbriefe und Aufnahmescheine	
	Gulden österr. Währung		
K. k. Staatsbahnen und für Rechnung des Staates betriebene Hauptbahnen	691.820	399.423	1.091.243
Aussig-Teplitzer Eisenbahn	19.877	46.368	66.245
Böhmische Nordbahn	32.213	33.375	65.588
Buschtěhrader Eisenbahn	35.684	36.879	72.563
Kaiser Ferdinands-Nordbahn	178.814	128.022	306.836
Kaschau-Oderberger Bahn, österr. Strecke	12.890	6.648	19.538
Oesterr. Nordwestbahn, garant. Netz	70.512	58.635	129.147
„ „ Ergänzungsnetz	24.568	24.696	49.264
Oesterr.-ung. Staatseisenbahn-Gesellschaft	174.733	150.843	325.576
Ostrau-Friedländer Eisenbahn	4.476	—	4.476
Südbahn *)	302.106	179.271	481.377
Süd-Norddeutsche Verbindungsbahn	31.633	24.549	56.182
Wien-Aspang-Eisenbahn	11.226	4.231	15.457
Localbahnen	44.994	20.076	65.070
zusammen Privatbahnen	943.726	713.593	1.657.319
Im Ganzen	1.635.546	1.113.016	2.748.562

*) Inclusive Graz-Köflacher, Leoben-Vordernberger und Pottendorf-Wiener-Neustädter Bahn.

Die Jahressumme dieser Staatsein-nahme, welche von dem die Eisenbahnen benützenden Publicum [Reisende und Frachtgeber] eingehoben wird, beziffert sich sonach auf etwa 2·75 Millionen fl. Dass diese Ziffer nicht zu niedrig er-mittelt ist, ergibt sich aus einer anderen uns vorliegenden Berechnung, wonach der Personen-Fahrkartenstempel allein einschliesslich der Schifffahrt, für welche rund 100.000 fl. in Abzug kommen, in den Jahren:

1893	1894	1895
1,323.614 fl.	1,667.463 fl.	1,737.297 fl.

eingebracht hätte, wozu dann noch die Frachtbrief- und Aufnahmescheinstempel, mit rund 2,000.000 fl. zuzurechnen wären. Man wird daher nicht fehlgehen, wenn man die Transport-Abgabe der öster-reichischen Eisenbahnen nach dem jetzigen Stande des Verkehrs mit über 3 Millionen fl. jährlich ansetzt. Zuzüglich der vorhin mit 16·7 Millionen fl. ausgewiesenen eigenen Steuerleistung der Eisenbahnen ergibt sich der jetzige directe fiscalische Jahres-Ertrag der Eisenbahnen an Steuern und Gebühren mit rund 20 Millionen fl. Hierin sind nicht inbegriffen die von den Eisen-bahn-Titres eingehobenen Coupon-Stem-pelgebühren, die beispielsweise im Jahre 1895 bei der Staatsbahn-Gesellschaft rund 125.000 fl. und bei der Südbahn 105.443 fl. ausmachten.

Im Anschlusse an diese dem Staats-haushalte bedeutende Einnahmen zufüh-renden Abgaben sind noch jene geld-werthen Leistungen hervorzuheben, welche — wie am Eingange des II. Ab-schnittes ausgeführt ist — von den Eisenbahnen unentgeltlich oder er-mässigten Preisen für verschiedene staat-liche Dienstzweige besorgt werden. Eine genaue Bewerthung der hiedurch dem Staate im Etat dieser Dienstzweige erwachsenden, materielle Vortheile dar-stellenden Ersparnisse ist nach dem heu-tigen Stande der zu Gebote stehenden Auf-zeichnungen für Oesterreich nicht zu geben. Eingehende und beachtenswerthe Nach-weisungen über den Gegenstand enthält dagegen die amtliche Statistik Frankreichs. In der von dem französischen Mi-nisterium der öffentlichen Bauten her-ausgegebenen Eisenbahn-Statistik*) sind die vorerwähnten Ersparnisse, an die Eisenbahn-Steuern [I. Transportsteuer von Reisenden und Eilgut, Aufnahmsschein- und Frachtbriefstempel, II. laufende Stem-pel, Gebühren von Actien und Obligationen, Uebertragungs-Gebühren von solchen Ti-tres, Einkommensteuer und 4%ige Taxe vom Verlosungsgewinn, III. Gebäudesteuer, Patentgebühren, Zolleinnahmen für zu Eisenbahnzwecken bezogene Brenn- und Rohstoffe] angereiht, nach folgenden Gruppen zusammengestellt:

IV. Ersparnisse zufolge der Bestim-mungen des Bedingnisheftes: 1. Postver-waltung. 2. Telegraphenverwaltung. 3. Be-förderung von Militär-Personen und solchen der Marine. 4. Unentgeltliche Beförde-rung der Finanzorgane im Dienste der indirecten Steuern und der Zollorgane.

V. Ersparnisse gegenüber den nor-malen Tarifen auf Grund freiwilliger Ver-einbarungen mit dem Staate: Kriegs-materialtransporte.

Die Bewerthung auf Grund bestimmter, nach statistischen Leistungs-Einheiten aufgestellter Rechnungsschlüssel ergibt beispielsweise für das Jahr 1894 bezüg-lich sämmtlicher französischer Bahnen [35.971 km] nachstehende Beträge:

Ersparnisse der		im Ganzen Frcs.	pr. km im Ganzen Bahnlänge Frcs.
Postverwaltung	[IV, 1]	37,573.921	1045
Telegraphen-verwaltung .	[IV, 2]	4,099.774	114
Beim Transport von Militär-Personen ..	[IV, 3]	21,928.888	609
Finanz- und Zollorganen.	[IV, 4]	1,672.733	46
Zusammen...	[IV, 1-4]	65,275.316	1814
Kriegsmaterial-transport...	[V]	1,186.431	33
Totalsumme ..		66,461.747	1847

Nach einer der amtlichen Bewerthung beigedruckten Schätzung der Gesell-schaften, die auf einem früheren Formular --

*) Statistique des chemins de fer français au 31. décembre 1894. Documents divers. Première partie: France, intérêt général. Paris, Impr. nationale 1896, pag. 274, 275.

beruht, wird die Totalsumme der Ersparnisse noch wesentlich höher, nämlich
auf Frcs. 136.331.058 oder per *km* auf
Frcs. 3790 beziffert.

Die Leistungen der österreichischen
Eisenbahnen für die Postanstalt beruhen im letzten Grunde auf dem schon
im § 68 der Eisenbahn-Betriebsordnung
vom 16. November 1851, R.-G.-Bl.
Nr. 1 ex 1852, den concessionirten Privat-
Eisenbahn-Unternehmungen gegenüber
gemachten und im § 10 lit. f des Eisen-
bahn-Concessionsgesetzes vom 14. September 1854, R.-G.-Bl. Nr. 238, erneuerten
Vorbehalte der Verpflichtung zur unentgeltlichen Postbeförderung wie auch auf
der Fortbildung, welche dieser allgemeine
Vorbehalt in den Bestimmungen der
einzelnen Concessions-Urkunden erfahren
hat. Insgemein ist hiernach den Privatbahnen die unentgeltliche Beförderung der
im Dienste fahrenden Postbediensteten,
der Briefpost- und der Postambulanzwagen
auferlegt, wogegen den Bahnen für die
zur Mitnahme der Postfrachten beizustellenden »Beiwagen« eine mässige,
annäherungsweise den Selbstkosten der
Beförderung entsprechende Vergütung
nach festen Einheitssätzen geleistet wird.

Den Localbahnen sind durch die
neuere Specialgesetzgebung in Bezug auf
die Postbeförderung facultativ Erleichterungen zugestanden, die Kleinbahnen
[Tertiärbahnen] von allen unentgeltlichen
Leistungen in obiger Hinsicht enthoben.
[Art. II und XVIII des Gesetzes über
Bahnen niederer Ordnung vom 31. December 1894, R.-G.-Bl. Nr. 2 ex 1895.]

Für die Postbeförderung auf den
Staatsbahnen und für Rechnung des
Staates betriebenen Bahnen sind mit
Verordnung des k. k. Handelsministeriums
vom 20. März 1883 eigene Normativ-Be-
stimmungen erlassen worden, wonach vom
1. Januar 1883 ab für die Beförderung
der Post mittels ärarischer Ambulanz-
wagen sowie mittels der Bahn gehörigen
Wagen, dann für die Briefpostvermittlung
durch Bahnorgane, von Seite der Post-
verwaltung eine Entschädigung mit 50 Percent der jährlich sich ergebenden Kosten
per Achskilometer des gesammten Staatsbetriebsnetzes nach Massgabe der durch-
laufenen Postwagen-Achskilometer ge-

leistet wird. Diese Entschädigung variirte
seit 1883 zwischen 1·65 und 1·91 kr. per
Postwagen-Achskilometer.

Für das Jahr 1895 hat die Post an die
Staatsbahnverwaltung aus obigem Titel
eine Vergütung von 796.139 fl. bezahlt.

Stellt man die bahnseitige Leistung
für den Posttransport nur mit den Selbstkosten in Rechnung, was offenbar zu
niedrig gegriffen ist, so bewerthet sich
das durch die Benützung der Staatsbahnen
zu ermässigtem Preise der Postanstalt
erwachsene jährliche Ersparnis auf rund
800.000 fl. Bezüglich der Privatbahnen
ist die Schätzung des gleichartigen fiscalischen Vortheils durch die Verschiedenheit
der concessionsmässigen Verpflichtungen
erschwert. Eine approximative Vergleichung der von den grossen Hauptbahnen
bezogenen Vergütungen [1895: 580.000 fl.
mit den Selbstkosten der geleisteten Postwagen-Achskilometer führt zu dem Ergebnisse, dass letztere durchschnittlich mit
nur 62·7 Percent zur Vergütung gelangen.

Auf die Gesammtsumme der von den
österreichischen Privatbahnen gefahrenen
Postwagen - Achskilometer angewendet,
würde sich das Ersparnis der Post bei
den Privatbahnen mindestens auf etwa
420.000 fl. jährlich bewerthen lassen. Im
Ganzen ist das jährliche Ersparnis des
Staates durch die Postbeförderung demnach
auf mindestens 1,200.000 fl. zu schätzen.

Die sonstigen Leistungen der Eisenbahnen für die Postanstalt, als unentgeltliche
Beförderung der Postorgane, Mitwirkung
des Bahnpersonals beim Postdienste, Beistellung von Amtsräumen, Instandhaltung
der ärarischen Postambulanzwagen etc.,
entziehen sich einer ziffermässigen Bewerthung. Ebenso sind die Leistungen für die
Staats - Telegraphenanstalt, welche
theoretisch in der Pflicht zur unentgeltlichen Ueberlassung der Säulen des
Bahntelegraphen zur Anbringung von
Staatstelegraphen-Leitungen und in deren
Obsorge sowie in der Beförderung des
Staatstelegraphen-Materials zu wesentlich
ermässigtenTarifsätzen bestehen, einerseits
kaum zu beziffern, andererseits finanziell
nicht von ausschlaggebender Bedeutung.

Von grösserer finanzieller Tragweite
sind dagegen die Leistungen der Bahnen
in Bezug auf den Militär - Transport

Die Differenz zwischen den für die Beförderung von Militärpersonen und Militärgütern nach dem Militär-Tarife eingehobenen ermässigten Beförderungsgebühren und jenen des normalen Civil-Personen- und Gütertarifs stellt das Ersparnis dar, welches der Staat infolge der einschlägigen freien oder concessionsmässigen Vereinbarungen erzielt. Nach einer schätzungsweisen Berechnung kann dieses Ersparnis bei den k. k. Staatsbahnen und vom Staate betriebenen Privatbahnen für das Jahr 1895 in folgender Weise beziffert werden:

	fl. ö. W.
Differenz bei den im Dienste reisenden Militärpersonen .	681.150
Differenz bei den ausser Dienst reisenden Militärpersonen .	355.740
beim Reisegepäck	138.867
bei den Militärgütern . . .	397.366
zusammen . .	1,573.123

Nachdem die durchschnittliche Betriebslänge der bezeichneten Bahnen im Jahre 1895 rund 8900 km betragen hat, entspricht obige Ziffer einer kilometrischen Differenz von 176·8 fl. Nach dem Verhältnis der Kilometerzahl der selbstständig betriebenen Privatbahnen [7361] ergibt sich für dieselben die Jahressumme von 1,301.425 fl.

Diese Ziffer ist offenbar viel zu niedrig gegriffen, da die normalen Civil-Tarife der Privatbahnen zumeist weit höher sind als jene der Staatsbahnen. Es wird deshalb für alle Bahnen zusammen das dem Staate aus diesem Titel zu gute kommende Jahresersparnis mit dem Betrage von 3 Millionen fl. nicht zu hoch angenommen sein. Post- und Militär-Transport allein geben somit eine jährliche Ersparnissumme, die allermindestens 4—5 Mill. fl. beträgt.

VII. Gesammt-Bilanz der staatlichen Eisenbahn-Gebarung.

In den vorausgehenden Abschnitten wurde versucht, die finanziellen Wirkungen, welche die Eisenbahnen auf den Staatshaushalt vermöge der Garantie, des Staatsbaues und Staatsbetriebes und der fiscalischen Leistungen ausüben, im Einzelnen möglichst übersichtlich darzustellen. Es erübrigt hier noch, diese Darstellung durch die Uebersicht des Gesammteffectes zu ergänzen, den die gleichzeitige Bethätigung dieser Einzelwirkungen zur Folge hat. Hierbei ist von den Schlussergebnissen auszugehen, welche im Abschnitte IV bezüglich des finanziellen Erfolges des Staatsbetriebes als des wichtigsten Zweiges der staatlichen Eisenbahn-Gebarung ermittelt wurden. Da es sich jedoch bei dieser Darstellung nicht um eine theoretische Beurtheilung der Ergebnisse des Staatsbetriebes, sondern um die wirklichen Gebarungsziffern handelt, wie sie in der Gegenstands-Periode den Staatshaushalt factisch beeinflusst haben, ist nicht die Schlusscolonne der Tabelle VII, sondern es sind jene der Tabelle VIII enthaltenen factischen Gebarungs-Abgänge als der wirklichen Zuschüsse auf den Staatseisenbahn-Betrieb zum Ausgangspunkte zu nehmen. Dabei sind, wie hier zu erinnern ist, die dem Staate erwachsenen Lasten infolge der für den Staatseisenbahnbau verwendeten Beträge durch jahrweise Zurechnung der 4¼ percentigen Zinsen derselben zu den Capitalslasten [Tabelle VIII, Col. 3] bei der Ermittlung der Gebarungs-Abgänge berücksichtigt. An diese Zuschüsse reihen sich sodann die Netto-Ergebnisse der Staatsgarantie-Gebarung, wobei abweichend von der im Abschnitt III behufs reiner Ermittlung der Garantie-Vorschuss-Verhältnisse befolgten Methode nebst den bei der Netto-Garantie-Leistung in Abzug gebrachten Vorschuss- auch die Zinsen-Rückzahlungen zu berücksichtigen sind sowie die als Subvention bezahlten Annuitäten. Der hieraus resultirenden Gesammtlast sind die Eingänge aus den Eisenbahnen, soweit sie jahrweise ziffermässig bekannt sind, wie Antheile am Reingewinn und Steuerleistung der Privatbahnen, gegenüberzustellen, woraus sich sodann die Gesammt-Bilanz der staatlichen Eisenbahn-Gebarung exclusive Bau ergibt.

Tabelle XVIII.

Gesammt-Bilanz der Staatslasten und Eingänge aus den Eisenbahnen (excl. Bau) 1882—1896 in Millionen fl.
Die Rückzahlungen von Garantie-Vorschüssen und Zinsen sind als Activposten fett gedruckt.

Jahr	Tatsächer Gebrauch: zu den Capitalskosten des Staatshaus-Abgang auf den «Staats-betriebe»	Netto-Garantie-Leistung	Garantieren-Rückzahlungen und sonstige Zinsen-Rück-zahlungen	Staatsbeitrag für die Meliorationen der Südbahn 3t Pc. u. Villach-Franzensfeste	Staatsgarantie-Lasten und sonstige Subventionen an eigenthümliche Privatbahnen zu-sammen	Gesammt-last (für den Staat)	Staats-antheil am Reingewinn oder Erträge von Privat-bahnen	Steuer- und Gebühren-leistung der Privat-bahnen incl. Zuschläge	zusammen (incl. Eingänge)	Gesammt-Bilanz
1882	7·617	13·800	0·208	0·702	14·386	22·053	—	10·290	10·290	—11·773
1883	10·489	13·522	0·211	0·702	14·073	25·059	—	11·026	11·026	—14·033
1884	10·984	8·922	0·168	0·702	9·503	26·467	—	10·344	10·344	—16·123
1885	18·192	2·068*)	0·093	0·702	8·218	13·274	—	11·117	11·117	—2·157
1886	17·551	8·534	0·030	0·702	9·200	26·817	·315†)	10·935	12·250	—14·567
1887	11·602	7·841	0·071	0·702	8·535	20·197	0·354	10·490	10·834	—9·363
1888	15·816	7·828	0·003	0·702	8·987	24·403	0·135	10·430	10·565	—13·838
1889	18·314	3·750	0·730	0·702	5·776	22·090	0·371	11·252	11·623	—10·467
1890	18·077	4·840	0·014	0·702	5·588	24·265	0·777	11·802	12·679	—11·620
1891	23·338	5·438	—	0·702	6·200	29·538	0·647	11·714	12·361	—16·297
1892	26·618	4·813	—	0·702	5·575	32·193	0·175	11·967	13·311	—20·071
1893	24·226	0·280**)	—	0·702	0·482	24·728	0·941	12·299	13·213	—11·055
1894	16·855	1·074	0·181	0·702	1·985	18·840	1·304	12·860	14·175	—4·905
1895	23·647	1·583***)	0·010	0·702	1·999	25·548	0·944	12·932	13·776	—8·772
1896	22·032	1·596	0·163	0·702	2·215	24·247	·207(††)	12·833(†††)	15·129	—9·118

*) Rückzahlung der Garantie-Vorschussschuld der mähr.-schles. Nordbahn mit 8·689 Mill. fl.

**) Rückzahlung der früheren staatlichen Heimfalls bei den drei Flügelbahnen anlässlich der Neu-Concessionirung der Kaiser Ferdinands-Nordbahn.

***) Ablösung des Südbahn mit 3·579 Mill. fl. — Süd-Nordd. Verbindungsbahn mit 3·574 Mill. fl. — Lemberg-Czernowitz-Jassy-Eisenbahn.

†) Inclusive einer Kautschillingsresquote der Südbahn per 0·551 Mill. fl. und exclus. der Reingewinn-Antheile von der Aussig-Teplitzer Eisenbahn [1891: 0·235, 1894: 0·310, 1895: 0·178, 1896: 0·004 Mill. fl.], welche unter den Betriebseinnahmen der k. k. Staatsbahnen vermehrt werden.

††) Mit der Vorjahrsziffer angenommen.

Die Zahlenreihen dieser Tabelle geben zu mancherlei Betrachtungen Anlass. Neben dem constant in ansehnlicher Höhe auftretenden Gebarungs-Deficit des Staatsbetriebes, dessen Höhe indess, wie bereits im IV. Abschnitt erwähnt, zum grossen Theile durch die Einbeziehung des Investitions-Aufwandes in die ausserordentlichen Ausgaben bedingt war und durch die seit 1897 geänderte Budgetirungsmethode sich fortan wesentlich vermindert *), fällt sofort die stetige Besserung der Garantie-Gebarung in's Auge, welche im Jahre 1885, infolge der Rückzahlung der Garantieschuld der mährisch-schlesischen Nordbahn, mit fast 6 Mill. fl. und 1895 mit nahezu 2 Mill. fl. activ war. Die Erklärung liegt in dem successiven Uebergang der dauernd passiven Garantie-Bahnen in den Eigenbetrieb für Rechnung des Staates und in der günstigen Entwicklung der selbstständig gebliebenen garantirten Unternehmungen. Die Gesammtlasten des Staates für Eisenbahnzwecke haben hiernach seit 1882, von vorübergehenden Schwankungen abgesehen, keine Verminderung erfahren und beziffern sich am Schlusse der Periode mit rund 24 Millionen fl.

Trotzdem ist — wie das Sinken des Passiv-Saldos der Gesammt-Bilanz seit 1892 von 20 auf 9 Mill. fl., trotz der vielen neu hinzugekommenen schwachen Linien zeigt — die finanzielle Besserung der Gesammtgebarung unverkennbar. Die anlässlich der Neu-Concessionirung der Kaiser Ferdinands-Nordbahn bedungene Betheiligung des Staates an dem Reingewinn dieses ertragreichen Unternehmens — ein Vorgang, der späterhin bei der Neu-Ordnung der Capitalsverhältnisse der Aussig-Teplitzer Bahn Nachahmung fand und bei der Südbahn neuestens infolge der schiedsgerichtlichen Entscheidung über den Kaufschillingsstreit wieder aufgelebt ist — hat dem Staate seither Jahr

für Jahr namhafte Eingänge verschafft, welche zuzüglich der bei den Einnahmen des Staatsbetriebes verrechneten und daher in Col. 8 ausgeschiedenen Zahlungen der Aussig-Teplitzer Bahn in den Jahren 1894—1896 von 1·7 auf fast 3 Millionen fl. gestiegen sind. Diese Zuflüsse, welche den Werth einer umsichtigen finanziellen Eisenbahnpolitik und unter der Vorherrschaft des Staatsbetriebes ausser Zweifel stellen, haben im Vereine mit der trotz der Verstaatlichung fast constant steigenden Steuerleistung der Privatbahnen zu dem Schlussergebnisse geführt, dass die Gesammtbilanz der staatlichen Eisenbahn-Gebarung der Jahre 1893—96 mit mässigen Passiv-Saldoziffern abschliesst. Denn eine Unterbilanz von durchschnittlich 8·4 Millionen fl. kann bei einem im Ganzen, Staats- und Privatbahnen zusammengenommen, rund 17.000 km [Ende 1896] umfassenden Bahnnetze, welches so viele ertragsschwache Linien in sich begreift, gewiss nicht als eine unverhältnissmässige bezeichnet werden. Diesem Passivum stehen übrigens die im Abschnitte VI besprochenen Ersparnisse gegenüber, welche die verschiedenen Staatsdienstzweige infolge der unentgeltlichen oder zu ermässigten Preisen stattfindenden Leistungen der Eisenbahnen geniessen. Jene bei der Postbeförderung und dem Militärtransport allein bewerthen sich auf 4—5 Millionen fl. jährlich. Es würde hiernach also, der übrigen Leistungen dieser Art ungerechnet, der bilanzmässige Netto-Zuschuss des Staates für das Eisenbahnwesen mit Ausschluss des Linien-Neubaues, für welchen in den Jahren 1893—96 rund je 6 Millionen fl. aufgewendet wurden, nicht höher als auf etwa 3—4 Millionen fl. jährlich zu schätzen sein. Mit dieser Zuschussleistung schliesst, da die indirecten Vortheile, welche die Eisenbahnen in Bezug auf die Hebung der Steuerkraft dem Staatsschatze gebracht haben, nicht ziffermässig nachweisbar sind, die Gebarungsbilanz des Staates in Bezug auf die Eisenbahnen mit 1896 ab. Die ganze Entwicklung im Zusammenhange betrachtet, kann wohl behauptet werden, dass die Eisenbahnen in Oesterreich sich für die Staatswirthschaft und den Staatshaushalt trotz der grossen Opfer,

---

*) Im Budget pro 1897 sind für ausserordentliche Ausgaben beim Staatseisenbahn-Betriebe und der Bodensee-Dampfschiffahrt 8,012.980 fl. (gegen 11,672.760 fl. und incl. Staatseisenbahnbau nebst Betheiligung am Privatbahnbau 18,485.410 fl. im Vorjahre] eingestellt und 18,063.910 fl. im Erfordernisse des Investitions-Präliminars für Eisenbahnzwecke bewilligt.

welche ihre Entwicklung zeitweilig den Staatsfinanzen auferlegte, doch anderseits als eine dem Staatsschatze ansehnliche Zuflüsse und mannigfache Vortheile bringende Institution bewährt haben. Wenn daher der Ausbau des österreichischen Eisenbahnnetzes in den letzten 50 Jahren und der heutige Stand des heimischen Eisenbahnwesens geeignet ist, mit patriotischem Stolze zu erfüllen, so bieten die staatswirthschaftlichen und finanziellen Ergebnisse dieser Entwicklung wahrlich keinen Grund, sich dieses Gefühl durch pessimistische Beurtheilung des materiellen Werthes des Geschaffenen verkümmern zu lassen.

VIII. Der Eisenbahn-Etat in der Gegenwart.

Die im vorigen Abschnitte an der Jahres-Reihe 1882–1896 verfolgte Einwirkung der Eisenbahnen auf die Gestaltung des Staatshaushaltes ist, insoweit es sich um das Budget handelt, mit dem Jahre 1896 in doppelter Hinsicht zu einem Abschlusse gelangt. Durch die in den Beginn dieses Jahres fallende Errichtung des Eisenbahnministeriums, welches nunmehr mit einem eigenen Etat — Nummer XII — [Capitel 28 der Staatsausgaben, 34 der Staatseinnahmen] bedacht ist, erscheint das Eisenbahnwesen als selbstständiger Verwaltungszweig in den Rahmen des Staatsvoranschlages eingegliedert. Anderseits ist das Finanzgesetz für das Jahr 1896 das letzte vor der schon oben besprochenen, in das organische Gefüge unseres Budgets tief eingreifenden und namentlich für das Eisenbahnwesen bedeutungsvollen Ausscheidung der Investitions-Auslagen, welche bisher mit den laufenden Staatsausgaben vermischt waren und vom Jahre 1897 an in einem II. Theile des Staatsvoranschlages zur Darstellung gelangen. Im Staatsvoranschlage für 1896, woselbst diese Trennung noch nicht stattgefunden hat und die Staatsausgaben mit 664,569.573 fl., die Staatseinnahmen mit 666,006.190 fl. festgesetzt sind, nimmt das Eisenbahnministerium für die Zwecke seines Ressorts inclusive Bodensee-Schifffahrt im Ganzen [Capitel 28, Titel 1—7] 93,722.360 fl. in Anspruch, wovon auf ausserordentliche Ausgaben 18,485.410 fl.[darunter für Staatseisenbahnbau 6,094.000 fl. für Betheiligung an der Capitalsbeschaffung zum Baue von Privatbahnen 680.070 fl.] und auf ordentliche Bahnbetriebsauslagen exclusive Localbahnbetrieb [Titel 7, § 1, lit. a] 63,207.184 fl. entfallen. Dem Ressortaufwande, welchem der Vollständigkeit halber noch die im Budget-Capitel 34, Titel 3 [XVII. Subventionen und Dotationen B an Verkehrsanstalten] eingestellten 4%igen Vorschüsse an garantirte Bahnen mit 1,407.900 fl. zuzurechnen sind, so dass die Eisenbahn-Ausgaben im Ganzen **95,130.260 fl.** ausmachen, stehen als Bedeckung die in Capitel 34, Titel 1—6 präliminirten Staatseinnahmen des Eisenbahnministeriums mit 108,445.860 fl. gegenüber. Darunter sind begriffen der Staatsantheil an dem Reingewinne der Kaiser Ferdinands-Nordbahn mit 1,300.000 fl. und einschliesslich desselben ausserordentliche Einnahmen 9,197.710 fl. sowie ordentliche Transport-Einnahmen 84,851.500 fl. Zuzüglich der bei den Subventionen für Verkehrsanstalten präliminirten Zinsen-Einnahme von 4700 fl. erreicht der Staats-Einnahmen-Etat des Eisenbahnwesens die Gesammtsumme von **108,450.560 fl.**

Das Eisenbahnwesen participirt also an den Staatsausgaben mit $\frac{1}{7}$ = 14%, an den Staatseinnahmen mit $\frac{1}{6}$ = 16% des gesammten Staatshaushaltes und erscheint im Budget pro 1896 als ein mit dem Betrage von 13,320.300 fl. activer Dienstzweig — letzteres allerdings nur Dank dem Umstande, dass die grossen Capitalslasten für den Bau und die Erwerbung der Staatsbahnen mit Ausnahme der beim Staatseisenbahn-Betriebe [Capitel 28, Titel 7, § 1 lit. c] präliminirten vertragsmässigen Zahlungen für Ver-

zinsung und Amortisation per 8,224.400 fl.
nicht im Eisenbahn-Etat eingestellt sind,
sondern in jenem der Staatsschuld ihre
Wirkung äussern.

Wird hingegen das gesammte Erfordernis für die Bestreitung der Lasten
des in den Staatsbahnen investirten An-
lagecapitals einschliesslich der Verzinsung
des durch Ausgabe von Staatsrenten-
titeln beschafften oder aus den Cassen-
beständen bestrittenen Aufwandes für den
Staatseisenbahnbau und für nachträgliche
Investitionen dem Betriebsüberschusse der
Staatsbahnen entgegengehalten, so zeigt
sich, dass letzterer das Lasten-Erforder-
nis nicht erreicht, vielmehr hinter demselben um einen namhaften Differenz-
betrag zurückbleibt. Diese Differenz stellt
den Zuschuss dar, welchen der Staat
auf den Staatsbahnbetrieb zu leisten hat.
In den Erläuterungen zum Staatsvoranschlage der Staatseisenbahn-Verwaltung
für das Jahr 1896 *) ist die Höhe des Staatszuschusses in folgender Art berechnet:

Vertragsmässige Zahlungen für Verzinsung und Amortisation:

	fl.
a) im Etat der Staatsbahn-verwaltung	8,092.080
b) im Etat der Staatsschuld	33,235.891
c) Annuität für ⅓ der Wiener Verbindungsbahn	132.320
zusammen	41,460.291

Aufwand für Staatsbahnbau
und Nachtrags-Investitionen
[inclusive jener für 1896
mit 6,628.479 fl.] zusammen
284,443.219 fl. zum Zins-
fusse von 4¼ % 12,088.837
Gesammtmterfordernis . . . 53,549.128
Hievon der Betriebsüberschuss
im Ordinarium 32,548.720
Präliminirter Staatszuschuss
für 1896 . . . . 21,000.408

Derselbe erhöht sich bei Einbeziehung
des präliminirten Netto-Erfordernisses im
Extraordinarium in die laufenden Ausgaben auf 27,071.700 fl.

Das Anlagecapital sämmtlicher im
Staatsbetriebe stehenden Bahnen [excl. Lo-

calbahnen] ist für 1896 auf 1175,782.550 fl.*)
berechnet und die Verzinsung desselben
durch den Betriebsüberschuss mit 2·77 %·

Infolge der mit dem Finanzgesetze
für das Jahr 1897 bezüglich der Inve-
stitions-Gebarung eingeführten Budget-
Reform bietet der Staatsvoranschlag dieses Jahres, soweit er das Eisenbahnwesen betrifft, ein etwas verändertes
Bild.

Die Staatsausgaben mit 689,081.170 fl.
und die Staatseinnahmen mit 690,030.996 fl.
zeigen gegenüber dem Vorjahre eine mässige Steigerung. Die gleiche aufsteigende
Bewegung tritt bei dem Einnahmen-Etat
des Eisenbahnministeriums [Capitel 34.
Titel 4 des Staatsvoranschlages] zu Tage,
welcher einschliesslich der ausserordentlichen Einnahmen per 4,846.480 fl.
[darunter 1,300.000 fl. als Reingewinn-
Antheil von der Kaiser Ferdinands-
Nordbahn] und der ordentlichen Transport-
Einnahmen des Staatsbahnbetriebes per
98,851.500 fl. die Gesammt-Bedeckungs-
ziffer von 113,806.260 fl. aufweist, die
sich durch die im Subventions-Etat präliminirten Eisenbahn-Garantie-Rückzahlun-
gen von 155.300 fl. auf 113,961.560 fl.
erhöht. Der Eisenbahn - Ausgaben - Etat
beim Eisenbahnministerium in der dem
Vorjahre nahezu gleichen Ziffer von
93,801.410 fl. [darunter 8,456.910 fl.
ausserordentliche Ausgaben, 67,093.090 fl.
ordentliche Bahnbetriebsauslagen incl.
Localbahnbetrieb, 8,203.010 fl. vertragsmässige Zinsen- und Amortisations-
zahlungen] ist um jene Investitions-Auslagen im Betrage von 18,063.910 fl. [hie-
von für Staatseisenbahnbau 5,741.760 fl.,
für Betheiligung an der Capitalsbeschaffung zum Bau von Privatbahnen
5,268.000 fl., für Betriebs-Investitionen
7,054.150 fl.] verringert, welche im Erfordernisse des Investitions-Präliminares
[Beilage II zu Artikel IX des Finanz-
gesetzes] für das Eisenbahnministerium
eingestellt sind. Wird jedoch zum Zwecke
der Vergleichung mit dem Vorjahre
dieser Betrag gleichwie jener der Garantie - Vorschusszahlungen für Eisen-

---

*) XI. ursprünglich Handelsministerium
Heft 2, sodann geändert in XII. Eisenbahn-
Ministerium S. 195 ff.

*) Laut »Bericht über die Ergebnisse
der k. k. Staatseisenbahn-Verwaltung für das
Jahr 1896«, S. 132, nur 1,139,887.884 fl.

4*

bahnen im Etat XVII »Subventionen und Dotationen« per 1,654.500 fl. den oben ausgewiesenen Ausgaben zugerechnet, so erreichen die Staatsausgaben für Eisenbahnzwecke den Gesammtbetrag von **113,519.820 fl.**, d. i. 15·8% oder fast ¹/₇ der sämmtlichen Staatsausgaben incl. Investitionen, wogegen den in der Bedeckung des Staatsvoranschlages [Beilage I zum Finanzgesetze] ausgewiesenen Eisenbahn-Einnahmen jene des Investitions-Präliminares mit 4,782.820 fl. zuzurechnen sind, so dass im Ganzen die Bedeckungssumme von **118,744.380 fl.**, d. i. 17% oder mehr als ¹/₆ der gesammten Staatseinnahmen incl. Investitions-Bedeckung aus dem Eisenbahnwesen resultirt.

Nach der neuen Gruppirung des Budgets dagegen, in welcher die Investitionen von der laufenden Gebarung getrennt eingestellt sind, stehen in letzterer den Eisenbahn-Einnahmen [incl. Garantie-Rückzahlungen] mit . 113,961.560 fl. Ausgaben aus gleichem Titel [incl. Garantie-Vorschüsse] mit . . . 95,455.910 » gegenüber, so dass der Eisenbahn-Etat mit dem Betrage von . . . . 18,505.650 fl. activ erscheint.

Der Staatszuschuss für den Staatseisenbahn-Betrieb stellt sich nach der Berechnung in den Erläuterungen zum Staatsvoranschlage der Staatseisenbahn-Verwaltung für das Jahr 1897[*]), in welchem die Betriebslänge mit durchschnittlich 9443 km angenommen ist und mit Jahresschluss auf rund 9800 km steigen dürfte, in folgender Schlusszifer dar:

Vertragsmässige Zahlungen für Verzinsung und Amortisation:

a) im Etat der Staatsbahn-   fl.
Verwaltung 8,203.010
b) im Etat der Staatsschuld 32,837.560
zusammen 41,040.570

Aufwand für Staatsbahn-Bau und nachträgliche Investitionen [inclusive jener für 1897 mit 5,414.057 fl.] zusammen 308,291.864 fl. zu 4¹/₄% 13,102.401

*) XII Eisenbahnministerium S. 202 ff.

Transport 13,102.401
Annuitäten für Fahrparksvermehrung 1,484.840
Gesammt-Erfordernis . . . 55,627.814
ab Ueberschuss im Ordinarium [nach Zurechnung der im obigen Erfordernisse bereits berücksichtigten vertragsmässigen Zahlungen für Verzinsung und Amortisation] 31,795.170
Präliminirter Staatszuschuss für 1897[*]) 23,832.644

Das Anlagecapital für sämmtliche im Staatsbetriebe stehenden Bahnen, exclusive der Bodensee-Dampfschiffahrt und der für fremde Rechnung betriebenen Localbahnen, ist abzüglich der durch Verlosungen oder Convertirungen in Abfall kommenden Beträge mit 1.161,265.228 fl. ermittelt. Die Verzinsung durch den Betriebs-Ueberschuss stellt sich auf 2·74%.

Zur Vervollständigung des Gesammtbildes mögen hier noch die für den Gegenstand charakteristischen Zifern aus dem kürzlich im Abgeordnetenhause eingebrachten Staatsvoranschlage für das Jahr 1898 beigefügt werden, dem Jahre, in welchem das Staatsbetriebs-Netz die Längenausdehnung von 10.000 km überschreiten wird. Die gesammten Staatseinnahmen sind mit 719,900.282 fl., die gesammten Staatsausgaben mit 715,920.827 fl. veranschlagt, so dass ein Ueberschuss von 3,979.455 fl. sich ergibt. Das Investitions-Präliminar zeigt im Erfordernis 29,179.780 fl., in der Bedeckung 1,524.050 fl. Die Eisenbahn-Einnahmen [einschliesslich der Garantie-Rückzahlungen mit 104.300 fl., des Gewinn-Antheils bei der Kaiser Ferdinands-Nordbahn mit 1,600.000 fl. und der Kaufschillings-Restzahlung der Südbahn mit 1,846.100 fl.] sind auf 120,780.200 fl. beziffert. Das Ausgaben-Erfordernis ist einschliesslich der Garantievorschüsse im Betrage von 1,963.000 fl. mit 98,488.500 fl. veranschlagt. Der hiernach resultirende Ueberschuss von 22,291.700 fl. übersteigt

*) Bei Behandlung des präliminirten Netto-Erfordernisses im Extraordinarium als laufende Ausgabe des Jahres 1897 würde der Staatszuschuss sich erhöhen auf 27,035.720 fl.

jenen des laufenden Jahres [18,505.650 fl.] um 3.786.050 fl. In Investitions-Präliminare für 1898 sind zu Eisenbahnzwecken |Staatseisenbahn-Bau 6,808.000 fl., Betheiligung an der Capitalsbeschaffung zum Baue von Privatbahnen 1,652.000 fl., Betriebs-Investitionen 11,033.000 fl.] zusammen 19,493.000 fl. [1897:18,063.910 fl.] als Erfordernis und aus gleichem Titel 1,424.050 fl. [1897: 4,782.820 fl.] als Bedeckung eingestellt.

Der Staatszuschuss zum Staatseisenbahn-Betriebe ist in den Erläuterungen*) mit nachstehender Berechnung entwickelt:

Vertragsmässige Zahlungen für Verzinsung und Amortisation:

	fl.
a) im Etat der Staatsbahnverwaltung	8,204.100
b) im Etat der Staatsschuld	32,986.580

Aufwand für Staatseisenbahnbau und Nachtrags-Investitionen [exclusive Investitions-Präliminar 1897 u. 1898] zusammen 311,749.253 fl. zu 4¼% 13.249.343

Investitionsaufwand 1897 und 1898 17,852.800 fl. zu 3·8% . . . 678.407

Gesammt-Erfordernis . . . 55,118.430

Präliminirter Betriebs-Ueberschuss 33,876.300

Staatszuschuss für 1898**) . 21,242.130

Der Anlagewerth der im Staatsbetriebe stehenden Bahnen ist nach gleichem Vorgange wie im Vorjahre mit 1.181,518.043 fl. ermittelt***) und die Verzinsung desselben durch den Betriebsüberschuss auf 2·87% berechnet.

Auf Grund der vorstehenden Präliminar-Ansätze ergibt sich folgende Entwicklungsreihe:

*) Erläuterungen zum Staatsvoranschlage und Investitionspräliminare für das Jahr 1898 XII. Eisenbahn-Ministerium, S. 185 ff.

**) Bei Einbeziehung der Investitionen in die laufenden Ausgaben würde sich der Staatszuschuss erhöhen auf 25,222.510 fl.

***) Für 1898 veranschlagtes Anlage-Capital 1.208,728.710 fl., hievon ab getilgte Beträge 27,210.667 fl bleibt Anlagewerth 1181,518.043 fl.

	1896*)	1897	1898
	Mill. fl. ö. W.		
Staatszuschuss zum Staatsbahnbetriebe	27·0	23·8	21·2
Verzinsung des Anlagewerthes %	2·77	2·74	2·87
Ueberschuss im Eisenbahn- und Subventions-Etat	13·3	18·5	22·3

Es wäre voreilig, Schlüsse aus diesen Anschlagsziffern ziehen zu wollen, deren Erfolg erst bezüglich des Betriebs-Ueberschusses und der Capitalsverzinsung für das Jahr 1896 bekannt ist. Immerhin tritt die günstige Wirkung der neuen Budgetirungs-Methode für den Eisenbahn-Etat durch Entlastung desselben von den in das Investitions-Präliminar überstellten Extraordinarial-Ausgaben klar zu Tage. Auch die Ziffer des Staatszuschusses ist von dem niedrigen Zinsfusse des Investitions-Aufwandes günstig beeinflusst. Ihre noch immer ansehnliche Höhe — in den letzten 3 Jahren mit durchschnittlich 24 Millionen fl. veranschlagt — sowie die Perspective einer weiteren Steigerung der staatsfinanziellen Zuschüsse für Eisenbahnzwecke infolge der mit dem Jahre 1898 im Etat der Staatsschuld hinzutretenden Beitragsleistung für die Wiener Verkehrsanlagen**) müssten zu den ernstesten Betrachtungen Anlass geben, wäre das Eisenbahnwesen nicht zugleich ein in höchstem Grade productiver Factor im Staatshaushalte. In dieser Hinsicht darf hier an die im VI. und VII. Abschnitte enthaltenen Ausführungen und ziffermässigen Daten über die Steuern und sonstigen öffentlichen Leistungen der Eisenbahnen erinnert werden, deren Jahreswerth schon für 1896 mit 24 — 25 Millionen fl. geschätzt wurde. Diese Leistungen stellen, den Staatshaushalt im Ganzen betrachtet, ein den Staatszuschüssen für Eisenbahnzwecke nahezu gleichwerthiges Aequivalent dar, welches mit der Entwicklung des Verkehres und der Steuergesetzgebung in fortwährender Zunahme begriffen ist. Ein Beispiel

*) Erfolg: Betriebsüberschuss 31·4 Millionen fl., daher Staatszuschuss bei sonstigen Zutreffen des Präliminars um rund 0·5 Millionen fl. geringer. Capitalsverzinsung 3·02%. [Vgl. Geschäftsbericht S. 112 und 179.]

**) Für 1898 mit 1,978.128 fl. veranschlagt.

hiefür bietet die Steuersumme der Staatsbahnen, die nach dem Staats-Voranschlag für 1898 mit rund 5 Millionen fl. sich gegen das laufende Jahr um fast 500.000 fl. (= 11%) erhöht. Hiernach erscheint die Behauptung wohl nicht als eine allzu optimistische, dass die Eisenbahn-Gebarung des Staates, Alles in Allem genommen, sich allmählig dem Punkte nähert, in dem das Eisenbahnwesen beginnt, nicht blos der budgetären Form nach, sondern in Wirklichkeit ein activer Dienstzweig zu werden. Das Ziel, reine Gebarungs-Ueberschüsse aus dem Eisenbahnwesen für die allgemeinen Staatsbedürfnisse heranzuziehen, ist ein so hohes und angesichts der auf allen Gebieten, namentlich auch bei den nicht unmittelbar productiven Dienstzweigen rapid steigenden Anforderungen an den Staatsschatz ein so actuelles, dass seine Erreichung als eine der nächsten und wichtigsten Aufgaben der staatlichen Eisenbahn- und Finanzpolitik bezeichnet werden muss.

*   *
*

Retrospective Betrachtungen, sofern sie über das Gebiet der Thatsachen hinausführen und auf jenes der Hypothese übergreifen, sind ziemlich nutzlos. Und doch drängt sich jedem, der die wechselnden Entwicklungsphasen der Beziehungen zwischen den Eisenbahnen und der Staatswirthschaft in den letzten fünfzig Jahren rückschauend überblickt, die Frage auf, ob diese Beziehungen sich nicht gedeihlicher hätten gestalten lassen. Die starken Schatten, die das Bild der finanziellen Einwirkungen der Eisenbahnen auf den Staatshaushalt vorübergehend trüben, fordern fast zu dieser Frage heraus. Dabei liegt es nahe, im Vergleiche mit den günstigen staatsfinanziellen Ergebnissen des Eisenbahnwesens, die anderwärts als Früchte einer durch lange Zeit consequent festgehaltenen Richtung staatlicher Verkehrspolitik herangereift sind, den in Oesterreich wiederholt eingetretenen Wechsel der eisenbahnpolitischen Systeme als veranlassende Ursache für die minder günstigen finanziellen Resultate verantwortlich zu machen.

Es muss im Sinne dieser Auffassung zugegeben werden, dass die ungestörte Aufrechthaltung des Staatsbahnsystems der Fünfziger-Jahre, falls sie staatsfinanziell durchführbar gewesen wäre, dem Staatsschatze namhafte Capitalsverluste erspart und die natürliche Ertragssteigerung der alten Staatsbahnlinien zugeführt hätte. Die Erweiterung des Netzes aber, die das damals mit den Privatgesellschaften hereingekommene fremde Capital, wenn auch unter drückenden Bedingungen übernahm, hätte mit den Mitteln des Staates, dessen Finanzlage während der Sechziger-Jahre durch hohe Gebarungsdeficite und eine Zinsenreduction der Staatsschuld gekennzeichnet ist, nie bewirkt werden können.

Nicht minder gewiss ist es, dass das Garantie-System, wenn man rechtzeitig vermocht hätte, dasselbe unter Vermeidung seiner Auswüchse auf entwicklungsfähige Privatbahnen einzuschränken, früher oder später zu finanziell befriedigenden Ergebnissen geführt haben würde. An wohlgemeinten und sachkundigen Bemühungen, den Privatbetrieb als alleinige Betriebsform aufrechtzuhalten, hat es in der Mitte der Siebziger-Jahre nicht gefehlt. Aber sie konnten die dem Privatbahnsystem anhaftende Lücke bezüglich der ertraglosen Linien nicht ausfüllen, deren Bau und Betrieb aus höheren staatlichen Rücksichten geboten, nothwendig dem Staate zufallen musste.

Mit dieser ganz unvermeidlichen Bethätigung des Staates im Eisenbahnwesen wäre unter allen Umständen für die aus socialpolitischen Unterlagen erwachsene mächtige Strömung zu Gunsten des Staatsbetriebes der Angriffspunkt gegeben gewesen, um die Alleinherrschaft des Privatbahnsystems aus den Angeln zu heben.

Die aus diesem Umschwung hervorgegangene österreichische Eisenbahn-Verstaatlichung reicht mit ihren jüngsten Entwicklungsphasen so tief in die Gegenwart herein, dass eine zusammenfassende Besprechung des Gegenstandes an dieser Stelle aus naheliegenden Gründen unterbleiben muss.

Soweit indess diese nach Ursprung und Endziel vorzugsweise staatswirthschaftliche Action in ihrem anfangs verzögerten Beginne heute wohl schon als der Geschichte angehörig betrachtet werden kann, darf daran erinnert werden, dass das principielle Verstaatlichungsgesetz vom 14. December 1877 zeitlich mit der ansteigenden Curve der sogenannten »Coupon-Processe« zusammenfällt, die in den nächstfolgenden Jahren fast auf der ganzen Linie der österreichischen Eisenbahn-Prioritätsobligationen entbrannten. Eine lähmende Unsicherheit über das Mass der mit den Prioritätsschulden zu übernehmenden Lasten war die unmittelbare Folge dieser den Eisenbahnverkehr störenden Calamität. Unter diesen Umständen begegnete die erste unserer grossen Verstaatlichungen — jene der Kaiserin Elisabeth-Bahn Ende 1880 — den erheblichsten Schwierigkeiten. Dieselben konnten nur mittels einer künstlichen Spaltung des Erwerbungsgeschäftes umgangen werden, indem der Staat zunächst bloss den Betrieb für eigene Rechnung übernahm, das Eigenthum an der Bahn aber, sowie die Erfüllung der Schuldverbindlichkeiten gegenüber den Prioritätsgläubigern unverändert der Gesellschaft beliess. Erst dann, als der Couponstreite durch den in Deutschland den österreichischen Bahnen gewährten völkerrechtlichen Schutz gegen Waggon- und Guthaben-Pfändung der Nährboden entzogen war und ein weiteres Auskunftsmittel in der Convertirung der streitig gewordenen Anlehen gefunden wurde, war vom staatsfinanziellen Standpunkte die Succession des Staates in das Schuldverhältnis und damit eine glatte Erwerbung der Bahnen ermöglicht. Dies führt

sofort auf die Frage, ob der eingetretene Aufschub in dem Vollzuge der Verstaatlichung die Bedingungen derselben für den Staat erschwert hat. Man wäre versucht, diese Frage auf Grund der hohen Capitalslasten zu bejahen, welche wie unsere Tabellen zeigen — schon die ersten österreichischen Eisenbahn-Verstaatlichungen begleiteten. Auch pflegt ja gemeinhin jedes Hinausschieben der Erwerbung einer in aufsteigender Entwicklung begriffenen Bahn den bleibenden Verlust des inzwischen erzielten Ertrags-Zuwachses für den Erwerber zu bedeuten. Bei den ersten wie bei den meisten später verstaatlichten österreichischen Eisenbahnen lag die Sache aber anders. Sie wurden nicht auf Grund der Erträgnisse, sondern nach dem concessionsmässig als Minimal-Einlösungsrente geltenden garantirten Reinerträgnisse erworben. Ob sie in der zweiten Hälfte der Siebziger-Jahre, zur Zeit des Tiefstandes des gesellschaftlichen Credits, billiger erhältlich gewesen wären, bleibt schon deshalb zweifelhaft, weil auch der Staatscredit damals unter hohen Gebarungsabgängen zu leiden hatte.

Immerhin lässt wohl schon dieser nur an die äussersten Umrisse der Entwicklung anknüpfende Rückblick, mit dem wir unsere Erörterung abschliessen, klar erkennen, dass die eisenbahnfinanziellen Ergebnisse nicht isolirt, sondern nur im Zusammenhange mit der ganzen Finanz- und Wirthschaftsgeschichte richtig erfasst und gerecht beurtheilt werden können. Wenn irgendwo, gilt hier der alte Satz: »Tout comprendre, c'est tout pardonner«.

VERGLEICHENDE UEBERSICHT
des Standes der Eisenbahnen der Monarchie
im Jahre 1848 und der Gegenwart.

——————— Stand im Jahre 1848.
——————— Stand in der Gegenwart.

Nach PROCHASKA's Eisenbahnkarte v. Oesterreich-Ungarn für 1848. 17. Aufl.

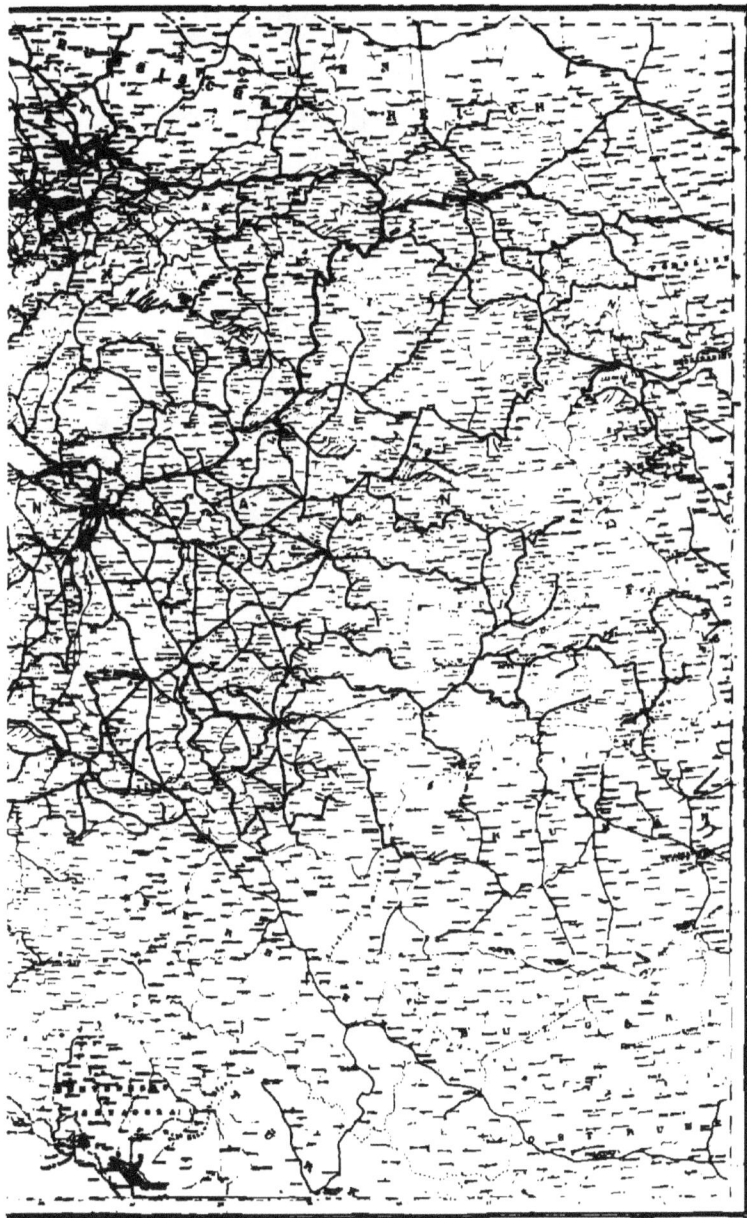

Unsere Eisenbahnen

in der

Volkswirthschaft.

Von

Alfred Ritter von Lindheim,

Mitglied des Staats-Eisenbahnrathes, Landtags-Abgeordneter etc.

Unsere Eisenbahnen in der Volkswirthschaft.

NICHT viel mehr als 70 Jahre sind vergangen, seitdem eine Eisenbahn, wie sie ungefähr unseren heutigen Vorstellungen entspricht, dem öffentlichen Verkehre übergeben wurde, aber in ungeahnter Weise und jedes Beispiel weit hinter sich lassend, hat das neue Verkehrsmittel die gesammte Welt erobert und einen so massgebenden Einfluss auf allen Gebieten der Cultur und des Verkehres gewonnen, dass eine erschöpfende Darstellung dieser Einflussnahme nahezu unmöglich ist.

Viel leichter vermag der Forscher die Consequenzen grosser historischer Ereignisse zu schildern, die Folgen darzustellen, welche denkwürdige Kriege und Revolutionen auf die menschliche Entwicklung hervorbrachten. Man kann ergründen, welche Folgen beispielsweise die französische Revolution nach sich zog. Sie brach Vorrechte und Privilegien, sie stellte die bisher streng gesonderten Kasten auf ein gleiches Niveau, sie zeitigte einen Zustand, in welchem Rechte und Pflichten des Staatsbürgers untereinander abgewogen und ein möglichst gleiches Recht für alle Bürger des Staates aufgestellt wurde. Das sind Ereignisse, welche in einer Studie nach ihren Consequenzen möglichst erschöpfend geschildert werden können. Man kann die Folgen der Reformation klar erkennen und den Einfluss richtig darstellen, den sie auf die politische Entwicklung des Mittelalters und der Neuzeit nahm. Die Grenzlinien sind sichtbar für die Wirkungen der evangelisch-christlichen Kirche auf die Politik der Staaten, und noch zu Lebzeiten Martin Luther's wusste man durch sein Vorgehen gegen den Bildersturm, dass der Entwicklungsgang, den die evangelische Kirche nehmen würde, nicht die politische Revolution bedeute, sondern dass sich ihre Bahnen im ruhigen Geleise der alten christlichen Kirche bewegen werden. Die Wirkung solcher Ereignisse schildert die Geschichte, sie sind erkennbar für den Forscher, sie sind entweder schon abgeschlossen oder die Folgen sind für den menschlichen Geist bereits wahrnehmbar.

Viel schwieriger ist es, eine Analyse vorzunehmen über die Wirkungen einer Erfindung von der epochalen Bedeutung der Eisenbahn. Die grossen Erfindungen der Neuzeit, und vor Allem die Dienstbarmachung des Dampfes und der Elektricität greifen so sehr in alle Gebiete des Lebens ein, dass das Studium dieser Wirkungen bis in ihre letzten Consequenzen ein unglaublich schwieriges ist. Namentlich sind es die Eisenbahnen, die in wahrhaft stürmischer Weise die Welt erobert haben und über deren Wirkung, namentlich in Bezug auf die Volkswirthschaft, ein abschliessendes Urtheil fällen zu wollen immerdar nur ein schwacher Versuch bleiben wird. Die Schwierigkeit einer solchen Darstellung wurde an anderer Stelle von massgebender Seite bereits

richtig gewürdigt. Sehr treffend hat Dr.
Ritter v. Wittek[*]) darauf hingewiesen,
dass man, um die einzelnen Beziehungen
der Eisenbahnen zu erfassen, sich diese
„Gradmesser der gesammten wirthschaftlichen Entwicklung" aus dieser Entwicklung wegdenken müsste, wollte man ein
vergleichbares Bild finden, wie sich unsere Volkswirthschaft ohne Eisenbahn gestaltet haben würde.

Die Culturvölker des Alterthums, deren
Bedeutung nach keiner Richtung hin
verkleinert werden soll, haben sich im
grossen Ganzen in ihren Forschungen
darauf beschränkt, das Thatsächliche festzustellen, und wie gross auch das Verdienst dieser Völker sein mag, sie machten
es sich in erster Linie zur Aufgabe, die
Natur und ihr Wesen in tiefster Tiefe zu erfassen, sie brachten es in den schönen
Künsten zu hoher Vollendung, sie verstanden es, interessante Systeme der Phi-
losophie zu begründen und weiter zu
bilden; die Naturkräfte aber dem
menschlichen Geiste unterthan zu
machen, ist ihnen nicht gelungen. Wohl
lässt es sich nicht leugnen, dass auch bei
den Alten der Mathematik viel Aufmerksamkeit zugewendet wurde, aber wiederum
war es mehr eine abseits des Lebens liegende Forschung, welche diese Wissenschaft förderte, die Astronomie. Und
weisen auch die Riesenbauten in Syrien,
die Bauwerke Aegyptens, Griechenlands
und Roms darauf hin, dass man die Bewegung schwerer und grosser Massen mit
einer gewissen Leichtigkeit bewältigte,
deuten ferner die kunstvollen Strassen-
und Brückenbauten und die ganz aussergewöhnlich schwierigen und grossen
Kirchenbauten darauf hin, dass man auch
auf mechanische Hilfsmittel zur Lösung
dieser Aufgabe bedacht gewesen sein
musste, so kommt hiebei in Betracht, dass
die Arbeitskraft des Menschen damals
eine sehr billige gewesen, das Unter-
thänigkeitsverhältnis der Verwohlfeilung
beitrug und religiöser Enthusiasmus oft
und leicht das Fehlende ersetzte. Nach
alledem kann man wohl sagen, dass der
Gebrauch der einfachsten Maschinen,

wie Hebel, Schraube, Welle und Rad,
ziemlich das Einzige ist, was uns aus
den mechanischen Hilfsmitteln der Alten
übrig geblieben ist.

Unserem Jahrhundert war es
vorbehalten, hierin vollkommen Wandel
zu schaffen, die Nutzbarmachung der Naturkräfte, die Erschliessung dieser Jahrtausende hindurch unbenützten Quellen
hat erst unsere Zeit bewirkt; eine neue
und ungeahnte Aera brach damit an und
das ganze lebende Geschlecht steht wahrscheinlich erst an der Wiege derselben.
Die Nutzbarmachung der Dampfkraft,
namentlich für die Fortbewegung von
Menschen und Gütern, ist unbestritten
die allerwesentlichste Erfindung unserer
Zeit. Welcher bewegenden Kraft künftige
Geschlechter sich bedienen werden, ist
hiebei einerlei, die Motoren der Zukunft
werden immer die Fortsetzung der Ausnützung des mit den Wasserdämpfen zuerst gelösten grossen Princips sein, »die
Naturkräfte rasch willkürlich
nach Raum und Zeit unter das Joch zu
beugen, das vom Alterthum herab bis zu
uns mit der einzigen überdies beschränkten
Ausnahme des Windes und des fallenden
Wassers nur das Thier oder vereinzelt der
Mensch trug«.

Als die Locomotive ihren Siegeslauf
begann, waren die Verhältnisse auf dem
Continente keineswegs darnach, einer
neuen Erfindung eine günstige Aufnahme
zu sichern, dass es aber den Eisenbahnen
gelang, selbst unter den widrigsten wirthschaftlichen Verhältnissen sich verhältnismässig rasch Durchbruch zu verschaffen, ist ein treffender Beweis für die
Macht ihrer Wirkungen.

Oesterreich war nach den napoleonischen Kriegen ganz besonders isolirt,
sowohl in politischer als auch in commerzieller und industrieller Hinsicht. An
seinen Grenzen unterlagen nicht nur die
Producte der Industrie einem grossen
Schutzzoll, sondern eine strenge Censur
hielt auch noch in den Dreissiger- und Vierziger-Jahren jede Entfaltung der Literatur
von den Grenzen Oesterreichs ferne. Allerdings, lässt es sich nicht leugnen, dass
unter der Regierung des Kaisers Franz
mancher bemerkenswerthe Fortschritt gerade auf dem Gebiete des Verkehrswesens

---

[*]) Vgl. Bd. II., Dr. H. v. Wittek:
»Oesterreichs Eisenbahnen und die Staatswirthschaft.« S. 3 u. ff.

geschah. Der Bau der Ampezzanerstrasse, des Franzenscanals zur Verbindung der Theiss mit der Donau, der Strasse über das Stilfser Joch, die Einrichtung der sechs Hauptcommerzialstrassen von Wien nach Triest, Salzburg, Prag, Krakau und Zara, die Einführung der Eilwagen, Comrierwagen, Separatwagen und Extrafahrposten sind immerhin bemerkenswerthe Bethätigungen einer auch in dieser Richtung hin sorgfältigen und umsichtigen Regierung. Die Bedeutung des Verkehrswesens, insbesondere der zu seiner Entwicklung nothwendigen Freizügigkeit des Individuums war nicht voll erkannt. Denn selbst zur Reise mit einem Postwagen musste man sich schon tagelang vor der Abfahrt einen Vormerkschein und einen Reisepass lösen, den man dem Conducteur einzuhändigen hatte.*) So zeigen Polizeivorschriften, die noch in den Kinderjahren unserer Eisenbahnen in Geltung standen, eine so engherzige Auffassung, dass uns manche derselben heute mit gerechtem Staunen erfüllen. Eine Amtsinstruction aus jener Zeit, die von den Rechten der öffentlichen Polizei handelt, besagt unter Anderem in Bezug auf den Fremdenverkehr:

»Dem Staate liegt daran, dass die innere Ruhe und Sicherheit durch sich einschleichende gefährliche Leute nicht gestört werde. Jeder Ortsvorsteher muss daher zu erfahren suchen, was für Fremde sich von Zeit zu Zeit in seinem Districte aufhalten; widrigen Falls ist er ausser Stande, auf selbe die pflichtmässige Obsicht zu tragen, und wenn Bedenkliche darunter sind, sie zu entdecken. Um dieses zu bewirken, muss jeder Inwohner, bei welchem jemand auf kurze oder längere Zeit in Afterbestand tritt, ernstgemessenst angehalten werden, die einkehrende Partei alsogleich nach ihrem wahren Namen, Stand, Geschäft bei dem Ortsvorsteher zu melden. Dieser hat über den angezeigten Fremden ein förmliches Protokoll zu führen, um auf allmähliches Verlangen von höheren Orten, Auskunft ertheilen zu können. Es muss aber nicht dabei bewenden, was der Bestandgeber eines

Fremden von demselben anzeigt, sondern es sind die Pässe oder andere Ausweise einzusehen, um zu bemerken, ob selbe mit der Angabe übereinstimmen. Nebstdem muss auf solche Fremde, bei denen das geringste Verdächtige auffällt, mit Aufmerksamkeit gesehen, und jede erheblichere Entdeckung, zumal gegen wirkliche Ausländer, mittels der Kreishauptleute an den Landeschef, oder in sehr dringenden und besonderen Fällen unmittelbar an letzteren in geheim berichtet werden, um diesfalls die Belehrung, wie sich benommen werden soll, einzuholen. Es gibt eine Gattung von Leuten, die man Emissarien nennt, wovon einige Auskundschafter oder falsche Werber von anderen Mächten sind, und andere, welche die Unterthanen von der wahren Religion ab und auf Irrwege in geheim zu verleiten suchen; andere, sowohl In- und Ausländer, die in der Stille sich mit Schreibereien abzugeben pflegen, von welchen nicht bekannt ist, wer sie eigentlich seien, oder was für eine Arbeit sie eigentlich haben mögen, von denen sich auf keine Ursache muthmassen lässt, warum sie sich im Orte aufhalten. Wieder andere geben sich damit ab, dass sie den Unterthansklagen nachgrübeln, sich zu Verfassung der Beschwerdeschriften aufdringen, den Unverständigen Geld ablocken, und ganz widerordentlich die Hof- und Länderstellen mit unstatthaften Dingen behelligen. Münz- und öffentliche Papier-Verfälscher gehören in die Classe vorgedachter Menschen, welche alle die genaueste Aufmerksamkeit umsomehr verdienen, als dieselben für mehr oder weniger staatsgefährliche Leute anzusehen sind. Die Beobachtung dieser Gattung Menschen fordert besondere Industrie und Behutsamkeit.«*)

Der Briefpostverkehr fand nicht täglich, sondern beispielsweise nach Czernowitz blos Sonntag, Montag und Freitag statt, während ein Packwagen nach Innsbruck nur einmal in der Woche abging, eine Briefpostverbindung mit Mailand fand nur jeden Montag und Donnerstag statt.

---

*) Vgl. Bd. I., H. Strach, »Einleitung.« S. 85 ff.

*) Vgl. Kremer, Praktische Darstellung der in Oesterreich unter der Enns für das Unterthansfach bestehenden Gesetze. Wien, 1821.

Es war, wie gesagt, vor Allem der Bau von Strassen, auf welchen die österreichische Regierung schon frühzeitig grosse Sorgfalt verwendete, und dies war umso anerkennenswerther, da sich diesen Bauten grosse technische Schwierigkeiten entgegenstellten.

Durch den Bau der Eisenbahnen hat der Strassenbau einen mächtigen Ansporn erhalten, und schon darin liegt eine wichtige volkswirthschaftliche Bedeutung derselben, — da sie den Anschluss eines reich entwickelten Strassennetzes geradezu bedingen. Die Wechselwirkung zwischen der Eisenstrasse und dem gewöhnlichen Landwege brachte aber noch den wichtigen Vortheil der Verwohlfeilung der Transportkosten. Namentlich die Massentransporte haben eine oft über 100% betragende Ermässigung der Transportspesen durch die Eisenbahn erfahren. Diese Ersparnisse, deren ziffermässige Berechnung wenigstens annäherungsweise wiederholt versucht wurde, belaufen sich jährlich auf viele Millionen Gulden. Man hat auch versucht, den volkswirthschaftlichen Nutzcoëfficienten der Eisenbahnen festzustellen, d. h. jene Zahl zu finden, mit der man die Roheinnahmen der Eisenbahn multipliciren muss, um deren volkswirthschaftliche Nutzleistung zu erhalten. Die Berechnung ergab, dass im Allgemeinen für entwickeltere Bahnen 2 als Coëfficient angenommen werden kann. Auf Oesterreichs Bahnen angewendet, würde der solcherart berechnete volkswirthschaftliche Nutzen pro 1897 die enorme Summe von 810 Millionen Gulden darstellen. Freycinet berechnete sogar, dass man die gesammte Bruttoeinnahme einer Bahn mindestens vierfach nehmen müsste, um deren wirklichen, d. h. directen und indirecten Vortheil in einer Ziffer zusammenzufassen.

Jenen volkswirthschaftlichen Nutzen aber ziffermässig zu berechnen, den uns die Eisenbahnen durch Ersparnis an Zeit bieten, kann nur auf dem Wege vager Schätzungen versucht werden, doch liegen auch hier Zahlen vor, die, weil sie den volkswirthschaftlichen Nutzen der Eisenbahnen wenigstens andeuten, Erwähnung finden sollen. Ein französischer Schriftsteller berechnete unter Zugrundelegung der Annahme, dass die Stunde eines französischen Bürgers 5 pence werth sei, die jährlich durch die erhöhte Geschwindigkeit der Eisenbahnen erlangte Ersparnis auf 8 Mill. Pfd. Sterling. Ein deutscher Gelehrter berechnete, dass die Reisenden in Deutschland bis zum Jahre 1878 eine Zeitersparnis im Werthe von 955 Mill. Mark erlangt haben.

Die Wirkung der Transport-Verbesserung der Eisenbahnen auf das gesammte Wirthschaftsleben lässt sich jedoch keineswegs in Ziffern ausdrücken. Den gesammten Einfluss der Eisenbahnen, der sich keineswegs ausschliesslich in Vortheilen kundgibt, zu ermessen, wird die schwere Aufgabe einer umfangreichen Culturgeschichte unseres Jahrhunderts bilden. In dem engen Rahmen dieser Abhandlung müssen wir uns begnügen, nur jene Gebiete der Volkswirthschaft hervorzuheben, in welchen die specifischen Wirkungen der Eisenbahnen, die allgemein wohl in allen Ländern sich wesentlich gleich bleiben, in unserem Vaterlande besonders kräftig hervortreten oder wo sie die Verhältnisse vollständig umgestaltet haben.

Es würde auch zu weit führen, wollten wir bei jedem einzelnen wichtigen Zweige volkswirthschaftlicher Betriebsamkeit den wohlthätigen Einfluss der Eisenbahnen im Allgemeinen oder gar ziffermässig darstellen. Wir müssen uns auch darauf beschränken, jene Gebiete hervorzuheben, in welchen die Wirkungen der Eisenbahnen unverkennbar gross, ja geradezu lapidar hervortreten. Diese Auswahl ist schon deshalb bedingt, weil es kein Gebiet der Volkswirthschaft gibt, auf dem nicht in irgend welcher Weise sich der Einfluss der Eisenbahnen geltend machen würde. Steht ja doch unser gesammtes Leben und unsere allgemeine culturelle Entwicklung noch heute unter diesem mächtigen Einflusse.[*] Es dürfte beispielsweise wenige Gewerbe geben, die schon bei der Schaffung und Herstellung der Eisenbahnen nicht irgendwie betheiligt sein würden. Aber gewiss gibt es

---

[*] Vgl. Bd. II., Dr. Friedrich Reichsfreiherr zu Weichs-Glon, »Einwirkung der Eisenbahnen auf Volksleben und culturelle Entwicklung«.

kein einziges, das nicht Vortheile aus diesem grossartigen Verkehrsmittel erlangen würde.

Gerade Oesterreich hat unter der Einwirkung der Eisenbahnen seinen wirthschaftlichen Charakter vollständig ändern müssen.

Oesterreich ist durch seine Eisenbahnen aus einem Ackerbau treibenden Staate ein Industriestaat geworden.

In die Epoche der ersten Eisenbahnen fällt die Erkenntnis, dass ein Staatsgebilde in Europa nicht den Charakter einer Insel tragen könne. Der mächtige, weltbezwingende und weltbeherrschende Gedanke, welcher der Eisenbahn zugrunde liegt, ist der Gedanke der Freizügigkeit für die Person und des möglichst raschen, bequemen und billigen Güteraustausches.

Auf diesen beiden Grundlagen beruht für ein Land die Möglichkeit, die Schätze der Natur zu heben und zu verwerthen, welche sein Boden birgt, und nie wird eine Industrie möglich sein, solange diese Vorbedingungen für dieselbe nicht geschaffen sind. Oesterreich aber ist hinsichtlich seiner natürlichen Reichthümer eines der gesegnetsten Länder und es war daher eine unbedingte Consequenz, dass diese Reichthümer durch erleichterten Verkehr zur höheren Geltung kommen mussten.

Die verkehrschaffende und preisregulirende Wirkung der Eisenbahnen kann in Oesterreich besonders mächtig zur Geltung. Vornehmlich die Landwirthschaft hat durch die Wohlfeilheit und Schnelligkeit der Transporte sowie durch die Möglichkeit der Verfrachtung von Gütern, deren Versandt früher gar nicht oder nur im beschränkten Umfange stattfinden konnte, gewonnen. Wir verweisen in dieser Richtung beispielsweise auf die Bedeutung der Viehtransporte aus Galizien nach Niederösterreich sowie überhaupt auf die durch die Eisenbahnen ermöglichte Massenbeförderung der leicht verderblichen Nahrungsmittel, wie: Milch, frisches Fleisch u. v. A. nach den Hauptstädten, wodurch die Bedeutung der Bahnen für die Approvisionirung der Grossstadt noch besonders hervortritt.

Dadurch, dass ein Kronland leicht in die Lage versetzt wird, Bedürfnisse eines anderen zu decken, sind die Wechselbeziehungen der einzelnen Länder untereinander wenigstens in wirthschaftlicher Beziehung etwas inniger geworden. Die Regulirung der Frachtpreise, deren Feststellung früher mehr der willkürlichen Vereinbarung Einzelner anheim gegeben war, hat auch eine grössere Stabilität der Handelswerthe geschaffen; die nivellirende Wirkung der Eisenbahnen ist durch den Umstand bedingt, dass sie den schnellen Transport von Gütern zu jenem Markte gestatten, wo erhöhte Nachfrage einen besseren Absatz verbürgt. Für Oesterreich war insbesondere der Umstand von hoher Bedeutung, dass seine Rohproduction ein mächtiger Factor der Weltwirthschaft wurde, und die Umlaufsfähigkeit vieler Rohproducte, insbesondere aber auch jener, die durch die Eisenbahnen erst transportfähig wurden, deren Werth steigerte. Der österreichische Landwirth, der früher bezüglich des Absatzes seiner Bodenproducte mehr auf den Localmarkt angewiesen erschien, braucht bei der Wahl der anzubauenden Feldfrüchte auf denselben keine Rücksicht zu nehmen, er kann vielmehr anpassend an die Natur des Bodens und der klimatischen Verhältnisse dasjenige anbauen, was er auf dem Weltmarkte besser zu verwerthen in der Lage ist. Und hier kommt beim Mitbewerbe mit dem Auslande unserer Landwirthschaft die günstige Bodenbeschaffenheit zu gute.

Infolge dieser Verhältnisse wurde der Werth von Grund und Boden auf dem flachen Lande vervielfacht. Die wirthschaftliche Besserung unserer Agricultur fällt genau mit der Regierungszeit unseres Kaisers zusammen. Der Agriculturstaat Oesterreich war im Jahre 1848 selbst auf dem Gebiete der Landwirthschaft keineswegs in erfreulichen Verhältnissen. Die Grossgrundbesitzer bedienten sich in der Bewirthschaftung ihres Bodens der Frohnen. Der Bauer konnte nicht frei über seine Arbeitskraft verfügen, das Capital zur besseren Bewirthschaftung des Bodens fehlte, die Zwischenzolllinie trennte den ertragreichen Osten von dem consumirenden Westen. Die niedrigen Getreidepreise der letztvergangenen Jahrzehnte liessen die Landwirthschaft kaum noch lohnend erscheinen. Mit der Aufhebung des Patrimonialwesens und des Robots trat die Landwirthschaft in die Reihe der freien Beschäftigungen. Die Eisenbahn eröffnete den Bodenproducten neue Absatzgebiete. Die Verträge mit den fremden Regierungen erleichterten den Verkehr und Oesterreichs Landwirthschaft vermochte sich immer kräftiger zu entfalten; mit der politischen Neugestaltung Oesterreichs ging demnach auch seine wirthschaftliche Umgestaltung Hand in Hand.

Auf dem speciellen Gebiete des Forstwesens ist der mächtige Einfluss des Eisenbahnwesens nicht zu verkennen. Abgesehen von der erhöhten Transportfähigkeit der Forstproducte hat der schon durch den Bau von Eisenbahnen bedingte erhöhte Bedarf an Holz einen wohlthätigen Einfluss auf die Forstwirthschaft ausgeübt. Andererseits haben aber auch die Eisenbahnen durch den erhöhten Consum viel zur Devastirung unserer Wälder beigetragen.

Der Consum von Eisenbahnschwellen, von zubereiteten Bau-, Möbel- und Schiffshölzern ist ein ungemessen grosser und hat in einer ausserordentlichen Weise zugenommen, seitdem die Eisenbahnen eine billige Verführung dieser Hölzer im Inlande und nach dem Auslande ermöglichen.

Man war früher bei Verwerthung und Beförderung dieser Artikel meistentheils nur auf die wenigen schiffbaren Ströme angewiesen, welche schon wegen der klimatischen Verhältnisse ein unsicheres und unverlässliches Transportmittel darstellen. Heute ist es beispielsweise möglich, aus den fernsten Gegenden Galiziens Holz auf die verschiedenen Seeplätze zu schaffen und so sind grosse Schätze, welche Jahrhunderte hindurch brach lagen, nur durch die Eisenbahn zu nutzbringender Verwerthung gebracht worden und erhöhten so das Volksvermögen in ganz ausserordentlicher Weise.

So eingreifend auch auf allen Gebieten der Volkswirthschaft die Wirkung der Eisenbahnen zu Tage tritt, so dürfte es kaum ein Gebiet derselben geben, wo dieser Einfluss einen tiefergreifenden Aufschwung herbeigeführt hätte, als auf dem Gebiete des Montanwesens. Erst durch die Eisenbahnen hat das Montanwesen Oesterreichs eine erhöhte Bedeutung in der Volkswirthschaft des Reiches überhaupt erlangt. Die aus den ältesten Zeiten herrührenden gesetzlichen Bestimmungen hatten bis zum Jahre 1854 jeden Aufschwung auf diesem Gebiete gehindert. Hier hat der eherne Coloss gründlich Wandel geschaffen. Wir müssten zu allgemein bekannte Thatsachen wiederholen, wenn wir auf die durch die Eisenbahnen gesteigerte Kohlenproduction, auf die Verwerthung der Braunkohle, des Cokes hinweisen wollten.

Nur wenige Ziffern sollen diesen Aufschwung, insbesondere während der Regierungszeit unseres erlauchten Monarchen illustriren.

Noch im Jahre 1830 wurden in Oesterreich im Ganzen nur 3·8 Millionen Centner Kohle gefördert. Im Jahre 1848 betrug die Förderung der Kohle kaum 16 Millionen Metercentner, während sich dieselbe schon im Jahre 1886 auf 193 Millionen Metercentner, also auf das mehr als Zwölffache gehoben hat. Im Jahre 1895 aber stieg die Production auf 97 Millionen Metercentner Steinkohle und 183 Millionen Metercentner Braunkohle. Im Jahre 1896 hat das Ostrauer Kohlenrevier allein über 47·5 Millionen Metercentner gefördert.[*] Die Kohle aber ist das Um und Auf jeder industriellen Bewegung; Licht, Wärme und Dampf sind von ihr abhängig und es würde diese eine Thatsache schon genügen, um die eminente Wirkung der Eisenbahnen auf unsere volkswirthschaftliche Entwicklung darzulegen.

Nicht in dem Umstande allein, dass so viele Millionen bisher todt und brach gelegener Werthe neu erschlossen wurden, nein, darin, dass die Benützung billigerer Betriebskräfte der neu erwachsenden Industrie durch die Eisenbahnen zur Verfügung gestellt wurden, liegt deren grosse volkswirthschaftliche Bedeutung.

Vgl. Bd. I., H. Strach, »Die ersten Privatbahnen«, S. 192, wo die Fortschritte der Kohlenproduction dieses Reviers seit 1782 nachgewiesen werden.

Die Industrie ist auf diese Betriebskräfte angewiesen und es muss hervorgehoben werden, dass die Kohle für
Oesterreich noch eine ganz besondere
Bedeutung hat. Die österreichische Industrie war früher in erster Linie auf die
ausgiebige Benützung der Wasserkräfte
angewiesen, die scheinbar billig, aber
doppelt unzuverlässig sind.

Was wir im vergangenen Jahrhundert
und bis zum Beginne der erhöhten
Kohlenproduction an Industrie besassen,
benützte diese Wasserkraft. Es haben
Volkswirthschaftslehrer in ihren Untersuchungen über die Zweckmässigkeit und
die Entwicklung der einzelnen Betriebsstätten darauf hingewiesen, wie oft das
Vorhandensein selbst einer nur mässigen
Wasserkraft das Inslebentreten ganz un-
zweckmässiger Betriebsstätten zur Folge
hatte.

Mitten in den Alpenländern, entfernt
von allen Strassen und Verkehrswegen,
ohne den Kern einer intelligenten und
bildungsfähigen Arbeiterschaft entstanden
früher grosse, mit reichen Mitteln ausgestattete Industrieen, die den Keim des
Unterganges in sich trugen und demselben verfallen mussten, sobald eine geänderte Zollpolitik oder auch nur eine
geänderte staatsrechtliche Politik zur Geltung gelangte.

Was wir heute noch an solchen be-
dauernswerthen Unternehmungen besitzen,
ist die Erbschaft jener Zeit, und wenn
heute die Unterstützung der massgebenden Körperschaften für Länder, die solche
Industriezweige besitzen, angegangen
wird und im Interesse einer verarmten
Bevölkerung auch mit Recht angegangen
werden muss, so liegen die Ursachen
hauptsächlich darin, dass dort die Vorbedingungen für die Gründung einer Industrie zu jener Zeit unzureichend waren.
Das eben war und bildet auch heute
die grosse volkswirthschaftliche Aufgabe
der Eisenbahnen, dass sie sich mit der
Kohlenindustrie auf das Innigste verbanden und dass es dadurch möglich geworden ist, solche Productionsstätten für die Industrie
aufzufinden und zu verwerthen,
welche in aller und jeder Richtung ihren Vorbedingungen ent-

sprachen und so das Gedeihen
der Industrie sicherten.

Ein weiteres Bergproduct, das in
Oesterreichs Volkswirthschaft eine bedeutende Rolle spielt, ist das Eisen.

Dass die Entwicklung der Eisenindustrie mit den Eisenbahnen zusammenhängt, versteht sich von selbst. Der grösste
Consument für das Eisen wie für die
Kohle ist ja die Bahn selbst, es ist das
einzige Metall, welches für das Geleise
und für die Fahrbetriebsmittel brauchbar
erscheint. Dieses Metall musste daher in
der gesammten Welt zu einer ungeahnten
Bedeutung gelangen. Jahrtausende sind
vorübergegangen, ohne dass es zu jener
Wichtigkeit gelangen konnte, und selbst
in jener Epoche, die seinen Namen trägt,
war die Verwerthung quantitativ ja kaum
der Rede werth. Man muss billig zu-
gestehen, dass erst die Eisenbahnen dazu
führten, den Werth des Eisens höher
zu schätzen. Man ging daran, ihm seine
Fehler zu nehmen und es durch Verbesserung Zwecken dienstbar zu machen,
die es sonst nie hätte erfüllen können.
Das war besonders für Oesterreich von
geradezu unschätzbarem Werth, denn
Oesterreich besitzt neben qualitativ fast
unerreicht vorzüglichen Eisenerzen auch
grosse Erzmassen, die nützlich, billig
und zweckmässig niemals zur Verwerthung hätten gebracht werden können,
wenn es nicht gelungen wäre, dieselben durch neuerfundene Methoden
verarbeitungsfähig und nutzbringend zu
machen. In dieser Beziehung hat die
Eisenindustrie in Oesterreich durch die
Anwendung des Thomas-Verfahrens und
durch eine Reihe der sinnreichsten Raf-
finirungsprocesse ganz ausserordentliche
Erfolge erreicht und die Entwicklung der
Eisenindustrie soll in dieser Hinsicht ganz
besonders betont werden.

Wenn es sich um Darlegung des Nutzens
der Eisenbahnen und um ihren Einfluss auf
die Eisenindustrie handelt, so darf man
sich nicht allein mit einigen statistischen
Ziffern begnügen, wonach z. B. die Roh-
eisenproduction im Jahre 1848 sich auf
1,293.000 Metercentner, im Jahre 1886
auf 4,853.000 Metercentner, im Jahre 1895
aber auf circa 7,800.000 Metercentner
bezifferte. Man soll auch nicht allein den

Preis in Vergleich ziehen, der im Jahre
1848 für 1 Metercentner Eisenbahnschiene
25 fl. betrug und heute, wo dieselbe aus
Stahl erzeugt, pro Metercentner auf 10 fl.
zu stehen kommt; volkswirthschaftlich ist
es wichtig, festzustellen, dass die Eisenbahnen den Erfolg hatten, den Gebrauch
des Eisens in ausgedehntestem Masse
einzuführen auch dort, wo dies früher
ganz unthunlich erschien.

Bei solchen Untersuchungen soll der
Volkswirth seine Sonde anlegen und darf
sich nicht begnügen, nur einige todte
Ziffern zu nennen, die der Statistiker
ihm an die Hand gibt. Wenn colossale,
früher fast ganz unbenützte Erzmassen in
Böhmen nunmehr für die Production eines
vorzüglichen Roheisens verwendet werden
können, oder wenn es möglich ist, die
vortrefflichen Erze Steiermarks mit schle-
sischer Kohle im Herzen Niederösterreichs
zu verwerthen, so verdient diese Thatsache
die Aufmerksamkeit jedes wirthschaftlich
denkenden Kopfes. Hier haben Talent und
Fleiss grosse volkswirthschaftliche Aufgaben erfüllt, den Reichthum des Landes
erhöht, der Bevölkerung Brot und Arbeit
verschafft und wir haben auch in dieser
Richtung hin den Eisenbahnen dankbar
zu sein.

Unermesslich aber erscheint die allgemeine Einwirkung der Eisenbahnen
auf die Ausgestaltung unseres Handels
und unserer Industrie, zweier volkswirthschaftlicher Factoren von höchster
Bedeutung, die zum Eisenbahnwesen heute
in innigsten Wechselbeziehungen, ja im
absoluten Abhängigkeitsverhältnis stehen.
Die Eisenbahnen haben nicht nur neue
Handelsbeziehungen ermöglicht, sie haben
nicht nur die Industrie gefördert, sie
haben ganze Industriezweige auch neu
geschaffen.

Dieser Satz ist durch Thatsachen
reich bekräftigt. Nicht allein die Wagen-
bauanstalten und Locomotivfabriken, die
Schienenwalzwerke stehen in der Reihe
jener Industrieen, die der Eisenbahn ihr
Entstehen zu danken haben, eine Menge
von Werkstätten, welche die zahllosen
Bedarfsartikel zu decken haben, die
zur Ausrüstung und zum Betrieb der
Bahnen erforderlich sind, ergänzen diese
Reihe.

Die Handelsbeziehungen Oesterreichs
wurden durch seine Eisenbahnen mehrfach
umgestaltet. Sie haben die schon gefährdet
gewesene Stellung Oesterreichs im Welthandel wieder gefestigt*) und durch ihren
Einfluss auf Export und Import unmittelbar intensiv eingewirkt.

Inwieweit die Verkehrsverhältnisse
durch die Wirkungen der Eisenbahnen
eine Steigerung erfahren, sollen wenige
Ziffern zeigen, die den Aufschwung
während der Regierungszeit unseres
Monarchen nachweisen.

Im Jahre 1848 umfasste der gesammte
Güterverkehr unserer Monarchie 1·5 Mill.
Tonnen, im Jahre 1897 ist derselbe mit
146 Millionen Tonnen nachgewiesen.

Etwa 3 Millionen Reisende hatte der
Personenverkehr des Jahres 1848 umfasst,
die Statistik des Jahres 1897 gibt diese
Zahl mit 197 Millionen an.

Als treffliche Illustration für die Entwicklung unseres Verkehrswesens dient
die Thatsache, dass die Zahl der Briefe
in den letzten 50 Jahren von 20·8 Millionen auf 580 Millionen stieg.

Welcher Umsatz in dem Nationalvermögen durch die Eisenbahnen geschaffen wurde, lehrt die Ziffer des heute in
unserem Eisenbahnwesen investirten Capitals, das rund mit 4.100,000.000 fl. angenommen wird [gegen 90.000.000 fl. im
Jahre 1848].**) 405,000.000 fl. betragen
die Einnahmen der Eisenbahnen unserer
Monarchie im vergangenen Jahre [1897]
und 215,000.000 fl. hat die Erhaltung und
der Betrieb derselben erfordert. Summen,
deren Bedeutung in der Volkswirthschaft
unseres Reiches nicht erst betont werden
muss.***)

Wie weit sich der Einfluss der
Eisenbahnen auf einzelne Gebiete österreichischer Industrieen besonders bemerkbar machte, soll an der Hand un-
widerlegbarer Thatsachen nachgewiesen
werden.

*) Vgl. Bd. II. Dr. A Peez »Die Stel-
lung unserer Eisenbahnen im Welthandel«.

**) Vgl. die Entwicklung des österr.-
ungar Verkehrswesens von 1848—1898 in
G. Freitag's Verkehrskarte von Oesterreich-
Ungarn, Wien.

***) Ueber die Leistungen der Eisenbahnen
Cisleithaniens, vgl. Seite 79 u. ff.

Hier sind es besonders die österreichische Zucker- und die Mahl-
industrie, die den Eisenbahnen viel zu
verdanken haben.

Die seit 1809 entstandene Rüben-
zucker-Erzeugung fand erst 1830 Eingang in die Monarchie, und zwar zuerst
in Böhmen durch die adeligen Grossgrundbesitzer. Im Jahre 1840 waren
113 Runkelrübenzucker-Fabriken entstanden, von denen aber mehrere kleine,
mit unzweckmässigem Betriebe wieder
eingingen, während seit dem Jahre 1848
die Errichtung grossartiger Etablissements
dieser Art bedeutende Fortschritte machte.
Im Jahre 1857 bestanden in Oesterreich
108 Zuckerfabriken, die $7^{1}/_{2}$ Millionen
Centner Rüben zu 450.000 Centner Zucker
und 230.000 Centner Melasse verarbeiteten.
Die Menge der verarbeiteten Rübe betrug
im Jahre 1895 über 76 Millionen Metercentner.

Es muss hiebei bemerkt werden,
dass der Einfluss der Eisenbahnen auf
die Zuckerindustrie und zugleich auf
die Landwirthschaft auch darum ein
so grosser sein musste, weil es nunmehr
möglich war, dass eine Zuckerfabrik
auch entfernter angebaute Rübenquanti-
täten bezog, und weil namentlich die
Ausfuhrbewegung eine so überraschend
grosse Entwicklung genommen hat.

Die österreichische Zuckerindustrie,
deren Situation zum grossen Theil durch
gute Productions-Bedingungen gefördert
wird, ist besonders auf die Ausfuhr
angewiesen und es ist selbstverständlich, dass dieselbe ohne Eisenbahnen
niemals einen solchen Entwicklungsgang
hätte nehmen können. Erwähnt soll
hiebei noch werden, dass im Jahre 1895
1854 Dampfkessel und 3135 Dampfmaschinen mit circa 60.000 Pferdekräften
und über 70.000 Arbeiter von der
Zuckerindustrie beschäftigt wurden, und
dass nahezu 97 Procent der gesammten
Zucker-Erzeugung auf die Kronländer
Böhmen und Mähren fiel. Der Boden
dieser Länder ist ganz besonders für
diese Industrie geeignet. Der Zusammenhang der Industrie mit der
Landwirthschaft findet sich nirgends so
innig, wie auf diesem Gebiete in Oesterreich.

Der Jubiläums-Festschrift der Kaiser
Ferdinands-Nordbahn[*]) ist zu entnehmen,
dass die Anzahl der an ihren Betriebs-
strecken errichteten Zuckerfabriken bis
zum Jahre 1880 um 550% zunahm, ein
enormer Percentsatz, der so recht ins
Licht stellt, welchen Einfluss diese Eisenbahn ausübte, die hierin für ganz Oesterreich charakteristisch ist. Aber um die besondere volkswirthschaftliche Bedeutung dieser Thatsache voll zu erfassen,
muss noch weiter hervorgehoben werden, dass der Ausfuhrhandel des ganzen
Landes dadurch beträchtlich gehoben
und ein wesentlicher Factor für die
Activität der Handelsbilanz geschaffen
wurde.[**])

Dass beispielsweise auch die Mahl-
Industrie durch die Eisenbahnen in
Oesterreich wesentlich gefördert wurde,
liegt auf der Hand. Die Lohnmüllerei ist
ein längst überwundener Standpunkt, der
Bezug billiger Rohmateriale wird massgebend für die Concurrenzfähigkeit der
Betriebe. Es soll nicht verkannt werden,
dass die grosse Verbesserung des Commu-
nicationswesens auch der Concurrenz des
Auslandes zur Verfügung steht und dass
mehr wie jede andere Industrie auch der
österreichischen Müllerei trübe Erfahrungen nicht erspart blieben. Indessen muss
gerade hier erwähnt werden, dass den österreichischen Eisenbahnen eben im Dienste

---

*) »Die ersten 50 Jahre der Kaiser Fer-
dinands-Nordbahn«, 1836–1886, Verlag der
Nordbahn.

**) Die Entwicklung der Grossindustrie
an den Nordbahnlinien in den ersten 40 Jahren
ihres Bestandes beleuchtet u. a. O. nachstehende besonders bemerkenswerthe Zusammenstellung: Die Summe der Fabriken wuchs von
384, die bereits bei Eröffnung der Bahn bestanden, bis zum Jahre 1880 auf 983, also um rund
156%. Das percentuelle Anwachsen der einzelnen Industriezweige erfolgte im folgenden
Verhältnisse:

1. Bergwerks-Producte . . . . . 883 %
2. Maschinen, Werkzeuge, Transportmittel . . . . 550 %
3. Metalle und Metallwaaren . . . 95 %
4. Minerale (Nichtmetalle) und Arbeiten
   aus denselben . . . . 344 %
5. Chemische Producte . . . . . 435 %
6. Nahrungs- und Genussmittel . . 181 %
7. Textilindustrie . . . . 83 %
8. Producte aus anderen organ. Stoffen 222 %

5*

dieser Industrie eine besonders wichtige Rolle zugefallen ist. Es ist vorher erwähnt worden, dass für industrielle Betriebe die Wasserkraft immer ein unzuverlässiger Factor ist, bei den zahllosen noch auf Wasserkräfte angewiesenen Mühlen macht sich dies besonders bemerkbar. Es ist erstaunlich, wie sehr durch das Verschwinden und Ausroden der grossen Wälder unsere Wasserkräfte abgenommen haben und ganz beträchtlichen Schwankungen ausgesetzt sind. Traurig stimmt es den Volkswirth, der die Gebirgsländer Oesterreichs durchschreitet, sieht er hart an die Wildbäche angebaut, kaum für den Fussgeher erreichbar, eine Dorfmühle, ausgestattet mit den armseligsten mechanischen Einrichtungen, der jeder kleine Frost die ohnedies ärmliche Wasserkraft raubt. — Und diese Mühlen sollen doch in gewisser Beziehung die Concurrenz gegen die grossen Dampfmühlen bestehen, die, unmittelbar mit den Eisenbahnen verbunden, mit ausgezeichneten neuen Maschinen arbeiten und schon durch die grosse Menge der Erzeugung billige Gestehungskosten erlangen.

Die Eisenbahnen erleichtern aber nicht nur die Anwendung besserer Motoren, sie ermöglichen auch die Versorgung einer weiter abliegenden Kundschaft mit besonders begehrten Qualitätsmarken.

So haben die Eisenbahnen, wiewohl sie im Grossen und Ganzen den grösseren Betrieben selbstverständlich mehr zu Diensten stehen, als den kleineren, namentlich in Verbindung mit einer weisen und wohlwollenden Tarifpolitik, andererseits auch den Erfolg gehabt, dass kleinere Betriebe sich erhalten konnten, während gerade aus der letzten Zeit manche Beispiele lehren, dass grosse Betriebe, die zum Theil auf gewagte Speculationen angewiesen sind, im Concurrenzkampfe unterlagen.

Einen besonders grossen Einfluss haben die Eisenbahnen auf die österreichische Brauerei geübt. Hier kann man in der That sagen, dass die Entwicklung einer Brauindustrie, wie Oesterreich sie besitzt, unmöglich gewesen wäre, wenn ihr nicht eine billige und sichere Communication zur Verfügung gestanden wäre. Dies ist glücklicherweise der Fall gewesen und die Eisenbahnen haben dazu beigetragen, um namentlich den Export der österreichischen Biere auf das Kräftigste zu unterstützen. Wenn auch nicht allen Anforderungen entsprechend, so sind doch die Tarife im Grossen und Ganzen wohlwollend gestellt. Ueberdies wurden für Zwecke dieser Industrie trefflich geeignete Transportmittel construirt. Wenn der Ruf der österreichischen Biere ein wohlbegründeter ist und sie sowohl in Europa als in überseeischen Ländern geschätzt und begehrt sind, so ist das mit ein Werk der Eisenbahnen und der mit ihnen in Verbänden zusammenwirkenden Dampfschifffahrts-Gesellschaften. Wenn man heute in Alexandrien oder Smyrna oder wo immer im Auslande nach Wiener oder böhmischen Bieren verlangt und wenn dieses Begehren die Production unserer Brauereien verdoppelt und verdreifacht hat, wenn dadurch der Landwirthschaft, namentlich aber der Viehzucht, bedeutend gedient ist, so ist dies ein Erfolg der Eisenbahnen und ein neues und gewiss nicht unwesentliches Moment für ihre volkswirthschaftliche Bedeutung. Gerade diese Industrie erzeugt ein Genussmittel, welches nur durch einen raschen und sicheren Transport in fernen Gegenden zum Absatze gebracht werden kann, und es ist fast so, als wenn in dem Aufschwunge der Brauindustrie dem Lande ein kleiner Ersatz gegeben werden sollte für die Verwüstungen, welche die Phylloxera in unseren gesegneten Weinbergen angerichtet hat und noch immer anrichtet. Es ist aber auch von volkswirthschaftlicher Bedeutung überhaupt, dass der Geschmack der Bevölkerung sich einem gesunden Getränke zuwendet. Der Branntweingenuss ist allseitig als ein grosses Unglück betrachtet worden, stellt den Menschen auf die niederste Stufe, lässt ihn seine Würde vergessen und es ist als ein Glück zu betrachten, wenn das Bier hier erfolgreich in Concurrenz tritt. Gute und billige Biere preiswürdig zu transportiren, ist daher eine wirthschaftlich befriedigende und daher besonders wünschenswerthe Leistung.

Und so liesse sich eine Industrie nach der andern, ein Gewerbe nach dem andern anführen und überall könnte der Volkswirth den greifbaren Nutzen nachweisen, den unsere Eisenbahnen auf den verschiedenartigsten Gebieten hervorgebracht haben und noch täglich schaffen.

Der volkswirthschaftliche Nutzen der Eisenbahnen steht im geraden Verhältnisse zur Dichtigkeit ihres Netzes und nicht leicht findet sich ein untrüglicheres Kennzeichen für die wirthschaftliche Wohlfahrt eines Landes als die Dichte seiner Schienenverzweigungen.

In den weiteren Maschen der Hauptlinien müssen die reich entwickelten Localbahnen als die eigentlichen Begründer eines regeren Verkehres auftreten und dieses Saugadersystem des Verkehres ist es vorzüglich, auf dessen hohe volkswirthschaftliche Bedeutung ebenfalls Rücksicht genommen werden muss. Vieles ist in unserem Vaterlande für die Ausgestaltung dieser Bahnen bereits geschehen, so Manches bleibt aber noch auf diesem Gebiete zu schaffen übrig. Freudig muss es jeder Volkswirth begrüssen, wenn eine kluge Staatsverwaltung die richtigen Mittel anzuwenden trachtet, diese wichtigen Factoren volkswirthschaftlichen Aufschwunges zu fördern und zu schaffen.

Man muss, um gerecht zu sein, darauf hinweisen, dass die Landwirthschaft, namentlich aber die unter schwierigen Verhältnissen arbeitende Landwirthschaft in den Alpenländern noch nicht den gehörigen Vortheil von den Eisenbahnen hatte. Diese Länder seufzen unter den erhöhten Arbeitslöhnen, unter den Folgen, den die Concentration der Industrie für einzelne Gegenden gebracht, doch darf man allerdings nicht vergessen, dass die ganz wesentliche Verbesserung im Absatz landwirthschaftlicher Producte einen nicht unbedeutenden Ersatz für diese Uebelstände bietet.

Die Vermehrung der Eisenbahnen, die Verbesserung localer Eisenbahnnetze, das Eindringen der Schiene in die entfernteste Ortschaft und die entlegensten Weiler sind für diese verlassenen Gegenden das einzige Mittel zur Verbesserung ihrer wirthschaftlichen Verhältnisse.

Auf die speciellen günstigen Wirkungen der Localbahnen Oesterreichs einzugehen, hiesse Eulen nach Athen tragen. Ihre nationalökonomische Bedeutung ist vollerkannt, und wenn in der Ausgestaltung unseres Kleinbahnwesens noch manche Wünsche bis heute offen blieben, so sind es wahrlich andere Ursachen als die Verkennung der wirthschaftlichen Bedeutung, die hier Schuld tragen. Immerhin kann der österreichische Volkswirth mit gerechter Befriedigung auf das blicken, was bisher auf dem Gebiete des Localbahnwesens im Interesse einer gesunden Staats- und Volkswirthschaft in Oesterreich geschaffen wurde.*)

Die 3507·74 *km* Localbahnen Oesterreichs [Stand im Jahre 1895] haben kräftig zur Verkehrsentwicklung des Reiches beigetragen.

Ueber die gesammte Verkehrsentwicklung auf den Eisenbahnen Oesterreichs geben uns die von der k. k. statistischen Centralcommission veröffentlichten Ziffern Aufschluss.

Im Jahre 1895 wurden auf den Eisenbahnen [excl. Dampftramways] innerhalb der im Reichsrathe vertretenen Königreiche und Länder befördert:

Personen . . . 106,442.545
Güter. . . . 93,378.720 *t*

Auf den Hauptbahnen im österreichischen Staatseisenbahnbetriebe wurden im Jahre 1896 allein über 27 Millionen Tonnen Waaren befördert, darunter hauptsächlich Frachtgüter: **)

Braunkohlen	5,501.000 *t*
Steinkohlen	3,011.000 »
Cokes	357.000 »
Holz	3,241.000 »
Getreide	2,108.000 »
Verschiedene andere Bodenproducte . . .	1,231.000 »
Steine	2,625.000 »
Erze	1,080.000 »
Mahlproducte . . .	695.000 »
Eisen	1,008.000 »
Zucker	401.000 »
Bier	351.000 »
Salz	276.000 »
Hornvieh	160.000 »
Wein	166.000 »

*) Vgl. Bd. III., C. Wurmb. ›Oesterreichs Localbahnen‹.

**) Wie sich die verschiedenen Frachtgüter auf sämmtlichen österreichischen Eisenbahnen percentuell vertheilen, erscheint auf Seite 79 angegeben.

Für die volkswirthschaftliche Bedeutung der Eisenbahnen Oesterreichs gibt aber die auf den Eisenbahnen transportirte Gütermenge keineswegs allein einen Anhaltspunkt, man muss vielmehr in Betracht ziehen, dass die Eisenbahn nicht nur auf die Schaffung, Erweiterung und Blüthe einzelner Industriezweige massgebenden Einfluss nahm, [*]) sondern man muss den ungeheuern Einfluss wenigstens andeuten, den sie auf das Bau- und Ingenieurwesen im Allgemeinen ausübte und wie sie dort wahrhaft stürmische Impulse zu einer Reihe der wichtigsten Institutionen gab. Werke, wie der Ausbau des Triester Hafens, die Donauregulirung, der Bau der Wiener Stadtbahn, die Wienregulirung, die Wasserversorgung von Wien wären kaum je zustande gekommen, wenn die Institution, wie die Eisenbahn sie darstellt, diesen gigantischen Zwecken nicht zu Gebote gestanden wäre. Hier zeigt es sich am allerdeutlichsten, dass die Eisenbahn und das durch die Eisenbahn gelöste Problem die treue Dienerin jener grossen schöpferischen Gedanken ist und dass jener charakteristische Unterschied zwischen den Werken des Alterthums und denen aus dem Zeitalter der Eisenbahnen der ist, den M. von Weber mit nachstehenden Worten so richtig gekennzeichnet hat:

»Die Mechanik hatte seit Archimedes wenig Fortschritte gemacht, aber das Ansehen aller Disciplinen der Technik, die mit der Bau- und Kriegskunst in Beziehung standen, war im raschem Steigen begriffen, denn mit den vorhandenen primitiven Mitteln wurden Wunder gethan, welche die Welt erfüllten. Die Wölbung der Peterskuppel, Brunelleschi's Arbeiten zu Florenz, der Transport des

Obelisken Caligula's durch Fontana, die Verschiebung des 80′ hohen Thurmes von Magione zu Bologna, die Gradrichtung des gesunkenen Glockenthurmes zu Cento durch Hodi und Feravante, hatten die Welt geblendet, während die bescheideneren Ingenieurarbeiten der Canalisirungen und Flussregulirungen und Bewässerungen sichtlich Wohlstand verbreiteten.«

Die Eisenbahnen haben nicht allein einen auf die Entwicklung unserer Industrie und auf die grossartigen Schöpfungen der Ingenieurkunst hohen Einfluss genommen, sie waren es auch zunächst, welche auf die praktische Anwendung elektrotechnischer Einrichtungen hinwirkten und so die erste Anregung zur Entwicklung einer Arbeitssphäre gaben, welche sich zwar heute noch selbst in einer gährenden Jugendperiode befindet, deren grosse Bedeutung aber heute auch nicht annähernd festgestellt werden kann.

Bekanntlich zählt Oesterreich zu denjenigen Staaten, welche der Erfindung der Telegraphie zuerst erhöhte Aufmerksamkeit schenkten.

Der bekannte Fachmann J. Kareis hat in einer trefflichen Darstellung mit Recht hervorgehoben, dass die Anwendung der Elektricität auf das Eisenbahnwesen sowohl für den Nachrichtendienst als auch für andere Zwecke von der höchsten Wichtigkeit war und dass die Wechselwirkung für beide Verkehrszweige von grösster Bedeutung sei. Auch hebt er hervor, dass es ganz besonders österreichische Firmen und österreichische Gelehrte waren, welche hier die wichtigsten Dienste leisteten, so dass es ganze Bände füllen würde, diese Leistungen, welche in der ganzen Welt bekannt sind, gebührend zu würdigen. Die Signalisirung mannigfacher Verkehrsmomente auf Eisenbahnen kann wirksam nur auf elektrischem Wege bewirkt werden und so hat auch die Elektrotechnik der Entwicklung der Eisenbahn die wichtigsten Dienste geleistet, andererseits aber auch die Eisenbahn die Entwicklung der Elektrotechnik hervorragend gefördert.

Inwieweit die Zukunft die Zuhilfenahme elektrischer Betriebskraft für unsere Eisenbahnen noch bedingen wird, müssen wir einer, vielleicht nicht ganz fernen Zeit

[*]) Wir verweisen in dieser Hinsicht auf den Einfluss, den beispielsweise die Nordbahn, als erster bedeutender Consument, auf die Gewinnung des galizischen »Naphtha« nahm und so eigentlich die österreichische Petroleumindustrie begründen half. Dem ehemaligen Materialverwalter dieser Anstalt Anton Prokesch gebührt das Verdienst, den Werth des galizischen Naphthas schon im Jahre 1853 richtig beurtheilt zu haben. Erst im Jahre 1862 kam das amerikanische Petroleum nach Oesterreich.

überlassen. Schon heute sind in Amerika, in Deutschland und auch bereits in unserem engeren Vaterlande eine Reihe kleinerer Bahnlinien, namentlich in Städtegebieten zum elektrischen Betriebe übergegangen, und vielleicht wird in absehbarer Zeit auch an die grossen Eisenbahnen die Frage des elektrischen Betriebes herantreten.

Auf die Wechselwirkung zwischen Eisenbahn und Elektrotechnik ist hoher Werth zu legen, und wer den Einfluss erkennt, den die Eisenbahnen auf die Entwicklung der Volkswirthschaft nehmen, dem muss das veränderte Bild vor Augen treten, welches in Jahrzehnten durch Elektricität und Eisenbahnen zur Wirklichkeit werden wird.

Erst durch die Eisenbahn ist die Welt überhaupt, daher auch Oesterreich sich seiner wirthschaftlichen Kraft bewusst geworden. Nicht allein in dem bereits Errungenen, nicht in grösserer Schnelligkeit und Billigkeit des Transports sieht es den Aufschwung, mit Feuereifer betritt es das Gebiet jener Forschung, welche wir Elektrotechnik nennen. Ungeahnt sind noch die Kräfte der Natur, die sich uns da erschliessen sollen, jeder Tag bringt eine neue wichtige Erfindung, deutet einen neuen Weg zu weiteren Erfolgen an.

Es würde auch zu weit führen, all die wirthschaftlichen Consequenzen zu erörtern, die die Elektricität und Eisenbahn gemeinsam herbeiführten oder noch herbeiführen werden.

Für unsere Aufgabe möge der Nachweis genügen, dass die Entwicklung der Elektrotechnik in einer innigen Verbindung mit dem Eisenbahnwesen stand und steht, und dass dies sich nicht nur auf die Telegraphie und auf den Motor bezieht, sondern dass alle Gebiete, die Beleuchtung, die Fernsprechung, die Kraftübertragung im Zusammenhang mit dem Eisenbahnwesen sich befinden.

Wir erkennen bereits den Werth der Schätze, welche da noch zu heben sind, und wir vergessen nicht, dass es die österreichischen Eisenbahnen waren, welche hiezu die erste Anregung gaben und zugleich es auch ermöglichten, jenes Gebiet mit Erfolg zu bebauen.

Fast noch wichtiger und eingreifender in das Leben des Volkes als die Bewegung der Güter auf den Eisenbahnen ist die durch sie bewerkstelligte Beförderung der Personen. Die Schnelligkeit und Präcision, mit der dieselbe geschieht, die Billigkeit des Fahrpreises, der hier nicht allein in Betracht kommt, sondern die dadurch bewirkte Ersparung an Zeit und Reisekosten überhaupt, schafften einen grossen Wandel im Leben der Völker sowie im Leben jeder einzelnen Familie. Man hatte auch, als die ersten Eisenbahnen entstanden, weit mehr an die Personen- als an die Frachten-Beförderung gedacht. Der Personen-Beförderung war ja auch in gewisser Richtung von Seite der Staaten eine rege Sorgsamkeit zugewendet worden, und wieder waren es die Erblande des Kaiserstaates, Tirol und Steiermark, wo die Anfänge der so bedeutungsvoll gewordenen Thurn und Taxis'schen Post sich entwickelten.

Aber so bemerkenswerth, so beherzigenswerth die Fortschritte sind, welche die Entwicklung der Post zum Beginne unseres Jahrhunderts gemacht haben, die Eisenbahnen mussten sie doch weit in den Schatten stellen, und es liegt gerade in der grossen, fast ohne Uebergang vermittelten Erfindung, dass sie die Gegnerschaft nicht etwa der kleinlichen, zaghaften Gemüther, sondern die Gegnerschaft der grössten Geister der Nation anstachelte.

Sagte doch der erste Verkehrsbeamte des preussischen Staates, General-Postmeister von Nagler, als ihm der Entwurf der Bahn nach Potsdam vorgelegt wurde: »Dummes Zeug, ich lasse täglich eine sechssitzige Posten nach Potsdam gehen und es sitzt Niemand darinnen, nun wollen die Leute gar eine Eisenbahn dahin bauen; wenn sie ihr Geld absolut los werden wollen, so mögen sie es doch lieber gleich zum Fenster hinauswerfen, ehe sie es zu so unsinnigen Unternehmungen hergeben.«[*)] Und Thiers, der berühmte Staatsmann, eiferte in den Dreissiger-Jahren wiederholt in öffentlichen Reden gegen die Bahn wie folgt: »Wie sollen denn die Eisenbahnen die Concurrenz gegen Messagerien bestehen — wenn man mir die Gewissheit

---

*) Vgl. Bd. 1, P. F. Kupka, »Allg. Vorgeschichte«, S. 50.

bieten könnte, dass man in Frankreich jährlich 5 Meilen Eisenbahnen bauen wird, so würde ich mich sehr glücklich schätzen, und schliesslich, weil eine Eisenbahn fährt, wird auch kein Reisender mehr als bisher fahren.« Der Bau der Eisenbahn wurde als eine Tagesmode, als ein Luxusartikel betrachtet, und es ist bezeichnend, wenn einer der ersten Männer der Wissenschaft in allem Ernst den einzigen Nutzen der Bahn darin fand, dass bei den Ausgrabungen bisweilen wichtige antike Funde gemacht werden können.

Wer wird, wenn man sich solche Zustände, die kaum 60 Jahre hinter uns liegen, vergegenwärtigt, nicht an den volkswirthschaftlichen Nutzen der Eisenbahnen glauben, welche den ganzen Weltball umspannen und deren Entwicklung einem einzig dastehenden Siegeslaufe gleicht. Nirgends wie hier haben die Fortschritte der Technik so grossartige Dienste geleistet; die Alpenbahn, die Tunnelbauten, die Anwendung des Zahnrades und des Seiles machten es möglich, auch die Gebirgsländer mit in den Kreis der allgemeinen Bewegung zu ziehen, und wiederum war es Oesterreich, welches mit seinen vielgestaltigen Bodenverhältnissen auch hier an die Spitze des Fortschrittes trat.

Die Errichtung der Bahn über den Semmering, den Brenner und den Arlberg bilden überaus wichtige Momente in der Eisenbahnbau-Geschichte, und will man den Einfluss der Eisenbahn auf die Volkswirthschaft ermessen, so muss man an erster Stelle der Energie alles Lob zollen, welche der österreichische Techniker oft zuerst in ganz Europa zur Bewältigung schwieriger Probleme aufbot.

Wir legen auf dieses Moment einen grossen Werth, denn hier liegen die Berührungspunkte der Volkswirthschaft mit der Wissenschaft und namentlich mit den technischen Wissenschaften. Man kann sagen, dass es Gründe der Politik waren, warum man die Schienen über die Höhen des Semmering führte, da vielleicht eine Verbindung im Thale billiger herzustellen gewesen wäre, aber die österreichische Volkswirthschaft weiss den Ingenieuren Dank, die hier im Beginn des Eisenbahnbaues Probleme zur Lösung brachten, die,

wenn sie damals ungelöst geblieben, wahrscheinlich Jahrzehnte lang ein Hinderniss für die industrielle und culturelle Entwicklung gebildet hätten.

Die Eisenbahn allein hat uns klar gemacht, dass wir mit unserem Streben und unserer Arbeit nicht an die enge Scholle gebunden sind. Die Kräfte der Menschen müssen sich ergänzen, und ebenso wie geographische und klimatische Verhältnisse auf dem Erdballe nicht die gleichen sind, so sind auch die Talente und Kräfte der Menschen nicht immer dieselben. Sie ergänzen sich, schmiegen sich den vorhandenen Grundlagen an, und wir sehen mit grosser Befriedigung an manchem Orte die nützliche Verwerthung der menschlichen Kraft, die vielleicht anderwärts vollkommen brach liegen würde.

Die erhöhte Concurrenz auf dem Arbeitsmarkte, nicht nur auf dem manuellen, sondern auf dem geistigen Arbeitsgebiete, ist ebenfalls ein Erfolg der Eisenbahn, sowie diese selbst ihre Entwicklung dieser Concurrenz zuschreiben darf; denn nie würden die grossen und mächtigen Eisenbahnen des Jahrhunderts ohne diese Concurrenz zustande gekommen sein.

An der Neige des Jahrhunderts angelangt, ziemt es sich wohl zu untersuchen, welcher Stand den eigentlich grössten Vortheil aus den Erfindungen und Fortschritten desselben eroberte. Nach unserem Dafürhalten ist es der Arbeiterstand. Seit der französischen Revolution ist derselbe zum Bewusstsein seiner Kraft gelangt, aber diese Errungenschaft allein, wenn sie auch für die politische Stellung eine sehr werthvolle war, verschaffte den arbeitenden Ständen noch nicht den materiellen Erfolg. Dieser trat erst ein, als die wachsende Industrie zur Herrschaft kam und trotz der Concurrenz, welche die Maschine auf der einen Seite der Handarbeit bot, nahm die Industrie doch eine solche Unmasse von Menschenkräften in Anspruch, dass hierdurch von vornherein erhöhter Verdienst geboten und dem Arbeiterstand auch gewährt wurde.

Im Allgemeinen haben sich, trotzdem ja die Eisenbahnen ganz wesentlich dazu beitragen, fremde billige Arbeitskräfte, so namentlich aus Italien auf den Arbeits-

markt zu bringen, dennoch die Lohn-
bedingungen der arbeitenden Bevölkerung
im ganzen Reiche wesentlich verbessert.

Es ist allerdings richtig, dass auch
die Einkünfte der gelehrten Stände, des
Militärs u. v. a. nicht unwesentlich gestiegen sind, dagegen muss darauf hingewiesen werden, dass durch die Erhöhung des
Bildungsniveaus überhaupt die Concurrenz
in den gebildeten Ständen sich geradezu
ins Unermessliche gesteigert hat. Heute
trachtet fast in jeder Familie, auch in
der ärmsten, mindestens ein Mitglied
höhere Studien durchzumachen, um eine
höhere sociale Stellung zu erringen. Was
nützen da die Gehaltserhöhungen, wenn
nur ein Bruchtheil der Befähigten sie zu
erringen vermag und Bewerber jahrelang
auf eine bezahlte Stellung warten müssen.

Der fleissige Arbeiter allein, und nur
von einem solchen kann die Rede sein,
hat von den grossen friedlichen Umwälzungen des 19. Jahrhunderts den grössten
Vortheil gezogen und fragt man, wer
ihm dazu verholfen, so waren es wieder
die Eisenbahnen, denn sie ermöglichten
den Aufschwung der Industrie und Landwirthschaft, direct aber erhöhten sie eine
gesunde Freizügigkeit, und sie sind es,
die dem Arbeiter jeden Augenblick das
Mittel bieten, den Arbeitsmarkt aufzusuchen und seine Kraft dort zu verwerthen, wo es ihm am lohnendsten erscheint.

Schon der Umstand, dass in Oesterreich über 90% der fahrenden Personen
die niedrigste Wagenclasse benützen, und
weil man annehmen kann, dass der über-
wiegend grosse Theil dieser Reisenden aus
Arbeitern oder wenigstens im weiteren
Sinne aus den dieser Kategorie angehörenden Personen besteht, beweist in welch umfassender Weise die Eisenbahn von der är-
meren Bevölkerung in Anspruch genommen
wird. Es wird hierbei von grossem Nutzen
sein, sich die bezügliche Stellung des Fahrpreises durch einige aus dem Leben ge-
griffene Beispiele zu vergegenwärtigen.[*]

Demgemäss möge angenommen werden, es handle sich um vier Reisende
von verschiedenen Lebensansprüchen und
verschiedenem Einkommen, die eine Reise
von Wien nach Prag und zurück machen
und sich drei Tage in Prag aufhalten.
Der eine befinde sich in beschränkten
Verhältnissen und dürfe nicht mehr als
1 fl., der andere besser gestellte 5 fl.,
der dritte in guten Verhältnissen lebende
10 fl., und der vierte 20 fl. täglich ausgeben.

Es ergibt sich dann ungefähr folgende
Rechnung, bei welcher die Auslagen
während der Fahrt auf dem Hin- und
Rückwege zusammen mit der Hälfte
der angenommenen Tagesausgabe [beim
vierten Reisenden jedoch höchstens mit
5 fl.] eingestellt werden.

[*] Nach Rank.

Tabelle I.

Auslagen	des			
	1.	2	3	4.
	Reisenden in fl.			
Ausgabe bis zum Bahnhofe in Wien [Ein- spänner, bezw. Fiaker für zwei Zonen] . .	—	0.60	0.80	0.80
Fahrpreis nach Prag mit Personenzug III. Classe	3.50	3.50	3.50	3.50
Auslagen während der Fahrt nach Prag und zurück	0.50	2.50	5.—	5.—
Fahrt vom Bahnhofe in Prag	—	0.60	0.60	0.60
Ausgabe während des dreitägigen Aufenthaltes	3.—	15.—	30.—	60.—
Fahrt zum Bahnhofe in Prag	—	0.60	0.60	0.60
Fahrpreis von Prag nach Wien wie oben . .	3.50	3.50	3.50	3.50
Fahrt vom Bahnhofe in Wien	—	0.90	1.10	1.10
Summe aller Auslagen	10.50	27.20	45.10	75.10
Davon beträgt der Fahrpreis in Procenten . .	67%	26%	16%	9%

Tabelle II.

	Bei einem Aufenthalte von 3 Tagen und einem Fahrpreise von				Bei einem Aufenthalte von 8 Tagen und einem Fahrpreise von			
	3·5	5·6	7·—	14·—	3·5	5·6	7·—	14·—
	Gulden, ergibt der Fahrpreis einen Procentsatz der Gesammtausgabe von							
beim 1. Reisenden	50%	62%	67%	80%	29%	40%	45%	57%
„ 2. „	15%	22%	26%	41%	7%	11%	13%	24%
„ 3. „	8%	13%	16%	27%	4%	6%	7%	14%
„ 4. „	5%	8%	9%	17%	2%	3%	4%	8%

Das Verhältnis zwischen Fahrpreis und Gesammtausgabe schwankt also in den vorgeführten Fällen

beim 1. Reisenden zwischen 29 und 80%
„ 2. „ „ 7 „ 41%
„ 3. „ „ 4 „ 27%
„ 4. „ „ 2 „ 17%

Der Arbeiter benützt oft auch die Eisenbahn zu den ermässigsten Bedingungen, wenn er täglich zur Arbeit fährt, wobei die Nebenkosten selbstverständlich nicht in Betracht kommen, hat also dennoch verhältnismässig den grössten Vortheil, ihm ist jedoch die Eisenbahn nur Zweck für Verbesserung des Berufes, selten oder fast nie Vergnügungszweck.

Alles, was die Eisenbahnen gekostet haben und kosten, im Bau sowie zum grössten Theile im Betriebe, kommt in erster Linie Millionen Arbeitern zugute, welche jahraus jahrein darin beschäftigt sind. Berechnet man den durch die Eisenbahnen verursachten grossen Aufschwung der Industrie, so kann man sagen, dass der Arbeiter den Löwenantheil an den wirthschaftlichen Vortheilen der Eisenbahn erlangte. Thatsächlich ergaben die eingehendsten Untersuchungen eine wesentliche Verbesserung der Lage des Arbeiterstandes. Die Arbeitszeit des gewerblichen Arbeiters ging von 12 auf höchstens 10 Stunden, in sehr vielen Fällen auf 8 Stunden zurück; im Durchschnitte ist der Lohn eines männlichen Arbeiters seit 25 Jahren von 50 kr. auf mindestens 1 fl. gestiegen, des weiblichen von 40 auf 60 kr. Das sind Minimalsätze. Jedermann weiss, dass die Arbeiter in grossen Städten über 1 fl. 50 kr. per Tag verdienen, Bevorzugtere auch 2 bis 3 fl. und noch mehr. Nun kommen aber im Durchschnitt 75% der Bevölkerung auf ein Durchschnitts-Einkommen bis zu 600 fl., und erwägt man, dass mindestens derselbe Percentsatz die III. Eisenbahnclasse benützt, so kann man wohl behaupten, dass diese beiden Ziffern sich decken und dass drei Viertheile der Vortheile der Eisenbahnen überhaupt der arbeitenden Bevölkerung zugute kommen.

Es betragen nach langjährigen Erfahrungssätzen die Ausgaben für Nahrung, Kleidung, Wohnung, Feuer und Licht eines Arbeiterhaushaltes 90% der Einnahmen und circa 80% bei einer wohlhabenden Familie. Nahrung, Kleidung, Wohnung, Feuer und Licht werden aber im Preise von der Eisenbahn ungemein beeinflusst. Sie hat dazu beigetragen, dass ganze Arbeiterviertel in der Nähe grosser Industrieen angelegt wurden, weil der Fabrikant es für nothwendig hielt, sich gute und constante Arbeitskräfte zu sichern. Die Lebensbedingung dieser Niederlassungen ist eine gute und billige Beförderung und ohne diese würden sie kaum entstanden sein.

Die billige Versorgung mit Lebensmitteln und Bekleidungsstoffen, ebenso die Beschaffung billiger Kohle und Holzes ist mit dem wohlfeilen Transport verknüpft und so sehen wir, dass es gerade der Arbeiterstand ist, der fast alle seine Bedürfnisse verwohlfeilt sieht durch die Eisenbahn. Wir halten es für werthvoll, diese Sätze hier auszusprechen, denn die Volkswirthschaft ist aufs Engste verknüpft mit einer gesunden Socialpolitik, und bei einer Schilderung des volkswirthschaftlichen Werthes der Eisenbahnen durfte diese Betrachtung nicht unterbleiben. Einer der festesten Pfeiler unserer Wirthschaft ist ja ein befriedigter Arbeiterstand.

*　*　*

Es ist unzweifelhaft, dass auch die Zunahme der Bevölkerung in Oesterreich mit der Entwicklung der Eisenbahnen in einem gewissen Zusammenhang steht.[*]) Oesterreich hatte im Jahre 1818 13,380.000 Einwohner, im Jahre 1895 24,668.000 Einwohner. Während im Jahre 1818 45 Menschen auf 1 $\square$km kamen, war die Bevölkerung im Jahre 1890 auf 80, mithin um 35 Einwohner per $\square$km gestiegen.

Aus der Berufsstatistik geht nun wieder hervor, dass die grosse Zunahme der Bevölkerung aus gewerblichen und industriellen Kreisen bestand.

Die rasche Vermehrung der Bevölkerung macht sich naturgemäss durch das Anwachsen der grossen Städte geltend und es lässt sich nicht leugnen, dass hiezu ebenfalls die Eisenbahnen beigetragen haben.

Es ist natürlich, dass der erleichterte Verkehr, der billigere Fahrpreis, die Sicherheit des Transportes einen Anreiz zum Reisen gaben. Wie viele Menschen gab es früher in Oesterreich, welche die Stadt Wien nicht einmal kannten, wie viele Menschen gab es in Böhmen, die niemals in Prag waren, wie viele Gebirgsbewohner Tirols werden heute noch vorhanden sein, welche ihre Hauptstadt Innsbruck noch niemals mit eigenem Auge erblickt haben?

*) Vgl. Bd. II. Dr. Reichsfreiherr zu Welchs-Glon, »Einwirkung der Eisenbahnen auf Volksleben und culturelle Entwicklung«, S. 87 u. ff.

Der Landbewohner weiss, dass er heute viele Bedürfnisse billiger und leichter in der Grossstadt befriedigen kann. Tausende von Menschen finden dort leichteren und besseren Verdienst, die wachsende Menge der Zuströmenden erzeugt neue Bedürfnisse, die Grossstadt wirkt wie ein Magnet, und zieht immer weitere und weitere Kreise an sich.

Prof. Dr. Mischler in Prag hat sich viel mit dieser Frage beschäftigt und in einer Studie über die Entstehung von Reichthümern ist er zu der Schlussfolgerung gelangt, dass die rapide Vergrösserung der Grossstädte wesentlich zur Erhöhung des Volksreichthums beiträgt.

Die Beispiele in Oesterreich sind vielleicht nicht gar so flagrant, wie in Amerika, wo in wenigen Jahren Millionenstädte aus einfachen Dörfern entstanden sind und zwölfstockhohe Häuser aus dem Boden wuchsen, aber die Entstehung von Reichthümern durch das Anwachsen der Städte ist doch auch in Oesterreich keine Seltenheit, und derselbe Gelehrte hat dies in einer sehr lehrreichen Studie über das Anwachsen der Stadt Prag bewiesen. So hat sich daselbst die Bevölkerung der Vorstädte seit 1850 von 6000 auf ungefähr 126.000, jene der umliegenden Dörfer in circa 40 Jahren um 170.000 Menschen vermehrt.

Es betrug die Anzahl der Häuser in

	1848	1857	1869	1880	1890
Karolinenthal	174	218	249	310	381
Smichow	200	237	302	503	697
Kgl. Weinberge	[69	105	77	343	716
Žižkow			137	377	728
Zusammen	443	560	765	1533	2522

Die Vermehrung der Häuser seit 1848 [von 443 auf 2522 und in der Zeit vom Jahre 1869 bis 1890, also in 21 Jahren auf das Dreifache und seit 50 Jahren auf das Sechsfache] ist eine enorme und es erscheint naturgemäss, dass die Werthsteigerung von Grund und Boden, sowie die Schaffung der neuen Werthe in den Häusern selbst den Volksreichthum auf eine ganz aussergewöhnliche Weise erhöhen müssen. Das Stichjahr 1850 ist ausdrücklich angeführt, weil es mit dem Ausbau der Eisenbahn [Prag-

Dresden) zusammenhängt, gerade wie das Jahr 1860 mit einer zweiten sehr wichtigen Aufschwungsepoche der Eisenbahnen in Oesterreich in Zusammenhang zu bringen ist.

Sowie dies Beispiel von Prag sehr lehrreich ist, so liessen sich unsere Grundsätze auch auf Lemberg und Graz und namentlich auf Wien anwenden. Aber wir haben die Residenz absichtlich nicht als Beispiel angeführt und führen auch London und Paris sowie Berlin absichtlich nicht an, weil die Entwicklung einer Reichshauptstadt auch noch von ganz anderen Factoren abhängt, die fern abliegen von dem Thema, welches wir behandeln. Lehrreicher ist in dieser Richtung hin die Entwicklung jener Städte Deutschlands, welche, wie Hannover, Kassel, Frankfurt a. M., Hauptstädte und Sitze einer Centralregierung waren, während sie seit dem Jahre 1871 in Bezug auf ihre Ausdehnung und Machtstellung lediglich auf die natürliche Entwicklung des Verkehres angewiesen waren. Heute sind z. B. Hannover und Kassel aus Residenzen grosse Industriecentren geworden, ihre Einwohnerzahl sowie die Zahl ihrer Häuser sind oft auf das Doppelte gestiegen und niemand wird leugnen können, dass die Eisenbahnen diesen Zuwachs und diese Wohlhabenheit vermittelt haben.

In Oesterreich selbst finden wir zahlreiche Orte, die erst durch die Eisenbahn eine Bedeutung erlangt haben. Was ist aus den früher kaum gekannten Ortschaften Gänserndorf, Lundenburg, Prerau, was ist aus Floridsdorf, Ostrau, Oderberg durch die Nordbahn geworden? Und so lassen sich an jeder Bahnstrecke Orte aufweisen, die ihre Entwicklung fast ausschliesslich dem Schienenweg zu danken haben, an den sie geknüpft wurden.

Es lässt sich nun allerdings darüber streiten, ob das rasche Anwachsen der grossen Städte auch ein volkswirthschaftlicher Vortheil ist. Wo grosser Reichthum vorhanden, tritt die dicht daneben wohnende Armuth besonders erschreckend hervor, das Verbrechen, der Leichtsinn folgen immer der grossen Ansammlung der Menschen und wo solche

auf einem Punkte stattfinden, macht sich oft eine schädliche Leere an anderen Punkten des Reiches geltend.

Indessen besitzen die Eisenbahnen die gute Eigenschaft, wie sie auch die Presse besitzt, sie heilen die Wunden, welche sie schlagen, und so führt dieselbe Eisenbahn, welche vom flachen Lande zur Hauptstadt geht, auch wieder bis in die fernsten Schluchten der Gebirge, sie vertheilt sich in alle Gegenden der Monarchie und es gibt in ganz Oesterreich nur wenige Ortschaften, die seit 50 Jahren nicht ebenfalls wesentlich in ihrer Bevölkerungszahl zugenommen haben, vielleicht keinen Ort, wo nicht der Werth von Grund und Boden um mindestens 25 Percent gestiegen ist. Zahllose Industrieen, denen die Arbeitskraft in den Hauptstädten zu theuer ist, wandern von dort aus in die Provinzen und Städte, wie Reichenberg, Gablonz, Bielitz, Jägerndorf, Lundenburg, St. Pölten; Industrieplätze, wie Berndorf, Kladno, Warnsdorf, Witkowitz beweisen, dass es hier wiederum die Eisenbahnen sind, welche allein es ermöglicht haben, dass der Wohlstand nicht allein in den grossen Städten der Monarchie, sondern auch an den entferntesten Orten seinen Sitz aufschlägt und dass überall die Eisenbahnen es gewesen sind, die in dieser Richtung hin der Volkswirthschaft des gesammten Landes hervorragende Dienste geleistet haben.

Man muss eben, will man die Frage der volkswirthschaftlichen Bedeutung unserer Bahnen richtig beurtheilen, dieselbe von einem höheren und allgemeinen Standpunkte beurtheilen, und man wird dann zur Ueberzeugung kommen, dass die Eisenbahnen in erster Linie es waren, welche es ermöglichten, dass die Schätze unserer Erde den Menschen in höherem Grade und in gleichmässiger Weise zutheil werden. Sie haben es mitbewirkt, dass das Nationalvermögen ein grösseres geworden, dass auch der Minderbemittelte in der Lage ist, sich ein besseres und menschenwürdiges Dasein zu schaffen und dass trotz aller Klagen Handel und Verkehr miteinander wetteifern, die schroffen Abstände zu verkleinern, welche noch vor 50 Jahren nicht nur in geistiger, sondern auch in materieller Richtung die Schichten der österreichischen Gesellschaft von einander trennten.

* * *

Ein schwerer Vorwurf aber wird stets den Eisenbahnen gemacht. Die auf denselben vorkommenden Unfälle werden in der schärfsten Weise kritisirt und besprochen und daran wird häufig die Behauptung geknüpft, die Gefahr des Reisens sei durch den Eisenbahnverkehr überhaupt wesentlich vergrössert worden, und noch immer herrscht in gewissen Bevölkerungskreisen eine gewisse Abneigung gegen die Benützung der Eisenbahn. Der erwähnte Vorwurf ist gewiss nach allen Richtungen hin unbegründet, denn die Zunahme des Personentransportes ist ja eine so riesige, dass diese Behauptung sich von selbst widerlegt. Wenn einzelne Personen, man nennt z. B. den berühmten Componisten Rossi, eine solche Abneigung empfanden, so bilden sie eben Ausnahmen und Sonderlinge gibt es ja überall.

Dass Unfälle auf Eisenbahnen lebhafter besprochen werden wie andere Unfälle, namentlich solche, die mit anderen Vehikeln sich ereignen, ist ja selbstverständlich. Es ist gewöhnlich die Grösse des Unglücks und des durch letzteres erzeugten Jammers, was in der ganzen Welt Aufsehen erregt. Ein noch so bedeutender Unfall erregt nicht viel Furcht, wenn kein Menschenleben zu beklagen ist, wenn aber bei einem Eisenbahnunglück Hunderte Menschenleben zu Grunde gehen, so erregt es auf der ganzen Welt ebensoviel Furcht und Mitleid wie der Ringtheaterbrand in Wien oder die vorjährige Brandkatastrophe in Paris. Ueberdies sind die Eisenbahnen weit mehr wie andere Verkehrsmittel unter die öffentliche Controle gestellt, eigene Behörden nach eigenen Gesetzen üben ihre Ueberwachung und wenn ein Unglück auf einer Eisenbahn sich ereignet, so spricht davon nicht nur der Ort, welcher der Schauplatz dieses Unglückes war, sondern alle Orte an der grossen Verkehrslinie, mit welcher dieser Ort in Verbindung steht. Die Presse thut ein Uebriges und so

kommt es, dass über ein Eisenbahnunglück naturgemäss viel mehr gesprochen wird, als über jeden anderen Unfall.

Wir entsetzen uns mit Recht, wenn solche Unfälle in ziemlich rascher Aufeinanderfolge vorkommen und vergessen doch, dass alle diese Unfälle, so traurig sie auch sind, im Percentualverhältnis zu dem enorm gesteigerten Eisenbahnverkehr eigentlich doch minimal sind.

Für die Zeit, welche vor den Eisenbahnen liegt, sind wir bezüglich der Statistik, betreffend Unfälle auf Strassen und Wegen, auf sehr unsichere Daten angewiesen. Chroniken, Polizeiregister, alte Postbücher sind so ziemlich die einzigen Quellen, die uns zu Gebote stehen, doch sind auch diese schon genügend, um mit Sicherheit zu erkennen, dass die Unglücksfälle der Reisenden in früheren Jahrhunderten wesentlich zahlreicher waren, als auf unseren Eisenbahnen. Nach den Angaben der k. k. statistischen Central-Commission betrug im Jahre 1895 die Zahl der Bahnunfälle 1578. Es wurden 13 Reisende getödtet und 177 verletzt. Dagegen wurden im gleichen Zeitraume 80 Bahnbedienstete getödtet und 1104 verletzt. Auf »dritte Personen« entfallen 70 Todesfälle und 134 Verletzungen. Auf 1 Million Reisende entfallen im Ganzen 1·79 Verletzungen. Zieht man dagegen jene Unglücksfälle in Betracht, welche im Rayon der Stadt Wien während der Jahre 1891—1895 durch Fuhrwerke verschuldet wurden, so erfahren wir, dass im Jahre 1891: 1427, 1892: 1617, 1893: 1743, 1894: 1769, 1895: 2467 Unfälle constatirt wurden, wovon circa 200—250 schwere oder tödtliche Verwundungen betrafen. Es wurden mithin in Wien allein eine erheblich grössere Anzahl Personen durch gewöhnliche Fuhrwerke getödtet oder tödtlich verletzt, als in der österreichischen Monarchie durch die Eisenbahnen. Eine Thatsache, die sicher eine hohe Beachtung verdient.

Wenn man nun erwägt, dass die Sicherheit des Reisens ebenfalls einen günstigen Einfluss auf die Entwicklung der volkswirthschaftlichen Verhältnisse eines Landes ausübt, und feststellt, dass die Eisenbahnen das Reisen nicht nur nicht unsicher, sondern im Gegentheil bedeutend sicherer gemacht haben, so wird man auch in dieser Richtung hin den volkswirthschaftlichen Werth unserer Eisenbahnen höher anzuschlagen haben, umso mehr als die Unfallsstatistik für unsere Eisenbahnen im Vergleich zu anderen Ländern eine günstige Verhältnisziffer nachweist.

* *

Es wird auch sehr oft behauptet, dass die Eisenbahnen, weil sie sich mit ganzer Kraft in den Dienst der Kriegsverwaltung stellen, und durch diese Mithilfe die Kriegsführung erleichtern, Zustände unterstützen, welche die volkswirthschaftliche Entwicklung eines Landes nicht fördern, sondern stören.

Es ist selbstverständlich, dass die Eisenbahnen als die wichtigsten Verkehrsfactoren sich nicht ausschliessen können, in den Dienst zu treten, wenn es sich darum handelt, die Interessen des Vaterlandes zu vertheidigen. Was war aber nach den bisherigen Erfahrungen der Erfolg dieser Dienstleistung?

Die Eisenbahnen ermöglichten, grosse Truppenkörper in rascher Zeit auf weite Entfernung zu befördern, sie kürzten so die Beschwerden der Kriegführenden wesentlich ab, sie erleichterten und verbesserten die Verproviantirung, sie gestatteten, die Verwundeten rasch in gute Spitalpflege zu bringen und sie stellten sich mit allen Mitteln und Kräften in den Dienst der Humanität. Der Hauptvortheil aber, den sie gewährten, war die grosse Abkürzung des modernen Krieges.[*]

Wir brauchen nur auf die Geschichte des 30jährigen und des 7jährigen Krieges hinzuweisen, ja wir dürfen nur an die Freiheitskriege vom Jahre 1813 bis 1815 erinnern, um die Leiden zu vergegenwärtigen, durch welche damals ein Krieg die Wirthschaft eines Landes auf viele Jahrzehnte hinaus vernichtete, während unsere modernen Kriege wohl grosse Opfer an Menschen und Geld fordern,

aber doch noch lange nicht so grosse Verheerungen anrichten wie die früheren Jahre lang dauernden Kriege. In dieser Richtung hat namentlich der Krieg des Jahres 1870 ein denkwürdiges Beispiel gezeitigt, denn in drei Tagen war die Mobilmachung der gesammten deutschen Armee vollendet und wenige Tage nach der Kriegserklärung fanden die ersten Gefechte an der französischen Grenze statt. An denselben waren nicht nur Truppen aus den Rheinprovinzen, sondern aus den entferntesten Provinzen Preussens betheiligt, während noch im Krimkriege die russische Armee viele Monate lang zu ihrer Aufstellung brauchte und die Entwicklung der kriegführenden Theile eine ausserordentlich grosse Zeit beanspruchte, ehe der erste Schuss fiel. Wer denkt nicht an den napoleonischen Feldzug im Jahre 1812 in Russland, an die Grausamkeiten und Unbilden des Klimas, der elenden Verproviantirung, der mangelhaften Bequartirung, ja wer erinnert sich nicht an die unsäglichen Strapazen, denen selbst unsere Truppen in der letzten Hälfte dieses Jahrhunderts während des Krimkrieges und während der italienischen und ungarischen Feldzüge ausgesetzt waren?

Die Eisenbahnen haben auch hier der Volkswirthschaft wesentliche Dienste geleistet: sie kürzen die Kriege ab, sie schaffen rasch wieder geordnete Zustände, in denen Handel und Industrie neu aufblühen können, sie schonen und erhalten durch bessere Versorgung das Menschenmaterial, sie üben heilsamen Einfluss durch rasche Dislocation auf die Gesundheit der Truppenkörper und so kommt es, dass durch die Eisenbahnen selbst eines der grössten Uebel aller Zeiten gemildert wird — der Krieg.

* *

In dem Augenblicke, wo diese Blätter unter die Presse gehen sollen, sind wir noch in der glücklichen Lage versetzt, die officielle Statistik des Eisenbahn-Ministeriums bis zum Schlusse des Jahres 1896 benützen zu können und nach diesen Daten das Bild zu ergänzen, welches die Bedeutung unserer Eisenbahnen in volkswirthschaftlicher Beziehung darlegen soll.

[*] Vgl. hierüber Band II. »Unsere Eisenbahnen im Kriege«, sowie Dr. Reichsfreiherr zu Weichs-Glon »Einwirkung der Eisenbahnen auf Volksleben und cult. Entwicklung.« S. 92.

Das dem öffentlichen Verkehre dienende Netz sämmtlicher auf österreichischem Staatsgebiete befindlichen mit
Dampf und sonstigen mechanischen
Motoren betriebenen Eisenbahnen hatte
am 31. December 1896 eine Länge
von **16,805·576** *km* erreicht. Hievon
standen **9,034·475** *km* oder 53·7% im
Betriebe der k. k. Staatseisenbahn-Verwaltung.

Das für sämmtliche k. k. Staatsbahnen
und für die vom Staate für eigene Rechnung betriebenen Privatbahnen bis Ende
1896 aufgebrachte Anlage-Capital bezifferte sich mit 1.163,890.600 fl. Das
Anlage-Capital der Bahnen im Privatbetriebe [einschliesslich der vom Staate auf
Rechnung der Eigenthümer betriebenen
Localbahnen] beträgt 1.616,611.297 fl.

Was den Eisenbahnverkehr betrifft,
so betrug die Anzahl der im Gegenstands-
jahre auf sämmtlichen Eisenbahnen beförderten Personen 105·2 Millionen, wovon 43·1 Millionen auf die Eisenbahnen in
Staatsbetriebe und 62·1 Millionen auf die-
jenigen im Privatbetriebe entfallen. Auf
den Kilometer Betriebslänge berechnet,
stellt sich die durchschnittliche Anzahl
der beförderten Personen auf 6425. Von
der Gesammtzahl der beförderten Personen entfallen auf die erste Classe 1·03%

> » zweite » 7·92%
> » » dritte » 88·05%

und auf die vierte Classe [nur bestehend
bei der Eisenbahn Lemberg-Belzec und
der Kaschau-Oderberger Bahn] 0·22%
und auf Militärpersonen 2·78%.

Die Beförderungsstrecke für eine Person, d. i. die auf jede Fahrkarte durchschnittlich entfallende Wegstrecke, betrug
bei den Eisenbahnen im Staatsbetriebe
40·83 *km*, bei den Eisenbahnen in Privatbetriebe 35 *km* und für alle Eisenbahnen im
Durchschnitte 37·39 *km*. Auf sämmtlichen
Eisenbahnen wurden rund 100 Millionen
Tonnen befördert. An dieser Menge
waren die im Staatsbetriebe befindlichen
Bahnen mit 32·3 Millionen Tonnen und
die Privatbahnen mit 67·7 Millionen
Tonnen betheiligt.

An der Gesammtmenge der auf sämmtlichen Eisenbahnen beförderten Verkehrs-
gegenstände participiren: Kohlen mit
43·6%, Steine, Erden, Kalk etc. mit 8%,

Bau- und Nutzholz mit 7·4%, Getreide
mit 6%, Rüben mit 3·9%, Eisen und
Eisenwaaren mit 3·8%, Erze und Mine-
ralien mit 2·7%. Der Antheil der grössten
Privatbahnen an der Güterbeförderung
sämmtlicher Eisenbahnen stellt sich, wie
folgt:

Kaiser Ferdinands-Nordbahn . . 14·1%
Oesterr.-ungar. Staatseisenbahn-
  Gesellschaft . . . . . . 10 %
Aussig-Teplitzer Bahn . . . . 9·8%
Oesterr. Nordwestbahn . . . 7·5%
Südbahn . . . . 6·8%
Buschtěhrader Eisenbahn . . . 6·6%

Die Gesammtausgaben der Eisenbahnen betrugen 153·9 Millionen fl. [hievon
entfielen 68·4 Millionen auf die Bahnen
im Staatsbetriebe]. Der Betriebs-Coëffi-
cient für jede einzelne Bahn, d. i. das
percentuelle Verhältnis der eigentlichen
Betriebsausgaben zu den Betriebseinnahmen, stellt sich für die wichtigsten
Eisenbahnen, wie folgt:

Aussig-Teplitzer Eisenbahn . . 34·3%
Böhm. Nordbahn . . . . . . 39·1%
Buschtěhrader Eisenbahn . . . 32·0%
Kaiser Ferdinands-Nordbahn
  [Hauptbahnen] . . . . . . 44·4%
Kaschau-Oderberger Eisenbahn
  [österr. Linien] . . . . . 40·9%
Oesterr. Nordwestbahn [Ergän-
  zungsnetz] . . . . 41·8%
Oesterr. Nordwestbahn [garantirte
  Linien] . . . . 45·6%
Oesterr.-ungar. Staatseisenbahn-
  Gesellschaft . . . . . . 41·9%
Südbahn [österr. Linien] . . . 41·8%
Südnorddeutsche Verbindungs-
  bahn . . . . 62·0%
K. k. Staatsbahnen und vom Staate
  auf eigene Rechnung betrie-
  bene fremde Hauptbahnen . 57·8%

Die Anzahl der bei sämmtlichen Eisenbahnen Angestellten [Beamten, Unterbeamten, Diener, weibliche Bediensteten]
betrug 73.394; Arbeiter im Taglohne
waren im Jahresdurchschnitte 82.718 beschäftigt. Die für das Personal ausbe-
zahlten Besoldungen, Löhne und sonstigen
Bezüge beliefen sich auf 83·7 Millionen fl.

An Wohlfahrtseinrichtungen für das
Personal bestanden je 23 Pensions- und

Krankencassen, sowie ausserdem 35 sonstige Humanitätscassen, welche einen Vermögensstand von 57·3 Millionen fl. aufweisen.

Der verfügbare Jahresertrag sämmtlicher österreichischer Eisenbahnen wird pro 1895 in Anstellungen der k. k. statistischen Centralcommission mit mehr als 134·3 Millionen fl. angegeben.

* * *

Gross, fast überwältigend sind die vorangeführten Ziffern; sie geben ein Bild von der Machtstellung, welche das Eisenbahnwesen in Oesterreich errungen, und welchen massgebenden Einfluss dasselbe auf unser gesammtes Culturleben hat nehmen müssen. Und da die eigentliche Entwicklung des österreichischen Eisenbahnwesens in die Regierungsperiode unseres geliebten Monarchen fällt, so kann man mit Recht behaupten, dass unter dem Walten seiner gesegneten Regierung, und von derselben nach allen Richtungen hin gefördert und gehoben, die Eisenbahnen Oesterreichs aus den kleinsten Anfängen sich in diesen 50 Jahren zu einem mächtigen Factor nicht nur in der Cultur des Reiches, sondern auch in der Wirthschaft des Staates und des Volkes heranbildeten. Namentlich war die Einflussnahme auf die Volkswirthschaft eine ungemein grosse, und bis in den intimsten Kreis der Familie hat der Eisenbahnverkehr seine Wirkungen erstreckt, die Erhaltung der Familie erleichtert und verbessert, in den Haushalt der Gemeinde eingegriffen und sie zu höheren Aufgaben befähigt, das Vermögen des Volkes vergrössert und gehoben, verborgene Schätze an das Licht des Tages gebracht und verwerthet, die vorhandenen Kräfte gesammelt und vermehrt, das Volk zum Wettbewerb mit anderen Nationen befähigt. Ein Werk unserer Eisenbahnen ist es, wenn Oesterreich aus einem Agricultorstaat zu mächtigen Industriestaat wurde, wenn Jahrhunderte lang nutzlos vorhandene Urproducte lohnend verwerthet, Arbeitskräfte billig befördert werden konnten.

Aber auch der Ackerbau hatte keineswegs auf die Hilfe der Eisenbahnen zu verzichten; ihr Ausbau und ihre Verdichtung ist der sehnlichste Wunsch der ackerbautreibenden Bevölkerung im schweren Concurrenzkampf. Im Gefolge der Eisenbahnen entstanden die mächtigsten Bauwerke. Mit Hilfe der Eisenbahnen entwickeln sich die Centren der Monarchie, werden die Häfen des Reiches dem Verkehr dienstbar gemacht.

Am Schlusse unserer Arbeit angelangt, wollen wir die besonders hervortretenden Wirkungen des österreichischen Eisenbahnwesens auf dem Gebiete der Volkswirthschaft nunmehr im Folgenden noch kurz zusammenfassen:

Oesterreich ist durch seine Eisenbahnen aus einem ackerbautreibenden Staate ein Industrie-Staat geworden; sie haben Handel und Gewerbe der Monarchie in günstigster Weise beeinflusst.

Die Eisenbahnen blieben trotzdem eines der wichtigsten Förderungsmittel der österreichischen Agricultur, welche nur dann der überwältigenden Concurrenz des Auslandes wird Stand halten können, wenn das Tarifwesen sich den vorhandenen Bedürfnissen anpasst, und wenn das vorhandene Netz insbesondere durch Kleinbahnen noch weiter ergänzt und verdichtet wird.

Indem die Eisenbahnen auf die erhöhte Inanspruchnahme eines hochwichtigen Naturproductes, des »Holzes«, einwirkten, haben sie die österreichische Forstwirthschaft zu höherer wirthschaftlicher Bedeutung gebracht.

Oesterreichs Montanwesen dankt den Eisenbahnen einen mächtigen Aufschwung. Unsere Eisenbahnen verbanden sich rechtzeitig mit der Kohlen-Industrie, wodurch es ermöglicht wurde, für die industrielle Production in Oesterreich Betriebsstätten dort anzulegen wo alle Vorbedingungen für das Gedeihen einer Industrie vorhanden waren; sie ermöglichten es der für Oesterreich so wichtigen Eisen-Industrie, unsere vortrefflichen qualitativ fast unerreichbaren Eisenerze bei billigem Brennmateriale lohnend zu verhütten, andererseits grosse Massen minderwerthiger, aber sehr leicht gewinnbarer Eisenerze nutzbringend zu verwerthen.

Der Aufschwung unserer Zucker-Industrie und der dadurch erwachsene ungemessene Vortheil insbesondere für die schlesische, böhmische und mährische Agricultur ist zum grössten Theile ein Erfolg der österreichischen Eisenbahnen.

Unsere Eisenbahnen gewähren insbesondere der Mahl- und Brauindustrie wesentliche Vortheile; in Bezug auf die letztere dienten sie den Ruf des österreichischen Bieres im Auslande dauernd zu begründen.

Sie haben zur Ausbildung der Ingenieurkunst mächtig beigetragen und den Ruhm österreichischer Techniker begründet. Die Entwicklung der österreichischen Eisenbahnen stand und steht noch immer in einem unmittelbaren Zusammenhange mit der epochalen Anwendung der Elektricität.

Die österreichischen Eisenbahnen unterstützten in wohlthuender Weise die Principien der Freizügigkeit, ohne dabei dem Anhänglichkeitsgefühle an die vaterländische Scholle Eintrag zu thun.

Die angemessene Inanspruchnahme der menschlichen Kraft und Geschicklichkeit bei gleichmässiger Erweiterung des Arbeitsmarktes ermöglichte es mit Hilfe der Eisenbahnen, dass der Arbeiterstand in den letzten 50 Jahren unseres Jahrhunderts in materieller Richtung, allen anderen Staaten voraus — grosse Vortheile erlangte. Die Eisenbahnen erhöhten das Nationalvermögen. Sie verschafften auch dem Minderbemittelten ein besseres und bequemeres Dasein.

Die Eisenbahnen erhöhten zweifellos unsere Wehrkraft und verstärkten deren Wirkungen. Sie gestatten gleichzeitig die grösstmöglichste Abkürzung der Kriege, die weitaus bessere und humanere Transportirung und Verpflegung der Truppen sowie der Kranken und Verwundeten. Die österreichischen Eisenbahnen erfüllen also auch auf diese Art eine Arbeit der allgemeinen Wohlfahrt.

Einwirkung der Eisenbahnen

auf

Volksleben und culturelle Entwicklung.

Von

Dr. Reichsfreiherr zu Weichs-Glon.

Einwirkung der Eisenbahnen auf Volksleben und culturelle Entwicklung.

Ob es in der Welt besser oder schlechter geworden sei seit der Zeit, da der Grossvater die Grossmutter nahm, ist eine Frage, die immer und immer wieder das einfache Gemüth, wie den Denker, den Philosophen, wie den Historiker beschäftigt.

Es ist nicht besser, es ist nicht schlechter, es ist einfach anders geworden! Alle menschliche Entwicklung geht nothwendig in Extremen und Aeusserlichkeiten vor sich, so dass die Besserung nach der einen Seite fast immer eine Verschlechterung nach der anderen Seite enthält.

Darum ist es nicht leicht, in allen Fällen mit Sicherheit zu entscheiden, ob die Entwicklung einer Periode in civilisatorischem Sinne vor sich ging oder nicht.

Ganz zweifellos hat jedoch mit der Dampfmaschine und mit der Locomotive eine neue Epoche in der culturellen Entwicklung der Menschheit im Allgemeinen, und auch in unserem Vaterlande begonnen. Nur hält es schwer, die grossartigen Wirkungen und bedeutenden Veränderungen, welche durch die modernen Verkehrsmittel hervorgerufen wurden, auch immer im Einzelnen festzustellen. Denn diese Wirkungen erfolgen vielfach in engstem Zusammenhange und stehen in unlösbaren Beziehungen mit einer ganzen Reihe anderer Erscheinungen des so vielgestaltigen gesellschaftlichen Lebens. Sie kommen als specifische Wirkungen des Verkehrswesens nur selten rein zum Ausdrucke; sie werden durch Nebenwirkungen und Gegenbewegungen zum Theile abgelenkt und abgeschwächt, zum Theile auch ganz aufgehoben.

Wir dürfen auch nicht übersehen, dass durch alle technischen Umwälzungen, die der Welt fast ein ganz neues Antlitz verliehen haben, die Stetigkeit des Entwicklungsprocesses, den unser Geschlecht zu durchlaufen hat, keineswegs unterbrochen ist. Die scheinbar so mächtigen Veränderungen, welche die jüngste Zeit unserer Cultur eingeprägt hat, betreffen doch zumeist nur die Oberfläche. Der Hauptkern unserer Natur und Cultur ist zweifellos das Ergebnis der Einwirkung früherer Jahrhunderte.

Um nun jene specifischen Wirkungen des modernen Verkehrswesens im Allgemeinen, und der Eisenbahnen im Besonderen zu erkennen, muss nach der Isolirmethode vorgegangen werden, d. h. es muss zu erforschen gesucht werden, wie die Eisenbahnen wirken könnten, und wie sie ohne das Walten von Kräften, ohne den Einfluss von Institutionen wirken würden, welche diese Wirkungen thatsächlich beeinträchtigen oder gar nicht in Erscheinung treten lassen.

Auch sind wir fin-de-siècle-Menschen mit den verfeinerten Gewohnheiten und gesteigerten Ansprüchen einer Uebercultur häufig gar nicht in der Lage, den Einfluss, den die Eisenbahnen auf alle Seiten und Beziehungen unseres Daseins nehmen, zu überblicken, und aus der Fülle der uns umgebenden Erscheinungen, des uns Gebotenen und des von uns als etwas Selbstverständliches Empfangenen herauszulösen. Denn die Erinnerung der Wenigsten unter uns reicht zurück bis zur eisenbahnlosen Zeit. Wir werden uns gar nicht mehr bewusst, dass es anders sein könnte, als es eben ist; wir übersehen, was und wie viel wir entbehren müssten, wenn es keine Eisenbahnen gäbe.

Um den Unterschied von Sonst und Jetzt in seiner ganzen Bedeutung zu begreifen und vor Augen zu haben, müssen wir uns nur die früheren Verkehrsverhältnisse gegenwärtig halten. Wie bewegten sich zur »guten alten« Zeit, zur Zeit der Post- und Landkutschen sowie der Lastkarren mit 6 bis 10 vorgespannten Pferden das Leben und der Verkehr in engen, gemessenen Grenzen, bis es der modernen Technik gelang, die Fesseln plötzlich zu sprengen, die auf aller grossartigen Bewegung bis dahin gelastet hatten.

Am bedeutendsten und am sichtbarsten ist der ungeheure, sich an die Wirkungen der heutigen Verkehrsmittel anknüpfende Umschwung der Gegenwart im wirthschaftlichen Leben des Volkes gewesen; dieser Umschwung hat auch von tiefgehender Einwirkung auf das gesammte gesellschaftliche Leben, auf den Complex der individuellen und socialen Bedürfnisse sein müssen.

Die Eisenbahnen in Verbindung mit der Schifffahrt beziehen immer neue Theile der Erde in den Bereich des Güteraustausches ein, und erweitern beständig, auch innerhalb der Culturländer selbst, das Absatzgebiet. Die Erzeugnisse ferner fremder Länder, die früher nur den Wohlhabenden erreichbar waren, wie z. B. Thee, Kaffe, Gewürze u. v. a. m. sind jetzt zum Theile unentbehrliche Nahrungs- und Genussmittel des Volkes und Gegenstände des Massenverbrauches geworden. Seefische werden in das Inland befördert, im Winter erhalten wir frische Gemüse, Früchte und Blumen aus sonnigen Strichen; unsere eigenen vorzüglichen Biere und Weine und zahlreiche andere Güter, die wir erzeugen, wurden durch die Eisenbahnen in ganz Europa, in der gesammten Culturwelt heimisch gemacht. Der Versandt von Vieh und Fleisch, von Eiern, Fetten, Käsen, Milch u. a. m. nimmt von Jahr zu Jahr grösseren Umfang an. Man ist hinsichtlich der Ernährung nicht mehr an die Erzeugnisse eines kleinen Gebietes gebunden; die Eisenbahnen lassen es als möglich erscheinen, die Wahl nach dem besten und billigsten Erzeugungsorte vorzunehmen.[*]

Auch die Ermässigung der Preise von Kleidungsstücken ist theilweise auf die verbilligte Zufuhr von Rohstoffen aus oft weit entfernten Erzeugungsstätten zurückzuführen.

Wesentlich sind die Wirkungen hinsichtlich der Verbesserung von Wohnungs- und anderen Bauten, infolge Verwendung soliden Materiales auch in solchen Gegenden, die ferne vom Gewinnungsorte liegen, so Bautheile von Eisen an Häusern und Brücken, die Eisen- und Thonröhren für Wasserleitungen und Canäle, die Steine zum Pflastern der Strassen u. a. Die Kohlen, mit denen wir heizen, das Petroleum in der Lampe sind alles Dinge, die selbst dem Aermsten unentbehrlich geworden sind, und deren allgemeine Verbreitung wir den Eisenbahnen verdanken.

Eine ungeheure Summe von Verbesserungen des menschlichen Daseins, von Erleichterung in Befriedigung der wichtigsten Bedürfnisse, von Erhöhung und Erweiterung der Genüsse vermag durch die Eisenbahnen herbeigeführt zu werden, und ist durch die im Allgemeinen zu beobachtende Erhöhung des standard of life zweifellos auch in unserer Heimat herbeigeführt worden.

Erst durch die Eisenbahnen ist es möglich geworden, Bedarf und Ueberfluss an Nahrungsmitteln selbst auf die grössten Entfernungen hin mit Leichtigkeit auszugleichen, während früher Mangel und Ueberfluss häufig fast nebeneinander wohnten und rein örtlich festgelegt waren, so dass bei ungleichem Ernteausfall in verschiedenen Landstrichen an der einen Stelle empfindlicher Nothstand herrschte, während gleichzeitig an den anderen die Ueberfülle der Früchte wegen mangelnden Absatzes zugrunde ging.

---

*) Vgl. Bd. II, Lindheim, »Unsere Eisenbahnen in der Volkswirthschaft«, S. 63 u. ff.

Hand in Hand mit diesem Ausgleiche an Bedarfs- und Vorrathsmengen, der für Oesterreich mit seinen, so grosse Unterschiede aufweisenden klimatischen und Productionsverhältnissen im Hochgebirge, südlich und nördlich der Alpen sowie im Osten und Westen der Monarchie von besonderer Bedeutung war, wirken die Eisenbahnen an sich auch auf einen Ausgleich in den Güterpreisen, indem an Stelle der örtlichen, grosse Unterschiede und Schwankungen aufweisenden Preise für eine immer wachsende Zahl von Gütern Weltmarktpreise treten, was allerdings wieder in anderer Hinsicht Nachtheile im Gefolge hat.

Die gesammte Güter-Erzeugung eines Landes erfährt durch die Eisenbahnen in zahlreichen Fällen nach Menge, Art und Güte eine ungeheuere Steigerung, unter deren Einfluss sich auch die Grossindustrie heranbildet. Der ganze Charakter des gewerblichen Lebens wird ein anderer, ein lebendigerer und intensiverer.

Gehen wir von den rein wirthschaftlichen Folgen, von den Einwirkungen auf unsere Nahrungs-, Kleidungs- und Wohnungs-Bedürfnisse und Verhältnisse zu jenen über, die schon auf andere Gebiete des gesellschaftlichen Lebens übergreifen, so steht da in erster Linie die Erscheinung einer geänderten Vertheilung der Bevölkerung, der »Zug vom Lande«. Es ist dies jener Theil der inneren Wanderungen einer Bevölkerung, welcher seine Bewegung innerhalb eines Staates vom Lande nach den Städten nimmt, und auch in Oesterreich, wenngleich noch in geringerer Masse als in industriell fortgeschritteneren Ländern, zu

beobachten ist. Häufig, wenn auch mit Unrecht, werden die Eisenbahnen als Hauptursache und Erreger dieser in mehrfacher Beziehung bedenklichen Beweglichkeit bezeichnet. In Wahrheit ist dagegen die Hauptursache jener Wanderungen das Streben, bessere Lebens- und Erwerbsbedingungen zu erreichen; wo dieses Wandermotiv fehlt, werden auch die Eisenbahnen Niemand zur Ab- oder Auswanderung veranlassen. Auch musste sich die Bevölkerung schon mit den Standorten und der Entwicklung der Industrie unter allen Umständen allerwärts verschieben und neu gruppiren. Fraglos bleibt es jedoch, dass die Eisenbahnen ganz wesentlich auf Erleichterung dieser Massenwanderung und, wenn auch nur mittelbar, sogar zur Steigerung derselben beigetragen haben. Sie beseitigen das Moment der Entfernung immer mehr aus der wirthschaftlichen Calculation, und leisten dem Zuge nach Vereinigung mächtigen Vorschub.

Die Beweglichkeit der Massen ist gesellschaftlich, wirthschaftlich und politisch höchst bedeutsam. Neue Ortschaften entstehen, andere verfallen. Die Städte wachsen, hauptsächlich die Grossstädte, deren Bildung und Erhaltung ohne Eisenbahnen ganz undenkbar wäre, die Industrie- und Handelsstädte.

Welche Bewegung die Bevölkerung Oesterreichs [Cisleithaniens] in der Zeit von 1843 bis 1890, also unter der Wirksamkeit der Eisenbahnen, durchgemacht hat, ist aus nachstehender Zusammenstellung zu entnehmen.[*]

*) Rauchberg: »Die Bevölkerung Oesterreichs«.

In der Grössencategorie der Ortschaften mit Einwohnern	1843		1890			
			Zahl der			
	Ortschaften	Einwohner	Ortschaften	Zuwachs	Einwohner	Zuwachs
bis zu 2000	46.713	13.852.766	57.578	23%	16.128.205	16%
von 2.000—5.000	602	1.692.301	1.003	77%	3.011.074	78%
» 5.000—10.000	95	543.564	149	57%	976.769	78%
» 10.000—20.000	21	264.054	69	220%	919.106	248%
über 20.000	7	720.516	32	359%	2.870.259	295%
Im Ganzen . . .	47.438	17.073.231	58.801	24%	23.905.413	40%

Von je 1000 Einwohnern des gegenwärtigen Staatsgebietes entfielen:

auf Ortschaften mit Einwohnern:	im Jahre 1843	im Jahre 1890	Zuwachs
bis zu 2000	811	675	— 17%
von 2.000 — 5.000	99	126	+ 27%
» 5.000 — 10.000	32	41	— 28%
» 10.000 — 20.000	16	38	+ 138%
über 20.000	42	120	+ 186%

Die Landstadt bewahrt nur noch jene Bedeutung, die ihr eigene Production und die Function als Markt für ihre ländlichen Kreise verleihen; sie verliert aber die Rolle, welche sie früher spielte.

Ueberblicken wir den gesammten Complex der wirthschaftlichen, geistigen und socialen Factoren, welche zusammen die moderne Entwicklung ausmachen, so kann es nicht wundernehmen, wenn der Wanderzug, vornehmlich getragen von den Eisenbahnen, die selbst weit mehr eine Folge, als eine Ursache dieser Entwicklung sind, vom Dorfe zur Stadt, von der Kleinstadt zur Mittelstadt, von dort zur Grossstadt gerichtet ist, wenn das Anwachsen der Wohnplätze in den Grossstädten desto rascher erfolgt, ihr Rekrutirungsgebiet sich desto rascher erweitert, je grösser sie selbst sind, und je dichter das Netz der Eisenbahnen wird. Es erscheint bei Erwägung dieser Factoren erklärlich, dass die Beschleunigung und die Wucht der Bewegung stetig, nicht nur im directen, sondern vielleicht sogar im potenzirten Verhältnisse zu ihrer Masse zunimmt, dass die Nebenwirkungen ins Ungemessene wachsen, und man verwirrt von der Grösse und Mächtigkeit dieses Vorganges kaum ein Ende auszudenken wagt. Und jeder neue Ring, der sich um den alten Kern einer Stadt ansetzt, jedes neue Element, das sie in sich aufnimmt, wird zum Anlasse weiterer Entwicklung.

Dass diese Entwicklung ein Vortheil für die Menschheit ist, dass sie zur Maximisation des Wohlseins und zur Minimisation des Uebels, sowohl für das einzelne Individuum wie für die Gesammtheit hinführt, muss wohl ernstlich bezweifelt werden. Die nothwendige Folge des dichten Zusammenlebens ist die Verflachung des Individualismus, die Beschränkung seiner Producte, der persönlichen Freiheit und des Eigenthums. Wir sehen dies klar am Leben in der Grossstadt, in der Kleinstadt, im Dorfe.

Die städtische Bevölkerung bekommt mit ihren Interessen, ihren Anschauungen, Gewohnheiten und Fehlern eine ganz andere Bedeutung als früher. Das war theilweise erst möglich, nachdem die Gesetzgebung eine andere geworden war. Aber unsere ganze Gesetzgebung mit ihren ursprünglichen Zielen der Freizügigkeit, der Gewerbefreiheit und des Freihandels ist ja selbst zum grössten Theile wieder nur ein Ergebnis der geänderten Verkehrsmittel. Hier haben die Eisenbahnen auch in der Hinsicht eingegriffen, dass das Recht der Freizügigkeit erst durch sie praktischen Werth erhielt. Dem an die Scholle gefesselt gewesenen Arbeiter ist durch die Eisenbahnen, wenigstens ideell, allerdings nicht immer in der Wirklichkeit, die Möglichkeit geboten, andere Stätten aufzusuchen, wo er seine Arbeitskraft besser zu verwerthen hofft. Wir können dies an den Zügen der italienischen, böhmischen, slovakischen und polnischen Arbeiter wahrnehmen. So waren in Oesterreich von je 1000 ortsanwesenden Personen in ihrer Aufenthalts-Gemeinde heimatsberechtigt: 1869 787, 1880 697 und 1889 636. Die alte Ordnung der gewerblichen Verfassung ist vornehmlich auch hiedurch durchbrochen worden, und der Arbeitsmarkt wurde in ähnlicher Weise wie der Gütermarkt erweitert.

Nicht unerwähnt darf jedoch hier die besondere Bedeutung bleiben, welche die Eisenbahnen noch in anderer, der Concentration einigermassen wieder entgegenlaufenden Richtung für die modernen Millionenstädte besitzen. Die Bedeutung für die grossen Bevölkerungscentren kommt den Eisenbahnen eben zu, nicht allein im Hinblicke auf die Versorgung mit den nothwendigen Mitteln des täglichen Bedarfs, die oft aus einem viele hundert Kilometer weiten Gebiete zusammengezogen werden müssen, und mit grosser Pünktlichkeit und Regelmässigkeit an Ort und Stelle zu sein haben, sondern insbesondere auch, weil die Eisenbahnen das durchaus gesunde Streben in der grossstädtischen Entwicklung unterstützen und dessen Verwirklichung überhaupt erst ermöglichen, die Arbeits- von der Wohnstätte zu trennen, und letztere heraus aus den engen Gassen und der verunreinigten Atmosphäre, dem betäubenden Lärm, der Gebundenheit und dem Gedränge in die Aussenbezirke, an die Grenzen des Landgebietes zu verlegen. Derart können selbst die armen Classen der Bevölkerung nicht unwesentlich verbesserter Lebensbedingungen theilhaftig werden.

Und wie leicht wird auch sonst dem Anreiz zum Reisen, den die Eisenbahnen bieten, Folge gegeben. Man reist heute mit geringeren Kosten durch einen halben Erdtheil, wie früher eine Strecke von wenigen Meilen. Man reist zwar in der überwiegenden Zahl der Fälle geschäftshalber, aber auch um des Vergnügens willen. Der wachsende Besuch der Bäder, Sommerfrischen und Luftcurorte, die Urlaube der Beamten aller Categorien, die früher nur in Krankheitsfällen ertheilt wurden und jetzt fast ständige Einrichtungen geworden sind, der von Jahr zu Jahr zunehmende Strom von Touristen, die sich im Gebirge, u. zw. in wachsendem Masse in den österreichischen Alpenländern Kräftigung holen, die Volks-, Lieder-, Schützen- u. a. Feste, die Ausstellungen u. dgl. m., sie alle sind mittelbar oder unmittelbar Wirkungen der Eisenbahnen, oder werden doch allein durch diese ermöglicht; sie alle sind Beweise für die Reiselust des modernen Menschen, für dessen tiefe Sehnsucht nach Loslösbarkeit vom Boden sowie für die Leichtigkeit, diese Reiselust zu befriedigen.

Damit sind jedoch die Wirkungen der Eisenbahnen in den angedeuteten Beziehungen keineswegs erschöpft.

Die Eisenbahnen, wie die modernen Verkehrsmittel überhaupt, haben das Bestreben, alle vorhandenen Productionsquellen und Arbeitskräfte in Thätigkeit zu setzen, um Werthe zu erzeugen und in Umlauf zu bringen. Sie sind die Achse, um die sich der ganze Güteraustausch der Gesellschaft und der Circulationsprocess des Capitals dreht. Im Systeme unserer Wirthschaft ringen sie nicht allein der Erde im Wege der Urproduction geradezu die Lebensbedingungen künftiger Generationen verschwenderisch ab, sie haben zweifellos auch das Streben, die

Entlohnung der Arbeit und den Werth der Urproducte möglichst herabzudrücken. Die Verschwendung in Allem ist unleugbar auch ein Grundzug unseres wirthschaftlichen und sogar unseres gesellschaftlichen Lebens, den die Eisenbahnen hervorzurufen geholfen haben. Alles lebt in Uebertreibung der Bedürfnisse ohne wahre Befriedigung. Die Lust nach Ortsveränderung, wohl zweifellos auch eine Quelle für Flüchtigkeit in der Pflichterfüllung, ist bei vielen theilweise zur krankhaften Sucht ausgeartet und greift verwirrend in das tägliche Leben der Gesellschaft ein.

So haben die Eisenbahnen wohl einerseits einen ausserordentlichen Fortschritt in den culturellen Beziehungen der Menschen geschaffen, — einen Fortschritt, der für die civilisatorische Entwicklung der Menschheit nothwendig war — aber andererseits die Quellen aller Werthe, die Urproduction und die Arbeit im Allgemeinen und vielfach doch in eine nachtheilige Stellung zu dem Antheile an den Lebensbedingungen versetzt, und dazu beigetragen, das wirthschaftliche Leben überhaupt auf die Schneide drohender Catastrophen zu stellen.

Jedes Culturmittel ist aber immer auch andererseits zugleich ein Hemmnis der Cultur. So bereitet der Telegraph vielleicht ebensoviel Missverständnisse und Verlegenheiten als er Vortheile gewährt. Durch die Erfindung Gutenbergs ist die Literatur wohl verallgemeint, aber kaum verbessert worden. Selbst die allerältesten Erfindungen des Pfluges, des Schiffes, des Wagens, sind in gewisser Hinsicht höchst fragwürdig; sie sind auch Werkzeuge der Unterjochung, der Ausbeutung gewesen, mehr vielleicht als der Freiheit und des Glücks. Jede neue Erfindung macht die Menschen noch abhängiger. Jede Verbesserung auf der einen Seite verschlechtert anderwärts etwas. Seit der Erfindung der Papierfabrikation gibt es kaum gutes Papier mehr, seit dem Aufschwung der Chemie keine haltbare Farbe, keinen Glauben an die Echtheit des Weines; Gas und Elektricität verderben uns Lungen und Augen u. s. f.

Die Factoren, die das öffentliche Leben beherrschen, waren vor der Zeit der Eisenbahnen gänzlich andere. Das Vereinsleben, die öffentliche Meinung, die heute etwas ganz Neues geworden ist, standen früher unter vollkommen anderen Lebensbedingungen. Wie langsam und träge flogen die Nachrichten, wie war persönlicher Austausch erschwert! Erst durch die Eisenbahnen, diesen bereitwilligen, billigen und zuverlässigen Trägern der Correspondenz, konnte die Post zu ihrer bewundernswerthen Organisation und ihren grossartigen Leistungen gelangen. Erst durch die Eisenbahnen konnte die Presse ihren auf das gesammte Volksleben so massgebenden Einfluss ausüben, ihre heutige Macht und Bedeutung gewinnen. Die Eisenbahnen haben die Presse zum Secundenzeiger der Weltgeschichte gemacht; sie haben es auch zum guten Theile bewirkt, dass die Presse nicht die sechste, sondern vielleicht die erste Grossmacht geworden ist.

Versammlungen von Berufsgenossenschaften und Interessengemeinschaften ganzer Länder und Reiche, wissenschaftliche, wirthschaftliche und politische Congresse und »Tage« u. dgl. waren früher einfach unmöglich. Heute lässt sich die Fülle der Vereinsfreudigen und Congressbedürftigen kaum erschöpfen.

Zum grossen Theile mit der Eisenbahn hängt auch der Umschwung in unserer ganzen Bildung und geistigen Atmosphäre zusammen. Mit dem Reisen ist unleugbar eine bedeutende Bereicherung durch neue Wahrnehmungen und Begriffe, Anschauungen und Erfahrungen an Menschen und Dingen, eine wesentliche Erweiterung des geistigen Gesichtsfeldes, und eine Fülle von Anregung und geistiger Arbeit verbunden, selbst da, wo die Absicht gar nicht darauf gerichtet war. Die Eisenbahn ist eine »neue, grossartige Volksschule« [Knies].

Die Naturwissenschaften sind, vornehmlich auch durch das häufige Reisen, zum Lieblingsstudium der Zeit geworden. Die Geographie und Reiseliteratur haben die philosophische und historische theilweise verdrängt. Alle Vorstellungen, welche den Kopf und das Herz der Menge erfüllen, haben damit eine andere Richtung genommen. Die Kenntnisse vermehrten, die Vorstellungen klärten sich. Wir sind über die elementaren Schranken unseres

Daseins, der Zeit und des Raumes, in einer Weise Herr geworden, wie kein anderes Geschlecht je zuvor. Wir erleben und sehen das Hundert- und Mehrfache von dem, was unsere Grossväter gesehen haben, die auf ihren Ferienreisen den heimatlichen Kirchthurm selten aus dem Blicke verloren, während heute schon jeder Mittelschüler in den Ferien in die Alpen oder in sonst entfernte Gegenden reist.

Vorurtheile fallen, heimische Mängel machen sich durch den Vergleich mit Fremdem fühlbar; das als besser Erkannte oder besser Geglaubte wird nachgeahmt und übernommen. Die Engherzigkeit schwindet, der Blick wird freier. Manche phantastische Irrthümer, aber auch gar viele Ideale sind wir mit Hilfe der Eisenbahnen losgeworden. Daneben gewinnt auch der Wille. Wir handeln entschlossener, wie wir intensiver leben, geniessen und arbeiten. Die Tugend der Präcision ist vielleicht am meisten gestiegen und ausgebildet worden. Die Eisenbahnen, die wie grosse Nationaluhren wirken, verlangen genaue Einhaltung der Zeit, und zwingen Alle, die sich ihrer bedienen, sich nach der bei ihnen geltenden strikten Ordnung zu richten. Sie erziehen hiedurch zweifellos in hervorragender Weise zu Pünktlichkeit und Schätzung des Zeitwerthes, zum raschen Entschliessen sowie zum Vorgehen und Handeln ohne alle Umständlichkeit; Eigenschaften, die sich dann auf das Handeln im Leben überhaupt übertragen. Nicht unerwähnt darf hier die Einflussnahme bleiben, welche die Eisenbahnen auf die für das ganze Volksleben bedeutsamen Bestrebungen hinsichtlich Einführung einer einheitlichen Zeit genommen haben. Bereits eine grosse Zahl von Städten und Orten hat die für Oesterreichs Eisenbahnen massgebende mitteleuropäische Zeit [d. i. die Zeit des Meridians 22$\frac{1}{2}$° östlich von Greenwich] angenommen.

Mit jener früher angedeuteten Wirkung der Eisenbahnen steht wohl auch in Verbindung, dass man die Jugend heute mehr fürs Geschäft und weniger wie früher für das Leben und um der Bildung selbst willen erzieht. Andrerseits wird die durch die Eisenbahnen bewirkte Leichtigkeit der Ortsveränderung und die damit gebotene Möglichkeit, Vorstellungen und Kenntnisse gewissermassen im Fluge zu erlangen und zu erweitern, leicht zur Oberflächlichkeit der Beobachtung verführen, die vielfach an Gehalt und Ernst verliert, was sie an Ausdehnung gewinnt. Die Folgen davon sind Frühreife unserer Jugend, Voreiligkeit des Urtheils, Viel- und Halbwissen, Mangel an Innerlichkeit und tieferem Empfinden, Nervosität und Blasirtheit. So lässt sich auch die Eisenbahn dem Leben selbst vergleichen: Je flacher, desto schneller die Fahrt.

Schnell muss Alles vorwärts gehen! »Keine Minute verlieren!« ist die Losung, und das geflügelte Rad, das Sinnbild der Eisenbahn, ist so recht auch zum Wahrzeichen unserer Zeit geworden. Kopfschüttelnd würden unsere Grossväter, die in steifer Gravität noch die gepuderte Perrücke, Zopf und Haarbeutel trugen, am Wege stehen bleiben, wenn sie das Bild der heutigen Welt sähen · · ·

Mit der Loslösung von der Scholle, der wachsenden Beweglichkeit, geht die Anhänglichkeit an die Heimat, und die Werthschätzung heimischer Einrichtungen verloren. Wo die Locomotive hindringt, dort schwinden alte Gebräuche und Sitten, die dem Zusammenleben in Gemeinde und Familie vielfach Halt gaben. Die Sesshaftigkeit, die seit jeher als die Mutter vieler wichtiger wirthschaftlicher und bürgerlicher Tugenden galt, wird geringer. Die Eisenbahnen bewirken einen fortschreitenden und raschen Ausgleich zwischen Stadt und Land; die Herrschaft der wechselnden Mode verdrängt die altgewohnten eigenartigen Trachten und Hausgeräthe, an denen gerade wir in Oesterreich eine so reiche und bunte Fülle besassen. Den städtischen Bräuchen, Sitten und Kleidern wird allenthalben der Weg geebnet.

Aber auch die Demokratisirung der Gesellschaft wird zweifellos, u. zw. mittelbar und unmittelbar, durch die Eisenbahnen gefördert. Einerseits schon durch den Eisenbahnbetrieb selbst. Alle, ob hoch oder nieder, ob reich oder arm, müssen sich der Ordnung des Betriebes fügen. Wer den festgestellten Preis zahlt, kann die betreffende Wagenclasse benützen, und hat Anrecht auf die gleiche Behandlung. Das häufige Nebeneinandertreten verschiedener Stände auf der Eisenbahn ist gewiss auch geeignet, die Unterschiede derselben theilweise zu verwischen und insbesondere in den Vorstellungen der unteren Volksclassen allmählich aufzuheben. Diese Veränderung stärkt dann den Anspruch auf Gleichberechtigung auch auf anderen Gebieten und fördert eine Bewegung, die zu den bezeichnendsten unserer Zeit gehört. Andrerseits sind es die Eisenbahnen, auf die sich die Entwicklung der Grossindustrie vornehmlich stützt, und die dadurch mittelbar auf die Entstehung der grossen Arbeitermassen wirken, deren Heranziehung und Concentrirung möglich machen. Die Arbeiter kommen zum Bewusstsein ihrer Macht, die Leichtigkeit der Ortsveränderung und Nachrichtenvermittlung erleichtert auch ihre Organisation sowie die Verfolgung gemeinsamer Ziele und Interessen. Dies und die Beschleunigung des Gedankenaustausches überhaupt begünstigen das allenthalben zur Geltung kommende Streben nach Vergesellschaftung und führen zu einer gesteigerten Theilnahme des ganzen Volkes am politischen Leben, das heute schneller und kraftvoller sich äussert. Die fortwährende Vermehrung der Berührungspunkte zwischen den einzelnen Individuen muss nothwendigerweise bewirken, dass der Collectivismus immer intensiver in Erscheinung tritt, immer mehr zunimmt an Geltung, Vertiefung und Ausbreitung.

Gerade in dieser Hinsicht zeigt sich vielleicht am deutlichsten der hervorragend sociale Charakter der Eisenbahnen, die im Dienste des Strebens nach gesellschaftlicher Hervorbringung, Vervielfältigung, Verbreitung und Benützung aller geistigen Verkehrsmittel stehen und zusammen mit diesen die realen Bänder gesellschaftlicher Verkörperung in Raum und Zeit bilden.

Dem stehen auf der anderen Seite die Macht und Gewalt gegenüber, welche durch die Eisenbahnen in die Hand der Verwaltung des Staates und der Polizei gelegt sind. Die Kräfte des Staates können nun in ganz anderer Weise concentrirt und von Einer Stelle aus geleitet werden.

Die Eisenbahnen stellen sich daher auch als ein politisches und administratives Machtmittel ersten Ranges dar. Indem sie an sich auch auf Erhöhung des Bewusstseins nationaler und staatlicher Zusammengehörigkeit wirken, die einzelnen Glieder des Volkes einander nähern, bilden sie ein festes Band für die staatliche Organisation. Schon zur Zeit, da die Eisenbahnen noch in der Wiege lagen, besang ein Dichter [Becker 1838] die Eisenbahnaction als »Wechsel, ausgestellt auf Deutschlands Einheit« und die Schienen als »Hochzeitsbänder und Trauungsringe«. Wo diese Wirkung nicht in Erscheinung tritt, wie gerade zeitweise in unserem Vaterlande, da wird sie eben durch stärkere Gegenbewegungen verhüllt oder überwunden. Aber schliesslich kann der nachhaltige Einfluss der Eisenbahnen auch in dieser Hinsicht nicht verloren gehen.

Eine besondere Kräftigung erfährt die Staatsgewalt natürlich dort, wo der Staat den Betrieb der Eisenbahnen führt, und damit ein ganzes Heer von treuen Dienern gewinnt, die sich in Erfüllung schwerer Pflichten vor allen anderen ausgezeichnet und bewährt haben. Und diese Zahl ist nicht geringe; nach der Volkszählung von 1890 beschäftigt der Eisenbahnbetrieb in Oesterreich rund 100.000 und ernährt bei 330.000 Personen. Aber auch die Regelung des Eisenbahnbetriebes durch den Staat, die Erstellung der Fahrordnungen und Tarife mit ihrem weitgehenden Einflusse auf Bestehen und Entwicklung aller Wirthschaftszweige bildet eine der Voraussetzungen, um die Leitung der gesammten Volkswirthschaft in die Hände der hiezu berufenen staatlichen Gewalt zu legen.

So stellen sich die Eisenbahnen als ein wesentlicher Bestandtheil des Volksvermögens in dessen weitestem Sinne dar, als ein wichtiges Glied jenes weitverzweigten Apparates für den organisch-leiblichen Unterhalt, für die persönliche Einzeltätigkeit und für die reale Verknüpfung aller Personen zur unendlich verzweigten Gemeinschaft geschäftlichen Zusammenwirkens und geistiger Mittheilung. Die Eisenbahnen sind das vornehmste Organ jenes grossartigen Apparates des äusseren Wirkens und des inneren Verbandes für die Volksgemeinschaft.

Und wie im einzelnen Staate, so wirken die Eisenbahnen auch in ganzen Staatenwelten in tief einschneidender Weise. Man wird nicht fehlgehen mit der Behauptung, dass an dem Bestreben zur Bildung von Grossstaaten und Staatenbünden die Eisenbahnen nicht unwesentlichen Antheil haben, indem gerade durch sie jene Gleichartigkeit der wirthschaftlichen und gesellschaftlichen Interessen weiter Gebiete erzeugt wird, welche der Bildung von Kleinstaaten entgegensteht. Jene Interessen verlangen möglichste Gleichartigkeit in Gesetzgebung und Verwaltung und den Schutz einer starken Macht gegen innere und äussere Feinde. Aber auch in den friedlichen Beziehungen der Staaten untereinander treten deutlich die Einflüsse der Eisenbahnen zu Tage, die den Verkehr von Volk zu Volk vermitteln, die Interessen verknüpfen, die gegenseitige Kenntnis vermehren, zum besseren Verständnisse und zur gerechteren Beurtheilung der beiderseitigen Eigenarten beitragen, so als wahre Friedensträger wirken, und als Hauptstützen einer Friedenspolitik dienen, wie solche Oesterreich unter seinem weisen Herrscher mit so grossem Erfolge und zum Segen seiner Völker, wie der ganzen Culturwelt, verfolgt.

Wenn es dagegen gilt, das Vaterland in schwerer Stunde der Gefahr zu vertheidigen, für den Thron zu kämpfen und die Integrität der eigenen Volkswirthschaft zu schützen, da spielen die Eisenbahnen auch wieder eine erste Rolle. Auf dem Gebiete des Kriegswesens haben sie grossartige Wirkungen nach sich gezogen, und die Wehrhaftigkeit der Völker in ungeheurem Masse gesteigert. Der wirthschaftliche wie der sittliche Einfluss grosser Kriege ist insbesondere durch die Eisenbahnen ein ganz anderer geworden. Die Wichtigkeit der Eisenbahnen in dieser Hinsicht liegt nicht allein darin, dass, wie an anderer Stelle dargethan wird, *) den ungeheueren im Felde stehenden Heeresmassen Proviant und Munition, der erforderliche

---

*) Vgl. Bd. II., »Unsere Eisenbahnen im Kriege«.

Ersatz an Mannschaft, Pferden, Waffen und sonst Nothwendigem zugeführt wird, und die Kranken und Verwundeten in Lazarethe oder die Gefangenen in die Heimat zurückbefördert werden. Durch ihre ausserordentliche Bedeutung für die Mobilmachung, als Mittel zur Durchführung von Aufmarsch und Angriff, zur Vereinigung der Macht an bedrohten Punkten des Kriegsschauplatzes und zu Bewegungen hinter der Front ermöglichen sie einerseits auch eine beispiellose Schlagfertigkeit der modernen Armeen und stellen eine strategische Waffe von gewaltiger Kraft dar, andrerseits jedoch bewirken sie eine wesentliche Verkürzung der Kriege. Wenn es wahr ist, dass der culturfeindliche verwilderte Einfluss der Kriege sich hauptsächlich bei längerer Dauer derselben zeigt, so liegt in der Abkürzung der Kriege einer der grössten Fortschritte menschlicher Cultur. Und wenn früher die Gegenden, in denen der Krieg gehaust hatte, auf Jahre hinaus verarmten, so sind es heute wieder die Eisenbahnen, die, dem Speere des Achilles gleich, die Wunden, die sie schlagen halfen, in Kürze auch wieder heilen.

Noch sei der Förderung gedacht, welche die Wissenschaften als solche durch die Eisenbahnen erfahren haben. Zunächst die Elektrotechnik, Telegraphie, und neuestens das Telephon, durch die Bestrebungen, diese in immer ausgedehnterem Masse in den Dienst des Eisenbahnwesens zu stellen. Zweifellos wird die Zukunft in dieser Beziehung noch grosse Aufgaben zur Lösung bringen, deren Anfänge wir in den bereits heute elektrisch betriebenen Bahnen sehen.

Sämmtliche Ingenieurwissenschaften, die Messkunst und Mechanik, die Statik und Dynamik, sind durch den Eisenbahnbau in kürzester Zeit in ganz ausserordentlicher Weise gehoben worden. Wir sehen die bisherigen Ergebnisse dieser Wissenschaften theilweise umgesetzt in den Locomotiven, Waggons, Maschinen und Werkzeugen aller Art, in den Brücken, Viaducten, Tunnels, Aquäducten, in Sicherheits- und Signalvorrichtungen u. a. m. Die Metallurgie ist durch die Eisenbahnen, den Hauptconsumenten von Eisen, Stahl, Kupfer und Bronzen, in ein ganz neues

Stadium getreten. Auch für Geographie und Geologie, Ethnologie und Geschichte haben die Eisenbahnen manchen grossen Gewinn gebracht. Der Rechtswissenschaft wurde durch die Eisenbahnen und deren mannigfache Beziehungen zu Staat, Gesellschaft und Einzelnen ein ungeheueres und gänzlich neues Feld eröffnet. Infolge der geänderten Verkehrsverhältnisse mussten ganze Gruppen positiven Rechtes neu geschaffen werden. Das private, öffentliche und Völkerrecht erfahren durch den Einfluss der Eisenbahnen weitgehende Umgestaltung und Ergänzung. Ja, es wird überhaupt kein Wissenszweig zu nennen sein, der nicht an diesem Gewinne theilgenommen hat. Denn die Eisenbahnen vermitteln nicht nur den so wichtigen Austausch von Nachrichten, den persönlichen Verkehr und Bücherversandt, sie ermöglichen den Besuch der Brennpunkte des geistigen Lebens und erleichtern die Beschaffung des wissenschaftlichen Arbeitsmateriales. Einerseits wird das letztere aus der ganzen Welt in die Stube des Gelehrten zusammengezogen, andrerseits eilt der Forscher hinaus an die Stätten des Geschehens. So haben sich auch Methoden und Hilfsmittel der Wissenschaften verändert, erweitert, verschärft und dementsprechend sind die staunenswerthen Ergebnisse auf allen Gebieten des Forschens und Wissens.

Durch Vermittlung der Eisenbahnen ist die geistige Arbeit unserer Zeit viel weniger wie früher blos eine Summe logischer Einzelthätigkeiten und isolirt betriebener Künste ohne Zusammenhang, sondern eine grosse historische Gesammtleistung geworden. Sie ist durch die Eisenbahnen Collectivarbeit geworden, ein grosses arbeitstheiliges System besonderer praktischer und theoretischer Erkenntnisacte auf Grund ununterbrochener Tradition und nunmehr ermöglichter Communication der einzelnen Vorstellungen.

Der Einfluss, den die Eisenbahnen auf Kunst und Kunstschaffen genommen haben, lässt sich zwar nicht in gleicher Weise unmittelbar nachweisen und erkennen; aber zweifellos hat auch hier ihr Einfluss gewirkt, indem sie einerseits zahlreichen Künstlern und Kunstfreunden die Möglichkeit gewähren, die Stätten antiker Kunstdenkmale, die Sammlungen und Ausstellungen von Kunstschätzen alter und neuer Meister, die Theater und Aufführungen von Tonwerken zu besuchen. Was früher nur ganz besonders Auserwählten vergönnt war, ist heute — ideell — fast Jedem zugänglich gemacht. Die Eisenbahnen wirken in diesem Sinne auf Popularisirung der Kunst; d. h. sie würden an sich wohl ein Mittel bilden, um das gesammte Kunstschaffen gewissermassen unter die Controle des ganzen Volkes zu stellen. Den Eisenbahnen einen unmittelbaren Einfluss auf die Richtung und Ideale der modernen Kunst zuzuschreiben, wäre vielleicht zu weitgehend. Es kann jedoch kaum geleugnet werden, dass die Eisenbahnen infolge ihrer weitreichenden Beziehungen und tiefeinschneidenden Wirkungen auf allen Gebieten des socialen Lebens, der physischen Arbeit und des geistigen Schaffens nicht unwesentlich zu dem Vordringen des Materialismus auf ethischem Gebiete beigetragen und derart auch in dieser Hinsicht auf die Entwicklung der Kunst mitgewirkt haben. Die Ursachen dieses Processes sind jedoch zu verwickelt, um den besonderen Antheil der Eisenbahnen daran bestimmen zu können.

Wohl hängt ja auch sonst ein grosser Theil der ernsten Bedenken, die man gegen unsere Zeit und die gegenwärtige Entwicklung der menschlichen Gesellschaft und ihrer Cultur im Allgemeinen in berechtigter Weise erheben kann, mittelbar oder unmittelbar mit den Eisenbahnen zusammen. Aber vielleicht, ja gewiss sind die vielfach schweren Uebelstände nicht nothwendig und nicht dauernd mit unseren modernen Einrichtungen verbunden. Vielleicht lassen sie sich durch anderweitige, entgegenwirkende Organisationen, durch geläuterte Sitten und Anschauungen beseitigen; vielleicht ist ein wesentlicher Theil dieser Uebelstände nur eine Uebergangserscheinung und mit einer bestimmten und zu überwindenden Entwicklungsphase verknüpft. Aber vorderhand bestehen sie — und sie bestehen auch bei uns, das ist nicht zu leugnen.

Andrerseits ist aber auch nicht zu verkennen, dass wir auf der Bahn des Fortschrittes und der Culturentwicklung gerade und vornehmlich durch die Eisenbahnen ganz ungeheuer rasch vorangekommen sind, wenn sich dieser Fortschritt auch nicht auf allen Lebensgebieten gleichmässig vollzogen hat, ja, dass wir in der Technik, und insbesondere in der Technik des Verkehrs viel schneller vorwärts gekommen sind, als in unseren sittlichen Anschauungen und gesellschaftlichen Einrichtungen. Aber man muss sich auch bewusst bleiben, dass sich die grossen Fortschritte der Menschheit immer nur in heissen, oft bis zur theilweisen Vernichtung führenden Kämpfen und in Einseitigkeit vollziehen, und dass es nicht einem Zeitalter vergönnt sein kann, auch alle die Früchte zu ernten, zu denen es selbst die Saat gelegt hat.

Wir nennen unser Zeitalter stolz ein prometheïsches. Seien wir darum auch eingedenk der Worte, welche die erhabene Göttin des Lichtes Prometheus zurief:

»Gross beginnt ihr Titanen! Aber leiten zu dem ewig Wahren, ewig Schönen, ist der Götter Werk; die lasst gewähren!«

So dürfen auch wir in Zuversicht hoffen, dass eine Zeit kommen wird, in der die Eisenbahnen als das uneingeschränkt wirken, was sie ihrem eigentlichsten Wesen und dem ihnen innewohnenden Streben nach sind: Als eine der vornehmsten Waffen und Werkzeuge für die Civilisation und für die Cultur der Menschheit! — Dabei bleibe uns jedoch stets bewusst, dass wir nicht glücklicher und nicht besser werden durch die Cultur, dass diese ja gar nicht dazu da ist, unser Leben glücklicher zu gestalten, unsere Moral zu verbessern, uns pflichtgemässer, tüchtiger, gesünder zu machen. — Die Cultur ist nichts als ein grossartiges Kampfmittel des Geistes gegen die Natur und gegen Mitbewerber. Von diesem Gesichtspunkte aus müssen auch die Eisenbahnen angesehen werden.

Die Stellung

unserer

Eisenbahnen im Welthandel.

Von

DR. ALEXANDER PEEZ.

Die Stellung unserer Eisenbahnen im Welthandel.

I.

Die alten Griechen pflegten das Land ihrer Heimat mit einem Platanenblatte zu vergleichen. Das Bild ist zutreffend. Denn wie das genannte Blatt im Ganzen eine längliche Rundung besitzt, wie aber sein Rand mannigfach gebrochen ist und einzelne Zacken und Spitzen weit herausragen, dazwischen Lücken und Einbuchtungen tief in den Blattkörper eindringen — ebenso stellt sich die griechische Halbinsel unseren Blicken dar.

Allein wir können noch einen Schritt weiter gehen. Griechenland ist nämlich der Form nach ein Europa im Kleinen, und das Gleichnis vom Platanenblatte lässt auch auf den europäischen Welttheil seine Anwendung zu. Nur ist dabei zu beachten, dass Griechenland seine Spitze gegen Süden, Europa aber gegen Westen kehrt. Dann aber ist die Aehnlichkeit nicht abzuweisen. Beide Länder sind Halbinseln und zeigen eine stark ausgezackte, durch weite Buchten eingerissene Küstenentwicklung. [Vgl. Abb. 8, 9, 10.]

Fasst man nun unseren Welttheil etwas genauer ins Auge, so gewahren wir Folgendes:

Auf drei Seiten vom Meere umspült, ist Europa eine Halbinsel, und zwar eine in die Atlantis hineinragende, im Süden vom Mittelländischen Meere, im Norden von der Nordsee und Ostsee flankirte Halbinsel Asiens. Im Gegensatze zur massigen Gestalt Asiens, Afrikas und theilweise auch Amerikas, erscheint Europa aufgelockert und durch Buchten gespalten, gleichsam ein Stern von Inseln und Halbinseln.

Unser Welttheil zeigt einen mittleren Kern, der von Ost nach West an Umfang abnimmt, und an diesen Mittelstamm setzen sich dann rechts und links als Glieder Inseln und Halbinseln an.

Den Stamm bilden das den Uebergang zu Asien ausmachende Russland, dann folgen als eigentliche Mittelländer Oesterreich-Ungarn und das Deutsche Reich sowie weiter Frankreich. An diesen mittleren Leib setzen sich rechts an: Grossbritannien, Dänemark, Skandinavien, links aber Spanien, Italien und die Balkanländer.

Diese Gestaltung des Welttheiles musste mächtigen Einfluss üben auf die Entwicklung der Völker, auf die Zeitfolge und Dichte ihrer Cultur, auf die Entfaltung von Schiffahrt, Handel, Gewerbe und Industrie sowie auf die Stellung der einzelnen Länder im Welthandel.

Der Charakter Europa's als eines Sternes von Halbinseln von grosser Küstenlänge, öffnete dem Handel sichere, wohlzugängliche Buchten und vervielfältigte dadurch Anlage und Gelegenheit zur Entwicklung von Handel und Verkehr in einer Zeit, wo Jahrtausende hindurch der Seehandel fast die einzige Form des Grosshandels war und jedenfalls in Allem und Jedem an Bedeutung den Landhandel

übertraf, der so oft von Feinden beun-
ruhigt ward, am zähen Boden haftete und
nur von schwachen Menschen- oder Thier-
kräften besorgt werden konnte.

Demgemäss liessen sich Verkehr und
Cultur am liebsten in Gegenden mit
grosser Küstenlänge nieder. Also auf
Inseln und Halbinseln. Das zeigt sich
im Laufe der Geschichte an den Küsten
des Mittelmeeres: im alten Phönikien,
in Jonien, Griechenland, Italien, der
Provence; später auch am Atlantischen
Ocean: in Flandern, den Hansestädten,
Holland und Grossbritannien.

Mit Entstehung der E i s e n b a h n e n
hat sich dieser uralte Grundsatz der
Geschichte einigermassen geändert. Erst
durch die Eisenbahnen erweitert sich die
Verkehrsfähigkeit, die sonst nur an See-
gestaden oder schiffbaren Flüssen haftete, über weite Ländergebiete; diese
werden gleichsam mit eisernen Ebenen
durchzogen, ihren Erzeugnissen wachsen
Flügel, jede Kraft gelangt zur Verwerthung, ein Austausch wird möglich und
gewinnbringend, es bilden sich Ersparnisse, die Production steigt, die Cultur
verdichtet sich, die Länder werden zu
einer gewissen verkehrspolitischen Einheit verbunden und suchen ihre richtige
Stellung im Welthandel zu erstreiten.

Auch für die Länder mit starker
Küsten-Entwicklung haben die Eisenbahnen selbstverständlich hohe Wichtigkeit.
Aber noch viel grösser ist deren Bedeutung für B i n n e n l ä n d e r, wie O e s t e r-
r e i c h - U n g a r n.

In beiden Fällen ist die Wirkung der
Bahnen etwas verschieden. Zwei Beispiele werden es zeigen, indem wir Grossbritannien, welches 100% Küstengrenze
hat, mit Oesterreich-Ungarn vergleichen,
welches nur 22% Küstenlänge und auch
diese meist in abgelegener Gegend
besitzt.

England, ganz Küstenland, wird durch
die Eisenbahnen zu einem einzigen, von
Nerven, Blutadern und Muskeln des Verkehrs dicht durchzogenen Organismus
gemacht und dadurch in sich noch
schärfer zusammengefasst, als es dies
schon durch seine Eigenschaft als Insel
gewesen ist. Der Einfluss des Meeres
und seiner Häfen wird durch die Bahnen

noch mehr als bisher in das Innere des
Landes getragen. Der ganze Eisenbahn-
verkehr Englands ist Inlandsverkehr. Es
gibt keine Eisenbahnanschlüsse, oder,
richtiger gesagt, Englands Häfen sind
die Eisenbahnanschlüsse, und es bilden
[für kleine Entfernungen] Trajecte, für
grössere Entfernungen aber Schiffe, die
in alle Welt hinausgehen, die Fortsetzung seiner Eisenbahnen. Ein Durchzugsverkehr besteht nicht, wenn man nicht
etwa das Umladen von Fremdwaaren in
den Häfen als solchen bezeichnen will.
Dagegen ist die reich fliessende Quelle
für das Gedeihen der englischen Eisenbahnen die ungeheure englische Industrie,
welche, insoweit die Werkstätten nicht
an der See liegen, von den Bahnen colossale Gütermengen aufnimmt, und in ver-
arbeitetem Zustande wieder abgibt. Daher
ist denn auch die stete Concurrenzirung
der Bahnen durch die wohlfeile Seefracht [abgesehen von Fluss und Canal]
für die Rentabilität der Bahnen minder
gefährlich, als in Ländern von geringer
Industrie, wo der Durchzugsverkehr und
überhaupt der Verkehr auf langer Linie
eine grosse Rolle spielt. Die Fühlung
mit der Aussenwelt sucht England nicht
durch seine Bahnen, sondern durch seine
Schiffe. Der grosse Austausch zwischen
Landwirthschaft und Industrie, auf welchem alle schaffende Arbeit beruht, vollzieht sich in England nicht mehr durch
inneren Verkehr, sondern durch Weltverkehr. Seine Ackerfluren liegen in
den Vereinigten Staaten, in Indien oder
Argentinien, seine Wälder grünen am
Lorenzostrom oder am Orinoco, seine
Viehhöfe stehen in Australien oder am
La Plata, und die Bezahlung dieser land-
wirthschaftlichen Erzeugnisse erfolgt
durch Artikel der englischen Industrie
oder als Verzinsung von Capitalien, welche
von der Industrie geschaffen wurden. Bei
diesem unermesslichen Verkehre spielen
die Eisenbahnen nur die Rolle der Zubringer, oder — und auch dieser Ausdruck
wäre gerechtfertigt — das Inselland England ist der grosse, dicht mit Geleisen
belegte Bahnhof, wo Schiffszüge aus aller
Welt über See eintreffen und von wo sie,
mit Erzeugnissen der englischen Industrie beladen, auslaufen. England ist

daher eine Welt für sich. Es hat das übrige Europa kaum nöthig, ja seine Interessen bewegen sich oft in einem gewissen Gegensatze zu den Interessen Europas.

Ganz anders in Oesterreich-Ungarn. Die Monarchie bildet das geographische Gegenspiel zu England. Dort eine Insel, bei uns das binnenländischeste Binnenland. Dort umspült das Meer die ganze Grenze, hier nur $\frac{1}{5}$ derselben. Dort

rechnend, hier, mitten unter Genossen, und zwar concurrirenden Genossen, die Stellung der Bahnen oft gebunden, ihre Tarifpolitik schwierig, die Leitungen stets gemahnt, dass sie bei aller Selbständigkeit, doch einen Theil Europa's durchziehen, und zwar einen Theil des europäischen Mittelstammes, nicht aber eine seiner Inseln und Halbinseln.

Die Parallele liesse sich noch weiter durchführen, aber sie würde dann Gebiete

Abb. 8.

Abb. 9.

liegt die Hauptstadt unmittelbar an der See, hier zwischen Hauptstadt und dem wichtigsten Seehafen des Reiches eine grosse Entfernung. Dort eine alte, consolidirte riesenhafte Industrie, gelehnt an Kohlenfelder und See, also an die Quellen der Kraft und des leichtesten Transportes; hier dagegen erst die Anfänge der Industrie und vielfach, da vom Auslande herein verpflanzt, excentrisch an den Grenzen und durchweg weit von der See, vielfach auch weit von den Kohlen entfernt. Dort der Uebergang vom binnenländischen Austausch zwischen Landwirthschaft und Industrie zum Weltverkehr bereits vollzogen und mit allen seinen Folgen durchgedrungen, hier der Uebergang erst angedeutet und daher die Rücksichtnahme auf das bestehende, gemischte Verhältnis nothwendig. Dort, auf der Insel, die Bahnen frei und nur mit den Interessen des eigenen Landes

Abb. 10.

berühren, die hier ferne bleiben müssen.

Das Gesagte jedoch mag genügen, um darzuthun, dass durch die Eisenbahnen die Eigenschaft der Monarchie als eines Binnenlandes wesentlich verbessert und erst durch die Eisenbahnen die Möglichkeit einer Theilnahme der Monarchie am Welthandel in grösserem Stile geschaffen wurde.

II.

Zu dem Gleichnisse des Platanenblattes zurückkehrend, zeigt sich uns Oesterreich-Ungarn als ein Land der Mitte, den Südosten dieser Mitte des Blattes bildend, und gleichzeitig ein Land, welches, über der grossen Bucht des Adriatischen Meeres aufgebaut, zwei

7*

Zacken des Blattes, nämlich die Balkanhalbinsel und die Apenninische Halbinsel
verbindet.

Oesterreich-Ungarn ist so sehr Land
der Mitte, dass seine Hauptstadt von der
See entfernter ist, als die jedes anderen
europäischen Landes. Diese wichtige
Thatsache wird durch nachstehendes
Bild deutlicher:

Berechnet man lediglich auf Grundlage der Entfernungen die Frachtpreise,
so ergibt sich, dass die durchschnittlichen
Transportkosten nach oder von dem
nächsten Seehafen in folgendem Verhältnisse stehen: Beispielsweise bei Getreide
für Paris und Berlin pro Metercentner
etwa 30 Kreuzer ö. W., für Wien jedoch 90 Kreuzer; pro Metercentner Stab-

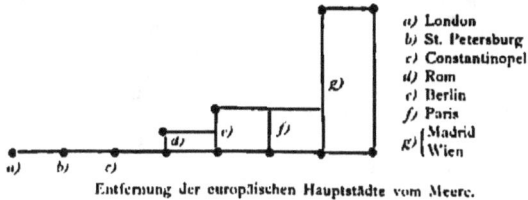

a) London
b) St. Petersburg
c) Constantinopel
d) Rom
e) Berlin
f) Paris
g) { Madrid
    { Wien

Entfernung der europäischen Hauptstädte vom Meere.

London, St. Petersburg und Constantinopel besitzen den grossen Vorzug einer
Lage unmittelbar an der See. Dann
folgen Rom, Berlin, Paris, zuletzt kommen
Madrid und Wien, zwei Binnenstädte,
die ungefähr gleichweit vom Meere
entfernt liegen.

Durch die Eisenbahnen ist nun allerdings dieser Fehler der geographischen
Lage verbessert, aber darum noch lange
nicht aufgehoben.

Legt man die durchschnittliche Geschwindigkeit eines Postzuges zu Grunde,
so braucht der Güterverkehr, um von der
Hauptstadt zur See zu gelangen:

London, St. Petersburg,
  Constantinopel . . . . 0 Stunden
Berlin-Stettin . . . . . 7 »
  »   Hamburg . . . . . 9½ »
  »   Kopenhagen [mit
        Traject] . . . . 14 »
Paris-Havre . . . . . . 7 »
  »   Calais . . . . . 8½ »
  »   Brest . . . . . 20 »
  »   Marseille . . . 33 »
Wien-Triest . . . . . 21 »
  »   Hamburg . . . . 30½ »

Der Charakter Wiens als Binnenstadt
tritt in dieser Vergleichung scharf hervor.
Der nächste Hafen, Triest, ist dreimal
so weit, als Stettin von Berlin und Havre
von Paris.

eisen für Paris und Berlin 34 Kreuzer,
für Wien 102; bei Manufacten für
Paris und Berlin 50, für Wien 146 Kreuzer ö. W.

Die weite Entfernung Wiens von der
See erschwert demnach den Verkehr,
zumal den Ausfuhrverkehr, sehr bedeutend. Noch grösser sind vielleicht die
moralischen und politischen Nachtheile.
Es weht in Wien zu wenig Salzwasser-
luft. Da, wo die See fluthet, da ist der
Handel zu Hause, da weiss man dessen
Werth und Bedeutung zu würdigen. Ein
Blick in die öffentlichen Blätter einer
See- und Hafenstadt zeigt, welche Stellung
die wirthschaftlichen Interessen in der
öffentlichen Meinung einnehmen. Von da
dringen sie in die leitenden Kreise, und
Gesetzgebung und Verwaltung lernen mit
ihnen zu rechnen, sie als unentbehrliche
Grundlage des Volkswohlstandes, der
Staatswirthschaft und des Gedeihens des
Reiches zu betrachten, woraus selbst-
verständlich auch dem Verkehre die beste
Förderung erwächst.

III.

Wenn in dieser Hinsicht die binnenländische Lage der Hauptstädte Wien
und Pest, sowie der ganzen Monarchie
nicht günstig zu nennen ist, so bringt

doch auch wieder dieselbe Lage dem Eisenbahnverkehre manche Vortheile.

Je weniger Seeküste, je weniger schiffbare Flüsse und Canäle, um so wichtiger und dankbarer die Rolle der Eisenbahnen!

Ein wohlausgebildetes Eisenbahnnetz verwandelt bis zu einem gewissen Punkte das Binnenland in ein Küstenland. Gleichwie die Eisenbahn den Industriellen, der für den Weltverkehr arbeitet, von der Nothwendigkeit der Anlage seiner Fabrik an der See- oder Wasserstrasse unabhängig macht, so ist es umgekehrt, die Industrie, die, wenn von den Eisenbahnen entsprechend unterstützt, das Binnenland von der Herrschaft der Küstenländer frei macht. Indem sie starke und regelmässige binnenländische Verbrauchscentren ins Leben ruft, schafft sie einen binnenländischen Massenverkehr, den einst nur die Küsten, nur einige wenige begünstigte Flussthäler kannten.

Die Kohle, der Masse nach der grösste Verbrauchsartikel der Industrie, schafft die bestrentirenden Bahnen. Der Kohle folgt das Eisen. Wo Kohle und Eisen, da ist auch die Maschinen-Industrie, die chemische Industrie, die Zucker-Industrie nicht ferne. Ein Waggon fertiger Eisenwaaren, die der Bahn übergeben werden, setzt schon 10 Waggons Roh- und Hilfsstoffe voraus, die zur Erzeugung nothwendig waren; wird dieser Waggon fertiger Eisenwaaren nicht im Inlande verbraucht, sondern exportirt, so tritt noch das Porto zur Grenze hinzu, und es bleibt dann noch Raum für einen zweiten Waggon zur Deckung der Lücke im inländischen Verbrauche. Daher der Erfahrungssatz: wo die Industrie ihre Standorte gewählt hat, da gedeihen die Eisenbahnen.

Durch die Industrie werden die schweren Rohstoffe des Binnenlandes in leichtbeschwingte Fabrikate umgestaltet, die, in weniger voluminöser Form grösseren Werth bergend, dem Exporte zustreben. Bei einem Culturstaate ist es nicht die Ausfuhr von Rohstoffen, sondern die Ausfuhr von Fabrikaten, womit der active Antheil am Weltmarkte errungen wird.

IV.

Wie steht es nun mit unserem Exportverkehre in Fabrikaten? Die Antwort findet man in nachfolgender Tabelle: *)

Fabrikaten-Ausfuhr der Hauptländer	Mill. Gold-gulden	Per-cente	auf den Kopf Gold-gulden
Grossbritannien . . .	1913·1	29·5	48·9
Deutsches Reich . . .	1153·0	17·8	23·3
Frankreich	852·2	13·2	22·2
Vereinigte Staaten .	485·6	7·5	7·0
Niederlande	331·0	5·1	70·4
Oesterreich-Ungarn .	296·5	4·6	6·8
Belgien	290·4	4·5	46·7
Schweiz	212·8	3·3	73·3
Britisch-Ostindien . .	172·7	2·6	0·6
Spanien	111·8	1·7	6·5
Italien	107·8	1·7	3·2
Russland	98·4	1·5	1·0
Andere Länder	453	7·2	
Ueberhaupt	6478·0	100·0	

Darnach steht Grossbritannien mit 29·5 Percent aller dem Welthandel übergebenen Fabrikaten an der Spitze, woraus sich die verhältnismässig gute Verzinsung der englischen Eisenbahnen erklärt, obwohl sie keine Durchzugsverkehr haben. Dann folgen das Deutsche Reich mit 17·8, Frankreich mit 13·2 und die Vereinigten Staaten mit 7·5 Percent. Man sieht aber auch aus dieser Zusammenstellung, wie emsige, gut verwaltete kleinere Staaten — die Schweiz, Niederlande, Belgien — per Kopf höhere Werthe schaffen, als selbst die grossen Industriestaaten. Was Oesterreich-Ungarn betrifft, so beträgt sein Antheil am Gesammtexport 4·6 Percent, die Erzeugung per Kopf 6·3 Goldgulden. Ausfuhr von Fabrikaten und Rohstoffen [Getreide] halten sich in Oesterreich-Ungarn einstweilen noch das Gleichgewicht. Doch liegt die wirthschaftliche Zukunft in der Ausfuhr der Fabrikate.

*) G. Raunig, Mittheilungen des Industriellen Club, vom 11. October 1895.

V.

Nachdem im Vorausgegangenen die überragende Bedeutung der Industrie für den inneren Verkehr der Eisenbahnen festgestellt wurde, wenden wir uns nun einem zweiten wichtigen Nährelemente der Bahnen zu: dem Durchzugsverkehre.

Wenn im Handel im Allgemeinen die Küsten und folglich die Halbinseln Europas im Vortheile sind, so treten dagegen im Durchzugsverkehre der Eisenbahnen die mitteleuropäischen Binnenländer in den Vordergrund.

Dies gilt zunächst für den Handel der europäischen Länder unter sich. Wenn das mittlere Russland Weizen nach der Schweiz schickt, bedient es sich in der Regel der österreichischen und deutschen Bahnen. Wenn die Balkanhalbinsel Borstenvieh nach den Niederlanden sendet, so führt der Transit durch Oesterreich-Ungarn und Deutschland. Die nach Süddeutschland bestimmten Weine Spaniens werden zu Lande sich der französischen Bahnen bedienen. Kohlen und Eisenbahnschienen Belgiens suchen auf französischen oder deutschen Bahnen die Schweiz und Italien auf. Italien und Skandinavien sind klimatisch genug verschieden veranlagt, um einen Austausch ihrer Erzeugnisse zu begründen; wenn Italien seine Südfrüchte nach Skandinavien oder Skandinavien seine geräucherten Fische nach Italien schickt, so fallen ihre Waaren als Durchzugsgut den Eisenbahnen Deutschlands und Oesterreichs zu. In vielen Fällen wird die Seelinie Concurrenz machen. Je nach Lage, Natur des Artikels, Conjunctur der Fracht (die Seefracht unterliegt viel grösseren Schwankungen) wird bald die Landfracht, bald die Seefracht besser conveniren, die Landfracht aber wird jedenfalls sich der mitteleuropäischen Bahnen bedienen müssen.

Auf beifolgender Karte (vgl. Karte Abb. 11.) sind die wichtigsten Handelslinien Europas verzeichnet.

Wirft man einen Blick auf diese Handelsrouten, so wird man finden, dass sie sich im mittleren Europa kreuzen. Dies ist der Grund, warum die drei Mittelländer Europas — Russland kommt noch nicht in Betracht — warum Frankreich, Oesterreich-Ungarn und das Deutsche Reich einen beträchtlichen Durchfuhr-Verkehr haben. Wenn im Ganzen die Küsten und insbesondere die Halbinseln Europas für den Handel sich als begünstigt erwiesen haben, so finden wir dagegen eine gewisse Schadloshaltung im Landhandel, im Durchzugsverkehre der Eisenbahnen, die wir im Früheren als den Leib Europas bezeichneten, entschieden in den Vordergrund tritt. Hier die Ziffern:

Durchfuhr durch:

Frankreich [1892]   4·85 Mill. MCtr.
Oesterreich-Ungarn [1895] 5·37   »   »
Deutschland [1894]   24·53   »   »

Hier zeigt sich das Deutsche Reich mit einer Durchfuhr von über 24 Millionen Metercentner als das eigentliche Land der Mitte, wo die meisten Verkehrswege sich kreuzen. Demgemäss besitzt das Deutsche Reich die meisten Eisenbahn-Anschlüsse (76) und ist in der Lage eine Tarifpolitik zu üben, die durch ihre, aus Verstaatlichung entsprungene Einheit, in grossen Zügen zu arbeiten vermag.

Prüft man kurz, worin die Durchfuhren von Frankreich, Oesterreich-Ungarn und Deutschland bestehen, so zeigt sich, dass in der französischen Durchfuhr die Schweiz und England die Hauptrolle spielen. Die Schweiz als Ursprungsland (Provenienz) liefert dem Werthe nach etwa 45% der Eintrittswaaren zur Durchfuhr, während England als Bestimmungsland mit 28% der abgehenden Durchfuhrswaaren voransteht. Mit andern Worten: Die Schweiz bedient sich Frankreichs als ihres Spediteurs, sie empfängt das Gros der überseeischen Roh- und Hilfsstoffe über Marseille und Havre und übergibt diesen Häfen ihre Fertigwaaren. Dies gilt, obschon seit Eröffnung der Gotthardbahn Genua mit dem Hafen von Marseille in Bezug auf Vermittlung des Schweizer Verkehrs zu wetteifern sucht.

Ausser diesen Schweizer Waaren nehmen noch Belgiens Kohle und Eisen für Italien, nach Spanien bestimmte deutsche Fabrikate, italienische Früchte und Blumen für England, ihren Weg durch Frankreich. Der Werth dieser Durchfuhr von 4·85 Millionen Metercentnern beträgt über eine Milliarde Francs oder 400 Millionen Gulden Gold.

Das Deutsche Reich verfrachtet auf seinen Eisenbahnen 1772·9 Millionen Metercentner, worunter eine Durchfuhr von Landgrenze zu Landgrenze zu 24·53 Millionen Metercentner. Die Hauptrolle spielen dabei Eisenerz, Steinkohle

Diese Durchfuhrgüter rollen in langer Linie durch Deutschland und bilden deshalb ein werthvolles Frachtgut für seine Bahnen.

Was Oesterreich-Ungarn betrifft, so liefen im Jahre 1894 auf seinen Bahnen 1182 Millionen Metercentner, die Durchfuhr jedoch durch Oesterreich-

Abb. 11. Haupthandelslinien des europäischen Festlandes.

und Cokes, Braunkohle und Eisen. Dann folgen Getreide, Vieh, Zucker, Kalk, Mehl, Holz u. s. w. Getreide und Vieh aus Oesterreich-Ungarn und den Balkanländern sowie aus Russland transitiren (insbesondere zur Winterszeit) durch das Deutsche Reich, und ebenso wird letzteres, wenn auch nur in kleinen Mengen, von den westlichen Fabrikaten durchschritten, die nach dem Osten bestimmt sind.

Ungarn betrug (im Jahre 1895) nur 5·37 Millionen Metercentner.

Oesterreich-Ungarn ist in erster Reihe das Transitland für den Verkehr zwischen dem Deutschen Reiche und der Balkanhalbinsel, indem es die Fabrikate des ersteren gegen die Rohstoffe und Nährmittel des letzteren umwechselt. Ebenso geht der Landverkehr zwischen Italien und Russland durch Oesterreich-Ungarn.

Nicht unbedeutend ist endlich für unseren Durchzugshandel die Schweiz, und zwar weniger als Herkunftsland — die Schweizer Fabrikate werden, wie wir sahen, durch Frankreich über Marseille, Havre und Genua in den Welthandel gebracht, — denn als Bestimmungsland, indem die Schweiz aus den Balkanländern und Russland Rohstoffe und Vieh bezieht. Die Schweizer Durchfuhr durch Oesterreich wäre steigerungsfähig, wenn durch die Predilbahn und Tauernbahn kürzere Wege aus der Schweiz und Süddeutschland nach Triest erschlossen würden.

Für die bestehende Durchfuhr Oesterreich-Ungarns waren die wichtigsten Daten [im Jahre 1895]:

Durchfuhr durch Oesterreich-Ungarn
in Mill. MCtr.

Herkunft	Mill. MCtr.	Bestimmung	Mill. MCtr.
aus Deutschland	1·5	nach Deutschland	3·2
» Rumänien	0·9	» Rumänien	0·5
» Russland	0·8	» Schweiz	0·5
» Italien	0·6	» Italien	0·3
» Serbien	0·4	» Russland	0·10
» Egypten [zur See]	0·18	» Serbien	0·16
» Griechenland [zur See]	0·14	» Triest	0·11
» Türkei	0·13	» Bulgarien	0·07
		» Türkei	0·06

Diese Durchfuhrziffern, die, Dank unserer amtlichen Handelsstatistik, für den denkenden kaufmännischen Leiter und Tarifmann die wichtigsten Fingerzeige bieten, sind noch recht bescheiden. Auch ist die Durchfuhr in manchen Relationen grossen Schwankungen ausgesetzt. So hat beispielsweise die wichtige Durchfuhr nach und aus Deutschland von und nach den Balkanländern in den letzten Jahren abgenommen — eine Thatsache, die vorwiegend der Concurrenz des Seeweges durch die Meerenge von Gibraltar und dem für diese Route aufgestellten wohlfeilen Levante-Tarife der deutschen Handelsdampfer nach dem östlichen Mittelmeere beizumessen ist. Also auch hier wieder der starke Wettbewerb der Peripherie mit den Radien, des Seeverkehres um das halbe Platanenblatt Europas herum mit der kurzen Ader des Blattgerippes!

Dagegen darf eine ermunternde Thatsache erblickt werden in der Vielheit der Länder — es sind nicht weniger als 53 — mit denen wir im Durchzugsverkehre stehen. Diese Thatsache beweist, dass Oesterreich-Ungarn, wie auch der Blick auf die Landkarte zeigt, die Anlage hätte, ein Durchzugsgebiet in grossem Stile zu werden. Kenntnis des Handels, genaues Studium der Industrieverhältnisse, Beobachtung der statistischen Daten, stete Wachsamkeit, grosse Umsicht und ein einheitliches, vorurtheilsfreies Zusammengehen der betheiligten Bahnen werden in der Pflege der Durchfuhr ein wichtiges Element erblicken zur Stärkung unserer Stellung im Weltverkehre.

VI.

Das grosse Vorbild für jeden Verkehr bleibt immer die Seeküste mit ihrer Freiheit der Bewegung, mit ihrer Zugänglichkeit für Jedermann und mit ihrem über die ganze Erde sich erstreckenden Zusammenhange.

Das letztere Moment wird für die Eisenbahnen annähernd erreichbar durch die Eisenbahnanschlüsse an das Eisenbahnnetz der Nachbarländer.

Die Anschlüsse der Bahnen bilden die Brücken des internationalen Binnenverkehrs und zugleich die Klammern, wodurch Europas Einzelländer mit dem Gesammtkörper verknüpft sind. Im Landverkehre spielen sie die Rolle, die im Seeverkehre den Häfen zufällt. Ihre bisher noch wenig gewürdigte Bedeutung kann daher kaum überschätzt werden.

Ihre Zahl beträgt in Oesterreich-Ungarn jetzt schon nicht weniger als 46.

Stellt man die Eisenbahnanschlüsse für die zehn europäischen Haupt-Verkehrsgebiete zusammen, so ergibt sich folgendes Bild:

A. Inseln und Halbinseln:

Grossbritannien	0	Eisenbahnanschlüsse
Skandinavien	0	»
Dänemark	2	»
Spanien	2	»
Balkanländer	5	»
Italien	7	

B. Länder der Mitte:

Russland [einst-
weilen] 10 Eisenbahnanschlüsse
Frankreich 37 „
Oesterreich-Un-
garn 46 „
Deutsches Reich 72 „

Hier zeigt sich klar, wie die Insel-
und Halbinselländer, die in Bezug auf
Seeverkehr günstiger gestellt sind als die
Mittelländer, in der Zahl der Eisenbahnanschlüsse von den letzteren weit übertroffen werden!

Bei der Wichtigkeit der Anschlüsse
für die Verkehrsinteressen lassen wir
eine Zusammenstellung der Eisenbahnanschlüsse der europäischen Länder folgen, wobei mit Berücksichtigung auch
der kleineren Länder und Staaten, das
angeschlossene Land und das Anschluss-
land verzeichnet sind [s. Tabelle].

Durch die Zahl und Richtung der
Eisenbahnanschlüsse wird die Stellung
der verschiedenen europäischen Verkehrs-
gebiete im Welthandel, zunächst im Welthandel zu Lande, im Voraus angedeutet.

Prüfen wir zunächst die Inseln und
Halbinseln!

Grossbritannien und Schweden-Nor-
wegen haben keine Anschlüsse, ihr ganzer
zwischenstaatlicher Handel spielt sich zu
Schiffe ab.

Dänemark und Spanien-Portugal verkehren zu Bahn nur mit einem einzigen
Nachbarstaate, u. zw. Dänemark mit dem

Zwischen	Oesterreich-Ungarn	Deutsches Reich	Belgien	Dänemark	Frankreich	Italien	Niederlande	Norwegen	Portugal	Rumänien	Russland	Schweden	Schweiz	Spanien	Balkanhalbinsel	Zusammen
Oesterreich-Ungarn		33				1	—		..	,	1		2	..	1	46
Deutsches Reich	33	—	6	2	9		12	—			5	—	5	—		72
Belgien		6		18	19								—	—		41
Dänemark		2											—			2
Frankreich		9	18			2	—						6	2	—	37
Italien	3						..		—				2			7
Niederlande		12	10				—			—	—		—	—	—	22
Norwegen								—				3	—			3
Portugal	6						—	—	—	—				5		5
Rumänien	3					..	—			..	—				1	1
Russland	4	5		—						1		—	—			10
Schweden						—					3		—			3
Schweiz		6	2	—												15
Spanien									6	—	—					7
Balkanhalbinsel	1					—				1	—					2

Deutschen Reiche, und Spanien mit Frankreich. Beide Halbinseln verfügen über je zwei Anschlüsse. Dabei ist Dänemark mit seinem schmalen Leib und seinen vielen Inseln in hohem Grade auf den Seeverkehr angewiesen und gegenüber dem grossen Nachbarlande Deutschland immerhin freier gestellt, als Spanien, das eine schwere Masse bildet und seinen Landverkehr ganz durch Frankreich vermittelt sieht.

Italien ist, Dank der Verbreiterung seines Gebietes im Norden, insofern besser daran, als es sieben Anschlüsse besitzt, davon zwei nach Frankreich, zwei nach der Schweiz und drei nach Oesterreich-Ungarn.

Die Balkanhalbinsel wird durch fünf Verkehrsknoten mit den übrigen Ländern verbunden, wovon einer nach Russland und vier nach Oesterreich-Ungarn zeigen.

Aus allen diesen Thatsachen kann nicht nur die Volkswirthschaft, sondern auch die Politik wohlbegründete Schlüsse ziehen.

Was die Länder des Mittelstammes von Europa betrifft, so sind von den zehn Anschlüssen Russlands einer nach der Balkanhalbinsel, fünf nach dem Deutschen Reiche und vier nach Oesterreich-Ungarn gerichtet, während Frankreich durch zwei Anschlüsse mit Spanien und durch nicht weniger als fünfunddreissig Anschlüsse mit dem Westen verkehrt, und zwar durch zwei mit Italien, sechs mit der Schweiz, neun mit dem Deutschen Reiche und vollen achtzehn mit Belgien.

Das Deutsche Reich zeigt sich als das wahre Land der Mitte, indem es nach Russland fünf, nach der Schweiz fünf, nach Dänemark zwei, nach Frankreich neun, nach Belgien sechs, nach den Niederlanden zwölf und nach Oesterreich-Ungarn dreiunddreissig, zusammen zweiundsiebzig Anschlüsse besitzt.

Was endlich Oesterreich-Ungarn betrifft, führen von seinen sechsundvierzig Anschlüssen vier nach Rumänien und den Balkanländern, zwei nach der Schweiz, drei nach Italien, vier nach Russland und dreiunddreissig nach dem Deutschen Reiche. Dass das Schwergewicht des Handelsverkehres unseres Reiches im Austausche mit dem Deutschen Reiche liegt, wird aus dieser einzigen Zahl sehr deutlich.

VII.

Die Anschlüsse der Eisenbahnen ermöglichen, dass man jetzt von einem »europäischen Eisenbahnnetze« reden kann. Sie sind es, welche insbesondere dem Durchzugsverkehre dienen und daher den internationalen Landhandel pflegen und begünstigen. Dieser grosse, internationale Durchzugsverkehr der Bahnen wird aber in steter Concurrenz gehalten durch die in alle grossen Buchten eindringende Schifffahrt. Die Gestalt Europas, das »Platanenblatt«, der Charakter eines ausgezackten und buchtenreichen Halbinsellandes, macht sich hier für den Bahnverkehr nachtheilig geltend, erschwert die Tarifirung, nöthigt zu grosser Wohlfeilheit der Tarife sowie auch, wegen der öfteren Schwankungen der Seefracht, zu stets wachsamer Beobachtung und zeitweisem Wechsel der Tarife.

In diesem Concurrenzkampfe hat überall die Seefracht die Führung. So grosse Fortschritte die Eisenbahn auch gemacht hat, so ist ihr der Seedampfer dennoch an Billigkeit voraus. Mehr als 10.000 Dampfer und 25.000 Segelschiffe Europas umgürten unsern Erdtheil mit einer Zone von wohlfeiler Fracht, die sich längs der schiffbaren Ströme mehr oder weniger tief in das Binnenland erstreckt. Je weiter die einzelnen Länder vom inneren Austausch zwischen der einheimischen Landwirthschaft und Industrie zum internationalen Austausche zwischen überseeischer Landwirthschaft und europäischer Industrie vorgeschritten sind, umso grösser werden zunächst die Vorzüge der Länder mit langer Küste, schiffbaren Strömen und ausgebildetem Canalwesen; um so wichtiger, zugleich aber auch desto schwieriger, wird die Rolle der Bahnen, welche in den Binnenländern jenem Wasserverkehre die Stange zu halten berufen sind. Je näher an der Küste die Bahnen liegen, je mehr sie derselben parallel laufen, um so grösser die Concurrenz, die sie bestehen müssen.

Die Schnelligkeit, die für die Eisenbahn spricht, kommt im grossen Güterverkehre nicht auf gegenüber der Wohlfeilheit der Seefracht.

Daher trachtet die grosse Masse aller Güter aus den binnenländischen Productionsstätten auf kürzestem Wege nach den Seehäfen zu gelangen. Noch nie ist es geschehen, dass russisches Mehl, das nach Brasilien bestimmt ist, und etwa in Moskau lagert, von dort über den Leib Europas hin, auf den Eisenbahnen nach Lissabon oder Cadix geführt worden wäre, um auf das Seeschiff überladen zu werden. Vielmehr sucht man von Moskau, auf der kürzesten Linie, entweder St. Petersburg oder aber Odessa auf. Möglichst schnelles Erreichen der See ist in diesem Falle für den Kaufmann ausserordentlich viel wichtiger, als der aus der Landversendung etwa entspringende Zeitgewinn. Ebenso mag es noch nie vorgekommen sein, dass nordamerikanische Baumwolle, für Russland bestimmt, in Cadix oder Lissabon abgeliefert worden wäre, um von dort mit der Eisenbahn in die Moskauer Spinnereien zu gelangen. Allerdings gab es eine Zeit, wo indische Baumwolle, durch den Suezcanal kommend, über Triest nach Russland ging. Aber das währte nicht lange. Sehr bald hatte die Concurrenz den wohlfeileren Weg gefunden, und die Baumwollsendungen von Suez nach Moskau schlagen nunmehr den Weg über Odessa ein. Also überall das Bestreben durch Eindringen in die europäischen Buchten, die Wohlfeilheit der Seefracht möglichst auszunützen.

Die Seefrachten waren in jüngster Zeit bedeutenden Schwankungen ausgesetzt, sind aber im Ganzen stark heruntergegangen. Im Jahre 1805 führte man [nach dem Jahresberichte des österr.-ung. General-Consulates in Liverpool] Getreide von der Sulina oder von Odessa nach Liverpool oder London die Tonne [20 englische Centner] zu 9 Schilling 6 pence. Dies ergäbe als Seefracht von der Sulina durch den Bosporus, die Dardanellen, die Meerenge von Gibraltar und den Canal nach London oder Liverpool für 1 Metercentner Getreide rund 47 Kreuzer Gold.

Vergleicht man diesen Satz zur See mit dem Porto einer vielbefahrenen Eisenbahnstrecke, so erhalten wir folgendes Bild:

Fracht für 1 Metercentner Getreide in Kreuzern Gold:
Seefracht Odessa-Liverpool . 47 Kreuzer
Bahnfracht Budapest-Wien . 49   »

Der ungarische Weizen kommt also von Budapest mit ungefähr dem gleichen Satze auf den Wiener Markt, wie der rumänische oder südrussische Weizen aus den Seehäfen des Schwarzen Meeres nach Liverpool. Die Entfernung in Rechnung gezogen, stellt sich für die Eisenbahn in diesem Falle etwa die zehnmal höhere Fracht heraus.

Oder vergleichen wir die Donauroute. Hier ergibt sich Folgendes:

Fracht für 1 Metercentner Getreide in Kreuzern Gold:
Seefracht Galatz-Liverpool . 47 Kreuzer
Donaufracht Galatz-Wien . 104   »

Sowohl gegenüber der Bahn als auch der Donaustrasse zeigt sich also die weitaus grosse Ueberlegenheit der Seestrasse.

Solche Beispiele werfen ein überraschendes Licht auf die inneren Gesetze, mit denen die Tarifpolitik unserer Bahnen zu rechnen hat.

Der Halbinsel-Charakter Europas, auf welchem wir diese Skizze aufbauten, zeigt sich hier in voller Klarheit. Zahllose Seedampfer schwärmen durch die Meereswogen, die auf drei Seiten unseren Welttheil umgürten, dringen in alle Buchten ein und locken die Frachtgüter an sich. Die Eisenbahnen können auf langer Linie bezüglich Massengüter nicht mit jenen concurriren.

Die aus Amerika kommenden Waaren betreten europäischen Boden nicht in Cadix oder Nantes, sondern in Hamburg oder Genua und Triest. Dasselbe zeigt sich auch im Handel mit Asien. Wäre die Eisenbahn, und nicht der Seedampfer, das wohlfeilere Transportmittel, so würden alle für den Continent bestimmten und durch den Suezcanal heranziehenden indischen und australischen Waaren auf Vorgebirgen oder in deren nächsten Häfen, also im Piräus bei Athen, oder in Salonichi oder Brindisi anlanden und auf die Bahnen übertreten. Da aber die Seefracht wohlfeiler ist als die Landfracht, bleiben die nach Europa bestimmten Waaren so lange wie möglich auf der See, vermeiden die äusseren Häfen, um in die inneren Häfen, wie Odessa, Fiume, Triest, Genua, Marseille, Havre, Bremen und Hamburg einzudringen. Dadurch werden die Landrouten der Bahnen, sobald sie an den Einflusssphären dieser Häfen vorüberrollen, in der Flanke gefasst und zurückgeschlagen. Ihre Frachtrouten werden dadurch, sofern sie Transversallinien von West nach Ost sind, verkürzt und zerstückelt.

Um so besser gedeihen einzelne Nord-Süd-Linien, als Radien zur Küste und den Häfen. Die Bahnen finden dann ihren Vortheil darin, Zubringer für die Seeschifffahrt zu werden.

In den Vorzügen der Seefahrt, unter welchen kleineres Anlagecapital, günstige Rückfrachtgelegenheit und fast völlige Steuerfreiheit zu der grösseren Wohlfeilheit mitwirken, liegt auch der Grund, warum beispielsweise der Suezcanal für die wirthschaftlichen Interessen Oesterreich-Ungarns, wie überhaupt des südlichen Europas, so geringe Folgen gehabt hat.

Wieviel Vortheile versprach man sich einst von dieser Weltstrasse in allen Häfen und Ländern des Mittelmeeres! Welche Hoffnungen begleiteten das Unternehmen, und mit wie zuversichtlichen Reden ward dessen Vollendung gefeiert! Wie freudig dachte man an die ostasiatischen, indischen und australischen Güter, die, auf dem Wege nach Grossbritannien, auf den weit nach Süden vorgeschobenen Küsten von Italien, Dalmatien oder Griechenland landen füllen und von dort den Ueberlandweg gegen England antreten würden! Und heute? Was ward erreicht?

Der Suezcanal hat wenig oder nichts an den früheren Verhältnissen geändert. Die Eisenbahnen, welche Europa in der Richtung auf England durchziehen, waren nicht im Stande, die indisch-australischen Güter, von den Dampfern weg, auf ihre Linien zu locken. Grossbritannien sandte seine Schiffe früher um das Cap der guten Hoffnung, heute sendet es sie durch den Suezcanal. Die Ersparung an Zeit, Zins, Versicherung, folglich auch an Fracht fällt allein Grossbritannien zu. Die Mittelmeerhäfen Italiens, Frankreichs und Oesterreich-Ungarns haben das Vergnügen, die nach Grossbritannien bestimmten Rohstoffe Indiens und Australiens vorüberziehen zu sehen. Nur der Personen- und Postverkehr, bei welchem Schnelligkeit wichtiger ist als Wohlfeilheit, sucht den Schienenweg auf und bedient sich Italiens zu der einer zwischen England und dem Suezcanal vorgeschobenen Landbrücke. Die indische Post schlägt diesen Weg über Italien ein. Der grosse Güterverkehr jedoch [und ein steigender Percentantheil der Reisenden] bleibt auf der grossen Seestrasse; er zieht aus Indien und Australien durch das Rothe Meer und den Suezcanal über Gibraltar in die Atlantis nach Frankreich, Holland, Belgien, Deutschland, vor Allem aber nach England, wo das Centrum der Weltindustrie liegt.

Und diese ungeheure Entwicklung der Industrie hat auch den Handel der Welt nach Grossbritannien gezogen. Im Vertrauen auf den enorm aufnahmsfähigen Markt, welchen die Industrie in England geschaffen hat, strebt ein grosser Theil der besten Frachtgüter, die Baumwolle, die Schafwolle, die Cerealien fremder Welttheile, auch wenn sie für den Verbrauch des Festlandes bestimmt sind, zunächst nach den britischen Inseln, und doch ist es eigentlich unnatürlich, dass so grosse Mengen von überseeischen Waaren, wie noch immer geschieht, in England vorerst absteigen und dann erst, nachdem sie an Englands Schiffe, Häfen, Speicher, Eisenbahnen, an Kaufleute, Finanzmänner und Arbeiter ihre Tribute gezahlt haben, nach dem Continente übersetzen und in den Verbrauch gelangen.

An dem mächtigen Zwischenhandel Grossbritanniens sieht man deutlich, mit welcher Gewalt der Seeverkehr, von englischem Capital und dem Massenverkehr der englischen Industrie unterstützt, die aus fremden Welttheilen kommenden Frachten festhält. Es kann aber keinem Zweifel unterliegen, dass dieser Zwischenhandel auf die Dauer sich schwer wird halten lassen und dass der europäische Continent sich mehr und mehr von dem englischen Zwischenhandel befreit, indem er directe Dampferlinien nach Uebersee eröffnet. Hier zeigt sich der enge Zusammenhang zwischen Seeroute und Eisenbahn, und nächst entschiedener Pflege der Industrie gibt es für Förderung des Gedeihens unserer Bahnen kaum ein wirksameres Mittel, als die Pflege vieler und guter Seeverbindungen.

Aber nicht blos der Seedampfer bedrängt unaufhörlich die Bahnen, sondern die Bahnen suchen auch ihrerseits dem Seeverkehre Raum abzugewinnen. Das grossartigste Beispiel für letzteres bietet die Sibirische Bahn. Abgesehen von ihrem »Localverkehre«, der sich freilich über zwei Welttheile erstreckt, ist sie ein gewaltiger Versuch, den ostasiatischen Handel von China, Japan, allenfalls auch von Tonking und den Philippinen mit Europa wieder auf den Landweg zu lenken. Wieweit der Seeweg [um Indien, Arabien, durch den Suezcanal und die Meerenge von Gibraltar] sich behaupten, wie viel oder wie wenig Verkehr er gezwungen sein wird, an die Ueberlandbahn abzutreten, das wird die nächste Zukunft zeigen. Aber, auch wenn dieser Concurrenzkampf zunächst schwierig und der Erfolg der neuen Bahn in Bezug auf Ablenkung des Seehandels kein allzu grosser sein sollte, würde dennoch die Sibirische Bahn eines der merkwürdigsten und folgenreichsten Unternehmen der Neuzeit sein. Nachdem Amerika bereits drei Ueberlandbahnen nach dem Stillen Meere gezogen hat, war es hohe Zeit, dass auch Europa seine eisernen Arme nach Ostasien erstreckte.

Im Nordosten hat Russland dies grosse Werk begonnen, — sollte da nicht die Zeit gekommen sein, dass Oesterreich-Ungarn und das verbündete Deutsche Reich auch im Südosten — vermittelst der Eufratbahn — alte Landwege nach Ostasien wieder zu eröffnen trachten? Wie durch die Sibirische Bahn ein nordöstlicher, so

würde durch die bereits von reichsdeutschen Unternehmern ziemlich weit geführten kleinasiatischen Bahnen, wenn sie die Eufratlande und Indien erreichen, ein südöstlicher Flügel Europas seine Schwingen ausspannen. Die Balkanhalbinsel würde dann in ihre natürliche geographische Aufgabe einrücken: die Landbrücke nach Innerasien und Indien zu sein, und Oesterreich-Ungarn würde annähernd wieder jene Gunst der Lage vor sich sehen, die sich ihm verschloss, als Vasco da Gama den Seeweg nach Indien fand.

VIII.

Durch die scharf erkannte geographische Lage eines Landes in Verbindung mit seiner Culturentwicklung wird das Eisenbahnnetz des Landes bestimmt, gefördert und getragen, und durch das Eisenbahnnetz hinwiederum wird die geographische Lage (zumal die binnenländische) in ihren Schwächen ergänzt und verbessert.

Durch das Eisenbahnnetz werden aber auch die Länder und Reiche zu bestimmten Individualitäten zusammengefasst. Man hat Oesterreich-Ungarn oft einen Donaustaat genannt. Mit Recht, denn die Donau war in der Vorbahnzeit für das Binnenland Oesterreich-Ungarn eine höchst wichtige Verkehrsstrasse, eine Ader der Cultur, ein Faden, an den sich die staatliche Gestaltung reihte. Diese Bezeichnung erfährt jedoch durch die Eisenbahnen eine Einschränkung und zugleich eine Erweiterung; die Einschränkung, indem das Eisenbahnnetz durch die natürlichen Vorzüge seines Betriebes und seine Erstreckung bis in die letzten Winkel des Reiches hinein die Donaustrasse an Wichtigkeit weit überragt; die Erweiterung, indem das Eisenbahnnetz sich vielfach an die Donau anlehnt, sich des von der Donau geschaffenen ebenen Thalweges mit Vorliebe bedient, sie ergänzt und somit auf der von der grossen, ehrwürdigen östlichen Verkehrsstrasse Europas gelegten Grundlage weiter baut. Oesterreich-Ungarn bleibt Donaureich, bleibt das Culturland des europäischen Südostens mit der Richtung auf den Orient, ver-

bindet aber zugleich durch sein Hin-
einragen in das Gebiet der Elbe [Böh-
men], der Oder [Schlesien] und des
Rheines [Vorarlberg] eine beachtenswerthe Stellung in Mitteleuropa; es hat
einen Fuss an der Weichsel und der
grossen osteuropäischen Ebene, und be-
trat mit der Occupation von Bosnien und
der Herzegowina die Balkanhalbinsel, wozu noch kommt, dass es die günstigsten
Pässe nach Italien besitzt, und durch
Istrien, Triest, Fiume und Dalmatien an
den Geschicken des Mittelmeeres mitzuwirken berufen ist. Hiernach ist Oesterreich-Ungarn ein Uebergangsland.
Um die Donau gereiht, dabei zwischen
dem eigentlichen Lande der Mitte, dem
Deutschen Reiche, und dem halborienta-
lischen Südosten sowie zwischen dem
grossen, productenreichen rauhen Nordosten und dem lauen Mittelmeer und den
hesperischen Gefilden gelegen, ausserdem

kein einheitlicher Nationalstaat, sondern
ein musivisch zusammengesetzter Völker-
staat, empfängt es Strömungen aus allen
diesen Richtungen, und seine schwierige,
aber auch lohnende Aufgabe ist es,
allgemeiner Ausgleicher, Puffer und Ausweichgeleise, Vermittler aller dieser
Strömungen, Wirbel, Stösse, aber auch
Interessen und Verkehrsbeziehungen zu
sein.

Das sicherste Mittel, bei dieser ebenso
wichtigen als schwierigen europäischen
Mission zu einem tröstlichen Ergebnisse
zu gelangen, liegt in der möglichsten Befriedigung der allen Völkergruppen gemeinsamen wirthschaftlichen Interessen,
in der Blüthe von Handel und Industrie,
in der kraftvollen Theilnahme am Welthandel und Weltverkehre; und alle diese
Aufgaben weisen auf ein hochentwickeltes,
energisch und einheitlich geleitetes Eisenbahnnetz als eine Nothwendigkeit hin.

Unsere Eisenbahnen im Kriege.

Vom

Eisenbahnbureau des k. u. k. Generalstabes.

Unsere Eisenbahnen
im Kriege.

IE Communicationen haben, wie
ungezählte Blätter der Geschichte bezeugen, bei den Kriegs-
zügen aller Zeiten eine massgebende
Rolle gespielt. Diesem Umstande wurde
wohl nicht bei allen Völkern und nicht
immer im gleichen Masse Rechnung getragen, wir begegnen sogar in dieser
Beziehung in verschiedenen Zeitperioden
und Ländern schreienden Gegensätzen.
Während z. B. bei den Römern der
Strassenbau ein strategisches Postulat
erster Ordnung bildete, und vornehmlich
aus militärischen Rücksichten mit gross-
artigem Kraftaufwande und in für alle
Zeiten beispielgebender Art betrieben
wurde, sehen wir im Mittelalter den
Communicationen eine entgegengesetzte
kriegerische Bedeutung beilegen, und
geradezu in der Vernachlässigung der
Verkehrsmittel beziehungsweise in der
dadurch erzielten Abschliessung, die
militärische Präponderanz suchen. Diese
Gegensätze finden in den Verschiedenheiten der Kriegführung, in dem Vor-
herrschen des offensiven oder defensiven
Elementes, in der culturellen und speciell
technischen Entwicklung ihre Erklärung;
übereinstimmend sehen wir aber, dass
allzeit und überall von militärischer Seite
den Communicationen volle Aufmerksamkeit zugewendet wird.

Kein Wunder daher, dass mit dem
Augenblicke, als die Eisenbahnen als
neues Verkehrsmittel aus bescheidenen
und unsicheren Anfängen ihren Siegeslauf

durch die Welt beginnen, die militärischen
Geister sich der Frage bemächtigen, ob
und unter welchen Bedingungen, dann
in welchem Masse diese neue Errungenschaft der Technik in den Dienst der
Kriegskunst gestellt werden könnte.

Anfänge der Eisenbahnaera.

Bei den politischen und culturellen
Verhältnissen des deutschen Bundes vor
dem Kriege 1866 lässt sich eine milita-
rische Betrachtung des Eisenbahnwesens in
Oesterreich von jenem in Deutschland
nicht immer ganz trennen, und so sollen
im Nachfolgenden manche gemeinsame
Verhältnisse Erwähnung finden.

Die Entwicklung der Eisenbahnen hatte
anfangs der Vierziger-Jahre kaum begonnen; die Frage »ob die Vermehrung des
Maschinenwesens überhaupt zum Vortheile oder Nachtheile
der Menschheit gereiche, da es schon jetzt
in vielen bevölkerten Gegenden an Arbeit,
folglich an Unterhalt fehle«, war noch
actuell; - auf dem Continent hatte sich
nur Belgien, den anderen Staaten vor-
aneilend, ein ziemlich ausgebreitetes, zu-
sammenhängendes Bahnnetz auf Staatskosten geschaffen, in Frankreich war der
Eisenbahnbau wenig fortgeschritten.

In Oesterreich begann man gleich nach
Eröffnung der ersten Locomotiv-Eisenbahn,
der Strecke Floridsdorf-Wagram der
»A. pr. Kaiser Ferdinands-Nordbahn«, am
23. November 1837, dem Baue von Eisen-

8

bahnen seitens des Staates volle Aufmerksamkeit zu widmen.

Mit Cabinetsschreiben vom 25. November 1837 wurde erklärt, dass sich die
Staatsverwaltung das Recht vorbehalte,
selbst Eisenbahnen zu bauen.*) Mit Hofkanzleidecret vom 18. Juni 1838 wurden
bereits »Allgemeine Bestimmungen über
das bei den Eisenbahnen zu beobachtende Concessions-System« erlassen.

In den nächsten Jahren machte der Bau
von Eisenbahnen langsame Fortschritte,
so dass Ende 1841 die Nordbahnstrecken
von Wien nach Olmütz und Brünn, dann
die Linien Wien-Neunkirchen, Floridsdorf-
Stockerau und Mailand-Monza, zusammen
kaum 350 km, in Betrieb standen. Im
übrigen Deutschland waren bis dahin nicht
ganz 1000 km Eisenbahnen eröffnet
worden. [Vgl. Karte Abb. 12.]

Trotz dieser Verhältnisse sehen wir
zur Zeit schon eine ansehnliche gegen-
ständliche Militär-Literatur heranwachsen.

Im Jahre 1836 erscheint in Friedrich
List's »Eisenbahn-Journal« ein Aufsatz
unter dem Titel »Deutschlands Eisenbahnsystem in militärischer Beziehung«, ferner
bei Mittler & Sohn in Berlin eine Schrift
»Ueber die militärische Benützung der
Eisenbahnen«, welcher 1841 nach Pole-
miken in der »Allgemeinen Militär-
Zeitung«, eine zweite Schrift desselben
Autors folgt, unter dem Titel »Darlegung der technischen und Verkehrs-
Verhältnisse der Eisenbahnen, nebst darauf
gegründeter Erörterung über die militärische Benützung derselben, und über
die zur Erleichterung dieser Benützung
zu treffenden Anordnungen«.

Im gleichen Jahre publicirt der
hannoveranische Ingenieur-Hauptmann
von Dammert einen Auszug aus seinem
Berichte über die von ihm besichtigten
englischen Bahnen, und der französische
General Graf Rumigny – General-Adjutant
des Königs Ludwig Philipp – eine Ab-

*) Vgl. Bd. I, H. Strach. »Die ersten
Privatbahnen«, S. 162. Ueberhaupt sei hier
bezüglich der eisenbahnhistorischen Daten,
die zur übersichtlichen Darstellung des jeweiligen Standes unserer Eisenbahnen in
verschiedenen Zeitperioden aus der allgemeinen Entwicklungs-Geschichte hier kurz
wiederholt werden, auf die betreffenden Capitel des I. Bandes ein für allemal hingewiesen.

handlung über den Einfluss des Dampfes
auf Land- und Seekrieg.

Im Jahre 1842 erscheint »Teutschlands
Vertheidigung und das sie befördernde System der Eisenbahnen« von »einem Officier
und Inhaber der österreichischen grossen
goldenen Verdienstmedaille«, ferner das
auf Grundlage ernster Studien und mit
scharfer Voraussicht verfasste Werk:
»Die Eisenbahnen als militärische
Operationslinien, nebst Entwurf zu
einem militärischen Eisenbahnsystem für
Deutschland«, des vielseitigen Militär-
Schriftstellers Pönitz, welcher schon
früher mit einzelnen Aufsätzen über Eisenbahnen in den Federkrieg getreten war.

Wie überall bei weltbewegenden
Fragen, solange noch keine Klärung der
Ansichten eingetreten, sehen wir auch
in diesem Falle die widerstreitendsten
Meinungen hervortreten. Während überspannte Köpfe im Geiste bereits »zahlreiche feindliche Heerscharen wie die
Windsbraut auf die Eisenbahn dahereilen
und plötzlich in die eigene, friedliche
Heimat einfallen sehen«, eine gänzliche
Umwälzung der Kriegskunst prophezeien,
oder gar das Kriegführen als durch die
Eisenbahnen unmöglich gemacht erklären,
dociren die militärischen Skeptiker, von
kurzsichtigen und willkürlichen Voraussetzungen ausgehend, »dass ein Truppen-
corps aus allen Waffen und von namhafter Stärke ein sehr entferntes Operations-
ziel zu Fuss ebenso schnell, ja selbst
noch schneller erreichen werde, als wenn
es sich der Eisenbahnen und Dampfwagen
bediene«, daher »dieses Bewegungsmittel
höchstens zur Fortschaffung von Kriegsmaterial, nicht aber zu militärischen
Operationen« tauge.

Andere behaupten schlankweg, dass
»diese Verbindungsart ihrer Natur nach
fast ausschliesslich der Vertheidigung zustatten kommt, dagegen den Angriff
äusserst erschwert, folglich die Invasionskriege fast unmöglich macht«.

Zu diesen gehörte auch der Militär-
Schriftsteller, welcher 1836 in List's Eisenbahn-Journal Nr. 30 sich wie folgt äusserte:

»Nun erst kann man sich die Stellung
einer mit solcher Maschinenkraft ausgerüsteten Nation denken. In der kürzesten Frist kann sie aus den entfernte-

sten Gegenden im Centrum Streitkräfte sammeln und dieselben nach den vom Feinde bedrohten Punkten werfen. Mit ebenso grosser Leichtigkeit wird sie Artillerie, Munition und Proviantvorräthe concentriren und den verschiedenen Armeecorps nachsenden. Die Heereszüge werden das Innere des Landes durch Einquartierungen, Vorspann u. s. w. nicht erschöpfen oder die Strassen ruiniren, bevor sie zur Grenze gelangen. Die Truppen selbst werden ihre besten Kräfte nicht auf Märschen erschöpfen, bevor sie ins Treffen kommen. Auf dem Wagen ausgeruht, werden sie im ersten Moment ihrer Ankunft am besten im Stande sein, sich mit dem Feinde zu messen. Und haben sie ihn auf einem Punkt lahm geschlagen, so können sie am zweiten oder dritten Tag nach der Schlacht auf einem anderen 50 bis 100 Meilen entfernten Punkt mit gleichem Erfolge verwendet werden, denn sie werden sich während des Transportes von ihren Strapazen erholt haben.«

»Im schönsten Lichte stellen sich uns aber diese Wirkungen dar, wenn wir bedenken, dass alle diese Vortheile fast ausschliesslich der Vertheidigung zustatten kommen, dass es zehnmal leichter ist defensiv, und zehnmal schwerer als bisher offensiv zu agiren.«

»Die erste und grösste Hauptwirkung der Eisenbahnsysteme in dieser Beziehung ist demnach die, dass die Invasionskriege aufhören; es kann nur noch von Grenzkriegen die Rede sein.«

»So wird das Eisenbahnsystem aus einer Kriegsmilderungs-, Abkürzungs- und Verminderungsmaschine am Ende gar eine Maschine, die den Krieg selbst zerstört und alsdann der Industrie der Continentalnationen dieselben Vortheile gewährt, welche England seit vielen Jahrhunderten aus seiner insularischen Lage erwachsen sind, und denen jenes Land zum grossen Theil den jetzigen hohen Stand seiner Industrie zu verdanken hat.«

In wohlthuendem Gegensatze zu vorstehenden Uebertreibungen steht eine Aeusserung des Feldmarschalls Grafen Radetzky aus dem Jahre 1850, welche wir aus einem Gutachten desselben betreffs der projectirten Eisenbahn Venedig-Mailand entnehmen.

»Vor allem anderen« — fährt der Feldmarschall aus — »muss ich bemerken, dass, wenn es sich um eine Unternehmung von solchem Einflusse auf die industriellen Interessen, nicht blos einer Provinz, sondern der Monarchie handelt, alle kleinlichen und einer ängstlichen Festhaltung von Begriffen über Landesvertheidigung entlehnten Rücksichten schwinden müssen, die einer solchen Unternehmung nur engherzige Fesseln anlegen würden« . . . .

»Ich habe nie eine Eisenbahn gesehen und kenne diese grossartigen Beförderungsmittel der heutigen Industrie nur der Theorie nach, ich glaube jedoch, dass eine Eisenbahn, in deren Besitz wir uns befinden, militärischen Zwecken nur förderlich sein kann, weil sie uns die Möglichkeit gewährt, grosse Transportmittel mit unglaublicher Schnelligkeit in Bewegung zu setzen.«

Der k. k. Hof-Kriegsrath sprach sich in einer an die vereinte Hofkanzlei gerichteten Note vom 17. Februar 1841 bei Begutachtung des in Aussicht genommenen Bahnnetz-Programmes folgendermassen aus:

»Der Hof-Kriegsrath hat die Ehre, die schon zum öfteren abgegebene Aeusserung zu wiederholen, dass Eisenbahnen, welche Ausdehnung sie auch immer erhalten mögen, auf Kriegsunternehmungen nie nachtheilig einwirken können, indem der einzige, bei dem gesetzten Falle erfolgenden Rückzuges der eigenen Armee, durch die Ueberlassung an den Feind entstehen könnende Nachtheil durch die Leichtigkeit der Entfernung von Transportmitteln und Schienen, sowie durch die Benützbarkeit des Bahnkörpers als Strasse beinahe gänzlich verschwindet. Dagegen ist es nicht in Abrede zu stellen, dass Eisenbahnen, solange sie im Bereiche der eigenen Armee liegen, zur Erleichterung und Beschleunigung des Transportes von Lebensmitteln, Kriegsmaterial und selbst Truppenkörpern mit Vortheil zu benützen sind, und dass transversale Eisenbahnen, im Fall sie zwei Operationslinien verbänden, und man die eine mit der anderen verwechseln wollte, sich von entschiedenem militärischen Nutzen bewähren müssten.«

Gleichfalls frei von sanguinischem Optimismus wie von unfruchtbarer Skep-

8*

sis, sehen wir Pönitz in seinem grund-
legenden Werke, von mehrjährigen, viel-
seitigen Beobachtungen ausgehend, eine
Reihe von scharfsinnigen Untersuchungen
über das Wesen des Militär-Eisenbahn-
Transportes durchführen, um, »künftige
Zeiten und Zustände ins Auge fassend«,
Grundsätze für den Einfluss der Eisen-

lagen: 1840 wurden 3000 Personen von 3,
ein Infanterie-Regiment — 1500 Mann
stark — von 2 Locomotiven auf der
Strecke Paris-Versailles mit je einem
Zuge befördert; 1841 brachte eine Locomotive das 12. Jäger-Bataillon —
800 Mann in 22 Wagen, dann
11 Wagen mit Reisenden, Pferden und

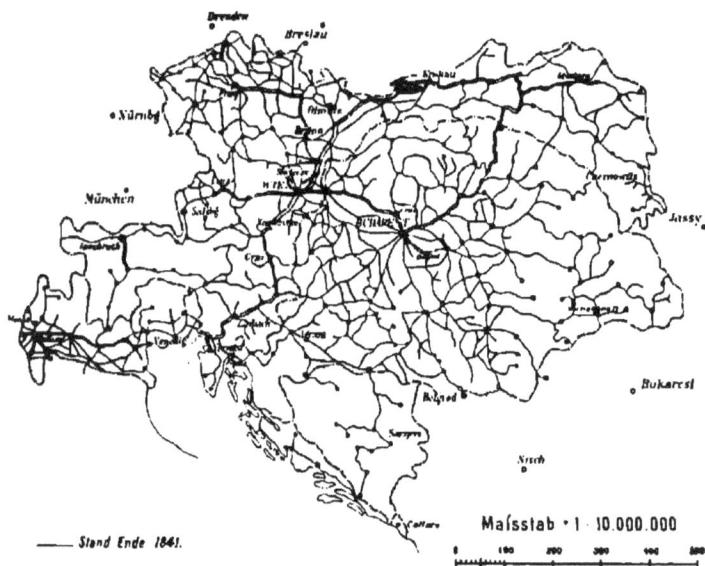

Maſsstab · 1 : 10.000.000

—— Stand Ende 1841.

Abb. 12.

bahnen auf die kriegerischen Operationen
aufzustellen, welche nach der Ansicht
des Verfassers »auch noch in fünfzig
Jahren ihre Geltung nicht einbüssen
dürften«. — Und damit dies umso sicherer
der Fall sei, zieht Pönitz sogar die
Möglichkeit der Einführung elektrischer
Locomotiven und die Folgen derselben
in den Kreis seiner Untersuchungen.

Gering waren die Erfahrungen, welche
bis dahin an grösseren, namentlich an
militärischen Transportbewegungen vor-

Gepäck — im Ganzen 66 Achsen —
von Hradisch nach Brünn. Daten über
Fortbewegung grösserer todter Lasten mittels Eisenbahnen lagen aus England vor.

Es waren dies Kraftäusserungen,
welche — so wenig sie uns auch
gegenwärtig zu imponiren geeignet sind
— damals immerhin Maximalleistungen
darstellten und einen Schluss darauf
zuliessen, was die Eisenbahnen bei Vorhandensein des erforderlichen Fahrparkes
und bei forcirtem Betriebe zu leisten

vermöchten. Auf diesen Erfahrungen basirt, und bei Einhaltung einer richtigen Mitte zwischen übermässiger und zu geringer Anforderung an die Bahnen, entwickelte Pönitz Grundsätze für die militärische Benützung des neuen Verkehrsmittels, von welchen einige thatsächlich auch noch in unseren Tagen massgebend sind.

Was die Leistungen der Eisenbahnen im Allgemeinen anbelangt, so gab sich mitunter wohl übertriebenen Illusionen hin. So gehörte Graf Rumigny zu denjenigen, welche 50.000 Mann auf einer Eisenbahn 200 Lieus [900 km] weit in 20 bis 30 Stunden fortschaffen zu können glaubten. In jenen nüchternen Kreisen hingegen, zu welchen Pönitz gehörte, dachte man an die Möglichkeit der Durchführung des strategischen Aufmarsches mittels derselben nicht; die Phantasie verstieg sich doch noch nicht so weit, ein derartiges Eisenbahnnetz zu denken, wie es zu diesem Zwecke gehört. Auch andere Bedenken lähmten den Flug der Phantasie: der Fussmarsch aus den Garnisonen nach dem Kriegsschauplatze wurde als ein unentbehrliches Abhärtungs- und Disciplinirungs-Mittel für unerlässlich erklärt; für grössere, namentlich rasche Transportbewegungen sollte eine Entfernung von etwa 400 km die Maximalgrenze bilden, denn »will man die Vortheile der Eisenbahnen als Operationslinien richtig würdigen, so muss man nicht Armeen von 100.000 Mann aus allen Waffen und mit allem Zubehör und Strecken von 100 Meilen fortschaffen wollen«; die Cavallerie würde — des grossen Wagenbedarfes sowie der gesundheitsschädlichen Folgen der Bahnfahrt auf das Pferdematerial wegen — »auf dieses Bewegungsmittel für immer verzichten müssen«, u. A. m. — Immerhin aber wurden den Eisenbahnen schon grosse Aufgaben zugedacht: nicht nur Zufuhr von Kriegsmaterial und Vorräthen aller Art, Abschub der Impedimenta sowie schnelle Beförderung von Nachrichten und Befehlen, sondern auch hauptsächlich Massentransporte von Heereskörpern zu allerlei Vertheidigungszwecken und selbst zu unerwarteten »Offensiv-

Operationen«. Eine gänzliche Umgestaltung der Kriegskunst wollte man daraus nicht ableiten, wohl aber erblickte man in den Eisenbahnen einen mächtigen Kraftfactor für die Vertheidigung, indem durch dieselben »das Mittel geboten wird, einzelne Linien und Punkte des Kriegsschauplatzes schnell zu verstärken, überhaupt die grossen Infanterie-Reserven mit ihrer Artillerie früher als der Feind es ahnen kann, dahin zu bringen, wo sie den Ausschlag geben sollen«. Und man stellte sich darunter schon grosse Massen vor, der Ausbau eines wohlerdachten Eisenbahnnetzes sollte es ermöglichen, »mit 160.000 Mann Infanterie und 350 Geschützen zu fahren, wohin es beliebt, und es würde nur weniger Tage bedürfen, um das Doppelte dieser Streitmacht an Ort und Stelle zu bringen«.

Dass den Militärbehörden im Kriegsfalle das uneingeschränkte Benützungsrecht aller Bahnen zufallen müsse — mögen Letztere auf Staats- oder auf Privatkosten gebaut worden sein — wird bereits als unerlässlich erkannt, speciell sollte das gesammte Fahrbetriebsmateriale vertragsmässig oder im Wege der Requisition zur Verfügung der Militär-Verwaltung gestellt werden. So sehen wir in den »Allgemeinen Bestimmungen über das bei Eisenbahnen zu beobachtende Concessions-System« den Satz enthalten, dass, »wenn die Militär-Verwaltung zur Beförderung von Truppen oder Militär-Effecten von den Eisenbahnen Gebrauch zu machen wünscht, die Unternehmer verpflichtet sind, dieselben hiezu alle zum Transporte dienlichen Mittel gegen Vergütung der sonst allgemein für Private bestehenden Tarifpreise sogleich zur Verfügung zu stellen«.

Für die Feldarmee bezeichnet es Pönitz als nothwendig, dass ein Stabsofficier des General-Quartiermeisterstabes dem Oberfeldherrn für die Leitung der Eisenbahntransporte beigegeben werde.

Was bezüglich der Anlage und Einrichtung der Bahnen als massgebend gelten sollte, lässt sich in wenigen Worten zusammenfassen: Gleichmässigkeit in Spur und Ausführung bei allen Bahnen, doppelgeleisige Herstellung bei den Hauptlinien, geräumige, mit zahlreichen Ge-

leisen, Drehscheiben und anderen Aus-
weichungsmitteln versehene Bahnhof-
anlagen, Vermeidung von Kopfstationen,
leistungsfähige Wasserförderungsanlagen
(der Handbetrieb wurde dem »kostspieligen und nicht empfehlenswerthen
Dampfpumpenbetriebe« vorgezogen), kräftige Maschinen und geräumige Wagen.

Die Einflussnahme der Militär-Verwaltung auf Eisenbahn-Projecte wurde
in Oesterreich von allem Anfange an
ausgeübt; schon Ende der Dreissiger-Jahre
erscheinen Generalstabs-Officiere als Mili-
tär-Vertreter bei den zur Würdigung von
solchen Projecten zusammengesetzten
Commissionen; speciell für Ungarn bestimmte die Allerhöchste Entschliessung
vom 5. März 1839, dass Bahnprojecte,
vor deren Behandlung dem General-
Commando zur Begutachtung zuzustellen
seien.

Für die Durchführung der Transportbewegungen finden wir in Pönitz'
Werke bereits concrete Grundsätze ausgesprochen: Im Allgemeinen wurde der
Vorzug dem Echellon-Verkehre gegeben,
nämlich der Beförderung mittels rasch
aufeinander folgenden Zügen, ohne Abwarten der rückkehrenden Trains, was
dem Zwecke des raschen Verschiebung
kleinerer Körper eben entspricht. Man
zog zwar auch den Turnus-Verkehr in
Betracht, nämlich jene auf regelmässigen
Verkehr in beiden Richtungen berechnete
Beförderungsweise, bei welcher auf die
rückkehrenden Leerzüge reflectirt wird,
aber man hielt die Ausführung desselben
noch für eine »sehr schwierige Aufgabe«
— begreiflicherweise, weil die Nothwendigkeit und Zweckmässigkeit regelmässiger und fester Fahrordnungen noch nicht
zum vollen Bewusstsein gelangt waren.

Die Dichte und Intensität des Bahn-
verkehres, die allein grosse Erfolge verbürgen, bildeten noch keinen Factor im
Massentransporte. Die Fahrgeschwindigkeit war wohl mit 3 Meilen [23 km] per
Stunde festgesetzt, aber schier idyllisch
stimmt es uns, wenn wir in den von Pönitz
ausgearbeiteten Beispielen lesen: »Hier«
[nach fünfstündiger Fahrt] »wird ein
dreistündiger Halt gemacht. Die Mannschaft verlässt ihre Wagen, lagert batail-
lons- und batterieweise an schicklichen

Plätzen, verzehrt die mitgebrachten Lebens-
mittel und füllt die Feldflaschen mit
frischem Trinkwasser. Da die Mannschaft
fast fünf Stunden still gesessen hat, wird
ihr die kleine Bewegung sehr wohl thun.
Die Pferde werden gefüttert und zur
Tränke geritten oder geführt . . .«. Dann
wird wieder aufgebrochen und bis 4, 5,
6 Uhr Nachmittags, ja bis 7 Uhr Abends
gefahren: »Das ist allerdings schon etwas
»spät«, denn es soll in der Station ge-
nächtigt werden, und dort »gibt es
noch Mancherlei zu thun«.

Auch verschiedene, scharfsinnige Combinationen werden da vorgeschlagen:
Vormittags marschiren die Truppen zu
Fuss, damit dem Momente der Abhärtung
Rechnung getragen werde, Nachmittags
wird die Bewegung per Bahn fortgesetzt;
bei Mangel an Locomotiven werden die
Bahnzüge durch Truppen- oder durch
requirirte Landespferde gezogen, oder
es wird ein gemischtes Tractions-System
(Locomotive und Pferde) eingeleitet.

Der Fassungsraum der Fahrbetriebsmittel ist ein sehr zutreffender,
u. zw. per Waggon 40 Mann oder 6 [ge-
sattelte oder beschirrte und gefesselte]
Pferde mit 3 Mann, oder ein Geschütz
mit der zugehörigen Bedienungsmann-
schaft, oder ein Fuhrwerk. Die Mannschaftswagen waren offen; für Pferdewagen bestand zwar keine zweckmässige
Type, doch wurde in Oesterreich die Mini-
malhöhe gedeckter Güterwagen seit Entstehen der Eisenbahnen mit 6'1" [1'93 m]
festgesetzt und dadurch die Frage über die
Pferdeverladung principiell entschieden,
während noch 1858 der Deutsche Eisen-
bahnverein bei der Wagendimensionirung,
für die Güterwagen keine bestimmte Höhe
vorschrieb, und somit vorstehendem Bedürfnisse nicht Rechnung trug. An
Locomotiven wurden zwei auf eine Meile
[7'5 km] Doppelgeleise gerechnet.

Für die Zugsordnung war massgebend, dass »eine in gutem Stande
befindliche Locomotive mit einem Zuge
von 10 bis 12 Wagen, welche mit
300 Personen und vielem Reisegepäck
belastet sind«, mehrere Tage hintereinander bei einer Fahrgeschwindigkeit von
30 km die Stunde, einschliesslich Betriebs-
und Wasseraufenthalte, eine tägliche

Leistung von 230 km [7—8 Fahrstunden] bewältigen könne. Da nun weiters die Ansicht herrschte, dass »durch Kuppelung zweier Locomotiven eine besondere Krafterhöhung entstehe«, und da man Zugsintervalle ersparen wollte, so befürwortete man sogenannte »Doppelzüge«, nämlich Züge mit 2 Maschinen, und zwar zu 24 Wagen, welche so befähigt seien, ein Infanterie-Bataillon [800 Mann sowie die nöthigsten Wagen und Pferde] mit der vorbezeichneten Leistung mehrere Tage hintereinander zu befördern. Die Doppelzüge sollten einander mit 1200 m Abstand folgen und zu 6 in taktische Echellons für etwa brigadestarke Körper zusammengefasst werden. Diese Grösse der Echellons war nach den Speisewasser-Verhältnissen bemessen. An Reserve-Locomotiven rechnete man circa 30%, an Reparaturstand 20% für Locomotiven, und 25% für Wagen.

Es benöthigten: eine Infanterie-Brigade mit 4800 Mann, 66 Pferden und 12 Fuhrwerken [der Train sollte möglichst restringirt werden] 6 Doppelzüge; eine 6pfündige Fussbatterie zu 150 Mann, 96 Pferden, 8 Geschützen und 12 Fahrzeugen 1½, andere Batterien 2 bis 2½ Doppelzüge; ein Corps von 20.000 Mann und 48 Geschützen 34 Doppelzüge mit 100 Locomotiven [darunter 32 Reserve], 84 Personenwagen, 168 Lastwagen [für Fuhrwerke], 100 Pferdewagen. Soviel Betriebsmaterial besassen 1842 Oesterreich sowie das ausserösterreichische Deutschland noch nicht.

Bezüglich der Cavallerie rechnete man folgendermassen:

Ein Cavallerie-Regiment von 750 Reitern mit 830 Pferden benöthigt 150 Wagen oder 6 fünfzigachsige Doppelzüge, d. i. soviel wie eine Infanterie-Brigade von fast 5000 Mann oder 32 Geschütze. Da nun »selbst die genialste Verwendung von 750 Reitern in keinem Falle mit der Wirksamkeit von 5000 Mann Infanterie oder 32 Geschützen in Vergleich kommen kann«, so ist der Bahntransport dieser Waffe in der Regel nicht begründet. Dazu kommen noch die vorerwähnten Bedenken wegen der schädlichen Einwirkung der Bahnfahrt auf die Gesundheit der Pferde. In besonderen Fällen sollte der Eisenbahntransport bei der Cavallerie immerhin platzgreifen, man erfand sogar eine combinirte Beförderungsweise, bei welcher die Mannschaft per Eisenbahn, die Pferde aber mit Fussmärschen, instradirt werden sollten.

Die Einwaggonirung sollte nicht in den Hauptbahnhöfen allein, sondern des Raumbedarfes zur Aufstellung der Leergarnituren wegen — selbst bei nicht sehr grossen Echellons — auch in den kleineren Nachbarstationen stattfinden. »Die Truppen marschiren dicht an der Eisenbahnstrecke auf, die Generalstabs-Officiere und Adjutanten, welche ein genaues Verzeichnis von der Zahl der Plätze jedes einzelnen Wagens besitzen, theilen hiernach die Mannschaft ab, und ernennen die Commandanten für jeden Wagen. Eine halbe Stunde vor der Abfahrtszeit marschiren die Bataillone an ihre Wagenzüge und es formiren sich nun die Abtheilungen ihren Wagen gegenüber, wo sie Gewehr beim Fuss nehmen und das Signal zum Aufsitzen erwarten. — Da die Aufnahme der den Truppen zugehörigen Pferde und Wagen die meiste Zeit in Anspruch nimmt, auch mancherlei besondere Vorkehrungen nöthig macht. [Rampen werden nicht speciell erwähnt]. »so muss sie sobald als möglich bewirkt werden.«

Um Militärbehörden und Truppen in der Eisenbahninstradirung einzuüben, wird empfohlen, die Zusammenziehungen zu den grösseren Manövern mittels Eisenbahn zu bewirken.

Dass bei der gewissenhaften Untersuchung aller massgebenden Factoren auf das Personal nicht vergessen wurde, ist begreiflich. Da die vorhandenen Maschinenführer — einer auf 3 Maschinen — für aussergewöhnliche Verhältnisse nicht genügen können, wird eine Aushilfe durch im Frieden auszubildende Mannschaft der Artillerie- und Genie-Waffe vorgeschlagen.

Hinsichtlich der Ausgestaltung des Bahnnetzes war in Oesterreich erst in letzter Zeit ein planmässiges Vorgehen in's Auge gefasst worden. Während die österreichischen Eisenbahn-Concessions-Bestimmungen vom Jahre 1838 feststellten, dass »die Wahl der Rich-

tung und Reihenfolge der zu erbauenden Eisenbahnen den Privaten überlassen
wird«, allerdings »mit der Beschränkung,
welche wichtigere öffentliche Interessen
erheischen«, erscheint im December 1841
über Anregung des Freiherrn von Kübeck
— Präsidenten der k. k. Allerhöchsten
Hofkammer — ein Hofkanzleidecret, mit
welchem die Eintheilung der Bahnen in
Staats- und Privatbahnen erfolgt, und
als zur ersteren Kategorie gehörig, die
zu erbauenden Linien »von Wien über
Prag nach Dresden, von Wien nach
Triest, von Venedig über Mailand nach
dem Comersee, dann jene in der Richtung
über Bayern«, erklärt werden.

In dem Gutachten über dieses Programm sprach sich der Hofkriegsrath
dahin aus, dass militärischerseits dagegen
nichts einzuwenden sei, sondern dasselbe
»viel eher als militärisch nützlich anerkannt werden müsse«.

Viel weitergehend war naturgemäss
das Programm über ein strategisches
Bahnnetz, welches Pönitz als Grundlage
seiner Untersuchungen und concreten
Vorschläge aufstellte. Dasselbe war einerseits gegen Frankreich und andererseits
gegen Russland gerichtet, und bestand
in seinem österreichischen Theile aus
folgenden Linien:

1. »Als vordere Hauptoperationsbasis« und zugleich auch als
künstliche »Hauptvertheidigungslinie« gegen Russland die Bahn Lemberg-Krakau-Oderberg, zum Anschlusse
an die Oderbahn;

2. »als hintere Hauptoperationsbasis« die Bahn Komorn [oder
Raab]-Wien-Stockerau- im Donauthale
bis Grafenwörth-Gmünd-Budweis-Prag-
Dresden [Berlin-Stettin];
dazwischen die Verbindungen:

3. Komorn [oder Pressburg] bis Trentschin als Dampfbahn, dann als Pferdebahn mit der Einrichtung für leere
Dampfwagenzüge nach Freistadt zur
Krakauer Bahn;

4. Wien-Olmütz-Oderberg, wovon die
Strecke bis Olmütz schon bestand;

5. Olmütz-Pardubitz-Kolin-Prag;

6. Pardubitz-Josefstadt-Breslau [in der
Strecke Josefstadt-Schweidnitz als Pferdebahn].

Ferner die Bahnen:

7. Wien-Linz;

8. Wien-Triest mit Abzweigung von
Strass nach Essegg;

9. Wien-Raab-Ofen.

Die Kosten dieses Bahnnetzes wurden
in Thalern zwischen 70.000 für schweren
und theueren und 25.000 für leichten
und wohlfeilen Boden, im Durchschnitte
mit 40.000 Thaler per Kilometer veranschlagt.

Truppen sollten in wenig bevölkerten
Theilen zum Bahnbaue verwendet, Militär-Colonien mit Standlagern an den
Eisenbahnen, zum Schutze der Grenzen
errichtet werden.

Auch das Zerstören von Eisenbahnen wurde in Betracht gezogen und
in einer objectiven, ebenso von leichtsinnigem Optimismus wie von kleinmüthigem Pessimismus freien Auffassung
gewürdigt. Die Zerstörung kann erfolgen
durch Entfernung oder Sprengung des
Geleises, durch Untergraben des Unterbaues, durch Sprengung von Brücken,
endlich durch Vernichtung von Stationseinrichtungen. Alle diese Zerstörungen
erfordern eine gewisse Zeit, und können
durch die Anlage der Bahn selbst sowie
durch entsprechende Bewachung vielfach
verhindert, mindestens aber rasch entdeckt und — wenn Vorsorgen hiefür
getroffen sind — aufgehoben werden,
denn »selbst der Bau einer hölzernen
Nothbrücke erfordert nur einen halben
Tag, wovon man Beispiele auf englischen
und amerikanischen Eisenbahnen hat«.

Die schärfste Bewachung — welche
nicht nur durch Bahnwächter — sondern
durch Truppenabtheilungen erfolgen sollte,
verlangte Pönitz für Bahnen, welche längs
der Grenze hinziehen, und er schlug hiezu
ein dichtes System von Doppelvedetten
und Feldwachen vor, welches mit circa
100 Mann per Kilometer berechnet
wurde. Für Bahnstrecken im Rücken der
Armee forderte er auch einen gewissen
Schutz, »weil die Zerstörung derselben
künftig eine Hauptaufgabe für Parteigänger werden wird«; dieser Schutz
sollte am zweckmässigsten durch kleine
fahrende Colonnen erfolgen. Zum Schutze
gegen nachhaltigere Zerstörungen — so
von Bahnhofeinrichtungen, Werkstätten,

Wasseranlagen etc. — an Eisenbahn-
knotenpunkten, dann von wichtigen Eisenbahnbrücken, sollte die Fortification die
Mittel an die Hand geben. Der Be-
schiessung fahrender Züge durch Artillerie
legte Pönitz der geringen Präcision wegen,
nicht allzu grosse Bedeutung bei; er
beantragte aber, die exponirten Bahn-

decretes vom 23. December 1841 zum
Theile auf den Ausbau der schon concessionirten Privatbahnen, hauptsächlich
aber auf die Anlage der als Staatsbahnen
in Aussicht genommenen Linien verwiesen. Auch war bereits mit der Einlösung von Privatbahnen sowie mit der
Uebernahme des Betriebes durch den Staat

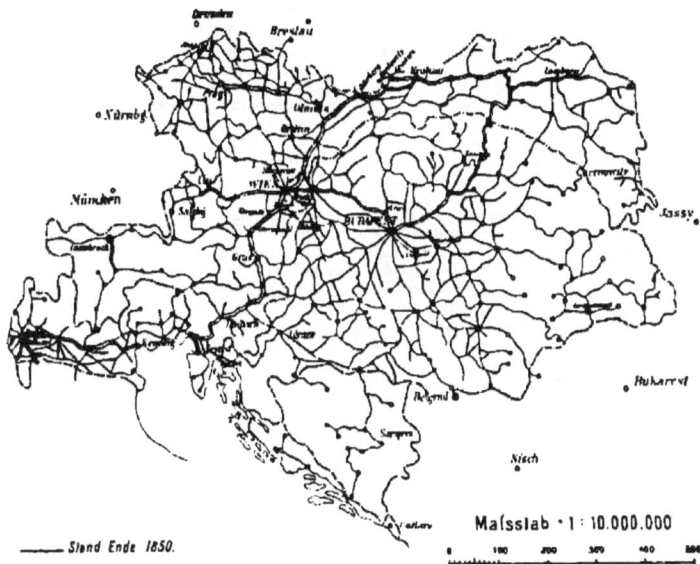

Maſsstab · 1 : 10.000.000

——— Stand Ende 1850.

Abb. 14.

strecken durch Anpflanzungen zu mas-
kiren. Im Allgemeinen sollte der Schutz
der Eisenbahnen die Aufgabe nicht der
Feldarmee, sondern der »Milizen oder
Landwehren« bilden.

1841—1850.

Im Decennium 1841 bis 1850 war
die Bauthätigkeit auf dem Eisenbahngebiete auf Grundlage des Hofkanzlei-

begonnen worden. Im Ganzen war der
Fortschritt in der Ausgestaltung der
Eisenbahnen nicht auf der Höhe der bedeutenden Anstrengungen der Staatsverwaltung; die in der Terraingestaltung
sowie in den eigenthümlichen, politisch
administrativen Verhältnissen liegenden
Schwierigkeiten, später die Revolutions-
Ereignisse, hatten besonders seit 1846
ein Zurückbleiben in der Verkehrsentwicklung verursacht. Ende 1850 umfasste
das österreichische Bahnnetz (excl. Pferde-

Eisenbahnen] nach einem durchschnitt-lichen, jährlichen Zuwachs von circa 130 km im Ganzen 1500 km. [Vgl. Karte Abb. 13.]

Die militärische Benützung der Eisenbahnen war vorerst auf einzelne Fälle beschränkt geblieben. Im März 1846 fuhr ein Bataillon (900 Mann) mit einem 28 Wagen zählenden Zuge in 14½ Stunden von Prag nach Wien, und Tags darauf ein Regiment [1500 Mann] sammt Gepäck und Pferden mittels zweier Züge auf der seit wenigen Monaten eröffneten »nördlichen Staatsbahn« nach Olmütz. Die Nordbahn beförderte mit 2 Zügen zu 64 und zu 15 Wagen 2000 Mann von Ostrau nach Wien. So gering auch diese Leistungen erscheinen, so ermunterten selbe doch zur Verallgemeinung des Eisenbahntransportes für Truppen.

Mit Hofkammerdecret vom 19. Mai 1846 wird im Einvernehmen mit dem k. k. Hofkriegsrathe bestimmt, dass der Transport von Militär-Assistenz-Commanden künftig auf den Eisenbahnen zu bewirken sei, und dass den Staatseisenbahnen hiefür das mit der Kaiser Ferdinands-Nordbahn schon 1842 vereinbarte Meilengeld von 3 Kreuzer C.-M. per Officier oder Mann und 1¼ Kreuzer C.-M. per Centner Gepäck zu vergüten sei.

Die ereignissreichen Jahre 1848 und 1849 zeigen keine Beispiele militärischer Benützung der Eisenbahnen; alle Verschiebungen finden mittels Fussmärschen statt.

Dagegen bot die Belagerung von Venedig im Jahre 1848 Gelegenheit, Erfahrungen bei Zerstörung grösserer Bauobjecte der Eisenbahnen zu sammeln, da es sich darum handelte, die grosse Eisenbahnbrücke über die Lagunen betriebsuntauglich zu machen. [Vgl. Abb. 14.]

Im März 1850 wurde mit d. h. Entschliessung eine Stelle creirt, welcher es im Zusammenhange mit dem Studium der Reichsbefestigungsfrage obliegen sollte, alle Eisenbahnprojecte vom militärischen Standpunkte zu prüfen und zu beurtheilen; es war dies die permanente Central-Befestigungs-Commission.

Noch im Herbste desselben Jahres sehen wir aus Anlass der drohenden Lage im Verhältnisse der

Monarchie zu Preussen die Eisenbahnen zum ersten Male eine bedeutende strategische Rolle spielen. Binnen 26 Tagen wurden im Monate November 75.000 Mann, 8000 Pferde, 1800 Fuhrwerke und Geschütze und 4000 Tonnen Militärgut aus Wien und Ungarn auf der Nordbahn, und der nördlichen Staatsbahn über Brünn und Olmütz gegen die nördliche Grenze der Monarchie befördert. Durchschnittlich fuhren täglich von Wien auf der damals eingeleisigen, wenig leistungsfähigen Strecke 6 bis 7 Züge mit zusammen 3000 Mann, 300 Pferden, 70 Fuhrwerken und Geschützen und 150 Tonnen Militärgut ab.

Die grösste Leistung war jene am 29. November: 8000 Mann, 550 Pferde und 180 Fuhrwerke in 8, durchschnittlich hundertzwanzig-achsigen Zügen.

Zur Anwendung gelangte der Turnusverkehr, welcher später von Frankreich [1854] und Preussen [1859] adoptirt wurde.

So sehr auch diese Leistung an und für sich geeignet war, in und ausserhalb Oesterreichs zu imponiren, so traten doch dabei die Mängel der unausgebildeten Massentransport-Technik zu Tage. Das Resultat war schliesslich ein bedenkliches; denn trotz der hingebenden Aufopferung des Personals, trotz des verhältnismässig bedeutenden Fahrparks der betheiligten Bahnen, wurde eine Beschleunigung des Aufmarsches gegenüber einer Fussmarschbewegung kaum erzielt. Zahlreiche Stockungen, Verstopfung der Stationen, Aufenthalte und Unregelmässigkeiten aller Art waren hemmend eingetreten, und der Grund von alledem war die mangelnde Vorbereitung, das Fehlen fester Fahrpläne, das Inadriren von Fall zu Fall. Immerhin konnte diese Erfahrung nicht ermangeln, den militärischen Nutzen eines rationellen Eisenbahnnetzes — namentlich für Transporte auf weite Entfernungen — aufs Neue zu bekräftigen, und so trat denn schon im Mai des nächsten Jahres die »Permanente Central-Befestigungs-Commission« mit einem Entwurfe für die systematische Ausgestaltung der Schienenwege der Monarchie hervor, welcher — im Einvernehmen mit dem Kriegsministerium verfasst — die Grundlage für

den **1854** von der Regierung veröffentlichten, Allerhöchst genehmigten **Plan des
Eisenbahnnetzes für den österreichischen Kaiserstaat** bildete.

Der strategische Bahnnetzentwurf umfasste nachstehend verzeichnete Linien,
welche je nach ihrer Wichtigkeit vom militärischen Standpunkte, sei es auf Staatskosten oder durch Privatunternehmungen,
zu erbauen waren, und zwar: 1. Wien-Linz-
Salzburg; 2. Prag über Pilsen nach Bayern;

Klausenburg; 19. Pilsen-Eger und 20.
Kaschau-Przemysl.

Wenn man diese Projectslinien im
Zusammenhange mit den zur Zeit im
Betrieb gestandenen, im Bau befindlichen
und zur Concessionirung gelangten Linien
betrachtet, so zeigt sich das Bestreben
der Heeresverwaltung, aus dem Herzen
des Reiches je zwei bis drei Schienenwege
gegen die voraussichtlichen Kriegsschau-
plätze zu schaffen. Leider blieb die that-

Abb. 14. Sprengung der Eisenbahnbrücke über die Lagunen bei Venedig im Jahre 1848. (Nach einer
Zeichnung von Sandmann. Lithogr. im Verlag von I. T. Neumann in Wien.

3. Dębica-Lemberg-Czernowitz; 4. Lai-
bach-Nabresina-Triest; 5. Temesvár-Arad-
Hermannstadt, mit einer Verbindungslinie
von Karlsburg nach Klausenburg; 6. Neu-
häusel-Komorn; 7. Mantua-Borgoforte;
8. Szegedin-Baja-Mohács-Fünfkirchen-
Gr. Kanizsa-Agram; 9. Pest-Miskolcz-
Kaschau-Leutschau-Tarnów; 10. Sissek-
Agram mit einer Flügellinie nach Karlstadt; 11. Bozen-Innsbruck; 12. Budweis-
Pilsen; 13. Pardubitz-Reichenberg; 14. Hermannstadt - Kronstadt; 15. Temesvár-
Weisskirchen; 16. Mohács-Essegg; 17. Sze-
gedin-Peterwardein; 18. Grosswardein-

sächliche Entwicklung der Eisenbahnen
hinter den militärischen Forderungen
zurück, was sich in späteren Tagen schwer
rächen sollte.

1851—1861.

In den vier Jahren 1851 bis 1854 fanden
nennenswerthe Erweiterungen des Bahnnetzes nur in Ungarn und in Italien, zusammen um 317 *km* statt. Im übrigen
Theile der Monarchie wurden in dieser
Zeit blos 76 *km* (darunter allerdings die

Semmeringbahn], d. i. durchschnittlich 19 *km* per Jahr eröffnet.

Die Ende **1851** ausgegebene und noch gegenwärtig giltige Eisenbahn-Betriebs-Ordnung brachte unter Anderem auch die Bestimmung [§ 69], dass für den Transport von Truppen oder Militär-Effecten, der Militär-Verwaltung über Verlangen »alle dienlichen Betriebsmittel gegen eine angemessene, im wechselseitigen Einvernehmen festzusetzende Vergütung [welche jedoch die gewöhnlichen Tarifpreise niemals übersteigen darf], sogleich und mit Bevorzugung vor jedem anderweitigen Transporte zur Verfügung zu stellen seien«. Weiters [§ 70], »dass in Belagerungs- und Kriegszeiten der hiezu berufenen Militärbehörde das Recht zusteht, soweit es strategische oder sonst militärische Rücksichten gebieten, gegen angemessene Entschädigung den Bahnbetrieb ganz oder zum Theile zu militärischen Zwecken zu benützen oder auch einzustellen«.

Auf die Erfahrung von 1850 basirt, hatte die Technik des **Massentransportes für militärische Zwecke** indessen Fortschritte gemacht.

Mit einer Circular-Verordnung vom 26. Juni 1851 [K. 4368] wurde angeordnet, dass Mannschaftstransporte, wo Eisenbahnen oder Dampfschiffe bestehen, auf diesen dann zu befördern seien, wenn der entsprechende Fussmarsch über drei Tage beanspruchen würde. Zur ähnlichen Beförderung von Pferden und Fuhrwerken sei hingegen jederzeit eine specielle Allerhöchste oder Kriegs-Ministerial-Bewilligung unbedingt nothwendig.

Die Verschiebung der Truppen ins Olmützer Lager 1853 sehen wir mittels Eisenbahn in einer bisher nicht gekannten Ordnung durchführen. Siebzehn, auf Maschinen-Wechselstrecken vertheilte Locomotiven beförderten anstandslos täglich 2000 Mann, 430 Pferde und 30 Fuhrwerke — ca. drei hundertachsige Züge; eine kleine, aber immerhin einen Fortschritt bedeutende Leistung.

Umsomehr erscheint es daher befremdend, in der 1853 zur Ausgabe gelangten »Provisorischen Vorschrift für den Dienst des General-Quartiermeisterstabes im Felde« die Eisenbahnen mit keinem Worte erwähnt zu sehen.

Als im Jahre **1854** der **Orientkrieg** Oesterreich zum Beziehen einer Armee-Aufstellung in Galizien und Siebenbürgen und zur Besetzung der Donaufürstenthümer veranlasste, da machten sich die Mängel des Bahnnetzes [vgl. Karte Abb. 15] schwer fühlbar. Die nur bis Krakau reichende Linie nach Galizien war von Oderberg bis Trzebinja unterbrochen und fand ihre Verbindung nur über das Ausland; gegen Osten waren Szolnok und Szegedin die Endpunkte; so musste man sich entschliessen, die Massenverschiebungen mittels Fussmärsche durchzuführen. Eben so sehr litt unter dem Mangel an Eisenbahnen die Verpflegung und das Sanitätswesen, was — nebst den wüthenden Epidemien — mit eine Ursache der riesigen Verluste an Mann und Pferd ward.

Diese Erfahrungen trugen zum Theile bei, jene Massnahmen zu beschleunigen, welche das Wiederaufleben der Eisenbahn-Bauthätigkeit herbeizuführen bestimmt waren. Im September 1854 erschien das noch heute giltige Eisenbahn-Concessions-Gesetz, welches von der Hoffnung auf eine lebhafte Heranziehung des Privatcapitals und der Privatthätigkeit inspirirt worden war. Indem dieses Gesetz namhafte Erleichterungen für das Zustandekommen von Bahnverbindungen gewährte, schuf es auch andererseits die Möglichkeit, im Staatsinteresse besondere Forderungen an die Bahnen zu stellen, indem es die Bestimmung enthielt [§ 10], »in ganz besonderen Fällen, z. B. wenn von der Staatsverwaltung eine Zinsengarantie für das Unternehmen übernommen wird etc., die Erfüllung noch anderweitiger Verbindlichkeiten zur Bedingung zu machen«.

Der militärischen Einflussnahme auf die Verwirklichung von Bahnprojecten erscheint in diesem Gesetze dadurch Rechnung getragen, dass vor der Bewilligung zur Vornahme der Vorarbeiten das Einvernehmen mit dem Armee-Obercommando zu pflegen ist [§ 2], ferner in die zur Prüfung der Projecte an Ort und Stelle zu entsendende Commission auch Vertreter der Militärbehörden zu bestimmen sind [§ 6].

Endlich verhält das Gesetz die Unternehmer, für die Beförderung von Truppen und Militäreffecten »alle zum Transporte dienlichen Mittel« nach den für diese Beförderung bei den Staatseisenbahnen festgesetzten Tarifen beizustellen.

Im darauffolgenden Monate erging im Zusammenhange mit dem Concessions- ziele Lage bedingt war. Als letztes Glied in dieser Kette wurde der vorhin [Seite 123] erwähnte »Plan eines Eisenbahnnetzes für den österreichischen Kaiserstaat« veröffentlicht. In demselben waren bezeichnet: als vorwiegend strategische Linien in westlicher Richtung: Wien - Linz - Salzburg - bayerische Grenze, Linz - Passau und Prag - Pilsen - bayerische

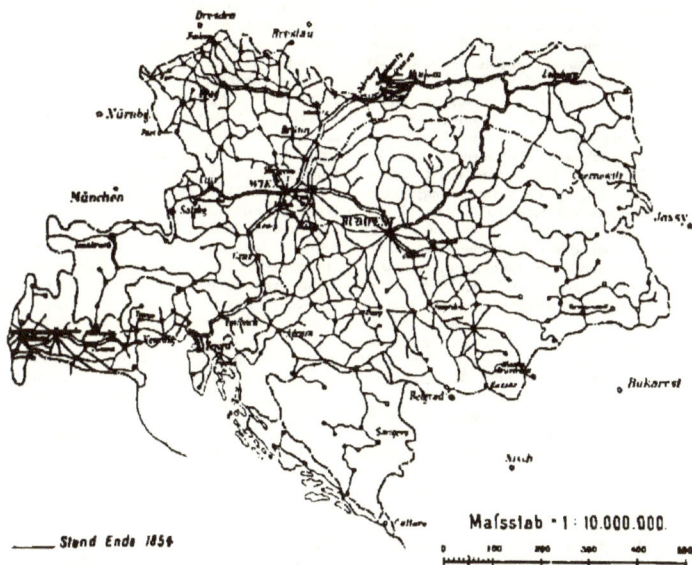

Maſsstab 1 : 10.000.000.

___ Stand Ende 1854

Abb. 15.

Gesetze die a. h. Entschliessung, womit genehmigt wurde, »dass die auf Staatskosten erbauten oder eingelösten und bisher in eigener Regie betriebenen Eisenbahnen gegen eine entsprechende Ablösungssumme an Privatunternehmer auf eine gewisse Reihe von Jahren zum Betriebe überlassen werden«, was allerdings nicht im militärischen Interesse lag, jedoch durch die ungünstigen Ergebnisse des Staatsbetriebes und durch die finan-

Grenze; in östlicher Richtung: Debica-Przemyśl-Czernowitz und Lemberg-Brody; in südöstlicher Richtung: Agram-Karlstadt, Agram-Sissek, Bergamo-Monza, Mailand-Piacenza, Mailand-Pavia, Mantua-Borgoforte und vom Tagliamento nach Nabresina; als strategisch-commerziell wichtig: Innsbruck-Bozen, Marburg-Klagenfurt-Villach-Udine; als politisch wichtig für die östlichen Länder: Oedenburg-Kanizsa-Fünfkirchen, Agram-

Kanizsa-Ofen, Pest-Tarnów, Mohács-Baja-Szegedin und Temesvár-Hermannstadt.

Dieser hochbedeutenden Staatsaction folgte eine Periode lebhaften Aufschwunges, ja krankhafter Ueberspeculation, so dass das österreichische Bahnnetz in den sechs Jahren von 1856 bis 1861 um durchschnittlich 500 km jährlich anwuchs, leider nicht in jenen Richtungen, welche die militärisch dringendsten waren. Für den Bau der eminent wichtigen Verbindung Casarsa-Nabresina zwischen der lombardo-venetianischen und der südlichen Staatseisenbahn wurde, laut eines im März 1856 abgeschlossenen Uebereinkommens des Staates mit einem Consortium von Capitalisten, erst das Ende des Jahres 1859 als Eröffnungstermin festgestellt. Gleichzeitig mit dem lebhaften Fortschritte in der Entwicklung des Bahnnetzes spielt sich — 1855 bis 1858 — die Veräusserung nahezu des gesammten Staatsbahnnetzes ab.

Mit dem eingetretenen Aufschwunge hatte auch das militärische Interesse an dem Eisenbahnwesen zugenommen, und so sehen wir gegen Ende des Decenniums jene gründliche Erkenntnis dieses Wesens heranreifen, aus welcher in stetiger Fortentwicklung die rationellen Grundsätze der modernen militärischen Benützung dieses mächtigsten aller Verkehrsmittel entspringen sollten.

Im Jahre 1857 wurde die permanente Central-Befestigungs-Commission wieder aufgelöst, und die Agenden derselben — worunter sich bekanntlich auch die Prüfung und Beurtheilung von Bahnprojecten befand — dem Armee-Ober-Commando übertragen.

Im gleichen Jahre wurde den Bahnen die Verpflichtung auferlegt, strategisch wichtige Brücken mit permanenten Demolirungsminen nach Angabe des Kriegs-Ministeriums zu versehen. Die Auferlegung dieser Verpflichtung schon bei der Concessions-Ertheilung wurde festgesetzt, und eine Instruction für die Anlage dieser Minen ausgegeben. [Armee-Ober-Commando-Erlass vom 23. April, Abtheilung 11, Nr. 181.] Als Erläuterung zur letztgenannten Instruction erscheint 1858 in den Mittheilungen des k. k. Genie-Comités, 3. Band, ein Aufsatz über Anlage von Demolirungsminen in Brücken und Viaducten sowie über die Sprengung dieser Objecte. Im gleichen Jahre wurde eine Vorschrift über die Anlage von Demolirungsminen bei Neubauten von Brücken mit Eisenconstructionen ausgegeben. [Erlass des Armee-Ober-Commandos vom 20. März 1858, Abtheilung 5, Nr. 209.]

Der Standpunkt, welchen die Technik der militärischen Eisenbahnbenützung bis Ende 1858 erreicht hatte, lässt sich in den Hauptpunkten wie folgt charakterisiren:

Was zunächst die den Eisenbahnen zukommenden Leistungen und Aufgaben anbelangt, so hatte sich nach den gemachten Erfahrungen sowie nach der Entwicklung, welche das Bahnnetz genommen hatte und weiters zu nehmen sich anschickte, schon die Erkenntnis Bahn gebrochen, dass die Eisenbahnen zu Grossem berufen seien: zur Durchführung des strategischen Aufmarsches. Hiebei wurde aber auch die Rolle nicht ausser Acht gelassen, welche die Eisenbahnen bei kleineren Operationen, gleichsam auf taktischem Gebiete zu spielen berufen sein können. — Mit der Ansicht, dass es nicht vortheilhaft sei, Cavallerie mit Eisenbahn zu verschieben, war zu dieser Zeit bereits gebrochen worden.

Ueber die Leistungsfähigkeit der Bahnlinien hatten schon deutliche Begriffe Wurzel gefasst; man schätzte bereits klar nach ihrem Werthe die hiefür massgebenden Elemente, nämlich: die Anzahl der Geleise in der laufenden Strecke;

den nahezu alle Vortheile der Doppelspur aufhebenden Einfluss von einzelnen eingeleisigen Strecken innerhalb von sonst doppelgeleisigen Linien;

die Berechnung der Leistungsfähigkeit eingeleisiger Linien nach der der Zeit nach längsten Stationsentfernung, so dass diese Entfernung im Zeitmasse ausgedrückt, mit Rücksicht auf die zwei Gegenzüge doppelt genommen, zur Zugabe eines kurzen Sicherheitsintervalles in der Dauer eines Tages dividirt, die Anzahl der binnen 24 Stunden im Maximum nach einer Richtung möglichen Züge angibt;

die Berechnung der Leistungsfähigkeit doppelspuriger Linien nach den Einrichtungen auf der Strecke, namentlich jener zur Speisung der Locomotiven, somit nach der Ergiebigkeit der Brunnen und Leistungsfähigkeit der Pumpen;

die Bedeutung der Ausgestaltung der Stationen mit Geleiseanlagen für die Ein- und Auswaggonirung und für den Verkehr etc.

Die Unerlässlichkeit einer Einflussnahme der Militär-Verwaltung auf die Eisenbahnen im Frieden, um selbe rechtzeitig kennen zu lernen und nothwendige militärische Forderungen geltend zu machen, war ausgesprochen.

Bezüglich der Verkehrsarten finden wir die klare Unterscheidung der dem Echellon- und dem Turnusverkehr zukommenden Aufgaben herangereift. Ersterer erschöpft bald die materiellen und personellen Kräfte der Bahn, ist daher nur für kurze Beanspruchung und kleinere Transportmengen geeignet; letzterer ist die ausgiebigste Beförderungsart für grössere und länger andauernde Transportbewegungen. Demgemäss, und weil die Regelmässigkeit die Seele des Eisenbahnbetriebes ist, so seien für den Turnusverkehr die Fahrordnungen bei Annahme der Aufhebung des Frachtenverkehrs schon im Frieden zu entwerfen und evident zu halten, im Kriege aber über Aviso in Kraft zu setzen.

Dass bei grösseren Transportbewegungen der Civilverkehr ganz oder theilweise einzustellen, dass der Massenverkehr und die Einwaggonirung bei Tag und Nacht — ersterer ohne Wagenwechsel bis zur Endstation — fortzusetzen seien, wird schon bestimmt ausgesprochen.

Die Fahrgeschwindigkeit der Militärzüge finden wir zu dieser Zeit, trotz eines sechszehnjährigen Fortschrittes der Eisenbahntechnik, gleich wie bei Prönitz veranschlagt, 3 Meilen per Stunde. Dasselbe gilt betreff des Fassungsraumes der Wagen für Mannschaft, Pferde und Fuhrwerke; nur wird für die Unterbringung des Gepäckes in den Mannschaftswagen $\frac{1}{10}$ der Sitzplätze in Abzug gebracht.

Bei Berechnung des Wagenbedarfes werden schon die Schwierig-keiten, welche in der Ungleichheit der Wagen und in der Herbeischaffung des Leermateriales liegen, gebührend gewürdigt; ebenso der Einfluss des Reparaturstandes.

Hinsichtlich der Zugsordnung wird die Anwendung von Zwillingszügen zwar in Betracht gezogen, aber der Nachtheil derselben für die Anlage der Bahn sowie für die Einfachheit und Sicherheit des Verkehres erkannt.

Als eigentliche Militärzugsmaschine wird die Lastzugslocomotive bezeichnet; als zweckmässigste Verwendung der Locomotiven nach den — auch 1853 — gemachten Erfahrungen, die Stationirung derselben an den Enden von Maschinenwechselstrecken erkannt.

Hinsichtlich der Einwaggonirung werden stabile Verladevorrichtungen gefordert. Die jetzt normirte Vornahme von Einwaggonirungsübungen sehen wir schon zu dieser Zeit beantragt.

Die Schwierigkeiten der Personalfrage, der Verwendung fremden Materiales und Personales, die Berücksichtigung des Turnusdienstes für letzteres, werden schon ins Calcul gezogen.

Gegenüber diesen wissenschaftlichen Untersuchungen und Folgerungen der Fachmänner waren die Massnahmen der Heeresverwaltung gerade so weit zurückgeblieben, wie in so umfassenden und complicirten Dingen die Ausführung von der Erkenntnis entfernt ist, und so sehen wir die Ereignisse des Jahres **1859** hereinbrechen, ohne dass bezüglich der militärischen Eisenbahnbenützung entsprechende Vorsorgen getroffen worden wären.

Tirol war mit dem Herzen der Monarchie gar nicht verbunden, von Böhmen, Mähren, Schlesien aber nur mittels weiter Umwege, durch Bayern und Sachsen über Kufstein bis Innsbruck, zu erreichen. (Vgl. Karte Abb. 16.) Von Innsbruck nach Bozen war eine Schienenverbindung kaum erst sichergestellt worden; die weitere Fortsetzung bis Verona befand sich im Bau, und wurde die Strecke Trient-Verona wohl am 23. März, jene Bozen-Trient aber erst am 16. Mai 1859 [am 24. April Ueberschreitung der Grenze seitens der österreichischen Armee] eröffnet. In der hochwichtigen Verbindung Wien-Laibach-Verona-Mailand war die Lücke Nabresina-Casarsa [102 *km*] noch nicht geschlossen. Die durch die nothwendigen Ein- und Auswaggonirungen, dann Ein- und Ausschiffungen an den Zwischenpunkten Innsbruck, Bozen, Nabresina, Casarsa, Triest und Venedig hervorgebrachten Verzögerungen, dann die Ueberfüllung solcher Bahnhöfe mit einem unentwirrbaren Chaos von nicht weiterzubringenden Heeresbedürfnissen aller Art waren nur natürliche Folgen dieser Verhältnisse.

Diese Umstände, die dadurch hervorgebrachten Verpflegsschwierigkeiten sowie das Verderben der in Casarsa und Nabresina angehäuften Verpflegsvorräthe waren die Veranlassung, dass vom Allerhöchsten Armee-Ober-Commando die Aufstellung eines Eisenbahn-Comités angeordnet wurde, welches den gesammten Betrieb zu leiten hatte.

Da concrete Kriegsvorbereitungen für die Bahnbenützung nicht bestanden hatten, so wurden die Massenbewegungen ad hoc durchgeführt, mit jenem Vorbedachte und jener Ueberlegung, welche die durch die momentane Lage gestattete Vorbereitungszeit den Bahnen eben ermöglichte.

Die in der Zeit von Anfangs Januar bis Ende Juli [am 11. Juli Friedenspräliminarien von Villafranca] vollzogene Eisenbahn-Transportbewegung erscheint in der nachstehenden Tabelle angegeben.

Angesichts der damaligen Ausdehnung des Gesammtnetzes der Monarchie — ca. 4200 *km* [gegen ca. 33.600 *km* mit Ende 1897] — ist diese Transportbewegung eine imposante zu nennen. — Die Transportkosten [einschliesslich Schiffstransport] beliefen sich auf nahezu 36 Millionen Gulden.

Besonders interessant und lehrreich war zu Beginn dieses Feldzuges der Transport des III. [Schwarzenberg'schen] Corps.

Bekannt ist, wie die herausfordernde Neujahrskundgebung des Kaisers Napoleon III. am 1. Januar 1859 das Alarmsignal geworden war, welchem alsbald die Kriegsfanfare nachfolgen sollte.

Schon am 6. desselben Monats 10 Uhr Vormittag traf bei der Betriebsleitung der Südbahn der Auftrag ein: am 7. Januar einen Truppentransport in der beiläufigen Stärke von 9000 Mann Infanterie von Wien nach Laibach zu befördern; wahrscheinlich würde der Transport von dort über Weisung des II. Armee-Commandos aus Verona weiter zu transportiren sein; voraussichtlich würden auch in den folgenden Tagen grössere Transporte stattfinden. Die Südbahn, obwohl durch diese Weisung in hohem Grade überrascht, sagte zu, unter der Voraussetzung jedoch, dass am 8. Januar keine Einwaggonirung stattfinden, und dass auch mit Bänken eingerichtete Güterwagen zum Mannschafts-Transporte benützt werden durften.

Hinsichtlich der Fahrordnung konnte fürs Erste nur der 7. Januar ins Auge gefasst werden, und dann war die Vorbereitungszeit eine äusserst kurze — bis zum ersten Transporte nur 20 Stunden. Man griff daher zu dem Auskunftsmittel, die zwei in der gewöhnlichen Fahrordnung vorgesehenen Militärzüge [Früh und Abends] durch Hinzufügung je zweier

Es beförderten Alles in Allem, Hin- und Rückfahrten eingerechnet	Mann	Pferde	Fuhrwerke	Rinder	Tonnen Güter	Zusammen Wagenladungen
Die Südbahn	710.631	56.052	7.468	20.042	12.178	40.619
» Nordbahn	625.252	74.443	7.751	22.172	3.397	40.354
» Staatsbahn	777.241	96.533	5.287	20.852	5.421	46.104
» Westbahn	117.387	12.102	1.797	4.506	933	7.740
» Carl-Ludwigbahn	119.657	11.888	1.508		428	6.855
Totale	2.350.168	251.958	23.811	67.572	22.547	141.672

Nachtrains auf sechs zu ergänzen und eine Fahrordnung für einen ebensolchen Mittags-Drillingszug auszuarbeiten; so hatte man die für den Transport nöthigen neun Züge beisammen. Damit der taktische Verband nicht zerrissen werde, hatten drei Züge je zwei, die übrigen Züge je ein Bataillon aufzunehmen, wodurch sich eine grosse Ueberlastung ein-

Nachtheile von Zwillingszügen kannte man wohl, wie fatal daher, dass man gar zu Drillingszügen seine Zuflucht zu nehmen bemüssigt war; die Aufenthalte wuchsen bedenklich; auf dem Semmering, wo die Maschinen die überlasteten Züge nicht fortbrachten, mussten die 9 Militärzüge in 29 Theile zerlegt werden. Der Umstand, dass der Frachtenverkehr nicht schon am

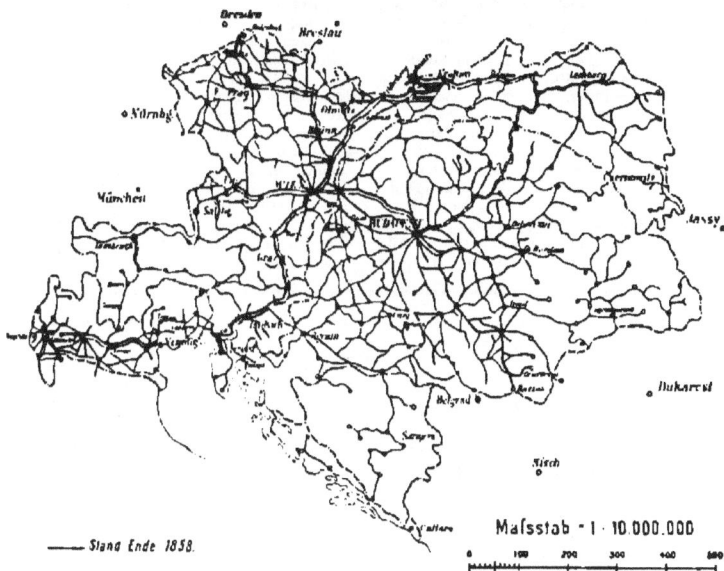

Maſsstab - 1 : 10.000.000

—— Stand Ende 1858.

Abb. 16.

zelner Züge ergeben musste. Der Frachtenverkehr wurde erst vom 7. an — jedoch nicht officiell — nahezu eingestellt.

Die Personenzüge [täglich drei in jeder Richtung] sowie die Localzüge verkehrten weiter. Ein Betriebs-Inspector wurde nach Laibach entsendet, um wenigstens ein Organ für die Einleitung des eventuellen Weitertransportes an Ort und Stelle zu haben. Die aus der übereilten und unregelmässigen Einleitung entspringenden Uebelstände konnten nicht ausbleiben. Die

6. eingestellt wurde, bewirkte es, dass die für den Abend-Echellon am 7. nöthigen Wagen erst im letzten Momente — zwischen 4 und 7 Uhr Nachmittags — eintrafen; und als man auch in den späteren Tagen die Einstellung nicht officiell aussprach, verursachte dies manche schwere Unzukömmlichkeit, — wie Beanspruchung des so dringend benöthigten Wagenmaterials, Erschwerung der Bewegung auf der Strecke und Ueberfüllung der Magazine.

Am 7. trafen der Auftrag für den Transport am 9., und in ähnlichen Intervallen die Weisungen für die folgenden Tage ein, so dass bei Mangel einheitlicher Uebersicht über die Transportbewegung, für die einzelnen Tage eine 1 bis 3tägige Vorbereitungszeit erübrigte.

Am 9. verblieb man noch bei den Drillingszügen, nur entfiel jener der Mittagszeit; später sah man von selben als höchst nachtheilig ab, und beförderte nie mehr als zwei Züge hintereinander.

Infanterie wurde innerhalb und zunächst des alten Frachtbahnhofes, Cavallerie am Matzleinsdorfer Bahnhof an einer 150 m langen Militär-Rampe einwaggonirt.

Die Reihenfolge und Stärke der Transporte zeigt die nachstehende Tabelle.

In Laibach musste die Weiterbeförderung sämmtlicher Züge neu eingeleitet werden, was einen Aufenthalt von $\frac{1}{4}$ bis zumeist $\frac{1}{2}$ Tag bedingte, während dessen auswaggonirt und gerastet wurde. Sieben Bataillone fuhren bis Triest, wo

sie eingeschifft wurden, Alles Uebrige verliess die Südbahn in Nabresina oder Sessana. Die Dauer der Fahrt bis dahin [574 km], eingerechnet des Aufenthaltes in Laibach sowie der $1\frac{1}{4}$ bis 2-stündigen Verpflegs- und der nöthigen Betriebsaufenthalte, betrug nach den rationelleren Fahrordnungen der späteren Tage 36 bis 42 Stunden.

Diese Zeit erscheint zwar mit Rücksicht auf den nun schon unvermeidlich gewordenen bedeutenden Aufenthalt in Laibach nicht übermässig lang, anders aber ist das Resultat, wenn man den Rücklauf der Leerzüge nach Wien betrachtet, auf welchen sich natürlich all die Reibungen geltend machten. Die Leergarnituren langten nach 120 bis 140 Stunden in der Anfangsstation wieder ein, obwohl der ganze Turnus für die Hin- und Rückfahrt bei einer Revisionszeit von 12 Stunden für die Maschine nicht länger als 80 bis 90 Stunden hätte dauern sollen.

Tag	Truppengattung	Mann	Pferde	Geschütze und Fuhrwerke	Formirte Züge	Durchschnitt der Wagen per Zug
7.	9 Infanterie- und 3 Jäger-Bataillone	8508	107	31	9	22
8.	—	—	—	—	—	—
9.	6 Infanterie- und 1 Jäger-Bataillon	5125	67	20	6	22
10.	Corps-Hauptquartier, Sanitätscompagnie und 2 Batterien	730	358	80	5	22
11.	2 Batterien	475	247	48	4	21
12.	2 Batterien	443	282	49	4	21
13.	Stab und 4 Escadronen Preussen-Husaren . . .	928	836	11	8	18
14.	4 Escadronen Preussen-Husaren	803	746	4	8	17
15.	Pulver-Transport und 3 grösstentheils Militär-Frachtenzüge	—	—	—	4	18
16.	Artillerie-Bespannungs-Transport von Wien und Graz	137	731	10	6	17
17.	Artillerie-Bespannungs-Transport von Wien und Graz	310	553	9	6	17
18.	5 Artillerie-Compagnien	750	4	1	1	20
19.	4 Escadronen Civalart-Uhlanen	693	681	2	8	17
20.	Stab und 4 Escadronen Civalart-Uhlanen . .	820	750	7	8	17
	Summa	20091	5362	278	77	19

Der Transport spielte sich ohne Unfall ab. Es wurden binnen 14 Tagen 77 Militärzüge, oder täglich 5½ Militär- und 3 Personenzüge befördert, eine Leistung, welche infolge der vorgeschilderten Begleitumstände die Inanspruchnahme der Bahnmittel und des von Patriotismus und regstem Pflichtgefühle beseelten Personals fast bis zur äussersten Grenze steigerte, während in den späteren Perioden auf derselben Bahn bei regelmässiger Einleitung des Verkehres — 12 Militärzüge täglich [darunter 1—2 Verpflegszüge] anstandslos verkehren konnten.

Von Eisenbahn-Zerstörungen wurde in diesem Kriege vielfach Gebrauch gemacht:

Bei der Vorrückung der österreichischen Armee an die Dora baltea wurde die Eisenbahnstrecke Vercelli-S. Germano [gegen Turin] an zahlreichen Stellen abgegraben vorgefunden; die Brücke über den kleinen Naviglio [Langosco] war von den Piemontesen schon am 26. April gesprengt worden als diese gewahr wurden, dass die Grenzbrücke über den Ticino bei Buffalora von den Oesterreichern zur Sprengung hergerichtet wurde. Die Brücke über die Sesia bei Vercelli war ebenfalls mit Minen versehen worden; letztere wurden aber von den Oesterreichern rechtzeitig entdeckt und ausgeladen [3. Mai]. Die Po-Brücke bei Valenza in der rechten Flanke der Vorrückungslinie der Oesterreicher wurde am 8. Mai von diesen gesprengt. Beim Rückzuge in die Lomellina und an den Ticino wurde die Eisenbahn von Novara gegen Vercelli und Mortara bis 30. Mai zerstört, und die wichtige Bahn- und Strassenbrücke über den Ticino bei Buffalora — jedoch nur unvollständig — gesprengt. Beim Rückzug an den Chiese wurde die Chiese-Brücke bei Ponte S. Marco, nach Bergung des von da bis Bergamo gestandenen Betriebsmateriales nach Verona, am 12. Juni gesprengt.

Für eventuelle rasche Truppenverschiebungen hatte das Armee-Commando in Italien schon Anfangs 1859 verfügt, dass in den an der Eisenbahn liegenden Garnisonsorten mindestens eine, in Mailand, Venedig und Mantua wenigstens 2 geheizte Locomotiven mit einer entsprechenden Anzahl Waggons in Bereitschaft gehalten werden.

Interessant ist auch die in diesem Feldzuge vorgekommene Verwendung von Locomotiven zu Aufklärungszwecken: Nach der Schlacht von Magenta constatirten zweimal Generalstabs-Officiere, welche auf Recognoscirungsmaschinen auf der Linie Peschiera-Mailand vorgesendet worden waren, die Anwesenheit des Feindes zuerst in Seriate, dann in Desenzano.

Erwähnenswerth ist auch, dass beim Transport des 1. Armee-Corps aus Böhmen nach Italien auf der Nord-Tiroler Bahn die Hälfte der Züge mit fremden [bayrischen] Maschinen befördert wurde. Die Vorbereitung und Einübung des Personals hatte zwei Tage beansprucht.

Infolge des Friedensschlusses gelangten Eisenbahnen der Lombardei in der Länge von 220 km zur Uebergabe an Sardinien. Der Artikel 10 des Friedens-Tractates mit bestimmte die Anerkennung und Bestätigung der von der österreichischen Regierung auf dem abgetretenen Gebiete ertheilten Eisenbahn-Concessionen durch den König von Sardinien, und die Einsetzung der sardinischen Regierung in alle, aus vorstehenden Concessionen hervorgehenden Rechte und Verbindlichkeiten.

Im Jahre 1860 wurde endlich die so schwer entbehrte Verbindung Nabresina-Casarsa vollendet.

1862—1866.

Während seit dem Concessions-Gesetze vom Jahre 1854 bis Ende 1861 die Entwicklung der Eisenbahnen im lebhaften Tempo weiter schritt, begannen auf diesem Gebiete schon mit dem Jahre 1862 die Nachwirkungen der europäischen Geldkrise von 1857, dann der politischen Ereignisse des Jahres 1859 sich ausserlich fühlbar zu machen, wozu noch widrige Conjuncturen der Landwirthschaft traten. Von 475 km im Jahre 1861 eröffneten Linien fiel diese Ziffer 1862 auf 245,

9*

1863 auf 197 und im darauffolgenden
Jahre 1864 gar auf 38 *km.*

Angesichts dieser Sachlage dachte
die Regierung etwas zur Sanirung der
Verhältnisse zu unternehmen, indem sie
in der zweiten Hälfte des Jahres 1864
die »Denkschrift zum Entwurfe eines
Eisenbahnnetzes der österreichischen
Monarchie« veröffentlichte, zugleich den
Unternehmern die Unterstützung des
Staates als Beitragsleistung oder als
Garantie in Aussicht stellend. Bei dem
Entwurfe dieses Bahnsystems waren die
Linien nach nationalökonomischen, han-
delspolitischen und strategischen Gesichts-
punkten gewählt. Die wichtigsten der-
selben waren:

Wien-Budweis-Pilsen-Grenze, Arad-
Alvincz-Rothenthurnpass, Alvincz-Karls-
burg, Kaschau - Oderberg, Locara - Le-
gnago, Szegedin-Essegg, Kanizsa-Fünf-
kirchen-Essegg, Essegg-Fiume, Essegg-
Semlin, Prag-Karlsbad-Eger, Innsbruck-
Feldkirch-Dornbirn, Brixen-Villach, Vil-
lach-Udine, Debreczin - Sziget - Suczawa,
Horn-Znaim-Brünn-Prerau, Bruck a. Mur-
Steyer-Haag.

Im Ganzen waren 6913 *km* Eisenbahnen mit einem Kostenaufwande von
684 Millionen Gulden, bei Vertheilung
auf einen Zeitraum von 10 bis 15 Jahren
in Aussicht genommen.

Wohl noch nicht durch Einwirkung
dieser Massregel, gegenüber welcher die
Bevölkerung sich überhaupt theilnahms-
los verhielt, doch infolge der allmählich
gebesserten wirthschaftlichen Verhältnisse,
sehen wir schon 1865 das Bahnnetz sich
um über 300 *km* erweitern, und blieb
dieser Zuwachs auch in den nächstfolgenden zwei Jahren auf der gleichen
Höhe.

In militärischer Beziehung war diese
Periode eine ereignisreiche.

Im Jahre 1862 erschien die »Vorschrift für den Militär-Transport auf österreichischen Eisenbahnen« als Ergänzung und Erweiterung
der im Dienst - Reglement enthaltenen
diesbezüglichen Hauptbestimmungen.

Laut Einleitung bezweckte diese Vorschrift »den geregelten und gesicherten
Bahnbetrieb selbst bei Anforderung der

höchsten Leistungsfähigkeit einer Eisenbahn zu verbürgen.....«

Normirt wurden hiemit: Die Einstellung
von Militärzügen mit einer Fahrgeschwindigkeit von 3 Meilen per Stunde in die
Friedensfahrordnung nach Vereinbarung
mit dem General - Quartiermeisterstabe;
die Einsendung aller Fahrordnungs-
behelfe und Mittheilung erheblicher Aenderungen derselben an das Kriegs-Ministerium und an den General-Quartier-
meisterstab sowie an die instradirenden
Militärstellen; endlich die Ausarbeitung
von Maximal-Kriegsfahrordnungen im Einvernehmen mit dem General - Quartiermeisterstabe nach den zwei Annahmen:
Einstellung des ganzen gewöhnlichen
Verkehres oder Aufrechthaltung der Post-
und Eilzüge.

Einrichtungsgarnituren für den Mannschafts-Transport sollten die Bahnen für
$^1/_{10}$ der vorhandenen geeigneten gedeckten
Gitterwagen bereithalten, der Rest sollte
im Bedarfsfalle — eventuell mit Zuhilfenahme von Militärkräften — eingerichtet
werden. [Vgl. Abb. 17.]

Der Fassungsgehalt der Wagen war
nach den Bahnen ein ganz verschiedener:
Personenwagen III. Classe 28 bis 64
Mann, Gitterwagen 28 bis 56 Mann oder
6 Pferde nebst 3 Mann, Lowries 1 bis 3
Geschütze oder Fuhrwerke.

Für Kranke hatte man mit Stroh-
säcken einzurichtende Gitterwagen in
Aussicht genommen.

Instradirende Stellen waren die Landes-
General-Commanden im eigenen, bei entsprechendem Einvernehmen auch im
fremden Bereiche.

Zur Instradirung gewöhn-
licher Transporte waren Personen-
und gemischte Züge, Lastzüge [aus-
nahmsweise auch für Mannschaft], endlich für Transporte über 400 Mann
Militärzüge zu benützen, und die Anordnungen mittels tabellarischer Marschpläne nach einem, der Vorschrift beigegebenen Muster zu treffen. Für die am
häufigsten vorkommenden 22 Routen war
in einer Beilage zur Vorschrift die Marsch-
eintheilung ausgearbeitet.

Für die »Instradirung grösserer
Transporte« gab die Vorschrift nachfolgende Bestimmungen:

Bei Einstellung des öffentlichen Verkehres hatten die in Bewegung befindlichen Züge ihren Lauf bis an den Bestimmungsort zu vollenden; seitens der Bahnen war — nach gehöriger Verlautbarung — die Annahme von Frachten zu verweigern.

Zur Durchführung der Transporte verfügte das Kriegs-Ministerium die Aufstellung einer »Central-Leitung für Transporte auf Eisenbahnen« am Ausgangsorte oder an einem Hauptknotenpunkte der Transportlinien. Dieselbe hatte zu bestehen: aus einem Officier des

port betreffenden Vorsorgen sein und nur dem Kriegs-Ministerium unterstehen. Der Militär-Commissär, welchem von den instradirenden Stellen der Ausweis über die zu befördernden Transporte nebst einem Entwurfe über die beiläufige tageweise Gruppirung einzusenden war, hatte die Detaileintheilung der Truppen für die Züge zu treffen und den Betriebsleitern bekannt zu geben. Gestatteten aber die militärischen Rücksichten eine solche frühzeitige Eröffnung nicht, so war die Detaileintheilung bei der instradirenden Behörde selbst, im

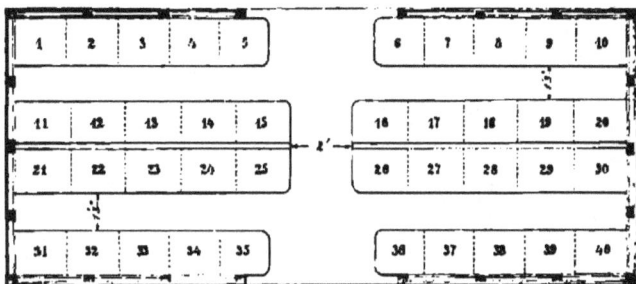

Abb. 17 Wageneinrichtung für den Mannschafts-Transport nach der Eisenbahn-Transport-Vorschrift vom Jahre 1862.

General-Quartiermeisterstabes als Militär-Commissär, dann aus je einem Vertreter der General-Inspection und der betheiligten Bahnverwaltungen.

Die erste Aufgabe der Central-Leitung war: Entscheidung ob Turnus oder Echellonverkehr einzuleiten, dann ob Züge zu theilen und Umladungen vorzunehmen seien; Feststellung der täglich in Verkehr zu setzenden Züge; Bestimmung der höchsten Zugsbelastung; Festsetzung der Fahrordnung für sämmtliche Militär- und leeren Gegenzüge auf Grundlage der vorerwähnten Maximal-Fahrordnungen; Vorkehrungen hinsichtlich Einrichtung der Bahnhöfe und Beistellung des Wagenparkes bei Rücksichtnahme auf die Verpflichtung der Bahnen zur gegenseitigen Wagenaushilfe. Die Central-Leitung sollte »die alleinige Vermittlungsstelle« für alle, den Trans-

Beisein des Militär-Commissärs und womöglich auch des Betriebsleiters der Ausgangsbahn vorzunehmen. Dieser, eine lange Vorbereitungszeit bedingende Vorgang entsprach den damaligen Verhältnissen hinsichtlich Mobilisirung und Aufmarsch.

Das Beisammenbleiben ganzer Bataillone, Escadronen und Batterien durfte nur nach Zulässigkeit der Belastung verlangt werden, der taktische Verband war aber innerhalb der etwaigen Theile zu berücksichtigen.

Auf langen Eisenbahnstrecken war an wichtigen Punkten je ein Officier als »Local-Commissär« aufzustellen.

Für die Einwaggonirung gab die Vorschrift das Zeiterfordernis an, so zum Beispiel für einen Bahnzug mit Artillerie- oder Trainabtheilungen, bei entsprechenden Voranstalten, 1 1/2 bis 2 Stunden

Die Eintheilung der verschiedenen Wagengruppen bei Infanterie-, Cavallerie-, dann Artillerie- und Trainzügen war (nahezu ganz nach den heutigen Bestimmungen) fixirt.

Auf dem Kriegsschauplatze hatte das Armee-Commando vom Beginne der Operationen an das Verfügungsrecht über die dortigen Eisenbahnen im Wege einer »Eisenbahn-Transportleitung des Kriegsschauplatzes« auszuüben, welche ähnlich zusammenzusetzen war, wie die Central-Eisenbahn-Transportleitung. Ebenso waren daselbst »Local-Commissäre« aufzustellen.

Schon ein Jahr nach der Ausgabe der vorbesprochenen Vorschrift veröffentlichte der im Landesbeschreibungs-Bureau des Generalstabes eingetheilte k. k. Hauptmann des General-Quartiermeisterstabes Panz »Das Eisenbahnwesen vom militärischen Standpunkte, Wien 1863«.

Dieses grundlegende Werk, welches, alle bisher gemachten Erfahrungen erschöpfend und sorgfältig benützend, selbe in ein wissenschaftlich und praktisch vollkommen ausgebautes System brachte, hatte zur Aufgabe, Officiere, welche in die Lage gelangen konnten, bei der Durchführung grösserer militärischer Eisenbahn-Transporte verwendet zu werden, also namentlich Generalstabs-Officiere, über den Gegenstand, in Ergänzung der Vorschrift, gründlich zu unterrichten.

Daraus wollen wir als besonders interessante Nova Nachfolgendes hervorheben: Die Bahnen geben zehn Tage als Termin für allmähliche Einstellung des Frachtenverkehres, dann Sammeln und Einrichten des Wagenmateriales an; in Bedarfsfalle müssen — bei kleineren Tagesleistungen zu Beginn — auch zwei bis drei Tage genügen. Berechnung der Leistungsfähigkeit der Locomotiven. Reparaturstand bei Maschinen 25%, bei Wagen 15%. Berechnungsmodus betreffs des erforderlichen Personals. Eingehend befasste sich das Werk auch mit dem Unbrauchbarmachen und Zerstören sowie mit dem provisorischen Bau und der Wiederherstellung, dann mit der militä-

rischen Recognoscirung von Bahnen, endlich mit der Telegraphie und dem Signalwesen. Ein Capitel beschäftigte sich mit den »militärischen Vorkehrungen, um Bahnhöfe sowohl gegen feindliche Angriffe im Kriegsfalle, als auch bei Volksaufständen zu sichern und vertheidigen zu können«.

Die Kriegsbegebenheiten des Jahres 1864 bedingten wohl keine sehr bedeutenden Truppenverschiebungen. —

Für die Ende 1863 vereinbarte gemeinsame Action Oesterreichs, Preussens, Sachsens und Hannovers gegen Dänemark wurden seitens Oesterreichs in erster Linie die Brigade Gondrecourt, in zweiter Linie aber weitere drei Brigaden und eine Cavallerie-Brigade nebst Artillerie, dann technische Truppen und Trains bestimmt, welche zusammen mit der Brigade Gondrecourt das 6. Corps (Gablenz) formiren sollten.

Einheitliche Bestimmungen über die Beförderung von Truppen auf Eisenbahnen innerhalb des Deutschen Bundes gab es bei Ausbruch des Krieges nicht, es wurde daher zwischen den Vertretern der betheiligten Staaten und Bahnen am 10. December 1863 ein Protokoll abgeschlossen, welches betreffs Oesterreichs nachfolgende Punkte enthielt:

»1. Hinsichtlich der zuerst zur Verwendung kommenden Truppen:

Die k. k. österreichischen Truppentransporte erfolgen von Prag her mit 8 Zügen derartig, dass der letzte Zug spätestens am 19. Abends oder 20. Früh in Harburg anlangt, so dass also die österreichischen Truppen am 20. December in ihren Quartieren auf Hamburgischem Gebiete vereinigt sind.

Die Ausarbeitungen der speciellen Fahrordnungen und Fahrtdispositionen, insoweit sie noch nicht erfolgt sind, werden Vorstehendem gemäss sofort erfolgen, und erklären die anwesenden Herren Vertreter der betheiligten Eisenbahnen, dass der Durchführung obigen Resultats keine technischen Schwierigkeiten entgegenstehen.«

»2. Hinsichtlich des später etwa nothwendig werdenden Transportes wird es sich auf der Strecke Lehrte-Harburg um einen

Transport von 50—60 k. k. österreichischen
Truppenzügen handeln, welche theils von
Prag über Magdeburg, theils durch das
Königreich Bayern über Kassel kommen.«
»Die Ausarbeitung der Fahrpläne für
die demzufolge in Betracht kommenden
Transportlinien:

Emmerich-
Linz-Bamberg-Kassel- } Lehrte-Harburg
Prag-Magdeburg-

— und zwar zu 8 Zügen pro Tag auf jeder
Linie — wird, insoweit sie nicht schon
geschehen ist, sogleich in Angriff genommen werden, auch die Vertheilung
der Truppentheile auf die Wagenzüge
erfolgen, so dass es dann später nach
ergangenem Befehle nur noch der Bestimmung des Datums bedarf.
Die Herren Vertreter der Eisenbahnen
erachten für diesen Fall eine Frist von
5 Tagen zwischen der an sie ergehenden
Benachrichtigung und dem Beginne der
Transporte für ausreichend.«
Die Brigade Gondrecourt wurde am
17. und 18. December in Prag einwaggonirt, und war am 21. December
Vormittags in Hamburg vereinigt.
Die Bahnbeförderung der übrigen
österreichischen Truppen, deren Aufstellung schon Anfangs December angeordnet
worden war, konnte jedoch nicht auf den
im Protokolle bezeichneten Linien stattfinden, weil Bayern und Sachsen den
Durchzug — der Weigerung des Deutschen Bundes zur Theilnahme an der
Besetzung Schleswigs gemäss — nicht
gestatten wollten. Es wurde demnach
festgesetzt, dass die Beförderung von Wien
und Ungarn aus am 21. Januar 1864 in
der Richtung auf Breslau beginnen und
von hier am 24. Januar nach Hamburg
fortgesetzt werden sollte. Thatsächlich
trafen die Truppen zwischen dem 25.
und dem 31. Januar über Breslau und
Wittenberg ein, setzten aber zum grossen Theile die Vorrückung unter
theilweiser Benützung der Holsteinischen
Bahn bis Neumünster und Nostorf fort.
Im Ganzen wurden 693 Officiere,
19.785 Mann, 5079 Pferde und 673
Fuhrwerke in 46 Zügen ohne Unfall und
mit nur unwesentlichen Verspätungen
befördert.

Der Rückmarsch der österreichischen
Truppen in die Heimat wurde Mitte
November 1864 angetreten.

Im Jahre 1864 gelangte die Instruction für die Aufstellung von
Militär-Eisenbahn-Transport-
Behörden zur Ausgabe, mit welcher
eine namhafte Abänderung der Bestimmungen des Jahres 1862 im Sinne der Erweiterung des Wirkungskreises sowie
die Vermehrung dieser Behörden erfolgte.
Die Central-Leitung wurde in
ihrer Zusammensetzung durch Officiere
und Mannschaft verstärkt, hiebei der
Militär-Commissär als »Geschäftsleiten-
der« ausdrücklich bezeichnet und an den
Vorstand der 5. Abtheilung des Kriegs-
Ministeriums gewiesen. Die Mitglieder
sollten schon im Frieden bestimmt werden; als Sitz der Behörde war Wien
angegeben.
Das Verhältnis der Militär-Transport-
Behörden auf dem Kriegsschauplatze zur
Central-Leitung vor und nach beendetem
Aufmarsche wird im Sinne einer einheitlichen Durchführung der Mobilisirungs-
und Aufmarsch-Instradirung bei der
letzteren schärfer präcisirt.
Den Transport-Entwurf sollte die
Central-Leitung nunmehr nicht von den
»instradirenden Stellen« [Landes-Gene-
ral-Commanden], sondern vom Kriegs-
Ministerium erhalten.
Der Central-Leitung obliegt auch die
Bestimmung der für die Transenen-Trans-
porte den instradirenden Behörden frei-
zustellenden Züge sowie die Instradirung
der Nachschübe und der rückzubeför-
dernden Kranken.
Eine neue Unterbehörde der Central-
Leitung sollten die »Linien-Commissionen« bilden, welche aus je einem
General-Quartiermeisterstabs-Officier und
aus je einem höheren Bahnbeamten der
betreffenden Bahnanstalten nach Bedarf
zu bilden waren. Als etwaige Standorte
derselben wurden Brünn, Prag, Krakau,
Linz, Ofen, Pest, Czegled, Laibach,
Mestre und Bozen bezeichnet.
Für den »Transport-Entwurf«, den
»Militär-Fahrplan« und die aus beiden
hervorgehende »Fahr-Disposition« waren
Muster beigelegt.

Die »Eisenbahn - Transport-leitungen auf dem Kriegsschau-platze« wurden ähnlich verstärkt wie die Central-Leitung und im Wege des Generalstabschefs dem Armee-Commando unterstellt. Auch für diese Behörde wurde die Creirung von Linien-Commissionen vorgesehen, welchen speciell auch die Vorsorgen für die Sicherung, Zerstörung, Wiederherstellung sowie für den Bau von Eisenbahnen obliegen sollte.

Als Instradirungs-Behelfe sollten die-nen: Fahrordnungen sammt Graphica, Ausweise über Bahnverhältnisse und Betriebsmittel, Evidenz-Rapporte über die tägliche Vertheilung der letzteren, endlich das Dispositions-Protokoll über die An-meldung und Auftheilung der Transporte.

Statt der »Local-Commissäre« wurden »Etappen-Commissionen« — be-stehend aus einem Oberofficier als Etap-pen-Commandanten und einem Bahn-beamten sammt deren Stellvertretern, dann nach Bedarf aus sonstigem Per-sonale [Kriegs-Commissäre, politische Beamte, Koch-Commanden] — normirt. Die Standorte der etwaigen, vom Kriegs-Ministerium, beziehungsweise vom Armee-Commando aufzustellenden Etap-pen-Commissionen waren in einer Bei-lage zur Instruction verzeichnet. Den Bedarf an Commissionen hatte die be-treffende »Transportleitung« festzustellen, und zwar nach dem Grundsatze, dass auf Entfernungen von circa 8 Stunden für Ver-köstigung, und nach je 24 bis 48 Stunden für Bequartierung zu sorgen sei. Die Aufgaben der Commissionen auf einem Abfahrt- oder Ankunftsbahnhofe, Knoten-punkte oder einer Verpflegsstation etc. waren genau präcisirt.

Im Februar 1866 gab das Kriegs-Ministerium den »Anhang« zu den vorbezeichneten Vorschriften vom Jahre 1863 und 1864 heraus, welcher nähere Bestimmungen betreffs Verköstigung der Transporte, Gebühren des Personals der Militär - Eisenbahn - Behörden, Transport von Kranken, endlich Beförderung von Verpflegs-Gegenständen enthielt.

Für Transporte in »aussergewöhn-lichen Fällen« wurde die Verköstigung mit Frühstück, Mittagessen und Abend-kost, verschieden für die kalte und warme Jahreszeit, fixirt.

Für Kranken - Transporte sollten Kranken - Haltstationen mit und ohne Nachtunterkünften, mit eigenem ärzt-lichen Personale, etablirt werden.

Das Jahr 1865 hatte eine Reorgani-sation des General-Quartiermeisterstabes [fortan »Generalstab«] gebracht. [A. V. Bl. 25. Stück.] Bei diesem Anlasse wurde ein eigenes Generalstabs-Bureau zur Be-sorgung der in das Eisenbahn-, Dampf-schifffahrts- und Telegraphenwesen ein-schlagenden Geschäfte creirt und Major Panz des Generalstabes zum Vorstand ernannt. —

Den Kriegsereignissen des Jah-res 1866 sollte es beschieden sein, die Un-zulänglichkeit des Bahnnetzes der Mon-archie in militärischer Beziehung abermals vor Augen zu führen. [Vgl. Karte Abb. 18.] Wohl besass man in der geschlossenen Linie Wien-Nabresina-Verona endlich eine durchgehende Verbindung nach dem ita-lienischen Kriegsschauplatze, welche in der neuen Bahn Marburg-Villach eine hoch-wichtige Abzweigung erhalten hatte; be-züglich der Verhältnisse gleich wie 1859 geblieben.

Dem nördlichen Kriegsschauplatze stand — entgegen dem reichgegliederten Bahnnetze Preussens — nur die eine, fast durchwegs eingeleisig fortlaufende Linie Wien-Brünn - Prag - Bodenbach mit der Abzweigung Lundenburg-Olmütz zur Ver-fügung. Die Bahnverbindung von Olmütz gegen die obere Elbe war von so geringer Leistungsfähigkeit, dass man sie bei der Vorrückung gegen die Iser nur für den Transport einiger technischer Truppen und für den Nachschub ausnützte. Die längs der Grenze führende Theilstrecke Oderberg-Krakau, die einzige durch-gehende Verbindung nach Galizien, war äusserst exponirt, und als im Verlaufe des Krieges die Preussen die genannte Strecke in Besitz genommen hatten, war Galizien vom Centrum abgeschnitten, so dass die Verbindung dahin über Kaschau als letzte Eisenbahnstation ge-sucht werden musste. Siebenbürgen end-lich hatte keine Verbindung mit dem Innern des Reiches.

So wenig nun das Bahnnetz den strategischen Anforderungen entsprach, so sehr muss anerkannt werden, dass die Vorbereitungen sowie die Einleitung der Massentransporte auf der Höhe der Situation standen, welchem Umstande die trotz des mangelhaften Netzes erzielten erstaunlichen Leistungen der Bahnen in dieser Epoche zu verdanken sind.

hierauf folgten die Anordnungen für die Mobilisirung der Nordarmee.

Am 1. Mai wurde beim Kriegs-Ministerium die Central-Leitung für Eisenbahn- und Dampfschifftransporte unter Major Panz des Generalstabes activirt.

Der Massentransport der Südarmee -- für den 1. Mai festgesetzt -- begann thatsächlich an diesem Tage und war

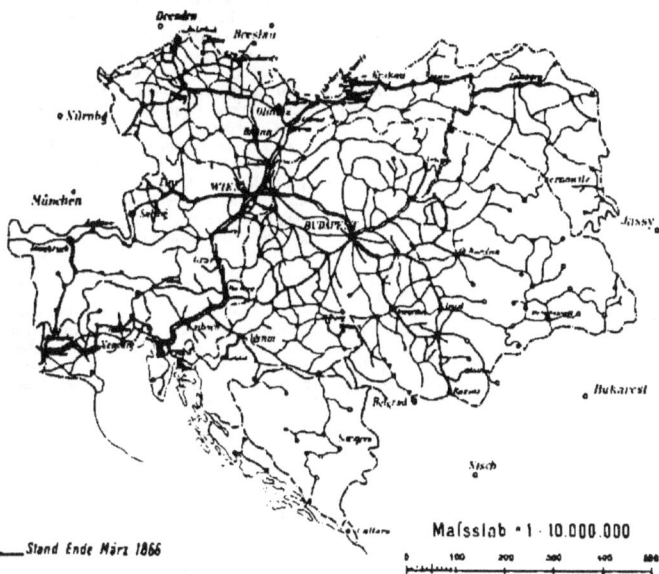

Maſsstab · 1 · 10.000.000

Stand Ende März 1866

Abb. 18.

Die Heeresverwaltung hatte alle Mobilisirungs-, Marsch- und Transport-Entwürfe bereits am 15. April ausgegeben; dieselben waren auf den gleichzeitigen Aufmarsch beider Armeen basirt und derart berechnet, dass der Aufmarsch binnen sieben Wochen nach Ausgabe des Mobilisirungsbefehles beendet sein konnte. Als nun aus politischen Gründen beschlossen wurde, die Südarmee zuerst aufzustellen, wurden die Entwürfe umgearbeitet und am 25. April für die letztere neu ausgegeben; erst

im grossen Ganzen bis 19. Mai beendet.

Die Eisenbahn-Transportleitung auf diesem Kriegsschauplatze wurde aufgestellt, und der Major Adalbert Sametz des Generalstabes zum Militär-Commissär bestimmt.

Für die Nordarmee gelangten am 11. Mai die Transport-Entwürfe zur Ausgabe. Die Massenbewegung hatte am 20. Mai zu beginnen. Zur Leitung der Transporte wurden in Prag, Brünn, Prerau,

Pest und Wien Linien-Commanden activirt. Etappen-Commanden waren weiters aufgestellt: in Lundenburg, Brünn, Olmütz, Prerau, Ostrau, Böhm.-Trübau, Pardubitz, Prag, Kralup, Reichenberg, Jungbunzlau, Theresienstadt, Josefstadt, Gänserndorf, Neuhäusel, Miskolcz, Czegled, Szegedin, Uj-Szöny und Steinamanger. Den Landes-General-Commanden waren auf den Hauptlinien 1½ Züge täglich zur Verfügung gestellt.

Schon Mitte Mai wurden je zwei Brigaden zur Deckung der Bahnstrecken Hohenstadt-Böhm.-Trübau und Ostrau-Oswięcim bereit gestellt; die Bewachung der Strecke Oswięcim-russische Grenze war der Garnison Krakau übertragen. Im Zusammenhange damit wurde die Bereithaltung je eines Eisenbahnzuges für Infanterie und 2 bis 3 Geschütze — vom 18. Mai an — in den Stationen Krakau, Oswięcim, Ostrau, Olmütz und Böhm.-Trübau angeordnet.

Die Massenbewegung der Nordarmee, programmmässig am 20. Mai begonnen, war am 9. Juni beendet. Mit 10. Juni wurde die Transportleitung des Kriegsschauplatzes, bestehend aus Oberstlieutenant Josef Edlen v. Némethy des Generalstabes, dann aus zwei anderen Generalstabs-Officieren und aus Vertretern der betreffenden Bahnen — activirt, und derselben die Eisenbahnlinien-Commissionen in Prag und Prerau mit den zugewiesenen Etappen-Commanden unterstellt.

Die Ausnützung der Eisenbahnen in diesem Kriege lässt sich der Zeit nach in vier Perioden theilen, von welchen in die erste Periode die Ansammlung der Truppen auf den beiden Kriegsschauplätzen, in die zweite die mit den Kriegsoperationen in Verbindung stehenden Nachschubtransporte, in die dritte die Transporte zur Concentrirung der Armee bei Wien, und in die vierte die Abschiebung eines Theiles der Armee auf den südlichen Kriegsschauplatz fallen.

Erste Periode.

Dieselbe währte vom 1. Mai bis 9. Juni und theilte sich:

a) In die Zeit vom 1. bis 19. Mai, in welcher Truppen, Ergänzungen und Kriegsbedürfnisse auf den Linien der Südbahn nach dem Kriegsschauplatze in Italien gesandt und gleichzeitig aus den südlichen Ländern die für die Nordarmee bestimmten Truppen nach Kärnten, Steiermark und Ungarn herangezogen wurden.

In diesen 19 Tagen kamen in beiden oberwähnten Richtungen 179.400 Mann, 7386 Pferde, 917 Geschütze und Fuhrwerke und 25.228 Tonnen Verpflegsgüter in ca. 427 Zügen zur Beförderung.

Die Tagesleistung [Verkehr nach beiden Richtungen] betrug daher 22 bis 23 Züge, welche circa 9440 Mann, 442 Pferde, 48 Geschütze und Fuhrwerke und 1328 Tonnen Verpflegsgüter beförderten.

Gleichzeitig wurden auch auf der Nordbahn und der nördlichen Linie der Staatseisenbahn-Gesellschaft 65.880 Mann, 7074 Pferde und 648 Fuhrwerke beiläufig in 110 Zügen befördert.

b) In die Massenbewegung der Nordarmee, welche vom 20. Mai bis 9. Juni währte.

Während dieser 21 Tage wurden auf der Kaiser Ferdinands-Nordbahn, in welche alle anderen Transportlinien einmündeten, mit ca. 458 Zügen 191.513 Mann, 28.641 Pferde, 4280 Geschütze und Fuhrwerke und 15.174 Tonnen Verpflegsgüter befördert.

Die Tagesleistung bestand daher im Durchschnitte in der Beförderung von 9120 Mann, 1364 Pferden, 203 Geschützen und Fuhrwerken und 723 Tonnen Verpflegsgütern mittels 21—22 Zügen [nach einer Richtung].

Die Cavallerie begab sich grösstentheils zu Pferd an ihre Bestimmungsorte.

Beide Armeen waren in einem Zeitraume von 40 Tagen concentrirt und mit allen Kriegsbedürfnissen versehen.

Diese Leistung erscheint umso grossartiger, wenn in Betracht gezogen wird, dass bei der damaligen Organisation der österreichischen Armee die Annahme der neu zusammengesetzten Ordre de bataille eine sehr complicirte Zusammenstellung der Züge erforderte, da selbst einzelne Bestandtheile von Truppenkörpern und Armee-Anstalten erst beim Transporte vereinigt werden mussten.

Zweite Periode.

In der zweiten Periode wurden die Eisenbahnen hauptsächlich zum Nachschube von Heeresergänzungen und zum Transporte grosser Massen von Verpflegs-Gegenständen sowie zum Rücktransporte von Verwundeten und theilweise auch zu Truppenverschiebungen benützt. Die Leistungen der Bahnen in dieser Periode waren folgende:

Auf der Südbahn, theils für die Südarmee theils für die Nordarmee, vom 20. Mai bis inclusive 13. Juli: 111.228 Mann, 12.067 Pferde, 2430 Fuhrwerke und 43.401 Tonnen Militärgüter und Verpflegs-Gegenstände.

Auf der Nordbahn und der nördlichen Linie der Staatseisenbahn-Gesellschaft vom 10. Juni bis inclusive 6. Juli: 30.700 Mann Ergänzungen und Transene, 28.500 Tonnen Verpflegs-Gegenstände für die Nordarmee, und der Rücktransport von 50.000 Kranken, Verwundeten etc.

In diese Periode fällt auch der am 23. Juni von Rovigo nach Verona bewirkte Eisenbahn-Transport der Brigade Scudier, welche behufs Theilnahme an der Schlacht (Custozza) herangezogen wurde.

Dritte Periode.

Diese umfasst den Transport eines Theiles der Nordarmee hinter die Donau, dann die Beförderung des Gros der Südarmee aus Italien nach Wien.

Bei der Nordarmee begann am 8. Juli der Rücktransport des 10. Armee-Corps von Lettowitz gegen Wien, und es wurden trotz der schwierigen Einladeverhältnisse in der erstgenannten sehr kleinen Station und des Nachdrängens des Feindes binnen 38 Stunden in 20 Zügen ca. 19.000 Mann, 880 Pferde, 220 Geschütze und Fuhrwerke und ausserdem 1000 Kranke und Verwundete und 2000 Transene, u. zw. das Gros des Corps nach Floridsdorf, eine Brigade nach Lundenburg, die Kranken und Transenen nach Brünn, Ungarn und Wien befördert.

Jeder Zug fasste somit ca. 1000 Mann, 43 Pferde und 11 Geschütze oder Fuhrwerke.

Am 11. Juli begann der Rücktransport des III. österreichischen und des sächsischen Armeecorps von Olmütz nach Wien.

Mit dem Aufgebote von täglich 9 bis 10 Zügen (je über 200 Achsen) standen das III. Armeecorps und der grösste Theil der Sachsen, zusammen ca. 40.000 Mann, 4100 Pferde, 700 Geschütze und Fuhrwerke binnen 3½ Tagen bei Wien.

Gleichzeitig wurden noch bei 2000 Kranke aus Olmütz, viele Hundert Transene und Privatreisende und grosse Verpflegs-Vorräthe aus Prerau, Göding, Ung.-Hradisch und Brünn, ferner eine grosse Menge Eisenbahnbetriebsmittel der böhmischen und sächsischen Bahnen (im Ganzen 1000 Locomotiven und 16.000 Wagen) nach Wien und Ungarn zurückgeschafft.

Am 15. Juli Abends traf bei der Brigade Mondel in Lundenburg der Auftrag ein, per Bahn über Gänserndorf nach Marchegg abzugehen. Um 1 Uhr derselben Nacht war bereits der fünfte und letzte Zug mit den Truppen der Brigade von Lundenburg abgegangen — ihr nach das massenhaft angehäufte, zur Bergung nach Pressburg abgeschobene rollende Material.

Am 5. Juli waren die Preussen in den Besitz der durchlaufenden Bahnverbindung Dresden-Turnau-Kralup-Prag-Pardubitz gelangt, welche für dieselben grössten Werth besass, weil die Linie Dresden-Prag durch die Festung Theresienstadt, und jene Dresden-Josefstadt-Pardubitz durch Königgrätz gesperrt waren.

Unterdessen befand sich auch das Gros der Südarmee auf der Fahrt nach Wien.

Am 3. Juli war die Entscheidung bei Königgrätz gefallen. Schon am Abende des nächsten Tages erhielt die Südarmee den telegraphischen Befehl, 4 Infanterie- und eine Cavallerie-Brigade per Eisenbahn nach Wien abzusenden. Am 11. folgte, zugleich mit der Ernennung des Feldmarschalls Erzherzog Albrecht zum Ober-Commandanten der gesammten operirenden Armee, der Auftrag, alle noch disponibeln Kräfte an die Donau nachzusenden.

Das V. Armeecorps, 25.000 Mann, 3000 Pferde, 267 Geschütze und Fuhrwerke, kam vom 9. bis inclusive 13. Juli

von Verona nach Bozen, passirte in Eil-
märschen den Brenner und wurde vom
15. Juli in sieben Tagen mittels 47 Zügen
von Innsbruck über Bayern nach Wien
befördert.

Gleichzeitig aber gelangten sächsische
Depots und Armee-Anstalten von Linz
nach Wien zur Beförderung.

Das IX. Armee-Corps und 2 Brigaden
des VII. Corps, die Armee-Geschütz-
reserve, der Armee-Munitionspark, eine
Cavallerie-Brigade, der Armee-Brückentrain und das Hauptquartier der Südarmee — im Ganzen 57.000 Mann,
10.500 Pferde, 2000 Geschütze und Fuhr-

Uj-Szöny-Ofen als Rokadelinie längs der
Donau im ausgedehntesten Masse verwenden zu können.

Vierte Periode.

Während die Nordarmee unter Benedek
aus Olmütz, infolge Mangels einer Bahnverbindung, auf langem Umwege durch
das Waagthal an die Donau rückte, liess
Erzherzog Albrecht bedeutende Transportmittel auf allen Stationen zwischen
Wartberg und Dioszeg, dann bei O-Szöny
bereitstellen, um die Beförderung der

Abb. 10. Eisenbahnbrücke über die Weichsel (Strecke Oswiecim-Myslowitz) nach der am 23. Juni 1866 erfolgten
Sprengung.

werke — wurden auf den Südbahnlinien
Wien-Triest, Villach-Marburg und Prager-
hof-Kanizsa-Oedenburg, in 118 Zügen
vom 13. bis inclusive 26. Juli nach Wien
geschafft. Dabei verursachten die Be-
schränktheit des Fahrparkes (da ein
grosser Theil in Ungarn infolge Unterbrechung der einzigen Verbindung über
Gänserndorf durch den Feind abgeschnitten war), sowie das Zusammentreffen der Züge von Villach und von
Görz in Marburg und die dadurch bedingte Absendung von Zügen von Pragerhof über Oedenburg bedeutende Erschwernisse in der Transport-Durch-
führung.

Der grösste Theil der beiden Armeen,
von Norden und Süden mittels Eisenbahn kommend, war innerhalb 18 Tagen
an der Donau vereinigt.

Auf der Kaiserin Elisabethbahn und
der Raaberbahn wurde alles Nöthige vorbereitet, um die Linie Passau-Linz-Wien-

Truppen nach Wien per Bahn durchführen
zu können. Doch kam es nicht dazu,
denn es wurde der Uebergang bei Pressburg bewirkt.

Ende Juli, als die Verhandlungen mit
Italien zu keinem rechten Erfolge führten,
beschloss man, einen Theil der Armee
wieder mittels Eisenbahn nach dem Süden
in Bewegung zu setzen, um den eigenen
Forderungen Nachdruck zu verleihen.

Diese Transportbewegung begann am
29. Juli und endete am 17. August. Am
29. Juli wurde eine Brigade in der Stärke
von 7835 Mann, 303 Pferden, 80 Geschützen und Fuhrwerken in acht Zügen
von Wien über Salzburg nach Innsbruck
abtransportirt.

In den nächsten drei Tagen fuhren
vom Armee-Brückentrain 2348 Mann,
1104 Pferde, 274 Fuhrwerke in 18 Zügen
von Wiener-Neustadt nach Adelsberg.

Am 2. August begannen nach einer
36stündigen Vorbereitungsfrist die Haupt-

transporte auf der Südbahn, und zwar des V. und IX. Corps nach Görz, des III. Corps nach Villach, dann des II. Corps, welches ebenfalls nach Görz rücken sollte, aber infolge des inzwischen eingetretenen Waffenstillstandes mit Italien umdirigirt wurde, nach Graz.

Die Beförderung dieser Truppenmasse [155.808 Mann, 20.920 Pferde, 3.633 Geschütze und Fuhrwerke nebst 1037 Tonnen Verpflegsartikeln] nahm 400 Züge in Anspruch und dauerte bis inclusive 17. August, somit 15 Tage.

Die Südbahn wurde hiebei nach den beiden Linien Wien-Neustadt-Graz-Marburg-Villach und Wien-Neustadt-Kanizsa-Pragerhof-Görz benützt.

In den ersteren Tagen verkehrten auf beiden Linien, deren tägliche Leistungsfähigkeit unter gewöhnlichen Verhältnissen damals nur zu 21 Zügen nach jeder Richtung angenommen werden

konnte, täglich 27—29 Züge, und über den Semmering, wo die Züge getheilt werden mussten, täglich 80—90 Züge. Dieser Transport war ein umso kühneres Wagstück, als die Betriebsverhältnisse der Südbahn ganz besondere Schwierigkeiten darbieten.

Diesen Gesammtleistungen war es zu verdanken, dass nicht nur der Aufmarsch der Armeen im Norden und im Süden mit Hilfe der Schienenwege vollzogen, sondern auch das Erstaunliche ausgeführt werden konnte, die siegreiche Südarmee rasch zur Unterstützung der geschlagenen Nordarmee heranzuziehen, und dann zum zweitenmale rechtzeitig am südlichen Kriegsschauplatze mit einer imposanten Heeresmacht aufzumarschiren.

Nach Bahnen gegliedert, stellen sich die Leistungen in dieser 3½ monatlichen Periode wie folgt dar:

Bahnen	Mann	Pferde	Geschütze und Fuhrwerke	Tonnen Güter	Wagenladungen	Züge	Durchschnittlich zu Achsen
Südbahn	546.130	55.030	8.958	95.205	45.201	1.782	50
Nordbahn	490.803	53.607	7.754	61.174	37.909	1.568	48
Tiroler und Elisabethbahn	52.800	3.732	600	5.000	3.319	140	48
Raaberbahn	9.000	350	130	—	438	13	68
Bahnen Deutschlands und böhm. Westbahn	4.230	515	88	—	291	8	72
Bahnen Deutschlands und Elisabethbahn	21.763	1.331	345	—	1.171	35	68
Zusammen	1,124.726	114.565	17.875	161.379	88.389	3.546	50

Diese ganze Transportmasse wurde bewältigt, ohne dass ein einziger Eisenbahn-Unfall vorgekommen wäre. Die Einnahmen der Bahnen für den Massentransport betrugen nahezu 21,000.000 fl. Für die Ausführung von Bahn-Arbeiten hatte das Commando der Nordarmee zu Beginn des Feldzuges beantragt, eine eigene Abtheilung, bestehend aus 2 Ingenieuren, 6 Polieren und 12 Arbeitern zu bilden und dem Armee-Commando zu unterstellen. Das Kriegs-Ministerium bestimmte hingegen,

dass für Bahnzerstörungen und Wiederherstellungen die Thätigkeit des bei der Transportleitung des Kriegsschauplatzes eingetheilten Vertreters der General-Inspection in Anspruch genommen werde. Die betheiligten Bahnerhaltungs-Chefs sollten Arbeitskräfte zur Verfügung des bezeichneten Beamten bereit halten, weiters sollten zu den Arbeiten auch das ständige Bahnpersonale und technische Truppen herangezogen werden. Ausserdem wurden Stationen bestimmt, wo Wiederherstellungs-Materiale und Werkzeuge — zum Theile auf Lowries verladen — bereitzustellen waren.

Bei beiden Armeen ergaben sich vielfache Anlässe zu Bahnzerstörungen; die Arbeiten wurden fast ausschliesslich durch die Genie-Truppe — mitunter bei Mithilfe des Bahnpersonales — bewirkt.

Die erfolgten Unbrauchbarmachungen von Bahnen [vgl. Abb. 19—22] zeigt die nachstehende Tabelle:

Datum	Bahnlinie	Object (Strecke—Station)	Art der Unbrauchbarmachung	Veranlassung
Südarmee				
23. Juni	Rovigo-Ferrara	Eiserne Brücke über den Canal bianco		zur Deckung gegen Ferrara (Corps Cialdini)
9	Rovigo-Padua	Eiserne Etschbrücke bei Boara	gesprengt	
10.	Rovigo-Padua	Eiserne Brücke über den Gorzone bei Stanghella		Unterbrechung der Communicationen im Rücken der an die Donau abgehenden Südarmee
		Eiserne Brücke über den Bachiglione bei Padua		
14. Juli	Treviso-Udine	Hölzerne Piave-Brücke bei Conegliano (Ponte della Priula)	verbrannt	
18.	Treviso-Udine	Eiserne Tagliamento-Brücke bei Casarsa	gesprengt	
24.	Udine—Görz	Gemauerte Isonzo-Brücke bei Görz	zur Sprengung hergerichtet	
2. August	Görz-Nabresina	Tunnel von Sagrado		
Nordarmee				
23.	Oswiecim-Myslowitz	Eiserne Gitterbrücke über die Weichsel (Grenzbrücke)	Drei Pfeiler gesprengt. (Die Preussen hatten einen Pfeiler schon am 18 Juni gesprengt.)	zu Beginn des Feldzuges
27. Juni	Szczakowa-Myslowitz	Hölzerne Weichsel-Inundations-Brücke	verbrannt	
27.		Durchlass bei Dlugoczin		
28.	Oswiecim-Trzebinia	Eiserne Gitterbrücke über die Weichsel	gesprengt	
18. bis 23.	Reichenberg-Turnau-Kralup	Einschnitt bei Liebenau	auf 45 m verlegt	gegen die Vorrückung des Prinzen Karl von Preussen
24. 25.		Turnauer Bahnhof	Oberbau und Einrichtungen beseitigt	

Datum	Bahnlinie	Object [Strecke—Station]		Art der Unbrauchbar- machung	Veranlassung
			N o r d a r m e e		
26. Juni bis 2. Juli	Reichenberg- Turnau-Kralup	Eiserne Gitter- brücke über die	Iser bei Podol Iser bei Bakow Elbe bei Neta- towitz Moldau bei Kralup	ungangbar ge- macht. [Abneh- men des Bela- ges, der Lang- schwellen und Querträger.]	gegen die Vorrückung des Prinzen Karl von Preussen
2.	Josefstadt- Starkotsch	Holzbrücke über die Elbe bei Josefstadt		gesprengt	
—	Pardubitz-Wilden- schwert	Tunnel bei	Chotzen	verbarricadirt	
5.		Wasser-Station		unbrauchbar gemacht	
9.	Wildenschwert- Olmütz	Hölzerne Marchbrücke bei Hohenstadt [Möglitz]			
10.	Prerau-Oderberg	Holzbrücke über die Oder bei	D. Jassnik Pohl	verbrannt	Rückzug der Armee von Königgrätz nach Olmütz
11.	Böhm.-Trübau- Brünn	Tunnel bei Blansko		durch Spren- gung verlegt	
12.	Brünn- Lundenburg	Offene Strecke		Abtragung des Geleises auf 240 m Länge u. meh- rerer Brücken- felder von 12 m Spannung	
14. Juli	Prerau-Oderberg	Viaduct von	Jessernik Holinec	gesprengt	
—	Lundenburg	2 hölzerne Brücken		verbrannt	
—		3 hölzerne Brücken			
16.	Gänserndorf- Lundenburg	Brunnen und Pumpen auf der Strecke		unbrauchbar gemacht	Zurücknahme der Brigade Mondel von Lundenburg gegen Press- burg
18.	Marchegg-Press- burg	Gemauerte Marchbrücke bei Marchegg		gesprengt	
		Bahn-Einschnitt bei Blumenau		zur Sprengung hergerichtet	
17.	Olmütz	Gemauerte Brücke vor Lagerfort 7			Vertheidi- gungsinstand- setzung der Festung
28.	Turnau-Kralup [damals im preus- sischen Betriebe]	Eiserne Gitterbrücke über die Elbe bei Neratowitz		gesprengt	im Rücken der preussischen Armee durch die Festungs- besatzung von Theresienstadt

Abb. 20. Eisenbahn-Viaduct der Nordbahn bei Jessenik nach der am 14. Juli 1866 erfolgten Sprengung, mit dem von den preussischen Truppen hergestellten Provisorium.
[Nach einer Photographie aus dem histor. Museum der k. k. Staatsbahnen.]

In den Friedenstractaten nahm die Regelung der Eisenbahnverhältnisse eine besondere Stelle ein: In der Convention mit Preussen, betreffend die Vermehrung einiger Eisenbahnverbindungen [Prag, 23. August 1866], verpflichtete sich Oesterreich die Herstellung der Bahn Wildenschwert preussische Grenze bei Mittelwalde zu fördern. In dem zwischen Oesterreich und Preussen abgeschlossenen Protokolle über die gegenseitige Auslieferung der Kriegsgefangenen [Prag, 23. August 1866] wurde unter Anderem festgesetzt, dass der preussischen Armee zum Rücktransporte die uneingeschränkte Verfügung über die Eisenbahnen des Besatzungsrayons zustehen sollte, nur hatte auf jeder Linie ein Zug für den öffentlichen Verkehr frei zu bleiben. Im Friedenstractat mit Italien wurden unter Artikel X bis XII die Modalitäten hinsichtlich Uebergabe der Eisenbahnen auf dem abgetretenen Gebiete festgesetzt, mit Artikel XIII aber vereinbart, gegenseitig den Bahnverkehr zu erleichtern und den Bau neuer Verbindungen der bezüglichen Bahnnetze zu begünstigen; desgleichen versprach die österreichische Regierung die Vollendung der Brennerlinie soviel als möglich zu beschleunigen.

Kurz nach Beendigung des Feldzuges, im Herbste 1866, wurde mit Aller-höchster Entschliessung vom 15. September die Aufstellung eines Armee-Ober-Commandos verfügt und hiebei angeordnet, dass die Central-leitung für das Eisenbahn-Transportwesen in Beziehung auf das Letztere der Operations-Kanzlei dieses Commandos, in jeder anderen Hinsicht aber dem Generalstabe zu unterstehen habe. Es möge schon an dieser Stelle bemerkt werden, dass bereits im Jahre 1868 infolge Auflösung des Armee-Ober-Commandos die bisherige Operations-Kanzlei desselben in die 5. Abtheilung des Reichs-Kriegs-Ministeriums einverleibt wurde, und hiemit die Eisenbahn-Angelegenheiten an die letztgenannte Centralstelle wieder übergingen.

1867—1876.

Die Kriegsereignisse der letzten acht Jahre, namentlich aber jene des Jahres 1866, hatten die strategische Wichtigkeit eines guten Eisenbahnnetzes in einer Weise hervortreten lassen, dass sich die rationelle Entwicklung desselben als eine nicht abzuweisende Staatsnothwendigkeit von selbst aufnöthigte. Dieser Umstand sowie jene abgeschlossenen neuer Handelsverträge mit den darin bedingten Bahnanschlüssen und die durch die Verfassung des Jahres 1867 erfolgte Neubelebung des staatlichen Organismus brachten einen bedeutenden Aufschwung des Eisenbahnwesens in Oesterreich-Ungarn hervor, welcher bis zum Jahre 1872 sich stets in aufsteigender Richtung bewegte. So betrug die Länge der eröffneten Bahnen in Oesterreich-Ungarn 1867 — 313 km; in den folgenden Jahren 736, 843, 1577, 2160, und im Jahre 1872 — 2131 km.

Die Krise des Jahres 1873 bewirkte allmählich einen Rückfall. Nicht nur die Einstellung von begonnenen Bauten und die mangelnde Lust zu neuen Unterneh-

mungen, sondern auch eine förmliche
Nothlage bei den bestehenden Bahnen
waren die Folgen davon. Während noch
1873: 1714 *km* Bahnen eröffnet wurden,
sank diese Ziffer in den nächsten Jahren
auf 499, 669, 717, 537, 185, 231 und
endlich auf 75 *km* herab.

Die gleichen Verhältnisse, welche das
allgemeine Interesse nach den Jahren
1866 und 1867 für die Eisenbahnen und
deren Ausbau in Anspruch nahmen, später auch der durch zielbewusste Ausgestaltung und detaillirteste Vorsorge
musterhaft vorbereitete und dann erstaunlich rasch durchgeführte Aufmarsch
der Deutschen im Jahre
1870 sowie die damit
verknüpften kriegeri-
schen Erfolge bewirk-
ten, dass die Eisenbahn-
frage auch militäri-
scherseits eine er-
höhte Aufmerksamkeit
zugewendet wurde.

Der Verfasser einer,
1870 anonym erschie-
nen Schrift: »Das Jahr
1870 und die Wehrkraft
der Monarchie«, als wel-
cher kein Geringerer wie
Erzherzog Albrecht ge-
nannt wird, scheute es
nicht, den Finger auf die
Wunde zu legen, indem
er auf die Mängel des
Bahnnetzes der Mon-
archie hinwies.

»In der Richtung einer Vorbereitung
des Bahnnetzes für den Kriegsfall« —
führte die Schrift aus, — »ist bei uns noch
unendlich viel nachzuholen. Es ist noch
Alles zu viel Stückwerk. Namentlich sind
die Hauptbahnen nicht, wie es für den
grossen Verkehr und den Krieg unbedingt
nöthig wird, doppelspurig. . . . . . .
Doppelgeleise aber verdoppeln nicht nur
die Leistungsfähigkeit einer Strecke, sie
sichern sie auch, was im Kriege noch
mehr Werth hat, da sonst jede noch so
geringe Verspätung — Achsenbrüche, Entgleisungen, Zusammenstösse u. dgl. gar
nicht gerechnet, — den ganzen Fahrplan
bei grossen Truppenbewegungen über
den Haufen wirft und dadurch jede Com-

bination unsicher macht. In Deutschland
und Frankreich sind alle Hauptbahnen
doppelspurig«. . . .

Ebenso wies der aus derselben Zeit
stammende Motivenbericht des Reichs-
Kriegs-Ministeriums zur Errichtung der
Territorial-Divisionen auf »die Unvoll-
ständigkeit des · · auch noch meistens
einspurigen und zum Theile den strategischen Bedingungen wenig entsprechenden Eisenbahnnetzes« hin, und im gleichen Sinne forderten Fachmänner in
mehrfachen Publicationen eine Vervollständigung des Letzteren nach strategischen Gesichtspunkten.

Abb. 31. Eisenbahn-Viaduct der Nordbahn bei Rollnce nach der am
14. Juli 1866 erfolgten Sprengung, mit dem von den preussischen Truppen
hergestellten Provisorium.
[Nach einer Photographie aus dem historischen Museum der k. k. Staatsbahn.]

Das Jahr 1870 war insoferne für das
Militär-Eisenbahnwesen ein denkwürdiges,
als in diesem zum erstenmale in Oesterreich-Ungarn Eisenbahn-Truppen
organisirt wurden. Das Verordnungsblatt,
42. Stück, brachte die Creirung von 10
Feld-Eisenbahn-Abtheilungen, welche jedoch erst im Kriege zur Aufstellung zu
gelangen hatten.

Im gleichen Jahre kam eine neue
Vorschrift für den Militär-Transport auf Eisenbahnen zur Ausgabe.
Diese Neubearbeitung stellt sich als eine
Detail-Ausgestaltung jener Vorsorgen dar,
welche sich 1866 in ihren Grundsätzen so
trefflich bewährt hatten. In derselben erscheinen die Bestimmungen der gleichbe-

zeichneten Vorschrift vom Jahre 1862, dann der Instruction für die Militär-Eisenbahn-Transportsbehörden vom Jahre 1864, endlich des Anhanges zu beiden aus dem Jahre 1866 zusammengefasst. Wir finden darin nachstehende, wesentliche Neuerungen:

Den von den Bahnen schon im Frieden für plötzlich eintretende grössere Anforderungen auszuarbeitenden Maximal-Fahrordnungen ist nunmehr eine dritte Alternative zugrunde zu legen, nämlich Einstellung blos eines Theiles der Frachtzüge.

Bei den Militär-Eisenbahn-Transportsbehörden erscheinen auch Vertreter der beiden Landwehren.

Die Zusammensetzung der Centralleitung erfährt eine Erweiterung und wird der Vorstand des Bureaus des Generalstabes für Eisenbahnwesen ausdrücklich als Militär-Commissär bezeichnet.

Die »Eisenbahn - Transportsleitungen auf dem Kriegsschauplatze« erhalten den Namen »Feld - Eisenbahn - Transportsleitungen« und wird auch bei diesen das Personal vermehrt.

Für den Transport von Kranken und Verwundeten wird die Einrichtung der Güterwagen mit auf den Boden zu stellenden Tragbetten normirt.

Zu den Beilagen der Vorschrift gehören auch die Uebereinkommen der Bahnen betreff der gegenseitigen Aushilfe mit Wagen [24. Mai 1864] und Locomotiven [6. Februar 1866].

Von dieser Vorschrift wurde 1872 ein »Auszug für die Truppen« ausgegeben. Die Abb. 23 und 24 stellen die Verladungsweise von Feldgeschützen und Fuhrwerken dar.

In den 1871 hinausgegebenen neuen Organischen Bestimmungen für den Generalstab [N. V.-Bl. 13. Stück], wird das Eisenbahn-Bureau desselben als »Bureau für Eisenbahn-, Dampfschifffahrts-, Post- und Telegraphenwesen im In- und Auslande, zugleich Central-Leitung bei Massentransporten auf Eisenbahnen oder mittels Dampfschiffen« bezeichnet. —

Ueber die Fortschritte, welche in den letzten Jahren die Technik der Benützung der Eisenbahnen im Kriege gemacht hatte, gibt uns das vom Major Hugo Obauer und Hauptmann Emil Ritter von Guttenberg des k. k. Generalstabes 1871 veröffentlichte Werk »Das Train-, Communications- und Verpflegswesen vom operativen Standpunkte« Aufschluss, in welchem den Erfahrungen aus den letzten Kriegsjahren — einschliesslich jener aus 1870, Rechnung getragen ward. Auch in diesem Werke wird das österreichisch-ungarische Bahnnetz einer eingehenden Würdigung unterzogen und daraus abgeleitet, dass dasselbe auf »jedem Kriegsschauplatze, mit Ausnahme desjenigen gegen die Türkei, dem des eventuellen Gegners nachsteht«. Als besonders fehlerhaft werden hiebei bezeichnet: Die Verbindung mit Tirol durch fremdländisches Gebiet, die Führung der Nordbahn von Ostrau bis Trzebinia unmittelbar an der Landesgrenze und der Mangel einer Eisenbahnbrücke bei Pest-Ofen.

1872 kam zwischen dem Reichs-Kriegs-Ministerium und den Bahnverwaltungen ein Uebereinkommen [vom 15. Mai] zu Stande, mit welchem sich dieselben verpflichteten, schon im Frieden für 15% der Kastenwagen Einrichtungen für den Mannschafts- und ebensoviel für den Pferde-Transport in Vorrath zu halten, im Bedarfsfalle aber diese Einrichtungen binnen 3 Tagen [eventuell mit Zuhilfenahme von Militär-Kräften] auf je 45° zu ergänzen.

Im selben Jahre gelangte ein »Leitfaden des Eisenbahnwesens« zur Ausgabe [N. V.-Bl. 63. Stück], welcher bei Benützung der besten neueren Werke über Eisenbahnen sowie der wichtigsten Erfahrungen aus den letzten Feldzügen, die technischen Officiere, namentlich jene der Feld-Eisenbahn-Abtheilungen, mit den Arbeiten vertraut machen sollte, die im Kriege zur Zerstörung, Wiederherstellung oder Neuanlage von Eisenbahnlinien nöthig werden können.

Das Jahr 1873 brachte »infolge der Erweiterung des Bahnnetzes« die Vermehrung der 1870 creirten Feld-Eisenbahn-Abtheilungen von 10 auf 15, sowie die Activirung von 5 derselben schon im Frieden. [P. V.-Bl. 15. Stück.]

Nachdem die Wiener Weltausstellung 1873 Vorbilder für Kranken-Transports-Anstalten auf Eisenbahnen brachte, stellte der souveräne Malteser-Ritter-Orden 1874 einen Eisenbahn-Sanitätszug als »Schulzug« her.

Im Jahre 1875 erschienen [N. V.-Bl. 24. Stück] die organischen Bestimmungen für die freiwillige Unter-

Wagen, d. i. 1 Zugs-Commandanten- und Aerzte-, 1 Vorraths-, 1 Küchen-, 1 Speise-, 1 Magazins-, dann 1 Monturs- und Rüstungswagen, Alles auf das Zweckmässigste und Fürsorglichste eingerichtet. Locomotive und Conducteurwagen werden von den Bahnen beigestellt. [Vgl. Abb. 25 und 26].

Im Frieden besteht nur ein vollkommen

Abb. 22. Eisenbahnbrücke über die Elbe bei Neratowitz nach der am 26. Juli 1866 stattgefundenen Sprengung.
[Nach einer photographischen Aufnahme von H. Eckert in Prag.]

stützung der Militär-Sanitätspflege durch den souveränen Malteser-Ritter-Orden, Grosspriorat von Böhmen. Darnach sollte der Orden im Kriegsfalle sechs Eisenbahn-Sanitätszüge sammt Personal dem Reichs-Kriegs-Ministerium zur Verfügung stellen, welches deren Dirigirung auf den Kriegsschauplatz, beziehungsweise Zuweisung an die Feld-Eisenbahn-Transportsleitung der operirenden Armee zu veranlassen hatte.

Ein Zug besteht aus 10 Ambulanz-Wagen für 104 Kranke und 6 Extra-

eingerichteter Zug als »Schulzug«; für die übrigen Züge ist die complete Einrichtung für die von den Bahnen beizustellenden Wagen deponirt.

Schon im darauffolgenden Jahre wurde die Anzahl der Züge von 6 auf 12 erhöht [Präs. 3310 vom 10. Juli 1876] und zwischen dem Orden und den Bahnverwaltungen ein Uebereinkommen [vom 27. März] für die Beistellung der nöthigen Wagen seitens der Letzteren abgeschlossen, welches im März 1882 entsprechend ergänzt wurde.

Gleichfalls im Jahre **1876** wurde auch seitens des Reichs-Kriegs-Ministeriums mit den Eisenbahnen ein Uebereinkommen hinsichtlich Einrichtung und Verwendung von Eisenbahnwagen zu Militär-Sanitätszwecken abgeschlossen. — Die Einrichtung bestand hauptsächlich in der Anbringung von Thüren auch an der Stirnseite von Kastenwagen.

Bei der Neuorganisation des Generalstabes **1875** [N. V.-Bl. 49. St.] wurden die dem neuerrichteten Telegraphen-Bureau zugewiesenen Angelegenheiten aus den Agenden des Eisenbahn-Bureaus ausgeschieden und letzteres als »Eisenbahn-Bureau, zugleich Bureau für Dampfschifffahrts- und Postwesen« bezeichnet.

1877—1896.

Die nach dem Krisenjahre 1873 eingetretene Stockung in der Entwicklung der Eisenbahnen, und namentlich die infolge der Nothlage der staatlich garantirten Bahnen immer unerträglicher werdende Belastung der Staatsfinanzen brachten die Erkenntnis zur Reife, dass ein Eingreifen des Staates zur Sanirung dieser Verhältnisse nothwendig sei.

In Oesterreich entschloss man sich zu einem entscheidenden Schritte in dieser Beziehung im Jahre 1877, indem man mit dem sogenannten Sequestrationsgesetze die Staatsverwaltung zur Betriebsübernahme solcher garantirter Bahnen ermächtigte, welchen ein Vorschuss für die Bedeckung eines Betriebskosten-Deficits gewährt worden war, oder von welchen durch fünf Jahre mehr als die Hälfte des garantirten Reinerträgnisses beansprucht wurde.

Hiemit war die Verstaatlichungsaction eröffnet. Diese, mit der Sequestration der Kronprinz Rudolfsbahn 1879 thatsächlich begonnen, machte von da an ununterbrochene Fortschritte, während gleichzeitig auch der Bau neuer Linien auf Staatskosten betrieben wurde, so dass, während 1879 von dem österreichischen Gesammtnetze 8·35% im Staatsbetriebe standen, diese Ziffer 1880 auf 17·23, 1882 auf 25·20, 1884 auf 38·53, 1886 auf 43·44, 1892 auf 48·34 und 1896 auf 53·41% stieg. Den Schlussstein dieses Gebäudes bildete die in der Schaffung eines k. k. Eisenbahn-Ministeriums gipfelnde Neuorganisation der staatlichen EisenbahnVerwaltung, welche mit 19. Januar 1896 in Kraft trat.

Von einschneidender Wichtigkeit auf die Entwicklung der dem localen Bedürfnisse dienenden Eisenbahnen, von welchen manche auch militärische Bedeutung besitzen, war das im Jahre 1880 erschienene Localbahngesetz [vom 25. Mai]. Die durch dasselbe gewährten Erleichterungen bewirkten bis Ende 1896 ein Anwachsen der Localbahnen auf 3128 *km*.

In Ungarn ging man im Jahre 1876 daran, in Ausführung der schon 1848 vom Grafen Szechényi aufgestellten richtigen Principien, die begonnenen Linien zum Anschlusse an das Ausland auszubauen [Fiume, Predeal, Ruttka, Bruck, Semlin], ferner die schon 1868 begonnene Verstaatlichung der Bahnen ernstlich fortzusetzen. Seither fand Ungarns Bahnnetz eine gedeihliche Entwicklung; die Länge desselben wuchs von 6671 *km*. Ende 1876 auf 14.965 *km* Ende 1896, wobei von den Letzteren 7903 *km* auf die Staatseisenbahnen entfielen.

Gleichzeitig mit Oesterreich, wurde auch in Ungarn die Gründung von Localbahnen gesetzlich [Art. XXI vom J. 1880] geregelt und erleichtert, so dass der Umfang derselben von 63 *km* mit Ende 1880, auf 5997 *km* mit Ende 1896 anwuchs.

Vieles wurde in dieser Periode au. dem Gebiete des Militär-Eisenbahnwesens geschaffen.

1877 erschien das »Normale für Eisenbahn-Sanitätszüge«, womit die Aufstellung von mindestens 26 solchen Zügen für je 104 Kranke und Verwundete behufs Abschubs vom Kriegsschauplatze geregelt wurde. Die Züge bestehen aus 19 Wagen d. i. 13 mit Hängetragbetten eingerichtete Krankenwagen, dann je einem Arzt-, Personal-, Küchen-, Küchenvorraths-, Magazins- und Gepäcks[Sicherheits-] Wagen.

Im gleichen Jahre [N. V.-Bl. 66. St.] gelangte ein einheitlicher GebührenTarif für Militär-Transporte auf den österr.-ungar. Eisenbahnen

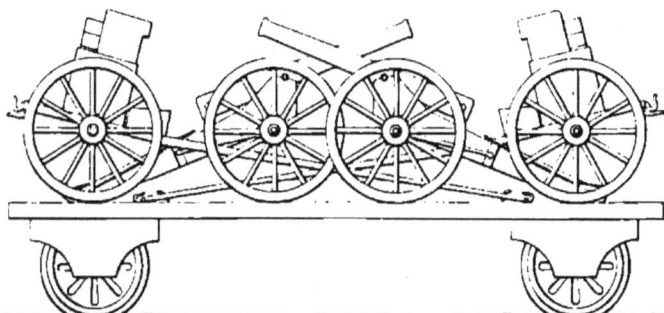

Abb. 23. Verladung der Feld-Geschütze nach Eisenbahn-Transport-Vorschrift vom Jahre 1870.

zur Ausgabe, wodurch die bis dahin fallweise mit den einzelnen Bahnverwaltungen abgeschlossenen Tarife ausser Kraft traten. Festgesetzt wurden per Kilometer nachfolgende Preise, u. zw.: Personen: I. Cl. 1·6 kr., II. Cl. 1·2 kr., III. Cl. 0·8 kr. per Kopf; Pferde mit Personenzügen: 3·3 kr., mit Lastzügen 2·7 kr. per Kopf. Fuhrwerke mit Personenzügen: 8 kr., mit Lastzügen 5·3 kr. per Stück; Güter mit Personenzügen: 0·8 kr., mit Lastzügen 0·32 kr., bei Ausnützung der Waggontragfähigkeit à 10 *t*: 0·25 kr. per 100 *kg*.; Separatzug 3·16 fl. pro *km*.

Anfangs 1878 wurden in Ergänzung des Vorstehenden die Bestimmungen für die Benützung der Wagenclassen, durch Militär-Personen [N. V.-Bl. 1. St.] sowie jene über die Creditirung der Bahnauslagen im Mobilisirungsfalle [N. V.-Bl. 6. St.] verlautbart. Im Monate Juli gelangte die Instruction für die Zerstörung der Eisenbahnen und Telegraphen durch die Pionnierzüge der Cavallerie-Regimenter zur Ausgabe.

Im gleichen Monate erschien eine Neubearbeitung der Vorschrift für den Militär-Transport auf Eisenbahnen [zweite und dritte Auflage]. An wesentlichen Abänderungen gegenüber der Auflage vom Jahre 1870 bemerken wir darin:

Für die Ausarbeitung der Kriegsfahrordnungen werden nicht mehr drei, sondern — analog wie in der Vorschrift vom Jahre 1862 — blos zwei Alternativen normirt, nämlich gänzliche Aufhebung oder theilweise Beschränkung des gewöhnlichen Verkehres, begreiflicherweise eine wesentliche Vereinfachung.

Der Fassungsraum der Güterwagen für Mannschaft erscheint nicht mehr nach Bahnen specificirt, sondern mit 28 bis 40 Mann pr. Wagen angegeben, wobei für den beiläufigen Calcul mit 36 Mann pro Wagen zu rechnen ist.

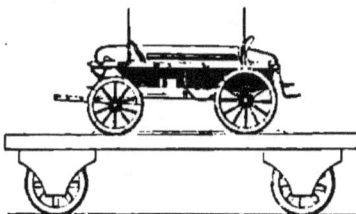

Abb. 24. Verladung von Fuhrwerken nach Eisenbahn-Transport-Vorschrift vom Jahre 1870.

»Für aussergewöhnliche Verhältnisse« wird ein neuer Functionär — der Chef des Feld-Eisenbahnwesens — normirt, welcher anfangs als Präses der Centralleitung ein Organ des Reichs-Kriegs-

Ministeriums, später ein Organ des Armee-Ober- [Armee-] Commandos ist; eine in dem Streben nach einheitlicher Leitung der Eisenbahn-Angelegenheiten auf dem Kriegsschauplatze begründete Massregel. Präses der Central-Leitung ist ein General oder Stabsofficier des Generalstabes [Chef des Feld-Eisenbahnwesens oder dessen Stellvertreter].

Der Generalstabs-Officier bei den Linien-Commissionen wird als »Linien-Commandant« bezeichnet.

In den Haupt-Kranken-Abschub-stationen werden die Etappen-Commissionen durch Militär-Aerzte verstärkt und fungiren dann erstere gleichzeitig als »Kranken-Transports-Commissionen«.

einander [vom 1. März 1878], zur gegenseitigen Aushilfe mit Wagen, Locomotiven und Personale. [Abb. 27 stellt die in dieser Vorschrift angeordnete Verladungsweise der Feldgeschütze dar.]

Die Occupations-Ereignisse des Jahres 1878 brachten abermals eine ausgiebige militärische Inanspruchnahme der Eisenbahnen mit sich.

Am 13. Juli wurde der Berliner Vertrag abgeschlossen, zufolge dessen Artikel XIV Oesterreich-Ungarn das Mandat erhielt, die Provinzen Bosnien und Herzegowina zu besetzen und zu verwalten; die Heeresleitung hatte aber schon vorher ihre Vorbereitungen getroffen.

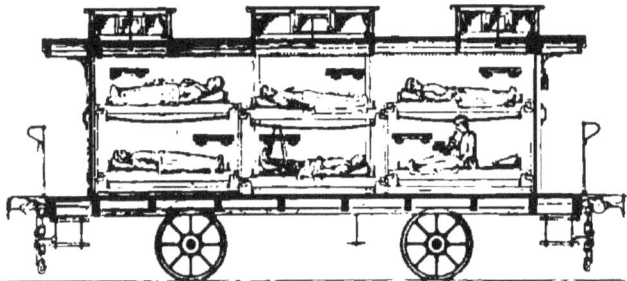

Abb. 25. Ambulanz-Wagen der Sanitäts-Züge des souveränen Malteser-Ritter-Ordens.

Den General- und Militär-Commanden wird auch im Kriege eine Instradirungsbefugnis eingeräumt, u. zw. für Transporte innerhalb des eigenen, oder für kleinere Transporte aus dem eigenen in einen fremden Bereich.

Für den Transport von Schwerkranken ist durch die »Sanitätszüge«, dann eventuell noch durch »Krankenzüge« vorgesehen, letztere mit der bisherigen Einrichtung [Tragbetten zum Stellen].

Unter den Beilagen befindet sich das Uebereinkommen mit den Bahnen vom 15. Mai 1872, betreff der Einrichtung der Kastenwagen für den Mannschafts- und Pferde-Transport, ferner ein neues Uebereinkommen der Bahnen mit dem Reichs-Kriegs-Ministerium und unter-

Derselben war es klar, dass operirende Armeekörper jenseits der Save vorwiegend auf den Nachschub aus dem Innern angewiesen sein würden, deshalb wurde auch der Ausgestaltung der Communicationen ein Hauptaugenmerk zugewendet. Die seit Jahren militärischerseits angestrebte Führung von Bahnverbindungen zu den Save-Uebergangspunkten Alt-Gradisca, Brod und Samac wurde erneuert angeregt. Der energischen Einwirkung des Reichs-Kriegs-Ministeriums gelang es zwar die Inangriffnahme des Baues der Eisenbahnlinie von Dalja über Vukovár nach Brod mit einem Zweige [Schotterbahn] von Vrpolje nach Samac, unter Mitwirkung militärischer Kräfte zu erzielen, doch erfolgte dieselbe erst Ende August, während der Uebergang der k. k. Truppen über die Save schon am 29. Juli stattgefunden hatte.

Behufs einheitlicher Durchführung des Eisenbahn- und Dampfschifftransportes nach dem Aufmarschraume an der Save und in Dalmatien wurde in Wien die »Central-Leitung« unter Oberst Hilleprand des Generalstabs-Corps aufgestellt. Für Essegg, Sissek, Barcs und Steinbrück waren Eisenbahn-Etappen-Commissionen activirt worden.

Die Massentransporte, welche sich stets ohne Störung des gewöhnlichen Verkehres abspielten, theilen sich — gemäss der successiven Aufstellungen — in drei Perioden:

Essegg, jenes der 7. Infanterie-Truppen-Division [17.700 Mann, 3180 Pferde] vom 10. bis 14. Juli aus dem Küstenlande und Krain auf der Linie Triest-Laibach-Steinbrück-Agram nach Sissek, endlich der grösste Theil der Reserven und Anstalten des 13. Corps vom 10. bis 18. Juli auf beiden genannten Linien. Die Ergänzungen für die 20. Infanterie-Truppen-Division waren schon zwischen dem 28. Juni und dem 3. Juli per Bahn nach Vukovár und Essegg, jene für die 18. Infanterie-Truppen-Division in derselben Zeit nach Triest abgegangen.

Bei der 6. und 7. Infanterie-Truppen Division konnte der Eisenbahn-Trans-

Abb. 26. Zugs-Commandanten- und Aerzte-Wagen der Sanitäts-Züge des souveränen Malteser-Ritter-Ordens.

Erste Periode.

In der Zeit bis 5. Juli wurden, um für alle Eventualitäten bereit zu sein, das 13. Corps mit der 6., 7. und 20., dann die 18. Infanterie-Truppen-Division — letztere speciell für die Herzegowina — mobilisirt, von welchen das Gros der 20. Infanterie-Truppen-Division in Croatien-Slavonien, jenes der 18. Infanterie-Truppen-Division in Dalmatien bereits dislocirt waren.

Der Eisenbahn-Transport begann am 10. Juli. Befördert wurden: das Gros der 6. Infanterie-Truppen-Division [16.600 Mann, 2050 Pferde] vom 13. bis 18. Juli aus Steiermark und Kärnthen auf der Linie Graz-Pragerhof-Gross-Kanizsa nach

port schon am 4. Mobilisirungstage beginnen.

Zweite Periode.

Als sich bald nach dem Einmarsche gezeigt hatte, welcher Widerstand zu bewältigen war, sah man sich genöthigt, die Occupations-Truppen bedeutend zu verstärken; es wurden daher in der Zeit vom 5. bis 19. August die an der Grenze stehende 36. und 1., dann die 4. Infanterie-Truppen-Division, endlich die 20. Infanterie-Brigade, letztere für die Herzegowina, mobilisirt, weiters die 25. Infanterie-Brigade zum Ersatz für die zum Einmarsche bestimmte 36. und 1. Truppen-Division an die Grenze verlegt. Von den genannten Heereskörpern wurden per Bahn

befördert: die 4. Infanterie-Truppen-
Division aus Mähren nach Essegg und
Vukovár vom 22. bis 30. August [8. bis
16. Mob.-Tag], dann die 25. Infanterie-
Brigade aus Ungarn an die Save.

Dritte Periode.

Der Verlauf der Occupation in den
ersten Wochen August liess die Nothwendigkeit einer imposanten Machtentfal-
tung erkennen; daher wurden auf Aller-
höchstes Befehlsschreiben vom 19. August
die Commanden des 3., 4. und 5. Armee-Corps, die 13., 14., 31. und 33. Infanterie-Truppen-Division und die 14. Cavallerie-Brigade mobilisirt und das II. Armee-Commando aufgestellt. Als erster
Mobilisirungstag war der 21. August
angegeben.

Der Massentransport fand wie folgt
statt: 13. und 31. Infanterie-Truppen-Division aus Budapest und West-Ungarn auf
den Linien der Staatsbahn-Gesellschaft,
dann der Alföld-Fiumaner Bahn, endlich
mittels der Schiffe der Donau-Dampf-
schifffahrts-Gesellschaft vom 28. August
bis 4. September [8. bis 15. Mob.-Tag],
nach Essegg und Vukovár;

14. Infanterie-Truppen-Division vom
28. August bis 7. September [8. bis
18. Mob.-Tag] aus Oedenburg [28. Inft.-
Brig.] über Zakany, Agram, Karlstadt
nach Tovin und aus Pressburg nach
Sissek;

33. Infanterie-Truppen-Division vom
29. August bis 4. September [9. bis
15. Mob.-Tag] aus Komorn, Gran und
Raab mittels Bahn und Dampfschiff nach
Essegg und Vukovár.

Die dem Armee- und dem Armee-
General-Commando unterstehenden Kör-
per wurden in der ersten Decade des
September theils mit Bahn, theils zu
Wasser befördert. Das Transports-Quan-
tum betrug demnach während dieser Pe-
riode rund 68.500 Mann und 10.700
Pferde.

Beim II. Armee-Commando wurde
die Feld-Eisenbahn-Transportsleitung
aufgestellt und Oberstlieutenant Anton
Ritter von Pitreich des Generalstabs-
Corps zum Vorstande derselben bestimmt.

Grössere Transportsbewegungen
ergaben sich bei der Reduction der
Truppen im Occupations-Gebiete: die
4., 14., 31., 33., dann die 20. Infanterie-
Truppen-Division mit Ausschluss der
39. Infanterie-Brigade, die 14. Cavallerie-
Brigade, endlich einzelne Körper und die
meisten Ergänzungen wurden von Mitte
October bis Mitte November in das
Innere der Monarchie rückdirigirt.

Bei der Occupation spielten Bahn-
herstellungen eine hervorragende Rolle.

Der Bau einer schmalspurigen
Schleppbahn von Brod über
Dervent, Doboj und Maglai nach
Zenica wurde einer Privat-Unterneh-
mung übertragen und Mitte September
in Angriff genommen. Ungünstige Verhältnisse verzögerten den Bau und machten
die Mitwirkung von Militärkräften erforderlich. Die Eröffnung konnte nicht —
wie präliminirt — 3 Monate nach Beginn,
sondern erst Anfangs Juni 1879 stattfinden. Mit der Herstellung einer
Strassen- und Eisenbahnbrücke
über die Save bei Brod wurde Anfangs October 1878 begonnen; im November und December trat wegen Hochwasser eine vollständige Einstellung der
Arbeiten ein. Im Juli 1879 wurde die
Brücke zugleich mit der im September
1878 begonnenen, 3 km langen, normalspurigen Broder Verbindungsbahn,
dem Verkehre übergeben.

Der Bau der Bahnstrecke Dalja-
Brod wurde mit aller Anstrengung betrieben, machte aber ebenfalls nur langsame Fortschritte, und wurde erst Anfangs März 1879 vollendet. Bei diesem
Bahnbau waren die Feld-Eisenbahn-
Abtheilungen Nr. 1, 2, 3, 6 und 11 verwendet.

Die 102 km lange, normalspurige,
seit 1875 aufgelassene Bahn Banjaluka-
Doberlin, welche bei der Occupation
im derontesten Zustande vorgefunden
worden war, wurde unter militärischer
Bauleitung durch neun Feld-Eisenbahn-
Abtheilungen [Nr. 4, 5, 7, 8, 9, 10, 12,
13 und 15] im September 1878 in Angriff genommen. Die Strecke bis Prijedor
wurde — ausschliesslich durch militärische Kräfte — schon bis 1. December des
Occupationsjahres, die restliche Strecke

bis 6. März 1879 in Stand gesetzt und der Betrieb durch die Feld-Eisenbahn-Abtheilungen aufgenommen. Die Eröffnung der Anschlussstrecke Doberlin-Sissek fand erst am 10. April 1882 statt.

Für den Transport der Kranken und Verwundeten in das Innere der Monarchie waren die Eisenbahn-Sanitäts-züge Nr. 1 und 2 vom 27. Juli bis 2. December, jene Nr. 3 und 4 vom 16. September bis 10. Februar activirt; desgleichen richtete der souveräne Malteser-Ritter-Orden im Laufe des Monats Juli

Die beschränkte Action zur Bekämpfung des Aufstandes im Süden der Monarchie 1881/82 hatte keine besonders erwähnenswerthe Benützung der Eisenbahnen für militärische Zwecke im Gefolge.

Im Jahre 1883 [Allerhöchste Entschliessung vom 8. Juli] wurde das Eisenbahn- und Telegraphen-Regiment — im Frieden mit 2 Bataillonen zu 4 Compagnien — errichtet.

Im gleichen Jahre [N. V.-Bl. 61. Stück] wurden für die Creditirung der Bahn-

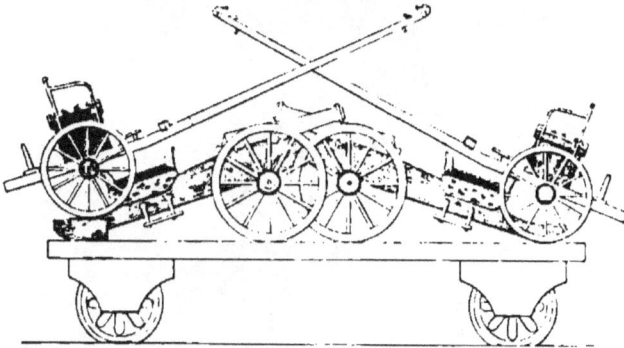

Abb. 27. Verladung der Feld-Geschütze nach Eisenbahn-Transport-Vorschrift vom Jahre 1878.

zwei Eisenbahn-Sanitätszüge [A und B] für je 100 Kranke ein, welche bis Ende October in Verwendung blieben. — Erstere standen im Durchschnitte 138 Tage in Verwendung und beförderten zusammen auf 65 Fahrten 1776 Verwundete und 4621 Kranke; die letzteren während 90 Tagen auf 33 Fahrten 1109 Verwundete und 2059 Kranke. Mit den, den Sanitäts-, beziehungsweise Malteser-Zügen angeschlossenen Personenwagen wurden weiters 1084, beziehungsweise 590, mit Krankenzügen 8876 Kranke und Verwundete transportirt. —

Im Jahre 1880 erschien die zweite Auflage des »Normale für Eisenbahn-Sanitätszüge«.

auslagen im Mobilisirungsfalle neue, einheitliche Bestimmungen an Stelle derjenigen vom Jahre 1878 verlautbart. Die letzte Ausgabe dieser Bestimmungen erfolgte im Jahre 1891. [N. V.-Bl. 27. Stück.]

Im Jahre 1886 wurde eine Vorschrift für die zu Eisenbahnprojects-Commissionen als Vertreter des Reichs-Kriegs-Ministeriums bestimmten Officiere, an Stelle der analogen 1879 im Verordnungswege erlassenen Instruction, ausgegeben.

Im Jahre 1887 gelangten neue organische Bestimmungen für das Eisenbahn- und Telegraphen-Regiment zur Ausgabe, welche 1892 durch neuere Bestimmungen ersetzt wurden.

In Jedermanns Erinnerung steht die hohe politische Spannung, welche im Winter 1887/88 die Eventualität eines Krieges mit unserem mächtigen nordischen Nachbar nahe rückte. Dieses Ereignis traf den Staat auch auf dem Gebiete der Eisenhahnen nicht unvorbereitet. In fürsorglicher Voraussicht hatte die Heeresverwaltung die Verbesserung auch unserer Verbindungen nach und in Galizien in's Auge gefasst, und ihre Bemühungen waren nicht ohne Erfolg geblieben. Es waren vollendet worden:

Diese Thätigkeit wurde nach dem Jahre 1888 fortgesetzt, und so gelangten während der darauf folgenden Periode in gleicher Berücksichtigung der volkswirthschaftlichen wie der militärischen Bedürfnisse zur Vollendung:

1889 das zweite Geleise in der Strecke Oderberg-Oswięcim,
1890 die Linie Jasło-Rzeszów,
1891 das zweite Geleise auf der Linie Krakau-Lemberg,
1893 jenes in der Strecke Gran-Waitzen,

Abb. 39. Militär-Zug. [Original-Aufnahme von A. Huber.]

1874 die Linie Miskolcz-Przemyśl,
1876 jene Kaschau-Eperies-Tarnów,
1884 die Linien Oswięcim-Podgórze-Krakau und Pressburg-Sillein-Krakau, dann die galizische Transversalbahn,
1885 das zweite Geleise der Linie Wien-Pressburg-Budapest (mit Ausnahme der Strecke Gran-Waitzen),
1887 die Linie Munkacs-Stryj und das zweite Geleise in der Strecke Neu-Sandec-Stróze,
1888 die Städtebahn Hullein-Teschen-Kalwarya, sowie das zweite Geleise auf der Linie Budapest-Miskolcz-Przemyśl und auf jener Oswięcim-Podgórze-Plaszów.

1895 die Karpathenbahn Marmaros-Sziget-Stanislau, endlich
1896 das zweite Geleise in der Strecke Lemberg-Zloczów.

Auch manche andere Vorsorge sehen wir in dieser Zeit reifen:

Mit 1. April 1889 wurden die »Eisenbahnlinien-Commandanten« auch für den Frieden normirt und zu diesem Zwecke dem 1. bis 14. Corps-Commando Officiere dauernd zugewiesen.

Der 1. Januar 1890 brachte die Aufstellung eines 3. Bataillons des Eisenbahn- und Telegraphen-Regimentes.

1892 gelangte die 4. Auflage der Vorschrift für den Militär-Transport auf Eisenbahnen zur Ausgabe, welche folgende wesentliche Verschiedenheiten gegen die Auflage vom Jahre 1878 [2. und 3. Auflage] zeigt:

Die Unterschiede zwischen der Bahnbenützung im Frieden und im Kriege werden — unter Vermeidung der früheren Umschreibung: »bei aussergewöhnlichen Verhältnissen« — direct ausgesprochen.

Unter den im Kriegsfalle aufzustellenden Militär-Eisenbahn-Behörden finden wir statt der Linien-, beziehungsweise Etappen-Commissionen, die Eisenbahnlinien-, beziehungsweise Bahnhof-Commanden, übrigens ohne wesentliche Aenderung in der Zusammensetzung und im Wirkungskreise.

Abb. 19. Einwaggonirung von Festungs-Geschütz. [Original-Aufnahme von J. Pabst.]

Die Einflussnahme der Militärbehörden auf die Eisenbahnen im Frieden wird als in der Durchführung von Militär-Transporten und in der Vorbereitung der Ausnützung im Kriege bestehend, präcisirt. Die Verpflichtung der Bahnen zur gegenseitigen Aushilfsleistung behufs Durchführung von Militär-Transporten wird auch für den Frieden ausgesprochen.

Die Fahrgeschwindigkeit der Militärzüge erscheint von »19 bis 23« auf »20 bis 30 km« in der Stunde — einschliesslich der kleinen, bis 5 Minuten währenden Aufenthalte erhöht.

Die Kriegs-Fahrordnungen sind nur für einen Fall, nämlich für jenen der gänzlichen Aufhebung des Civilverkehres, auszuarbeiten und in reservirtester Weise zu behandeln. Bei denselben verkehren die Züge in gleich schneller Fahrt, u. zw. einzelne davon regelmässig als »Post-

und Transenen«, die anderen nach Bedarf als »Militärzüge«. Ein Theil der
Züge wird als »Facultativzüge« für un-
vorhergesehene Bedarfsfälle und Regiezwecke reservirt.

Die auf militärische Ausnützung der
Bahnen bezughabenden Angelegenheiten
sind geheim zu halten.

Die neue Einrichtung der Wagen für
den Mannschaftstransport erscheint durch
die Anbringung von Thürvorlegern, sowie von Gewehrrechen und Gepäcks-
leisten verbessert.

vereinfacht; an Stelle der früher aus
Frühstück-, Mittag- und Abendessen bestehenden und für die kalte und warme
Jahreszeit verschieden bemessenen Ver-
köstigung tritt die Eisenbahn-Mittagskost
mit einer — binnen 24 Stunden mindestens einmaligen — »Zubusse«, bestehend
aus schwarzem Kaffee u. dgl., während aus
dem Relutum für das Frühstück und Abendessen kalte Esswaaren einzukaufen sind.

Für die Schulung im Ein- und Aus-
waggoniren werden eigene Uebungen
vorgeschrieben. [Vgl. Abb. 28 bis 31.]

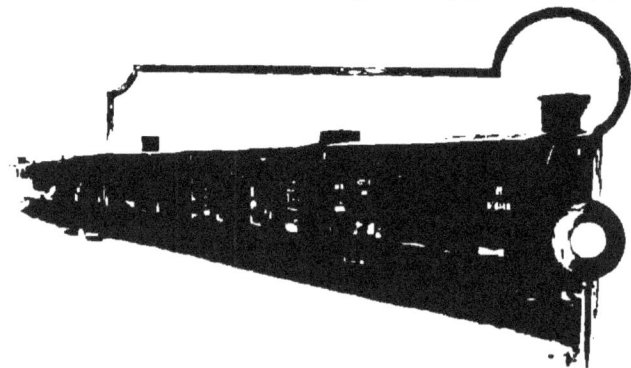

Abb. 30. Einwaggonirte Militär-Pferde. [Original-Aufnahme von J. Pabst.]

Zur Auswaggonirung von Pferden,
Geschützen und Fuhrwerken auf offener
Strecke sind den Militär-Zügen nach
Bedarf transportable Rampen mitzu-
geben.

Der Benützung der Eisenbahnen für
Etappenzwecke im Kriege wird ein eigenes Capitel gewidmet.

Als neue Instradirungs-Behörde im
Frieden erscheint das Reichs-Kriegs-
Ministerium, u. zw. für grössere Transporte, welche drei oder mehr Territorial-
bezirke zu berühren haben.

Das Formular für Marschpläne ist
abgeändert und durch eine graphische
Skizze vervollständigt.

Die Bestimmungen für die Kriegsver-
pflegung in natura erscheinen wesentlich

Für den Transport von Kriegsgefangenen sind specielle Bestimmungen aufgenommen.

Für die baulichen Anlagen der Eisen-
bahn-Verköstigungs- und Tränkanstalten
und für den Betrieb der Verköstigungsan-
stalten wurden hingegen die nöthigen »An-
leitungen« im folgenden Jahre ausgegeben.

Eine besondere Thätigkeit auf
militärischem Gebiete sehen wir die
Bahnen in letzter Zeit anlässlich der
grossen Herbst-Manöver entwickeln, um die auf dem Manöverplatze
vereinten Truppen thunlichst rasch in
ihre Garnisonsorte zurückzubefördern. So
wurden beispielsweise nach den Manövern
im Waldviertel 1891 bei Einhaltung des

ungemein lebhaften Civil-Personenverkehres 58.880 Mann, 1112 Pferde und 200 Fuhrwerke binnen 36 Stunden aus den Stationen Göpfritz, Schwarzenau, Vitis und Pürbach-Schrems der eingeleisigen Staatsbahnlinien [Wien]-Absdorf-Gmünd und der Station Sigmundsherberg der ebenfalls eingeleisigen Localbahn Sigmundsherberg-Horn-Hadersdorf abtransportirt.

Nach den grossen Armee-Manövern bei Güns gelangten, bei Einhaltung des vollen Personen- und nur theilweiser Einschränkung des Frachtenverkehres, zum Abtransporte:

a) 817 Officiere, 23.676 Mann, 1298 Pferde und 45 Fuhrwerke binnen 21

terháza und Kapuvár der Raab-Oedenburg-Ebenfurther Eisenbahn in der Richtung gegen Pressburg.

Im Ganzen 3740 Officiere, 89.521 Mann, 5451 Pferde, 548 Fuhrwerke aus 13 Stationen von durchaus eingeleisigen Linien in durchschnittlich 30 Stunden.

Auch diese Friedens-Transporte sind Leistungen, welche angesichts der bei denselben zu beobachtenden, im Kriege ganz entfallenden Rücksichten, gewiss volle Beachtung verdienen.

Ueberblickt man — am Schlusse dieser Blätter angelangt — die Entwick-

Abb. 31. Einwaggonirung von Infanterie. (Original-Aufnahme von J. Pabst.)

Stunden aus den Stationen Reschnitz, Kis-Uniom, Vép und Porpác der k. ung. Staatseisenbahnen in der Richtung gegen Graz und Stuhlweissenburg;

b) 954 Officiere, 21.779 Mann, 893 Pferde und 119 Fuhrwerke innerhalb 26 Stunden aus den Stationen Oedenburg, Zinkendorf und Schützen der Südbahn in der Richtung gegen Wien;

c) 1166 Officiere, 23.600 Mann, 1829 Pferde und 240 Fuhrwerke binnen 37 Stunden aus den Stationen Bück, Acsád und Steinamanger der Südbahn in der Richtung gegen Agram, endlich

d) 803 Officiere, 20.466 Mann, 1431 Pferde und 144 Fuhrwerke innerhalb 27 Stunden aus den Stationen Pinnye, Esz-

lung unseres Militär-Eisenbahnwesens, so kann man in derselben drei deutlich ausgesprochene Phasen constatiren. Die Periode bis gegen das Ende der Fünfzigerjahre kann als jene der theoretischen Speculationen bezeichnet werden. In der zweiten Periode, welche bis zum Jahre 1866 reicht, entwickeln die massgebenden Factoren — durch die Erfahrungen des Jahres 1859 veranlasst — eine intensive und fruchtbringende organisatorische Thätigkeit, um das vorhandene Bahnnetz Kriegszwecken dienstbar zu machen. Die Erfolge dieser Bemühungen treten in der geordneten Durchführung der Massentransporte im Jahre 1866 zu Tage. Später, und besonders nach Beginn der

Siebzigerjahre, sehen wir die grosse Bedeutung der Eisenbahnen für die militärische Machtstellung des Staates zum
vollen Bewusstsein aller Kreise gelangen,
und findet dies darin seinen Ausdruck,
dass nicht nur die Vorsorgen für die
Ausnützung der Schienenwege erweitert
und vertieft werden, sondern auch die
Ergänzung des Bahnnetzes im strategischen Sinne ernstlich in Angriff genommen wird, wodurch die dritte Periode
charakterisirt erscheint.

Je weiter nun in der Neuzeit die Vervollkommnung des Militär-Eisenbahnwesens schreitet, desto mehr festigt sich
die Erkenntnis, dass die Eisenbahnen ein
strategisches Mittel erster Ordnung bilden,
welches im Kriege berufen ist, eine aus-
schlaggebende Rolle zu spielen. Dieses
Bewusstsein hat traditionell unsere Eisen-
bahnkreise durchdrungen und zur äussersten
Anspannung aller Kräfte angespornt,
wenn es galt, an der Vertheidigung des
geliebten Vaterlandes mitzuwirken. Möge
das gleiche stolze Gefühl auch in Hin-
kunft das Heer der Eisenbahnmänner
erfüllen und zur treuesten aufopfernden
Hingabe an seine militärischen Aufgaben
des Friedens und des Krieges in Dienste
unseres erhabenen Monarchen begeistern.

Abb. 32. Feldbahnbau.

Zweck, Gründung und Wirksamkeit des k. u. k. Eisenbahn- und Telegraphen-Regimentes.

Die ungeahnt rasche Entwicklung der Eisenbahnen in allen civilisirten Ländern der Welt musste auch einen entscheidenden Einfluss auf die Kriegführung ausüben.

Das Jahrhundert ist noch nicht zur Neige, seit die Heere Napoleon I. Monate lang unter Strapazen und Mühen aller Art marschiren mussten, bevor sie mit dem Feinde in Fühlung traten, und heute eilen zehnfache Mengen von Streitkräften auf dem Schienenwege dem fernen Ziele in wenigen Tagen entgegen. Wie ganz anders musste sich hiedurch der Operationsplan gestalten, wie wesentlich wird er durch das Bahnnetz des eigenen Landes beeinflusst; liegt doch in der vollkommensten Ausnützung dieses wichtigsten Verkehrsmittels das erste Moment für ein glückliches Gelingen der eigenen Unternehmung.

Mit dem Bewusstsein des eminenten Einflusses der Bahnen auf die moderne Kriegführung musste sich von selbst das Bedürfnis herausstellen, eigene Truppen zu besitzen, welche sowohl entsprechend geschult, als auch gerüstet seien, um einestheils dem Feinde das wichtige Hilfsmittel der Bahnen so nachhaltig als möglich zu zerstören, anderntheils vom Feinde zerstörte Linien so rasch als möglich wieder in Stand zu setzen, wenn nöthig auch Verbindungslinien ehestens zu erbauen, sowie den Verkehr auf derlei feldmässigen Bahnen einzuleiten und zu führen.

Wenngleich im engeren Sinne nur eine Hilfstruppe, so ist dieselbe doch ein wesentlicher Factor für das Gelingen der Operationen eines modernen Heeres. Denn, fällt die möglichst rasche Concentrirung eines Millionenheeres den bereits bestehenden Bahnen zu, so obliegt dieser Hilfstruppe die nicht minder wichtige Aufgabe, die stete Verbindung der siegreich vordringenden Armee mit dem Bahnnetze der Heimat, und den Nachschub all' der Tausende von Gütern, welche die Armee zu ihrem täglichen Bedarfe nöthig hat, durch Wiederherstellung und Inbetriebsetzung zerstörter Linien, Herstellung einzelner Vollbahnstrecken, Bau flüchtiger Feldbahnen etc. zu besorgen.

Dass heutzutage die Aufgabe der Eisenbahn-Truppen keine leichte ist, und ein unausgesetztes Studium und Leben seitens aller Organe derselben erheischt, will selbe den stetig wachsenden Anforderungen entsprechen, wird insbesonders dem Fachmanne klar sein, wenn er

in Betracht zieht, dass nur aus dem vollkommenen Beherrschen des ganzen Eisenbahnwesens und vornehmlich der auf
den Bau bezughabenden Erfahrungen die
Möglichkeit eines raschen und sicheren
Bahnbaues gewonnen werden kann. Zum
Probiren und Studiren lässt eben die
heutige Kriegführung keine Zeit mehr.

Wie aber das gesammte Eisenbahnwesen erst in neuerer Zeit mit Riesen-
schritten der heutigen Vollendung ent-
gegeneilte, so waren auch in allen
europäischen Staaten die für den Eisen-
bahnbau militärischen Kräfte bis in die letzten Decennien gänzlich
unzulängliche. Erst die Erfahrungen der
letzten Kriege haben auch in dieser
Richtung Klarheit geschaffen und die
unbedingte Nothwendigkeit möglichst
starker und geschulter Eisenbahntruppen
dargethan.

In Oesterreich-Ungarn waren es vorerst nur die bereits bestandenen technischen
Truppen, welche angewiesen wurden,
einzelne Abtheilungen mit dem Wesen
des Eisenbahnbaues und Dienstes vertraut
zu machen.

Diese Anfänge datiren vom Jahre
1868; doch erst die Einführung der
allgemeinen Wehrpflicht in Oesterreich im
Jahre 1869 machte die Aufstellung eigener
Abtheilungen für den Bahnbau — der
Feld-Eisenbahn-Abtheilungen — möglich,
deren factische Creirung im Jahre 1870
durchgeführt wurde.

Diese Feld-Eisenbahn-Abtheilungen,
welche aus einem Militär-Detachement
und einem, bereits im Frieden nominativ
bestimmten und sichergestellten Civil-
Detachement bestanden, waren vorerst
nur für den Kriegsfall designirt, während
im Frieden nur einzelne technische
Officiere, welche für Posten bei diesen
Abtheilungen ausersehen waren, durch
Commandirungen bei Bahnbauten, beim
executiven Bahndienst etc. eine geeignete
Specialbildung erhalten sollten.

Im Jahre 1873 wurden die Militär-
Detachements der Feldeisenbahn-Ab-
theilungen Nr. I, II, III, IV und V thatsächlich aufgestellt, und es kamen dieselben
vielseitig auch bei Friedens-Bahnbauten in
Verwendung, so z. B. beim Baue der
Bahnstrecken Braunau-Strasswalchen, der

Salzburg-Tirolerbahn, der Linie Chotzen-
Braunau, der Istrianerbahn, der Linie
Temesvar-Orsova, der Budapester Verbindungsbahn, der Salzkammergutbahn
u. s. w.

Gelegentlich der theilweisen Mobilisirung anlässlich der Occupation von
Bosnien im Jahre 1878 wurden die Militär-
Detachements sämmtlicher 15 systemisir-
ten Feld-Eisenbahn-Abtheilungen mit
Ausnahme jener Nr. XIV nach und nach
aufgestellt. Die ressourcenarmen Länder
Bosnien und Herzegowina mit ihrem
gänzlichen Mangel an Bahnverbindungen
mit dem Hinterlande, mit ihren schlechten, oft unpassirbaren Strassen und Wegen
erforderten die angestrengteste Thätigkeit aller in Verwendung gestandenen
technischen Kräfte, wobei die Feld-
Eisenbahn-Abtheilungen infolge der eigenthümlichen Verhältnisse auch in sonstigen
Zweigen des technischen Dienstes vielfach
verwendet wurden.

An eigentlichen Eisenbahnarbeiten
führten dieselben aus:

1. die Linie Dálja-Brod, welche
inclusive des Flügels Vrpolje-Samac in
einer Länge von ca. 110 *km* von den
Feld-Eisenbahn-Abtheilungen Nr. I, II, III,
VI und XI im Vereine mit einer Civil-
unternehmung ausgeführt wurde;

2. die Wiederherstellung der circa
100 *km* langen, normalspurigen Bahn von
Banjaluka bis Doberlin, welche seinerzeit
unter der türkischen Regierung von dem
bekannten Bauunternehmer Baron Hirsch
gebaut worden war und zu Beginn der
Occupation gänzlich verlassen und ver-
wahrlost, theilweise zerstört vorgefunden
wurde, so zwar, dass diese Bahn beinahe
neu hergestellt werden musste. Diese
schwierige Arbeit fiel den Feld-Eisenbahn-
Abtheilungen Nr. IV, V, VII, VIII, IX,
X, XII, XIII und XV zu. Nachdem es mit
dem Aufgebote aller Kräfte gelungen war,
in kürzester Zeit Strecke und Fahrbetriebsmittel wieder in brauchbaren Zustand
zu setzen, übernahmen die genannten
Feld-Eisenbahn-Abtheilungen auch deren
Betrieb.

In diese Zeit der Thätigkeit der Feld-
Eisenbahn-Abtheilungen fällt auch der
Bau der Schmalspurbahn von Brod nach
Zenica [Bosnabahn], welche vom Reichs-

Kriegs-Ministerium der Bauunternehmung Hügel und Sager unter Leitung und Beaufsichtigung einer Militär-Bauleitung übertragen wurde und welche bis zu dem Momente ihrer Abtretung an die bosnisch-herzegowinische Landesregierung im Jahre 1895 unter der Leitung des Reichs-Kriegs-Ministeriums stand und sich in dieser Zeit von einer, ursprünglich nur dem Nachschube dienenden Schleppbahn

Regiment zu 2 Bataillonen à 4 Compagnien errichtet werden sollte. Nach Beendigung der betreffenden Detailverhandlungen erhielten die hienach ausgearbeiteten organischen Bestimmungen am 8. Juli 1883 die Allerhöchste Sanction und kann somit dieser Tag als der eigentliche Geburtstag des Eisenbahn- und Telegraphen-Regimentes betrachtet werden. Das erste Bataillon sowie der Regimentsstab wurden in Korneuburg — welches seither die Heimath des Regimentes geblieben ist — das zweite Bataillon in Banjaluka aufgestellt, und Letzterem der Betrieb der Militärbahn Banjaluka-Doberlin übertragen.

Zum Inspector der Truppe wurde der Chef des Generalstabes bestimmt.

Anlage eines feldmässigen Bahnhofes.

zu einer Muster-Schmalspurbahn ersten Ranges emporgearbeitet hat.

Das ständige Wetteifern der Grossmächte, ihre Wehrkräfte nach den Siegen der deutschen Armee im Jahre 1870/71 weiter auszubilden und zu consolidiren, liess auch in unserem Vaterlande die Heeresverwaltung nicht ruhen und nicht rasten, in diesem Sinne vorwärts zu schreiten. Den bezüglichen, auf Reorganisation abzielenden Arbeiten verdankt auch das heutige Eisenbahn- und Telegraphen-Regiment sein Entstehen.

Am 2. September 1882 wurde ein Organisations-Entwurf für dieses neu zu errichtende Regiment Sr. Majestät unterbreitet, wonach aus den bestandenne Feld-Eisenbahn-Abtheilungen ein eigenes

Legung des Oberbaues.

Abb. 31   Feldmässiger Bahnbau.

Die technische Ausrüstung des Regimentes, welche grosse Summen erforderte, konnte nur successive durchgeführt werden.

Die vielseitigen und schwierigen Arbeiten, welche dem jungen Regimente einestheils durch die Errichtung eines für die technischen Uebungen geeigneten Platzes, anderntheils durch die Schulung der Mannschaft in einen ganz eigenartigen Dienst sowie durch die Bearbeitung vorläufig nur provisorischer Instructionen im Anfange erwuchsen, erforderten die ganze Thatkraft des aus den verschiedensten Abtheilungen zusammengestellten Officierscorps. Trotzdem erschienen in kurzer Zeit die Verhältnisse gefestigt und war ein wohldurchdachtes, festes Fundament für die gedeihliche Fortentwicklung des Regimentes geschaffen.

Noch im Jahre 1883 ging das erste Arbeits-Detachement des Regimentes zu einem Civilbahnbaue ab. Die Bauleitung der Localbahn Bisenz-Gaya hatte an das Reichs-Kriegs-Ministerium die Bitte um Commandirung einiger Leute des Regimentes zur Aufstellung eiserner Brücken und zum Legen von Oberbau gerichtet.

Mit dieser Commandirung war der Anfang zu einer Reihe, später noch näher zu erörternder Verwendungen einzelner Detachements des Regimentes bei factischen Bahnbauten gemacht. Diese Commandirungen können durch den bleibenden Charakter, durch welchen sich die hiebei auszuführenden Arbeiten von den analogen Uebungen auf dem Uebungsplatze wesentlich unterscheiden, als eine sehr erspriessliche Schulung von Officieren und Mannschaft angesehen werden, welche namentlich den Eisenbahn-Officier in die Lage versetzen, reiche Erfahrungen zu sammeln, aus denen er im Ernstfalle jeweilig das beste und vor Allem das schnellste Mittel zur Lösung der an ihn gestellten Aufgabe wählen kann.

Namentlich in der Uebung des Tracirens von Bahnlinien erschien es vortheilhaft, einen möglichsten Wechsel des Terrains und der Verhältnisse anzustreben, um dem Officier die Möglichkeit zu bieten, sich den freieren Blick, die rascheste und zugleich genaueste Arbeit eines vollendeten Traceurs anzueignen.

Es wurde denn auch jede sich bietende Gelegenheit wahrgenommen, um diesen wichtigen Zweig der technischen Ausbildung entsprechend zu üben. Zu diesem Zwecke ordnete die Heeresverwaltung sowohl jährlich grössere Uebungstracirungen an, welche stets bis zur vollständigen Fertigstellung eines Vorprojectes durchgeführt wurden, sowie auch Tracirungen von in Aussicht genommenen Localbahnen durchgeführt wurden, wie

z. B. bereits im Jahre 1885 die Tracirung einer Localbahn von Korneuburg nach Ernstbrunn.

Auch im Telegraphenbaue wurden schon im Jahre 1884 grössere Uebungen vorgenommen, indem eine Feld-Telegraphenleitung von Korneuburg über Hainfeld nach Pressbaum in der Zeit vom 16. bis 28. Juni durchgeführt wurde.

Die Hauptübungen des Regimentes bildeten vom Anfange an nebst der schon erwähnten Vornahme von Tracirungen: der Bau normalspuriger Bahnen, von Stationsanlagen sammt dem für den Betrieb unbedingt nöthigen Zugehör, der Bau von Eisenbahn-Brückenprovisorien über trockene und nasse Hindernisse, der halbpermanente wie auch feldmässige Telegraphenbau (Abb. 35), sowie das Sprengwesen in allen seinen Details, an welche Hauptanforderungen stets die rein militärischen Exercitien und Uebungen analog der Infanterie angereiht werden mussten.

Für die ebenfalls wichtige Ausbildung eines Theiles der Mannschaft im executiven Verkehrsdienste, dem Zugförderungs- und Werkstättendienste hatte das 2. Bataillon auf der Militärbahn Banjaluka-Doberlin zu sorgen. Da jedoch der Verkehr auf dieser Bahn zufolge der localen Verhältnisse im Anfange ein ganz minimaler und zu geringer war, um namentlich die Ausbildung einer genügenden Anzahl von Locomotivführern zu ermöglichen, so wurden im Einvernehmen mit dem k. k. Handelsministerium vom Jahre 1884 angefangen stets acht Mann des Regimentes auf die Dauer von sechs Monaten bei verschiedenen Bahnen zu diesem Zwecke in Zutheilung gegeben, wo diese Lehrlinge auch die staatsgiltigen Prüfungen abzulegen hatten.

Das 2. Bataillon, welches, wie bereits erwähnt, in Banjaluka aufgestellt worden war, hatte den gesammten Dienst auf der Militärbahn zu versehen, wobei die Officiere, unbeschadet ihres militärischen Compagnie-Dienstes, sowohl die Bahnerhaltung, als den Zugförderungs- und den Stationsdienst zu versehen hatten, während die Mannschaft theils zum Zugförderungsdienste, theils zur Streckenbewachung und als Oberbaupartieen, sowie in den Werkstätten verwendet wurde.

Abb. 54. Bau von Holzgerüstpfeilern.

Sowohl die hiedurch bedingte, zerstreute Bequartirung, als auch die Art des Dienstes machte die nicht ausser Acht zu lassende, rein militärische Ausbildung der Mannschaft sehr schwierig. Dieser Umstand sowie der bereits berührte, durch die localen Verhältnisse bedingte minimale Verkehr auf der Militärbahn veranlassten das Reichs-Kriegs-Ministerium, im März 1885 das 2. Bataillons-Commando mit 2 Compagnien von der Militärbahn abzuziehen und ebenfalls nach Korneuburg zu verlegen.

Nachdem Verhandlungen mit den betreffenden beiderseitigen Ministerien wegen Uebergabe der Militärbahn an die Staatsbahnen zu keinem Resultate führten, musste der Betrieb dieser Bahn auch weiter von militärischen Kräften geführt werden, und wurden hiefür die in Bosnien verbliebenen 2 Compagnien bestimmt und einem militärischen Commandanten, als Director der Bahn, unterstellt; diese Compagnien wurden zeitweise gewechselt. Da mittlerweile beim Regimente rastlos gearbeitet wurde, um die Compagnien für ihren eigentlichen Zweck, den feldmässigen Eisenbahnbau, auszubilden, welchen Uebungen die in Bosnien verwendeten Compagnien naturgemäss entzogen waren, anderntheils der Verkehr noch nicht derart gestiegen war, um durch eine gründliche Ausbildung der Compagnien im executiven Bahndienste auf der Militärbahn eine Entschädigung hiefür zu finden, zog das Reichs-Kriegs-Ministerium im Juni 1888 noch eine Compagnie [4.] von der Militärbahn ab und ordnete an, dass die noch verbleibende [5.] Compagnie Civilarbeitskräfte heranziehe und für den executiven Bahndienst schule. Mit vieler Mühe und mancher vergeblicher Probe wurden die geeignetsten Elemente aus der Bevölkerung zum Dienste als Aufsichtspersonal, für den Streckendienst und auch zum Zugförderungsdienst ausgebildet, und hiebei nach kurzer Zeit so überraschend gute Resultate erzielt, dass schon im October 1888 die letzte Compagnie aus dem Occupationsgebiete einrücken konnte.

Die Militärbahn verblieb auch weiterhin dem Reichs-Kriegs-Ministerium unterstellt und unter militärischer Direction; die Organe der Zugförderung, die Streckeningenieure, Maschinenführer und ein Stamm von Werkstättenarbeitern wurden noch weiterhin vom Regimente beigestellt, die übrigen Stellen jedoch mit Civilpersonen besetzt, wobei mehrere ausgediente Unterofficiere zu Unterbeamten ernannt wurden. Nach und nach wurde der Stamm an activen Officieren und Mannschaft immer mehr reducirt, bis schliesslich nur der Director und der Zugförderungs- und Werkstättenchef, sowie ein kleines Detachement Arbeiter dem Regimente entnommen wurden.

Hingegen wird jährlich eine Compagnie des Eisenbahn- und Telegraphen-Regimentes an die Militärbahn commandirt, um den alten Oberbau successive gegen neuen Stahlschienen-Oberbau umzuwechseln, wobei gleichzeitig die gröbsten Fehler des Unterbaues corrigirt werden. Ebenso wurden nach und nach neue moderne Hochbauten aufgeführt, die Objecte ausgewechselt, ausser dem 3 km von der Stadt Banjaluka entfernten Bahnhofe ein neuer Bahnhof im Weichbilde der Stadt angelegt, Werkstätten gebaut, so dass die k. k. Militärbahn trotz ihrer noch manches zu wünschen übrig lassenden Frequenz sich heute in Beziehung auf ihre moderne Ausgestaltung den Bahnen des Inlandes anzureihen vermag.

Kehren wir aber zurück zu dem eigentlichen Entwicklungsgange des Regimentes selbst.

Dank der Förderung, welche die Interessen des Regimentes stets durch die hohen und höchsten Vorgesetzten fanden, dank dem unermüdlichen Eifer und dem Streben der Commandanten und Officiere, die Verhältnisse so rasch als möglich zu consolidiren und vorwärts zu schreiten in der kriegsmässigen Ausbildung einer allen Anforderungen entsprechenden Eisenbahntruppe konnte das junge Regiment schon in der kürzesten Zeit mit Stolz auf eine Reihe von einschneidenden Verbesserungen und Erfolgen blicken.

Es würde zu weit führen und den engen Rahmen dieses Capitels zu sehr überschreiten, wollte man in Einzelheiten alle die Versuche, die Uebungen und Studien anführen, welche für den Entwick-

lungsgang des Regimentes von Wichtigkeit waren, und es sollen im folgenden
nur jene einschneidenden Aenderungen
kurz erwähnt werden, welche nicht nur
von besonderer Bedeutung für die Geschichte des Regimentes selbst, sondern
auch von Interesse für den Eisenbahn-
techniker im Allgemeinen sein dürften.

In erster Linie strebten naturgemäss
die Uebungen des Regimentes auf
die Erzielung einer möglichst grossen
Leistung im Baue feldmässiger, normalspuriger Eisenbahnen hin. In dieser

Im Sommer 1886 hatte das junge
Regiment zum erstenmale das Glück,
vor Sr. Majestät auch in technischer
Beziehung Proben von den bisherigen
Leistungen ablegen zu dürfen. Bei dieser
Allerhöchsten Inspicirung wurde neben
rein militärischen Exercitien das feld-
mässige Legen einer circa 1 *km* langen
Oberbaustrecke, der Bau mehrerer höl-
zerner Eisenbahnprovisorien sowie der
Bau und Betrieb einer Feldtelegraphen-
Linie vorgenommen.

Das huldvolle Lob des Allerhöchsten
Kriegsherrn gab Zeugnis
von den Fortschritten des
Regimentes und war ein
mächtiger Ansporn, auf
dem betretenen Pfade vor-
wärts zu schreiten.

Im Jahre 1886 wurde

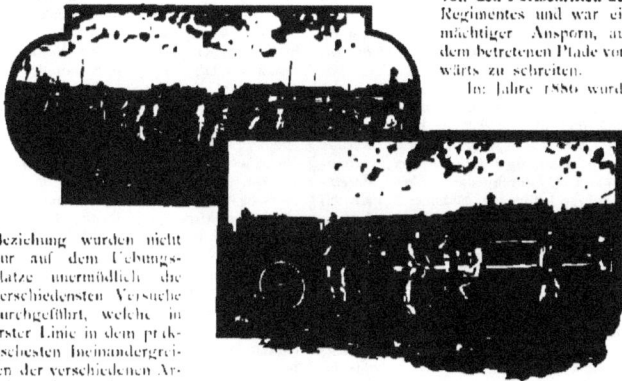

Beziehung wurden nicht
nur auf dem Uebungs-
platze unermüdlich die
verschiedensten Versuche
durchgeführt, welche in
erster Linie in dem prak-
tischesten Ineinandergreifen der verschiedenen Ar-
beitsparticen und Functionen gipfelten, sondern es
wurde auch jede Gelegen-

Abb. 38. Feldtelegraphenbau.

heit benützt, um auch ausserhalb des
Uebungsplatzes Officiere und Mannschaft
beim Baue von Bahnen zu verwenden
und hiedurch weiter praktisch zu
schulen.

So ging beispielsweise im November
1886 ein Detachement unter Commando
eines Officiers zum Baue der von der
Firma Soenderop & Comp. concessionirten Zahnradbahn auf den Gaisberg
bei Salzburg ab, welches, mit den ungünstigsten Witterungsverhältnissen käm-
pfend, nicht nur die Fertigstellung des
Oberbaues bewirkte, sondern auch im
ersten Halbjahre des Bestehens dieser
Bahn theilweise den Betrieb besorgte.

auch eine einschneidende Aenderung in
der Organisation insoferne angebahnt,
als durch Errichtung eines eigenen Offi-
ciers-Telegraphencurses eine grössere
Abtrennung des reinen Eisenbahndienstes
von dem Telegraphendienste [welche
Dienstesobliegenheiten bisher vollkommen
vereint waren], angebahnt wurde.

In rein technischer Beziehung brachte
das Jahr 1887 einen bedeutenden Fortschritt in der kriegsmässigen Ausbildung
und Ausrüstung. Die Erkenntnis der
grossen Schwierigkeit, welche die Ueberbrückung grösserer Hindernisse mittelst
Holzconstructionen dem raschen Fortschritte eines feldmässigen Bahnbaues

entgegenstellen, veranlassten die Heeresverwaltung, zerlegbare, möglichst einfache
eiserne Kriegsbrücken zu beschaffen. Die
Wahl fiel vorerst auf die von dem bekannten französischen Eisenconstructeur
Eiffel construirte Kriegsbrücke. Parallel-
versuche, welche in dieser Richtung in der
Eisenconstructions-Werkstätte der Firma
Schlick in Budapest zwischen diesem
Systeme und jenem des ungarischen Ingenieurs Feketeháza durchgeführt wurden, fielen zu Gunsten des ersteren aus
und es sah sich demgemäss die Heeresverwaltung veranlasst, vorerst eine »Eiffelbrücke« zu weiteren Versuchszwecken
anzuschaffen. [Vgl. Abb. 36.]

Diese Brücke, ein Parallelträger, kann
bis zu einer Spannweite von 30 m eingebaut werden, und setzt sich aus einzelnen Elementen zusammen, welche mit
Ausnahme der Endelemente congruent
sind und je 3 m Länge besitzen. Die
einzelnen Theile der Brücken werden
durch Schrauben miteinander verbunden. Die, durch die hohen Patentgebühren bedingten, bedeutenden Kosten
dieses Systems sowie der Umstand, dass
die Construction einem zu geringen
Sicherheitscoëfficienten entsprach, veranlassten die Heeresverwaltung, den damaligen Lehrer der Mechanik und des
Brückenbaues am höheren Geniecurse,
Hauptmann Bock, zu beauftragen, sich
ebenfalls mit dem Studium einer zerlegbaren Kriegsbrücke zu befassen. Als
Resultat dieser Studien wurde eine,
aus verschiedenen Elementen zusammengesetzte Brücke in der Eisenconstructions-
Werkstätte der Firma Gridl in Wien erzeugt, welche, abweichend von dem Systeme Eiffel, die Lage der Fahrbahn
variabel, als Bahn unten, oben und in
der Mitte gestattet. [Vgl. Abb. 37.]

Gleichzeitig trat der, als Constructeur
vielfach verdiente k. u. k. Pionnier-Haupt-
mann Herbert mit seiner vollkommen
originellen, eisernen zerlegbaren Strassenbrücke hervor, welche, unwesentlich modificirt, als Gerüst- und Montirungsbrücke
sehr gut entsprach. [Vgl. Abb. 38.]

Die bereits erwähnten Nachtheile der
Eiffelbrücke veranlassten den die Brücken-
bauabtheilung der Firma Schlick leitenden Oberingenieur Kohn, sich ebenfalls

in der Construction zerlegbarer, eiserner
Kriegsbrücken zu versuchen.

Die von demselben construirte Brücke
lehnt sich im Allgemeinen dem Principe
Eiffel an, und entsprach, sowohl was
Festigkeit, als auch leichte Montirung,
Handlichkeit der einzelnen Elemente
anbelangt, vorzüglich, und wurde daher
nach vielfachen einschlägigen Versuchen
für die Ausrüstung der Eisenbahn-Com-
pagnien normirt.

Die Beigabe eines Lancierschnabels
ermöglicht deren Einbau ohne Monti-
rungsboden. Die Abbildungen Nr. 40
und 39 zeigen diese Brücke während
des Baues und im fertigen Zustande.*)

Gleichzeitig mit den im Vorhergehenden näher besprochenen Versuchen
wurde im Jahre 1887 auch mit der Erprobung flüchtiger Feldbahnen
begonnen. Das Bewusstsein der ungeheuren Schwierigkeiten, welche sich in
einem Zukunftskriege der Verpflegung
eines modernen Heeres entgegenstellen
werden, die Unmöglichkeit, dem Vor-
marsche einer Armee mit dem Baue
einer normalspurigen, wenngleich noch
so feldmässig erbauten Vollbahn auf
dem Schritt folgen zu können, veranlassten die Heeresverwaltung über Anregung des Chefs des Generalstabes,
ihr Augenmerk auf leicht transportable,
rasch herzustellende Schienenwege zu
lenken, welche geeignet wären, bei denkbar grösster Schnelligkeit des Vorbaues
eine genügende Leistungsfähigkeit zu
ergeben.

In dieser Hinsicht schienen schmalspurige Pferdebahnen die geeignetesten.
Nur durch den Umstand, dass durch den
Entfall von Maschinen verhältnismässig
nur geringe Achsdrücke zu gewärtigen
sind, ist es möglich, ein System zu
wählen, welches sich bei entsprechender
Biegsamkeit sowohl in der Horizontal-,
als auch Verticalrichtung allen Terrainformationen anschliesst und dadurch
einen langwierigen, Zeit und Arbeitskräfte absorbirenden Unterbau entbehren kann.

*) Die in diesem Abschnitte enthaltenen
Abbildungen sind sämmtlich nach photogr.
Original-Aufnahmen von A. Huber in Wien
hergestellt.

Diese Feldbahnen repräsentiren somit, weil dieselben soweit als möglich auf militärisch minder wichtige Communicationen einfach aufgelegt werden, im gewissen Sinne die eiserne Spur der Strassen.

Die Versuche mit den verschiedensten Systemen solcher Feldbahnen wurden beim Eisenbahn- und Telegraphen-Regi-

lich der durchgeführten Versuche ergeben, dass die Anschmiegungsfähigkeit derselben an das Terrain, namentlich in verticaler Richtung noch nicht den gestellten Anforderungen entspreche.

Es wurden deshalb in der Folge mit verschiedenen Systemen sogenannter Wald- und Industriebahnen Versuche durchgeführt, deren Endresultat zu Gun-

Abb. 36. Eiffelbrücke.

mente, welches ausschliesslich für deren Bau in Aussicht genommen wurde, vorerst mit einem gewöhnlichen schmalspurigen Querschwellen-Oberbau durchgeführt. Die einzelnen Felder, bestehend aus 4·2 m langen Schienen leichten Profils, waren vollkommen zusammengesetzt, d. h. an den hölzernen Querschwellen mittels Hakenschrauben befestigt, und wurden durch einfache Laschenverbindung mit einander verbunden. Die Spurweite wurde aus praktischen Gründen mit 70 cm gewählt.

Sowohl die Länge der Geleiserahmen, als die immerhin starre Längsverbindung dieses Systemes haben jedoch gelegent-

sten des Systems Dollberg ausfiel, welches damals für Oesterreich-Ungarn von der Prager Maschinenbau-Actien-Gesellschaft [vorm. Ruston & Co.] patentirt war.

Nach jahrelangen Versuchen und Verbesserungen, namentlich in Beziehung auf Construction der Wagen, Weichen etc., entwickelte sich nach diesem Systeme das heute normirte Feldbahnsystem.

Die Feldbahn-Elemente bestehen aus Jochen, welche dem Principe nach aus einem 1·5 m langen Geleisepaar zusammengesetzt werden, welches an einem Ende auf einer Holzschwelle mittels Hakenschrauben montirt ist, am anderen

Abb. 37. Bockbrücke.

Ende mit einer eisernen Spurstange in seiner Spurweite von 70 cm erhalten wird. [Vgl. Kopfleiste Abb. 32.]

An der Aussenseite der Schienen sind, u. zw. am Schwellenende, Stifte, am entgegengesetzten Ende Haken angenietet. Durch Einheben der Haken unter die Stifte eines schon liegenden Joches, wird eine genügend feste Längsverbindung erzielt. Dank dem hiedurch entstehenden Spielraume in der Längsverbindung, schmiegt sich diese Feldbahn allen Terrainformationen wie eine Kette an, erfordert somit verhältnismässig nur eine geringfügige Planirung des Terrains. Durch Hinzugabe verschiedener Nebenbestandtheile, als Bogenstücke, Weichen etc., wurde dieses System in jeder Beziehung ausgestaltet.

Der Wagenpark besteht aus sogenannten Doppelwagen, d. h. jeder Wagen setzt sich aus zwei Unterwagen zusammen, welche mit einer grossen Plattform durch einfache Reihholzen verbunden sind. Die Räder sind Rillenräder. Die Wagen werden durch ein Paar seitwärts, mittels eigener Einspannketten angespannter Pferde vorwärts gebracht.

Diese Feldbahn, als erstes Nachschubmittel betrachtet, befriedigt sowohl was die Schnelligkeit des Baues als auch die Leistungsfähigkeit der fertigen Bahn anbelangt, vollständig die in dieser Hinsicht gestellten Anforderungen.

Gleichzeitig mit den eingehenden Versuchen mit den oberwähnten kriegs-technischen Ausrüstungen wurden unermüdlich die verschiedensten Uebungen im normalen Bau von Bahnen, Holzprovisorien, Sprengversuche u. s. w. durchgeführt.

Versuche mit einem transportablen elektrischen Beleuchtungswagen, führten zur Anschaffung eines solchen von der Firma Křižik in Prag gelieferten Wagens, mit welchem seither fast jährlich bei verschiedenen Bahnverwaltungen gelegentlich der Ein- und Auswaggonirungen zu den grossen Manövern auch ausserhalb des Standortes des Regimentes Proben unternommen wurden.

Auch in betriebstechnischer Beziehung wurde im Jahre 1888 ein sehr günstiger Modus der Ausbildung von Officieren und Mannschaft eingeführt. Wie schon erwähnt, war die damalige Frequenz auf der Militärbahn Banjaluka-Doberlin nicht geeignet, eine genügend intensive Ausbildung für das Regiment in dieser Hinsicht zu gewährleisten. Dem freundlichen Entgegenkommen der damaligen k. k. General-Direction der österreichischen Staatsbahnen war es zu danken, dass das Reichs-Kriegs-Ministerium über Antrag des Chefs des Generalstabes einen Vertrag zur Führung des Betriebes auf der, unter Leitung der k. k. General-Direction stehenden Localbahn St. Pölten-Tulln abschloss, zu welcher Linie später noch die Abzweigung Herzogenburg-Krems hinzukam. Zufolge dieser Abmachungen hat ein Detachement des Eisenbahn- und Telegraphen-Regimentes mit Ausnahme des Stations- und Cassendienstes, den gesammten Verkehr einschliesslich der Bahnerhaltung auf diesen frequenten Linien unter Aufsicht der k. k. Staatsbahnen zu besorgen. Die Stärke des Detachements beträgt zwei Officiere, von welchen der rangsältere gleichzeitig der militärische Commandant des Detachements ist, und 88 Männer. Um eine möglichst grosse Zahl von, im Verkehrsdienste ausgebildeten Personen zu erhalten, anderntheils die Mannschaft nicht zu lange von den übrigen Verrichtungen, vor Allem dem rein militärischen Dienste zu entziehen, verfügte das Reichs-Kriegs-Ministerium einen eigenen Ablösungsmodus derart, dass stets der Ablösende durch eine gewisse Zeit von seinem Vorgänger in die speciellen Obliegenheiten eingeführt werde.

Ebenso werden alljährlich zwei Officiere auf die Dauer von sechs Monaten, und alle zwei Jahre ein Officier auf zwei Jahre zur Erlernung des Betriebsdienstes, beziehungsweise des Werkstätten- und Zugförderungsdienstes den k. k. Staatsbahnen zugetheilt, nach welchem Termine dieselben die öffentlichen Prüfungen, analog den Bahnbeamten abzulegen haben. Dank dem ausserordentlichen Entgegenkommen, welches die instruirenden Bahnorgane diesen Officieren gegenüber stets an den Tag legten, ist das Resultat dieser verhältnismässig kurzen Lehrzeit ein ausserordentlich günstiges gewesen.

Auch die Commandirungen von Abtheilungen und Detachements zu auswärtigen Verrichtungen, mehrten sich jährlich. In Folgendem sollen die wichtigsten dieser Verwendungen von Theilen des Regimentes angeführt werden: Im Jahre 1885 betheiligte sich ein Detachement an dem Bahnbaue der Dampftramway von Wien nach Floridsdorf; 1886 bis 1887 an dem Baue des zweiten Geleises der Carl-Ludwigbahn, 1887 an der Tracirung der Zahnradbahn von Vordernberg nach Eisenerz, 1887 und 1888 an der Tracirung einer Schleppbahn auf dem Gubaczer Hotter bei Budapest. Im Jahre 1889 wurde die selbstständige

Tracirung einer circa 100 *km* langen Vollbahnlinie von Przeworsk nach Rozwadow mit Variante von Jaroslau, 1889 der Bau einer Waldbahn in Kis-Tapolczan durchgeführt, 1889 und 1890 betheiligte sich ein Detachement an der Tracirung der Linie Schrambach-Neuberg, im Jahre 1889 wurde ausserdem der vollständige Bau einer circa 3 *km* langen Schleppbahn zum Eisenwerke Komorau bewerkstelligt. 1890 wirkte ein Detachement beim Baue der Localbahn Laibach-Stein mit, 1891 wurde selbstständig der Bau eines Brems-

Abb. 38. Herbertbrücke.

berges und einer Telephonleitung in Weissenbach a. d. Triesting durchgeführt; 1891 ausserdem an der Detailtracirung einer Schleppbahn bei Blansko, der Linie Halicz-Tarnopol und der Linie Köbösmezö-Stanislau mitgewirkt. Im selben Jahre wurde durch eine Compagnie der Bahnhof in Banjaluka mit der 3 *km* entfernten Stadt Banjaluka durch ein Geleise verbunden und der Stadtbahnhof angelegt. Im Jahre 1892 führte ein Detachement über Ersuchen der k. k. General-Inspection selbstständig die Tracirung der Linie Bischoflack-Görz aus.

Ausser diesen zahlreichen Verwendungen von Theilen des Regimentes

wurden sowohl in diesen als den folgenden Jahren noch viele Detachements
zum Zwecke rein militärischer Recognoscirungen, Tracirungen und Bauten verwendet, deren detaillirte Anführung hier
zu weit führen würde. Es sei an dieser
Stelle nur der Schleppbahnen Erwähnung
gethan, welche von der Station Felixdorf
an der Südbahn sowohl zu der Pulver-
fabrik nächst Blumau, als auch, abzweigend von dieser Hauptlinie zu den einzelnen zerstreut auf dem sogenannten
»Steinfelde« liegenden Objecten führen,
und fast ausschliesslich mit Kräften des
Regimentes tracirt und ausgeführt wur-

Abb. 39. Kahnbrücke.

den. So kurz diese Linie auch ist, so
wichtig ist sie für den Betrieb der am
Steinfelde liegenden militärischen Objecte und so complicirt gestaltet sich
auch ein regelmässiger Betrieb auf dem
vielfach verästelten Schienennetze. Aus
letzterem Grunde wird demnach auch
darangegangen, eine eigene Betriebsleitung für diese Bahn vom Regimente
aufzustellen.

In rein militärischer und organisato-
rischer Beziehung, brachte das Jahr 1890
einen wichtigen Wendepunkt in der Geschichte des jungen Regimentes.

Von der Bedeutung und vielfachen
Verwendung des Regimentes überzeugt,
wurde in diesem Jahre ein drittes Bataillon
aus den im gleichen Jahre aufgelösten vier
Reserve-Genie-Compagnien aufgestellt.

Da die bestehenden zwei Kasernen
Korneuburgs für die Unterbringung des

3. Bataillons keinen Raum boten, hing
die Frage über die Dislocirung dieses
Bataillons von dem Verhalten der Stadtgemeinde Korneuburg gegenüber dem
Neubau einer weiteren entsprechend
grossen Kaserne ab. Dank dem Entgegenkommen der Stadtgemeinde, wurde
auch diese Frage zu Gunsten des Regimentes gelöst und von der Stadt eine,
den weitestgehenden und modernsten
Ansprüchen genügende Kaserne mit einem
eigenen Stabsgebäude erbaut. Von diesem
Momente an hatte das Regiment eigentlich
erst seine eigene Scholle.

Während des Baues der neuen Kaserne
wurde das zweite
Bataillon proviso-
risch nach Kloster-
neuburg verlegt,
von wo es nach
Fertigstellung des
Baues 1892 wieder
nach Korneuburg
zurückkehrte.

Mit der Aufstel-
lung eines 3. Ba-
taillons und Verei-
nigung des ganzen
Regimentes musste
naturgemäss auch
eine Vergrösserung
des Uebungsplatzes
Hand in Hand ge-
hen. Durch den Bau grösserer Werkstätten
mit Gattersäge und Dampfbetrieb, durch
die Herstellung eines kleinen Heizhauses,
ferner durch die Errichtung von Baracken
für die Unterbringung des im Laufe der
Jahre sich immer mehr ansammelnden
Uebungsmateriales entstand eine förmliche Ansiedlung auf dem Platze, wo
noch vor Kurzem Felder waren. Ein
eigener, permanent angelegter Bahnhof,
welcher sich mit seinen verschiedenartigsten Oberbauconstructionen wie eine
Geschichte des Eisenbahnbaues der jüngsten Jahre ausieht, befindet sich an und
zwischen den erwähnten Hochbau-Objec-
ten und ist mit dem Bahnhofe der Nordwestbahn durch ein Geleise in Verbindung gebracht.

Von diesem Uebungbahnhofe aus
beginnt alljährlich, wenn der Schnee
geschmolzen und die ersten Frühlings-

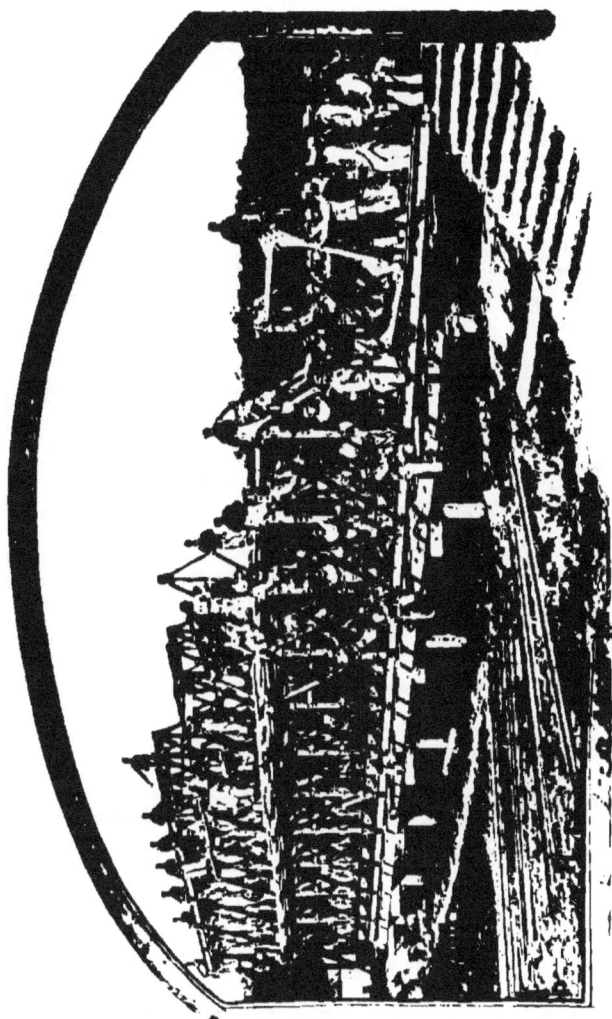

Abb. 92. Kohlbrücke

stürmte das Donauthal durchbrausen, ein geschäftiges Treiben von Früh bis Abend. Heute, wetteifernd mit der Infanterie im strammen Exerciren, morgen Oberbau-legen bis an die Donau und weit hinauf längs dem Ufer, dann wieder der Bau hölzerner und eiserner Eisenbahnbrücken über die vielen Arme der Donau, welche die Au durchziehen, oder über die künst-lichen Hindernisse, welche in das Terrain eingebaut wurden, ein Netz von Telegra-phen- und Telephon-Linien — all dies im bunten und doch streng geregelten Durcheinander, das sich da täglich auf dem Raume zwischen Donau und Nord-westbahn abspielt.

Den Schluss der jährlichen Sommer-übungen bildet eine grössere feldmässige Uebung, welche, zumeist zusammen-hängend, alle Zweige der Ausbildung umfasst, und unter vollkommen feld-mässigen Annahmen durchgeführt wird.

Die Vielseitigkeit dieser Uebungen wird wohl am besten durch die Wieder-gabe eines Uebungsprogrammes für die Zeit der Sommerübungen illustrirt, wie z. B. durch das nachstehende, für das Jahr 1895 ausgegebene Programm.

Woche	Zeitraum von	bis	Arbeitstage	1.	2.	3.	4.	5.	6.	7.	8.	9.	10.	11.	12.
								Compagnie							
1	1/4	6/4	6	Reisigarbeiten											
2	7.4	13.4	3												Eiserne Brücken
3	14.4	20.4	4	Flüchtige Feldbahn	Eisenbahn-Oberbau			Hölzerne Brücken				Eisenbahn-Oberbau			
4	21.4	27.4	6											Hölzerne Brücken	
5	28.4	4.5	6	Eisenbahn-Oberbau	Flüchtige Feldbahn							Eiserne Brücken			
6	5.5	11.5	6					Eiserne Brücken		Eisenbahn-Oberbau				Eisenbahn-Oberbau	
7	12.5	18.5	6									Flüchtige Feldbahn			
8	19.5	25.5	5					Eisenbahn-Oberbau							
9	26.5	1.6	6	Eiserne Brücken						Eiserne Brücken				Flüchtige Feldbahn	
10	2.6	8.6	5									Hölzerne Brücken			
11	9.6	15.6	5	Hölzerne Brücken				Flüchtige Feldbahn						Hölzerne Brücken	
12	16.6	22.6	6												
13	23.6	29.6	5					Eisenbahn-Oberbau							
14	30.6	6.7	6	Flüchtige Feldbahn								Brückenbau			
15	7.7	13.7	6												
16	14.7	20.7	6	Eisenbahn-Oberbau und Bahnhofeinrichtungen			Brückenbau					Bahnhofeinrichtungen			
17	21.7	27.7	6												
18	28.7	3.8	6					Bahnhofeinrichtungen				Flüchtige Feldbahn			
19	4.8	10.8	6	Brückenbau								Eisenbahn-Oberbau			
20	11.8	17.8	5					Flüchtige Feldbahn							
21	18.8	24.8	6	Vorbereitungen für die grossen Uebungen											
22	25.8	31.8	6	Gemeinschaftliche grössere Uebungen [feldmässig] nach speciellem Programm											
23	1.9	7.9	6												

Es braucht nicht erläutert zu werden, dass für die im Vorhergehenden kurz skizzirten Verrichtungen des Regimentes, welche fast das gesammte Gebiet des Eisenbahnwesens umfassen, eine gründliche theoretische Schulung sowie eine stete Weiterbildung von unbedingter Nothwendigkeit sind.

Dieser technischen Vorbildung ist sowohl für die Officiere als auch für die Mannschaft der Winter gewidmet.

Nach beendeter Recrutenausbildung, welche ganz analog wie bei der Infanterie so dass sie in Stand gesetzt werden, kleinere technische Arbeiten auch selbstständig auszuführen, bei grösseren Verrichtungen einzelne Arbeitspartieen zu leiten und zu überwachen. Die Mannschaftsschulen müssen, da das Regiment sich aus allen Theilen der Monarchie ergänzt, auch in der Muttersprache der Leute abgehalten werden.

An diese, bei jeder Compagnie selbstständig aufgestellten Schulen schliessen sich Specialschulen für den Bau und Betrieb der Telegraphen- und Telephon-

Abb. 4). Betriebsahnmer des k u. k. Eisenbahn- und Telegraphen-Regimentes.

durchgeführt wird, öffnen sich die verschiedenen Schulen des Regimentes, welche bezüglich der Schulung des Mannes je nach den geistigen Fähigkeiten und Vorkenntnissen in Mannschafts- und Unterofficiers-Bildungsschulen zerfallen.

Während in den ersteren abgesehen von den, jedem Soldaten zu wissen nöthigen reglementarischen Kenntnissen die speciellen technischen Verrichtungen des Regimentes nur in jenem Umfange beigebracht werden, welche den Mann zu einer verwendbaren technischen Hilfskraft befähigt, werden in der Chargenschule die fähigsten Leute zu Unterofficieren und Partieführern ausgebildet,

linien, für den Verkehrsdienst, eine specielle Zimmermannsschule u. s. w. Bei allen diesen Schulen gilt als erster pädagogischer Grundsatz eine möglichst ausgedehnte Anwendung des Anschauungs-Unterrichtes, zu welchem Zwecke das Regiment sich im Laufe der Jahre eine sehr reichhaltige Modellsammlung aus eigenen Mitteln und zumeist mit eigenen Kräften sowie ein nach dem Muster der Kaiser Ferdinands-Nordbahn eingerichtetes Betriebszimmer (vgl. Abb. 11), ein Telegraphenzimmer u. s. w. einrichtete.

Die Einjährig-Freiwilligenschule zerfällt in zwei Gruppen, u. zw. in eine für den reinen Eisenbahndienst und in eine für den Telegraphendienst, wobei die rein militärischen Gegenstände, deren Kenntnis allen Officieren der Reserve gleichmässig zu eigen sein müssen, gemeinschaftlich vorgetragen werden.

Wie auf diese Weise Alles aufgeboten wird, um die Wintermonate möglichst für die Schulung der Mannschaft auszunützen, so wird auch für das Officierscorps nebst Fecht-, Schiess- und Reitübungen jährlich auch eine Reihe von Specialcursen errichtet, während in allwöchentlichen Vorträgen specielle, theils rein technische, theils militärische Fragen erörtert werden. Einzelne Officiere werden auch an die technische Hochschule nach Wien entsendet, um sich während einer zweijährigen Dauer dieser Commandirung in bestimmten Fächern noch intensiver ausbilden zu können. Nach dem allgemein giltigen Grundsatze »Reisen

bildet«, der wohl am zutreffendsten auf jeden Techniker seine Anwendung findet, werden jährlich Officiere auf 4—5 Wochen ins Ausland entsendet, um hervorragende technische Unternehmungen zu studiren, und wird überdies jede Gelegenheit benützt, um interessante Bauten des Inlandes, vor Allem die stets den Stempel der Feldmässigkeit an sich tragenden Wiederherstellungen zerstörter Bahnstrecken zu besichtigen und zu studiren.

Auf diese Weise schreitet das Regiment unverdrossen auf den eingeschlagenen Bahnen vorwärts, von der Hoffnung beseelt, dass dasselbe, sei es im Frieden, sei es im Kriege, jene huldvollsten Worte der Anerkennung seitens Seiner Majestät abermals zu verdienen wisse, die ihm zu seinem Glücke und zu seinem Stolze bei den Allerhöchsten Inspicirungen bisher zutheil geworden.

Tracirung.

Von

KARL WERNER,

Ober-Inspector der k. k. General-Inspection der österreichischen Eisenbahnen.

Tracirung.

WIE die Entwicklungs-Geschichte der Eisenbahn-Technik überhaupt, so steht auch die Tracirung in ihren einzelnen Stadien in engster Wechselbeziehung mit der jeweiligen Wahl der Tractionsmittel und mit den auf diesem Gebiete erzielten successiven Fortschritten.

Wenn wir jene elementaren Anfänge, wo einzelne Vehikel mittels menschlicher oder animalischer Kräfte bewegt, und zur leichteren Ueberwindung der rollenden Reibung die rauhe nachgiebige Bodenoberfläche mit Brettern, Pfosten oder Bohlen belegt und solcherart kürzere oder längere Wegstrecken für specielle Privatzwecke geebnet wurden, übergehen, und unsere Beobachtung erst mit jenem Augenblicke beginnen, wo unter Vorsteckung eines allgemeineren Zieles die regelmässige Nutzbarmachung ausgedehnter Wegstrecken für den öffentlichen Verkehr angestrebt wurde, so dürfen wir den Beginn der Eisenbahn-Geschichte Oesterreichs mit dem Jahre 1824 ansetzen, um welche Zeit durch Seine Majestät Kaiser Franz I. dem Professor Anton Ritter von Gerstner ein Privilegium zum Bau einer Holz- und Eisenbahn ertheilt wurde, welche die directe Verbindung der Donau mit der Moldau bezweckte. Wie schon die Bezeichnung »Holz- und Eisenbahn« deutlich sagt, sollte dieser Verkehrsweg nach Art der in Bergwerken gebräuchlichen Förderbahnen aus hölzernen, mit Eisenschienen belegten Langschwellen gebildet

werden; die Fahrbetriebsmittel sollten von Pferden bewegt werden.*)

Dieses auf eine Zeitdauer von 50 Jahren lautende Privilegium concedirte zunächst den Bau und Betrieb einer von Mauthausen bis Budweis reichenden Linie und hatte ausser dem Transport von Personen und Sachen aller Art auch die leichtere Verfrachtung der Salinenproducte aus dem Salzkammergut gegen Norden hin im Auge. Den technischen Bedingungen dieser Urkunde zufolge sollten bei Erbauung der Bahn und den hiebei wahrzunehmenden öffentlichen Rücksichten, die allgemeinen Normen des Strassenbaues zur Richtschnur genommen werden.

Als Spurweite war das Mass von $3^1/_2$ Schuh [1·1 m], als grösste Steigung 1 : 100 und als kleinster Bogenradius der von 100 Klaftern [189·6 m] in Aussicht genommen, wobei die Absicht massgebend war, den Pferdebetrieb später durch den Locomotivbetrieb zu ersetzen.

Trotz der anspruchslosen und schlichten Form, in der dieser erste Repräsentant der Eisenbahnen auf dem Continent uns entgegentritt, verdient derselbe gleichwohl in Bezug auf die Tracenführung unsere volle Aufmerksamkeit. Mit der Meeres-Côte von 257 m an der Donau beginnend, hatte die Linie die

---

*) Vgl. Bd. I, 1. Theil, H. Strach, Geschichte der Eisenbahnen in Oesterreich-Ungarn von den ersten Anfängen bis zum Jahre 1867, S. 91 u. ff.

Wasserscheide zwischen dem Schwarzen
Meere und der Nordsee, beziehungsweise
zwischen Donau und Moldau zu übersteigen. Nachdem die zwischen den südöstlichen Ausläufern des Böhmerwald-
Gebirges und dem Weinsberger Walde
sich darbietende Einsattlung bei Kersch-
baum eine Meeres-Côte von 675 m
aufweist und das nördliche Endziel bei
Budweis in einer Meereshöhe von 399 m
liegt, musste die Linie von ihrem
Anfangspunkte aus zuerst die Höhendifferenz von 418 m ersteigen und
hierauf wieder bis Budweis 285 m
tief herabsinken. Zur Entwicklung der
Trace mit den oben genannten Steigungs-
verhältnissen boten auf der Südseite der
Kerschbaumer Einsattlung die mannigfach
gewundenen Seitenthäler und Mulden der
Aist, auf der Nordseite die wellenförmig
gegliederte Gelände des Malschflussge-
bietes eine überaus reiche Auswahl.

Mit der im Jahre 1828 erfolgten Vollendung des Baues der Nordstrecke Budweis-Kerschbaum war im ursprünglichen
Programm insoferne eine Aenderung eingetreten, als die südliche Fortsetzung
nicht mehr gegen Mauthausen, sondern
direct gegen Urfahr hin erfolgen sollte,
um eine bequemere Verbindung mit der
mittlerweile intendirten Pferdebahnlinie
Linz-Wels-Lambach-Gmunden zu gewinnen. Der südliche Tracentheil folgte
demnach nicht mehr dem Gebiete der
Aist, sondern entwickelte sich von Kersch-
baum abwärts über Lest längs der Gusen
und über Gallneukirchen, Treffling und
St. Magdalena bis Urfahr, wobei das
Gefällsverhältnis bis Lest auf 1:90, der
Bogenradius auf 30 Klafter [56·9 m],
zwischen Lest und Bürstenbach sogar
bis auf 1:46, respective auf 20 Klafter
[37·9 m] verschärft werden musste; hiemit war auch die Hoffnung auf seiner-
zeitige Einführung des Locomotivbetriebes geschwunden. Die ursprünglich für
ein Pferd berechnete Nutzlast von 45 Centnern musste streckenweise auf die Hälfte
reducirt werden.

Auf Grund des im Jahre 1832 an die
Handlungshäuser Geymüller, Rothschild
und Stametz ertheilten Privilegiums wurde
die Linie von Linz über Wels und Lambach nach Gmunden unter ähnlichen

Anlageverhältnissen gebaut. Die Länge
der Linie Urfahr-Budweis war 67.940
Klafter [128·847 km], jene der Linie Linz-
Gmunden 35.820 Klafter [67·932 km].

Bekanntlich wurde diese »Erste österreichische Eisenbahn« auf Grund der der
Kaiserin Elisabeth-Bahn im Jahre 1857 ertheilten Concession successive in eine
Locomotivbahn umgestaltet. Die Strecke
Budweis-Kerschbaum bestand noch, bis
zum 1. April 1870 als Pferdebahn.

Den weiteren Fortschritt der Eisenbahn-Technik können wir nicht mehr auf
dem Gebiete der Pferdebahnen verfolgen,
wir müssen uns zurückwenden zu den
Anfängen des Locomotivbaues, denn mit
dem allmählichen Bekanntwerden und mit
der Vervollkommnung dieses Tractions-
mittels vollzog sich im gesammten Verkehrswesen eine totale Umwälzung.

Wie schon früher erwähnt, datirt der
Gebrauch eisenbeschlagener Holzschienen,
auf welchen sich die bei Bergbauten verwendeten Vehikel bewegten, in die frühesten Zeitperioden zurück und lief auch
der schon im Jahre 1814 von Stephenson
construirte erste Dampfwagen auf einer
ähnlich gebildeten Fahrbahn. Der eigentliche Beginn des Locomotivbaues und
somit auch der Beginn der modernen
Eisenbahn-Technik kann jedoch erst mit
dem Jahre 1829 angesetzt werden, um
welche Zeit Georg Stephenson mit seiner
nach dem Röhren-System gebauten Locomotive »Rocket« auf der Liverpool-Manchester Bahn einen so ungeahnten Erfolg erzielte.

Aber nicht etwa nur für die englische,
sondern ganz speciell auch für die öster-
reichische Entwicklungs-Geschichte der
Eisenbahnen hat dieser Zeitpunkt als
Markstein zu gelten, denn jenen ersten
Erfolgen, welche in England gefeiert
wurden, hat mit durchdringendem Blicke
und scharfem Verständnisse Schritt für
Schritt ein österreichischer Denker und
Gelehrter gefolgt: der seit dem Jahre
1819 an das Wiener Polytechnicum für
die Lehrkanzel der Mineralogie und
Waarenkunde berufene Professor Franz
Xaver Riepl.

Schon damals, also im Jahre 1829,
erfasste Riepl angesichts der in England
erzielten Erfolge die mächtige Idee, zu-

nächst das Ostrau-Karwiner Kohlenbecken durch eine Locomotiv-Eisenbahn mit Wien zu verbinden, und diese Linie dann bis zu den Salzwerken Bochnias zu verlängern. Um seine, für die damalige Zeit gewiss grossartig kühne Idee zu concretiren, unternahm Riepl im Jahre 1830 eine Studienreise nach England und war seit jener Zeit unablässig bemüht, die Vortheile des neuen Communications-Mittels seinem Vaterlande nutzbar zu machen. Aber erst nach sechs Jahren unermüdlichen Studiums und nach Ueberwältigung zahlloser Schwierigkeiten war es ihm im Vereine mit thatkräftigen Männern gegönnt, seine dem Zeitgeiste weit vorauseilende Idee auf Grundlage des im Jahre 1836 erflossenen Nordbahn-Privilegiums, welches die Erbauung und den Betrieb der Linie Wien-Bochnia mit Nebenlinien nach Brünn, Olmütz, Troppau, Bielitz-Biala und zu den Salzwerken Dwory, Wieliczka und Bochnia concedirte, verwirklichen zu können.

Wie es nicht anders sein konnte, wurde zunächst eine Versuchslinie [Floridsdorf-Wagram] hergestellt, um alle jene Erfahrungen zu sammeln, welche für den weiteren Ausbau grundlegend sein sollten.

Nach dem damaligen Stande des Locomotivbaues und nach der primitiven Construction des Oberbaues, der gleich jenen der Bergwerksbahnen aus eisenbeschlagenen hölzernen Langschwellen bestand, musste auch die Bahntrace die denkbar einfachste sein: die möglichst gerade, horizontale Linie.

Dass die Aussteckung einer geraden Linie dem Ingenieur keine besonderen geodätischen Aufgaben zu lösen gibt, ist insolange selbstverständlich, als auch das Terrain, über welches die Trace führt, eine so günstige Gestaltung aufweist, wie dies bei den von den ersten Bahnlinien durchzogenen Gebieten eben der Fall war. Die Aufgaben der damaligen Tracirungsarbeiten überschritten demnach kaum die Sphäre eines Feldgeometers. Dabei konnte auch mit den einfachsten Messrequisiten und Instrumenten das Auslangen gefunden werden. Im Uebrigen hatte der Tracirungs-Ingenieur sein Augenmerk allenfalls auf die richtige Wahl der

Uebersetzungsstelle eines Flusses, einer Strasse oder dergleichen zu richten.

Diese elementaren Verhältnisse hatten insolange ihre volle Berechtigung, als das Gestänge des Oberbaues in seiner primitiven Constructionsweise einen verlässlichen Widerstand gegen seitliche Verschiebung nicht zu leisten vermochte und angesichts der geringen Fahrgeschwindigkeit der Bahnzüge auch nicht zu leisten hatte. Nur nothgedrungen wurden Krümmungen angewendet, dabei aber der Curven-Radius von 1000 Klaftern [1896 m] als Minimum des Zulässigen angesehen.

Unter steter Nutzanwendung der auf der ersten Versuchsstrecke gewonnenen Erfahrungen wurde stückweise an die Weiterführung der Nordbahnlinien geschritten.

Im Allgemeinen bietet bereits das erste Stadium der Entwicklung des Locomotiv-Eisenbahnbaues in Oesterreich auch vom speciellen Standpunkte der Tracirung mannigfaches Interesse.

Die Männer, welche die neue Aufgabe erhielten, die Trace für die Nordbahn aufzusuchen und das bezügliche Project zu verfassen, hatten ihre Befähigung bereits bei der Ausmittlung und dem Baue schwieriger Gebirgsstrassen erprobt. Sie sollten den Bahnkörper vorbereiten für den aus England gelieferten Tractions-Apparat, mit welchem die Locomotive mit einem Adhäsionsgewichte von kaum 6 t Achsdruck die erforderliche Leistungsfähigkeit nur bei sehr schwach geneigten Tracen [wie die ersten englischen Bahnen aufwiesen] ermöglichte.

Die zunächst zum Baue gelangenden Theilstrecken Wien-Brünn und Lundenburg-Prerau wurden daher mit sehr günstigen Neigungs- und Richtungsverhältnissen projectirt und ausgeführt. Die Maximalsteigung war bis zu $\frac{1}{300}$ [3·333‰] nur bei schwierigen Terrainverhältnissen in Anwendung gebracht, und die gerade Richtung nur sehr selten durch Bahnkrümmungen mit sehr grossen Radien unterbrochen. Der kleinste Radius von 759 m wurde nur einmal an der Uebersetzungsstelle der March bei Napagedl angewendet.

Während der ersten Zeit des Betriebes der Strecke Wien-Brünn, zur Zeit als die

12*

Theilstrecke Prerau-Oderberg noch in Vorbereitung sich befand, war man zur Bewältigung des Verkehrs genöthigt gewesen, Locomotiven grösserer Leistungsfähigkeit mit einem Achsdrucke von 12 *t* und eine stärkere Geleise-Construction zu beschaffen.

Die dadurch erzielte grössere Leistungsfähigkeit der Betriebsanlage ermöglichte für die Weiterführung der Linie von Prerau gegen Oderberg, insbesondere behufs Ersteigung der europäischen Wasserscheide bei Mährisch-Weisskirchen an den Gehängen des rechten Ufers der Bečva die Anwendung stärkerer Neigungen und häufiger Krümmungen.

Mit der Steigerung des Neigungsverhältnisses blieb man trotz der erheblichen Bauschwierigkeiten, welche die Theilstrecke zwischen Prerau und Zauchtel darbot, in bescheidenen Grenzen — man überschritt nicht die Maximalsteigung von $1/_{240}$ [4·17%]. Selbst in dem weiteren Zuge der Bahn bis Oświęcim hielt man an den für die ersten Theilstrecken aufgestellten Grundsätzen fest. Erst in der Strecke von Oświęcim bis Trzebinia, welche von staatswegen gebaut, und bei der Strecke von Trzebinia nach Krakau, welche in dem ehemaligen Krakauer Gebiete von der Oberschlesischen Bahngesellschaft hergestellt wurde, steigern sich die Neigungsverhältnisse auf 5%, beziehungsweise 6·66%, und der kleinste Halbmesser verringert sich auf 600 *m*.

Das bei der Projectverfassung der Kaiser Ferdinands-Nordbahn festgehaltene Princip, möglichst günstige Neigungs- und Krümmungsverhältnisse zu erzielen, hat sich bei diesem Unternehmen vortrefflich bewährt, und dessen hohe Leistungsfähigkeit und Prosperität begründet.

Bekanntlich war die Linie von Wien bis Brünn im Jahre 1839 bereits dem öffentlichen Verkehr übergeben.

Ermuntert durch die günstigen Erfolge, welche die Nordbahn-Gesellschaft auf ihren Linien erzielte, trat die Unternehmung der Wien-Gloggnitzer Bahn ins Leben und wurden im Jahre 1841 nacheinander die Strecken Baden-Wiener-Neustadt, Mödling-Baden, Wien-Mödling, Wiener-Neustadt-Neunkirchen, und im Jahre 1842 die Strecke Neunkirchen-Gloggnitz dem öffentlichen Verkehre übergeben. Hiebei kamen in den Einzelstrecken Wien-Baden, Baden-Wiener-Neustadt und Wiener-Neustadt-Gloggnitz correspondirend die Maximalsteigungen von 2·5, 3·5 und 7·7 %, beziehungsweise die Minimal-Radien von 189·5, 265·5 und 796·5 *m* in Anwendung. Der Zug dieser Linie bewegt sich bekanntlich von Wien ab zunächst am Westrande des Wiener Beckens, tritt bei Solenau in die Ebene des Steinfeldes und erreicht, sich allmählich dem linken Ufer der Schwarza nähernd, mit sanfter Ansteigung Gloggnitz.

Auch die Entwicklung dieser Linie bietet relativ noch wenig Interessantes für den tracirenden Ingenieur; an dem Ideale der geraden Linie wurde auch zu jener Zeit, wo der schwankende Holz-Oberbau schon längst von der eisernen breitbasigen Schiene verdrängt war, selbst mit Aufopferung bauöconomischer Vortheile noch immer festgehalten, und als ein markantes Zeichen jener Zeit sehen wir noch heute am Nordportale des Gumpoldskirchner Tunnels in goldenen Lettern den Wahlspruch leuchten: RECTA SEQUI.

Indessen war der unternehmende Geist des zum Baue der vorerwähnten Wien-Gloggnitzer Bahn berufenen Mathias Schönerer dem nächsten Ziele dieser Bahnlinie weit vorausgeeilt, durch die für jene Zeit staunenswerthe Idee der Fortsetzungslinie über den Semmering. Schon im Jahre 1839 hatte Schönerer generelle Studien für eine Bahnlinie begonnen, welche von der Station Gloggnitz aus, nach Uebersetzung des Schwarzaflusses mit der Steigung von 1:28 an den nördlichen Lehnen des Raachberges, des Jägerbrandes und des Sonnwendsteines sich erhebend, die Höhe des Semmering erreichen und mit Anlage eines circa 1900 *m* langen Haupttunnels durch den Rücken des Gebirgspasses in das Fröschnitzthal oberhalb Spital gelangen sollte. Den Ansporn, so steile Anlageverhältnisse zu wagen, gab ihm die nach seiner Rückkehr von der Studienreise aus Amerika probeweise ausgeführte Rampe am Südbahnhofe in Wien, woselbst die Möglichkeit erwiesen wurde, derartige Steigungen mit Adhäsionsmaschinen zu befahren.

Der Gedanke, die norischen Alpen mittels einer Eisenbahnlinie zu überqueren, erlangte jedoch erst eine concrete Gestalt durch die im Jahre 1841 erflossene a. h. Resolution, wonach die Fortsetzung der Linie Wien-Gloggnitz nach Süden bis an das Adriatische Meer durch den Staat selbst erfolgen sollte.

An der Spitze der technischen Rathgeber bei diesem grossartigen Unternehmen stand der k. k. Ministerialrath Karl Ritter von G h e g a, welcher schon bei Erbauung der ersten Nordbahnlinien seinen schöpferischen Geist bekundet hatte.

Wenn wir den bisher gekennzeichneten Fortschritt in der Geschichte des österreichischen Eisenbahnwesens überblicken, so müssen wir trotz Anerkennung des mächtigen Unternehmungsgeistes, welcher die bis zu diesem Zeitpunkte erstellten Bahnlinien ins Leben rief, doch billigerweise bekennen, dass diesem Unternehmungsgeiste ein leicht begreiflicher Empirismus zur Seite ging, der umso gerechtfertigter erschien, als die dem Eisenbahn-Techniker bis dahin gestellten Aufgaben ein ganz successives Fortschreiten erlaubten. So lag denn auch die von der Nordbahn-Unternehmung erbaute, in Wien mit der Höhen-Côte von 160 m über dem Meeresspiegel beginnende Linie nach Krakau, welche hinter Weisskirchen mit der Meereshöhe von 286 m ihren Culminationspunkt erreichte, vollkommen im Bereiche der Leistungsfähigkeit der damals bekannten Tractionsmittel; desgleichen auch die Linie Wien-Gloggnitz. Mit dem Vordringen der letzteren aus dem Flachlande in die enge Gebirgsfalte des Schwarzaflusses war jedoch der bis dahin stetige und allmähliche Entwicklungsgang der Eisenbahn-Technik mit einem Male zu einer rapiden Steigerung gedrängt.

Gleichwie der Wanderer, der aus der Neustädter Ebene in das Reichenauer Thal bei Gloggnitz eintritt, die Fortsetzung seines Weges plötzlich von majestätischen Bergriesen rings umstellt sieht, ebenso thürmten sich dem Techniker, welcher die Frage der Ueberschienung jenes zwischen dem Reichenauer und dem Mürzthale gelagerten Gebirgsmassives zu lösen hatte, ringsum Schwierigkeiten aller Art entgegen. Die verwickelten topographischen und geologischen Verhältnisse des zu übersteigenden Gebirgstockes, die infolgedessen zu bewältigenden Colossalbauten, die mit den damaligen Tractionsmitteln, selbst bei Verzichtleistung auf jede Nutzlast kaum zu bewältigende Ersteigung der zwischen Gloggnitz und dem Semmering-Passe bestehenden Höhendifferenz von circa 500 m auf eine relativ so geringe Länge und unter so ungünstigen klimatischen Bedingungen — alle diese Momente bedurften des eingehendsten Studiums und der intensivsten Anstrengung aller geistigen und körperlichen Kräfte, sollte der gestellten Riesenaufgabe eine glückliche Lösung werden.

Nicht nur die Summe der genannten Schwierigkeiten an und für sich, sondern in erster Reihe die epochale Bedeutung jenes Stadiums in der Entwicklungs-Geschichte der gesammten Eisenbahn-Technik, wo Oesterreich auf diesem Gebiete alle anderen Länder weit überholte, lässt es mehrfach gerechtfertigt erscheinen, die Spuren jener ernsten Geistesarbeit näher zu verfolgen.

Naturgemäss waren die ersten Vorarbeiten zu diesem grossen Werke zunächst auf das Studium des zu überschreitenden Terrains gerichtet, und mussten sich dieselben bei der Vielgestaltigkeit des zwischen dem Schwarzaflusse und dem Mürzthale sich erhebenden Gebirgsreliefs auf ein sehr ausgedehntes Gebiet erstrecken, zumal dem damaligen Techniker noch kein so verlässliches Kartenmateriale zu Gebote stand als heutigen Tages. Besonders die generellen Erhebungen und Terrainstudien durften sich anfangs in nicht allzuengen Grenzen bewegen. Hiebei musste jedoch der eigentliche Zweck der gestellten Aufgaben stets im Auge behalten, und wie dies bei jeder schwierigen Bahntracirung und Projectirung der Fall ist, die Lösung einer ganzen Reihe von Fragen allgemeiner Natur mindestens in den Hauptumrissen vorbereitet werden.

Der weitreichende Zweck der intendirten Linie liess über den Charakter der Bahnanlage, über die von ihr verlangte Leistungsfähigkeit sowie auch darüber keinen Zweifel übrig, dass die Bahn zweigeleisig anzulegen sei; Erhebungen und Erwägungen commerzieller Art über die zu gewärtigenden und zu bewältigenden Massentransporte hatten die Grundlage für die Wahl der Tractionsmittel sowie für die Beurtheilung der Anzahl der täglichen Züge zu bilden; hiernach waren die baulichen Anlageverhältnisse der künftigen Bahn, ihre Steigungsverhältnisse, das Mass des kleinsten Krümmungshalbmessers der Bogen, die Länge der einzelnen Bahnzüge, die Länge der Stationsplätze und Ausweichstellen zu beurtheilen; die gegenseitige Entfernung der letzteren von einander war nach der Anzahl und Geschwindigkeit, respective nach dem Zeitintervall der verkehrenden Züge zu bemessen; die gleichen Grundlagen dienten bei Ermittlung des Speisewasser-Bedarfes für die Locomotiven oder sonstigen Motoren, woraus die Entfernung der Wasserstationen, der Wasserbeschaffungs-Anlagen, der Kohlen-Dépots, der Locomotivremisen, Drehscheibenanlagen sowie die übrigen allgemeinen Bedürfnisse der einzelnen Zweige des Eisenbahndienstes, der Hochbauten und Betriebseinrichtungen abzuleiten waren. Die Detailfragen über die meisten der letzterwähnten Anlagen gehören allerdings erst der eigentlichen Bauausführung an, jedoch musste mit Rücksicht auf den organischen Zusammenhang aller angeführten Momente, die allgemeine Disposition derselben schon in ersten Projectsentwürfe enthalten sein, sollte der künftige Bahnbetrieb den gestellten Anforderungen nach jeder Richtung entsprechen können.

Wenn dem heutigen Projectanten und Traceur zur einheitlichen Beurtheilung und gegenseitigen Abwägung aller aufgezählten Momente an den bereits ausgeführten Bahnlinien eine reiche Summe von Erfahrungen zu Gebote steht, so waren die damaligen Bahn-Ingenieure auf ihr eigenes Intellect und auf ihre Erfindungsgabe allein angewiesen.

Ueber das wichtigste der oben erwähnten Momente, über das zu wählende Tractionsmittel, waren zu jener Zeit die Ansichten der massgebenden Techniker sehr verschieden. Trotz der überraschenden Resultate, welche Stephenson auf dem Gebiete des Locomotivbaues bereits erzielt hatte, standen der Bewältigung grosser Steigungen doch noch mannigfache Schwierigkeiten entgegen, namentlich da, wo es sich um grosse Massentransporte handelte; für diesen letzteren Zweck waren in Frankreich, England, Belgien, Deutschland und Amerika zumeist schiefe Ebenen mit Seilbetrieb, d. i. also mit stabilen Motoren in Anwendung. Wenn der Locomotive schon bei ihrem ersten Erscheinen die atmosphärischen Bahnen verschiedener Systeme als Rivalen gegenüberstanden, so erblickten nunmehr auch die Vertreter der Seilebenen einen Widerpartner in der Locomotive, sobald deren vervollkommnete Constructionsweise der Hoffnung Raum gab, auch stärkere Steigungsverhältnisse zu bewältigen. Dem zwischen den Vertretern der verschiedenen Tractionsmittel rege gewordenen Wettkampfe hatte Ghega schon gelegentlich einer in den Jahren 1836 und 1837 nach Deutschland, Belgien, Frankreich und England unternommenen Studienreise seine Aufmerksamkeit zugewendet, und war an der Hand der gewonnenen Erfahrungen, insbesondere aber auf der untrüglichen Basis mathematischer Forschung schon damals zur Ueberzeugung gelangt, dass die Entwicklungsfähigkeit der Locomotive geeignet sei, diesem Tractionsmittel auf dem Gebiete des Eisenbahn-Betriebes die souveräne Alleinherrschaft zu sichern. Aber nicht nur aus den angeführten Gründen allein blieb Ghega ein entschiedener Verfechter der Locomotive; seinem feinfühligen praktischen Sinne widerstrebte es, bei Uebersteigung des Semmering die Seilebene, also ein heterogenes Betriebsmittel als Zwischenglied in die grosse, sonst durchwegs für Locomotivbetrieb bestimmte Verkehrsader einzuschalten.

Unbeirrt von dem inzwischen andauernden Wettkampfe zwischen Seilebenen und Locomotiven wurden schon im Jahre 1842 die Terrainstudien unter der Cynosur des künftigen ausschliesslichen Locomotiv-Betriebes begonnen und derart fortgesetzt, dass alle Möglichkeiten der Tracenführung in gründliche Erwägung gezogen werden konnten.

Wenn wir den rein geodätischen Theil der Tracirung etwas näher betrachten, so sehen wir, dass angesichts der complicirten Terrain-Configuration mit der bis zu jenem Zeitpunkte gebräuchlichen Methode der Feldarbeiten nicht mehr das Auslangen gefunden werden konnte. Bei den bis dahin erbauten Bahnlinien geschah die Ausmittlung der Bahntrace gewöhnlich in der Art, dass unmittelbar auf dem Terrain selbst, zuerst versuchsweise, eine den gegebenen Neigungsverhältnissen entsprechende Linie mittels Auspflockung markirt, die gegenseitige Entfernung und Höhendifferenz der bezeichneten Punkte mittels directer Messung und durch Nivellement bestimmt, und mit Hilfe von Querprofilen, welche meist senkrecht zur Hauptrichtung standen, die Configuration der Bodenoberfläche charakterisirt wurde. Nach Uebertragung aller dieser Daten auf die mit den sonst noch erforderlichen Details ausgestatteten Situationspläne, konnte dann die Bahnlinie mit ihren Kunstbauten und sonstigen Anlagen projectirt, und diese letzteren wieder durch Einmessen auf das Terrain übertragen werden.

Bei der hiebei in Betracht kommenden, relativ günstigen Bodengestaltung, welche einerseits ein Betreten der Trace gestattete, andererseits infolge des geringen Höhenunterschiedes zwischen Anfangs- und Endpunkt bei entsprechender Zwischenlänge ein relativ sanftes Steigungsverhältnis der directen Verbindungslinie zuliess, war die Lösung der gestellten Aufgabe in der Regel eine ziemlich leichte.

Wie ganz anders gestalteten sich die Verhältnisse bei der Ueberquerung der norischen Alpen auf dem Semmering! Die Höhendifferenz zwischen der Station Gloggnitz und dem Semmering-Passe beträgt 540 m bei einer Horizontal-Entfernung dieser beiden Punkte von kaum 11.000 m. Es hätte demnach die directe Verbindungslinie ein Steigungsverhältnis von 1 : 20 oder 50‰ ergeben; bei Anwendung eines um circa 80 m tiefer gelegenen Scheiteltunnels hätte sich dieses Verhältnis

nur bis auf 1 : 24 reducirt, selbst ohne Rücksichtnahme auf die nöthigen Zwischenhorizontalen für Stationen. Es musste daher ausser der Tunnelirung auch noch eine ausgiebige Längenentwicklung eintreten, zu welcher die tief eingeschnittenen Falten des Reichenauer Thales, der Adlitz- und Göstritz-Gräben, des Aue- und Sünbaches allerdings ein sehr mannigfaltiges,

Abb. 42. Kleines Nivellir-Instrument.

aber, wie das classische Bild der Weinzettelwand zeigt, mitunter auch sehr schwierig zu besteigendes Gelände darboten. Infolgedessen mussten an Stelle der directen Längen- und Höhenmessungen sehr häufig trigonometrische und optische Distanzmessungen treten, womit gleichzeitig auch der Anstoss zur höheren Ausbildung und Vervollkommnung der geodätischen Hilfsmittel gegeben war;

Abb. 43. Stampfer'sches Nivellir- und Höhenmess-Instrument.

das weltbekannte und bis auf den heutigen Tag noch immer in hohen Ehren stehende Stampfer'sche Nivellir-Höhen- und Längenmess-Instrument [vgl. Abb. 43 und 44] ist eine jener Zeit entsprungene specifisch österreichische Errungenschaft auf dem Gebiete technischer Kunst und Wissenschaft.

Ausgerüstet mit allen der damaligen Technik zu Gebote gestandenen Hilfsmitteln wurden unter reger Betheiligung aller namhaften Fachgenossen nacheinander die zum Zwecke tauglich erscheinenden Bahnlinien in Erwägung gezogen und insbesondere folgende Varianten studirt [Siehe Abb. 246 auf Seite 262 des I. Bandes]:

1. Die schon im Vorhergehenden allgemein erwähnte, seinerzeit schon von Schönerer geplante Linie von der Station Gloggnitz ausgehend und mit dem Steigungsverhältnisse von 1 : 28 an den Nordhängen des Rauchberges und Jägerbrandes über Mariaschutz bis zum Culminationspunkte von 904 m sich erhebend, worauf dieselbe mittels eines circa 1900 m langen Tunnels die Semmeringhöhe unterfahren und derart in das Fröschnitzthal gelangen sollte. Deren Länge zwischen Gloggnitz und Mürzzuschlag betrug 25·6 km.

2. Eine Linie, ausgehend von der Station Neunkirchen der Wien-Gloggnitzer Bahn, unter Annahme einer Maximalsteigung von 1 : 50; nach Uebersetzung des Schwarzaflusses sollte diese Trace über Dunkelstein, Landschach, Gräfenbach und Kranichberg bewegen und von dort nach einer vollen Wendung aus dem Sünbachthale zurückkehren und, ungefähr der Richtung der Linie 1 folgend, den Semmeringsattel mit einem circa 1520 m langen und in der Meereshöhe von 907 m culminirenden Tunnel durchsetzen; deren Länge zwischen Neunkirchen und Mürzzuschlag hätte 46·3 km betragen.

3. Eine Linie, ausgehend von der Station Gloggnitz und nach Uebersetzung auf das rechte Schwarza-Ufer mit einer durchschnittlichen Steigung von 1 : 50 über Payerbach und Reichenau gegen die Prein sich erhebend, das Gschaid mittels eines circa 5000 m langen, in der Höhen-Côte von 860 m culminirenden Tunnels durchbrechen und zunächst in der Thalrinne des Raxenbaches bis Kapellen, von dort weiter am linken Ufer der Mürz bis Mürzzuschlag führend; dieselbe hätte eine Länge von 32·3 km erhalten.

4. Eine Linie, welche von der Station Gloggnitz aus zunächst ungefähr derselben Richtung wie die vorhergehende, jedoch mit einer Ansteigung von 1 : 40 bis Prein folgen, hier aber, nach links

abschwenkend, die Kamp- [oder Königs-] Alpe mittels eines circa 5600 m langen, in der Höhen-Côte von 825 m culminirenden und bei Spital ausmündenden Tunnels durchbrechen und unmittelbar in das Fröschnitzthal und längs desselben nach Mürzzuschlag führen sollte; die Länge derselben hätte 25·5 km betragen.

5. Eine Linie, welche von der Station Gloggnitz ausgehend, längs des Silberberges mit 1 : 50 ansteigend am linken Schwarza-Ufer bis Reichenau führen, dort in einer das Thal überbrückenden vollen Wendung auf das linke Schwarza-Ufer übergehen und, gegen Payerbach zurückkehrend über Eichberg, Klamm, Weinzettelwand, das Falkensteinloch und die Adlitzgräben ausfahrend, sodann an den Hängen des Karntnerkogels sich gegen den Semmering wenden und diesen mittels eines 1379 m langen Tunnels in einer Meereshöhe von 907 m unterfahren sollte. Diese im weiteren Zuge dem Fröschnitzthale bis Mürzzuschlag folgende Linie hätte zwischen der letztgenannten Station und Gloggnitz eine Länge von 59 km erhalten.

6. Eine Linie, welche gleich der vorhergehenden, jedoch mit 1 : 40 ansteigend, längs des Silberberges und schon bei Payerbach mit nahezu voller Wendung das Thal übersetzend, gegen Eichberg zurückkehren und bis zum Semmering nahezu dieselben Gehänge benützen sollte wie die Linie 5, wobei der mit der Höhen-Côte von 908 m culminirende Scheiteltunnel eine Länge von 1430 m, die ganze Linie Gloggnitz-Mürzzuschlag eine solche von 41·8 km erhalten sollte.

Im Gegensatze zu den topographischen Schwierigkeiten, welche sich der Linienentwicklung der Nordrampe entgegenstellten, ergab sich für die Südrampe zwischen dem Culminationspunkte auf dem Semmering und der Station Mürzzuschlag ein Höhenunterschied von 218 m bei einer directen Zwischenlänge von 12 km, woraus ein Durchschnittsgefälle von 1 : 50 resultirt, so dass nach Abrechnung der Zwischenhorizontalen für Stationen, thatsächlich mit dem Maximalgefälle von 1 : 45 das Auslangen zu finden war.

Die bisher aufgezählten Terrain- und Tracestudien hatten vom Jahre 1842 bis

1845 gewährt, in welche Zeitperiode auch die Vorarbeiten für die südliche Fortsetzungslinie fallen. Im Jahre 1844 war die Theilstrecke Mürzzuschlag-Graz dem öffentlichen Verkehr übergeben worden.

Für die richtige Wahl des Steigungsverhältnisses der eigentlichen Semmering-Strecke war in erster Reihe der bis zu jenem Zeitpunkte gediehene Fortschritt im Locomotivbau massgebend, und hatte Ghega bei der im Jahre 1842 speciell zu diesem Zwecke in Amerika unternommenen Studienreise seine Ueberzeugung endgiltig dahin gefestigt, dass auf Steigungen von 1 : 50 [20 ⁰/₀₀] und selbst noch auf solchen von 1 : 40 [25 ⁰/₀₀] die Bewältigung namhafter Nutzlasten mit entsprechender Geschwindigkeit möglich ist. Gleichzeitig konnte er zu seiner Genugthuung constatiren, dass die Amerikaner schon vielfach mit der Eliminirung des Seilbetriebes begonnen, und an dessen Stelle den Locomotivbetrieb eingeführt hatten.

Nachdem Ghega das Steigungsverhältnis 1 : 50, höchstens 1 : 40 als das äusserste zulässige Mass erkannt hatte, konnte bei Auswahl der oben aufgezählten Varianten die unter 1 beschriebene mit dem Gradienten von 1 : 28 nicht mehr in näheren Betracht kommen. Variante 2 wäre, nachdem dieselbe mit dem Steigungsverhältnisse 1 : 50 entwickelt war, in dieser Hinsicht wohl brauchbar gewesen, jedoch lag dieselbe zum grossen Theil ihrer Länge auf geologisch ungünstigem Gebiete, was bei der Fundirung der vielen grossen Viaducte, namentlich aber bei den unvermeidlichen Tunnelirungen von ganz besonderer Bedeutung sein musste. Zudem ging die Linie von Neunkirchen anstatt von Gloggnitz aus, so dass die bereits erbaute Strecke Gloggnitz - Neunkirchen als todter Seitenarm verloren gegangen wäre.

Die Linien 3 und 4 konnten wegen der mit 5000, beziehungsweise 5600 m bemessenen Länge der Scheiteltunnele nach dem damaligen Stande der Tunnelbaukunst, welche noch keinen maschinellen Bohrbetrieb kannte, schon wegen der übermässigen Verlängerung der nöthigen Bauzeit nicht acceptirt werden.

Unter dem Eindrucke der eben aufgezählten Gründe hatte Ghega zunächst die Linie 5, welche sowohl wegen ihrer Steigungsverhältnisse und ihrer gesicherten Lage im Grauwackengebiete, als auch in bau- und betriebstechnischer Hinsicht die meisten Chancen vereinigte,

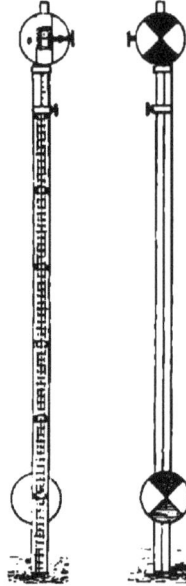

Abb. 11. Latte zum Nivelliren und Höhenmessen.

zur Ausführung ausersehen, und die Ausarbeitung des Detailprojectes hiefür eingeleitet. Um ein thunlichst inniges Anschmiegen der Bahnlinie an die sehr coupirte Bodengestaltung zu ermöglichen, wurde für den Krümmungsradius der Bogen das Mass von 189·6 m [100 Klaftern] als Minimum gewählt.

Angesichts der enormen baulichen Schwierigkeiten und der damit verbundenen Kosten waren die schon seit dem

Jahre 1844 von Seite der Widersacher Ghega's bei der Regierung erhobenen Vorstellungen gegen ein so kühnes Unternehmen immer lauter geworden, und wurde das Gelingen dieses als waghalsig bezeichneten Experimentes selbst von namhaften Fachgenossen entschieden in Abrede gestellt. Der Mangel einer Locomotive, welche auf so steilen und langen Rampen eine entsprechende Nutzlast mit hinreichender Geschwindigkeit zu befördern im Stande wäre, — die Gefahren und Hindernisse, welche dem Bahnbetriebe in solcher, allen klimatischen Unbilden ausgesetzten Höhenlage unter allen Umständen drohen müssten, — die unabsehbaren Folgen, welche jeder Unfall, namentlich bei der Thalfahrt, nach sich ziehen würde, — die Schwierigkeit, wenn nicht Unmöglichkeit, in so ungünstigem Terrain einen baulich richtigen und soliden Bahnkörper zu erstellen, — die für den Bau und Betrieb erforderlichen Unsummen, — alle diese Bedenken bildeten ebensoviele Angriffspunkte im Kampfe gegen den unerschütterlich auf seiner Idee beharrenden Meister. Die Bedrängnisse, unter welchen derselbe stand, erhielten ein hochbedeutsames Relief durch die sich um jene Zeit vorbereitenden politischen und finanziellen Krisen, welche nur den einen Vortheil mit sich brachten, dass Ghega Zeit fand, die von seinen Gegnern selbst in öffentlichen Blättern erhobenen Anfeindungen und Verdächtigungen in allen Punkten sachlich zu widerlegen und seine Studien nach jeder Richtung hin zu vertiefen.

Um die Kostensumme thunlichst zu reduciren, fasste er den Entschluss, die Linie 6, das ist also mit dem Steigungsverhältnisse von 1 : 40, zur Ausführung zu bringen. Obwohl dieselbe noch immer 15 Tunnels mit einer Gesammtlänge von 4530 m und ebensoviele Viaducte bis zu einer Höhe von 45·8 m und einer Gesammtlänge von 1465 m erforderte, wurde dieselbe endlich im Jahre 1847 seitens der Regierungs-Commission genehmigt.

Damit war der Kampf gegen alle Widersacher siegreich beendet: die politischen Ereignisse des kommenden Jahres drängten zur sofortigen Inangriffnahme des Baues.

Es bedarf nur noch eines Rückblickes auf die Frage, ob und inwieweit jene Voraussetzungen in Erfüllung gingen, welche Ghega in Bezug auf die Leistung der erst zu schaffenden Tractionsmittel seiner Tracenführung zugrunde gelegt hatte.

Zur Erlangung von Locomotiven, welche zur Bewältigung der auf der Semmering-Bahn zu führenden Züge geeignet wären, hatte Ghega eine öffentliche Preisausschreibung vorbereitet, worin die Constructions-Bedingungen festgesetzt waren, dass der Raddruck von 6·88 t nicht überschritten und eine Bruttolast von 2500 Centnern [138 t] auf der Steigung von 1 : 40 mit einer Geschwindigkeit von 1·5 österreichischen Meilen [11·4 km] pro Stunde befördert werden soll.[*] Die Preisausschreibung erlangte im Mai des Jahres 1850 die Approbation Seiner Majestät Kaiser Franz Joseph I.

Im October 1851 wurde mit der Erprobung der gelieferten Concurrenz-Locomotiven und jener der zwei Locomotiven »Save« und »Quarnero«, welche auf der mittlerweile fertig gestellten südlichen Staatsbahnlinie in Verwendung standen, begonnen, und als Probestrecke der zu jener Zeit bereits vollendete Theil der Bergrampe Payerbach-Breitenstein gewählt, woselbst die Steigung von 1 : 40 und der Bogenradius von 189·6 m häufig zur Anwendung gelangt waren. Aus diesen, mit grosser Umsicht und Genauigkeit vorgenommenen Probefahrten gingen die Locomotiven »Bavaria«, »Neustadt« und »Seraing« als preisgekrönt hervor. — Allerdings hafteten diesen Locomotiv-Typen noch mancherlei constructive Mängel an, jedoch boten die angestellten Versuche gleichzeitig auch den nöthigen Fingerzeig, wie diese Mängel zu beheben seien. Eine neuerlich ausgeschriebene Concurrenz führte schliesslich zu der unter dem Namen der Engerth'schen Locomotive allgemein bekannten Type, mit welcher im Jahre 1854 der Verkehr der Linie Gloggnitz-Mürzzuschlag eröffnet wurde.

---

[*] Vgl. BJ. I, 1. Theil, H. Strach, Die ersten Staatsbahnen, Seite 273 u. ff.

Mit dieser Errungenschaft war auch der letzte Zweifel über das Gelingen des grossen Meisterwerkes geschwunden und hat die Praxis die Richtigkeit der von Ghega mit wahrhaft prophetischem Geiste entwickelten Grundgedanken auf das Glänzendste bestätigt.

Es wäre Vermessenheit, an den Einzelheiten dieses stolzen grandiosen Colossalbaues mit dem Massstabe der heutigen Technik kleinliche Kritik üben zu wollen.

Mit dem Regierungsantritte Seiner Majestät Kaiser Franz Joseph I. begonnen, repräsentirt der Semmeringbau in der Entwicklungs-Geschichte der Eisenbahnen eine so gewaltige Stufe des Fortschrittes, dass er vermöge seiner technischen Vollendung und Solidität auch in unserer, vom Geiste der technischen Errungenschaften getragenen Zeitperiode noch Bewunderung und Nachahmung verdient: ein erhabenes, unvergängliches Wahrzeichen österreichischer Baukunst.

Während der, die Tracirung und den Bau der Semmering-Bahn umfassenden Zeitperiode waren auch die Arbeiten für die Fortsetzung der Staatsbahnlinien gegen Süden in Angriff genommen und mächtig gefördert worden. Für die nächste Fortsetzungslinie Mürzzuschlag-Graz liess das natürliche Thalgefälle längs des Mürzflusses bis Bruck a. M. sowie auch jenes längs der Mur von Bruck bis Graz vortheilhafte Steigungsverhältnisse zu; auch die Configuration des Thalbodens war der Bahnanlage günstig bis gegen Krieglach, von wo ab die näher an den Flusslauf herantretenden Bergrippen einen streckenweisen, bis gegen Peggau reichenden Lehnenbau bedingten. Beachtenswerth erscheint die Linienführung längs der sogenannten Badelwand [vgl. Abb. 45], durch die dort ausgeführte, flussseitsoffene, 363 m lange Galerie, auf deren Gewölbsdecke die durch den Bahnkörper verdrängte Reichsstrasse führt. Der weitere Verlauf der Trace durch die Ebene über Graz bis Ehrenhausen, ebenso die Durchbrechung der Windischen Büheln mittels

*) Vgl. Bd. I, 1. Theil, S. 243, Abb. 228 u. 229.

zweier kleiner Tunnele und die Fortführung der Linie über Marburg durch die Ebene von Kranichsfeld und Pragerhof bis Windisch-Feistritz bietet vom Gesichtspunkte der Tracirung kein besonderes Interesse. Die östlichen Ausläufer des Pachergebirges überquerend, tritt die Linie in das Gebiet des Sannflusses über und folgt letzterem von Cilli bis Steinbrück abwärts, von dort aber dem Saveflusse aufwärts zum grössten Theile als Lehnenbau durch die an grotesken Formen reichen Gelände über

Abb. 45. Profil der Badelwand.

Hrastnigg, Sagor und Sava, bei Salloch in das Gebiet des Laibacher Moores eintretend. Die geheimnisvollen und auch bis auf den heutigen Tag noch nicht ganz erforschten Verhältnisse dieses Moores, seine unterirdischen Zu- und Abflüsse, sein trügerischer Untergrund und das ihn umgebende unwirthliche Karstgebiet stellten dem tracirenden Ingenieur eine ganze Reihe wichtiger Fragen entgegen. Dem flüchtigen Beobachter mag wohl scheinen, als sei die directe Durchquerung des Moores, wie er sie thatsächlich ausgeführt sieht, einem leichtfertigen Entschlusse entsprungen. Dem entgegen spricht jedoch die Thatsache, dass die Frage der Umgehung des Moores Gegenstand umfassender und wiederholter Studien war, und dass bei der Ausmittlung der Strecke Laibach-Franzdorf-Loitsch verschiedene Varianten in Erwägung gezogen wurden. Nach einer dieser Varianten hätte die Bahnlinie das Moor an dessen südlichen und südöstlichen Rändern, also über Pianzböhel, Braundorf, Tomischel und Seedorf umfahren sollen; diese Variante hätte jedoch, ohne die Berührung des Moores gänzlich vermeiden zu können, eine Verlängerung der Linie um circa 19 km ergeben. Eine zweite Variante tendirte die Umgehung des Moores an dessen Nordgrenze, also über Bresowitz, Log und Podlipa mit einer Entwicklung an den Hängen des Zaplana-Berges oberhalb Altlaibach gegen Unter-Loitsch hin. Diese letztere Variante wurde wegen der damit verbundenen Bauschwierigkeiten und angesichts der Unhaltbarkeit der zu passirenden Berglehnen fallen gelassen. Erst nach langjährigen vielseitigen Studien und Erwägungen entschloss man sich, als der Uebel kleinstes, die Durchquerung des Moores zu wählen. Die hieran sich anschliessende Ansteigung der Linie gegen Franzdorf erforderte die Uebersetzung des dortigen Seitenthales mittels eines grossen Viaductes, der in seiner äusseren Erscheinung sofort den Baustil des Semmering verräth.*) Thatsächlich steht auch die Ersteigung des Karstplateaus über Loitsch und Adelsberg sowie die Weiterführung der Linie über Nabresina bis Triest mit der Geschichte des Semmeringbaues in mehrfachem innigem Zusammenhange; erst nach der Errungenschaft der Engerth'schen Tenderlocomotive und nur mit dem Vorsatze auf Einführung besonderer Wasserwagen, konnte eine derartige Traceführung und Bahnanlage mit Aussicht auf eine geregelte Betriebsführung unternommen werden. Mit dem Eindringen in die vegetations- und wasserlose Karstregion steigerten sich die Schwierigkeiten der Linienführung. Die verworrenen, von unzähligen Dolinenbildungen und Schluchten zerrissenen Felsenlabyrinthe dieses, im Winter von der Bora und gefährlichen Schneestürmen heimgesuchten, im Sommer vom Sonnen-

brande versengten Hochplateaus, nicht minder der Abstieg an den aus gebrächen Tasselloschichten gebildeten Lehnen zwischen Grignano und Triest angesichts des Meeres, erschwerten dem tracirenden Ingenieur die Ermittlung der richtigen Linie in hohem Masse. Die wichtigste und schwierigste der zu lösenden Fragen blieb jedoch die einer ausreichenden Wasserbeschaffung. Die Anlage einer Wasserleitung von Ober-Lesece nach Divača war nur ein partieller Behelf; erst durch die Anlage der Auresina-Wasserleitung, wodurch die Wässer, welche am Fusse des Berges bei Santa Croce und bei dem Berge Auresina oder Nabresina emporsteigen, für Zwecke der Bahn nutzbar gemacht werden konnten, fand diese hochwichtige Angelegenheit ihre endgiltige Lösung.

So war denn endlich das Ziel der südlichen Staatsbahnen, das Handelsemporium Triest, erreicht und ging der Schienenweg, welcher das Herz der Monarchie mit dem Meere verbinden sollte, im Jahre 1857 seiner Vollendung entgegen.

Von unserer Excursion im Süden wenden wir uns nun wieder der mittlerweile im Norden der Monarchie erzielten Fortschritte in der Entwicklung des Bahntracen zu.

Anknüpfend an den von der Nordbahn-Gesellschaft bis Olmütz ausgebauten und im Jahre 1841 dem öffentlichen Verkehr übergebenen Schienenweg, wurde durch den Staat die Fortsetzung der Bahnlinie in der Richtung gegen Nordwesten hin über Böhmisch-Trübau nach Prag unternommen.

Mit der Meeres-Cöte von 214 m bei Olmütz beginnend, folgt diese Linie zunächst dem Laufe der March, sodann jenem der Sazawa aufwärts, erreicht in der zwischen der Mährischen Höhe und den Sudeten gelegenen Einsattelung bei Landskron die Wasserscheide zwischen Donau und Elbe im Culminationspunkte von 413 m über dem Meere, worauf die Trace bis Kolin [197 m über dem Meere] sich senkt, um, nach Ueberschreitung der Terrainwelle bei Böhmisch-Brod [262 m über dem Meere], sich noch weiter senkend, die Hauptstadt Böhmens zu er-

*) Vgl. Bd. I, 1. Theil, Abb. 272 u. 273, S. 288 u. ff.

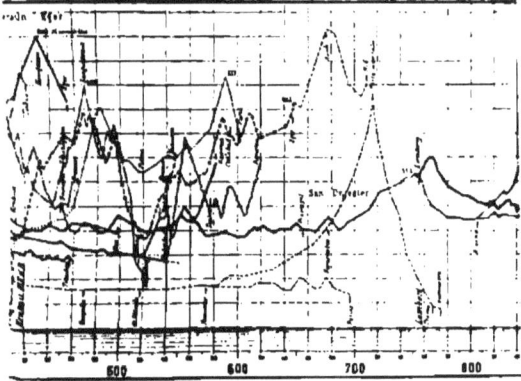

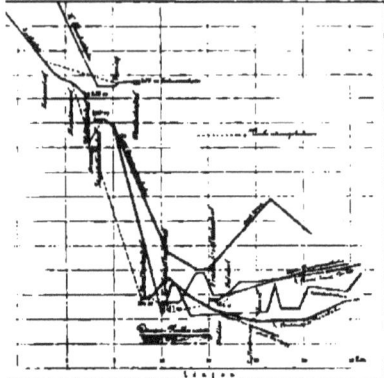

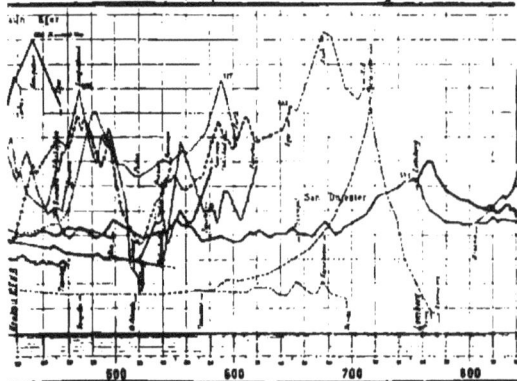

reichen. Im Weiterzuge, zunächst der Moldau und von Melnik ab der Elbe folgend, dringt die Linie in die Region der mit Bergproducten gesegneten Gegenden Nordböhmens und gewinnt längs des zwischen dem Erzgebirge und der Lausitzer Höhe von der Natur gegebenen Elbedurchbruches den Anschluss gegen Sachsen hin.

Die Vorbereitung des Baues der südlichen Staatsbahnlinie Wien-Triest stellte die österreichischen Ingenieure vor die grosse Aufgabe, in schwierigem Terrain und unter wechselnden Betriebsverhältnissen Bahntracen aufzusuchen und Projecte zu studiren.

Unter der tüchtigen Leitung hervorragender Fachleute bildete sich sohin die Tracirung und Projectverfassung von Bahnen zu einer selbständigen technischen Wissenschaft aus.

Ein literarisches Denkmal des hohen Grades der Ausbildung, welche dieser junge Wissenszweig damals in Oesterreich schon erreicht hatte, bietet die äusserst bemerkenswerthe Publication, betitelt: »Systematische Anleitung zum Traciren der Eisenbahnen« vom k. k. Ober-Ingenieur Eduard Heider [nachmaligem technischem Director der Arsenalbauten des österreichischen Lloyd], welche in erster Auflage bereits im Jahre 1856 erschienen ist.

Dieses Buch behandelt den Gegenstand überhaupt das erste Mal. Die darin niedergelegten Grundsätze und beschriebenen Verfahrungsarten sind bei der Verfassung der Projecte für die k. k. Staatsbahnen ausgebildet und erprobt worden, sie sind also direct aus der Erfahrung geschöpft und haben heute noch volle Geltung und Anwendung, unbeschadet jener Modificationen, welche durch die seither erreichte Vervollkommnung der Instrumente bedingt erscheinen.

Der gleichen Zeitperiode verdankt auch das seither jedem Eisenbahn-Ingenieur zum unentbehrlichen Vademecum gewordene Werkchen »Die Strassen- und Eisenbahn-Curve«, verfasst von dem damaligen Ingenieur der Süd-norddeutschen Verbindungsbahn Moriz Morawitz, sein Entstehen.

Angesichts der hohen technischen Schule, welche die südlichen Staatsbahnlinien und namentlich der Semmeringbau herangebildet hatte, erscheinen die Fortschritte im Aufsuchen neuer Bahntracen in der nun folgenden Periode weniger intensiv als extensiv, indem die Interessen des Handels, der Industrie und des gegenseitigen Verkehres die neuen Errungenschaften ihrem Zwecke nutzbar zu machen suchten. So erwarb die Erste österreichische Eisenbahn-Gesellschaft noch im Jahre 1855 die Bewilligung, ihre Linie Linz-Budweis mit kleinen, entsprechend gebauten Locomotiven zu betreiben. Zwar hatte im selben Jahre die Buschtěhrader Eisenbahn-Gesellschaft noch eine Concession erworben für eine mit Pferden zu betreibende Holz- und Eisenbahn, welche von Wejhybka in das Buschtěhrader Kohlenrevier führen sollte, jedoch wurde diese letzte Regung des Pferdebahn-Betriebes durch den lebhaften Aufschwung, welchen die Einführung des Locomotivbetriebes allenthalben mit sich brachte, gar bald überflügelt. Durch das im Jahre 1855 mit der k. k. priv. Staatseisenbahn-Gesellschaft abgeschlossene Uebereinkommen, wonach mit dem Ausbau der von Wien nach Südosten führenden Linie gleichzeitig auch eine Verbindung mit den nördlichen Staatsbahnen erfolgen und diese in den Betrieb der Staatseisenbahn-Gesellschaft übergehen hatten, sowie durch die im selben Jahre der Graz-Köflacher Eisenbahn und Bergbau-Gesellschaft ertheilte Concession zur Erschliessung der Voitsberger, Lankowitzer und Köflacher Kohlenreviere mittels einer von Graz nach Köflach und von Lieboch nach Wies zu führenden Eisenbahn nebst Zweiglinien, wurde die Entwicklung der Eisenbahn-Privatunternehmungen inaugurirt. In diese und die nächstfolgende Zeitperiode fallen die Herstellung und Eröffnung der Linien Brünn-Rossitz, Linz-Lambach-Gmunden, Oderberg - Dzieditz - Bielitz, Schönbrunn-Troppau, Krakau - Dembica, Dzieditz-Oświęcim und Trzebinia sowie das Entstehen der Aussig - Teplitzer Bahn, die Erweiterung der Südbahn-Concession für die Kaiser Franz-Josef-Orientbahn und

die Concessionirung der Kaiserin Elisabeth-
Bahn, welch letztere auf die Verbindung der
Metropole mit den westlichen Provinzen
des Reiches sowie auf den Anschluss
an die bayerischen Bahnen bei Salzburg
abzielte. Die Tracenführung dieser letzteren Linie verdient, namentlich in ihrem
ersten Theile von Wien ab, einige Beachtung. Auf den ersten Blick möchte
es scheinen, als ob die directe Verbindungslinie zwischen Wien und Linz durch die
oro- und hydrographischen Verhältnisse
unzweifelhaft gegeben sei, und dass die
Linie am günstigsten durch das regelmässig
ansteigende Donauthal zu führen wäre.
Bei näherem Eingehen zeigt sich jedoch,
dass zwar die Uferenge bei Nussdorf und
Kahlenbergerdorf sowie das Tullnerfeld
der Bahnführung keine nennenswerthen
Schwierigkeiten bereite, dagegen die Fortsetzung durch die Wachau durchaus keine
günstige wäre. Es war daher schon in
der Concessions-Urkunde vom Jahre 1856
die Bestimmung enthalten, dass die Trace
über St. Pölten zu führen sei. Für die
Entwicklung dieser Linie bot das Wien-
thal mit seinen sanften Geländen bis
Rekawinkel bei einer Maximal-Ansteigung
von 10·5°/₀₀ günstige Verhältnisse dar;
auf der Westseite des mit einem Scheiteltunnel von 307 m Länge durchbrochenen
Wienerwaldes musste bei Einhaltung des
Maximalgefälles von 10°/₀₀ angesichts des
tief eingeschnittenen Eichgrabens und
des coupirten Terrains eine kunstvollere
Linien-Entwicklung, welche ausser der
Ueberbrückung dieses Grabens auch noch
die Anlage eines zweiten, 247 m langen
Tunnels bedingte, gesucht werden. Die
Weiterführung der Linie machte die
Ueberbrückung der rechten Nebenflüsse
der Donau, das ist der Laben, Traisen,
Ybbs, Enns und Traun, sowie die Ueber-
schreitung der relativ niedrigen, zwischen
den genannten Flüssen gelegenen tertiären
Wasserscheiden nothwendig. Die Zeit-
punkte für die Eröffnung der einzelnen
Theilstrecken waren folgende: Linz-
Lambach 1855, Wien-Linz 1858, Lam-
bach - Frankenmarkt - Salzburg - Reichs-
grenze 1860.

Mit dem Jahre 1858 trat die Südbahn-
Gesellschaft in den Vordergrund der
Unternehmungen durch die Uebernahme

des Betriebes der Linie Wien-Triest
sammt Nebenlinien und der Tiroler
Bahnen sowie durch den Ankauf des
Projectes der Kärntner-Bahn und der
Brenner-Bahn. Mit dieser letzteren ist
ein neuer bedeutender Fortschritt auf
dem Gebiete der Alpenbahnen zu verzeichnen. Nachdem die Strecken Inns-
bruck-Kufstein und Bozen-Trient-Ala im
Jahre 1858, respective 1859 zur Eröffnung gelangt waren, erübrigte noch
das Zwischenglied Innsbruck - Brenner -
Bozen, um die süd-nördliche Durchzugslinie durch das Land Tirol zu schliessen.
Bei Betrachtung der topographischen Verhältnisse des zwischen Innsbruck und
Bozen gelegenen Alpenstockes fällt sofort
das tief eingefurchte Thal des Eisack im
Süden und ebenso das Flussgebiet der
Sill auf der Nordseite des Brennerpasses
in die Augen. Diese von der Natur
gebildete Rinne entspricht auch dem
Zuge der schon von altersher bekannten
Brennerstrasse. Bei Vergleichung der
relativen Höhenlagen von Bozen, Franzensfeste, Sterzing, Gossensass, Brennerhöhe, Matrei und Innsbruck mit den diese
Orte trennenden Horizontal-Entfernungen
ergibt sich, dass die Schwierigkeiten der
Tracenführung in der Strecke Gossensass-
Innsbruck gelegen sind. Zwischen Innsbruck mit der Höhen-Côte von 583 m über
dem Meere und der Brennerpasse mit
1371 m Höhe liegt eine Horizontaldistanz
von 32.000 m [vgl. Abb. 46], woraus für
die Bahnnivellette eine Durchschnitts-Stei-
gung von 25°/₀₀ resultirt; der Höhendifferenz zwischen Brenner [1371 m] und
Gossensass [1064 m] entspricht jedoch
in der directen Verbindungslinie von nur
8000 m Länge ein Durchschnittsgefälle
von 38°/₀₀. Diese Durchschnitts-Neigungen
sind jedoch ohne Rücksichtnahme auf die
nöthigen Zwischenhorizontalen für Stationsanlagen ermittelt; die zur Gewinnung
der letzteren noch erforderlich werdenden
Mehrlängen konnten auf der Nordseite relativ leicht eingebracht werden; dagegen war
auf dem Südhange eine sehr weit reichende
Längenentwicklung nöthig, um das Verhältnis von 38°/₀₀ auf das seit dem
Semmeringbau durch die Praxis sanctio-
nirte Maximalmass von 25°/₀₀ zu reduciren.
Zu dem bei Gebirgsübergängen sonst ge-

Abb. 47. Gossens.

[Brenner-Bahn.]

wöhnlich gebrauchten Auskunftsmittel, den Culminationspunkt durch Tunnelirung des Scheitels herabzudrücken, konnte beim Brenner angesichts der flachen Gestaltung des Sattels nicht gegriffen werden. Schon eine Tieferlegung der Nivellette um nur 100 m hätte eine Tunnellänge von 10 km ergeben. So musste denn der Sattel in seiner ganzen Höhe überschient werden. Die Folge dessen war auf der Nordseite eine Entwicklung der Trace im Schmirnthale bei St. Jodok mit einem Wendetunnel und die Rückkehr der Linie an der Lehne des Walserthales gegen die heutige Station Gries. Auf der Südseite wurde die Linie über Schelleberg an die Südlehne unterhalb der Rothspitze in der Richtung gegen das Pflerschthal geführt, und mittels eines vollen Kehrtunnels an dieselbe Lehne zurückgewendet, so dass dieser Theil der Linie das vollendete Bild einer an derselben Lehne entwickelten Kehrschleife bietet (vgl. Abb. 47 und 48). Auf diese Weise ist die Bahnlänge Innsbruck-Brenner auf 36 km, die Länge Brenner-Gossensass auf 16 km künstlich ausgestreckt. Die durch Kunstbauten aller Art interessante Bahnlinie führt zum grössten Theile im Chloritschiefer-Gebirge, nächst Matrei jedoch auf eine Strecke im Dachsteinkalk; desgleichen liegt der Wendetunnel der Südseite in einer Kalkzone. Von Gossensass abwärts führt die Bahn über Sterzing und Freienfeld auf nahezu flachem Terrain; zwischen Grasstein und Franzensfeste führt die Trace durch Granit. Unterhalb Brixen tritt die Linie in die zwischen mächtigen Porphyrgebilden tief eingefurchte Eisack-Schlucht, aus der sie erst bei Bozen in das offene Etschland tritt.

Durch die infolge der Terraingestaltung zur Nothwendigkeit gewordene Ueberschienung des Brennersattels ohne Anwendung eines Scheiteltunnels kommt der Brenner-Bahn ein besonderer typischer Charakter unter den übrigen Gebirgsbahnen zu. Ihr Culminationspunkt liegt in einer Meereshöhe (1371 m), welche weder die bisher in Oesterreich erbauten Alpenübergänge auf dem Semmering (898 m), Arlberg (1311 m) und Prehichl (1205 m), noch durch die Zukunftslinien der Tauern-

bahn (1225 m), des Predil (903 m) oder des Loibl (813 m) übertroffen wird. (Vgl. Abb. 46 und 58.)

In dem folgenden Zeitraume, bis zu der im Jahre 1867 erfolgten Eröffnung der Brenner-Bahn, begegnen wir in der Tracen-Entwicklung neuer Bahnlinien, wozu insbesondere die Erzherzog Carl Ludwig-Bahn (Krakau-Przemyśl und Wieliczka-Niepolomice), die Böhmische Westbahn (Prag-Pilsen), die Lemberg-Czernowitzer Bahn, die Turnau-Kraluper Bahn, die Kaiser Franz Josef-Bahn (Wien-Eger und Gmünd-Prag), die Böhmische Nordbahn, die Kaschau-Oderberger Bahn und die Kronprinz Rudolf-Bahn gehören, abermals einem grossen, jedoch mehr vom speculativen und commerziellen Interesse getragenen Fortschritte.

Dem Zeitgeiste jener Periode Rechnung tragend, hatte sich die Regierung entschlossen, die Tracirung und Projectirung, namentlich aber die Kostenprälliminarien jener Bahnen, welche den Genuss irgend einer finanziellen Staatsbeihilfe in Anspruch nahmen, eingehend zu überprüfen, und aus jener Zeit datirt die Creirung eines besonderen Tracirungs-Bureaus bei der k. k. General-Inspection der österreichischen Eisenbahnen.

Unter den oben aufgezählten Linien verdient die Kronprinz Rudolf-Bahn wegen ihrer Durchquerung des Alpengebietes vom Standpunkte der Tracirung eine besondere Beachtung. Von der Station St. Valentin abzweigend, führt uns dieselbe längs der Enns aufwärts über Steyr, Klein-Reifling und Hieflau, an den theils aus Schuttablagerungen, theils aus Conglomeratbänken gebildeten Steilufern vorüber, welche mitunter, so insbesondere bei Gross-Reifling und Hieflau, sehr umfangreiche Fluss- und Lehnenbauten nothwendig machten. Von Hieflau aufwärts tritt die Bahn in das wegen seiner grossartigen Naturschönheiten allbekannte »Gesäuse«, durch die von steilen Felswänden eingeengte Schlucht in vielfachen künstlichen Krümmungen ihren Weg suchend, bald dem schäumenden Ennsflusse, bald der steilen Fellehne den nöthigen Raum abzwingend. Dem Ennsthale über Admont noch bis Selzthal folgend, wendet sich die

Trace von dort aus in das Paltenthal über Rottenmann gegen die Wasserscheide bei Wald und fällt dann gegen St. Michael an die Mur ab, der sie bis Unzmarkt aufwärts folgt, auf diese Weise die östlichen Ausläufer der Tauernkette umfahrend. Mit dem Aufstieg über Scheifling bis zur Wasserscheide bei St. Lamprecht verlässt sie das Murthal und führt zunächst längs des Olsabaches, sodann entlang der Gurk und weiter über Glandorf, St. Veit und Ossiach nach Villach.

dort weiter bis Abfaltersbach hin gestaltete sich jedoch infolge der von den Berghängen herab bis in das Flussbett vorgeschobenen massenhaften Schuttablagerungen die Bahnanlage als schwieriger Lehnenbau. Unter vielfacher Anwendung des Minimalradius von 284 m und der Maximalsteigung von 25% erreicht die Linie den Sattel bei Toblach in einer Meereshöhe von 1211 m. Noch grössere Schwierigkeiten als der Aufstieg, bot der Abstieg längs der Rienz über Niederdorf, Welsberg und Olang bis Bruneck.

Abb. 48. Kehrschleife der Brenner-Bahn im Pfterschthale.

Die Fortsetzung der Kronprinz Rudolf-Bahn gegen Süden erfolgte stückweise durch die im Jahre 1868 erfolgte Concessionirung der Linie Tarvis-Laibach und im Jahre 1869 durch die Concessionirung der Zwischenstrecke Villach-Tarvis.

Vor das Jahr 1869 fallen noch die technischen Vorarbeiten für die zur Ausgestaltung des Südbahnnetzes höchst wichtige Fortsetzung der Kärntnerlinie von Villach durch das Pusterthal bis zum Anschlusse an die Südtirolerlinie bei Franzensfeste. Von Villach aus dem Laufe des Drauflusses aufwärts folgend, begegnet die Linienführung bis Lienz keinen besonderen Schwierigkeiten und konnte mit der Maximalsteigung von 5‰ das Auslangen gefunden werden. Von

Colossale, aus den beiderseitigen Hochgebirgszügen stammende, durch Wildbäche dem Hauptthale zugeführte Schuttablagerungen, deren katastrophenreicher Umgestaltungs-Process noch heute fortdauert, bilden fast ausschliesslich den Typus der unteren Thalgelände, auf welchen die Bahn mit ihren mannigfachen, mitunter im grossartigen Stile angelegten Kunstbauten hinführt. Vom Lamprechtsberger Tunnel gegen Bruneck hin ist die Linie mit dem Gefälle von 20‰ in einer weitausgreifenden, die Stadt Bruneck umkreisenden Schleife entwickelt. [Vgl. Abb. 49.]

Auch in der Fortsetzung bis Franzensfeste ist der Lehnenbau vorherrschend, doch bewegt sich die Bahn nicht mehr ausschliesslich im Schuttgebiete, sondern

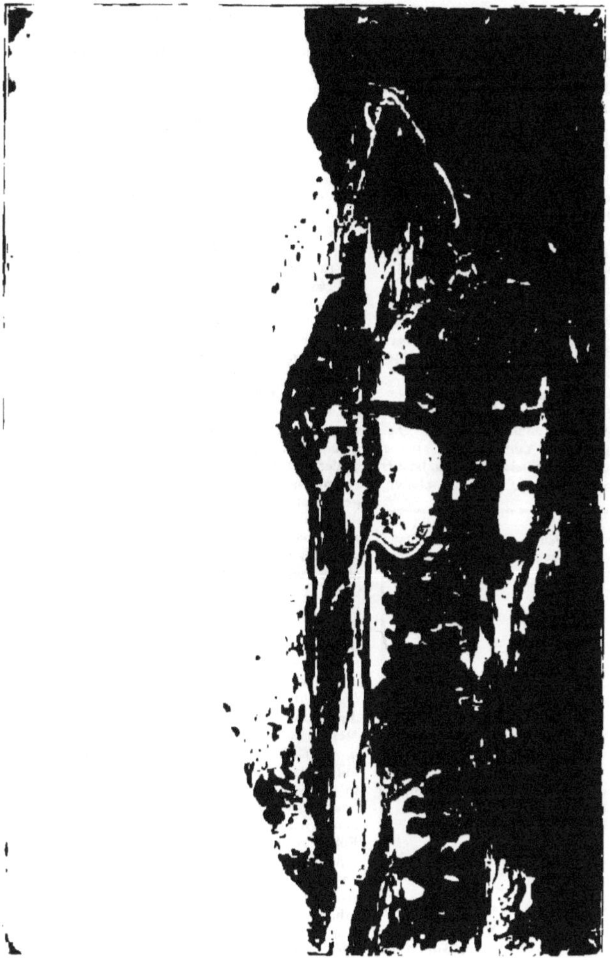

Abb. 82. Brunneck.

ist zumeist auf dem felsigen Grund-
gestelle des Gebirges fundirt.

Inzwischen nahm der jene Zeit
charakterisirende Aufschwung auf allen
Gebieten der finanziellen und namentlich
der Eisenbahn-Gründungen seinen weiteren Fortgang und dieser Periode verdanken die Oesterreichische Nordwestbahn, die Buschtěhrader Bahn, die Vorarlberger Bahn, die Leoben-Vordernberger
Bahn, die Linien Hohenstadt - Zöptau
und Salzburg - Hallein, Ebensee - Ischl-
Steg, die Dux-Bodenbacher Bahn, die
Erste ungarisch-galizische Bahn, die
Ostrau-Friedländer Bahn, die Dniester
Bahn, die Pilsen-Priesener Bahn, die
Mährisch-schlesische Centralbahn, die Ungarische Westbahn und viele zwischen
den Hauptbahnen eingeschaltete Ver-
bindungs- und Nebenlinien ihr Entstehen.

In welch rapider und bis zur Ueberhastung reichender Weise sich die Privatunternehmungen damaliger Zeit bei
Aufstellung und Verwerthung neuer
Bahnprojecte zu überbieten suchten, ist aus
nachstehender Tabelle zu entnehmen,

Im Jahre	Anzahl der ertheilten Bewilligungen zu technischen Vorarbeiten	Im Jahre	Anzahl der ertheilten Bewilligungen zu technischen Vorarbeiten
1866	6	1882	68
1867	16	1883	64
1868	72	1884	89
1869	146	1885	83
1870	121	1886	91
1871	83	1887	78
1872	9	1888	40
1873	61	1889	53
1874	11	1890	68
1875	8	1891	55
1876	7	1892	67
1877	8	1893	86
1878	10	1894	105
1879	8	1895	137
1880	60	1896	82
1881	95	1897	115

worin die von der Regierung pro
Jahr ertheilten Bewilligungen zur Vornahme technischer Vorarbeiten verzeichnet

sind. Diese bis auf die neuere Zeit fort-
gesetzte Tabelle gibt auch Aufschluss
über die der Ueberproduction folgende
Reaction sowie über die späteren Fluctua-
tionen der Unternehmungslust.

Ein höchst wichtiges und im Allgemeinen sehr nothwendiges Correctiv der
oben erwähnten Ueberhastung, mit welcher
an die Verfassung und Vorlage der Traci-
rungs-Operate seitens der speculirenden
Privatunternehmungen geschritten wurde,
lag in der vom 4. Februar 1871 datirten
Handelsministerial-Verordnung, in welcher nicht nur die äussere Form der zu
erstattenden Projects-Vorlagen, sondern
insbesondere auch der Vorgang bei der
Verfassung der Projecte sowie der sachliche Inhalt der dazu gehörigen Behelfe
in fester Norm vorgeschrieben wurde.

Von jener Zeit datirt auch ein allgemeiner Fortschritt in der geodätischen
Methode der Terrain-Aufnahme. Der bis
dahin allgemein gebräuchliche Vorgang,
wonach zunächst eine dem Durchschnittsgefälle entsprechende Entwicklungslinie
in der Natur ausgemittelt und dann durch
entsprechende Querprofile die Terraingestaltung charakterisirt wurde, lieferte
jedesmal nur das topographische Bild eines
relativ schmalen Terrainstreifens. Wo es
sich demnach um die Aufnahme eines
ausgebreiteten Territoriums handelte, wie
dies bei complicirter Bodengestaltung
und steiler geneigten Lehnen, insbesondere aber überall dort der Fall ist, wo
die Möglichkeit sehr verschiedener Tracen-
führungen (Varianten) vorliegt, erscheint
die frühere Methode sehr zeitraubend
und vielfach auch unzulänglich. Ueber
die Schwierigkeiten, welche das directe
Messen mit Kette, Stäben oder Bändern
in gefährlich zu betretendem Terrain
mit sich brachte, half man sich schon
in früherer Zeit durch trigonometrische
und optische Distanzmessungen verschiedener Art. Eine rationellere und für alle
Fälle verwendbare, überdies auch viel
schneller zum Ziele führende Methode
kam vom Jahre 1871 an in allgemeinen
Aufschwung. Die verschiedenen Einzel-
arbeiten, welche diese neue Methode,
von den Feldarbeiten angefangen bis
zur Vollendung der planlichen Darstellung des Terrains umfasst, werden mit

dem Namen »Tachymetrie« bezeichnet. Diese Methode der Terrainaufnahme beruht auf dem Principe, dass von einem seiner Höhenlage und Situirung nach bekannten Punkte aus mit Hilfe eines sogenannten Universal-Instrumentes [vgl. Abb. 50 und 52], welches durch ein mit Doppelfäden adjustirtes Fernrohr als optischer Distanzmesser und gleichzeitig zur Ablesung von Horizontal- und Verticalwinkeln verwendbar ist, jeder beliebige andere Punkt des Terrains gleichfalls seiner Höhenlage und Situirung nach fixirt werden kann, sobald auf diesen Punkt eine gleichmässig eingetheilte und bezifferte [sogenannte ablesbare] Latte [vgl. Abb. 51] postirt wird. Mittels dieses, noch durch einige Hilfsinstrumente [Rechenschieber etc., vgl. Abb. 53—55] unterstützten Verfahrens, lässt sich aus den zu Papier gebrachten und mit Höhen-Cöten beschriebenen Punkten in jedem beliebigen Massstabe ein sogenannter Schichtenplan verfassen, welcher die Terrain-Configuration, je nach Bedürfnis mit mehr oder weniger Genauigkeit durch Isohypsen, das ist durch Linien gleicher Höhenlage, zur Darstellung bringt. Nachdem diese Darstellungsweise stets derart eingerichtet wird, dass die Schichtenlinien durchaus gleichen Verticalabständen entsprechen, so können in solchen Plänen, welche überdies auch alle Grenzlinien der Feld- und Waldculturen, alle Gebäude, Gräben, Flüsse etc. enthalten, unter Zuhilfenahme von Zirkel und Massstab alle jene

Messoperationen durchgeführt werden, welche früher der Ingenieur mit seinen Gehilfen auf dem Terrain selber von Fall zu Fall verrichten musste. Mit Zirkel, Lineal und einer Auswahl von Curven-Schablonen lassen sich daher in solchen Schichtenplänen auch alle Varianten der neuen Bahntrace studiren, welche irgendwie in Betracht kommen können, ohne dass für jede neue Variante abermalige Terrainaufnahmen nöthig wären, wie dies bei der früher gebräuchlichen Aufnahmsmethode so häufig der Fall war.

Die erste grosse Arbeit, welche in Oesterreich mit Anwendung dieser neuen Methode durchgeführt wurde, ist die Tracirung der Arlberg-Bahn, welche über Auftrag des k. k. Handelsministeriums durch die k. k. General-Inspection der österreichischen Eisenbahnen im Jahre 1871 begonnen wurde.

Bei Lösung der gestellten Aufgaben, Innsbruck und Bludenz mit einer directen, ausschliesslich auf österreichischem Gebiete liegenden Bahnlinie zu verbinden, musste zunächst von der allgemeinen Frage ausgegangen werden, welche Wege bei Ueberquerung des zwischen Tirol und Vorarlberg ge-

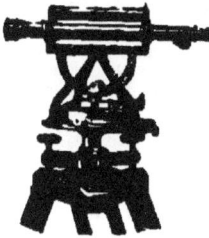

Abb. 50. Universal-Instrument.

Abb. 51.
Ablesbare Latte.

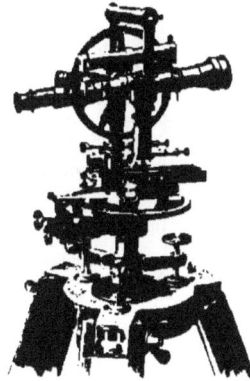

Abb. 52. Tachymeter.

13*

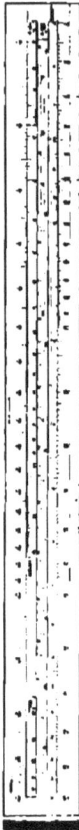

Abb. 49 Tachymetrischer Rechenschieber.

lagerten Gebirgsstockes überhaupt in Betracht kommen können. Nach den allgemeinen topographischen Verhältnissen war sofort zu erkennen, dass die Hauptschwierigkeiten sich zwischen Bludenz und Landeck häufen. In diesem Bereiche boten sich bei näherer Betrachtung nur zwei Hauptübergänge: entweder durch das Montafonthal und nach Uebersteigung des Zeynes-Joches durch das Patznaunerthal, oder durch das Klosterthal über den Arlberg und weiter durch das Stanzerthal. Die Entscheidung dieser Vorfrage bedurfte zunächst eines generellen Studiums, welches die Höhenlage der Culminationspunkte, die Länge der beiden Linien und namentlich jene der Scheiteltunnele, die zu bewältigenden Steigungsverhältnisse, ausserdem aber auch die geologischen, klimatischen sowie alle die allgemein baulichen Schwierigkeiten beeinflussenden Momente für beide Alternativfälle in Vergleich zu ziehen hatte. Um die zur Beantwortung der erwähnten Vorfragen erforderlichen Daten zu erlangen, wurden unter Zuhilfenahme der besten vorhandenen kartographischen Werke sowie durch barometrische Aufnahmen und Vornivellements die relativen Höhenlagen der massgebenden Punkte ermittelt; ebenso wurden die geologischen und klimatischen Verhältnisse durch zahlreiche Recognoscirungen und Beobachtungen für beide Alternativen eingehend studirt.

Ein hierauf basirter gegenseitiger Vergleich gab folgende Resultate:

I. Für den Arlberg:

Länge der directen Linie zwischen Landeck und Bludenz 69 km; Höhenlage des Arlbergsattels 1780 m über dem Meere; Länge des Scheiteltunnels 5·5 bis 12·4 km je nach Wahl der Höhenlage der Nivellette von 1453 bis 1200 m über dem Meere.

II. Für das Zeynes-Joch:

Länge der directen Linie zwischen Landeck und Bludenz 74 km; Höhenlage des tiefsten Sattels 1865 m über dem Meere; Länge des Scheiteltunnels im Minimum 16 km; Höhenlage der Nivellette 1390 m über dem Meere.

Wenn schon diese ziffermässigen Daten für die Wahl der Arlberglinie sprachen, so liessen die ungünstigen geologischen und klimatischen Verhältnisse des Zeynes-Joches sowie die durch häufige Murbrüche und Lawinengänge gefährdeten Lehnen des Montafoner und Patznaunerthales in unserer Vorfrage keinen weiteren Zweifel mehr übrig; bei den weiteren Studien konnte nur mehr die Arlberglinie in Betracht kommen.

Die mit grosser Energie unternommenen tachymetrischen Terrainaufnahmen im Kloster- und Stanzerthale wurden über beide Lehnen und den zwischenliegenden Thalgrund ausgedehnt; denselben gingen detaillirte geologische Studien sowie eingehende Erhebungen über die Niederschlags- und Schneeverhältnisse, über Muren und Lawinengänge und über die Ergiebigkeit der Wasserzuflüsse zur Seite. Auf Grund dieses umfangreichen Materials erfolgten sodann die eigentlichen Tracestudien, bei welchen für die offene Rampenstrecke Bludenz-Arlberg drei, für die Ostrampe zwei Varianten in Betracht gezogen werden mussten. Die Steigungsverhältnisse auf der Ostseite erwiesen sich schon durch das natürliche Thalgefälle relativ günstig, so dass nur zwischen der sonn- und schattseitigen Lehne die Wahl zu treffen war. Dagegen erwiesen sich die Gefällsverhältnisse des Rosanathales sehr ungünstig, weshalb drei ganz verschiedene Varianten studirt und in gegenseitigen Vergleich gezogen wurden, und zwar:

1. Eine Linie an der sonnseitigen Lehne mit 33⁰/₀₀ Ansteigung und einer Länge von 29·3 *km* zwischen Bludenz und Stuben.

2. Eine um 4 *km* längere Linie zwischen denselben Anschlusspunkten, jedoch mit Anwendung von Kreiskehren bei einer Steigung von 29⁰/₀₀.

3. Eine Linie mit 29⁰/₀₀ Ansteigung in directer Richtung, wobei jedoch die Tunnel-Nivellette um circa 200 *m* tiefer als bei den Linien 1 und 2, daher auch der Tunneleingang nicht bei Stuben, sondern bei Langen gedacht war.

Für die Trace des Scheiteltunnels wurden fünf verschiedene Fälle studirt, und zwar:

a) Mit Anlage des Tunneleinganges nächst Stuben [1406 *m* über dem Meere] und des Tunnelausganges im Arlthale [1451 *m* über dem Meere] bei einer geraden Länge von 5·5 *km* und einer Bauzeit von elf Jahren;

b) mit Beibehaltung derselben Tunnel-Portale wie früher, jedoch gebrochener, 6·4 *km* langer Trace, welche die Anlage zweier Hilfsschächte, und somit die Reducirung der Bauzeit auf sieben Jahre ermöglichen sollte:

Abb. 32. Theodolit.

c) mit Anlage des Tunnel-Portales nächst Stuben in der Meereshöhe von 1410 *m* und des Tunnelausganges in der Marchthalschlucht oberhalb St. Anton [1368 *m* über dem Meere] bei gebrochener, 6·8 *km* langer Trace, welche die Anlage zweier Hilfsschächte ermöglichte und für 7¹/₂ Jahre Bauzeit berechnet war;

Abb. 33. Höhenmess-Barometer.

d) mit dem Tunneleingange bei Stuben [1410 *m* über dem Meere] und dem Ausgange in der Moccaschlucht bei St. Anton [1330 *m* über dem Meere] in gerader, 7·6 *km* langer Trace mit einem Hilfsschachte und einer Bauzeit von 8¹/₂ Jahren;

e) mit dem Tunneleingange bei Langen [1210 *m* über dem Meere] und dem Ausgange bei St. Jacob [1260 *m* über dem Meere], bei einem 12·4 *km* langen, in seiner Richtung zweimal gebrochenen Tunnel, dessen Bauzeit mit Zuhilfenahme von drei Schächten auf 8¹/₂ Jahre veranschlagt war.

Bei Berechnung der obigen Bauzeiten waren die beim Baue des Mont Cenis-Tunnels mit maschineller Kraft betriebenen Gesteinsbohrer und die beiderseits des Arlberges zu diesem Zwecke zu Gebote stehenden Wasserkräfte als Grundlage angenommen. Wiederholte, aus Männern der Bau- und Betriebspraxis zusammengesetzte Expertisen sprachen sich im Interesse des künftigen, möglichst ungestörten Bestandes und Betriebes der Bahn für die tiefste, somit längste Tunnelanlage aus; bezüglich der Zufahrtsrampen wurde die westliche mit 29⁰/₀₀, die östliche mit 25⁰/₀₀ Maximalsteigung, und für den

Minimal-Curvenradius das Mass von 250 *m* gewählt.

Bekanntlich gelangte bei dem im Jahre 1880 begonnenen Bau ein zwischen den Tunnel-Portalen bei St. Anton und Stuben gelegener, 10.240 *m* langer, in vollkommen gerader Richtung führender zweigeleisiger Tunnel zur Ausführung. Die bei den Zufahrtsrampen thatsächlich in Anwendung gekommenen Maximal-Neigungsverhältnisse betragen auf der Westseite 30°/₀₀, auf der Ostseite 25°/₀₀.

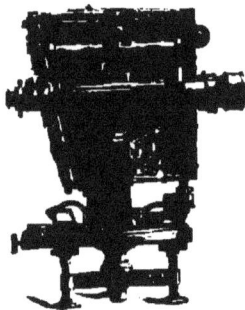

Abb. 40. Tachygrammeter.

Der Inangriffnahme des Tunnelbaues hatte noch eine besondere geodätische Arbeit voranzugehen, d. i. die Absteckung und Fixirung der Tunnelaxe. Die bei geringeren Tunnellängen und unter günstigeren Terrainverhältnissen sonst übliche Methode der Tunnelaxen-Fixirung durch directe Absteckung oder mit Hilfe eines relativ kurzen Polygonzuges auf Grund einer gemessenen Basis konnte beim Arlberg nicht in Anwendung kommen; vielmehr musste angesichts der bedeutenden Tunnellänge von mehr als 10 *km* sowie auch in Anbetracht der ungünstigen Terraingestaltung des zwischen den beiden, in tiefen Thalfalten gelegenen Tunnel-Portalen sich erhebenden, mitunter sehr schwer gangbaren Gebirgsstockes, zur Triangulirung geschritten werden, wozu das vom k. k. militär-geographischen Institute behufs einer Landesvermessung

angelegte Triangulirungsnetz eine sehr willkommene und sichere Basis darbot. Mittels wiederholter Winkelmessungen wurden zunächst nach dem Pothenot'schen Probleme die geographische Breite und Länge der beiden Tunnel-Anschlagpunkte, beziehungsweise deren Lage im Triangulirungsnetze durch Coordinaten festgestellt, hieraus der Richtungswinkel der Tunnelaxe sowie deren Länge berechnet. Behufs schärferer Controle dieser Arbeit wurde, von der Ostseite aus beginnend, die Richtung der Tunnelaxe über das Gebirge hinweg bis zum Westportale und darüber hinaus verlängert, durch Ausstecken der geraden Linie über das Gebirge hinweg nach erzielter Coincidenz der Resultate die beiderseitigen Observatorien fixirt und mittels Repèrepunkten versichert.

Bei der Berechnung der Kosten und der Bauzeit für diesen tiefliegenden Tunnel wurden die mittlerweile beim Bau des Gotthard-Tunnels gewonnenen günstigen Erfahrungen zugrunde gelegt, nach welchen sowohl mit der durch comprimirte Luft betriebenen Percussions-Bohrmaschine von Ferroux, als auch mit der seit 1877 bekannt gewordenen, durch einen Wasserdruck von 80—100 Atmosphären bewegten Drehbohrmaschine von Brandt ein durchschnittlicher Fortschritt des Stollenvortriebes von 3 *m* pro Tag erzielt werden konnte.

Als ein Fortschritt auf dem Gebiet der Tracenlegung ist die bei der Ausführung der Arlberg-Bahn in Anwendung gekommene und in der Folge für alle Bahnanlagen zur Norm erhobene Ausgleichung der Nivellette zu verzeichnen. Ausgehend von der Thatsache, dass die Bewegung der Fahrbetriebsmittel in den Bahnkrümmungen wegen der vermehrten Reibung und in den Tunnelstrecken wegen der feuchten Schienenoberfläche einen grösseren Widerstand erfährt als in den geraden offenen Strecken, verfolgt die erwähnte Ausgleichung der Nivellette bekanntlich den Zweck, die Schwankungen der Zugswiderstände auf Grund eines speciellen Calculs dadurch möglichst auszugleichen, dass die auf die Gesammtlänge entfallende Durchschnittssteigung in den Bogenstrecken nach dem Masse des Curvenradius und in den Tunnel-

strecken entsprechend deren Länge er-
mässigt, dagegen in den geraden Strecken
im proportionalen Verhältnisse vergrössert
wird. Ein weiterer Fortschritt lag auch in
der, den ruhigeren Gang der Fahrbetriebsmittel bezweckenden Anordnung parabolischer Uebergangs-Curven bei den Bogen-
Ein- und Ausläufen an Stelle der schon
viel früher gebräuchlichen Korbbogen.

Derselben Zeitperiode, wie die Vorarbeiten für die Arlberg-Bahn, ent-
übte ihre verhängnisvolle Rückwirkung
auch auf die Bahnunternehmungen aus.
Zwar nahm der Ausbau der damals
schon concessionirten und finanziell
sichergestellten Bahnlinien, worunter die
Salzburg-Tiroler Bahn, die Mährisch-
schlesische Centralbahn, die Wien-Potten-
dorf-Wiener-Neustädter Bahn und verschiedene Nebenlinien grösserer Bahnunternehmungen zählen, seinen ungestörten Verlauf; für die Creirung neuer

Abb. 57. Tachygrammetrisches Bild des Reichensteins.

stammt auch die Localbahn von Nussdorf auf den Kahlenberg, der erste Repräsentant einer Zahnradbahn in Oesterreich. Dieselbe ist nach dem System
Riggenbach, mit normaler Spurweite,
einer Maximal-Steigung von 100^0/$_{00}$ und
dem Minimal-Curvenradius von 180 m
angelegt.

Mittlerweile dauerte der schon im
Vorhergehenden erwähnte allgemeine
Aufschwung auf dem Gebiete neuer
Bahnunternehmungen noch bis gegen
das Jahr 1873 an. Die um diese Zeit
in allen Zweigen industrieller, wirth-
schaftlicher und namentlich finanzieller
Thätigkeit eingetretene schwere Krisis

Linien war jedoch jede Unternehmungslust geschwunden, so dass sich die Regierung veranlasst fand, die Mittel für
Eisenbahnbauten unter Benützung des
öffentlichen Credites zu beschaffen. —
Auf Grund des im Jahre 1873 erlassenen
Gesetzes wurden zunächst Special-Cre-
dite für den Bau der Istrianer Bahn, der
Tarnów-Leluchówer Bahn, der Dalmatiner Bahnen und der Linie Rakonitz-
Protivin bewilligt. In den bis zum Jahre
1876 reichenden Zeitraum fällt noch die
Erweiterung der Concession der Kronprinz Rudolf-Bahn für die Linien Villach-
Tarvis, Hieflau-Eisenerz und Salzkammer-
gut-Bahn, ausserdem für Leobersdorf-St.

Pölten mit Zweiglinien nach Gutenstein und Gaming; in das Jahr 1878 fällt die Concessions-Verleihung für die Eisenbahn Wien-Aspang. — Das Jahr 1879 bezeichnet ein vollkommener Stillstand der Privatbestrebungen und beschränkte sich der Zuwachs neuer Tracen auf die in Staatsregie unternommene Herstellung von Tarvis-Pontafel, Unterdrauburg-Wolfsberg, Mürzzuschlag-Neuberg, Kriegsdorf-Römerstadt und Ebersdorf-Würbenthal.

Ein neues Feld der allmählichen Entwicklung fanden die Privatunternehmungen erst wieder mit dem im Jahre 1879 erflossenen Localbahn-Gesetze, welches sowohl für die Concessionirung als auch für Anlage, Ausführung und Betrieb von Localbahnen umfassende Erleichterungen gewährte. Diesem zunächst nur für drei Jahre, nachher jedoch für eine längere Giltigkeitsdauer erstreckten Gesetze verdankt eine sehr grosse Anzahl theils normal-, theils schmalspuriger Localbahnen in fast allen Ländern der Monarchie ihr Entstehen.

Inzwischen hatte der allmähliche Wiederaufschwung der Eisenindustrie das schon früher gefühlte Bedürfnis, die um die Gewinnung und Verhüttung der Bergproducte beflissenen Orte Eisenerz und Vordernberg mittels eines directen Schienenweges zu verbinden, zur unabweislichen Nothwendigkeit gesteigert. — Wohl waren zur Herstellung dieser Verbindung schon wiederholt Tracenstudien unternommen worden, die Realisirung einer Adhäsionsbahn scheiterte jedoch an der Ungunst der örtlichen Verhältnisse. Zwischen der in einer Meereshöhe von 692 m gelegenen Ausgangsstation Eisenerz und der in der Meeres-Cöte von 768 m gelegenen Anschlussstation Vordernberg, welche eine directe Horizontal-Entfernung von kaum 13 km trennt, erhebt sich der Prebichlpass mit der Höhenlage von 1230 m. Die bei Anwendung des Adhäsions-Systems relativ günstigste Trace hätte ihren Aufstieg von Eisenerz aus zunächst mit einer Entwicklung in der Ramsau und im hinteren Erzbergthale, und nach Durchbrechung des Reichensteines mittels eines 4000 m langen Tunnels ihren Abstieg mit einer Entwicklung im Göss-

bach- und Krumpenthal gefunden. Diese circa 26 km lange Linie hätte an die Leoben-Vordernberger Bahn bei Hafning angeschlossen und sonach ihren eigentlichen Zweck, die Einbeziehung der Vordernberger Werke, gänzlich verfehlt, weshalb auch die Oesterreichisch-alpine Montan-Gesellschaft von dieser Ausführung abstand.

Die unterdess in anderen Ländern mit dem Abt'schen gemischten Betriebssysteme erzielten günstigen Erfahrungen, welche bei gleichzeitiger Nutzbarmachung der Adhäsion und der Zahnstange die Bewältigung grosser Nutzlasten auf sehr starken Steigungen gewährleistete, führten endlich zur rationellen Lösung der gestellten Aufgabe.

Auf Grund der im Jahre 1888 erflossenen Concession wurde die normalspurige Verbindungslinie für gemischtes Betriebssystem hergestellt; dieselbe erhebt sich von Eisenerz aus unter wiederholter Anwendung des Steigungsverhältnisses von 71 ⁰/₀₀ und des Minimal-Krümmungshalbmessers von 180 m an den Hängen der Ramsau, durchfährt nach einer vollen Wendung im hinteren Erzbergthale den Erzberg mittels eines 1304 m langen Tunnels und nach weiterer Ansteigung im Hochgerichtsgraben den Prebichlpass mit einem 591 m langen Tunnel, worauf sie sich an der linken Lehne des Vordernberger Thales zur Anschlussstation Vordernberg herabsenkt. Die Länge der Linie beträgt 20 km, der Culminationspunkt im Prebichl-Tunnel liegt in der Meeres-Cöte von 1205 m.

Zur Abwehr der dem Bahnbetriebe aus dem Lawinengebiete des Reichensteines drohenden Gefahren erschien die Anlage umfassender Schutzbauten nöthig, woraus sich die Nothwendigkeit einer bis in die Hochregion reichenden Terrainaufnahme ergab; hiebei kam ausser dem tachymetrischen auch das photogrammetrische Verfahren in Anwendung. Das Wesen der gegenwärtig noch im Entwicklungsstadium befindlichen Photogrammetrie besteht bekanntlich darin, dass von zwei oder mehreren ihrer Situirung und Höhenlage nach bekannten Punkten aus photographische Bilder des betreffenden Gebietes hergestellt werden,

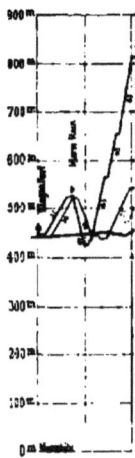

aus welchen sich nach Identificirung marканter Terrainpunkte, auf ähnliche Weise wie bei der Messtischaufnahme, durch Rayoniren und Schneiden oder auf sonstigem graphischen Wege eine mehr oder minder präcise Charakterisirung der Bodengestaltung entwickeln und in Form von Schichtenplänen darstellen lässt.

Dem bisher im retrospectiven Sinne verfolgten Theile des Entwicklungsganges der österreichischen Eisenbahnlinien reiht sich noch die Betrachtung über die der nächsten Zukunft vorbehaltenen Fragen jener Bahntracen an, welche die Verbindung des Seehafens von Triest mit den nördlichen und nordwestlichen Provinzen des Reiches bezwecken. Bei Betrachtung der allgemeinen geographischen Lage dieses Emporiums österreichischen Seehandels fällt sofort in die Augen, dass die directe Schienenverbindung gegen Norden durch mehrere mächtige Gebirgssysteme erschwert wird, deren Hauptrichtung von Ost nach West verläuft. Es sind dies zunächst die Ketten der Julischen Alpen und der Karawanken, weiter nördlich der Tauern.

Die im Laufe der letzten Jahre seitens der Regierung unternommenen Tracenstudien und Projectirungsarbeiten umfassten ein sehr vielseitiges und reichhaltiges Materiale für die Lösung der gestellten technischen Fragen. Bei der Aufstellung der Projecte wurde an dem Grundgedanken festgehalten, dass die intendirten Bahnlinien nicht den Localbedürfnissen der durchzogenen Ländergebiete, sondern den Zwecken eines grossen Durchzugsverkehres zu dienen haben werden.

Für die Ueberquerung der Tauern wurden zehn verschiedene Varianten studirt, welche in ihren Hauptrichtungen den Thalbildungen von Felben, Fusch, Rauris, Gastein, Gross-Arl, Flachau und Taurach am Nordhange, und jenen von Isel, Möll, Fragant, Malta und Lieserbach am Südhange sowie den inzwischen möglichen Combinationen entsprechen.

Unter diesen zehn Varianten nehmen insbesondere zwei ein hervorragendes Interesse in Anspruch, und zwar:

1. Jene für reines Adhäsions-System mit der Maximalsteigung von $25^0/_{00}$

entwickelte, circa 77 km lange Linie, welche, von der Station Schwarzach-St. Veit der k. k. Staatsbahnlinie Salzburg-Wörgl ausgehend, sich über Loibhorn durch das Gasteinerthal bis Böckstein erhebt, den Gebirgskamm mittels eines 8470 m langen, in der Meeres-Cöte von 1225 m culminirenden Scheiteltunnels durchbricht und sodann über Malnitz und Obriach, längs dem Möllthale abfallend, ihren Anschluss an die Pusterthal-Bahn bei Möllbrücken [nächst Sachsenburg] findet.

2. Die mit $40^0/_{00}$ Maximalsteigung für gemischtes [Adhäsions- und Zahnrad-] System projectirte, 83 km lange Linie, die, von der Station Eben der k. k. Staatsbahnlinie Selzthal - Bischofshofen ausgehend, zunächst durch das Flachauthal bis gegen die Gasthofalpe ansteigt, den Gebirgskamm unter der Permut oder Grosswand mittels eines in 1253 m culminirenden, 8710 m langen Tunnels durchfährt, hierauf dem Zederhausthale bis gegen Schellgaden folgt und nach Durchbrechung des Katschberges mittels eines 5050 m langen Tunnels, über Rennweg, Eisentratten und Gmünd durch das Lieserthal zum Anschluss an die Station Spital an der Drau führt.

Für die weitere Fortsetzung dieser Linie gegen Süden kommen drei grosse Alternativprojecte in Betracht, und zwar [vgl. Abb. 100]:

a) Eine Linie von Tarvis ausgehend über den Predil und längs des Isonzoflusses bis Görz.

Die Baulänge Tarvis-Görz würde 99 km, die Schienenlänge zwischen Tarvis und Triest 181 km betragen. Der in 790 m Höhe culminirende Scheiteltunnel würde eine Länge von 3550 m erhalten.

b) Eine Linie von Klagenfurt beginnend und nach Ueberquerung des Rosenthales über den Loibl-Pass, Neumarktl, Bischoflack, sodann längs des Sayrachthales aufwärts über die Höhen des Birnbaumer Waldes nach Divača.

Die Baulänge dieser Linien würde 162 km, die Schienenlänge zwischen Klagenfurt und Triest 195 km betragen. Der Culminationspunkt auf dem Loibl, in dem 4680 m langen Scheiteltunnel wäre

813 m, jener des Birnbaumer Waldes 780 m hoch gelegen.

c) Eine Linie von Klagenfurt beginnend durch das Bärenthal, nach Tunnelirung des Karawankenzuges über Veldes und Wocheiner-Feistritz, sodann nach Durchquerung der Julischen Alpen längs des Bačathales abwärts bis St. Lucia [bei Tolmein] und weiter im Isonzothale bis Görz.

Die Baulänge dieser Linie würde 125 km, die Schienenlänge Klagenfurt-Görz-Triest 182 km betragen. Die beiden Haupttunnele würden zusammen eine Länge von 16.235 m repräsentiren. Der Culminationspunkt im Karawanken-Tunnel läge 602 m über dem Meeresniveau.

Bezüglich der erforderlichen Baukosten weist die Predil-Linie die niederste, die Wocheiner Linie die höchste Summe auf.

Ein gegenseitiger Vergleich der allgemeinen Neigungsverhältnisse führt bei Einrechnung der durch Gegengefälle, beziehungsweise Gegensteigungen verlorenen Höhen zu dem Resultate, dass in der Richtung Triest-Klagenfurt von der Wocheiner Linie 880 m, von der Predil-Linie 1080 m, von der Loibl-Lack-Divača-Linie 1600 m zu ersteigen, dagegen in umgekehrter Richtung in correspondirender Ordnung die Höhen von 420, 650 und 1170 m zu bewältigen sind.

Für die zwischen den genannten drei Alternativ-Tracen, beziehungsweise zwischen den einzelnen Tauern-Varianten zu treffende Wahl lässt sich jedoch aus den angeführten bau- und betriebstechnischen Daten eine peremptorische Entscheidung nicht ableiten, nachdem angesichts des weitausgreifenden Zweckes dieser grossen Durchzugslinie, den nationalöconomischen, commerziellen, eisenbahnpolitischen und militärischen Interessen ein prävalirender Einfluss auf die Tracewahl eingeräumt werden muss.

Unter- und Oberbau.

Von

dipl. Ingenieur ALFRED BIRK,

o. ö. Professor an der k. k. deutschen technischen Hochschule in Prag, Eisenbahn-Oberingenieur a. D.

Unter- und Oberbau.

Aus zwei streng gesonderten Theilen baut sich der Weg der Locomotive auf. Bezeichnend nennt sie der Fachmann Unterbau und Oberbau. Der Unterbau gleicht die Höhen und Tiefen des Geländes aus, überbrückt Thäler, Flüsse und Strassen, unterführt Wege und Canäle, durchquert Sümpfe und durchbricht das Gebirge, um eine ebene und solide Grundlage für den Oberbau zu schaffen, der durch sein starres Gefüge die Fahrzeuge in vorgeschriebene Bahnen zwingt und der unerschütterlich Stand halten soll der Wucht, mit der Locomotive und Wagen an den unscheinbaren Fesseln rütteln.

Dämme und Einschnitte, Tunnels, Brücken und Durchlässe, Wegüberführungen und Wegekreuzungen in Schienenhöhe, Schutzbauten gegen Schnee- und Sandstürme, gegen Lawinen und Felsstürze, gegen das Wasser, es mag nun im Innern der Erdkörper heimtückisch an deren Bestande wühlen oder offen seine Fluthen zerstörend gegen die Dämme wälzen — alle diese Einzelheiten des Locomotivweges umschliesst das weite Gebiet des Unterbaues, während der metallene Strang, über den die Räder rollen, die Schwellen, die ihn stützen, das Schotterbett, auf dem diese ruhen, sich in den Begriff des Oberbaues fügen.

Die Aufgabe, eine Entwicklungsgeschichte des Unter- und Oberbaues zu schreiben, ist nicht leicht. Die Gebilde des Bau-Ingenieurs üben auf den Fernstehenden nicht jene Anziehungskraft aus, wie die von Leben durchströmten Schöpfungen des Locomotiv-Constructeurs. Aber auch die Ueberfülle des Stoffes erschwert dessen Sichtung, dessen genaue Darstellung. Auf zahlreichen Wegen stiegen die Ingenieure von den Anfängen des Eisenbahnbaues zu der hohen Stufe der Ausbildung empor, auf der sie heute stehen; aber auf diesen steilen Pfaden erreichten sie einzelne, mächtig hervortretende Höhepunkte, welche sprungweise die allmähliche Entwicklung kennzeichnen: es sind die kühnen Gebirgsbahnen, deren Bau den Ruhm der österreichischen Ingenieure begründete. Die Alpen, die den schönsten natürlichen Schmuck unseres Vaterlandes bilden, bergen zugleich jene Wunderwerke der Baukunst, die den Ruhm unserer Ingenieure verkünden.

Die Bodengestaltung unserer Monarchie hatte dem österreichischen Bahnbaue grosse Schwierigkeiten entgegengestellt. Aber gerade deren Bekämpfung erweckte seine besten Kräfte, und seine Erfolge machten ihn zur Schule für den ganzen Continent.

An jene Meisterwerke des österreichischen Bahnbaues wird unsere Geschichte immer wieder anknüpfen müssen, um dem Leser ein thunlichst vollendetes Bild vor Augen zu führen.

Eisenbahn-Unterbau.

Erdbau.

Zu jener Zeit, da in Oesterreich die ersten Schienenwege gebaut wurden, war der Erdbau bereits — in Praxis wie in Theorie — durch die hervorragenden Leistungen auf dem Gebiete des Strassenbaues auf einer verhältnismässig hohen Stufe der Entwicklung angelangt. Und wenn auch die damalige Constructionsweise und Bauausführung uns heute bescheiden erscheinen mag, so genügte sie doch den Anforderungen, welche der Bau der ersten Bahnen an sie stellte. Aber die Unvertrautheit mit dem künftigen Verhalten der Bauten unter den schweren und rascher bewegten Lasten trug ein neues Moment in den Erdbau hinein, indem sie anfangs zu besonderer, ja vielfach übertriebener Vorsicht bei dem Baue der Erdkörper im Hinblick auf ihre Widerstandsfähigkeit Veranlassung gab. So erachtete Franz Anton Ritter von Gerstner, der Schöpfer der ersten Eisenbahn Oesterreichs, die Erdprofile der Landstrassen bei den hohen Dämmen der Linz-Budweiser Bahn nicht für genügend, um den Senkungen der Bahn vorzubeugen, sondern baute in den Erdkörper unter jedes Geleise eine mächtige Steinmauer ein, die auf dem gewachsenen Boden ruhte und die er bei besonders hohen Dämmen bis zum Geleise hinaufreichen liess.[*) [Abb. 59—61.] Diese kostspielige Bauweise wurde bereits von Schönerer, der den Weiterbau der Linie übernahm, verlassen, und bald bildeten sich jene Damm- und Einschnittsprofile heraus,

*) Um allzuhäufige Hinweise auf die allgemeine Geschichte der österreichischen Eisenbahnen zu vermeiden, sei hier ein für allemal auf die »Geschichte der Eisenbahnen in Oesterreich-Ungarn« von den ersten Anfängen bis zum Jahre 1867« von Hermann Strach und auf die »Geschichte der Eisenbahnen Oesterreichs von 1867 bis zur Gegenwart« von Ignaz Konta im I. Bande dieses Werkes hingewiesen. Diese Abschnitte enthalten nebst der Baugeschichte und Tracenbeschreibung der einzelnen Bahnen auch zahlreiche Abbildungen der wichtigsten Bauwerke, die vielfach auch in diesem Abschnitte zur Sprache kommen.

deren Formen zu den heutigen hinüberführten. Lange Zeit erachtete man es aber noch für nothwendig, die Dämme nur in 6" [16 cm] hohen Lagen aufzutragen und auszugleichen und sie durch Feststossen vor künftigen Setzungen zu bewahren, bis die Erfahrung auch diese Massregeln als überflüssig über Bord warf.

Die erste Locomotiv-Eisenbahn Oesterreichs, die Linie von Wien nach Brünn, erforderte — da ihre Erbauer ängstlich dem Vorbilde englischer Bauweise folgten — trotz der günstigen Gestaltung des Geländes bemerkenswerthe Unterbau-Objecte und die bedeutende Erdbewegung von 4½ Millionen Cubikmetern, die in der relativ kurzen Zeit vom Jahre 1837 bis 1839 ausgeführt wurde. [Vgl. Abb. 62—64.] Zur raschen Erdbeförderung wurden schon damals Kippwagen, die auf Nothbahnen liefen, benützt. Ungleich grössere Schwierigkeiten bot der Bau der Nordbahn zwischen Leipnik und Pohl in den Jahren 1845 bis 1848, wo der 2800 m lange, bis 17 m tiefe Einschnitt durch die dortige Wasserscheide in wasserreichem, von Sand- und Schotterschichten durchzogenem Lehmboden zu bedeutenden Rutschungen Anlass gab.

Auch der Bau der Staatsbahnlinien Olmütz-Prag, Brünn-Mährisch-Trübau und Mürzzuschlag-Triest stellte den Erdbau vor grosse Aufgaben. Dämme von 10 bis 20 m Höhe in quellenreichem Gelände, Einschnitte von 5 bis 10 m Tiefe in thonigem Boden oder in felsigem Gestein, Flussverlegungen, Durchstiche von Flussarmen, hohe Stütz- und Wandmauern, Uferschutzbauten und Galerien waren hier auszuführen und boten mannigfachen Anlass zu neuen Constructionen. In jener Zeit wurden die ersten Steinbankette in scharfen Bögen, die ersten gemauerten Gräben in wasserreichen Felseinschnitten zur Anwendung gebracht. Die grossen Erdmassen verschiedener Festigkeitsgrade führten zu neueren Gesichtspunkten bezüglich der Ausführung des Erdbaues wie der Arbeitsauftheilung und der Verwendung der Arbeitskräfte. In der Strecke Olmütz-

Prag waren über 1,100.000, in jener von Mürzzuschlag nach Graz an 600.000 m³ Felsen zu sprengen; das Plateau des Bahnhofes Steinbrück am Zusammenfluss der San mit der Save bot besondere Schwierigkeiten, da sein Plateau theils dem Felsen abgerungen, theils durch mächtige Anschüttungen gewonnen werden musste; die tiefgehende Umwandlung aller Localverhältnisse erforderte an Abgrabung 20.000 m³, an Felsensprengung 200.000 m³, an Steinwürfen fast 160.000 m³; eine namhafte Felsenabsitzung nöthigte zu Abscarpirungen bis 10 und 15 m Höhe über den Geleisen. [Vgl. Abb. 65.]

Bei der Kostenberechnung der Erdarbeiten wurden zu jener Zeit die Einheitspreise in Rücksicht auf die neuen unbekannten Verhältnisse vielfach ungewöhnlich hoch angesetzt, so dass Verdienst und Baukosten nicht immer mit der Leistung selbst harmonirten. Erst allmählich lernte man auch hier die richtigen Coëfficienten ermitteln.

Der Bau der Eisenbahn über den Semmering-Pass lenkte den Unterbau, wie fast alle Zweige des Bahnwesens, auf neue Pfade des Fortschrittes. Dem Streben Ghega's, den kühnen Bau aus technischen und öconomischen Gründen möglichst den gegebenen Formen des Geländes anzuschmiegen, stellten die zerrissenen und steilen Felsen, die aussergewöhnliche Unruhe des Terrains, die eigenartige geologische Beschaffenheit des Gebirges die grössten Hindernisse entgegen. Indem Ghega siegreich alle Schwierigkeiten überwand, gelang es ihm, jenen stolzen Bau zu schaffen, der sich dem Auge darbietet, als wäre er mit dem Gebirge selbst erstanden und

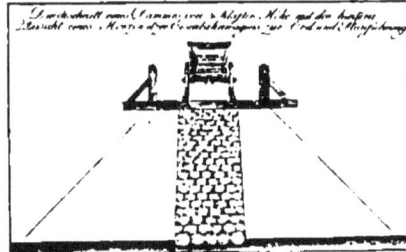

Abb. 59—61. Profile der ersten österreichischen Eisenbahn. [Linz-Budweis.]

hätte ihn nicht erst Menschenhand in das Werk der Schöpfung gefügt. Ueber Thäler und Abgründe spannen sich lange und hohe, meist im Bogen liegende Brücken aus Stein; die Erdkörper der Dämme lehnen sich an kräftige Mörtelmauern, die dem Boden zu entwachsen scheinen, Futter- und Wandmauern schützen die Böschungen der An- und Einschnitte gegen Rutschung und Einsturz. Der Erdbau tritt fast ganz zurück; auf Mauern, die ununterbrochen folgen, gründet sich der Oberbau der Bahn. Darum hat Henz die Semmering-Bahn nicht mit Unrecht eine gemauerte Bahn genannt. Die gesammte Tunnellänge der Bahn beträgt

$^1/_{10}$, die gesammte Viaductlänge $^1/_{99}$ der ganzen Länge. Auf jedes Meter der zweigeleisigen Bahn entfallen 15 m^3 Mörtelmauerung.

Bei allen Bauten wendete Ghega weitgehende, oft zu weitgehende Vorsicht an. Wo der Oberbau auf Felsen zu ruhen kam, liess er das Gestein bis 60 cm Tiefe unter den Schwellen aussprengen und das ausgehobene Material wieder zum Trockenmauerwerk als Schwellenunterlage aufpacken. Den

wurde hier jeder Felsvorsprung und jede Vertiefung und Klüftung der steilen Wand zur Gründung von stützenden Mauern verwerthet; unter den grössten Gefahren, denen nur muthige Savojarden zu trotzen wagten, musste zunächst ein schmaler Steig für die Arbeiter der Felswand abgerungen werden und erst dann konnte der Ausbruch der Galerien beginnen.

In die Zeit des Baues der ersten Gebirgsbahn fällt auch ein anderer her-

Abb. 62. Einschnittsprofil der Nordbahn. (1837.)

Abb. 63. Dammprofil der Nordbahn (1837.)

Mauerstärken gab er aus Sicherheitsrücksichten und im Hinblick auf die geringe Lagerhaftigkeit des Baumaterials öfter ein Mass, das die durch die Erfahrung gebotenen Grenzen überstieg.

Den schwersten Theil der Arbeiten bildete die Schaffung des Bahnkörpers entlang der etwa 1200 m langen Weinzettelwand, jenes steilen Felsens, der aus der Tiefe des Adlitzgrabens fast senkrecht bis auf die Höhe von 250 m emporsteigt. Die Bedenken, welche gegen einen Tunnel wach wurden, zwangen zu einer Umgehung der Wand, wodurch theilweise ein Durchbruch von Felsen, theilweise der Einbau überwölbter Galerien nothwendig erschien. Mit peinlicher Sorgfalt und doch mit grosser Kühnheit

vorragender Bau: die Durchquerung des Laibacher Moores, jenes berüchtigten Sumpfes von weit über 400 km^2 Ausdehnung und stellenweise unergründlicher Tiefe. Es schien ein allzu kühnes Unternehmen, mitten in diese breiige Masse einen Damm zu stellen von jener bedeutenden Tragfähigkeit und grosser Solidität, welche der Schienenweg einer Locomotive erheischt. Ihr musste erst der tragfähige Untergrund für den Damm geschaffen werden. Um den Bruch zunächst zu entwässern, wurde in dessen höher liegendem Theil ein Netz von Canälen angelegt, die das Wasser durch vier, die Bahnachse rechtwinklig kreuzende Hauptcanäle der Laibach zuführen. Um das seitliche Aus-

Abb. 64. Profil mit Stützmauern. [Nordbahn. 1857.]

weichen des künftigen Dammes unter der Last zu verhindern, begrenzte man ihn durch zwei fortlaufende versenkte Wände aus Trockenmauerwerk, 5·7 m hoch und 4·7 m stark, zwischen welche das Dammmaterial eingebracht wurde. Diese 7 bis 10 m hohe Schüttung musste mit Rücksicht auf kommende Setzungen um 1·5 bis 2 m das künftige Niveau überragen. Erst unter diesem mächtigen Druck der Stein- und Erdmassen erhielt das Moor die nöthige Widerstandsfähigkeit.

Eine grosse Leistung technischen Könnens forderte die gegen Ende der Fünfziger-Jahre fallende Ueberschreitung des rauhen Karstgebirges im Zuge der Bahnlinie Laibach-Triest. Die tiefe Schlucht bei Ober-Lesece bot wohl das schwierigste Hindernis. Da die ersten Fundirungs-Arbeiten für den ursprünglich projectirten Viaduct grosse Erdbewegungen befürchten liessen, so wurde die Uebersetzung mittels eines Dammes ausgeführt, der bis 45 m Höhe erreicht und dessen Anschüttung eine Erdmasse von 216.000 m³ verschlang. Die Ausführungsbedingnisse schrieben dem Unternehmer besonders sorgfältige Auswahl und schichtenweise Ausgleichung des Anschüttungsstoffes vor; da aber die Vollendung der Arbeit drängte, so wurde hievon bald abgesehen, dagegen durch Anlage von Bermen und durch einen kräftigen Steinsatz an den Böschungen für die Standfestigkeit des Dammes ausreichend gesorgt. Den Schutzmassregeln gegen Schneeverwehungen musste hier in der Region der steinigen kahlen Höhen des Karstes besondere Aufmerksamkeit zu

gewendet werden, da die eisige Bora die entwaldeten Flächen in wenigen Stunden vom Schnee entblösst, um ihn in den natürlichen Mulden wie in den künstlichen Ein- und Anschnitten haufenweise abzulagern. Eingehende Beobachtungen führten zur Anwendung jener bis zu 5 m hohen schützenden Trockenmauern, welche die Einschnitte

Abb. 65. Querprofil der südlichen Staatsbahnen. [1846.]

auf der von Verwehungen gefährdeten Seite begleiten und durch die 8—15 m langen Flügel beim Nullpunkte der Einschnitte bemerkenswerth sind. [Vgl. Abb. 66 und 67.]

Das Abgehen von der bis dahin gepflogenen künstlichen Dichtung des Dammes bei der Uebersetzung der Schlucht bei Ober-Lesece ist ein deutliches Zeichen von der Klärung der Anschauungen,

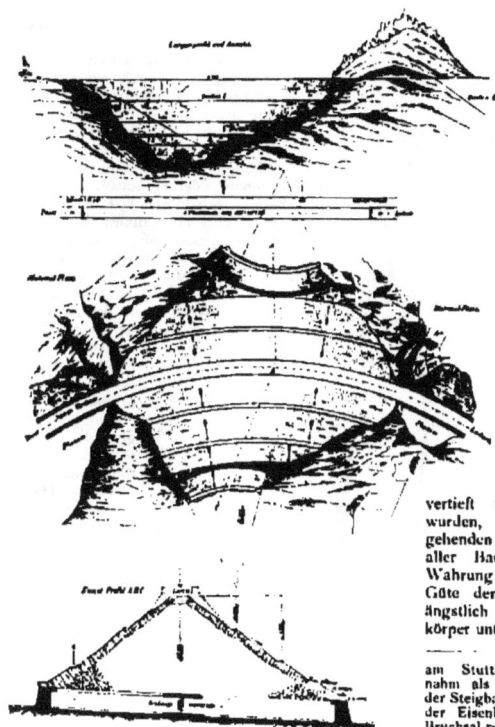

Abb. 66. Damm bei Ober-Lesece. [Karstbahn.]
[Nach einer Planbeilage der »Zeitschrift des Oesterreichischen
Ingenieur- und Architekten-Vereins« 1875.]

der die Forderungen der Oeconomie: Billigkeit und Raschheit des Baues, in den Vordergrund stellt.

Die zweite Gebirgsbahn, die in Oesterreich zur Ausführung gelangte, die Brennerbahn, verräth schon deutlich die neue Richtung, welche damals die Bauweise nahm und die seither immer beharrlicher ausgebildet wurde. Die Tendenz der für die Brennerbahn gewählten Baumethode, deren Grundsätze von Etzel aufgestellt und von Pressel nach Etzel's Tode vertieft und vervollkommnet wurden, lag in der weitestgehenden Vereinfachung aller Bauarbeiten bei voller Wahrung der Sicherheit und Güte der Anlage. Man war ängstlich bemüht, den Bahnkörper unter Verwendung der in

welche zum Schluss des sechsten Jahrzehnts auf dem Gebiete des Eisenbahnbaues bemerkbar wird. Ein Umschwung in der Baumethode tritt ein, der vor Allem an die Namen Etzel und Pressel*) [Abb. 68] geknüpft ist und

*) Wilhelm Pressel, geboren 1821 in Stuttgart, studirte gegen den Willen seines Vaters in England, wurde 1845 Professor

am Stuttgarter Polytechnicum, nahm als Bau-Inspector am Bau der Steigbahn bei Geisslingen und der Eisenbahn von Basel nach Bruchsal regen Antheil, leitete den Bau des Hauenstein-Tunnels auf der Schweizer Centralbahn und folgte im Jahre 1862 einem Rufe zur Südbahn, deren massgebende Kreise vor Allem auf seine Mitwirkung beim Baue der Brennerbahn reflectirten. Im Jahre 1868 übernahm Pressel die Tracirung der türkischen Bahnen. Einer Einladung zum Bau des Gotthard-Tunnels [1877] konnte er, von den »Orientprojecten« vollauf in Anspruch genommen, nicht Folge leisten. Nach der Occupation Bosniens hatte ihn das österreichische Kriegsministerium als Baudirector für Strassen- und Eisenbahnbau daselbst in Aussicht genommen. Pressel ist auch vielfach hervorragend literarisch thätig gewesen.

nächster Nähe, womöglich in den Bahneinschnitten sich vorfindenden Bodenmassen herzustellen und die Anlage von Mauern, Brücken und Viaducten einzuschränken. »Es wird auf diese Weise,« sagt Pressel in einer Mittheilung über den Bau von Thalsperren an der Brennerbahn, »das System des Rohbaues und der Vereinfachung der Ausführung auf die Spitze getrieben im Gegensatze zu der leider so häufig angewendeten Methode der Benützung der schwierigeren Form des Terrains zur Anlage imposanter aber kostspieliger Bauobjecte.«

Der Erdbau tritt also bei der Brennerbahn in reinen und gewaltigen Formen auf. Massige Anschnitte und Aufdämmungen ersetzen, begünstigt durch die flachere Neigung der Lehnen, die sonst üblichen Futtermauern, während die Stützmauern durch S t e i n s ä t z e verdrängt sind, die durch blosses Aufschlichten der Steine gebildet werden. Diese Steinsätze, die übrigens schon in den Jahren 1861 bis 1863 auf der Montanbahn von Oravicza nach Steyerdorf Anwendung gefunden hatten, wurden in ihrer Construction mit grosser Sorgfalt den verschiedenen örtlichen Verhältnissen angepasst und bilden eine beachtenswerthe Eigenheit dieser Bahn. Sie ermöglichten die Herstellung steilerer Dammböschungen und förderten

so wesentlich die Oeconomie des Baues. [Abb. 69—71.]

Die Brennerbahn führt, im Gegensatze zur Semmeringbahn, durch ein wasserreiches Gebiet, ein Umstand, der für die ganze Anlage des Unterbaues bestimmend wurde. Wir finden Wasserläufe aus ihrem natürlichen Bett in neue Ufer gedrängt, als »Bachtunnel« durch Felsen geleitet oder in Aquäducten über die Bahn weggeführt. Wir begegnen aber nicht nur horizontalen Verschiebungen der Wasserläufe, sondern auch Correctionen der Flüsse im verticalen Sinne, bewirkt durch die Hebung der Thalsohle. [Abb. 72.] Durch neuartige Drainirungen werden die Böschungen gegen die Einwirkung der Atmosphäre, namentlich des Regens, geschützt, durch grosse Entwässerungs-Anlagen die Einschnitte gegen das höher liegende, reichlich Wasser führende Gelände gesichert. Durch Schächte und Stollen, in welche Drainröhren in Sand- und Kiesbettungen eingelegt sind, wird dem umgebenden Gebirge das Wasser entzogen und werden natürliche, trockene Widerlager geschaffen, die dem Druck des von Regen und Schnee erweichten Materiales widerstehen. [Abb. 73 u. 74.] Um bei den zahlreichen Flussbauten die Wasserläufe in

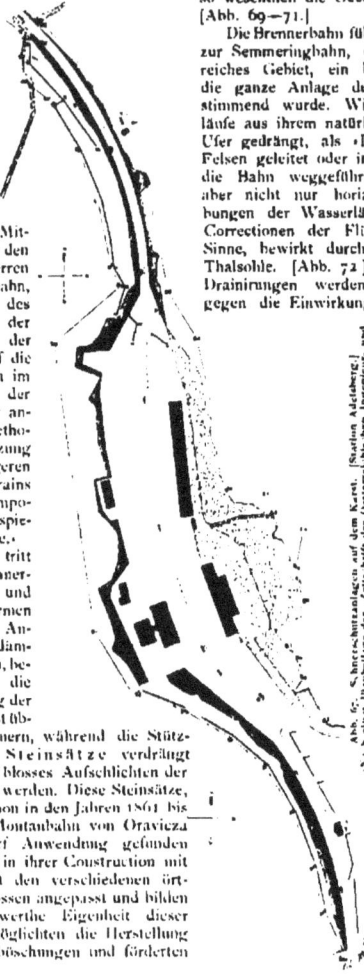

Abb. 66. Schutzbauten-Anlagen auf dem Karst. [Station Adelsberg.] (Nach einer Handvorlage der Zeitschrift des österreichischen Ingenieur- und Architekten-Vereines 1889.)

14*

ihren neuen Ufern festzuhalten, bedurfte es oft gewaltiger Mittel; so wurden u. A. mächtige Porphyrblöcke aus dem Eisackthale, von 0·8 bis 1·9 m^3 Massgehalt, durch starke schmiedeeiserne Ketten mit eingegossenen Steinkloben zu Reihen von 10 bis 20 Stück verbunden an jenen Stellen versenkt, die dem Wasserandrang besonderen Widerstand zu leisten hatten. Im Sillflusse, zwischen Innsbruck und Matrei, wurde über Pressel's Anregung ein grosses Stauwehr erbaut, das die Möglichkeit bot, eine wilde Schlucht mit einer einfachen Anschüttung ohne Anwendung von Ufermauern zu schliessen und zugleich den Bewegungen der zunächst gefährlichen Thalwand vorzubeugen.

Der Bau der Brennerbahn blieb nicht blos der vielen neuen baulichen Grundsätze wegen, sondern auch hinsichtlich der Baudurchführung, der Arbeits-Disposition auf Jahre hinaus für die Gestaltung der Unterbau-Arbeiten der österreichischen Bahnen von grundlegendem Einfluss. Beim Bau der Futtermauern und anderer Bauwerke in dem rutschenden Lehnenterrain gewinnt das bergmännische Verfahren mit seinen charakteristischen Zimmerungen Bedeutung und für den Bau grosser Einschnitte wurde durch Thommen und Pressel in Oesterreich der sogenannte englische Einschnittsbetrieb eingebürgert. [Abb. 75.] Bei diesem wird auf der Sohle des Einschnittes ein entsprechend weiter Stollen mit einer Rollbahn angelegt und an mehreren Stellen desselben Schächte bis zur Oberfläche des Geländes emporgetrieben; diese werden allmählich zu Trichtern erweitert, indem das gelöste Erdreich in die im Stollen bereit gehaltenen Rollwagen hinabfällt. Der englische Einschnittsbetrieb gestattet bei bedeutenden Einschnittsmassen die rascheste und billigste Lösung und Förderung der Massen und verbürgt zugleich die beste Entwässerung des abzugrabenden Gebirges. Beim Bau der Brennerbahn wurde der etwa 150 m lange und 20 m tiefe Lavaneinschnitt, der 95.000 m^3 Masse enthielt, die über 200 m weit verführt werden musste, mit Hilfe von drei Schächten in sechs Monaten, der Einschnitt bei Matrei mit dem halben Massengehalt auch in der Hälfte dieser Zeit hergestellt.

Die raschere Lösung der Massen bedingte auch die rasche Entladung der Fördergefässe. Zu diesem Zwecke wurden hohe Schüttgerüste aufgestellt, welche die Aufstellung längerer Züge und die Entleerung aller Wagen nach beiden Seiten gestatteten und im Dammkörper belassen wurden. Solche Schüttgerüste, aus 15 bis 20 cm starken Holzstangen in Gitterform erbaut, erreichten auf der Brennerbahn Höhen bis zu 50 m. Natürlich wirkte die Beschleunigung der Schüttungsarbeit auch

Abb. 68. Wilhelm Pressel.
[Nach einer Photographie von L. Angerer, Wien.]

auf die weitere Ausbildung der Construction der Kippwagen.

Das Verfahren der Felsensprengung
fand bei der Brennerbahn wesentliche
Förderung
durch die An-
wendung des elek-
trischen Funkens
zur Entzündung
grosser, in »Pul-
verkammern« un-
tergebrachter Pul-
vermassen. So
wurden bei der
Abtragung des
Sprechensteines
bei Sterzing im
Jahre 1867 in einer
einzigen Spren-
gung, zu der die Ma-
schinen und Pa-
tronen nach dem
System des k. k.
Obersten Ebner
benützt worden

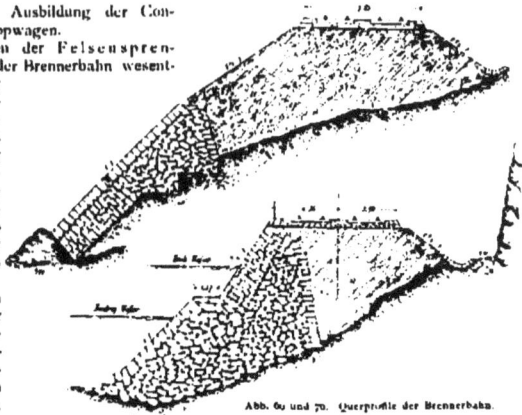
Abb. 69 und 70. Querprofile der Brennerbahn.

waren, 9'500 m³ Fels gebrochen, wobei
sich die Kosten auf 66 kr. pro Cubikmeter
und gegenüber dem alten Verfahren um
¹/₃ billiger stellten. [Abb. 76.]

Die Massnahmen, welche die Regierung gegen Ende der Sechziger-
Jahre zur Hebung des stockenden Unternehmungsgeistes und zur Entwicklung
des Eisenbahnbaues getroffen hatte und
die in der Gewährung von Betriebs-
garantien und in der Einräumung weitgehender Erleichterungen bezüglich der
baulichen Fragen ihren Ausdruck fanden,
weckten auf dem Gebiete des Bahnbaues
eine äusserst fruchtbare Thätigkeit. Den
vielen Lichtseiten dieser Epoche, der die
Monarchie ein grosses Netz von Linien
verdankt, fehlte es auch nicht an
Schattenseiten, indem der wirthschaftliche
Grundsatz: schnell und billig zu
bauen, manch-
mal zu einem
falsch gedeu-
teten Losungs-
worte wurde. In
der fieberhaf-
ten Bauthätig-
keit schränkte
man zuweilen

Bauzeit und Baukosten übermässig ein
und erzielte auf solche Weise bei der
Anlage Ersparnisse, die sich in der Betriebsführung als dauernde Lasten fühlbar machten. Es fehlte nicht an Stimmen,
welche gegen diese trügerische Oeconomie laut wurden. So beklagte der
Oesterreichische Ingenieur- und Architekten-Verein in dem Motiven-
berichte zu den von ihm aufgestellten »Grundzügen für eine
billige Herstellung der Eisenbahnen behufs Belebung des
Eisenbahnbaues in Oesterreich
[1868]« lebhaft diese Erscheinungen, deren letzte Ursache er in
dem unvertilgbar principiellen
Unterschiede zwischen Bauunternehmung und Bahnunternehmung
erblickte. Der genannte Verein

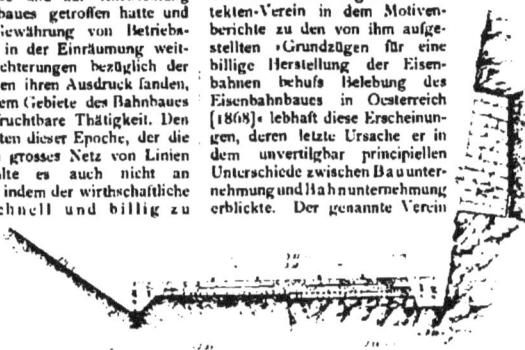
Abb. 71. Einschnittsprofil mit Verkleidungsmauer [Brennerbahn.]

trat für die eingeleisige Anlage der Bahnen ein, für eine Verminderung der Kronenbreite und erklärte es bei weiterer Erörterung dieser Frage als eine in wirthschaftlichem Interesse liegende Nothwendigkeit, die Anlage und die Construction der Bahnen ihrer grösseren oder geringeren Verkehrsbedeutung entsprechend anzupassen und beim Bau von allen weitergehenden Forderungen dort abzusehen, wo diese nicht durch die zu gewärtigenden Verkehrsbedürfnisse geboten waren. So führte der an-

Abb. 72.
Wasserlauf-Correction durch Hebung der Thalsohle. [Brennerbahn.]

fangs unbestimmte Ruf nach Verbilligung des Bahnbaues zu jener Abstufung in der Anlage der Bahn, die zur systematischen Ausbildung des Localbahnbaues Anstoss gab. Einer der Ersten, der diese Grundsätze offen aussprach und bezüglich ihrer praktischen Durchführung positive Vorschläge erstattete, war Ernst Pontzen, ein Name von gutem Klange unter Oesterreichs Technikern.

Das Streben nach wesentlicher Beschleunigung und Verbilligung der Bauarbeiten drängte naturgemäss auch zur Durchbildung, Vertiefung und Verfeinerung, zur eindringlichen Ausnützung der

schon beim Baue der Brennerbahn angewandten Verfahren für die Lösung, die Förderung und Aufdämmung der Massen, die Befestigung des blossgelegten Bodens und den Schutz des angeschütteten Materials.

Ein glänzendes Beispiel bietet ein von Pressel als Baudirector der Südbahn ausgeführter Uferschutzbau für einen Schienenweg, der, durchaus im Ueberschwemmungsgebiet, zumTheil in gefahrbergende Lehnen eingeschnitten oder auch an deren Fuss auf unsicheres Vorland gelegt, zum Theil auch auf Dämmen geführt werden musste, die unmittelbar auf 8—10 m Tiefe in dem Strome selbst anzuschütten waren. Bei letzterer Arbeit, für die nur Letten mit Sand zur Verfügung stand, verfolgte Pressel nun im Hinblick auf die kurze Dauer der Bauzeit das System der thunlichen Beschränkung der Arbeitsleistungen. Unsere Abbildungen [Abb. 77] zeigen die Reihenfolge der Arbeiten: die Erstellung der Pfahlreihe, die Versenkung der Faschinen, den Beginn der Dammanschüttung hinter den einfachen, aber sicheren Schutzwehren, die Verkleidung des Dammkörpers an der Stromseite mit Kies und Sand, die Sicherung der Böschung durch Faschinen

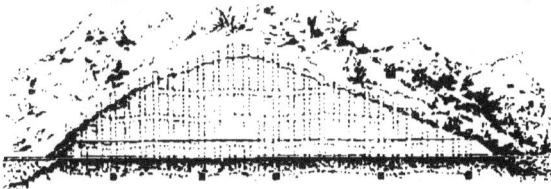

Abb. 73. Entwässerungsanlage auf der Brennerbahn [Längenschnitt in der Bahnachse.]

bis zur Höhe des Mittelwassers und schliesslich den vollendeten Damm, der bisher durch drei Jahrzehnte dem Anprall der Fluthen siegreich Stand gehalten hat.

In die ersten Jahre nach der Eröffnung der Brennerbahn fällt die allgemeinere Verwendung sachgemäss ausgeführter Rollbahnen zum Zwecke der leichteren Bewältigung der Erdbewegung, wie sie die Bauunternehmung Hügel und Sager als eine der ersten, zur raschen Bewältigung der mehr als 200.000 m^3 umfassenden Einschnittsmassen auf der Wasserscheide zwischen Neumarkt und Ried-Braunau in grossem Umfange verwendete. [Abb. 78.]

Eine beachtenswerthe Leistung ist die Herstellung des Voreinschnittes für den Tunnel durch den Ziskaberg bei Prag, wo es sich darum handelte, das gewonnene Material auf dem 34 m höher liegenden Plateau des Berges abzulagern und hiedurch die Arbeit zu beschleunigen. Rziha, dem die Bauleitung oblag, verband zu diesem Zwecke die Gewinnungs- und Ablagerungsstelle durch eine doppelgeleisige Drahtseilbahn, für deren Betrieb eine alte, ausrangirte Locomotive in Stand gesetzt wurde. In 210 Tagen gelang es, an 70.000 m^3 Erde mit den verhältnismässig geringen Einheitskosten von 56 kr., wovon 33 kr. auf Amortisation der Maschinen und Geräthe entfielen, auf den Berg zu schaffen.

Im Hinblick auf die Betriebsanordnung, wie auch auf das System der Förderung der Erdmassen ist auch der grossen Erweiterungsbauten, beziehungsweise Neubauten der Wiener Bahnhöfe zu gedenken. Das Material für den Nordwestbahnhof, im Ausmasse von 1½ Millionen Cubikmetern, wurde mittels englischen Einschnittsbetriebes der Heiligenstädter Berglehne entnommen und mit

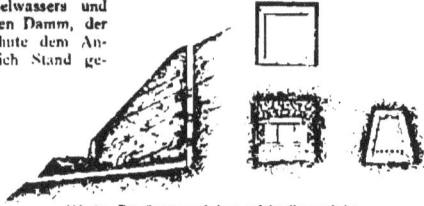

Abb. 74. Entwässerungs-Anlage auf der Brennerbahn.
(Querschnitt und Einzeltheile.)

Locomotivzügen auf den Verbrauchsort überführt. Die im Hochsommer 1869 begonnene schwierige Arbeit war in 2½ Jahren beendet. Für die noch umfangreichere Anschüttung, welche die Vergrösserung des Nordbahnhofes in den Jahren 1871 und 1872 erforderte, wurde das bei dem Donaudurchstiche mittels Excavatoren und Schiffsbaggern gewonnene Material benützt. Bei einer Förderweite von 2 km und einer mittleren Hubhöhe von 0·5 m erreichte man durchschnittliche Tagesleistungen bis zu 3500 m^3. Bei der Anschüttung der Strecke vom Wiener Staatsbahnhofe bis über den Donaucanal [Linie Wien-Brünn], wofür der Laaerberg

Abb. 75. Englischer Einschnittsbetrieb.

nahezu 700.000 m^3 Material zu liefern
hatte, bot die Verführung des Anschüt-
tungsmaterials mit Locomotiven auf
Transportgerüsten, die nach dem Vorbilde
auf dem Brenner verschüttet wurden,
grosse Vortheile.

Der Bau der Linie Wien-Brünn der
Staatseisenbahn bildet auch noch in anderer Beziehung ein geschichtlich denkwürdiges Moment durch die erstmalige Anwendung des Nobel'schen Dynamits für
die Lösung harter Felsmassen. Schon im
Jahre 1868 hatte Oberlieutenant Tranzl
die Einführung des Dynamits empfohlen;
es mag seinen Anregungen zugeschrieben

den öconomischen Erfolg dieser Betriebsweise.

Nachdem die fieberhafte Bauthätigkeit der ersten Siebziger-Jahre infolge
der finanziellen Krisis des Jahres 1873
plötzlichen Abbruch gefunden hatte, sah
sich der Staat genöthigt, den Bau neuer
Linien selbst in die Hand zu nehmen,
um Bahnverbindungen zu schaffen, die ein
dringendes Bedürfnis geworden waren.
Hiedurch kamen auch Linien zur Ausführung, deren Bau mehr im allgemeinen
wirthschaftlichen Interesse lag und infolge
der voraussichtlich geringen Rentabilität
und grossen finanziellen Opfer selbst in

Abb. 76. Sprengung des Sprechensteln. [Brenner-Bahn.]

werden, dass man bei der Herstellung des
Einschnittes durch den Buchenberg, dessen
innerer Kern unerwartet Schichten aus
Feldspath und reinem Quarz von kaum
geahnter Härte aufwies, die Anwendung
des Schwarzpulvers verliess und einen
Versuch mit Dynamit wagte. Die zu
lösende Masse betrug mehr als 40.000 m^3.
Die Arbeiten wurden von A. Köstlin und
M. Pischof geleitet. Zur Entzündung
dienten elektrische Maschinen und Zünd-
schnüre von dem um das Sprengwesen
verdienten Civil-Ingenieur Abegg aus
Bistritz in Böhmen. Das Kostenersparnis
der Materiallösung stellte sich auf 45%
im Vergleiche zu den Ersparnissen bei
der älteren Sprengmethode.

Die englische Betriebsweise fand in
jener Zeit allgemeine Anwendung. Der
275 m lange Einschnitt der Elisabeth-
Bahn bei Bilowschitz in hartem Gneis
und der 1069 m lange Einschnitt der
Nordwestbahn bei Gastorf im Pläner-
kalk bieten hervorragende Beispiele für

günstigeren Zeitläuften das Privatcapital
nicht für sich gewonnen hätte. Die
damals vom Staate erbauten Linien liegen
zerstreut über das weite Gebiet der ganzen
Monarchie, und so kommt es, dass der
Eisenbahnbau dieser Zeit ein wechselndes
Bild von Aufgaben bot, welche durch die
verschiedene Bodengestaltung und die
sonstigen ungleichen Verhältnisse der
einzelnen Länder verschiedene Voraussetzungen schufen und verschiedenartige
Lösungen verlangten. Der Bahnbau in
den Alpen und in den Beskiden, auf dem
Hochplateau des Karstes und in den
Ebenen Galiziens, die hiemit zusammenhängende Verbauung der Wildbäche und
Correction der Flüsse, die möglichste
Ausnützung aller gegebenen Umstände
zur Erziehung solider und öconomischer Bauten führten in der Baumethode, in der Wahl der Construction
und in der Durchführung der Arbeiten
selbst schrittweise zu weiteren Vervoll-
kommnungen.

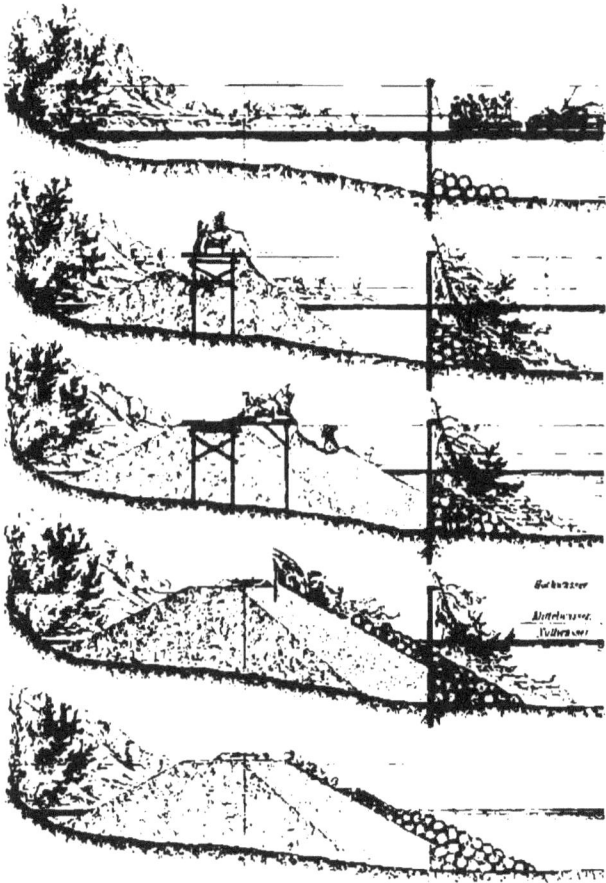

Abb. 77. Ausführung eines Dammes unter schwierigen Verhältnissen.
[Nach Pressel's Anordnung.]

Im Zuge der Istrianer Staatsbahn, die, von Divača ausgehend, das
Karstgebiet auf dem Wege nach Pola
überschreitet, wurde der mächtige, 25 m
tiefe, im oberen Eocän gelegene Felsen-
und Erdeinschnitt zwischen Lupoglava
und Cerovglie mittels vorgetriebener

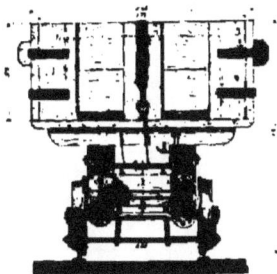

Abb. 78. Rollwagen. [Vorkipper mit doppelter
Keilbremse.]

Stollen und englischen Einschnittsbetriebs
abgebaut, während man diese Arbeit zum
Theile durch die Combination mit einem
Etagenbau beschleunigte, der 10 m oberhalb des Stollens in Angriff genommen
worden war.

Die Schwierigkeiten, die beim Bau
der blos 25 km langen grossartigen Gebirgsstrecke von Tarvis nach Pontafel zu überwinden waren, standen mit
jenen der Brennerbahn auf gleicher
Höhe. Zahlreiche Stütz- und
Futtermauern längs der zu
Rutschungen geneigten Lehnen
geben dem ersten Theil der
Bahn ein besonderes Gepräge,
während der kostspielige Lehnenbau, zu welchem sich die
Linie unterhalb der Feste Malborghet
entwickelt, durch mächtige Trockenmauern und die Uebersetzung einer
Reihe geschiebeführender Wildbäche
gekennzeichnet ist. Um diese letzteren unschädlich zu machen, bedurfte es umfassender Schutzbauten.
Beim Entwurf der Brücken über die
Wildbäche wurde grundsätzlich daran
festgehalten, an der Uebersetzungs-

stelle weder die Richtung noch die
Höhenlage des Bachbettes zu ändern,
dessen Breite jedoch derart trichter-
förmig einzuengen, dass die gesteigerte
Kraft des abfliessenden Wassers wohl im
Stande ist, das Geschiebe aus dem Bereich der Brücke mit sich zu reissen,
nicht aber das Bauwerk selbst zu unter-
waschen. So erhielten sechs der gefährlichsten Wildbäche je ein 30 m breites
Bett, die Brücken, die sie übersetzen, aber
nur 12 m Lichtweite — eine wirthschaftliche Massregel, die sich bisher in jeder
Richtung bewährte.

Unter den zahlreichen partiellen Flussregulirungen, die mit dem Bau galizischer
Bahnen verbunden waren, ist jene der
Kamionica und der Kamionka bei Neu-
Sandec im Zuge der Tarnów-Leluchówer Bahn von Interesse. Durch
die unmittelbar vor der Vereinigung
beider Flüsse vorgenommene Correction,
die einen Aufwand von 14.000 fl. erforderte, wurden die wesentlich höheren
Kosten eines weiteren Brückenfeldes erspart, dessen Bau anderenfalls nicht zu
vermeiden gewesen wäre. Zu diesem
Vortheile gesellte sich der eines geregelten
Flusslaufes und der durch die Correction
gewonnenen grossen Culturfläche. Für den
Kern der zahlreichen Buhnen konnten
Flechtwerke und die massenhaft vorhandenen Klaubsteine in billiger Weise verwendet werden, während Pflasterungen,

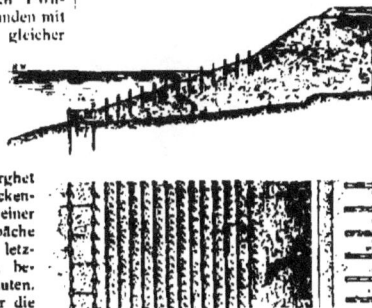

Abb. 79. Uferschutzbauten [Flechtwerke] an den
galizischen Buhnen

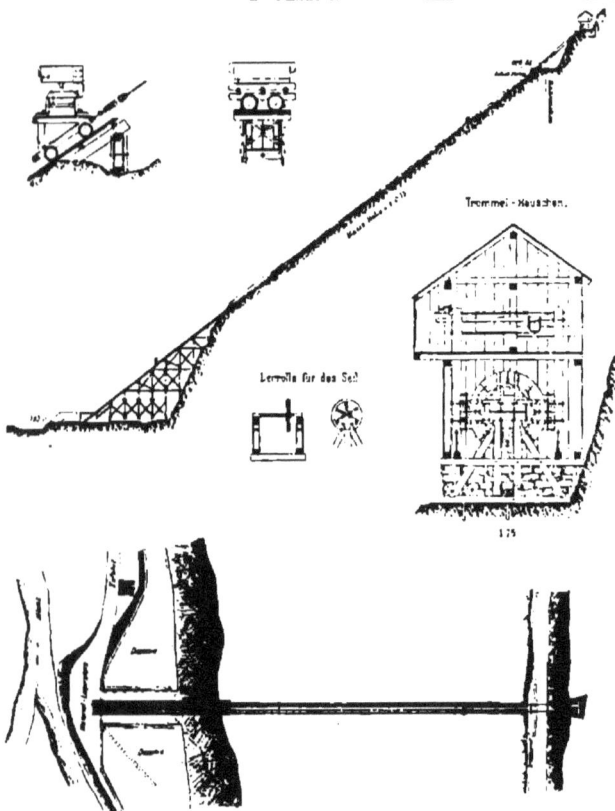

Abb. 80. Seilaufzug beim Schmiedtobel. [Arlbergbahn, 1376 *m*.] [Nach einer Planbeilage der Zeitschrift des Oesterreichischen Ingenieur- und Architekten-Vereins 1898.]

eventuell auch Steinwürfe die äussere widerstandsfähige Hülle der Buhne bildeten.

Solche Flechtwerke [Abb. 79] wie auch Pflanzungen werden von der einheimischen Bevölkerung Galiziens mit besonderer Sachkenntnis und billig ausgeführt; sie kommen daher beim Bau dortiger Bahnen namentlich für den Uferschutzbau neben den Stein- und Faschinenbauten vielfach in Verwendung.

Die Galizische Transversalbahn, die mit ihren Zweiglinien ein Netz von 555 *km* umfasst, war im Gegensatze zu ihren Vorläufern in Galizien im westlichen und mittleren Theile des Landes auf die mehr gedeckte Lage im Gebirge verwiesen und überschritt im Osten des Landes ein tief gefurchtes Plateau senkrecht zu dessen Furchen; sie durchquert eine grosse Zahl bedeutender Flüsse und gab daher zum Bau zahlreicher Brücken, ausgedehnter Lehnen- und Uferschutzbauten Veranlassung. Das eigentlich erschwerende Moment dieses Bahnbaues lag in dem Mangel geeigneter Baumaterialien. Das vorhandene Erdmaterial liess sich vielfach ohne Anwendung künstlicher Mittel nicht zu bestandsfähigen Dämmen

dem Bau der meisten Karpathenbahnen in Galizien, Ungarn und Siebenbürgen verknüpft ist und das, wie Ludwig Huss berichtet, bei der Transversalbahn trotz Allem noch in verhältnismässig geringerem Masse auftrat. Die Sanirung der Dämme erfolgte in üblicher Weise durch Einlegen von Steinrippen oder durch Vorlage von Bermen, die der Einschnitte durch Abflachen oder Rücksetzung der Böschungen. Die umfangreichen Arbeiten der Erdbewegung betrug 17.000 bis 19.000 m³ für einen Kilometer Bahn — waren in der Zeit von kaum 1¹⁄₂ Jahren beendet.

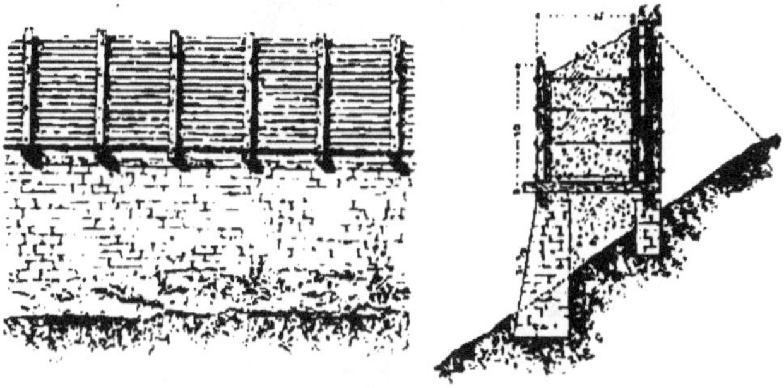

Abb. 81. Anlagen zum Schutze gegen kleinere Felsen- und Geröllstücke. [Brennerbahn.]

verwenden, entsprechendes Steinmaterial musste mitunter aus weiter Ferne herbeigeholt werden, Mauersand war hie und da schwer zu beschaffen und an Stelle des Schotters für das Geleise musste nicht selten Grubensand in Gebrauch treten. Zu diesen Erschwernissen kam noch die äusserst kurze Zeit, die für den Bau festgesetzt war. Die Umstände zwangen dazu, bei der Schüttung der Dämme trotz des ungünstigen, thonigen Erdmaterials an der Methode mittels Schüttgerüsten festzuhalten und die Arbeit auch im Winter nach längerem Regen nicht einzustellen. Die verschiedenen Setzungen, Ausschälungen und Abgänge, die man eben mit Rücksicht auf die Beschleunigung des Baues wohl zu erwarten gehabt hatte, blieben nicht aus — ein Uebel, das mit

Alle Erfahrungen, welche die Technik des Eisenbahnbaues durch vier Decennien hindurch gewonnen, alle Fortschritte, die sie bezüglich der Construction der Bauobjecte und bezüglich der Disposition grosser Bauausführungen gemacht, erhielten in der Arlbergbahn gleichsam verkörperten Ausdruck. Nach jahrelangen Studien und vielseitiger Erörterung der Frage, wie den Schwierigkeiten dieser Gebirgsbahn in verlässlicher und öconomischer Weise beizukommen wäre, konnten endlich im Jahre 1880 Oesterreichs Ingenieure an der Spitze einer Armee von 9000 Arbeitern das epochale Bauwerk mit Zuversicht auf vollen Erfolg in Angriff nehmen.

Während die Strecke auf der Ostseite zwischen Innsbruck und Landeck und auf der Westseite zwischen Bratz und Bludenz als Flachland- und Thalbahn nur an einigen Stellen Schwierigkeiten bot — so dort, wo das von Felsen eingeschlossene Innthal dazu zwang, den Bahnkörper in das Bett des Flusses zu verlegen — gehörte die zwischenliegende Gebirgsstrecke zu den kühnsten und schwierigsten Bauten. Sie erinnert — schreibt Huss,

strecken hier ein imposanterer, wogegen die Semmeringbahn in dieser Beziehung unerreicht bleiben muss.«

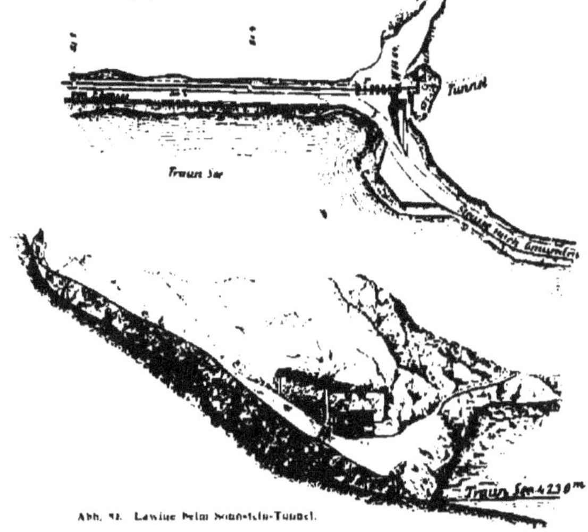

Grössere concentrirte Erdbewegungen kamen nur vereinzelt vor. Auch die Zahl der grossen Felseinschnitte ist eine verhältnismässig geringe. Die Herstellung von Steinsätzen wurde gleichfalls wesentlich eingeschränkt, weil das durch den Aus-

Lageplan 1 : 2880.

Abb. 92. Lawine beim Schönstein-Tunnel.

der als Vorstand des Bureaus für Unterbau bei der General-Inspection an der Ausbildung der Unterbauten in den letzten 20 Jahren bahnbrechend thätig war — rücksichtlich des Geländes an die Sillthalstrecke der Brennerbahn, während sich die Bauart derselben zwischen jener der Brenner- und Semmeringbahn bewegt, indem namentlich an manchen Stellen Viaducte zur Anwendung gelangen, wo die Brennerschule Erdwerke mit hochüberschütteten, sogenannten Schlauchobjecten angeordnet haben würde. »Ohne grossartiger zu sein als die Silllinie wird der Eindruck der Gebirgs-

hub verfügbare Steinmaterial hinter den Erwartungen zurückblieb und sich hiefür eine kostspielige Steinbeschaffung als nothwendig zeigte. Eine umso grössere Rolle wurde dagegen dem Mauerwerk zugewiesen. Mächtige Wandmauern, die in der Planumshöhe bis $3^{1/2}$ m Stärke besitzen, schützen das Geleise gegen angeschnittene Lehnen; Stützmauern und Viaducte und das diese beiden verbindende Mittelglied: die Mauer mit Sparbögen tragen das Planum über Schluchten und steile Hänge. Die Trockenmauern, die Stütz- und Wandmauern, endlich das die Gräben sichernde Mauerwerk verursachten

Abb. 83. Lawinenschutzbau. [Arlbergbahn.] [Nach einer photographischen Aufnahme von Hans Pabst.]

pro Kilometer schon in der Thalstrecke Kosten von über 1000 fl., welcher Betrag in der Gebirgsstrecke auf das 22fache stieg. Die Erd- und Felsbewegung, die in der Thalstrecke pro Kilometer 23.000 m³ ausmachte, war dagegen in der Rampenstrecke nur doppelt so gross.

Die Durchführung der mannigfachen Bauten auf dem Arlberg bot ein grossartiges Bild moderner Bauweise durch das reiche Aufgebot von Hilfsmitteln für eine rasche und sachgemässe Arbeit und durch den bewundernswerthen Arbeitsplan, den das erfolgreiche Zusammenwirken und die möglichste Ausnützung aller Kräfte, die gleichzeitige Vorbereitung und Inangriffnahme der Arbeiten forderte.

Schon die Vorbereitung der Erdarbeiten, die Herstellung der Verkehrswege in den unwirthlichen Gegenden, die Zurichtung des Baugrundes zeigten packende Einzelheiten. Drei provisorische Brücken für Locomotivbetrieb mussten über den Inn errichtet, zahlreiche Schuttgerüste erbaut, viele Kilometer Arbeitsgeleise verlegt und für die Wiederverwendung abgetragen werden. Für die Beischaffung von Kalk, Sand und

Holz wurden besondere Seilbahnen — Bremsberge — angelegt, welchen das gewonnene und nicht weiter verwendbare Erdmaterial, vereinzelt auch Wasser, als treibende Kraft diente. [Abb. 80.] Zur Entwässerung der Dammunterlagen gelangten Sickerschlitze, zur Verhütung von Rutschungen an Lehnen Schlitz- und Stollenbauten zur Ausführung. Die Stütz- und Wandmauern wurden an Stellen, die besondere Vorsicht erforderten, schrittweise in Stücken von 4 bis 10 m Länge, oft auch nach streng bergmännischem Verfahren erbaut.

Ganz aussergewöhnliche Mittel forderte die Bekämpfung der Lawinenstürze. Schutzbauten gegen Felsen- und Geröllstücke finden sich wohl auf allen Gebirgsbahnen. [Vgl. Abb. 81.] Der Kampf gegen Lawinen ist ungleich schwieriger; auf der Salzkammergut-Bahn war es möglich gewesen, den gefahrbringenden Zug der Schneemassen durch hölzerne Leitwerke von der den Bahnkörper gefährdenden Richtung abzulenken. Die von den Höhen in das Thal — dort der Traun — abstürzenden Massen verursachen dann höchstens Stauungen des Flusses, die wohl den Bahnkörper gefährden, die aber durch die Herstellung von tiefen und breiten Gerinnen, also durch einen erleichterten Abfluss, unschädlich gemacht werden können. [Abb. 82.]

Abb. 84. Type für Steinschlag-Verbauungen. [Arlbergbahn.]

Auf der Arlbergbahn bedrohen aber die Schneelawinen, die an Gewalt und Furchtbarkeit ihres Gleichen suchen, fast ausnahmslos den Schienenweg selbst. Es wurden daher schon beim Bau der Bahn durch Herstellung von Lawinen-Schutzdächern [Abb. 83] auf der Westrampe

Flächen, welche der Bewegung der rollenden Schneemassen kein Hindernis entgegenstellen und die man daher vermeiden oder umstalten muss. Durch entsprechende Verbauung konnte am besten das Anbrechen der Schneemassen auf diesen Flächen verhindert, konnten die in Bewegung kommenden Schneemassen zertheilt und die aus höher liegenden Stellen abrutschenden Massen in ihrem verderblichen Gang aufgehalten werden. Freilich waren auch hier dem künstlichen Eingreifen durch die Steilheit der Wände oder durch den Mangel cultivirbarer Flächen oft Grenzen gesetzt. Holzverpfählungen erwiesen sich für die Verbauung nicht als genügend; es mussten Trockenmauern, Schneerechen und Schneebrücken zur Anwendung kommen. [Abb. 84 und 85.] Die so geschützten Flächen, die sich oft bis zu Neigungen von 50° erheben, wurden durch Aufforstung dauernd gesichert.[*] Vorwiegend finden Fichten, in höheren Lagen geradstämmige Bergkiefern, die Lärche und der Ahorn, und in Höhen von 1900 bis 2000 m auch Zirben Anwendung. Eigene Saat- und Pflanzgärten in Höhen von 1200 m liefern das geeignete Pflanzungsmaterial. Die Anlage solcher Hochgebirgsforste ist natürlich eine schwierige und kostspielige — ein

Abb. 85. Types für Lawinen-Verbauungen. [Arlbergbahn.]

die meist gefährdeten Stellen zwischen Klösterle und Danöfen gesichert. Während des Betriebes erkannte man indessen bald die Nothwendigkeit weitergehender Massnahmen. Zunächst musste man darnach streben, die Bildung der Lawinen selbst zu verhindern, indem man dem Hang die zu ihrer Entstehung und ihrem Anwachsen nöthigen Bedingungen entzieht, dies sind die grossen ungetheilten

Hektar erfordert einen Kostenaufwand von etwa 130 fl. Der günstige Erfolg rechtfertigt aber die aufgewendeten Mittel. Im Jahre 1890 wurden die ersten Bauten

[*] In einem vortrefflichen Werke, das die k. k. Staatsbahn-Direction in Innsbruck über die Betriebsergebnisse der Arlbergbahn in den ersten zehn Betriebsjahren veröffentlicht hat, werden diese Anlagen ausführlich beschrieben.

nach diesen Grundsätzen auf den Höhen des Benediktertobels im Blasegebiet, im Simastobel, Gipsbruchtobel und Laubrechen hergestellt, und schon in den Jahren 1892 und 1893 wurden die gerade hier so gefährlichen und gefürchteten Lawinen gebrochen und von dem Bahnkörper abgehalten. Dieser Erfolg ermuthigte zu weiterem Vorgehen. Daneben werden auch eifrige Studien und Erhebungen gepflogen, um die verlässlichen Unterlagen für eine praktisch verwerthbare Formel zu finden, welche es ermöglicht, jene Schneehöhe, jene Temperatur

gegenzuwirken und die auftretenden Mängel zu beheben. Aber die sorglichen systematischen Vorkehrungen, die zum Schutze der Bahn jahraus jahrein gepflogen werden, können das Menschenwerk nicht vor der Zerstörungswuth entfesselter Elemente schützen. Unsere Gebirgsbahnen liefern eine fesselnde Chronik solcher Katastrophen und der hiedurch bedingten Wiederherstellungsarbeiten, die durch den unterbrochenen und nachdrängenden Verkehr besonders erschwert werden und oft die höchste Anspannung aller Kräfte erfordern. Einige

Holzprovisorium. [Brennerbahn.]

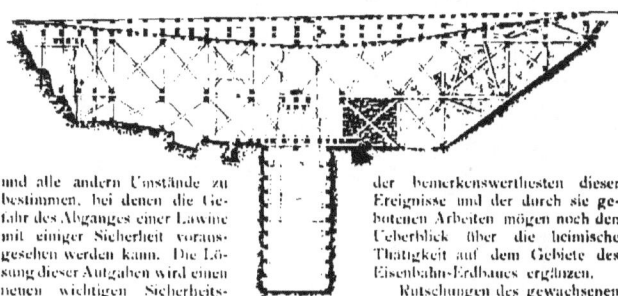

Abb. 85.

und alle andern Umstände zu bestimmen, bei denen die Gefahr des Abganges einer Lawine mit einiger Sicherheit vorausgesehen werden kann. Die Lösung dieser Aufgaben wird einen neuen wichtigen Sicherheitsfactor in den Eisenbahn-Betrieb einführen.

In dem letzten Jahrzehnt ist im Baue der Hauptbahnen ein gewisser Stillstand eingetreten. Dieser Zeitraum gehört bereits einer neuen Epoche an, die durch das Aufblühen des Localbahnwesens gekennzeichnet erscheint.

Die feindlichen Naturgewalten, welche den Bestand der Bauwerke unausgesetzt bedrohen, bringen es mit sich, dass mit dem Bau der Bahn die Bauthätigkeit auf dieser noch nicht erschöpft ist. Von den umfassenden Vorkehrungen gegen die Gefahren der Lawinenstürze bis hinunter zur Reinigung der unscheinbaren Abzugsgräben, welche die Bettung und den Erdkörper entwässern, zieht sich die Reihe wechselnder Aufgaben, die der Bahnerhaltung obliegen, um allen schädlichen Einflüssen rechtzeitig ent-

der bemerkenswerthesten dieser Ereignisse und der durch sie gebotenen Arbeiten mögen noch den Ueberblick über die heimische Thätigkeit auf dem Gebiete des Eisenbahn-Erdbaues ergänzen.

Rutschungen des gewachsenen oder künstlich aufgeführten Bodens sind auf österreichischen Bahnen nicht selten. Es dürfte kaum eine grössere Bahnanlage geben, die nicht mit solchen unliebsamen Vorkommnissen mehr oder weniger oft zu thun hat. Nicht selten wird hiebei die Herstellung eines provisorischen Bahnkörpers nothwendig; bei manchen Bahnen bestehen eigene Normalien für solche Bauten, um den exponirten Ingenieuren die Möglichkeit einer raschen Inangriffnahme derselben zu bieten. [Abb. 86.] Ueber eine interessante Einschnittsrutschung berichtet L. E. Tiefenbacher in seinem Werke: »Die Rutschungen, ihre Ursachen, Wirkungen und Behebungen«, nämlich über die Rutschungen im Ebener Einschnitt der Linz-Budweiser Bahn, die ihrer ganzen Länge nach eine auf Granit angelagerte Thonmasse durchzieht, also sehr ungünstige Bodenverhältnisse auf-

weist. Der Ebener Einschnitt, von jeher
etwas unruhig, gerieth im Jahre 1877,
also vier Jahre nach der Betriebs-Eröff-
nung der Strecke Linz-Gaisbach, in
mächtige Bewegung. Ein Probeschacht,
6 *m* von der Bahnachse entfernt, traf
die verhängnisvolle Rutschschichte in
einer Tiefe von 6 *m* unter der Einschnitts-
sohle; ein Stollen, der von ihm aus
senkrecht zur Bahn, der Rutschfläche
folgend, vorgetrieben wurde, musste nach
einem Vordringen von 26 *m* aufgegeben
werden, weil der Wassereinbruch mit
unbezwingbarer Heftigkeit erfolgte. Man
teufte in der Entfernung von 45 *m* von
der Bahnmitte einen zweiten Schacht ab,
der die Rutschfläche 1·2 *m* über Schwellen-

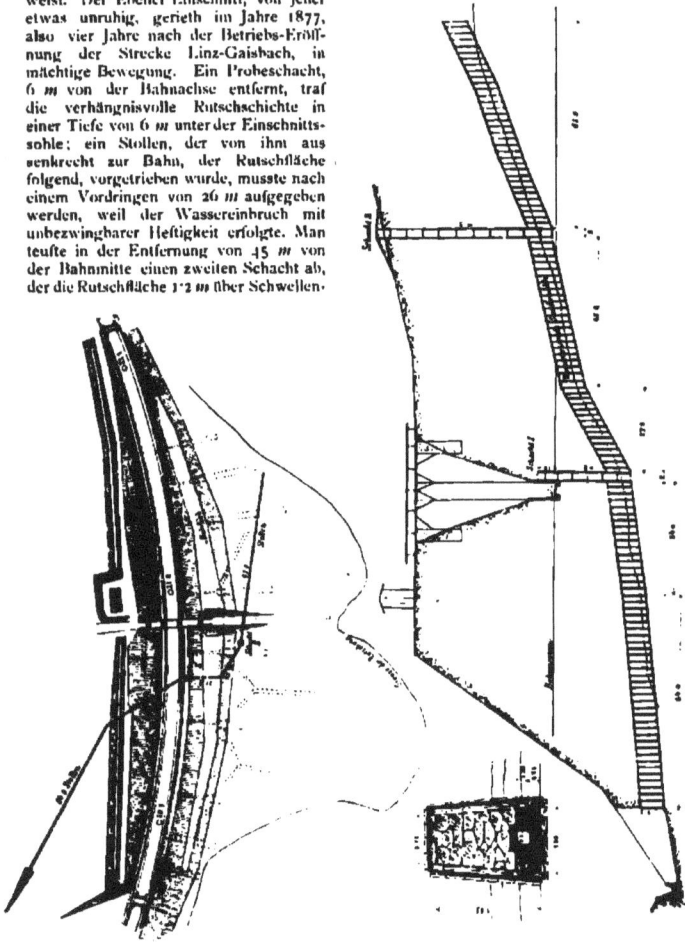

Abb. 87. Rutschungs-Abbauten im Ebener Einschnitt.

Abb. 98. Bau des Triebitzer Tunnels (Olmütz-Prag).

höhe durchschnitt. Von ihm aus führte man nun den Entwässerungsstollen in solcher Weise, dass die Rutschfläche stets gefasst blieb; gleichzeitig entwässerte man das Terrain und den erstgelegten Schacht durch mehrere Stollen. (Abb. 87.)

Ein Ereignis, das seiner Zeit umso grösseres Aufsehen erregte, als die mit ihm verbundene grosse Gefahr für das Leben zahlreicher Reisender und Arbeiter, nur durch die opfermüthige Pflichterfüllung eines Bahnwächters, Namens Wenzel Reuschl, abgewandt wurde, bildete der »Bergsturz« bei Steinbrück [Wien-Triest] am 15. und 19. Januar 1877, der über eine halbe Million Cubikmeter Felsmaterial niedertrug. Der Bahnkörper war in einer Länge von 200 m mit Durchfahrt und Stützmauer spurlos verschwunden. Das Sannthal, dessen Sohle mehrere Meter unter dem Bahngeleise lag, war auf 200 m Länge und 120 m Breite mit Sturzmassen derart erfüllt, dass sie das Bahnniveau um 7 m überragten, das Wasser bis zur Bahnnivellette stauten und das Flussbett oberhalb bis zur Einmündung in die Save vollkommen trocken legten.

Die Reconstructions-Arbeiten begannen mit der Herstellung eines Durchstiches, der den zu bedrohlicher Höhe ansteigenden Gewässern der Sann einen Abfluss zu schaffen hatte. Die Arbeit war in wenigen Stunden vollendet. Hierauf wurde für

die Bahn durch die Kalk- und Kiesmassen ein Einschnitt mit halbwegs günstigen Neigungsverhältnissen ausgehoben und bereits vier Tage darnach, innerhalb welcher Zeit eine Erdbewegung von 3200 m³ unter schwierigen Verhältnissen bewirkt war, fuhren die ersten Züge über das provisorische Geleise.

Im Herbste des Jahres 1882 wurden die Südbahnlinien Tirols und Kärntens von einer Wasserkatastrophe heimgesucht, die durch ihre Gewalt, wie durch ihre Ausdehnung wohl ohne Gleichen dastehen. Es war kein locales Ereignis, das sich in so trauriger Weise abspielte; die Ueberschwemmungen, die den Südbahnkörper von Villach an über Franzensfeste und Bozen bis Ala an vielen Stellen vollkommen zerstört hatten, zeigten sich als ein tiefgreifendes und lange Jahre in seinen herben Folgen nachwirkendes Unglück für ganz Tirol und einen Theil Kärntens. In der Strecke Ober-Drauburg-Franzensfeste wurden an 12 km Bahn vollständig zerstört, weit über eine Million Cubikmeter Material abgebrochen, fünf Wächterhäuser, ein Aufnahmsgebäude und 23 andere Bauwerke durch das verheerende Element vernichtet. Zwischen Bozen und Branzoll hatte die Etsch den Damm auf 200 m Länge zerstört. Die furchtbarsten Verwüstungen jedoch zeigte die Strecke Atzwang-Blumau, wo die wilde Eisack den Stegerdamm, der eine Cubatur von 135.000 m³ besass, in einer Länge von 570 m vollständig weggerissen hatte. Hier war die Herstellung eines Holzprovisoriums von 468 m Länge erforderlich, um die Bahn wieder benutzbar zu machen; die Schaffung einer Cunette für die Ableitung des Flusses erforderte allein den Aushub von 12.000 m³ Material. Die Arbeiten nahmen viele Monate in Anspruch und waren in ihrer raschen und trefflichen Ausführung beredte Zeugen für die grosse Tüchtigkeit und den hohen Pflichteifer der Bahnerhaltungs-Ingenieure.

Der Tunnelbau

fand schon bei den ersten Eisenbahnbauten in Oesterreich seine Anwendung und Förderung. Im Jahre 1839 wurde nämlich auf der Eisenbahn von Wien nach Gloggnitz, zwischen Gumpoldskirchen und Baden, ein Gebirgsvorsprung, der sich hemmend der geraden Richtung der Bahn entgegenstellte, mit einem Tunnel durchbrochen. Bei diesem Tunnelbaue, den Ingenieur Keissler leitete, wurde das Zimmerungs-System, das man wenige Jahre vorher bei dem Baue des Oberauer Tunnels im Zuge der Leipzig-Dresdener Bahn befolgt hatte, in verbesserter Weise zur Anwendung gebracht und hiedurch das eigentliche österreichische Zimmerungs-System geschaffen. Unabhängig von allen übrigen Vorgängern, liess Keissler zunächst in der Sohle des Tunnels einen

Abb. 84. Bau des Kernhhacher Tunnels [südl. Staatsbahn]

»Sohlenstollen« — auch Richtstollen geheissen — vortreiben und sodann im Scheitel des Tunnels einen »Firststollen« auffahren, in den er sogleich Theile des künftigen, für den Vollausbruch des Tunnels zur Verhütung von Einbrüchen oder Verdrückungen erforderlichen Holzeinbaues, der sogenannten definitiven Zimmerung, einstellte. Nachdem der Firststollen in entsprechender Länge vorgetrieben war, begann man denselben nach beiden Seiten zu erweitern und die polygonartig aneinandergereihten Traghölzer einzubauen, die in ihrer Verbindung mit den sie stützenden Stempeln und mit den diese letzteren tragenden Gesperren das Wesen des »österreichischen Systems« bilden.

Bei dem Baue des 510 m langen Triebitzer Tunnels in Mähren [Linie Olmütz-Prag], des zweiten Eisenbahn-

Tunnels in Oesterreich, entschied man sich nach längeren Studien für das »Kernbau-System«, das zuerst bei Königsdorf [1837] zur Anwendung gelangt war und die Grundlage des deutschen Systems wurde [Abb. 88]. Dieses System ist durch das Bestreben gekennzeichnet, das Lichtraum-Profil des Tunnels thunlichst wenig aufzuschliessen; es werden daher die Arbeiten mit dem Vortreiben zweier Sohlenstollen zur Rechten und Linken der Tunnelachse eröffnet und durch die Auffahrung von Mittelstollen und eines Firststollens fortgesetzt; hiebei verbleibt in der Mitte des Tunnelprofils ein Erdkörper, gegen den sich die Theile der Zimmerung stützen und der erst entfernt wird, nachdem auch schon die Ausmauerung des Tunnels vollendet ist.

Beim Baue des Triebitzer Tunnels hatte man mit gewaltigen Gebirgsdrücken zu kämpfen. Das Gebirge bestand aus Thon, Letten und schwimmendem Sand; die Wasserzuflüsse waren sehr bedeutend und bei der geringen Höhe des Geländes über dem Tunnelfirste reichten alle Felsenrisse bis zu Tage. Der ganze Berg schien durch die Tunnelarbeiten in Aufruhr versetzt; der Kern gerieth in Bewegung, die Widerlagsmauern wurden verdrückt, die Fundamente verschoben, die Sohlengewölbe emporgepresst. Auch als der Bau schon vollendet war, ruhten die aufgerüttelten Massen nicht; bereits im Jahre 1847 zwang die Bewegung der Tunnelgewölbe zu weitgehenden Reconstructionen und schliesslich selbst zum Einbaue eines definitiven Holzgerüstes.

Während der Triebitzer Tunnel im vollen Baue stand, wurden im Zuge der österreichischen Südbahn zwischen Mürzzuschlag und Laibach mehrere Tunnels, ebenfalls nach dem deutschen Systeme,

15*

ausgeführt. Man begann hier aber die Aufschliessung des Tunnelprofils mit dem Vortrieb des Firststollens, den man nach rechts und links unter Erhal-

Arbeit in den Stollenräumen ermöglicht wurde. [Vgl. Abb. 89.]

Bei den Tunnelbauten der nächsten Jahre, namentlich bei jenen der Strecke

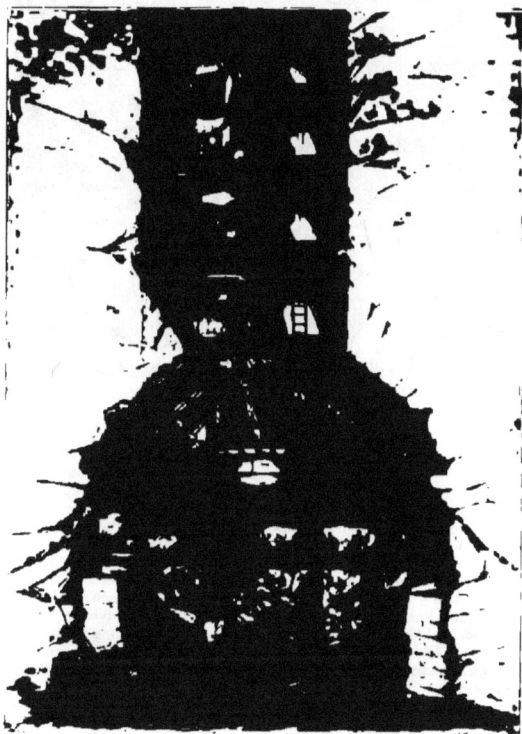

Abb. 95. Bau des alten Pressburger Tunnels.
Nach einem Original im Privatbesitze des Ingenieurs J. Deutsch, Pressburg.

tung eines Mittelkörpers bis auf den Grund der Tunnelgewölbe erweiterte. Bemerkenswerth bei den steierischen Tunnelbauten war die geringere Breite des Mittelkörpers, durch die eine leichtere

von Prag nach Dresden und auch auf der Ungarischen Centralbahn [vgl. Abb. 90], begann allerdings das österreichische System festeren Fuss zu fassen und sich zu entwickeln. Mit dieser Aus-

SITUATIONSPLAN

der Umgebung des Semmering Haupttunnels

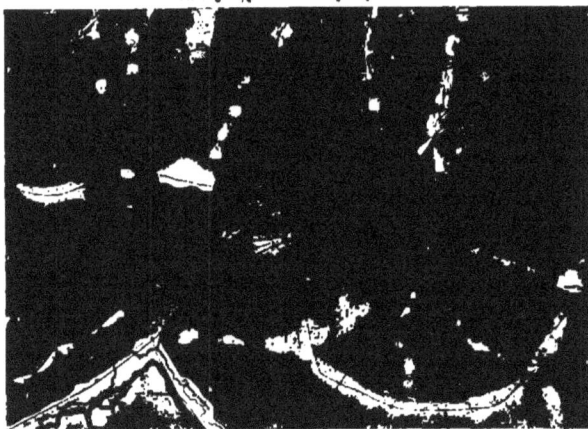

Abb. 91.

bildung des Systems bleibt der Name Meissner's, des Obersteigers der Bauunternehmung Gebrüder Klein, als des thatkräftigsten Förderers desselben innig verbunden. Auf den Höhen des Semmerings und wenige Jahre später auch in den Steingebieten des Karstes gelangte das österreichische System zur weiteren Anwendung und Vervollkommnung. Bei beiden Bahnen bestanden die mannigfachsten Verhältnisse; es galt nicht allein, grossen Gebirgsdruck zu überwinden, sondern nicht selten genug auch die Zimmerung in weichem Gebirge und gar häufig sogar im sogenannten schwimmenden Gebirge durchzuführen. Die hiebei auftretenden riesigen Druckerscheinungen führten die theilweise Unzulänglichkeit des österreichischen Systems beängstigend vor Augen; sie kennzeichnete sich sowohl durch gewaltige Niedersetzungen der Tunnelfirste, als auch durch bedeutende Knickungen der Bölzungen im Quer- und Längsprofil des

Tunnels. Der reguläre Baubetrieb ging unter solchen Verhältnissen vollständig verloren und die Baukosten erhöhten sich ungebührlich. Deshalb geschah es, dass noch bei dem Baue der Semmeringbahn und des Karstüberganges einzelne Ingenieure sich dem Kernbau-Systeme zuwandten oder andere Zimmerungen erdachten. Die meisten Ingenieure blieben aber in Anbetracht der grossen sonstigen Vortheile des österreichischen Systems diesem treu und strebten nach Abhilfe innerhalb der Grenzen der Baumethode; so wurde denn auch der 1430 m lange Haupttunnel der Semmeringbahn, für dessen Bau man durch sechs verticale und drei geneigte Schächte 18 Angriffspunkte, ausser den beiden Mündungen, geschaffen hatte, nach dem österreichischen Systeme ausgeführt. [Vgl. Abb. 91 und 92.] Jene Constructions-Methode, durch welche das eben genannte System zu dem für druckreiches und schwimmendes Gebirge voll-

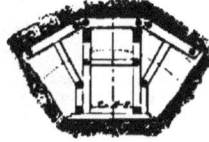

Fig. 1.   Fig. 2.   Fig. 3.

Fig. 4.   Fig. 5.

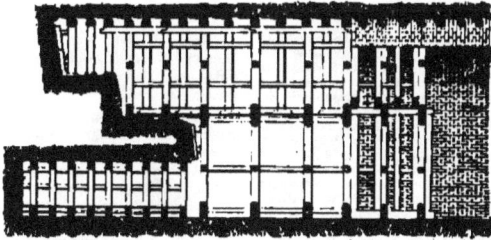

Fig. 7

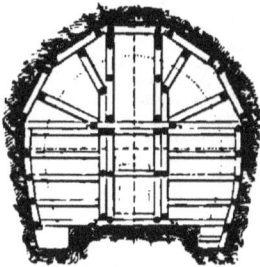

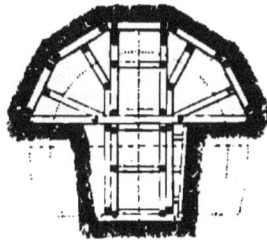

Fig. 6.   Fig. 5.

Abb. 62. Bau des Semmering-Haupt-Tunnels. Fig. 1. Vorbruch. Fig. 2—6. Allmähliche Erweiterung zum vollen Tunnelprofil. Fig. 7. Längenschnitt nach Fig. 5 und 6. Fig. 8. Längenschnitt des Stollens.

kommensten sich entwickelt hat, ist eine Schöpfung Rziha's*) und fusst vor Allem auf dem Bestreben der gründlichen Entwässerung des abzubauenden Gebirges und auf der in allen Theilen bergmännisch richtigen Zimmerung des Längsverbandes.

*) Franz Ritter von Rziha, geb. 28. März 1831 zu Hainspach in Böhmen, besuchte bis 1851 die technische Hochschule zu Prag, zeichnete sich schon beim Bau der Semmeringbahn und der Karstbahn bei der Ausführung schwieriger Tunnelbauten in solcher Weise aus, dass er 1856 zum Bau des Tunnels bei Czernitz nächst Ratibor berufen wurde. 1857 erbaute er mit Knäbel mehrere Tunnels auf der Ruhr-Siegbahn. Im Jahre 1860 wandte er zum ersten Mal den Ausbau von Stollen in Eisen nach seinem eigenen Entwurfe an, und führte dieses System, wesentlich vervollkommnet, bei den schwierigsten Tunnelbauten der Bahn von Kreiensen nach Holzminden, und zwar auch beim Ausbaue der Tunnels, mit grossem Erfolge durch. Er trat sodann [1840] in den braunschweigischen Staatsdienst, tracirte und baute mehrere Linien, und verwaltete als Oberbergmeister die fiscalischen Braunkohlengruben, bis dieselben verkauft wurden. Nachdem er in Böhmen und Sachsen mehrere Bahnbauten durchgeführt hatte, wurde er [1874] als Ober-Ingenieur ins österreichische Handelsministerium und 1876 als Professor an die technische Hochschule in Wien berufen. 1884 wurde ihm der Adel verliehen. Rziha starb am 22. Juni 1897 an dem Orte seines ersten technischen Wirkens — auf dem Semmering, und der Ortsfriedhof von Maria-Schutz bildet die letzte Ruhestätte des verdienstvollen österreichischen Technikers. Er schrieb: »Lehrbuch der gesammten Tunnelbaukunst« [Berlin 1864—1874, 2 Bände; 2. Aufl. 1874]; »Die neue Tunnelbau-Methode in Eisen« [Berlin 1864]; »Der englische Einschnittsbetrieb« [Berlin 1872]; »Die Bedeutung des Hafens von Triest für Oesterreich« [Wien 1873, auch italienisch und englisch]; »Eisenbahn-Unter- und Oberbau [im officiellen Ausstellungsbericht, Wien 1876, 3 Bände], und zahlreiche fachwissenschaftliche Abhandlungen, die in Zeitschriften veröffentlicht wurden.

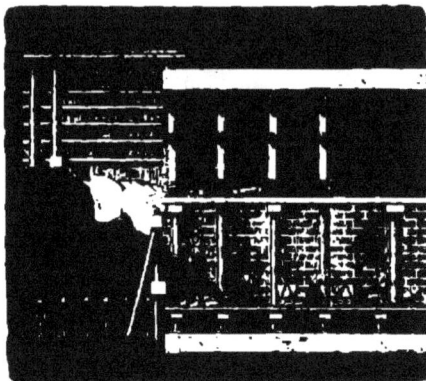

Abb. 93. Englisches Tunnelbau-System.

Dennoch fand das österreichische System bei den Tunnelbauten der Eisenbahn über den Brenner keine allgemeine Anwendung.

Das Bausystem, das nördlich der Brennerhöhe befolgt wurde, war das englische System, gekennzeichnet durch den Ausbruch des vollen Tunnelprofiles in kleinen Längen und durch die Stützung des aufgeschlossenen Raumes mit Hilfe von Längsbalken, die sich einerseits auf die vollendete Mauerung, andererseits auf ein »vor Ort« aufgestelltes Bockgerüste stützten. [Vgl. Abb. 93.] Das System bewährte sich aber nicht; den starken Seitendrücken setzten die nicht unterstützten Längsbalken zu geringen Widerstand entgegen. Man baute deshalb die Tunnels der Südstrecke, die später in Angriff genommen wurden, nach dem Österreichischen Systeme.

Die Tunnelarbeit bot übrigens bei der Brennerbahn wegen der spröden und festen Gebirgsmassen keine besonderen Schwierigkeiten; immerhin aber findet sich manche interessante Einzelheit, die nicht unbeachtet bleiben kann.

Da die Mehrzahl der Tunnels der Brennerbahn nahe der Berglehne liegen, so wurde ihr Bau nicht allein von den beiden Enden, sondern auch von mittleren Punkten aus in Angriff genommen; zu diesem Zwecke drang man durch Seitenstollen von der Lehne aus zur Tunnelachse vor, so dass z. B. der Mühlthaler Tunnel, der mit 872 *m* der längste der Brennerbahn ist, gleichzeitig von 14 Punkten aus angebrochen und

gegen die Bahnachse gerichteten Stollen in die Felsenmasse des Berges ein, teufte am Ende dieses Ganges einen Schacht in das Niveau des Tunnels und suchte sodann durch gabelförmig auseinander gehende Stollen die Tunnelachse zu erreichen, auf solche Weise je vier Angriffsstellen gewinnend.

Viele Sorgen und Kosten verursachte den Ingenieuren der Bau des bereits erwähnten Mühlthaler Tunnels zwischen den Stationen Patsch und Matrei. Der Tunnel, der innerhalb der steilfallenden Mittelgebirgslehne in geringer Tiefe unter dem Gelände liegt und Thonschiefer von sehr wechselnder Beschaffenheit durchfährt, war zum Theile schon vollendet, als in dem ausgemauerten Theile sich sehr starke Verdrückungen einstellten und eine mächtige Quelle zu Tage trat. Ein plötzlicher Einsturz stand

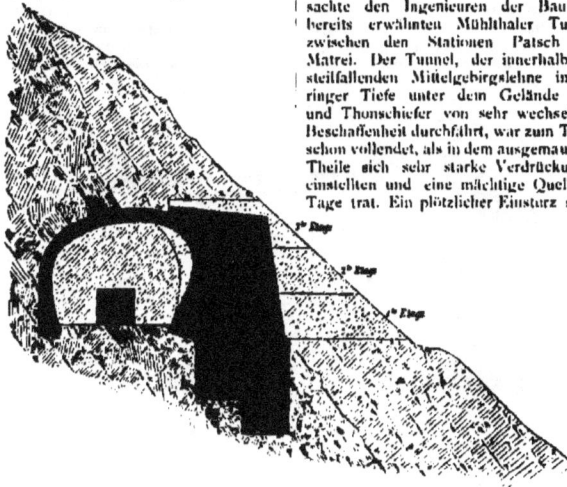

Abb. 94. Reconstruction des Mühlthaler Tunnels. [Brennerbahn.]

mithin ziemlich schnell gefördert werden konnte. Grössere Schwierigkeiten hatten die Ingenieure bei den beiden Tunnels im Jodocus- und im Pflerschthale zu überwinden, denn einerseits stiessen sie hier bei der Durchfahrung des Gebirges auf sehr festen, von Quarzadern durchsetzten Thonschiefer und andererseits zieht sich die Achse der Linie tief in den Berg hinein. Letzterer Umstand zwang — da man ja doch mehrere Angriffspunkte gewinnen wollte — zu ganz eigenartigen Anlagen; man drang nämlich in einer Höhe von etwa 50 *m* über dem Niveau des Tunnels mit einem radial

zu befürchten; man füllte daher thunlich rasch die gefährdeten Tunnelringe vollständig mit Trockenmauerwerk aus und liess nur einen stollenähnlichen Raum für den Verkehr frei; die Quelle wurde in beträchtlicher Höhe über dem Tunnelscheitel aufgefangen und der Sill zugeleitet. Dann erst begann die Verstärkung der Widerlager, zu welchem Behufe 15 Stollen in drei Etagen von der Berglehne aus senkrecht zur Tunnelachse bis hinter das Widerlager getrieben wurden. Während des Betriebes der Bahn musste dieser Tunnel neuerlich reconstruirt werden. [Abb. 94.]

Aus der Bauperiode der Brennerbahn ist auch noch der sogenannten Bachtunnels zu gedenken, welche dazu berufen sind, aus ihren alten Betten abgelenkte Wasserbäche durch die Lehnen der Thalgehänge zu führen. Bauliche Schwierigkeiten waren hiebei hauptsächlich nur bei jenem Tunnel zu überwinden, welcher vor der Station Matrei die Sill durch die Felsen hindurchleitet. Hier traten nämlich sehr bald Erscheinungen auf, die auf eine Auskolkung der gepflasterten Tunnelsohle hinwiesen. Und

köwer Tunnel, mit welchem diese Gebirgsbahn die Einsattlung des Grenzkammes durchsetzt, besitzt eine sehr interessante, von dem Baudirector Rudolf R. v. Gunesch veröffentlichte Baugeschichte. Nach dem definitiven Projecte erhielt der Tunnel eine Länge von 416 m und eine Steigung von 25%₀₀. Vier in den Tunnel und fünf in die beiden Voreinschnitte abgeteufte Schächte dienten zur Eröffnung eines Sohlenstollens, von welchem aus denn auch zuerst mit 12 und späterhin mit 14 Aufbrüchen die eigentliche Tunnel-

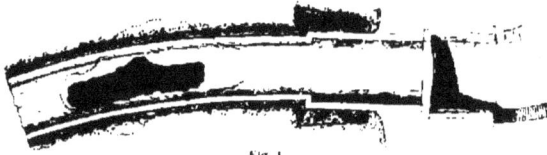

Fig. 1.

Fig. 2. Fig. 3.
Abb. 94. Reconstruction des Sill-Tunnels.
Fig. 1. Lageplan. Fig. 2. Trockenlegung der Sohle. Fig. 3. Reconstruirter Tunnel.

thatsächlich zeigte sich nach der Ablenkung der Sill von den gefährdeten Stellen das Sohlenpflaster arg zerstört. [Abb. 95.] Die Reconstructions-Arbeiten richteten sich auf die Anlage eines liegenden Quadermauerwerks an Stelle des unregelmässigen Sohlenpflasters und auf die Beseitigung der Abstürze am Einlaufe.

Durch die Vollendung der Brennerbahn hatte die Eisenbahn-Technik einen neuen glänzenden Beweis ihrer Leistungsfähigkeit abgelegt und bewiesen, dass auch der Ueberschienung der Karpathen, der natürlichen und geographischen Grenze zwischen Ungarn und Galizien, kein ernstliches technisches Hinderniss mehr im Wege steht. Und so wurde schon wenige Jahre darnach die »Erste ungarisch-galizische Eisenbahn« in Angriff genommen. Der Lup-

arbeit begonnen wurde. Die Erweiterung zum vollen Tunnelprofile und die Zimmerung desselben erfolgte nach dem in einigen Theilen abgeänderten englischen System.

Auf der galizischen Seite ging der Baufortschritt ziemlich normal vor sich; auf der ungarischen Seite erwuchsen aber durch die Aufblähung des weichen und drückenden Gebirges, durch langdauernde Kälte, hochliegenden Schnee, Verwendung schlechten, stark verwitternden Materials für einen hohen, dem Voreinschnitt vorgelegten Damm, durch Rutschungen in den Einschnitten so ausserordentliche Schwierigkeiten, dass die Situation schon im Jahre 1872, also ein Jahr nach dem Baubeginne, in jeder Hinsicht sehr bedenklich wurde. Hiezu trat die geringe

Eignung des Karpathen-Sandsteines, die eine neuerliche Aenderung des Tunnelprofils und eine Verstärkung der Mauerung nothwendig machten. Der Spätherbst desselben Jahres brachte neue Calamitäten hinzu; es trat ganz gegen alle bisherigen Erscheinungen keine Kälte ein; bedeutende atmosphärische Niederschläge brachten alle Dämme und Einschnitte in Bewegung, ein namhafter Theil der Tunnelringe wurde deformirt, die Fundamente senkten sich, die Steine der Seitenmauerung zerfielen in Sandkörner. Es blieb nichts anderes übrig, als Steine man in weiten technischen Kreisen eine gewisse Abneigung entgegenbrachte. Dieses System war gewählt worden in richtiger und genauer Erwägung aller bezugnehmenden Verhältnisse und in der Ueberzeugung, dass die ungünstige Anschauung über dasselbe nur auf einzelne baulich oder finanziell ungünstige Ergebnisse zurückzuführen ist. Bei dem Bischofshofener Tunnel war das zu durchfahrende Gebirge ein gutes und gleichförmiges und die mit den Arbeiten betrauten Subunternehmer, Gebrüder Sandino, hatten tüchtige, auf das

Fig. 1.   Fig. 2.

Abb. 91a. Bau des Tunnels bei Bischofshofen.

härtester Gattung: Granit, Trachyt, Porphyr und Kalkstein mit Aufwand bedeutender Kosten zur Verwendung zu bringen und eine Verbreiterung der Fundamente und Widerlager durch eine Untermauerung des ganzen Ringes zu bewerkstelligen. Nach alledem erscheinen die hohen Baukosten des im Jahre 1874 vollendeten Tunnels, die sich auf 2,585.500 fl. beliefen, ganz begreiflich.

Der Bau des Lupkower Tunnels war noch nicht vollendet, als auf der Salzburg-Tiroler Bahn der Bau des Tunnels bei Bischofshofen [vgl. Abb. 91a u. 91b] in Angriff genommen wurde. Dieser Bau erscheint deshalb erwähnenswerth, weil er nach dem belgischen System ausgeführt wurde, das bis dahin in Oesterreich — unseres Wissens — noch keine Anwendung gefunden hatte und dem belgische System eingelte piemontesische Mineure zur Verfügung. Und so bewährte sich dieses System, dessen Wesen in den die Baumethode bei Bischofshofen darstellenden Abbildungen flüchtig markirt erscheint, in diesem Falle sehr gut.

Bald nach Vollendung des Tunnels bei Bischofshofen, dessen Bau vom 10. August 1873 bis Mitte Juni 1875 währte und rund 630.000 fl. kostete, vollzog sich in nächster Nähe ein für die Entwicklung des Tunnelbaues nicht nur in Oesterreich, sondern überhaupt wichtiges Ereignis: Die erstmalige definitive Anwendung des Bohrmaschinen-Betriebes. Bei allen, bis gegen die Mitte des achten Decenniums in Oesterreich ausgeführten Tunnels wurden die Löcher zur Aufnahme des Sprengmittels,

Fig. 3.

Fig. 4.

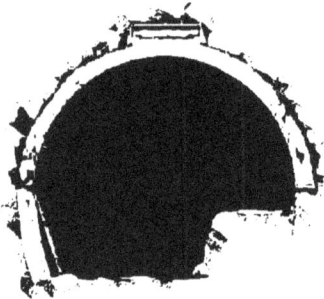

Fig. 5.   Fig. 7.   Fig. 6.

Abb. 176b. Bau des Tunnels bei Bischofshofen.

durch dessen kräftig lösende Wirkung der Tunnelausbruch beschleunigt wird, von Hand aus, mittels Fäustel und Bohrer in die Gesteinsmasse getrieben. Nur bei dem Baue der Tunnels im Zuge der Karstbahn [1853—1857] hatte der Baumeister K r a n n e r versuchsweise zur Herstellung von Sprenglöchern in Kalkgestein Drehbohrer angewandt, die man füglich den Maschinenbohrern zuzählen kann. Er bewirkte nämlich die Rotation durch einen Mechanismus, der, ungefähr wie bei einem Spinnrade, mit dem Fusse des Arbeiters bewegt wurde, wobei ebenfalls der vorgebeugte Körper des letzteren die nöthige Andrücklast bot. Für die Länge der Zeit war ein solches Bohren ungemein ermüdend; auch gestattete es nur gewisse Lagen der Löcher und setzte ein sehr weiches Bohrgestein voraus. Als man anlässlich des Baues der Salzkammergut-Bahn sich anschickte, den am Traunsee zwischen Ebensee und Traunkirchen steil emporsteigenden Sonnstein zu durchfahren, da zwangen unerwartet eintretende Verhältnisse, das anfangs angewandte System des Handbohrens zu verlassen und den Maschinenbetrieb einzuführen. Angesichts der nicht unbedeutenden Länge des Sonnstein-Tunnels — er misst 1428·36 m — sowie der harten Gesteine, welche zu durchsetzen waren, kam die rechtzeitige Fertigstellung des Tunnels ernstlich in Frage. Zu jener Zeit nun hatte Alfred Brandt bei dem Pfaffensprung-Tunnel auf der Gotthardbahn sein Bohrmaschinen-System mit rotirendem Kernbohrer und hydraulischer Kraftübertragung wohl nur vorübergehend, nämlich bis zur Einstellung aller Arbeiten auf der Gotthardbahn, aber mit grossem Erfolge in Anwendung gebracht. [Vgl. Abb. 97.] Die Bauunternehmung des Sonnstein-Tunnels, Karl Freiherr von S c h w a r z , entschied sich, rasch entschlossen, zur Fortsetzung der Arbeiten mit Brandt's Maschine. Gebrüder Sulzer in Winterthur lieferten die Maschinen und Brandt nahm die Durchführung der Einrichtung selbst in die Hand. Am 11. April 1877 war die Maschinenbohrung auf dem Sonnstein in vollem Gange.

Die Wirkung des Brandt'schen Bohrers nähert sich jener eines Stossbohrers wobei aber die intermittirende Stosskraft durch ruhige, stetig wirksame Druckkräfte ersetzt ist: der Brandt'sche Bohrer zermalmt das Gestein, zerbröckelt, zersägt es. Das Andrücken und das Drehen des Bohrers, wie überhaupt das Feststellen der ganzen Bohrvorrichtung wird ausschliesslich durch Wasserdruck bewirkt. Der Bohrer ist nämlich an dem Kopfe einer hydraulischen Presse befestigt, die an einer »Spannsäule« durch Stellringe und Spannschrauben festgestellt werden kann. Das Druckwasser wird durch eine enge Rohrleitung zugeführt. Bei einem Betriebs-Wasserdruck von 75 Atmosphären kann bei geeigneter Dimensionirung aller Theile eine Schneidekraft bis zu 6000 kg pro Zahn des Bohrers erreicht werden, eine Kraft, die auch dem härtesten Granit gewachsen ist.

Bei dem Baue des Sonnstein-Tunnels hat die Maschinenbohrung in den gleichen Gesteinen gegen die Handbohrung einen circa zweimal so grossen Stollenfortschritt ergeben. Die Maschinenanlage für den Betrieb der Bohrmaschinen und die Lüftung des Tunnels war auf einer Plattfläche am Ufer des Sees errichtet. Eine Circularpumpe hob das Betriebswasser aus dem See; ein Paar direct wirkender Dampfpumpen diente zur Pressung des Wassers. Im Betriebe standen vier Bohrmaschinen. Die gesammte Einrichtung für den Bohrbetrieb hatte einen Kostenaufwand von 38 700 fl. verursacht.

Ein hervorragendes Bauwerk, das in der Geschichte des Tunnelbaues eine markante Stelle einnimmt, und Oesterreichs Ingenieuren, ihrem Wissen und Können einen bleibenden Ruhm sichert, wurde schon wenige Jahre darnach in Angriff genommen und glänzend vollendet: die D u r c h b o h r u n g des A r l b e r g e s.

Die Literatur über den Arlberg-Tunnel ist überaus reichhaltig und gibt über alle Detailfragen dieses grossartigen Baues Aufschluss. Unsere Aufgabe kann wohl nur darin bestehen, aus der Baugeschichte des [über 10 km langen] Arlberg-Tunnels jene besonderen Momente hervorzuheben, welche sich als nennenswerthe Errungenschaften im Tunnelbaue

darstellen und dieses auf vaterländischem
Boden durchgeführte Werk zu einem
bedeutsamen Merkzeichen in der Geschichte des Tunnelbaues erheben. Als
solche Momente erscheinen einerseits die
concurrirende Anwendung zweier Bohrsysteme beim Stollenausbruche, nämlich
des Percussions-Systems (Ferroux, Seguin
und Welker) und des Drehbohr-Systems

einwirkenden Umstände mit den gesteigerten Leistungen der maschinellen
Stollenbohrung gleichen Schritt zu halten.
Das Percussions- oder Stossbohr-
system, bei welchem der Bohrer durch
comprimirte Luft in den Felsen ge-
stossen wird und beim Rückgange eine
drehende Bewegung erhält, war für die Ostseite des Tunnels (St. Anton) bestimmt. Die

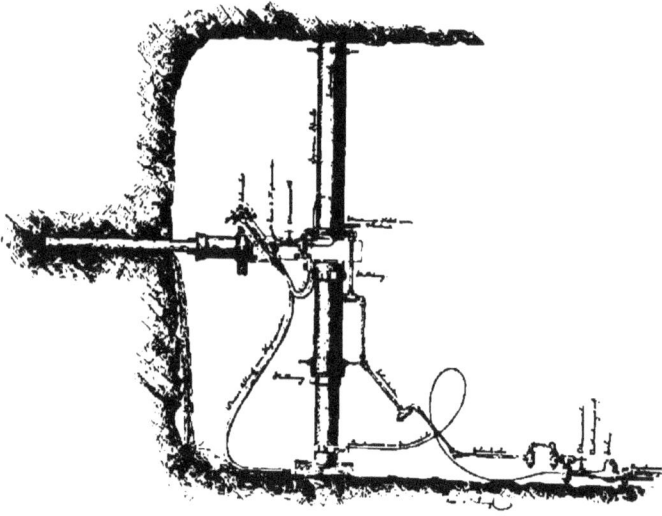

Abb. 97. Bohrmaschine nach Brandt's System.

(Brandt) und andererseits die Förderung
der ausgebrochenen Massen aus dem
Tunnel und der zur Ausmauerung nothwendigen Materialien in denselben. (Vgl.
Abb. 98).

Förderte die Parallelarbeit zweier
grundverschiedener Bohrsysteme Wissenschaft und Kenntnis der Bohrtechnik in
eminenter Weise, so bewies die geniale
Lösung der Förderungsfrage, dass es
möglich ist, durch zweckmässige Dis-
positionen in den Vollausbruch- und
Maurerarbeiten trotz mancher ungünstig

Kraft zum Betriebe der Motoren, die sowohl
die comprimirte Luft, wie auch die Ventilationsluft zu erzeugen hatten, lieferte die
Rosanna, aus der zwei Wasserleitungen
von 100 m und 4250 m Länge zu den
Maschinen führten und an diese je nach
Jahreszeit und Wasserreichthum der Rosanna 800 bis 1700 Pferdekräfte abgaben.
Die Bohrluft wurde von sechs Com-
pressoren, die Ventilationsluft von vier
Gebläsecylindern geliefert. Der gesammte
Luftbedarf stellte sich auf nahezu 11.000 m^3
in der Stunde. Für das Anbohren der

Stollenbrust dienten anfangs sechs, später acht Maschinen, die jedesmal ein bis
sechs Stunden in Arbeit standen.

Auf der Westseite des Arlberg-Tunnels,
wo der Schienenweg aus dem Felsen
heraus in das Thal der Alfenz tritt,
hatte Brandt seine Maschinen [vgl. Abb. 99]
installirt; die erforderliche Wasserkraft,
einschliesslich jener für Erzeugung der
Ventilation, wurde dem Niederschlags-
gebiete der Alfenz entnommen; die Wässer
des Zürs-und Alfenzbaches, des Hopenland-
und Sacktobels, wie auch jene des Moos-
baches wurden gemeinsam herangezogen
und boten gegen 800 Pferdekräfte. Zwölf
Hochdruckpumpen, von drei Girard-

zehn einfahrende und ebensoviele aus-
fahrende Züge zu je 75 Wagen von 120,
beziehungsweise 230 t. Eine solche Ver-
kehrsmenge zu bewältigen, war auf dem
Arlberge nur durch eine mit pünktlicher
Genauigkeit geregelte Förderung möglich.
Der vor dem Tunnel rangirte Zug wurde
von zwei feuerlosen Locomotiven nach
Francq's System bis zum Ende der fertigen Tunnelstrecke, wo sich eine ver-
legbare Station befand, befördert; von
hier aus schoben besondere Schlepper,
welche die vollen Bergwagen aus dem
Stollen brachten, die einzelnen Wagen
auf einer Rampe von 2°/₀₀ Steigung zu
den verschiedenen Arbeitsstellen.

Fig. 1

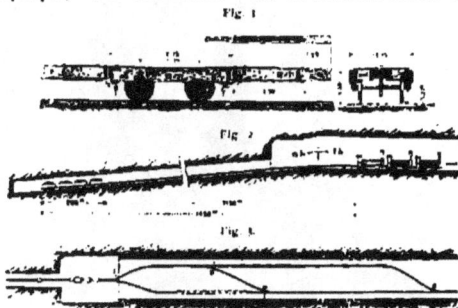

Abb. 98. Stangenförderung im Arlberg-Tunnel.
Fig. 1. Einzelnheiten des Gestänges. Fig. 2 Längenprofil. Fig. 3. Tunnelstation.

turbinen bewegt, deckten den Kraftbedarf
der vier Brandt'schen Maschinen, die auf
einer gegen die Stollenwände mit 100
Atmosphären Wasserdruck verspreizten
Spannsäule befestigt waren.

Im Allgemeinen glich die Installation
an dieser Seite des Tunnels der Anlage
auf dem Sonnstein-Tunnel; sie unterschied
sich von ihr im Wesentlichen durch die
Lagerung des ganzen Apparates auf
Achsen und Rädern, durch die kräftigere
Bauart der Maschine und Spannsäulen
und durch die bewegliche Montirung
zweier Bohrmaschinen auf einer Säule.

Von grosser Wichtigkeit war die
Disposition der Förderung. Ein täglicher
Tunnelfortschritt von 5·5 m, wie er beim
Arlberg-Tunnel erzielt wurde, beanspruchte

Mit dieser einfachen, aber gut functio-
nirenden Anordnung war jedoch die
Frage der Förderung auf der Ostseite
des Arlberg-Tunnels noch nicht gelöst.
Hier war nämlich bei dem Umstande,
dass der Culminationspunkt des Tunnels
circa 1000 m östlich der Tunnelmitte
liegt, eine gewisse Strecke, deren Länge
mit dem Baufortschritte zunahm, im Gefälle von 15°/₀₀ vorzutreiben. Der Gedanke,
diesen Rampenbetrieb mit Menschen
oder Pferden zu bewerkstelligen, wurde
sehr bald aufgegeben; auch von der
Seil- oder Kettenförderung musste abgesehen werden, da ihre Anwendung
eine tiefgehende Aenderung des ganzen
Bausystems bedingt hätte. In einfacher
und gelungener Weise löste schliesslich

Abb. 99. Gesteins-Bohrmaschine. (System Brandt.)

Bauunternehmer Ceconi die dringend gewordene schwierige Frage. Die von ihm vorgeschlagene Anordnung besteht in Wesenheit aus einem Gestänge, das, auf Rädern laufend, durch die im fertigen Tunneltheile verkehrenden rauch- und feuerlosen Locomotiven in den Stollen

Abb. 100. Längsprofil des Arlberg-Tunnels.

geschoben und dann mit den hier angehängten Wagen wieder heraufgeholt wird. Das Gestänge wurde aus einzelnen hölzernen Stangen von 7·6 m Länge, 21 cm Höhe und 12 cm Breite gebildet. Jede Stange hatte an ihren Enden zwei über die Stangenköpfe vortretende Flachschienen angeschraubt, mittels welcher sie auf kleine vierrädrige Wagen gelagert wurde, derart befestigt wurde, dass eine grössere Beweglichkeit im horizontalen und verticalen Sinne gewahrt erschien. [Vgl. Abb. 98.]

ab, die zwischen den Bedürfnissen des Tunnelbetriebs und den Bedingungen eines geordneten Zugsverkehrs die vollste Uebereinstimmung zeigte.

Der Arlberg-Tunnel ist mit einer Länge von 10.247·5 m der drittlängste der Alpen. Das Tunnelportal in St. Anton hat die Seehöhe von 1302·4, der Tunnelausgang in Langen jene von 1216·84 m. [Vgl. Abb. 100 und 101.] Das Geleise steigt gegen Langen zu auf 4100 m mit 2°/₀₀ und fällt sodann mit 15°/₀₀. Der Tunnel ist seiner ganzen Länge nach ausgemauert. Sein Ausbruch erfolgte nach dem englischen Systeme, jedoch mit einigen, durch die Verhältnisse bedingten Aenderungen, die namentlich auf der Westseite wiederholt modificirt werden mussten, weil hier gewaltige Druckerscheinungen auftraten.

Ueber die Leistungen beim Bau des Arlberg-Tunnels seien hier noch einige Daten angeführt, welche die grossen Fortschritte kennzeichnen mögen, welche die Tunnelbau-Wissenschaft in der Zeit vom Bau des Mont Cenis-Tunnels bis zu jenem des Arlberg-Tunnels, also in rund 25 Jahren gemacht hat. Im Sohlstollen wurde die grösste tägliche Leistung auf der Westseite mit 8·4 m, auf der Ostseite mit 8·2 m erreicht. Der Durch-

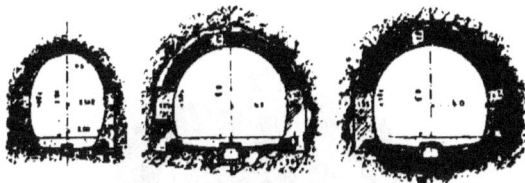

Abb. 101. Tunnelprofile der Arlbergbahn.

Zur Beförderung eines Zuges mit Hilfe dieser starren, viele hundert Meter langen «Kupplung» auf der Steigung von 15°/₀₀ mussten drei feuerlose Locomotiven mit einer gesammten Zugkraft von 5900 kg in Action treten. Der Zugverkehr wickelte sich sodann, unterstützt durch eine sehr zweckmässige Anlage der in der Nähe des Culminationspunktes liegenden Tunnelstation, in einer Weise

schlag dieses Stollens, der in einer Länge von 10.200 m aufgefahren wurde, erforderte einen Arbeitsaufwand von drei Jahren, fünf Monaten und vier Tagen. Nach den Bestimmungen des Vertrages sollte der Tunnel 180 Tage nach erfolgtem Durchschlage des Stollens vollendet und betriebsfähig sein. «Von der Grösse der hier verlangten Leistung erhält man eine Vorstellung» — sagt Řiha in einer

Studie über die Stangenförderung auf dem Arlberg-Tunnel — »wenn man berücksichtigt, dass die Vollendungsarbeiten beim Mont Cenis-Tunnel [12.233 *m* lang] beiläufig e i n Jahr, beim St. Gotthard-Tunnel [14.000 *m* lang] gegen zwei Jahre beanspruchten, dass sonach gegenüber dem letzteren Alpentunnel eine Abkürzung dieser Schlussphase des Baues auf ein Viertel der Zeit gefordert wird. Diese Anforderung erscheint noch durch den Umstand verschärft, dass ein ungeahnt rascher Stollenfortschritt stattgefunden hat, der den bei Festsetzung des obigen Termines in Aussicht genommenen weit hinter sich lässt und der demgemäss ein ebenso rasches Nacheilen der Ausbruch- und Vollendungsarbeiten zur Bedingung machte.«

Es zeugt von der trefflichen Einrichtung aller Anlagen, von der fachmännisch richtigen Durchführung der Arbeiten, von der glücklichen Verwerthung aller Errungenschaften der vorhergegangenen technischen Schöpfungen auf dem Gebiete des Tunnelbaues, dass dieser kurze Termin von 180 Tagen n i c h t ü b e r s c h r i t t e n wurde.

Die monatliche Baugeschwindigkeit hatte im Arlberg-Tunnel 219 *m* betragen; bei dem Gotthard-Tunnel stellte sich diese Geschwindigkeit auf 149, bei dem Tunnel durch den Mont Cenis auf rund 70·3 *m*. Welcher gewaltige Fortschritt kommt in diesen Zahlen zum Ausdrucke und welche namhafte Förderung der Tunnelbau-Wissenschaft bedeutet also der Durchbruch des Arlberg-Tunnels!

Was seit der Vollendung der Arlberg-Bahn auf österreichischen Eisenbahnen an Tunnelbauten bisher geschaffen wurde, tritt weit zurück hinter den Thaten der Ingenieure, der Tunnelbaumeister in jenen Tagen. Es hat bei den Tunnelbauten der jüngeren Bahnen auch an Schwierigkeiten nicht gefehlt, es ist auch hier manch guter Griff geschehen, manch geistreicher Gedanke verwirklicht, manch prächtige Arbeit vollendet worden; doch tritt kein Moment so bedeutsam hervor, dass es in dieser Abhandlung, die ja doch nur einen flüchtigen Ueberblick über die allgemeine Entwicklung des Eisenbahn-Tunnelbaues bieten soll, besonders hervorgehoben zu werden verdient. Das jüngste Bauwerk aber, das der Wissenschaft des Tunnelbaues neue Förderung bietet — die Wiener Stadtbahn — wird an anderer Stelle seine gerechte Würdigung finden.

Oberbau.

Auf leichten eisernen Flachschienen, von hölzernen, auf Schotter gebetteten Langschwellen getragen, rollten die Wagen der Pferde-Eisenbahn von Budweis nach Linz und rollten auch die ersten Locomotiven Oesterreichs; denn die Kaiser Ferdinands-Nordbahn war durch die Verspätung der in England bestellten Schienen darauf angewiesen worden, ihren Oberbau nach dem Muster der Pferdebahnen herzustellen: eiserne Flachschienen, mit Holzschrauben auf hölzernen Langschwellen befestigt, die auf einem in parallele Gräben unter den Schwellen eingebrachten Schotter- oder Steinsatzkörper lagerten. [Vgl. Abb. 102.]

Diese Geleise-Construction hielt unter den Angriffen des Locomotiv-Betriebes nicht lange Stand; die Befestigung der Flachschienen auf den Langschwellen erwies sich als nicht genügend dauerhaft und die mittlerweile aus England eingetroffenen Oberbau-Bestandtheile ermöglichten der Nordbahn den Ersatz dieses Geleises und den Weiterbau der Bahn nach Brünn mit einer Oberbau-Construction nach englischer Bauweise.

Die Thatsache, dass die Kaiser Ferdinands-Nordbahn bei ihrer ersten Einrichtung genöthigt war, ihre Fahrzeuge aus England zu beziehen, hatte zur Folge, dass die in England sowohl für Strassenfuhrwerke als für Eisenbahnen eingeführte Spurweite von 4' 8" engl. [= $1\cdot435\ m$] nach Oesterreich übertragen und bei allen später erbauten Bahnen beibehalten wurde.

Das von der Nordbahn gewählte englische Geleise war ein Querschwellen-Oberbau; die Schienen mit pilzförmigem Querschnitte wogen $19\frac{1}{2}$ kg pro Meter, waren in gusseisernen, auf den Querschwellen aufgenagelten Stühlen gelagert und mit Holzkeilen befestigt. [Vgl. Abb. 103—104.] Anordnung und Dimensionirung der Bestandtheile erwiesen sich für die damaligen Verhältnisse als mustergiltig; das Geleise bot einen ausreichenden Widerstand gegen die Wirkungen der darauf verkehrenden Locomotiven, deren stärkster Achsendruck allerdings nur 6 t betrug.

Auch andere Bahnen jener Zeit folgten dem englischen Vorbilde, so die lombardisch-venetianische Ferdinands-Bahn [1837], die Linie Mailand-Monza [1839], die österreichischen Staatsbahnen Olmütz-Prag und Mürzzuschlag-Cilli. Auf der Eisenbahn von Mailand-Monza kamen statt der Holzschwellen das erste Mal auf einer Locomotivbahn in Oesterreich Steinwürfel zur Anwendung, auf welchen die gusseisernen Schienenstühle befestigt wurden. Von grosser Bedeutung für die Entwicklung des Oberbaues erscheint der Bau der Eisenbahn von Wien nach Gloggnitz. Auf der Theilstrecke derselben von Neustadt nach Neunkirchen finden wir nämlich [1842] eine Art Flachschiene verlegt, deren Querschnitt etwa in einem Drittel der Höhe eine schwache Einschnürung aufweist. Dieses Profil ist der Vorläufer der breit-

füssigen Schiene in Oesterreich. Es ist
wie die Verkörperung der ersten auf-
flackernden, noch nicht ausgereiften
Idee der letztgenannten Schiene, der
wir auch thatsächlich schon im selben
Jahre noch auf der Strecke Wien-Neu-

ist nahezu gleichmässig hoch, der Steg
kurz, der Kopf niedrig; Kopf, Steg und
Fuss gehen mit sanften Curven ineinander
über. Die Schiene war 5 *m* lang, hatte
ein Gewicht von 26·5 *kg* pro Meter und
besass bei einer Entfernung der Stütz-

Fig. 1. Längenschnitt.

Fig. 2. Draufsicht.

Fig. 3. Querschnitt.
Abb. 103. Oberbau mit Flachschienen.

Fig. 4. Flachschiene.
[Kaiser Ferdinands-Nordbahn, 1837.]

stadt begegnen. Das ist ein Moment, das
umsomehr hervorgehoben zu werden verdient, als wir gleichzeitig auch die Querschwellen, allerdings noch durch eine
Langschwellen-Construction verstärkt,also
eine Art hölzernen Rostes als Unterlage
der Schienen bei diesem Oberbaue antreffen. Die Gestalt dieser ersten breitbasigen Schiene Oesterreichs ist im Allgemeinen ziemlich gedrungen. Der Fuss

punkte von 126 *cm* eine Tragfähigkeit
von 3·8 *t*. [Vgl. Abb. 105.*)]

Infolge der mächtigen Zunahme des
Verkehrs in dem Zeitraume von 1839
bis 1843, in dem sich das Bahnnetz
—

*) Die Abbildungen 105, 106, 117, 118 und
119 sind mit Genehmigung des Verfassers und
Verlegers nach Abbildungen aus dem Werke
»Geschichte des Eisenbahn-Oberbaues« von
A. Haarmann angefertigt worden.

16*

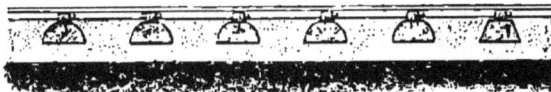

Fig. 1. Längenschnitt.

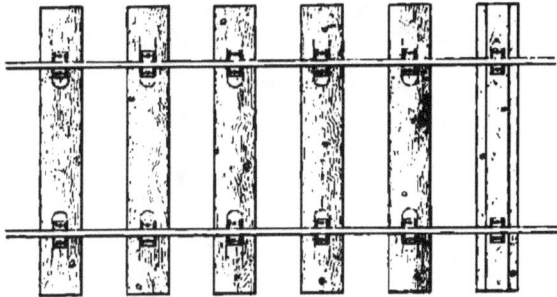

Fig 2. Draufsicht.

Fig. 3. Querschnitt.

Abb. 103. Oberbau mit Pfauschienen (Hochschienen). [Kaiser Ferdinands-Nordbahn, 1849.]

auf eine Länge von mehr als 300 *km* erweitert hatte, war das Bedürfnis aufgetreten, die Leistungsfähigkeit der Locomotiven zu erhöhen. Dieser Forderung liess sich nur durch eine Gewichtsvermehrung der Locomotiven entsprechen. Und so traten nun Locomotiven in Betrieb, welche auf das Geleise einen Achsdruck von 12 *t* ausübten.

Selbstverständlich wurden die Wirkungen dieser neuen Fahrzeuge für die vorhandene Geleise-Construction verhängnisvoll. Der Ingenieur Stopsel, der Chronist der Nordbahn, schrieb zu jener Zeit: »Die Sicherheit und Regelmässigkeit des Verkehrs waren gefährdet, die Abnützung des Geleises und der Fahrzeuge zeigten sich in allzustarkem Masse, es sind viele Brüche an Schienen und an Chairs vorgekommen.«

Unter diesen Umständen kam das Geleise nach englischer Bauweise eigentlich unverdientermassen in Verruf und fand das Beispiel der Wien-Gloggnitzer Bahn umsomehr Anklang, als man mittlerweile in Deutschland bei der Leipzig-Dresdener Bahn mit einem Querschwellen-Oberbau, bei dem breitfüssige Schienen ohne Vermittlung von Stühlen direct auf den Querschwellen mit Nägeln befestigt waren, gute Ergebnisse erzielt hatte.

Im Jahre 1846 finden wir auf österreichischen Bahnen die erste Anwendung der breitfüssigen Schiene in Verbindung mit Querschwellen ohne Langschwellenunterstützung, und zwar auf der Linie von Wien nach Bruck a. d. Leitha.

Diese Bauweise ging allmählich auf alle heimatlichen Bahnen über, wobei die Versuche des preussischen Ministerial-Directors Weisshaupt, welche die Ueberlegenheit derselben in Rücksicht auf Tragfähigkeit nachwiesen, nicht ohne Einfluss blieben. [Vgl. Abb. 106.]

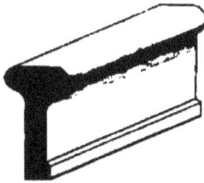

Abb. 104. Hochschiene [Rail]. [Kaiser Ferdinands-Nordbahn, 1841.]

War nun in dieser Hinsicht eine gewisse Stabilität für das System des Geleisebaues geschaffen, so gaben die damaligen Besitzverhältnisse der österreichischen Eisenbahnen und der Umstand, dass das Eisenbahnnetz aus einer grösseren Anzahl isolirter Theilstrecken sich zusammensetzte, doch mannigfaltigen Anlass zu Veränderungen im Einzelnen.

Abb. 105. Oberbau mit breitfüssigen Schienen. [Wien-Gloggnitz, 1841.]

Für jede Eisenbahn-Gesellschaft, ja fast für jede einzelne Theilstrecke wurden andere Verkehrsverhältnisse vorgesehen und andere Betriebsmittel mit anderen Gewichtsverhältnissen beschafft. Anknüpfend wurden nun theils praktische, theils theoretische, theils subjective Erwägungen ins Feld geführt, um da und dort eine grössere oder geringere Anzahl von Stützen oder eine grössere oder geringere Abmessung der Geleise-Bestandtheile zu begründen.

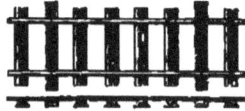

Abb. 106. Oberbau mit breitfüssigen Schienen. [Kaiser Ferdinands-Nordbahn, 1841.]

Die Schiene.

Im Jahre 1848 hat die breitfüssige Schiene in Oesterreich bereits die Oberhand über die Pilzschiene gewonnen. An der Hand der Erfahrungen, die von Jahr zu Jahr gesammelt wurden, unter dem Einflusse der Theorie, die sich stetig vervollkommnete, und namentlich unter der bedeutsamen Einwirkung, welche die Hüttentechnik ausübte, erfuhr die Gestalt der Schiene zahlreiche Abänderungen. Auch das wirthschaftliche Moment trat hiebei stark hervor; die Schiene bildet ja doch den weitaus kostspieligsten Bestandtheil des Geleises und eine Ersparnis an Gewicht verringert wesentlich die Bau- und Erneuerungskosten. Und so bildet zu Ende der Vierziger- und zu Anfang der Fünfziger-Jahre das Bild der Schienenprofile eine sehr formenreiche Musterkarte!

Der Zusammenschluss der einzelnen Linien, der Bau von Bahnstrecken über

trennende Gebirgsrücken, die hiebei nothwendige Anwendung von grösseren Neigungen und schärferen Bögen, die durch
letztere Verhältnisse bedingte Erhöhung
des Locomotiv-Achsdruckes bis zu 14 *t*,
drängten mehrere Bahnverwaltungen, ihre
Schienen von ungenügender Tragfähigkeit durch Schienen zu ersetzen, die den
neuen erhöhten Ansprüchen gewachsen
waren.

Auf solche Weise vollzog sich allmählich eine ansehnliche Vermehrung
des Einheitsgewichtes der Schienen. So
waren verlegt:

Mit der Verstärkung des Gestänges
war aber noch nicht Alles gethan. Die
Schienen waren ausschliesslich aus Eisen
gewalzt — aus einem Materiale, dessen
begrenzte Festigkeit bei den grossen
Druckwirkungen der Fahrzeuge selbst
bei stärkeren Geleise-Constructionen zu
a u f f ä l l i g e n , nicht durch die regelmässige Abnützung entstandenen Zerstörungen an der Lauffläche führte.

Alle Berichte damaliger Zeit stimmen
darin überein, dass der Verschleiss an
Schienen durch Spaltung und Trennung
ganzer Theile an der Lauffläche des Kopfes

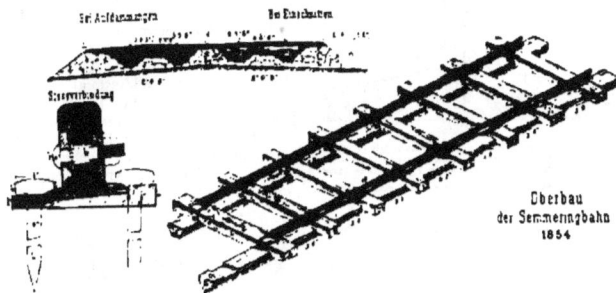

Oberbau
der Semmeringbahn
1854

Abb. 107.

auf der Kaiser Ferdinands-Nordbahn im
Jahre 1830 Schienen von 19·5 *kg* pro
Meter [pilzförmiges Profil],
auf der Gloggnitzer Bahn im Jahre 1841
Schienen von 26·5 *kg* pro Meter [breit-
füssiges Profil],
auf den k. k. Staatsbahnen im Jahre
1841 Schienen von 21·2 *kg* pro Meter
[pilzförmiges Profil],
auf den k. k. Staatsbahnen im Jahre
1849 Schienen von 29·6 *kg* pro Meter
[breitfüssiges Profil],
auf den k. k. Staatsbahnen im Jahre
1856 Schienen von 37·275 *kg* pro
Meter [breitfüssiges Profil].
Bemerkenswerth ist der Oberbau der
Semmeringbahn mit Schienen von
12·5 *kg* pro Meter und mit einem wohl-
gefügten Holzroste aus Lang- und Querschwellen. (Abb. 107.)

ein ungewöhnlich hoher war; die Schienen-
dauer sank in einzelnen Strecken bis auf
kaum vier Jahre — und dies bei einer
Verkehrsdichte, die bei weitem nicht an
jene unserer Tage heranreichte.

Ueber diese Nothlage half nun der
Gedanke hinweg, für die Schienen-
erzeugung anstatt des Schweisseisens
das festere Stahlmateriale zu verwenden
— die Eisenbahnen in Stahlbahnen zu
verwandeln. In Rücksicht auf die umständliche Herstellungsweise des Stahles
im Puddelofen und die hiedurch bedingte
Kostspieligkeit desselben beschränkte man
seine Verwendung zunächst auf die Herstellung einer härteren Fahrfläche. Der
erste Versuch wurde von der Buschtěhrader Bahn unternommen, die 1855
Eisenschienen mit Stahlkopf in Verwendung nahm.

theilweise auf der Flügelbahn nach Brünn. Dieser Versuch gelang glänzend, denn die betreffenden Schienen sind heute, d. i. nach 33 Jahren, noch in der Bahn in vollkommen gebrauchsfähigem Zustande und weisen lediglich eine Auswechslungsziffer von 8% auf. Es ist daher begreiflich, dass sich die Nordbahn-Verwaltung seinerzeit entschloss, unverzüglich zur ausschliesslichen Verwendung solcher Schienen überzugehen. Die Durchführung des Entschlusses fand aber in dem hohen Preise des Materials ein leicht erklärliches Hindernis, dessen Beseitigung jedoch schliesslich dadurch gelang, dass man das für Eisenmaterial construirte Schienenprofil mit dem Einheitsgewichte von 37·2 kg verliess und ein schlankeres, leichteres Profil von 31 kg entwarf. [Abb. 108.] Das Widerstandsmoment und mithin auch die Tragfähigkeit dieser Stahlschienen waren bedeutend grösser, als jene der Eisenschienen, denn die Massen waren richtiger vertheilt, die Form war eine günstigere und die Festigkeit des Materials eine

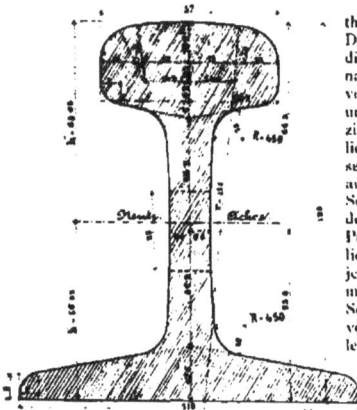

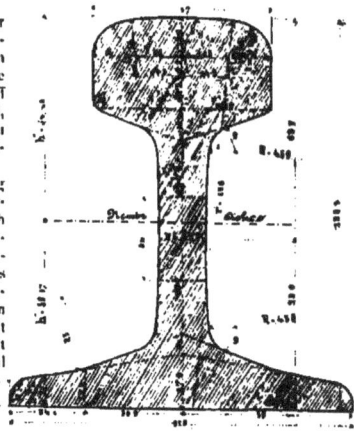

Abb. 108. Schienenprofil A der Nordbahn (eingeführt 1870). Querschnittsfläche = 39 90 cm², Gewicht pro 1 m in Schweisstahl = 30 40 kg. Gewicht pro 1 m in Flusstahl = 31 00 kg. Trägheitsmoment T = 760 060 für cm Widerstandsmoment $\frac{T}{h}$ 121 302 für cm.

Da aber die Erzeugung solcher Schienen nicht viel von jener der Eisenschienen abwich, so war das Ablösen der Stahllamelle von der Eisenschiene eine häufig auftretende Erscheinung. Man griff deshalb zu Schienen aus Puddelstahl, Schienen, die aus einzelnen Stahlplatten durch Schweissung und nachfolgende Auswalzung erzeugt wurden.

Die erste Verwendung und Ausbreitung derselben ging, begünstigt durch das vorzügliche Rohmaterial, von Oesterreich aus, und zwar war es die Kaiser Ferdinands-Nordbahn, welche durch den zufolge ihres starken Verkehrs überaus bedeutenden Verschleiss der Eisenschienen und die dadurch hervorgerufenen hohen Bahnerhaltungskosten zunächst dazu gedrängt wurde, unter Stockert Versuche mit Schienen aus Puddelstahl in grösserem Massstabe durchzuführen. Sie liess im Jahre 1865 eine grössere Zahl solcher Schienen nach ihrem für Eisenschienen im Gebrauche befindlichen Profile im Einheitsgewichte von 37·2 kg pro Meter walzen und verlegte dieselben theilweise auf der Hauptlinie,

Abb. 109. Schienenprofil B der Nordbahn (eingeführt 1873). Querschnittsfläche = 44 770 cm²; Gewicht pro 1 m in Schweisstahl = 34 060 kg. Gewicht pro 1 m in Flusstahl = 35 390 kg. Trägheitsmoment T = 977 800 cm; Widerstandsmoment $\frac{T}{h}$ 196 05 für cm.

höhere als bei dem früheren Profile. Der Preis stellte sich bei gleicher Länge der Schienen auch gleich mit jenem der Eisenschiene, denn die Grössen der Querschnittflächen und mithin der Massen verhielten sich umgekehrt wie die Preise des Puddelstahls und des Eisens.

Dieses Schienenprofil, das also ebenfalls der gesteigerten Inanspruchnahme der Schienen Rechnung trug, wurde von den Eisenhüttenmännern als besonders geeignet für den Schweissungsprocess befunden und fand Eingang bei vielen Bahnen Oesterreichs und Deutschlands; auch die französische Nordbahn wählte es als Muster für ihre Schienenprofil-Anordnung.

Unterdessen hatte sich in der Hüttentechnik ein Ereignis von weittragender Bedeutung vollzogen, indem die Erfindung Bessemer's zur Herstellung eines homogenen Flussstahles ihre Vervollkommnung für Massenerzeugung erhalten hatte. Der grosse, unschätzbare Vortheil der Stahlschienen-Erzeugung nach dem System Bessemer's oder auch nach jenem Martin's besteht in der Herstellung der Schienen aus Gussblöcken anstatt aus zusammengeschweissten Packeten. Der Unterschied der beiden eben genannten Stahl-Erzeugungs-Processe liegt nur in der verschiedenartigen Reinigung und Entkohlung des Roheisens, das zum Stahle verarbeitet wird. Bessemer bringt das vorher flüssig gemachte Roheisen in grosse schmiedeeiserne, mit feuerfestem Material ausgekleidete Retorten und lässt die atmosphärische Luft mit bedeutender Gewalt durch die glühende Masse hindurchpressen. Martin mengt Roh- und Schmiedeeisen in bestimmten Verhältnisse und setzt dieses Gemenge in eigenen Schmelzöfen der Einwirkung von Verbrennungsgasen und der atmosphärischen Luft aus. Das Product ist in beiden Fällen jenes Metall, das wir in Rücksicht auf seine besondere Gewinnung als flüssiges Metall mit dem Namen Flusseisen oder Flussstahl bezeichnen.

Als nun im Jahre 1865/66 auf Grundlage des oben erwähnten Schienenprofils die erste Lieferungs-Ausschreibung für den ganzen Bedarf der Kaiser Ferdinands-Nordbahn an Puddelstahl-Schienen erfolgte, waren eben in England, und zwar auf Veranlassung einiger österreichischer Eisenwerke Versuche über die Verwendbarkeit von kärntnerischem und oberungarischem Roheisen für den Bessemer-Process durchgeführt worden; diese hatten so gute Ergebnisse geliefert, dass diese Eisenwerke sofort die Lieferung von Bessemer-Stahlschienen, und zwar zu dem gleichen Preise wie Puddelstahl-Schienen und mit fünf-, sieben- und achtjähriger Haftzeit offerirten. Das Angebot wurde angenommen und während zu Ende des Jahres 1867 auf der Kaiser Ferdinands-Nordbahn schon 57 km Geleise mit Puddelstahl- und 22 km mit Bessemer-Stahlschienen belegt waren, hatten alle anderen Bahnen Oesterreichs und Deutschlands zusammengenommen noch nicht die gleiche Länge Geleise aus Stahlschienen hergestellt.

Im Jahre 1871 hatte die Kaiser Ferdinands-Nordbahn bereits 418 km Geleise mit Puddelstahl, Bessemer- und Martinstahl belegt, deren Verwendungsergebnisse alle Erwartungen weit übertrafen und zur raschen Einführung solcher Schienen auch auf den übrigen Bahnen nicht unwesentlich beitrugen. Im Jahre 1872 sah die Nordbahn sich genöthigt, den zunehmenden Raddrücken und Zugsgeschwindigkeiten durch Einführung einer schwereren Stahlschiene [Profil B] von 35·2 kg Einheitsgewicht für die Hauptlinien Rechnung zu tragen. [Abb. 109.]

Schon im Jahre 1865 hatte der Oesterreichische Ingenieur-Verein ein Normalschienen-Profil ausgearbeitet, das auf die Verwendung des Stahls anstatt des Eisens Rücksicht nahm. [Abb. 110.] Der Vorschlag blieb unbeachtet; jede Bahnverwaltung studirte und experimentirte an dem Schienenprofil. Auf die verschiedenen Ergebnisse nahm die Steigung der Locomotiv-Raddrücke, der Geschwindigkeit und Belastung der Züge grossen Einfluss. Die Anschauungen über die bei der Construction der Schienen in Betracht kommenden Fragen waren noch nicht ganz geklärt; subjective Ansichten, aber auch das Bestreben der Bahnverwaltungen, selbstständige Normalien zu besitzen, machten sich geltend, und so kam es, dass im Jahre 1881 auf österreichischen Bahnen nicht weniger als 31 verschiedene Schienenprofile vorhanden waren, welchen Gewichte von 29·1 bis 39·8 kg pro Meter entsprachen.

Bei dem Bestreben, für die stets zunehmende Vergrösserung der Locomotiv-Gewichte und der Geschwindigkeiten ein haltbares Gestänge festzulegen, und in Würdigung der Vortheile wirthschaftlicher Natur, welche eine einheitliche

II. Ranges [Nordbahnprofil A], während für Localbahnen bis auf 23·3 kg herabgegriffen wurde. Als normale Schienenlänge war 7·5 m angenommen, nachdem man bereits in der Mitte der Sechziger-Jahre von 18′ = 5·689 m Länge auf 21′ = 6·636 m und später auf jene von 24′ = 7·584 m übergegangen war.

Diese Normalien fanden längere Zeit wenig Anwendung, sie sind aber heute

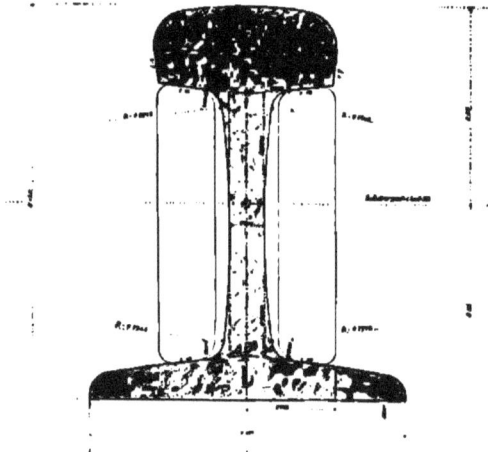

Abb. 110. Normalprofil des Oesterreichischen Ingenieur- und Architekten-Vereines [1904].

Durchbildung des Geleises für die Eisenindustrie und für die Bahngesellschaften bieten würde, liess das k. k. Handelsministerium im Jahre 1883 durch eine Commission hervorragender Fachmänner Normalien für einen Holzquerschwellen-Oberbau, und zwar für Hauptbahnen I. und II. Ranges und für Localbahnen aufstellen. Diese Schienenprofile erhielten die gleichen Gewichte wie die beiden Profile A und B, welche die Kaiser Ferdinands-Nordbahn im Jahre 1866, beziehungsweise 1872 construirt hatte, und zwar 35·2 kg für die Bahnen I. Ranges [Nordbahnprofil B] und 31·1 kg für jene

auf dem grossen Netze der k. k. Staatsbahnen im vollen Gebrauche und werden sich, wenn an den seitherigen Grenzen des Achsdruckes der Locomotive festgehalten wird, wohl noch auf eine lange Periode mit Erfolg behaupten können.

Wie sehr aber auch in den letzten Jahren die Anschauungen der Geleisetechniker auseinander gingen, beweist wohl die Darstellung der bei den verschiedenen österreichischen Hauptbahnen im Jahre 1888 geltenden Normaltypen für Stahlschienen. [Vgl. Abb. 111a und 111b.]

Die im Auslande mehrfach befürwortete Einführung der sogenannten

Goliathschienen mit einem Einheitsgewichte von 50 kg und darüber, kam
auch in Oesterreich zur Discussion und
veranlasste den Ingenieur- und Architekten-Verein [1890] über Antrag des
Regierungsrathes C. Ritter von Hornbostel ein Comité aus den obersten Bau-
beamten der in Wien mündenden Bahnen
einzusetzen, um die Frage einer etwa
nothwendig werdenden Oberbau-Ver-
stärkung zu studiren.

Diese Versammlung erhob sich in
ihren eingehenden Berathungen über die
bis dahin vielfach beobachtete einseitige
Behandlung des Gegenstandes, indem
sie nicht die Schiene allein, sondern
auch die anderen Geleise-Bestandtheile
und die gesammte Anordnung der
Oberbau-Construction in der gegenseitigen Abhängigkeit und Wirksamkeit

der einzelnen Theile in ernste Betrachtung zog.[*]

Die hier gewonnenen Erkenntnisse
haben viel dazu beigetragen, die Erhöhung der Leistungsfähigkeit der vorhandenen Oberbau-Constructionen in
rationeller Weise durchzuführen, ohne
zunächst wieder im Wege kostspieliger
Versuche mit neuen Geleise-Profilen sich
von dem Ziele der wirklichen Verstärkung des Geleises zu entfernen.

Man war sich namentlich darüber
klar geworden, dass die Schiene vorzugsweise massgebend ist für die Tragfähigkeit
des Geleises, für die Sicherheit des Ver-

----
[*] Den in diesem Comité empfangenen
Anregungen verdankt die bekannte Abhand-
lung Ast's über Beziehungen zwischen dem
Geleise und den darüber rollenden Lasten
ihre Entstehung.

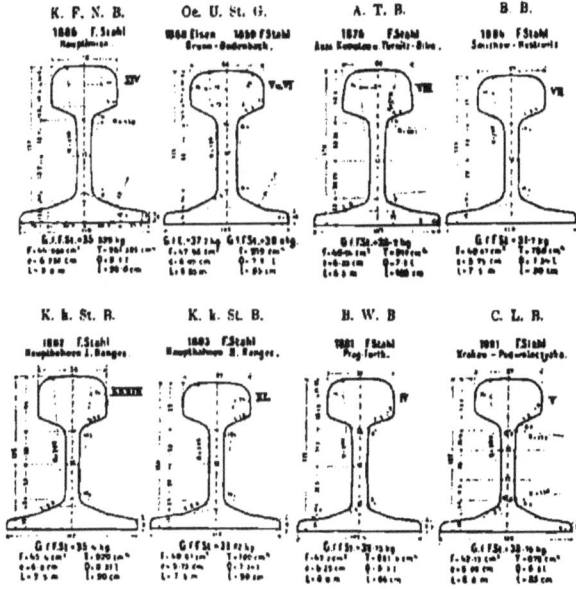

Abb. 114   Schienenprofile der österreichischen Eisenbahnen (am 1. Januar 1886).

Oe. N. W. B.   E. W. A.   B. N. B.   S. B.

1882 F.Stahl   1881 F.Stahl   1879 F.Stahl   1887 F.Stahl

L. C. J. B.   K. O. B.   I. U. G. B.   M. S. C. B.

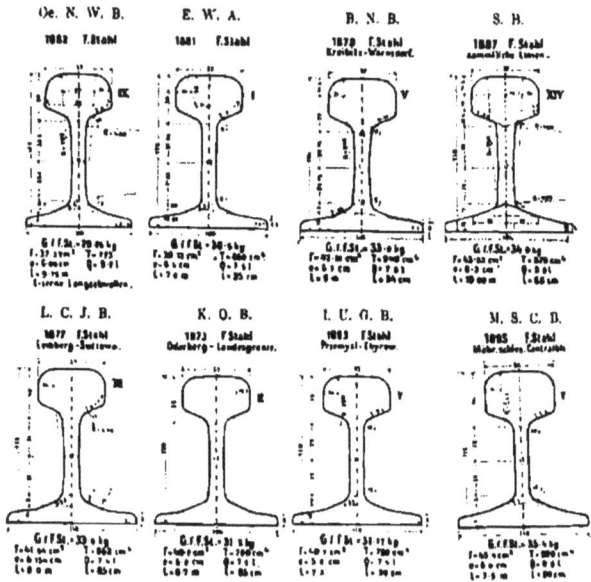

Abb. 111 b. Schienenprofile der Österreichischen Eisenbahnen (am 1. Januar 1888).

kehres; dass dagegen für die Steifigkeit des Oberbaues, von welcher die Oecono- mie der Geleise-Erhaltung und die An- nehmlichkeit des Fahrens abhängt, weit mehr die Bettung und die Schwelle und bei Querschwellen auch die Stützen- entfernung in Betracht kommen.

Die Schotterbettung,

in welche das Geleise gelagert ist, der am wenigsten beständige Factor im Oberbau-Gefüge, hat im Laufe der Zeit grössere Wandlungen durchgemacht. Bei den ersten Bahnen mit Langschwellen lagerte man — wie schon berichtet wurde — das Geleise bei Dämmen auf zwei parallele Mauerkörper, um dasselbe von den Setzungen der Dammschüttung

unabhängig zu machen; anderwärts hob man — auch dessen geschah schon Er- wähnung — aus Ersparnisrücksichten unterhalb der Schienen Gräben aus, welche man mit einem Schotterkörper ausfüllte, der die Langschwelle zu tra- gen hatte.

Bei den weiteren Bahnbauten ver- senkte man den Schotterkörper, dessen Breite der Länge der Querschwellen ent- sprach, in den Erdkörper, so dass jener beiderseits von Erdbanketten oder auch Steinbanketten begrenzt war; letztere fanden besonders in scharfen Bögen An- wendung und sollten Verschiebungen des Geleises verhüten.

Gegenwärtig wird die Schotterschichte allgemein auf das Erdplanum aufgebracht und aus Grubenschotter oder Kleinge- schläge gebildet.

Abb. 112a. Schwellen-Auswechselung auf der Strecke.
[Nach Momentaufnahmen von J. Scheermann.]

Dem Schotterbette kommt bekanntlich
die Bedeutung des Geleise-Fundamentes
zu, das sich beim Befahren nicht wie
ein starrer Körper, sondern als elastische
Unterlage verhält, welche die Druckwirkungen der Schwellen auf den Unterbau
der Bahn derart zu übertragen hat, dass
letzterer ebensowenig wie die Bettung
eine Zerstörung oder Deformation erleidet.

Andererseits hat die Bettung auch
die Aufgabe der Wasserableitung aus
dem Geleise-Gefüge und schliesslich
dient sie zur Aufholung und Unterstopfung gesenkter Stützen. Diese
mannigfaltigen Functionen erfüllt die
Schotterbettung umso besser, je
stärker sie bemessen, je reiner
und härter ihr Material ist. Bei
den ersten Locomotiv-Bahnen
war die Stärke der Schotterschichte sehr reichlich bemessen;
im Laufe der Zeit wurde aber
die Bedeutung derselben geringer geachtet und die bei der
ersten Bauherstellung geschaffene
Bettungsschichte bis auf kaum
0·15 m Stärke herabgemindert.
Erst in neuerer Zeit wird bei
stark beanspruchten Bahnen die
Schotterschichte bei Verwendung
von Kleingeschläge wieder in
grösseren Abmessungen, bis zu
0·5 m und darüber, mit Vortheil
ausgeführt.

Die Schwelle

bildet ebenfalls einen wichtigen Bestandtheil des Geleises.

Oesterreichs grosser Holzreich-
thum liess schon von allem Anfang
an dieses Material als besonders geeignet für Schwellen erscheinen, so
dass Gusseisen- und Steinunterlagen
hier nur wenig in Betracht kamen.

Das am meisten verwendete Holz
war und ist noch heute wegen seiner
Festigkeit und Dauerhaftigkeit das
Eichenholz; daneben finden sich
Schwellen aus Kiefern-, Tannen- und
Fichtenholz und in der Neuzeit auch
Lärchen- und Buchenschwellen.

Die Abmessungen der Schwellen
waren von jeher sehr verschieden;
sie wechselten nach den Anschauungen
der Constructeure fast ebenso wie die
Schienenprofile.

Die Querschnittsform der Holzschwellen war ursprünglich eine rechteckige; auch halbkreisförmige Schwellen
wurden verlegt; später begann man die
oberen Kanten abzufasen und gelangte
zu dem heute gebräuchlichen trapez-
förmigen Querschnitte.

Die Breiten- und Längendimensionen
haben im Laufe der Zeit eine rückläufige
Bewegung gemacht — in der ersten Zeit
grosse Dimensionen nach englischem
Muster, dann allmähliche Abminderung
dieser Abmessungen und in neuester Zeit

Abb. 112b. Schwellen-Auswechselung auf der Strecke.
Nach Momentaufnahmen von J. Scheermann.]

strecht man nach Einführung der
oberen Grenzwerthe von 0·26 *m*
Breite, 0·16 *m* Höhe und 2·7 *m*
Länge.*)

Die Entfernung der
Schwellen als der Schienen-
stützpunkte machte ebenfalls eine
rückläufende Bewegung. Bei dem
alten Stuhlschienen-Geleise der
Nordbahn [1837 bis 1850] lagen
die Schwellen 0·770 *m* von Mitte
zu Mitte. Nach Einführung stärkerer Schienenprofile glaubte
man diese Entfernung auf 1 *m*
erweitern zu können, doch rieth
Paulus in seinem Werke über
den »Eisenbahn-Oberbau in seiner
Durchführung auf den Linien der
k. k. priv. Südbahn-Gesellschaft«
[1869], bei Gebirgsbahnen mit Rücksicht
auf das grössere Gewicht der Locomotiven und auf deren grössere dynamische
Einwirkungen auf das Geleise,
den Schwellenabstand auf 0·870 *m* zu
verringern.

Die tiefere Erkenntnis der Functionen
von Schwelle und Bettung im Geleise-
Gefüge hat in neuerer Zeit die Nothwendigkeit einer noch geringeren Schwellen-
entfernung — höchstens 0·800 *m* — vor
Augen geführt; die k. k. Staatsbahnen

*) Siehe W. Ast: Die Schwelle und
ihr Lager.

Abb. 113 d. Schwellen-Auswechslung auf der Strecke
[Nach Momentaufnahmen von J. Schneemann.]

Abb. 113 c. Schwellen-Auswechslung auf der Strecke
[Nach Momentaufnahmen von J. Schneemann.]

sowie die Kaiser Ferdinands-Nordbahn
haben dieses Ausmass auch bereits in
ihre neuen Normalien aufgenommen.

Die Schwellen aus Holz unterliegen
einer verhältnismässig raschen Zerstörung
mechanischer und chemischer Natur. Der
mechanischen Zerstörung suchte man
schon frühzeitig durch Verwendung von
Unterlagsplatten entgegenzuwirken; die
auf chemischem Wege hervorgerufene
Zerstörung, das rasche Verfaulen der
Schwellen, ist man bemüht, durch das
Tränken derselben mit antiseptischen
Stoffen zu verzögern.

Die ersten von der Kaiser Ferdinands-
Nordbahn mit grossen Opfern im
Jahre 1852 vorgenommenen Versuche mit Eisenvitriol, Schwefel-
baryum und Zinkchlorid mussten
wegen ungenügender Ergebnisse
im Jahre 1858 aufgegeben werden. Auch die in jener Zeit
mit Kupfervitriol vorgenommenen
Versuche blieben ohne nachhal-
tigen Erfolg.

Die mittlerweile in Deutschland mit Chlorzink und creosot-
haltigem Theeröl erzielten günstigen Ergebnisse regten zu neuen
Versuchen in Oesterreich [1862]
an. Diesmal blieb der Erfolg
nicht aus. Zur Zeit ist mehr als
ein Drittel aller Schwellen ge-
tränkt, während vor zehn Jahren
dies Verhältnis nur ein Fünftel

betrug. Als Tränkungsmittel dienen Zinkchlorid, Kupfervitriol und Theeröl mit
Creosot. Bei gut construirten Geleisen
wird durch die Tränkung die Dauer der
Schwellen aus Eichenholz durchschnittlich von 12 auf 18 Jahre, jener aus
Kiefernholz von 5 auf 13 Jahre erhöht.

Die Möglichkeit, dem Holzmateriale
eine so grosse Lebensdauer zu verleihen,
bedeutet einen grossen wirthschaftlichen
Erfolg. Trotzdem erscheint aber der
Gedanke, in den Geleisen, die grossen
Verkehren dienen, möglichst wenig ver-
gängliche Materialien zu verwenden, aus
Sicherheitsrücksichten sehr begründet.

Es ist daher begreiflich, dass der
Ersatz der hölzernen Schwelle durch die
eiserne für solche Geleise allerwärts
ernstlich angestrebt wird.

In wirthschaftlicher Hinsicht liegen
in Oesterreich die Verhältnisse für die
Eisenschwelle nicht günstig, weil die
Beschaffung hölzerner Schwellen infolge
eines grossen Waldreichthums sehr
billig ist, dagegen jene der Eisen-
schwellen sich unter dem Einflusse eines
hohen Schutzzolles sehr kostspielig
stellt. Daher ist auch Oesterreich verhältnismässig spät in die Reihe der
Staaten eingetreten, deren Eisenbahn-
Verwaltungen Versuche mit eisernen
Schwellen unternommen haben, obwohl
österreichische Ingenieure an der Construction des eisernen Oberbaues sich sehr
rege und im Einzelnen mit grossem Erfolge
betheiligten.

Im Jahre 1862 traten zwei österreichische Ingenieure, Köstlin und
Battig, mit einem Eisen-Langschwellen-
Systeme in die Oeffentlichkeit. Dasselbe
fand wohl im Auslande, aber nicht in
Oesterreich Anwendung. Hier verlegte den
ersten eisernen Oberbau die Südbahn,
welche das System ihres Baudirectors
Paulus im Jahre 1865 im Bahnhofe zu
Graz auf 20 m Länge versuchsweise zur
Anwendung brachte. Das System, das
auf der Verwendung alter Schienen beruhte, verhielt sich nicht günstig und
wurde im Juli 1872 wieder entfernt.

Zur Zeit der Wiener Weltausstellung
[1873] wies das Schienennetz Oesterreichs
noch gar keinen eisernen Oberbau auf.
Die Weltausstellung scheint aber durch

die Vorführung einschlägiger Constructionen erneute Anregungen gegeben
zu haben, denn schon im Jahre 1876
liegen vier verschiedene Systeme: Lazar,
Hagenmeister & Wagner, Hohenegger,
Battig-De Serres, auf zusammen 5 km.

Von diesen Systemen haben sich bis
heute die beiden letzteren — beides Lang-
schwellen-Systeme — in der Praxis dauernd
erhalten.

Bei dem System Hohenegger's,
das auf der Nordwestbahn im Juli 1876
zum ersten Male verlegt wurde und befriedigende Erhaltungsresultate aufweist,
ruhen die Fahrschienen auf gewalzten
Langträgern von trapezförmigem, unten
offenem Profile. [Abb. 113 und 114.]
Beide sind durch starke Schrauben verbunden; unter den Stössen der Langträger liegen Querträger von 2·4 m
Länge und gleichem Profile mit ersteren;
überdies werden die Enden jener durch
je zwei den Querträgern aufgenietete
Eisenbügel unterstützt. Zur Verbindung
der beiden Geleisestränge dienen ausser
den Querträgern noch zwei Spurbolzen
pro Schienenlänge, die in nahezu gleichen
Abständen und symmetrisch zur Schienen-
mitte angebracht sind.

Das System, das Ober - Ingenieur
Battig in Vereine mit dem damaligen
Baudirector der k. k. priv. Staatseisenbahn-
Gesellschaft De Serres erdacht hat und
das ebenfalls im Jahre 1876 im Wiener
Bahnhofe dieser Gesellschaft zum ersten
Male, und zwar sofort auf eine Länge
von über 800 m verlegt wurde, zeigt
eine ganz eigenartige Construction.
[Abb. 115.] Die Fahrschiene wird von
einer aus zwei Theilen bestehenden
Tragschiene gestützt, welche die lang-
schwellenartige Basis der Fahrschiene
abgibt und durch Unterstopfung mittels
Bettungsmaterial tragfähig gemacht wird.
Den Zusammenhalt der Fahrschiene und
der Tragschienentheile und die Verbindung beider Schienenstränge zu einem
einheitlich wirkenden Gestänge gibt ein
das ganze Geleise durchgreifender Querriegel, der an dem Orte, wo die Fahrschiene liegt, ausgeklinkt ist und durch
besondere Oeffnungen in den Tragschienen
hindurchgesteckt wird. Zwischen je zwei
benachbarten durchgreifenden Querriegeln,

die 2·2 *m* entfernt liegen, sind noch in jedem Strange drei kurze Querriegel und sechs federnde Sperrdorne, welche Fahr- und Tragschiene zusammenhalten, zur Erhöhung der Innigkeit des ganzen Gefüges eingeschaltet.

Die eben erwähnten Systeme eisernen Oberbaues blieben in den nächsten Jahren auf Oesterreichs Eisenbahnen fast ganz vereinzelt; einige Systeme, welche auftauchten, gelangten entweder gar nicht oder nur versuchsweise zur Anwendung — keines vermochte sich zu behaupten. Erst das Jahr 1882 brachte in die Praxis eine neue Construction und mit ihr zugleich einen bedeutsamen Fortschritt, indem in diesem Jahre zum ersten Male der eiserne Querschwellen-Oberbau, System Heindl [Abb. 116], auf mehreren Strecken der k. k. österreichischen Staatsbahnen, der Nordbahn, der Aussig-Teplitzer und der Dux-Bodenbacher Bahn in einer Gesammtlänge von 5·1 *km* gelegt wurde.

Bis Ende 1897 sind in Oesterreich 80 *km* Geleise und 5146 Garnituren Weichen, dagegen im Auslande bereits 1270 *km* Geleise nach diesem Systeme ausgeführt worden, dessen Verwendung und allmähliche Erweiterung die nachfolgende Uebersicht kennzeichnet.

Anwendung des eisernen Querschwellen-Oberbaues, System Heindl, in den currenten Geleisen [km].

Jahr	In Oesterreich-Ungarn:					In Deutschland:				
	K. k. österr. Staatsb.	Königl. ungar. Staatsb.	Bosn.-herzeg. Staatsb.	Aussig-Teplitz. Eisenb.-Gesell.	Kaiser Ferd.-Nordb	K. k. privil. Südb.	Königl. bayer. Staatsb.	Königl. preuss. Staatsb.	Reichs-eisenb. in Els.-Lothr.	Königl. württhg. Staatsb.
1883	2·10	.	.	1·00	2·00	.	0·17	.	.	.
1884	11·70	.	.	.	.	0·54	.	.	.	.
1885	10·70	.	.	.	.	.	37·51	.	.	.
1886	21·00	.	.	.	.	.	20·80	.	.	.
1887	.	.	.	.	.	.	23·83	.	.	.
1888	.	.	.	.	.	.	86·37	.	.	.
1889	.	.	.	.	.	.	38·78	.	.	.
1890	.	.	18·90	.	.	.	56·64	.	.	.
1891	15·00	.	.	.	.	.	100·01	.	.	.
1892	.	.	.	.	.	.	171·04	.	.	.
1893	.	.	.	.	.	.	126·37	5·11	.	.
1894	6·00	.	6·78	.	.	.	65·96	15·00	10·00	.
1895	.	.	.	.	.	.	174·54	9·87	.	13·50
1896	.	5·84	.	.	.	.	101·41	8·70	.	61·20
1897	.	.	.	.	.	.	40·11	5·68	.	62·40
Summa	66·50	5·84	25·68	1·00	2·00	0·54	1013·64	48·76	10·00	172·10

Im Ganzen wurden also verlegt: 101·56 *km* in Oesterreich und . . . . 126·50 *km* in Deutschland.

Hievon nb die 1893 u. 1894 im Arlberg-Tunnel wegen starker Rostbildung durch Holzschwellen-Oberbau ersetzten Geleise } 21·40 . . .

Somit waren Ende 1897 im Betr. rund: 80 *km* in Oesterreich und . . . 1270 *km* in Deutschland.

Das Geheimnis des Gelingens dieser Erfindung, die vom »Vereine Deutscher Eisenbahn - Verwaltungen« mit einem Preise ausgezeichnet wurde, liegt in der vorzüglichen Befestigung der Schienen auf den eisernen Schwellen, welche hier eine auf streng mechanischen Grundsätzen gegründete Durchbildung erfahren hat. Für diese Construction erschienen dem Erfinder massgebend: Vermeidung jeder unmittelbaren Einwirkung des Schienen-

Ansatz der äussere Rand des Schienenfusses sich lehnt; beide — Unterlagskeil wie Schienenfuss — werden mit Hilfe von Beilagen, Klemmplatten und Fussschrauben auf den Schwellen befestigt. Die Beilagen, die in Rücksicht auf die erforderlichen Abstufungen der Spur-

Abb. 113. Eisernes Oberbausystem. [System Hohenegger, 1876.]

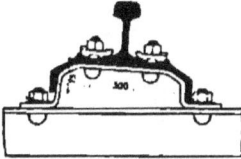

Abb. 114. Eiserner Langschwellen-Oberbau. [System Hohenegger, 1888.]

Abb. 115. Eiserner Langschwellen-Oberbau. [System Battig-De Serres.]

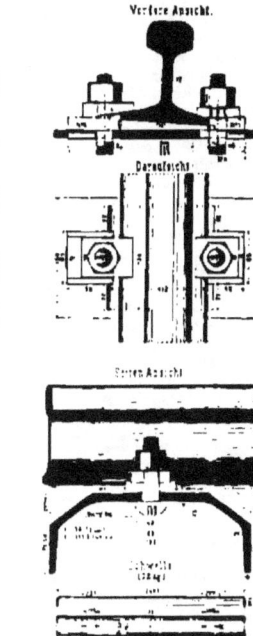

Abb. 116. Eiserner Querschwellen-Oberbau. [System Heindl, 1883.]

fusses auf die Befestigungsmittel an der Aussenseite der Schiene sowie auf die Schwelle selbst; Herstellung einer innigen, durch kräftigen Druck zu gewinnenden Verbindung zwischen Schienenfuss und Schwelle, und Erhaltung der Schienenlage gegenüber der Einwirkung der Horizontalkräfte.

Entsprechend diesen Principien ist zwischen Schienenfuss und Schwelle ein Unterlagskeil eingeschaltet, gegen dessen

weite in den Bögen verschiedene Längen besitzen, haben die beiden Schienenstränge in richtiger Entfernung von einander zu halten und die seitlichen Angriffe der Schiene auf die Schwellen zu übertragen; zu diesem Zwecke stossen die aussen liegenden Beilagen gegen die Unterlagskeile, die innen liegenden gegen den Schienenfuss, und finden diese wie jene mittels der in die Schwellendecke versenkten Ansätze an den von der Schiene entfernten Stirnflächen der Schwellenschlitze ihren Halt.

Die Kaiser Ferdinands-Nordbahn hat im Jahre 1883 eine Probestrecke von 2 *km* Geleise nach dieser Bauweise in einer stark befahrenen Linie zur Ausführung gebracht; zu gleicher Zeit wurde aber ein Probegeleise mit Holzschwellen-Oberbau unter gleichen Verkehrsverhältnissen verlegt. Ueber das Verhalten dieser beiden Geleise und über die Kosten ihrer Erhaltung wurden genaue Aufschreibungen geführt, denen wir folgende Ziffern entnehmen:

Ueber jedes der beiden Versuchsgeleise sind in der Zeit von 1884—1897 **155.500 Züge** mit einem Bruttogewichte von **85,000.000** *t* gerollt. Die Erhaltungskosten betrugen in der 14jährigen Periode pro Kilometer bei dem

Abb. 117. Laschenverbindung beim Oberbau der Kaiserin Elisabeth-Bahn. [1858.]

Abb. 118. Laschenverbindung beim Oberbau der Kaiser Ferdinands-Nordbahn. [1840.]

	Oberbau System Hehndl	Oberbau mit Holzschwellen
für Arbeitslohn . .	fl. 2489.—	fl. 2420.29
für Materiale excl.		
Schienen u. Schotter	140.71	1458.20
für Schotter . . .	34.29	28.12
im Ganzen	fl. 2664.00	fl. 3906.61

sonach

für 1 Jahr und 1 *km* fl. 190.30 fl. 279.04

Trotzdem das eiserne Geleise um 32% weniger in der Erhaltung gekostet hat, befindet sich dasselbe noch in allen Theilen in voller Frische und Gebrauchsfähigkeit und ohne auffällige Abnützung.

Der Schienenstoss.

Der schwache Punkt aller Geleise-Constructionen ist jene Stelle, wo die Schienen eines Stranges — in diesem eine Lücke bildend — aneinander stossen.

Beim Stuhlschienen-Oberbau der ersten österreichischen Eisenbahnen nahm ein kräftiger Schienenstuhl die beiden Schienenenden auf, wobei zwischen die Schienen und die Stuhlbacken eiserne Keile eingetrieben wurden. Als die ersten breitfüssigen Schienen zur Einführung gelangten, lagerte man beide Schienenenden auf eine stärkere Schwelle und befestigte sie da sorgfältig mit Nägeln oder Schraubennägeln. Die Wien-Gloggnitzer Bahn verwendete bei ihren Breitfussschienen auf Langschwellen an den Schienenenden bereits gusseiserne Unterlagsplatten, die mit Schrauben und Nägeln auf die Langschwellen befestigt wurden. Der Vortheil, den solche Stossplatten sichtlich gewährten, liess dieselben fast allgemeine Verbreitung finden, doch erzeugte man sie später aus Schmiedeeisen und vervollkommnete sie durch Anbringung von Randleisten, welche der Schienenfuss festhielt. In den Fünfziger-Jahren fanden auf den österreichischen Bahnen Unterlagsplatten mit zwei Rändern, die über die Schienenfussenden griffen und also gleichsam den Stoss verlaschten, vielfach Anwendung; auch verringerte man die Entfernung der Schwellen in der Nähe des Stosses oder lagerte die Schienenstösse auf Langhölzer von rund 1·6 *m* Länge.

Aber alle diese Anordnungen genügten nicht, der mangelhaften Erhaltung der Schienen in einer der Fahrrichtung parallelen Richtung abzuhelfen, und so gelangten die Techniker dahin, die Verbesserung der Stossconstruction durch die Anbringung von Laschen zu versuchen.

Abb. 119. Schwebender Stoss. (Kaiser Ferdinands-Nordbahn. 1870.)

Die Kaiser Ferdinands-Nordbahn, im Jahre 1849 vor die Nothwendigkeit des Umbaues ihrer Geleise gestellt, wendete die Bauweise mit Laschen am Stosse bei ihren neuen breitfüssigen Schienen an; ihrem Beispiele folgten angesichts der günstigen Erfolge sehr bald die übrigen Verwaltungen.

Die ersten Laschen waren nur Flachstäbe, welche mit zwei oder vier Schrauben die Schienenenden in der gewünschten Richtung erhielten, da die vorhandenen birnförmigen Schienenprofile ein innigeres Anschmiegen der Laschen unmöglich machten. [Abb. 117 und 118.]

Bei den nach Einführung der Laschen construirten Schienenprofilen gab man diesen eine solche Form, dass der Laschenanschluss nicht allein am Steg,

sondern auch am Kopfe und am Fusse der Schienen erfolgte. In dieser Beziehung konnte die für die Semmeringbahn vorgesehene Stossverbindung mit vollanschliessenden Laschen und Schraubenbolzen seinerzeit als mustergiltig bezeichnet werden. [Vgl. Abb. 107.]

Trotz dieser Verbesserung des Stosses durch die Laschenverbindung machte man doch die Erfahrung, dass die Schienenenden, welche auf die Stossschwelle gelagert waren, durch die darüber rollenden Lasten wie auf einem Ambos gehämmert und in kurzer Zeit schadhaft wurden.

Es lag nahe, zur Schonung der Schienenenden den Ambos zu beseitigen, indem man die Schienenenden zwischen den benachbarten Schwellen freischwebend anordnete; wir begegnen den ersten in dieser Richtung unternommenen Schritten in Oesterreich beim Baue der Carl Ludwig-Bahn im Jahre 1856. Aber erst im Jahre 1871 trat diese Bauweise aus dem Versuchsstadium, indem das k. k. Handelsministerium damals der Mährisch-Schlesischen Centralbahn die Genehmigung zur Ausrüstung des Oberbaues ihres ganzen Liniennetzes mit schwebenden Stössen ertheilte.

Mit der Einführung des schwebenden Stosses wurden die Laschen nicht allein für die Herstellung der Continuität des Gestänges in der Geleiserichtung beansprucht, sondern sie wurden auch zum Mittragen der darüberlaufenden Fahrzeuge herangezogen, sie wurden Traglaschen. Infolgedessen erhielten die Laschen ebene und genauer passende Anschlussflächen an Kopf und Fuss der Schiene, ausserdem einen Winkel- oder U-förmigen Querschnitt von grösserem Tragvermögen. [Vgl. Abb. 119.]

Auch diese Traglaschen erfüllen ihren Zweck nur unvollkommen, da nach theilweiser Abnützung der Anschlussflächen, das Zusammenpassen der letzteren selbst durch Nachziehen der Schrauben unmöglich ist. Man hat daher auf andere Mittel zur Herstellung von neuen Stossverbindungen gesonnen. Von den in Oesterreich derzeit noch im Versuchsstadium befindlichen Vorrichtungen nennen wir u. A. den Blattstoss und die Stossfangschiene, bei welch letzterer — in Anwendung bei der Wiener Stadtbahn — ein entsprechend geformtes, von den Stossschwellen getragenes Schienenstück das Rad über die Stosslücke leitet.*)

Die Befestigungsmittel.

Ausserordentlich mannigfaltig waren von jeher die zur Befestigung der Schiene auf ihren Unterlagen dienenden Bestandtheile. Bei den ersten Eisenbahnen war die Befestigung mittelbar und sehr voll-

befestigung — bei welcher die Befestigung der Schiene unabhängig von jener der Schwelle erfolgt — wurden durch diese Nägelbefestigung allerdings nicht erreicht. Es trat sohin in Oesterreich, wo schnelle und schwere Züge auf stark gekrümmten Bahnen zu befördern sind, das Bedürfnis nach Vervollkommnung der Befestigungsmittel in grösserem Masse hervor, als zum Beispiel in England, und wir finden daher bei unseren Ingenieuren die eingehendsten Bestrebungen auf Verbesserung der Schienenbefestigung; wir

Abb. 120. Unterlagsplatte. [System Pollitzer.]

Abb. 121. Spannplatte. [System Hohenegger.]

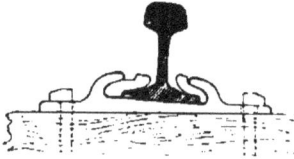

Abb. 122. Krempenplatte. [System Hohenegger.]

Abb. 123. Stuhlplatte. [System Heindl.]

kommen, indem die Schiene in dem Chair [Stuhl] mit einem Holzkeil festgehalten wurde, während ersterer auf der Schwelle mittels Holzschrauben oder Nägel seine Befestigung fand.

Bei den später aus breitfüssigen Schienen hergestellten Geleisen wurde die Schiene unmittelbar mit Hakennägeln auf die Schwelle genagelt. Durch die Anwendung der Unterlagsplatten mit aufsteigenden Rändern erhöhte man den Widerstand dieser Befestigung und steigerte ihn noch wesentlich durch die Verwendung von Tyrefonds [Schraubennägeln] und durch die Verdoppelung der Anzahl der Nagelstellen. Die Vortheile der Chair-

*) Vgl. Birk, der Schienenstoss [Bulletin de la comm. intern. du congrès de chem. de fer, 1896].

nennen in dieser Hinsicht nur Pollitzer's Spannplatten-Befestigung, Hohenegger's Krempenplatte, dessen Spannplatte, Heindl's Spannplatte mit der seinem eisernen Oberbau angehörenden Befestigungsart u. A. [Vgl. Abb. 120—123.]

Weichen und Kreuzungen.

Bei den ersten Eisenbahnen Oesterreichs wurde der Uebergang aus einem Geleise in das andere durch sogenannte Schleppweichen vermittelt, bei welchen ein kurzes, an seinem Ende um einen verticalen Zapfen drehbares Schienenstück abwechselnd in das Haupt- oder Nebengeleise eingestellt werden konnte, je nachdem die Fahrt auf jenem oder auf diesem stattfinden sollte. Diese

17*

primitive Einrichtung wurde bald durch die den Anforderungen der Sicherheit viel besser entsprechenden Zungenweichen verdrängt, bei welchen die stellbare, gegen den Wechselanfang hin sich verjüngende Spitzschiene oder Zunge anfangs durch Bearbeitung gewöhnlicher Schienen und später behufs Erzielung grösserer Tragfähigkeit durch Hohelung besonders geformter Blockprofil-Schienen

allgemein üblichen Type mit Unterzugsblechen, auf welchen die Stock- und die Spitzschiene gemeinsam befestigt sind und welche in jüngster Zeit bei der Kaiser Ferdinands-Nordbahn in zweckmässiger Weise keilförmig gestaltet werden.

Zu Anfang der Sechziger-Jahre fand in Oesterreich auch die sogenannte englische Weiche Eingang, welche den Uebergang der Fahrzeuge zwischen

Fig. 1. Herzstück.

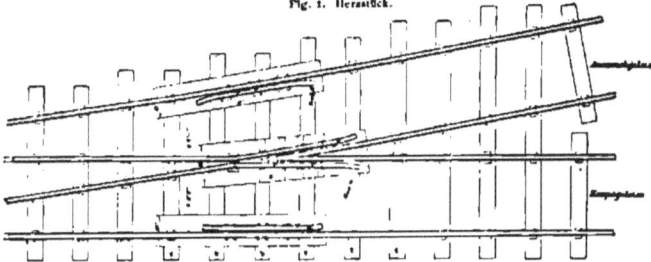

Fig. 2.

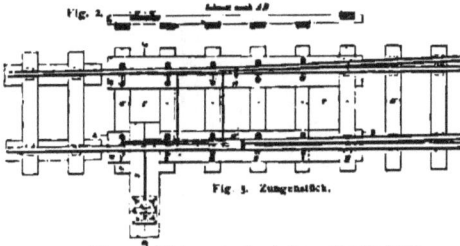

Fig. 3. Zungenstück.

Abb. 124a. Weichenconstruction der Semmeringbahn. [1854.]

erzeugt wurde. [Vgl. Abb. 124a und 124b.]

Indem man später die ursprünglich ungleichen Zungen in gleicher Länge herstellte und dieselben unter den Kopf der Stockschiene untergreifen liess, indem man ferner die Abbiegung der Stockschienen vermied, die Construction der Gleit- und Wurzelstühle und insbesondere auch jene der Drehzapfen-Verbindung wesentlich vervollkommnete, gelangte man allmählich zu der heute in Oesterreich

zwei sich durchschneidenden Geleisen an einer oder an beiden Seiten des stumpfen Winkels ermöglicht. Baudirector J. Herz von Hertenried liess eine solche schon im Jahre 1863 beim Bau des Bahnhofes von Asch anlegen. Auch diese Weiche wurde in unserer Heimat wesentlich vervollkommnet und ist in dieser Hinsicht besonders der erfolgreichen Bestrebungen Hohenegger's bei der österreichischen Nordwestbahn zu gedenken.

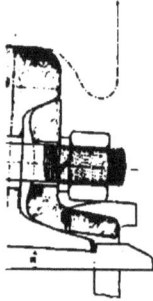

llen 1:1

Einf

llt gebogenen 4·70 m

In neuerer Zeit werden die Weichen vielfach auf eisernen Schwellen montirt und gilt heute die Weiche mit den Heindl'schen eisernen Querschwellen als Normale der k. k. Staatsbahnen.

Die Durchkreuzungen der Schienenstränge, die sogenannten Herzstücke, hat man in der ersten Zeit aus entsprechend zugearbeiteten Schienenstücken und das Zwischenstück, den sogenannten Kreuzungsschemel, häufig aus mit Eisen beschlagenem Holze hergestellt, welch letzteres eine elastische Unterlage schaffen und die Wirkung der Höhendifferenzen der Spurkränze einigermassen mildern sollte. In den Siebziger-Jahren ging man bei vielen österreichischen Bahnen zu Kreuzungen aus Bessemerstahl über, bei denen Herzspitze und Kreuzungsschemel aus einem Stücke erzeugt waren. Gleichzeitig fanden auch die Hartgussherze der Firma Ganz & Co. Eingang, an deren Stelle heute allgemein die ihnen überlegenen Flussstahl-Gussherze getreten sind, welche von der Firma Skoda in Pilsen in befriedigender Qualität geliefert werden und den Anforderungen des Verkehrs entsprechen.

* * *

All die einzelnen Oberbautheile, die wir im Vorstehenden ihrer allmählichen Ausgestaltung nach flüchtig betrachtet haben, bilden in ihrer Gesammtheit das Geleise. Als glänzendes Beispiel für die vortreffliche Durchbildung, deren sich

Abb. 124 b. Weichenconstruction der Semmeringbahn. 1854. (Wechselständer.)

der Bau des letzteren gegenwärtig auf den österreichischen Bahnen im Ganzen und im Einzelnen erfreut, geben wir in einer Beilage ein Bild der in Geltung stehenden Oberbau-Type der k. k. österreichischen Staatsbahnen. Dasselbe bedarf im Hinblick auf seine grosse Deutlichkeit und Ausführlichkeit keiner besonderen Erläuterung.

* * *

Oesterreich ist frühzeitig an den Bau von Bahnen herangetreten, obgleich die Bedingungen für die Schaffung solcher Schienenstrassen bei der Bodenbeschaffenheit des Landes nicht günstige waren.

Der zur Ausführung des Baues berufene Ingenieur sah sich daher immer und immer wieder vor neue Aufgaben gestellt, für deren Lösung er — bei dem Mangel entsprechender Vorbilder — neue Mittel ersinnen und ins Werk setzen musste.

In welch trefflicher Weise ihm dies gelungen ist, wie sehr er allezeit und allerorten ihnen voll und ganz gewachsen war — das dürfte unsere vorstehende gedrängte Darstellung wohl klar erweisen. Dabei bleibt es ein erfreuliches Moment, dass sein Wirken auch bei den Verwaltungen der Eisenbahnen vielfach verständnisvolle Unterstützung und Förderung fand. Nur auf solche Weise konnte Oesterreichs Eisenbahnnetz jene, im öffentlichen Interesse nothwendige Leistungsfähigkeit und Güte erringen und erhalten, die daheim und im Auslande noch immer uneingeschränkte Anerkennung gefunden hat.

Brückenbau.

Von

Josef Zuffer,

k. k. Baurath im Eisenbahn-Ministerium.

Brückenbau.

DIE Brücken verleihen den Eisenbahnen ihren malerischen Reiz. Der kühngeschwungene Steinbogen, der mit seinen grauen Flächen das dunkle Grün der Wälder durchbricht und festgefügt von Fels zu Fels hinüberleitet, das zierliche Gliederwerk, das hoch oben, von emporstrebenden Pfeilern getragen, die weite Schlucht überspannt und in dessen Zweckmässigkeit und spielender Kraft sich ein eigenes zwingendes Gesetz der Schönheit offenbart — diese stolzen Bauten versöhnen uns mit dem schrillen Pfiff der Locomotive, welcher die Natur so gewaltsam ihres Friedens beraubt.

Eine zweitausendjährige Cultur hatte den Eisenbahnen in den wohldurchbildeten Strassenbrücken ein werthvolles Erbe überliefert, dessen sich die neue Technik rasch bemächtigte, und welche erstaunlichen Fortschritte auch auf den verschiedensten Gebieten der Baukunst das Auftreten der Locomotive mit sich brachte, so ragen doch jene Leistungen am meisten hervor, welche auf dem Gebiete des Brückenbaues innerhalb weniger Decennien erzielt wurden und unter denen wieder die gewaltigen Eisenbrücken am eindringlichsten die Sprache einer neuen Zeit reden.

Ein flüchtiger Blick auf die Entwicklung des Brückenbaues vor der Zeit der Locomotive wird die späteren Fortschritte, die speciell unserm Vaterlande zufielen, in eine desto hellere Beleuchtung rücken.

Unsere ältesten Meister im Bau gewölbter Brücken waren die Römer, von deren Kunst die zweieinhalbtausend Jahre alte Salarobrücke über den Tiber mit ihren 21 *m* weiten Kreisbögen das schönste Zeugnis gibt. Ein Denkmal aus der ersten Zeit des Spitzbogenbaues ist uns, vermuthlich noch von den Ostgothen her, in dem Viaduct von Spoleto erhalten geblieben. Wie die der Erfahrung abgelauschten Gesetze des Gewölbebaues in Rom von dem Priestercollegium der pontifices als Geheimwissenschaft überliefert wurden, so wurden sie beim Ausgang des Mittelalters in Westeuropa vom Orden der Brückenbrüder, in deutschen Gegenden von den Bauhütten gepflegt, welche diese Kunst in grossartigen Bauten weiter ausbildeten. In dieser wie in der ältesten Zeit sind die Steinbogen und die Pfeiler durch äusserst kräftige Abmessungen gekennzeichnet; die Aussparungen in den Brückenzwickeln zur Vermeidung der an dieser Stelle als zwecklos erkannten Materialanhäufung sind auch hier beibehalten; neben den Kreisbogen werden jedoch die Segment- und Ellipsenbogen zur Vermeidung grosser Brückenhöhen verbreitert. — Die 520 *m* lange Karlsbrücke in Prag gehört zu der Reihe interessantester Brückenbauten dieser Zeit. — Im 16. Jahrhundert wurden unter dem Einflusse italienischer und deutscher Kunst neue Schönheitsmomente in den Bau der Gewölbebrücken hineingetragen. Im 18.

Jahrhundert beginnt in Frankreich die exacte Wissenschaft die Bautechnik zu durchdringen; diese Zeit lehrte uns die äusserst flachen Bogensegmente, die sparsamen, den wirkenden Kräften entsprechenden Abmessungen der Bogengurten und Pfeiler und die weit gespannten Brücken. Auch neue Arten der Ausführung der Gerüstung und Fundirung treten auf. Der Name Perronet ist eng mit den besten Fortschritten verknüpft, und Bauten aus dem Schluss des vorigen Jahrhunderts, wie die Seinebrücke bei Neuilly mit den je 39 m weiten Bogen oder die Brücke über die Dora Riparia bei Turin aus dem Anfang unseres Jahrhunderts, mit ihrem 45 m weiten flachen Bogen bezeichnen die hohe Stufe, welche die Baukunst der Steinbrücken vor dem Auftreten der Eisenbahn erreicht hatte.

Die Holzbrücken sehen auf eine noch längere Ahnenreihe zurück als die Brücken aus Stein, da schon der einfachste Balken den Ausgangspunkt ihrer Entwicklung bildete. Die älteste feste, 1000 Fuss lange Holzbrücke über den Euphrat reicht denn auch schon in die graue Vorzeit, in die Zeit der letzten babylonischen Könige zurück. Die Brückenbaukunst aus den Tagen Trajans, der über die Donau beim eisernen Thor eine gewaltige hölzerne Bogenbrücke mit Steinpfeilern errichten liess, gerieth in den folgenden Jahrhunderten in völlige Vergessenheit, und durch anderthalb Jahrtausende begnügte man sich mit den einfachen Balken als Träger der Fahrbahn. Im 16. Jahrhundert ersann Palladio das kunstvolle Spreng- und Hängwerk, das zwei Jahrhunderte später namentlich in der Schweiz, Oesterreich und Deutschland in bedeutenden Leistungen des Brückenbaues verwerthet wurde. Grubenmann und Ritter combinirten beide Systeme und überspannten mit dem so gebildeten Häng-Sprengwerke Oeffnungen bis zu 119 m Weite. Der Tiroler Martin Kink brachte um das Jahr 1800 wieder den Holzbogen, der seit Trajan verschollen war. Funk, namentlich aber Wiebeking und Pechmann bildeten diese Constructionen weiter aus und ihre Bogen-Häng- und Sprengwerke kamen am Anfang dieses Jahrhunderts

bei vielen Brücken zur Verwendung, drangen bis nach Amerika und fanden auch bei dem Bau der Eisenbahnen Eingang.

Der Gedanke, Brücken aus Eisen zu bauen, war wohl schon im 16. Jahrhundert aufgetaucht, kam aber wegen der Kostspieligkeit der Bereitung von grossen geformten Massen nicht zur Geltung. Erst als in England, wohin die Eisengewinnung ursprünglich von Steiermark, Böhmen, Schlesien und dem Siegerlande übertragen worden war, die Eisenerzeugung nach Heranziehung der Kohle zum Hüttenprocess und nach Einführung der Verkokung einen mächtigeren Aufschwung genommen, wurde im Jahre 1779 in England die erste grössere Eisenbrücke vollendet.

Das Gusseisen, welches bei den ersten Eisenbrücken allein zur Verfügung stand, wurde zum Bau von Bogen benützt, welche die Fahrbahn trugen und deren Rippen aus Segmentstücken, später aus grösseren Platten und dann erst, nach der Idee von Reichenbach, aus einzelnen Rohrstücken bestanden. Polonceau benützte den letzteren Constructions-Gedanken zu Bogenbrücken in jener zierlichen Form, welche uns noch in der Tegetthoff-Brücke in Wien entgegentritt, während die Oesterreicher Hoffmann und Maderspach als erste auf dem Continent Bogenhängewerke einführten. Letztere Brücken, unter denen die 1837 vollendete 20 m weite Czerna-Brücke bei Mehadia die bekannteste ist, können als das Urbild unserer weitverbreiteten Parabelträger bezeichnet werden.

Das Schmiede- oder Schweisseisen, das zu Ende des 18. Jahrhunderts mit der Erfindung des Puddel- und Walzprocesses aufgetreten war, fand wegen seiner ausgesprochenen Zähigkeit und Dehnbarkeit im Brückenbau zur Erzeugung von Hängeseilen und Ketten für Hängebrücken rasch Eingang. Im Jahre 1796 war bereits in Amerika, in Oesterreich im Jahre 1821 zu Jaromėř die erste Kettenbrücke aufgestellt worden.

So bewegte sich der Bau der Eisenbrücken während der ersten Decennien in den Wegen, die ihm in den überbrachten Typen der Strassenbrücken vorgezeichnet waren und wobei Stein und

Holz einfach durch Eisen ersetzt wurden. Die Steingewölbe fanden in den eisernen Bogen ihre Nachahmung, die alten Hängebrücken lebten in den eisernen Kettenbrücken weiter, die einfachen Holzbalken fanden wieder in den gusseisernen Barrenträgern, die in den Dreissiger-Jahren in den nördlichen und westlichen Ländern selbst bei weiteren Oeffnungen angewendet wurden, ihr Gegenbild und die vergitterten amerikanischen Holzbrücken stellen sich als Vorläufer der eisernen Gliederbrücken dar. Aber bei

Die österreichischen Eisenbahnbrücken in Stein.

Die eigenartige Traceführung der Eisenbahn und deren schwere und rasch bewegte Lasten trugen in die gewölbten Brücken neue Forderungen hinein.

Im flachen Lande und im Thale blieb der Charakter der Strassenbrücken mit ihren niedern Pfeilern und den Segment- oder Korbbögen im Allgemeinen auch für Eisenbahnbrücken gewahrt. Aber im unebenen Terrain und in bergigen Ge-

Abb. 125. Viaduct der k. k. südlichen Staatsbahn über die alte Triester Strasse bei Laibach. (1856.)

den raschen theoretischen und praktischen Fortschritten der Technik, welche die Eisenbahnzeit kennzeichnen, emancipirte man sich bald von der blossen Nachbildung der Holz- und Steinbauten und wies dem Bau der Eisenconstructionen jene eigene Richtung, die in den specifischen Eigenschaften des Eisenmaterials, vornehmlich des Schmiedeeisens selbst begründet ist, und die ihn seiner heutigen Blüthe entgegenführte.

Für den Brückenbau bedeutet die Zeit der Eisenbahnen eine Epoche unvergleichlicher Entwicklung; der hervorragende Antheil, den Oesterreich an dieser nahm, möge im Folgenden näher behandelt werden.

genden konnte die Bahntrace nicht wie die schmiegsame Strasse den Erhebungen und Vertiefungen des Geländes folgen und musste daher oft hoch übers Thal hinweggeführt werden; da wuchsen dann die Brücken zu hohen Viaducten empor, bei welchen der halbkreisförmige Bogen genügenden Raum und daher beliebte Aufnahme fand.

Die ungewohnten grossen Lasten und die Erschütterungen, die mit der schnellen Fahrt verbunden waren, zwangen weiter zu besonderer Vorsicht in den Abmessungen der Bogen- und Pfeilerstärken und führten in der ersten Zeit des Bahnbaues öfters zu einer besonderen Schwerfälligkeit der gewölbten Brücken. Um die theilweisen Wirkungen einer einseitigen Belastung, die schädliche Verschiebung der »Gewölbestützlinie« auszugleichen — das ist jener Linie, die den Verlauf der Resultirenden aller im Gewölbe auftretenden Pressungen bezeichnet —

Abb. 126. Brücke über die Eisack bei Mauls. [Brennerbahn.]

wurden die Gewölbe mit einer gegen den Gewölbescheitel zu sich verlaufenden Uebermauerung oberhalb des Gewölbefusses versehen.

Alle sonstigen Aufmauerungen über den Gewölben wurden wie früher auf das nothwendigste Mass beschränkt und in diesen Brückentheilen verschieden gestaltete Hohlräume ausgespart. Die Widerlager erhielten meist volles Mauerwerk mit einem Abschluss durch sogenannte Parallel- oder durch Winkelflügel, die mit der Böschung verliefen, während die in England und Frankreich beliebte Weiterführung des Gewölbes bis ins Terrain, als »verlorenes Widerlager« hier selten in Verwendung kam.

Die steinernen Brücken und Viaducte der ersten Bahnen, der Nordbahn, Staatsbahn und Wien-Gloggnitzer Bahn waren meist Ziegelbauten mit mässigen Lichtweiten, die sehr selten bis 20 m hinausgingen. Die Gesammt-

Abb. 127 a. Waldätobelbrücke im Bau. [Arlbergbahn.]

länge der Viaducte war dabei oft ausserordentlich gross und kennzeichnet die damalige Bauweise, welche die Vortheile einer günstiger geführten Trace mit grossen Opfern erkaufte, oft sogar theure Bauwerke dort hinstellte, wo sie nicht unbedingt geboten waren. Zu den grössten Steinbauten dieser ersten Zeit gehört der 637 m lange Viaduct der Nordbahn vor Brünn,[*] der 1111 m lange Viaduct- und

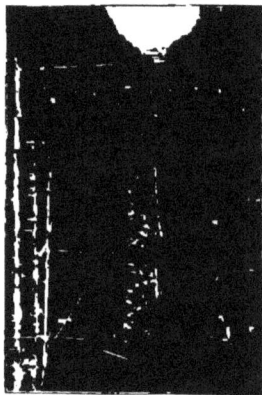

Abb. 127. Trisana-Viaduct. [Pfeilerbau.]
[Nach einer photographischen Aufnahme von J. Gschna, Innsbruck.]

Brückenbau der nördlichen Staatsbahn bei Prag,[*] der über 3 km lange Lagunenviaduct bei Venedig,[*] und der 400 m lange und 60 m hohe spitzbogig überwölbte Desenzano-Viaduct im Zuge der lombardischen Eisenbahn. Fast alle Viaducte der ersten Zeit haben lange Jahre hindurch den steten Erschütterungen und den Angriffen der Atmosphärilien erfolgreich getrotzt. Einige bedeutende gewölbte Objecte der Kaiser Ferdinands-Nordbahn jedoch wurden seither ausser Verkehr gesetzt, trotz ihrer tadellosen Bauart und Widerstandsfähigkeit. — So verliess man den Viaduct bei Weisskirchen und jenen bei Seibersdorf aus

*) Vgl. Abb. 136, 220 und 200, Band I, 1. Theil

dem Grunde, weil anlässlich des Baues des
zweiten Geleises durch Calculation klar-
gestellt wurde, dass es im Baue und
Betriebe öconomischer sei, die ganze

theilweisen Verschüttung anlässlich der
nothwendig gewordenen Erweiterung des
dortigen Bahnhof-Plateaus.

Die grossartigsten Steinbrücken-Bauten

Abb. 177 b. Waldflüchelbrücke. [Arlbergbahn.] [Nach einer photographischen Aufnahme von G. Wolf, Hofphotograph, Konstanz.]

Linie zweigeleisig durch Anwendung
einiger Krümmungen umzulegen, als für
das zweite Geleise einen eingeleisigen
Viaduct an den alten anzubauen.

Der Viaduct in Brünn gelangte zur

erstanden unter Ghega's Meisterhand
im Zuge der ersten Gebirgsbahn beim
Ueberschreiten des Semmering, Bauten, die, festgefügt und unerschütterlich
der Zeit und den Elementen trotzend,

die Bahn oft im Bogen, oft in schwindelnder Höhe kühn auf Felsen gestützt an dem abfallenden Hang sicher vorüberführen. Auch hier bewegt sich die Spannweite der Gewölbe meist um 10 m herum und geht nicht über 20 m hinaus. Um mit diesen geringen Oeffnungen die bis 40 m tiefen und weiten Schluchten zu überbrücken, thürmte Ghega den Viaduct in zwei Etagen auf und schuf so die malerischen Bilder des Wagner- und Gamperl-Viaducts, des Viaductes der Krauselklause und in der Kalten Rinne.*)

Abb. 139. Viaduct beim Nordwestbahnhofe Iglau im Bau. (K. k. Staatsbahn Iglau-Neuhaus-Wessely) [Nach einer photographischen Aufnahme von J. Haupt, Iglau.]

Die halbkreisförmige Ueberwölbung der Oeffnungen wurde hier nur im oberen Stockwerk des Viaducts festgehalten, in der unteren Etage dagegen Segmentbögen eingeschaltet. Eine Asphaltlage mit einer Sandschichte, die bei den späteren Bauten oft durch eine Lage hydraulischen Mörtels ersetzt wurde, schützte die Ziegelgewölbe vor dem Einfluss des Wassers, das durch die Oeffnungen über den Pfeilern, die Ochsenaugen, ins Freie austritt.

Die sonstigen gemauerten Brücken aus der Zeit der Vierziger- bis in die Sechziger-Jahre wurden aus gemischtem Material, aus natürlichem Bruchstein und Ziegel ausgeführt, wobei für Pfeiler und sonstige Aufmauerungen bei den grösseren Brücken

Abb. 140. Ramsaubach-Viaduct im Bau. (Eisenerz-Vordernberg.) Nach einer photographischen Aufnahme von C. Weighart, Leoben.]

Haustein, bei den kleineren Brücken Bruchstein Verwendung fand, während die Gewölbe fast durchwegs aus Ziegeln bestanden. Die Verkleidung des Bruchsteinmauerwerks und die Sockel der Gewölbe

*) Vgl. Abb. 252 und 253, dann 255, 256 und 258, Band I, 1. Theil.

wurden meist aus Quadern gebildet. Schiefgewölbe wurden nach Thunlichkeit vermieden; wo dies jedoch bei grösseren Objecten unausweichlich war, wurden die Lagerfugen der Wölbsteine kunstgerecht nach der Schraubenlinie geformt.

Nächst dem Bau der Semmeringbahn bildete der Bau der Brennerbahn einen Markstein in der Entwicklung des österreichischen Gewölbebaues, wenn er auch in der Bedeutung hinter dem ersteren zurückblieb. Hier war bekanntlich unter Pressel der Grundsatz nach möglichster Vereinfachung der Bauweise bei Wahrung der weitestgehenden Solidität für den Bau massgebend. Man suchte daher den Bau der kostspieligen eisernen Brücken gegen den der gewölbten möglichst zurückzustellen und das vorhandene Steinmaterial auszunützen. Dabei sollten meist halbkreisförmige Gewölbe und nur ausnahmsweise Segmentgewölbe zur Anwendung kommen; schiefe Brücken womöglich vermieden oder deren Mauerung nach deutscher Bauweise durch Herstellung einzelner gegen einander versetzter Gewölberinge vereinfacht werden. Für die Objecte mit Segmentbögen führte man mit Vorliebe Parallelflügel ein, um die Widerlager noch standfester zu machen. Auf die Asphalt- und Sandabdeckung der Gewölbe wurde zur besseren Entwässerung noch eine Steinlage aufgebracht.

Schon beim Bau der Linie von Laibach nach Triest [vgl. Abb. 125] und Kufstein nach Innsbruck, um die Wende des 6. Jahrzehnts, waren grössere Lichtweiten bei gewölbten Brücken, so

Abb. 111. Viaduct über den Silberhüttenbach.
[K. k. Staatsbahn Ober-Czerkwe-Pilgzam-Tabor.]
[Nach einer photographischen Aufnahme von
Ig. Schächtl.]

bei den Innbrücken bei B r i x l e g g und
I n n s b r u c k bis zu 20 und 27·3 *m* ausgeführt worden. Die Brennerbahn ging
noch weiter; die 79 *m* lange E i s a c k -
B r ü c k e bei A t z w a n g zeigt schon
eine Spannweite von 25·4, jene bei M a u l s
sogar von 31·7 *m*. [Abb. 126.] Auch die
Ausführung und Einrüstung der Gewölbe
dieser Zeit verdanken E t z e l's Bedingnisheften wesentliche Neuerungen, Bedingnissen, welche die Grundlage bildeten
für die noch zu besprechenden heute
giltigen Normen.

Bei den Bahnbauten der ersten
Siebziger-Jahre traten die gewölbten
Objecte in den Hintergrund. Einerseits
waren die in jener Zeit entstandenen
Bahnen meist Thalbahnen und gaben
daher zu Kunst-
bauten weniger An-
lass, andererseits
zog man, um den
Bau möglichst zu
beschleunigen, die
rascher herstellba-
ren Eisenbrücken
vor. Erst bei den
Bauten, welche die
S t a a t s v e r w a l -
t u n g [k. k. Direc-
tion für Staats-
Eisenbahnbauten]
vom Ende der Sieb-
ziger-Jahre an un-
ternahm, fand der
Gewölbebau wie-
der weitgehende
Pflege und neue
Anregung. Unter
diesen ist beson-
ders die Heranzie-
hung des billigen

Bruchsteins, der bis dahin nur zu untergeordneten Bauten Anwendung gefunden
hatte, für alle Mauerwerks-Anlagen, selbst
für Gewölbe grösserer Weite, an Stelle
des bis dahin üblichen Hausteins von
Bedeutung geworden. Diese von Ludwig
H u s s wesentlich geförderte Massregel
kam zunächst beim Bau der A r l b e r g -
b a h n zur besonderen Geltung, deren
Bergstrecke eine Reihe grossartigster Viaducte und Brückenbauten umschliesst.

Abb. 112 a. Pruthbrücke bei Jamna im Bau.
[Stanislau-Woronienka.]

Alle Pfeiler, ferner die Gewölbe der
zahlreichen Viaducte bis zu 16 *m* Weite,
ja bei der A l f e n z - B r ü c k e vor L a n g e n
sogar bis 20 *m*, wurden auf der Arlbergbahn aus unbearbeitetem, mehr oder
weniger lagerhaftem Bruchstein [Kalk,
Gneis und Glimmerschiefer] erbaut, während erst bei den 20—22 *m* weit gespannten
halbkreisförmigen Gewölben, wie bei denen
des S c h m i d t o b e l - und des B r u n n t o b e l -

Abb. 112 b. Pruthbrücke bei Jamna. [Stanislau-Woronienka.]

Viaductes und bei dem sogar 41 m weiten Segmentbogen des Wäldlitobel-Viaductes [Abb. 127a u. 127b] nach dem Fugenschnitt bearbeitete Stücke aus Kalkstein, ausnahmsweise auch aus Gneis zur Verwendung kamen. Das Bruchsteinmauerwerk wurde dabei innen und aussen gleich behandelt, nur in den Kanten und Gewölbstirnen etwas sorgfältiger bear-

punkte der Wirthschaftlichkeit aus als angezeigt, sondern entsprach auch den ästhetischen Forderungen, da der rusticale Charakter dieser Bauwerke mit der Gebirgslandschaft, in die sie hineingesetzt sind und mit dem massiven Felsenhang, aus dessen gewaltigen Blöcken sie aufgethürmt scheinen, harmonirt. Die Felsen boten hier auch das beste Fundament

Abb. 133a. Brücke bei Jaremcze. (K. k. Staatsbahn Stanislau-Woronienka.)

beitet; die Gesichtsfläche erhielt Vorsprünge bis 0·4 m. Bei grösseren Pfeilerbauten, wie bei denen des 87 m hohen Trisana- [Abb. 128] und des 54 m hohen Schmidtobel-Viaductes wurden in Abständen von ungefähr 10 m durchbindende Lagen von Quadern, beziehungsweise von rauh bearbeitetem Schichtenmauerwerk eingebaut.

Die Verwendung von rauh bearbeitetem Bruchsteinmauerwerk erwies sich bei diesen Bauten nicht blos vom Stand-

für die gewaltigen Bauten, so dass selten eine künstliche Unterlage durch Betonirung geschaffen werden musste.

Wie gesagt, war zum Schluss der Fünfziger-Jahre bereits durch die mustergiltigen Bedingnisshefte Etzel's eine neuartige und gleichmässige Ausführung der Gewölbe in Uebung gekommen, welche die Grundlage bildete für die späteren, durch die Erfahrung erweiterten Normen, die auch heute noch Giltigkeit haben.

Die Gerüste werden bei Gewölben bis 5 *m* Spannweite auf eichene Keile gestellt, jene der grösseren Gewölbe jedoch auf Sandbüchsen oder auf Schraubenvorrichtungen, um gleichmässig und ruhig ausschalen zu können. Nach vollendeter Hintermauerung der Gewölbe bleiben dieselben bei kleineren Lichtweiten mindestens vierzehn Tage, bei grösseren vier bis sechs Wochen auf den unverrückten Lehrböden ruhen, um eine vorzeitige Senkung der Gewölbescheitel zu verhüten.

Die Abdeckung erfolgt allgemein mit einer 5—9 *cm* starken Betonlage, welche noch einen durch eine Sandschichte geschützten Ueberzug von hydraulischem Mörtel erhält. Heute wird bei Gewölben grösserer Spannweite die Mauerung gleichzeitig an vier Stellen vorgenommen und an drei Stellen gleichzeitig geschlossen, um sie von den Setzungen der Lehrgerüste unabhängig zu machen.

Die grösseren Leistungen im Gewölbebau, zu denen die Arlbergbahn Anlass gab, erhielten in den Achtziger-Jahren in den Staatsbahnbauten der

Abb. 133b. Pruthbrücke bei Jaremcze im Bau. [Erste Steinschar.]

abseits von der Heerstrasse der Touristen gelegen, in stiller Abgeschiedenheit einige Wunderwerke der Baukunst birgt, die sich würdig an jene der berühmten österreichischen Alpenübergänge anschliessen und die insbesondere durch ihre kühn gewölbten Brücken den Ruhm österreichischer Ingenieure verkünden.

Da die Gegend, welche die letztgenannte Bahn durchzieht, gutes Steinmaterial bot und die Thalsohle gute Fundamente in geringer Tiefe verbürgte, so konnte der vielseitig und lange erkannten Ueber-

Abb. 134. Gewölbte Durchfahrt aus Stampfbeton auf dem Brünner Nordbahnhofe. [Kaiser Ferdinands-Nordbahn.]

Böhmisch-mährischen Transversalbahn, der Linie Herpelje-Triest, der Zahnradbahn Eisenerz-Vordernberg [vgl. Abb. 129—131] u. a. werthvolle Bereicherungen. Sie alle aber wurden von den grossartigen Bauten der Linie Stanislau-Woronienka weit überholt, jenes unter Bischoff von Klammstein im Jahre 1893 und 1894 entstandenen Karpathenübergangs, der,

legenheit, welche soliden Steinbauten gegenüber eisernen Brücken durch ihre längere Dauer und billigere Erhaltung zukommt, beim Bau der Objecte im weitesten Masse Rechnung getragen werden. Man stattete daher diese Bahn nach den Vorschlägen von Bischoff und Ludwig Huss nach den Plänen des letzteren vorwiegend mit Steinbrücken aus, wobei die viermalige Ueber-

Abb. 144. Viaduct aus Stampfbeton bei Pohrlitz. [Kaiser Ferdinands-Nordbahn.]

wölbung des wildschäumenden Pruth zu den interessantesten Bauten Gelegenheit bot. Zählen schon die beiden Flussübergänge bei Worochta, wo die weiteste Oeffnung der mehrfach gewölbten Brücke zwischen 34·6 und 40 m, der Uebergang bei Jamna [Abb. 132a und 132b], wo die Lichtweite 48 m beträgt, zu den hervorragendsten Leistungen der Brückenbaukunst, so werden sie noch durch die Pruthbrücke bei Jaremcze in Schatten gestellt, die mit ihrem 65 m weiten Bogen heute die weitestgespannte steinerne Eisenbahnbrücke der Welt ist. [Abb. 133a und 133b.]

Auch auf der Linie Stanislau-Woronienka wurden ähnlich wie auf der Arlbergbahn die Gewölbe unter 15 m in Bruchsteinmauerwerk aus plattenförmigen Steinen, jene über 15 m aus Schichtenmauerwerk ausgeführt, während nur bei den zwei letztgenannten Gewölben, welche sehr exacte Ausführungen forderten, Quadermauerwerk zur Verwendung kam. Diese Ausführung erforderte auch ganz besondere Massnahmen, die schon im Auslande mit Erfolg verwendet worden waren. Um bei dem ungeheuern Druck, den diese Gewölbe auf das Lehrgerüst

ausüben, für eine thunlichste Entlastung desselben vorzusorgen, wurde erst die Bildung und Schliessung eines untersten Ringes mit Steinen im Wechsel von 1 und 1·25 m Länge vorgenommen. [Abb. 133 b.] Die Quadern wurden dabei in Abständen von 2—3 cm nebeneinander auf das Lehrgerüst gelegt, an den Gewölbestirnen und der innern Leibung Holzleisten in die einzelnen Zwischenräume geschoben, und hierauf, nachdem alle Steine des Ringes aufgebracht waren, erdfeuchter Cementmörtel mittels einfacher Flachschienen in die Fugen gestrichen und gestampft. Nach vollständiger Erhärtung des Mörtels, etwa nach zwei bis drei Wochen, wurde die erste Mauerung des zweiten Gewölberinges mit den üblichen Vorsichtsmassregeln in Angriff genommen. Auf die das Gewölbe abdeckende Betonschichte wurde bei den Objecten dieser Bahn eine Lage von Asphaltfilzplatten ausgebreitet, die eine 10 cm dicke Sandschichte weiterhin schützte.

In der Construction der Gewölbe, in der Abmessung der Gewölbstärken am Scheitel und an den Kämpfern musste natürlich der Widerstandsfähigkeit der verschiedenen Materialien Rechnung getragen werden, damit diese mit völliger Sicherheit den gewaltig auftretenden Drücken zu widerstehen vermögen. Dort, wo gewöhnliches Bruchsteinmauerwerk als Gewölbematerial herangezogen wurde, liess man in den etwa 12 m weiten Objecten der Arlbergbahn die Pressung nicht über 8 kg auf das Quadratcentimeter hinausgehen, während die Gewölbe des Schmidtobel-Viaductes mit 10 kg und jenes der Wäldlitobelbrücke mit 14 kg auf 1 cm² Fläche gepresst werden. Die Hausteingewölbe der 34·6 m weiten Pruthbrücke enthalten Drücke bis zu 17·6 kg, das Quadermauerwerk des 48 m weiten Gewölbes der Jamnabrücke bis 25·1 kg, und der 65 m weiten Jaremczebrücke sogar bis 27·5 kg pro Quadratcentimeter, durchaus aber Drücke, die im Verhältnis zur Widerstandsfähigkeit des Materials in mässigen, zulässigen Grenzen gehalten sind. Diesen Pressungen entsprachen wieder bei den drei letztgenannten Brücken im Scheitel des Gewölbes Mauerstärken von 1·3, beziehungsweise 1·7, bei der Jaremczebrücke sogar 2·1 m.

Die grossen Fortschritte in der Theorie der Gewölbe, der Einblick in das wechselnde Spiel der Kräfte hatte es erst ermöglicht, solche kühne Bogen mit möglichst geringem Materialaufwand zu erbauen und sich über die auftretenden Wirkungen vollständig Aufschluss zu verschaffen. Im 18. Jahrhundert war der Gewölbebau zum ersten Mal auf wissen-

Abb. 136. Durchlass aus Stampfbeton auf dem Brünner Nordbahnhofe.

schaftliche Basis gestellt worden; aber die damalige und spätere Stützlinien-Theorie fusste immer auf Annahmen, die erst in jüngster Zeit bei genaueren Forschungen als hinfällig erkannt worden sind. Erst indem man, was bis dahin vernachlässigt wurde, die Elasticität des Gewölbes mit in Rechnung zog, war man zu vollständig verlässlichen Resultaten gelangt. Die praktischen Versuche, welche zugleich über das Verhalten von Cement und über die Inanspruchnahme sowie die Leistungsfähigkeit des Materials in den Gewölben, insbesondere von Seite des Oesterreichischen Ingenieur- und Architekten-Vereins in den letzten Jahren unternommen wurden, bildeten eine wesentliche Ergänzung der theoretisch gefundenen Resultate. Eines der wichtigsten Ergebnisse war die Bestätigung der angedeuteten, der Berechnung elastischer Bogenträger zugrunde liegenden Annahme, dass für die Bogenconstructionen innerhalb gewisser Grenzen ein gleiches Gesetz der Proportionalität in Bezug auf Belastung und Formänderung existirt, wie für die einzelnen Materialien bis zu deren Elasticitätsgrenze; dass ferner mit der Spannweite der Gewölbe auch deren Widerstandsfähigkeit gegen Bruch wächst, weshalb bei weiter gespannten Gewölben eine grosse Inanspruchnahme des Materials sich als zulässiger erweist als bei kleinen.

Diese Versuche ergänzten auch die theoretischen Untersuchungen jener modernsten Gewölbebauten, welche nicht

18*

aus einzelnen Wölbsteinen, sondern im Ganzen aus einer homogenen Masse, aus Beton, bestehen, oder bei welchen — in den Monier'schen Gewölben — ein Rost aus Eisenstäben dem Beton als Gerippe dient. In dieser Bauweise begrüssen wir die jüngsten und vielversprechenden Errungenschaften im Gebiete des Gewölbebaues. Ein schlankes, sanft geschwungenes Moniergewölbe von wenigen Centimetern Stärke, kennzeichnet gegenüber dem schwerfälligen Steingewölbe alter Zeit am besten den mächtigen Fortschritt, den die wissenschaftlich durchgebildete Technik auf diesem Gebiete errungen hat.

Die Moniergewölbe wurden bisher in Oesterreich nur bei einer Reihe von Strassenüberbrückungen verwendet;

brücken und andere Bauobjecte in die Eisenbahn-Praxis einzuführen.

Hiebei wurden auch in letzter Zeit Versuche mit einer neuen Constructionsart von Gewölben unternommen, bei welchen durch Einlagen von Asbestplatten in die Gewölbefugen dem Betonkörper eine erhöhte Elasticität verliehen und dadurch den schädlichen Deformationen begegnet wurde, welche die Temperaturänderungen und die wechselnde Belastung in dem starren Bogen erzeugen.

Die Eisenbahnbrücken in Holz.

Die Eisenbahnbrücken in Holz gehören heute fast nur mehr der Geschichte an. Ursprünglich in ausgedehntem Masse

Abb. 137. Querschnitts-Type der k. k. Staatsbahnen für Holzobjecte bis 1·5 m Lichtweite.

dagegen sind Stampfbeton-Gewölbe von der Kaiser Ferdinands-Nordbahn bei mehreren Bahnobjecten bis zu 8 m Spannweite mit Erfolg eingeführt worden. [Vgl. Abb. 134—136.]

Die vorzügliche Beschaffenheit der Erzeugnisse der österreichischen Cementindustrie im Allgemeinen und der mährischen Fabriken [Tlumatschau] insbesondere, hatte nämlich die Nordbahn bereits im Jahre 1889 veranlasst, beim Bau von Localbahnen für die Herstellung der kleinen, bis 1·5 m weiten Durchlässe die Verwendung von Stampfbeton zu beantragen, und war auch hiefür die behördliche Genehmigung erwirkt worden.

Durch die erzielten günstigen technischen und öconomischen Ergebnisse ermuthigt, liess die genannte Verwaltung später auch grössere Bahnbrücken in dieser Bauweise zur Ausführung bringen, und Baudirector Ast, unterstützt von Inspector Prinz und Ober-Ingenieur v. Kralik, fand namentlich bei den umfangreichen Erweiterungsbauten des Bahnhofes Brünn ein weites Feld, die neue Bauweise mit Stampfbeton für Bahn-

erbaut, verloren sie mit der stetig zunehmenden Benützung des Eisens zu Brückenbauten immer mehr an Bedeutung und da gegenwärtig Holzconstructionen als definitive Brücken nur bei Brücken mit Lichtweiten bis zu 1·5 m [Abb. 137], bei grösseren Spannweiten jedoch nur als Provisorien geduldet werden, so sind auch die Tage der aus alter Zeit verbliebenen Holzbrücken bereits gezählt. Das Werden und Vergehen der Eisenbahn-Holzbrücken umspannt daher nur im Ganzen einen Zeitraum von ungefähr 50 Jahren.

Von der Entwicklung der Eisenbahnen an blieb Holz neben Stein durch zehn Jahre im Brückenbau herrschend, bis zu Beginn der Fünfziger-Jahre das Eisen auf den Plan trat und seine Bahnschienenträger gleichsam als Plänkler voraussendete. Auf den Linien der Nordbahn, der südlichen und nördlichen Staatsbahnen war bis dahin überall, wo grössere Wasserläufe zu übersetzen waren oder das Geleise in geringerer Höhe über dem Wasserspiegel oder dem Terrain geführt war, der hölzerne Unterbau angewendet worden. Auch noch zu Anfang der Fünfziger-Jahre hielt man, vom Baue der Semmeringbahn abgesehen, allgemein an diesem Princip fest; dabei war die Herstellung weitgespannter Brücken im Allgemeinen nicht beliebt, son-

Pferdebahn, die im Ganzen 214 Holzbrücken von 11·4 m bis 22·8 m Spannweite besass, die übereinander liegenden Balken der Brückenwände durch eingeschobene Klötze, sogenannte Peutelhölzer oder Knüppel von einander ge-

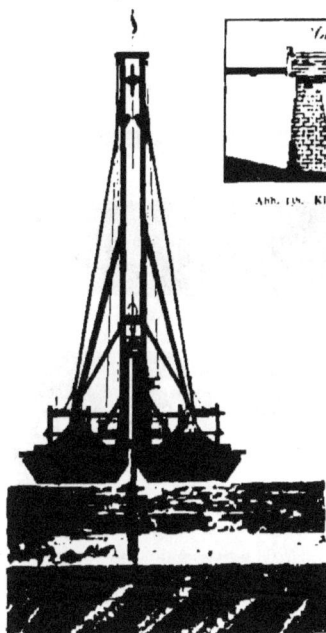

Abb. 138. Klötzelholzbrücke der Linz-Budweiser Pferdebahn.

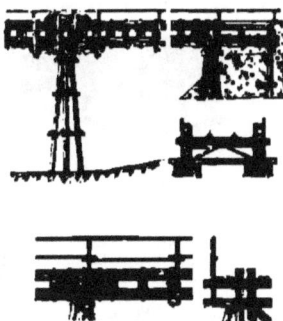

Abb. 139. Schlagwerk zur Pilotirung der ersten Nordbahnbrücken über die Donau. Nach den Originalplänen.

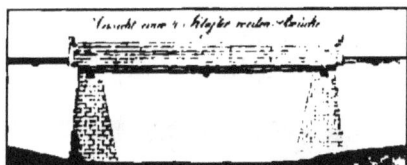

Abb. 140. Construction der Klötzelholzbrücken im Princip.

dern es wurde die Theilung durch zahlreiche Zwischenjoche vorgezogen. Eine Ausnahme hievon zeigte nur die südliche Staatsbahnlinie von Graz bis Laibach mit ihren weitgespannten Holzbrücken.

Neben den gezahnten und verdübelten Balken als Träger der Fahrbahn traten auch andere Trägersysteme auf. So hatte man bei der Linz-Budweiser

trennt, um die Windflüche zu vergrössern und hiedurch eine vermehrte Tragfähigkeit zu erzielen. Eisenbügel hielten dabei die Tragbäume sammt den Klötzen umklammert, oder es stellten Schrauben die feste Verbindung her. (Abb. 138.)

Dieses specifisch österreichische System der Klötzelholzbrücken erhielt, nässer auf der genannten Pferde-Eisenbahn,

bei Stassenbrücken ausgedehnte Verwendung. Die ungenügende Verbindung
der Tragbalken jedoch, welche den durch
die Locomotivlast hervorgerufenen starken
Scheerkräften nicht widerstand, hinderte
ihre weitere Verwendung für Eisenbahnzwecke, und selbst die rationelle, den
grösseren Verkehrslasten angepasste
Durchbildung, die ihnen in den Sechziger-Jahren durch Pressel zutheil wurde,
konnte ihnen nur eine vorübergehende
Bedeutung sichern. [Abb. 139.]

Donauarme verschüttet wurden. [Vgl.
Abb. 140.] Die grosse Donaubrücke erhielt eine Länge von 420 m, die durch
hölzerne Joche in 23 Oeffnungen von
18—20 m Weite getheilt war. Jede Oeffnung wurde von drei Tragwerken überspannt, die nach dem bereits genannten
Wiebeking-Pechmann'schen System eines
Bogenhängewerks ausgebildet waren. Die
unteren, mit einer Sprengung versehenen
Streckträger bestanden aus zwei verzahnten
Balken, in welche die hölzernen Bogenträger

Abb. 141 a. Ehemalige Kaiserwasserbrücke der Nordbahn. Nach den Originalplänen.

Abb. 141 b. Die Keule d der ehemaligen Kaiserwasser-Brücke der Nordbahn. [Mittelstige].
Nach den Originalplänen.

Die erste grosse und historisch interessanteste Eisenbahnbrücke aus Holz war
jene der Kaiser Ferdinands-Nordbahn über die Donau bei Wien.
Anfangs beabsichtigte man den Ausgangspunkt der Linie Wien-Brünn nach
Floridsdorf zu verlegen und durch eine
Pferdebahn den Anschluss zur Fahrt
nach Wien über die bestehende und zu
erweiternde Donau-Strassenbrücke [eine
Klötzelholzbrücke] herzustellen. Nachdem man sich aber für den Bau eines
Bahnhofes in Wien entschieden hatte,
wurde eine zweigeleisige, hölzerne Brücke
vom Brückenmeister Ueberla, hier über
den Hauptstrom und über das »Kaiserwasser« hergestellt, während die anderen

versetzt waren, während je fünf Hänge-
säulen die Verbindung zwischen diesen
Tragbalken herstellten. Um das Durchfahren der Schiffe zu ermöglichen, war die
Tragconstruction eines mittleren Brückenfeldes der Länge nach getheilt und nicht
in Verbindung mit den übrigen Trägern
gebracht, so dass jeder Theil für sich
3.2 m hoch gehoben werden konnte.

Zu den grössten Holzbrücken der ersten
Locomotiv-Eisenbahn zählte auch jene
über das Kaiserwasser mit 154 m
Länge und 17 m weiten Brückenöffnungen [Abb. 141 a und 141 b], die Marchbrücke auf dem Flügel Gänserndorf-
Marchegg mit einer Länge von
175 m mit 15.2 m weiten Oeffnungen,

Abb. 142. Holzprovisorium der Quaibrücke der Oesterreichischen Nordwestbahn.

endlich die insgesammt 673 *m* langen Brücken im Ueberschwemmungs-Gebiete der Thaya zwischen Hohenau und Lundenburg, die zum Theil auf Steinpfeilern, zum Theil auf hölzernen Jochen aufruhen.

Auch die complicirteren, im Strassenbau bewährten Holzbrückenformen fanden im Eisenbahnbau rasch Eingang. So treffen wir in den Vierziger-Jahren auf den nördlichen Staatsbahnlinien bei Chotzen über die Adler das Häng- und Sprengwerk und auf den südlichen Staatsbahnen wiederholt den Howeschen Träger, der Weiten von 40—70 *m* überspannt. Es war dies ein aus Amerika eingeführter hölzerner Gitterträger, bei welchem der obere und untere Gurt durch sich kreuzende, geneigte, hölzerne Streben und durch verticale Rundeisenstäbe verbunden war. Durch Anziehen von Schraubenmuttern wurde in den eisernen Stangen ein Zug, in den Streben eine künstliche Druckspannung erzeugt. Die Brücke über den Sulmfluss

auf der Graz-Laibacher Strecke, die Draubrücke bei Marburg, die Murbrücke bei Peggau, die Brücke über die Sau bei Cilli und jene über das Laibacher Moor zeigten diese beliebte amerikanische Trägertype.[*]

Von der Mitte der Fünfziger-Jahre an tritt das Holz bei den Brücken der Hauptbahnen immer mehr zurück. Man hatte mit den Jochbrücken, welche das Flussprofil durch die gedrängte Stellung der Mittelstützen schmälern, manche unangenehme Erfahrung gemacht und die leicht herzustellenden eisernen Neville- und Schifkornbrücken wurden als eine willkommene Neuerung begrüsst. Auch hatte der Verein Deutscher Eisenbahn-Verwaltungen im Jahre 1856 in seinen Grundzügen zur Gestaltung der Eisenbahnen die Holzbrücken nicht als gleichwerthig mit den Eisen- und Steinbrücken erklärt und gegen ihre Verwendung zu definitiven Bahnobjecten Stellung genommen.

[*] Vgl. Abb. 231, Bd. I, 1. Theil.

Längenschnitt.

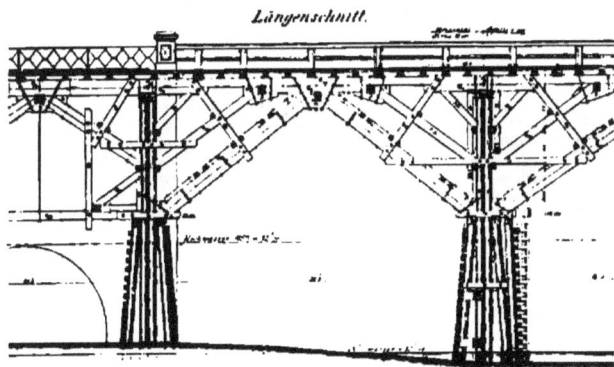

Abb. 143. Holzprovisorium der Inundations-brücke bei Stadlau.

Erst an der Wende der Siebziger-Jahre trat wieder ein Umschwung zu Gunsten der Holzbrücken ein, als die Regierung, um den stockenden Unternehmungsgeist aufzumuntern, den Eisenbahn-Unternehmungen verschiedene Erleichterungen bezüglich des Baues gewährte und deren Verwendung in einzelnen Strecken zugestand. So erhielt die Kaiser Franz Josef-Bahn, die Kronprinz Rudolf-Bahn, die Mährisch-Schlesische Centralbahn und die Ungarische Westbahn gerade bei grösseren Spannweiten Holzbrücken, deren Tragwerk aus Balken oder auch aus Hänge- und Sprengwerken bestand. Der Donaustrom bei Tulln*) erhielt eine 40 m lange Hängewerksbrücke, die allerdings blos der Platzhalter war für eine gleich darnach eingeführte Eisenbrücke, während die anschliessende 64 m weite hölzerne Fluthbrücke, erst in der jüngsten Zeit gegen eine Eisenconstruction ausgewechselt wurde. Die Hängewerksbrücken über den Kampfluss auf der Linie Absdorf Krems, die zahlreichen Holzbrücken in den Linien Gmünd-Eger und Gmünd-Prag mit Lichtweiten bis zu 60 m und 90 m und viele andere dieser Zeit blieben ebenfalls durch Jahre in Benützung; dagegen hatten die von der Staatseisenbahn-Gesellschaft auf der Linie Wien-Stadlau [Abb. 143] und die von der Nordwestbahn [Abb. 142] ausgeführten Holzbrücken gleich von Anfang an den Charakter von Provisorien, die man bald gegen eiserne Brücken austauschte.

Nach diesem Zeitabschnitt verlor die Holzbrücke vollständig an Bedeutung und konnte nur auf den Localbahnen, deren Rentabilität und deren wirthschaftlicher Bestand überhaupt möglichst geringe Anlagekosten zur Voraussetzung hatte, ihre Existenzberechtigung behaupten. Schon um die Mitte der Siebziger-Jahre war aus diesem Grunde Pontzen für die Herstellung von Holzbrücken auf den Nebenbahnen eingetreten und dieser Gesichtspunkt war auch bei den Bauten der Bukowinaer und Kolomeaer Local- und Schleppbahnen massgebend, welche theils den ungeheuren Holz-

reichthum der Karpathenwälder zu Thal bringen, theils der Petroleum-Industrie zugute kommen sollten und ohne jene Begünstigung nicht lebensfähig gewesen wären. Ebenso erhielten die Ende der Achtziger-Jahre erbaute Linie Debica-Rozwadów und die bald darnach ausgeführte Localbahn Laibach-Stein meist hölzerne Jochbrücken mit Widerlagern aus Stein, wie auch gegenwärtig die Linie Nepolokoutz-Wiznitz der Bukowinaer Landesbahnen mit Holzbrücken ausgerüstet wird.

Diese Holzconstructionen bilden oft ganz imposante Bauten. So wird der Pruth auf der Kolomeaer Localbahn mit 166 m, in der Strecke Nepolokoutz-Wiznitz mit 407 m Länge, die Suczawa auf der Localbahn Hadikfalva-Radautz mit einer Brücke von 254 m Länge, auf der Localbahn Hatna-Kimpolung in einer Weite von 296 m überschritten und die Savebrücke in der Strecke Laibach-Stein misst 162 m.

Bereits in den Sechziger-Jahren begannen die ältesten Bahnen, wie die Nordbahn, die Südbahn und die Staatseisenbahn-Gesellschaft ihre Holzbrücken gegen Eisenconstructionen auszuwechseln. Ihnen folgten zu Ende der Siebziger-Jahre die Kaiser Franz Josef-, die Kronprinz Rudolf-Bahn u. a., so dass heute die Holzbrücken auf den Hauptbahn-Strecken nur mehr vereinzelt angetroffen werden.

Haben daher die Holzbrücken als Bahnobjecte auf Hauptlinien ihre Rolle ausser bei ganz kleinen Oeffnungen ausgespielt, so bleibt ihnen doch für Eisenbahn-Provisorien, für Lehr- und Montirungsgerüste bei Stein- und Eisenbrücken, ferner als Schüttgerüste bei grossen Dammbauten und als Transportgerüste eine wohl beschränktere, aber trotzdem doch wichtige Aufgabe zugewiesen.

Der Rückgang in der Bedeutung der Holzbauten für Eisenbahnen hat nicht gehindert, der Ausbildung ihrer Constructionen entsprechende Aufmerksamkeit zu widmen. Die Fortschritte in der Brückentheorie kommen ebenso zugute, wie die praktischen Versuche, welche das Ver-

*) Vgl. Abb. 8, Bd. I, 2. Theil.

halten des Materials sowie die Wirksamkeit der Schrauben, Zähne und Dübel in das richtige Licht stellen. Die für die Praxis sich ergebenden Resultate der theoretischen und praktischen Untersuchungen haben auch in den behördlichen Vorschriften ihren Ausdruck gefunden, indem das k. k. Handelsministerium in der Verordnung vom 31. Juli 1892 Bestimmungen erliess, welche die

dem Bau der ersten Kettenbrücke und einer eisernen Bogenhängewerks-Brücke für den Strassenverkehr den andern Ländern des Continentes vorangegangen. Wenn nun auch der Kunst des Baues eiserner Brücken, diesem jüngsten Sprossen der Technik, die berechtigtsten Erwartungen hinsichtlich deren Weiterentwicklung entgegengebracht wurden und frühzeitig das Bestreben nach Verwendung der

Abb. 141. Schiffkornbrücke. (Kishawa-Viaduct bei Chrast während der Auswechslung 1892.)
[Nach einer photographischen Aufnahme von F. Dworak in Pilsen.]

Brückenverordnung vom Jahre 1887 hinsichtlich der praktischen Ausführung der Holzbrücken und bezüglich der zulässigen Inanspruchnahme des Materials ergänzen.

Die Brücken in Eisen.

Bei dem Auftreten der ersten Eisenbahnen hatte Oesterreich, wie bereits angedeutet, seinen guten Antheil an dem grossen technischen Fortschritte, welche die Einführung des Eisens im Brückenbau bedeutet. War es doch mit

Systeme der eisernen Strassenbrücken für Eisenbahnzwecke hervortrat, so dauerte es doch ein Jahrzehnt, bevor man es in Oesterreich unternahm, dem Eisen die Last der schweren Locomotiven anzuvertrauen.

Damit erstand aber auf dem Gebiete des Bahn- und Brückenbaues zu Beginn der Fünfziger-Jahre dem Steine und Holze ein anfangs wohl nur schüchterner Rivale, der jedoch bald zu ungeahnter Bedeutung gelangte. Im Jahre 1854 verzeichnen die Ausweise der General-Inspection der österreichischen Eisenbahnen bei einer

Bahnlänge von 2140 *km* erst 250 Tonnen Eisen für Brückenzwecke, d. i pro Kilometer 125 *kg*, im Jahre 1860 war das auf ein Kilometer entfallende Eisengewicht der Brücken schon auf 2600 *kg*, zehn Jahre später auf 6200 *kg* und im Jahre 1875 bereits auf 8800 *kg* gestiegen.

In der ersten Zeit erschien die eiserne Bahnbrücke in den einfachsten Formen. Eine Schiene wurde zum Träger, indem sie mit der Fahrschiene auf den Fussflächen zusammengelegt und vernietet wurde. Zur Erzielung eines grösseren Tragvermögens aber bog man die untere Schiene in der Mitte durch und verband sie mit der Fahrschiene durch eiserne Zwischenstücke zu einem Fischbauchträger. Solche Schienenconstructionen, welche manchmal für sich eine Brücke bildeten, auf die erst das Geleise, die Schwellen mit den Schienen, aufgebracht wurde, finden wir zuerst im Jahre 1847 bei einem Objecte über die Bezirksstrasse bei Cilli auf der Südbahn, dann auf den Linien der Oesterreichisch - Ungarischen Staatseisenbahn und später bis in die Siebziger-Jahre allgemein verbreitet. Manche Bahnen verwendeten auch bereits eigens gewalzte Träger, die als einfache Tragbalken zur Stütze der Schienen des Geleises bis zu 5 *m* Weite dienten, und zu Ende der Fünfziger-Jahre traten im Gefolge der fortschreitenden Walztechnik neben den genannten Walzträgern die genieteten Blechträger auf, welche aus Stehblech, vier Winkeleisen, Kopf- und Fussblech bestanden und durch eiserne Querriegeln zu einer Tragconstruction verbunden wurden. Solche Blechträger waren durch entsprechend kräftige Dimensionen schon im Stande, Weiten bis zu 19 *m* zu überbrücken und sind bis heute im Allgemeinen die normale Constructionstype für Brücken bis zu 20 *m* Spannweite geblieben. Schon in der ersten Zeit ihres Auftretens wurden die Blechträger-Constructionen bei etwas grösserer Weite durch Windkreuze abgesteift.

Um einen widerstandsfähigen Querschnitt bei gering verfügbarer Constructionshöhe [das ist die Entfernung zwischen dem Fusse der Fahrschiene und der Unterkante der Brückenträger] zu erzielen, wurden die Kastenträger eingeführt, bei denen zwei verticale Stehbleche und die entsprechend breiten horizontalen Kopf- und Fussbleche, durch Winkeleisen und Nieten zu einem steifen Kasten verbunden sind, Träger, die zuerst durch Stephenson beim Uebergang vom Guss- zum Walzeisen verwendet worden waren.

Bis in die Sechziger-Jahre lagerte man allgemein das Geleise oberhalb der Blechträgerconstruction und zwar derart, dass die Schiene entweder unmittelbar auf dem Träger oder durch Vermittlung elastischer Querschwellen, also die Fahrbahn »oben« aufruhte. Wo aber die grössere Lichtweite eine bedeutendere Trägerhöhe bei gleichzeitig geringer Constructionshöhe erforderte, war die Lagerung der Fahrbahn »oben« ausgeschlossen und musste das Geleise zwischen die beiden Träger »versenkt« oder die »Fahrbahn unten« angeordnet werden. Diese Aenderungen in der Lage der Fahrbahn schufen manche constructive Schwierigkeiten. Hornbostel hatte sich noch in primitiver Weise auf der Kaiserin Elisabeth-Bahn damit geholfen, dass er die Wandbleche der Träger fensterartig durchbrach, um die Querschwellen durchzustecken, denen an die Blechwände genietete Winkelstutzen als Auflager dienten. Im Allgemeinen liess aber der Mangel an geeigneten Typen nur ungern von der einfachen Anordnung oben liegender Fahrbahn abweichen. Erst Pressel führte um die Mitte der Sechziger-Jahre gut durchgebildete Typen mit versenkter Fahrbahn bei kleineren Lichtweiten und mit unten liegender Fahrbahn bei grösseren ein, wobei natürlich die Blechwände der Forderung des Lichtraumprofiles für die Fahrzeuge gemäss, entsprechend auseinanderrücken mussten.

Auf der Lemberg-Czernowitzer Bahn wurden zuerst die Blechträger-Typen noch durch die Einführung der Zwillingsträger bereichert, bei denen für jeden Schienenstrang zwei symmetrisch gestellte, nahe aneinandergerückte Blechträger angeordnet sind, welche die Schiene zwischen sich auf einer kurzen Querverbindung tragen.

Bis in die Siebziger-Jahre wurden die Schienen auf den Blechbrücken derart

Abb. 148. Elbebrücke bei Tetschen nach der Reconstruction. [Böhmische Nordbahn.] [Nach einer Photographie von H. Eckert, Prag.]

angebracht, dass sie entweder auf den Hauptträgern selbst oder auf eisernen Querträgern, die zwischen diesen angebracht waren, oder endlich auf der genannten Querverbindung der Zwillingsträger mittels eisernen Keilplatten aufruhten.

Die Vortheile, welche ein elastisches Zwischenmittel bietet, führten später zur Verwendung von Holzschwellen, die entweder als Querschwellen oder als Langschwellen die Schiene aufnahmen.

Waren mit diesen Typen auch die Constructionen gerader Blechträger erschöpft, so blieb seither der weiteren Durchbildung der Hauptträger, der Stossdeckung, der Querverbindung, der Anordnung der Auflager und der Ueberhöhung ein weites Feld eröffnet. Die complicirten Lagerstühle der alten Schienenträger und der alten Blechbrücken sind heute durch einfache Lagerplatten ersetzt, die in den Auflagsquadern versenkt werden und eine Cement-, Mörtel- oder Bleiunterlage erhalten. Die Aufgabe der anfangs am Untergurt angebrachten Haken, die sich mittels Balken gegen die Widerlager stemmten, um der Construction im starken Gefälle einen Halt zu bieten, übernehmen heute einfache Vorsprünge der Unterlagsplatte, die als Stemmnasen bezeichnet werden.

Die Ausbildung, welche die Blechträger im Laufe der Zeit erfahren haben, die Vortheile, die in der einfachen Montirung und der erleichterten Erhaltung liegen, die Fortschritte der Technik, die das Walzen grosser und homogener Platten ermöglichen, geben heute dieser Constructionstype in Oesterreich wieder eine grössere Bedeutung, und lassen ihre Anwendung auch bei grossen Spannweiten angezeigt erscheinen. Hatte man sie schon vor 30 Jahren, wie gesagt, bis zu Spannweiten von 19 m verwendet, so pflegte man sie später wieder auf kleinere Oeffnungen einzuschränken und in dem übermässigen Streben nach Materialersparnis, welche die Gitterbrücken gegenüber den Blechbrücken zuliessen, Objecte von 12, ja sogar von 6 m Lichtweite mit gegitterten Trägern zu versehen. In jüngster Zeit jedoch, wo dieser Vorzug der Materialersparnis auch gegen die sonstigen Vortheile richtig abgewogen wird, finden die Blechbrücken auch für grosse Spannweiten Aufnahme. Auf der Wiener Stadtbahn sind Blechbrücken bis zu 27 m Stützweite zur Anwendung gekommen, eine Massregel, die gewiss Nachahmung finden wird.

Die Bedeutung, welche die Blechbrücken im Laufe der Zeit erlangt haben, möge die Thatsache illustriren, dass heute in Oesterreich über 10.000

Eisenbahn-Objecte mit Blechträgern ausgestattet sind.

Bevor aber noch die einfachen, eisernen Balken, die verschiedenen gewalzten und genieteten Blechträger zu Bahnzwecken verwendet wurden, dachte man schon daran, an die Erfolge im Bau der eisernen Strassenbrücken anzuknüpfen und die Idee der H ä n g e w e r k e, die damals als interessanteste technische Neuerung ihren Einzug in Oesterreich gehalten hatte, für den Eisenbahnbau auszunützen. Bereits im Jahre 1843 hatte Francesconi eine Hängebrücke über die Donau bei Floridsdorf für die Nordbahn projectirt. Die Ausführung dieses Projectes war zwar zurückgestellt worden aber die Frage der Verwendung der Kettenbrücke für die Eisenbahn verschwand nicht mehr von der Bildfläche.

Die verschiedensten Vorschläge tauchten auf, um den bei Kettenbrücken beklagten Mangel an Steifigkeit zu beheben, der sie für die sichere

Abb. 146. Gitterbrücke bei Kastenreith.
[Kronprinz Rudolf-Bahn.]

Führung der schweren Eisenbahnzüge nicht empfehlenswerth machte. Man hoffte durch Krümmung der Fahrbahn nach unten, durch ihre Verbreiterung, durch die Versteifung mittels hohler Blechrohre, durch Verflachung der Kettenlinie sowie durch Anwendung von Spann- und Gegenketten behufs Fixirung der eigentlichen Tragkette, dem genannten Hauptmangel, der geringen Steifigkeit der Brücke, zu begegnen. Ein von Martin R i e n e r verfasstes Project einer Eisenbahnbrücke, deren Tragketten durch Spannketten versteift waren, welche von einer Centralverankerung im Mauerwerk ausgehen sollten, gab dem österreichischen Ministerium im Jahre 1856 Anlass, den Verein Deutscher Eisenbahn-Verwaltungen zu einem Gutachten über diese wichtige Angelegenheit und die vorgelegte Construction anzuregen. Die Vortheile der

inzwischen in Deutschland bereits mehr bekannt gewordenen Gliederbrücken liessen jedoch trotz der verbesserten Construction der Hängebrücke die Bedenken gegen dieses System nicht schwinden und führten zu einem ziemlich ungünstigen Urtheil. Als es aber Schnirch gelang, die gesuchte Versteifung der Hängebrücke durch Ausbildung der Kette als gegliederten Träger, also durch Versteifung der Kette selbst, zu erzielen, wurde im Jahre 1860 der W i e n e r D o n a u c a n a l im Zuge der Wiener-Verbindungsbahn mit einer solchen Construction überbrückt. Den vielen gerechtfertigten Bedenken, welchen diese Bauart begegnete [so u. a. auch bei Etzel], hat die Brücke mehr als 20 Jahre getrotzt, bis sie im Jahre 1884 durch eine moderne Bogenbrücke nach Plänen der Ingenieure B a t t i g und P o d h r a j s k y ersetzt werden musste.[*] Das interessante Experiment einer Eisenbahn - Kettenbrücke war somit wohl gelungen, aber die Unsicherheit, die das mit der Zeit immer mehr gesteigerte Schlottern und Schwanken der Brücke und die frühzeitige Abnützung ihrer Theile in sie hinein trug, die erhöhte Lastwirkung infolge der Nachgiebigkeit und Beweglichkeit der Construction, lud bei den raschen Fortschritten im Bau der Gliederbrücken zu keiner Wiederholung ein.

Unterdessen waren nämlich in der Mitte der Vierziger-Jahre die ersten eisernen Gitterbrücken erstanden, welche auch bald in Oesterreich ihren Eingang fanden. Die praktischen Erfahrungen mit den alten gegitterten Holzbrücken von L o n g, H o w e und T o w n hatten schon einen Einblick in das Kräftespiel dieser

*) Vgl. Bd. I, 1. Theil, H. S t r a c h, Geschichte der Eisenbahnen Oesterreich-Ungarns von den ersten Anfängen bis 1867, S. 306 und ff.

Träger eröffnet und die späteren Versuche in England mit Blechträgern, führten eine weitere Klärung herbei. Man hatte erkannt, dass neben den durchbiegenden Kräften, welche die Belastung hervorruft und die sich in Spannungen des obern und untern Gurts umsetzen, auch verticale, scheerende Kräfte auftreten, die, statt von einer vollen Wand, rationeller von entsprechend angeordneten und ausgebildeten Gliedern übernommen werden können.

Der Belgier Neville hatte einen Brückenträger erbaut, der ein einfaches Dreiecksystem von Wandgliedern zeigte. Der Obergurt, der stets blossen Druckspannungen ausgesetzt ist, bestand aus Gusseisenbarren, die von Knoten zu Knoten reichten, zwischen sich die schmiedeeisernen, im Querschnitt rechteckigen Gitterstäbe fassten und durch schmiedeeiserne Flachlaschen zusammen gehalten waren. Der Untergurt, welcher

Abb. 147. Gitterbrücke über die Enns [Kronprinz Rudolf-Bahn, Gesäuse-Klagaug].

Zugspannungen zu widerstehen hat, bestand in seiner Hauptsache aus schmiedeeisernen Flachschienen. Die äusserst mangelhafte Verbindung der Trägertheile in den Knotenpunkten liess diesen Trägern gleich von Anfang mit Misstrauen begegnen. Nachdem aber die Probeversuche der Kaiser Ferdinands-Nordbahn im Jahre 1851 mit Probeobjecten von 20 m Spannweite an Eisenbahndamm zwischen beiden Donaubrücken ein gutes Ergebnis geliefert hatte und die Construction sich mit Rücksicht auf die relativ geringe Menge des verwendeten Eisens auch als öconomisch erwies, so begann die Nordbahn ihre grossen hölzernen Brücken gegen diese Trägertypen auszutauschen. Der Bečwabrücke bei Prerau, die fünf Oeffnungen zu 20 m Lichtweite besass, folgten bald 43 Brücken-Oeffnungen zwischen Napagedl und Mährisch-Ostrau, welche mit Nevilleträgern ausgestattet wurden. Bei der Verschieb-

barkeit der Glieder infolge der mangelhaften Knotenverbindung und bei der ungünstigen Materialvertheilung konnte dieses System sich gegenüber neu auftretenden besseren Constructionen jedoch nicht lange behaupten. Nach etwa zehn Jahren stellte die Nordbahn, über die hinaus das System wenig Verbreitung gefunden hatte, den Bau der Nevillebrücken ein, die zu Ende der Sechziger- und zu Anfang der Siebziger-Jahre vollständig verschwanden, da sie durch Parallel- und Fischbauchträger ersetzt wurden.

Im Jahre 1853 war Schifkorn in Oesterreich mit einer neuen, gut durchdachten Brückenconstruction hervorgetreten, in welcher er den bereits genannten hölzernen Howe'schen Träger ganz in Eisen durchbildete. [Vgl. Abb. 144.] Die Theile, welche Druckbeanspruchungen ausgesetzt sind, also der Obergurt und die geneigten Streben, in welch letzteren durch die verticalen Spannstangen stets künstlich ein Ueberdruck erzeugt wurde, stellte er aus Gusseisen her, während er für den gezogenen Untergurt schmiedeeiserne Flachschienen, desgleichen für die Spannstangen Schmiedeeisen nahm. Den Obergurt setzte Schifkorn aus einzelnen von Knoten zu Knoten reichenden Stücken zusammen, die mittels durchlaufender, an den Endständern angespannter Längsschienen zusammengehalten wurden. Auch die Streben waren aus einzelnen Stücken zusammengesetzt, so dass sie bei hohen Trägern und mehrfachem Netzwerk bis aus vier Theilen bestanden, die durch zwei schmiedeeiserne Bänder fixirt waren. Die Hauptträger jeder Brücke bildeten zwei bis vier nebeneinander gestellte, mit einander verbundene und gleich construirte Wände.[*]

Das Schifkorn'sche Brückensystem wurde bei seinem Erscheinen geradezu

* Vgl. Abb. 378, Bd. I, 1. Theil.

enthusiastisch begrüsst. Man rühmte den Vortheil dieser Brücken, die im Gegensatz zu den damals auftauchenden Gitterbrücken »keiner Nieten bedürfen und bei denen das Holz, das Schmiede- und Gusseisen ihrer Wirkungsweise entsprechend seien«!

Es fehlte nicht an Gegnern, unter denen Hornbostel und Pressel in erster Reihe standen, welche den an dieses System geknüpften, hochgespannten Erwartungen eine sehr kühle sachliche Kritik gegenüberstellten. Bot doch die Construction so viele Angriffspunkte! Die Zusammensetzung der Träger aus vielen Theilen und deren mangelhafte Verbindung, die allerdings jene der Nevilleträger hoch überragte, die Unbestimmtheit, die durch die künstlichen Spannungen in die Wirkungsweise der Glieder hineingetragen wurde, die Verwendung des unverlässlichen Gusseisens und dessen Combination mit Schmiedeeisen, also die Verbindung von Materialien mit ungleichen Elasticitäts-Verhältnissen, bedeuteten ebenso viele schwache Seiten dieser neuen Trägertype.

Im Jahre 1858 lieferte das Werk Zöptau für die Ueberbrückung der Iser bei Rakaus im Zuge der Süd-norddeutschen Verbindungsbahn die erste Schifkornbrücke, welche sieben Oeffnungen zu 24 m besass.*) Bald folgte die Carl Ludwig-Bahn, die Böhmische Westbahn mit Brücken bis zu 38 m Weite, die Turnau-Kraluper Bahn, die Böhmische Nordbahn und die Lemberg-Czernowitzer Bahn mit Weiten bis zu 57 m. Eben waren noch andere Bahnen im Begriff, diese Brücken einzuführen, ja selbst Unterhandlungen mit England und Amerika waren im Zuge, um das System auch dorthin zu verpflanzen, als die Brückenkatastrophe bei Czernowitz, wo am 4. März 1868 ein 57 m weites Brückenfeld der Pruthbrücke unter einem gemischten Zug zusammenbrach, dem Siegeslauf der Schifkornbrücke und der Verwendung von Gusseisen zu Träger-Hauptbestandtheilen von Eisenbahnbrücken ein jähes Ende bereitete.**)

An 150 Eisenbahnbrücken dieses Systems waren in Oesterreich aufgestellt

*) Vgl. Abb. 376, Bd. 1, 2. Theil.
**) Vgl. Abb. 378, Bd. 1, 2. Theil.

worden, die nun in rascher Folge durch die inzwischen anerkannten genieteten Fachwerksbrücken ersetzt wurden, so dass heute mit Ausnahme eines einzigen Beispieles auf einer blos der Schlackenbeförderung dienenden Schleppbahn (bei Trzynietz) keine derartige Construction als Bahnbrücke mehr in Benützung steht. Im Jahre 1891 war die letzte Schifkornbrücke im Zuge einer Eisenbahn, die Elbebrücke der Böhmischen Nordbahn bei Tetschen, durch eine moderne Construction ersetzt und mit ihr die zweite Brückentype, welche gemischtes Material verwendete, zu Grabe getragen worden. [Abb. 145.]

Während in den Fünfziger- und Sechziger-Jahren im Norden und Osten Oesterreichs, in Böhmen, Galizien und der Bukowina nebst den Nevillebrücken, vornehmlich die Schifkornbrücken in Verwendung kamen, also gemischte Systeme, welche Gusseisen für gedrückte und Schmiedeeisen für gezogene Theile verwendeten, wurden um die Wende des sechsten Jahrzehntes auf den südlichen und westlichen Linien allmählich die genieteten schmiedeeisernen Gitterträger eingeführt, die in England und Deutschland aufgekommen und in diesen Ländern schon vielfach verbreitet waren. Den Gitterträgern wurde anfänglich in Oesterreich mit grossem Misstrauen begegnet, das vornehmlich auf den ungünstigen Erfolgen von Modellversuchen beruhte, die Prüssmann in Hannover mit offenbar unrichtig construirten Gitterträgern angestellt hatte, ein Misstrauen, das insbesondere auch durch Riener und Schnirch, diesen eifrigsten Verfechtern der Hängebrücken und der ungenieteten Träger, genährt wurde.

Trotz dieser schwerwiegenden Gegnerschaft fanden aber gegen Ende der Fünfziger-Jahre die genieteten Gitterträger, und zwar als engmaschige Netzwerke auf der Staatseisenbahn durch Kuppert, auf der Südbahn durch Etzel, auf der Kaiserin Elisabeth-Bahn durch Hornbostel Eingang und wenn auch diese Träger seither, entsprechend der fortschreitenden Erkenntnis über die Wirkungsweise der Kräfte und im Streben nach möglichster Oeconomie, wesentliche Wandlungen bezüglich der Form der Gurten und bezüglich der Wandfüllungsglieder durchmachten, so behielt doch das Princip der genieteten Gitterträger seither im Eisenbahn-Brückenbau die unbestrittene Herrschaft.

Die Erkenntnis, dass das Material in der die Gurten verbindenden Blechwand der vollwandigen Träger nicht ausgenützt wird, hatte zuerst in England und darauf in Deutschland dazu geführt, die Wände durch ein dichtes Netzwerk flacher Stäbe zu ersetzen. In Oesterreich traten diese Netzwerke mit schlaffen Bändern zuerst auf der Kaiserin Elisabeth-Bahn unter Hornbostel auf, wo die

erfolgreich widerstehen konnten, wurden durchwegs blos einwandig ausgeführt, während die von Hoffmann auf der Tiroler Staatsbahn im Jahre 1858 mit zwei Spannweiten von je 46·7 m erbaute Innbrücke, beiderseits je zwei durch einen Zwischenraum von etwa 60 m getrennte Tragwände erhielt. Ein schiefliegendes Gitterwerk verband dabei die correspondirenden, auf Druck beanspruchten Gitterstäbe beider Wände. Aehnlich wurde die 32 m lange Brixenthaler Brücke mit verticalen Zwischengittern ausgeführt. Diese beiden Brücken erhielten auch kastenförmig ausgebildete Gurtungen.

Abb. 140. Reconstruction der Dniesterbrücke bei Niznióv. [Stanislau-Husiatyn.]

Traisen, Erlauf, Ybbs, Enns und Traun mit solchen Trägern, welche über die einzelnen Brückenöffnungen zumeist ununterbrochen fortliefen, überspannt wurden. Im Zuge der Linien der Staatseisenbahn-Gesellschaft, und zwar auf der Strecke Olmütz-Trübau erstanden die Sazawabrücken mit 15 bis 19 m Weite, auf der Südbahn unter Etzel die Ueberbrückung der Mürz und San, der Mur bei Peggau mit einer 110 m langen Brücke über drei Oeffnungen, und auf der Linie Marburg-Villach zwei Draubrücken nächst Gottesthal und St. Ulrich[*] mit drei Oeffnungen von 132 m Gesammtlänge.

Diese Netzwerke, deren flache Diagonalen nur durch ihre grosse Zahl, beziehungsweise durch ihre dichte Anordnung den auftretenden Druckkräften

[*] Vgl. Abb. 337, Bd. I, 1. Theil.

Der Constructions-Gedanke, die Gitterstäbe mittels angenieteter Winkeleisen zu versteifen, war zum ersten Male bei der Boynebrücke bei Drogheda in England verwerthet worden. Ruppert führte diese Idee in erfolgreicherer Weise bei der Gran- und Eipelbrücke der Staatseisenbahn durch, indem er ein Gitterwerk von etwas weiteren Maschen völlig aus steif profilirtem ⌒ förmigem Eisen ausführte,[*] und auch auf der Kaiserin Elisabeth-Bahn erbaute Hornbostel Brücken mit durchwegs versteiften, hier aber T-förmigen Streben, so bei den Brücken über die Pielach und Vöckla, bei der Brücke über die Wien der Linie Penzing-Hetzendorf und bei der 143·8 m langen, fünf Oeffnungen

[*] Vgl. Abb. 323 und 324, Bd. I, 1. Theil.

überspannenden Salzachbrücke der Strecke
Salzburg-Reichsgrenze.

Die Ausführung der Gurtungen aus
Winkeleisen und Lamellen, zum Theil
auch bereits mit Stehblechen, und die Art
des Anschlusses der Wandglieder an die
Gurtungen zeigt bei diesen Brücken wohl
Verschiedenheiten und steigende Verbesserungen, der Gedanke jedoch, den Gurtquerschnitt in den verschiedenen Theilen
der Träger entsprechend den Spannungen
zu halten, welche, wie die Berechnung
lehrt, bei parallelgurtigen Trägern von
den Trägerenden gegen die Mitte zunehmen, erschien bei den älteren Netz-
werk-Constructionen noch nicht berücksichtigt. Die Gurtungen zeigen hier
durchwegs con-
stanten Quer-
schnitt, also
keine öconomi-
sche Material-
vertheilung.

Einen we-
sentlichen Fort-
schritt für die
Ausbildung der
Gitterbrücken
brachte Pressel
im Jahre 1865 in

Abb. 149. Bogensehnenträger, Fella-Brücke.
[Tarvis-Pontafel.]

den Normalien der Südbahn, indem er in
den combinirten Gitterwerken — engmaschige Netzwerke, die durch Vertical-
ständer versteift sind — die auf Zug beanspruchten Diagonalen aus Flacheisen,
die gedrückten aber aus Winkeleisen und
Bändern zusammensetzte und ferner die
aus Stehblech, Winkeleisen und Lamellen
bestehenden Gurte den auftretenden
Kräften entsprechend ausbildete. Auch
die constructiven Details, namentlich die
Anschlüsse in den Knotenpunkten, zeigen
Neuerungen: Zwischen beide Stehbleche
des Obergurts schaltete Pressel eine drei-
eckige Eisenplatte ein, welche den Zwischenraum ausfüllte und die Anknüpfung
der Streben so solid als möglich gestaltete.
Solche Brücken wurden zuerst auf der
Brennerbahn und der Linie Villach-
Franzensfeste durch Prenninger
erbaut und dies rationelle System fast
bei allen bis in die neueste Zeit hergestellten Brücken der Südbahn festgehalten. Die 69 m lange Draubrücke

bei Oberdrauburg mit ihrem sechs-
fachen Netzwerk, der Festungsviaduct
über den Eisack bei Franzensfeste,
bei welchem die weiteste der 13 Oeffnun-
gen mit einem 50 m langen vierfachen
Gitterwerk überspannt ist,[*] die 60 m lange
Rienzbrücke bei Vientl gleicher
Construction sind einige hervorragende
Repräsentanten dieser Bauweise auf den
Linien der Südbahn.

Aehnliche Gitterbrücken mit steifem
Druck- und schlaffen Zugstreben kommen
um die Wende des siebenten Jahrzehnts beim
Bau der Kronprinz Rudolf-Bahn,
[Abb. 146 u. 147] der Salzburg-Tiroler
Bahn, der Nordwestbahn und der
Staatseisenbahn in bunter Abwechs-
lung mit neueren
Typen zur An-
wendung. Na-
türlich treten da-
bei mannigfache
Variationen in
Einzelheiten der
Construction
auf, so in der
Ausbildung der
Gurten, im
Querschnitt der
Druckstreben

und daher auch in den Anschlüssen der
Diagonalen. Eines der grössten, noch
in anderer Hinsicht zu beleuchtenden
Objecte dieser Type ist der Iglawa-Viaduct der Staatseisenbahn-Gesellschaft,
dessen 375·5 m langer Träger auf fünf
eisernen Zwischenpfeilern das weite Thal
des Iglawaflusses überspannt.

In den Sechziger-Jahren wurden die
weitmaschigen Fachwerke den engma-
schigen Fachwerken immer vorgezogen. Die
Diagonalen rückten immer weiter auseinander und zu Ende dieses Decenniums
kamen die einfach gekreuzten
Gitterwände zur Aufnahme, bei
welchen einfache Stabkreuze mit schlaffen
Zug- und steifen Druckstreben, durch
verticale Ständer getrennt wurden. Diese
Fachwerksträger zeichneten sich durch
besondere Steifigkeit aus und erleichterten durch die verticalen Ständer die Anknüpfung der Querverbindungen, und zwar

*) Vgl. Abb. 51 und 55, Bd. I, 2. Theil.

Abb. 150. Trisanna-Viaduct. [Nach einem Original-Aquarell von Anton Hlavácek.]

sowohl der Querträger bei unten liegender Fahrbahn als auch der sonstigen Querversteifungen bei Bahn »oben«. Solche Fachwerke mit gekreuzten Diagonalen und mit Verticalen erinnern in der Silhouette wieder lebhaft an die alten Howe'schen Träger, wenn auch weder das Material noch die Functionen der einzelnen Glieder und die Verbindung der Theile etwas mit der alten abgethanen Construction gemein haben. Die genannten constructiven Vortheile dieses Fachwerkes und die verhältnismässig einfache Ausführungsweise sicherte dieser Trägertype, die sich bis zu 50 m Spannweite rationell verwenden lässt, die weitestgehende Verbreitung auf allen Bahnlinien bis in die neueste Zeit und besonders auf den alten Linien wurde sie gern an Stelle der Schitkornbrücken eingeführt.

Die Erkenntnis, dass die Scheerkräfte, welche von den Wandfüllungsgliedern übernommen werden, in der Nähe der Trägerenden nur in einem Sinne wirken, führte dazu, dass man in dem vorgenannten Fachwerk die auf Druck beanspruchten Diagonalen ausliess und so zu einem System gelangte, in welchem die gegen die Mitte nach abwärts fallenden Bänder die Zugspannungen, die verticalen Ständer die Druckkräfte übernahmen. Nur für die mittelsten Theile, wo die Scheerkräfte ihre Richtung wechseln und die Zugbänder daher auch auf Druck beansprucht werden, ordnete man Gegendiagonalen an, wenn man es nicht vorzog, in diesem Theil statt der flachen Bänder kostspieligere, steife Streben einzuführen. Die Vortheile, die dieses von M o h n i é in Deutschland zuerst construirte e i n f a c h e, u n s y m m e t r i s c h e F a c h-w e r k bot und welche in der einfachen Ausführungsweise sowie in dem geringen Materialaufwand bestehen, verschafften dieser Brückentype in Oesterreich raschen Eingang. Im Anfang der Siebziger-Jahre führten fast alle Bahnen das einfache Mohnié'sche Fachwerk für Brücken bis zu 40 m Lichtweite ein und bei grösseren Weiten wurde das z w e i f a c h e Mohnié'sche F a c h w e r k, das sich als Combination von zwei einfachen darstellt, verwendet.

Leider wurde aber das einfache Mohnié'sche Fachwerk bei einzelnen kleineren Brücken nicht genug kräftig ausgeführt, wie dies mit Rücksicht auf die ohnehin wenig zahlreichen Trägertheile geboten gewesen wäre, und die gesteigerten Verkehrslasten sowie das ungleichartige Material verschiedener Provenienz brachten diese Constructionen bald in Verruf, bis der am 5. October 1886 erfolgte Zusammenbruch der Brücke über die Brixner Aache bei Hopfgarten das einfache Mohnié-sche Fachwerk als Paralleltäger ausgebildet, endgiltig aus der Liste der in Oesterreich beliebten Brückensysteme strich.

Während wir daher das einfache Mohnié'sche Fachwerk heute nur ganz vereinzelt antreffen, ist das d o p p e l t e M o h n i é'sche Fachwerk in ausserordentlich grossen Brücken vertreten. Die heute bereits durch Einziehen von steifen Gegenstreben verstärkte D o n a u b r ü c k e der K a i s e r i n E l i s a b e t h - B a h n bei S t e y r e g g, die in fünf 76·3 m weiten Oeffnungen den Strom übersetzt, die E l b e-b r ü c k e der Nordwestbahn bei A u s-s i g mit den drei Oeffnungen zu circa 74 m, die 79·7 m weite D o n a u c a n a l-B r ü c k e der Staatseisenbahn in Wien und die 80 m weite, ebenfalls verstärkte D r a u-b r ü c k e auf der Linie U n t e r - D r a u b u r g-W o l f s b e r g sind einige hervorragende Beispiele dieser Constructionsweise.

Das Streben nach weiterer Materialersparnis bei Brücken führte K ö s t l i n und B a t t i g im Anfang der Siebziger-Jahre zur Aufstellung der Type der T r a p e z t r ä g e r, in dessen mittleren Theil der Obergurt parallel zum unteren verläuft, an den Enden aber schräg herabgeführt ist. Die Wandglieder zeigen bei kleineren Brücken das System der einfachen unsymmetrischen Fachwerke, während bei grösseren Brücken im mittleren Theile Gegendiagonalen verwendet wurden. Der Wegfall der Endständer und die Verminderung der seitlichen Wandfüllungen bildeten hier eine Ersparnis gegenüber den bis dahin meist verwendeten parallelgurtigen Trägern, die nur zum Theil durch die Nothwendigkeit, den Obergurt zu verstärken, aufgewogen wurde. Für die M o l d a u b r ü c k e der P r a g e r V e r b i n d u n g s b a h n mit fünf Oeffnungen zu je 50·9 m, im Jahre 1872 erbaut, weiter für mehrere, bald darnach aufgestellte Brücken der N i e d e r ö s t e r r e i c h i s c h e n

Südwestbahnen und ebenso für die fünf, je 40 *m* weiten Stromöffnungen der Dniesterbrücke auf der Linie Stanislau-Husiatyn kamen Trapezträger zur Verwendung. Alle diese Träger wurden in den letzten Jahren durch Einfügung von steifen Gegenstreben verstärkt. [Abb. 148.]

Eine kleine Variante der Trapezträger zeigen zwei auf der Lemberg-Czernowitzer Bahn nach Railly construirte Brücken von 19—20 *m* Spannweite, bei welchen

dem Bau der Illbrücke der Vorarlberger Bahn ihren Einzug hielt, beschenkt. Wohl kann man Oesterreich als die Heimat der Eisenbrücken mit gekrümmten Gurten durch die genannten Leistungen von Hoffmann und Maderspach in den Dreissiger-Jahren bezeichnen, aber als genietete Fachwerkträger traten sie hier erst im bezeichneten Jahre auf, freilich um desto rascher und siegreicher durchzudringen. Unter zweitausend

Abb. 151. Tresana-Viaduct [im Bau]

sich die Abschrägung des Obergurts beiderseits nur über das letzte Fach der Tragwand erstreckt. Charakteristisch ist bei diesen zwei Brücken die Ausbildung der Querträger, welche aus einem Sprengwerke bestehen und durch Bolzen, die auf den Untergurten der Hauptträger ihr Lager besitzen, charnierartig mit den Hauptträgern verbunden sind.

Von Deutschland aus, welches dem Bau der Gliederbrücken von jeher grosse Aufmerksamkeit widmete und besonders auf Materialersparnis hinarbeitete, wurde Oesterreich mit einem neuen Systeme, den Brücken mit gekrümmtem Gurt, deren erste im Jahre 1870 bei

Brückenöffnungen, die heute in Oesterreich von gegliederten Trägern überbrückt sind, haben vierhundert Felder krummgurtige Träger erhalten.

Die Bedeutung der Gurtkrümmung liegt darin, dass es auf Grund des Einblickes in das Spiel der Kräfte möglich ist, durch die Gestaltung des Trägers selbst gewisse Bedingungen für die Wirksamkeit der Kräfte und der durch sie geweckten Spannungen zu erfüllen und damit für die praktische und öconomische Ausführung gewisse Vortheile zu erreichen. So ergab die Theorie, dass bei Trägern, von denen beide oder auch nur ein Gurt parabolisch gekrümmt ist, die Span-

19*

nungen in den Gurten nahezu oder völlig constant bleiben, so dass derselbe Gurtquerschnitt und daher concentrirtere Gurtformen angewendet werden können und dass ferner die Spannungen in den Wandfüllungsgliedern wesentlich reducirt werden. Hiedurch ergab sich eine Materialersparnis bis zu 20%, gegenüber den Parallelträgern, wenn auch die Schwierigkeiten der Erzeugung des gekrümmten Gurts, namentlich bei kleineren Brücken, den öconomischen Effect etwas einschränkten.

Die sogenannten Bogensehnenträger, bei welchen über dem geraden Untergurt ein parabolischer Obergurt aufgebaut ist, kamen wegen der Schwierigkeiten in der Durchbildung der beiderseitigen Endanschlüsse und Anknüpfung der Endquerträger nur seltener zur Anwendung. So u. A. bei einigen bis zu 20 m weiten Objecten auf der Linie Kriegsdorf-Römerstadt und Tarvis-Pontafel. [Abb. 149.]

Eine ausserordentliche Bedeutung gewannen dagegen die sogenannten Halbparabelträger, bei welchen diese schwierigen Anschlüsse vermieden sind, indem der Träger beiderseits durch verticale Ständer abgeschnitten wird, wodurch sich auch bei grösseren Lichtweiten und daher bei grösseren Trägerhöhen die Möglichkeit ergibt, die beiden Obergurten in der ganzen Länge, zur Erzielung grösserer Steifigkeit, durch Querverbindungen zu verspannen. Diese Halbparabelträger verbinden den Vortheil geringerer Spannungen in den Ausfachungen, also den Vortheil der Materialersparnis der reinen Parabelträger mit der leichteren Ausführbarkeit der Parallelträger.

Bezüglich der Anordnung der Wandfüllungsglieder wurde der Halbparabelträger meist nach dem Mohnié'schen System, und zwar bis zu 50 m als einfaches, darüber hinaus jedoch als doppelt unsymmetrisches Fachwerk ausgeführt, mit schlaffen Zugbändern und steifen Verticalen, obwohl auch frühzeitig das einfach gekreuzte symmetrische Fachwerk mit Verticalen auftrat. So war die von Harkort im Jahre 1870 gebaute Illbrücke der Vorarlberger Bahn mit 38 m Spannweite

nach dem einfachen Mohnié'schen System, die von Hermann im Jahre 1872 an Stelle der eingestürzten Pruthbrücke bei Czernowitz[*] sowie für die Dniesterbrücke bei Jezupol mit vier, respective fünf Oeffnungen zu je 56·9 m nach dem zuletzt genannten Fachwerk ausgeführt und ebenso erhielt die grosse Donaubrücke der Nordbahn bei Wien, im Jahre 1873 erbaut, Halbparabelträger mit zweifachem Mohnié'schem Fachwerk. Vom Ende der Siebziger-Jahre an, wo unter anderem auch für den Donaucanal bei Nussdorf eine 88·95 m weite Brücke ähnlicher Construction erbaut wurde, fand dieses Trägersystem eine immer allgemeinere Verbreitung. [Vgl. Abb. 116 und 117, Bd. I, 2. Theil.]

Das Schlottern und Schwanken der langen Zugbänder bei der Befahrung der Brücken führten später dazu, auch die blos auf Zug beanspruchten Streben steif zu profiliren, um so eine grössere Starrheit der Construction zu erzielen. Bei einzelnen Brücken wurden zuerst blos die sämmtlichen Glieder des Mitteltheiles — wo Zug und Druck wechseln — steif ausgebildet; bei zahlreichen Gitterträgern, vornehmlich auf den Linien der k. k. Staatsbahnen, finden wir aber heute Halbparabelträger, welche mit durchwegs steifem Fachwerk ausgestattet sind, mögen dieselben nach dem einfachen oder doppelten Mohnié'schen System oder auch als symmetrische Fachwerke mit gekreuzten Diagonalen und Verticalen ausgeführt sein. Diese Constructionsweise, in Verbindung mit starken, breiten Gurten und steifen Windkreuzen, verleihen den Tragwänden solcher Brücken eine, wenn auch mit höheren Kosten erkaufte Steifigkeit und Ruhe, welche die Brücken auch unter dem rollenden Zug nicht ins Schwanken kommen lässt.

Der grösste Halbparabelträger, mit zweifachem Mohnié'schem Fachwerk ausgerüstet, dessen sämmtliche Theile — ausser den Zugdiagonalen — steife Profile erhielten, überbrückt, 120 m lang, die Mittelöffnung des Trisana-Viadnetes auf der Arlbergbahn. [Abb.

---

*) Vgl. Abb. 379, Bd. I, 1. Theil.

[50 und 151.] Die Tragwände dieses zweitgrössten Balkenträgers Europas sind in der
Mitte 16 *m* hoch. Auch die 80 *m* weite Construction über die Oetzthaler Aache
im Zuge der Linie Innsbruck-Landeck
[Abb. 152], die 100 *m*, beziehungsweise
89 *m* weiten Etschbrücken bei Gmünd
und St. Mi-
chele der
Linie Bozen-
Ala, sind als
Halbparabel-
träger mit sol-
chem, theil-
weise steifem
Fachwerk er-
baut. Halbpa-
rabelträger mit
vollständig
steifen Fül-
lungsglie-
dern zeigen
unter Anderen
die 60 *m* weite
Brücke über
den Gruber-

massgebend, bei welchem sich die Fahrbahn oben befindet und daher der abwärts gekrümmte Parabelträger überdies
die Möglichkeit einer leichteren Versteifung
durch Querverbindungen zulässt. Diese
Construction bot auch einen besonderen
Vortheil als Ersatz hölzerner Balkenbrücken, weil
sie wie diese
eine geringe
Auflagerhöhe
erfordert und
auch der Ab-
stand der bei-
den Trag-
wände sich
wenig von der
Geleisweite
entfernt. Es
konnten daher
die vorhande-
nen Widerlags-
mauern der
Holzbrücken
ohne wesent-
liche Umge-

Abb. 152. Brücke über die Oetzthaler Aache. [Innsbruck-Landeck.]
[Nach einer photographischen Aufnahme von
C. A. Czichna, Innsbruck.]

canal bei Laibach der Linie Laibach-
Rudolfswerth, die Pruthbrücke bei
Przerwa der Lemberg-Czernowitzer Bahn mit Oeffnungen bis zu
66·9 *m* Weite, die Isonzobrücke auf
Monfalcone-Cervignano mit sieben Oeffnungen zu je 50 *m* Weite [Abb.
153a und 153b], die 54·4 *m* weite, zwei-

staltung zur Aufnahme der Eisenbrücken
benützt werden. Dieser Grund war für
die Nordbahn massgebend, als sie im
Jahre 1873 den Fischbauchträger bei der
27·5 *m* weiten Marchbrücke bei Napagedl einführte. Ihr folgten unter Anderen die Staatsbahnen mit der 1879
erbauten, 20 *m* weiten Brücke bei Kunau

Abb. 153a. Isonzo-Brücke im Bau. [Monfalcone-Cervignano.]   [Nach einer photographischen Aufnahme
von Corte Sebastianutti-Benque, Triest.]

geleisige beschotterte Brücke über die
Hernalser Hauptstrasse im Zuge
der Verortelinie und ferner die 60 *m*
weite Donaucanal-Brücke in Heiligenstadt der Wiener Stadtbahn.
[Abb. 154.]

Dieselbe Constructionsidee, welche den
Bogenschnenträgern zugrunde lag, war
auch für den Fischbauchträger

auf der Linie Erbersdorf-Würben-
thal, und im Jahre 1885 mit der 46 *m*
weiten Gurkflussbrücke bei Launs-
dorf auf der Linie St. Valentin-Pon-
tafel, durchwegs Constructionen mit
steifen Ständern und einfach gekreuzten
schlaffen Zugbändern.

Auch hier führte die Schwierigkeit
des Zusammenschlusses der beiden Gur-

Abb. 156. Inazo-Brücke. [Monfalcone-Carvignano.]

tungen zu einer Abkappung, so dass eine Art hängender Halbparabelträger entstand. Viele derartige Brücken wurden mit einem einfach gekreuzten System von Zug- und Druckdiagonalen sowie mit steifen Ständern ausgestattet, wie beispielsweise die an Stelle der Schifkornbrücken getretenen hängenden Halbparabelträger der Iserbrücke bei Rakaus [vgl. Abb. 366 und 367, Bd. I, 1. Theil] und in neuester Zeit die Dniesterbrücke bei Zaleszczyki. [Abb. 155.] Wieder andere Brücken dieser Gattung wie auf der Mährisch-Schlesischen Centralbahn wurden mit gegen die Mitte nach abwärts fallenden schlaffen Zugbändern ausgeführt. Das Streben nach steifen Constructionen liess die k. k. Staatsbahnen bei zahlreichen Objecten im entgegengesetzten Sinne gestellte Druckdiagonalen anordnen. Unter diesen ist wohl die 60 m lange Ueberbrückung der mittleren Oeffnung des Landecker Viaducts über den Innfluss [Abb. 156] die bedeutendste. Aesthetische Rücksichten für die Ausführung der Wandfüllungsglieder dieser Träger waren auch dahin massgebend, dass man die Maschenweite vom Ende gegen die Mitte zunehmen liess, um die Abweichungen in den aufeinander folgenden Strebenwinkeln möglichst gering zu machen. So hat die letztgenannte Innbrücke im mittleren Theile bis zu 7 m weite Maschen. Auch andere Staatsbahnlinien, wie Stryj-Beskid [hier der Opor-Viaduct mit 5 je 40 m weiten Oeffnungen], Iglau-Wessely und Pilsen-Eger sowie die Ybbsthal-Bahn [Abb. 157] u. a. m. zeigen Beispiele dieser Constructionen.

Mit regem Interesse wurden die raschen Fortschritte anderer Länder im Brückenbaue verfolgt und durch neue vermehrt. Der in Deutschland aufgetretene Schwedlerträger, welcher der Forderung entsprach, dass die Diagonalen gar keine Druckspannungen erleiden, dessen Obergurt im mittleren Theile gerade, an den Enden aber hyperbolisch gekrümmt ist und der in der Ausführung eine Materialersparnis von 25—30% gegenüber dem Parallelträger zuliess, wurde von der Staatsbahn-Verwaltung auf der Linie Spalato-Knin und Pérkovic-Slivno in Weiten bis zu 38 m ausgeführt. Auch auf den Linien Unter-Drauburg-Wolfsberg, Tarvis-Pontafel und Oświęcim-Podgórze wurden die Schwedlerträger in ähnlichen Weiten angewendet; wegen ihres unschönen Aussehens waren sie jedoch nie sonderlich beliebt und fanden aus diesem Grunde auch keine weitere Verbreitung.

In der Materialersparnis und in der Form dem Schwedlerträger ähnlich, war der von F. Pfeuffer im Jahre 1880 bei der Staatseisenbahn-Gesellschaft eingeführte Ellipsenträger, der vor Stadlau den Donauarm mit 60 m Spannweite übersetzt und dem einige andere Brücken mit ähnlicher Lichtweite nachfolgten. [Abb. 158.]

Schon im Jahre 1858 fand in Oesterreich der zuerst in Frankreich geübte Bau continuirlicher Träger, so u. A. bei den grossen Brücken der Kaiserin-Elisabeth-Bahn und Südbahn. [Vgl. beispielsweise Abb. 334, Bd. I, 1. Theil.] Eingang, wo parallelgurtige Gitterbrücken über drei bis fünf Oeffnungen weggeführt wurden. Indem die in der Trägermitte aufliegenden durchbiegenden Wirkungen der Last durch die über den Pfeilern erzeugten Biegungen entgegengesetzten

Sinnes abgeschwächt wurden, ergab sich bei solchen continuirlichen Trägern, und zwar bei Stützweiten von mehr als 25 m, eine beträchtliche Materialersparnis gegenüber den so beliebten, frei aufliegenden Brücken. Auch machten diese Träger ein eigenes Montirungsgerüste überflüssig, da sie vom Lande her über die Pfeiler eingeschoben werden konnten, eine Montirungsweise, die später allerdings mit Rücksicht auf die unvermeidliche grössere Materialanstrengung im

unabhängigen Montirungsweise zu vereinigen und doch den Nachtheil jener Unbestimmtheit zu eliminiren, welche die wechselnde Höhenlage der Stützpunkte in die Construction hineinträgt. Er erzielte dies dadurch, dass er beispielsweise bei einem über drei Felder reichenden Träger in der mittleren Oeffnung zwei Gelenke einschaltete, so dass der ganze Träger aus einem frei aufliegenden mittleren Theile und zwei seitlichen, über einen Stützpunkt hinausragenden Theilen

Träger sich als wenig empfehlenswerth erwies. Die Tabelle [S. 299—302] zeigt die grosse Zahl continuirlicher parallelgurtiger Träger, die auf unseren Bahnen in Benützung stehen.

Mit der Erkenntnis aber, dass die schwer zu vermeidenden kleinsten Aenderungen in der Höhenlage der Stützpunkte, wesentliche schädliche Nebenspannungen in dem Träger hervorrufen können und mit der Einführung krummgurtiger Träger und der durch sie erzielten Materialersparnis, verloren die continuirlichen Träger wieder an Bedeutung.

Gerber in Deutschland war es indessen gelungen, in seinem Gelenkträger die Vortheile der continuirlichen Träger bezüglich der Materialersparnis und der von dem Gerüste

bestand. Dieser Träger mit frei schwebenden Stützpunkten bildete den Ausgangspunkt des Brückensystems der Ausleger- und Kragbrücken, welchem die imposantesten modernen Brückenbauten der Welt angehören und das auch in Oesterreich in der im Jahre 1889 unter Bischoff von Klammstein erbauten Moldaubrücke bei Červena, im Zuge der Linie Tabor-Pisek der Böhmisch-Mährischen Transversal-Bahn, einen achtunggebietenden Vertreter gefunden hat. [Abb. 159a und 159b.]

Dieses grossartige, von Ludwig Huss projectirte und nach dessen sowie den Plänen O. Meltzer's u. A. ausgeführte Bauobject, rechtfertigt eine nähere Besprechung.

Das Moldauthal besitzt an der Uebersetzungsstelle eine Breite von 300 m und eine Tiefe von 67 m. Als wirthschaftlich vortheilhafteste Ueberbrückung erwies sich die Untertheilung der Thalweite durch die Einstellung von zwei Mittelstützen, welche 58 und 62 m hoch aus Stein aufgeführt wurden, um der Eisenconstruction einerseits möglichst unnachgiebige Stützpunkte zu schaffen und andererseits von der nothwendigen, ständigen und eingehenden Ueberwachung so hoher Eisenpfeiler enthoben zu sein. Als Constructions-System für die Tragwände des Viaductes war wohl ursprünglich kein continuirlicher Gelenkträger vorgesehen; aber die grossen Schwierigkeiten des Einbaues einer Gerüstung für die

Mittelträger. Die 10 m hohen Wände aller drei Träger zeigen das System eines Parallelträgers mit einfach symmetrischem Fachwerk, so dass das äussere Bild des ganzen Brückentragwerkes nicht auf einen Gelenkträger schliessen lässt. Die Lager für den Mittelträger befinden sich in halber Höhe der verticalen Ständer, welche die Construction der beiden Arme der Auslegerträger abschliessen. Die Maschenweite jedes der drei Träger beträgt 8·44 m. Bei dieser grossen Maschenweite der Haupttträger wären die eisernen Längsträger, auf denen die 1·4 m unter der Oberfläche des Obergurts liegende Fahrbahn ruht, sehr schwer geworden und dieser Umstand veranlasste eine Untertheilung der Fahrbahn durch Ein-

Abb. 155. Dniesterbrücke bei Zaleszczyki. [Linie Lukau-Zaleszczyki.] [Nach einer photographischen Aufnahme von F. Jaworski in Lemberg.]

Montirung der Eisenconstruction im Mittelfelde der Brücke, und zwar einestheils wegen der felsigen Flusssohle und anderntheils wegen der auf der Moldau lebhaft betriebenen Flossschiffahrt, drängten zu einem Trägersystem, bei dem die Herstellung von Montirungsgerüsten entbehrlich wird.

Diesen Vortheil konnten nur Auslegerträger bieten, und so wurde dieses Constructionssystem den bestehenden österreichischen Brückentypen einverleibt und die freischwebende Montirungsweise ebenfalls zum ersten Male in Oesterreich angewendet.

Die Eisenconstruction für die drei je 80 m weiten Viaductöffnungen besteht aus drei Theilen, nämlich aus den beiden 109·72 m langen seitlichen, auf den Widerlagern und den Zwischenpfeilern aufruhenden Consolträgern und aus dem auf letzteren lagernden 33·76 m langen

führung von Zwischenverticalen, welche sich in den Kreuzungspunkten der geneigten Wandglieder auf letztere stützen und ebenfalls zur Aufnahme von Querträgern dienen. Die Materialersparnis bei dieser Constructionsweise betrug rund 80 t.

Die Vergebung der 970 t schweren Eisenconstruction, welche durchwegs, sammt den Nieten, aus basischem Martinflusseisen besteht, erfolgte im März 1889 an die Prager Brückenbauanstalt und an die Prager Maschinenbau-Actiengesellschaft.

Die Ausbildung der einzelnen Brückenglieder war projectgemäss so vorgesehen, dass dieselben in den Werkstätten der Hauptsache nach fertig zusammengestellt werden konnten, so dass auf dem Bauplatze blos die ergänzenden Arbeiten und die Verbindung der einzelnen Glieder mit einander zu besorgen war, ein Vorgang, der heute allgemein üblich ist. Auf diese

Brückenbau.

Weise wurde es möglich, von den 329.000 Nieten, welche in der Construction stecken, 244.000 bereits in den Werkstätten einzuziehen; auf dem Bauplatze war demnach nur mehr der vierte Theil der gesammten Nietarbeit zu leisten.

Die Zusammenstellung der Brückenconstruction, welche Ingenieur Oskar Meltzer leitete, erfolgte in den beiden

mit den Tragarmen stattfinden, was durch eine Verlaschung der beiden Obergurte und durch Ansetzen von Schraubenwinden zwischen den Untergurten bewerkstelligt wurde; als Gegengewicht für die freischwebenden Theile des Mittelfeldes dienten die beiden Seitenfelder.

Am 22. October 1889 erfolgte der Zusammenschluss der beiden Brücken-

Abb. 157   Brücke bei Waldhofen. [Ybbsthal-Bahn.]

Seitenöffnungen auf festen Gerüsten [vgl. Abb. 159 a] in der üblichen Weise, von den Zwischenpfeilern aus aber freischwebend, wobei ein fahrbarer Gerüstkrahn das Zubringen, Heben, Herablassen und Einschwingen der oft 8 bis 14 m langen und 4 t schweren Brückenglieder besorgte.

Bei der freischwebenden Montirung, dem schwierigsten und gefährlichsten Abschnitte der ganzen Aufstellungsarbeit, wurde immer zuerst das betreffende Untergurtstück vorgelegt und auf diese Weise sowie mit Hilfe einer

Abb. 158.   Ellipsenträger über den Donauarm bei Stadlau.

Spannstange, welche an dem vorderen Ende des verlegten Untergurtstückes und am vorderen Ende des letzten Obergurttheiles befestigt war, ein fester Boden geschaffen; auf dem Untergurte schob man dann ein Gerüst vor und bildete so eine Bühne für die Arbeiter. [Abb. 159 b.]

Bei der Montirung des Mittelfeldes musste selbstverständlich eine provisorische Verbindung dieses Brückentheiles

hälften und das Werk war vollendet, das als ein dauerndes stolzes Denkmal österreichischer Baukunst dasteht.

Die specifischen Vorzüge, welche den verschiedenen bisher genannten, im Laufe der Zeit auf unseren Bahnen eingeführten gegliederten Trägern eigen sind, die alle infolge der verticalen Drücke, die sie wie ein gestützter Balken auf ihr Auflager ausüben, zu den Balkenträgern gezählt werden, die wechselnden örtlichen Verhältnisse, oft auch blos die Vorliebe des Constructeurs, waren bei der Wahl des jeweilig anzunehmenden Systems bestimmend, weshalb wir heute den mannigfachsten Typen von eisernen Balkenträgern auf den österreichischen Eisenbahnen begegnen, wie dies die folgende Tabelle weit gespannter Balkenbrücken illustrirt. In diese Uebersicht wurden die bedeutenderen, über 50 m weit gespannten Brücken mit eisernen Balkenträgern aufgenommen.

Uebersicht einiger über 50 m weitgespannter Brücken mit eisernen Balkenträgern auf österreichischen Strecken.

Bezeichnung der Brücke	Linie und Bahn-Unternehmung	Zahl der Oeffnungen und deren Weite in Metern	Constructionsart der Hauptträger	Anmerkung
Donaubrücke bei Steyregg	Linz-Gaisbach k. k. St.-B.	5 × 76.3 2 × 23.7	Doppeltes Mohnié'sches Fachwerk Einfaches Mohnié'sches Fachwerk	Stromöffnungen Inundations-öffnungen erbaut 1870/72
Donaubrücke bei Mauthausen	St. Valentin-Budweis k. k. St.-B.	5 × 76.3 3 × 28.7	Doppeltes Mohnié'sches Fachwerk Einfaches Mohnié'sches Fachwerk	Stromöffnungen Inundations-öffnungen erbaut 1870/72
Donaubrücke bei Krems [Abb. 160]	Herzogenburg-Krems österr. Local-eisenbahn-Ges.	4 × 80 2 × 60 7 × 30	Halbparabelträger mit 2fachem, unsymmetrischem Fachwerk Parallelträger, einfach gekreuztes, symmetrisches Fachwerk	Stromöffnungen Inundations-öffnungen erbaut 1880
Donaubrücke bei Tulln (vgl. Abb. 10 u. 11, Bd. I, 2. Theil)	Wien-Gmünd k. k. St.-B.	1 × 81.58 3 × 85.90 1 × 81.58	7fach combinirtes Gitterwerk, continuirlicher Träger	erbaut 1872/74
Donaubrücke bei Wien (vgl. Abb. 45, Bd. I, 2. Theil)	Wien-Stockerau ö. N.-W.-B.	5 × 79.6 13 × 29.45 1 × 29.56	4fach reines Gitterwerk je 2 Felder continuirlich Einfach gekreuztes, symmetr. Fachwerk	Strombrücke Inundationsbrücke erbaut 1870/72
Donaubrücke bei Wien (vgl. Abb. 116, Bd. I, 2. Theil)	Wien-Floridsdorf K. F.-N.-B.	4 × 79.27 7 × 57.9	Halbparabelträger mit 2fachem, unsymmetrischem Fachwerk	Strombrücke Inundationsbrücke erbaut 1872/73
Donaubrücke bei Wien	Wien-Stadlau ö.-u. St-E.-G.	5 × 75.86 10 × 33.76	9faches Gitterwerk mit Verticalstreifen, continuirlich 6faches reines Gitterwerk, je 4 Felder continuirlich	Stromöffnungen Inundations-öffnungen erbaut 1868/70
Lieserbrücke bei Spital a. D.	Marburg-Franzensfeste Südbahn	1 × 51	Combinirtes Gitterwerk, und zwar 6faches Netzwerk mit Verticalen	erbaut 1870
Draubrücke bei Ober-Drauburg	Marburg-Franzensfeste Südbahn	1 × 60	wie zuvor	wie zuvor
Kreuzbrücke bei Percha	Marburg-Franzensfeste Südbahn	2 × 50.6	4faches combinirtes Gitterwerk	erbaut 1870
Rienzbrücke bei Vintl	Marburg-Franzensfeste Südbahn	1 × 60	wie zuvor	wie zuvor
Eisack- und Festungs-Viaduct bei Franzensfeste (vgl. Abb. 54 u. 55, Bd I, 2. Theil)	Marburg-Franzensfeste Südbahn	1 × 50 2 × 24.24 6 × 20.2 6 × 12.8	4faches combinirtes Gitterwerk Einfach gekreuztes Gitterwerk	erbaut 1870

Bezeichnung der Brücke	Linie und Bahn-Unternehmung	Zahl der Oeffnungen und deren Weite in Metern	Constructionsart der Hauptträger	Anmerkung
Eisackbrücke bei Röthele [vgl. Abb. 349, Bd. I, 1. Theil]	Innsbruck-Bozen Südbahn	1 × 50·9	6faches combinirtes Gitterwerk	erbaut 1867
Iglawa-Viaduct [Abb. 6, Bd. I, 2.Th.]	Wien-Brünn St.-E.-G.	6 × 62·7	4faches combinirtes Gitterwerk continuirlicher Träger	erbaut 1868
Weissenbach-Viaduct [vgl. Abb. 27, Bd. I. 2. Theil]	Tarvis-Laibach	42·9 + 50·2 + 39·1	Combinirtes Gitterwerk continuirlicher Träger	erbaut 1870
Brücke über den Moldauarm bei Prag	Oest N.-W.-B.	1 × 60	4faches reines Netzwerk	erbaut 1873
Elbebrücke bei Tetschen	Oest N.-W.-B.	2 × 100	4faches reines Netzwerk continuirlicher Träger	erbaut 1874
Innbrücke bei Passau	Haiding-Passau	1 × 90·8	Reines Netzwerk	erbaut 1861
Draubrücke bei Villach [vgl. Abb. 24, Bd. I, 2. Th]	St. Valentin-Pontafel k. k. St.-B.	2 × 60	Reines Netzwerk continuirlicher Träger	erbaut 1873
Schlitzabrücke bei Tarvis [vgl. Abb. 26, Bd. I, 2. Theil]	St. Valentin-Pontafel k. k. St.-B.	1 × 63	Reines Netzwerk	erbaut 1872
Rheinbrücke bei Buchs	Vorarlberger Bahn	2 × 66·7 2 × 30	4faches reines Netzwerk Einfach gekreuztes Fachwerk	erbaut 1871-72
Thayabrücke bei Znaim	St.-E.-G.	1 × 50 2 × 60	Continuirlicher Träger mit einfach gekreuztem, symmetr. Fachwerk	45 m über der Thalsohle erbaut 1871
Elbebrücke bei Josefstadt	Süd-nordd. Verb-Bahn	42·9 + 54·6 + 42·9	Continuirlicher Träger mit einfach gekreuztem, symmetr. Fachwerk	—
Chropitza-Viaduct bei Rappotitz	Segen-Gottes Okrisko St-E.-G.	48·6 + 58 + 48·6	Continuirlicher Träger mit einfach gekreuztem, symmetr. Fachwerk	erbaut 1886
Trebitscher Viaduct über das Startscherthal [Abb. 161]		48·6 + 58 + 48·6	Continuirlicher Träger mit einfach gekreuztem, symmetr. Fachwerk	erbaut 1886
Viaduct über die Wien-Zeile	Wiener Stadtbahn	63·49 + 50·57	Continuirlicher Träger mit einfach gekreuztem, symmetr. Fachwerk	Beschotterte Fahrbahn, zweigeleisig erbaut 1898. Senkrechte Endabschlüsse, schief gestellter Mittelpfeiler
Innbrücke bei Braunau	Ried-Simbach	6 × 54·9	Einfaches Möhnie'sches Fachwerk [Parallelträger]	erbaut 1870

Bezeichnung der Brücke	Linie und Bahn-Unternehmung	Zahl der Oeffnungen und deren Weite in Metern	Constructionsart der Hauptträger	Anmerkung
Lavantbrücke	Unter-Drauburg-Woltsberg	1 × 52·5	Einfaches Mohnié'sches Fachwerk	erbaut 1879
Murbrücke	Bruck-Leoben	1 × 73·4	Doppeltes Mohnié'sches Fachwerk	erbaut 1891
Elbebrücke bei Aussig	Oest. N.-W.-B.	73·9 + 74·2 + 73·9	Doppeltes Mohnié'sches Fachwerk continuirlicher Träger	oben als Eisenbahn-, unten als Strassenbrücke
Donaucanal-Brücke bei Wien [Abb. 158]	Wien-Stadlau St.-E.-G.	1 × 79·7	Doppeltes Mohnié'sches Fachwerk	erbaut 1870
Draubrücke	Unter-Drauburg-Wolfsberg	1 × 80	Doppeltes Mohnié'sches Fachwerk	erbaut 1879
Radbuzabrücke bei Pilsen	Wien-Eger k. k. St.-B.	1 × 60·7	Doppeltes Mohnié'sches Fachwerk	erbaut 1872
Wienbrücke bei Hütteldorf	Wiener Stadtbahn	50·92 53·0	Doppeltes Mohnié'sches Fachwerk mit vollständig steif ausgebildeten Wandgliedern	rechtes Geleise linkes Geleise erbaut 1897
Pruthbrücke bei Czernowitz [vgl. Abb. 170, BJ. I, 1. Th]	Lemberg-Czernowitz	4 × 56·9	Halbparabelträger	erbaut 1871/72
Dniesterbrücke bei Jezupol	wie vorher	5 × 50·9	wie vorher	wie vorher
Dunajecbrücke bei Neu-Sandec	Saybusch-Neu-Sandec k. k. St.-B	3 × 50 6 × 25	Halbparabelträger Parallelträger mit einfach gekreuztem, symmetrischem Fachwerk	Strom-Öffnungen Inundations-Öffnungen
Moldaubrücke bei Potié	Budweis-Salnau	2 × 50	Halbparabelträger mit einfach gekreuztem Fachwerk	—
Donaucanal-Brücke bei Nussdorf [vgl. Abb. 117, BJ I, 2. Theil]	Nussdorf-K.-Ebersdorf k. k. St.-B,	1 × 24·9 1 × 26·25 1 × 85·9	Parallelträger mit einfachem Mohnié'schem Fachwerk Halbparabelträger	erbaut 1877·78
Winterhafen- und Donaucanal-Brücke bei Kaiser Ebersdorf	Nussdorf-K.-Ebersdorf k. k. St.-B.	1 × 60 1 × 90	} Halbparabelträger	erbaut 1880
Trisana-Viaduct [Abb. 150]	Arlbergbahn k. k. St.-B	1 × 120	Halbparabelträger	erbaut 1884
Oetzbrücke bei Oetzthal [Abb. 152]	Arlbergbahn k. k. St.-B.	+ 80 2 × 18	Halbparabelträger Parallelträger mit einfach. unsymmetr. Fachwerk	erbaut 1883
Etschbrücke bei Gmünd	Bozen-Ala S.-B.	1 × 100	Halbparabelträger	—
Etschbrücke bei St. Michele	Bozen-Ala S.-B	1 × 90	Halbparabelträger	

302   Josef Zuffer.

Bezeichnung der Brücke	Linie und Bahn-Unternehmung	Zahl der Oeffnungen und deren Weite in Metern	Constructionsart der Hauptträger	Anmerkung
Murbrücke bei Radkersburg	Radkersburg-Luttenberg	2 × 55	Halbparabelträger	-
Moldaubrücken bei Budweis	Wien-Eger k. k. St.-B	1 × 78·5 1 × 59·15	Halbparabelträger Halbparabelträger	Strombrücke erbaut 1879 Inundationsbrücke erb. 1891
Wottawabrücke bei Strakonitz	Wien-Eger k. k. St.-B.	1 × 68	Halbparabelträger	
Kampflussbrücke	Hadersdorf-Sigmundsherberg	1 × 70·6	wie vorher	erbaut 1889
Wislokabrücke bei Debica	Krakau-Lemberg k.k St-B.	3 × 71	wie vorher	
Saubrücke bei Przemyśl	Krakau-Lemberg k. k. St.-B.	2 × 53·38 + 1 × 71	Parallelträger, 2faches Mohnie'sches Fachwerk Halbparabelträger	
Kerkabrücke	Siveric-Knin	1 × 63	Halbparabelträger	erbaut 1886
Egerbrücke bei Postelberg	Postelberg-Laun	55 70 25	Halbparabelträger	erbaut 1895
Moldaubrücke bei Mechenic (Abb. 162)	Cercan-Moldau-Dobris	8×8 3 × 37	Halbparabelträger Parallelträger	erbaut 1897
Weichselbrücke	Trzebinia-Skawce	1 × 50	Halbparabelträger	wie vorher
Elbebrücke bei Lobositz	Teplitz-Reichenberg Aussig-Tepl. B	1 × 72 1 × 25	Halbparabelträger Parallelträger	erbaut 1897
Pruthbrücke bei Przerwa	Lemberg-Czernowitz	66·9 2 × 50·9	Halbparabelträger mit doppeltem, unsymmetrischem, aber ganz steifem Fachwerk	1892 erbaut an Stelle von Schifkorubrücken
Isonzobrücke Abb. 153	Montalcone-Cervignano	7 × 50	Halbparabelträger mit doppeltem, unsymmetrischem, aber ganz steifem Fachwerk	erbaut 1893
Hernalser Brücke in Wien	Vorortlinie der Wiener Stadtbahn	1 × 51·1	Halbparabelträger mit doppeltem, unsymmetrischem, aber ganz steifer Fachwerk	Beschotterte Fahrbahn, zweigeleisig, erbaut 1897
Donaucanal-Brücke in Heiligenstadt Abb. 154	Wiener Stadtbahn	1 × 64·02	Halbparabelträger mit doppeltem, unsymmetrischem, aber ganz steifem Fachwerk	erbaut 1895
Miesthal-Viaduct	Neuhof-Weseritz	4 × 55	Halbparabelträger mit oben liegender Fahrbahn	erbaut 1897
Dnil-strassbrücke bei Zaleszczyki (Abb. 155)	Luzan-Zaleszczyki	4 × 59 1 × 59	Halbparabelträger mit oben liegender Fahrbahn Parallelträger mit einfach gekreuztem System	wie vorher

Die Bogenträger, welche schon frühzeitig bei Strassenbrücken in Oesterreich Verwendung gefunden hatten, treten erst spät und vereinzelt im Dienste der Eisenbahn auf. Sprach auch die schöne schlanke Form, welche diesem Träger eigen ist, zu ihren Gunsten, so stand ihrer Verwendung doch wieder der Nachtheil entgegen, dass sie ungleich mehr Eisenmaterial beanspruchten, als die gegliederten Balkenträger, dass ferner ihr grosser, auf das Auflager ausgeübter Seitenschub ein sehr starkes und kräftig fundirtes Widerlager fordert.

zu je 52·5 m, wobei die drei Geleise durch je vier Träger unterstützt werden. Dieses Constructions-System fand auch bei der Donaucanal-Brücke der Wiener Verbindungsbahn, die die alte Kettenbrücke ersetzte, ferner in jüngster Zeit unter Anderem bei der 56 m breiten Uebersetzung der Heiligenstädter-Strasse im Zuge der Gürtellinie der Wiener Stadtbahn Verwendung.

Eine reine Bogenconstruction, bei welcher die Last des die Fahrbahn tragenden Obergurtes durch verticale Ständer auf die Blechbogen übertragen wird, tritt

Abb. 190a. Moldaubrücke bei Cerrena [im Bau].

Im Jahre 1858 baute v. Ruppert in Ungarn die erste Bogenbrücke über die Theiss bei Szegedin, welche Brücke acht Oeffnungen zu je 42·3 m Weite umfasst.[*] Hier ist der kreisförmig gebogene schmiedeeiserne Untergurt mit dem Obergurt durch Wandfüllungsglieder verbunden, wodurch ein sogenannter Zwickelbogenträger entstand und die doppelgeleisige Fahrbahn wird durch solcher Bogen unterstützt. Auf österreichischem Boden erbaute Etzel die erste Bogenbrücke derselben Construction bei Marburg, im Jahre 1865 mit drei Oeffnungen

[*] Vgl. Abb. 325, Bd. I, 1. Theil.

uns in den schöngegliederten Objecten der Wiener Stadtbahn bei der Uebersetzung der Döblinger Hauptstrasse im Zuge der Gürtellinie, ferner der Richthausen- und Nussdorfer Strasse im Zuge der Vorortelinie, bis zu Weiten von 36·4 m, entgegen.

Im Gegensatz zu den ursprünglich gegen starre Lager gestemmten Bogen, erhalten die Fusspunkte der Bogen seit den Sechziger-Jahren Lagerstühle mit Gelenken, wodurch eine Centralisirung der Angriffspunkte in den Kämpfern und eine Herabminderung der schädlichen Temperaturwirkungen erzielt wird. Die Vorschläge des österreichischen Ingenieurs

Hermann, auch im Scheitel des Bogens
Gelenke anzubringen und so jedwede
statische Unbestimmtheit der Construction
sowie die schädliche Einwirkung von
Montirungs- und Temperaturspannungen
zu beseitigen, kamen
wohl bei Strassen-
brücken, wie bei-
spielsweise bei der
noch jetzt bestehen-
den Stiegerbrücke
über den Wienfluss
in Wien und bei einer
Laibachfluss-
brücke in Lai-
bach zur Verwen-
dung, fanden aber für
Eisenbahn - Brücken
wegen der starken
Senkung im Scheitel
keine Aufnahme.

Die Uebersetzung
von Flüssen und

Abb 162 b.   Montirung der Moldaubrücke bei Csirena.

Canälen mit Schiffahrtsverkehr erfordert
bei niedrig liegender Brückenbahn beweglich eingerichtete Tragwerke, die
geschlossen dem Bahnverkehr dienen,
dagegen in geöffnetem Zustande die
Durchfahrt der Schiffe gestatten. In Oester-

way-, im Jahre 1886 aber für den Eisenbahn-Verkehr der Riva-Bahn eingerichtet wurde. Ein 18 m langer Blechträger
ruht auf beiderseitigen Widerlagern und
einem Zapfen, der den Träger in einen 13 m
langen, den Canal
überbrückenden Arm
und einen 5 m langen
Ballastarm unter-
theilt. Die Schwen-
kung der Brücke er-
folgt durch einen
ausserhalb derselben
in Bewegung ge-
setzten Mechanis-
mus. Eine ähnliche
Constructionsweise
zeigt die Drehbrücke
im Hafen von
Pola [Abb. 163],
welche die Oliven-
Insel mit dem Fest-
lande verbindet und
jene im Zuge der Bahn Bregenz-Lindau,
welche die 14·8 m breite Zufahrt vom
Bodensee zum Trockendock absperrt.
[Abb 164.]

Mit der Entwicklung der eigentlichen
Tragwerke der österreichischen Bahn-

Abb. 160.   Donaubrücke bei Krems a. D. (Herzogenburg-Krems.)

reich besitzen wir von den verschiedenen
Arten beweglicher Tragwerke nur die
Drehbrücken und war die erste dieser
Art die im Jahre 1857 von der k. k. Seebe-
hörde über Canal Grande in Triest
für Fuss- und Wagen-Verkehr bestimmte
Brücke, die im Jahre 1875 für den Tram-

brücken, die wir bisher in ihren wesentlichsten Momenten zu kennzeichnen ver-
suchten, hielt auch die Ausbildung der
anderen Brückentheile, wie der Constructionen für die Aufnahme der Fahrbahn, der anderweitigen Querverbindungen und der Lagerung der Brücken

gleichen Schritt. Desgleichen traten in der Fundirung der Pfeiler und in der Montirung der Brücken rationellere und öconomischere Methoden auf, wie endlich auch die geklärten Ansichten über die Inanspruchnahme des Materials auf die Construction zurückwirkten und in der Verwendung des Materials selbst einen völligen Wechsel einführten.

Die Querträger werden heute meist als volle Blechträger, nur bei grosser, zur Verfügung stehender Constructionshöhe als Gitterträger ausgeführt und wird namentlich bei Brücken mit Fahrbahn »unten« und geringer Trägerhöhe, welche keine gegenseitige obere Verbindung der Hauptwände gestattet, auf einen

ein Temperaturwechsel von 40° C. auf jeder Lagerseite eine Spannung von 25 Tonnen hervorruft, so musste man mit der anfangs geübten festen Verankerung der Träger, die eine Längenausdehnung nicht zuliess, schlechte Erfahrungen machen. Aber auch bei Einführung von Gleitplatten, welche der Ausdehnung des Trägers nur ReibungsWiderstand entgegensetzen, wachsen diese Kräfte bei den genannten Trägern auf 2 t, bei 50 m langen Eisenträgern sogar auf 10—15 t, und sind daher im Stande, das Widerlagsmauerwerk zu zerstören, sowie schädliche Spannungen und Verschiebungen in der Construction und in den Stützen

Abb. 161. Viaduct über das Startscherthal. [SegenGottesOkriško.]

ausserordentlich kräftigen Zusammenschluss der Quer- und Hauptträger Werth gelegt. Dieser Umstand, der die seitliche Steifigkeit der Wände wesentlich erhöht, wurde bezüglich seiner Tragweite in den ersten Decennien des Brückenbaues häufig unterschätzt. Wo immer es die Höhe der Träger über oder unter der Fahrbahn gestattet, wird durch Einbau kräftiger Querriegel zwischen den Wänden und durch Windkreuze den seitlichen Angriffskräften wirksam entgegengetreten. Zwischen die eisernen Querträger werden secundäre eiserne Längsträger angenietet, auf welche erst die hölzernen Querschwellen für die Schiene zu liegen kommen.

Die Längenänderung, welche die eisernen Brücken unter dem Einfluss der Temperatur erleiden und welche oft ausserordentlich grosse Kräfte in dem Träger erzeugt, erforderte eine besondere Ausbildung der Lager. Da schon bei einer 10 m langen EisenbahnConstruction

hervorzurufen. Erst in den SiebzigerJahren wurden bei den österreichischen Brücken allgemein die Flächen und Gleitlager bei grossen Brücken eliminirt, und die gleitende Reibung in eine rollende umgewandelt, indem Walzen zwischen die oberen und unteren Lagertheile eingeschoben wurden.

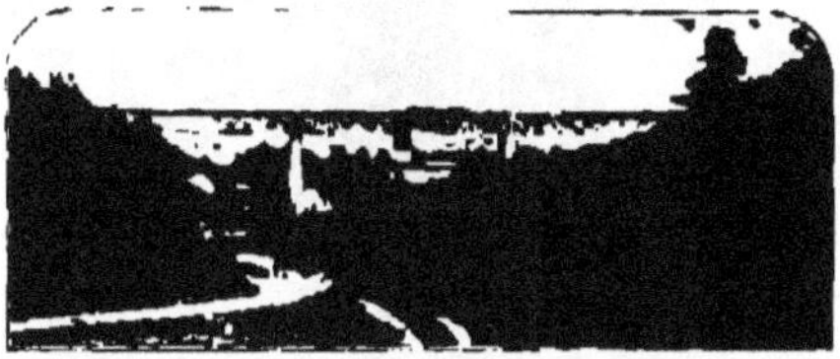

Hoffmann hatte bereits im Jahre 1858 auf der Innbrücke bei Bichelwang Rollenlager angewendet. Der Umstand, dass bei grossen und schweren Brücken die Zahl und der Durchmesser der Rollen bedeutend sind [beispielsweise benöthigt eine Brücke von etwa 100 m Weite 6 Stück Rollen von ungefähr 20 bis 25 cm Durchmesser], die Lagerfläche daher sehr gross wird und somit die Gefahr für eine ungleichmässige Uebertragung des Druckes auf die Rollen sehr nahe lag, führte zur Einführung der Halbwalzen oder Stelzen, die einen grossen Walzdurchmesser erhielten, so dass bei der Bewegung des Trägers

nur ein kleiner Theil der Walzenober-
fläche zur Abwickelung gelangte,
die daher nur einen schmalen Körper
benöthigten. Indessen kehrte man aus
praktischen Grün-
den später wieder
zu den Rollen-
lagern zurück.

War auch der
grosse Reibungs-
widerstand durch
die Rollen und
Stelzen beseitigt,
so war doch der
Nachtheil vorhan-
den, dass bei der
Einsenkung gros-
ser Brücken deren
Stützpunkt infolge
der starren Ver-
bindung der Trä-
ger mit den langen
oberen Lagerplat-
ten nach dem vor-
deren Lagerende
verschoben wurde,
welcher Umstand
die gleichmässige
Druckvertheilung auf Rollen und Stelzen sowie auf die unteren Lagerplatten beeinträchtigte und nachtheilige Inanspruchnahmen des Materials der
Brücke wie der Widerlager auftreten
liess. Dieser Nachtheil wurde durch
die neuartigen Kipplager behoben,
welche zwischen der an den Träger fest-

genieteten Platte und der auf den Rollen
oder Stelzen aufliegenden Ueberlagsplatte
einen eingeschalteten Zapfen zeigen, auf
dessen gekrümmter Oberfläche der Brückenträger wippen
kann. Statt eines
eigenen Zapfens
wird in vielen Fäl-
len schon die auf
den Rollen oder
Stelzen liegende
Platte entspre-
chend geformt. Die
besondere Bedeu-
tung, welche sol-
che Gelenke für
das Auflager von
Bogenbrücken ge-
wonnen haben,
wurde bereits frü-
her gestreift.

Heute werden
nur bei Objecten
bis zu 20 m Weite
einfache Gleit-
lager, von da bis
25 m einfache
Rollenlager
ohne Kipp-Vorrichtungen, und darüber
hinaus Kipp-Rollen- oder Stelzen-
lager angewendet. Das Material der
Lagerstühle besteht dabei meist aus Gusseisen, bei den grossen Brücken aus Guss-
stahl.

Die Ueberbrückung tiefer und breiter
Thäler liess die Pfeiler der Viaducte zu

Abb. 162. Moldaubrücke bei Mrcbenic [Certlan-Modřan-Dobřis.]
[Nach einer photographischen Aufnahme des Hof- und Kammerphotographen H. Eckert, Prag.]

Abb. 163. Eiserne Verbindungsbahn zwischen dem Festlande und der Olivon-Insel im Kriegshafen Pola mit Drehbrücke.

mächtiger Höhe hinanwachsen und machte auch hier bald das Eisen eine gewisse Ueberlegenheit geltend. Dem Vortheil fast völliger Unverwüstlichkeit und einfacher Erhaltung, der den gemauerten Pfeiler gegenüber dem eisernen auszeichnet, steht bei bedeutender Höhe der Nachtheil gegenüber, dass das grosse Gewicht des Steinpfeilers ein besonders gutes Fundament, eventuell eine Fundamenterbreiterung fordert und dass hiedurch grössere Kosten verursacht werden. Bedeutenden Objecten mit hohen Steinpfeilern begegnen wir ausser dem bereits genannten Moldau-Viaduct bei Červena

Der Iglawa-Viaduct [Abb. 165] überbrückt das 450 m weite Thal des Iglawa-Flusses in der Höhe von 42·7 m über dem Wasserspiegel mittelst eines continuirlichen, über fünf eiserne Zwischenpfeiler geführten 5·6 m hohen Parallelträgers. Die Construction desselben ist die eines vierfachen Netzwerkes mit schlaffen Zug- und steifen (⊔ förmigen) Druckstreben sowie steifen Verticalen, welche in jedem Knotenpunkt eingezogen sind und die als Blechwände ausgebildeten Querträger aufnehmen. Diese stützen wieder die eisernen Längsträger, auf welchen dicht aneinandergereihte, eiserne Schwellen

Abb. 164. Eisenbahn-Drehbrücke Bregenz. (Linie Bregenz-Lindau.)

u. a. noch in dem Thaya-Viaduct bei Znaim [vgl. Abb. 46, Bd. I, 2. Theil] der Nordwestbahn, dessen 220 m langer Parallelträger über drei an 40 m hohe Steinpfeiler hinweggeht, weiter in dem 87 m hohen Trisana-Viaduct im Zuge der Arlbergbahn mit 50 m hohen Steinpfeilern und in dem ebenfalls schon genannten Opor-Viaduct der Strecke Stryj-Beskid mit 28 m hohen Steinpfeilern.

Die grossen »gusseisernen Thurmpfeiler«, die v. Nördling zuerst im Jahre 1854 auf der Orleansbahn in mustergiltiger Weise ausführte, bei denen hohe gusseiserne Säulen durch schmiedeeiserne Verbindungstücke zu einem thurmartigen, die Brücke tragenden Aufbau vereinigt sind, erhielten im Jahre 1870 im Iglawa-Viaduct bei Eibenschitz auf der Linie Wien-Brünn unter v. Ruppert und im Weissenbach-Viaduct der Linie Tarvis-Laibach von Köstlin und Battig zwei hervorragende Vertreter.

ruhen. In Abständen von 62·7 m von Mitte zu Mitte stehen die fünf eisernen, auf Mauersockeln von 22·4 bis zu 27·4 m Höhe ruhenden Zwischenpfeiler, deren jeder ursprünglich aus fünf gusseisernen, 0·3 m weiten und 35 mm starken Röhren zusammengesetzt war. Je vier Röhren, durch schmiedeeiserne Quertheile etagenförmig mit einander verbunden, bildeten eine Pyramide, während die fünfte Röhre als Spindel für die zum Revisionssteg führende Wendelstiege bestimmt war. Die Lieferung und Aufstellung des Viaductes besorgten die französischen Eisenwerke F. Cail & Co. und von Fives-Lille; die eigentliche Brückenconstruction wurde auf dem Lande mit Hilfe von hölzernen Zwischenpfeilern montirt und auf die fertigen eisernen Pfeiler geschoben. [Vgl. Abb. 6, Bd. I, 2. Theil.] Im Laufe der Jahre wurden einige feine, aber ungefährige Längsrisse an verschiedenen Stellen der Röhrenständer entdeckt, als deren Ursache die ziemlich hefti-

gen, durch die »harte« Fahrbahn bedingten Erschütterungen der Eisenconstruction, vorwiegend jedoch die Einwirkung des Frostes angesehen wurde,
indem die zwischen den Rohrwänden
und dem festen Betonkern derselben ein-
sickernde Feuchtigkeit beim Gefrieren
auf die Rohrwände von innen heraus
einen bedeutenden Druck ausübte.

Die Röhren wurden an den Enden
der Risse angebohrt, um dem Weiter-
greifen derselben vorzubeugen, alle nur
einigermassen bedenklichen Stellen durch
schmiedeeiserne Ringbänder gedeckt und
die eisernen Querschwellen durch eichene
in entsprechenden Abständen ersetzt, um
das harte Fahren zu beseitigen. Alle
diese Vorsichtsmassregeln aber verhin-
derten nicht, dass die beunruhigenden,
wenn auch unbegründeten Gerüchte über
die Unsicherheit des Bauwerkes, die
schon lange im Publicum circulirten,
immer aufs Neue auftauchten, ja durch das
behördlich geforderte langsame Befahren
des Viaductes neue Nahrung erhielten.

Die Gesellschaft entschloss sich daher
zu Ende der Achtziger-Jahre, die Pfeiler
umzubauen. Ein Ersatz durch Steinpfeiler
war, abgesehen von den grossen Mehrkosten, schon aus dem Grunde ausgeschlossen, weil die Fundamente der alten
Pfeilersockel der bedeutenden Mehrlast
der Steinpfeiler nicht gewachsen gewesen
wären. Es wurden daher nach dem
Projecte und unter Aufsicht des Ingenieurs Franz Pfeuffer die gusseisernen Pfeiler durch schmiedeeiserne ersetzt, welche ohne Behinderung des Zugverkehrs und ohne Zuhilfenahme eines Gerüstes zur Aufstellung gelangten. [Abb. 166.]

Innerhalb des Raumes, den die gusseisernen Rohrständer jedes Pfeilers be-
grenzten, wuchsen die schlanken schmiedeeisernen, im Querschnitt kreuzförmigen
Ständer der neuen Pyramidenpfeiler hinauf,
im Ganzen ein ähnliches, etwas schmäch-
tigeres Bild wie die früheren Thurmpfeiler
bieten. Die grosse Arbeit wurde innerhalb sechs Monaten des Jahres 1892
beendet. Nach Beendigung der Pfeiler-
montirung wurden die alten Rollenlager,
deren jede Tragwand zwei auf jedem
Pfeiler besass, entfernt und durch je ein

Kipplager ersetzt, wodurch die Wirkung
der äusseren Kräfte auf die Construction
wie auf die Pfeiler mehr concentrirt wurde.
In geistreicher Weise wurde die Wirkung
der Sonnenwärme ausgenützt, um die
ganze 373·7 m lange und 1043 t
schwere Trägerconstruction ohne weitere
Hilfsmittel um 6 cm gegen Brünn zu verschieben. Zeitlich morgens wurde nämlich
die Eisenconstruction gegen das Wiener
Widerlager fest abgekeilt, so, dass sich
die Träger nur gegen Brünn ausdehnen
konnten. Am Abend wurde wieder das Tragwerk auf dem Brünner Widerlager fixirt
und konnte sich daher in der Nacht bei
der Abkühlung nur gegen Brünn zu-
sammenziehen. Da die damaligen Tem-
peraturdifferenzen zwischen Tag und
Nacht nur gering waren, musste der Vorgang durch einige Tage wiederholt werden, bis die Eisenconstruction in der
richtigen Lage war.

Beim Weissenbach-Viaduct
[vgl. Abb. 27, Bd. I, 2. Theil], dessen
continuirliche Träger von 132 m Länge
über zwei gusseiserne Röhrenpfeiler hin-
weggehen, die aus je vier Rohrständern
von 18, beziehungsweise 27 m Höhe
bestehen, blieben die Röhren von An-
rissen wie jene des Iglawa-Viaductes bis
heute verschont. Dem Umstand, dass
jede Tragwand nur ein Auflager über
jedem Pfeiler besitzt, und die gleichzeitige
Hohlbelassung der Rohrständer dürfte
wohl diese Ueberlegenheit gegenüber
dem Iglawa-Viaduct zuzuschreiben sein.

Eine interessante Anordnung eiserner
Pfeiler — die sogenannten Pendel-
pfeiler, die bereits in mehreren bedeutenden Brücken in Schweden und Deutschland zur Aufstellung gelangt waren — erhielt in jüngster Zeit die Ueberbrückung
der Grillowitzer Strasse auf dem Bahnhofe der Kaiser Ferdinands-Nordbahn in Brünn. Jede Tragwand ruht
hier auf einem gusseisernen Ständer, die
alle in eine Reihe gestellt sind. Um diese
Ständer vor den seitlichen Verbiegungen
zu bewahren, welche die Verschiebungen
des Trägers infolge der Belastung und
Temperatur-Aenderung hervorrufen würden, sind am unteren und oberen Ende
jedes Ständers Kugelgelenke eingeschaltet, die seine freie Beweglichkeit

Abb. 174. [Kines-Viadukt nach Ausweichung der Mittelpfeiler. (Wien-Brünn.) (Nach einer Photographie von G. Fleszner, Brünn.]

und die Einstellung in die Richtung der wirkenden Kräfte ermöglichen.

Der Vollständigkeit halber sei noch erwähnt, dass ausser steinernen und eisernen Zwischenpfeilern auch Holzjoche zur Unterstützung von Eisenbrücken verwendet wurden, um die Herstellung der Objecte zu beschleunigen. Das erste solche Beispiel betrifft die Savebrücke bei Brod, die zweite Brücke mit hölzernen Jochen ist die über den Mitterbach und kalten Gang auf der Localbahn Schwechat-Mannersdorf. [Abb. 167.]

Die Gründung der Pfeiler, die bei grösserer Wassertiefe, bei tiefer Lage tragfähiger Schichten und grosser Stromgeschwindigkeit immer eines der schwierigsten Probleme gebildet hatte, fand erst die glücklichste Lösung, nachdem das Eisen diesem Zwecke dienstbar gemacht worden war. Die älteren Fundirungsverfahren mittels Spundwänden und Fangdämmen, die Pfahlgründungen und die Fundirung mittels Senkkasten, wurden im Eisenbahnbau bald abgelöst von den den Einflüssen des Hochwassers fast entrückten Fundirungen mittelst Luftdruck. Die erste pneumatische Fundirung in Oesterreich-Ungarn, das hierin Deutschland vorausging, war jene der Szegediner Theissbrücke unter C. von Ruppert im Jahre 1857, nachdem dieses Verfahren in England von Cubitt und Hughes beim Bau der Medway-Brücke bei Rochester erfolgreich benützt worden war. In Szegedin bestehen die sieben Röhrenpfeiler der doppelgeleisigen Brücke aus je zwei gusseisernen, 3 m weiten Cylindern, die mit Beton ausgefüllt und durch Verstrebungen aus Schmiedeeisen miteinander verbunden sind. Jede dieser Säulen wurde aus 1·5 m hohen, mittels Flanschen und Bolzen verbundenen Trommeln hergestellt. Zum Niederbringen dieser Cylinder erhielten sie schmiedeeiserne Aufsätze mit Luftschleusen, durch welche verdichtete Luft in die Röhren eintrat und das Wasser theilsdurch die untere Sohlenschichte, theils durch ein Steigrohr verdrängte. Der innere Raum der Cylinder war zugleich durch die Schleusen für die Arbeiter zugänglich gemacht, die das ausgehobene Material mittels Krahnen hinausbefördeten. Durch Auflegen von Eisengewichten bis 400 Centner und bei gleichzeitigem Aushub des Materiales im Inneren der Röhren, wurden dieselben in den Boden hinabgedrückt. Nach beendeter Fundirung erhielten sie eine Füllung mit Beton.

Die Mängel der Röhrengründung, welche vorwiegend in der grossen Zahl der zu versenkenden Röhren lagen und mit welchen die Schwierigkeiten des Versetzens der Schleuse behufs Aufbringung neuer Rohrtheile verbunden waren, vermied die Caisson-Fundirung, bei welcher der zu versenkende, unten offene eiserne Caisson den vollen Umfang des künftigen Pfeilers erhält. Zwei oder drei Röhren mit oben befindlichen Schleusen führen dem Caisson die comprimirte Luft zu und vermitteln den Zugang der Arbeiter. Die eigentliche Mauerung des Pfeilers erfolgt oberhalb der Caissondecke unter dem Schutze eines Blechmantels in dem Masse, als der Caisson niedersinkt. Dieses Verfahren, zuerst von dem deutschen Ingenieur Pfannmüller in den Fünfziger-Jahren ersonnen und von Brunel in England beim Bau der Saltash-Brücke zuerst verwendet, fand in Oesterreich in den Jahren 1868 bis 1870 beim Bau der Donaubrücken nächst Wien, und zwar zuerst bei jener der Staatseisenbahn-Gesellschaft, Eingang. Waren es anfangs französische, mit dieser neuartigen Bauweise vertraute Unternehmer, welche die ersten Fundirungsarbeiten in Oesterreich durchführten, so hatte man sich doch bald von dem fremden Einfluss befreit, so dass die pneumatischen Fundirungen in Steyregg, Mauthausen, Nussdorf, Floridsdorf, Krakau und die ausserordentlich zahlreich nachfolgenden, von heimischen Kräften allein besorgt wurden. Die pneumatischen Fundirungen fanden seither immer weitere Verbreitung und nicht weniger als 248 Land- und Zwischenpfeiler bei 55 Eisenbahn- und Strassenbrücken wurden seit dem Jahre 1871 von der österreichischen Unternehmung Klein, Schmoll und Gärtner mit Druckluft gegründet, wobei die grössten Erfolge mit dem Namen Gärtner, welcher in den letzten Jahren, nach Erlöschen der Firma, als Unternehmer allein steht, eng verknüpft sind.

Ein uraltes, schon von den Indern
erfundenes Fundirungsverfahren ist die in
neuester Zeit bei mehreren österreichischen
Bahnbauten in Verwendung gekommene
Brunnen-Fundirung, die ohne Zuhilfenahme verdichteter Luft vor sich
geht. Eine aus Holz oder Eisen bestehende, entsprechend weite, unten auf dem
Brunnenkranz aufruhende Trommel erhält
eine gemauerte Ausfütterung und wird
nun in die Flusssohle versenkt, indem
der innere Raum von oben ausgegraben
und ausgepumpt wird. Der Brunnen wird
nach entsprechender Versenkung auf etwa
2 m Höhe mit Beton gefüllt, auf welche
Betonsohle das eigentliche Mauerwerk
aufgeführt und durch Gewölbe mit dem
Mauerwerke des Nachbarbrunnens verbunden wird, um die entsprechend grosse
Auflage für den Pfeiler zu bilden. Ein
solches Verfahren empfiehlt sich besonders
bei mässiger Wassertiefe und ange-
schwemmtem Boden, der den Grab-
arbeiten kein grosses Hindernis bildet,
wobei einzelne Stämme, Steine oder
Findlinge eventuell durch Taucher leicht
beseitigt werden können.

Diese Voraussetzungen trafen wiederholt auf der Galizischen Transversal-Bahn zu, wo bei neun grossen
Brücken die Brunnen-Fundirung mit
grossem öconomischem Vortheil angewendet wurde. Die Fundirung erfolgte
immer im Trockenen, indem eine kleine
Inselschüttung bis über das Wasser aufgeführt wurde. Dieses Verfahren erwies
sich durch die Möglichkeit, auch in
grössere Tiefen hinabzugehen, gegenüber
den Fangdämmen als sehr vortheilhaft.

In einer richtig construirten Eisenbrücke ist jedem Gurttheil, jeder Strebe,
jedem Glied eine bestimmte Function
zugewiesen und die Dimensionen jedes
Theiles werden entsprechend den von
ihnen zu übernehmenden Kräften festgestellt. Daher bedarf auch kein Bauwerk einer so rechnerischen Durch-
dringung in allen Theilen wie die Eisenconstruction. Die Berechnung der Brücken
operirt dabei einerseits mit den äusseren,
von den Lasten herrührenden Kräften,
andererseits mit den inneren Spannungen,
in welche sich erstere umsetzen und mit welchen sie das Gleichgewicht halten müssen.

Es ist nun die Aufgabe der Statik,
aus den äusseren Kräften die innere
Spannung in den einzelnen Constructions-
theilen zu ermitteln. Seitdem es dem
Franzosen Navier im Anfang dieses
Jahrhunderts gelungen war, das Biegungs-
problem endgiltig zu lösen, war erst die
Baumechanik auf eine streng wissenschaftliche Basis gestellt. Seither wurde
der Brückenbau durch die ausserordentlich
fruchtbare Thätigkeit französischer, englischer und deutscher Forscher zu einer
umfangreichen Wissenschaft.

Abb. 166. Reconstruction der Iglawa-Brücke.
[Auswechslung der Gerüstenpfeiler.]

Namentlich die Statik der Stabsysteme
erhielt in der zweiten Hälfte unseres Jahrhunderts eine weitgehende Durchbildung,
wobei die Bestimmung der in den Constructionen auftretenden inneren Kräfte
entweder auf rein statischem Wege oder
mit Hilfe der Elasticitätsgesetze erfolgte.
Zur langen Reihe stolzer Namen, die in
Frankreich, England und namentlich in
Deutschland mit diesen geistigen Fortschritten enge verknüpft sind, stellte auch
Oesterreich die seinen bei. Gerstner
und Rebhann waren es in der ersten Zeit,
E. Winkler, Hrik, Steiner, Melan,
v. Ott, v. Leber u. A. in der jüngsten,
welche den theoretischen Brückenbau durch
ihre Leistungen bereicherten.

Bekanntlich bedarf es zur Berechnung
einer Brücke zunächst der Kenntnis jener
Anstrengung, welche das Material ohne
Gefährdung erträgt und der Belastungen,

welchen die Construction unterworfen werden soll. Um die Rechnung zu vereinfachen und sie allgemein auf gleiche Basis zu stellen, pflegt man dabei gewöhnlich statt der einzelnen, auf die Brücke einwirkenden Raddrücke eine gleichförmig vertheilte Belastung anzunehmen, die mit jener bezüglich der veranlassten maximalen Beanspruchungen äquivalent ist. Beide Factoren, die Material-Inanspruchnahme sowohl als auch die Belastungsannahmen, machten ihre eigene Entwicklung durch.

Stephenson und Fairbairn hatten im Jahre 1847 durch den Versuch mit Brücken aus Guss- und Schmiedeeisen einiges Licht in das Verhalten des Materials hineingetragen. In Oesterreich hatte im Jahre 1854 das Handelsministerium zum ersten Mal sein Aufsichtsrecht bezüglich der Bahnbrücken dahin geltend gemacht, dass es eine Belastung von 4130 kg für das laufende Meter als Basis der Brückenberechnung festsetzte. Da aber diese Bestimmung nur für specielle Fälle Geltung hatte und überdies für die anzunehmenden Grenzspannungen des Materials keinen Anhaltspunkt enthielt, trug sie nicht dazu bei, den Willkürlichkeiten in den verschiedentlichen Annahmen eine Grenze zu setzen und geordnete Zustände herbeizuführen. Manche Bahnen schränkten die Inanspruchnahme des Materials womöglich ein, wogegen wieder die Neville- und Schifkornbrücken Inanspruchnahmen zeigten, die bis zur Elasticitätsgrenze hinanreichten. Maniel legte bei der Staatseisenbahn seinen Berechnungen gleichmässige Belastungen von 4000 kg für das laufende Meter, Hornbostel auf der Elisabeth-Bahn bei grossen Brücken von 4710 kg, Etzel auf der Südbahn von 5690 kg zugrunde.

Um diesen ungeordneten Zuständen ein Ende zu machen, regte Rebhann schon im Jahre 1856 im Oesterreichischen Ingenieur-Verein dazu an, die in den verschiedenen Staaten bestehenden Bestimmungen und Uebungen zu sammeln, um für ähnliche Vorschriften eine Grundlage zu gewinnen. Erst im Jahre 1865 hatten erneuerte Anregungen von Hornbostel den Erfolg, dass sich im Schosse des Vereines eine Commission bildete, die auf

Grund von Studien der Regierung Anträge für eine Brücken-Verordnung erstattete. Der im Jahre 1869 erfolgte Brückeneinsturz bei Czernowitz drängte die Regierung zu entscheidenden Massnahmen und führte zur Brücken-Verordnung vom 30. August 1870, mit welcher den herrschenden Unbestimmtheiten endlich ein gewisses Ziel gesetzt war. Die Verordnung schrieb vor, dass den Berechnungen eine gleichmässig vertheilte Last zugrunde zu legen sei, welche mit den wachsenden Brückenlängen von 30—41 t pro laufenden Meter abgestuft war. Die zulässige Inanspruchnahme des Schmiedeisens wurde fixirt, Gusseisen »sollte im Allgemeinen, insbesondere in den freitragenden Constructionen, nicht auf Zug beansprucht werden«. Die Erprobung der Brücke sollte im Allgemeinen durch Aufbringung der gesetzlich bestimmten gleichmässigen Belastung erfolgen und zur Erprobung mit rollender Last waren Züge mit zwei der schwersten Locomotiven bestimmt, die erst langsam, dann schnell die Brücke zu befahren hatten.

Die Verordnung blieb etwas hinter den Vorschlägen des Ingenieur-Vereins, welcher grössere Belastungsannahmen bestimmte, zurück. Auch hatten sich dort schon Stimmen gegen die Berechtigung einer Belastungstabelle ausgesprochen, deren gleichmässige Lasten in ihren Wirkungen hinter den immer wachsenden Achsdrücken zurückblieben. Endlich zeigte die Verordnung bezüglich der Verwendung des Gusseisens eine weitgehende Toleranz, von welcher allerdings in der Folge kein Missbrauch gemacht wurde, da ja das gemischte System aus Guss- und Schmiedeeisen so sehr in Misscredit gekommen war.

In der That wurde die Verordnung bald durch den Bau immer schwererer Locomotiven und durch die wachsende Beschleunigung der Züge überholt. Wenn auch einzelne Bahnen die Constructionen auf Grund idealer schwererer Belastungszüge rechneten und auf diese Weise den wirklichen Forderungen anpassten, so hielten sich doch andere Bahnen nur an die durch die Verordnung zugelassenen Grenzen. In den Achtziger-Jahren erkannte man denn auch die Noth-

wendigkeit einer Revision und Ver-
schärfung der erlassenen Bestimmungen,
und, gedrängt durch den Brückeneinsturz
bei Hopfgarten, erschien am 15. September
1887 eine neue Brücken-Verordnung
des Handelsministeriums, welche,
auf exacten Forschungen beruhend und
den gestiegenen Locomotiv-
Gewichten Rechnung tragend, an die
Berechnung, Erprobung und Erhaltung
der Brücke, ungleich strengere Forderungen stellte. Für die Berechnung der
Balkenträger ist wieder eine den einzelnen Raddrücken in ihren Wirkungen
äquivalente, gleichmässige Last
vorgeschrieben, welche aber die der früheren Verord-
nung bedeu-
tend übersteigt
und entspre-
chend der un-
gleichen Wir-
kungsweise der
biegenden
u. scheeren-
den Kräfte,
für die Gurten
und für die
Wandfüllungs-
glieder verschieden bemessen ist. Der
Berechnung anderer Brücken-Systeme, als
der einfachen und continuirlichen Balkenträger, sind die wirklichen Raddrücke eines
mit drei Locomotiven bespannten Zuges mit
dem Maximal-Achsdrucke von 13 t — bei
kleinen Oeffnungen mit 14 t — zugrunde
zu legen. Die Inanspruchnahme des
Schweisseisens wird nach der Länge der
Construction mit 7–900 kg pro 1 cm²
reiner Querschnittsfläche festgelegt. Gusseisen darf keinen Haupttheil der freitragenden Construction bilden und nur sehr
gering beansprucht werden. Auch für die
Berechnung der anderen tragenden Theile
als der eigentlichen Hauptträger, für die
Berücksichtigung des Winddruckes u. s. w.
sind genaue Normen angegeben. Die Erprobung grösserer Brücken erfolgt durchwegs durch Belastungszüge, die bei Erprobung mit ruhender Last bis zu drei, mit
rollender Last zwei Locomotiven erhalten,
wobei die auftretenden Durchbiegungen
die berechneten Senkungen nicht überschreiten dürfen. Die Bahnverwaltungen

Abb. 197. Brücke über den Mitterbach.
[Schwechat-Mannersdorf.]

werden in der Verordnung verpflichtet,
periodische Untersuchungen und
Erprobungen sowohl der neuen als
auch der alten Brücken vorzunehmen und
über das Ergebnis der Prüfungen zu berichten. Bei ungünstigen Ergebnissen sind
ehestens sanirende bauliche Massnahmen
zu treffen, so dass im Interesse der
öffentlichen Sicherheit die vollständigste
Verlässlichkeit aller Eisenbahnbrücken
verbürgt ist.

Die permanenten und periodischen Untersuchungen erschienen
umsomehr geboten, als der Einsturz der
Brücke bei Hopfgarten nicht wie bei
jener der Pruthbrücke auf die Mangel-
haftigkeit des
Constructions-
Systems an
sich, sondern
auch zum Theil
auf Material-
fehler zurück-
zuführen war,
die den bis da-
hin festgehal-
tenen Glauben
an die Unver-
wüstlichkeit
eiserner Brücken zerstörten.

Den mit den gestiegenen Loco-
motiv-Gewichten erhöhten Raddrücken,
deren Vermehrung von den Interessen
öconomischerer Zugsförderung dictirt
war, konnten natürlich die unter geringeren Inanspruchnahmen construirten
alten Brücken nicht völlig genügen. Es
ergab sich daher die Nothwendigkeit,
die bestehenden Constructionen zu verstärken, eine Aufgabe, die durch die
Forderung, den Betrieb hiebei nicht
einzuschränken, bei eingeleisigen Bahnlinien ausserordentlich erschwert, oft viel
Scharfsinn und ungewöhnliche Arbeits-
weisen verlangte und für die der einzuschlagende Weg in jedem einzelnen
Falle, den gegebenen Verhältnissen entsprechend, erst aufgesucht werden musste.
Namentlich der k. k. Staatsbahn-
Verwaltung, welche viele Bahnen mit
dürftigen Constructionen übernommen
hatte, und der Südbahn, die zahlreiche
aus der ersten Bauperiode stammende
Gitterbrücken mit Flacheisenstäben besass,

war damit eine grosse Thätigkeit zugewachsen.

Die Verstärkung der Construction bestand vielfach blos im Annieten neuer
Theile aus Schmiedeeisen oder Martinflusseisen an die einzelnen Brückenglieder
[vgl. Abb. 168]; dagegen musste bei den
alten Gitterbrücken, die keinen kräftigen
Gurt besassen, die Verstärkung durch sinnreiche Bildung eines neuen Gurtes, durch
Einziehen neuer Streben, Anbringen verticaler Absteifungen u. s. w. erzielt werden.
Alle diese Arbeiten wurden von Häng-
gerüsten aus vorgenommen.

Die im spannungslosen Zustand aufgenieteten Theile trugen nun blos zur Aufnahme der durch die Verkehrslasten
in der ganzen Construction erzeugten
Spannungen bei, während die alten Con-
structionstheile im unbelasteten Zustand neben ihrem Eigengewicht auch
das der aufgenieteten, verstärkenden
Theile übernehmen mussten. Der grösste
Effect der Verstärkung wäre natürlich
nur dann erzielt worden, wenn die neuen
Glieder sich vollständig in die Wirkung
der andern getheilt hätten und daher die
ganze Construction während der Zeit der
Verstärkung in spannungslosen Zustand
versetzt worden wäre. Das hätte jedoch die
Errichtung eines gesonderten Gerüstes und
die Einführung von Entlastungshebeln
nöthig gemacht, um die Brücke von der
Wirkung des Eigengewichtes zu be-
freien, ein Vorgang welcher von der
Kaiser Ferdinands-Nordbahn bei
der Verstärkung der 35 m langen Biala-
brücke der Linie Bielitz-Saybusch beobachtet, aber sonst wegen der grossen
Kosten vermieden wurde.

Die Nordbahn und die Staatseisenbahn-Gesellschaft haben es
übrigens in sehr vielen Fällen vorgezogen, statt der Verstärkung der Brücken
eine Auswechslung durch eine neue Construction vorzunehmen und den Vortheil
einer neuen Brücke gegenüber der blossen
Verstärkung mit grösseren oder geringeren
Mehrkosten zu erkaufen.

Zuweilen war es auch möglich, die Verstärkung der Construction durch Einbau
eines neuen Mittelpfeilers zu erzielen.
Bei der Egerbrücke nächst Laun,
im Zuge der k. k. Staatsbahnlinie Prag-

Moldau und bei den Olsabrücken
der Kaschau-Oderberger Bahn hingegen, fügte man wieder einen neuen
Mittelträger ein und brachte denselben mit der bestehenden Construction
in solide Verbindung.

Jene Theile, welche die Fahrbahn
tragen, wurden in gleicher Weise, wie
die Blechträger, durch Aufnieten von Lamellen etc. verstärkt; war dies jedoch
nur schwer möglich, wie bei Schwellen-
trägern aus Walzeisen oder aus anderen
Ursachen, so brachte man das Ver-
stärkungsmaterial an der Unterseite
der Träger in verschiedener Form an.
So wurden beispielsweise die Längsträger bei der Moldaubrücke der
Prager-Verbindungsbahn, jene
unter dem befahrenen Geleise der
Tullner Donaubrücke sowie bei noch
anderen Objecten in Hängewerke
umgestaltet.

Wie energisch und zielbewusst in der
Verstärkung der Brücken vorgegangen
wurde, welchen Umfang sie nahm und
welche Kosten sie erforderte, möge die
Thatsache beweisen, dass die k. k. Staats-
bahnen bereits im Jahre 1887 233
Blechwandconstructionen und 89 Glieder-
träger verstärkt hatten und bis zu Ende
des Jahres 1897 auf ihrem Netze im
Ganzen 1681 Brückenöffnungen, mit einem
Aufwand von 3,200.000 fl., den neuen
Forderungen angepasst waren. Die Süd-
bahn verstärkte in derselben Zeit 82
Gitter- und 648 Blechbrücken mit zu-
sammen 1336 Oeffnungen, mit einem
Aufwand von 2,500.000 fl.

Die Geschichte der Eisenconstructionen,
die Entwicklung der Brückentragwerke ist
eng verknüpft mit dem jeweilig herrschenden Brückenmaterial, dessen innere
Eigenschaften für die Construction bestimmend sind. Das geringe Widerstands-
vermögen des ursprünglich allein verwendeten Gusseisens gegen Zugkräfte
führte anfangs zum Bau der Bogenbrücken, welche Constructionsform die
wirksamen Eigenschaften des Gusseisens
am besten ausnützt und erst die Einführung des zähen, Druck und Zug
gleichmässig widerstehenden Schmiede-
oder Schweisseisens rief andere Typen
ins Leben, die nach dem völligen Rück-

tritt des Gusseisens noch an Vielseitigkeit gewonnen.

Von den Neville- und Schifkorn-
trägern abgesehen, die doch nur eine
vorübergehende Episode im Brückenbau
bedeuten, war das Schweisseisen von
der Mitte der Fünfziger- bis zu Anfang
der Neunziger-Jahre das wesentlichste
Constructionsmaterial unserer Brücken.

Die aus dem Schweisseisen erzeugten
Rohschienen werden zu Packeten geschlichtet, die sich beim Walzen zu einem
festen Körper mit schmigem Gefüge vereinigen. Werden diese Packete beim Walzen parallel gelegt, so erhält man das Uni-
versal-Eisen, welches in der Walzrichtung entsprechend der Faserlage eine
grössere Festig-
keit und Dehn-
barkeit besitzt als
in der Querrich-
tung, während
bei der kreuz-
weisen Lage der
Rohschienen das
Blech gewonnen
wird, dessen
Festigkeit und
Dehnbarkeit nach
beiden Richtun-
gen nahezu gleich

Abb. 168. Verstärkung der Traisenbrücke in St. Pölten.

ist. Bleche wurden im Brückenbau in
den früheren Jahren fast nie gefordert,
welche Unterlassung sich bei minderwerthigen Schweisseisensorten oft ungünstig bemerkbar machte. Erst bei der
Einführung der krummgurtigen Systeme
wurde auf die Verwendung von Blechen
zum Anschluss der Fachwandglieder an
die Gurten, grösserer Werth gelegt.

Während in der ersten Zeit der
eisernen Brücken wegen der unzu-
reichenden Leistungsfähigkeit der heimischen Werke auch deutsche, französische
und belgische Hütten zu den Lieferungen
herangezogen werden mussten, wurden
später die einheimischen Eisensorten allein
herrschend. Unter diesen zeichnete sich
vornehmlich das steirische Eisen durch
seine Zähigkeit und Dehnbarkeit bei
gleichzeitiger Festigkeit aus. Vorzüge, in
welchen ihm die mährischen und schlesi-
schen Sorten nahe standen. Das böhmische
Eisen dagegen — wie das belgische —
verrieth oft erhebliche Sprödigkeit, also
geringere Zähigkeit, ein Mangel, auf
welchen das in neuerer Zeit zuweilen
beobachtete Rissigwerden von Stehblechen und Winkeleisen dieser Provenienz zurückzuführen ist.

Auf das Verhalten des Eisens ist
nämlich neben der Art der Erzeugung
und Verarbeitung vor Allem die Beimen-
gung gewisser Bestandtheile, wie Kohlen-
stoff, Mangan, Silicium, Phosphor und
Schwefel von massgebenden Einfluss. Dabei stehen die Festigkeit, d. i. der
Widerstand gegen Bruch mit der Zähigkeit des Materials, d. i. seiner Schmiedbar-
keit im warmen und seiner Dehnbarkeit im
kalten Zustande, in einem fast gegen-
sätzlichen Verhält-
nis, so dass
die durch gewisse
Bestandtheile her-
vorgerufene Stei-
gerung des Einen
von einer Minde-
rung des Andern
begleitet ist.

Es war daher
immer eine schwie-
rige Aufgabe der
Hüttentechnik,
zur Erzielung der
grössten Widerstandsfähigkeit des Eisens
beide Factoren auf einer gewissen Höhe
zu halten, da die Bahnverwaltungen in
ihren, mit der Zeit immer ausgebil-
deteren Bedingnisheften nach beiden
Richtungen ihre Forderungen stellten.
Etzel hatte schon im Jahre 1858 Bedin-
nisse für Eisenbrücken aufgestellt, in denen
er von dem Walzeisen eine Festigkeit
von 2500 kg pro cm², ein schmiges Gefüge, feinen, zackigen, glänzenden Bruch
verlangte. Nägel, Nieten, Schrauben,
Bolzen und Schliessen mussten eine
Zugfestigkeit von 3750 kg pro cm²
aufweisen und beim Umbiegen unter
scharfen Winkeln und beim Wiedergerade-
richten keine Risse zeigen. Schrauben-
und Nietlöcher mussten gebohrt werden.

Die späteren Bedingnishefte der Bahnen
fussten auf den vorgenannten, so beispielsweise die der k. k. Staatsbahnen vom
Jahre 1875, die unter Anderm für das
Schmiedeeisen eine Festigkeit von 3800 kg

pro cm² und bei einem Zug von 1420 kg
pro cm² noch eine völlig elastische Formänderung forderten.

Das in den Sechziger-Jahren eingeführte Flusseisen, das nicht wie das
Schweisseisen im teigigen, sondern in
flüssig geschmolzenem Zustande in Con-
vertern oder in Flammöfen in grösseren
Mengen auf einmal erzeugt wird — begann frühzeitig, wenn auch noch ganz
vereinzelt, in Holland als Brückenmaterial
eine Rolle zu spielen.

Die hohe Festigkeit und Dehnbarkeit
des Flusseisens rief auch in Oesterreich
bald den Wunsch wach, das Flussmaterial
im Brückenbau zu verwenden, wozu die
genannten holländischen Brücken, namen-
lich die 1868 über den Leck bei Kuilen-
burg erbaute Brücke ein Vorbild bot.
Aber ein Misstrauen gegen die Verlässlichkeit des Flusseisens hielt noch lange
dessen Einführung zurück, ein Misstrauen,
zu dem die ungünstigen Ergebnisse der
Versuche, die Harkort im Jahre 1876
mit Schweiss- und Flusseisenbrücken angestellt hatte, wesentlich beitrugen.

Im Jahre 1881 wurden aber zum ersten
Male auf der Linie Erbersdorf-Wür-
benthal von der k. k. Staatsbahn-
Verwaltung eine Reihe von Brücken in
weichem Bessemerstahl, richtiger gesagt,
in Bessemereisen ausgeführt, welche bis
heute ein tadelloses Verhalten zeigen. Indessen sprach sich doch die im Jahre 1883
vom Ministerium einberufene technische
Conferenz gegen die Anwendung des
Flusseisens aus, da sie dieses Material insbesondere mit Rücksicht auf die genannten
Harkort'schen Versuche und unter Hinweis auf einen Unfall auf der Talfer-
brücke der Bozen-Meraner Bahn,
wo zwei entgleiste Wagen einige aus
Flusseisen erzeugte Wandfüllungsglieder
zerbrachen und diese sich in der Nähe
der gestanzten Nietlöcher brüchig erwiesen
— als zu wenig verlässlich erachtete.

Die Fortschritte in der Hüttentechnik,
vor Allem die Einführung des basischen
Verfahrens, das dem Flusseisen, namen-
lich dem aus phosphorhältigen Erzen
stammenden, eine grössere Zähigkeit verleiht, ferner die ausserordentlich eingehenden Untersuchungen über das Verhalten des Flussmaterials, die in Oester-

reich in letzter Zeit gepflogen wurden,
haben die Bedenken gegen dessen Verwendung im Brückenbau endgiltig behoben.

Im Oesterreichischen Inge-
nieur- und Architekten-Verein
war nämlich im Jahre 1889 ein Comité aus
Fachmännern, mit Bischoff v. Klammstein als Obmann an der Spitze, eingesetzt
worden, das auf Grund einer Expertise von
Sachverständigen, auf Grund eingehender
Studien der Hüttenprocesse und der durchgeführten 216 Güteproben verschiedenen
Materials, auf Grund von Belastungs- und
Bruchproben verschiedener Träger, nach
chemischen Untersuchungen und mathe-
matischen, theoretischen Erörterungen im
Jahre 1891 zu dem bedeutungsvollen Ergebnis gelangte, dass das weiche basische Martinflusseisen zur Herstellung von Brückenconstructionen als
vollkommen geeignet anzusehen
sei, wobei jedoch für seine Verwendung zugleich die Einhaltung gewisser Festigkeits-
und Dehnungsgrenzen empfohlen wurden.
Das Comité erkannte ferner, dass die Anarbeitung der Träger aus Flussmaterial
ebenso wie bei schweisseisernen Trägern
erfolgen könne, dass selbst das — wenn
auch nicht empfehlenswerthe — Stanzen
der Nietlöcher sich zulässig erweise, nur
werde dabei eine maschinelle Nach-
bohrung nothwendig.

Hiemit war das weiche basische
Martinflusseisen endgiltig als Brückenmaterial anerkannt, welches nun durch
seine bedeutendere Festigkeit und Dehnbarkeit aus technischen und wirthschaftlichen Gründen das Schweisseisen so
rasch zu verdrängen anfing, dass dieses
gegenwärtig nur in einzelnen besten
Sorten für die tragenden Theile im
Brückenbau verwendet wird.

Die grundsätzlichen Bestimmungen, die das k. k. Handelsministerium im
Jahre 1892 für die Lieferung und Aufstellung eiserner Brücken auf Grund der
Ergebnisse der erwähnten Untersuchungen
erlassen hat, stellen an die Beschaffenheit
und Widerstandsfähigkeit des Materials, an
die Bearbeitung der Eisensorten, an die
Nietung und sonstige Ausführung äusserst
eingehende Forderungen; insbesondere
werden die verschiedensten Erprobungen

Abb. 169. Viaduct Stranov während der Auswechselung.

bezüglich der Festigkeit und der Zähigkeit des Materials verlangt, um der Sicherheit der Bauwerke im weitestgehenden Masse Genüge zu leisten. So darf sich die Bruchfestigkeit des in Theilen des Tragwerkes benützten basischen Martinflusseisens in der Walzrichtung nur zwischen 3500 kg bis 4500 kg pro cm^2 bewegen, wobei die Dehnung eines Probestabes von 5 cm^2 Querschnitt bei 20 cm Markenentfernung im erstern Falle 28, im zweiten 22% betragen muss; für Schweisseisen sind diese Grenzen mit 3300 bis 3600 kg bei einer Dehnung von 20 bis 12% festgesetzt. Um seine Zähigkeit zu erweisen, muss das Material weiters unter den Biegepressen die erdenklichsten Verstauchungen ertragen können ohne Anrisse zu zeigen; so muss ein 50 bis 80 mm breites Flacheisen aus Martinflusseisen im kalten Zustande eine Biegung um 180° aushalten, wobei bei weicheren Sorten die Stabschenkel vollständig aufeinander gedrückt werden, bei den härteren aber die Abbiegung über eine Rundung vom Durchmesser der Stabstärke erfolgt. Auch im verletzten Zustande, nach Vornahme einer Einkerbung mittels eines scharfen Meissels senkrecht auf die Walzrichtung, bis auf $1/10$ der Stabdicke, muss ein solcher Stab starke Abbiegungen ertragen, ohne einen plötzlichen Bruch zu zeigen. Nietlöcher müssen heute durchwegs gebohrt werden.

* * *

An den Erfolgen, welchen der Bau eiserner Bahnbrücken in Oesterreich aufzuweisen hat, haben die heimischen Brückenbau-Anstalten, die ihre Anlagen stets auf der Höhe der Zeit hielten, ihren verdienten Antheil.

Wie schon erwähnt, waren anfangs, als die österreichische Eisenindustrie noch nicht genügend leistungsfähig war, um den rasch angewachsenen Forderungen zu genügen, die Bahnverwaltungen auf die Mithilfe ausländischer Werke angewiesen. So waren in den Jahren 1868 bis 1874 die Eisenconstructionen mehrerer Nordwestbahn-Brücken von Benkiser in Pforzheim und Ludwigshafen, speciell die grosse Donaubrücke der Nordwestbahn von Harkort auf Harkorten in Westphalen geliefert worden; die grosse Tullner Donaubrücke und viele andere Constructionen wurden wieder von F. Gail & Comp. und Fives Lille ausgeführt u. s. w.

In der zweiten Hälfte der Siebziger-Jahre war indessen die österreichische Eisenindustrie derart erstarkt, dass sich der Brückenbau in unserer Monarchie auf eigene Füsse stellen konnte und seither alle Eisenbrücken inländischer Provenienz sind.

Einige der ältesten Brückenbau-Anstalten sind bereits verschwunden und leben nur in ihren Werken fort; so die Maschinenfabrik Brik in Simmering, welche auf den Süd- und Staatsbahn-Linien eine rege Thätigkeit entwickelte, die Wiener Maschinenfabriks- und Waffenfabriks-Gesellschaft, die Hernalser Waggonfabrik und Eisenconstructions-Werkstätte C. von Milde, welche die Hängebrücke über den Donaucanal durch die Bogenbrücke ersetzte, die Brückenbau-Werkstätte der Steirischen und Hüttenberger Eisen-Industrie-Gesellschaft in Zeltweg und Klagenfurt, deren Constructionen wir noch in der Thalstrecke der Arlbergbahn, beziehungsweise auf der Strecke Unter-Drauburg-Wolfsberg sehen, Sigl und Dolainsky in Wien und Martinsen in Biedermannsdorf.

Heute zählen wir in Oesterreich eine Reihe grosser Brückenbau-Anstalten, deren achtunggebietende Leistungen uns in allen Theilen der Monarchie entgegentreten und deren älteste mit der Entwickelung unserer Brücken enge verwachsen sind.

Das Eisenwerk Zöptau in Mähren eröffnete seine Thätigkeit in den Vierziger-Jahren mit der Herstellung von Kettenbrücken; im Jahre 1858 ging von dort die erste Schifkornbrücke über die Iser bei Raka aus hervor, der noch 163 Constructionen desselben Systems in kurzer Zeit folgten. Bis heute ist die Zahl der von Zöptau gelieferten Bahnbrücken auf 1436 und deren Gewicht auf 26.800 t angewachsen.

In der Metropole der österreichischen Eisenindustrie, in Witkowitz, begann der Bau eiserner Brücken schon mit den ersten Nevilleträgern; auch die historische Kettenbrücke über den Donaucanal war hier hervorgegangen. Die mit den besten Hilfsmitteln ausgestattete Werkstätte, die unter vielen der grössten Constructionen auch die Donaubrücke der Kaiserin Elisabeth-bahn bei Steyregg lieferte, erreicht jetzt jährliche Leistungen bis zu 6000 t.

Die Brückenbau-Anstalt Friedek der erzherzoglichen Industrial-Verwaltung in Teschen führte sich im Jahre 1868 mit dem Bau von Nordbahn-Brücken zwischen Standing und Schönbrunn ein und erreichte bis zum Schlusse des Jahres 1897 eine Leistung von 1456 Bahnbrücken im Gewichte von 31.100 t.

Die grosse Donaubrücke der Kaiser Ferdinands-Nordbahn und die grossen Brücken der galizischen Bahnen geben nebst vielen andern ein ehrendes Zeugnis für die Thätigkeit der vorbenannten drei Brückenbau-Anstalten.

In Böhmen, der zweitgrössten Heimstätte österreichischer Eisen-Industrie, ist auch der Sitz mehrerer bedeutender Brückenbau-Anstalten. Die Adalbertshütte bei Kladno, seit dem Jahre 1867 im Brückenbau thätig, ging im Jahre 1886 als Prager Brückenbau-Anstalt an die böhmisch-mährische Maschinenfabrik in Lieben bei Prag über. Sie hat bis heute 1278 Constructionen für Bahnbrücken mit einem Gewichte von 22.370 t geliefert und wechselte auch unter schwierigen Verhältnissen die Schifkornbrücken des Stranover-Viaducts der Böhmischen Nordbahn [Abb. 169 und 170] sowie des grössten Klabawa-Viaductes der Böhmischen Westbahn bei Chrast aus. [Vgl. Abb. 144.] In Gemeinschaft mit der seit den Sechziger-Jahren thätigen Prager Maschinenbau-Actiengesellschaft vormals Ruston & Comp., stellte sie die

Abb. 170. Auswechslung des Viaductes bei Stranov.

Eisenconstruction der grossen Moldaubrücke bei Červena bei, deren gesammte Montirung auf dem Bauplatz sie besorgte. Die Brückenbau-Anstalten der Brüder Prášil in Lieben bei Prag und von E. Skoda in Pilsen sind als jüngste rührige Firmen in Böhmen hinzugetreten.

In Wien hat die bekannte Brückenbau-Anstalt Ig. Gridl seit dem Jahre 1870, wo sie die ersten Brücken für die Franz Josef-Bahn lieferte, eine rege Thätigkeit entwickelt; ebenso sind aus dem Etablissement von R. Ph. Waagner seit 1884 eine grössere Zahl Eisenbrücken hervorgegangen, und in neuerer Zeit sind noch die Firmen Albert Milde & Comp. und Anton Biro als Brückenbau-Anstalten aufgetreten. Den Werkstätten der Alpinen Montan-Gesellschaft in Graz aber — der Nachfolgerin der in den Jahren 1864 bis 1884 in Betrieb gewesenen angesehenen Brückenbau-Anstalt von Körösi & Comp. in

Andritz bei Graz, entstammt unter Anderen der 120 *m* lange Halbparabelträger des Trisana-Viaductes auf der Arlbergbahn.

* * *

Wir sind am Schlusse unserer Betrachtungen angelangt. Wenn wir auch nur mit flüchtigen Streiflichtern, die einzelnen Stadien in der Entwicklung des Brückenbaues erhellen konnten, so gelang es doch in dem wechselvollen Bilde, das an uns vorüberzog, jene reiche, vielseitige Thätigkeit zu erkennen, die in unserem Vaterlande auf diesem wichtigen Gebiete in verhältnismässig kurzer Zeit entwickelt wurde.

Der mächtige Verkehr, der seit einigen Decennien die Völker der Erde durch die wachsenden Bahnnetze in immer steigendem Masse mit einander verbindet, hat nicht nur den Austausch der Güter, sondern auch den der Ideen beschleunigt. Die Wissenschaft kennt keine Grenze und

jeder fruchtbringende Gedanke, der in einem Lande erstellt, wird rasch in fernsten Gegenden heimisch. So ist auch der österreichische Brückenbau an den grossen Errungenschaften erstarkt, die ihm aus englischen, französischen und deutschen Landen zuströmten, andererseits zeigt uns die Geschichte unseres heimischen Brückenbaues, dass manch werthvoller Erfolg in Oesterreich gezeitigt wurde und Oesterreichs Techniker redlichen Antheil haben an den grossen Fortschritten, die die Kunst des Brückenbaues im Allgemeinen bisher erreicht hat. Die gewaltigen Steinbrücken unserer Gebirgsbahnen zählen zu den kühnsten Bauwerken dieser Art und unsere grossen Eisenbrücken, sie zählen mit in dem Wettstreite der Errungenschaften auf diesem Gebiete.

Oesterreichs Eisenbahnbrücken geben beredtes Zeugnis von der hohen Stufe, auf welcher die vaterländische Kunst steht, die auch auf diesem Gebiete mit steigenden Erfolgen stets vorwärts strebt.

Bahnhofsanlagen.

Von

Ernst Reitler,

Ingenieur der Kaiser Ferdinands-Nordbahn.

Bahnhofsanlagen.

DIE Bahnhöfe sind die Herzkammern im Organismus der Eisenbahnen. Sie geben dem Leben, das in vielverzweigten Adern kreist, den stets erneuten Impuls, von ihnen geht es aus, zu ihnen kehrt es zurück.

Für das grosse Publicum erschöpft sich freilich der Begriff des Bahnhofes in der Vorstellung des stattlichen Aufnahmsgebäudes, das die Reisenden gastlich empfängt, des Perrons, von dem aus sie sich dem sichern Wagen anvertrauen, und der wenigen Geleise, auf denen die Züge in der schützenden Halle kommen und gehen. Nur wenige sind auch mit den schmucklosen Magazinen und Rampen, den Lagerplätzen und Ladegeleisen vertraut, die sich in ermüdender Gleichförmigkeit längs weitgedehnter Zufahrtsstrassen hinziehen, und in denen sich die tausend kleinen Quellen des Güterverkehrs zu einem gemeinsamen Bette vereinigen. Wohl alle aber ziehen mit gleichgiltigem Blick an jenen nüchternen Baulichkeiten vorüber, die den ausfahrenden Zug oft noch eine weite Strecke begleiten, an den schwerfälligen Remisen, in welchen sich Wagen an Wagen drängt, an den russigen Heizhäusern mit qualmenden Locomotiven, an den aufragenden Wasserthürmen und hochgestapelten Kohlenlagern, an Werkstätten und Dienstgebäuden, an den fast unabsehbar aneinander gereihten Geleisen, in denen die pustende Maschine in ewigem Einerlei wie planlos ganze Zugtheile

vor- und rückwärts schiebt, bis endlich Signalmaste und der letzte Weichenthurm den Blick auf die offene Strecke frei geben.

Alle diese verstreuten Theile des Bahnhofes, die Verkehrsanlagen, welche den eigentlichen Wechselverkehr zwischen Bahn und Publicum in Personen- und Güterbahnhöfen vermitteln, die Betriebsanlagen, in welchen der innere Dienstbetrieb der Bahn, die Ausrüstung der Locomotiven mit Wasser und Kohle, die Bereithaltung und Reparatur des gesammten rollenden Materials, die Auflösung und Zusammenstellung der Züge, die Aufsicht und Verwaltung besorgt wird, sie alle, die in ihrer Gesammtheit die Bahnhofsanlagen bilden, sind durch einen leitenden Gedanken mit einander vereint. Und von ihrer zweckmässigen Durchbildung und entsprechenden gegenseitigen Anordnung hängt die gedeihliche Lösung der vielseitigen Aufgaben des Bahnhofes ab.

Indem nun diese Aufgabe selbst im Laufe der Zeit mit der Art und Grösse des Verkehrs wechselt und wächst, muss auch die Geschichte der Bahnhofsanlagen mit jener des Verkehrs parallel laufen. Es lassen sich denn auch in ihrer Entwicklung alle jene grossen Einflüsse wiedererkennen, welche für das Verkehrsleben, für das Bahnwesen überhaupt von Bedeutung wurden: der Einfluss fremdländischer Vorbilder, die potenzirende Einwirkung eines aus-

21*

gedehnten und in sich geschlossenen Netzes, der belebende Einfluss wirthschaftlich günstiger Epochen, die steten Fortschritte der Technik und das Streben nach immer grösserer Sicherheit und öconomischerer Gebarung. Ja, man darf behaupten, dass, — selbst wenn uns keine anderen Documente für die Geschichte der österreichischen Eisenbahnen verblieben wären als die nüchternen geometrischen Grundrisse der Bahnhöfe in ihren einzelnen Phasen vom Anfang bis zu ihrer heutigen Ausgestaltung, — wir im Stande wären, aus den todten Linien allein die lebensvolle Entwicklung des Verkehrswesens in grossen Umrissen herauszulesen, wie wir aus dem starren Gestein die Aufeinanderfolge erdgeschichtlicher Epochen und das Aufsteigen des organischen Lebens zu erschliessen vermögen.

Wie die grossen Bahnhöfe, so zeigen auch die kleineren Stationen bis hinunter zu den bescheidenen Haltestellen eine von ähnlichen Einflüssen beherrschte schrittweise Ausbildung. Oft ändern sie völlig ihren Charakter und überschreiten die fliessende Grenze, die sie von den Bahnhöfen scheidet. Die wachsende Bedeutung, die sie dem benachbarten Orte verleihen, gibt ihnen dieser reichlich zurück. Die fortschreitende Verzweigung des Netzes erhebt sie zu wichtigen Knotenpunkten; durch die steigende Geschwindigkeit, durch die geänderte Betriebsweise, durch den Wandel in der Richtung wichtiger Handelswege erfahren sie eine durchgreifende Umwerthung, die in ihrer baulichen Anlage zum Ausdruck kommt.

I. Der Stationsbau im I. Decennium der Eisenbahnen.*)

Die Stationen der ersten Eisenbahnen erzählen von einer eigenartigen Anpassung an überkommene Einrichtungen, die selbst die revoltirende Idee des Dampfbetriebes bei ihrem Inslebentreten durchmachte. Die alte gemächliche Betriebsführung der Post, die trotz der durchgehenden Route gewissermassen von Station zu Station erfolgte, in jeder die Zahl der Beiwagen dem fallweisen Bedarf anpassen und durch den Wechsel der Pferde frische Kräfte in den Dienst stellen liess, sie war auch in die ersten Eisenbahnen mit herübergenommen worden und blieb durch eine Reihe von Jahren für die Anlage der Stationen bestimmend. In Unkenntnis des fallweisen Bedarfes glaubte man auch hier in jeder Station die Möglichkeit bieten zu müssen, dem Zuge Wagen anzuhängen, die Locomotive mit Wasser zu versorgen, eine Umspann-Maschine in Betrieb setzen und die schonungsbedürftigen Fahrzeuge einer schleunigen Reparatur unterziehen zu können. Waren die alten Poststationen dem Bedürfnis des Pferdewechsels entsprechend je 15 km, die Stationen der

Pferde-Eisenbahnan 20 km von einander entfernt, so wurden jene der Dampfeisenbahn vorwiegend mit Rücksicht auf den Wasservorrath des Tenders in Abständen von etwa 30 km angelegt. Jede dieser Stationen wurde nun aus den angeführten Gründen mit Baulichkeiten und Einrichtungen — wenn auch in bescheidenem Umfang — für alle Verkehrs- und Betriebszweige versehen und so für eine Vielseitigkeit der Bestimmung ausgestattet, die heute nur den grossen Bahnhöfen vorbehalten ist.

Dieser enge innere Zusammenhang mit den Poststationen kam im äusseren Bilde weniger zur Erscheinung. Schon beim Auftreten der Pferde-Eisenbahn war mit den Geleisen, die das Fahrzeug in zwangläufiger Bewegung hielten, mit dem Wechsel, der den Uebergang auf das benachbarte Geleise vermittelte, ein neuer

*) In der I. und II. Periode, d. i. bis zum Jahre 1867, sind im Folgenden die Bahnhofsanlagen beider Reichshälften, später nur die österreichischen behandelt. Die technische Entwicklung des Eisenbahnwesens Ungarns seit 1867, s. Bd. III.

charakteristischer Zug in die Physiognomie der Poststation hineingetragen worden. Den Stationen der späteren Dampfeisenbahn gaben aber neben den Geleisen sammt Wechseln und Drehscheiben vornehmlich die eigenartigen Gebäude für den Aufenthalt der Reisenden und für die Wartung der Maschine und Wagen ihr besonderes Gepräge: das Empfangsgebäude und die hölzerne Personenhalle, die man so häufig antraf, die »Heitze« mit ihren hochgestellten Bottichen, der Güterschuppen, in welchen die Wagen behufs geschützter Entladung eingeführt wurden, die Werkstätten und die Remisen.

Abb 171. Stationsplatz Lent der Pferde-Eisenbahn. (Nach einer Originalzeichnung aus den Plänen von Mathias Schönerer.)

Die starre Gerade, die den Geleisen der Station die Richtung gab, wurde auch zur Leitlinie für die ganze Anlage. Das Streben nach thunlichster Uebersichtlichkeit führte dabei gerne zu symmetrischen Anordnungen, und verleitete oft zu einer übermässigen Gedrängtheit, die zum Theil auch in jener Einheitlichkeit der damaligen Dienstführung ihren Grund hatte, welche alle Zweige des Betriebes, des Verkehres, der Zugförderung und der Bahnerhaltung in der Hand eines leitenden Beamten vereinigte.

Aus diesen Gesichtspunkten ergab sich in den ersten Stationen der Kaiser Ferdinands-Nord-

STATION GÄNSERNDORF 1839.

Abb. 172.

STATION BÖHM·TRÜBAU 1845.

1:6000

Abb. 173.

STATION PARDUBITZ 1845.

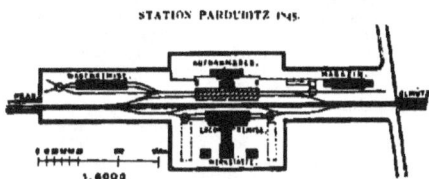

Abb. 174.

Auch in die ganze Anordnung der Station war ein neuer Zug gekommen. Denn jene Ungezwungenheit, mit der sich noch in den ersten Pferdebahn-Stationen die Gebäude um die wenigen Geleise gruppirten, ja mit der sich zuweilen die ganze Anlage in dem geräumigen Hofe eines Gasthauses etablirte, war unter dem strammen Regime, das den Einzug der Maschine überall begleitete und alles ihrem geregelten Gange unterwarf, strenger Ordnung und Gleichmässigkeit gewichen.

bahn und der k. k. nördlichen Staatsbahn [Abb. 172 bis 174]*) die beliebte Gegenüberstellung des Aufnahms- und des Betriebsgebäudes, während Wagenremise und Güterschuppen dabei seitlich untergebracht waren. Variationen desselben Principes zeigen die Stationen der Wien-Gloggnitzer Bahn, mit der auf dieser Linie öfter wiederkehrenden

*) Die Geleise sind durch einfache Linien dargestellt.

symmetrischen Anordnung der Remisen, wobei räumliche Beschränkung auch das Nebeneinanderstellen der Gebäude, wie in Gloggnitz [Abb. 175 und 176], nicht ausschloss. Letzterer Bahnhof illustrirt auch die selbst in provisorischen Endstationen der ersten Zeit beliebte Einführung des Hauptgeleises in den Güterschuppen am Ende der Station, eine Anordnung, die wohl mit gewissen Vortheilen, aber auch mit der Nothwendigkeit verknüpft war, das Magazin bei Verlängerung der Bahnlinie wieder abzutragen.

Den zahlreichen Baulichkeiten stand eine dürftige Geleiseanlage gegenüber. Die ganze Station dehnte sich bei der üblichen Zugslänge von etwa 90 m nur über 200—300 m aus. In den Nordbahnstationen waren gewöhnlich die Nebengeleise zu beiden Seiten des Hauptgeleises symmetrisch vertheilt, so dass die über letzterem errichtete Halle vom Aufnahmsgebäude entfernt zu stehen kam. [Abb. 177.] Die Stationen der anderen Bahnen zeigen dagegen meistens zwei durchgehende Hauptgeleise, in denen der Train einfuhr und die Maschine Wasser nahm, während die an das Aufnahmsgebäude anschliessende Halle, ebenso Magazin und Werkstätte an eigene Nebengeleise gelegt waren. Diese Anordnung trat zuweilen mit einer Menge von Weichenverbindungen und Geleise-Untertheilungen auf, welche die Manipulation mit Einzelwagen erleichtern sollte, die aber manchmal die Uebersichtlichkeit nur beeinträchtigte.

Die Stationsplätze waren meist rechteckig eingefriedet und gemauerte Einfahrtsthore hoben ihre Bedeutung besonders hervor.

Zwischen diesen Stationen, die, wie erwähnt, im Mittel etwa 30 km von einander entfernt waren, wurden weitere Nebenstationen und Haltepunkte in Abständen von je 7 km mit entsprechend einfacherer Ausstattung angelegt. Die Gleichförmigkeit der Forderungen, die in den einzelnen Stationen nach dem Grade ihrer Bedeutung zu befriedigen waren, veranlasste Ghega, sie auf den Staatsbahnen in fünf Typen zusammenzufassen, von denen die erste im

Bahnhof Prag vertreten war, während die anderen den Abstufungen von der vollständig ausgestatteten Zwischenstation bis zur einfachsten Haltestelle entsprachen.

Auf der Wien-Gloggnitzer Bahn kam die Rücksicht auf den grossen Personenverkehr, den die längs ihrer Strecke erschlossenen Naturschätze erwarten liessen, in einer grösseren Zahl von Haltepunkten und in bequemeren Einrichtungen für das Publicum zum Ausdruck. So wurden in der 48 km langen Strecke Wien-Neustadt nicht weniger als 20 Haltestellen, also nach je 2·4 km angelegt, in welchen zwar nicht alle Züge hielten, die aber wenigstens mit einem Ausweichgeleise, einem kleinen Aufnahms- und Dienstgebäude und einem Brunnen für allfällige Wasserentnahme versehen wurden. Die interessanteste Zwischenstation dieser Linie war Baden [Abb. 178], deren gedrängte aber zweckmässige Anlage auf einem Flächenstreifen von blos 220 m Länge und 30 m Breite schon in den ersten Jahre ihres Bestehens eine Frequenz von 200.000 Passagieren und einen Sonntagsverkehr von 34 regelmässigen und mehreren »Extratrains« bewältigen liess. Die Station war wegen des anschliessenden Viaductes 5·7 m über dem Terrain angelegt, so dass sich durchwegs einstöckige Gebäude ergaben. Die von Wien kommenden Züge hielten beim Stationsanfang, wo die ankommenden Passagiere über die gedeckte Rampe hinabstiegen; hierauf zog die Maschine den Train vor, um sich mit Wasser zu versorgen und die Reisenden einsteigen zu lassen, die über die Treppe des Aufnahmsgebäudes in die Personenhalle gelangt waren. Zwei grosse Drehscheiben und gut vertheilte Weichenverbindungen unterstützten wesentlich die Beistellung der Wagen aus der Remise, einer offenen Halle, und das rasche Wechseln oder Umstellen der Maschine.

Konnten die Zwischenstationen der ersten Bahnen durch ihre beschränktere Destinnung nur einen geringen Spielraum für ihre Disposition gewähren, so sah man sich in der Anlage der Anfangs- und Endstationen vor grössere Aufgaben gestellt, die stets eine eigenartige Lösung erforderten.

Abb. 175. Station Gloggnitz 1842.

Der erste grosse Bahnhof Oesterreichs war der Nordbahnhof in Wien. [Abb. 179 u. 180.] Bei seiner Anlage galt es, am Ausgangspunkt des geplanten ausgedehnten Netzes den noch ganz ungeklärten Bedürfnissen des künftigen Verkehrs zu entsprechen. Die Höhenlage des Bahnhofes war durch die Hochwasser-Verhältnisse mit 4 *m* über dem Terrain gegeben, so dass das erste Geschoss seiner Gebäude mit dem Niveau des Bahnhofes zusammenfiel. Die Gebäude umschlossen von drei Seiten den rechteckigen Hof. An der Strassenseite standen das Auf-

nahmsgebäude und ein Wohnhaus für Bedienstete, auf der anderen Längsseite die Remisen und Werkstätten, während ein quergestelltes Magazin den Bahnhof an der Stirnseite abschloss. Innerhalb des so gebildeten Hofes liefen im Ganzen sechs Geleise, die »Bahnen«, von denen je zwei dem Personen- und dem Güterverkehr, zwei für die Uebstellung der Fahrzeuge in die Remisen genügen mussten. Sechsundzwanzig Drehscheiben und zehn Weichen stellten die Verbindung dieser Geleise untereinander her. Indem die abreisenden Passagiere

STATION GLOGGNITZ 1842.

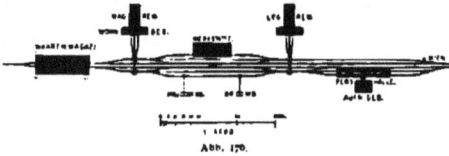

Abb. 176.

STATION PREHAU 1841.

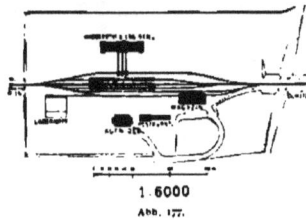

STATION BADEN 1842.

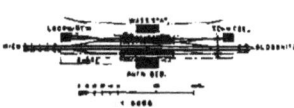

Abb. 178

1:6000

Abb. 177.

Abb. 179. Innere Ansicht des Bahnhofes der k. k. ausschl. priv. Kaiser Ferdinands-Nordbahn zu Wien.
[Nach einem Original aus dem Jahre 1858.]

durch das Aufnahmsgebäude über Treppen auf den Perron gelangten, während für die ankommenden eine zweite Treppe beim Magazin in den Hof hinab führte, war für deren Trennung vorgesehen. Auch der Fuhrwerksverkehr war durch die Anlage der Zufahrtsstrassen vorsorglich geregelt, indem die beim Magazin im Waarenhof abgefertigten Wagen oder jene, welche zum Kohlen- und Holzdepôt bei der Werkstätte fuhren, längs der Strasse hinter den Remisen und Werkstätten zu dem für die Ausfahrt bestimmten Thore gelangten. Das Niveau des Bahnhofes gab zu einer verticalen Theilung des Magazins Anlass, durch welche die Schwierigkeiten behoben wurden, die sich aus der zollämtlichen Forderung ergab, den Bahnhof wie ein Freihafengebiet innerhalb der Verzehrungssteuer-Grenzen zu behandeln. Im mittleren Geschoss gelangten die Wagen auf dem Längsgeleise zur Entladung; nach Besichtigung der Waaren seitens der Zollbeamten wurden sie auf die an der Hofseite befindliche Terrasse

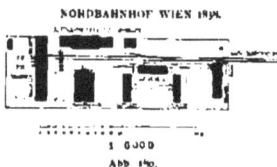

NORDBAHNHOF WIEN 1896.

1 0000

Abb. 180.

gebracht, von wo sie mittels Krahnen in die untenstehenden Fuhrwerke verladen wurden. Ein unteres und oberes Geschoss diente zu Lagerräumen.

So erfüllte dieser erste grosse Bahnhof in seiner Geschlossenheit und Uebersichtlichkeit alle Bedingungen, um den neu geschaffenen Verkehr in geregelte Wege zu leiten. Und wenn auch die rasch wachsenden Forderungen der Zeit seine Flächenausdehnung bis heute auf das Vierzigfache erweiterten und selbst den letzten Rest seiner ursprünglichen Einrichtung verschwinden liessen, so wurde er doch seinerzeit mit Recht als eine der grössten und besten Anlagen des Continents bewundert.

Die Höhenlage des Nordbahnhofes hatte es möglich gemacht, den Geleisen hinter der Station ein Gefälle zu geben. Man erzielte damit den Vortheil, den Zug bei der Ausfahrt leichter in Gang zu setzen und ihn bei der Einfahrt mit grösserer Sicherheit zum Stillstand zu bringen. Diese Anordnung blieb durch mehrere Jahrzehnte im Bahnhofsbau be-

Abb. 181. Bahnhof Brünn 1839.

liebt, bis sie durch die grosse Ausdehnung neuerer Anlagen und die Vervollkommnung der Locomotiven und Bremsvorrichtungen ihre Bedeutung einbüsste.

Als Ausgangspunkt einer Bahn veranschaulichte der Nordbahnhof in Wien bei der Stellung seines Aufnahmsgebäudes eine Bahnhofstype, die man heute als »Kopfstation mit einem Längsgebäude« bezeichnen müsste. In der Anlage des Bahnhofes Brünn [Abb. 181 und 182] erscheint der Charakter des Endpunktes der Linie noch schärfer betont, indem das Aufnahmsgebäude dem Bahnhof quer vor-

gebaut wurde. Damit war die Type einer »Kopfstation mit Kopfgebäude« gegeben. Bezeichnend waren hier die symmetrisch angeordneten polygonalen Remisen und die freistehende Halle, welche drei mittlere Geleise umspannte. Das Auswechseln der Maschine, das Aussetzen und Zuschieben der Wagen erfolgte, wie in Wien, mittels einer Drehscheibenstrasse.

Die Voraussetzung, dass die Verbindung mit Prag über Olmütz genügen werde, welche Annahme Brünn durch das Kopfgebäude zu einer Endstation stempeln liess, wurde bald durch die

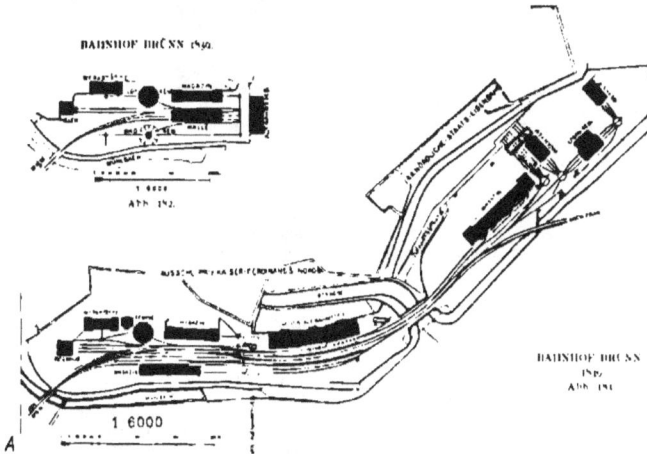

BAHNHOF BRÜNN 1840.

1 6000

Abb. 182.

AUSSERE PRERAUER-FERDINANDS NORD...

1 6000

A

BAHNHOF BRÜNN
1857.
Abb. 183.

Abb. 184. Ansicht der Bahnhöfe der Wien-Gloggnitzer Bahn in Wien.

BAHNHÖFE DER WIEN-GLOGGNITZER BAHN IN WIEN.

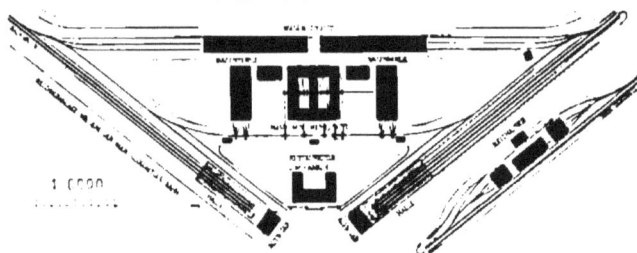

1 : 6000

Abb. 185.

Ereignisse widerlegt. Bereits im Jahre 1849 wurde Brünn [Abb. 183] durch den Anschluss der Staatsbahnlinie zu einer »Durchgangsstation«, was die Abtragung des jungen Empfangsgebäudes und den Ersatz durch das seitlich gestellte Aufnahmsgebäude beider Anschlussbahnen erforderte.

Kurz nach Eröffnung des Nordbahnhofes wurde der Bahnhof der Wien-Gloggnitzer Bahn [1842] und darnach jener der Raaber Bahn [1846] in Wien [Abb. 184 und 185] dem Betriebe übergeben. Der weit ausgreifende Plan, der diesen beiden ursprünglich gemeinsamen Unternehmungen zugrunde lag, Wien mit Triest und Pest zu verbinden, kam in dieser imposanten Bahnhofsanlage durch Schönerer zum Ausdruck.

Da die projectirte Verlegung des Anfangspunktes der Bahn auf das Glacis, also fast bis zum Herzen der Stadt, nicht die

behördliche Genehmigung gefunden, so wurde vor der Belvederelinie ein grosser Platz ausgemittelt, auf welchem die beiden ganz symmetrischen Bahnhöfe unter einem stumpfen Winkel zusammengeführt wurden, wobei die Lage des Wien-Gloggnitzer Bahnhofes schon dem künftigen Anschluss an die Linie zum Hauptzollamt entsprach. Mit den Verbindungsgeleisen, welche die beiden divergirenden Bahnlinien mit einander vereinigten, umschlossen die Bahnhöfe einen weiten Raum, der neben einem Dienst- und Restaurationsgebäude und neben einer Wagenremise eine ausgedehnte Locomotivwerkstätte — damals die grösste derartige Anlage Deutschlands — aufnahm. 800 m von den Bahnhöfen entfernt, waren die Heizhäuser neben den Hauptgeleisen untergebracht. Jeder der Bahnhöfe war durch ein Kopfgebäude abgeschlossen, das zu beiden Seiten des

Vestibules je eine Treppe für die abreisenden und ankommenden Passagiere enthielt, welcher Theilung entsprechend die beiden Geleisepaare der Halle für aus- und einfahrende Züge bestimmt waren. Die Reisenden stiegen indessen, wie Ph. Volk in einer alten Beschreibung dieses Bahnhofes berichtet, in der Halle selbst weder ein noch aus, sondern die Wagentrains hielten vor der Halle, welche daher mehr zum Aufenthalt der Passagiere und zum Aufstellen der Wagen diente. Für den Frachtenverkehr mussten anfänglich zwei Geleise genügen, die hinter dem Aufnahmsgebäude in Strassenhöhe lagen und mittels steiler Rampen in die hochgelegenen Hauptgeleise hinaufführten.

ihrer Anlage, wie: Trennung der ankommenden und abfahrenden Reisenden, Sonderung der Zufahrten für »Ballen und Gepäck«, Einfachheit der Verbindung zwischen Zugsgeleisen und Zugförderungs-Anlage entwickelt. Wenn sich auch die Anlehnung an die englischen Beispiele meist nur auf die Uebernahme solcher allgemeiner Grundsätze beschränkte, da ja jeder grössere Bahnhof eine durch die örtlichen Verhältnisse und die Schaffensweise des Ingenieurs bestimmte Individualität erhielt, so waren doch auch einige Elemente selbst, wie die polygonalen Remisen in Brünn oder die Schupfen mit dem innenliegenden Geleise unmittelbar dem englischen Vorbild entnommen. Dagegen wurden die auf den dortigen

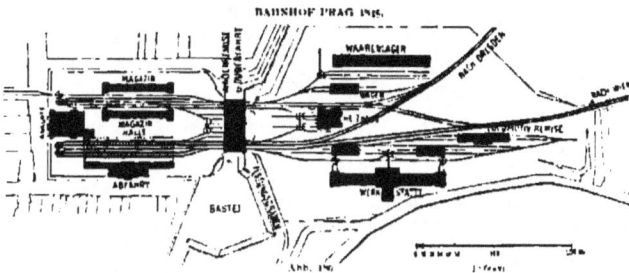

BAHNHOF PRAG 1845.

Der Bahnhof für die nach Gloggnitz führende Linie wurde im Jahre 1842 dem Betriebe übergeben. Seine zweckmässige Anlage ermöglichte es bereits im ersten Jahre seines Bestandes an manchen Sonntagen 12.000 bis 16.000 Personen zu befördern, ohne dass sich hiebei ein Unfall ereignete.

Alle diese ersten Stationen der österreichischen Bahnen waren unter dem Einfluss englischer Vorbilder entstanden. Durch die Studienreisen hervorragender Ingenieure, wie Ghega, Stopsl und Anderer, waren die fremdländischen Erfahrungen nach Oesterreich verpflanzt worden und schon im Jahre 1838 werden in der ersten technischen Zeitschrift Försters grosse fremde Bahnhöfe in Wort und Bild vorgeführt und die leitenden Grundsätze

Güterbahnhöfen so beliebten Drehscheiben, die das Uebersetzen der leichten und handlichen Wagen wesentlich beschleunigen, hier gleich vom Beginne an zu Gunsten der Weichenverbindungen auf das nothwendigste Mass eingeschränkt. Und indem seither unsere Wagen aus wirthschaftlichen Gründen immer grösser, aber auch schwerfälliger gebaut wurden, blieb diese Richtung die herrschende, unbeschadet der Bedeutung, welche die Drehscheiben in vielen späteren Bahnhöfen gewannen.

Unter den vielen Vortheilen hatte man aber auch einen grossen Irrthum aus England mitgebracht: die Unterschätzung des künftigen Güterverkehrs gegenüber dem Personenverkehr, welch letzteren man in jeder Richtung für belangreicher hielt. Aus diesem Grunde wurden auch alle Stationen der ersten Zeit mit Magazinen und Geleisen so kümmerlich bedacht, dass sich schon nach kurzer Zeit die Nothwendigkeit gründlicher Abhilfe einstellte.

Diese Erfahrungen der ersten Jahre wurden bei dem Entwurf der nächsten grossen Bahnhöfe schon zu Rathe gezogen: des Bahnhofes der k. k. Staatsbahn zu Prag [Abb. 186 und 187] und jenes der Ungarischen Centralbahn zu Pest [Abb. 188]. Sollte in Ersterem die Bedeutung der industriereichen Hauptstadt Böhmens und seine Aufgabe als Bindeglied zwischen dem deutschen und dem österreichischen Netze zum Ausdruck kommen, so hatte der Bahnhof in Pest den Forderungen des bedeutendsten Handelsplatzes für die Producte Ungarns zu entsprechen.

Beide Bahnhöfe zeigen viele neue und verwandte Züge. In beiden ist die Tren-

Abb. 187.   Ansicht des Bahnhofes Prag vom Jahre 1845 aus der Vogelperspective.

nung der Bahnhofstheile für die beiden Verkehrszweige und für den Betriebsdienst durchgeführt, so dass die Ausfahrt der Personen- und Güterzüge zum Theil unabhängig von einander erfolgen konnte. Trotzdem beide Bahnhöfe von Anfang an für den Durchgangsverkehr bestimmt waren, so waren sie — der damals herrschenden Vorliebe folgend — doch in Kopfform angelegt. Diese Anordnung hatte gegenüber der Durchgangsform zwar den Vortheil, die Trennung der ankommenden und abgehenden Passagiere zu erleichtern, was hier zum ersten Mal mittels zweier Längsgebäude, zwischen welchen sich die hallenüberdeckten Geleise befanden, durchgeführt war; sie hatte den weiteren Vortheil, das tiefe Eindringen des Bahnhofes in die Stadt

BAHNHOF PEST 1846.

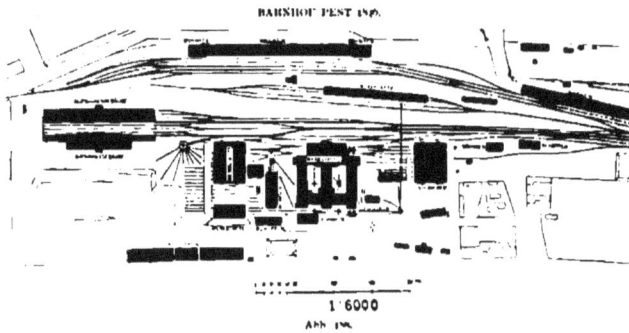

1 : 6000

Abb. 188.

zu ermöglichen, der besonders in Prag zur Geltung kam; dagegen trug sie den Nachtheil in sich, dass die durchgehenden Personenzüge von der Ankunfts- auf die Abfahrtsseite überstellt werden, dass ferner alle durchgehenden Güterzüge, die auf dem Bahnhof nicht zu manipuliren hatten, dennoch in diesen einfahren mussten. Diese Uebelstände mussten später — bezüglich der Personenzüge durch Einführung von Zwischenperrons, bezüglich der Güterzüge dagegen durch Herstellung von Verbindungsbögen zwischen beiden abzweigenden Linien, die eine Umgehung der Station ermöglichten — wenigstens zum Theile behoben werden.

Der Aufgabe und Abgabe der Güter wurden gesonderte, geräumige Schupfen zugewiesen, welche in Prag zu beiden Seiten der für die Aufstellung und Ordnung der Wagen bestimmten Magazinsgeleise, in Pest neben einander angelegt waren.

Der Bahnhof in Pest lag inmitten unverbauter Gründe, so dass seiner späteren Erweiterung auf Seite der Magazine kein Hindernis im Wege stand. In Prag dagegen war man mit dem Personen- und Güterbahnhof bis ins Innerste der Stadt, bis hinter die Stadtmauern vorgedrungen, in welche sechs Thore für die Durchfahrt der Züge eingebaut werden mussten; blos die Heizhaus- und Werkstätten-Anlage war vor den Thoren verblieben. Mit grosser Geschicklichkeit hatte hier Ghega den eng bemessenen Raum innerhalb der Stadtmauern ausgenützt, eine Wagenremise sogar in die bombenfest überwölbte Mauer verlegt und das Heizhaus zwischen beiden Auslässungen glücklich untergebracht. Mit dieser sorgfältigen Ausnützung des Raumes waren aber der Entwicklungsfähigkeit des Bahnhofes Fesseln angelegt worden, die sich lange hindurch sehr empfindlich geltend machten.

II. Der Stationsbau in den Fünfziger- und Sechziger-Jahren [bis zum Jahre 1867].

Mit der ruhig steigenden Entwicklung des Eisenbahnwesens im Laufe der Fünfziger-Jahre, welche den allmählichen Zusammenschluss der vereinzelten Linien zu einem grossen Netze begleitete, kam statt des unsicheren Tastens des verflossenen ersten Decenniums der gereiftere Blick für die Bedürfnisse des Verkehrs und die Erkenntnis der Nothwendigkeit einer gesteigerten Regelung des gesammten Dienstes. Damit war aber auch der Stationsbau durch Zuweisung grösserer und deutlicher umgrenzter Aufgaben aus den primitiven Anfängen der ersten Epoche herausgehoben.

Hatte man anfangs in Unkenntnis der jeweiligen Verkehrsforderungen, die Zwischenstationen vorsorglich mit allen Betriebseinrichtungen ausgestattet, so zeigte sich bald eine — nur durch besondere Ereignisse unterbrochene — Gesetzmässigkeit der Verkehrsverhältnisse, welche diese Vielseitigkeit der Stationen überflüssig machte. Da überdies im Telegraphen ein wunderthätiges Instrument

erstanden war, das die Möglichkeit schuf, den Betrieb längerer Strecken in verlässlicher Weise von einzelnen Hauptpunkten aus zu beherrschen, so wurden die Zwischenstationen ihrer Bedeutung als Reservestellen für Maschinen und Wagen entkleidet und konnten ausschliesslich den Aufgaben des Personen- und Güterdienstes vorbehalten bleiben. Die Heizhäuser und Werkstätten, die man bis dahin fast alle 30 km antraf, wurden nunmehr auf neuen Linien bis auf 150 km und mehr auseinander verlegt und mit reicheren Mitteln ausgestattet. Auch auf den alten Linien wird dieser Process bemerkbar, indem einerseits Werkstätten und Heizhäuser in einzelnen Stationen vergrössert, in zahlreichen anderen gänzlich oder zum Theil ausser Benützung gestellt wurden.

Das Bahnnetz der Monarchie, das im Jahre 1858 etwa 1100 km umfasste, dehnte sich bis zum Schluss des nächsten Decenniums auf das Vierfache aus. War schon diese Vermehrung der Bahnlinien an sich für die Verkehrsentwicklung von grösster Bedeutung, so trat noch der Umstand hinzu, dass der Ausbau des Netzes den Zusammenschluss der ersten, bis dahin isolirten Bahnen bedeutete, der nunmehr ganze Länderstrecken mit einander in Verbindung brachte. Durch die Verlängerung der Nordbahn bis an die k. k. östliche (galizische) Staatsbahn, durch den Ausbau der ungarischen Linien bis nach Pest, durch den Uebergang über den Semmering, und durch die Wiener Verbindungsbahn waren nun die entferntesten Theile des Reiches mit einander in Wechselverkehr gesetzt und durch den Anschluss in Oderberg und Bodenbach die Wirkungssphäre des heimischen Bahnnetzes sogar über benachbarte Länder ausgedehnt.

Der hiedurch wesentlich gesteigerte Verkehr erhöhte die Leistungen der Stationen nicht blos bezüglich der Zahl der umzusetzenden Frachten und Wagen sowie der abzufertigenden Züge, sondern auch bezüglich der Zusammenstellung der Züge selbst, infolge Vermehrung der Ladestellen und der Anschlusspunkte an andere Bahnen. Dies musste aber in allen wichtigeren Stationen das Bedürfnis nach einer grösseren Zahl von Geleisen für Rangirzwecke wachrufen. Die Regelung des gesammten Dienstes, welche in der Betriebsordnung (1853) ihren gesetzlichen Ausdruck gefunden und welcher in der General-Inspection (1856) eine Hüterin bestellt worden war, das frische Tempo, das im ganzen Verkehr einsetzte und sich schon in der Einschränkung der Zugsintervalle von einer halben Stunde auf 15, 10 und 5 Minuten verrieth, musste auch auf die Anlage der Stationen zu Gunsten einer freieren und übersichtlicheren Disposition zurückwirken.

Durch die Fortschritte in der Maschinentechnik, der namentlich im Bau der ersten Gebirgslocomotive einen mächtigen Anstoss gefunden, und durch die immer allgemeinere Verwendung der verbilligten Kohle, wurde der Transport längerer Züge ermöglicht, welche weit über das bisher übliche Mass hinausgehende Geleiselängen erforderten.

So drängten die Umstände dazu, den Stationsbau auf eine neue Grundlage zu stellen und die bestehenden Anlagen in diesem Sinne umzugestalten. Der neugegründete Verein deutscher Eisenbahn-Verwaltungen wies die einzuschlagende Richtung, indem er durch Aufstellung von »Grundzügen für die Anlage von Bahnhöfen« (1850) auch in dieses Gebiet Klarheit und Einheitlichkeit der Anschauungen hineintrug.

Die Bedeutung der Hauptgeleise für die Fahrten der Personenzüge erscheint nunmehr in der Anlage der Stationen stärker hervorgehoben. Die Lastzugsgeleise erreichen nutzbare Längen bis zu 400 m. Die Gütermagazine und Rampen mit ihren ungleich ausgedehnteren Lade- und Rangirgeleisen bilden auch in Zwischenstationen in sich geschlossene Theile des Bahnhofes, die je nach Bedeutung der Station von denen für den Personendienst mehr weniger deutlich gesondert sind. Der Heizhausanlage wird womöglich ein eigener Rayon zugewiesen. Die Erfahrungen über das ständige und rasche Anwachsen des Verkehrs lassen dabei in neuen Stationen immer für die Möglichkeit künftiger Erweiterungen vorsorgen.

War es auf der einen Seite die Kaiser Ferdinands-Nordbahn, welche, gedrängt durch die zuerst an sie herangetretenen grösseren Verkehrs-Anforderungen und den Spuren ihrer eigenen frühzeitigen Erfahrungen folgend, diesen Abschnitt in der Geschichte des Stationsbaues mit ihren grossen Umgestaltungen einleitete, so war es andererseits — bei der späteren Staatseisenbahn-Gesellschaft und der Südbahn – ein fremder Einschlag in die heimische Entwicklung, der dieser Epoche ihren Charakter gab, indem durch die Berufung von Maniel und Etzel der Schatz der besten französischen und deutschen Erfahrungen in Oesterreich eingeführt und hier dauernd dem allgemeinen geistigen Besitzstand einverleibt wurde.

Der Umschwung in der Austheilung, also in dem Gesammtbilde der Stationen dehnte sich aber auch auf die baulichen Einrichtungen der Bahnhöfe selbst aus, die damals zum Theil

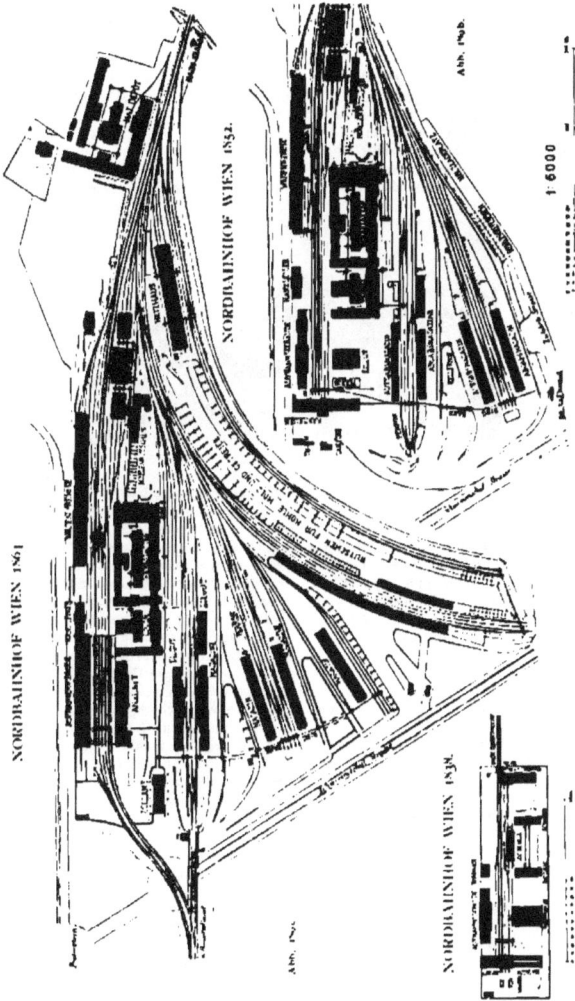

NORDBAHNHOF WIEN 1852.

NORDBAHNHOF WIEN 1861.

NORDBAHNHOF WIEN 1838.

Abb. 192b.

Abb. 192a.

Abb. 192c.

1:6000

1:6000

Abb. 192a, b und c. Wiener Nordbahnhof in den Jahren 1838, 1852 und 1861.

auf eine bis heute nur um Weniges überholte Höhe gebracht wurden. Bei der Staats- und der Südbahn finden wir die im Auslande bestbewährten Typen für alle baulichen Einrichtungen bereits in »Normalien« zusammengestellt, durch welche erst die für den sicheren und wirthschaftlichen Betrieb gebotene Einheitlichkeit und Uebereinstimmung aller Details angebahnt wurde. Um die Wende des sechsten Jahrzehnts traten die grossen schmiedeeisernen Reservoire auf und im Vereine mit richtig bemessenen Rohrleitungen und neuartigen Säulenkrahnen wird durch sie eine freiere Vertheilung der Wasserentnahmestellen für Locomotiven ermöglicht, die

Abb. 190. Station Tarvis.

bis dahin oft ängstlich an die Nähe der Wasserstationen gebunden waren. Den Drehscheiben wird durch verbesserte Construction eine grössere Verwendung eröffnet und damit namentlich die Einführung der halbrunden Heizhäuser begünstigt, die den Locomotiven eine unabhängigere Ein- und Ausfahrt gestatten; kleine Drehscheiben werden zum Einstellen und Aussetzen einzelner Wagen sehr verbreitet, zuweilen in Verbindung mit Schiebebühnen, mit denen sich ein bis dahin äusserst selten angetroffenes Element auf den Bahnhöfen einbürgert, und die namentlich bei Wagenremisen als Ersatz langer Geleiseverbindungen beliebt werden.

Die Nordbahn, der die günstige Lage frühzeitig zu kräftigem Gedeihen verhalf, hatte auch auf dem Gebiet des Stationsbaues zuerst die Kinderkrankheiten zu überwinden. Zwischen den Jahren 1850 und 1854 sah sie sich zur Erweiterung fast aller Stationen bemüssigt. Die Heizhäuser wurden vermehrt und zweckmässiger vertheilt, in Floridsdorf eine grosse Centralwagenwerkstätte errichtet, Magazine und

Aufnahmsgebäude vergrössert, die Stationen, in denen schon Züge bis zu 40 Wagen kreuzten, von 200—300 m Länge auf das Doppelte gebracht; die bedeutendste Umgestaltung musste indessen der Wiener Bahnhof erfahren. [Vgl. Abb. 189 a, b und c.]

Im Jahre 1840 war auf diesem Bahnhof der Güterverkehr aufgenommen worden und schon im nächsten Jahre erkannte man die dringende Nothwendigkeit seiner Vergrösserung. Man entschloss sich daher, auf der Ostseite des Bahnhofes eine gesonderte Anlage für den Güterdienst zu erbauen, die dann beim Eintritt weiterer Bedürfnisse eine schrittweise Vergrösserung gegen die Donau zulassen würde. Im Jahre 1842 wurde mit dieser ersten Erweiterung einer österreichischen Station begonnen, die erst im Jahre 1852 ganz abgeschlossen war. Inzwischen hatte sich der Güterumsatz des Bahnhofs von 870.000 Centner auf 5½ Millionen erhöht. Der alte Nordbahnhof ging aus dieser ersten Umgestaltung stark verändert hervor. Er hatte fünf im bisherigen Stationsniveau, also auf dem Damm gelegene Magazine und Rampen erhalten, die verschiedenen Verkehrsrichtungen bestimmt wurden, und die sich als Längsgebäude an die fächerförmig vertheilten Geleisebündel, für Lade- und Rangirzwecke, anschlossen. Die Geleise waren an ihrem stumpfen Ende durch eine Drehscheibenstrasse, die sogenannte Ringbahn, verbunden, um einzelne Wagen leichter zu überstellen. Neben dem Aufnahmsgebäude war eine grosse Wagenremise erbaut worden, während ein Eilgutmagazin die Stelle der alten Remise einnahm. In mehreren an die Dammböschung gelegten Kohlenrutschen konnten schon über 8000 Centner lagern. Die Geleiselänge des Bahnhofes war verzehnfacht worden, seine Gesammtlänge von 270 auf 930 m gestiegen, die Zahl der Locomotivstände von 2 auf 21 gewachsen.

Auch die Erweiterung des Personenbahnhofes war bereits im Jahre 1845 als ein Bedürfnis erkannt worden. Die schwebenden Verhandlungen über den Anschluss der Verbindungsbahn liessen indessen das Project erst im Jahre 1860 zur Ausführung kommen. Indem durch diesen Anschluss aus der Kopfstation eine Durchgangsstation wurde,

behrte Halle überspannte fünf Geleise, die mittels Drehscheiben unter einander und mit dem Eilgutperron verbunden wurden, welchen das neue Ankunftsgebäude hinter die Werkstätte verdrängt hatte.

Seit dem Bau des neuen Güterbahnhofes im Jahre 1852 war aber der Nordbahn ein so bedeutender Verkehr zugewachsen, dass sich neben der Erweiterung des Personenbahnhofes auch eine solche des Güterbahnhofes neuerdings als nothwendig erwies. So wurde

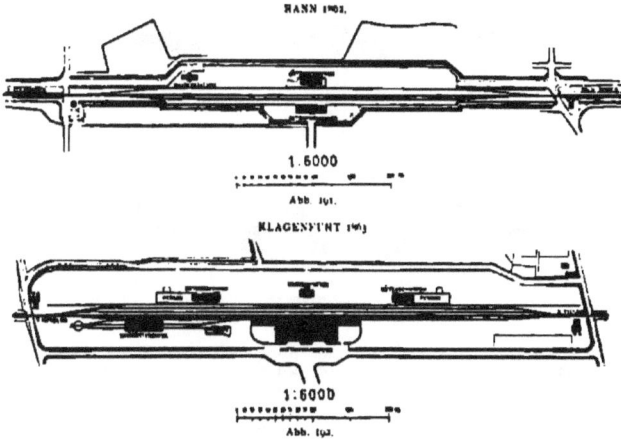

HANN 1901.

1:6000

Abb. 191.

KLAGENFURT 1903

1:6000

Abb. 192.

in der man allerdings den Durchgangsverkehr für normale Züge nicht aufnahm, musste das alte, quergestellte Magazin seinen Platz räumen. Nun war erst der Güterdienst völlig vom alten Bahnhof losgelöst und die ganze ursprüngliche Bahnhofsbreite konnte für Zwecke des Personendienstes in Verwendung genommen werden. Das alte, schlichte Aufnahmsgebäude machte einem würdigen, imposanten Monumentalbau Platz, dem ein zweites Längsgebäude für die ankommenden Reisenden gegenüber gestellt wurde.*) Die lang ent-

denn diese Anlage zwischen den Jahren 1860 und 1864 durch die Angliederung von zwei Dämmen und den Anschluss fächerförmig vertheilter Geleise bis an den Donauarm ausgedehnt, dem sich der äusserste Damm bogenförmig anpasste. Die Böschungen der Dämme wurden zu Rutschen für Getreide, Holz, namentlich für Kohle ausgenützt, für die damit ein Lagerraum von 80.000 Centner Fassungsgehalt geschaffen war. Die »Ringbahn« wurde verlängert, die obere und untere Zufahrtsstrasse, die neben einander zu den hochgelegenen Magazinen, beziehungsweise zu deren Kellerhöfen und den Rutschen führten, weiter ausgebaut und die Heiz-

*) Vgl. Abb. auf Tafel III, Seite 402, im Abschnitt Hochbau von H. Fischel.

STATION WIENER-NEUSTADT 1864.

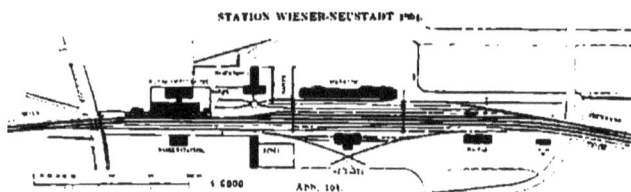

1:6000

Abb. 191.

STATION CILLI 1860.

1:6000

Abb. 191a.

STATION CILLI 1863.

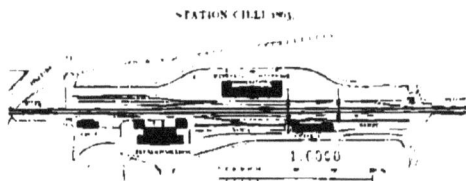

1:6000

Abb. 191b.

häuser auf das Doppelte vermehrt. Die Geleiselänge, die im Jahre 1852 gegen die erste Anlage von 18 km auf 18 km gestiegen war, erhöhte sich nun auf 28, die Belagfläche der Magazine war in diesen drei Etappen von 1500 m² auf 4000 und auf 9500 m² gestiegen.

Wie auf dem Wiener Bahnhof mussten aber auch auf den meisten anderen Nordbahn-Stationen im Anfange der Sechziger-Jahre neuerdings Erweiterungen vorgenommen werden. Bei einer fast ungeänderten gesammten Betriebslänge wuchs die Zahl der Nebengeleise der Stationen vom Jahre 1858 bis 1868 von 54 auf 204 km, also auf das Vierfache, trotzdem gleichzeitig das Doppelgeleise, das ja für die Stationen entlastend wirkte, von 135 auf 181 km verlängert worden war.

In den mustergiltigen Typen, welche Etzel beim Bau der Kaiser Franz Josef-Orientbahn, also der unga-

rischen und der croatischen, dann bei den kärntnerischen Linien der Südbahn sowie bei den Umgestaltungen der Stationen ihrer Stammlinie zur Anwendung brachte, treten die angeführten Vorzüge der neuen Bauweise: Klarheit und Zweckmässigkeit der gesammten Austheilung, ferner Rücksichtnahme auf kommende Erweiterungen besonders deutlich in Erscheinung. Die Hauptgeleise sind meist unmittelbar vor das Aufnahmsgebäude geführt, die Halle nur noch in den grössten Stationen beibehalten, sonst durch gedeckte Perrons oder eine Veranda ersetzt, wie wir sie seither allgemein verbreitet sehen. Vgl. Abb. 190 der im Jahre 1870 erbauten Station Tarvis.[)]

In kleineren Stationen, wie in Rann und Klagenfurt (vgl. Abb. 191 und 192) wurde das Gütermagazin dem Aufnahmsgebäude gegenübergestellt und dadurch der Vortheil gewonnen, die Ge-

STATION LAIBACH 1892.

Abb. 195 a.

STATION LAIBACH 1901

Abb. 195 b.

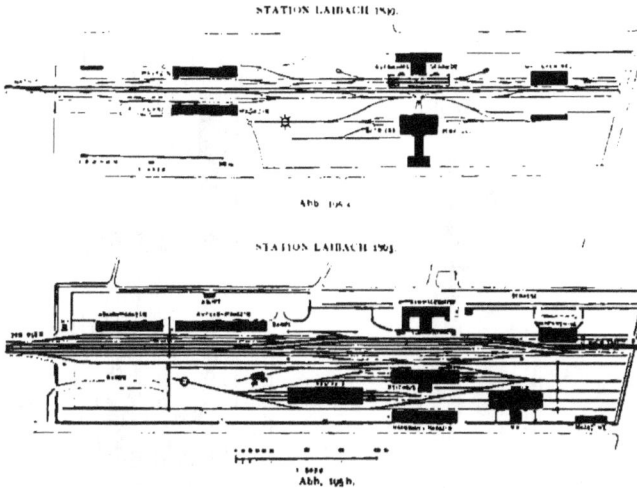

leise in der ganzen Stationslänge für den Güterdienst auszunützen. In grösseren Stationen wurde die Nebeneinanderstellung des Personen- und Güterbahnhofs beliebter, schon weil damit die Kreuzung der Zufahrtsstrasse mit dem Hauptgeleise vermieden werden konnte. Bei dieser Anordnung wurde das Magazin öfter, wie in Wiener-Neustadt [Abb. 193], gegen das Aufnahmsgebäude um die Breite der erforderlichen Magazinsgeleise zurückgesetzt, was eine geradlinige Führung der Hauptgeleise ermöglichte, oder beide wurden, wie in Laibach [Abb. 195 b], in gleicher Höhe gehalten, wobei der Raum für einige Zugsgeleise und eine grössere Geschlossenheit der Anlage gewonnen, dieser Vortheil aber mit einer ungünstigeren Führung der Hauptgeleise erkauft wurde. Hier wie in anderen Anlagen erscheint das Heizhaus immer so abseits situirt, dass es den Ueberblick über die Station nicht behindert und eine leichte Verbindung mit den Hauptgeleisen ermöglicht. Ausreichende Rangir-

geleise und durchgehende Drehscheibenstrassen erleichtern die Zusammenstellung der Züge.

In grösseren Theilungsstationen, wie in Stuhlweissenburg [Abb. 196], ist die Trennung der einzelnen Dienstzweige noch strenger durchgeführt und sind die Geleise reichlicher bemessen. Der Güterbahnhof zeigt hier die Type, die in Ofen [Abb. 197] besonders schön durchgebildet ist. Zwei Reihen von Gütermagazinen sind längs einer gemeinsamen Zufahrtsstrasse angelegt, während sich von aussen die Lade- und Rangirgeleise an sie anschliessen. Die Zustellung ganzer Zugstheile erfolgt hier über die Weichenverbindungen, während einzelne Wagen über die Drehscheibenstrasse und mittels der Schiebebühne überstellt werden. Typisch ist auch die Anlage der Getreidehallen in Ofen, die nur zur vorübergehenden Lagerung der mittels Bahn aus dem Innern Ungarns kommenden und wieder nach dem Westen zu verladenden Producte dienen und daher keiner Zufahrtsstrasse bedürfen.

22*

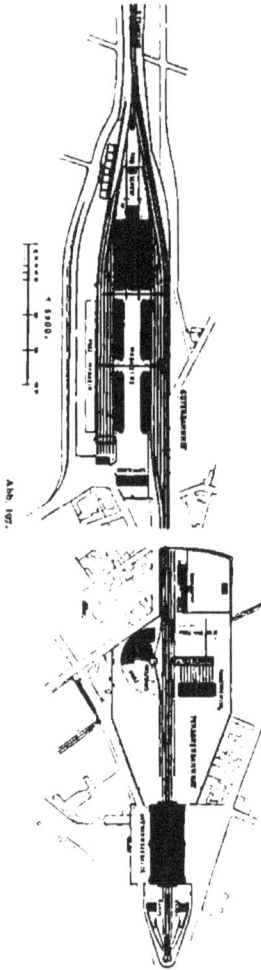

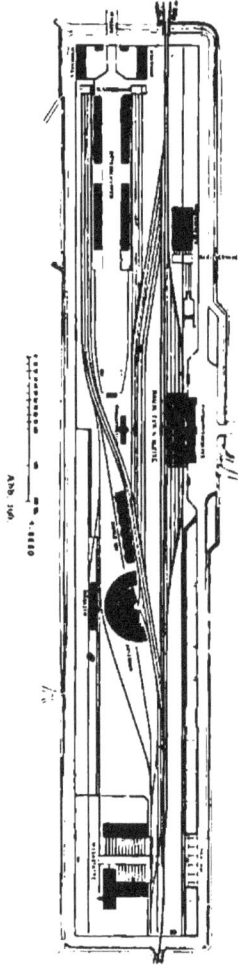

Schwierige Terrainverhältnisse und die grossen Kosten der Grundeinlösung zwangen in Ofen zu einer örtlichen Trennung des Güter- und Personenbahnhofes, welch letzterer durch die übersichtliche Gesammtanordnung und die zweckmässige Lage der Eilgutrampen bemerkenswerth ist.

Unter den zahlreichen Stationen, welche M a n i e l um die Wende der

dungsbogen zwischen den beiden hier einmündenden Linien konnte der Bahnhof vom durchgehenden Güterverkehr entlastet werden.

Der grosse Umschwung, welcher im sechsten Jahrzehnt im Stationsbau eintrat, wird besonders deutlich, wenn man die ersten primitiven Bahnhofsanlagen ihrem Bestand aus der damaligen Zeit gegenüberstellt. Selbst ein flüchtiger Blick auf den er-

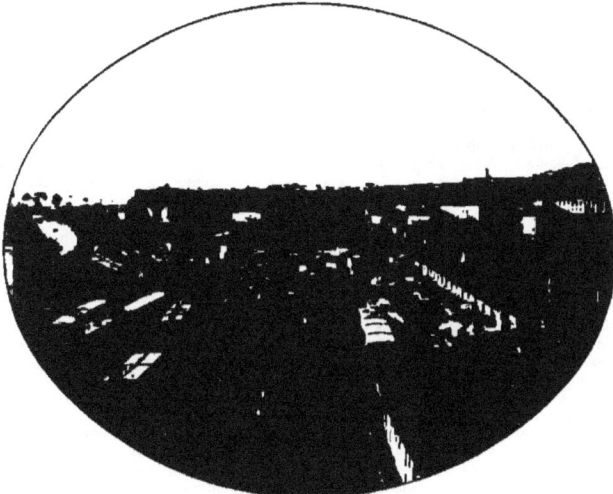

Abb. 198. Ansicht des Bahnhofes Pest aus den Sechziger-Jahren.

Fünfziger-Jahre auf den nördlichen und südöstlichen Linien der S t a a t s e i s e n b a h n - G e s e l l s c h a f t zum Umbau brachte und mit verbesserten Betriebs- und Verkehrseinrichtungen versah, stand P e s t in erster Linie. [Abb. 198.] Innerhalb der Jahre 1857 bis 1861 wurden für diesen Bahnhof allein 1,500.000 fl. verausgabt. Sein Areal wurde mit Rücksicht auf die künftigen Bedürfnisse des Güterdienstes wesentlich ausgedehnt, namentlich die Heizhäuser, die Werkstätten und die Geleiseanlage erweitert; durch den bereits genannten Verbin-

sten Nordbahnhof und jenen des Jahres 1852 und 1864 [Abb. 189], oder auf Stationen wie Cilli und Laibach vor und nach dem Umbau [Abb. 194 a, b und 195 a, b], die durch diesen nicht einmal an Ausdehnung gewannen, die neuerbauten grossen Bahnhöfe dieser Zeit wie Ofen oder die später eingehender besprochenen Bahnhöfe der k. k. südlichen Staatsbahn in Triest aus dem Jahre 1857 [vgl. Abb. 206] und der Kaiserin Elisabeth-Bahn in Wien aus dem Jahr 1858 [Abb. 227] lehren den grossen Fortschritt, den diese Epoche für den Stationsbau bedeutete.

Zu Ende der Sechziger-Jahre waren fast alle Stationen der grossen Bahnen, der Nordbahn, der Südbahn und der Staatseisenbahn-Gesellschaft den neuen Verhältnissen und ihren erhöhten Forderungen angepasst. Aber gerade die wichtigsten Bahnhöfe in Wien, Prag und Triest waren zum Theil noch in ihrer ursprünglichen, zum Theil schon in wesentlich geänderter Gestalt hinter den neuen Bedürfnissen weit zurückgeblieben, wie gebieterisch sich auch das Verlangen nach ihrer Vergrösserung geltend gemacht hatte. Es musste erst eine Zeit kommen, die noch ungestümer ihre Forderungen zu erheben verstand, um ihren Umbau gegen die vielen auftretenden Hindernisse durchzusetzen.

III. Der Stationsbau in den Jahren 1867—1873.

Im Jahre 1867 setzte ein allgemeiner wirthschaftlicher Aufschwung ein, dessen rege Bauthätigkeit das Bahnnetz der Monarchie innerhalb fünf Jahren verdoppelte, und welcher den Eisenbahn-Verkehr zu einer ungeahnten Höhe emporschnellen liess. Mit seinem Auftreten war auch eine neue Aera in der Entwicklung der österreichischen Bahnhöfe verknüpft.

Auf den fünf alten Hauptlinien, die den Mittelpunkt des Reiches radial mit der Peripherie verbanden, auf der Nord- und Carl Ludwig-Bahn, der Kaiserin Elisabeth-Bahn und der verzweigten Süd- und Staatseisenbahn, die am Anfange dieser Epoche einen Verkehr von jährlich 10,000.000 Passagieren und fast ebensoviel Tonnen Fracht aufwiesen, war während dieser fünf Jahre die Verkehrs-Leistung auf das Doppelte gestiegen, während ihre Betriebslänge nur um 25% gewachsen war. Nun erst war der Charakter des M a s s e n h a f t e n in den Verkehr hineingetragen, und wie eine Hochfluth kam es über die Stationen, namentlich über die Bahnhöfe der wirthschaftlichen Centren, die schon früher den Anforderungen kaum gewachsen waren. Da endlich jene Tage auch eine Reihe grosser Fragen zur Reife brachten, die — wie die Donauregulirung, der Hafenbau in Triest, die Schleifung der Prager Festungswerke — den Umbau der Bahnhöfe mitbestimmten, so sehen wir in dieser Zeit fast alle grossen Bahnhöfe ihre lange gehüteten Grenzen weit zurücksetzen und zu riesenhaften Dimensionen hinauswachsen; die Staatseisenbahn-Gesellschaft erbaut in Wien einen Centralbahnhof, der gleich hundert Hectare bedeckt, die Südbahn Anlagen, die sich über 3 km erstrecken, die Nordbahn Kohlenrutschen, die anderthalb Millionen Centner aufnehmen, und alle Bahnhöfe, die der Ausgangspunkt eines grossen Netzes sind, werden selbst zu einem Netz von Geleisen, das bis 60 und 70 km umfasst.

Die Ausgestaltung dieser Bahnhöfe war aber nicht blos eine räumliche: die ganze Anlage musste eine planmässige werden, musste ein bestimmtes B e t r i e b s p r o g r a m m aussprechen, um bei dem lebhaften Verkehre die gebotene Sicherheit und Raschheit aller Manipulationen zu verbürgen. Denn durch diese allein konnte erst jene Regelung des gesammten Dienstbetriebes zur That werden, die mit der Codificirung des Wagenregulativs [1859], mit der Erlassung des Betriebsreglements [1863] und des Haftpflicht-Gesetzes [1869] angestrebt worden war.

Dieser Betriebsplan musste in den grossen Bahnhöfen auf eine noch weitergehende Theilung der Anlage, und zwar nach den Manipulationen der einzelnen Zweige des Personen- und Güterdienstes hinwirken. Auf den grossen P e r s o n e n b a h n h ö f e n, die durchwegs als Kopfstationen ausgeführt werden, wird die Post, das Eilgutmagazin und die Wagenremise — wie auf dem Staatsbahnhof in Wien (vgl. Abb. 203) — unmittelbar neben das Aufnahmsgebäude verlegt, um ein rasches Zu- und Abstellen der Wagen bei den Personenzügen zuzulassen; durch Einführung der Zungenperrons — wie auf dem dortigen Südbahnhof — wird die gleichzeitige Abfertigung mehrerer Züge mit erhöhter Ordnung und Sicherheit ermöglicht, durch ausreichende Geleise vor der Halle erscheint für die

Abb. 109. Die Bahnhöfe der Wien-Gloggnitzer Bahn in Wien in den Jahren 1843 bis 1867.

Zusammenstellung der Personenzüge, für das Reinigen der Wagen und deren Ausstattung mit Leuchtmaterial vorgesorgt.

Auch die grossen Güterbahnhöfe werden meistens als Kopfstationen mit stumpf endigenden Geleisen angelegt. Stückgüter und die verschiedenen Rohproducte erhalten gesonderte Bahnhofstheile zugewiesen; mit der Anlage ausgedehnter Lagerplätze und gedeckter Lagerräume wird den auftretenden Wünschen des Publicums entsprochen. Zahlreiche Rangir- und Ladegeleise und die Bestimmung einzelner Magazine für gewisse Verkehrsrichtungen sorgen für einen beschleunigten Wagenumsatz, der durch die gesetzliche Feststellung der Lieferfristen, durch die Einführung der Wagenbenützungs-Gebühr und durch das Streben nach Ausnützung des rollenden Materials als eine Forderung der Oeconomie sich geltend macht. Die Heizhausanlage wird meistens zwischen Personen- und Güterbahnhof, beiden gleich leicht zugänglich, angelegt.

Die Anschluss- und Kreuzungsstationen gewinnen durch die fortschreitende Verzweigung des Bahnnetzes eine immer erhöhte Bedeutung, die sich in der Vergrösserung der gesammten Anlage wie in der — vorerst vereinzelten — Einführung neuer Typen ausspricht.

Für die Sicherung des Verkehrs war durch die neue Signal-Ordnung vom Jahre 1872 die wichtigste Grundlage geschaffen; die Stations-Deckungssignale, die zu Ende der Sechziger-Jahre erst vereinzelt aufgetreten waren, bildeten nun ein unumgängliches Zugehör jeder Linie mit lebhafterem Verkehr. Das Streben nach erhöhter Sicherheit fand aber auch in der gesammten baulichen Anordnung seinen Ausdruck, und zwar in der genannten Vermehrung der Geleise selbst, in den später zu besprechenden Keilbahnhöfen, die einen gesicherten Austausch der Passagiere zwischen kreuzenden Linien ermöglichten, in der thunlichsten Vermeidung gegen die Spitze befahrener Weichen im Zuge der Hauptgeleise, die bei falscher Stellung eine grosse Gefahrquelle bilden, ferner in der Einrichtung der kleinen Zwischenstationen eingeleisiger Bahnen für doppelgeleisigen Betrieb. Hiezu traten als weitere Garantieen für den Schutz des Personals und des Publicums die ersten Ueberbrückungen ganzer Bahnhofstheile, um den Zugang zu abseits liegenden Werkstätten ohne Ueberschreitung der Geleise zu ermöglichen, und die Unter- oder Ueberführung belebter Zufahrtsstrassen an den Stationsenden oder in den Bahnhöfen selbst an Stelle der bis dahin üblichen Kreuzungen in Schienenhöhe.

Auch das Streben nach öconomischem Dienstbetrieb hinsichtlich der besseren Ausnützung der Zugkraft und der Comcentrirung der Werkstätten erhält in dieser Epoche ungleich stärkeren Nachdruck als zuvor und beeinflusst dementsprechend das Gesammtbild der Stationen. Die Züge fordern Aufstellungsgeleise von 500 bis 600 m Länge, und die Erbauung grosser Centralwerkstätten — in Floridsdorf, Simmering, Bubna, Mähr.-Ostrau u. a. — ermöglichten es zugleich, andere Stationen auf Kosten der bedeutungslos gewordenen kleineren Werkstätten auszudehnen.

* * *

Die beiden Bahnhöfe vor der Belvederelinie in Wien hatten durch mehr als 20 Jahre fast unverändert den Wechsel zweiten Hälfte der Sechziger-Jahre zum Theile ausgeführt und später auf den in Abb. 200 ersichtlichen Stand ergänzt wurde. Die beiden Hauptgeleise der Südbahn sammt den später hinzugetretenen Geleisen der Verbindungsbahn wurden mittels Verschwenkungen um den Bahnhof herumgeführt. Alle Geleise des Güterbahnhofes sind hier auf beiden Seiten mittels Weichenstrassen zusammengefasst, so dass die Züge von beiden Seiten, von der Südbahn, wie von der Verbindungsbahn, in alle Gruppen einfahren können. Den Mittelpunkt der Anlage bilden zwei Reihen von Magazinen und Rampen mit einer gemeinsamen, unter den Geleisen geführten

FRACHTENBAHNHOF MATZLEINSDORF.

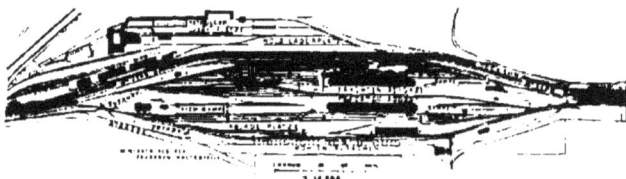

Abb. 200.

der Zeiten überdauert. Ihre ungestörte Symmetrie zeigte noch immer das Bild ihrer einstigen Zusammengehörigkeit und erzählte von der gemeinsamen Entstehungs-Geschichte der beiden grössten Eisenbahn-Unternehmungen der Monarchie. [Abb. 199.]

Für den Güterdienst der Südbahn in Wien hatte durch Jahre die kleine Anlage in Matzleinsdorf genügen müssen, welche noch unter dem Staatsregime an Stelle der dortigen Personenhaltestelle errichtet worden war. Im Jahre 1865 hatte der Güterumsatz in Wien bereits 300.000 t erreicht, so dass ein geordneter Verkehr nur unter grossen Schwierigkeiten und mit erheblichen Kosten aufrecht erhalten werden konnte. Man entschloss sich daher, die Ladestelle Matzleinsdorf nach einem umfassenden Gesammtproject zu einem grossen Güterbahnhof auszubauen, welcher unter Holze in der Zufahrtsstrasse und aussen liegenden Verschubgeleisen. Eine dritte Geleisegruppe bedient die Kohlenrutschen. Mehrere Drehscheibenstrassen unterstützen die Rangirung und die Wagenzustellung.

Im Jahre 1861 war bereits neben dem Personenbahnhof an Stelle des alten Heizhauses eine Remise für 40 Maschinen und eine grosse Werkstätte errichtet und die Wasserversorgung mittels Donauwassers durchgeführt worden. Der eigentliche Umbau des Personenbahnhofes, der angesichts der herannahenden Weltausstellung doppelt geboten war, konnte erst in den Jahren 1868—1873 unter Flattich erfolgen. [Abb. 202 und 203.] *) An ein Kopfgebäude, das die imposante Halle und eine grosse zweitheilige Aufgangstreppe aufnahm, wurden zwei Längsgebäude mit Gepäcksräumen, den hochgelegenen Warte-

*) Vgl. auch Abb. auf Tafel III, Seite 402, im Abschnitt Hochbau von H. Fischel.

sälen und Bureaux angeschlossen. Fünf von der Halle überspannte Geleise, deren Zahl in den Achtziger-Jahren auf sechs erhöht wurde, sind in drei Gruppen angeordnet, die von den zwei Längs- und den zwei Zungenperrons, welche von einem Stirnperron ausgehen, umschlossen werden. Da alle Hallengeleise mit den zwei Hauptgeleisen durch doppelte Weichenstrassen in Verbindung stehen, so ist es durch eine solche Perronanlage ermöglicht, die Züge unabhängig von einander und in kürzesten Zeitintervallen abzufertigen. Bereits im Jahre 1873 hatte der neue Bahnhof in einer Frequenz von vier Millionen Passagieren die Feuerprobe seiner Leistungsfähigkeit zu bestehen.

Der Bahnhof der Staatseisenbahn-Gesellschaft in Wien war durch den Bau der Ergänzungslinien nach Brünn und Marchegg mit einem

Abb. 201. Krahn für schwere Lasten auf dem Frachtenbahnhof Matzleinsdorf.

Schlage der Mittelpunkt eines einheitlich geleiteten Netzes von 1597 km geworden und bedurfte daher der Ausgestaltung zu einem grossen Centralbahnhof für Güter- und Personenverkehr. Für den Umbau des Raaber Bahnhofes, der in den Jahren 1867—1870 unter C. v. Ruppert erfolgte, stellten aber die örtlichen Verhältnisse ganz andere Gesichtspunkte in den Vordergrund, als dies bei seinem Nachbar von der Südbahn kurz zuvor der Fall gewesen. [Vgl. Abb. 203.] Hier war es gelungen, neben dem alten Bahnhof eine Fläche von fast 1700 m Länge und 600 m Breite zu erwerben, die keine öffentlichen Wege berührte und daher für die Anlage des Güterbahnhofes sehr geeignet war. Die hohe Lage des alten Raaber Bahnhofes, für welche seinerzeit blos die Rücksicht auf die Symmetrie mit dem

Bahnhof der Wien-Gloggnitzer Bahn massgebend gewesen war, hatte keine innere Berechtigung mehr. Denn das durch die Forderungen der Schiffahrt gegebene Niveau der Donaucanal-Brücke im Zuge der neuen Linie nach Stadlau hätte ein für den Betrieb sehr nachtheiliges Gefälle vom Bahnhof aus nothwendig gemacht. Sprach schon dieser Umstand für die Abtragung und Tieferlegung des zu erweiternden Personenbahnhofes, so trat noch ein anderer ausschlaggebender hinzu, dass es nämlich für die Erleichterung des Betriebes geboten war, den Güter- und Personenbahnhof in gleiche Höhe zu legen, was unter Beibehaltung des alten Niveaus für den Güterbahnhof eine grosse Anschüttung, Schwierigkeiten in der Materialbeschaffung und zwecklose Kosten verursacht hätte.

So wurde denn der alte Personenbahnhof unter steter Aufrechthaltung des Betriebes abgetragen und durch einen in Strassenhöhe liegenden Neubau ersetzt, der zwei Längsgebäude, eine zweigetheilte Halle und sechs durch einen Zwischenperron in zwei Gruppen getheilte Geleise umfasst. Die für die Abfahrt bestimmten drei Geleise sind hier mittels Drehscheiben für das Umsetzen von Wagen, die Ankunftsgeleise mittels Weichen zum Ausschieben der Zugsmaschine miteinander verbunden.

Der neue Güterbahnhof erhielt eine Theilung nach den drei Hauptlinien der Bahn: der nördlichen, südlichen und der südöstlichen, welche Theilung auch in den drei Gruppen der Magazine und Rampen, der zugehörigen Lade- und Rangirgeleise festgehalten ist. Zwischen je zwei Magazinsstrassen sind noch

PERSONENBAHNHOF DER SÜDBAHN IN WIEN.

Abb. 252.

BAHNHOF WIEN DER SÜDBAHN-
UND DER STAATSEISENBAHN-
GESELLSCHAFT.

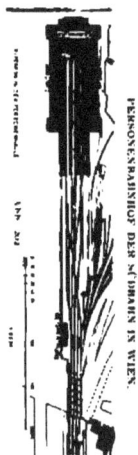

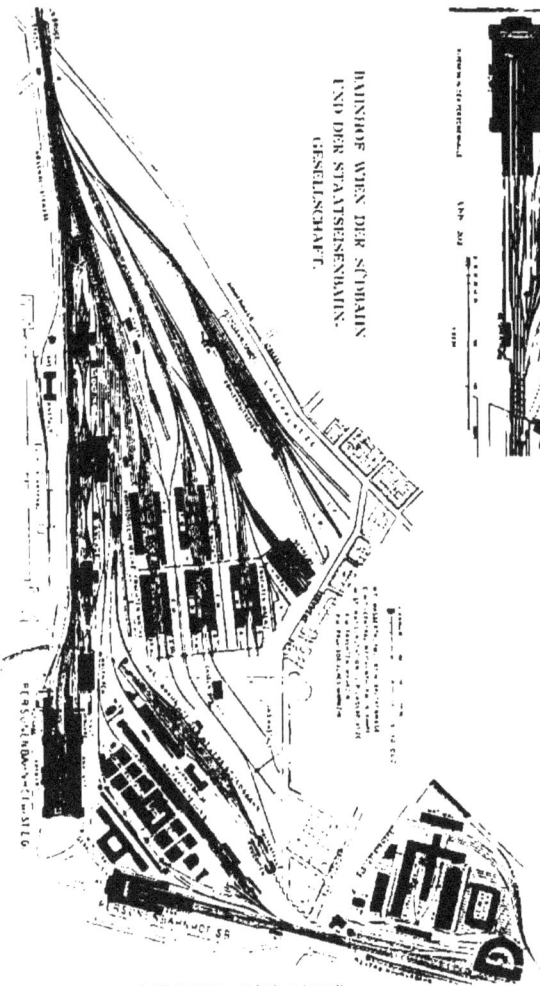

BAHNHOFANLAGE DER STAATSEISENBAHN-GESELLSCHAFT.

Abb. 251.

BAHNHOFANLAGE DER SÜDBAHN.

Freiladegeleise angeordnet. Die Lagerfläche betrug 144.000 m². Zu Ende der Achtziger-Jahre wurden die Anlagen noch durch Getreideschupfen und einen Rohproducten-Bahnhof für Kohle, Holz und Petroleum vervollständigt.

Die grosse Erweiterung des Wiener Nordbahnhofes im Jahre 1864, welcher durch den Donauarm eine natürliche Grenze gesetzt war, wurde durch den mächtig angewachsenen Verkehr rasch überholt. Innerhalb der nächsten fünf Jahre war der Güterverkehr der Nordbahn wieder auf das Doppelte, auf 3·6 Millionen Tonnen, gestiegen, insbesondere hatte der Kohlenverkehr und insbesondere die Kohlenabgabe in Wien eine Höhe erreicht, welche die Anlage eines ausgedehnten Kohlenbahnhofes dringend erforderte. Aber erst nachdem die schwebende Frage der Donauregulirung bei Wien entschieden und damit die umzulegende Trace zwischen Wien und Floridsdorf festgestellt war, konnte der Anschluss des künftigen Güterbahnhofes an die neue Ausfahrtslinie und so seine ganze Austheilung bestimmt werden. [Vgl. Abb. 204.] Zwischen den Jahren 1869 und 1872 wurde diese grossartige

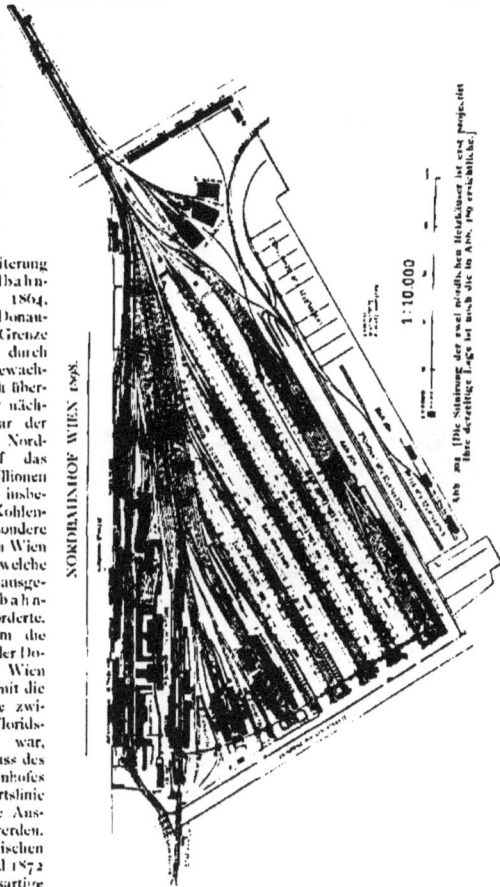

NORDBAHNHOF WIEN 1896.

1:10.000

Erweiterung unter R. v. Stockert durchgeführt; für die Bahnhofsdämme war eine Anschüttung von 1½ Millionen Cubikmetern, die dem neuen Donaubett entnommen wurden, erforderlich.

Die Ausbreitung der Bahnhofsfläche über 36 Hectare bedingte unter Anderem die Einlösung eines grossen Häusercomplexes — des Fischerdorfes — das 5000 Menschen beherbergt hatte. Nach Cassirung des im

Bogen gelegenen Kohlendammes konnte das Plateau, das die Magazine und Rampen trug, erweitert und die Magazins-fläche durch Neubauten wieder auf das Doppelte des bisherigen Bestandes — auf 17.800 m² — erhöht werden. Der neue Kohlenbahnhof wurde durch die An-schüttung von vier weiteren parallelen, bis 900 m langen Dämmen gewonnen, deren Böschungen vorwiegend mit Kohlenrutschen besetzt sind. Mit diesem Umbau war jenes Gesammtbild des Bahn-hofes geschaffen, welches auch der heutige Bestand zeigt, trotz mancher nicht un-wesentlicher Ergänzungen, welche ihm die letzten Jahre gebracht haben.

des Bahnhofes gerade an j e n e Stelle forderte, die zwischen Berg und Meer kaum den nothdürftigen Raum für eine Communalstrasse offen liess, die sich aber durch die geschützte Lage der Rhede für die Anlage des Hafens besonders empfahl.

Das Terrain für den ganzen Bahnhof, wie für die Strassen und Plätze seiner Verbindung mit der Stadt mussten erst dem Meere durch bedeutende Anschüt-tungen abgerungen werden, für die Quai-mauern und Molos durch Versenkung grosser Beton- und Steinmassen und durch Ausbaggerung von Seeschlamm der feste Untergrund geschaffen, für die Gebäude

Abb. 805. Ansicht des projectirten Bahnhofes und Hafens von Triest im Jahre 1857.

Eine technisch wie wirthschaftlich gleich bedeutsame Umgestaltung erfuhr in diesen Jahren der Bahnhof in Triest. Die erste Eröffnung dieses Bahnhofes, im Jahre 1857, war in berechtigter Weise mit den grössten Erwartungen begrüsst worden. War ja mit seinem Bau endlich die Linie geschlossen, welche Wien und die Provinzen mit dem Adriatischen Meere verknüpften, dessen Erschliessung für den österreichischen Export befruchtend auf Industrie und Handel zurückwirken musste! Die Central-Direction für die österrei-chischen Staatseisenbahn-Bauten in Wien, unter deren Oberleitung der Bau dieses Bahnhofes sowie der ersten Hafenanlage erfolgte, hatte dessen Bedeutung wohl zu würdigen gewusst; sie war nicht vor den grossen technischen Schwierigkeiten zurückgeschreckt, welche die Verlegung

des Bahnhofes über zehntausend Piloten eingerammt, die Wildbäche Martesin und Klutsch in weit überwölbten Canälen unter den Bahnhof durchgeführt werden, eine Reihe von öffentlichen und Privat-gebäuden musste abgetragen, die Marine-Akademie verlegt und dem herrschenden Wassermangel durch die grossartige Auresina-Wasserleitung begegnet werden.

Leider wurden aber dieser weisen Opferwilligkeit, welche angesichts der grossen Kosten nicht zurückschreckte, an e i n e r Stelle Schranken gezogen, die den dauern-den Erfolg der ganzen Anlage wesent-lich beeinträchtigten. Um die angren-zende Quarantaine-Anstalt, das neue Laza-reth und seine ausgedehnten Baulich-keiten zu schonen, die, am Fusse eines Bergabhanges liegend, nicht umgangen werden konnten, wurde die Bahn mittels eines 7 m hohen Viaductes über dieselben hinweggeführt, der die Höhenanlage des ganzen Bahnhofes mit 10 m über dem Seespiegel bestimmte. Wie vortheilhaft auch anfangs die hiedurch gegebene etagenförmige Gliederung des Aufnahmsgebäudes und der Magazine erschien, da sie in einfachster Weise die Trennung des Freihafengebietes vom Zollgebiete gestattete, so war doch der Bahnhof gleichsam auf einen Isolirschemel gestellt, der Güterverkehr zwischen Schiff und Bahn durch den grossen Höhenunterschied wesentlich erschwert und die Ausdehnung des Bahnhofes behindert.

stieg, begann sich die Beengtheit des Bahnhofes wie des Hafens gegenüber so grossen Anforderungen, die Erschwernis der Gütermanipulation infolge der hohen Lage der Geleise, und der Mangel an geeigneten Ladevorrichtungen, wie eine drückende Fessel für den Handel fühlbar zu machen. Der Verkehr drängte über die künstlich errichteten Grenzen hinaus; nachdem alle vorhandenen Plätze des Bahnhofes, auch jene für das künftige Aufnahmsgebäude für Zwecke des Güterdienstes ausgenützt worden waren, mussten die hohen Umfassungsmauern des Bahnhofes durchbrochen und die Geleise mittels Rampen in das untere Niveau

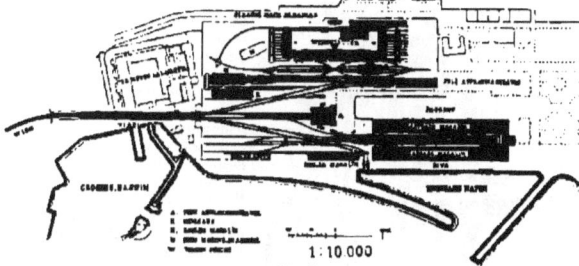

1 : 10.000

Abb. 206.

In der gesammten Austheilung des Bahnhofes waren die besten Grundsätze der damaligen Bauweise zur Geltung gekommen und die Dimensionen, den Erfahrungen entsprechend, reichlich bemessen. Zwei Magazine von 290 m Länge mit einem Lagerraum von über 31.000 m², Kohlenmagazine mit einer Vorrichtung, um die Kohle aus den Bahnwagen über bewegliche Rutschen unmittelbar in die Schiffe zu entladen, eine Rampe für Holz und die zugehörigen Geleise bildeten einen gesonderten Güterbahnhof, während statt des gross angelegten Personenbahnhofes vorläufig ein provisorisches Aufnahmsgebäude diente. [Abb. 205 und 206.]

Indem sich aber der Güterumsatz des Triester Hafens vom Jahre 1858 bis zum Jahre 1865 auf das Fünffache erhöhte und in diesem Jahre bis auf 1,000.000 t

geführt werden, theils um die unmittelbare Verladung zwischen Schiff und Bahnwagen zu ermöglichen, theils um die unten aufgestellten Güterschupfen zu bedienen.

Durch diese vom Bedürfnisse erzwungenen provisorischen Bauten war aber die Richtung gewiesen, in welcher allein der so dringend gebotene Umbau und die Erweiterung des Bahnhofes erfolgen konnte: er musste von seiner Höhe herab in ein tieferes Niveau verlegt werden. Aber erst nachdem das Project für den grossen, auch gesteigerten Anforderungen entsprechenden Hafen mit drei Bassins festgestellt worden war, dessen Ausführung die Zeit vom Jahre 1867—1874 in Anspruch nahm, konnte der Umbau des Bahnhofes selbst im Jahre 1872 nach dem Projecte von W. Flattich in Angriff

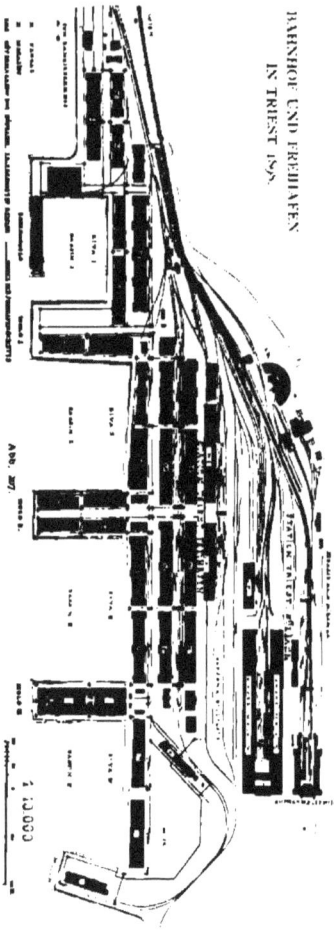

BAHNHOF UND FREIHAFEN IN TRIEST 1892.

Abb. 207.

1:10000.

genommen werden. Die Quarantaine hatte inzwischen den Platz geräumt und so konnte der Bahnhof in Strassenhöhe sich in der Richtung gegen Wien und gegen den Hafen erweitern.*) [Abb. 207.] Gegen das Meer zu wurden drei Magazine mit ausreichenden Geleisen, gegen Triest ein gesonderter Rohproducten-Bahnhof mit Strassenlade-Geleisen angelegt. Hierauf erst konnte der neue Personenbahnhof, ein Kopfgebäude mit anschliessenden Längsgebäuden, ausgeführt werden. Eine neue grosse, halbrunde Locomotivremise und eine kleine Werkstätte wurden derart situirt, dass der Grundcomplex abgerundet, die Miramare-Strasse in schönem Zuge unmittelbar neben dem Aufnahms-, Gebäude über die alte Bahnhofsfläche geführt werden konnte, während von der bestandenen Heizhaus- und Werkstättenanlage nur das langgestreckte Hauptgebäude nunmehr jenseits der Strasse verblieb und zu einem Wohngebäude umgestaltet wurde.

An den alten hochgelegenen Bahnhof erinnerte nichts mehr, als die zwei grossen Magazine, die in ihrer Höhenlage belassen und mittels steil ansteigender Geleise zugänglich gemacht wurden. An ihren Enden wurden sie durch einen Silo als Querbau verbunden. Es war dies in Oesterreich der erste jener grossartigen Elevatoren, die zur Aufspeicherung des mit der Bahn zugeführten und mittels Schiffen zu exportirenden Getreides dienten. Das Getreide gelangte hier aus den Bahnwagen in tief gelegene Trichter, aus denen es mittels der von Dampfmaschinen betriebenen Paternosterwerke gehoben und mittels Transportbändern und Transportschnecken in die 474, an 13 *m* hohen quadratischen Kästen [Silos] vertheilt wurde, welche sich unmittelbar ins Schiff entleerten. Da jeder Kasten

*) Ueber den Hafen und seine der jüngsten Zeit angehörigen Magazinsbauten siehe S. 364.

1000 Meter-Centner Getreide fasste, so
war der Elevator zur Aufnahme von nahezu einer halben Million Centner geeignet.
Leider hat die vollständige Unterbindung
des seinerzeit so lebhaften Getreideexportes
den Elevator seit einer Reihe von Jahren
seiner Bestimmung entzogen. [Abb. 208
zeigt noch den erst im Jahre 1880 abge-
tragenen Viaduct, während die Erweiterung
des Bahnhofes und des Hafens bereits
durchgeführt ist.]

Auch für den beengten Bahnhof der
Staatseisenbahn-Gesellschaft in
Prag war endlich die befreiende Stunde
gekommen. Die Stadtmauern, welche den
Bahnhof seit seiner ersten Anlage [vgl.
Abb. 187] in der Mitte durchschnitten und
die Verkehrsanlagen auf einen Raum von
230 m Länge und 140 m Breite einschränkten, bildeten ein unübersteigbares
Hindernis für seine planmässige Erweite-
rung. Zwar wurde noch im Laufe der
Sechziger-Jahre vor den Thoren ein Theil
des Güterbahnhofes untergebracht, die
Werkstätte bedeutend vergrössert, im
benachbarten Bubna der Güter- und Zug-
förderungsbahnhof zur Entlastung der
Prager Anlage erweitert. Aber erst
nachdem im Jahre 1871 die Bastei gefallen war, konnte der Bahnhof unter
De Serres jene Ausgestaltung erhalten
[Abb. 209], die er noch heute fast unverändert zeigt. Die beiden Hauptlinien von
Wien und Bodenbach sind durch einen
Bogen derart verbunden, dass Transito-
züge ohne Berührung des Bahnhofes durch-
gehen können, die Einfahrtshauptgeleise
der beiden Linien sowie die Ausfahrts-
geleise sind neben einander geführt und
einerseits an einen Längs-, andererseits
an den Zwischenperron gelegt. Durch
den letzteren wurden die Erschwernisse,
die sich aus der Benützung dieses Kopf-
bahnhofes für durchgehende Züge ergeben, gemildert und seine Leistungsfähigkeit erhöht. Der Güterbahnhof erscheint durch ausgedehnte Magazine und
Geleise und durch einen tiefgelegenen
Kohlenbahnhof erweitert, dessen Zu-
führungsgeleise unter den Hauptgeleisen
geführt sind. Aber durch den ersten,
grundlegenden Fehler in der Anlage dieses
Bahnhofes als Kopfstation und durch die
rasch fortgeschrittene Verbauung waren

Abb. 208. Ansicht des Bahnhofes und Hafens von Triest um die Mitte der Siebziger-Jahre.

auch seiner Erweiterung Grenzen gezogen, die eine freiere Anordnung und die räumliche Ausdehnung nachtheilig beeinflussten.

Unter den grossen Bahnhöfen der in dieser Periode neu erbauten Linien, bei welchen die Disposition frei war von jener einschränkenden Rücksicht auf das Bestehende, die bei der Umgestaltung und Erweiterung eines alten Bahnhofes immer mehr oder weniger ins Spiel tritt, ist der unter Hellwag erbaute Nord-westbahnhof in Wien besonders

Wenn auch die hervorragenden Leistungen im Bau der grossen, planmässig angelegten Endbahnhöfe den in Rede stehenden Abschnitt der Geschichte der Stationsanlagen das Gepräge geben, so hielt doch auch die Thätigkeit in dem Bau und der Erweiterung der Zwischen- und Theilungsstationen bezüglich der Vermehrung der Geleise, der Lademittel und Heizhäuser mit dem mächtigen Verkehrsaufschwung gleichen Schritt. Vom Jahre 1868 bis 1873 hatte sich die Betriebslänge der Nordbahn und der

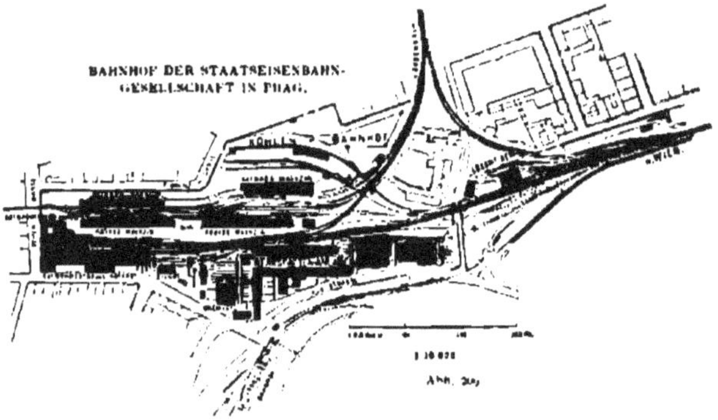

BAHNHOF DER STAATSEISENBAHN-GESELLSCHAFT IN PRAG.

Abb. 205.

beachtenswerth. Das durch seine übersichtliche Gliederung und seine reiche Dimensionirung ausgezeichnete Project kam bis heute nur theilweise zur Ausführung.

Da die Verhandlungen über die Einbindung des Personenbahnhofes in die geplante Fortsetzung der Wiener Verbindungsbahn nicht zu einem Erfolge führten, so wurde dieser als Kopfstation angelegt. Magazins- und Geleiseanlagen sind in drei Gruppen getheilt, von denen zwei dem Stückgüter- und eine dem Rohproducten-Verkehr dienen. Die beiden, durch den ganzen Bahnhof geradlinig geführten Hauptgeleise, die Einfahrtsgeleise der genannten drei Gruppen des Lastenbahnhofes, ferner des Kohlen- und des Maschinenbahnhofes vereinigen sich an der Wurzel der ganzen Anlage in einem Signalbahnhof, der von einem hohen Signalthurm beherrscht wird.

Staatseisenbahn-Gesellschaft von 1800 km auf circa 2200 km, also um 20% erhöht, die Nebengeleise hatten dagegen um 60% bis auf etwa 1000 km zugenommen, während zugleich das Doppelgeleise von 400 km auf 700 km vermehrt worden war. Die Nordbahn allein investirte in dieser Zeit ein Capital von etwa 15,000.000 fl., um ihre Stationen auf der Höhe der Verkehrs-Anforderungen zu erhalten.

Die zahlreichen, an den Grenzen eröffneten Bahnanschlüsse bedurften einer besonderen Ausbildung der Durchgangs-station für die Aufgaben des Grenzverkehrs. Im Bahnhofe Tetschen der Nordwestbahn wurde diesen Forderungen auf Beschleunigung der Zollmanipulation und des Zugüberganges unter möglichster Ausnützung des Raumes durch eine glückliche Lösung entsprochen. [Abb. 210 und 211.] Der ganze Bahnhof bildet ein flaches, gleichschenkeliges Dreieck, dessen langgedehnte Basis die zwei Gruppen der bis 900 *m* langen Uebergabsgeleise bilden, zwischen welchen die Transitozollmagazine liegen. Der eine der zwei kürzeren Schenkel dient dem Ortsgüterdienst, der andere dem Personenverkehr. Der Bahnhof der Böhmischen Nordbahn ist hier an jenen der Nordwestbahn derart angeschlossen, dass eine gemeinsame Zufahrtsstrasse die beiderseitigen Aufnahmsgebäude bedient, welch letztere, in ungleicher Höhe gelegen, durch einen verglasten Gang mit einander in Verbindung stehen.

durch die ganze Station bis über die Endweiche hinausgeführt und in das Nebengeleise erst zurückgedrückt werden mussten. Auf eingeleisigen Strecken, wo die Spitzweichen nicht gänzlich umgangen werden konnten, wurde im Interesse einer geregelten Zugseinfahrt jede Zwischenstation [vgl. Abb. 213] zweigeleisig angelegt, so dass die haltenden und sich bewegenden Züge immer die linke Fahrtrichtung einhielten; und indem diese Geleise hiebei gegeneinander versetzt wurden, war das Befahren der Spitzweiche im Bogen vermieden und so wenigstens die Einfahrt in der Geraden bewirkt.

Aber die beiden genannten Massregeln, die im Jahre 1876 durch ministerielle Verord-

Abb. 210.

In den mittleren und kleinen Zwischenstationen wurde in dieser Periode der beginnenden Beschleunigung der Fahrten die Sicherung des Zugsverkehrs insbesondere in Hinsicht auf die durchgehenden Schnellzüge für die Geleiseanlage bestimmend. Bereits in den früheren Jahren war das Bestreben aufgetreten, die gegen die Spitze befahrenen Wechsel im Zuge der Hauptgeleise möglichst zu vermeiden. Nunmehr wurde aber diese Forderung systematisch festgehalten und in Stationen doppelgeleisiger Linien, wie St. Peter-Seitenstetten [vgl. Abb. 212] oder in dem älteren Cilli [Abb. 194b] jede Spitzweiche grundsätzlich vermieden. Dadurch war die unmittelbare Einfahrt der Züge in ein Nebengeleise unmöglich gemacht, so dass sie

nungen verbindliche Kraft erhalten hatten, bildeten doch nur eine vorübergehende Episode in der Geschichte des Stationsbaues. Denn einerseits erwies sich der Vortheil für die Sicherheit des Betriebes, der mit dem beschwerlichen Zurückschieben der Züge aus der freien Strecke in das Nebengeleise erkauft werden sollte, als ein sehr fraglicher und der Weichenbogen, den nun alle Schnellzüge der eingeleisigen Bahn durchfahren mussten, als sehr belästigend — andererseits wurden diese Massnahmen durch die Verbesserung der Weichenconstructionen und durch die gesicherte Centralstellung der Weichen bald überboten. Wenn man daher auch noch heute die Zahl der Spitzweichen in den Hauptgeleisen möglichst einschränkt, so unterlässt man es doch nicht, die, oft

Abb. 211. Bahnhof Tetschen.

mehr als 700 *m* langen Nebengeleise, an beiden Enden ins Hauptgeleise einzubinden. Um dabei in Zwischenstationen doppelgeleisiger Bahnen die Kreuzung eines Hauptgeleises zu vermeiden, werden die Nebengeleise zu beiden Seiten der Hauptgeleise vertheilt.

[Vgl. Abb. 214.] In Zwischenstationen eingeleisiger Bahnen wird das Hauptgeleise wieder wie vor Jahren an beiden Stationsenden geradlinig geführt. Die Gebäude werden in beiden Fällen mit Rücksicht auf fallweise Erweiterungen möglichst auf einer Seite vereinigt.

STATION ST. PETER-SEITENSTETTEN.

Abb. 212.

ZWISCHENSTATION II CLASSE
DER ÖSTERREICHISCHEN NORDWESTBAHN.

Abb. 213.

STATION CHYDE.

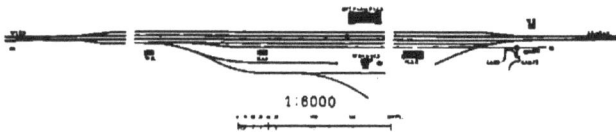

1:6000

Abb. 214

IV. Der Stationsbau der jüngsten Zeit.

Mit dem Beginne der Achtziger-Jahre erhielt der Eisenbahn-Verkehr von Neuem eine anfangs sanft ansteigende Tendenz, die aber bald unter der Einwirkung eines rasch erstandenen und ausgedehnten Localbahnnetzes, unter dem belebenden Einfluss tarifarischer Massnahmen und der gebesserten allgemeinen wirthschaftlichen Lage, trotz der Ungunst zollpolitischer Verhältnisse, in steiler Linie zu einer Höhe hinaufführte, die alles Frühere weit hinter sich liess. Welch ungleich grössere Leistung war den Stationen vom Jahre 1895 gegenüber jenen vom Jahre 1873 zugefallen, wenn auf den Bahnen der Monarchie statt der damaligen 44 Millionen Passagiere, nunmehr 146 Millionen, statt der 34 Millionen Tonnen 107 zum Transport gelangten, statt der 53 Millionen Zugskilometer deren 164 aufgewiesen wurden! War auch in dieser Zeit das Bahnnetz um 80°/₀ gewachsen, so fiel doch bei dem Umstand, als der Zuwachs meist Localbahnen und Bahnen zweiter Ordnung betraf, der grösste Antheil der Mehrleistung bei diesem auf das Dreifache gestiegenen Verkehre den bestandenen Hauptlinien zu. So zeigte die Südbahn bei fast unveränderter Betriebslänge eine Zunahme des Personenverkehrs von 9·2 auf 19 Millionen Passagiere, des Güterverkehrs von 4·2 auf 8·7 Millionen Tonnen; die Nordbahn, deren Hauptbahnnetz durch den Bau minderwerthiger Linien um ein Viertel der Länge vermehrt worden war, ein Anwachsen von 3·3 Millionen Passagiere auf 10, und von 4 auf 11 Millionen Tonnen Fracht. Die belebtesten Bahnhöfe erreichten dabei eine tägliche Wagenbewegung von mehr als 9000 Wagen und eine Frequenz von mehreren Hundert Zügen.

Der grosse Apparat, der für die Bewältigung eines so mächtigen Verkehrs in Bewegung gesetzt werden musste und der desto rascher functioniren sollte, je mehr er an Umfang gewann, musste naturgemäss ungleich zahlreichere und bedeutsamere Gefahrquellen hervortreten lassen, denen zu begegnen war, und musste ein desto sichereres Ineinandergreifen aller Theile erfordern, als jede Stockung in diesem Getriebe weit zurückwirkte und sich in dem grossen Haushalt der Bahnen ungleich empfindlicher fühlbar machte.

Das Streben nach weitestgehender Sicherheit und nach möglichster Oeconomie ist es daher, das dem Stationsbau der jüngsten Zeit die Signatur verleiht und das namentlich zu jenen grossen modernen Knotenpunkts-Bahnhöfen führt, die den Höhepunkt unserer Bahnhofstechnik bezeichnen.

In den Einrichtungen für die centrale Weichen- und Signalstellung war dem Eisenbahn-Betrieb ein neues, wirksames Mittel an die Hand gegeben, ohne welches es kaum möglich gewesen wäre, die Ein- und Ausfahrt der Züge bei deren rascher Folge in noch halbwegs übersichtlichen Stationen mit Verlässlichkeit zu sichern. Von der Mitte der Siebziger-Jahre an hatten diese Einrichtungen in schrittweiser Vervollkommnung den Aufstieg des Verkehrs begleitet. Durch die Zusammenziehung der Stellvorrichtung mehrerer Weichen in einen Centralapparat war zunächst der Vortheil gewonnen worden, das Umstellen der Weichen der Möglichkeit eines Missgriffes seitens des unter gefährlichen Geleise-Ueberschreitungen hin- und hereilenden Weichenwärters zu entziehen. Den gefahrbringenden Irrthümern des Centralwärters selbst wurde später durch die im Apparate hergestellte Abhängigkeit zwischen Weichen und Signalen vorgebeugt, indem die Signalisirung der erlaubten Einfahrt erst nach der »Verriegelung« der Weichenstrasse erfolgen kann, die selbst an die richtige Stellung aller zugehörigen Weichen gebunden ist. Da endlich die immer raschere Folge der Züge noch die Gefahr einer vorzeitigen Umstellung der Weichen seitens des Centralwärters unter dem darüber befindlichen Zug aufkommen liess, so wurde ihm durch die Einführung des »Fahrstrassen-Verschlusses«

die Möglichkeit benommen, die Entriege-
lung und Umstellung der Weichen vorzunehmen, so lange nicht der Stations-
beamte von seinem Bureau aus den
Fahrstrassen-Verschluss mittels des Block-
apparates elektrisch auslöste oder so
lange nicht der Zug selbst nach Passi-
rung der letzten Weiche diese Auslösung
mittels eines automatisch wirkenden elektrischen Schienencontactes bewirkte.

Aus dem Bedürfnis nach Sicherung
der Zugseinfahrten in die Stationen hervorgegangen, wirkte die Einführung der
Stellwerke selbst auf den Stationsbetrieb
und auf die Geleiseanlage zurück, indem sie
ein um so klareres, der Einrichtung des
Apparates entsprechendes Bild aller Zugs-
bewegungen erforderte. Jeder Fahrtrichtung der Personenzüge wird nun ein bestimmtes Hauptgeleise zugewiesen, das
— namentlich in Stationen mit lebhafterem Verkehr — von allen Manipulationen möglichst unabhängig gemacht
wird. Die Zahl der Weichen in diesen
Hauptgeleisen — insbesondere jene der
Spitzweichen — wird auf das nothwendigste Mass beschränkt. Um die bis
dahin allgemein üblichen Verschiebungen
im Hauptgeleise zu vermeiden, bei denen
ein Zugstheil über die letzte Weiche auf
die freie Strecke gezogen und seine
Wagen über die Weichenstrasse in die
einzelnen Geleise vertheilt wurden, wird
nunmehr in Stationen mit bedeutenderem
Rangirdienst neben dem Hauptgeleise ein
gesondertes Auszugsgeleise angeordnet
[vgl. Abb. 217], in welchem die Rangirung ohne Berührung des Hauptgeleises
erfolgt. Bei noch umfangreicherem Rangirdienst wird dieses Auszugsgeleise derart an die Nebengeleise angeschlossen
[vgl. Beilage Fig. 2], dass auch die Einfahrt
der Güterzüge in die Nebengeleise ohne
Behinderung der Verschubarbeit und
ohne Gefährdung durch den verschiebenden Zug vor sich geht. In gleicher
Weise wie die Auszugsgeleise werden
auch Ablenkungsweichen [vgl. Abb.
248] zur Flankensicherung der auf den
Hauptgeleisen verkehrenden Züge und zur
Verhütung von Streifungen, Sandgeleise
zum Auffangen entlaufener Wagen und
dergleichen angeordnet. Auch die Verbindung weiter auseinander liegender

Bahnhoftheile wird durch eigene Geleise
ohne Berührung der Hauptgeleise vermittelt. Den Fahrten der Locomotive
ins Heizhaus, dem Zuschub reparatur-
bedürftiger Wagen zu den Werkstätten,
dem Verkehr zwischen den strenge gethei-
ten, den verschiedenen Dienstzweigen
zugewiesenen Bahnhofsbezirken werden
bestimmte Geleise vorbehalten. Kreuzungen von Personenzugs-Hauptgeleisen im
Niveau werden in neuen Stationen mit
einigermassen lebhafterem Verkehr ebenso
auf der freien Strecke grundsätzlich vermieden, jene mit Lastzugsgeleisen möglichst eingeschränkt. In Theilungs- und
Kreuzungsstationen wird der Austausch
der Passagiere zwischen den einzelnen
Bahnlinien ohne Ueberschreitung der
Geleise ermöglicht, bei dem immer wachsenden Verkehre endlich durch die Verlegung jedes Hauptgeleises an einen gesonderten Perron und durch schienenfreie
Verbindung der Perrons untereinander
jedwede Geleiseüberschreitung seitens des
Publicums ausgeschlossen.

Alle diese Mittel für die erhöhte
Sicherheit des Verkehrs waren zugleich
die geeignetsten, den ganzen Betrieb zu
beschleunigen. Sie allein wären aber
nicht im Stande gewesen, den gewaltigen
Kreislauf der Wagen stets in dem gebotenen Fluss zu erhalten, wenn er nicht
in den Districten des dichtesten Verkehrs
durch die Anlage selbständiger und
leistungsfähiger Rangirbahnhöfe,
ferner durch den weiteren Ausbau der
Güterbahnhöfe, namentlich hinsichtlich
der Lagerräume und Lagerhäuser
die kräftigste Förderung erhalten hätte.

In den wichtigeren Kreuzungs- und
Anschlussstationen, wo die Güterzüge aus
mehreren Richtungen zusammentreffen,
dort aufgelöst und zu neuen Zügen zusammengestellt werden müssen, hatte
das Rangirgeschäft einen Umfang angenommen, dem gegenüber sich die Erweiterung der alten Bahnhöfe durch den
steten Anschluss neuer Geleisegruppen
als unzulänglich erwies. Die hieraus sich
ergebende Ueberfüllung der Stationen
musste kostspielige Stockungen im ganzen
Zugsverkehr hervorrufen, die sich bei
lebhafterem Verkehre umso störender
fühlbar machten. Zu Ende der Siebziger-

Jahre war ein österreichischer Bahnwagen insgesammt nur etwa 33 Tage im Jahre auf der Strecke in Bewegung, die andere Zeit über war er durch die Lademanipulationen, Uebergabe und Uebernahme von Wagen, durch die Zollbehandlung u. s. w., insbesondere aber durch die langwierigen Verschubarbeiten in den Stationen festgehalten. War es daher schon mit Rücksicht auf die bessere Ausnützung der Wagen ein dringendes Gebot der Wirthschaftlichkeit durch zweckmässig angelegte, von den Güterbahnhöfen losgelöste Rangiranlagen die Verschubarbeiten zu beschleunigen, so drängten auch die hohen, nicht zu unterschätzenden Kosten der Rangirarbeit selbst zu solchen Massnahmen. Erforderte doch die Rangirung der Züge auf den Bahnen der Monarchie im Jahre 1878 schon einen Aufwand von 5,000.000 fl., der bis zum Jahre 1895 auf 8,500.000 anwuchs; und betragen doch allein die Wege, welche die Maschinen bei dieser scheinbaren Sysiphusarbeit in den Stationen zurücklegen, ein Viertel bis ein Drittel der von den Zugsmaschinen für den eigentlichen Transport geleisteten Nutzkilometer!

Im Jahre 1870 hatte sich die Nordbahn bereits genöthigt gesehen, neben dem Kohlenbahnhof in Mähr.-Ostrau einen selbständigen Rangirbahnhof zu errichten, in welchem die von den Gruben kommenden Wagen verschiedenster Bestimmung nach Richtungen und Stationen zu Zügen formirt wurden. Auf diesem Bahnhof wurden, wie in einzelnen ähnlichen Anlagen kleineren Umfanges, die Wagen von der sich hin- und herbewegenden Locomotive in die einzelnen horizontal liegenden Vertheilungsgeleise eingeschoben. Wenige Jahre später wurde durch die Einführung der in Sachsen und England mit grossem Erfolge verwendeten Ablaufgeleise eine wesentliche Verbesserung in diese Anlagen hineingetragen. Indem man diesen Verschubbahnhöfen das Auszugsgeleise, auf welches die umzurangirende Wagenpartie zu stehen kommt, ein starkes Gefälle erhielt, rollten die einzelnen Wagen und Wagengruppen nach Lösung der Kuppelung von selbst, infolge der Schwere in jenes

Geleise ab, für welches die Weichen gestellt worden waren. Der Umstand, dass sich bei solchen Ablaufgeleisen die Thätigkeit der Maschine höchstens auf das ruckweise Vorwärtsschieben des Zuges um einige Wagenlängen beschränken konnte, dass also das Zeit und Kraft raubende Hin- und Herbewegen der Wagen entfiel, dass die Fahrzeuge mit bedeutenderer Geschwindigkeit, also ungleich rascher in die Geleise abrollten, wobei die rechtzeitige und gefahrlose Umstellung der Weichen von dem Centralweichenthurm aus besorgt wurde, musste für die Leistungsfähigkeit solcher Bahnhöfe und für die Oeconomie ihres Betriebes von grösster Bedeutung werden. In der That ergaben eingehende Erhebungen, dass mit diesem Rangirverfahren im Vergleiche zu jenem auf horizontalen Geleisen die zu leistende Arbeit in der kürzesten Zeit, auf kleinstem Raum, auf billigste Weise und mit der geringsten Gefahr für Menschen und Material bewerkstelligt werden konnte und die langjährigen Erfahrungen haben diese Vorzüge immer aufs Neue bestätigt.

Die Aussig-Teplitzer Bahn ging damit voran, sich diese Vortheile zu Nutze zu machen, indem v. Emperger im Jahre 1876 in Aussig (Abb. 215) den ersten Abrollbahnhof Oesterreichs erbaute. Dem dortigen Bahnhof fällt — vom Personenverkehr abgesehen — die Aufgabe zu, die vornehmlich aus dem böhmischen Braunkohlenrevier kommenden Wagen nach den einzelnen Verwendungsstellen des ausgedehnten Elbeumschlages und des Locodienstes in Aussig selbst, ferner nach den Stationen der anschliessenden Staats- und Nordwestbahn zu ordnen. Zu diesem Zweck werden die einfahrenden Züge aus den rechts der Hauptgeleise liegenden Geleisegruppen auf die Ablaufgeleise I, II und III überstellt, von wo sie gleichzeitig in die Vertheilungsgeleise abrollen. Im Jahre 1876 kam blos die Rangirgruppe I zur Ausführung, die beiden anderen, entsprechend dem gestiegenen Bedürfnis, erst im Jahre 1882, nachdem durch die Regulirung der Biela für sie das Terrain geschaffen worden war. Die auf die Aussig-Teplitzer Bahn zurückkehrenden leeren Kohlen- und sonstige Güterwagen werden in einer gesonderten

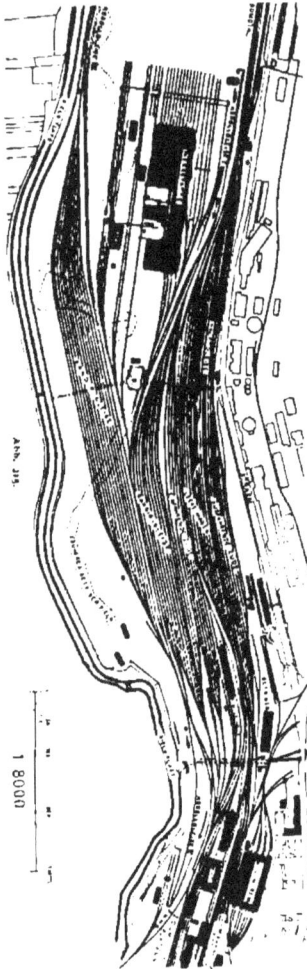

ABROLLBAHNHOF DER AUSSIG-TEPLITZER BAHN IN AUSSIG

Abb. 315

1:8000

Geleisegruppe gesammelt und zu Zügen zusammengestellt.

Das wesentliche Zugehör aller Rangirbahnhöfe, der Umladeperron eine zwischen zwei Geleisen situirte schmale Bühne, auf welcher die Wagen behufs Vervollständigung der Ladung oder behufs Ausscheidung beschädigter Fahrzeuge umgeladen werden, ist auch hier entsprechend beigefügt.

Ein mächtiger Verkehr wird auf dem Aussiger Bahnhof, auf verhältnismässig beschränktem Raum, in Ordnung und Sicherheit abgewickelt. Die Zahl der innerhalb eines Tages den Bahnhof berührenden Züge steigt bis 250, die Wagenbewegung, d. i. die Summe der in der Station ein- und austretenden Wagen bis zu 9300 und die Zahl der abgerollten Wagen bis 2400.

Auf der Kaiser Ferdinands-Nordbahn kam eine Abrollanlage im Jahre 1880 unter R. v. Stockert in der Station Mähr.-Ostrau-Montanbahn noch vereinzelt zur Ausführung, bis Ast gelegentlich der grossen Ergänzungsbauten der Nordbahn im Jahre 1889 diese rationelle Rangirmethode in grösserem Umfang bei den Bahnhöfen Prerau, Mähr.-Ostrau und Floridsdorf verwerthete.

Der Verschubbahnhof Prerau [vgl. Beilage Fig. 2] ist typisch für eine Reihe ähnlicher Anlagen. Neben den Hauptgeleisen — von diesen durch ein Geleise für Maschinenfahrten getrennt — dehnt sich der lange Zugsbahnhof, der zur Aufnahme der einfahrenden und zur Formirung der abgehenden Züge dient; an diesen schliessen sich die Vertheilungsgeleise — hier in zwei Gruppen — an, in welche die Wagen aus den beiden zugehörigen Ablaufgeleisen abrollen.

Auf den Linien der k. k. Staatsbahnen finden wir bereits um die Mitte der Achtziger-Jahre die unter Bischoff v. Klammstein erbauten Abrollbahnhöfe Brigittenau bei Wien und Nusle-Vršovice bei Prag. Unter Stané wurde in jüngster Zeit der Bau einer ganzen Reihe grosser Abrollbahnhöfe in Angriff genommen, von denen jener in Pilsen [vgl. Beilage Fig. 4] bereits in Betrieb gesetzt wurde. In diesem Bahnhof, dem Kreuzungspunkt dreier Linien,

looc,

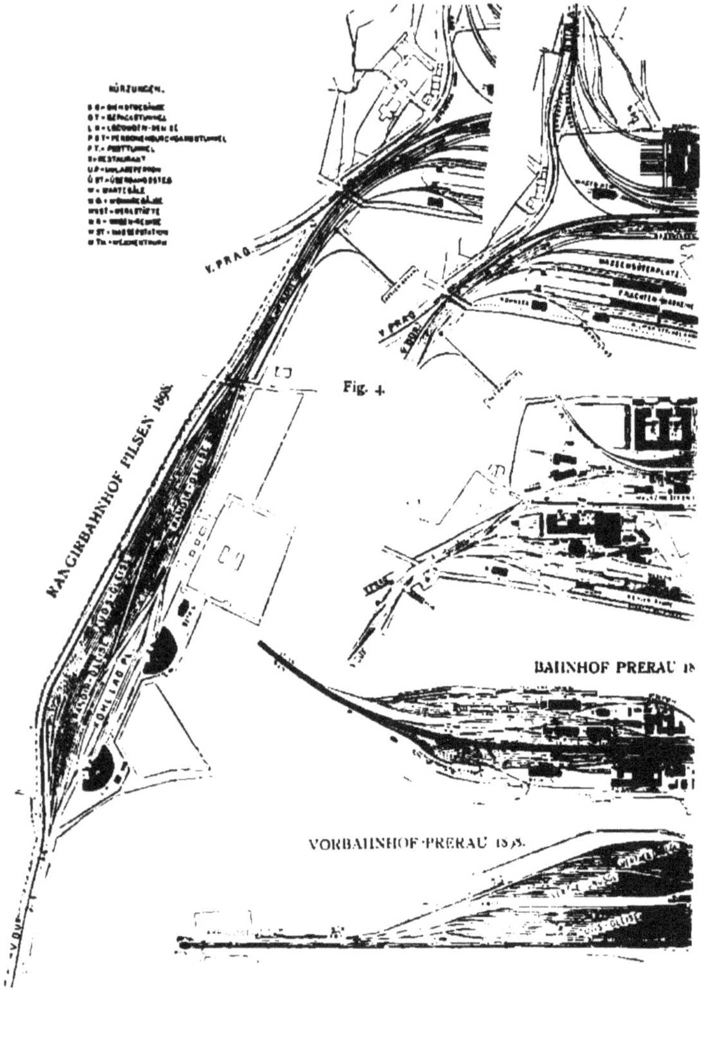

KÜRZUNGEN.

Fig. 4.

RANGIRBAHNHOF PILSEN 1896.

V. PRAG.

BAHNHOF PRERAU 18

VORBAHNHOF PRERAU 1895.

BAHNHOF PILSEN.
PERSONEN- UND GÜTER-BAHNHOF.
[NACH DEM UMBAU.]

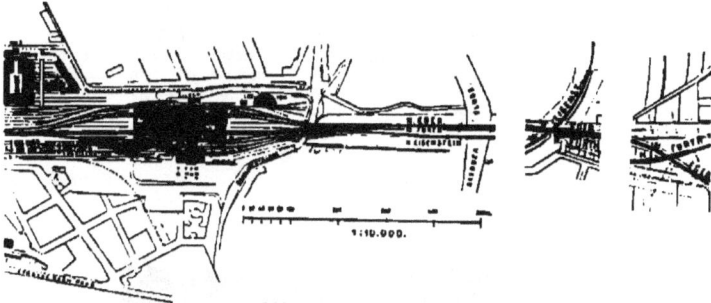

1:10.000.

BAHNHOF PILSEN 1895. [VOR DEM UMBAU.]

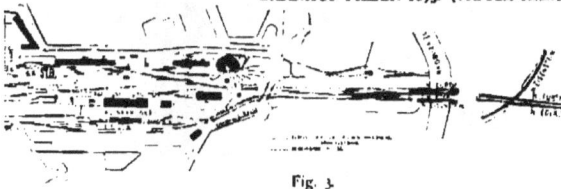

Fig. 3.

BAHNHOF PRERAU.

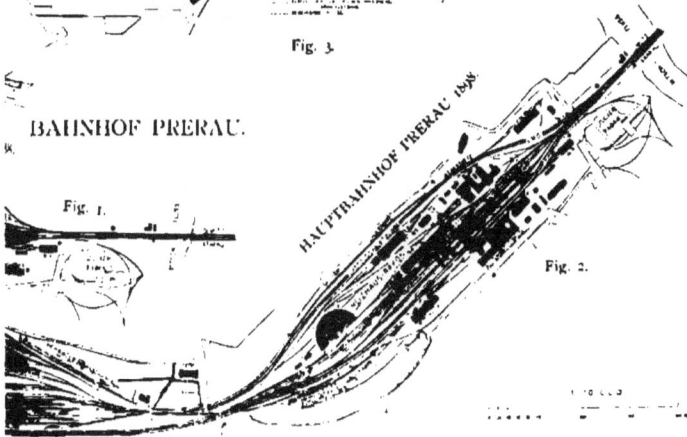

Fig. 1.

Fig. 2.

treffen Züge aus sechs Fahrtrichtungen zusammen. Indem sich hier der Zugsbahnhof, der die einfahrenden Güterzüge aufnimmt, oberhalb der beiden Ablaufgeleise befindet, können die eingelangten Züge unmittelbar in eines derselben überstellt werden, ohne die Abrollarbeit des anderen zu behindern, so dass bei dieser Anordnung h i n t e r e i n a n d e r liegender Geleisegruppen auch jene Zeit für die Verschubarbeit nutzbar gemacht ist, welche bei n e b e n e i n a n d e r lie-

Staatsbahnen den Rangirbahnhof in Brigittenau und in Penzing, der Wiener Nordbahnhof jenen in Floridsdorf, die Prager Bahnhöfe jene in Nusle-Vršovice, in Bubna und in Lieben u. a. m.

Durch die seit den Achtziger-Jahren eingeführte elektrische Beleuchtung, die heute fast in allen grösseren Bahnhöfen anzutreffen ist, wurde die Raschheit und Sicherheit aller Manipulationen, die Leistungsfähigkeit der Anlagen noch weiter erhöht.

Abb. 216. Einfahrt- und Vertheilungsgeleise auf dem Vorbahnhof Mähr.-Ostrau.

genden Gruppen, wie in den zuvor angeführten Bahnhöfen, zum Einschieben der Züge ins Ablaufgeleise erforderlich wird.

Die Loslösung des Rangirdienstes vom Güterbahnhof drängte sich vor Allem in den Theilungs- und Kreuzungsstationen auf, in denen der Ortsverkehr im Verhältnisse zu dem mächtigen Durchgangsverkehr nur von untergeordneter Bedeutung war. Aber auch die grossen Endbahnhöfe, die mit ausgedehnten Geleiseanlagen für den lebhaften Ortsgüterdienst versehen waren, mussten bei den steigenden Forderungen durch V o r b a h n h ö f e, die vornehmlich Rangirzwecken dienen, entlastet werden.

So erhielt in den letzten Jahren fast jeder grosse Bahnhof seinen Vorbahnhof: die beiden Wiener Bahnhöfe der k. k.

Mit dem Bau gesonderter Rangirbahnhöfe, insbesondere mit Ablaufgeleisen, war also ein neuer, erfolgreicher Weg betreten, um jene unausweichlichen Hemmungen möglichst einzuschränken, welchen die Bewegung der gewaltigen Wagenmassen durch die Auflösung und Zusammenstellung der Züge unterworfen ist. Durch die Vergrösserung der Zwischenstationen, durch die Herstellung von U e b e r h o l u n g s g e l e i s e n, namentlich aber durch die wesentliche Vermehrung der A u s w e i c h s t e l l e n auf eingeleisigen Strecken, wurde in gleichem Sinne auf die Verdichtung der Zugsfolge überhaupt und auf die Minderung jener Erschwernisse hingearbeitet, welche die immer zahlreicheren Personenzüge für die ungehinderte Folge der Güterzüge

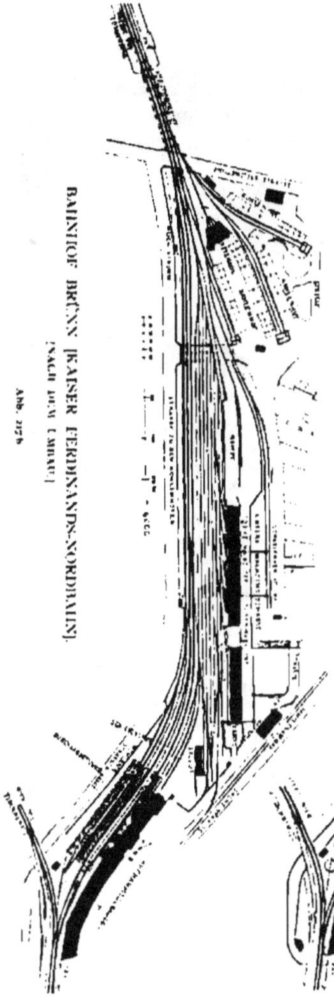

BAHNHOF BRÜNN [KAISER FERDINANDS-NORDBAHN].

(NACH DEM UMBAU)

Abb. 257 b

bedeuten. Zu diesen baulichen Massnahmen, welche den inneren Dienstbetrieb betreffen, traten noch jene hinzu,
welche die Beladung und Entladung
der Wagen selbst, also den Wagenumsatz im eigentlichen Wechselverkehr
mit dem Publicum beschleunigten:
zahlreiche und grosse Lagerhäuser,
die sich zu einem wichtigen Instrument
des Handels ausbildeten, wurden auf
allen bedeutenderen Bahnhöfen errichtet,
die Lagerplätze für Rohproducte wesentlich erweitert, die Magazine vermehrt, die Lademittel vervollkommnet
und die Umschlagplätze vergrössert.

Durch die stets weitergreifende Einbeziehung neuer Stationen in diesen
Umgestaltungsprocess sind die Bahnverwaltungen zugleich bemüht — insoweit
es durch die Anlage selbst möglich ist —
systematisch jene Einflüsse zurückzu-
drängen, welche die völlige Ausnützung
der Wagen beschränken, welche die
einen geordneten und gesicherten Betrieb
erschwerende Ueberfüllung der Stationen herbeiführen und welche beim
Zusammentreffen ungünstiger Umstände

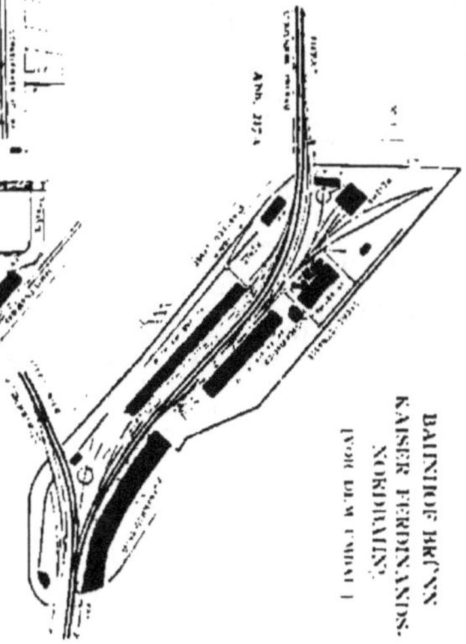

BAHNHOF BRÜNN
KAISER FERDINANDS-
NORDBAHN.

(VOR DEM UMBAU)

Abb. 257 a

Abb. 318. Kohlenbahnhof der Nordbahn in Brünn.

zu jener periodischen Wagennoth Anlass
geben, die von den Eisenbahnen wie vom
Publicum gleich drückend empfunden wird.

Der Wiener Nordbahnhof, dessen
Wagenumsatz durch den Bau des Ran-
girbahnhofes in Floridsdorf wesentlich
beschleunigt worden war, erhielt in
jüngster Zeit einen weiteren Kohlenhof
angegliedert, durch den sein Fassungsgehalt auf $1^3/_4$ Millionen Meter-Centner Kohle
und auf 1500 Wagenladungen Holz erhöht wurde. Die weiten Dimensionen,
zu denen dieser Bahnhof‘ damit angewachsen war, rechtfertigt der Verkehr,
der sich innerhalb seiner Grenzen abspielt. An lebhaften Tagen werden
hier über 10.000 *t* Güter umgesetzt,
worunter die Kohle allein bis zu 7000 *t*
ausmacht. Eine Wagenburg von über
3000 Fuhrwerken wird täglich mobilisirt,
um die abgehenden Waaren zuzustreifen
und die angekommenen von den weit-
gedehnten Lagerplätzen und den Magazinen der Bahn ihrer Verwendung zuzuführen.

Der im Zuge befindliche Neubau
des Güterbahnhofes Brünn bot Gelegenheit, die bestens Erfahrungen für eine
ungehinderte und billige Gütermanipulation in weitestem Umfange zu verwerthen.

Der Nordbahnhof in Brünn
war bis in die jüngste Zeit nur unwesentlich über das Territorium hinaus-
gewachsen, welches ihm nach seiner Eröffnung und nach Durchführung der
Linie nach Prag im Jahre 1849 zu-
gemessen worden war. Und wenn auch
in diesem engen Raume die Magazine
im Laufe der Jahre auf Kosten der
Werkstätte und der Heizhäuser nach
Möglichkeit erweitert worden waren,
der Bahnhof in Gerspitz und die »Filiale
Brünn« ihm einen Theil der Betriebs-
aufgaben abgenommen hatten, so mussten
seine Verkehrsanlagen doch hinter den
wesentlich gestiegenen Forderungen zurückbleiben. Das Gesammtbild des Bahnhofes Brünn hatte sich allerdings durch
die Bauten der Staatseisenbahn-Gesellschaft wesentlich verändert, die nach
dem Bau der Linie nach Wien ihre
Magazine vergrössert und im Jahre 1886
den »unteren Bahnhof« zu einem grossen
Aufstellungs- und Rangirbahnhof umgestaltet hatte. Der Nordbahnhof selbst
konnte aber diesen Wandlungen nur
wenige Aenderungen gegenüberstellen.
Erst die Rücksicht auf erhöhte Sicherung
des mächtig angewachsenen Personenverkehrs, der auf diesem Bahnhof
Reisende von den zwei Wiener Linien,

von Prag, Prerau und Tischnowitz zusammen-geführte und der sich zum überwiegenden Theil auf der Nordbahn ab-spielte, gab den ent-scheidenden Anstoss zu einem völligen Umbau des Brünner Nordbahn-hofes.

Zunächst wurde ein neuer, ausreichender Güterbahnhof erbaut, um nach Cassirung des alten Raum zu gewin-nen für die Anlage eines grossen, modernen Personenbahnhofes. Gemäss dem in Abb. 217 b ersichtlichen und in Ausführung befindlichen Projecte wurde der ganze Viaduct bis zur Schwar-zawabrücke in den neuen Lastenbahn-hof einbezogen, wodurch das Flächen-ausmass des Brünner Nordbahnhofes auf das dreifache seines gegenwärtigen Bestandes gebracht wurde. Neben den Magazinen und Rampen für den Stück-güterverkehr sind die Strassenladegeleise für den Rohproductenverkehr angeordnet, während die Kohlenrutschen in den von der Stadt abgewandten Bahnhofstheil ver-legt sind. Durch die Höhenlage des Bahnhofes über dem umliegenden Terrain ist neben der Zufahrtsstrasse eine zweite hochgelegene Magazinsstrasse erforderlich geworden, durch deren Unterwölbung im Anschlusse an die Magazinskeller aus-gedehnte Lagerräume gewonnen wurden. In diese Lagerräume, die unmittelbar von der Zufahrtsstrasse zugänglich sind, werden auch die Bahnwagen theils über eine Rampe durch Vermittlung von Drehscheiben, theils direct mittels Hebe-werken eingeführt. Um die Verlade-arbeit bei den langgestreckten Magazinen nicht durch das Zu- und Abstellen ein-zelner Wagen unterbrechen zu müssen, wie dies bei den allgemein üblichen gerad-linigen Ladebühnen der Fall ist, brachte hier Ast die in Oesterreich bis dahin unbekannten zahnförmigen Perrons in Anwendung, bei denen die einzelnen, fünf bis sechs Wagen fassenden Ab-theilungen bezüglich der Verschubarbeit von einander unabhängig gemacht sind.

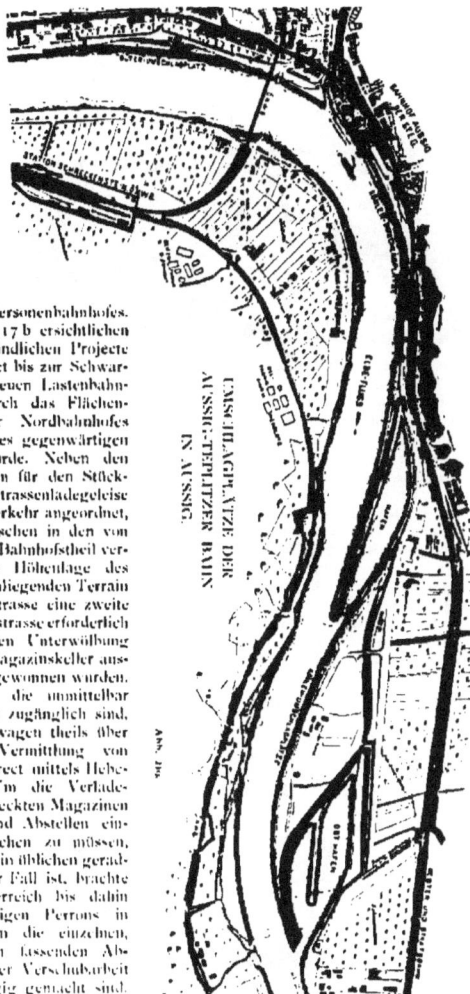

UMSCHLAGPLÄTZE DER AUSSIG-TEPLITZER BAHN IN AUSSIG.

Abb. 216.

Abb. 220. Umschlagplätze der Aussig-Teplitzer Bahn in Aussig a. d. Elbe.

wicklung genommen.

Der Umschlagplatz der Aussig-Teplitzer Bahn in Aussig trat bereits im Jahre 1858 in Benützung. Während zwei Jahre später eine Tagesleistung von 55 Wagen noch als aussergewöhnliches Ereignis begrüsst wurde, ist sie heute auf 1400 Wagen gestiegen, der jähr-

Der Kohlenbahnhof besteht aus strahlenförmig vertheilten Dämmen mit Rutschen. [Abb. 218.] Die Geleise jedes Dammes liegen in sanftem Gefälle, um das Rangiren der Wagen zu erleichtern, und sind an ihrem Ende durch Schiebebühnen für das raschere Ueberstellen entleerter Wagen verbunden. Ein gesondertes Auszugsgeleise, Dreh- und Laufkrahne, Aufzüge in den Magazinen vervollständigen die Ausrüstung des Bahnhofes.

Ein von den Bahnhöfen losgelöster Zweig des Güterdienstes, der Umschlag an schiffbaren Flüssen, ist in den letzten zwanzig Jahren zu einem bedeutsamen wirthschaftlichen Factor erstarkt und hat immer ausgedehntere Anlagen erfordert.

Insbesondere haben die nordböhmischen Umschlagplätze parallel mit der vorschreitenden Regulirung der Elbe in diesem Zeitraum eine ausserordentliche Ent-

liche Güterumschlag — fast ausschliesslich Kohle — auf 1,500.000 t angewachsen. Die Schleppbahn läuft hier [vgl. Abb. 219] mit zwei Geleisen, die 3'3 m über dem Normalwasser liegen, längs der auf Beton fundirten Quaimauer oder auf mächtigen Steinschlichtungen, von denen aus die Kohlenwagen in die Boote entladen werden. Die ursprüngliche Quailänge von 315 m stieg mit dem Baue des ersten Hafens im Jahre 1864 und mit jenem des zweiten, des Osthafens, im Jahre 1891 bis auf 5 km. Die Häfen sind durch Thore gegen Hochwasser geschützt. Im Jahre 1886 wurde stromaufwärts der 1 km lange Umschlagplatz

Abb. 221. Dampfkrahne auf dem Umschlagplatz in Aussig a. d. Elbe.

UMSCHLAGSTATION LAUBE.

IMPORT-BAHNHOF

EXPORT-BAHNHOF

Elbe

Abb. 222.

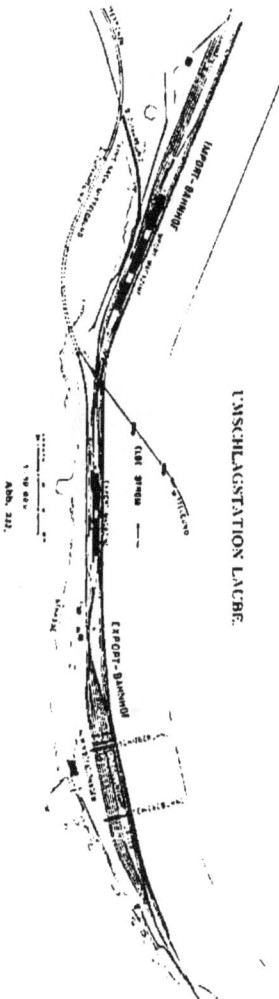

für Stückgüter errichtet, wo auch drei Dampfkrahne thätig sind, welche, längs des wasserseitigen Krahngeleises laufend, die Umladung zwischen Schiff und Bahnwagen oder Magazin vermitteln. [Vgl. Abb. 219—221.]

Der Umschlagplatz der Nordwestbahn in Laube [Abb. 222 und 223] dient fast ausschliesslich dem Stückgüter-Verkehr. Im Jahre 1872 von Hoheneg ger projectirt, dankt er den Anstoss zu seiner Erbauung — die 1·2 Millionen Gulden erforderte — den im Jahre 1879 aufgestellten Sperrtarifen des Deutschen Reiches, welchen Massregeln gegenüber der österreichischen Industrie durch den Elbeumschlag ein billiger, gemischter Exportweg geboten werden konnte. Heute weist der Umschlagplatz einen 2·3 km langen Quai auf, dessen stromaufwärts liegender Theil dem Import, der -abwärts liegende dem Export bestimmt ist. An die zwei Quaigeleise schliessen sich vier Import- und zwei Export-Magazine und eine grosse Petroleumrampe. Die weiteren Geleise für Aufstellungs- und Rangirzwecke sind durch Weichen und durch zwei Dampf-Schiebebühnen verbunden. Die reiche Ausstattung mit mechanischen Vorrichtungen beschleunigt die Verladung: 14 Dampfkrahne mit 8—10 m Ausladung und 2000 t Tragkraft laufen wie in Aussig längs des wasserseitigen Krahngeleises und sind mit Trommeln zum Herbeiziehen der Wagen versehen. Für die Umladung des Getreides dienen acht eiserne, trichterförmige, im Boden versenkte Kasten, die das Getreide aus den Bahnwagen aufnehmen und aus denen es wieder mittels zweier fahrbarer Elevatoren auf eine selbstthätige Wage gehoben und in die Schiffe entleert wird.

Die Gefahren des Hochwassers, dessen Höchststand die Schienenhöhe in Aussig um 5 m, in Laube sogar um 8 m überragt, erforderten besondere Sicherungen. Um dem Hochwasser eine geringere Angriffsfläche entgegenzusetzen, bestehen die Güterschupfen des Umschlagplatzes in Aussig aus eisernen, fest verankerten Gerippen, die mit Wellblech gedeckt und mit Holzwänden verschalt sind, welch letztere zur Zeit des Hochwassers entfernt werden. In Laube dagegen sind die Schupfen aus Holz und zerlegbar eingerichtet, und werden sammt dem etwa nicht abgefertigten Inhalt, ferner sammt den beweglichen Ladekrahnen, Schiebebühnen und Wechselständern, kurz Allem, was nicht niet- und nagelfest ist, bei Hochwassergefahr nach Tetschen zurückgeführt. Die Nothwendigkeit, diesen Rückzug so rasch wie mög-

Tetschen, welche, mit entsprechenden mechanischen Hebevorrichtungen ausgestattet, zur Aufnahme von Gütern dienen, die nicht gleich zum Umschlag kommen.

Zu den Elbeumschlagplätzen in Aussig und Tetschen, in Rosawitz und Schönpriesen treten demnächst an der in Regulirung befindlichen Moldau die neuen Umschlagplätze in Prag, die einen

Abb. 223. Umschlagplätze der Oesterreichischen Nordwestbahn in Laube a. d. Elbe.

lich durchzuführen, da zwischen dem Aviso einer drohenden Ueberfluthung und ihrem Eintritte in der Regel nur ein Zeitraum von 20 Stunden liegt, ferner die Forderung, die Manipulation bei dem gestiegenen Verkehr möglichst zu beschleunigen, drängten in den letzten Jahren dazu, der bestandenen Zuführungslinie von Tetschen eine zweite unter grossen Kosten anzufügen.

Gleichsam als Ergänzung der beiden genannten Umschlagplätze dienen die ausgedehnten Lagerhäuser in Aussig und

weiteren Aufschwung des böhmischen Schiffahrts-Verkehrs erwarten lassen.

Die Regulirung der Donau bei Wien im Jahre 1873 gab den Anstoss zum Bau der Wiener Donau-Uferbahn, die theils mittelbar, theils unmittelbar alle in Wien einmündenden Bahnen miteinander verbindet und in deren Zuge dem Güterumschlag eine Lände von ungefähr 8·6 km Länge für das Anlegen der Schiffe und ausreichende Lagerhäuser zur Verfügung stehen.

Abb. 224. Traject-Anstalt in Bregenz. (Bregenz-Hafenpartie.)
(Nach einer Photographie von A. fecr. Klagenfurt.)

Eine interessante Verschmelzung von Bahnhof und Hafen, von Eisenbahn- und Schiffahrtsbetrieb bietet die im Jahre 1883 eröffnete Traject-Anstalt in Bregenz (Abb. 224), in welcher die Bahnwagen vom festen Geleise auf einen Tractetskahn überstellt und über den Bodensee getafelt werden. Über 30.000 Wagen werden hier jährlich im Anschluss an die Bahnen Badens, Württembergs und der Schweiz mittels der Kähne überfahrt.

Auch der erste Hafen Oesterreichs, Triest, hielt seiner Bedeutung entsprechend, mit dem rapiden Gange moderner Verkehrseinrichtung Schritt und...

Manipulations-Geleise erhalten. Mit der Aufhebung des Freihafens, die im Jahre 1891 erfolgte, wurde beschlossen, das nunmehr auf circa 40 ha eingeschränkte Freigebiet mit einem Complex reichlich bemessener Lagerhäuser und Schupfen auszustatten und mit den vollkommensten, modernen Lademitteln zu versehen. Abb. 207, 225 und 226.] Erst durch diese grossen Ergänzungsbauten, die vorwiegend in den Jahren 1888—1893 ausgeführt wurden, ist der Triester Hafen ganz auf die Höhe seiner Aufgabe gestellt und den grössten europäischen Seehäfen ebenbürtig geworden. Die Angliederung eines vierten Hafenbassins bei Verlegung des Petroleum-Hafens an das äusserste Ende der Bucht von Muggia vergrösserte die Wasserfläche der Bassins auf 20 ha, während die Länge der anlegbaren Quais im Freihafen auf 3620 m, die gesammte verfügbare Quailänge auf 7600 m anstieg. Durch die Anlage eines neuen Rangir-Bahnhofes, durch die Vermehrung der

Manipulations-Geleise und durch die Verbindung der Südbahn und der Hafenstation mit dem Bahnhof der k. k. Staatsbahnen in St. Andrea sind die in Triest vorhandenen Geleise auf 68 *km* angewachsen. Die Lagerhäuser [Magazine] und die der vorübergehenden Einlagerung dienenden Schupfen [Hangars], insgesammt 31 Gebäude, stellen heute dem Handel 174.000 *m²* belegbare Fläche zur Verfügung, die sich nach dem bevorstehenden Ausbaue hinter dem Bassin IV noch um 46.000 *m²* erhöhen dürfte. Die Raschheit und Billigkeit der Verladung wird durch eine Reihe grossartiger, hydraulisch betriebener Vorrichtungen gefördert, die schon heute 52 Krahne — meist mit 1½ *t* Tragkraft — 54 Aufzüge und 20 Spills umfassen und die in nächster Zeit um weitere 14 Krahne, 30 Aufzüge und vier Spills vermehrt werden sollen. [Vgl. Abb. 225 und 226.]

* * *

Wie der gewaltige, täglich wachsende Güterverkehr der jüngsten Zeit den Stationsbau in neue, erfolgreiche Bahnen gedrängt hatte, so führte auch der mächtig angeschwollene Personenverkehr des letzten Decenniums, die grosse Zahl der Schnell- und Personenzüge, die herrschende, sich immer verschärfende Tendenz nach möglichster Kürzung der Reisedauer und die hiedurch wesentlich erschwerten Aufgaben bezüglich der Sicherheit des Betriebes auch im Gebiete der Personen-Bahnhöfe zu neuen Lösungen.

Die meisten Kopfbahnhöfe in den grösseren Städten hatten zwar bereits in den Siebziger-Jahren einen Umfang erhalten, der bei der erhöhten Leistungsfähigkeit infolge Einführung der Weichen- und Signalsicherungen auch den gestiegenen Forderungen noch zu entsprechen vermochte; bei einigen musste indessen auch durch Ergänzungsbauten, so beim Südbahnhof in Wien, durch Einfügung eines weitern sechsten Hallengeleises [vgl. Abb. 202], beim dortigen schon aus dem Jahre 1858 stammenden Westbahnhof [Abb. 227] durch Angliederung eines neuen Perrons ausserhalb der Halle die äusserste Grenze der Leistungsfähigkeit wesentlich

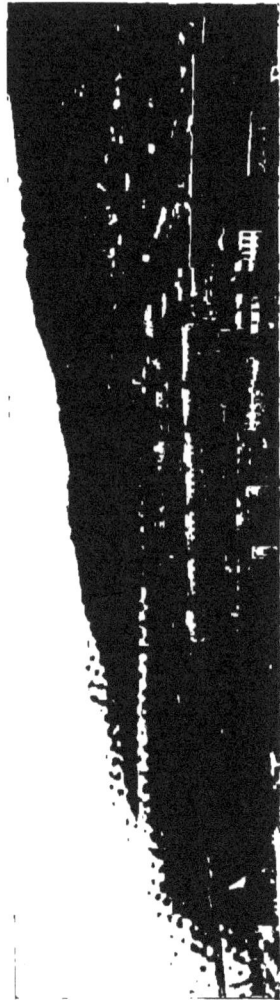

Abb. 226. Ansicht des Hafens von Triest mit den Magazinen und Hangars.

DER WESTBAHNHOF IN WIEN.

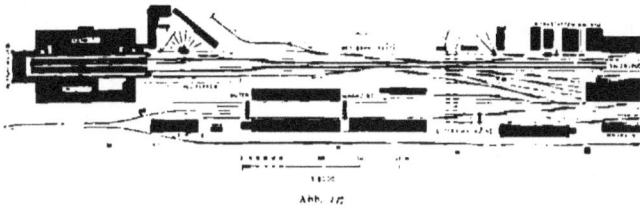

Abb. 17.

PRAGERHOF 186.

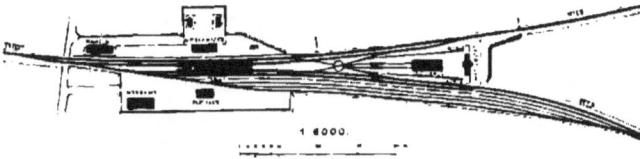

1 : 6000.

Abb. 18.

hinausgerückt werden. Wie dehnbar diese
Grenze ist, möge die Thatsache beweisen,
dass es selbst bei dem bescheidenen
Umfange des Wiener Westbahnhofes
durch Ausnützung aller Umstände daselbst
möglich wurde, an einem Tage des stärk-
sten Verkehrs innerhalb 18 Stunden eine
Frequenz von mehr als 100.000 Passagieren mit 142 abgehenden und 137 ankommenden Zügen zu bewältigen. Auch
auf dem Wiener Nordbahnhofe [vgl.
Abb. 189] war durch die in letzten Jahren
erfolgte Umlegung der Hauptgeleise,
welche nun in der ganzen Länge des
Bahnhofes, 1 *km* weit, geradlinig geführt
sind, mit der besseren Uebersicht eine
erhöhte Sicherheit gewonnen.

STATION ALT-PAKA DER ÖSTERR.
NORDWESTBAHN UND SÜD-NORDDEUTSCHEN
VERBINDUNGSBAHN 1872.

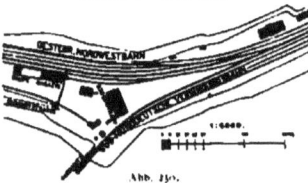

Abb. 190.

Ungleich mehr als die grossen Endbahnhöfe waren indessen die alten An-
schluss- und Kreuzungsstationen
hinter den Forderungen der neuen
Zeit zurückgeblieben, jene Knoten-
punkts-Bahnhöfe, in denen Züge aus
verschiedenen Richtungen gleichzeitig
zusammentreffen und wo der rege Austausch von Personen und Wagen und
der Uebergang ganzer Züge mit möglichster Sicherheit und grösster Beschleunigung vor sich gehen soll.

In den alten Anschlussstationen, wie
in Prerau vor seiner letzten Umgestaltung [vgl. Tafel I, Fig. 1], wurden die
personenbefördernden Züge aller Fahrtrichtungen vor dem Aufnahmsgebäude
zusammengeführt, so dass das Ueberschreiten mehrerer Geleise seitens der den
Zug wechselnden Passagiere geboten und
die gleichzeitige oder in kurzen Zeit-
abständen sich folgende Aufnahme und
Abfertigung von Zügen erschwert war.

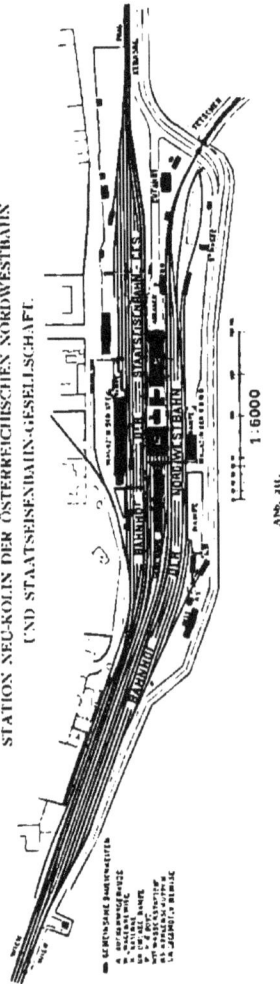

STATION NEU-KOLIN DER ÖSTERREICHISCHEN NORDWESTBAHN
UND STAATSEISENBAHN-GESELLSCHAFT.

Abb. 191.

1:6000

HÜLLEIN.

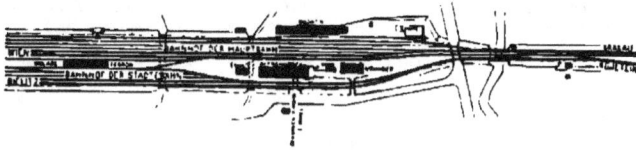

Abb. 232.

ZAUCHTL.

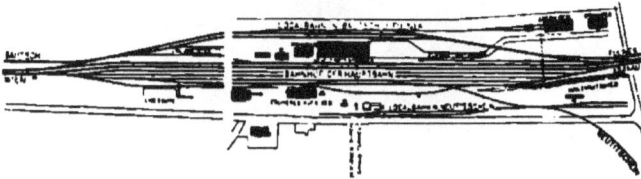

Abb. 233.

GÖDING

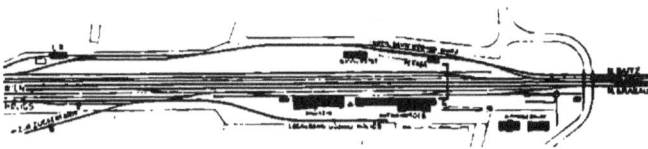

Abb. 234.

STAUDING

TROPPAU.

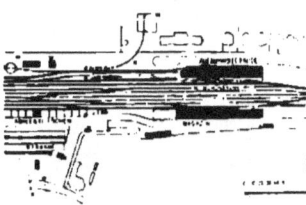

1:6000

Abb. 235. Abb. 236.

In Kreuzungsstationen, wie in Pilsen vor dem Umbau [vgl. Tafel I, Fig. 3], trat noch der nachtheilige Umstand hinzu, dass die Hauptgeleise der verschiedenen Linien sich innerhalb der Station kreuzten. Diese Nachtheile wurden mit der Einführung der Keil- und Inselbahnhöfe und deren Combination mit der Kopfform zu Gunsten eines gesicherten und öconomischen Betriebes vermieden.

Die Station Pragerhof [Abb. 228] zeigt schon im Jahre 1861 den ersten Versuch, den Austausch der Passagiere zwischen den Anschluss-linien ohne Schie-

Abb. 227. Bahnhof Troppau. Ansicht des Zungenperrons.

nenüberschreitung zu vermitteln, indem dort der hallenüberdeckte Perron zwischen die Hauptgeleise der Südbahnlinie Wien-Triest und jene des nach Ofen abzweigenden Flügels gelegt ist. Freilich war hier noch das Aufnahmsgebäude von dem »Inselperron« durch mehrere zu

überschreitende Geleise getrennt. In Alt-Paka [Abb. 230], wo die Süd-norddeutsche Verbindungsbahn und die Nordwestbahn einander kreuzen, wurde das Aufnahmsgebäude und der Perron in den Zwickel der auseinandergehenden Bahnarme verlegt, so dass Züge beider Linien gleichzeitig und unmittelbar vor dem Perron vorfahren können und auf diesem der schienenfreie Wechselverkehr der Passagiere erfolgt. Die Zufahrt zu dem Aufnahmsgebäude findet hier von der offenen Seite des durch die Bahnarme gebildeten Keiles statt, welchem diese Stationstype den Namen des »Keilbahnhofes« verdankt. Auch in Deutsch-Brod, wo die vorbenannten Bahnen zusammentreffen, zeigt das Aufnahmsgebäude [Abb. 229] die aus der keilförmigen Anlage des Bahnhofes sich ergebende Querstellung.

Abb. 228. Station Hadersdorf-Weidlingau.

Abb. 194. Haltestelle Gumpendorf der Wiener Stadtbahn.

In Alt-Paka, wo grosse Terrain-
schwierigkeiten eine freiere Disposition
behinderten, erfolgte noch die Kreuzung
der Hauptgeleise in der Station selbst,
also im Schienenniveau. Bei den anderen
Anlagen ähnlicher Art, welche Hellwag
im Zuge der Nordwestbahn im Jahre
1872 erbaute, so in Neu-Kolin, in Vaetat-
Pfivor, u. a. wurde aber die Kreuzung
der beiden Linien immer mittels Ueberbrückungen, also entsprechend weit ausserhalb der Station vorgenommen, und
wurden dann die von einander völlig
unabhängi-
gen Haupt-
geleise in
der Station
selbst parallel
neben einan-
der geführt.
[Abb. 231.]
Die parallele
Lage der
Hauptgeleise erleichterte deren Verbindung
mittels Weichen zum Uebergang ganzer
Züge, und gestattete eine zweckmässige
Anordnung der von beiden Bahnen gemeinsam benützten Baulichkeiten, wie
des Aufnahmsgebäudes, der Wagenremise
und des Umladeschupfens. Der ganze Bahnhof erhielt dadurch eine rechteckige, langgestreckte Form, ohne dass hiedurch das
Wesentliche des Keilbahnhofes berührt
worden wäre. Die Zufahrt erfolgte auch hier

von der offenen Seite des Keiles. Auf der
vom Aufnahmsgebäude abgewandten Seite
der Hauptgeleise wurden die gesonderten
Gitterbahnhöfe der beiden Anschlussbahnen angeordnet.

Wie die Keilform des Bahnhofes
durch den Zusammenschluss der Geleise
blos auf einer Seite des Aufnahmsgebäudes und des Perrons entstand,
während die andere Seite für die Zufahrt
vom Orte offen blieb, so entstand die
Inselform, sobald diese Baulichkeiten
durch hinzutretende Nebengeleise, wie in
Hallein [Abb.
232], auf al-
len Seiten
von Geleisen
umschlossen
wurden.

Beim Bau
der Städte-
bahn und der
Localbahnen
seitens der Nordbahn, welcher in zahlreichen Stationen der alten Linien Anschlüsse und Kreuzungen forderte, bot
sich Ast Gelegenheit, die Type der Inselbahnhöfe mit der Kopfform verschieden-
fach zu combiniren, um die neuen Anlagen den wechselnden örtlichen Verhältnissen und der Art des jeweiligen
Anschlussverkehrs möglichst anzupassen.

In dem genannten Bahnhof Hallein
erfolgt der Wechselverkehr der Reisenden

BADEN 1876.

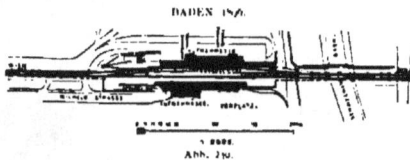

Abb. 195.

zwischen den Richtungen Wien-Krakau
und Kojetein-Bielitz schienenfrei durch
das Aufnahmsgebäude, an welches die
Hauptgeleise beider Linien unmittelbar
herantreten. Der Zugang von der tief
gelegenen Zufahrtsstrasse zu dem von
Geleisen rings umschlossenen Inselgebäude wird durch einen kurzen, die
zwischenliegenden Geleise unterfahrenden
Tunnel vermittelt. Auch in Z a u c h t l
[Abb. 233], wo die Localbahnen nach
Bautsch und Fulnek an die Hauptbahn
anschliessen, empfahl sich die Verwendung
der Inselform durch Umlegung der Hauptgeleise des alten Bahnhofes und durch
die Erbauung eines Inselgebäudes, zu
dessen Stirnseite die Zufahrtsstrasse nach
Kreuzung des Localbahn-Geleises hinführt.
Um hier auch einen schienenfreien Zugang
vom Aufnahmsgebäude zu der in Kopfform belassenen Einmündung der Neu-
titscheiner Localbahn zu schaffen, wurden
beide durch einen Personen-Durchgangs-
tunnel unter den Geleisen des Bahnhofes
Zauchtl verbunden. In T r o p p a u [Abb. 235
und 237] wurde der gesicherte Wechselverkehr zwischen den Zügen der Nordbahn, denen der Localbahn nach Bennisch
und der Staatsbahnlinie nach Jägerndorf
durch den an den Hauptperron anschliessenden Zungenperron vermittelt,
nachdem die dort befindliche Heizhausanlage verlegt worden war. S t a u d i n g
[Abb. 236], wo ein einfacher Uebergangssteg den Localbahnperron mit dem
Hauptgebäude verbindet, G ö d i n g
[Abb. 234], wo für die jenseits der Hauptgeleise einmündende Localbahn nach Saitz
gleichfalls ein Steg dient, während das
diesseits mündende Holicser Geleise gar
unmittelbar auf den Vorplatz der Station
geführt ist, zeigen Beispiele, wie die angestrebte Sicherung des Personenverkehrs
mit besonderer Einfachheit und Billigkeit
der Anlage vereint wurde, wo dies durch
den bescheidenen Verkehr der Flügelbahn
gerechtfertigt war.

In den Knotenpunkten mit besonders
dichter Zugfolge erwies sich aber auch
die Theilung des Verkehrs nach B a h n-
l i n i e n, wie sie in den bisher besprochenen Bahnhofstypen durchgeführt
war, für die völlige Sicherung des Betriebes und für den Schutz des Publicums

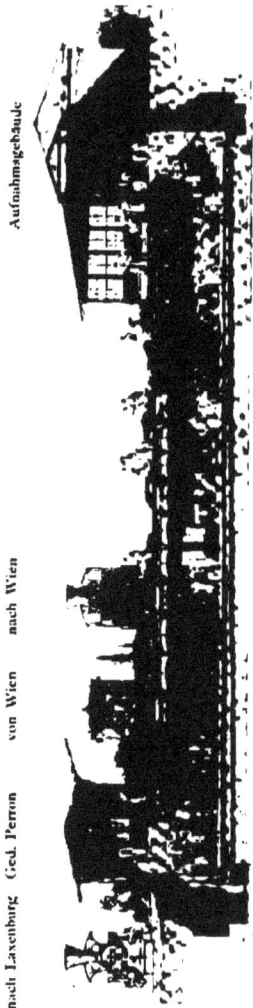

Abb. 241. Schnitt durch den Bahnhof Stauding. (1893.)

Abb. 24) Bahnhof Meidling.
[Nach einer photographischen Aufnahme von H. Pabst.]

noch nicht als ausreichend. Für solche Bahnhöfe ergab sich die Nothwendigkeit einer weiteren Theilung nach Fahrtrichtungen; es erwies sich als geboten, jedes Hauptgeleise an eine eigene Perronkante zu legen, von welcher aus der Zug unmittelbar bestiegen werden kann, ferner durch die schienenfreie Verbindung der Perrons untereinander und mit dem Aufnahmsgebäude jede Geleiseüberschreitung auszuschliessen.

Eine solche Trennung nach Fahrtrichtungen war in Zwischenstationen — in denen es sich ja in vereinfachter Weise immer blos um zwei Hauptgeleise handelte — schon zu Ende der Siebziger-Jahre in Aufnahme gekommen. Um diese Zeit hatte die Kaiserin Elisabeth-Bahn damit begonnen, in einigen beliebten Ausflugsstationen in der Nähe Wiens Uebergangsstege zwischen dem Aufnahmsgebäude und dem selbständigen Perron des jenseitigen Hauptgeleises zu errichten, während die Südbahn bald darnach — im Jahre 1883 — in Mödling den ersten Verbindungstunnel zwischen den beiden Bahnhofseiten herstellte. War in den Zwischenstationen — wie auf der Kaiser Franz Josef-Bahn — eine gesonderte Personen- und Gepäckscassa auf dem jenseitigen Perron vorgesehen, so konnte Steg oder Tunnel durch einen schienenfreien Zugang zu der vom Orte ab-

gewendeten Bahnhofseite ausserhalb der Station ersetzt werden.

So entstanden seit den Achtziger-Jahren auf den belebten Wiener Localstrecken der drei genannten Bahnen jene zahlreichen doppelseitigen Stationen, die uns mit ihren langgestreckten, weinumrankten Veranden freundlich begrüssen, Stationen, die durch die augenfällige Zweckmässigkeit ihrer Anlage, durch die ersichtliche Beschränkung auf die nothwendigsten Einrichtungen einen geradezu ästhetischen Eindruck und das beruhigende Gefühl vollster Sicherheit erwecken. So sind auch die Haltestellen der Wiener Stadtbahn mit beiderseitigen Perrons und Aufnahms-Gebäuden ausgestattet. [Vgl Abb. 238 und 239.] Ein schönes Beispiel einer derartigen Zwischenstation, die durch die zweckmässige Anlage einem gesicherten Massenverkehr gewachsen ist, bietet das heutige Baden nach dem in jüngster Zeit unter Zelinka durchgeführten Umbau. [Abb. 240.] Da die Personen- und Gepäckscassen für beide Fahrtrichtungen im ebenerdigen Vestibule des Empfangsgebäudes vereinigt sind, so ist der jenseitige Perron mit dem Vestibule durch einen Zugangstunnel, mit dem Vorplatz durch einen zweiten Abgangstunnel verbunden und so ist im Verein mit den Aufgangs- und Abgangstreppen des diesseitigen Perrons eine vollständige Trennung des ankommenden vom abreisenden Publicum beider Fahrtrichtungen durchgeführt.

In Mödling, wo der Laxenburger Flügel an die Hauptlinie der Südbahn anschliesst, ist der jenseitige Perron inselartig von dem nach Triest gehenden Hauptbahn-Geleise und dem Laxenburger-Geleise umschlossen. [Vgl. Abb. 241.] In Knotenpunkts-Stationen, wo aber nicht blos für drei Geleise — wie in Mödling —

sondern wo für vier, sechs und mehr Hauptgeleise gesonderte Perronkanten anzulegen waren, ergab sich die Nothwendigkeit, mehrere solcher Inselperrons an einander zu reihen. Damit war die in den neueren Knotenpunkts-Bahnhöfen allgemein gewordene Type der »Durchgangsstation mit mehreren schienenfrei

sie weiter nördlich unterfahrenden Wiener Verbindungsbahn. Zwischen den sich kreuzenden Bahnen findet hier ein äusserst lebhafter Wechsel von Passagieren, jedoch kein directer Wagenübergang statt. Zwei Inselperrons, die dem starken Personenverkehr entsprechend breit dimensionirt sind, trennen die Haupt-

Abb. 243. Querschnitt durch den Bahnhof Meidling.

BAHNHOF MEIDLING.

Abb. 244.

PERSONENBAHNHOF ST. PÖLTEN.

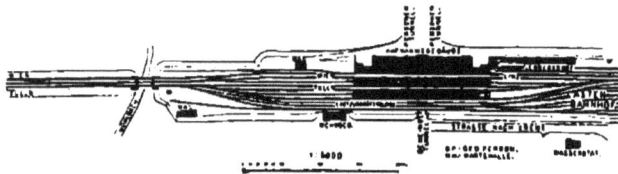

Abb. 245.

zugänglichen Inselperrons« gegeben, die fallweise auch mit der Kopfform für die hier einmündenden Anschlusslinien combinirt wird.

Die erste derartige Anlage erstand in Meidling unter Prenninger im Jahre 1887. Meidling [Abb. 242—244] ist einerseits eine Theilungsstation, über welche vom Pottendorfer Flügel der Südbahn ein durchgehender Zugsbetrieb auf die Hauptlinie gegen Wien unterhalten wird, andererseits ist es Kreuzungsstation der Südbahn mit der

geleise der drei hier vereinigten Bahnlinien, während ein Uebergangssteg die schienenfreie Verbindung des Längsperrons und der beiden Mittelperrons herstellt. Die Hauptgeleise dienen zugleich für die Durchfahrt der Güterzüge, welche unmittelbar hinter der Station unter dem Schutze einer wohl durchgebildeten Sicherungsanlage in den Lastenbahnhof Matzleinsdorf einfahren.

Nur die zweckmässige, die Fahrten der Personenzüge von einander völlig unabhängig gestaltende Anlage ermöglichte es, dass an einzelnen Tagen in dieser Station schon bis 387 Züge anstandslos verkehren, innerhalb einer Stunde auf der Hauptlinie der Südbahn allein, bis 27 Züge abgefertigt werden konnten.

Kurz darnach, im Jahre 1890, wurde unter Bischoff v. Klammstein der Bahnhof St. Pölten [Abb. 245] in seiner heutigen Anlage eröffnet. Jedes Hauptgeleise der Linie Wien-Salzburg und des hier abzweigenden Flügels nach Tulln sind hier von zwei Inselperrons und dem Hauptperron, die durch einen Tunnel verbunden sind, schienenfrei zugänglich gemacht. Die Güterzüge werden um den Bahnhof herumgeführt und fahren unmittelbar in den anschliessenden Rangir- und Lastenbahnhof ein. Für die auf der Seite des Aufnahms-Gebäudes einmündende Linie nach Leobersdorf mit hier endigendem Zugsbetrieb empfahl sich die Anordnung der Kopfform, also eines stumpf endigenden Geleises längs eines vom Hauptgebäude ausgehenden Perrons.

Der Bahnhof Prerau [vgl. Tafel I, Fig. 2], der Verkehrsmittelpunkt der Nordbahn, in welchem heute täglich bis 140 Züge und bis 4300 Wagen von Wien, Brünn, Olmütz und Krakau zusammenströmen, hatte schon in den Achtziger-Jahren eine Aufgabe zu bewältigen, der die alte Anlage trotz der steten Erweiterungen nicht mehr in rationeller Weise gerecht werden konnte. Man entschloss sich daher, den gesammten Transito-Güterdienst, also das umfangreiche Rangirgeschäft in einen gesonderten, den bereits besprochenen Vorbahnhof zu verlegen und so auf dem Hauptbahnhof selbst Platz zu schaffen für einen allen Forderungen genügenden Personen- und Maschinenbahnhof. Durch diese im Jahre 1888 unter Ast durchgeführten Umgestaltungen rückte der alte Prerauer Bahnhof hinsichtlich seiner Ausdehnung, seiner Austheilung und seiner Einrichtungen in die Reihe modernster Bahnhöfe vor. Auch dieser Bahnhof [Abb. 246] zeigt die Durchgangsform mit zwei durch Tunnels verbundenen Inselperrons, so dass jedes

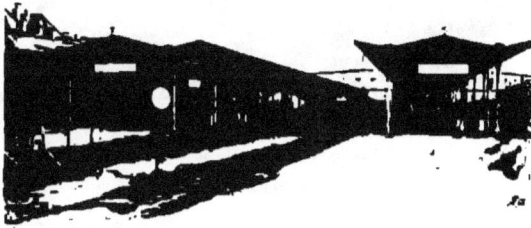

Abb. 246. Bahnhof Prerau.

Hauptgeleise der Linie Wien-Krakau und der beiden Anschlussbahnen unmittelbar zugänglich sind. Ein Doppelgeleise für Güterzüge umgeht den Bahnhof und mündet in die Einfahrtsgeleise des Vorbahnhofes. Dieser ist indessen mit dem Hauptbahnhof auch in unmittelbare Verbindung gebracht, um die Zufahrt zu den Heizhäusern und zur Filialwerkstätte, ferner zu dem in seiner alten Lage belassenen kleinen Ortsgüterbahnhof zu bewerkstelligen. Die Sicherung der Fahrten besorgen drei Centralstellwerke mit elektrisch bedienten Weichen und Signalen.

In Pilsen, wo sich die drei fremden, nunmehr verstaatlichten Linien Wien-Eger, Prag-Fürth und Dux-Eisenstein der Franz Josef-Bahn, der Böhmischen Westbahn und der Pilsen-Priesener Bahn kreuzen, von denen jede daselbst einen eigenen Güter- und Maschinenbahnhof, eine eigene Werkstättenanlage und zum

Theil auch einen eigenen Personenbahn- hof besass, musste unter der gemeinsa- men Leitung des Staates und bei dem ansteigenden Verkehr die Verschmelzung dieser Bahnhofscomplexe zu einem ein- heitlich angelegten Centralbahnhof im Interesse eines rationellen Betriebes zur Nothwendigkeit werden. Der Mangel fast jedes Zusammenhanges zwischen den alten Bahnhofstheilen macht es erklärlich, dass

führt sind. Da es sich hier empfiehlt, die sechs den verschiedenen Richtungen zugewiesenen Einfahrts- und Durch- fahrtsgeleise für Güterzüge zwischen Aufnahmsgebäude und Personenzugs- Hauptgeleise zu legen, so soll der mittlere Perron als Hauptperron ausgestaltet und mit dem Restaurant und den Warte- sälen versehen werden, um diese Räume mehr in den Mittelpunkt der ganzen An-

Abb. 247. Bahnhof Hütteldorf-Hacking.

BAHNHOF HÜTTELDORF-HACKING.

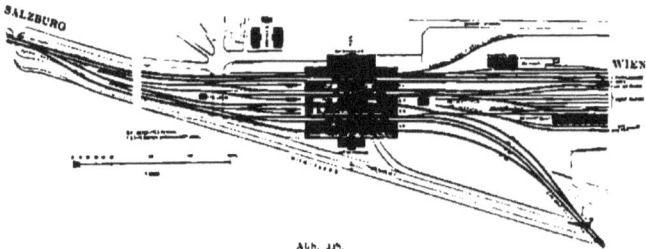

Abb. 248.

bei diesem von Staně eingeleiteten, heute noch nicht abgeschlossenen Umbau kaum mehr als eine Werkstätte in die neue Anlage hinübergerettet werden kann, ja dass auch diese ihren Platz räumen dürfte, falls an den Bau einer grossen Centralwerkstätte geschritten werden wird. [Vgl. Tafel I, Fig. 4.]

Drei Inselperrons werden hier die Fahrtrichtungen der drei sich kreu- zenden Bahnlinien trennen, welche auf der Westseite des Bahnhofes mittels Ueberbrückungen übereinander wegge-

lage zu rücken. Zwei Personentunnels und ein Gepäckstunnel sollen den schienen- freien Zugang zwischen Vorgebäude und Perron vermitteln. An die in den Per- sonenbahnhof eingeschobenen sechs Last- zugsgeleise schliesst sich der geschil- derte, bereits ausgebaute Rangirbahnhof an, neben dessen Abrollgeleisen sich der Zugsbahnhof für die Aufstellung aus- fahrender Züge befindet.

Die jüngsten Kreuzungs- und An- schlussbahnhöfe, die nach den modernen Principien erbaut sind, Heiligenstadt,

Hauptzollamt und Hütteldorf-Hacking, verdanken ihre Anlage dem unter der Leitung Bischoff's von Klammstein stehenden Bau der Wiener Stadtbahn. Hütteldorf-Hacking [Abb. 247, 248], an der Hauptlinie Wien-Salzburg gelegen, die hier auch den Vorortezügen dient, ist einerseits eine Theilungsstation für die nach Purkersdorf transitirenden Züge der Wienthal-Linie, andererseits eine Kopfstation für deren Localzüge, wie für jene der Wiener Verbindungsbahn, der nunmehrigen Südringlinie. Die Geleise werden von vier Insel- und zwei Längsperrons bedient, die durch einen Tunnel verbunden sind. Auszugsgeleise behufs rascher Umsetzung der Züge für die Rückfahrt, ausreichende Dépôtgeleise, Maschinen - Aufstellungs- und Ausrüstungsgeleise ermöglichen es, den hier kräftig pulsirenden Verkehr in gesicherter und geordneter Weise abzuwickeln.

Der mächtige Verkehrsaufschwung des letzten Decenniums hat dazu geführt, dass wir in Oesterreich heute mitten in einer Epoche grosser Bahnhofsbauten stehen. Das Schwergewicht dieser Thätigkeit liegt im Umbau wichtiger Knotenpunkte, wo an Stelle alter, unzulänglicher Anlagen Personen- und Güterbahnhöfe nach den entwickelten, modernen Grundsätzen erstehen. Die vereinzelten hier vorgeführten Bauten, die uns in dieser Richtung die letzten Jahre brachten, werden in der allernächsten Zeit zu einer stolzen Reihe sehenswerther Bahnhöfe ergänzt sein. In Reichenberg und Karlsbad, in Bruck a. M. und in Wiener-Neustadt steht der Bau grosser Centralbahnhöfe unmittelbar bevor und auf den Linien der Staatsbahnen sehen wir ausser in Pilsen auch in Lemberg und Budweis, in Salzburg, Prag und Knittelfeld grossartige Anlagen theils schon im Werden, theils in Vorbereitung für den baldigen Bau. Diese rege Bauthätigkeit fordert auch ungewöhnliche Mittel. Die Kaiser Ferdinands-Nordbahn hat im Decennium 1886—1896, in welcher Zeit sich der Verkehr ihres Hauptbahnnetzes mehr als verdoppelt, 14 Millionen Gulden verbaut, um ihre schon so oft erweiterten Stationen, abgesehen von allen Oberbau-Erneuerungen, durch Umgestaltungen und Erweiterungen auf der Höhe der gestiegenen Forderungen zu halten. Und die sechs letztgenannten Bahnhöfe der k. k. Staatsbahnen allein werden durch den Umbau einen Aufwand von mehr als 11 Millionen Gulden beanspruchen. Diese bedeutenden Investitionen erweisen sich jedoch nicht blos segensreich im Interesse einer erhöhten Sicherheit, sondern sind auch das unabweisliche Gebot einer weiter ausschauenden Oeconomie.

* * *

Bei dem flüchtigen Rundgang durch die Stationsanlagen der österreichischen Bahnen, bei welchem zugleich ein Zeitraum sechzigjähriger Entwicklung zu durchmessen war, musste naturgemäss Vieles und manch Wesentliches dem eilenden Blick verborgen bleiben. Aber wenn es auch möglich gewesen wäre, den Schauplatz jenes vielgestaltigen Treibens, das sich im Innern der Bahnhöfe, für das grosse Publicum unsichtbar, gleichsam hinter den Coulissen abspielt, in seinem weiteren Umfange zu beleuchten, die hundertfältigen Einrichtungen für die besonderen Zweige des Bahnbetriebes näher zu betrachten — so wären doch die führenden Linien in dem Bilde der Stationsentwicklung hiedurch kaum berührt worden.

Die ersten Bahnhöfe der grossen Städte mit ihrem beschränkten, aufkeimenden Verkehr und ein grosser Endbahnhof unserer Zeit, der an einem Tage einen Verkehr von 100.000 Menschen vermittelt und viele Tausend Tonnen Güter in Umsatz bringt — eine alte Station mit ihren gedrängten primitiven Anlagen und ein moderner Knotenpunkts-Bahnhof, der trotz der weiten Ausdehnung nicht der Uebersichtlichkeit entbehrt — sie kennzeichnen die äussersten Glieder der Entwicklungsreihe, welche der österreichische Stationsbau seit seinem Beginne durchlaufen.

Die sich stets erneuernden und vermehrenden Bedürfnisse, die vom ersten Tag der Eisenbahnen an in den Bahnhöfen zu befriedigen waren, hatten auch auf diesem Gebiet zu einem eigenartigen Kampf ums Dasein geführt, indem der wachsende Umfang der einzelnen Dienstzweige über den ihnen zugewiesenen Rahmen hinausdrängte und diese sich gegenseitig das Terrain streitig machten. An der Hand der einzelnen Entwicklungsstadien der Bahnhöfe lässt sich schrittweise der — von dem vorschreitenden Ausbau der Städte oft beeinflusste — Process verfolgen, wie sich Personen- und Güter-Dienstanlagen auf gegenseitige Kosten und auf Kosten der Heizhäuser und Werkstätten erweiterten, und wie das für die örtlichen Verhältnisse minder Belangreiche an die Peripherie oder aus der Station hinausrücken musste. Die Zwischenglieder dieser Stadien bilden jene Compromisse, die in der steten Stations-Erweiterung zwischen der Rücksicht auf das Bestehende und dem Streben nach Vermehrung und Verbesserung geschlossen wurden, und in denen Uebersichtlichkeit und systematische Gliederung nicht immer die Oberhand gewinnen konnte.

Die neueste Zeit brachte in den Bau und in die Umgestaltungen der Stationen eine bedeutsame Wendung. Der Geist exacter wissenschaftlicher Forschung hat auch auf diesem Gebiet seinen Einzug gehalten, indem er die Methode lehrte, mit Hilfe der Erfahrung die complicirten Erscheinungen des Bahnhofs-Betriebes zunächst zu entwirren, sie auf ihre einfachen Elemente zurückzuführen und erst für diese die Einrichtungen zu schaffen, die zu ihrer Befriedigung führen.

Dadurch entstand jene besprochene weitgehende Specialisirung, die sich ebenso in den grössten Bahnhöfen durch deren Theilung nach den verschiedensten Betrieben ausspricht, wie in jenen kleinen Stationen, die mit den vollkommensten Mitteln für die Erfüllung einer einzigen grossen Verkehrsaufgabe ausgestattet sind. Es liegt im Wesen einer derartigen systematischen Arbeitstheilung, dass die Leistungsfähigkeit solcher moderner Anlagen ungleich dehnbarer sein wird gegenüber den erhofften weiteren Steigerungen des Verkehrs, und dass solche Anlagen daher die besten Bürgschaften bieten für die Erfüllung der Forderungen, an welche die Culturmission der Eisenbahnen geknüpft ist: Die Forderung nach Billigkeit, nach Raschheit und vor Allem nach Sicherheit des Betriebes.

Hochbau.

Von

HARTWIG FISCHEL,

Architekt, Ingenieur der Kaiser Ferdinands-Nordbahn.

BAHNHOF der BIRMINGHAMBAHN in LONDON.

Hochbau.

I. Theil.

Entwicklung in Oesterreich-Ungarn bis zum Jahre 1867.

Die ersten Privatbahnen.

AELTER wie jeder Gedanke an eine Ausbildung der Verkehrsmittel ist das Bedürfnis der Menschen nach einem schützenden Obdach. Es gab den Anstoss zur Entwicklung einer profanen Baukunst, welche zuerst unter dem Einfluss der Denkmale religiöser Kunst, dann durch die Prachtliebe der Grossen und Mächtigen, und endlich durch die Bedürfnisse des Volkes zu selbständiger Bedeutung heranwuchs. Die ungezählten Probleme einer fortschreitenden Culturentwicklung haben ihr immer neue Aufgaben zugeführt, von denen viele als endgiltig gelöst und überwunden zu betrachten waren, bevor das Eisenbahnwesen entstand. Jede grosse Nation, jede grosse Epoche in Geistesleben der Völker hatte ihren formalen Ausdruck in dieser steinernen Sprache gefunden. Zu Beginn dieses Jahrhunderts war eine Pause von technischer und künstlerischer Unfruchtbarkeit eingetreten. Eine lange Kriegszeit hatte die materiellen und productiven Kräfte der europäischen Staaten erschöpft, und es bedurfte eines kräftigen Impulses, um die erlahmte wirthschaftliche Thätigkeit wieder zu erwecken. Dieser Impuls erfolgte nun durch die Erfindungen und Bestrebungen im Hinblicke auf die Verbesserung und Erleichterung des Verkehrs, welche mit der Construction des Eisenbahngeleises und der Locomotive ihrem Ziel in unerwartet rascher und vollkommener Weise nahegerückt wurden.

Dem Bauwesen war mit einem Schlage eine Fülle neuer und grosser Arbeitsgebiete erschlossen, auf welchen zwar in erster Linie der Strassen- und Brückenbau-Ingenieur seine Thätigkeit entfalten konnte, wo aber auch dem Hochbau-Techniker grosse Aufgaben erwachsen sollten, deren Lösungen für das gesammte Bauwesen bedeutungsvoll wurden. Wenig Raum war im Anfange dem Architekten gegönnt, knüpfte doch die junge Eisenbahnwesen unmittelbar an den Strassenverkehr und seine Einrichtungen an, welcher nur Bedarf an Nutzbauten, wie Postanstalten, Speditions- und Lagerhäuser, Remisen, kannte. Diese der Ausstattung nach so einfachen, dem

Abb. 249   Ansicht des Nordbahnhofes in Wien. [1840]

Umfange nach nur selten ausgedehnten
Anlagen mussten zunächst die Vorbilder
abgeben für jene Hochbauten, welche das
Eisenbahnwesen ins Leben rief. Wenn
auch die Rücksichtnahme auf einen gesteigerten Personenverkehr, auf die besonderen Einrichtungen für Maschinen
und Wagen eine Erweiterung des Bau-
programms mit sich brachten, so waren
doch die Unsicherheit des materiellen
Erfolges, der Mangel an ausreichenden
Erfahrungen viel zu grosse Hemmnisse
für eine Ueberschreitung der engsten
öconomischen Grenzen auf dem Gebiete
des Hochbaues.

So zeigen die ersten Eisenbahn-
Hochbauten noch wenig Charakteristisches in Bezug auf Construction oder
Aufbau, nur in der Art ihrer Anordnung und Gruppirung lassen sich von
Anfang an gewisse Principien erkennen,
deren fortschreitende Entwicklung auch
für die formale Gestaltung der Hochbauten wesentliche Consequenzen mit sich
führte. Vergegenwärtigen wir uns das
Aussehen einer Eisenbahnstation der
ältesten Periode. In der beschreibenden

Darstellung der Budweis-Linz-Gmundener
Eisenbahn schildert F. C. Weidmann im
Jahre 1842 den schönen, grossen Bahnhof bei Lambach. Dieser Bahnhof,
ein Areale von 6800 □' [24.458 m²]
umfassend, besteht aus folgenden Gebäuden:

1. Das 45° [85·3 m] lange und 6°
[11·4 m] breite Wirths- und Wohnhaus,
solid gebaut, mit Ziegeln gedeckt. [Es
enthielt Locale für das Wirthsgeschäft
und 14 Fremdenzimmer, Kanzleilocale,
Beamtenwohnungen und Stallungen für
48 Pferde.]

2. Ein 12° [22·8 m] langes, 6° [11·4 m]
breites, mit Ziegeln gedecktes Magazin
zur Aufbewahrung der Güter und Unter-
stellung einiger Personenwagen.

3. Das Schmiedegebäude, nebst der
Wächterwohnung, an welche ein hölzerner
Wagenschupfen angebaut ist.

Die massiven Gebäude hatten hohe
Dächer, waren glatt verputzt, die Dimensionirung der Stockwerke, der Fenster
und Thüren, das ganze schmucklose
aber gediegene Aeussere entsprachen
den guten bürgerlichen Wohngebäuden

Abb. 280. Bahnhof Wagram der Nordbahn. [1839.]

kleiner Städte. »Der freie Platz vor den Gebäuden«, sagt Weidmann, »ist zum Theil mit Bäumen bepflanzt. Auch sind Sitze für Gäste angebracht, welche lieber im Freien verweilen und speisen wollen. Gegenüber den Gebäuden befindet sich auch ein recht artiges Gärtchen mit niedlichen kleinen Anlagen. Der ganze Bahnhof ist mit einer Planke umfriedet. Der Anblick des Treibens auf dem Bahnhofe gewährt ein recht bewegtes Bild. Es ist dies einer der lebhaftesten Stationsplätze der Bahn.« Diese naive Darstellung ist ebenso charakteristisch für das Aussehen der Anlage wie für die Auffassung von ihren Zwecken.

Als die Gründer der ersten Locomotivbahn Oesterreichs — der Kaiser Ferdinands-Nordbahn — sich die Aufgabe stellten, die Reichshauptstadt Wien mit dem verkehrsreichen Norden zu verbinden, wurden die projectirenden Ingenieure und Architekten rücksichtlich der Ausgestaltung der Gebäude und Betriebsanlagen vor eine Reihe schwieriger und wichtiger Aufgaben gestellt. Es galt hier Anlagen zu schaffen, welche den Verkehrsbedürfnissen einer grossen Stadt anzupassen waren, und welche dem Betriebe eines ausgedehnten, auf Erweiterung berechneten Unternehmens genügen sollten. Anhaltspunkte für solche Anlagen gab es damals lediglich in England, wo zwei Bahnen bereits im Betriebe waren. Es war für das österreichische Unternehmen sehr förderlich, dass die Gründer desselben die eingehendsten Studien an jenen bewährten Mustern vornehmen liessen. Ihre Einrichtungen entsprangen vielfach den Sitten der Bevölkerung. Besondere Beachtung war der Bequemlichkeit des reisenden Publicums geschenkt; so war

es schon bei diesen ersten Anlagen möglich, mit Strassenfuhrwerk in die Ankunftshallen längs der Perrons einfahren zu können. Bedeckte Hallen schützten fast in jeder kleinen Station die Ein- und Aussteigenden; Wagenremisen beherbergten die Personenwagen. Die Güterschupfen enthielten Geleise für die Frachtwagen. Kreuzungen im Niveau des Strassenverkehrs wurden durch Etagenanlagen sorgfältig vermieden. Ein Bericht über ausländische und österreichische Bahnhöfe in Förster's Bauzeitung [1838] bringt als Resultat solcher Studien die Feststellung allgemeiner Principien, welche zumeist noch heute Giltigkeit haben. Es heisst daselbst:

»Bei einem wohleingerichteten Dépôt für Reisende und Waaren müssen 1. die abgehenden von den ankommenden Passagieren streng geschieden sein. 2. Muss für die Unterkunft der Passagiere bis zur Abfahrt durch eigene Locale gesorgt sein, wobei der Bequemlichkeit der Controle halber die Reisenden der verschiedenen Classen, d. i. die Inhaber der im Preise verschiedenen Fahrkarten, wieder von einander zu trennen sind. 3. Die Passagiere dürfen weder beim Kommen oder Abgehen noch sonst unter irgend einer Bedingung die Bahn kreuzen müssen, wonach die Einfahrt in den Sammelplatz und die Ausgänge aus demselben zu disponiren sind. 4. Für schwere Waarenballen, sodann für das schwere Gepäck der Passagiere müssen eigene Einfahrten in Räume zur damit vorzunehmenden Manipulation und Verladung vorgedacht sein, auch ist die möglichst directe Verbindung der zu versendenden Waarentransporte mit der

Abb. 251. Ansicht der Station Baden. [1842.]

Eisenbahn zu berücksichtigen. Ist mit dem Dépôt oder Stationsplatz ein Magazinirungsort verbunden, so muss eine bequeme Communication zwischen diesem und den auf der Eisenbahn anlangenden Lastwaggons stattfinden. 5. Für Remisen zur Unterbringung der betreffenden Personen- oder Lastwägen muss vorgesorgt sein und müssen die Wagen, falls eine leichte Reparatur, z. B. Schmieren der Radbüchsen u. a. m. nöthig wird, ohne alle Schwierigkeit von der Bahn dahin geschafft werden können. 6. Für wichtige Reparaturen sollen die nöthigen Werkstätten, als Schmieden, Tischlereien etc. in der Nähe angebracht sein. 7. Kommen Locomotive in den Stationsplatz, so muss für bequeme Verbindung zwischen ihrem Einstellplatz und der Bahn gesorgt werden, auch ist zu erwägen, dass in diesem Falle Kohlenmagazine und Wasserreservoirs in der Nähe anzuordnen seien, damit sich der Dampfwagen mit Wasser und Kohle versorgen könne, auch müssen die zur Instandhaltung von dergleichen mit allem Nöthigen versehenen Werkstätten sich in Bereitschaft finden. Nur dann, wenn allen diesen Bedingungen gehörig entsprochen ist, wird die Circulation der Reisenden und Güter ohne Hemmnisse und Störungen geschehen können.«

Aus derselben Quelle [1849] erfahren wir, dass der erste Bahnhof Wiens, die »Hauptstation der Nordbahn« [vgl. Abb. 249 sowie Abb. 164 und 165, Bd. I, 1. Theil], einen 6897□° [24.829 m²] grossen, von einer 8′ [2·5 m] hohen, mit zwei Einfahrten versehenen Mauer abgeschlossenen Raum umfasste, aber innerhalb dieses regelmässig als Rechteck gebildeten, ebenen, 14′ [4·4 m] über dem umgebenden Terrain erhabenen Plateaus waren die Hochbauten nach ihren verschiedenen Zwecken gruppirt und durch Geleise verbunden, für alle einzelnen Bedürfnisse war nach der herrschenden Ansicht in möglichst reichlicher Weise vorgesorgt. »Dieser Raum«, heisst es in der citirten Beschreibung, »ist in drei, nach den Erfordernissen des Betriebes, bestimmte Abtheilungen gesondert, und zwar in den Raum für den Personenverkehr, in jenen für die Manipulation mit den Maschinen und endlich in jenen für den Waarenverkehr. In der ersteren befindet sich das Haupt- und Aufnahmsgebäude für die Passagiere und die Wagenremise, in der zweiten die Remise für die Locomotiven, das Heizhaus, das Kohlenmagazin, die Werkstätten für Schmiede, Schlosser, Drechsler, Tischler, Sattler etc. und das Wohngebäude des Maschinen-Directors. In dem dritten Raume endlich steht das grösste Gebäude, welches das k. k. Zollamtslocale und das Waarenmagazin enthält.« [Vgl. Abb. 179 und 180.]

Abb. 282. Ansicht des Prager Bahnhofes. [1845.]

So sehen wir bei dieser ersten Wiener Bahnhofsanlage schon alle wichtigen, für den Eisenbahn-Hochbau charakteristischen Gebäude-Typen vertreten, denen die weitere Entwicklung nur wenige und untergeordnete Gattungen hinzuzufügen hatte. Nur in der Art, wie diese Typen ausgebildet wurden, wie sie räumlich wuchsen und formal an Ausdruck gewannen, darin können wir die eingreifende Thätigkeit des Eisenbahn-Architekten beobachten. Betrachten wir das Hauptgebäude der Nordbahn [vgl. Tafel I, Fig. II] näher, so erfahren wir aus der alten Beschreibung darüber folgendes: »Der Zugang für die Reisenden lag im Mittel des Verwaltungshauses, welches folgende Räume und Bestimmungen hatte: Vom Vestibule des Erdgeschosses gingen die Personen, welche in den Wagen ersten und zweiten Ranges fahren wollten, in das mit dem Anfange der Bahn in der Waage liegende erste Geschoss über die erste Stiege und lösten die Fahrbillets an der Casse im ersten Stock. Ein Raum daselbst diente als Saal für die Fahrenden in den Wagen II. Classe, ein Raum für die der I. Classe und ein Saal für die der III. Classe, welche ihren besonderen Aufgang über eine zweite Treppe hatten, indem sie vorher die Billets an der Casse im Erdgeschoss zunächst der Stiege nahmen. Die übrigen Räume des Stockwerkes waren für das Mautheinnehmeramt und die Zollgefällswache bestimmt sowie für das Polizeipersonale, welches die Pässe der Ankommenden und Abgehenden zu untersuchen hatte. Im Erdgeschosse des Gebäudes waren gegen die Strasse zu Wohnungen für das Dienstpersonale und rückwärts Keller und Räume zur Luftheizung. Im zweiten Stockwerke des Gebäudes waren Säle für Kanzleien des technischen Personales und Wohnungen.« Wir sehen also auch im Detail bereits für die wichtigsten Raumbedürfnisse des Personenverkehrs Vorsorge getroffen, wenn dies auch vorläufig nur in bescheidenem Umfange rücksichtlich der Ausmasse und Ausstattung geschehen konnte.

So vorsorglich man nun bei der Anfangsstation mit der Disponirung vorgegangen war, so sehr war man oft auf der Strecke geneigt, mit provisorischen Anlagen der Entwicklung der Verhältnisse Spielraum zu geben. Die Darstellung der Station »Wagram« zeigt

25*

Abb. 253. Station Sagor. [Cilli-Laibach.] [Südliche Staatsbahnen. 1849.]

uns den Zustand vom Jahre 1839. Ein Hauptgebäude [vgl. Abb. 250, ferner Bd. I, 1. Theil, Abb. 154 und Tafel I, Fig. I] aus verputzten Riegelwänden enthält den Locomotivschupfen, die Wasserstation, den Kohlenschupfen, Kanzlei- und Warteräume, daneben sind nicht weniger als drei ebenso grosse Gasthäuser und eine Verkaufsbude errichtet, welche für das neugierige Publicum bestimmt waren, das dem Anblick der in die hölzerne Halle einfahrenden Züge zu Liebe dort verweilen wollte. Die Neuheit des Unternehmens brachte es mit sich, dass selbst eine von der Natur stiefmütterlich behandelte Gegend zu einem Ziel für Lustfahrten wurde, und dass solchen Verhältnissen von den Bahnverwaltungen Rechnung getragen werden musste. Aber auch in Wien selbst

Abb. 254. Station Prélouc [Brünn-Prag.] [Nördliche Staatsbahnen 1849.]

konnte es geschehen, dass ein Hauptbahnhof mit Rücksichtnahme auf solche dem Eisenbahn-Verkehr nicht direct entnommene Bedürfnisse projectirt wurde. Die zweite, im Jahre 1840 erbaute, grosse Bahnhofsanlage vor der Belvederelinie am Ausgangspunkte der Wien-Gloggnitzer und Wien-Pressburger Linie hatte die Form eines gleichschenkeligen Dreieckes. *) »Die zwei gleichen Schenkeln stiessen nach der Stadt zu unter beinahe rechtem Winkel zusammen und ihnen entlang waren die eigentlichen Bahnhöfe für die Bahn nach Neustadt und Pressburg projectirt. Zwischen den beiden »colossalen« Personenhallen, wovon jedoch erst die eine an dem Ausgangspunkte des Neustädter Flügels errichtet wurde [1842], befindet sich ein schöner, freier Raum zum Vorfahren und Aufstellen von Equipagen. Die hintere Seite dieses Vorplatzes wird von der Terrasse eines grossen, dreistöckigen Gebäudes begrenzt, dessen Hauptfront nach Wien zu gerichtet ist. Die Gesellschaft hat die herrliche Aussicht, die dieser Punkt gewährt, zu ihrem Vortheile benützt und die ebenerdigen Localitäten des ebengenannten Hauses zu einem Gasthauslocale eingerichtet. Die oberen Etagen enthalten Wohnungen für Beamte, das Bau- und die verschiedenen Administrations-Bureaux, dann einen Saal für die Generalversammlungen.« Durch die räumliche Entfernung von dem Centrum der

*) Vgl. Bd. I, 1. Theil, Abb. 179 und im Abschnitte Bahnhofsanlagen von E. Reitler, Abb. 184, 185 und 197

Abb. 266. Station Pragerhof. [Südbahn.]

Stadt waren hier besondere Verhältnisse gegeben, welche eine Vergrösserung des Bauprogrammes bedingten. Die Abtrennung der Restauration, der Bureaux und Wohnungen vom Haupt- und Empfangsgebäude ergab für dieses eine einfache Disponirung der Räume; dazu kam noch die Stellung des Gebäudes vor dem Ende der Geleise, welche ihm die erleichterten Bedingungen und die Kennzeichen eines »Kopfgebäudes« [vgl. Tafel I, Fig. III sowie Bd. I, Abb. 174 und 175] gaben. Die Gleichheit der Verhältnisse bezüglich der Niveaux von Bahn und Zufahrtstrasse mit jenen, die beim Wiener Nordbahnhofe massgebend waren, gestattet eine Gegenüberstellung beider Empfangsgebäude als Typen verschiedener Systeme.

Was beim Nordbahnhofe in einem Längsgebäude parallel zu den Geleisen bei geringer Gebäudetiefe an Räumen nebeneinander gereiht war, erscheint hier in gedrängter Anordnung und geschlossener Form vor den Köpfen der Geleise, bei schmaler Façadenbildung und tiefer Grundrissform. Anstossend an das geräumige Vestibule, das hier zum Hauptraum wurde, lag im Strassengeschoss dem Eingange gegenüber das Cassalocale für die drei Classen, seitlich die Gepäcksexpedition; symmetrisch lagen zwei zweiarmige Stiegen, eine als Zugang zur Personenhalle, eine als Abgang für die Ankommenden benützt; letztere führte zu einer Arkade, vor der auf der Strasse das städtische Fuhrwerk aufgestellt war. Das Bahngeschoss enthielt nur für die Passagiere I. und II. Classe Warteräume; die 86' [33·5 m] breite und 370' [116·9 m] lange Personenhalle, welche sich in der Gebäudebreite anschloss, sollte mit ihrem Kopfperron und den beiden Längsperrons gleichfalls als Warteraum dienen. Es ist kein Zweifel, dass die Geschlossenheit dieser Grundrissform dem Architekten für die Ausbildung der Baumasse günstiger und gefälliger erscheinen musste. Doch gestattete die nothwendige Rücksicht auf die Möglichkeit einer Weiterführung der Linie über ihren Ursprung hinaus nur selten die Anwendung von Kopfgebäuden; kam man doch in Brünn wenige Jahre nach Erbauung der ersten Bahnhofsanlage zu der Nothwendigkeit, das als Stirngebäude ausgeführte Haus [vgl. Abb. 191, Bd. I. 1. Theil]

Tafel I.

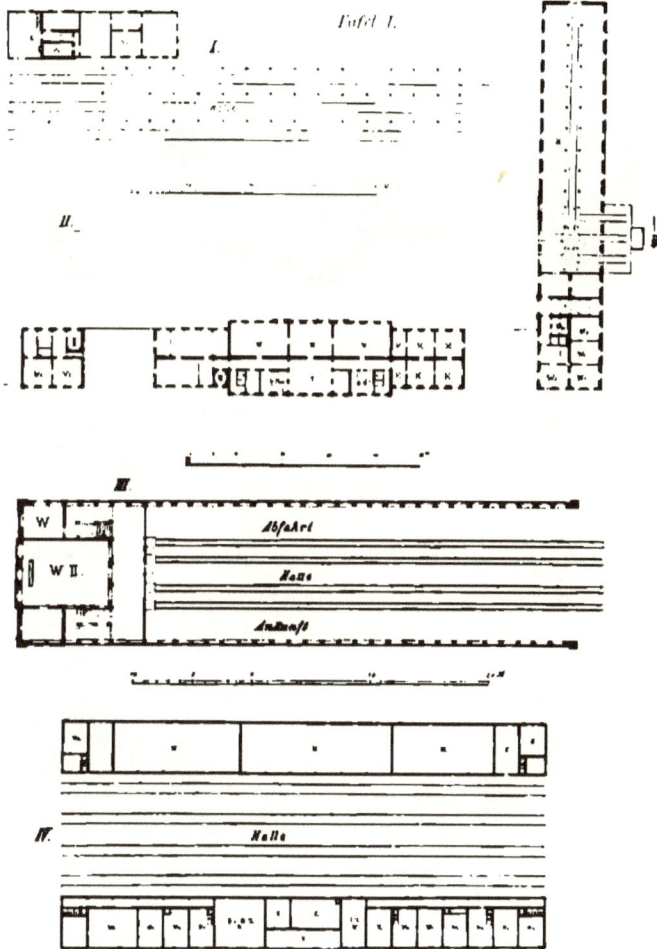

I.

II.

III.

W	
W II	

Abfahrt

Halle

Ankunft

IV.

Halle

I Station Wagram, [Nordbahn 1841] II. Aufnahmsgebäude Wien der Nordbahn, [1841] III Aufnahmsgebäude
Wien der südlichen Staatsbahnen. [Wien-Gloggnitz 1842.] IV. Aufnahmsgebäude Olmütz der Nordbahn [1842]
V. Vestibule, G. Gepäck C Cassa W. Wartesaal, Wo, Wohnung M Magazin K Kanzleien, R. Remise,
Wa, Wasserstation.

Abb. 250. Ansicht des Wiener Aufnahmsgebäudes der Kaiserin Elisabeth-Bahn. [1860]

demoliren zu müssen, weil die Fortsetzung der Linie erfolgte.

Eine Längsgebäude-Type der Wien-Gloggnitzer Bahn führt unsere Abbildung vom Aufnahmsgebäude Baden [Abb. 251] vor Augen.

Principiell wichtig für die späteren Anlagen war die Schaffung einer geräumigen Personenhalle in Wien, die allerdings noch mit hölzernem Dachstuhle aber in freigebigem Ausmasse hergestellt war. [Vgl. Abb. 175, Bd. I, 1. Theil.] Es wurde seitdem fast keine grosse Endstation mehr ohne Personenhalle projectirt und selbst die Zwischenstationen erhielten in reichlichem Masse sogenannte »Einsteighallen«, welche eine Eigenthümlichkeit der ältesten Stationsanlagen bilden. Von der primitivsten Ausbildung in reiner Holzconstruction [vgl. Abb. 163, Bd. I, 1. Theil], wie sie die ältesten Nordbahnstationen aufweisen, ging man auf die Anwendung von Steinpfeilern mit Dächern in Holz- und Eisenconstructionen über. [Abb. 172, Bd. I, 1. Theil.] Diese Hallen waren ein- oder mehrschiffig, je nach der Zahl der zu überdeckenden Geleise, und erhielten nur in grossen Stationen seitlichen Abschlus sdurch Fensterwände.

Nicht immer war es möglich, diese Objecte unmittelbar an die Flucht des Stations-Gebäudes anzuschliessen, wie z. B. in Gloggnitz [vgl. Abb. 245, Bd. I, 1. Theil], sondern recht häufig bildeten die Hallen selbständige Baulichkeiten, standen oft mitten in den Geleiseanlagen der Stationen und waren nicht immer mit den Gebäuden

durch Gänge verbunden, da letztere in kluger Voraussicht einer späteren Geleisevermehrung oder aus anderen Gründen oft recht weit von den Geleisen weggerückt waren. Auch bei Magazinen war man für den Schutz der Wagen gegen Witterungseinflüsse besorgt, und wo man nicht direct in die Waarenmagazine einfuhr, wendete man seitlich angebaute Wagenhallen an; erst später entstanden aus den Hallen Veranden, aus den Anbauten der Magazine Vordächer.

Bei gewissen Endstationen spielten die Waarenmagazine eine wichtige Rolle. So hatte Leipnik [1842] den ganzen Frachtenverkehr von Galizien und Schlesien längere Zeit als Endstation der Nordbahn aufzunehmen. Die Bahnhofsanlage war von einem dreithorigen Portal abgeschlossen. [Vgl. Abb. 190, Bd. I, 1. Theil.] Empfangsgebäude und Magazin waren genau gleich gross, 38° [72 m] lang und 4° [7·6 m] tief, einander gegenüber gestellt, und schlossen fünf Geleise derart ein, dass auf jeder Seite das zunächstliegende Geleise von einem durch Pfeiler gestützten Vorbau geschützt war.

Olmütz hatte [1842] ähnliche Dimensionirung und Anordnung bei seiner ältesten Bahnhofsanlage. [Vgl. Tafel I, Fig. IV, Abb. 187, Bd. I, 1. Theil.] Nur waren hier die vier Geleise zwischen Magazin und Empfangsgebäude von einem 9½° [18 m] weiten hölzernen Hallendach überspannt. Diese Gebäude waren, mit Rücksicht auf die nahe Festungsanlage, nur aus verputzten Riegelwänden hergestellt, und mussten lange als Provisorien ihren Dienst machen. Die Grundrissanordnung dieser Aufnahmsgebäude ist typisch geworden. In langgestreckter Form, bei möglichst geringer Tiefe der Tracte, enthalten sie die wichtigsten Räume n e b e n e i n a n d e r g e r e i h t. Das Vestibule liegt in der Mitte und enthält dem Eingang gegenüber die Gepäcksaufgabe und die Cassen; seitliche Eingänge führen zu den Wartesälen direct, ohne Gänge. Restaurationslocalitäten wurden sogar unmittelbar von der Strasse zugänglich gemacht.

Bei kleineren Stationen fand natürlich eine weit compendiösere Form der Grund-

selben Hause zu liegen. Dann erhält das Gebäude ein noch weniger charakteristisches Aussehen, das von dem einfachen kleinstädtischen Wohngebäude wenig abweicht. [Vgl. Abb. 253—255 sowie Tafel II, Fig. 7, 8, 9 und 10 und Bd. I, 1. Theil, Abb. 158.]

Remisen für Wagen sind sehr zahlreich in den Endstationen disponirt, da man die theilweise unbedachten Personenwagen nicht im Freien aufstellen konnte. Remisen für Locomotive wurden oft ähnlich den Wagenremisen angelegt; die »Heizhäuser« waren getrennt

Abb. 297. Halle des Wiener Aufnahmsgebäudes der Kaiserin Elisabeth-Bahn. [1859.]

risse Anwendung; man war noch bestrebt, verschiedenen Zwecken dienende Anlagen in einem Gebäude zusammenzufassen. Die Wasserstation spielt dabei eine wesentliche Rolle. Sie musste stockhoch sein, um die grossen Holzbottiche für das Speisewasser der noch kleinen Locomotiven hoch genug zu stellen; darunter war der Brunnen (mit einer gar oft nur durch die Hand bedienten Pumpe) und ein gemauerter Kessel zum Wärmen des Wassers angeordnet. Naturgemäss nahm diese Anlage die Mitte des Gebäudes ein, wo die Wartesäle und Kanzleien durch ebenerdige Anbauten angefügt werden konnten. Wo das erste Stockwerk für Wohnungen ausgenützt wurde, kommen die Reservoire seitlich in dem-

von diesen als selbständige kleine Gebäude meist mit einer Wasserstation verbunden; sie hatten die Locomotive mit vorgewärmtem Wasser und mit Kohlen zu versorgen und standen daher an den Stationsenden bei der Ein- und Ausfahrt. Charakteristisch ist die Anlage des Brunner Bahnhofes [1839]. [Abb. 157 und 159, Bd. I, 1. Theil sowie Abb. 181 und 182, Bd. II.] Vor der Einfahrt in die freistehende dreischiffige Wagenhalle, hinter der das freistehende, quergelegte Aufnahmsgebäude sich erhob, wurden symmetrisch zwei pavillonartige Remisen errichtet; eine für Wagen, eine für Locomotive. Jede bildete ein regelmässiges Zwölfeck, von 12° [22·8 m] Durchmesser, ähnlich jenen der London - Birmingham - Bahn [vgl. Kopf-

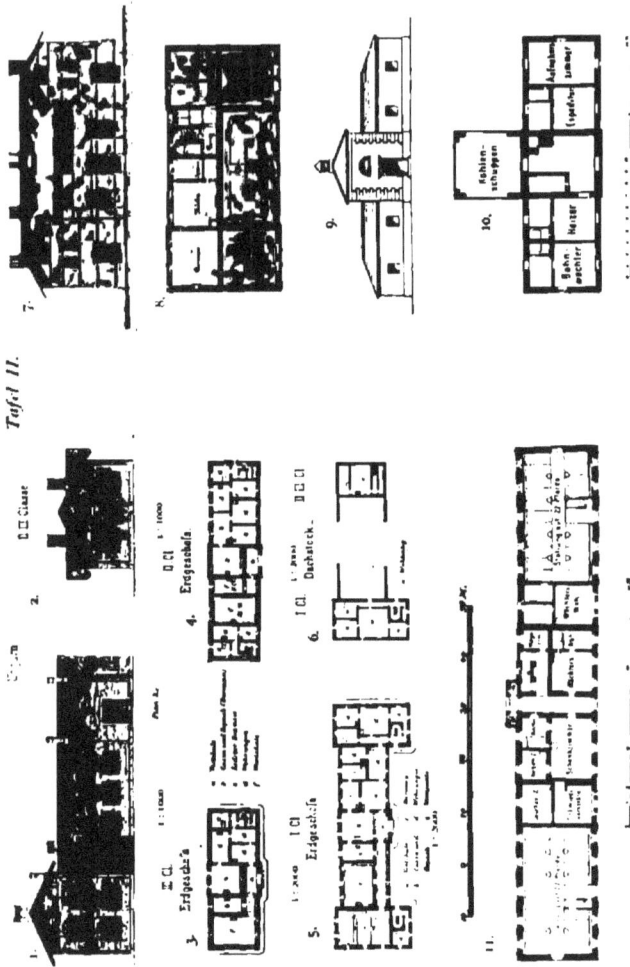

Tafel II.

Fig. 1, 3, 4, 5, 6. Typen der Aufnahmsgebäude der ungarischen Linien der Südbahn. 7, 8. Stationsgebäude Klamm der Semmeringbahn.
9, 10. Aufnahmsgebäude Angern der Nordbahn. 11. Aufnahmsgebäude Angern der Pferdebahn Linz-Budweis.

Abb. 198. Bahnhof Melk der k. priv. Elisabeth-Bahn. [1861.]

leiste S. 383] im Mittelpunkt mit einer grossen Drehscheibe, nach welcher die zwölf Geleise radialiter zusammenliefen.» Wir haben hier die älteste Form der später so verbreiteten polygonalen Heizhäuser vor uns. Zunächst der Locomotivremise und mit ihr in Verbindung standen Werkstätten für die Schlosser, Drechsler etc. und in einiger Entfernung das Heizhaus» [für zwei Maschinen].

Die ersten Staatsbahnbauten.

Mit dem Eingreifen des Staates in die Angelegenheiten des Eisenbahnbaues erfährt auch der Hochbau eine merkliche Förderung. Die Behandlung der Aufgaben gewinnt an Grossartigkeit und Einheitlichkeit. Der bald nach der Brünner Anlage vom Staate errichtete Prager Bahnhof [1844] [Abb. 252 und 211, Bd. I, 1. Theil sowie Abb. 187, Bd. II] zeigt eine weitgehende Rücksichtnahme auf künftige Bedürfnisse, so dass er durch lange Zeit ohne wesentliche Veränderung bestehen konnte und in seinen Hochbauten theilweise noch heute entsprechende Dienste leistet. Bei dieser Anlage sehen wir zum ersten Male, allerdings durch die Lage des Gebäude vor und hinter den Prager Festungsmauern von vornherein bedingt, eine deutliche Trennung des Personenbahnhofes vom Manipulationsbahnhofe, hier »innerer« und »äusserer« Bahnhof genannt. Die Thore der Festungsmauern waren in den mittleren sechs Oeffnungen für Wagenremisen bestimmt; ausserdem gab es im äusseren Bahnhofe noch drei Remisen für Personenwagen und eine Remise für Locomotive; diese grosse Zahl von Räumen, welche nur

zum Schutze der Personenwagen gegen Witterungseinflüsse bestimmt waren, ist ein charakteristischer Zug ältester Bahnhofsanlagen, welcher immer mehr verschwindet, je mehr die Verbesserung der Wagenconstruction ihre Wetterbeständigkeit ins Auge fasst. Sämmtliche Hochbauten des Prager Bahnhofes zeigen einen einheitlichen Rundbogenstil mit einfachen Schmuckformen und ansehnlichen Verhältnissen. Dem Aufnahmsgebäude mit seiner Abfahrtshalle ist ein eigenes Ausgangsgebäude mit einer Ankunftshalle derart gegenübergestellt, dass eine Galerie und die Untersuchungshalle für die Zollbehörden den Uebergang vermitteln. Auch hierin also eine Trennung nach Verkehrsbedingungen. Das Hauptgebäude ist durch Thürme besonders betont und zeigt in seinem Grundriss eine sehr bemerkenswerthe Ausbildung derjenigen principiellen Anordnungen, welche in Olmützer Aufnahmsgebäude angedeutet erscheinen. Das geräumige, in der Mitte angeordnete Vestibule schliesst sich an einen 62° [117·6 m] langen und 14' [4·43 m] breiten Gang, welcher in die ebenerdigen Tracte zu beiden Seiten des zweistöckigen Mittelbaues übergreift und den Zugang zu sämmtlichen wichtigen Räumen vermittelt. Das Vestibule ist nur eine centrale Erweiterung dieses Ganges, um für Cassen und Gepäckaufgabe geeignete Plätze zu schaffen und einer an dieser Stelle zu erwartenden grösseren Menschenansammlung Raum zu geben. Der gesammte Flächeninhalt der Abfahrtslocalitäten betrug schon an 1000 □° [3597 m²]. Dieses Grundrissschema gibt eine noch heute allgemein gebräuchliche

Lösung der Aufgaben eines Längsgebäudes, wie sie späterhin unzählige Male in den verschiedensten Dimensionen zur Ausführung gelangte.

Die Linie Olmütz-Prag hatte aber auch für die übrigen Stationsgebäude massgebende Typen. Es ist begreiflich, dass man mit den häufiger werdenden Hochbauaufgaben und der naturgemässen Wiederholung ähnlicher Bedingungen darauf geführt wurde, die Anordnung der Stationen sowie die Anlage der Gebäude durch bestimmte Typen zu generalisiren. Die Wien-Gloggnitzer Linie hatte drei Classen von Stationsanlagen unterschieden. »Für sämmtliche Staatseisenbahnen des österreichischen Staates wurde die Bestimmung gegeben, dass die verschiedenen Stationsplätze j e n a c h d e r W i c h t i g k e i t des nächstgelege-

So ist der älteste Bahnhof in P e s t [1846] [Abb. 195, Bd. I, 1. Theil] eine Kopfstation mit grosser Hallenanlage gewesen, während die übrigen Stationen der »Ungarischen Centralbahn« [Pest-Waitzen, Pest-Szolnok und Marchegg-Pressburg] sich nach weit bescheideneren Typen ordnen liessen. Insbesondere dort, wo die Handelsverhältnisse Stapelplätze von besonderer Wichtigkeit schufen, war auch die Bahnhofsanlage mit speciellen Vorkehrungen einzurichten.

Eine Anlage solcher Art w a r d e r S t a a t s b a h n h o f i n T r i e s t.[*] [1857.] Hier war im Gegensatz zu den bisher betrachteten Fällen gerade der Gütertransport besonders massgebend und durch die Verbindung mit einer neuen Hafenanlage erwuchsen technische Schwierigkeiten besonderer Art. Der Personenverkehr

Abb. 190. Aufnahmsgebäude Salzburg der Kaiserin Elisabeth-Bahn. [1v0.]

nen Ortes in fünf Classen einzutheilen seien.« Die kleinste Type bestand nur aus einem Wächterhaus mit Wasserstation. Dann wuchs die Zahl der Warteräume im Gebäude, aber die Wasserstation blieb noch damit combinirt; dann wurde die Wasserstation dem Aufnahmsgebäude gegenüber als selbständiger Bau errichtet und bei grösseren Typen mit Remisen und Werkstätten combinirt. Endlich erhielt das Aufnahmsgebäude noch eine Personenhalle derart vorgestellt, dass der Verbindungsgang zwischen beiden Objecten rechts und links mit Wartesälen eingeschlossen werden konnte.

Die Endstation bildete als Sitz der Verwaltung eine Anlage von erhöhter Wichtigkeit und entwickelter Ausbildung; hier traten am häufigsten abnormale Verhältnisse auf, welche eine Abweichung von generellen Typen und Anpassung an locale Bedingungen nothwendig machten.

spielte ausnahmsweise eine untergeordnete Rolle, so dass das Aufnahmsgebäude bis zum Jahre 1883 auf seine definitive Gestaltung warten musste und inzwischen durch ein Provisorium ersetzt wurde. Hingegen machten die übrigen Erfordernisse den Bahnhof damals zur grössten Anlage der Monarchie. Infolge der nothwendig gewordenen Uebersetzung der neuen Lazarethanlage mittelst einem 96° langen und theilweise mit einer Art Glasveranda überdeckten Viaduct mussten zwei Etagen angelegt werden, von denen die obere mit der Geleiseanlage 32' [10 m] und die untere mit den Zufahrtsstrassen und Quaimauern des Hafens 9'/9' [3 m] über dem Meeresspiegel lag. Zusammen umfassten die beiden Plateaux eine Fläche von 55.000 □° [197.800 m²] von der über 40.000 □° [143.900 m²] der See durch Anschüttung abgewonnen wurden. Die Auf- und

*) Vgl. Bd. II, E. Reitler, Bahnhofsanlagen, Abb. 205 und Bd. I, 1 Theil, II. S t r a c h, Die ersten Staatsbahnen, Abb. 280 und 281.

Abgabsmagazine enthielten in ihren beiden Geschossen zusammen 8600 □° [30.928 m²] Lagerfläche. Es waren dies die wichtigsten und hervorragendsten Hochbauten der ausgedehnten Anlage, welche gleich von Anfang an eine massive Durchführung erfuhren. Wie man sieht, hat es auch den ersten Bahnhofsanlagen Oesterreichs nicht an Grossartigkeit gefehlt und haben alle neuen und wichtigen Aufgaben des Eisenbahn-Hochbaues schon die Pioniere dieses Faches zu beschäftigen gehabt; wenn auch im Anfange allerdings nur die technische Seite der Lösungen mit besonderer Aufmerksamkeit behandelt wurde.

Es ist natürlich, dass die architektonische Ausgestaltung der grösseren Hochbauten, das ist insbesondere der Aufnahms- und Empfangsgebäude von

verhältnisse zu jener Zeit: »Auch Nobile's Nachfolger in Amt und Würden, Hofbaurath Paul Sprenger, bewegte sich anfangs in den ihm vorgezeichneten Bahnen und was das Bezeichnendste seiner ganzen Stellung war, er bureaukratisirte die ganze Architektur von Staatswegen. Handelte es sich um die Errichtung eines öffentlichen Gebäudes, so musste der Hofbaurath nicht nur sämmtliche Pläne gutheissen, sondern in wichtigeren Fällen wurden Pläne am Sitze der obersten Baubehörde von den dort fungirenden technischen Beamten selbst entworfen, wobei Sprenger als ein einflussreiches Mitglied dieser Staatsbehörde entweder die leitenden Ideen angab und die Stilgattung bestimmte, oder auch fremde Ideen nach seinem Geschmack modificirte.« — »Um das Jahr 1840

Abb. 260. Bahnhof St. Pölten der Kaiserin Elisabeth-Bahn. [1859.]

dem herrschenden Geschmack jener Tage abhängig war, in welche der Beginn der »Eisenbahnzeit« fällt. Ein Bericht über die Münchner Kunstausstellung des Jahres 1838 in Förster's Bauzeitung charakterisirt diesen Geschmack sehr gut, indem er sagt:

»In der heurigen Kunstausstellung zeichnete sich zur Freude aller gebildeten Bautechniker der Architektensaal durch seine ebenso gut durchdachten, als reinlich gezeichneten Pläne, wovon die meisten zu Prachtgebäuden, aus, denn fast alle trugen sichtlich das Gepräge eines reinen, nüchternen Baustiles, in Bezug der Anordnung der Façaden sowohl, als der Vermeidung jeder widersinnigen Construction und barocken Form. Als Heros glänzte H. Rösner, Professor an der k. k. Akademie der bildenden Künste in Wien.« Dem Führer durch »Alt- und Neu-Wien«, welcher 1865 vom Oesterreichischen Ingenieur- und Architekten-Verein herausgegeben wurde, entnehmen wir ferner folgende Stellen über die Wiener Bau-

herum begann auch in Wien ein Umschwung der Anschauungen in Bezug auf das Wesen und die Bedeutung monumentaler Bauten fühlbar zu werden. Der Ruf ausgezeichneter Leistungen in verschiedenen Städten Deutschlands, die brennende Frage über die Erfindung eines neuen Baustils, die erwachte Begeisterung für mittelalterliche Bauwerke, gefördert durch eine Reihe von kunstarchäologischen Schriften, und die Aufnahmen von alten Bauwerken durch wissenschaftlich gebildete Künstler drangen auch bis an die Donaustadt, und es machte sich der Eindruck der deutschen Kunstbewegung vorerst durch eine kräftige Opposition gegen den Hofbaurath Luft.«

Natürlicherweise sehen wir auch im Eisenbahn-Hochbau diese Verhältnisse sich wiederspiegeln. Hatte noch der Londoner Bahnhof der Birmingham-Bahn (siehe Kopfleiste S. 381) einen strengen dorischen Propyläen-Bau an der Stelle des Einganges, so war dieser trocken antikisirende Baustil auch für den ältesten Nordbahnhof, den Bahnhof der Gloggnitzer Bahn in Wien, bei entsprechend geringeren Mitteln für decorativen Aufwand massgebend. Nachdem die Projectanten der Eisenbahn-Hochbauten vielfach aus dem Staatsdienste hervorgingen, ist die äussere Verwandtschaft in der einfachen Gestaltung der Gebäude leicht zu erklären; es entstand hiebei eine Art officiellen Baustils, der umso eher angewendet werden konnte, als die Programmbedingungen anfänglich an constructive Ausbildung und räumliche Ausdehnung noch keine ungewöhnlichen Anforderungen stellten. Bei den nördlichen Linien: der Nordbahn, der Olmütz-Prager Linie etc. war hauptsächlich Anton Jüngling als Architekt thätig.

Bei den südlichen Staatsbahnen begegnen wir dem Architekten Moriz Löhr, welcher dazu berufen war, durch lange Zeit auf den österreichischen Eisenbahn-Hochbau Einfluss zu nehmen. [1838—1857.] Wenn er einerseits durch die Schule Stier's, durch Studienreisen in Italien, durch Antheilnahme an den Bauten Sprenger's künstlerische und praktische Vorbildung erhalten hatte, so waren die in Gemeinschaft mit Ghega unternommenen, sogar bis nach Amerika ausgedehnten Informationsreisen geeignet, ihm die weitestgehende Kenntnis der bereits zu Tage geförderten Resultate des Eisenbahnwesens zu verschaffen und ihm einen weiten Blick zu sichern. Dies war umso wichtiger, als Löhr in seinen leitenden Stellungen nicht blos als Architekt zu wirken hatte, sondern auch Stations- und Betriebsanlagen, ja sogar auch Brücken zu projectiren und auszuführen hatte.

Unter seinen ersten Mitarbeitern ist Johann Salzmann zu erwähnen, der mit der Ausführung der ersten Rohbauten auf der Semmeringbahn [vgl. Klamm Abb. 248, Bd. I, 1. Theil etc.] einer wichtigen Aufgabe des Eisenbahn-Hochbaues zuerst die nöthige Rücksicht zutheil werden liess.

Abb. 261. Innsbruck [k. k. Staatsbahn. 1860].

Es wurde sehr früh die Nothwendigkeit erkannt, der Ueberwachung und Erhaltung der Hochbauten möglichst geringe Lasten aufzubürden, ohne dabei den guten Geschmack in Bezug auf die äussere Gestaltung zu beeinträchtigen. Dies führte zur möglichsten Ausnützung des wetterfesten Baumaterials auch für decorative Zwecke, was ausserhalb Oesterreichs schon lange in Uebung war.

Ja in einzelnen Grenzländern Oesterreichs kam es vor, dass die Bahnhofsanlagen direct durch ausländische Einwirkung hervorgerufen wurden. So ist im ehemaligen Krakauer Gebiete schon im Jahre 1845 durch die Krakau-Oberschlesische Bahn eine grosse und sehr übersichtlich disponirte Bahnhofsanlage geschaffen worden, welche auch eine Halle mit eiserner Dachconstruction enthielt. Das Aufnahmsgebäude Krakau [s. Abb. 264] war nach dem Schema der Durchgangsstationen angeordnet mit einem grossen Längsgebäude für den öffentlichen Verkehr, das durch einen Mittelbau mit niedrigen Seitenflügeln und höheren Eckpavillons gegliedert erschien, welchen letzteren auf der anderen Hallenseite zwei Eckpavillons für Betriebslocalitäten entsprachen. Die Architektur des einfachen Putzbaues mit flachen Blechdächern und Rundbogenöffnungen wies auf Berliner Einflüsse hin. In dieser Zeit machten sich auch noch von anderer Seite deutsche Einwirkungen fühlbar. Im Jahre 1847 trat der »Verein der deutschen Eisenbahn-Verwaltungen« mit Anschluss Oesterreichs zusammen und wenn die wohlthätige Wirksamkeit dieses Vereines für den Hochbau auch nicht sofort sehr bedeutungsvoll wurde, so bildete doch der Austausch der Erfahrungen und des Wissens hervorragender Fachleute eine Quelle der Anregung und Belehrung, welche in der präciseren Ausgestaltung und sorgfältigeren Durchführung der Bauten zum Ausdruck kam.

*Einführung von Normalien für den
Hochbau. Kaiserin Elisabeth-Bahn.*

Von grösster unmittelbarer Bedeutung war der Einfluss Frankreichs, welcher
nach Entstaatlichung einzelner Linien
in Oesterreich auftrat.

Mit der Gründung neuer Gesellschaften begann eine Bewegung sich
Geltung zu verschaffen, welche dadurch
gefördert wurde, dass zur technischen
und administrativen Leitung der Bahnen
Persönlichkeiten vom Auslande herangezogen wurden, die neue Anregungen
mitbrachten. Insbesondere ist hier die
Thätigkeit der Staatseisenbahn-Gesellschaft in Ungarn zu erwähnen. General-Director
J. Maniel,
aus Frankreich
nach Wien berufen, verstand
es, den in seiner Heimat
sehr entwickelten Hochbau-
Typen durch
Anpassung an
österreichische
Verhältnisse

Abb. 303. Bahnhof Sniatyn. (Lemberg-Czernowitzer Bahn, 1866.)

Eingang zu verschaffen. Ihm verdanken wir
die ersten gründlichen Hochbau-
Normalien. Mit äusserster Sorgfalt wurden für den Bau der Linie Szegedin-Temesvár [1856 bis 1857] unter Beobachtung der
ortsüblichen Bauweise, der bei den Ausführungen sich ergebenden Erfahrungen,
für alle nur voraussichtlichen Fälle und
Detailfragen mustergiltige Zeichnungen
angefertigt. W. Flattich war es zuerst,
dann K. Schumann im Verein mit
A. Paul, welche diese Arbeiten unter
Maniel's directer Beeinflussung durchführten.

Der Rohbau, welcher zuerst bei der
Semmeringbahn [vgl. Station Klamm, Tafel
II, Fig. 7] Verwendung gefunden hatte, erhielt nun principielle Anwendung für alle
constructiven Theile, wie für Gesimse,
Lisenen, Bögen und Einrahmungen von
Oeffnungen, und zwar den örtlichen Verhältnissen entsprechend, zuerst als Ziegel

rohbau. Der Putz blieb auf glatte Flächen
beschränkt. Auch das Dach wurde durch
vorspringende Giebel und Traufconstructionen mit Verzierung der sichtbaren Holztheile betont, so dass im Allgemeinen
das Hervorkehren der constructiven
Principien charakteristisch war. Im Innern erhielten die Holzconstructionen
durch Heranziehung von Eisen zu Armirungen eine leichte und elegante Gestaltung, welche sogar mitunter decorativ
verwerthet wurde, z. B. als sichtbare
Holzdecke von Wartesälen. Hiemit erscheint durch rationelle Ausnützung der
Materialien und geschmackvolle Benützung
constructiver Motive eine Charakterisirung
des Zweckes
der Gebäude
mit den Anforderungen der
Bauöconomie
verbunden. Die
Grundrissanlagen zeigten insbesondere bei
den Aufnahmsgebäuden klare
und knappe
Anordnungen,
welche in vielen Fällen noch
heute befriedigende und oft angewendete Lösungen
bilden. So zeigt z. B. ein Gebäude
mittlerer Grösse Gross-Kikinda [1857]
eine Gliederung durch Mittel- und
Eckpavillons und Zwischentracte. Das
Vestibule mit der Gepäcksaufgabe und
den Cassalocalen liegt in der Mitte.
Links sind die Wartesäle mit vorgelegtem Gang; am Ende liegt der Restaurationssaal. Rechts sind reichlich
disponirte Bureaux, am Ende die Locale
für die Post. Auch das Streben nach
hohen, luftigen und hellen Räumen
findet seinen Ausdruck durch Entfernung
der Zwischendecken und Anordnung
einer sichtbaren Dachconstruction in den
Wartesälen, die durch Untertheilung des
grossen Raumes mit Hilfe von hölzernen Zwischenwänden entstehen. Diese
Anlagen waren als Vorstudien wichtig
und gaben vielfach Anregung für spätere
Arbeiten.

Unter den im Entstehen begriffenen neuen Bahnen erhielten die ungarischen, croatischen und Kärntner Linien der späteren Südbahn für den Hochbau Bedeutung. [Vgl. Tafel II, Fig. 1—6.] Die Berufung Etzel's verschaffte auch hier ausländischen Einflüssen Geltung, welche sich vorerst in einer klaren Grundriss-Disposition äusserten, die jener der oben besprochenen süd-ungarischen Typen verwandt war. Ofen erhielt auf seinem vom Güterbahnhof vollständig getrennten Personenbahnhofe ein stattliches Aufnahmsgebäude mit Halle. Die strenge Trennung der zwei Längstracte für Ankunft und Abfahrt, welche, symmetrisch zur Halle gelegen, die durchgehenden Geleise einschliessen, sowie die übersichtliche Vertheilung der Räume machten diese Anlage zu einem guten Typus einer Endstation ohne Kopfgebäude. Kanizsa und Stuhlweissenburg zeigen gleichfalls typische Anlagen, und zwar für Zwischenstationen grösserer Gattung, bei denen einem stattlichen Längsgebäude eine ansehnliche Halle in Holz- und Eisenconstruction vorgelegt ist. In Pragerhof war diese Halle ganz frei gestellt. [Vgl. Abb. 255.]

Im Aeusseren hat man es hier zumeist mit einfachen Putzbauten zu thun. Doch verschaffte Flattich, zur Leitung des Hochbauwesens unter Etzel berufen, dem Rohbau auch bei der Südbahn Geltung. Schon bei der Umgestaltung der Localstrecke Wien-Vöslau wurde das dort vorhandene Steinmaterial verwendet, um dem Detailformen einer antikisirenden Renaissance, welche schon von früher her eingeführt waren, eine constructiv und ästhetisch befriedigende Durchbildung zu geben. Bei einigen ungarischen Strecken wurde das Ziegelmaterial herangezogen, um einfachere ländliche Gebäude im Rohbau herstellen zu können. [Vgl. Tafel II, Fig. 1 und 2.]

Wichtig ist bei den erwähnten Localbahnstationen auch die principielle Anwendung von Veranden an Stelle der zur Cassirung gelangenden alten Hallen selbst bei den kleinsten Anlagen. Sie dienten als Warteraum insbesondere während der Sommermonate und waren daher mit Gittern abgeschlossen, und wurden mindestens 16' [5·05 m] vom nächsten Hauptgeleise entfernt angeordnet, um die Trennung der Ein- und Aussteigenden zu ermöglichen. Dadurch unterschieden sie sich von gewöhnlichen Einsteige-Perrons. Etzel's ausführliche Publication zeigt, mit welcher Gründlichkeit bei diesen Bauten die Durchbildung des Details erfolgte, und welcher Werth nun schon auf eine einheitliche planmässige Ausgestaltung des Hochbaues gelegt wurde.

Gleichzeitig traten an anderer Stelle Bestrebungen zur Hebung der technischen und ästhetischen Qualitäten des Hochbaues auf, welche Beachtung verdienen. Beim Baue der Kaiserin Elisabeth-Bahn [1857—1860] wurde den Architekten viel Spielraum gelassen. Eingeleitet wurden die Arbeiten noch vor seinem Uebertritt in den Staatsdienst durch Löhr, welcher nach neuerlichen Studien in Deutschland und Frankreich an ein Corps von jüngeren Kräften: Bayer, Patzelt, Thienemann, die Ausführung der verschiedenen Hochbauten vertheilte, so dass ohne eigentliche Normalisirung jedem Einzelnen eine gewisse Freiheit gelassen war. Bei den Werkstätten, Remisen und anderen Nutzbauten des Wiener Bahnhofes wendete Thienemann einen sorgfältig studirten Ziegelrohbau an, der reichere Detailbildung,

Abb. 255. Bahnhof Asch. Eger-Hof, 1865.[1]

Abb. 74. Aufnahmsgebäude Krakau.

als bisher üblich war, zeigte, und bei dem
gebrannte Formsteine zu Ziergliedern in
Verwendung traten. Auch in den Putzbau
der Aufnahmsgebäude mischen sich Terra-
cotta und Ziegeldetails, und gewisse An-
klänge an das Mittelalter in Zinnen und
Thürmchen, Bogenfriesen und Eckrund-
stäben lassen den Geschmack der Zeit erkennen. [Vgl. Abb. 256—261.] Nachdem nun dem Localverkehr von Anfang
an schon Beachtung geschenkt wurde,
finden wir ausgedehnte Veranden, welche
mitunter vor, zumeist aber neben die
Aufnahmsgebäude gestellt waren. Die
grössten Objecte waren das Wiener
und das Salzburger Aufnahmsgebäude. Das letztere erhielt durch
Bayer eine glückliche Anordnung, die
durch gute Massengruppirung und ge-
schickte Betonung der Mittel- und Eckbauten aus dem ungünstigen langgestreckten Baukörper eine beachtenswerthe architektonische Leistung zu Wege
brachte. Beim Wiener Empfangsgebäude musste infolge der grossen
Reichhaltigkeit des Programms auf Einheitlichkeit der Gesamtwirkung verzichtet werden. Es ist dies der erste
in der Reihe der grossen Wiener Bahnhöfe, welcher den gesteigerten An-

forderungen einer neuen Zeit Rechnung
trägt und in die Reihe der monumen-
talen Anlagen der grossen Stadt eintritt.
[Vgl. Tafel IV, Fig. 4.] Allerdings fällt
er auch schon in jene Wiener Bau-
epoche, welche sich die Stadtregulirung
zur Aufgabe machte und der Lösung
grosser baulicher Probleme entgegen
kam. Ein grosses Ankunfts- und ein
gleiches Abfahrtsgebäude umschliessen
mit einem quer vor den Kopf der Geleise
gestellten Administrationsgebäude die
27·5 m weite und 164 m lange Halle.
Die Längsgebäude, in sich abgeschlossen,
mit ebenerdigem Mittelbau und höheren
Eckbauten sind doppeltractig angelegt,
so dass Höfe entstanden, die zu Gärten
verwendet wurden. Auffallenderweise
waren die Warteräume strassenseits angeordnet. Eine opulente Portalanlage
und stattliche Eingangs- und Ausgangs-
vestibule schmückten die Mittelbauten.
Das Kopfgebäude ist gleichfalls für sich
abgeschlossen, von grösserer Höhe und
mit Eckthürmchen ausgezeichnet, um den
Prospect von der Stadtseite zu heben;
es entspricht der Hallenbreite. Für diesen
Bahnhof ist noch heute charakteristisch,
dass das Publicum seinen Weg durch das
Vestibule direct auf den Perron nimmt, zu-

Abb. 265. Aufnahmsgebäude Lemberg.

meist ohne Berührung der Warteräume. Beeinflusst durch die ersten mittelalterlichen Studien und jene romantische Bewegung, welche damit zusammenhing, sind [mehr noch wie die Hochbauten der Kaiserin Elisabeth-Bahn] einige im südlichen Ungarn zu Ende der Fünfziger-Jahre entstandene Bauten, die von Wiener Technikern projectirt wurden, z. B. die Bahnhöfe der Theissbahn, welche bei der Siebenbürger Bahn Nachahmung fanden. [Kaschau-Karlsburg.] Auch viele galizische Bahnhöfe und die etwas späteren Anlagen in der Bukowina, wie der Lemberger und der Czernowitzer Bahnhof, schliessen sich diesen eigenthümlichen, heute so befremdenden Arbeiten in formaler Hinsicht an. [Vgl. Abb. 262 und 265.] In grossem Gegensatz hiezu stehen jene Empfangsgebäude, welche im nördlichen Böhmen entstanden, als es sich zum zweiten Male ereignete, dass ausländische Kräfte direct in das heimische Bauwesen eingriffen. Im Jahre 1865 wurde durch Herz von Hertenried die Eisenbahn Hof-Eger erbaut. Die bei dieser Gelegenheit vom bayrischen Architekten Bürcklein entworfenen ansehnlichen Aufnahmsgebäude von Franzensbad und Asch [Abb. 263] und jenes von Eger, das Hügel erbaute, müssen infolge ihrer breiten Anordnung und sorgfältigen Ausführung als sehr bemerkenswerthe Leistungen bezeichnet werden. Flache Dächer, schwache Gesimsgliederungen und antikisirende Details tragen den Charakter der damals in München herrschenden Geschmacksrichtung.

Solche Schwankungen in der formalen Behandlung des Eisenbahn-Hochbaues charakterisiren namentlich jene Epoche, in der man in Oesterreich wie anderwärts nach einer energischen Hebung der Bauthätigkeit strebte. Die Ueberwindung der älteren, nüchternen Bauweise führte zunächst noch zu den mannigfaltigsten Experimenten und Versuchen mit der Neubelebung alter Stilrichtungen, bis sich allmählich durch eine mehr auf das Constructive gerichtete Bethätigung jene charakteristische Bauweise entwickelte, die dem Eisenbahn-Hochbau heute eigenthümlich ist. Insbesondere waren es grosse Aufnahmsgebäude in Endstationen, welchen man manchmal durch Anlehnung an ältere, den Zwecken und Aufgaben des Eisenbahnwesens ganz ferne stehende Architektur-Bestrebungen einen erhöhten Glanz zu geben versuchte. Dabei gelang es aber doch immer wieder, jene Wege zu finden, auf welchen man zu einem charakteristischen Ausdruck der neuen Forderungen gelangen musste. Diese besonderen Leistungen haben auch stets den nachhaltigsten Eindruck hervorgerufen und den günstigsten Erfolg gehabt.

WIEN

1875

Nordbahn.

Nordwestbahn.

Tafel III.

Südbahn.
Wiener Endbahnhöfe.

Franz Josef-Bahn.

Staatseisenbahn-Gesellschaft

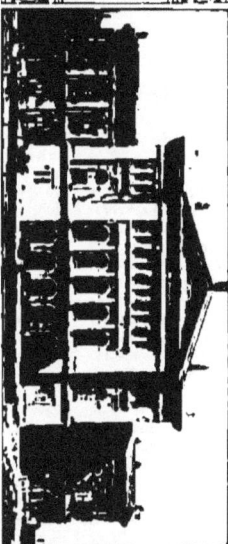

Hochbau.
II. Theil.

Fortbildung in der österreichischen Reichshälfte bis zum Jahre 1898.

Die grossen Endbahnhöfe in Wien und die neuen Gebirgsbahnen.

Es konnte nicht fehlen, dass die zunehmende Entwicklung des Verkehrswesens auf das älteste österreichische Locomotivbahn-Unternehmen seine Wirkung ausübte. Mehr als zwei Decennien waren seit der Erbauung des ersten Aufnahmsgebäudes in Wien verflossen und das unerwartet rasche Wachsen der Bedürfnisse hatte es mit sich gebracht, dass die Wiener Bahnhofsanlage der Nordbahn im Jahre 1864 bereits eine Fläche von 56.350 $\square^{\circ}$ [202.860 m^2] einnahm, also mehr als achtmal so gross war, wie die Anlage von 1838. Auch auf der Strecke war das Bedürfnis nach Vergrösserung der Hochbauten vorhanden. Die Verwaltung der Nordbahn zog daher die württembergischen Architekten Theod. Hoffmann und Fr. Wilhelm zur Ausarbeitung der Pläne für Umgestaltungen der Hochbauten heran. Die meisten grossen Stationen, wie Prerau, Oderberg, gaben zu umfassenden Arbeiten Veranlassung; hier hatte Fr. Wilhelm durch einige Zeit seinen Wirkungskreis, den er aber bald mit einer viel längeren Thätigkeit im Hochbau-Bureau der Südbahn vertauschen sollte, während Hoffmann's Arbeiten durch lange Zeit den Nordbahnbauten das eigenthümliche Gepräge gaben. Die ausgedehnteste Umgestaltung, die eingreifendste

Veränderung betraf das Wiener Aufnahmsgebäude [Abb. Tafel III, Fig. IV, und Tafel IV, Fig. I], das von Hoffmann [1859—1865] seine jetzige Gestalt erhielt. Die für die Weiterentwicklung des Verkehrs so günstige Situirung und allgemeine Anordnung dieses Bahnhofes ergab gerade für den Architekten grosse Erschwerungen. Die geringe Tiefe des ihm gegebenen Bauplatzes, die grosse Zahl der erforderlichen, nicht unmittelbar vom Verkehr bedingten Räume für Administrations-, Restaurations- und andere Zwecke behinderten eine freie Disposition. Eine rege Phantasie verleitete den Architekten zur Anwendung spätromanischer und maurischer Motive, welche einen reichen ornamentalen Schmuck begünstigten und enge, hochschlanke Verhältnisse im Gefolge hatten [vgl. Abb. 266], Thürme und Zinnen dem Streben nach einer bewegten Silhouette zur Verfügung stellten. Dieser romantische Grundzug gibt dem Bau in vielen Hinsichten eine Sonderstellung. Seine gediegene und sorgfältige technische Durchführung zeugt aber für die Wandlung der allgemeinen Anschauungen über die Bedeutung von Bahnhofsbauten; wo sonst mit grösster Sparsamkeit jedem Schmuck aus dem Wege gegangen wurde, war nun eine Prachtentfaltung in echtem Baumaterial möglich, die das Staunen der Zeitgenossen erregte. Die allgemeine Anordnung ist die einer reinen Durchgangsstation, wodurch die Angliederung an andere Bahn-

26*

hofsanlagen sehr begünstigt wird. Während hier die Bedingungen für die Entwicklung der Geleiseanlage glücklicher waren als für den Hochbau, trat der entgegengesetzte Fall ein, als die Anlagen vor der Belvederelinie in Wien einer Umgestaltung unterzogen wurden. Aus den

1869 und 1874 wurde der Umbau des alten Wiener Aufnahmsgebäudes der Gloggnitzer Bahn vollzogen. [Vgl. Abb. 267, Tafel III, Fig. III, und Tafel IV, Fig. II.] Günstige Bedingungen des Programms und der bestehenden Verhältnisse ermöglichten eine klare, einfache und grossräumige

Abb. 266. Stiegenhaus des Wiener Nordbahnhofes [1867.]

südlichen Staatsbahnen, der Franz Josefs-Orientbahn und anderen Unternehmungen hatte sich die Südbahn-Gesellschaft gebildet, welche beim Ausbau ihrer Linien und bei der Umgestaltung der bestehenden Hochbauten dem Architekten W. Flattich und seinem inzwischen herangezogenen Mitarbeiter Fr. Wilhelm einen grossen Wirkungskreis gab. Zwischen

Disposition, die lange Bauzeit eine sorgfältige und solide Durchführung in gutem Steinmaterial. Bei der ersteren fiel sehr in die Wagschale, dass ein eigenes Administrations- und ein davon getrenntes Restaurationsgebäude bestanden, welche Anlagen inzwischen erweitert worden waren. Die Stellung des Gebäudes vor den Geleiseenden er-

Tafel IV.

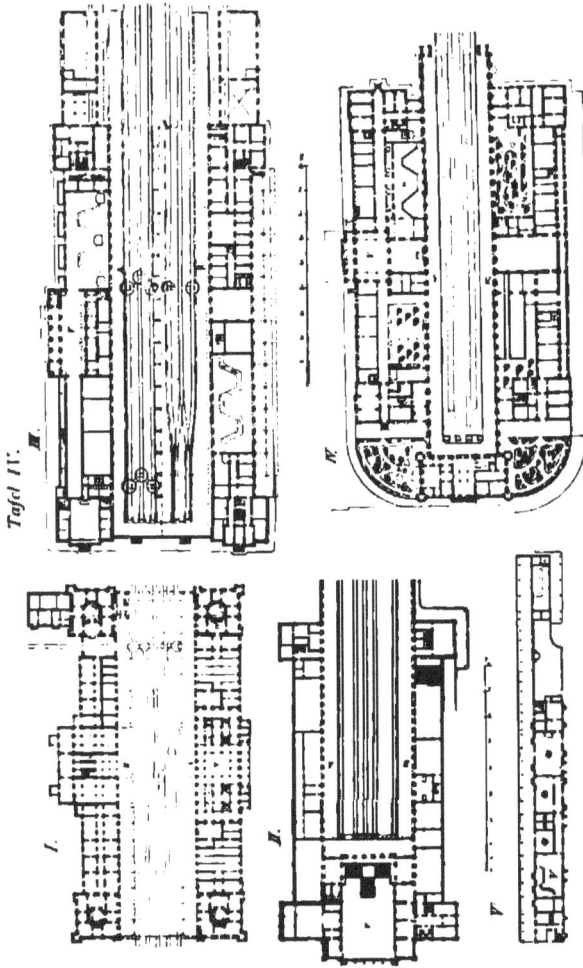

Grundrisse der Wiener Endbahnhöfe: I. Nordbahn. II. Südbahn. III. Staatseisenbahn-Gesellschaft. IV. Kaiserin Elisabeth-Bahn. V. Aspangbahn. B = Abfahrtsseite. A = Ankunftsseite. V = Vestibule.

Abb. 267. Die Halle des Wiener Südbahnhofes in Umbau begriffen. [1870.]

gab eine geschlossene Baumasse, die opulente Vestibule-Anlage [Abb. 268], die Anordnung breiter Stirn- und Längsperrons gestattete den Warteräumen eine untergeordnete Rolle zuzuweisen und so konnte hier in einfacher und glücklicher Form eine räumlich und ästhetisch befriedigende Anlage geschaffen werden, die selbst bei dem ungewöhnlichen Anwachsen des Personenverkehrs nach 25jährigem Bestande ihren Zwecken gut entspricht. Aber auch die ruhige und vornehme architektonische Wirkung des Aufbaues ist hervorzuheben, bei welchem Flattich mit Anlehnung an Schinkel und antike Vorbilder, jene einfache Formensprache wählte, die so gut mit den grossen Raum- und Massendispositionen harmonirt.

Wesentlich schwieriger war die Anlage des Staatsbahnhofes [Abb. Tafel III, Fig. II, und Tafel IV, Fig. III] [1867—1870 in Wien architektonisch befriedigend zu lösen, welcher mit dem Baue der Linie Wien-Brünn und der Verbindung des

mährisch-böhmischen mit dem ungarischen Netze der Gesellschaft aus dem alten sogenannten »Pressburger Bahnhof« sich entwickelte. Es war zwar auch hier durch den günstigen Umstand, dass die Gesellschaft in der Stadt ein eigenes ansehnliches Administrationsgebäude errichten liess, ein hinderlicher Bestandtheil des Programmes eliminirt. allein die Nähe des Arsenals und die damit zusammenhängende Bedingung der Rücksichtnahme auf eine fortificatorische Luftlinie verbot jede ansehnliche Höhenentwicklung. Die allgemeine Disposition bot viele Vortheile. Durch Senkung der hochgelegenen Geleise wurde ein sehr grosses ebenes Terrain geschaffen, auf dem für einen ausgedehnten fächerförmig angeordneten Frachtenbahnhof und den mit Längsgebäuden dem Typus einer Durchgangsstation entsprechend angeordneten neuen Personenbahnhof Platz war. Dieser erhielt eine sehr klare Grundrissdisposition.

Der Hochbauchef der Gesellschaft, Architekt K. Schumann, nahm französische Vorbilder in Verwendung und wies diesen entsprechend der Gepäcks-Auf- und -Abgabe die gebührende Rolle im Gebäude zu, indem er im Abfahrts- und Ankunftstracte grosse Gepäckshallen anordnete; sie fügen sich der Gesammtanordnung der Räume organisch ein, welche als typisch für eine Hauptstation mit Längsgebäuden gelten kann. Der Aufbau bietet allerdings keine einwandfreie Lösung, nachdem er sich nicht ungehindert entwickeln konnte. Im Zusammenhang mit dem Südbahnhofe bildete sich eine Verkehrsanlage von grossartigen Dimensionen und reicher Mannigfaltigkeit in der Lösung verschiedenster Aufgaben heraus. Während die Staatseisenbahn sich in der Breitenrichtung entwickeln konnte, war die Südbahn gezwungen, in der Längenrichtung zu erweitern, sie musste ihren Frachtenbahnhof nach Matzleinsdorf verschieben und füllte die ganze Strecke von der Belvederelinie bis Meidling mit den zu ihrer Endstation gehörigen Anlagen aus. Wir sehen da einerseits die verschiedensten Hochbauaufgaben in ihrer Weiterentwicklung; die ausgedehnten Werkstätten; die Gasanstalten und Heizhäuser, die Magazine und Schupfen, Wasserstationen, Remisen, Dépôts und Arbeiter-Wohnhäuser.

Abb. 309. Vorhalle des neuen Wiener Südbahnhofes [1874]

Jede dieser Aufgaben war im Laufe der Jahre durch Studien und Versuche immer zweckmässiger und vollkommener gelöst worden, bis sie endlich in einigen, den modernen technischen Anforderungen entsprechenden Typen ihren Ausdruck fand, die dann als Gemeingut der Eisenbahn-Techniker allgemeine Verbreitung und Anwendung fanden. Andererseits können wir da beobachten, wie sich diese Hochbauanlagen unter sich gruppiren und innerhalb des grossen Rahmens der Gesammtanlage abgeschlossene Baugruppen bilden, die selbst schon für sich die Aus-

dehnung der grössten alten Gesammt-
anlagen übertreffen.

Die Bedürfnisse des Zugsförde-
rungsdienstes, des Gütertrans-
portes, des Verschub- und Rangirdienstes und endlich das Colonie-
system für Wohngebäude führten
zu solchen selbständigen Theilen, die je
nach den Haupterfordernissen und localen

wicklung und Vervollkommnung verfolgen
zu können. Diese Vervollkommnung
wurde durch die Einführung des Nor-
malienwesens erleichtert, die früher oft
willkürlichen und zufälligen Einflüssen
unterliegende Behandlung der Eisenbahn-
Hochbauten wurde systematisch geregelt.

Besondere Ausbildungen blieben im
Allgemeinen mehr den Endstationen vor-

Abb. 269. Aufnahmsgebäude und Restaurationsgebäude Kufstein [Südbahn].

Verhältnissen der einzelnen End- und
Zwischenstationen, an verschiedenen
Orten besonders bevorzugt und ausgebildet wurden. Aus den räumlich beschränkten Bahnhöfen von ehedem sind
so Systeme von zwecklich verschiedenen
Anlagen geworden, die erst in ihrer
Aneinanderreihung ein vollständiges Bild
eines modernen Bahnhofes geben. Es
ist begreiflicherweise nicht möglich, hier
auf die Entwicklungsphasen dieser Special-
anlagen näher einzugehen. Wir müssen
unsere Aufmerksamkeit in erster Linie auf
die für den Personenverkehr wichtigen Gebäude beschränken, um wenigstens in diesem schwierigsten und wichtigsten Theil
des Eisenbahn-Hochbaues die stetige Ent-

behalten, während im Uebrigen so viel
wie möglich die Verwendung vorhandener guter Lösungen Platz griff. Die
durch das Baumaterial und andere locale
Einflüsse gebildeten Bedingungen verursachten in erster Linie die Variationen,
welche diese allgemein giltigen Typen
in ihrer Weiterbildung erfuhren. Zu den
hervorragendsten und einflussreichsten
Arbeiten auf diesem Gebiete zählen die
Bauten der Südbahn, welche unter
Flattich's Leitung auf den Linien Innsbruck-Bozen [eröffnet 1867], und Villach-Franzensfeste [eröffnet 1871],
und anderwärts ausgeführt wurden. [Vgl.
Abb. 269 und 272 sowie Tafel V.] Der
Umstand, dass bei diesen beiden Gebirgs-

Abb. 270. Mitteltract des Nordwestbahnhofes in Prag. [1873.]

bahnen Bruchsteine und Hausteine verschiedenartigster Beschaffenheit verwendet werden konnten, ohne dass der Bauöconomie Nachtheile zu erwachsen brauchten, und dass die Durchführung der Pläne und Detailzeichnungen mit grossem Geschmacke und vollkommenster Sachkenntnis erfolgte, sichert den Hochbauten dieser Linien eine bleibende Bedeutung. Die Behandlung des Ziegelrohbaues in Verbindung mit Haustein und des Bruchsteinrohbaues mit Haustein, dann der sichtbaren Holzconstructionen in den Dachstöcken, die Combination von Holz- und Eisenconstructionen bei Veranden etc. sind bei diesen Stationsgebäuden ebenso sorgfältig als glücklich in constructiver und formaler Hinsicht durchgeführt.

Als charakteristische Beispiele mögen Spital an der Drau [Ziegelrohbau], Toblach [Abb. Tafel V], Lienz [Bruchsteinrohbau] herausgegriffen werden. Durch Gruppirung stockhoher und ebenerdiger Tracte, durch Belebung des Mauerwerks mit Eckarmirungen, durch Ausbildung der Dachgiebel und Schöpfe wurden die Gebäudemassen gegliedert, wurde die Silhouette bewegt, so dass die freie Lage der Stationsgebäude ausgenützt, die Rücksicht auf die landschaftliche Umgebung betont erscheint. Man kann behaupten, dass diese Gebäude Schule machten, dass nirgends früher und besser der Charakter einfacher ländlicher Eisenbahn-Hochbauten getroffen wurde, als in den Hochbauten der Südbahn. Es gingen daher auch aus dem Hochbau-Bureau der Südbahn zahlreiche Kräfte hervor, welche bei anderen Unternehmungen die Studien der Südbahn fruchtbringend verwertheten. So wurden von dem Architekten C. Schlimp [1800 bis 1872] die Hochbauten der Nordwestbahn durchgeführt, bei denen allerdings auf die Verwendung von Putzbau und auf Vereinfachung der Ausstattung Rücksicht genommen werden musste. [Vgl. Bd. I. 2. Theil, Abb. 47 und 48.] Im Bahnhofe Prag der Nordwestbahn wurde der Versuch gemacht, dem Mittelbau durch eine Portalarchitektur im Sinne der römischen Triumphbögen besondere Geltung zu verschaffen — allerdings auf Kosten der übrigen Bautheile, welche schmucklos blieben. [Abb. 270.]

werden und blieb als vereinzelte Leistung eines aus Deutschland berufenen Architekten ohne Contact mit einheimischen Traditionen. Hier wurde in der Absicht, der Halle im Mittelbau eines quer vor

Abb. 271. Vestibule des Bahnhofes Tetschen. [1872.]

Auch der Tetschener Bahnhof [Abb. 271] weist in seiner Aussen-Architektur antikisirende Elemente auf [Architekt Frey] und besitzt im Innern gute Raumwirkungen.

Der Wiener Bahnhof der Nordwestbahn [von W. Bäumer 1870 bis 1873] [Abb. Tafel III, Fig. I, und Tafel VI, Fig. III] muss zu den Versuchen gerechnet

die Geleiseenden gelegten und vorwiegend zu Administrationszwecken bestimmten Gebäudes einen architektonischen Ausdruck zu geben, einem schwer zu lösenden baulichen Problem nahe getreten. Es ist kein Zweifel, dass gerade die räumliche Grossartigkeit der Bahnhofshalle dem Architekten das Mittel an die Hand gibt, ein Empfangsgebäude in monumentalem

Abb. 273. Mitteltract des Südbahnhofes in Graz.

Sinne zu behandeln; dann wird aber stets die Einbeziehung von Tracten, welche zu Wohn- und Verwaltungszwecken dienen sollen und naturgemäss viele kleinere Räume mit bescheidenen Axenweiten enthalten müssen, als schwerwiegendes Hindernis empfunden werden, wie dies in dem vorliegenden Falle erkennbar ist. Die Grundriss-Anordnung des Wiener Nordwestbahnhofes wurde mit Rücksicht auf eine künftige Erweiterung projectirt, so dass das heute bestehende Empfangsgebäude eigentlich nur die grössere Hälfte des für die Zukunft berechneten Baues bildet.

Der fast gleichzeitig für die Franz Josef-Bahn von den Prager Architekten Ullmann und Barvicius entworfene und 1872 vollendete Bau des Aufnahmsgebäudes in Wien (Abb. Tafel III, Fig. V, Tafel VI, Fig. II] wurde im Gegensatze zum Nordwestbahnhofe räumlich beschränkt angelegt und musste schon nach seiner Einverleibung in das Netz der k. k. Staatsbahnen einer Erweiterung unterzogen werden; er gehört wie der Bahnhof der Kaiserin Elisabeth-Bahn und der Nordwestbahn in Wien zu jenem Typus von Bahnhofsanlagen mit getrennten Längsgebäuden für Ankunft und Abfahrt, welcher sich durch ein vor die Geleisenden gestelltes Administrationsgebäude dem Typus der eigentlichen Kopfstation mit Kopfgebäu-

den nähert. Das Amtsgebäude schliesst sich an die Längstracte unmittelbar an und ist ohne grosse Ansprüche als ruhige und würdige Baumasse mit zwei thurmartigen Aufbauten gegliedert.

Auch den stattlichen Prager Franz Josef-Bahnhof haben dieselben Architekten geschaffen.

Das jüngste Wiener Aufnahmsgebäude, welches am Ende einer neuen Bahnanlage errichtet wurde, ist vorläufig noch das 1881 eröffnete, vom Architekten F. von Gruber entworfene Gebäude der Aspang-Bahn. [Abb. Tafel IV, Fig. V, Tafel VI. Fig. V.] Es ist ein langes, eintractiges Empfangsgebäude parallel zu den Geleisen mit ebenerdigem Mittelbau für öffentliche Räume und Eckpavillons nach dem Typus der Längsgebäude für Durchgangsstationen. Die entsprechend reichliche Dimensionirung der Vestibules und Warteräume und die übersichtliche Grundrissdisposition machen diese Anlage zu einer charakteristischen für die gegebenen bescheidenen Verkehrsverhältnisse. Es fehlt hier eine Hallenanlage, welche durch einen langen Einsteigperron ersetzt wird; was man in früheren Tagen sehr gerügt hätte, findet heute immer mehr Verbreitung; öconomische Rücksichten einerseits und die Rücksicht auf Erweiterungsfähigkeit anderseits, machen die Hallen in Oesterreich immer seltener, während die Vermehrung der Ge-

Tafel V.

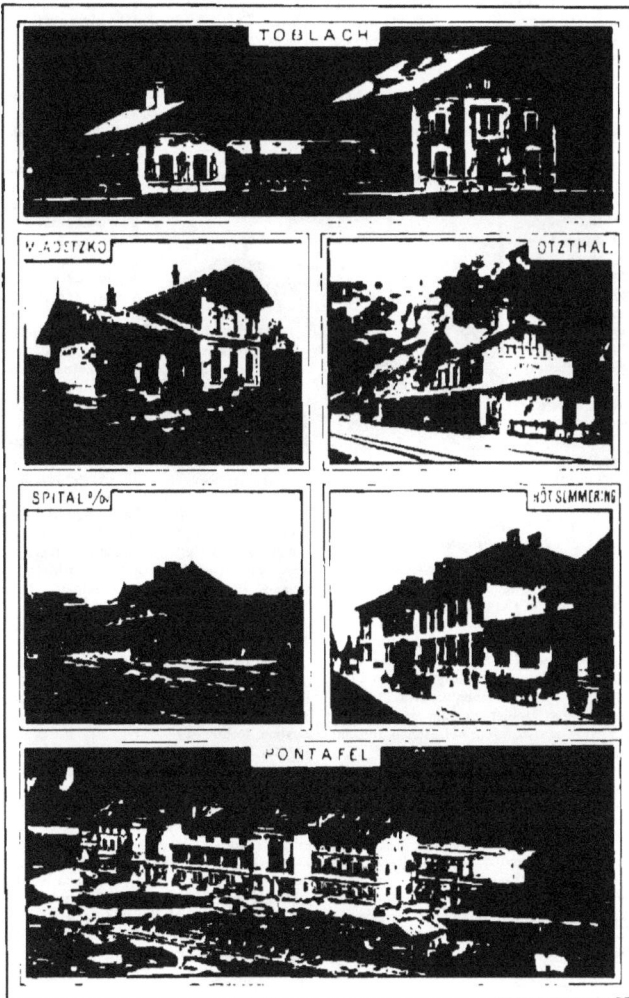

Hochbauten der österreichischen Gebirgsbahnen.

leisezahl und der Grundsatz der Vermeidung von Geleise-Ueberschreitungen die Einsteigperrons mit Flugdächern immer zahlreicher werden lassen. Haben die grossen Hallenbauten in Oesterreich überhaupt keinen fruchtbaren Boden gefunden, so zeigen die jüngsten Neubauten nur immer mehr die Bevorzugung bedeckter Perronanlagen in Verbindung mit Personendurchgangs-Tunnels.

Es möge bei dieser Gelegenheit ein Rückblick auf die Entwicklung der eisernen Hallendächer in Oesterreich gestattet sein, welcher die geringe Betonung und Verbreitung derselben erkennen lassen wird.

Abb. 271. Böhmisch-mährische Transversalbahn.

Hallenanlagen und die Ergänzungsnetze.

Die älteste eiserne Hallenconstruction Oesterreichs findet sich in Krakau, bei dem im Jahre 1845 durch die Krakau-Oberschlesische Bahn errichteten Aufnahmsgebäude; sie weicht derzeit einer neuen Anlage. Die Hallenweite von 28 m wurde in einer dreischiffigen Anordnung durch zwei Säulenreihen untertheilt. Die geradlinigen Binder zeigten ein leichtes Stabwerk in einer dem belgischen System verwandten Anordnung.

Der historischen Folge nach ist die Halle im Aufnahmsgebäude der Kaiserin Elisabeth-Bahn in Wien zu erwähnen [Abb. 257], welche die lichte Weite von 27.4 m mit einem Dachstuhle nach dem System Polonceau ohne Zwischenstützen überspannt. Dieses System, welches durch die leichte und elegante Form der Binder das Auge befriedigt, wurde in Wien auch bei einigen anderen grösseren Hallen angewendet, so bei der des Süd-

bahnhofes [Abb. 267] für 36.1 m Spannweite und beim Franz Josef-Bahnhofe [Abb. Taf. VI, Fig. II] mit 28.7 m Breite. — Weniger günstig ist der Eindruck, den die schweren, parabolischen Sichelträger machen, welche beim Nordwestbahnhofe zur Bewältigung der Spannweite von 39 m angewendet wurden; beim Nordbahnhofe hat man auf eine dreischiffige Anlage zurückgegriffen, wodurch die 32.2 m grosse Hallenbreite wesentlich verringert wurde [um circa 10 m]; die Dachneigung ist eine verhältnismässig steile, es konnte hier ein System von Gitterträgern mit Bindern in der Kielbogenform angewendet werden, das keine Querverbindungen zur Aufhebung des Seitenschubes benöthigt. Dadurch wurde ein hoher und freier Hallenraum erreicht, aber der Nachtheil beengter Einsteiggeleise in den Kauf genommen. Die Staatseisenbahn-Gesellschaft war bei ihrer Wiener Halle durch die Beschränkung der Höhe mit Rücksicht auf das nahe Arsenal zu einer zweischiffigen Anordnung gezwungen. [Abb. Taf. VI, Fig. I.] So führte hier die grosse Hallenbreite von 40.3 m zu einer Doppelanlage nach dem System Polonceau.

Zu den elegantesten Hallenanlagen neuerer Zeit ist die des Triester Bahnhofes der Südbahn zu rechnen, welche gelegentlich der Umwandlung des alten provisorischen Personen-Bahnhofes in eine definitive Anlage zur Ausführung kam. [1883.] Wie beim Wiener Südbahnhofe, haben wir es hier mit einem Kopfgebäude und einer Kopfstation zu thun, bei welcher die Hallenanlage und das Hallendach massgebend für den vorgelegten Baukörper wurden. Die Vesti-

Abb. 274. Aufnahmsgebäude der Südbahn in Triest. [1864.]

hule-Anlage in der Hallenbreite füllt auch hier einen hervorragenden Mittelbau aus, der in der Façadenbildung diese Anordnung zum Ausdruck bringt. [Vgl. Abb. 274 und 275.] Während jedoch in Wien eine geradlinige Binderform auftritt, wurde in Triest eine segmentförmige Trägerconstruction mit leichten Querverbindungen als Binderform für das Hallendach gewählt, dessen Spannweite von 31 *m* jener der Wiener Anlage nahe kommt. [Abb. Taf. VI, Fig. IV.]

Wie aus dieser Uebersicht erhellt, kann man wohl im Allgemeinen betonen, dass in Oesterreich den Bahnhofshallen nicht jene hervorragende Rolle im Bahnhofsbau zufiel, welche diese Bautheile bei vielen Anlagen des Auslandes spielen, was übrigens mit der relativ langsamen Verbreitung des Eisens als Baumaterial des Hochbaues in Oesterreich zusammenhängt.

Die weitgehende Einflussnahme des Eisenconstructeurs auf die Disponirung von Hochbauprojecten gehört aber auch einer jüngeren Epoche an, als jene grossen österreichischen Anlagen und macht sich naturgemäss in neueren Arbeiten auch bei uns immer mehr fühlbar. Seit dem vollständigen Sieg des gewalzten Baueisens über das gegossene kann man beobachten, wie gewisse Aufgaben des Eisenbahn-Hochbaues besonders zu Versuchen herangezogen werden, das Eisen principiell als Constructionsmaterial zu verwerthen. Die Rücksichtnahme auf freie Circulation von Menschen und Waaren drängte zur Beseitigung von Zwischenstützen und Zwischenmauern; die grösseren Anforderungen an Licht und Luft begünstigten die Anwendung von Oberlicht-Beleuchtungen und abnorm grossen Fensteröffnungen. Die wachsenden Raumbedürfnisse führten zu ungewöhnlichen Ausmassen der Vestibule und Säle, zu grossen Spannweiten der Decken und Dächer. Endlich waren Rücksichten auf rasche Herstellung, ohne Störung bestehender

Verhältnisse, auf Feuersicherheit und Dauerhaftigkeit in vielen Fällen sehr von Einfluss.

tionsmateriale und im Zusammenhange mit Eisen traten hinzu, um dem Bau-Constructionswesen wichtige und um-

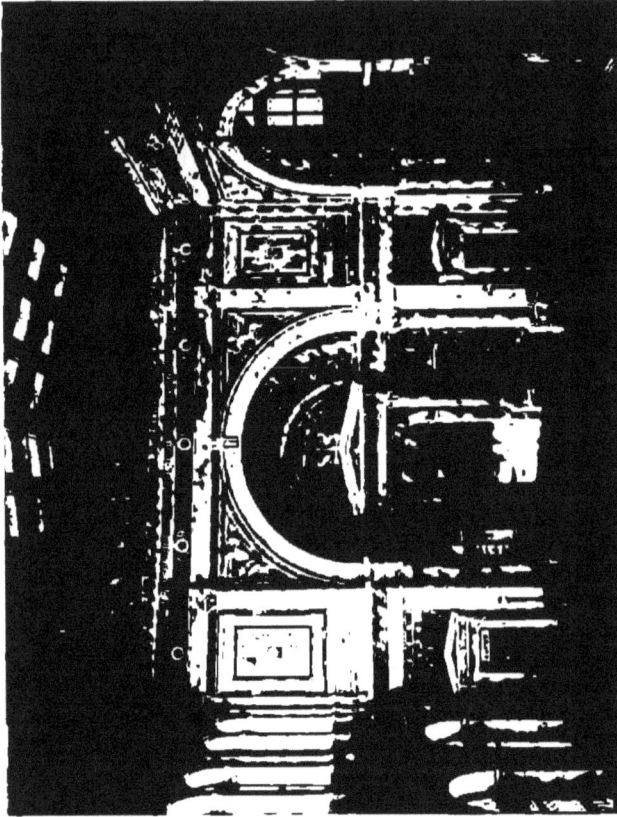

Abb. 176. Vorhalle des Südbahnhofes in Triest [1901]

Verbesserungen in der Ziegeltechnik, Ueberhandnahme der Anwendung des Cementes als Bindemittel sowie seine Verwendung als selbständiges Construc-

wälzende Hilfsquellen zu erschliessen, deren sich der Eisenbahn-Hochbau früher als viele andere Hochbaugebiete bemächtigte. Neue charakteristisch moderne

Elemente bereicherten in formaler Hinsicht nun auch die Ausdrucksweise, die Formensprache, welche sich immer mehr von jenen noch unbeholfenen und oft schwerfälligen Elementen und Typen entfernte, deren sich die älteste Epoche des Eisenbahn-Hochbaues bediente. Solche Umwälzungen gingen in Oesterreich nur nicht so rasch vor sich, wie anderwärts, waren doch die grössten baulichen Aufgaben bereits in einer gründlichen Weise gelöst, welche für lange Zeit die Aufmerksamkeit der Projectanten auf kleinere und engere Gebiete verwies.

Während also noch zu Ende der Sechziger- und zu Beginn der Siebziger-Jahre in Wien allein fünf grosse Endbahnhöfe ihre Ausbildung fanden, brachte die nächstfolgende Zeit mehr eine Verwertung der gewonnenen Erfahrungen bei kleineren Aufgaben in den Provinzen. Nun machten sich auch überall die

Abb. 270. Bahnhof Zauchtl. [Nordbahn.] [1891.]

wohlthätigen Folgen jener gediegenen Schulung bemerkbar, welche insbesondere in den Arbeiten der Staatsbahn und Südbahn gelegen war. Ihre Nachwirkung zeigte sich in einer Reihe von Leistungen, welche über die ganze Monarchie verbreitet sind und die Namen ihrer Urheber: Grosser, Plank, Grund, Dachler, Setz und Unger an die früher genannten anreihen. Ueberall dort, wo ganz neue Anlagen entstehen konnten, zeigt sich das Streben nach Verwertung und Weiterbildung des bisher Erreichten deutlich. So z. B. als der Staat sich der Ergänzung des Hauptnetzes annahm. Die Linien Tarvis - Pontafel, Innsbruck - Landeck, die Böhmische Transversalbahn bringen in verschiedener Richtung, je nach den durch örtliche Verhältnisse gegebenen

Bedingungen, dieses Weiterschreiten auf begonnenen Pfaden zum Ausdruck. Das stattliche Aufnahmsgebäude in Pontafel, die zahlreichen Zwischenstationen der Arlbergbahn [Abb. Tafel V] [Fr. Setz] verwerthen in anziehender Weise das Baumaterial des Gebirges; die gesteigerten Verkehrsbedürfnisse drücken sich in entwickelten Grundrissanlagen aus und die etwas derbe formale Behandlung der Details entspricht den seit der Erbauung der Pusterthallinie gestiegenen Ansprüchen an Raschheit und Einfachheit der Durchführungsarbeiten.

Während im Gebirge der Materialbau zur Betonung des Bruchsteinrohbaues mit mässiger Verwendung von Haustein geführt hat, sehen wir in jenen Ländern, für welche das Ziegelmaterial charakteristisch ist, den Ziegelrohbau zum Principe erhoben; wie z. B. bei der Böhmischen Transversalbahn. [Abb. 273.] In noch weitergehender Weise führte W. Ast in Mähren und Schlesien den Ziegelrohbau ein, als die Ergänzungsbauten der Nordbahn nach ihrer Concessions-Erneuerung in Angriff genommen wurden. [A. Dachler.] An Stelle des fast ganz eliminirten Hausteins wurde durch Anwendung verschieden getonter, d. i. gelblicher und röthlicher, lichter und dunkler Façadeziegeln ein belebendes Element in die Façadenbildung gebracht. Für die kleineren Gebäude blieb die Mitwirkung der sichtbaren hölzernen Giebelwände und Dachvorsprünge wesentlich. [Vgl. Mladetzko, Tafel V.] Bei grösseren Aufgaben, wie in Teschen [vgl. Bd. I, 2. Theil, Abb. 73], Bielitz, Ostrau, wo es sich um Aufnahmsgebäude von ansehnlichen Dimensionen handelte, wurde durch pavillonartige Ausbildung einzelner Gebäudetheile und steilere Dachformen die Wirkung der sonst zu

Abb. 277. Umgestaltetes Aufnahmsgebäude Krakau der Nordbahn (1898.)

niedrigen Baumassen gehoben und im Aufbau eine lebhaftere Gruppirung erzielt. Die Flächen erhielten durch die Theilung mit Bändern und Lisenen aus hellen Ziegeln gegenüber den glatten Mauergründen aus dunklerem Material die nöthige Gliederung, welche bei dem Mangel starker Gesimsbildungen, bei der Vermeidung aller complicirten Formsteine nöthig war.

In Bezug auf die Grundrissbildung wäre der Bahnhof Zauchtl [Abb. 276] besonders zu erwähnen, als Typus einer in Oesterreich verhältnismässig selten angewendeten Anlageform. Es ist ein Inselbahnhof, bei dem das Hauptgebäude auf zwei Langseiten von Geleiseanlagen eingefasst ist und auf einer Schmalseite gegen die Zufahrtsstrasse stösst. Vom Vestibule aus ist eine Tunnelanlage zugänglich gemacht, welche die Verbindung mit einer abseits liegenden Endstation einer fremden Localbahn herstellt. [Zauchtl-Neutitschein.] In der Hauptsache nähern sich die Inselgebäude den Kopfgebäuden, indem ihre Symmetrieachse parallel zu den Geleisen gerichtet ist, während jene der Längsgebäude senkrecht zu den Geleisen steht. Als wesentlicher Bestandtheil der Anlage tritt ein umlaufender Perron hinzu, der einen Verkehr längs der Geleise und von einer Seite

zur anderen ermöglicht. Wenn diese Perrons nun das Gebäude der Vor- und Warteräume und Bureaux nicht einschliessen können, so tritt gewöhnlich eine Theilung in zwei Baugruppen ein, welche eine Verbindung des Längsperrons zwischen den getrennten Gebäuden ermöglicht, wie dies in Zauchtl der Fall ist. Am relativ häufigsten finden wir die Inselbahnhöfe bei den neueren Anlagen der Oesterreichischen Nordwestbahn, wie z. B. in Deutschbrod, Neu-Kolin, Tiniät, Vsetat-Přívor etc. Doch haben solche Aufgaben in Oesterreich noch nicht zu so hervorragenden Hochbauten Veranlassung gegeben, wie in Deutschland.

Umgestaltungen und neueste Anlagen.

Die grössten und häufig auch die schwierigsten Aufgaben des Eisenbahnbaues fallen in dieser jüngeren Epoche zumeist in das Gebiet von ausgedehnten Umgestaltungsarbeiten, wie solche z. B. im Aufnahmsgebäude Krakau [Abb. 277], Prerau, Lundenburg von der Nordbahn oder von den k. k. Staatsbahnen an den Wiener Aufnahmsgebäuden der Franz Josef-Bahn und Kaiserin Elisabeth-Bahn durchgeführt wurden und für Lemberg, Prag, Pilsen

Tafel VI.

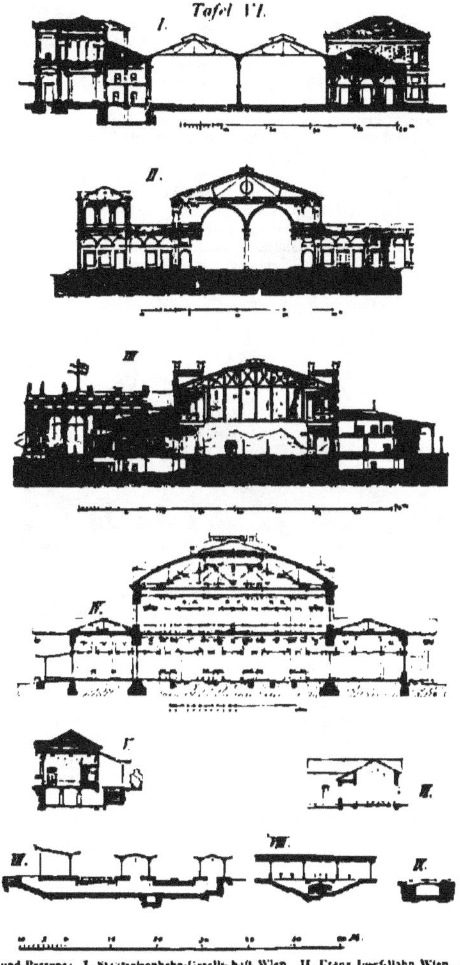

Hallenanlagen und Perrons: I. Staatseisenbahn-Gesellschaft Wien. II. Franz Josef-Bahn Wien. III. Nordwestbahn Wien. IV. Südbahn Triest. V. Aspangbahn Wien. VI. Gross-Kikinda. VII, VIII, IX. Perrous und
Tunnel von Pirau. (Nordbahn.)

etc. in Projectirung und Duchführung begriffen sind. Wenn hier auch dem Architekten für die äussere Gestaltung grosse Fesseln auferlegt waren, wenn die Grundrisse nicht die Einheitlichkeit ganz selbständiger Lösungen aufweisen können, so drückt sich wieder gerade bei solchen Arbeiten oft am deutlichsten das Wachsen der Bedürfnisse, die Aenderung in den Anschauungen aus. Die Begriffe von Raumgrösse, die Forderungen an Luft und Licht, das Verlangen nach breiten Communicationswegen sind so gestiegen, dass ganze alte Gebäudetheile aufgebraucht werden, um einen einzigen neuen Saal zu schaffen, dass sich die neuen Conturen in weiten Entfernungen um den alten Kern legen.

Manchmal werden neue Gebäude neben die alten gestellt, wie in der Nordbahnstation Schönbrunn, wo beide als ein Complex, dann gemeinsam den

Abb. 278. Neues Magazin der Nordbahn in Brünn [1897.]

neuen Zwecken zu dienen haben; und da tritt die Grösse und Höhe des modernen Hauses neben den bescheidenen Dimensionen des alten Bestandes augenfällig zu Tage, so dass dem ehemals recht würdigen älteren Gebäude später eine vergrösserte Silhouette gegeben werden musste, damit es neben dem stattlichen Neubau in Ehren bestehen kann. Bei solchen Arbeiten, die meist unter besonders schwierigen äusseren Verhältnissen, bei Aufrechterhaltung eines lebhaften Verkehrs, mit grosser Beschleunigung und nicht selten auch ohne Rücksicht auf die Jahreszeit durchgeführt werden müssen, kommen alle Hilfsmittel der modernen entwickelten Bautechnik in Betracht, wird die Leistungsfähigkeit der Projectanten wie der ausführenden Organe auf die härteste Probe gestellt, wenn die Aufgaben auch selten zu den dankbaren gehören. Zu den wesentlichen

Grundbedingungen der Arbeiten früherer Epochen, der möglichst hohen Dauerhaftigkeit bei weitgehender Baueconomie tritt in unserer Zeit die Forderung grosser Raschheit der Durchführung in den Vordergrund. Es ist natürlich, dass damit die Anwendung erprobter Constructionsmittel und einfacher Detailbildung Hand in Hand geht. Trotzdem aber treten gleichzeitig immer neue Aufgaben an den Eisenbahn-Hochbau heran, welche Versuche mit ganz neuen Constructionen und Verfahren mit sich bringen, die Gelegenheit geben, für wichtige Verbesserungen Erfahrungsmaterial zu sammeln. So waren die ausgedehnten Perronanlagen mit ihren Pult- und Flugdächern eine Veranlassung, die Wellblechdächer in Verbindung mit eisernen Stützconstructionen zu verwenden. [Siehe Abb. Tafel VI, Fig. VII und VIII.]

Die Personendurchgangs-Tunnels, welche infolge ihres Zusammenhanges mit den Aufnahmsgebäuden rücksichtlich ihrer Ausbildung in der Regel auch dem Hochbau anheim fielen, brachten die Verwendung der Monier-Gewölbe mit sich; grosse Magazinsbauten, wie das neue Waarenmagazin der Nordbahn in Brünn [Abb. 278], begünstigten die Anwendung des Stampfbetons in Verbindung mit Eisenconstructionen. Ebenso wurde das Holzcementdach, die bauliche Verwendung der Theerpappe bei Wänden und Dächern, der Klinkerplatten für Böden und Wände, und vieler anderer neuer und neuester bautechnischer Errungenschaften vom Eisenbahn-Hochbau begünstigt, und es war derselbe für diese Neuerungen schon dadurch von Bedeutung, dass die grosse Ausdehnung und starke Benützung seiner Anlagen eine geeignete Gelegenheit zur Erprobung der Gediegenheit neuer Hilfs-

27*

mittel ergab; hiezu trat die Möglichkeit einer sorgfältigen Ueberwachung und einheitlichen Durchführung der Arbeiten, so dass nicht selten die Erfahrungen des Eisenbahn-Hochbaues massgebend wurden, wenn es sich um die monumentale Verwendung erprobter Constructions-Neuerungen handelte. So bildete der Eisenbahn-Hochbau ein Arbeitsfeld wichtiger Art, das in steter Wechselwirkung mit anderen Baugebieten blieb, wenn auch gerade in Oesterreich diese Thätigkeit einen mehr stetigen und internen Charakter trug, so lange die Gelegenheit zu neuen grösseren Leistungen fehlte. Ein Uebergreifen in ferner liegende Gebiete der Baukunst trat indessen in Oesterreich mitunter auf. Schon zu Beginn der Siebziger-Jahre hatte der Bau von Administrations-Gebäuden im Charakter städtischer Privatbauten, der Bau von Wohnhäusern als Capitalsanlage für Pensionsfonde den Anfang gemacht; wie z. B. die hiehergehörigen Bauten der Oesterreichisch-Ungarischen Staatseisenbahn-Gesellschaft in Wien und Pest. Einen weiteren Schritt unternahm die Südbahn, als sie damit begann, an klimatischen Curorten ihrer Strecke im Gebirge und an der See Hôtel-Anlagen zu errichten, auf welchem Gebiete sich bald auch die Kaiserin Elisabeth-Bahn bethätigte. Diese Unternehmungen haben insbesondere dadurch ihre Bedeutung erhalten, dass sie im Zusammenhange mit guten Eisenbahn-Verbindungen einigen Orten zu ungeahntem Aufschwung verholfen haben, welche für die leidende Menschheit, insbesondere für die Bewohner der Reichshauptstadt, seither von wohlthätigstem Einfluss waren. Damit im Zusammenhang stand ein Aufschwung der Alpen- und See-Hôtels im Allgemeinen, denen der ermuthigende Erfolg jener durch Eisenbahn-Verwaltungen geschaffenen ersten Einrichtungen zugute kam. Die immer noch wachsenden Anlagen auf dem Semmering und in Abbazia, deren Ausführung von Wilhelm geleitet, von Fr. Schüller angeregt war, die älteren von Flattich errichteten und ebenso prosperirenden Hôtels in Toblach, Landro, Schluderbach, die von Bischoff ins Leben gerufenen Bauten in Zell am See und

Tarvis sind in erster Linie zu nennen. Wenn diesen Leistungen auch die sorgfältigste und aufmerksamste Durchbildung zutheil wurde, so spielen sie naturgemäss doch nur eine episodische Rolle unter den zahlreichen neueren Aufgaben des Eisenbahn-Hochbaues.

Wesentlich wichtiger für seine Zukunft und nicht minder abhängig von den modernsten Anforderungen entwickelter Verkehrsverhältnisse sind jene Arbeiten, welche wir als die jüngsten Leistungen des Eisenbahnbaues in Oesterreich zu begrüssen haben. Die Gestaltung der Wiener Stadtbahn brachte verschiedene Aufgaben mit sich, welche so recht geeignet waren, neuen Impulsen Raum zu geben.

Der Architekt O. Wagner, welcher zur Lösung dieser Aufgaben berufen war, hat gerade diesem Moment der Neuerungen sein Augenmerk zugewendet. Die eben ihrer Vollendung entgegengehenden Bauten [vgl. Tafel VII] bilden in ihrer klaren und strengen Disposition, in ihrer consequenten technischen Durchbildung mit Benützung und Betonung moderner Constructionen, in der Vermeidung verbrauchter und von fremden Bedingungen übernommener Formen eine drastische Illustration zu den schriftlich geäusserten Principien des genannten Architekten.

Er sagt in seiner »Modernen Architektur« einerseits, »dass der Architekt trachten muss, Neuformen zu bilden, oder jene Formen, welche sich am leichtesten unseren modernen Constructionen und Bedürfnissen fügen, also schon so der Wahrheit am besten entsprechen, fortzubilden«. Und an anderer Stelle: ». . . zur Composition gehört ferner die künstlerische Oeconomie. Darunter soll ein modernen Begriffen entsprechendes, bis an die äussersten Grenzen reichendes Masshalten in der Anwendung und Durchbildung der uns überlieferten Formen verstanden sein.« Diese Dogmen werden dadurch entsprechend ergänzt, dass ihr Urheber in der »antikisirenden Horizontallinie, der tafelförmigen Durchbildung, der grössten Einfachheit in der Formgebung« einerseits und andererseits im »energischen Vortreten von Construction und Material« das Programm für die nächste Zukunft erblickt. Es

Tafel VII.

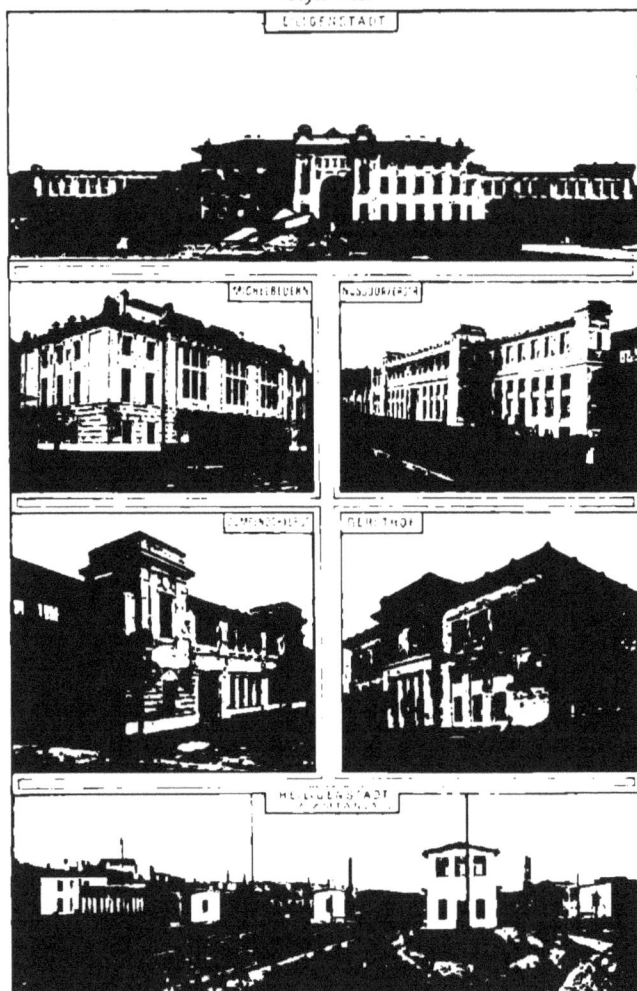

Bahnhöfe der Wiener Stadtbahn. (Nach photographischen Aufnahmen von H. Pabst.)

unterliegt wohl keinem Zweifel, dass gerade der Eisenbahn-Hochbau von dem Gelingen und dem Erfolge solcher Versuche und Bestrebungen grossen Vortheil ziehen kann.

Obwohl in mässigeren Formen, so hat doch auch er jene zahlreichen Wandlungen mitgemacht, welche die Architekturbestrebungen dieses Jahrhunderts kennzeichneten, wir brauchen hier nur an die Versuche in maurischem und mittelalterlichem Stil zu erinnern, denen die Adoptirung französischer, italienischer und auch deutscher Renaissance gefolgt ist. Und nun eröffnen uns wieder jene neuesten Arbeiten einen Ausblick in die Zukunft, welcher den Anschluss an jene älteren Bestrebungen erwarten lässt, die für die Zeit kurz vor dem Entstehen der Eisenbahnen charakteristisch waren. Aeusserlich sind es ganz ähnliche Ausdrucksmittel, welche der Schluss des Jahrhunderts seinem Beginne gegenüber stellt. Wenn aber heute die Rückkehr zur Einfachheit mit Recht grundsätzlich gefordert wird, so unterscheidet sich diese modernste Phase von jener älteren wesentlich durch das volle Beherrschen der grossartigen inzwischen erfolgten Fortschritte der technischen Wissenschaften, durch das Verarbeiten und Weiterbilden der bisherigen Leistungen aller gerade durch die Eisenbahn einander so nahe gerückten Völker. Hiezu treten die grossen Veränderungen, welche die Anschauungen von Raum und Zeit im Bauwesen erlitten haben.

Solchen Verhältnissen Rechnung zu tragen, den Ausdruck hiefür bei unseren speciellen österreichischen Bedingungen zu finden, bleibt auf dem Gebiete des Eisenbahn-Hochbaues eine Aufgabe für die allernächste Zeit. Die gediegene und weitblickende Art, mit welcher die jüngsten Arbeiten dieses Faches behandelt wurden, bietet die beste Gewähr dafür, dass der Augenblick neuer, grösserer Anforderungen auch die Kräfte zu ihrer glücklichen Erfüllung vorfinden wird.

Locomotivbau.

Von

KARL GÖLSDORF,

k. k. Baurath im Eisenbahn-Ministerium.

Locomotivbau.

DIE grossen Umwälzungen, welche die Locomotive zu Beginn der Dreissiger-Jahre in England und Amerika auf dem Gebiete des Handels, Verkehrs und der Industrie hervorgerufen hatte, waren auf dem Continente nicht unbeachtet geblieben. Unser Vaterland stand wohl nicht in der ersten Linie jener Staaten, welche sich des neuen Verkehrsmittels bemächtigten; die Entwürfe aber zum Baue grosser Locomotivbahnen, die schon 1830 von dem Professor F. X. Riepl verfasst und von Freiherrn Salomon von Rothschild kräftigst gefördert wurden, übertrafen, was die Entfernung der zu verbindenden Orte und Länder anlangt, alle bis dahin in Anregung gebrachten Projecte in England und Amerika.

Im Auftrage des Freiherrn von Rothschild studirte Riepl 1830 den Locomotivbau in England an der Liverpool-Manchester Bahn. Von demselben Finanzmanne wurde im Jahre 1836 Ingenieur Bretschneider nach England geschickt, um bei Stephenson in New-Castle upon Tyne eine Locomotive anzukaufen.

Freiherr von Sina, der bis zum Jahre 1836 der provisorischen Direction der Nordbahn angehörte, trat aus dieser Körperschaft aus und verfolgte selbständig den Bau einer grossen Eisenbahn, die den Süden unserer Monarchie mit Wien verbinden sollte. Er sicherte sich die Mitarbeiterschaft des Bauführers Mathias Schönerer, der beim Baue der Linz-Budweiser Bahn viele Erfahrungen gesammelt hatte, und veranlasste, dass derselbe in Begleitung des Mechanikers Kraft 1837 nach England und Belgien und nach Amerika reiste, »um in diesen Mutterländern der Eisenbahnen und auf dem classischen Boden des Maschinenbaues die neuesten Fortschritte und Erfahrungen über Eisenbahnen und Dampfwagen zu studiren und in Oesterreich anzuwenden«.[*])

Als am 4. März 1836 dem Wechselhause Rothschild eine Privilegiums-Urkunde zur Erbauung einer Eisenbahn zwischen Wien und Bochnia ertheilt wurde und Georg Freiherr von Sina am 15. März 1836 die Erlaubnis zu den nöthigen Vorerhebungen und Terrain-Aufnahmen für die Wien-Raaber Eisenbahn erhielt, stand der Locomotivbau in England schon auf einer solchen Höhe der Entwicklung, dass bereits die Grundformen für Personen- und Güterzug-Locomotiven festgelegt waren.

Die von Stephenson im Jahre 1833 geschaffene Type »Patentee« ist das Vorbild für englische und vielfach auch continentale Schnellzug-Locomotiven bis in die Siebziger-Jahre. Die nach den Plänen des berühmten Ingenieurs Daniel Gooch bei Stephenson 1837 gebaute Schnellzug-Locomotive »North

---

*) Vgl. Bd. I, H. Strach, Die ersten Privatbahnen, S. 107.

Star« beförderte zu einer Zeit, als in Oesterreich die ersten Spatenstiche für die Wien-Raaber Bahn gemacht wurden, die Personenzüge auf der Great-Western-Bahn mit einer Geschwindigkeit von 80 bis 90 km pro Stunde.

Stephenson baute im Jahre 1834 die erste Güterzug-Locomotive mit sechs gekuppelten Rädern und Innencylindern für die Leicester- und Swannington-Bahn. So schwer sind die Züge, welche diese Locomotive »Atlas« befördert, dass sich die Directoren dieser Bahn allwöchentlich über die Leistungen dieses Meisterwerkes berichten lassen.

Weder für die in England bereits üblichen Geschwindigkeiten, noch für die Beförderung besonders schwerer Lasten lag damals in Oesterreich schon das Bedürfnis vor. Die Angst vor den Gefahren, die das neue Verkehrsmittel in sich bergen könnte, war überdies so gross, dass beispielsweise bei der Nordbahn die grösste Fahrgeschwindigkeit der Personenzüge auf vier Meilen pro Stunde festgesetzt wurde. In England forderten die bereits vorhandene Industrie und die verhältnismässig nahe beisammen liegenden Handelsstädte grosse Fahrgeschwindigkeiten. In Oesterreich sollte die in den Anfängen vorhandene Industrie erst gehoben werden. Die mit den englischen macadamisirten, ebenen Strassen keinen Vergleich zulassenden österreichischen Verkehrswege gestatteten nur so kleine Geschwindigkeiten, dass Fahrgeschwindigkeiten von drei bis vier Meilen mit der Locomotive schon weit über die Bedürfnisse reichend betrachtet wurden. Bretschneider und Schönerer wählten daher in England und Amerika Locomotiv-Typen, die sich für die Beförderung der Personenzüge und Lastzüge in gleicher Weise eigneten.

Nachdem bereits am 13. und 14. November 1837 Versuchsfahrten auf der Nordbahnstrecke zwischen Floridsdorf und Deutsch-Wagram angestellt worden waren, machte die von Stephenson gebaute Locomotive »Austria« eine von der Regierung angeordnete Probefahrt, »zur Prüfung der Maschinenführer und zur Constatirung, dass die Direction die in dem Privilegium ausgesprochene Be-

dingnis, »bis 4. März 1838 eine Meile der Bahn fertiggestellt zu haben«, erfüllt habe. Die »Austria« war auf drei Achsen gelagert und hatte innen liegende Dampfcylinder; die beiden vorderen Achsen waren gekuppelt. [Vgl. Bd. I, 1. Theil, Abb. 160, Seite 158.]*)

Aehnliche Locomotiven waren für die Nordbahn auch von Taylor in Warrington [1839] und von Jones Turner und Evans [1841] gebaut worden. Aus historischem Interesse wird noch heute Jones Turner's Maschine »Ajax« von der Nordbahn in ziemlich gut erhaltenem Zustande aufbewahrt. [Vgl. Seite 471, Tafel I, Fig. 1.]

Ausser den vorerwähnten Typen erhielt die Nordbahn eine zur Beförderung der Personenzüge bestimmte Locomotive von Rennie in London [1839, vgl. Bd. I, 1. Theil, Abb. 150, Seite 148] und im Jahre 1841 vier Locomotiven von Sharp in Manchester. [Vgl. Abb. 192, Bd. I, 1. Theil, Seite 202.]

Diese Locomotiven von Sharp können ihrer Bauart nach als die ersten Schnellzug-Locomotiven Oesterreichs angesehen werden. Auch für die Wien-Gloggnitzer Bahn lieferte diese Fabrik in demselben Jahre eine grössere Anzahl von Locomotiven derselben Type.

Die Nordbahn hatte ihre ersten Locomotiven aus dem Mutterlande der Eisenbahnen bezogen und sich hauptsächlich die Erfahrungen der Stammbahn der Welt, der Liverpool-Manchester Bahn, zu Nutze gemacht.

Der Nordbahn gebührt aber das Verdienst, die erste Locomotive in Oesterreich gebaut zu haben. Dieselbe wurde unter Leitung des englischen Ingenieurs Baillie, welcher die Nordbahn-Werkstätte einrichtete, nach dem Vorbilde der englischen Locomotiven im Jahre 1840 hergestellt; sie erhielt den Namen »Patria« und war vom Jahre 1841 bis zum Jahre 1862 in Verwendung.

Mathias Schönerer hatte Gelegenheit, im Dienste der Wien-Raaber Bahn ausser den Locomotiven in England, auch die

----

*) Unter den von Stephenson für die Nordbahn gebauten Locomotiven befanden sich auch zwei Stück zweiachsige Locomotiven, vgl. Bd. I, 1. Theil, Abb. 149, S. 148.

Locomotiven in Amerika zu studiren. Die einfachere Bauart der letzteren, die Möglichkeit, mit denselben scharfe Krümmungen und selbst schlechten Oberbau leicht und sicher befahren zu können, veranlasste ihn daher, im Jahre 1838 bei Norris in Philadelphia die Locomotive »Philadelphia« anzukaufen. [Vgl. Bd. I, 1. Theil, Abb. 178, Seite 180.]

Ueber diese Maschine äussert sich Freiherr von Sina in der am 1. October 1838 abgehaltenen I. Generalversammlung der Actionäre der Wien-Raaber Bahn bei Besprechung der Geschäfts-Rechnungen, dass »von den getroffenen Vorbereitungen insbesondere anzuführen sind:

1. Die Anschaffung der amerikanischen Locomotive »Philadelphia«, welche bereits mit allergnädigster Erlaubnis Sr. Majestät nächst Neu-Meidling an jenem Orte des Wiener Berges aufgestellt wurde, wo sie im nächsten Jahre zur Transportirung der Erd- und Schotterwagen während des Baues in Verwendung tritt.*)

Um bei der nahe bevorstehenden Abreise des amerikanischen Ingenieurs hinsichtlich der guten Zusammenstellung und des Ganges dieser Maschine gesichert zu sein, ferner um andere Dampfwagenführer gehörig instruiren zu können, fanden wir es zweckmässig, daselbst auch eine kurze provisorische Holzbahn errichten zu lassen.

Die Hauptproben dieser Maschinen haben bereits in Amerika auf der »Philadelphia« und Columbia« Eisenbahn stattgefunden, und können erst nach Erbauung eines Theiles unserer Bahn wiederholt werden.

Da die Construction einfacher als die der englischen ist, so wird sie ohne Anstand in österreichischen Fabriken nachgeahmt werden können und da sie ferner weniger und leichter herzustellende Reparaturen erheischt, scharfe Krümmungen und grosse Steigungen zu überwinden fähig ist, endlich der Rauchfang das Herausfliegen glühender Kohlenbestandtheile besser als die englischen beseitigt, so unterliegt es keinem Zweifel, dass deren Einführung für die österreichischen Eisen-

bahnen von besonderem Nutzen sein wird.

2. Die weitere Bestellung von zwei anderen Locomotiven in Amerika und von elf, mit den neuesten Verbesserungen und theilweise amerikanischer Constructionsart versehenen Dampfwagen in England bei den berühmtesten Fabrikanten, welche im Laufe der nächsten zwei Jahre eintreffen werden, und die noch glücklicherweise um billige Preise accordirt wurden.

3. Der Ankauf diverser amerikanischer und englischer Musterexemplare von Rädern, Achsen, Lagern u. s. w. zu Eisenbahnwagen, von Drehscheiben, Ausweichschienen, Wassersäulen, Kranichen, Wagen, Werkzeugen u. s. w.

4. Die Bestellung einer Partie diverser Maschinen sammt Zugehör zur Errichtung einer grossen Werkstätte am Wiener Haupt-Stationsplatze der Bahn, um die Dampf- und anderen Wagen sowie das übrige Eisenbahn-Geräthe immer im guten Stande erhalten zu können, wodurch allein der zweckmässige, wohlfeile und ungestörte Betrieb ausgedehnter Eisenbahnen, vorzüglich jener mit Dampfkraft, zu erreichen ist.

Der Bau dieser Werkstätte, deren Plan von einem der besten englischen Mechaniker rectificirt*) wurde, soll im Frühjahre ohne Zögerung beginnen, nachdem ein Theil der Maschinen bereits eingetroffen ist, und der Antrag besteht, unseren Mechaniker Kraft noch im Laufe des Winters nach England zu schicken, um die noch fehlenden Maschinen zu übernehmen, sich genaue Kenntnis über den Betrieb aller Theile dieser Werkstätten zu verschaffen sowie einige praktisch erprobte Arbeiter dafür anzuwerben.«

Im Gegensatze zu den in den Jahren 1837—1841 aus England eingeführten Locomotiven von Stephenson, Sharp, Hawthorn, Rennie u. s. w. mit innerhalb der Rahmen liegenden Dampfcylindern und gekröpften Treibachsen, wiesen die von Norris bezogenen Locomotiven aussenliegende Dampfcylinder und gerade Treibachsen auf. Die Herstellung gekröpfter Achsen setzte in den

*) In Zusammenhang mit jenen Ereignissen erhielt die Brücke, welche den Einschnitt der Südbahn bei Meidling überspannt, den Namen »Philadelphia-Brücke«.

*) Sollte heissen »entworfen wurde«, denn er rührte von John Haswell her.

Werkstätten Einrichtungen voraus, über welche man damals nicht verfügte.*) Die von Freiherrn von Sina ausgesprochene Vermuthung, dass Locomotiven amerikanischer Bauart in Oesterreich leichter nachgeahmt werden könnten, als jene englischer Bauart, fand daher ihre Bestätigung. Die Locomotive »Philadelphia« war das Vorbild, nach welchem die erste Locomotive in der Maschinenfabrik der Wien-Raaber Bahn 1841 hergestellt wurde; auch die erste, aus der Locomotivfabrik von Günther in Wiener-Neustadt 1843 hervorgegangene Locomotive war eine Nachbildung dieser Locomotive von Norris.

Diese beiden Fabriken konnten den grossen Bedarf an Locomotiven in den Vierziger-Jahren nicht decken, immer noch musste das Ausland herangezogen werden. Für die weitere Ausbildung der für die österreichischen Bahn- und Verkehrsverhältnisse geeigneten Locomotiv-Typen sind aber die genannten Fabriken massgebend, so dass die älteste Geschichte der Locomotive in Oesterreich eigentlich die Geschichte der ältesten Locomotiv-Fabriken ist.

Ueber die Maschinenwerkstätte der Wien-Raaber Bahn wird in der II. Generalversammlung der Actionäre dieser Bahn am 1. October 1839 mitgetheilt, dass bereits ein grosser Theil derselben unter Dach gebracht wurde, so dass die Aufstellung der Maschinen demnächst erfolgen und das Ganze in Betrieb gesetzt werden kann. Schon während des Baues dieser Werkstätte wurden in derselben 300 Schotterwagen, fast alle Schlosser- und Schmiedearbeiten für die Baulichkeiten ausgeführt und 73 Arbeiter beschäftigt.

Am 21. April 1840 wurde die »Maschinenwerkstätte im Beisein Seiner k. k. Hoheit des durchlauchtigsten Herrn Erzherzogs Johann in Thätigkeit gesetzt«.

In der III. Generalversammlung der Actionäre der Wien-Raaber Bahn, am 6. März 1841, macht Freiherr von Sina

die Mittheilung, diese Werkstätte dem allgemeinen Bedürfnisse zugänglich machen zu wollen, und gedenkt hiefür ein Landesbefugnis anzusuchen. In derselben Generalversammlung wird ferner berichtet, dass bei einem Stande von 465 Arbeitern in dem Zeitraume von 10 Monaten, unter der Leitung des Herrn John Haswell, unter anderen Arbeiten ausgeführt sind:

»An Locomotiven und Tendern amerikanischer Art: Eine Locomotive und vier Tender ganz vollendet, und die Ausführung des grössten Theiles von fünf in Arbeit stehenden Locomotiven.

An verschiedenen Maschinenbestandtheilen, Locomotiv-Cylindern und Rädern, Schalenrädern etc. lieferte die Giesserei seit 17. August 1840 807 Centner.«

Die in diesem Berichte als fertiggestellt angeführte Locomotive »Wien« kam am 6. Juni 1841 in Dienst; ihre Bauart ist aus Tafel I, Fig. 2, Seite 471, ersichtlich. Bis auf kleine Unterschiede waren die anderen fünf erwähnten Locomotiven, »Hietzing«, »Schönbrunn«, »Belvedere«, »Liechtenstein« und »Altmannsdorf«, genau so gebaut wie die Locomotive »Wien«; sie gelangten noch alle im Jahre 1841 zur Ablieferung.

Als Schüinerer einfach die Leitung John Haswell's erwähnte, ahnte wohl Niemand, welche Bedeutung dieser Mann dereinst auf dem Gebiete des Locomotivbaues erlangen werde, nicht allein in Oesterreich, sondern auf dem ganzen Continente. So mannigfach sind die von ihm entworfenen Typen, so durchdacht die von ihm angegebenen Detailconstructionen, und so werthvoll die von ihm ersonnenen Arbeitsprocesse, dass es eine Ehrenpflicht für den heutigen Techniker ist, dieses Mannes zu gedenken, dessen oft nicht beachtete, vielfach in Vergessenheit gerathene Ideen und Constructionen heute erst volle Würdigung finden.

John Haswell [Abb. 279] wurde im Jahre 1812 zu Lancefield bei Glasgow geboren. Nachdem er an der Andersonian University in Glasgow seine Studien beendet hatte, widmete er sich der technischen Praxis. Mit 22 Jahren ist er im Schiffsbau-Bureau in der berühmten Fabrik von William Fairbairn

---

*) Selbst gewöhnliche, glatt gedrehte Transmissionswellen mussten Anfangs der Vierziger-Jahre noch aus England bezogen werden, nachdem die hiesigen Fabriken nicht die geeigneten Drehbänke besassen.

& Co. thätig. Im Jahre 1837 entwarf er auf Veranlassung Schönerer's die Pläne für die Reparatur-Werkstätte der Wien-Raaber Bahn, und wurde 1839, an Seite des Mechanikers K r a f t, mit der Ausführung dieser Pläne betraut. Als die Werkstätte fertiggestellt war, übernahm er selbständig die Leitung derselben, und führte, neben Reparaturarbeiten an rollendem Eisenbahn-Material, sofort auch den Neubau desselben ein. Die von ihm in dieser Fabrik errichtete Eisengiesserei war die erste in Wien, und die erste, welche mit Cokes arbeitete.[*]

Unter John Haswell wurden auch die ersten Schalengussräder in Oesterreich angefertigt.

Im weiteren Verlaufe dieser Abhandlung werden an geeigneter Stelle die vielen Verbesserungen und Neuerungen, welche Haswell geschaffen, Erwähnung finden.

Bereits im Jahre 1842 stellte sich die Nothwendigkeit heraus, stärkere Maschinen für die Wien-Gloggnitzer Bahn anzuschaffen. Im Allgemeinen der Locomotive »Wien« ähnlich, stellten die stärkeren Locomotiven »Weilburg« und »Brandhof« einen grossen Fortschritt dar. Die Heizfläche war von rund 33 m² auf rund 50 m² vergrössert worden; an Stelle der Treibräder von 1·264 m Durchmesser gelangten solche von 1·475 m Durchmesser zur Anwendung.

Die Ueberlegenheit der für die Nordbahn und Wien-Raaber Bahn gelieferten Locomotiven von Stephenson und Sharp in Bezug auf Ruhe des Laufes bei grösserer Geschwindigkeit, veranlasste Haswell 1842 bis 1843, Locomotiven mit innerhalb der Rahmen liegenden Dampfcylindern nach

[*] Zur Schonung der steiermärkischen Industrie gestattete die Regierung nicht die Verwendung von Holzkohle.

dem Vorbilde der Sharp'schen Type zu bauen. Die Vollkommenheit der Einrichtungen in der Maschinenfabrik war schon so weit gediehen, dass die Fertigstellung der gekröpften Kurbelachsen keine Schwierigkeiten mehr bot. Von diesen Locomotiven [vgl. Tafel I, Fig. 3, Seite 471], bei denen an Stelle der amerikanischen, aus Barreneisen geschmiedeten Längsrahmen, die englischen Rahmen aus Holz, mit Blech armirt, zur Anwendung gelangten, wurden zwei Stück — »Thalhof« und »Schottwien« — für die Wien-Gloggnitzer Bahn, und ein Stück — »Galileo« — für die lombardisch-venetianische Ferdinands-Bahn gebaut. Die Treibräder dieser Locomotive hatten einen Durchmesser von 1·738 m.

Bei fast sämmtlichen bis zum Jahre 1843 in Oesterreich gebauten und vom Auslande eingeführten Locomotiven wurde die Umsteuerung [Vor- oder Rückwärtslauf] durch sogenannte Gabelsteuerungen bewirkt. Neben grosser Complication hatten diese Steuerungen den Nachtheil, dass dieselben, wenn nur ein Dampfvertheilungsschieber angeordnet war, eine Ausnützung der Expansivkraft des Dampfes nicht zuliessen.

Haswell war der Erste, der in Oesterreich die den Namen Stephenson'sche Coulissensteuerung führende Umsteuerung, und zwar an der im Jahre 1844 für die Wien-Gloggnitzer Bahn gebauten Locomotive »Meidling« anwandte.[*]

Die Maschine »Meidling« war eigentlich keine neu gebaute Locomotive; bei ihrer Herstellung fanden sie noch

[*] Wie in England, Belgien und Deutschland fehlte es auch in Oesterreich nicht an Bestrebungen, noch vor Bekanntwerden der einfachen Stephenson'schen Coulissensteuerung, Steuerungen, welche eine variable

brauchbaren Reste der bald nach Eröffnung der Wien-Gloggnitzer Bahn explodirten Locomotive »Liesing« Verwendung.

Die Kessel der damals in Oesterreich gebauten Locomotiven hatten keinen Dampfdom auf dem Langkessel, sondern eine kuppelartig überhöhte Feuerbüchse, nach dem Vorbilde der »Philadelphia«.[*] Diese Kuppel war nicht nur schwierig herzustellen, sie war auch, wegen der grossen unversteiften Flächen nicht geeignet, dem Dampfdrucke sicher Widerstand zu leisten. Die Explosionen der Locomotiven »Liesing« und »Schönbrunn« und später der »Mürz« von Norris, waren nur auf diese mangelhafte Construction zurückzuführen. Haswell ging daher schon 1843 auf die englische Form der Kessel über, welche bei einer nur mässig überhöhten äusseren Feuerbüchse, die Anwendung eines besonderen »Domes« auf dem Langkessel zur Dampfentnahme voraussetzte. Diese Dome wurden (nach dem Vorbilde der Sharp'schen Locomotiven) mit einer aus blank geschenertem Messingblech hergestellten Verschalung umgeben, welche, der damaligen Geschmacksrichtung Rechnung tragend, eine grosse Anzahl von Simsen, Leisten u. s. w. aufwies. Haswell liess die ersten dieser Verschalungen von einem Kupferschmiede in Lanzendorf anfertigen; selbst der grosse Preis von 300 fl. C.-M. pro Stück hinderte nicht, diese nach heutigen Begriffen unschöne Zierrath lange Jahre hindurch beizubehalten.

Die Locomotive »Meidling« bleibt überdies noch dadurch bemerkenswerth, dass die Rahmen, abweichend von der amerikanischen und englischen Ausführungsweise, aus einem hochkantigen, mit Blech armirten Futtereisen bestanden.

In Wiener-Neustadt und Umgebung heisst noch heute im Volksmunde die dort bestehende Locomotiv-Fabrik die »Schleife«. Ursprünglich eine Gewehrlauf-Schleiferei, später eine Wattefabrik,

Expansion ermöglichen, zu erproben und zu studiren. Besonders die Meyer'sche Doppelschiebersteuerung wurde vielfach ausgeführt. Eine der ersten von Günther in Neustadt gelieferten Locomotiven, die »Carolinenthal«, war mit dieser Einrichtung versehen.

[*] Diese Kesselconstruction rührte von Bury in England her.

wurden die Räumlichkeiten dieser Anlage für den Bau von Locomotiven eingerichtet, nachdem am 28. Februar 1842 zwischen Karl von Prevenhuber, Bevollmächtigten des Eisenwerksbesitzers Josef Sessler im Krieglach, dann den Herren: W. Günther, Ingenieur der Wien-Raaber Bahn, Heinrich Bühler und Fidelius Armbruster ein Vertrag geschlossen worden war, in welchem Herr Sessler sich verpflichtete, dem Consortium den nöthigen Material-Credit sowie einen Baarcredit von 40.000 fl. C.-M. zur Verfügung zu stellen, während die übrigen Gesellschafter den Ankauf eines Fabriksgebäudes, dann die Einleitung und Durchführung des Baues von Locomotiven übernahmen.

Die ersten sechs Locomotiven, welche in dieser Fabrik nach dem Vorbilde der »Philadelphia« 1842—1843 gebaut wurden, als »Sedletz«, »Florenz«, »Plass«, »Carolinenthal«, »Hohenstadt« und »Hohenmauth«, waren für die nördliche Staatsbahn bestimmt. [Vgl. Abb. 280 und Tafel I, Fig. 4, Seite 471.]

Sie hatten ein Dienstgewicht von rund 15 *t* und arbeiteten mit einem Dampfdrucke von 5½ Atmosphären. Locomotiven ähnlicher Construction, jedoch mit grösserem Kessel und stärkerem Triebwerke wurden von Wiener-Neustadt noch 1845 für die nördliche Staatsbahn, und 1846/47 für die Nordbahn geliefert.

Auch die weiteren von Norris in Philadelphia, und die zu Beginn der Vierziger-Jahre von Cockerill in Seraing und von Meyer in Mühlhausen in Oesterreich eingeführten Locomotiven [vgl. Bd. I, 1. Theil, Abb. 215, Seite 231] waren von derselben Bauart, und zeigten ähnliche Grössenverhältnisse.

Im rückwärtigen Theile jenes Gebäudecomplexes, in welchem 1851 die Sigl'sche Maschinenfabrik in der Währingerstrasse in Wien etablirt wurde, hatte Norris aus Philadelphia Mitte der Vierziger-Jahre den Bau von Locomotiven und Tendern begonnen, um der immer noch regen Nachfrage nach Locomotiven seines Systems billiger genügen zu können.

Norris, der in Amerika bis in die Sechziger-Jahre bahnbrechend auf dem

Gebiete des Locomotivbaues wirkte, hatte im Jahre 1842 drei kleine Locomotiven angefertigt, welche getreue Nachbildungen der oft erwähnten »Philadelphia« im Massstabe von nur 1 : 4 waren. Er suchte die Erlaubnis nach, diese Miniatur-Locomotiven den continentalen Herrschern überreichen zu dürfen. Ein Exemplar gelangte in den Besitz des Kaisers Nikolaus von Russland, ein Exemplar wurde dem König Louis Philipp von Frankreich überreicht; die dritte Maschine erhielt Erzherzog Franz Karl, der Vater unseres Monarchen.

In Russland mit blossem Danke, in Frankreich mit Bestellungen entlohnt, erhielt Norris in Oesterreich die Erlaubnis, für die Herstellung seiner Locomotiven eine Fabrik einrichten zu dürfen.

Aus dieser Fabrik gingen in den Jahren 1844 bis 1846 eine Reihe von Locomotiven und Tendern hervor, deren Bauart aus Abb. 281 ersichtlich ist.

Der Verkehr auf den österreichischen Bahnen nahm bald derart zu, dass selbst die starken, ungekuppelten Locomotiven von Haswell, welche bereits eine Treibachs-Belastung von 12 1/3 t aufwiesen, nicht mehr hinreichten. Fast gleichzeitig mit Cockerill in Seraing modificirte Günther 1844 die Type der »Philadelphia« derart, dass an Stelle des zweiachsigen Drehgestelles eine Laufachse angeordnet wurde, und zur Erzielung eines höheren Adhäsionsgewichtes zwei unter sich durch Kuppelstangen verbundene Räderpaare Anwendung fanden.

Die von Neustadt in diesem Jahre nach dieser Bauart für die Nordbahn gelieferten Locomotiven »Koloss« und »Elephant« erregten ob ihrer Leistungsfähigkeit allgemeines Aufsehen. [Abb. 282.]

Als Haswell an den Bau stärkerer Maschinen schritt, behielt er, um die Sicherheit des Laufes in den Krümmun-

gen nicht zu beeinträchtigen, das zweiachsige Drehgestelle der »Philadelphia« bei, nur fügte er ein zweites Treibräderpaar ein. Die Achsanordnung dieser ebenfalls fast gleichzeitig von Cockerill geschaffenen Type erhielt sich mit Verbesserungen in den Einzelheiten lange Zeit auf vielen österreichischen Bahnen bei den Personenzug-Locomotiven.

Die ersten zwei dieser Locomotiven, »Adlitzgraben« und »Kaiserbrunn« für die Wien-Gloggnitzer Bahn, hatten Treibräder von 1·422 m Durchmesser und ein Gesammtgewicht von 22 1/2 t. [Vgl. Tafel II, Fig. 1, Seite 472.]

Abb. 280. Locomotive der nördlichen Staatsbahn. [1843.]

Um die aus den Unregelmässigkeiten des Oberbaues sich ergebenden Entlastungen und Ueberlastungen einzelner Räder und Achsen unschädlich zu machen, wandte man schon in den Vierziger-Jahren Ausgleichhebel [Balanciers] zwischen den Tragfedern zweier Achsen an. Diese oft den Amerikanern zugeschriebene Erfindung findet sich in Amerika nachweislich erst 1845 bei den Locomotiven von Rogers. Ohne die Frage der Priorität zu berühren, sei bemerkt, dass bereits im Jahre 1844 die für die Nordbahn von Cockerill gelieferten Locomotiven mit Balanciers versehen waren, und dass Haswell als der erste in Oesterreich, diese Construction bei den Locomotiven »Adlitzgraben« und »Kaiserbrunn« zur Ausführung brachte.

Einige Jahre hindurch reichten diese Maschinen, jedoch mit Treibrädern von nur 1·264 m Durchmesser, auch für die Beförderung der Güterzüge aus. Fast alle der damals bestehenden Locomotiv-Fabriken des In- und Auslandes — Günther, Kessler in Esslingen, Maffei in München, Cockerill in Seraing u. s. w. — lieferten bis 1850 eine grosse Anzahl derartiger Locomotiven für die südlichen, südöstlichen und nördlichen Staatsbahnen sowie für die Kaiser Ferdinands-

Nordbahn. [Vgl. Bd. I, 1. Theil, Abb. 236, Seite 252.]

Bald war aber auch diese Type nicht mehr geeignet, den Anforderungen zu entsprechen. Wieder war es Haswell, der im Jahre 1846 mit der Locomotive »Fahrafeld« für die Wien-Gloggnitzer Bahn dem Bedürfnisse Rechnung trug. Die »Fahrafeld« war die erste in Oesterreich gebaute G ü t e r z u g-Locomotive mit sechs gekuppelten R ä d e r n. In Bezug auf Grösse der Heizfläche — rund 130 m^2 — übertraf sie alles bisher Dagewesene.[*]) [Vgl. Tafel II, Fig. 2, Seite 472.]

In den einzelnen Bestandtheilen verbessert und verstärkt, mit allen Neuerungen der Gegenwart versehen, repräsentirt diese Type die bis vor wenigen Jahren ausschliesslich und selbst heute noch vielfach gebaute normale Gütterzug-Locomotive österreichischer und deutscher Bahnen. [Vgl. Tafel XVI, Fig. 3 und 4, Seite 486.]

Das zweiachsige vordere Drehgestelle der »Philadelphia« hatte sich bei dem ältesten, vielfach sogar ohne Laschen-Verbindung ausgeführten Oberbau der ersten Bahnen Oesterreichs vorzüglich bewährt.

Die mit dieser Anordnung der Laufachsen versehenen Locomotiven waren aber für grössere Geschwindigkeiten als 35 bis 40 km pro Stunde nicht geeignet, weil die bei der damaligen Construction der Drehgestelle bedingte Neigung der Dampfcylinder gegen die Horizontale, oder, bei horizontaler Anordnung der Cylinder, deren weite Lagerung nach vorne, einen unruhigen Gang der Maschine erzeugten. Dieser unruhige Lauf, fälschlich dem Drehgestelle selbst zugeschrieben, veranlasste fast alle Constructeure Oesterreichs, bei der Aufstellung von Typen, welche ausschliesslich für die Beförderung von Personenzügen bestimmt waren, das Drehgestelle zu verlassen.

*) An der Locomotive »Fahrafeld« war ein Apparat angebracht, durch welchen ein Theil des aus dem Blasrohr entströmenden Dampfes condensirt und wieder zur Kesselspeisung verwendet werden konnte. In besserer Form wurde dieser Condensator später von Kirchweger in Deutschland ausgeführt.

Stephenson hatte 1842 die sogenannte »Patentlocomotive« construirt. Die Erfahrung hatte gezeigt, dass bei den damals üblichen Längen der Siederohre von 2·5 bis 2·8 m die Heizgase mit einer Temperatur von rund 700° dem Rauchfange entströmten. Um den Brennstoff besser auszunützen, wandte Stephenson Siederohre von rund 4·2 m Länge an. Kessel mit diesen langen Siederohren hätten bei der Anordnung mit Achse hinter dem Feuerkasten einen sehr grossen Radstand erfordert, welchen man nach den zu dieser Zeit herrschenden Ansichten über Curvendurchlauf nicht für zulässig erachtete; Stephenson verlegte daher alle Achsen unter den Langkessel.

Die geringe Belastung der Endachsen, der grosse Ueberhang rückwärts und vorne, verursachten aber einen äusserst unruhigen Lauf, so dass diese Type ihrer Bestimmung als Personenzug-Locomotive nicht entsprach, und trotz vieler guter Detailconstructionen, einen grossen Rückschritt darstellte. Dennoch fand diese Construction auf vielen Bahnen des Continentes Eingang, insbesondere in Deutschland und Frankreich.

Als Haswell im Jahre 1846 für die südöstlichen Staatsbahnen eine speciell für die Beförderung der Personenzüge geeignete Locomotive bauen sollte, acceptirte er die vorerwähnte Construction; es wurde jedoch nur ein Stück nach dieser Bauart, die Locomotive »Beta«, ausgeführt. [Vgl. Tafel II, Fig. 3, Seite 472.] Die Fehler dieser Type vielleicht voraussehend, modificirte er die in demselben Jahre für dieselbe Linie erbauten weiteren vier Stück Personenzug-Locomotiven — »Czegled«, »Abonyi«, »Pilis« und »Monor« — derart, dass an Stelle der vor dem Feuerkasten liegenden, wenig belasteten Laufachse eine mit der Treibachse gleich belastete Kuppelachse Anwendung fand. [Vgl. Tafel II, Fig. 4, Seite 472.] Die gekuppelten Räder hatten einen Durchmesser von 1·580 m; das Adhäsionsgewicht betrug 18 t. An Stelle der innerhalb der Räder angeordneten Rahmen, in den Sechziger-Jahren mit Aussenrahmen und Kurbeln gebaut, figurirt diese Type heute noch auf den meisten österreichischen Bahnen als Personenzug-Locomotive.

Mit der Type ›Fahrafeld‹ und den letztgenannten Locomotiven ›Czegled‹ u. s. w., war in Oesterreich eine ganz bestimmte Richtung für die weitere Entwicklung der Personenzug- oder Schnellzug-Locomotiven und der Güterzug-Locomotive festgelegt worden. Die in allen Kronländern der Monarchie angefangenen und schon dem Verkehre übergebenen Theilstrecken der grossen Bahnen bildeten aber noch kein geschlossenes Netz; die Verbindungsglieder — Semmering u. s. w. — harrten noch des Ausbaues. Die Anforderungen, welche der Verkehr dereinst auf den grossen zusammenhängenden

erfand dieser, um die Entwicklung des Werkstättenwesens hochverdiente Mann die nach ihm benannten ›Baillie'schen‹ Schneckenfedern, welche, mit Ausnahme von Amerika, heute in der ganzen Welt bei den Buffern und Zugvorrichtungen sämmtlicher Locomotiven, Tender und Wagen Verwendung finden.*) Spiralförmig oder schraubenförmig gewundene Federn waren damals wohl schon bekannt; die Querschnittsform des gewundenen Stahles gab aber nur geringe Durchbiegung oder Einsenkung. Die Idee Baillie's, ein dünnes Stahlblatt so zu wickeln, dass die Kraftrichtung die

Abb. 24. Locomotive von Norris in Wien. [1844.]

Bahnen an Geschwindigkeit und Leistungsfähigkeit stellen würde, konnte man nicht ermessen: Der Locomotivbau bewegte sich daher Ende der Vierziger- und Anfang der Fünfziger-Jahre in dem Rahmen der Bedürfnisse des Augenblickes, so dass die vielen nach den bisherigen Vorbildern in Oesterreich bis Beginn der Fünfziger-Jahre gebauten Locomotiven kein besonderes Interesse bezüglich Conception, Leistung und Schnelligkeit beanspruchen. Von grösster Wichtigkeit sind aber die in dieser Zeit gemachten Verbesserungen an den einzelnen Bestandtheilen, insbesondere Stoss- und Zugvorrichtung betreffend.

Der mit den ersten für die Nordbahn bestimmten Stephenson'schen Locomotiven nach Oesterreich gekommene englische Ingenieur Baillie, übernahm, nachdem er Ende der Dreissiger-Jahre die Nordbahn-Werkstätte in Wien eingerichtet hatte, die Leitung der in Pest errichteten Reparatur-Werkstätte der südöstlichen Staatsbahnen. Im Jahre 1846

Hochkante des Blattes trifft, gab leichte Federn mit einer so grossen Einsenkung und Widerstandsfähigkeit, dass erst mit diesen Federn die Frage der Zug- und Stossvorrichtungen einer befriedigenden Lösung zugeführt war. Haswell und Günther wandten dieselben zunächst als Tragfedern bei den meisten in den Jahren 1847 bis 1855 gebauten Locomotiven an. [Vgl. Abb. Tafel II, Fig. 4 und Tafel IV, Fig. 1, Seite 472 und 474.]

Bei den alten englischen Postkutschen und den meisten anderen Strassenwagen

*) Die ältesten Locomotiven Oesterreichs hatten zur Milderung des beim Anfahren an andere Fuhrzeuge auftretenden Stosses an dem vorderen Brustbaume entweder nur einfache, mit Blech beschlagene Holzstöckel, oder nach dem Vorbilde der importirten englischen Locomotiven Stosskissen oder Stossballen, bestehend aus einer cylindrischen, mit Rosshaar gefüllten Lederhülse, welche mit Eisenringen und einer vorderen hölzernen Stossplatte armirt waren. [Vgl. Tafel I, Fig. 2 und 3, Seite 471.]

war der Abstand der Aussenfläche der
beiden auf einer Achse sich drehenden
Räder mit fünf Fuss bemessen. Als die
ersten Eisenbahnen in England gebaut
wurden, richtete sich die S p u r w e i t e —
Abstand der Innenseiten der Schienenstränge — nach diesen Fahrzeugen, nachdem man in denselben diese Bahnen befahren wollte und zu diesem Zwecke an
der Rad-Innenseite Spurkränze anbrachte.
Die Spurweite ergab sich hieraus mit
4' 8½" [englisch] gleich 1·435 m.
Diese Schienenentfernung fand von England aus in Amerika Eingang und wurde,
mit Ausnahme von Russland und Baden,*)
Ende der Dreissiger-Jahre von allen continentalen Staaten angenommen.

Die Spurweite war und blieb lange
Zeit hindurch das einzige Mass, welches
die »technische Einheit« aller Bahnen
repräsentirte. Mit dieser Einheit war aber
ein internationaler Durchgangs-Verkehr,
selbst ein Verkehr auf den einzelnen
Bahnen eines Landes nicht möglich, nachdem wegen Verschiedenheit der Stoss- und
Zugvorrichtungen die Fahrbetriebsmittel
der einzelnen Bahnverwaltungen nicht
unter einander gekuppelt werden konnten.

Nachdem im Jahre 1846 die preussischen Bahnverwaltungen zur Ausarbeitung
gemeinschaftlicher Bestimmungen sich
vereinigt und den Beschluss gefasst
hatten, ihren Verband auf alle concessionirten deutschen Eisenbahn-Verwaltungen auszudehnen, traten im Jahre 1847
die Kaiser Ferdinands-Nordbahn und die
Wien-Gloggnitzer Bahn dieser Vereinigung bei. Vierzig dieser Vereinigung an-
gehörige Bahnverwaltungen beschlossen
in der Ende 1847 in Hamburg tagenden
Versammlung, für ihren Verband den
Namen »Verein Deutscher Eisenbahn-
Verwaltungen« anzunehmen.

Die von diesem Vereine**) in der

ersten Technikerversammlung im Jahre
1850 aufgestellten Normen über einheitlichen Bau der Fahrbetriebsmittel enthielten — zunächst nur für Wagen und
Tender — bereits bindende Vorschriften
über die gegenseitige Entfernung der Buffer
und Höhe derselben über der Schienen-
Oberkante, und ebenso Vorschriften über
die Situirung der Zugvorrichtungen. In
Oesterreich war die Anordnung der Buffer
so sehr verschieden von der aufgestellten
Norm [sie standen eng beisammen], dass
in der Zeit des Ueberganges auf das einheitliche Mass vier Buffer, und zwar zwei
enggestellte und zwei weitgestellte, beim
Neubau vieler Locomotiven Anwendung
fanden. Erst 1862 waren sämmtliche Fahrbetriebsmittel auf den Hauptlinien mit
regelrecht gestellten Buffern versehen.

»Recta sequi.« In Stein gegraben ist
dieser Wahrspruch der alten österreichischen Eisenbahnbauer auf dem Portale
des im Jahre 1841 bei Gumpoldskirchen
durch den Katzbichel getriebenen Tunnels
zu lesen. »Geradeaus« war der Grundsatz dieser Pioniere; keine verlorenen
Gefälle, keine unnöthigen örtlichen Steigungen und Vermeidung von scharfen
Krümmungen, welche den Betrieb er-
schweren und vertheuern könnten! Un-
begreiflich erscheint dem modernen Bau-
Ingenieur diese Traceführung; aber begreiflich und nothwendig war sie nach dem
Stande der damaligen Locomotiv-Technik.

Doch kaum ein Jahrzehnt war verflossen, da stand die Locomotive so
leistungsfähig und vollkommen da, dass

sprechend, neu aufgelegt, revidirt und erweitert werden, enthalten Vorschriften über
die einheitliche Anordnung von Zug- und
Stossvorrichtungen, über die einheitliche Anordnung und Form der Anschluss-Stücke
[Kuppelungen], der durchgehenden Luftdruck-
und Luftsaugebremsen und der Dampf-
heizungen, über Ueberlegbrücken zwischen
den Personenwagen u. s. w., so dass erst die
Thätigkeit dieses Vereines den internationalen
Verkehr ermöglichte. Die, alle Gebiete der
Technik umfassende Geistesarbeit, welche zu
diesem Erfolge führte, stempelt den Verein
zu einem Centralpunkte der Wissenschaft;
sein alle continentalen Staaten berührender
Einfluss macht ihn auch zu einem politischen
Factor ersten Ranges, so dass wohl kaum ein
anderer Verein der Welt ihm an Ansehen
und Bedeutung gleichkommt.

---

*) Die im Grossherzogthum Baden mit
einer Spurweite von 1400 m angelegten
Staatsbahnen wurden bald mit grossen Kosten
auf die normale Spur von 1·435 m umgebaut.
**) Der Verein Deutscher Eisenbahn-Ver-
waltungen, ursprünglich nur den Interessen
e i n e s Staates dienend, umfasst heute
nahezu alle Bahnen des Continents.
Die von ihm aufgestellten Normen über den
Bau sämmtlicher Fahrbetriebsmittel, welche
von Zeit zu Zeit, den Fortschritten ent-

Ghega, der Erbauer der Semmering-bahn, alle Einwendungen Berufener und Unberufener niederkämpfend, die Eignung der Locomotive für Steigungen von 1 : 40 und Krümmungen von 190 m behaupten und beweisen konnte. *)

Gegen die Verfechter des Seilbetriebes, gegen die Anhänger der atmosphärischen Eisenbahnen, selbst gegen das Votum des Oesterreichischen Ingenieur - Vereines setzte Ghega es durch, dass die Ausschreibung eines hohen Preises für die den Anforderungen des Semmering am besten entsprechende Locomotive, hohen Ortes Beachtung fand und auch angeordnet wurde.**)

Das im Monate März 1850 veröffentlichte Programm für die Construction einer druck 125 Centner [7 t], und beschränkte die grösste Höhe der Maschine mit 15' [4·740 m] und die grösste Breite mit 9' [2·844 m]. Ausser der Vorschreibung der nöthigen Armaturstücke des Kessels war noch die Bestimmung aufgenommen, dass die Bremseinrichtungen ein Anhalten der allein, mit einer Geschwindigkeit von vier Meilen [etwa 30 km] fahrenden Locomotive auf 80 Klafter [etwa 152 m] ermöglichen sollten. Keinerlei sonstige Vorschriften hinderten die Entfaltung des technischen Erfindungsgeistes.

Ende Juli 1851 waren in Payerbach vier Locomotiven zur Preisbewerbung eingelangt: die »Bavaria« von Maffei in München, die »Seraing« von Cockerill

Abb. 202. Güterzug-Locomotive der Nordbahn. [1844.]

Semmering - Locomotive war, nachdem auch das Ausland zur Preisbewerbung herangezogen werden sollte, in drei Sprachen abgefasst. Als Leistung war verlangt die Beförderung eines Zuges von 2500 Wiener Centnern [140 t] mit 1½ Meilen [11·25 km] Geschwindigkeit pro Stunde auf der Steigung von 1 : 40. Das Programm normirte als höchsten zulässigen Dampfdruck 102 Pfund pro Quadratzoll, als grössten zulässigen Rad-

in Seraing, die »Wiener-Neustadt« von Günther in Wiener-Neustadt und die »Vindobona« von Haswell in Wien. [Vgl. Abb. 260 bis 263, Bd. I, 1. Theil, S. 277 und 278*) und Tafel III, Fig. 1 und 2, Tafel IV, Fig. 1 und 2, S. 473 und 474.]

Die Locomotive »Bavaria« war auf vier Achsen gelagert, von denen die beiden vorderen ein Drehgestelle bildeten; der Tender hatte drei Achsen. Die Räder des Drehgestelles und die Räder des Tenders waren in gewöhnlicher Weise durch Kuppelstangen verbunden. Von der hinter dem Feuerkasten angeordneten Treibachse der Locomotive

*) Bereits im Jahre 1846 wurden die Linie Andrieux-Roanne mit Steigung 1 : 34½, im Jahre 1848 die Bayerisch-Sächsische Bahn und in Württemberg die Bahn über die Rauhe Alp mit Steigungen von 1 : 40 und 1 : 45 anstandslos mit Locomotiven betrieben.
**) Vgl. Bd. I, 1. Theil, II Strach, Die ersten Staatsbahnen, Seite 273, und Bd. II, C. Werner, Tracirung.

*) Die Preis-Locomotiven trugen folgende Fabrications-Nummern: »Bavaria« 72, »Seraing« 290, »Wiener-Neustadt« 73, »Vindobona« 186.

28*

wurden die Tenderachsen durch innerhalb der Rahmen liegende Kettenräder und Kette ohne Ende angetrieben; in derselben Weise war die Kuppelung des Drehgestelles mit der vor dem Feuerkasten liegenden Kuppelachse durchgeführt, so dass das Gesammtgewicht von Locomotive und Tender als Adhäsionsgewicht nutzbar gemacht werden konnte.

Die Locomotive »Seraing« hatte vier Achsen und vier Dampfcylinder, von denen je zwei in einem Drehgestelle gelagert waren; die Dampfcylinder waren innerhalb der Rahmen angeordnet. Der Kessel bestand eigentlich aus zwei mit den Rückseiten aneinander stossenden Kesseln, besass somit zwei getrennte Feuerbüchsen, zwei Systeme von Siederohren und hatte vorne und rückwärts einen Rauchfang. Längs des Kessels waren Wasserkasten angeordnet; ein kleiner zweiachsiger Tender diente zur Mitführung der Kohle.

Aehnlich gebaut in Bezug auf die Räder- und Cylinder-Anordnung war die »Wiener-Neustadt«.*) Sie hatte jedoch

*) Der Entwurf dieser Maschine rührte von dem leider im frühesten Mannesalter verstorbenen Ingenieur Frank her.

einen in gewöhnlicher Weise ausgeführten einfachen Kessel mit sehr langen Siederohren. Die Dampfcylinder lagen ausserhalb der Rahmen. Speisewasser und Kohle waren auf der Maschine selbst untergebracht.

Wenig principiell Neues bot die »Vindobona« in der Gruppirung der Achsen. Sie hatte, als sie zur Ablieferung gelangte, nur drei gekuppelte, in einem starren Rahmen gelagerte Achsen; eine derselben war hinter der Feuerbüchse angeordnet. Bei der Abwage stellte es sich heraus, dass die Vorderachse überlastet war; mit grösster Beschleunigung wurde daher zwischen der ersten und zweiten Achse noch ein Räderpaar eingeschaltet, so dass aus dieser dreiachsigen Maschine ein Achtkuppler wurde.

Auch bei den anderen Preis-Locomotiven kamen beträchtliche Ueberschreitungen des vorgeschriebenen Raddruckes vor. Um nicht alle Locomotiven zurückweisen zu müssen, sah sich die Commission veranlasst, das Wort Raddruck so auszulegen, dass darunter nur jenes Gewicht zu verstehen sei, mit dem ein Rad durch die Federn belastet wird.

Tabelle über die Hauptabmessungen der Preis-Locomotiven.

Name der Locomotive	Dampfcylinder			Dampfdruck in Atm	Kolbenhub	Treibräder		Siederohre			Wasser Heizfläche Totale	Rostfläche	Dienst-Gewicht Tonnen	Anmerkung
	Anzahl	Durchmesser				Anzahl	Durchmesser	Anzahl	Länge					
Bavaria	4	568	85	701	14	1667	229	1121	1756	23	7300	Gewicht mit Tender
Seraing	4	422	72	712	8	1079	171/49	1102	1880	22	5600	Gewicht ohne Tender
Wiener-Neustadt	4	330	85	632	8	1100	180	6484	1856	17	6420	--
Vindobona	2	445	85	570	8	0948	280	1372	1702	159	4715	Gewicht ohne Tender

Nachdem die Mitte August 1851 vorgenommenen Leerfahrten und Bremsversuche bei keiner Maschine einen Anstand ergeben hatten, wurden Ende desselben Monates die Leistungsproben vorgenommen.

Die »Bavaria« beförderte auf der Steigung von 1:40 einen Zug von 2640 Centnern mit 2.44 Meilen Geschwindigkeit; die »Seraing« 2523 Cent-

ner mit 1.88 Meilen, und die »Wiener-Neustadt« und die »Vindobona« jede 2500 Centner mit 1¹/₈ Meilen.

Die »Bavaria« hatte die Programm-Forderung weitaus überboten; überdies erreichte sie ihre Leistung mit einem Brennstoff-Verbrauche, der, auf die Leistungseinheit bezogen, viel kleiner war, als der Verbrauch der anderen Preis-Locomotiven. Es wurde ihr daher der

Preis von 20.000 Ducaten zuerkannt. Die anderen Maschinen: »Wiener-Neustadt«, »Seraing« und »Vindobona« — letztere erst, nachdem einige wesentliche Aenderungen vorgenommen waren — wurden um 10.000, 9000, beziehungsweise 8000 Ducaten vom Staate angekauft.

Jede der Preis-Locomotiven hatte die vorgeschriebene Leistung erreicht; aber schon die Probefahrten hatten gezeigt, dass keine dieser Maschinen geeignet war, als Type für die Semmering-Locomotive zu dienen.

Die »Bavaria«, durch ihren grossen Kessel, die grossen Dampfcylinder und

Maschine, welche nur zwei gekuppelte Achsen besitzt; sie wäre für die Anforderungen des Semmering nicht mehr geeignet gewesen.

Nach fruchtlosen Versuchen, die Kette zu verstärken, wurde die »Bavaria« demolirt. Ihr bester Bestandtheil, der Kessel, wurde in der Grazer Betriebswerkstätte der südlichen Staatsbahnen als stationärer Kessel aufgestellt. Mitte der Sechzigerjahre, als schon der grösste Theil der Werkzeugmaschinen in die neue Hauptwerkstätte Marburg übertragen war, lieferte dieser Kessel, dessen Rost und Heizfläche, nach dem heutigen Stande der

Abb. 293. Engerth-Locomotive der südlichen Staatsbahn. [1854.]

den grossen Kolbenhub,[*]) befähigt eine ausserordentliche Zugkraft auszuüben, konnte diese Zugkraft nicht in dauernder, störungsloser Weise auf die Räder übertragen, nachdem die Kette selbst mit der grössten Sorgfalt nicht in gutem Zustand erhalten werden konnte. Als nach Beendigung der eigentlichen Probefahrten weitere Versuchsfahrten gemacht wurden, um die Haltbarkeit der Kette zu erproben, waren vier geschulte Arbeiter unter Leitung eines Ober-Ingenieurs nicht im Stande, trotz gewissenhafter Untersuchung, Messung und Reparatur der Kette nach jeder Fahrt, dieselbe länger als einige Tage vor Bruch und zum Bruche führender Dehnung zu bewahren.

Die Weglassung der Kette hätte die Locomotive in Bezug auf Adhäsion oder Zugkraft gleichwerthig gemacht mit einer

Technik für Leistungen von einem halben Tausend von Pferdekräften hinreichend war, noch einige Zeit den Dampf für eine »fünfzöllige Wasserpumpe«; dann wurde auch er zerschlagen. Sie transit gloria mundi.

Die Locomotive »Seraing«, welche in Bezug auf Formvollendung und Gediegenheit der einzelnen Bestandtheile an die modernen Constructionsweisen heranreichte,[*]) war ihrer Kesselanlage nach insoferne misslungen, als für die Entnahme von trockenem Dampf nicht genügend vorgesehen war. Die Anordnung grösserer Dampfdome hätte diesen Uebelstand behoben. Die Beweglichkeit der Untergestelle bedingte Gelenke in den Dampfleitungen, welche auf die Dauer nicht dicht zu halten waren. Durch die Lage der Dampfcylinder innerhalb der Rahmen, war die Zugänglichkeit des Triebwerkes sehr

*) Seit der alten »Rocket« wurde bis heute auf dem Continente keine Locomotive gebaut, welche einen grösseren Hub (791 *mm*) als die »Bavaria« besessen hätte.

*) Sie war eine der ersten Locomotiven mit einfachem Plattenrahmen.

erschwert. Alle diese Mängel wären zu beseitigen gewesen; das Princip der Type war lebensfähig; es feierte auch wieder seine Auferstehung im Jahre 1869 mit den Locomotiven System »Fairlie«,[*] die, abgesehen von einigen Detailconstructionen, getreue Nachbildungen der »Seraing« waren. In vielen Exemplaren wurden diese Fairlie-Locomotiven für süd- und nordamerikanische Bahnen, für Russland, Finnland, Schweden, Norwegen und verschiedene andere Staaten gebaut.

Einwandfrei in Bezug auf die Dampfentnahme aus dem Kessel, hatte die »Wiener-Neustadt« mit der »Seraing« den Fehler gemein, dass ihre gelenkigen Dampfleitungen schwer in Stand zu halten waren. Die Construction der Untergestelle war ausserdem wenig glücklich durchgeführt, so dass die freie Beweglichkeit in den Krümmungen nur in beschränktem Masse vorhanden war. Dem Principe nach aber nicht verfehlt, bildete die »Wiener-Neustadt« das Vorbild, nach welchem Ende der SechzigerJahre die Doppel-Locomotiven, System »Meyer«, erbaut wurden.[**] Die in neuester Zeit auf vielen französischen, deutschen und schweizerischen Bahnen construirten Locomotiven, Bauart »Mallet«, mit vier Dampfcylindern sind ihrer Conception nach auf die »Wiener-Neustadt« und die »Seraing« zurückzuführen. Die »Wiener-Neustadt« ist noch dadurch bemerkenswerth, dass sie die erste in Oesterreich gebaute Tender-Locomotive war.

Diese beiden Preis-Locomotiven wurden wegen ihrer Mängel bald beiseite gestellt. Nachdem sie Jahre hindurch im Hofe der Wiener Reparatur-Werkstätte der südlichen Staatsbahn gestanden, wurden sie zerlegt, und die Kessel an Eisenhändler verkauft.

Auf den letzten Platz war von den Preisrichtern Haswell's »Vindobona« gestellt worden. Und doch war diese Locomotive diejenige, welche einige Jahre

*) Die erste derselben »Little wonder« wurde für die schmalspurige Festiniog-Bahn in England gebaut.
**) Die erste derselben war die Locomotive »L'Avenir« für die Luxemburgische Centralbahn.

später mit etwas veränderter Stellung der Achsen die Type der Berg-Locomotive auf dem Continente wurde. Nicht das allein; manche ihrer Einzelheiten sind unter anderen Namen als dem Haswell's bekannt und als grosser Fortschritt aufgegriffen worden.

Die »Vindobona« war mit einer Einrichtung versehen, welche ein Bremsen ohne Anwendung von Bremsklötzen ermöglichte. Beim Leerlaufe der Locomotive wird bei Stellung der Steuerung auf die der Fahrt entgegengesetzte Richtung Luft angesaugt und comprimirt. Dieser Vorgang war bei der »Vindobona« als Bremse benützt; um die Luft nicht durch die Rauchkammer-Gase verunreinigt in die Cylinder gelangen zu lassen, wurde dieselbe nach Schluss des Blasrohres, durch eine besondere Klappe, welche mit der freien Atmosphäre in Verbindung stand, angesaugt, und einem Ventile zugeführt, welches diese Luft unter regulirbarer Pressung wieder entweichen liess. In Einzelheiten verbessert, ist die später bekannt gewordene Riggenbach'sche Gegendampf- [Repressions-] Bremse, welche heute bei allen Zahnrad-Locomotiven und vielen Gebirgs-Locomotiven Deutschlands Anwendung findet, nichts anderes als eine in Vergessenheit gerathene Erfindung Haswell's.

Die »Vindobona« war die erste Locomotive, bei welcher die zur Versteifung der inneren Feuerbüchsdecke angewandten Barrenanker durch Schrauben ersetzt waren, welche die innere Feuerbüchsdecke mit der flachen äusseren Decke versteiften. Geringes Gewicht, leichte Zugänglichkeit und Möglichkeit, die Feuerbüchsdecke vom Kesselstein zu reinigen, bildeten die Vorzüge dieser Construction, welche später unter dem Namen »Belpaire'sche Feuerbüchse« auf sämmtlichen Bahnen Eingang fand.

Durch ihren grossen festen Radstand wirkte die »Vindobona«, trotzdem die dritte Achse keine Spurkränze hatte, zerstörend auf die Krümmungen der Bahn ein. Dieser Umstand veranlasste Haswell, nach den Probefahrten die rückwärtige Kuppelachse durch ein zweiachsiges Drehgestell zu ersetzen, welches aber nicht wie bisher üblich, um einen zwischen den Drehgestellachsen gelagerten Zapfen drehbar war, sondern, mit einer Deichsel versehen, seinen Drehpunkt weit nach vorne gerückt hatte. Abgesehen von der Rückstell-Einrichtung, ist dieses Drehgestell identisch mit dem im Jahre 1857 in Amerika patentirten ›Bisell‹-Gestell, das auch auf dem Continente, insbesondere in der Ausführung mit nur e i n e r Achse vielfach angewandt wurde.*)

Während das neue Drehgestell angebaut wurde, nahm Haswell auch an dem Kessel eine wesentliche Aenderung vor. Der Dampfraum des Kessels hatte sich als zu klein erwiesen, um trockenen

Bedenken veranlassende ovale Querschnitt des Kessels und das geringe Adhäsionsgewicht waren Ursache, dass sie ebenfalls das Schicksal der anderen Preis-Locomotiven theilte: sie wurde demolirt. Nur der Kessel fand noch einige Jahre hindurch Verwendung als stationärer Kessel der Betriebswerkstätte in Laibach.

Die Preisrichter schlossen ihre Thätigkeit am 21. September 1851 mit der Abfassung eines Protokolls, in welchem die Bedingungen angeführt waren, denen eine für den Betrieb des Semmering geeignete Locomotive entsprechen müsste. Auf Grund der bei den Probefahrten gesammelten Erfahrungen wurde bestimmt,

Abb. 24. Engerth-Locomotive der südlichen Staatsbahn. [1850.]

Dampf zu liefern. Haswell setzte auf die Feuerbüchse und auf den Langkessel hinter dem Rauchfange noch zwei Dome auf, welche mit dem bestehenden Dome durch ein weites Rohr verbunden waren.

Durch diese Anordnung der Dome wurde der Dampfraum wesentlich vergrössert, überdies aber noch der Vortheil erreicht, dass der Dampf, um zum Regulator zu gelangen, nicht den Wasserspiegel bestreichen musste; die Möglichkeit, auf diesem Wege Wasser an sich zu reissen, war ihm somit benommen. Heute werden fast alle neueren Locomotiven Oesterreichs mit dieser Anordnung der Dome ausgeführt. [Vgl. Tafeln XVII bis XX, Seite 487 bis 490.]

Auch nach den vorgenommenen Aenderungen erwies sich die ›Vindobona‹ für den Semmering nicht geeignet. Der zu klein gewählte Raddurchmesser, der

*) Vgl. Seite 443.

dass die Belastung aller Räder als Adhäsionsgewicht nutzbar gemacht werde; die Achsen sollten ferner in Drehgestellen gelagert sein. Die Vorschriften über den grössten zulässigen Achsdruck und Dampfdruck u. s. w. waren dieselben, wie in dem Programme vom März 1850.

In der Abtheilung für Eisenbahnbetriebs-Mechanik des k. k. Ministeriums für Handel und Gewerbe wurde unter Leitung des k. k. technischen Rathes Freiherrn Wilhelm E n g e r t h sofort an die Ausarbeitung eines den genannten Bedingungen entsprechenden Projectes geschritten; auf Grund dieses Projectes lieferte die Locomotiv-Fabrik von Cockerill in Seraing einen Entwurf, der, ministeriell genehmigt, die Grundlage für die definitive Ausführung der ›Engerth-Locomotive‹ bildete. [Vgl. Abb. 265, Bd. I, 1. Theil, Seite 280.]

In dem Hauptrahmen der Locomotive waren unter dem Langkessel drei unter einander gekuppelte Achsen gelagert. Das

auf zwei Räderpaaren ruhende Tendergestell umfasste die Feuerbüchse und
war universalgelenkig vor derselben mit
dem Hauptrahmen verbunden; ein Theil
des Kesselgewichtes wurde durch seitlich
an der Feuerbüchse angebrachte Consolen
auf das Tendergestell übertragen. Die
Wasserkasten waren längs des cylindrischen Kessels angeordnet; die Kohle war
auf dem Tendergestelle untergebracht. Um
der Bedingung, die Belastung sämmtlicher
Achsen als Adhäsionsgewicht nutzbar zu
machen, zu entsprechen, war an einer der
ersten Maschinen eine Zahnrad-Kupp-
lung zwischen den Achsen des Hauptrahmens und des Tenders vorgesehen.[*]

Die Lieferung der ersten 26 Stück
Engerth-Locomotiven wurde an Cockerill
und E. Kessler in Esslingen übertragen,
welche gemeinsam unter Intervention
Engerth's die Detailpläne entwarfen. Nur
in, für den Fachmann beachtenswerthen
Details verschieden, waren diese Maschinen in Bezug auf Kessel und Mechanismus unter einander gleich gebaut.[**]
Die ersten Locomotiven dieser Type,
die »Kapelle« von Kessler und die
»Grünschachere von Cockerill, wurden im November 1853 eingeliefert und
machten Ende desselben Monates mit
günstigem Erfolge ihre Probefahrten.
[Vgl. Bd. I, 1. Theil, Abb. 266 und 267,
Seite 281 und 282.] Auch zur Beförderung
der Personenzüge auf dem Semmering
und für Güterzüge auf Flachlandbahnen
bestimmt, wurde diese Type bald
darauf, im Jahre 1854, mit Treibrädern
von 4' [1·264 m] Durchmesser und später
mit 4'/,' [1·343 m] Durchmesser gebaut.
[Abb. 283 und 284.]

*) Nach dem genehmigten Cockerill'schen
Entwurf fertigten auch Maffei, Haswell und
Günther Pläne an, welche dem k. k. Handelsministerium vorgelegt wurden. Der Maffei-
sche Plan zeigte als Kuppelung der Räder
des Tendergestells mit jenen des Hauptrahmens Kette oder Zahnrad, während Günther eine Riemen-Kuppelung proponirte,
welche mit Leitrollen gespannt werden sollte.

**) Die Hauptabmessungen dieser Loco-
motiven waren: Cylinderdurchmesser 47¹ mm,
Kolbenhub 610 mm, Treibraddurchmesser
1068 mm, Dampfdruck 7·4 Atmosphären, Rostfläche 1·30 m³, Totale Heizfläche 150 m²,
Dienstgewicht 56.100 kg, Adhäsionsgewicht
36.000 kg.

Mit innerhalb der Rahmen liegenden
Dampfcylindern, zwei gekuppelten Achsen,
Treibrädern von 1·580 bis 1·738 m Durchmesser, und dreiachsigem Tendergestelle
ausgeführt, fand dieses Locomotiv-System
als Personenzug-Locomotive auf den
südöstlichen und südlichen Staatsbahnen
und auch im Auslande [Schweiz] grosse
Verbreitung. [Abb. 285 und Tafel V, Fig. 1,
Seite 475.] Insbesondere behielt die Staatseisenbahn-Gesellschaft diese Type lange
Zeit hindurch bei; noch im Jahre 1873
wurde eine grössere Anzahl dieser
Maschinen für die genannte Bahn geliefert.

An den vielen Lieferungen der
Engerth-Locomotiven für Oesterreich be-
theiligten sich nicht allein die inländi-
schen Firmen Günther und die Maschinen-
Fabrik der Oesterreichisch-Ungarischen
Staatseisenbahn-Gesellschaft [Haswell],
sondern auch die ausländischen Fabriken
Cockerill, Kessler und Maffei.

Nach vielen misslungenen Versuchen
wurde die Absicht aufgegeben, die Achsen des Hauptrahmens mit jenen des
Tendergestells durch Zahnräder zu
kuppeln. Die Adhäsion der drei gekuppelten Achsen des Hauptrahmens war aber,
nachdem sie wegen Aufbrauch des Wasser-
vorrathes am Ende der Fahrt von 720
Centnern auf 660 Centner sank, allein nicht
mehr hinreichend, um unter ungünstigen
Witterungsverhältnissen die für die Beförderung von 2500 Centnern nöthige Zugkraft zu geben. Die für den Semmering gebauten Engerth-Locomotiven entsprachen
überdies nicht den aufgestellten Bedingungen über zulässigen Achsdruck; die
rückwärtige Tenderachse war derart
überlastet, dass sie mit 18 bis 19 t auf
die Schienen drückte und bald schädliche
Einflüsse auf den Oberbau äusserte.
Kette und Zahnrad hatten sich als
Kuppelung der Räder zweier gelenkig
mit einander verbundener Gestelle nicht
bewährt. Die zahlreichen, noch vor Erbauung der Engerth-Locomotive von
Maffei, Kessler, Cockerill, Kirchweger,
Tourasse u. s. w. eingereichten Pläne,
in welchen die Lösung dieses Problems
durch Blindwellen, Baldwin'sche Drehgestelle, Motorgestelle, Mittelschiene mit
seitlich angepressten und durch Dampf
angetriebenen Rollen u. s. w. gedacht

war, konnten, weil a priori deren praktische Undurchführbarkeit constatirt werden konnte, keine Berücksichtigung finden.

Da griff Haswell im Jahre 1855 auf die »Vindobona« zurück und modificirte ihre Achsenanordnung derart, dass sämmtliche vier Achsen unter dem Langkessel, vor der Feuerbüchse gelagert waren; um in scharfen Krümmungen die nöthige Gelenkigkeit zu geben, erhielt die vor dem Feuerkasten liegende Kuppelachse, auf eine von Ghega im Jahre 1851 gemachte Anregung hin, eine seitliche Verschiebbarkeit in den Lagern und dasselbe Spiel in den Kuppelzapfen.

mit beiden Rädern gleichen Druck auf die Schienen ausübte.

Diese Haswell'sche Balancieraehse, bei vielen Typen, welche aus der Maschinenfabrik der Oesterreichisch-Ungarischen Staatseisenbahn-Gesellschaft hervorgingen, angewandt — zuletzt bei dem Drehgestelle der für die Ungarischen Staatsbahnen im Jahre 1874 gelieferten Schnellzug-Locomotiven [vgl. Tafel X, Fig. 4, Seite 480] — fand auch im Auslande Nachahmung und wurde von der Schweiz aus, wo sie bei vielen Tramway-Locomotiven eingeführt wurde, als »Brownsche Achse« bekannt.

Die »Wien-Raab«, für die südöstli-

Abb. 294. Engerth-Locomotive der südlichen Staatsbahn. [1860.]

Diese Gruppirung der Räder ist bis in die Gegenwart beibehalten worden; nach diesem Vorbilde, dem ersten Achtkuppler des Continentes, der Locomotive »Wien-Raab«, wurden die Gebirgs-Locomotiven fast sämmtlicher Staaten Europas entworfen. [Tafel V, Fig. 2, Seite 475.]*)

Die Locomotive »Wien-Raab« ist überdies noch durch die Construction der Achslager bemerkenswerth. Die Lagergehäuse je einer Achse waren durch Traversen verbunden, die um Zapfen derart schwingen konnten, dass die Achse, einen Balancier darstellend,

* Die Locomotive »Wien-Raab«, und die später zur Besprechung gelangende Locomotive der Bahn für den Wiener-Neustädter Akademie-Bau [siehe Seite 442] waren die ersten österreichischen Locomotiven, die zur öffentlichen Ausstellung kamen, und zwar auf der Pariser Weltausstellung 1855, wo die »Wien-Raab« die goldene Medaille erhielt.

chen Staatsbahnen bestimmt, machte auch viele Fahrten über den Semmering, wobei ein sicherer, zwangloser Lauf in den Krümmungen und trotz ihres geringen Gesammtgewichtes eine grosse Leistungsfähigkeit constatirt wurde.

Die französische Nordbahn und französische Ostbahn hatten in den Jahren 1855 bis 1857 eine grosse Anzahl von Engerth-Locomotiven von Schneider in Creusot u. s. w. bezogen. Abweichend von der Originalausführung Engerth's hatten diese Locomotiven, »Système Engerth modifié«, nach dem Vorbilde der »Wien-Raab« vier gekuppelte, vor dem Feuerkasten liegende Achsen; auf dem Tendergestelle, dessen Achsen hinter der Feuerbüchse gelagert waren, ruhte nur ein sehr geringer Theil des Kesselgewichtes. Alle Vorräthe waren auf dem Tender untergebracht, so dass an diesen Maschinen, weil die seitlichen Wasserkasten in Wegfall kamen, das

Adhäsionsgewicht, auch nach Aufzehrung der Vorräthe constant blieb. Der schädliche Einfluss der Tendergestelle auf den Oberbau veranlasste die Ostbahn [1860] den Tender von der Maschine unabhängig zu machen und denselben in normaler Weise mit der Locomotive zu kuppeln. Um eine Ueberlastung der rückwärtigen Locomotiv-Achse zu vermeiden, wurde vor der Rauchkammer ein Gegengewicht aus Gusseisen eingebaut. Mit dieser zweiten Aenderung war die modificirte Engerth-Locomotive in ihrer Bauart identisch geworden mit der Locomotive »Wien-Raab«. Als auch die südlichen Staatsbahnen wieder in Privatbesitz übergingen, wurde von der neuen Verwaltung diese von Frankreich herübergekommene Reconstruction der Semmering-Engerth-Locomotiven sofort in Angriff genommen. Eine vierte Kuppelachse mit seitlicher Verschiebbarkeit wurde eingeschaltet, und ein besonderer zweiachsiger Tender in gewöhnlicher Weise mit der Locomotive gekuppelt. Ende 1864 waren alle 26 Maschinen dieser Gattung umgebaut. Später mit neuen Kesseln versehen, im Gestänge und anderen Details verstärkt und modernisirt, stehen sie heute noch in Verwendung.

Die meisten der mit den grösseren Rädern [4' Raddurchmesser] für die südlichen Staatsbahnen gebauten Engerth-Locomotiven wurden von der Südbahn bei Erneuerung der Kessel in gewöhnliche Sechskuppler mit Schlepptender umgebaut; auch diese Maschinen sind noch immer gut brauchbare Locomotiven.

Anfangs der Fünfziger-Jahre bestand die Absicht, sämmtliche Militärbildungs-Institute Oesterreichs in einer grossen Central-Anstalt in Wiener-Neustadt zu vereinigen. Die Steine zu diesem Baue wurden aus den Brüchen von Fischau,

in der Nähe von Neustadt, bezogen. Auf Anregung Günther's wurde eine Schmalspur-Bahn mit einer Spurweite von 3' [0·948 m] nach Fischau gebaut, und der Steintransport durch Locomotivkraft bewerkstelligt. Zu diesem Zwecke lieferte Günther in den Jahren 1854 und 1855 drei Locomotiven, die von dem seit Bestand der Fabrik dort thätigen Ingenieur Johann Zeh entworfen waren. Abgesehen davon, dass sie die ersten in Oesterreich gebauten Schmalspur-Locomotiven waren, sind diese Maschinen besonders dadurch bemerkenswerth, dass an ihnen zum ersten Male einachsige Drehgestelle zur Anwendung gelangten. [Tafel V, Fig. 3, Seite 475.] Sie waren auf vier Achsen gelagert; die beiden mittleren waren gekuppelt; rückwärts und vorne befand sich ein Deichselgestell. Diese Achsgruppirung, welche im Jahre 1857

Abb. 286. Personenzug-Locomotive der südlichen Staatsbahn. [1857.]

bei einer grösseren Anzahl von Personenzug-Locomotiven für die südliche Staatsbahn angenommen wurde [Abb. 286], ist mit geänderter Art der Einstellbarkeit der Endachsen, in Frankreich nach einem Viertel-Jahrhundert, später bei Schnellzug-Locomotiven fast allgemein angewendet worden. Auch in Oesterreich findet sich diese Achsstellung [type orléans genannt] in neuerer Zeit wieder, bei den nach Zeichnungen der französischen Orleansbahn gebauten Schnellzug-Locomotiven der Oesterreichisch-Ungarischen Staatseisenbahn-Gesellschaft. [Vgl. Tafel XVI, Fig. 2, S. 486.]

Für die Lambach - Gmundner Bahn construirte Zeh in den Jahren 1855 und 1856 zwei Typen: eine Personenzug-Locomotive mit zwei gekuppelten Achsen und vorderem zweiachsigem Drehgestelle [Tafel V, Fig. 4, Seite 475,)*] und eine

---

*) Eine dieser Locomotiven, von der Fabrik Wiener-Neustadt als Altmaterial an-

fünfachsige Güterzug-Locomotive, die bei drei gekuppelten Achsen unter dem Langkessel, an beiden Enden ein einachsiges Deichselgestelle aufwies; die Wasserkasten waren längs des cylindrischen Kessels angebracht. [Tafel VI, Fig. 1, Seite 476.] In Bezug auf Achsstellung, Lage der Dampfcylinder und der Wasserkasten ist diese Locomotive vollkommen gleich mit der 40 Jahre später gebauten Tender-Locomotive für die Wiener Stadtbahn.

Diese einachsigen Deichselgestelle von Zeh, später unter dem Namen »Bissel - Gestelle« bekannt geworden, ermöglichten das zwanglose und leichte

Personenzug-Locomotiven, an denen er ein zweiachsiges vorderes Deichselgestelle, nach dem Vorbilde der modificirten »Vindobona«, anbrachte.

Bei allen bisherigen Ausführungen derartiger Gestelle wurde die Last des Kessels durch einfache Gleitpfannen auf dasselbe übertragen. Um die der leichten Einstellbarkeit entgegenwirkende Reibung in den Pfannen wegzubringen, war bei den genannten Personenzug-Locomotiven [Tafel VI, Fig. 2, Seite 476] die Uebertragung des Kesselgewichtes auf das Drehgestelle durch ein Pendel bewirkt. Nur in constructiven Einzelheiten verschieden, ist diese Einrich-

Abb. 297. Personenzug-Locomotive der Nordbahn. [1851.]

Befahren sehr scharfer Krümmungen. Bei Locomotiven mit sehr kurzem, festem Radstande und grossem Ueberhange angebracht, verursachten sie aber, weil überdies eine geeignete Rückstell-Vorrichtung fehlte, schon bei mässiger Geschwindigkeit einen derart unruhigen Lauf, dass sie bald ebenso als verfehlt angesehen wurden, wie das falsch beurtheilte zweiachsige amerikanische Drehgestelle mit centralem Mittelzapfen.

In fast noch grösserem Masse äusserte sich der genannte Uebelstand bei den von Haswell im Jahre 1857 für die südlichen Staatsbahnen gebauten vierachsigen

gekauft, befindet sich, nach Entfernung aller im Laufe der Jahre erfolgten Zuthaten in den ursprünglichen Zustand versetzt, als Geschenk der genannten Fabrik im historischen Museum der k. k. Staatsbahnen.

tung von Haswell identisch mit dem 1877 bei den Locomotiven der Kronprinz Rudolf-Bahn zur ersten Ausführung gelangten Kamper'schen Deichselgestelle mit Pendelaufhängung.

Mehr Beachtung als alle anderen Bahnen Oesterreichs schenkte die Nordbahn schon frühzeitig der Entwicklung des Schnellzug - Verkehrs. Die äusserst günstigen Neigungs- und Richtungsverhältnisse der Trace, erlaubten auch grössere Geschwindigkeiten.

Als die alten Sharp'schen Schnellzug-Locomotiven nicht mehr ausreichten, wurde zwischen 1846 und 1851 eine grössere Anzahl von Personenzug-Locomotiven, ähnlich denen von Haswell für die südöstlichen Staatsbahnen gelieferten, bezogen. Zur Erzielung eines ruhi-

Abb. 286. Schnellzug-Locomotive der Nordbahn. [1849.]

geren Laufes, wurde diese Type 1852 mit innerhalb der Rahmen liegenden Dampfcylindern von Haswell ausgeführt. Locomotiven derselben Bauart lieferte auch Cockerill im Jahre 1853 für die Nordbahn. [Abb. 287.]

Der kurze Radstand und die grossen überhängenden Massen der Feuerbüchse und der Cylinder paralysirten vollständig die Vortheile der innenliegenden Dampfcylinder. Die von der Nordbahn im Jahre 1856 bei Maffei in München bestellten Schnellzug-Locomotiven [Abb. 288] erhielten daher einen längeren Radstand, und vier gekuppelte Treibräder von 1·890 m Durchmesser; die Kuppelachse war hinter dem Feuerkasten gelagert. Die Lage der Dampfcylinder innerhalb der Rahmen wurde beibehalten. Diese, selbst nach heutigen Anschauungen, vollkommene Schnellzug-Type, die den grössten, damals in Oesterreich vorhandenen Raddurchmesser besass, wurde auch von Haswell 1857 für die Nordbahn gebaut, jedoch mit innerhalb der Räder liegenden Rahmen an Stelle der von Maffei angeordneten Aussenrahmen. [Abb. 289.] Aehnliche Eilzug-Locomotiven mit Rädern von 1·738 m Durchmesser, wurden von der genannten Fabrik auch für die südlichen und südöstlichen Staatsbahnen geliefert. [Vgl. Bd. I, 1. Theil, Seite 382, Abb. 322.]

Von grösserem Interesse, als die letztgenannten Typen, war aber eine Locomotive, welche von Haswell im Jahre 1857 für die Theissbahn gebaut wurde, denn sie repräsentirte eine Bauart, die unter der

Bezeichnung »gekuppelte Crampton-Locomotive« in den Siebziger-Jahren in Frankreich und später auch in Deutschland vielfach ausgeführt wurde. *) [Vgl. Bd. I, 1. Theil, Seite 443, Abb. 357.] Die geringe Belastung der gekuppelten Räder, besonders des hinter dem Feuerkasten gelagerten Räderpaares, waren Ursache, dass alle diese, an sich vorzüglichen Typen auf Bahnen mit grösseren Steigungen nicht mit Erfolg verwendet werden konnten. Ueberdies wurde der lange feste Radstand vielfach als bedenklich für das Befahren der Krümmungen angesehen. Der Bau specieller Schnellzug-Locomotiven wurde dadurch wieder auf Jahre hinausgerückt, und theilweise auch mit Begründung, weil im Allgemeinen noch kein Bedürfnis nach höheren Geschwindigkeiten als 50 bis 60 km vorlag.

Locomotiven mit ausserhalb der Räder liegenden Rahmen und auf den Achsen aussen aufgesteckten Kurbeln waren schon seit der ältesten Periode des Locomotivbaues bekannt, hatten aber in Oesterreich bis in die Mitte der Fünfziger-Jahre keine Anwendung gefunden, mit Ausnahme der von Maffei gelieferten Nordbahn-Schnellzug-Locomotiven und der Semmering-Concurrenz-Locomotiven »Seraing«, »Bavaria« und »Wiener-Neustadt«.

*) Die Original-Crampton-Locomotiven hatten ein grosses Treibräderpaar hinter dem Feuerkasten, zwei Laufräderpaare unter dem Langkessel und aussenliegende, weit nach rückwärts geschobene Dampfcylinder.

Josef Hall, der Director der Maffei-
schen Locomotiv-Fabrik in München, war
ein Hauptverfechter der Aussenrahmen,
welche eine tiefe Lagerung des Kessels
und breite Federbasis erlaubten: Bedingungen, die man für den ruhigen Gang
für unbedingt nöthig hielt. Abgesehen
von diesen nur eingebildeten Vortheilen,
boten die Aussenrahmen bei Anordnung
aller Achsen unter dem Langkessel
den unbestreitbaren Vorzug einer Verminderung des beiderseitigen Ueberhanges, weil man sowohl mit der Feuerbüchse als auch mit den Cylindern näher
an die Endachsen rücken konnte. Um
bei Aussenrahmen und aussen liegender
Steuerung die
sonst nöthige
Gegenkurbel
an der Treib-
kurbel zu ver-
meiden, con-
struirte Hall
1853 bei den
Locomotiven
der bayeri-
schen Staats-
bahnen eine
Kurbel, an
welcher Kur-
belblatt und
Excenter-
scheiben ein
Stück bildeten.*) Die ersten Locomotiven in Oesterreich mit diesen sogenannten Excenterkurbeln waren Personenzug-Locomotiven, die Maffei 1857
für die Pardubitz-Reichenberger Bahn
lieferte. Sie hatten zwei gekuppelte
Achsen und vorne ein zweiachsiges
amerikanisches Drehgestelle. [Tafel VI,
Fig. 3, Seite 476.] Die Excenterkurbel
wurde seit dieser Zeit typisch für
Oesterreich; fast alle Schnellzug-Locomotiven, welche nach dem Jahre 1873
hier gebaut wurden, sind mit diesen
Kurbeln ausgeführt.

Ein Hauptnachtheil der bisherigen
Kurbeln war die durch sie bedingte weite
Entfernung der Cylindermitten. Hall ver-

minderte diese Entfernung wesentlich dadurch, dass er im Jahre 1858 den Hals
der Kurbeln als Lager ausbildete. In
demselben Jahre übernahm Hall die
technische Leitung der Locomotiv-Fabrik
von Günther; die ersten nach seinen
Plänen [für die südliche Staatsbahn] gebauten Güterzug-Locomotiven waren mit
diesen Kurbeln versehen. [Abb. 290.]
Die leichte Zugänglichkeit aller Bestandtheile, die universelle Verwendbarkeit dieser Locomotiven mit kurzem
Radstande und der [bei den damaligen
Geschwindigkeiten] ruhige und sanfte
Lauf dieser Maschinen waren so in die
Augen springende Vorzüge, dass fast
alle Bahnen
Oesterreichs
das Hall'sche
System ac-
ceptirten.

Die in
den Sechzi-
ger-Jahren
mit wech-
selnden Stei-
gungen, Ge-
fällen und
horizontalen
Strecken und
vielen schar-
fen Krüm-
mungen an-
gelegten Bahnen forderten einfache,
überall gleich gut verwendbare Maschinen. Der kurze Radstand, der überhängende Feuerkasten und, als Reme-
dur, der Aussenrahmen und die Hall'-
schen Kurbeln werden in Oesterreich
heimisch. Ein Jahrzehnt des Stillstandes in der Typenentwicklung beginnt;
wohl hatte man während dieser Zeit
weitere Verbesserungen einzelner Bestandtheile und im Fabricationsprocesse
durchgeführt; doch das Festhalten an
den genannten Principien brachte es mit
sich, dass Oesterreich in diesem Jahrzehnt
vom Auslande auf dem Gebiete des
Locomotivbaues überholt wurde.

Wenn zu Beginn der Vierziger-Jahre
der Zug aus dem Bahnhofe der alten
Wien-Gloggnitzer Bahn herausfuhr, da
blickten sich Führer und Heizer hinter

Abb. 290. Schnellzug-Locomotive der Nordbahn. [1857.]

* Aehnliche Kurbeln, jedoch nur mit
einer Excenterscheibe zum Antriebe der
Pumpe, hatte die Locomotive »Seraing«.

die kuppelartig überhöhte Feuerbüchse der alten Haswell'schen Maschinen, um einigen Schutz zu finden gegen das aus dem Rauchfange zu Beginn der Fahrt ausgeworfene, mit Russ vermengte Wasser. Und diese Kuppel war auch der einzige Schutz gegen den heulenden Schneesturm, gegen Regen und Kälte. Als die Kuppeln nicht mehr gebaut wurden, waren Führer und Heizer selbst dieser primitiven Deckung beraubt. Lange Jahre bedurfte es, bis auch bei uns die Erkenntnis Wurzel fasste, dass

Abb. 390. Güterzug-Locomotive der südlichen Staatsbahn. [1858.]

der Mann, in dessen Händen das Wohl und Wehe von Hunderten von Menschen liegt, vor Wetterunbill geschützt sein müsse. Doch nicht auf einmal wurde das gethan, was geschehen konnte. Irrige Anschauungen über Beschränkung des freien Ausblickes und die Annahme, eine allzugrosse Bequemlichkeit könnte die Aufmerksamkeit des Führers vermindern, liessen das heutige, mit Fenstern, Ventilatoren, Seitenthüren und Hängesitzen ausgestattete Führerhaus auf der Locomotive nur stückweise entstehen.

Die vorerwähnten Hall'schen Güterzug-Locomotiven waren die ersten in Oesterreich gebauten Locomotiven, welche eine verticale, mit runden Fenstern versehene Schutzwand auf der Feuerbüchse aufwiesen. Die im folgenden Jahre für die Kaiser Franz Josef-Orientbahn gebauten Locomotiven boten schon mehr Schutz, indem die verticale Blechwand nach rückwärts abgebogen war, so dass sie ein kurzes Dach bildete.

Im zweiten Bezirke Wiens befand sich in der heutigen Circusgasse eine Maschinenfabrik, welche sich mit der Herstellung von Stahlmaschinen und Mühleneinrichtungen befasste. Diese Fabrik von Specker wurde bei den Unruhen des Jahres 1848 ein Raub der Flammen. Jahre hindurch standen die ausgebrannten Mauern und zerstörten Maschinen unbenützt. Da kaufte im Jahre 1851 Georg Sigl die noch brauchbaren maschinellen Einrichtungen, Transmissionen, Modelle und Geräthe an, und richtete mit diesen Resten in der Währingerstrasse, dort, wo in den Vierziger-Jahren Norris Locomotiven gebaut hatte, eine Fabrik ein zur Herstellung von Buchdruckerpressen. Das Unternehmen gedieh; von Jahr zu Jahr musste Sigl die Anlage erweitern.*)

Der Bedarf an Locomotiven war in Oesterreich so gross geworden, dass die beiden bestehenden Fabriken denselben nicht mehr decken konnten; Sigl fasste daher den Entschluss, Locomotiven zu bauen. Im Jahre 1857 lieferte er seine erste Locomotive ab, welche in Anbetracht des Umstandes, dass Buchdruckerpressen den Grund zu seinem Vermögen gelegt hatten, den Namen »Gutenberg« erhielt. Sie war für die südliche Staatsbahn be-

---

*) Georg Sigl war im Jahre 1811 in Breitenfurth [Niederösterreich] geboren. Er lernte das Schlosserhandwerk und kam nach seiner Wanderschaft durch Deutschland und Oesterreich nach Berlin, wo er 1844 eine kleine Fabrik für den Bau von Buchdruckerpressen errichtete.

Als er seine Wiener Fabrik gründete, behielt er dennoch seine Berliner Fabrik bei. Im Jahre 1861 pachtete er die im Jahre vorher in den Besitz der österreichischen Credit-Anstalt übergegangene Günther'sche Locomotiv-Fabrik in Wiener-Neustadt; im Jahre 1867 ging diese Fabrik in sein Eigenthum über. Zahlreich sind die Unternehmungen, an denen er sich weiterhin betheiligte, ebenso zahlreich die Objecte, welche er in den Bereich der Fabrication einbezog: Oelpressen, Schiffsmaschinen, Wasserhaltungs-Maschinen, Arsenal-Einrichtungen, Trägerconstructionen [unter Anderem auch der Dachstuhl für die Votivkirche in Wien] u. s. w.

Im Jahre 1873 wurde die Wiener-Neustädter Locomotiv-Fabrik in eine Actien-Gesellschaft umgewandelt, denn infolge der Wirkungen des Jahres 1873 musste Sigl alle seine Unternehmungen, bis auf die Wiener Fabrik, in welcher nur mehr der allgemeine Maschinenbau Pflege fand, abgeben. Sigl starb im Jahre 1887.

stimmt, und zwar für die Beförderung
von gemischten und von Güterzügen;
weder in Einzelheiten noch in ihrer Bauart bot sie irgend Bemerkenswerthes.
[Abb. 291.] Gleich Günther, beziehungsweise Hall, welcher später bei Sigl in
Wien auf die technische Leitung einige
Jahre hindurch grossen Einfluss nahm,
pflegte Sigl den Bau der Aussenrahmen-
Locomotive mit Hall'schen Kurbeln.

Entsprechend der raschen Entwicklung des Locomotivbaues, repräsentirte
der Locomotivpark jeder Bahn eine
Musterkarte der verschiedensten Typen;
selbst in Einzelheiten war, nachdem der
Entwurf und die Detaillirung der Locomotiven von den
Fabriken und
nicht von den
Bahnen ausging,
keine Einheit vor-
handen. Als mit
dem Hall'schen
Locomotiv-Sy-
steme, die den
damaligen Ver-
hältnissen ent-
sprechende Bau-
art gefunden war,
gingen fast alle
in dieser Periode

Abb. 291. Erste Locomotive von G. Sigl. (1867.)

entstandenen Bahnen, um einen einheitlichen Locomotivstand zu erhalten, von
dem Grundsatze aus, dass Personenzug-
und Güterzug-Locomotiven nur in Bezug
auf Raddurchmesser und Cylinderdurchmesser verschieden sein sollten, in Bezug
auf Kessel und Zugehör, Achslager,
Federn u. s. w. aber vollkommen gleich
zu halten wären. Dieses Princip wurde
durchgeführt bei den Locomotiven, welche
von Günther, Sigl in Wien und später
Haswell in den Jahren 1859 bis 1866
für die Galizische Carl Ludwig-Bahn,
Böhmische Westbahn, Pest-Losonczer
Bahn u. s. w., ferner von Günther für
die Kaiser Franz Josef-Orientbahn [1859]
geliefert wurden. [Vgl. Abb. 292 bis 295.]
Auch die Personenzug- und Güterzug-
Locomotiven, welche in Wiener-Neustadt von F. Fehringer, dem der-
zeitigen Director dieser Fabrik, für die
Ungarischen Staatsbahnen entworfen wurden, waren nach diesem Grundsatze ge-

baut. [Vgl. Tafel VI, Fig. 4 und Tafel
VII, Fig. 1, Seite 476 und 477.] Diese
beiden Typen wurden noch Ende der
Siebziger-Jahre an vielen anderen Bahnen [Albrecht-Bahn, Pilsen-Priesener
Bahn u. s. w.] mit geringfügigen Aenderungen in der Armatur u. s. w. angeschafft.

Die Locomotiven der erstgenannten
Bahnen bildeten auch das Vorbild, nach
welchen später die Personenzug- und
Güterzug-Locomotiven der Kaiserin Eli-
sabeth-Bahn [vgl. Tafel VII, Fig. 2,
Seite 477], Kronprinz Rudolf-Bahn und
Kaiser Franz Josef-Bahn ausgeführt
wurden.

Eine der we-
nigen Bahnen,
welche nicht
gleich den Aus-
senrahmen an-
nahmen, war die
Kaiserin Elisa-
beth-Bahn. Zeh,
der 1858 in den
Dienst dieses Un-
ternehmens trat,
behielt, als er die
ersten Locomo-
tiven für das-
selbe construirte,
den Innenrahmen bei. Erst die späteren
Jahrzehnte zeigten, dass Zeh den richtigen Weg eingeschlagen hatte; denn
die häufigen Anbrüche der Achsen im
Halse der Hall'schen Kurbeln sind diesem
Systeme anhaftende Eigenthümlichkei-
ten. Keine neuen Züge in der Conception selbst bietend, sind die alten
Westbahn-Locomotiven von Zeh [vgl.
Tafel VII, Fig. 3 und 4, Seite 477]
durch gediegene Detailconstructionen bemerkenswerth. Viele dieser aus den
Jahren 1858 und 1859 stammenden [in der
Maschinenfabrik der Oesterreichisch-Ungarischen Staatseisenbahn-Gesellschaft
und bei Günther gebauten] Maschinen
sind noch in Verwendung.

Eine bemerkenswerthe Locomotive
mit Hall'schen Kurbeln wurde im Jahre
1860 nach Plänen der Südbahn in der
Maschinenfabrik der Staatseisenbahn-
Gesellschaft gebaut. Diese Güterzug-
Locomotive [Abb. 297], welche in die

Hall'sche Treibkurbel eine Gegenkurbel für die Aussensteuerung eingepresst hatte, wurde für diese Bahn in mehr als zweihundert Exemplaren [und zwar bis zum Jahre 1873] ausgeführt. Auch für die Mohács-Fünfkirchner Bahn und die Mährische Grenzbahn wurden derartige Locomotiven gebaut; selbst der Nordbahn diente diese Type als Vorbild für ihre ersten mit Stahlkesseln versehenen Güterzug-Locomotiven. [Tafel VIII, Fig. 1, Seite 278.] Unter den, in diesem Zeitraume vom Auslande bezogenen Locomotiven verdienen die von Kessler für die südliche Staatsbahn und die Südbahn gelieferten Güterzug- und Personenzug-Locomotiven wegen der geradezu künstlerisch durchgeführten Formen Erwähnung. [Vgl. Abb. 296 und 298.] In der Gesammtanordnung ist die letztere der genannten Maschinen identisch mit den von Maffei für die Pardubitz-Reichenberger

Abb. 293. Güterzug-Locomotive der Carl Ludwig-Bahn. [1861.]

Bahn gebauten Personenzug-Locomotiven. [Vgl. Tafel VI, Fig. 3, Seite 476.] In Bezug auf die Detailconstruction wurde sie massgebend für die späteren Personenzug-Locomotiven der Südbahn und Oesterreichischen Nordwestbahn.

Nicht in den Rahmen der damals üblichen Constructionsweise passend, war eine Locomotive, die von Günther im Jahre 1858 zum Baue der Kaiser Franz Josef-Orientbahn geliefert wurde. [Vgl. Tafel VIII, Fig. 2, Seite 478.] Die Maschine ist dadurch bemerkenswerth, dass sie die erste für Oesterreich gebaute zweiachsige Tender-Locomotive war. Sie hatte Aussenrahmen, Excenterkurbeln, und zwischen die Rahmen eingebaute Wasserkasten.

Der Director der Maschinenfabrik der Oesterreichisch-Ungarischen Staatseisenbahn-Gesellschaft, Haswell, war auch einer der wenigen Constructeure, welche den Aussenrahmen nicht sofort einführten.

Erst die guten Ergebnisse bei anderen Bahnen veranlassten ihn, denselben bei einer Lieferung von Schnellzug-Locomotiven im Jahre 1861 anzuwenden. Wie nahezu alle Schöpfungen dieses Mannes, zeigten auch diese Maschinen wesentliche Unterschiede gegenüber den bereits bestehenden Typen.

Diese für die Staatseisenbahn-Gesellschaft bestimmten Locomotiven waren auf drei unter dem Langkessel befindlichen Achsen gelagert; es war nur eine Treibachse mit Hall'schen Kurbeln vorhanden, welche sich vor der Feuerbüchse befand. Diese Maschine wies die grössten bis dahin in Oesterreich ausgeführten Treibräder auf: Durchmesser 6' 6" [2·055 m]. Die Feuerbüchse hatte einen sehr grossen Ueberhang, wegen der auf der Treibachse innerhalb der Rahmen aufgekeilten Excenterscheiben. In allen Einzelheiten mit den anderen Locomotiven dieser Lieferung vollkommen gleich, war die letzte, die »Duplex*«, dadurch verschieden, dass an ihr vier Dampfcylinder angebracht waren, die auf unter 180° versetzte Kurbeln wirkten. [Vgl. Tafel VIII, Fig. 3, Seite 478.] Diese Anordnung bezweckte einen vollständigen Ausgleich der hin- und hergehenden Massen und der im Kreise bewegten Massen, ohne Anwendung von Gegengewichten an den Treibrädern.

Noch vor Erprobung dieser Maschine auf der Strecke wurden Messungen angestellt über die Grösse der Horizontal- und Vertical-Schwankungen, welche die hin- und hergehenden Massen, beziehungsweise die Gegengewichte der Räder

---

* Die »Duplex« erhielt später den Namen »Zinnwald«.

hervorrufen. Die »Duplex« wurde beim vorderen Räderpaare unterkeilt, und durch einen Krahn mit Ketten rückwärts gehoben, so dass die Treibräder die Schienen nicht berührten. Die so stationär gemachte Locomotive wurde mit rund 400 Radumdrehungen pro Minute in Gang gesetzt; diese, einer Geschwindigkeit von nahezu 160 *km* pro Stunde entsprechende Zahl der Umdrehungen, liess nur geringfügige Schwankungen erkennen, während die in derselben Weise aufgehängte Locomotive »Rokitzan« [mit gewöhnlicher Anordnung der Cylinder und Gegengewichten in den Rädern] schon bei einer Tourenzahl von circa 70 *km* Fahrgeschwindigkeit so bedenkliche Schwankungen zeigte, dass die Versuche mit Rücksicht auf die Widerstandsfähigkeit der Kette abgebrochen werden mussten. Diese Ergebnisse fanden bei den Fahrten auf günstigen geradlinigen Strecken insoferne Bestätigung, als die »Duplex« bei Geschwindigkeiten über 90 *km* pro Stunde einen merkbar ruhigeren Lauf ergab, als die anderen Locomotiven derselben allgemeinen Bauart.

Für schwere Züge zu schwach, und wegen des grossen Ueberhanges an beiden Enden doch nicht jene ruhige Gangart besitzend, welche Locomotiven mit langem Radstande eigenthümlich ist, fand diese Type in Bezug auf die Stellung der Achsen keine Nachahmung. Die Anordnung von vier Dampfcylindern,

Abb. 293. Personenzug-Locomotive der Carl Ludwig-Bahn. [1890.]

welche auf eine Achse mit unter 180° verstellten Kurbeln wirken, ist aber später wieder im Auslande als neue Disposition aufgetaucht. Die im Jahre 1882 in Amerika als »System Shaw« construirte Schnellzug-Locomotive war in Bezug auf Cylinder- und Kurbelanordnung vollkommen identisch mit der »Duplex«; ferner ist bei den in Frankreich im Jahre 1888 construirten Compound-Locomotiven mit vier Dampfcylindern — System »Du Bousquet-De Glehn« — das Princip des Massenausgleiches [auf unter 180° versetzten Kurbeln beruhend] dasselbe, welches schon der Haswell'schen Maschine aus dem Jahre 1861 zugrunde lag.

Noch einmal wurde der Versuch gemacht, das Kuppelungs-Problem der Engerth'schen Lastzug-Locomotive zu lösen. Die Bahn von Reschitza nach Orawicza forderte Locomotiven, deren Zugkraft einem Adhäsionsgewicht von mindestens 42 *t* entsprach. Mit Schienen von nur 9¹/₂ *t* zulässigem Achsdruck, in Steigungen von 25⁰/₀₀ und Krümmungen von

Abb. 294. Personenzug-Locomotive der Kaiser Franz Josef-Orient-Bahn. [1890.]

114 *m* Radius angelegt, stellte diese Trace ähnliche Anforderungen wie der Semmering.*) Um die Tragkraft der Schienen nicht zu überschreiten, musste eine Maschine mit fünf gekuppelten Achsen ausgeführt werden. Pius Fink, der begabte Ingenieur der Oesterreichisch-Ungarischen Staatseisenbahn-Gesellschaft, dessen Name durch die nach ihm be-

*) Vgl. Bd. I, 1. Theil, II. Strach, Eisenbahnen mit Zinsengarantie, Seite 384.

nannte Coulissensteuerung mit nur einem Excenter und durch seine saugenden Injectoren bekannt ist [siehe Seite 451], fand eine Kuppelung zwischen den Rädern des Hauptgestelles und denen des Tenders, welche, sich im Principe an die Construction Kirchweger's aus dem Jahre 1852 anlehnend, das Problem in theoretisch richtiger Weise durch eine über dem Rahmen gelagerte Blindwelle löste. [Tafel VIII, Fig. 4, Seite 478, vgl. auch Locomotive »Steyerdorf« Bd. I, 1. Theil, Abb. 328, Seite 390.]

Von dieser Blindwelle, deren Antrieb durch schräg nach aufwärts gerichtete Kuppelstangen vom Hauptmechanismus erfolgte, wurde die Bewegung durch senkrechte Kuppelstangen auf das mit Hall'schen Kurbeln versehene Tendergestelle übertragen. Vier Locomotiven dieser Bauart wurden in der Maschinenfabrik der Oesterreichisch-Ungarischen Staatseisenbahn-Gesellschaft in den Jahren 1861 bis 1867 ausgeführt; die erste derselben, die »Steyerdorf«, figurirte wie die »Duplex« auf der Londoner Weltausstellung im Jahre 1862. Auch auf der Bergbahn im Banat zeigte es sich, wie auf dem Semmering und später auf vielen anderen Bahnen, dass der damals und auch noch heute vertretene Grundsatz, die Vorräthe auf der Maschine selbst zur Vergrösserung des Adhäsionsgewichtes unterzubringen, eine jeder Begründung entbehrende Phrase ist, wenn es sich um den Betrieb langer Bergstrecken bei weit getriebener Ausnützung der Zugkraft handelt; die genannten Maschinen wurden nachträglich mit einem zur Aufnahme von Wasser bestimmten Beiwagen versehen. Im Jahre 1867 in Paris neuerdings ausgestellt, fand diese Type »Fink-Engerth« keine weitere Nachahmung.

Es verdient hervorgehoben zu werden, dass die Nordbahn in dieser Periode, in welcher fast allgemein der überhängende Feuerkasten für alle Lo-

comotiv-Gattungen angenommen wurde, bei der Construction einer neuen Schnellzug-Locomotive diesen falschen Weg nicht einschlug, sondern thunlichst den beiderseitigen Ueberhang verminderte. Die im Jahre 1862 bei Sigl in Wien gebaute Schnellzug-Locomotive [Abb. 299] war mit Aussenrahmen und Hall'schen Kurbeln versehen, hatte aber hinter der Feuerbüchse ein Laufrad angeordnet. Diese in Bezug auf Gangart und Leistung ausgezeichnete Type wurde bis in die Siebziger-Jahre beibehalten und, im Principe gleich, auch von Strousberg sowie später von der Floridsdorfer Locomotiv-Fabrik im Jahre 1874 gebaut. [Abb. 300.] Ende der Siebziger-Jahre wurde, als die Adhäsion eines Treibräderpaares nicht mehr hinreichte, das Laufräderpaar durch eine mit den Treibrädern gekuppelte Achse ersetzt.

Im Jahre 1861 hatte Sigl die Günther'sche Locomotiv-Fabrik in Wiener-Neustadt in Pacht genommen und mit der Leitung derselben seinen ehemaligen Constructeur aus der Wiener Fabrik, Karl Schau, betraut. Die Erweiterung der Anlage in Wien und Wiener-Neustadt, ferner die neuen Einrichtungen, die auf Anregung von Haswell[*]) in der Maschinenfabrik der

Abb. 298. Güterzug-Locomotive der Kaiser Franz Josef-Orient-Bahn. [1890.]

---

[*]) Schon in den Fünfziger-Jahren hatte Haswell in der Fabrik einige Dampfhämmer nach seinem Systeme aufgestellt, bei welchen im Gegensatze zu den sonst üblichen Ausführungen der Kolben fest stand, während der Cylinder, als Fallbär dienend, durch den Dampf gehoben wurde. Im Jahre 1862 erbaute er eine grosse Dampf-Schmiedepresse, welche einen Druck von 750.000 *kg* auszuüben erlaubte. Die Herstellung der Räder, Achslagergehäuse, Kreuzköpfe u. s. w. wurde durch diese Maschine wesentlich vereinfacht. Ueberdies konnten Gegenstände, deren Form früher die Ausführung aus Gusseisen bedingte, jetzt unter der Presse, in Gesenken, aus Schmiedeeisen hergestellt werden.

Eine der interessantesten, nicht in den Rahmen des Locomotivbaues gehörenden Arbeiten, welche Haswell in diesem Zeit-

Oesterreichisch-Ungarischen Staatseisenbahn-Gesellschaft ausgeführt wurden, setzten Oesterreich in den Stand, unabhängig vom Auslande, seinen Bedarf an Locomotiven selbst zu decken, und als mächtiger Concurrent auf dem Weltmarkte aufzutreten. Nachdem bereits Günther im Jahre 1855 eine Anzahl kleiner Locomotiven für eine oberschlesische Kohlenbahn geliefert hatte, wurde im Jahre 1860 die erste grosse Bestellung vom Auslande bei der Ma-

Abb. 296. Personenzug-Locomotive der Südbahn. [1861.]

schinenfabrik der Oesterreichisch-Ungarischen Staatseisenbahn-Gesellschaft gemacht. Sie umfasste 85 Stück Lastzug-Locomotiven, welche für die »grosse russische Eisenbahn« bestimmt waren, und beschäftigte die Fabrik bis zum Jahre 1862. Spärlich mit Aufträgen für die eigene Bahn versehen, konnte sie auch im nächsten Jahre eine grössere Lieferung für die spanische Nordbahn übernehmen.

In geradezu grossartiger Weise be-

trieb Ende der Sechziger-Jahre Sigl in Wien und Wiener-Neustadt den Bau von Locomotiven für Russland und auch für Deutschland. Die Maschinen waren für die Warschau-Wiener-Bahn und für die Bahnen Moskau-Kursk, Rjashsk-Morschansk, Odessa-Baltea, Woronesch - Koslow, Weichselbahn, Mecklenburgische Friedrich Franz-Bahn und andere bestimmt. Sie wurden nach in den genannten Fabriken entworfenen Plänen mit Hallschen Kurbeln ausgeführt. [Vgl. Abb. 301 und 302.]

In dieses Jahrzehnt fällt auch die Einführung der Dampfstrahlpumpen — Injectoren*) — an Stelle der bis dahin zur Speisung der Kessel ausschliesslich verwendeten Pumpen, welche im Allgemeinen nur während des Ganges der Locomotive in Thätigkeit gesetzt werden konnten. Die Kolben dieser Pumpen wurden vom Kreuzkopfe aus oder durch eines der Steuerungsexcenter [vgl. Tafel III, Fig. 1 und 2,

Abb. 297. Güterzug-Locomotive der Südbahn. [1861.]

Abb. 298. Güterzug-Locomotive der südlichen Staatsbahn. [1861.]

raume ausführte, war die Erneuerung des Thurmhelmes am St. Stefansdome in Wien. Die Helmstange, aus zwei Theilen von je 10 m Länge bestehend, und die schweren Eisenschliessen und Barren, welche die gothische Kreuzblume halten, wurden unter der genannten Presse ausgeschmiedet.

Der Fall, dass eine Locomotiv-Fabrik an den Vollendungsarbeiten von Kirchthürmen sich betheiligt, ist übrigens nicht vereinzelt. Im Jahre 1851 wurde von der genannten Fabrik das Winkeleisen-Gerippe und das Kreuz für die Thurm-

spitze der Augustinerkirche in Wien ausgeführt und in der Locomotiv-Fabrik Wiener-Neustadt wurden im Jahre 1860 die Wetterhähne und die Kreuze — letztere wahre Meisterwerke der Handschmiedekunst — für die neuerbauten Thürme der dortigen Pfarrkirche hergestellt.

*) Injectoren sind Apparate, bei denen die durch Condensation eines Dampfstrahles erzeugte lebendige Kraft einem Wasserstrahle eine derartige Geschwindigkeit verleiht, dass dieser, den Kesseldruck überwindend, in den Kessel eintritt.

29*

Abb. 300. Schnellzug-Locomotive der Nordbahn. [1862.]

Seite 473] bethätigt. Um während des Stillstandes der unter Dampf befindlichen Maschine speisen zu können, waren auch Pumpen in Gebrauch, die durch eine besondere kleine Dampfmaschine angetrieben wurden. Diese schwerfälligen Apparate wurden bald verlassen, als es dem französischen Ingenieur H. Giffard gelungen war [auf Grund der bis zu Beginn dieses Jahrhunderts zurückreichenden Versuche von Mannoury, d'Ectot, Bourdon und andere], im Jahre 1858 den ersten brauchbaren Injector herzustellen. Nachdem die im Jahre 1860 in Oesterreich angestellten Versuche mit Giffard'schen Injectoren gute Resultate ergeben hatten, wurden schon in den nächsten zwei Jahren fast alle neu gebauten Locomotiven mit dieser Einrichtung versehen. Diese ersten Injectoren — die sogenannten spanischen Apparate — waren aber noch weit davon entfernt, den Anforderungen zu entsprechen; ihr grösster Fehler war der, dass nur mässig erwärmtes Tenderwasser angesaugt werden konnte. Wesentlich vereinfacht wurde die Erfindung Giffard's durch den Director der Wiener-Neustädter Locomotiv-Fabrik C. Schau. Im Jahre 1868 gelang es dem Ingenieur A. Friedmann in Wien, dieselbe auch für das Speisen von warmem Wasser geeignet zu machen. Nach Tausenden zählen die im Laufe der Jahre ersonnenen Arten der Injectoren; von allen Constructionen hat aber das österreichische Friedmann'sche System die grösste Verbreitung gefunden, denn mehr als die Hälfte aller Locomotiven der Welt ist mit diesen Apparaten versehen.

Die bis dahin an den Tendern der Loco-

Abb. 300. Schnellzug-Locomotive der Nordbahn. [1871.]

motiven angebrachten Handbremsen erwiesen sich auf den vielen Gebirgsbahnen als nicht ausreichend. Die erste Dampfbremse an Locomotiven führte Haswell — nach dem Vorbilde der sächsischen Bahnen — an der »Steyerdorf« aus.*) [Vgl. Tafel VIII., Fig. 4, Seite 478.]

Die Haswell'sche Repressions-Bremse

*) Aehnliche Dampfbremsen wurden noch in den Achtziger-Jahren an vielen Locomotiven der Nordbahn und Nordwestbahn angebracht.

war unbeachtet geblieben; grosse Verbreitung aber fand die im Jahre 1865 von dem Director der spanischen Nordbahn Lechatelier, im Vereine mit Ingenieur Ricour erdachte und ausgeführte »Lechatelier'sche Gegendampfbremse«. Die bremsende Wirkung des Dampfes benützend, welche eintritt, wenn bei offenem Regulator die Steuerung auf die der Fahrt entgegengesetzte Richtung gestellt wird, vermeidet sie das Ansaugen von

Abb. 301. Güterzug-Locomotive der Moskau-Kursk-Bahn. [1/108.]

unreiner Luft aus der Rauchkammer dadurch, dass ein vom Führer bethätigtes Ventil Dampf in die Ausströmungspartie des Cylinders einlässt, welcher dann wieder in den Kessel zurückbefördert wird. Um die Dampfcylinder vor Erhitzung zu bewahren, wird durch ein zweites Ventil gleichzeitig eine geringe Wassermenge in dieselben eingespritzt. Diese Gegendampfbremse war auf dem Semmering und Brenner seit dem Jahre 1867 so lange in Verwendung, bis sie durch die Vacuumbremse überholt wurde; an den meisten Locomotiven der Oesterreichisch-Ungarischen Staatseisenbahn-Gesellschaft ist die Lechatelier-Bremse noch immer angebracht und in Gebrauch.

Auch Zeh hatte [schon in den Fünfziger-Jahren] eine Vorrichtung ersonnen — die Zeh'sche Klappe — welche bei geschlossenem Regulator durch Einführung von Luft in die Cylinder eine

Bremswirkung ergab. Bei den vorher erwähnten Westbahn-Locomotiven [Tafel VII, Fig. 3 und 4, Seite 477] angebracht, fand diese Bremsvorrichtung weiterhin keine nennenswerthe Verbreitung.

Als die Bahn über den Brenner gebaut wurde, gab es keinen Zweifel über das geeignete Locomotiv-System: der einfache Achtkuppler mit Schlepptender war bereits eine erprobte, bewährte Type, die innerhalb der Grenzen des zulässigen Achsdruckes noch wesentlich leistungsfähiger construirt werden konnte, als dies bisher in Oesterreich der Fall war. Die für den Brenner bestimmten Achtkuppler wurden nach den von der Südbahn beigestellten Plänen in der Maschinenfabrik der Oesterreichisch-Ungarischen Staatseisenbahn-Gesellschaft im Jahre 1867 erbaut und hatten Aussenrahmen mit Hall'schen Kurbeln. [Tafel IX, Fig. 1, Seite 479.] Alle bisherigen in Oesterreich hergestellten Locomotiven an Leistungsfähigkeit und

Abb. 302. Personenzug-Locomotive der Woronesch-Kozlow-Bahn. [1/108.]

Adhäsionsgewicht übertreffend, fand diese Type — der erste Achtkuppler mit Hall'schen Kurbeln — auch im Auslande [auf der hessischen Ludwigs-Bahn] Eingang.

Die Oesterreichisch-Ungarische Staatseisenbahn-Gesellschaft sah sich in dieser Zeit ebenfalls veranlasst, stärkere Locomotiven anzuschaffen. In ihrer Maschinenfabrik wurden zwei Typen entworfen, die bis in die Achtziger-Jahre den Anforderungen entsprachen: ein Sechskuppler und ein Achtkuppler mit Innenrahmen und innen liegender Steuerung. [Vgl. Tafel IX, Fig. 2 und 3, Seite 479.] Weil die Herstellung grosser, dicker Rahmenplatten noch Schwierigkeiten bot, waren die Rahmen — ähnlich wie die Aussenrahmen — aus zwei dünnen Blechen mit dazwischen eingenieteten Futtereisen angefertigt.

Beide Typen erwiesen sich, wegen des Achsdruckes von nur 12 *t*, als universell verwendbare Maschinen. Der Sechskuppler wurde Ende der Siebziger-Jahre für einige Linien der k. k. österreichischen Staatsbahnen [Rakonitz-Protivin, Tarnów-Leluchów] ausgeführt; mit einigen unwesentlichen Aenderungen wurde der Achtkuppler für die Kaiserin Elisabeth-Bahn im Jahre 1873 von den Fabriken in Wiener-Neustadt, Floridsdorf und von Hartmann in Chemnitz gebaut.

Die Südbahn war diejenige Bahn in Oesterreich, welche die Anschauung, dass eine tiefe Lagerung des Kessels zur Erzielung eines ruhigen Laufes unbedingt nöthig sei, praktisch verwerthete, als sie im Jahre 1870 die grossen, für den Semmering, Karst und Brenner bestimmten Achtkuppler construirte, die in Wiener-Neustadt und in der Maschinenfabrik der Oesterreichisch-Ungarischen Staatseisenbahn-Gesellschaft gebaut wurden. [Abb. 303.]

Die Nachtheile der Hall'schen Kurbeln — Anbrüche der Achsen im Kurbelhalse — hatten sich schon fühlbar gemacht; es wurde daher der Innenrahmen wieder angenommen, der aber durch die Lage der Tragfedern über der Rahmenoberkante, bei dem grossen Durchmesser des Kessels, eine hohe Lage der Mitte desselben über der Schienen-Oberkante bedingte. In Bezug auf Ruhe des Ganges

Abb. 303. Achtkuppler der Südbahn. [1870.]

den Locomotiven mit tiefliegendem Kessel und Aussenrahmen ebenbürtig, ergaben sie wegen der grossen Rostfläche von 2·16 *m²* [der grössten bisher in Oesterreich ausgeführten] und der günstigen Abmessungen von Blasrohr und Rauchfang so bedeutende Leistungen — 210 *t* auf 25° ‰ Steigung — dass auf Ansuchen der oberitalienischen Eisenbahn eine dieser Locomotiven im Jahre 1872 nach Italien abging, um Parallel-Versuchen mit den auf der Rampe bei Genua verwendeten Achtkupplern, System Beugniot, deren Anschaffung auch für die vollendete Mont Cenis-Bahn beabsichtigt war, unterzogen zu werden.

Die Südbahn-Locomotive erwies sich bei diesen zwischen Ponte decimo und Busalla, im Beisein des Constructeurs, L. A. Gölsdorf [derzeit Maschinen-Director dieser Bahn], vorgenommenen Probefahrten der italienischen Maschine weitaus überlegen, trotzdem die letztere grössere Kessel und Cylinder-Abmessungen besass. Das weitere Ergebniss dieser Fahrten war, dass die Alta Italia [jetzt strade ferrate del Mediterraneo] 60 Stück dieser Locomotiven in Wiener-Neustadt bestellte. [Abb. 304.] Sie wichen von der Südbahn-Maschine nur insoferne ab, als etwas grössere Räder und Cylinder angewendet waren, weil ihre Verwendung auch für rascher fahrende Züge in Aussicht genommen wurde. Von der genannten Gesellschaft auch weiterhin gebaut, wurde noch im Jahre 1885 eine grössere Anzahl derselben bei der Maschinenfabrik der Oesterreichisch-Ungarischen Staatseisenbahn-Gesellschaft bestellt.

Die hohe Lage des Kessels wurde von Haswell fernerhin beibehalten. Bemerkenswerth in dieser Beziehung ist eine Type, die in der Maschinenfabrik der Oesterreichisch-Ungarischen Staatseisenbahn - Gesellschaft im Jahre 1872 für die Graz-Köflacher Bahn gebaut wurde, und welche als Neuerung die Lage der Feuerbüchse über dem Rahmen, statt wie bisher zwischen den Rahmen, aufwies.*) Der Vortheil der breiteren Feuerbüchse, welcher den Aussenrahmen-Locomotiven eigenthümlich war, ist dadurch auch bei Innenrahmen erreicht worden. An diesen Maschinen kamen auch die Haswell'schen Wellblech-Feuerbüchsen zur Ausführung, welche innerhalb bestimmter Grenzen der Länge die Anwendung der sonst nöthigen Versteifung durch Deckenbarren oder Deckenschrauben überflüssig machten.**) Diese Locomotiven waren überdies mit den Haswell'schen Balancieraxen versehen. [Tafel IX, Fig. 1, Seite 479.] Ende der Sechziger-Jahre waren die beiden Locomotiv-Fabriken von G. Sigl und die Maschinenfabrik der Oesterreichisch-Ungarischen Staatseisenbahn-Gesellschaft derart mit Bestellungen überhäuft, dass die Errichtung einer vierten grossen Fabrik sich als nöthig erwies. Dem Wiener Bankvereine in Gemeinschaft mit dem Central-Inspector der Ferdinands-Nordbahn, Ludwig Becker, und dem Inspector der k. k. priv. Kaiserin Elisabeth - Bahn, Karl Hornbostel, wurde am 6. September 1869 die Concession zur Errichtung der »Wiener Locomotiv-Fabriks-Actien-Gesellschaft« ertheilt. Nach Bil-

Abb. 304. Achtkuppler der Strade ferrate del Mediterraneo. (1878.)

dung des ersten Verwaltungsrathes wurde Herr Bernhard Demmer mit der technischen und commerciellen Leitung des neuen Unternehmens betraut.

Mit dem Baue der Fabrik in Gross-Jedlersdorf bei Floridsdorf wurde im April 1870 begonnen. Im Januar 1871 begann der Betrieb, und am 10. Juli desselben Jahres erfolgte die Ablieferung der ersten Locomotive, welche für die Oesterreichische Nordwestbahn bestimmt war. [Tafel X, Fig. 1, Seite 480.] Im Jahre 1873 schon wurde die hundertste Locomotive fertiggestellt.

Der Locomotivbau erwies sich in diesem Zeitraume so lohnend, dass bald nach Erbauung der Floridsdorfer Locomotiv-Fabrik noch ein derartiges Unternehmen gegründet wurde: »Die Maschinen-, Locomotiv- und Wagen-Bauanstalt in Mödling.«

Die damals in Wien bestehende »Industrie-, Forst- und Montan-Eisenbahn-Gesellschaft« [welche auch den Plan hegte, eine schmalspurige Gürtelbahn in Wien zu erbauen] errichtete diese Fabrik im Jahre 1872, und betraute mit ihrer Leitung den lange Zeit bei G. Sigl in Wien als Chef-Constructeur beschäftigten Ingenieur F. X. Mannhard.

Die erste Locomotive wurde im Mai 1873 geliefert. Sie war für die Kronprinz Rudolf - Bahn bestimmt, und hatte aussenliegende Rahmen mit Hall'schen Kurbeln. Ausser einer Anzahl von Hall'schen Sechskupplern für dieselbe Bahn, wurden in diesem Jahre noch einige kleine Locomotiven für die ungarischen Bahnen zweiten Ranges, und zwei Tender-Locomotiven für eine Aachener Industriebahn fertiggestellt.

Grösseres Interesse bot eine im Jahre 1874 nach dem Systeme »Grund« ge-

---

*) Diese Disposition der Feuerbüchse findet in neuester Zeit auf fast allen österreichischen Bahnen Anwendung.

**) Aehnliche Feuerbüchsen, jedoch mit Wellen in der Längsrichtung waren drei Jahre vorher vom Maschinenmeister May der schweizerischen Nordostbahn ausgeführt worden.

baute zweiachsige Locomotive, die auf Vicinalbahnen [ohne Bewachung der Wegübergänge u. s. w.] verkehren sollte. [Tafel X, Fig. 2, Seite 480.] Um jede Gefahr für Passanten oder Fuhrwerk auszuschliessen, sollte dem Führer die Möglichkeit benommen sein, rascher als mit 10 *km* pro Stunde fahren zu können. Zu diesem Zwecke war ein Schwungkugel - Regulator angebracht, welcher bei Ueberschreitung der limitirten Geschwindigkeit eine Bremse in Thätigkeit setzte. Damit auch bei dieser geringen Geschwindigkeit die Maschine mit grosser Umdrehungszahl arbeiten könne, wirkten die Treibstangen auf ein, die Zahl der Radumdrehungen verminderndes Vorgelege, welches durch die Tragfedern an die Laufflächen der Tragräder angepresst wurde. Diese Construction vergrösserte aber derart den Eigenwiderstand der Maschine, dass sie selbst auf Gefällen von 25%₀₀ [bei den Probefahrten auf dem Semmering] stehen blieb, wenn nicht Dampf gegeben wurde; sie fand daher hier keine weitere Verwendung. In Amerika aber wurde das Grund'sche Vorgelege, jedoch mit Uebersetzung auf grössere Tourenzahl, an einer unter der Bezeichnung »System Fontaine« bekannt gewordenen Schnellzug-Locomotive im Jahre 1879 zur Anwendung gebracht.

Nachdem im Laufe des Jahres 1874 noch einige Güterzug-Locomotiven für die Istrianer Staatsbahnen abgeliefert worden waren, musste diese Fabrik, des überall eingetretenen schlechten Geschäftsganges halber, ihre Thätigkeit einstellen; die Zahl der in den zwei Jahren ihres Bestandes gelieferten Locomotiven erreichte nur 32 Stück.

Das Ausstellungsjahr 1873 war auch für den Locomotivbau Oesterreichs von grosser Bedeutung. Der Aufschwung auf wirthschaftlichem Gebiete drängte zu Fahrgeschwindigkeiten, für welche die bestehenden Locomotiven mit überhängendem Feuerkasten nicht mehr geeignet waren. Nach den im Constructions-Bureau der Südbahn entworfenen Plänen wurde für diese Bahn in Wiener-Neustadt eine Schnellzug-Locomotive gebaut, bei welcher das amerikanische zweiachsige

Drehgestelle mit centralem Mittelzapfen in richtiger Anordnung zur Ausführung gelangte. [Tafel X, Fig. 3, Seite 480.] In der Disposition der Cylinder, der Steuerung und der Aufsteckkurbeln aus den Kessler'schen Locomotiven vom Jahre 1861 hervorgegangen [vgl. Abb. 296], hatte diese Maschine die Kuppelachse hinter der Feuerbüchse gelagert. Eine zweite Locomotive ganz gleicher Bauart, die Sigl in Vorrath angefertigt hatte, und welche dann die Oesterreichische Nordwestbahn ankaufte, wurde auf der Wiener Weltausstellung unter dem Namen »Rittinger« ausgestellt. Diese als »Rittinger Type« bekannt gewordene Südbahn-Locomotive war das Vorbild für die Schnellzug-Maschinen, welche in der Maschinenfabrik der Oesterreichisch - Ungarischen Staatseisenbahn-Gesellschaft im Jahre 1874 für die Ungarischen Staatsbahnen gebaut wurden. [Tafel X, Fig. 4, Seite 480.] An diesen Locomotiven kamen zum letzten Male die Haswell'schen Balancierachsen [im Drehgestelle] zur Anwendung. Abweichend von der Südbahntype war die Kuppelachse [wie in Deutschland schon lange üblich] unter der Feuerbüchse gelagert.

Die Oesterreichische Nordwestbahn modificirte die Rittinger-Type später [1874] dadurch, dass die Dampfcylinder eine Lage erhielten, wie sie bereits bei den gekuppelten Crampton-Locomotiven der Staatsbahn angewendet war. [Tafel XI, Fig. 1, Seite 481.] Nach dieser Bauart wurden in der Floridsdorfer Maschinenfabrik zwei Locomotiven — »Livingstone« und »Foucault« — ausgeführt. Bemerkenswerth war an ihnen die Durchführung des Drehgestelles. Bis dahin erfolgte die Führung desselben durch einen centralen Mittelzapfen und die Uebertragung der Last des Kessels durch zwei seitliche Gleitpfannen. Um jede einseitige Ueberlastung der Drehgestellachsen unmöglich zu machen, war an diesen Maschinen das Kesselgewicht durch eine centrale Kugelanlage auf das Drehgestelle übertragen, welche Construction eine leichte Beweglichkeit desselben nach jeder Richtung erlaubte. Diese Anordnung fand später im Auslande vielfach Nachahmung; unter Anderen waren die in der genannten Fabrik im Jahre 1878 für die oberitalienischen Eisenbahnen gebauten Schnellzug-Locomotiven mit diesem Drehgestelle ausgeführt. Seit dem Jahre 1882 ist eine ähnliche Disposition an allen Schnellzug-Locomotiven der Königlich ungarischen Staatsbahnen in Verwendung.

Das Jahr 1873 hatte den Impuls zum Baue neuer Schnellzug-Typen gegeben. Die finanziellen Ereignisse dieses Jahres liessen aber die eingeschlagene Richtung nicht verfolgen; die Bahnen waren bemüssigt jede Nachschaffung von Locomotiven zu unterlassen. Bestellungen für das Ausland behüteten unsere Locomotiv-Fabriken vor dem gänzlichen Arbeitsstillstand.[*)]

Ende der Sechziger-Jahre, und noch bis 1873 hatten die meisten österreichischen Bahnen eine grosse Anzahl von Personenzug-Locomotiven mit überhängendem Feuerkasten gebaut. [Nordbahn mit Aufsteckkurbeln, vgl. Tafel XI, Fig. 2, Seite 481, Südbahn mit Excenterkurbeln, Franz Josef-Bahn und Kaiserin Elisabeth-Bahn mit Hall'schen Kurbeln.]

Nachdem aus den vorerwähnten Gründen an den Bau specieller Schnellzug-Locomotiven nicht geschritten werden konnte, suchte man diese Typen durch Anbringung besonderer Kuppelungen zwischen Locomotive und Tender für ruhigeren Gang und grössere Geschwindigkeit geeigneter zu machen. Diese Nothconstructionen — die centralen Kuppelungen — bestanden in der Anordnung einer keilförmig ausgearbeiteten Pfanne an der rückwärtigen Maschinenbrust, in welche ein am vorderen Tenderende angebrachter federnder Zahn eingreifen konnte, so dass die Schlingerbewegung der Locomotive vom Tender mit aufgenommen wurde. Diese Kuppelungen, unter denen die vom damaligen Maschinenchef der Kaiser Franz Josef-Bahn, Emil Tilp, ersonnene, das

Problem in theoretisch richtiger Weise löste, verminderten thatsächlich ganz bedeutend die seitlichen Schwankungen, hatten aber, weil die freie Einstellbarkeit von Locomotive und Tender in den Krümmungen nicht mehr vorhanden war, grosse Nachtheile im Gefolge [Ausschlagen der Tenderachslager, ungleiche und grosse Abnützung der Lagerstummel].[*)] Die Keilpfannen wurden daher soweit abgeflacht, dass sie dem Zahne eine seitliche Bewegung erlaubten. In dieser Form war der Schlingerbewegung nur ein mässiger Widerstand entgegengesetzt; die freie Beweglichkeit der Fahrzeuge in den Krümmungen war nicht mehr stark behindert. Der Zweck der centralen Kuppelung war aber dadurch ein anderer geworden: sie diente jetzt nur mehr als Spannvorrichtung zwischen Maschine und Tender, um das Zugeisen und die Kuppelungsbolzen vor heftigen Stössen zu bewahren. Bei den neuesten Locomotiven aller Verwendungszwecke, welche an sich einen ruhigen Lauf gewähren, wird eine centrale Kuppelung mit Pfanne und Zahn im Allgemeinen nicht mehr ausgeführt; eine einfache horizontal liegende Plattfeder am vorderen Tenderende, die mit kleinen Puffern auf gerade Reibplatten an die rückwärtige Maschinenbrust presst, dient als Spannvorrichtung.[**)]

Ein mässig rasch fahrender Zug lässt sich mit Hilfe der Handbremsen der Wagen und des Tenders rasch und auf kurze Entfernung zum Stillstande bringen. Mehr als 1000 m kann aber der Weg betragen, den ein Zug vom Beginne des

*) Im Jahre 1874 waren alle österreichischen Locomotiv-Fabriken mit bedeutenden Lieferungen für deutsche Bahnen — Hannoversche Staatsbahnen, Bergisch-Märkische Bahn u. a. — beschäftigt.

*) Frei von diesen Nachtheilen war die Tilp'sche Kuppelung, die durch ein besonderes Balancier-System in den Krümmungen den mittleren Zahn auslöste. Weil dieser Zahn aber nicht immer wieder in die Falle eingriff, sondern seitlich an legte, bedingte sie Entgleisungsgefahr.

**) Centrale Kuppelungen mit Zahn, die durch ein seitlich am Tender angebrachtes Handrad beim Kuppeln von Maschine und Tender ausgelöst werden konnten, waren schon 1844 an den alten Locomotiven der Wien-Gloggnitzer Bahn in Gebrauch, wurden aber bald wieder entfernt.

Bremsens bis zum Halten noch durch-
läuft, wenn er bei 70 bis 80 *km* Geschwindigkeit mit denselben einfachen
Mitteln gebremst wird. Die Anwendung
dieser Geschwindigkeiten im Betriebe
bedingte daher wesentlich bessere Bremsen, als die, welche bis dahin zu Gebote
standen. Es konnten im Interesse der
Sicherheit nur solche Bremsen in Betracht
kommen, deren Bethätigung in die Hand
des Führers gelegt ist, und welche neben
kräftigster Wirkung auch eine Regulirung der Geschwindigkeit auf Gefäll-
strecken erlauben.

Unter den in den Siebziger-Jahren in
England bekannten B r e m s e n, welche
diesen Bedingungen entsprachen, war die
nachstehend beschriebene V a c u u m-
b r e m s e von S m i t h die einfachste.
Die Bremsklötze eines jeden Fahrzeuges
stehen mit einem Bremscylinder in Verbindung, an welchen eine Rohrleitung
anschliesst; die Rohrleitungen der einzelnen Wagen sind unter einander durch
universalgelenkige Kuppelungen verbunden. Auf der Locomotive befindet sich
ein durch Dampf bethätigter Ejector
[Luftsauger], mit welchem der Führer
im Bedarfsfalle in der Leitung und
oberhalb der Kolben in den Brems-
cylindern eine Luftleere herstellt. Nachdem diese Bremscylinder unten offen
sind, bewirkt bei eintretender Luftleere
über den Kolben der äussere Luftdruck
ein Heben derselben, so dass die Bremsklötze an die Räder angepresst werden.
Durch eine besondere Luftklappe kann
der Führer wieder Luft in die Leitung
und die Cylinder einströmen lassen,
wodurch bei vollständiger Aufhebung
der Luftleere das »Entbremsen«, und
bei nur theilweiser Aufhebung derselben
eine »Milderung« des Bremsdruckes
[Regulirung der Geschwindigkeit] erzielt
wird.

Im Jahre 1877 machte die Südbahn die ersten Versuche mit der
Smith'schen Vacuumbremse. Der Vorstand der Wiener Reparatur-Werkstätte
dieser Bahn, Herr John H a r d y,[*]) ver-

---

[*] John H a r d y wurde im Jahre 1820
in Newcastle on Tyne geboren, und trat mit
10 Jahren als Millright [Praktikant] in die
dortige Stephenson'sche Locomotiv-Fabrik

besserte diese Bremse in allen ihren
Einzelheiten [insbesondere Bremscylinder, Ejector und Kuppelung] so wesentlich, dass diese, nunmehr Hardy'sche
Vacuumbremse genannte Bremse von
allen österreichischen [und vielen Aus-
landbahnen] allgemein angenommen
wurde. Erst in den letzten Jahren
machte sich wegen der auf 80 bis
90 *km* gesteigerten Fahrgeschwindigkeit
das Bedürfnis nach einer automatisch
wirkenden Bremse [Eintritt der Bremsung bei Zugstrennung, Möglichkeit des
Bremsens von jedem Wagen aus] geltend.
Nachdem die k. k. österreichischen
Staatsbahnen im Jahre 1895 eingehende
Versuche mit der automatischen Vacuumbremse[*]) angestellt hatten, wurde dieselbe bei den rasch fahrenden Schnellzügen [Wien-Carlsbad] zur Anwendung
gebracht. Auch die Nordbahn rüstete in
dieser Zeit einige ihrer Züge mit dieser
Bremse aus, so dass die allgemeine
Einführung derselben nur mehr eine
Frage der Zeit ist.

Trotzdem das zweiachsige D r e h-
g e s t e l l mit mittlerem Führungszapfen

ein. Nach Beendigung der Lehrzeit kam er
im Jahre 1846 nach Frankreich, und verblieb
bis 1860 als Oberwerkführer in der Werkstätte Rouen der Chemin de fer de l'Ouest.
In diesem Jahre übernahm er die Leitung
der Wiener Reparatur-Werkstätte der Südbahn, welchen Posten er bis zum Jahre
1881 behielt. Ausser der Vacuumbremse
construirte er auch die nach ihm be-
nannte Zweiwagenbremse. Er starb im
Jahre 1889.

[*]) Die automatische Vacuumbremse
wurde von den Ingenieuren der Vacuum-
brake-Compagnie in England [jene Gesellschaft, welcher J. Hardy die Verwerthung
seiner Patente übertragen hatte] entworfen.
Für den Continent fertigt die Firma Gebrüder
Hardy in Wien [Söhne des verstorbenen
J. Hardy], welche eine Reihe der wichtigsten
Verbesserungen an dieser Bremse vorgenommen hat, sämmtliche Bestandtheile derselben an. Bei dieser Bremse wird durch
einen constant thätigen kleinen Ejector in
der Leitung und auf beiden Seiten der
Bremskolben ein Vacuum erhalten. Beim
Bremsen wird durch einen Schieber Luft in
die Leitung eingelassen, welche die Bremskolben hebt; bei Zugstrennung [Zerreissung
der Kuppelungen] tritt daher auch eine
selbstthätige Bremsung der getrennten Zugstheile ein.

und seitlichen Auflagen [Südbahn] oder mit mittlerer Kugelauflage [Nordwestbahn] sich vorzüglich bewährte, konnte es sich nur langsam Bahn brechen. Auf falscher Grundlage durchgeführte theoretische Abhandlungen schrieben demselben unrichtige Einstellung in den Krümmnungen und sonstige Nachtheile zu, welche in Wirklichkeit nicht vorhanden sind. Insbesondere war die Behauptung vollständig unbegründet, dass das Drehgestell bei einem kleineren Radstande als die Spurweite [!] auf gerader Bahn der Locomotive einen schlängelnden Lauf ertheile. Diese, oft von Unberufenen gegen das Drehgestell geführte Polemik, mehr aber die thatsächlich ungünstigen Erfahrungen mit den alten Drehgestellen waren Ursache, dass noch einige Zeit hindurch Schnellzug-Locomotiven mit festem Radstande oder seitlich verschiebbarer Laufachse zur Ausführung gelangten. Vielfach hielt man auch die Drehgestelle auf Bahnen mit günstigen Richtungsverhältnissen für eine unnöthige Complication, weil man drei Achsen für die Unterbringung der damaligen Leistungen entsprechenden Kessel für ausreichend ansah.

Die für die Kaiserin Elisabeth-Bahn in der Maschinenfabrik der Oesterreichisch-Ungarischen Staatseisenbahn-Gesellschaft gebauten Schnellzug-Locomotiven [1878 bis 1879] waren wie die ein Jahr später aus derselben Fabrik hervorgegangenen Nordbahn-Maschinen auf drei Achsen gelagert. [Tafel XI, Fig. 3 und 4, Seite 481.] Die Westbahn-Locomotive, mit Aussenrahmen und Hall'schen Kurbeln an den Treibrädern ausgeführt, war mit einer seitlich verschiebbaren Laufachse versehen, deren Rückstellung in die Gerade durch Keilflächen [nach dem Vorbilde der französischen Orléans-Bahn] bewirkt wurde. Diese Maschine hatte ferner die Haswell'sche Wellblech-Feuerbüchse, und war eine der wenigen Locomotiven, an welcher die Kaselowsky'sche Radreifenbefestigung [eingegossener Ring] zur Anwendung gelangte.

Die Nordbahn-Schnellzug-Locomotive zeigte eine Achsstellung wie die früher erwähnten gekuppelten Crampton-Locomotiven und war mit steifer Vorderachse versehen. Trotz der Anwendung des Aussenrahmens, hatte die Nordbahn doch im Allgemeinen das Hall'sche Kurbelsystem nicht ausschliesslich angenommen, sondern die alten verlässlichen Aufsteckkurbeln bei Güterzug- und Personenzug-Locomotiven beibehalten; dieselben gelangten auch bei der genannten Type zur Ausführung. Abweichend von der gewöhnlichen Manier war das Führerhaus, zur Milderung des Dröhnens, aus Holz hergestellt.

Dem Baue von Tender-Locomotiven wurde in Oesterreich erst in den Siebziger-Jahren grössere Beachtung geschenkt. Eine bemerkenswerthe Type wurde für die eigene Bahn in der Maschinenfabrik der Oesterreichisch-Ungarischen Staatseisenbahn-Gesellschaft im Jahre 1870 ausgeführt. Für Vicinalbahnen bestimmt, war sie eine leichte Maschine mit sechs gekuppelten Rädern und innenliegenden Dampfcylindern. Die Wasserkasten waren als Sattel über dem Langkessel gelagert. An ihr kam zum ersten Male die früher erwähnte Haswell'sche Wellblech-Feuerbüchse zur Anwendung.*) [Vgl. Tafel XII, Fig. 1, Seite 482.]

Für den Betrieb der Seitenlinien der Kronprinz Rudolf - Bahn wurden von Krauss in München und von der Locomotiv-Fabrik Winterthur [1872 bis 1873] eine grössere Anzahl von dreiachsigen schweren Tender-Locomotiven mit Wasserkasten-Rahmen bezogen. Die Locomotiven der Winterthurer Lieferung waren die ersten in Oesterreich, welche die später hier fast allgemein angenommene Heusinger'sche Umsteuerung besassen.

Der in diesem Zeitraume in grösserem Umfange aufgenommene Bau von Localbahnen und das Bestreben vieler grosser Bahnen, auf ihren Hauptlinien den Betrieb durch Einführung sogenannter Secundärzüge [an Stelle der

*) Die Vorstudien und ersten Versuche zu dieser Construction machte Haswell 1869 an dem Kessel eines kleinen Locomobiles, welches noch heute in der genannten Fabrik in Verwendung ist.

schweren, wenig ausgenützten Personen-
züge] zu verbilligen, führte zur Construction l e i c h t e r T e n d e r - L o c o-
m o t i v e n.

Für den Betrieb von Localbahnen
wurden in Wiener-Neustadt in den Jahren
1878 und 1880 zwei Tender-Locomotiven entworfen, welche für die damaligen kleinen Staatsbahnlinien bestimmt
waren. [Abb. 305 und 306.] Die zweiachsige kam auf der Strecke Leobersdorf-
St. Pölten, die dreiachsige auf der Strecke
Mürzzuschlag-Neuberg in Verwendung.
Bei späteren Ausführungen mit vergrösser-
tem Wasserkasten versehen, ist die letztere Type heute in mehr als hundert
Exemplaren
auf den vielen
Localbahnen
der k. k. öster-
reichischen
Staatsbahnen
in Verwendung.

Für die Be-
förderung der
neueingeführ-
ten Secundär-
züge auf der
Kaiserin Eli-
sabeth-Bahn
wurde 1880 in
Wiener - Neu-

Abb. 305. Zweiachsige Tender-Locomotive der k. k. österreichischen
Staatsbahnen. [1878.]

stadt eine zweiachsige Tender-Locomotive gebaut, welche im Allgemeinen
nur durch grössere Räder, Cylinder und
Kessel von der Leobersdorf - St. Pöltner
Type verschieden war.

Eine weitere Verminderung der Wagen-
anzahl der Secundärzüge wurde bei der
Nordwestbahn und Südbahn dadurch erzielt, dass die im Jahre 1879 für diese
Bahnen in Floridsdorf gebauten Tender-
Locomotiven, Bauart »Elbel-Gölsdorf«,
mit einem Gepäcksraume versehen waren.
Die Nordwestbahn-Maschine besass nur
eine Treibachse [vgl. Tafel XII, Fig. 2,
Seite 482], während die Südbahn-Aus-
führung [vgl. Tafel XII, Fig. 3, Seite 482]
zwei gekuppelte Achsen aufwies. Locomotiven dieser Bauart wurden in Oesterreich für die Localbahn Hallein-Kremsier,
für den Secundärbetrieb auf den
Ungarischen Staatsbahnen und der Kaschau-Oderberger Bahn und für die

Raab-Oedenburger Bahn gebaut. Auch
im Auslande fand diese Type Nachahmung, und zwar auf den preussischen
Staatsbahnen [Direction Königsberg], auf
den französischen Staatsbahnen und in
Schweden.

Allgemeiner verwendbar als die zweiachsige Tender-Locomotive erwies sich die
d r e i a c h s i g e; auf den Localbahnen der
Oesterreichisch-Ungarischen Staatseisenbahn-Gesellschaft, der Nordbahn, Nordwestbahn, Südbahn u. s. w. wurden daher
späterhin nur mehr Sechskuppeler-Ten-
der-Locomotiven ähnlicher Bauart wie
die Mürzzuschlag-Neuberger Type in
den Dienst gestellt. Eine zweiachsige,
ungekuppelte
Tender - Loco-
motive wurde
noch im Jahre
1889 in der Ma-
schinenfabrik
der Oesterrei-
chisch-Ungari-
schen Staats-
eisenbahn-Ge-
sellschaft für
den Flügel
»Mödling - La-
xenburg« der
Südbahn aus-
geführt. [Vgl.
Tafel XII, Fig. 4, Seite 482.]

Von grösseren, für den Verschiebe-
dienst und für schwere Güterzüge auf
kurzen Seitenlinien construirten Tender-
Locomotiven sei noch der im Jahre 1880
in vorgenannter Fabrik erbaute Achtkuppler, als e r s t e r dieser Type in
Oesterreich, erwähnt. [Vgl. Tafel XII,
Fig. 1, Seite 483.]

Anfang der Achtziger-Jahre wurden
von Frankreich so bedeutende Locomotiv-
Bestellungen in Oesterreich gemacht, dass
alle Fabriken vollauf beschäftigt waren.
Auch der Bedarf im Inlande war wieder
so gross geworden, dass die Locomotiv-
Fabrik Krauss & Co. in München im
Jahre 1880 eine Filialfabrik mit Aussicht
auf dauernde Beschäftigung in Linz errichten konnte.

Diese Fabrik sollte hauptsächlich dem
Bau kleiner Tender-Locomotiven für Bauunternehmer und Localbahnen dienen.

Die Rührigkeit ihres Directors M. Fassbender brachte es aber dahin, dass in derselben auch eine grosse Anzahl der schwersten Vollbahn-Maschinen ausgeführt wurde. Die erste hier fertiggestellte Locomotive, eine zweiachsige Tender-Locomotive (für eine Bauunternehmung), wurde am 31. December 1881 abgeliefert. Die nächste Bestellung, umfassend 46 Stück zweiachsige Tender-Locomotiven, wurde von den k. k. Staatsbahnen gemacht. Diese Maschinen [Tafel XIII, Fig. 2, Seite 483], nach demselben Programme wie die Seite 460 erwähnten Secundärzug-Locomotiven der Kaiserin Elisabeth-Bahn erbaut, sind auf den Seitenlinien der k. k. Staatsbahnen in Verwendung. Eine Specialität dieser Fabrik ist der Bau von Schmalspur-Locomotiven nach dem System Klose und Helmholtz.*)

Im Jahre 1884 kam die Bahn über den Arlberg zur Eröffnung. Die Zufahrt-Rampen zum Arlberg-Tunnel

Abb 306. Dreiachsige Tender-Locomotive der k. k. österreichischen Staatsbahnen. [1880.]

haben sowohl auf der Ostseite wie auf der Westseite eine Länge von rund 25 km und sind in nahezu constanter Steigung von 31%oo, beziehungsweise 26%oo angelegt; die kleinsten Krümmungs-Halbmesser betragen 200 m. Die Wahl einer diesen ausserordentlich schwierigen Verhältnissen entsprechenden Type sollte von dem Ergebnis der Erprobung einer Reihe von Locomotiv-Typen abhängig sein.

Auf Grund einer von der damaligen k. k. Direction für Staatseisenbahn-Betrieb in Wien veranlassten Concurrenz-Ausschreibung, welche die Beförderung eines Zuggewichtes von 175 t mit 12 km Geschwindigkeit auf 26%oo Steigung forderte, lieferten Wiener-Neustadt vier, Floridsdorf zwei und Krauss in München

*) Näheres Bd. III, Fr. Žetula, Die Eisenbahnen im Occupationsgebiete.

fünf Locomotiven. Die in Wiener-Neustadt gebaute Locomotive war ein Achtkuppler mit Aussenrahmen und Hall'schen Kurbeln; die vierte Achse war unter der Feuerbüchse gelagert.*) [Tafel XIII, Fig. 3, Seite 483.] Die Floridsdorfer Maschine besass ebenfalls vier gekuppelte Achsen, hatte aber keinen besonderen Tender, sondern [analog der modificirten »Vindobona«] rückwärts ein zweiachsiges Deichselgestelle mit Pendelaufhängung nach Bauart Kamper. [Tafel XIII, Fig. 4, Seite 483.] Die Locomotiv-Fabrik Krauss in München stellte eine Achtkuppler-Tender-Locomotive bei, an welcher die von Krauss eingeführten Wasserkasten-Rahmen Anwendung fanden. [Tafel XIV, Fig. 1, Seite 484.]

Bei vollkommen befriedigender Leistung zeigte sich aber an den beiden letzteren Locomotiven derselbe Nachtheil, der auf langen Bergstrecken allen Tender-Locomotiven anhaftet. Der Inhalt der Wasserkasten war nicht hinreichend bei der Floridsdorfer Ausführung, während bei der Krauss'schen Locomotive das Adhäsionsgewicht nach Aufbrauch der Vorräthe zu sehr verringert wurde, um die Ausübung der vollen Zugkraft mit Sicherheit zu ermöglichen.

Die Wiener-Neustädter Locomotive, als Schlepptender-Maschine, frei von diesen Uebelständen, wies infolge des Aussenrahmens bei den grossen Dimensionen der Dampfcylinder grössere Breitenmasse und grösseren Tiefgang der Treib- und Kuppelstangen auf, als nach der damals zu Recht bestehenden Fassung der technischen Vereinbarungen für die

*) Diese Type wurde später für die Böhmische Westbahn in etwas kleineren Dimensionen ausgeführt.

Freizügigkeit der Locomotiven zulässig war.*)

Diese drei Typen blieben auf dem Arlberge in Verwendung; weitere Nachbestellungen wurden aber nicht gemacht. Als Locomotive für die Beförderung der Lastzüge wurde ein Jahr später in Floridsdorf ein Achtkuppler mit Innenrahmen und Innensteuerung entworfen, welcher im Allgemeinen eine verstärkte Ausführung des im Jahre 1882 gelieferten Franz Josef-Bahn-Achtkupplers darstellte. [Tafel XIV, Fig. 2, Seite 484.] Von dieser Type wurden bis heute für die vielen Bergstrecken der k. k. österreichischen Staatsbahnen mehr als dreihundert Exemplare gebaut. Als Personen- und Schnellzug-Locomotive diente ein Sechskuppler, der sich ebenfalls nur durch grössere Abmessungen von den älteren Westbahn-Locomotiven mit Hall'schen Kurbeln und Aussenrahmen unterschied.

Als Ende der Siebziger-Jahre die wirthschaftliche Krise überwunden war, fand auch der Bau der Schnellzug-Locomotiven wieder Beachtung. Für die Kronprinz Rudolf-Bahn, Kaiser Franz Josef-Bahn und für die Kaiser Ferdinands-Nordbahn wurden in Wiener-Neustadt in den Jahren 1877, 1879, beziehungsweise 1881 Schnellzug-Locomotiven gebaut, welche in der Anordnung der Räder und des Triebwerkes mit der Rittinger Type übereinstimmten. [Tafel XIV, Fig. 3 und 4 sowie Tafel XV, Fig. 1, Seite 484 und 485.] An Stelle des Drehgestelles mit Mittelzapfen gelangte aber das Kamper'sche Deichselgestelle zur Anwendung.

Die Südbahn behielt bei ihren im Jahre 1882 gelieferten Schnellzug-Locomotiven [Floridsdorf], welche gegen die Ausführung vom Jahre 1873 grössere

*) An Stelle der bisher üblichen Umsteuerungs-Mechanismen mit Hebel oder Schraube, war diese Maschine mit einer vom Ober-Ingenieur Ruchholz in Wiener-Neustadt entworfenen combinirten Hebel-Schrauben-Umsteuerung versehen. Diese Construction, welche alle bis dahin entworfenen Einrichtungen nach Art an Einfachheit übertraf, war besonders bei den k. k. österreichischen Staatsbahnen in Verwendung, bis sich die Ueberzeugung einstellte, dass die einfache Schrauben-Umsteuerung auch beim Verschiebe-Dienst ohne Nachtheil am Platze sei.

Kessel und grösseres Adhäsionsgewicht aufwiesen, das amerikanische Drehgestelle bei; diese Locomotiven waren die ersten in Oesterreich, welche bei den technisch-polizeilichen Probefahrten, trotz des kleinen Treibrad-Durchmessers von 1·720 m, Geschwindigkeiten von 115 km pro Stunde erreichten. [Tafel XV, Fig. 2, Seite 485.]

Die Einstellung vieler directer Wagen in die Schnellzüge brachte deren Gewicht aber bald so in die Höhe, dass diese Type bei späteren Lieferungen mit höherem Dampfdrucke und vergrösserter Rost- und Heizfläche ausgeführt wurde. [Tafel XV, Fig. 3, Seite 485.]

Auch bei den k. k. österreichischen Staatsbahnen musste wegen allgemeiner Einführung der schweren Schnellzug-Wagen mit Seitengang an die Aufstellung einer stärkeren Schnellzug-Locomotive geschritten werden. In den Einzelheiten mit den vorerwähnten Locomotiven der Kaiser Franz Josef-Bahn nahezu ganz gleich, gelangte an ihr das Drehgestelle mit Mittelzapfen wieder zur Anwendung. [Tafel XV, Fig. 4, Seite 485.] Die erste derselben wurde im Jahre 1885 in Wiener-Neustadt gebaut; heute sind mehr als zweihundert Locomotiven dieser Type in Verwendung.

Die Nordwestbahn behielt bei ihren in diesem Zeitraume gelieferten Schnellzug-Locomotiven das Drehgestelle mit centraler Kugelauflage bei, ging aber in der Anordnung der Cylinder wieder auf die Rittinger Type über. Die ersten Lieferungen mit Treibrad-Durchmesser von 1·900 m hatten die Kuppelachse hinter dem Feuerkasten gelagert; bei den späteren Lieferungen, mit Treibrädern von 1·760 m, war diese Achse unter dem Feuerkasten angeordnet. [Tafel XVI, Fig. 1, Seite 486.] Fast alle der kleineren österreichischen Bahnen: Böhmische Nordbahn, Kaschau-Oderberger Bahn und Buschtěhrader Bahn, Böhmische Westbahn und Aussig-Teplitzer Bahn bauten in den Achtziger-Jahren Schnellzug-Locomotiven nach dem Vorbilde der Südbahn-Type, beziehungsweise Type der k. k. österreichischen Staatsbahnen.

Die Oesterreichisch-Ungarische Staatseisenbahn-Gesellschaft beförderte bis zum Jahre 1882 ihre Schnell- und Personenzüge fast ausschliesslich mit den auf Seite 440 erwähnten Engerth-Locomotiven. Als deren Ersatz durch eine stärkere Type nothwendig war, nahm diese Gesellschaft nicht das Drehgestelle an, sondern liess in ihrer Maschinenfabrik eine vierachsige Schnellzug-Locomotive nach Zeichnungen der französischen Orléans-Bahn ausführen. Der Kessel wich von der französischen Original-Ausführung nur insoferne ab, als er, entsprechend dem minderwerthigen Brennstoffe, mit grösserer Rostfläche versehen wurde.[*] Die Vorderachse war seitlich verschiebbar; ihre Rückstellung erfolgte durch Keilflächen auf dem Lager.

der reconstruirten »Vindobona« mit zwei Dampfdomen, welche durch ein Rohr verbunden waren, ausgeführt. An Stelle der Deckenankerschrauben an der Feuerbüchse gelangte die Construction von Polonceau zur Anwendung, welche jede Verankerung dadurch überflüssig macht, dass die innere Feuerbüchsen-Decke aus einzelnen zusammengenieteten Theilen von »U«-förmigem Querschnitt besteht. [Vgl. Tafel XVI, Fig. 2, Seite 486.]

Die vollkommenste Ausbildung erfuhr die Aussenrahmen-Schnellzug-Locomotive mit vier gekuppelten Rädern und Aufsteckkurbeln durch die Nordbahn im Jahre 1894.

Abb. 307. Schnellzug-Locomotive der Nordbahn. [1894.]

Die späteren Lieferungen wurden mit grösseren Treibrädern [2·120 m Durchmesser] und nach dem Vorbilde

[*] Noch vor Ablieferung dieser Locomotiven legte Haswell seine Stelle nieder. Still und von der Aussenwelt abgeschlossen, verbrachte er den Abend seines Lebens. Ein Greis von 85 Jahren, schloss er im Jahre 1897 die müden Augen. Als er zu Grabe getragen wurde, da war ein neues Geschlecht erstanden, welches, weiter schaffend auf den von ihm vorgezeichneten Wegen, von dem Altmeister Haswell wenig mehr wusste, als den Namen. Die Schollen fielen auf seinen Sarg; kein Nachruf erklang dem Manne, der so viel geleistet und geschaffen hatte. Möge das vorliegende Werk einen Theil des Dankes darstellen, den Oesterreich diesem Manne schuldet.

Bei den bisher üblichen vier Achsen wäre der Einbau eines grösseren Kessels nur durch Ueberschreitung des auf den Linien der Nordbahn zugelassenen Achsdruckes von 14 t möglich gewesen. Um diese Grenze einzuhalten, wurde rückwärts eine fünfte, frei einstellbare Achse angeordnet, und damit eine Type geschaffen, welche bald darauf in Amerika unter dem Namen »Atlantic-Typ« vielfach Nachahmung fand. Diese Maschinen, welche im Zugverkehre Leistungen von 700—800 Pferdekräften ergeben, erreichten bei den Probefahrten Geschwindigkeiten bis zu 125 km pro Stunde. [Abb. 307.]

In den Siebziger- und Achtziger-Jahren wurden keine principiell neuen

Güterzug-Locomotiven in Oesterreich gebaut. Der Sechskuppler mit überhängendem Feuerkasten fand nur in Bezug auf Detail-Construction weitere Ausbildung. An Stelle des Aussenrahmens und der Hall'schen oder Aufsteckkurbeln ging man aber allgemein zum Innenrahmen über. [Vgl. Tafel XVI, Fig. 3 und 4, Seite 486, Sechskuppler der k. k. österreichischen Staatsbahn und der Südbahn.]

Nur die Staatseisenbahn-Gesellschaft baute Sechskuppler und Achtkuppler, bei denen der rückwärtige Ueberhang durch Anordnung der Kuppelachse unter der Feuerbüchse vermindert war. An allen diesen Maschinen [vgl. Tafel XVII, Fig. 1, Seite 487] sind die Endachsen seitlich verschiebbar und mit der französischen Keilflächen-Rückstellung versehen.

Bei einer Dampfspannung von 5½ Atmosphären im Kessel, war der Druck, welchen der Dampf auf einen Kolben der alten Locomotive »Wien« ausübte, 3200 kg. Mit demselben konnte bei einer Geschwindigkeit von 12–15 km pro Stunde eine Zugkraft von rund 1000 kg und eine Leistung von 50 Pferdekräften entwickelt werden. Die Maschine hatte, ohne Tender, ein Gewicht von 16.800 kg, so dass zur Leistung einer Pferdekraft rund 330 kg Maschinengewicht erforderlich waren.

Die seit dem Jahre 1885 auf dem Arlberge verwendeten Achtkuppler ergeben bei einer Dampfspannung von 11 Atmosphären einen Druck von 21.600 kg auf jeden Kolben, welcher eine Zugkraft von 10.600 kg und eine Leistung von 550 Pferdekräften ermöglicht. Bei einem Eigengewichte von 55.000 kg entfallen 100 kg Locomotiv-Gewicht auf eine Pferdekraft.

Elf Mal grösser ist die Leistung dieser neuen Locomotiven, und sie ist, auf die Krafteinheit bezogen, mit einem Drittel des Materialaufwandes erreicht worden.

In den Vierziger-Jahren erreichten auf der Wien-Gloggnitzer Bahn die Kosten für den Brennstoff — auf heutige Einheiten umgerechnet — rund 35 Kreuzer pro Kilometer, während dieselben jetzt im grossen Durchschnitte nur 7 Kreuzer betragen, also blos den fünften Theil der vor 50 Jahren vorhandenen Auslagen bilden.

Blasrohr und Rauchfang, die wichtigsten Bestandtheile für die Dampferzeugung, waren Gegenstand der mühevollsten Erprobungen und Studien, bis das jetzige Verdampfungs-Vermögen der Kessel erreicht war. Nur auf Grund wissenschaftlicher Untersuchungen und Experimente konnte die Dampfvertheilung in den Cylindern so bewerkstelligt werden, dass die unter den ungünstigsten Verhältnissen arbeitende Locomotive in Bezug auf Wirkungsgrad mit den besten, mit allen vollkommenen Präcisions-Mechanismen u. s. w. versehenen Stabilmaschinen keinen Vergleich zu scheuen braucht.

Mehr als zehn Millionen Gulden beträgt der Werth der alljährlich von den Locomotiven Oesterreichs verbrannten Kohlen; eine Summe, welche 7% — 10% der Gesammtauslagen der Bahnen darstellt. Jede Neuerung, welche auf Verminderung des Brennstoff-Verbrauches hinzielt, musste daher die grösste Beachtung der Bahnen finden.

Die Locomotiv-Steuerungen können, entsprechend der jeweilig erforderlichen Leistung, so eingestellt werden, dass die Schieber nur während eines grösseren oder kleineren Theiles des Kolbenweges Dampf in die Cylinder eintreten lassen; den Rest seines Weges legt dann der Kolben unter der Wirkung der Expansivkraft des Dampfes zurück, wobei der Druck desselben stetig abnimmt. Die Ausnützung des Dampfes ist umso vollkommener, je geringer der Druck ist, mit dem er schliesslich aus dem Cylinder durch das Blasrohr entweicht.

Einer vollkommenen Ausnützung des Dampfes stehen aber nicht nur gewisse theoretische Mängel der Coulissensteuerungen entgegen, sondern in noch höherem Grade die bei weit getriebener Expansion in den Dampfcylindern auftretenden Temperatur-Unterschiede. Dieses thermo-dynamische Hinderniss lässt sich aber grösstentheils beseitigt, wenn man die Expansion des Dampfes nicht in einem Cylinder vor sich gehen lässt, sondern auf zwei Cylinder vertheilt: Die Expansion des Dampfes wird in dem ersten Cylinder, dem Hochdruckcylinder, eingeleitet, und in dem zweiten, grösseren, dem Niederdruckcylinder, beendet.

Dieses Princip der doppelten Dampfdehnung ist fast so alt, wie die Locomotive selbst.*) Bei Schiffsmaschinen schon seit den Vierziger-Jahren bekannt [Woolf'sche Maschinen], kam es an Locomotiven in den Siebziger-Jahren durch den französischen Ingenieur A. Mallet zum ersten Male in brauchbarer Form zur Anwendung.

Die mit einer derartigen Cylinder-anordnung ausgeführten Locomotiven — Compound- oder Verbund-Locomotiven genannt — benöthigen aber besonderer Einrichtungen, um sicher »anfahren« zu können. Es muss ein Bestandtheil vorhanden sein, welcher Dampf in den Niederdruckcylinder einführt, wenn die Maschine aus solchen Kurbelstellungen anfahren soll, in denen der Schieber in Hochdruckcylinder die Einströmcanäle absperrt; es muss ferner verhindert werden, dass dieser in den Niederdruckcylinder eingeführte Dampf einen schädlichen Gegendruck auf den Hochdruckkolben ausübe. Die Mallet'sche Einrichtung überwindet diese Schwierigkeiten dadurch, dass eine besondere Umschaltvorrichtung die Maschine »während des Anfahrens« in eine gewöhnliche Maschine verwandelt.

Der Maschinen-Director W. Rayl der Kaiser Ferdinands-Nordbahn war der erste Techniker in Oesterreich, welcher, die Vorzüge der doppelten Dampfdehnung bei Locomotiven beachtend, Ende des Siebziger-Jahre eine der alten Personenzug-Locomotiven, die »Nagy-Maros«, mit der Mallet'schen Einrichtung versah. Auch die Oesterreichisch-Ungarische Staatseisenbahn-Gesellschaft machte bald darauf einige Versuche in dieser Richtung, indem eine dreicylindrige Compound-Locomotive nach der Bauart Webb aus England bezogen und der Umbau von einigen der älteren Sechskupplern und Achtkupplern nach Mallet angeordnet wurde.

Um über die Brennstoff-Ersparnis genaue Ziffern zu erhalten, liess die Nordbahn im Jahre 1889 in Wiener-Neustadt eine grössere Anzahl von

Sechskupplern bauen, von denen einige, bei sonstiger Gleichheit aller Bestandtheile, als gewöhnliche Maschinen, einige als Compound-Maschinen mit der einfacheren Anfahrvorrichtung von Lindner und [bei späteren Lieferungen] von Borries ausgeführt waren. Der Erfolg war ein unbestreitbarer; die Compounds erwiesen sich den einfachen Locomotiven nicht nur in Bezug auf Oeconomie, sondern auch in Bezug auf Leistung überlegen. [Tafel XVII, Fig. 2, Seite 487.]

Im Jahre 1892 construirte der Verfasser dieser Abhandlung eine Anfahreinrichtung, welche jeden besonderen Anfahrmechanismus überflüssig macht. Durch Anwendung grosser Füllungen wird die schädliche Wirkung des Gegendruckes aufgehoben, und durch Anbringung von Bohrungen im Schiebergesichte des Niederdruckcylinders wird vom Regulator Dampf in denselben eingeführt, wobei die Bethätigung dieser Oeffnungen durch den Niederdruckschieber erfolgt. Diese Einrichtung, welche als Plus gegenüber den gewöhnlichen Locomotiven nur eine kurze, enge Rohrleitung bedingt, stellt an die Geschicklichkeit des Fahrpersonales keine Anforderung; die Führung der Maschine hat genau so zu erfolgen, wie die einer gewöhnlichen Locomotive.

Unter der Direction des Ministerialrathes H. Kargl wurde die erste Compound-Locomotive der k. k. Oesterreichischen Staatsbahnen, wie auch die späteren Locomotiven dieses Systems, im Constructionsbureau der k. k. Staatsbahnen vom Verfasser entworfen.

Die erste, ein gewöhnlicher Sechskuppler, wurde im Jahre 1893 in Wiener-Neustadt gebaut [Tafel XVII, Fig. 3, Seite 487]; wie bei der Nordbahn, konnte auch hier bei nennenswerther Verminderung des Brennstoffverbrauches eine erhöhte Leistung im Vergleich zu den sonst gleichen einfachen Maschinen nachgewiesen werden.

In darauffolgenden Jahre schon wurden von den k. k. Staatsbahnen Verbund-Schnellzug-Locomotiven bestellt, von denen die erste aus der Locomotiv-Fabrik Floridsdorf hervorging. An Stelle der Aussenrahmen mit

*) Vgl. Bd. I, 1. Theil, P. F. Kupka, Allgemeine Vorgeschichte.

Kurbeln gelangte der Innenrahmen zur Anwendung; der Kessel wurde so hoch gelegt, dass die Feuerbüchse über die Rahmen-Oberkante zu liegen kam. [Abb. 308 und Tafel XVII, Fig. 4, Seite 487.] Unter Einhaltung des auf den Hauptlinien der k. k. Oesterreichischen Staatsbahnen zulässigen Achsdruckes von 14½ t, erhielt diese unter der Bezeichnung Serie 6 bekannt gewordene Maschine einen Kessel von 2·0 m² Rostfläche und 155 m² Heizfläche. Die beiden auf demselben angebrachten Dome sind durch ein weites Rohr verbunden. Bei den amtlichen Erprobungen wurden wiederholt Geschwindigkeiten von 125 bis 130 km pro Stunde erreicht. Im Zugsverkehre entwickeln diese Locomotiven Leistungen bis zu 800 Pferdekräften; bei einem Eigengewichte von 56.000 kg sind also nur 70 kg Locomotiv-Gewicht für die Leistung einer Pferdekraft erforderlich.

Die ungünstigen Neigungs- und Richtungsverhältnisse der österreichischen Hauptbahnen [insbesondere der k. k. Staatsbahnen] waren ein Hindernis für grössere Geschwindigkeiten; erst mit den genannten Maschinen war es möglich, auch bei uns Schnellzüge mit einer maximalen Geschwindigkeit von 90 km und einer commerziellen Geschwindigkeit von 65 km pro Stunde einzuführen.

Die im Jahre 1893 für die Kaiser Ferdinands-Nordbahn in Wiener-Neustadt gebauten Verbund-Güterzug-Locomotiven, an denen auch die Anfahreinrichtung der Locomotiven der k. k. Staatsbahnen angewendet wurde, sind dadurch bemerkenswerth, dass an ihnen bei drei gekuppelten Achsen noch ein vorderes Deichselgestelle angebracht ist.[*] [Vgl. Tafel XVIII, Fig. 1, Seite 488.]

Verbund-Güterzug-Locomotiven mit derselben Anordnung der Achsen, jedoch

radial einstellbarer Laufachse anstatt des Deichselgestelles und hoch gelegtem Kessel gingen im Jahre 1895 aus derselben Fabrik für die k. k. Oesterreichischen Staatsbahnen hervor. [Vgl. Tafel XVIII, Fig. 2, Seite 488.]

Auch die von den k. k. Staatsbahnen für die Wiener Stadtbahn angeschafften fünfachsigen Tender-Locomotiven [Vgl. Tafel XVIII, Fig. 3, Seite 488], von denen die erste in der Floridsdorfer Locomotiv-Fabrik im Jahre 1895 erbaut wurde, sind als Verbund-Locomotiven ausgeführt. Die an beiden Enden angebrachten Laufachsen sind radial einstellbar. Diese Maschinen wiegen, voll ausgerüstet, 69 t, von denen 43 t als Adhäsionsgewicht nutzbar sind. Damit diese Locomotiven auch auf den Hauptlinien Verwendung finden können, erhielten die Wasserkasten einen Inhalt von 8·3 m³.

Die Stadtbahn-Locomotiven sind im Allgemeinen nicht dazu bestimmt, grosse Dauerleistungen zu ergeben; ihre grösste Leistung haben sie beim Anfahren zu entwickeln, weil wegen der oft nur 800 bis 1000 m betragenden Stations-Entfernung, die Geschwindigkeit von 30 bis 35 km auch auf Steigungen schon nach Durchfahren von 300 bis 400 m erreicht sein muss. Aus diesem Grunde musste eine schwere Type angeschafft werden, welche bis zu 700 Pferdekräften beansprucht werden kann.

Zur Verhütung des Rauchens wurden an der ersten Maschine dieser Serie einige Rauchverzehr-Apparate zur Erprobung angebracht, unter Anderem auch die [bei gleichmässiger Leistung der Maschine], eine vollkommene Rauchverzehrung ergebende Petroleum-Feuerung System Holden, welche von den k. k. Oesterreichischen Staatsbahnen schon seit einigen Jahren auf dem Arlberge im grossen Tunnel bei allen Zügen Anwendung findet.[*]

---

[*] Diese Achsanordnung kam in Oesterreich zu ersten Anwendung bei den von der Locomotiv-Fabrik Krauss in München im Jahre 1884 für die k. k. Oesterreichischen Staatsbahnen gebauten Personenzug-Locomotiven. Im Inlande wurde dieselbe zum ersten Male an Personenzug-Locomotiven ausgeführt, welche die Maschinenfabrik der Oesterreichisch-Ungarischen Staatseisenbahn-Gesellschaft im Jahre 1886 für die bulgarischen Staatsbahnen lieferte.

[*] Das Problem der Rauchverzehrung fand in Oesterreich seit jeher die grösste Beachtung. In den Fünfziger-Jahren wurde vom Ingenieur Weiss ein Rauchverzehr-Apparat construirt, welcher aus einer hohlen, vor der Rohrwand der Feuerbüchse aufgestellten Mauer aus feuerfesten Ziegeln bestand, durch welche Luft über die Brennstoffschichte geleitet werden konnte. Mitte

Viele der neueren, von den k. k. Oesterreichischen Staatsbahnen betriebenen Localbahnen sind mit Steigungen von mehr als 25°/₀₀ ausgeführt. Für diese Linien, und auch für jene, auf welchen der Verkehr eine grosse Steigerung erfahren hatte, war die Aufstellung einer stärkeren Type, als der bisher verwendeten dreiachsigen, erforderlich. Die erste Ausführung derselben erfolgte in der Locomotiv-Fabrik Krauss & Comp. in Linz. Diese Verbund-Tender-Locomotiven haben drei gekuppelte Achsen und eine vordere Radial-Achse.

XVIII, Fig. 4, Seite 488.] Einige dieser Oesterreichischen Localbahnen verkehren auf der mit 50°/₀₀ Steigung angelegten Localbahn von Schlackenwerth nach Joachimsthal.

So lange die Schnellzüge auf den Semmering, Brenner und Arlberg nicht schwerer waren als 110 bis 120 *t*, reichten zu deren Beförderung die alten Sechskuppler mit kurzem Radstande und überhängenden Feuerkasten [Tafel XVI, Fig. 3 und 4, Seite 486] vollständig aus.

In den letzten Jahren sind aber diese Züge so schwer geworden, dass die Beigabe einer Vorspannmaschine

Abb. 308. Verbund-Schnellzug-Locomotive Serie 6 der k. k. Staatsbahnen. [1894.]

Die Steuerung weicht von der an allen vorerwähnten Locomotiven angewendeten Heusinger'schen Steuerung insoferne ab, als die Coulisse durch Winkelhebel und Gegenlenker ersetzt ist. [Tafel

nicht mehr Ausnahme, sondern Regel wurde.

Die Südbahn ging daher im Jahre 1896 auf eine in Oesterreich neue Type, den Sechskuppler mit vorderem zweiachsi-

der Sechziger-Jahre fand insbesondere auf der Südbahn der Rauchverzehrer des französischen Ingenieurs Thierry vielfach Anwendung. Er beruhte auf der Einführung von Dampf in seinen Strahlen durch ein im Feuerungsraume an der Box-Hinterwand gelagertes Rohr, und Einführung von Luft durch die halbgeöffnete Heizthüre. Fast alle der in den letzten zehn Jahren in Oesterreich entstandenen Rauchverzehr-Apparate sind dem Wesen nach nur Modificationen der Erfindungen von Weiss und Thierry.

Ohne Anwendung dieser complicirten Einrichtungen wird schon eine wesentliche Verminderung der Rauchentwicklung [und bessere Ausnützung des Brennstoffes] durch die von England her bekannt gewordenen einfachen Chamotte-Gewölbe an der Rohrwand erzielt, welche hier zuerst bei den böhmischen Bahnen, in den Siebziger-Jahren, Anwendung fanden. Diese Erfahrung benützend,

construirte der Regierungsrath im k. k. Eisenbahn-Ministerium K. Marek im Jahre 1896 einen Apparat, welcher ausser einem langen Gewölbe in der Feuerbüchse noch eine eigenartig durchgeführte Klappe an der Heizthüre zur Einführung von Oberluft aufweist. Diese Einrichtung, welche selbst bei grösster Leistung der Maschine den Rauch vollkommen verzehrt, ist so einfach, dass die Handhabung keine besondere Geschicklichkeit seitens des Heizers erfordert. Sie ist bei vielen Locomotiven der k. k. Oesterreichischen Staatsbahnen angebracht und findet auch schon bei vielen Privatbahnen Eingang.

Theorie und Praxis ergaben, dass mit der Verzehrung des Rauches keine Brennstoff-Ersparnis erzielt werden kann; im günstigsten Fall wird, weil jeder Rauchverzehr-Apparat eine achtsamere Behandlung des Feuers erfordert, der Brennstoff-Aufwand bei rauchfreier und rauchender Feuerungs-Anlage gleich sein.

30*

gem Drehgestelle über. [Vgl. Tafel XIX, Fig. 1, Seite 489.] Die ersten dieser Maschinen wurden in der Maschinenfabrik der Oesterreichisch-Ungarischen Staatseisenbahn-Gesellschaft gebaut;[*] in der Disposition des Kessels, der Steuerung und vieler anderer Einzelheiten hat diese Locomotive grosse Aehnlichkeit mit den Verbund-Schnellzug-Locomotiven der k. k. Oesterreichischen Staatsbahnen.

Eine gleiche Type, jedoch mit grösseren Rädern, bestellte in der genannten Fabrik in demselben Jahre die Oesterreichische Nordwestbahn. Eine Locomotive dieser Lieferung wurde nach dem Verbund-System der k. k. Staatsbahnen ausgeführt. [Vgl. Tafel XIX, Fig. 2, Seite 489.] Das Drehgestell erhielt centrale Kugelauflage, mit seitlicher Verschiebbarkeit. [Auch bei dem Südbahn-Schnellkuppler wurde bei späteren Lieferungen dem Drehgestelle eine seitliche Verschiebbarkeit gegeben.]

Auf dem Arlberge war diese Type, welche auf günstigen Strecken mit 70 km Geschwindigkeit fahren kann, nicht am Platze, weil die Adhäsion von drei Achsen nicht ausreichend ist für die Beförderung von Schnellzügen, deren Belastung in den Sommermonaten dort 200 bis 220 t erreicht. Für diese Linie wurde bei den k. k. Staatsbahnen ein Verbund-Achtkuppler mit vorderer, radial einstellbarer Laufachse entworfen, welcher im Jahre 1897 in Wiener-Neustadt zur Ausführung kam. Dieser Achtkuppler, mit Serie 170 bezeichnet, repräsentirt wohl die stärkste, bisher auf dem Continente ausgeführte Locomotive. Im regelmässigen Zugverkehre werden mit ihr Schnellzüge von 200 bis 220 t bei 26%o Steigung mit 25 bis 28 km Geschwindigkeit befördert. Diese, rund 950 Pferdekräften entsprechende Leistung ist doppelt so gross als die der alten Südbahn-Achtkuppler aus dem Jahre 1870. Die Rostfläche beträgt 3·37 m², die gesammte Heizfläche 250 m²; während der, eine Stunde dauernden Fahrt von Landeck bis Langen werden 10 m³ Wasser in Dampf verwandelt. [Vgl. Tafel XIX, Fig. 3, Seite 489.]

Um den Curvendurchlauf möglichst zwanglos zu gestalten, wurde ausser der Radialachse noch eine seitliche Verschiebbarkeit der zweiten Kuppelachse angeordnet; die Führung der Maschine in den Krümmungen erfolgt daher an drei Spurkränzen.[*]

An fast allen seit dem Jahre 1893 gebauten grossen Locomotiven fand wegen des hohen Dampfdruckes von 12 bis 13 Atmosphären und der hiemit in Zusammenhang stehenden höheren Beanspruchung der einzelnen Theile, an Stelle von Schmiedeeisen und Gusseisen der »Stahlguss« ausgedehnte Verwendung. Radsterne, Kreuzköpfe, Kolben u. s. w. werden fast nur mehr aus diesem Materiale hergestellt, welches noch im Jahre 1893 aus dem Auslande bezogen werden musste, heute aber in den österreichischen Hüttenwerken [Witkowitz und andere] in tadelloser Qualität geliefert wird.

Die eingehenden Versuche, welche in der Maschinenfabrik der Oesterreichisch-Ungarischen Staatseisenbahn-Gesellschaft [seit dem Jahre 1888 unter der Leitung von A. Martinek stehend] mit dem Stahlguss in Bezug auf Widerstandsfähigkeit und vortheilhafteste Formgebung angestellt wurden, ermöglichten eine weitgehende Verminderung des Gewichtes aller aus diesem Materiale angefertigten Gegenstände.

Bei der im Jahre 1897 in der genannten Fabrik für die eigene Bahn gebauten Verbund-Schnellzug-Locomotive [vgl. Tafel XIX, Fig. 4, Seite 489] konnte mit Beachtung der erwähnten Versuche ein Achsdruck von 14 t eingehalten werden. Eine besondere Umschaltvorrichtung gestattet, den zwischen den Rahmen angebrachten Hochdruck-Cylinder auszuschalten und den beiden aussenliegenden Dampfcylindern Volldampf zuzuführen, so dass diese Maschine auch als einfache Zwillingsmaschine verwendet werden kann. Diese Disposition war schon im Jahre 1889 an einer Locomotive der französischen Nord-

---

[*] Diese Fabrik hatte schon ein Jahr vorher für die orientalischen Bahnen (Türkei) eine ähnliche jedoch schwächere Type geliefert.

[*] Diese Anordnung wurde getroffen auf Grund der vom Chef-Constructeur der Locomotiv-Fabrik Krauss & Co. in München, R. Helmholtz, aufgestellten Theorie über Curvendurchlauf.

bahn, construirt von Ed. Sauvage, angewendet.

Im Jahre 1898 wurden auch bei den k. k. Oesterreichischen Staatsbahnen bei der weiteren Nachschaffung der vorerwähnten Schnellzug-Locomotiven, Serie 6, die Erfahrungen mit dem Stahlgusse dazu benützt, die Rostfläche und den Durchmesser des Niederdruck-Cylinders bedeutend zu vergrössern, unter Einhaltung des limitirten grössten Achsdruckes. Ferner wurde eine wesentliche Vereinfachung der Rahmenconstruction durchgeführt, so dass sich diese Type nunmehr wie Fig. 1, auf Tafel XX, Seite 490, repräsentirt. In dieser Form wurde dieselbe auch für die österreichische Südbahn geliefert.

An den Achtkupplern, Serie 170, der k. k. Oesterreichischen Staatsbahnen wurde bei der Lieferung vom Jahre 1898 in den Stahlguss-Bestandtheilen ebenfalls eine Gewichtsverminderung vorgenommen, welche die Anbringung der schweren automatischen Vacuumbremse ermöglichte. Auch diese Type fand bei der Südbahn für die Beförderung der Schnellzüge auf dem Semmering Eingang.

Durch die Schnellzug-Locomotiven, Serie 6, ist auf Linien, welche örtliche Steigungen von nicht mehr als 10°/₀₀ aufweisen, die Beigabe von Vorspannmaschinen entbehrlich geworden, nachdem diese Maschinen Züge von 240 t über diese Steigungen führen können, und mit derselben Belastung in den günstigeren Theilen der Strecke eine Geschwindigkeit von 80 bis 85 km pro Stunde erreichen. Auf der ehemaligen Kronprinz Rudolf-Bahn und Gisela-Bahn wechseln aber Steigungen von 14 bis 20°/₀₀ (für welche die Adhäsion von zwei gekuppelten Achsen nicht mehr ausreicht), mit horizontalen Linien ab, so dass sich für diese Strecken das Bedürfnis nach einer noch kräftigeren Locomotive, als die genannte Schnellzug-Locomotive es ist, herausstellte. Es wurde bei den k. k. Staatsbahnen ein Sechskuppler mit Truckgestelle (vorderem zweiachsigem Drehgestelle) entworfen, welcher, um auch für Geschwindigkeiten von 80 bis 90 km geeignet zu sein, Treibräder von 1.820 m Durchmesser erhielt. Im Gegensatze zu

den für die Südbahn und Nordwestbahn ausgeführten Locomotiven mit derselben Achsanordnung, erhielt diese Maschine innerhalb der Rahmen liegende Dampfcylinder. [Vgl. Tafel XX, Fig. 2, Seite 490.] Der Kessel liegt bei dieser Locomotive so hoch wie bei den Achtkupplern, Serie 170. An Stelle der zwei durch ein Rohr verbundenen Dome gelangte ein grosser Dampfsammler auf dem cylindrischen Kessel zur Anwendung. Das Drehgestelle erhielt centrale Kugelauflage mit seitlicher Verschiebbarkeit; die Rückstellung in die Gerade erfolgt durch eine Spiralfeder in ähnlicher Anordnung wie bei den Laufrädern der Wiener Stadtbahn-Locomotiven. Bei den mit dieser Locomotive durchgeführten Probefahrten wurden Leistungen von 1200 bis 1300 Pferdekräften erreicht.

* * *

Als der berühmte englische Ingenieur Isambert Brunnel die Great-Western-Bahn erbaute, wandte er eine Spurweite von sieben Fuss an, um der weiteren Entwicklung der Locomotive Raum zu geben. Ein heftiger Wettstreit entbrannte zwischen den Anhängern der breiten Spur und den Anhängern der normalen Spur; dieser, unter dem Namen »The Battle of the gages« bekannt gewordene Kampf der Geister, förderte mehr als irgend ein anderes Ereignis die rasche Vervollkommnung der Locomotive. Im Jahre 1846 bauten Bury, Curtis und Kennedy für die London - North - Western - Bahn eine Schnellzug-Locomotive, die »Liverpool«, welche, die Leistungen aller Breitspur-Locomotiven überbietend, als das »Ultimatum« der normalen Spurweite angesehen wurde. Doch nur wenige Jahre vergingen, und auch das »Ultimatum« war überflügelt.

Von Jahrzehnt zu Jahrzehnt wird die Behauptung wiederholt, dass die Locomotive an der Grenze der Leistungsfähigkeit angelangt sei; immer dann aber wird diese Behauptung aufgestellt, wenn die unbemerkt fortschreitende Verbesserung der Einzeltheile, die sprungweise eintretende Schaffung neuer leistungsfähiger Typen vorbereitend, scheinbar einen Still-

stand in der Entwicklung des Locomotivbaues vermuthen lässt.

Weit hinaus über den Grenzen der
jeweiligen Erkenntnis und des jeweiligen
Wissens liegen aber - - nur verschleiert
dem Auge der Phantasie erkennbar —
die Grenzen des auf dem Gebiete der
Technik Erreichbaren. Nur dort liegen
die Grenzen, wo der Wille sie hinstellt,
und wirklich vorhanden sind sie nur in
Bezug auf bestehende Objecte.

Am Ende des neunzehnten Jahrhunderts
wurden in Oesterreich Locomotiven geschaffen, welche spielend 1000 Pferdekräfte entwickeln. Nicht ein Ultimatum,
nicht die Grenze der Entwicklung stellen
diese Gebilde der mühevollsten, sorgen-
vollsten, geistigen Arbeit dar: nur ein
Fundament sind sie, welches das schei-
dende Säculum dem kommenden zwan-
zigsten Jahrhundert zum weiteren Aufbau überliefert.

1840.

Tafel I.)

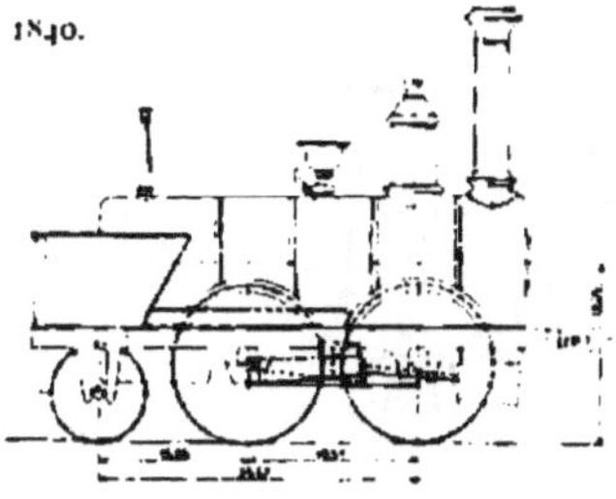

Fig. 1.

d = 355 mm
l = 511 »
D = 1560 »
p = 6½ Atm.
R = 1·06 m²
H = 60·60 »
G = 21.800 kg

1841.

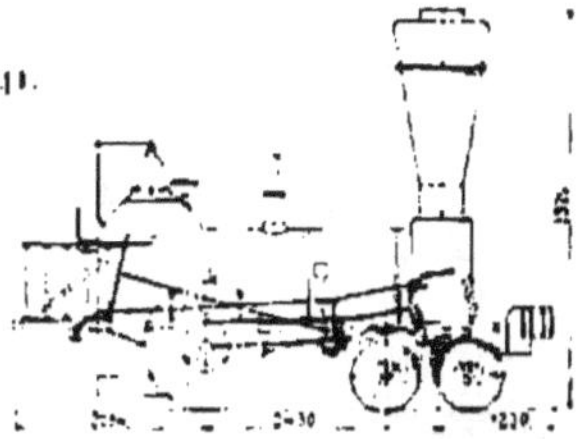

Fig. 2.

d = 270 mm
l = 448 »
D = 1264 »
p = 5½ Atm.
R = 0·79 m²
H = 33·50 »
G = 16.800 kg
A = 10.500 »

1843.

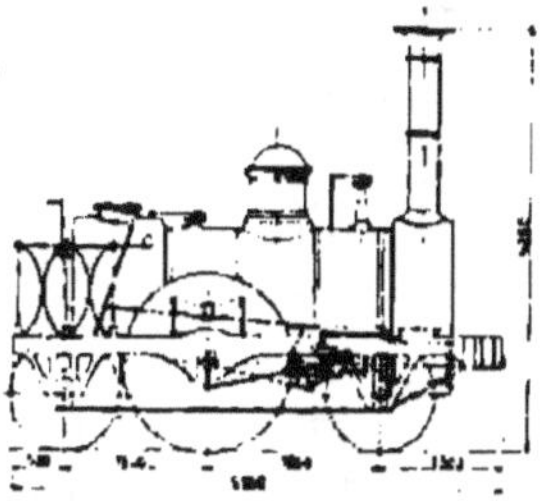

Fig. 3.

d = 333 mm
l = 474 »
D = 1738 »
p = 5½ Atm.
R = 0·75 m²
H = 47·70 »
G = 15.000 kg
A = 6.500 »

1843.

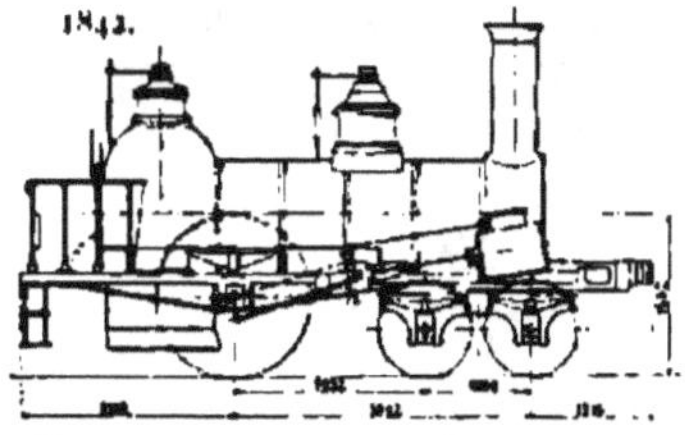

Fig. 4.

d = 321 mm
l = 569 »
D = 1528 »
p = 5½ Atm.
R = 0·92 m²
H = 46·30 »
G = 14.700 kg
A = 9.000 »

*) Auf den folgenden Tafeln bedeutet: d = Cylinder-Durchmesser, l = Kolbenhub, D = Treibrad-Durchmesser in mm, p = Dampfdruck in Atmosphären effectiv, R = Rostfläche, H = Heizfläche in m², G = Gesammt-Gewicht und A = Adhäsionsgewicht in kg.

1844.

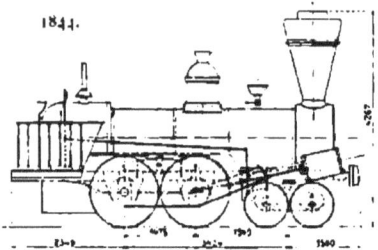

Fig. 1.

d = 368 mm
l = 579 »
D = 1422 »
p = 6 Atm
R = 1·23 m²
H = 81·80 »
G = 22.400 kg
A = 15.680 »

1846.

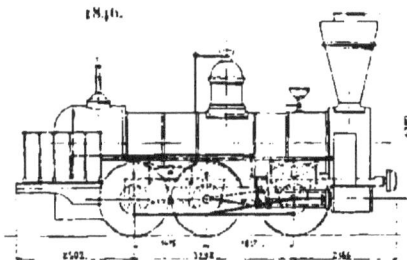

Fig. 2.

d = 448 mm
l = 579 »
D = 1422 »
p = 6 Atm.
R = 1·39 m²
H = 135·90 »
G = 28.000 kg
A = 28.000 »

1846.

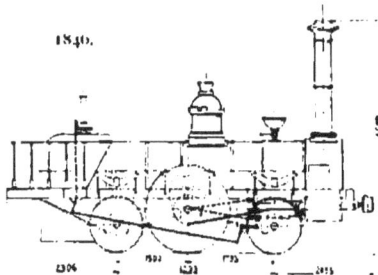

Fig. 3

d = 368 mm
l = 579 »
D = 1734 »
p = 6 Atm.
R = 1·16 m²
H = 87·10 »
G = 27.272 kg
A = 10.752 »

1846.

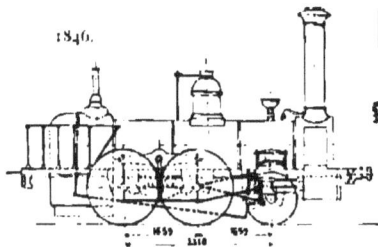

Fig. 4.

d = 401 mm
l = 579 »
D = 1580 »
p = 6⁰/₂ Atm.
R = 1·06 m²
H = 99·30 »
G = 24.330 kg
A = 16.200 »

Tafel III.

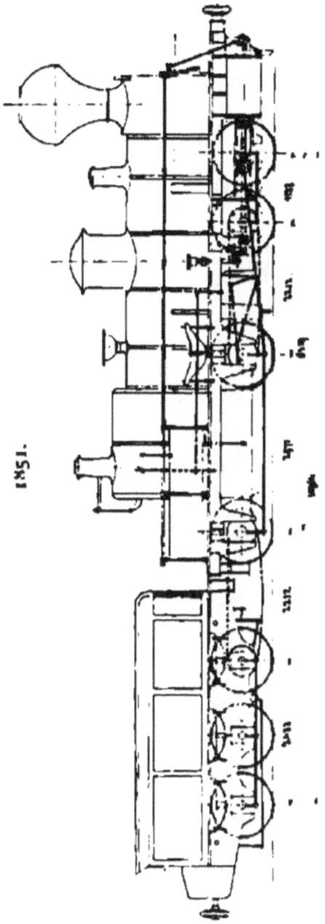

1851.

Fig. 1.

d = 508 mm
l = 764 »
D = 1067 »
p = 8½ Atm.
R = 2.30 m²
H = 17.500 »
G = 73.000 kg
A = 73.000 »

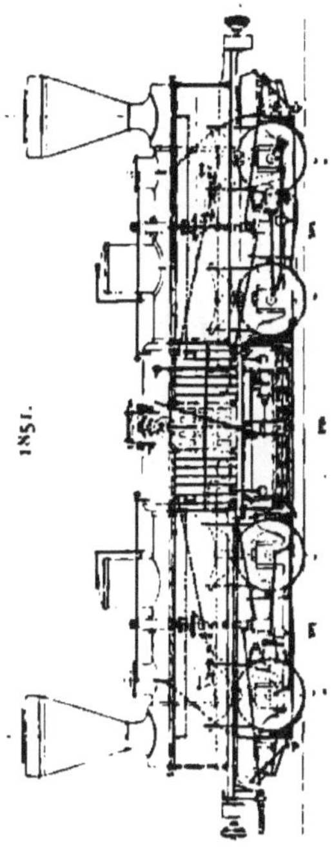

Fig. 2.

d = 422 mm
l = 712 »
D = 1079 »
p = 72 Atm
R = 2.20 m²
H = 188.00 »
G = 56.000 kg
A = 56.000 »

Tafel IV.

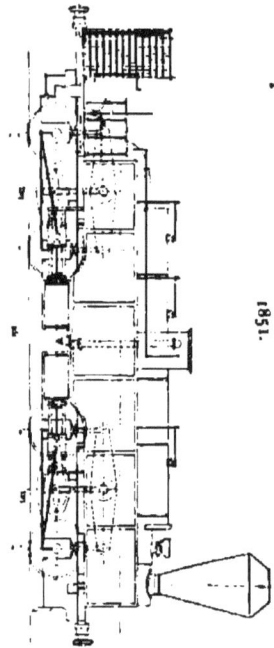

1851.

Fig. 2.

J = 448 mm
I = 579 »
D = 945 »
P = 8½ Atm.
R = 1·59 »
H = 176·20 »
G = 47.150 kg
A = 47.150 »

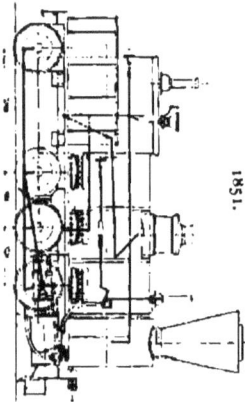

1851.

Fig. 1.

J = 330 mm
I = 632 »
D = 1106 »
P = 8½ Atm.
R = 1·70 m³
H = 183·60 »
G = 64.200 kg
A = 64.200 »

1873.

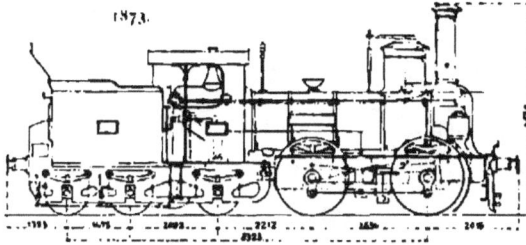

Fig. 1.

d = 421 mm
l = 579 »
D = 1580 »
p = 9 Atm.
R = 1·74 m²
H = 132·40 »
G = 53.900 kg
A = 22.500 »

1855.

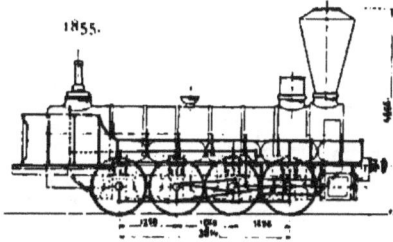

Fig. 2.

d = 461 mm
l = 632 »
D = 1159 »
p = 7¼ Atm.
R = 1·20 m²
H = 126·10 »
G = 34.720 kg
A = 34.720 »

1854.

Fig. 3.

d = 316 mm
l = 421 »
D = 948 »
p = 6 Atm.
R = 0·50 m²
H = 47·60 »

1855.

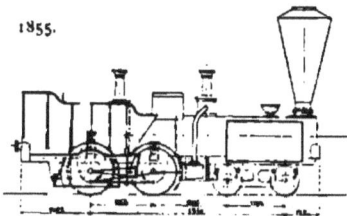

Fig. 4.

d = 250 mm
l = 421 »
D = 948 »
p = 6·7 Atm
R = 0·50 m²
H = 30·00 »
G = 11.000 kg
A = 7.000 »

1856.

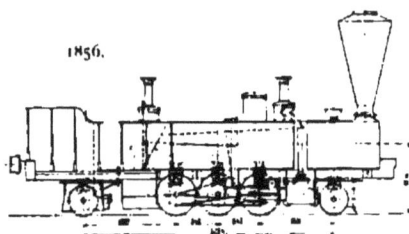

Fig. 1.

$d = 316 \ mm$
$l = 421 \ »$
$D = 790 \ »$
$p = 6\cdot7 \ Atm$
$R = 0\cdot56 \ m^2$
$H = 51\cdot80 \ »$
$G = 18.000 \ kg$
$A = 13.000 \ »$

1857.

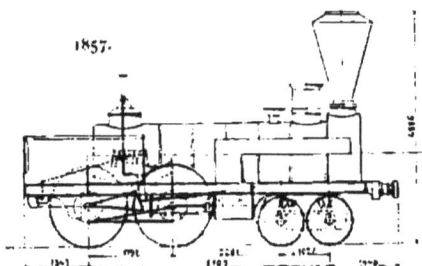

Fig. 2.

$d = 395 \ mm$
$l = 550 \ »$
$D = 1580 \ »$
$p = 6\frac{1}{4} \ Atm.$
$R = 1\cdot10 \ m^2$
$H = 103\cdot30 \ »$
$G = 30.688 \ kg$
$A = 19.824 \ »$

1857.

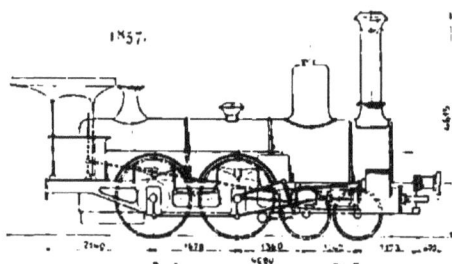

Fig. 3.

$d = 405 \ mm$
$l = 610 \ »$
$D = 1610 \ »$
$p = 7 \ Atm.$
$R = 1\cdot29 \ m^2$
$H = 108\cdot30 \ »$
$G = 32.250 \ kg$
$A = 21.250 \ »$

1860.

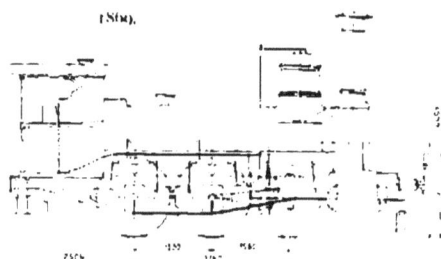

Fig. 4.

$d = 400 \ mm$
$l = 632 \ »$
$D = 1500 \ »$
$p = 8\frac{1}{3} \ Atm.$
$R = 1\cdot65 \ m^2$
$H = 128\cdot4 \ »$
$G = 38.600 \ kg$
$A = 25.900 \ »$

1870.

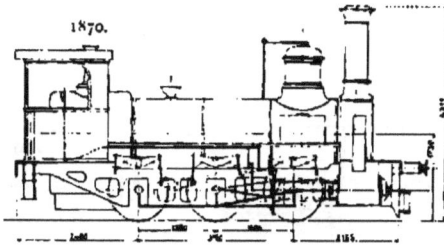

Fig. 1.

d = 460 mm
l = 632 »
D = 1180 »
p = 8¹/₂ Atm.
R = 1·05 m²
H = 128·40 »
G = 38.600 kg
A = 38.600 »

1860.

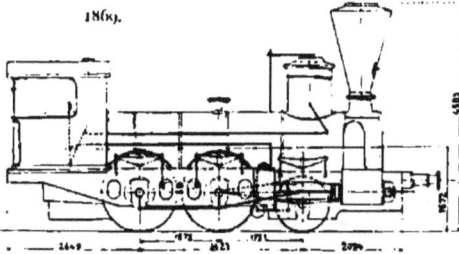

Fig. 2.

d = 395 mm
l = 632 »
D = 1580 »
p = 9 Atm.
R = 1·925 m²
H = 129·00 »
G = 35.000 kg
H = 23.200 »

1859.

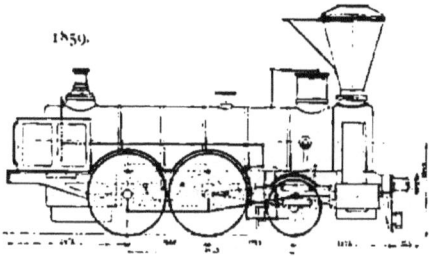

Fig. 3.

d = 420 mm
l = 632 »
D = 1580 »
p = 7 Atm.
R = 1·35 m²
H = 131·60 »
G = 33.300 kg
A = 23.000 »

1859.

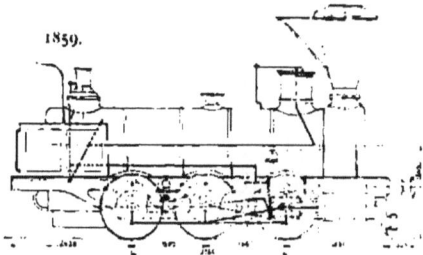

Fig. 4.

d = 457 mm
l = 632 »
D = 1261 »
p = 7 Atm.
R = 1·29 m²
H = 138·12 »
G = 30.700 kg
A = 30.700 »

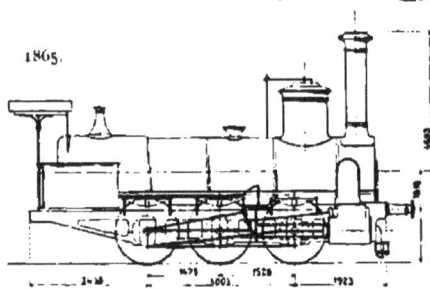

1865.

Fig. 1

d = 434 mm
l = 632 »
D = 1264 »
p = 9 Atm.
R = 1·70 m³
H = 120·00 »
G = 28.350 kg
G = 28.350 »

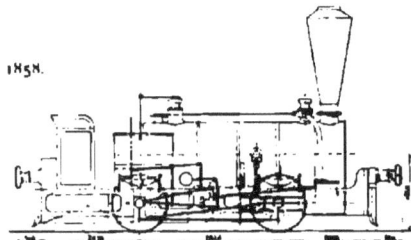

1858.

Fig. 2.

d = 316 mm
l = 632 »
D = 1106 »
p = 6½ Atm.
R = 0·81 m³
H = 50·59 »
G = 25.950 kg
A = 25.950 »

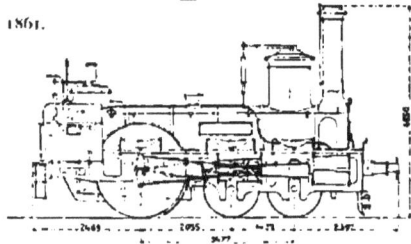

1861.

Fig. 3

d = 276 mm
l = 632 »
D = 2055 »
p = 7 Atm.
R = 1·48 m³
H = 122·6 »
G = 33.370 kg
A = 13.330 »

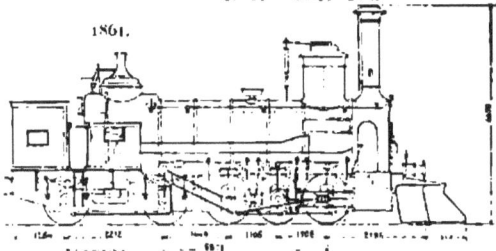

1861.

Fig. 4

d = 361 mm
l = 632 »
D = 1000 »
p = 7 Atm.
R = 1·44 m³
H = 121·50 »
G = 42.500 kg
A = 42.500 »

1867.

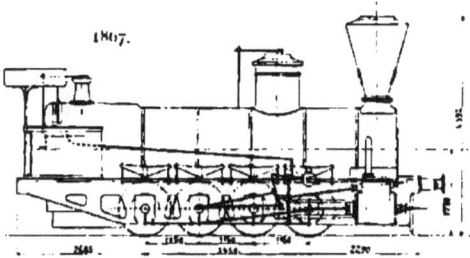

Tafel IX.

Fig. 1.

d = 500 mm
l = 610 »
D = 1070 »
p = 9 Atm.
R = 1·84 m²
H = 183·20 »
G = 47.300 kg
A = 47.300 »

1866.

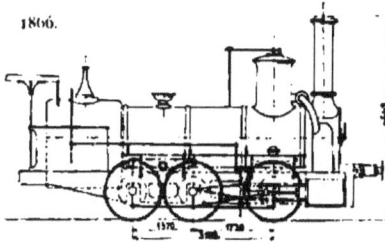

Fig. 2.

d = 421 mm
l = 632 »
D = 1264 »
p = 9 Atm.
R = 1·90 m²
H = 141·00 »
G = 33.500 kg
A = 33.500 »

1867.

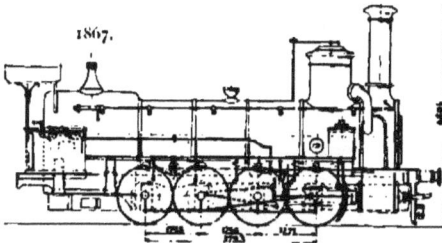

Fig. 3.

d = 470 mm
l = 632 »
D = 1186 »
p = 9 Atm.
R = 1·90 m²
H = 180·40 »
G = 44.350 kg
A = 44.350 »

1872.

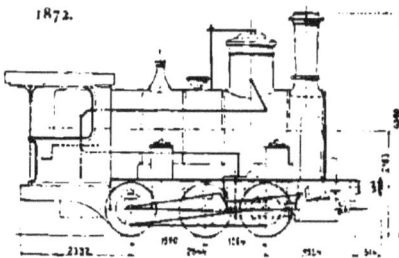

Fig. 4

d = 395 mm
l = 632 »
D = 1077 »
p = 10 Atm.
R = 2·00 m²
H = 103·50 »
G = 32.200 kg
A = 32.200 »

1871.

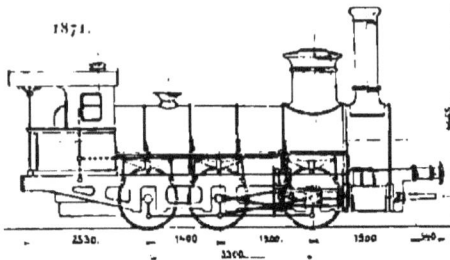

2530. 1400 1500. 1500
3300.

Fig. 1.

$d = 435$ mm
$l = 632$ »
$D = 1185$ »
$p = 8$ Atm.
$R = 170$ m²
$H = 137.00$ »
$G = 34.100$ kg
$A = 34.100$ »

1874.

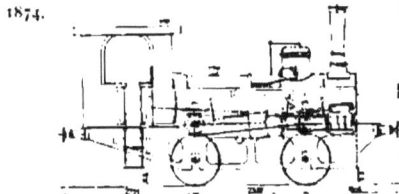

Fig. 2.

$d = 240$ mm
$l = 425$ »
$D = 400$ »
$p = 9$ Atm.
$R = 0.56$ m²
$H = 35.87$ »
$G = 22.000$ kg
$A = 22.000$ » .

1873.

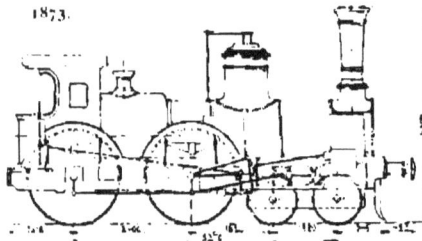

Fig. 3.

$d = 411$ mm
$l = 632$ »
$D = 1900$ »
$p = 10$ Atm.
$R = 164$ m²
$H = 107.60$ »
$G = 39.500$ kg
$A = 23.000$ »

1874.

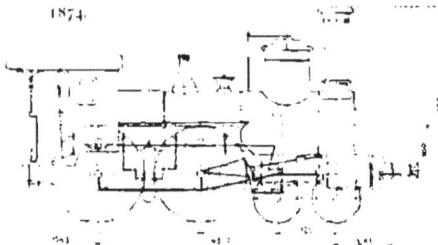

Fig. 4.

$d = 400$ mm
$l = 632$ »
$D = 1900$ »
$p = 10$ Atm.
$R = 200$ m²
$H = 95.50$ »
$G = 38.050$ kg
$A = 21.400$ »

1874.

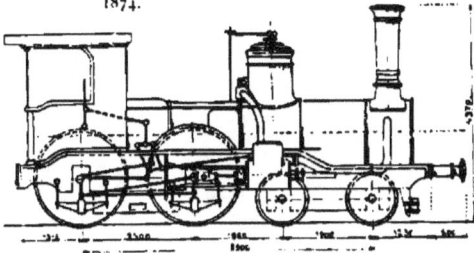

Tafel XI.

Fig. 1.

d = 410 mm
l = 632 »
D = 1900 »
p = 10 Atm.
R = 1·80 m²
H = 111·00 »
G = 42.000 kg
A = 24.500 »

1867.

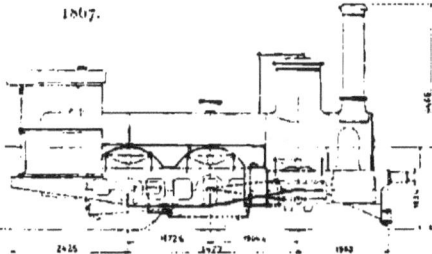

Fig. 2.

d = 400 mm
l = 632 »
D = 1580 »
p = 8⅛ Atm.
R = 1·70 m²
H = 125·00 »
G = 36.003 kg
A = 20.700 »

1878.

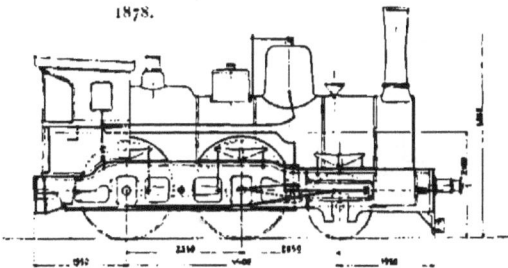

Fig. 3.

d = 435 mm
l = 632 »
D = 1900 »
p = 10 Atm.
R = 2·42 m²
H = 112·70 »
G = 42.000 kg
A = 27.300 »

1880.

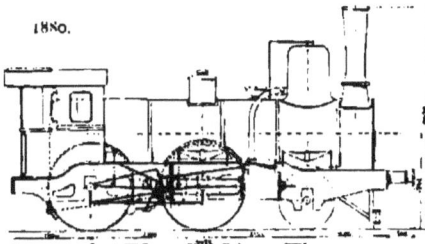

Fig. 4.

d = 400 mm
l = 632 »
D = 1760 »
p = 10 Atm.
R = 2·00 m²
H = 111·70 »
G = 36.000 kg
A = 24.900 »

1870.

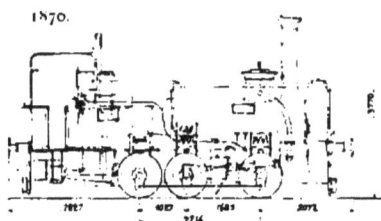

Fig. 1.

d = 281 mm
l = 432 »
D = 950 »
p = 10 Atm.
R = 0.96 m²
H = 55.00 »
G = 27.300 kg
A = 27.300 »

1879.

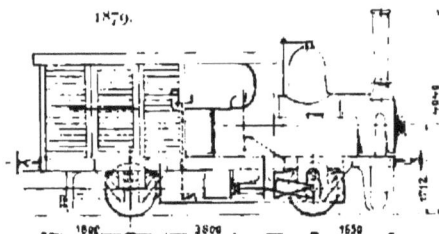

Fig. 2.

d = 325 mm
l = 400 »
D = 1015 »
p = 10 Atm.
R = 0.64 m²
H = 42.50 »
G = 20.000 kg
A = 11.000 »

1879.

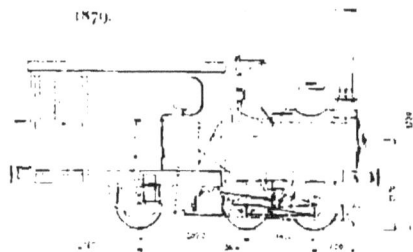

Fig. 3.

d = 350 mm
l = 400 »
D = 950 »
p = 12 Atm.
R = 0.70 m²
H = 34.16 »
G = 23.400 kg
A = 15.600 »

1880.

Fig. 4.

d = 260 mm
l = 440 »
D = 1200 »
p = 12 Atm.
R = 0.87 m²
H = 38.20 »
G = 20.290 kg
A = 11.990 »

1880.

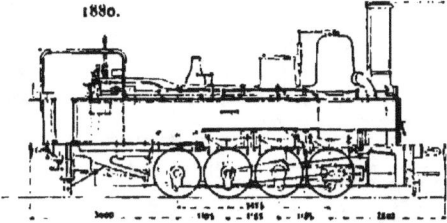

Tafel XIII.

Fig. 1.

d = 450 mm
l = 600 »
D = 1110 »
p = 9 Atm.
R = 1·68 m²
H = 126·20 »
G = 50.800 kg
A = 50.800 »

1882.

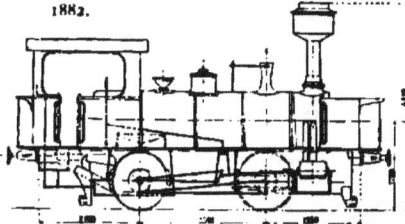

Fig. 2.

d = 280 mm
l = 480 »
D = 1100 »
p = 12 Atm.
R = 0·90 m²
H = 54·7 »
G = 26.000 kg
A = 26.000 »

1884.

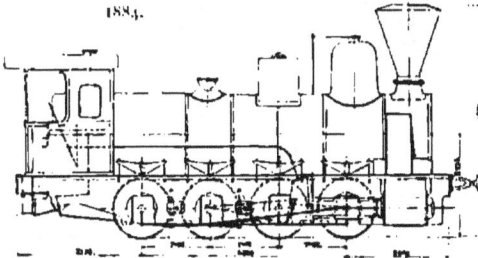

Fig. 3.

d = 510 mm
l = 610 »
D = 1140 »
p = 11 Atm.
R = 2·46 m²
H = 163·70 »
G = 53.500 kg
A = 33.500 »

1884.

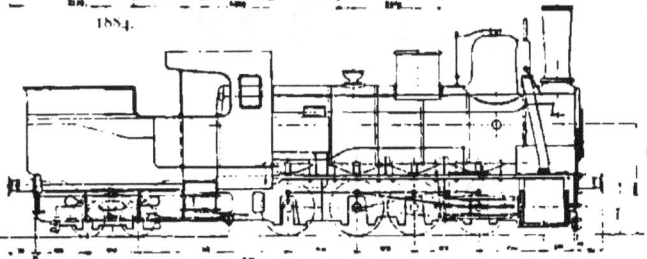

Fig. 4.

| d = 550 mm | D = 1100 » | R = 2·50 m² | G = 72.500 kg |
| l = 610 » | p = 11 Atm. | H = 164·0 » | A = 53.000 » |

31*

1884.

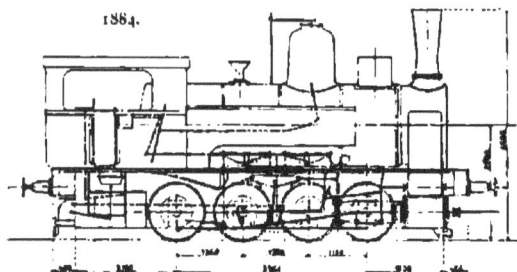

Fig. 1.

d = 580 mm
l = 610 »
D = 1100 »
p = 10 Atm.
R = 2·10 m²
H = 152·9 »
G = 56.500 kg
A = 56.500 »

1885.

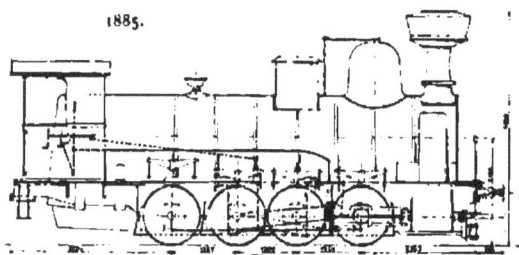

Fig. 2.

d = 500 mm
l = 570 »
D = 1130 »
p = 11 Atm.
R = 2·25 m²
H = 182·00 »
G = 55.000 kg
A = 55.000 »

1877.

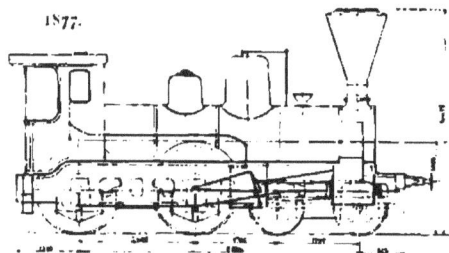

Fig. 3.

d = 435 mm
l = 630 »
D = 1710 »
p = 9 Atm.
R = 1·86 m²
H = 124·00 »
G = 41.500 kg
A = 35.000 »

1879.

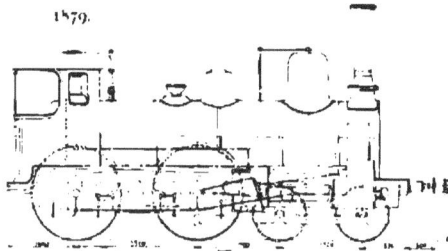

Fig. 4.

d = 425 mm
l = 630 »
D = 1800 »
p = 10 Atm.
R = 2·08 m²
H = 126 »
G = 45.000 kg
A = 37.800 »

1881.

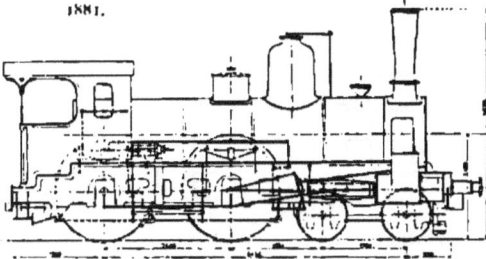

Tafel XV.

Fig. 1.

$d = 435$ mm
$l = 632$ »
$D = 2002$ »
$p = 12$ Atm.
$R = 2.20$ m²
$H = 129$ »
$G = 47.000$ kg
$A = 27.600$ »

1882.

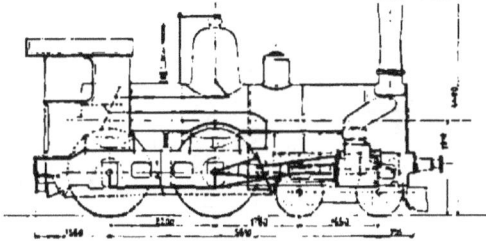

Fig. 2.

$d = 425$ mm
$l = 600$ »
$D = 1720$ »
$p = 10\frac{1}{2}$ Atm.
$R = 2.01$ m²
$H = 115.50$ »
$G = 41.447$ kg
$A = 25.340$ »

1886.

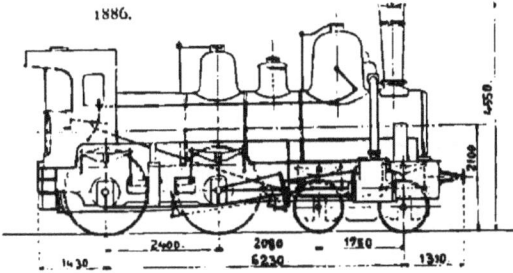

Fig. 3.

$d = 425$ mm
$l = 600$ »
$D = 1740$ »
$p = 12\frac{1}{2}$ Atm.
$R = 2.33$ m²
$H = 131.53$ »
$G = 47.800$ kg
$A = 28.000$ »

1885.

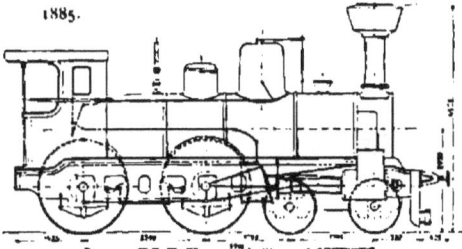

Fig. 4.

$d = 435$ mm
$l = 630$ »
$D = 1800$ »
$p = 11$ Atm.
$R = 2.06$ m²
$H = 127$ »
$G = 45.500$ kg
$A = 27.600$ »

1889.

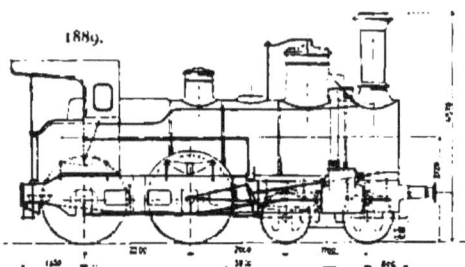

Fig. 1.

d = 450 mm
l = 632 »
D = 1760 »
p = 12 Atm.
R = 2·30 m²
H = 141·50 »
G = 40.600 kg
A = 27.600 »

1886.

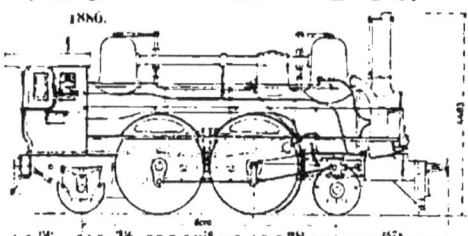

Fig. 2.

d = 460 mm
l = 650 »
D = 2120 »
p = 9 Atm.
R = 2·306 m²
H = 131·80 »
G = 48.600 kg
A = 27.300 »

1888.

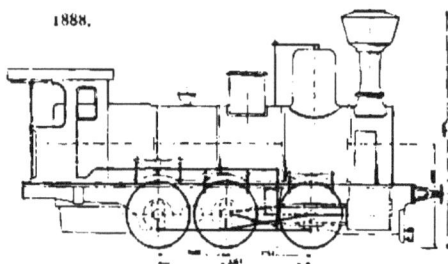

Fig. 3

d = 450 mm
l = 632 »
D = 1300 »
p = 11 Atm.
R = 1 80 m²
H = 132·00 »
G = 42.000 kg
A = 42.000 »

1876.

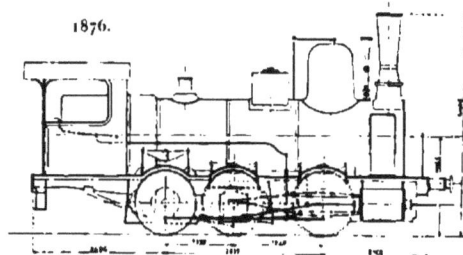

Fig. 4.

d = 480 mm
l = 610 »
D = 1265 »
p = 10 Atm.
R = 1 70 m²
H = 135·10 »
G = 42.000 kg
A = 42.000 »

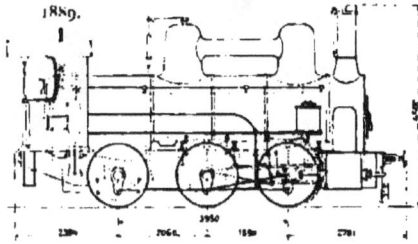

1889.

Tafel XVII.

Fig. 1.

d = 450 mm
l = 650 »
D = 1460 »
p = 10 Atm.
R = 2·32 m²
H = 140.20 »
G = 41.600 kg
A = 41.600 »

1889.

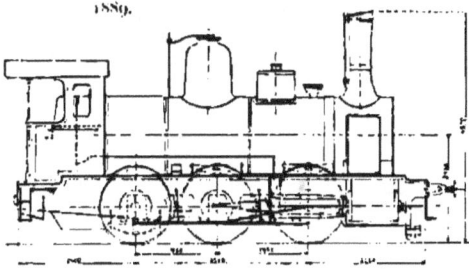

Fig. 2.

d = 480 u. 740 mm
l = 660 »
D = 1440 »
p = 12 Atm.
R = 2.20 m²
H = 133.50 »
G = 42.000 kg
A = 42.000 »

1893.

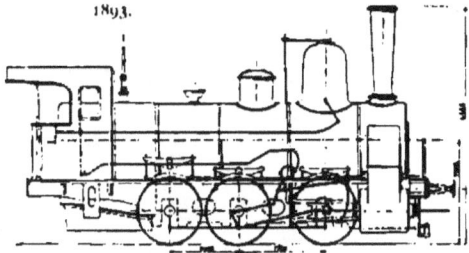

Fig. 3.

d = 500 u. 740 mm
l = 632 »
D = 1300 »
p = 12 Atm.
R = 1·80 m²
H = 134·00 »
G = 42.600 kg
A = 42.600 »

1894.

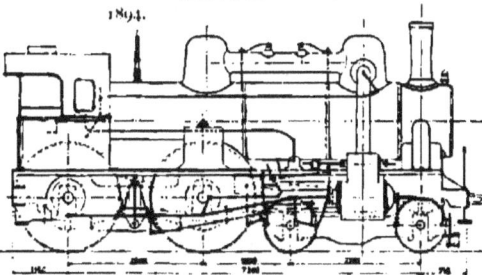

Fig. 4.

d = 500 u. 740 mm
l = 680 »
D = 2120 »
p = 13 Atm.
R = 2·90 m²
H = 155·00 »
G = 56.600 kg
A = 29.000 »

1894.

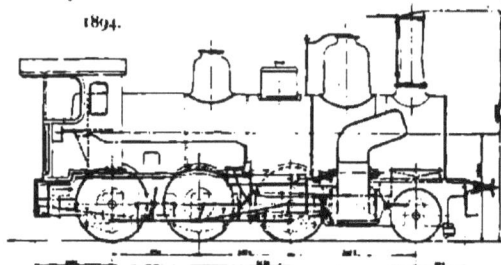

Fig. 1.

d = 480 u. 740 mm
l = 660 »
D = 1440 »
p = 12 Atm.
R = 2·20 m²
H = 147·50 »
G = 51.000 kg
A = 38.600 »

1895.

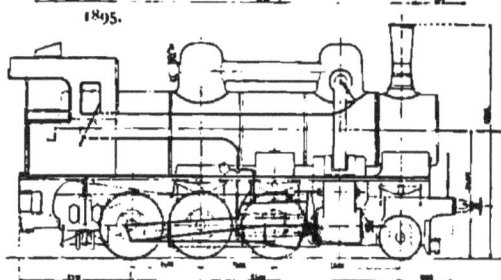

Fig. 2.

d = 520 u. 740 mm
l = 632 »
D = 1300 »
p = 13 Atm.
R = 2·70 m²
H = 144·90 »
G = 53.450 kg
A = 43.000 »

1895.

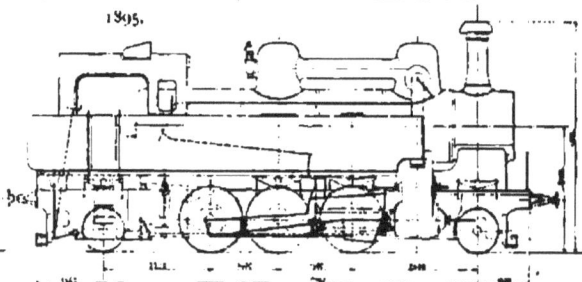

Fig. 3.

d = 520 u. 740 mm
l = 632 »
D = 1300 »
p = 13 Atm.
R = 2·70 m²
H = 144·90 »
G = 69.000 kg
A = 43.000 »

1897.

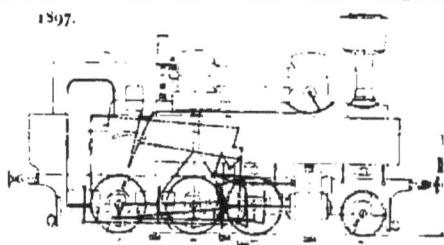

Fig. 4.

d = 370 u. 570 mm
l = 570 »
D = 1120 »
p = 13 Atm.
R = 1·42 m²
H = 82·00 »
G = 39.400 kg
A = 30.000 »

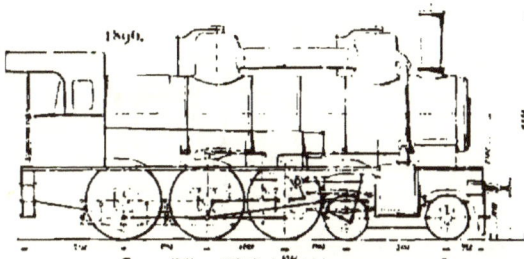

Fig. 1.

d = 500 mm
l = 680 »
D = 1540 »
p = 13 Atm.
R = 2·85 m²
H = 184·00 »
G = 60.000 kg
A = 42.000 »

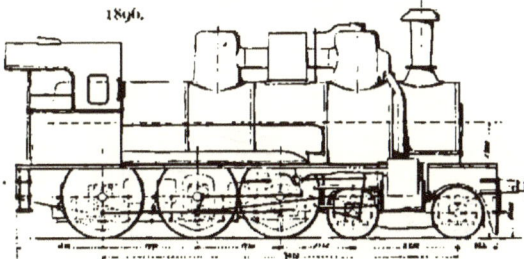

Fig. 2.

d = 520 u. 740 mm
l = 650 »
D = 1630 »
p = 13 Atm.
R = 2·90 m²
H = 175·50 »
G = 62.300 kg
A = 42.000 »

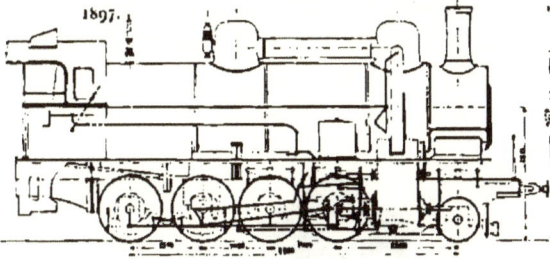

Fig. 3.

d = 540 u. 800 mm
l = 632 »
D = 1300 »
p = 13 Atm.
R = 3·37 m²
H = 250·00 »
G = 60.000 kg
A = 57.000 »

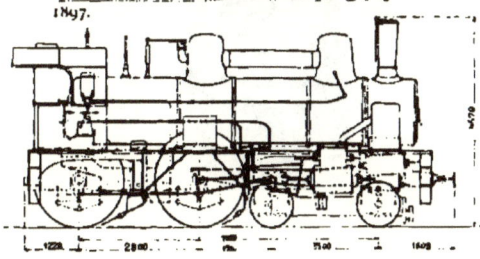

Fig. 4.

d = 470 u. 500 mm
l = 650 »
D = 2100 »
p = 13 Atm.
R = 2·90 m²
H = 165 »
G = 54.150 kg
A = 28.000 »

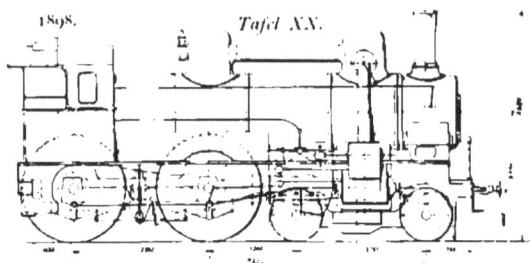

1898.   Tafel XX.

Fig. 1.

d = 500 u. 760 mm	D = 2140 mm	R = 310 m	G = 55.000 kg
l = 680 "	p = 13 Atm.	H = 155.500 "	A = 28.800 "

1898.

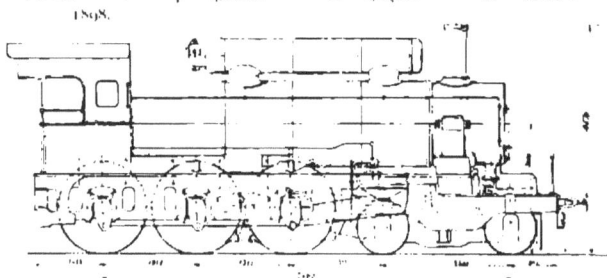

Fig. 2

d = 540 u. 810 mm	D = 1820 mm	R = 344 m	G = 69.800 kg
l = 720 "	p = 14 Atm.	H = 207.00 "	A = 43.000 "

Wagenbau.

—

Von

Julius von Ow,

Ober-Inspector der österreichischen Staatsbahnen im k. k. Eisenbahn-Ministerium.

Wagenbau.

M IT Recht kann man den Wagen als den Keim, das Grundorgan des gesammten Eisenbahnwesens bezeichnen, denn es musste zuerst das auf Rädern bewegliche Fahrzeug, welches wir mit dem Gattungsnamen »Wagen« bezeichnen, vorhanden sein, ehe das Bedürfnis nach Herstellung einer Bahn und Beschaffung eines Motors, zur leichteren Weiterbeförderung eben dieses Fahrzeuges, eintreten konnte.

So lange die Führung der Räder im Geleise nur durch eine seitliche Wegbegrenzung bewirkt wurde, kann füglich von besonderen Eisenbahnwagen nicht die Rede sein. Erst das mit einem Spurkranz versehene Rad, welches auf der Schiene läuft, ist ein Constructionsdetail, welches nur dem Bahn- oder Eisenbahn-Fahrzeuge eigenthümlich ist, und deshalb kann man nur die mit solchen Rädern versehenen Wagen als Eisenbahnwagen bezeichnen.

Die ältesten bei Bergbauen und ähnlichen Anlagen verwendeten Eisenbahnwagen sind ihrem Zwecke entsprechend so einfacher Construction, dass dieselben auch im Vergleiche mit den damals bestandenen Strassenwagen als sehr untergeordnete Erzeugnisse des Wagenbaues erscheinen müssen.

Erst nachdem die Eisenbahnen nicht nur localen Industriezwecken, sondern auch dem allgemeinen Verkehr zu dienen hatten, begann der Eisenbahn-Wagenbau an Bedeutung zu gewinnen und sich zu einem Special-Industriezweige auszubilden.

Inwieferne nun die österreichischen Techniker sich an dem Fortschritte im Wagenbau betheiligt haben, und in welcher Weise die allgemeinen Fortschritte im Wagenbaue seitens der österreichischen Bahnen zur Förderung und Hebung des Eisenbahn-Verkehres zur Anwendung gebracht wurden, soll den Gegenstand der nachstehenden Abschnitte bilden.

I. Wagenuntergestelle.

a) Radstand.

Die Construction des Laufwerkes der Wagen steht in unmittelbarem Zusammenhange mit den jeweiligen Anforderungen, welche an die Verkehrssicherheit und Fahrgeschwindigkeit gestellt werden. Diese Anforderungen waren zur Zeit der ersten österreichischen Pferde-Eisenbahn noch sehr gering. Es genügte, dass der Wagen bei mässigem Fahrtempo sicher im Geleise blieb, und selbst Entgleisungen waren mehr unbequem als gefährlich; die Zugkräfte waren gering, daher war weder die Zusammenstellung einer längeren Wagenreihe möglich, noch eine besondere Sorgfalt für die Construction der von der Zugkraft in Anspruch genommenen Bestandtheile der Wagen nothwendig.

Im Jahre 1828 wurden bereits nach englischem Muster Räderpaare mit auf der Achse festsitzenden Rädern hergestellt, und auch für die allerdings sehr einfachen Rahmen standen englische Modelle zur Verfügung, welche für die Untergestelle der ersten Wagen der Linz-Budweiser Pferdebahn benützt wurden. Gegenüber der geringen verfügbaren Zugkraft war der in den Bahnkrümmungen eintretende Widerstand, der bei einem Radstande von 1·1 m parallel gelagerten

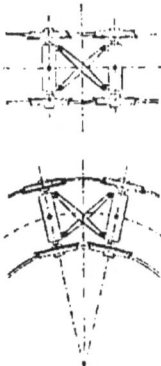

Abb. 309. Lenkachsen der Linz-Budweiser Pferdebahn. (1828.)

Achsen, so bedeutend, dass man hierin ein wesentliches Verkehrshindernis fand und eine Verminderung dieser Widerstände anstreben musste. Gerstner unterzog diese Frage einem eingehenden Studium, dessen Ergebnis zur Anwendung von horizontal verstellbaren Achsen führte. Man versah die beiden über den Achsen angebrachten Achsstöcke an vier symmetrischen Punkten mit Kloben, zwischen welche zwei gleich lange Verbindungsschienen mit Charnierbewegung diagonal eingelegt wurden. [Abb. 309.] Diese Construction wurde für die Wagen der Linz-Budweiser Pferdebahn im Jahre 1828 angenommen und bis zur Auflassung dieser Bahn beibehalten, doch wurden von allem Anfang an auch dreiachsige Wagen mit verstellbaren Achsen gebaut.

Im Jahre 1845 wurde von F. Wetzlich in Wien ein Patent auf eine ähnliche Construction genommen, welche die Anwendung des gleichen Principes auch für Locomotivbahnen ermöglichen sollte. An Stelle der einfachen Achsböcke wurden Trucks verwendet, in welchen die Achsen unter Tragfedern gelagert waren; auf diesen Trucks ruhte der Untergestellrahmen mittels je zwei Rollen. Der Drehzapfen war an der Mitte der äusseren Rückwand der Trucks angebracht. Der Radstand betrug 2·08 m. [Abb. 310.] Dieses System fand wohl aus dem Grunde keine weite Verbreitung, weil bei den ersten österreichischen Locomotivbahnen keine so scharfen Bahnkrümmungen angelegt waren, welche bei einem Radstande von kaum mehr als 2 m verstellbare Achsen erfordert hätten.

Im Jahre 1826 wurde von C. E. Kraft das Modell eines dreiachsigen Wagens hergestellt, nach welchem von Grillo in Pottenstein zwei Probewagen für die Linz-Budweiser Pferdebahn ausgeführt wurden. Bei diesen Wagen war die Mittelachse mit dem darüber liegenden Achsstock nur senkrecht zur Geleisachse verschiebbar. Durch den auf dem Achsstock gelagerten Rahmen wurden bei Verschiebung der Mittelachse die Achsstöcke der beiden Endachsen, beziehungsweise letztere selbst in eine entsprechende Winkelstellung zum Geleise gebracht. [Abb. 311.] Mit diesen Wagen wurden Curven von 20 m Radius ohne Anstand durchfahren.

Von Interesse ist die nachstehend angeführte Mittheilung, welche Ed. Schmidl, von dem die Anregung zu dieser Construction ausging, über die erste Probefahrt mit diesen Wagen veröffentlichte:

»Die erste Probefahrt im Gefälle von 1 : 300 und bei steten Curven von 100° Radius hatte unter den ungünstigsten Umständen stattgefunden; der Wagen nur durch vier Personen, also viel zu wenig belastet, ohne Deichsel und ohne Bremse, wurde je nach gewonnener Ueberzeugung über dessen Dienstbarkeit von einem Pferde immer schneller und endlich im Carrière geführt, als man, um ein Felsenriff hervorgelangt, plötzlich in die höchst beunruhigende Lage ver-

setzt war, einige Klafter vor einer 7°
hohen Brücke die Schienen auf mehrere
Klafter Länge abgenommen und den
Bahnwärter in der Reparatur begriffen,
ansichtig zu werden. Die Mittel, den
Wagen vor der Stelle der Gefahr zum
Stillstand zu bringen, ja auch nur selbst
dessen übertriebenen Lauf zu mässigen,
fehlten; es blieb somit keine Wahl, und
Pferd und Wagen mussten über die gestörte Bahnstelle, es möge erfolgen was
da wolle, hinübergejagt werden. Der
Wagen, in diese Stelle gelangt und die
im Wege liegenden Werkzeuge und
Hindernisse übersetzend, erhielt mehrere
tüchtige Stösse, aber auch schon gewährte
der sanfte Gang auf den Geleisen der
Brücke die volle Beruhigung der glücklich
überstandenen Gefahr. Unter diesen Umständen möchte ich nicht auf einem vier-
rädrigen Wagen gewesen sein!! Später
auf gleiche Art zu einer eben auch in
Reparatur befindlichen Stelle auf einen
Damm gelangt, dachte Niemand mehr
an eine Gefahr und man übersetzte sie
mit vollem Gleichmuth — natürlich die
Stösse abgerechnet — ebenso glücklich.«
[Zeitschrift des Oesterreichischen Ingenieur-Vereins, 1857.]

Diese bei der Linz-Budweiser Pferdebahn zur Ausführung gelangten Constructionen, dürften wohl die Grundlage der
viele Jahrzehnte später neu entstandenen
Lenkachsen-Constructionen ge-
wesen sein; dieselben lieferten jedoch auch
den Nachweis, dass es österreichische
Ingenieure waren, welche zuerst die
Radialstellung der Achsen einem erfolgreichen Studium unterzogen haben.

Als im Jahre 1838 als erste Locomotivbahn Oesterreichs die Kaiser Ferdinands-
Nordbahn eröffnet wurde, deren Fahrbetriebsmittel nach englischen Normalien
beschafft worden waren, gelangten zweiachsige Wagen mit steifem Radstande von
circa 2·4 *m* zur Anwendung, welche bei
den grossen Krümmungsradien dieser
Bahn kein Bedürfnis nach verstellbaren
Achsen aufkommen liessen.

Für die im Jahre 1841 eröffnete Wien-
Gloggnitzer Eisenbahn sowie für die
gleichzeitig in Bau genommenen Linien
der österreichischen Staatsbahnen wurde
die Type der vierachsigen amerikanischen

Wagen acceptirt. Diese Wagen hatten
zweiachsige Trucks von 1·2—1·5 *m* Radstand, und Drehzapfen-Entfernungen von
6·0—6·8 *m*. Um eine mehr gleichmässige
Unterstützung des Untergestelles der vier-

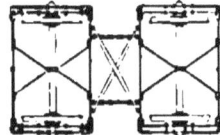

Abb. 310. Lenkachsen von F. Wetelich. [1845.]

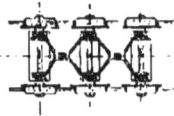

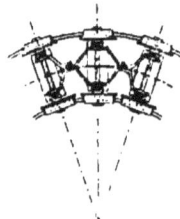

Abb. 311. Lenkachsen von E. Schmid. [1850.]

achsigen Wagen zu erzielen, wurden in
den Jahren 1851—1854 für die Staatsbahnlinien vierachsige Wagen ohne Drehgestelle gebaut, bei welchen die beiden
mittleren Achsen, so wie bei zweiachsigen
Wagen parallel geführt wurden, während
die beiden Endachsen schräge geführte
Achsbüchsen erhielten, durch welche die
Endachsen in Geleisekrümmungen in eine
radiale Stellung gebracht werden. Diese

von Adams construirte Achsenanordnung
hat sich bei geringen Fahrgeschwindigkeiten gut bewährt, und sind solche
Wagen heute noch im Betriebe. [Abb.
312 und 313.]

Obwohl im Jahre 1841 und in den
folgenden Jahren die vierachsigen Wagen
in Oesterreich die be-
vorzugte Wagentype
waren, nach welcher die
Ausrüstung der damals
im Bau begriffenen
Bahnen erfolgte, so
konnten sich dieselben
den Vorzug vor den
zweiachsigen Wagen
für die Dauer doch
nicht erhalten, so dass,
während letztere weiter
verbessert und ausge-
bildet wurden, die vier-
achsigen Wagen all-
mählich auf den Aus-
sterbe-Etat gesetzt wur-
den. Nach dem Jahre

Noch in den Achtziger-Jahren waren
nur steif geführte Achsen üblich, für
welche man Radstände bis 5 m. über-
wiegend jedoch solche von 3—4 m
anwendete. Als jedoch das Bedürfnis
eintrat, noch längere Radstände auszuführen und steif geführte Achsen für
Linien mit kleinen Bö-
gen nicht mehr unbe-
schränkt zulässig er-
schienen, kamen die
verstellbaren Achsen,
welche seinerzeit bei
der Linz-Budweiser
Pferdebahn üblich wa-
ren, wieder zur Geltung.
Der Verein Deutscher
Eisenbahn - Verwaltun-
gen, unterzog in den
Jahren 1884 und 1885
die Frage der Zulässig-
keit verstellbarer Ach-
sen eingehenden Be-
rathungen und Erpro-
bungen, deren Ergeb-

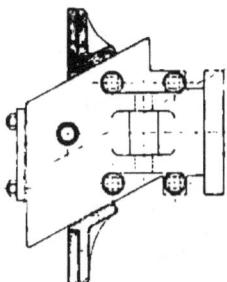
Abb. 312. Achsbüchse von Adams. (1841.)

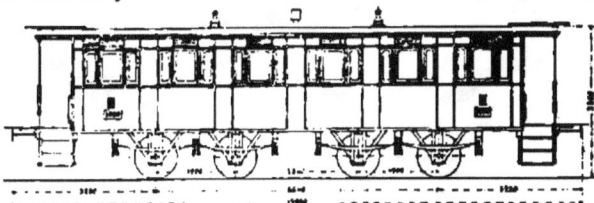
Abb. 313. Personenwagen mit Adams-Achsen. (1842.)

1854 wurden vierachsige Wagen durch
etwa 40 Jahre in grösserer Anzahl nicht
mehr gebaut. Es waren verschiedene Momente, welche gleichzeitig zusammen-
wirkten, um zu jener Zeit den zweiachsigen
Wagen wieder den Vorrang zu sichern.
Einerseits fand man es vortheilhafter, überhaupt kürzere Wagen zu bauen, andererseits vergrösserte man allmählich den Radstand der zweiachsigen Wagen sowie auch
die Stärke der Achsen, wodurch man zweiachsige Wagen erhielt, deren Radstand und
Fassungsraum sich jenem der alten vierachsigen Wagen näherte. Man zog es vor,
in Fällen, wo längere Wagen erforderlich
wurden, dreiachsige Wagen zu bauen.

nis die Approbirung der zulässigen Constructionen als »Vereins-Lenkachsen«
war. Zuerst wurden die zwangläufigen
und kraftschlüssigen Lenkachsen als
Vereins - Lenkachsen approbirt, die auf
dem Constructionsprincipe der vorerwähnten Pferdebahnwagen beruhten, sodann
wurden auch freie Lenkachsen für unge-
bremste Wagen und schliesslich [1890] auch
solche für gebremste Wagen als zulässig
erkannt. Infolge des Umstandes, dass
letztere Construction gar keine Mehrkosten verursacht und die Anwendung
von grossen Radständen zulässt, wurde
seit dem Jahre 1890 der Bau von kraftschlüssigen Lenkachsen nahezu gänzlich

verlassen und kamen dagegen die freien Lenkachsen in ausgedehntem Masse zur Anwendung. Seither werden zwei- und dreiachsige Wagen bis zu 7 m Radstand gebaut.

Obwohl durch die Anwendung von Lenkachsen grössere Radstände und mithin auch längere Wagen zulässig wurden, so ergab sich doch das Bedürfnis, sowohl in der Länge als auch im Gewichte der Wagen noch weiter zu gehen, und da hiefür zwei und drei Achsen nicht mehr ausreichend waren, so wendete sich die Aufmerksamkeit der Constructeure wieder den seit mehreren

baut werden, wogegen für Güterwagen mit Ausnahme von Specialwagen nahezu ausschliesslich die zweiachsigen Typen beibehalten sind.

Die neuartigen Drehgestellwagen werden mit Drehgestellen von durchschnittlich 2·5 m Radstand [Abb. 314], bei einer Drehzapfen-Entfernung von 12 m, einer Untergestell-Länge von 16—17 m und einem Eigengewicht von 32.000—35.000 kg ausgeführt. Bei zweckmässiger Federung und Gewichtsvertheilung gestatten solche Wagen einen ruhigen Gang, grosse Fahrgeschwindigkeiten und ein leichtes Durchfahren der Bahnkrümmungen.

Abb. 314. Drehgestelle eines vierachsigen Personenwagens. [1895.]

Decennien wenig beachteten vierachsigen Wagen zu. Es hatten sich im Laufe der Jahre im Wagenbau so viele Neuerungen und Verbesserungen ergeben, dass die neuen vierachsigen Wagen mit den in den Vierziger-Jahren üblichen Typen kaum mehr als das Princip der Drehgestelle gemeinsam haben. Die in Oesterreich seit dem Jahre 1894 wieder in grösserer Anzahl gebauten vierachsigen Wagen sind so ziemlich nach dem Muster der Wagen der Internationalen Schlafwagen-Gesellschaft und diese wieder nach amerikanischen Vorbildern gebaut.

Nachdem das Bedürfnis nach langen schweren Wagen hauptsächlich für Luxus- oder Schnellzugswagen zur Geltung kommt, so sind es auch insbesonders Salon- und Personenwagen, welche in Oesterreich als vierachsige Wagen ge-

b) Buffer und Zugvorrichtungen.

Die Stossvorrichtungen wurden nothwendig, sobald man mehrere Fahrzeuge mittels eines Motors fortzubewegen begonnen hatte. Die älteste Form der Stossvorrichtungen ist die einfache Verlängerung der Langträger, so dass bei der Zusammenstellung einer Wagenreihe diese stumpf zusammenstossen. Für Bahnwagen etc. wird diese einfache Construction heute noch angewendet und in England findet man dieselbe auch noch in neuerer Zeit bei Güterwagen von Hauptbahnen.

Bei den ersten Locomotivbahnen in Oesterreich bestanden bereits bei englischen Fahrbetriebsmitteln elastische Buffer; die hölzernen, mit Rosshaar gepolsterten und mit Leder überzogenen Stossscheiben der Buffer waren auf Stangen befestigt, deren Ende auf eine horizontale Blattfeder wirkte. Diese Einrichtung fand jedoch bei den ersten Wagen der Kaiser Ferdinands-Nordbahn nur an Wagen I. und II. Classe statt, während jene III. Classe mit ungefederten gepolsterten Stossballen versehen waren.

In den Vierziger-Jahren bestand noch nicht das Bedürfnis nach Freizügigkeit der Wagen, man konnte sich damit begnügen, wenn nur die eigenen Wagen zusammenpassten. Dies kam in der verschiedenen Bufferanordnung der verschiedenen Bahnen am deutlichsten zum Ausdruck. Es gab eine belgische, eine badische und eine bayrische Bufferweite und wieder von diesen abweichend war die weite (englische) Bufferstellung der Kaiser Ferdinands-Nordbahn und die enge (amerikanische) Bufferweite der k. k. Staatsbahnen. Durch die Anschlüsse der Nordbahn und k. k. Staatsbahnen sowie durch die wechselnden Eigenthumsverhältnisse trat zunächst für diese Bahnen das Bedürfnis nach einer einheitlichen Bufferstellung zu Tage, und man entschloss sich, die enge Bufferweite zu acceptiren und reconstruirte die Wagen der Kaiser Ferdinands-Nordbahn auf enge Bufferweite. [650 *mm*.] Doch nicht lange konnte diese Einheitlichkeit bestehen. Die Versammlung der deutschen Eisenbahn-Techniker im Jahre 1850 in Berlin stellte einheitliche Normen für die Bufferabmessungen auf, welche schon früher bei den norddeutschen Bahnen eingeführt waren; dieselben Bestimmungen gingen in die »technischen Vereinbarungen des Vereins deutscher Eisenbahn - Verwaltungen« über, und brachten die so nothwendige Uebereinstimmung in diesen Abmessungen zustande. Infolgedessen mussten die österreichischen Bahnen das enge Buffersystem wieder verlassen, um endgiltig zu dem Vereinsnormale überzugehen.

Man findet bei den alten Wagen mit enger Bufferstellung meistens die Anordnung getroffen, dass der Zughaken mit einer horizontal liegenden Blattfeder verbunden ist, deren Enden beiderseits sich auf die nach innen verlängerten Bufferstangen stützen. Die Feder war somit zugleich Zug- und Stossfeder, die einwirkenden Kräfte wurden durch An-

sätze oder Keile in den Zug- und Stossstangen auf die Brust des Wagens übertragen, welche dadurch sehr in Anspruch genommen wurde. Infolge der Erweiterung der Bufferstellung wurde diese Anordnung unbequem, weil sehr lange und schwere Federn nothwendig wurden. Man trennte daher die Federung dieser Bestandtheile, versah jeden Buffer mit separater Feder und ebenso die Zugvorrichtung. Nachdem sich für letztere Blattfedern wenig eigneten, wurden Volutfedern oder eine Reihe übereinander gelegter Gummiringe angewendet. Die Brust des Wagens entlastete man dadurch, dass die elastische Verbindung in die Zugstangen gelegt wurde, so dass durch diese die Zugkraft fortgepflanzt und auf das Wagengestelle nur die für die Bewegung des einzelnen Wagens erforderliche Kraft übertragen wurde. Ein Uebelstand hiebei war, dass die ganze Zugkraft durch die Federn der ersteren Wagen übertragen werden musste, wodurch diese übermässig in Anspruch genommen wurden, während diese Inanspruchnahme sich gegen das Ende des Zuges immer mehr verminderte. Eine wesentliche Verbesserung wurde durch den damaligen Ober-Ingenieur der Südbahn, Herrn F. Fischer von Rösslerstamm, im Jahre 1849 bei Wagen der Semmeringbahn eingeführt, indem derselbe die Zugstangentheile unter dem Wagen fest verband und die Feder zwischen der Zugstange und dem Wagenuntergestelle einschaltete. Es bildete somit die Zugvorrichtung längs des ganzen Zuges eine Stangenkette von constanter Länge, von welcher aus durch die einzelnen Federn die Zugkraft auf je einen Wagen übertragen und hiedurch die Inanspruchnahme sämmtlicher Federn eine nahezu gleiche wurde.

Der Vortheil dieser durchgehenden Zugvorrichtung war ein so eingreifender, dass dieselbe bei allen Vereinsbahnen rasche Verbreitung fand, und heute noch nahezu ausschliesslich angewendet wird. Die vorzügliche Qualität der Stahlfedern, deren Erzeugung insbesondere eine Specialität österreichischer Werke ist, hatte zur Folge, dass bei den österreichischen Bahnen vorzugsweise Volutfedern nach der von Baillie im Jahre

1845 construirten Schraubenform für Zugvorrichtungen und Buffer verwendet wurden. Die separate Federung jedes einzelnen Buffers hat bei langen Wagen den Nachtheil, dass die Differenz der Bufferpressung in Bogenstellungen sehr bedeutend wird. Um dies zu vermeiden, wird bei vierachsigen Wagen gewöhnlich eine Balancierverbindung zwischen den beiden Buffern einer Stirnseite hergestellt. [Abb. 315 und 315a.] Bei allen diesen Bufferanordnungen wird das Untergestelle des Wagens zur Uebertragung des Druckes von Wagen zu Wagen in Anspruch genommen. Im Jahre 1894 wurde von dem Director der Nesselsdorfer Waggonfabrik, Herrn Hugo Fischer von Rösslerstamm, durch eine sinnreiche Construction die durchgehende Zugstange auch zur Uebertragung des Druckes der Buffer benützt. [Abb. 316 und 316a.] Die beiden, aus vierkantigen Röhren hergestellten Bufferstangen sind schräge gegen die Untergestellmitte gelegt und fest miteinander verbunden, so dass sie ein starres Ganzes bilden, welches durch einen Bolzen mit der Zugstange horizontal drehbar verbunden ist. Die Theile der zweitheiligen Zugstange sind durch eine Muffe mit Keilschlitzen verbunden, welche eine Verschiebbarkeit innerhalb bestimmter Grenzen gestattet. Durch drei Volutfedern, von welchen zwei als Zugfedern und eine als Stossfeder functioniren, ist die Federung nach beiden Richtungen erzielt. In neuester Zeit wird nur eine Volutfeder verwendet, welche sowohl als Zug- wie auch als Stossfeder dient. Bei dieser Construction

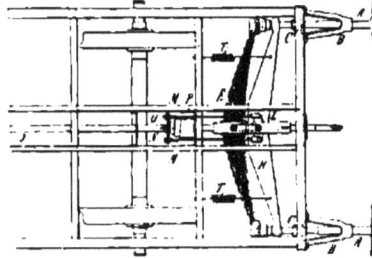

Abb. 315.

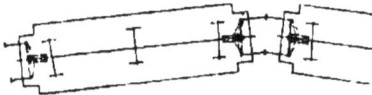

Abb. 315a. Zug- und Stossvorrichtung von F. Ringhoffer. [1894.]

ist eine einseitige Bufferpressung in Krümmungen vollkommen vermieden und hat das Wagengestelle nur die für seine eigene Bewegung erforderlichen Zug- und Stosskräfte aufzunehmen. Wagen dieser Type wurden im Jahre 1895 für die k. k. Staatsbahnen gebaut und waren Ende 1896 bei verschiedenen Bahnen circa 80 Stück diverse Wagen mit der Fischer'schen Zug- und Stossvorrichtung im Betrieb.

c) Kuppelungen.

Die Kuppelung der Wagen wurde in erster Zeit durch Haken und einfache Ketten bewirkt, welche Anordnung bis zu den Siebziger-Jahren vorherrschend bei Güterwagen angewendet wurde, obwohl bereits in den Dreissiger-Jahren die Schraubenkuppelung in England bestand. Für Personenwagen wurden auch in Oesterreich bereits bei den ersten Ausrüstungen Schraubenkuppelungen verwendet. Nachdem die Wagenkuppelung eine der wichtigsten Fragen für den Durchgangsverkehr der Wagen bildete, so waren seit Bestand des Vereins Deutscher Eisenbahn-Verwaltungen genaue bindende Vorschriften für dieselbe aufgestellt, und konnten Aenderungen nur durch Vereinsbeschlüsse eingeführt werden. Eine der wesentlicheren Aenderungen war die Einführung von Sicherheitskuppelungen als Ersatz für die Nothketten, und die Eliminirung der Kettenkuppelungen von sämmtlichen Wagen. Seit den Sechziger-Jahren befasste man sich damit, Kuppelungen zu construiren, welche die Gefahr des Einkuppelns zwischen den Wagen entweder durch automatisch wirkende oder durch von aussen zu bedienende Vorrichtungen beseitigen sollten.

Als im Jahre 1875 der Verein Deutscher Eisenbahn-Verwaltungen einen Preis für die beste Lösung dieser Aufgabe ausschrieb, entstand geradezu eine Kuppelungserfindungs-Epidemie und man konnte in allen Eisenbahn-Werkstätten projectirte, versuchte und zurückgelegte Kuppelungen finden. Der Preis wurde zwar dem damaligen Central-Inspector der Kaiser Ferdinands-Nordbahn, Herrn L. Becker, zuerkannt, doch konnte auch diese Kuppelung in der Praxis für die Dauer nicht Eingang finden. Es blieb mithin so ziemlich beim Alten, und nachdem die Fachmänner sich klar darüber wurden, dass beim Zweibuffer-System die gestellten Bedingungen derart sind, dass eine praktische Construction einer automatischen Kuppelung unerreichbar ist, so nahm auch die Zahl der Erfinder in Fachkreisen immer mehr ab.

d) Räderpaare.

Die Entwicklung in der Fabrication der Wagenräderpaare steht in directem Zusammenhange mit den Fortschritten in der Eisenindustrie. Wenn auch die österreichischen Eisenwerke seit jeher durch die Herstellung eines vorzüglichen Materials sich auszeichneten, so blieben sie doch hinsichtlich der Grösse der Anlagen, Leistungsfähigkeit und des Marktpreises gegen die englischen und deutschen Werke zurück, und es gab wiederholt Zeitperioden, besonders Ende der Sechziger-Jahre, in welchen ein Theil des Räderpaar-Materials aus dem Auslande bezogen werden musste.

Die ältesten Achsen, an deren Fabrication die meisten grösseren inländischen Eisenwerke betheiligt waren, wurden aus Schweisseisen hergestellt. Als Ende der Sechziger-Jahre die Erzeugung des Bessemerfluss-Stahles auch in Oesterreich Eingang gefunden hatte und gleichzeitig die Leistungsfähigkeit der Werke eine Steigerung erfuhr, erreichte auch die Herstellung der Achsen und Radreifen aus Schweisseisen ihr Ende und wurde

fortab hiefür nur Bessemerstahl, später auch Thomasfluss-Stahl und Martinfluss-Stahl verwendet. Tiegelguss-Stahl wird für Wagenachsen und Tyres nur ausnahmsweise verwendet und hiezu noch vielfach aus dem Auslande bezogen.

Die ältesten Eisenbahnräder waren aus gewöhnlichem Gusseisen, als Speichenräder, in einem Stück gegossen; in Oesterreich gelangten jedoch solche Räder nur auf den alten Pferdebahnen und für Bahnwagen in Verwendung, die mit den ersten Locomotiv-Eisenbahnwagen importirten Räder waren bereits mit schmiedeeisernen Speichen und Radreifen versehen. Durch lange Zeit, bis Mitte der Siebziger-Jahre, war das Speichenrad mit Kranz und Speichen aus Flacheisen und gusseiserner Nabe [Losh-Rad] das beliebteste Rad, welches auch in den meisten grossen Werken Oesterreichs erzeugt wurde; nachdem jedoch aus dem Auslande mehr und mehr Radsterne mit geschweisster Nabe eingeführt wurden, so gingen auch die österreichischen Werke auf die Erzeugung geschweisster Radsterne über. Wiederholt wurden Versuche gemacht, die schmiedeeisernen Speichenräder durch Scheibenräder gleicher Qualität zu ersetzen, und verschiedene Erzeugungsarten angewendet, unter welchen besonders das Wickelrad von Krupp und das Walzscheibenrad von Bochum grosse Verbreitung fanden. Durch diese ausländische Concurrenz gedrängt, begannen auch die inländischen Werke sich auf die Erzeugung von Scheibenrädern aus Flusseisen zu verlegen, und es ist ihnen gelungen, in neuester Zeit solche Radscheiben zu erzeugen, welche allen Anforderungen entsprechen.

Nebst dem eisernen Rade wurden auch Radscheiben aus Holz und Papier angefertigt. Die hölzernen Räder in Nachbildung der Sprossenwagenräder [Speichenräder] wurden bereits in der ersten Zeit des Eisenbahnbetriebes verwendet, konnten aber für die Dauer den Anforderungen nicht genügen. Besser bewährten sich die Blockräder von Busse, welche im Jahre 1844 bei der Leipzig-Dresdener Bahn eingeführt wurden. Nach mehrfachen Verbesserungen wurde ein sehr gutes Blockrad in England erzeugt und auch in Deutschland ausgeführt. Diese Holzräder sind sehr dauerhaft und unterliegen nicht den Vibrationen wie die eisernen Räder, weshalb sie auch geräuschloser laufen. In Oesterreich kommen dieselben nur vereinzelt bei Salonwagen vor.

Von ähnlicher Construction sind die Papierräder, bei welchen nur an Stelle der Holzsegmentscheibe eine aus zahlreichen Pappendeckelschichten bestehende Scheibe verwendet wird, welche bei Anwendung eines Klebestoffes unter sehr hohem Druck zusammengepresst ist. Man erzielte mit diesen Rädern, welche bei Van der Zypen in Deutz erzeugt wurden, in Deutschland gute Resultate. Als im Jahre 1885 der Versuch gemacht wurde, diese Räder auch in Oesterreich einzuführen und ein dreiachsiger

Abb. 316.

Abb. 316a. Zug- und Stossvorrichtung von H. Fischer von Rösslerstamm. [Ph.]

Salonwagen der k. k. Staatsbahnen mit solchen Rädern versehen wurde, ereignete sich der Unfall, dass eines dieser Räder während der Fahrt total zerbrach, glücklicherweise ohne weitere böse Folgen. Dieser Umstand bereitete der Anwendung von Papierrädern in Oesterreich ein jähes Ende.

Nebst den Rädern mit aufgezogenen Radreifen sind noch die aus einem Stück erzeugten Räder zu erwähnen. Diese Räder, zu welchen auch die allerersten gegossenen Speichenräder zu zählen sind, werden aus Gusseisen oder Guss-Stahl erzeugt. Die ältesten gusseisernen Räder waren an der Lauffläche zu weich und war besonders die Speichenform ungünstig gewählt, es konnte daher das Gusseisenrad kein besonderes Vertrauen gewinnen. Amerika, das Land des Gusseisens, war infolge seines vorzüglichen Materials in der Lage, die Räder mit Vortheil aus Gusseisen zu erzeugen; dabei gewann die Erzeugung von Hartguss [Coquillenguss] in Amerika immer mehr Anwendung, während dieselbe in Europa noch nahezu unbekannt war. Der Coquillenguss eignet sich ganz besonders für Räder, weil diese einen zähen Körper und eine harte Lauffläche erfordern. In richtiger Erkenntnis dieses Umstandes begann im Jahre 1854 Abraham Ganz in Ofen die Herstellung von Schalengussrädern. Durch gründliche Fachkenntnis und Verwendung von vorzüglichem ungarischem Holzkohleneisen gelang es demselben ein Rad herzustellen, welches fest und dauerhaft war. Die vielen commissionellen Erprobungen dieser Räder ergaben beachtenswerthe gute Resultate; es erfolgten Probe-Bestellungen von der österreichischen Staatsbahn und Südbahn, und die Theissbahn bezog bereits im Jahre 1857 eine grosse Anzahl solcher Räder.

Noch hatte das Schalengussrad manche Mängel, welche eine rasche Abnützung und viele Ersätze zur Folge hatten. Die Firma Ganz & Co. fand sich daher veranlasst, eingehende Studien über die vorkommenden Gebrechen zu machen, die schadhaften Räder genau zu untersuchen und die Ursachen der Mängel zu ergründen. Dies führte dann auch zu mehrfachen Verbesserungen in der Erzeugung und in der Form der Räder, welche einen entschiedenen Erfolg hatten. Im

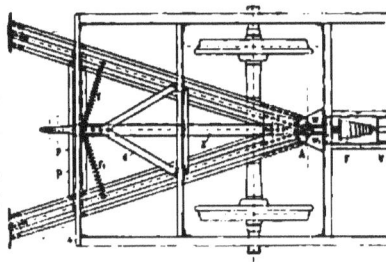

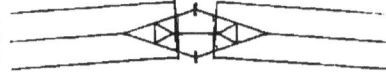

Jahre 1869 ging das Etablissement an eine Actien-Gesellschaft über, welche mit den bewährten Kräften die Vervollkommnung ihrer bereits einen vorzüglichen Ruf erlangten Fabrikate fortsetzte. Den Leistungen dieser Firma ist es in erster Linie zuzuschreiben, dass das Schalengussrad ein specifisch österreichisches Erzeugnis wurde, und dass die österreichischen Bahnen von demselben reichlichen Gebrauch machten. Bis in das letzte Decennium war es bei diesen so ziemlich allgemein üblich, die Güterwagen ohne Bremse mit Schalengussrädern zu versehen. Wenn auch die Firma Ganz & Co. die erste Stellung unter den Schalenguss-Fabrikanten einnimmt, so waren doch auch andere Firmen, welche ganz Vorzügliches leisteten, so Gruson in Magdeburg und das gräflich Andrássy'sche Eisenwerk Dernő in Ungarn, insbesondere war letzteres stark an den Lieferungen für Oesterreich-Ungarn betheiligt und verdienen dessen Leistungen umsomehr Anerkennung, als die Fabriksanlagen nie die Ausdehnung der Ganz'schen erlangten.

Obwohl bei der grossen Anzahl der im Betrieb befindlichen Schalengussräder Betriebsanstände und -Unfälle in verschwindender Anzahl vorkamen, so bestand doch stets ein gewisses Misstrauen, diese Räder für schnell fahrende Züge zuzulassen, weshalb sie von den Personenzügen ausgeschlossen waren. Ausserdem wagte man es nicht, diese Räder zu bremsen. Die Erhöhung der Radbelastung bei Güterwagen hatte zur Folge, dass die Verwendung der Schalengussräder in den letzten Jahren abnahm und auch für Güterwagen ohne Bremse Scheibenräder mit Radreifen aus Fluss-Stahl bevorzugt wurden. Die Ausstellung in Chicago im Jahre 1893 bot den Eisenbahn-Fachmännern Gelegenheit, sich in Amerika zu überzeugen, dass das gegossene Rad dort allgemein auch unter Bremswagen verwendet werde, und die Firma Ganz & Co. verabsäumte nicht, die dortige Fabrications-Methode nach Oesterreich zu übertragen. Die genannte Firma importirte erst amerikanische Räder nach Oesterreich und begann auch Räder nach Griffin-System in

Leobersdorf zu erzeugen. Diese Räder gelangen unter gebremsten Erzwagen der k. k. österreichischen Staatsbahnen probeweise zur Verwendung. Es ist zu erwarten, dass es voraussichtlich gelingen wird, das Griffinrad zum würdigen Nachfolger des Schalengussrades nicht nur in Oesterreich, sondern auch in ganz Europa zu machen.

Die ältere Methode, die Radreifen zu erzeugen, bestand darin, dass gerade Stäbe vom Profil der Radreifen gewalzt und auf bestimmte Längen abgeschnitten, sodann zu einem Ringe gebogen und verschweisst wurden.

Diese für Schmiedeeisen angewendete Methode wurde bereits in den Sechziger-Jahren verlassen, indem man begann, aus einem Klotz einen Ring auszuschmieden, und diesen sodann auf das Profil auszuwalzen. Mit Beginn der Fluss-Stahl-Erzeugung Ende der Sechziger-Jahre wurde ausschliesslich dieser oder Tiegelguss-Stahl zur Radreifen-Fabrication verwendet.

Die Verbindung der Radreifen mit dem Radkranze erfolgt in erster Linie durch warmes Aufziehen. Zur weiteren Befestigung wurden bis zu Anfang der Siebziger-Jahre Nieten oder Schrauben verwendet. Letzteren gab man im Radreifen eine conische Form, so dass bei dem jeweiligen Abdrehen des Radreifens keine Lockerung der Schrauben entstand. Zur Erzeugung der Schrauben verwendete man alte Radreifen, um ein möglichst gleichartiges Material im Radreifen und in den Schrauben zu erhalten. Durch die Schraubenbolzen oder Nieten-Bohrungen wurde der Radreifen stellenweise sehr verschwächt und es ist daher erklärlich, dass Querrisse grösstentheils durch die Schraubenlöcher erfolgten. Man trachtete diesen Mangel theilweise dadurch zu vermeiden, dass man die Schraube nicht durch den ganzen Radreifen gehen, sondern nur ein kurzes Stück in den Radreifen eindringen liess. Für diese Befestigung konnten keine Mutterschrauben verwendet werden und das Gewinde musste mit wenigen Gängen in den Radreifen geschnitten werden. Die Haltbarkeit solcher Schrauben bei Reifenbrüchen war eine sehr zweifelhafte, umsomehr als die Ausführung schwer zu controliren war. Diese verschiedenen Mängel der Schraubenbefestigung erregten Mitte der Siebziger-Jahre das Bedürfnis nach etwas Besserem, und das Schlagwort »continuirliche Radreifen-Befestigung« beschäftigte die Erfinder. Von den verschiedenen, zur Ausführung gelangten Radreifen-Befestigungen ist die Sprengring - Befestigung von G l u c k und C u r a n t in Oesterreich am meisten verbreitet.

c) Achslager.

Einer der wichtigsten Bestandtheile des Wagens ist das Achslager und die Schmiervorrichtung, weil diese Theile im Zusammenhang mit dem Schmiermaterial bedeutende Ausgaben der Bahnen in Anspruch nehmen und den wesentlichsten Einfluss auf die Belastung der Züge und die Leistung der Zugkraft ausüben. Es war daher seit Bestehen der Eisenbahnen ein fortwährendes Bestreben, einerseits gutes und billiges Schmiermaterial herzustellen, andererseits entsprechende Lager hiefür zu construiren. Lagerconstructionen und Schmiermaterial stehen daher in engem Zusammenhange und waren auch stets von localen Verhältnissen und den Bezugsquellen der Materialien abhängig.

Mit den ersten englischen Musterwagen kamen auch die Achslager und das Schmiermateriale derselben nach Oesterreich. Es war damals die Bloothsche Palmöl-Wagenschmiere ziemlich allgemein in Anwendung, eine Mischung von Palmöl, Talg, Soda und Wasser. Der Bezug dieses Materials aus dem Auslande wurde jedoch ehestens eingestellt und die Erzeugung im Inlande begonnen, wobei verschiedene Zusammensetzungen versucht wurden. Eine der gebräuchlichsten war eine Mischung von Unschlitt, Olivenöl und Schweinefett, welche je nach der Jahreszeit in verschiedenem Mischungsverhältnisse verwendet wurde. Die Starrschmiere war bis zum Jahre 1845 so ziemlich das ausschliessliche Schmiermaterial in Oesterreich. Mit der Eröffnung der südöstlichen Linie der k. k. Staatsbahnen gelangte auch flüssiges Schmiermaterial, und zwar Baumöl, Rüböl und eine Mischung von Harzöl und Baumöl zur Verwendung. Doch blieb die Starrschmiere lange Zeit bevorzugt, und wurde beispielsweise der gesammte Wagenpark der ursprünglichen Ausrüstung der Kronprinz Rudolf-Bahn und Kaiser Franz Josef-Bahn in den Jahren 1867—1870 mit Starrschmierlagern geliefert, welche theilweise noch gegenwärtig im Betriebe sind.

Im Jahre 1861 wurden von L. B e c k e r auf einer Linie der Oesterreichischen Staatseisenbahn-Gesellschaft die ersten Versuche mit Mineralöl für Achsenschmierung gemacht. Nach mehreren missglückten Experimenten gelang es endlich, ein brauchbares Material zu erzeugen, mit welchem im Jahre 1862

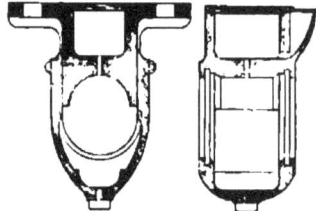

Abb. 317. Achslager der Pferdebahn Prag-Land. [1830.]

noch umfangreichere Versuche gemacht wurden, die gleichfalls ein befriedigendes Resultat ergaben, so dass bei dieser Bahn die Mineralöl-Schmierung im Jahre 1863 allgemein eingeführt wurde. Die Schmierkosten wurden dadurch von 10 kr. [C.-M.] auf 6 kr. pro Zugsmeile reducirt. Die nächste österreichische Bahn, welche aus diesen günstigen Erfahrungen Nutzen zog und in umsichtiger und energischer Weise ebenfalls auf die Verwendung des Mineralöls überging, war die Kaiserin Elisabeth-Bahn, welche auch die Mineralöl-Schmierung für Locomotiven einführte. Ihr folgte die Kaiser Ferdinands-Nordbahn im Jahre 1864 und in rascher Folge fand die Mineralöl-Schmierung immer mehr Verbreitung, so dass im Laufe der Siebziger-Jahre bereits der grösste Theil der österreichischen Wagen und der meisten deutschen Wagen mit Mineralöl geschmiert wurde.

Die in Oesterreich zuerst eingeführte Mineralöl-Schmierung hat einen doppelten Werth, weil nicht nur sämmtliche Bahnen wesentliche Materialersparnisse erzielten, sondern weil gleichzeitig die Mineralöl-Industrie in Galizien dadurch einen ungeahnten Aufschwung erzielte. Im Jahre 1872 betrug bei den österreichischen Bahnen der Verbrauch an Mineralschmieröl bereits mehr als 500.000 kg. Seit den Achtziger-Jahren ist der Verbrauch an Mineralschmieröl ziemlich gleichbleibend, 1500 t.

Trotzdem seit Beginn des Eisenbahnbetriebes der Construction der Achslager stets viel Sorgfalt zugewendet und die Schaffung eines idealen Lagers angestrebt wurde, konnte es nicht gelingen, Lagertypen herzustellen, welche durch besondere Vorzüge zur alleinigen allgemeinen Verwendung gelangten; es mehrten sich vielmehr mit jeder Neuerung und mit jeder Typenänderung der Wagen auch die Anzahl der verschiedenen Lagertypen.

In dem Bestreben, das beste und öconomischeste Schmiermaterial und die hiefür geeignetsten Lagertypen zu ermitteln, hat der Oesterreichische Ingenieur-Verein im Jahre 1868 einen Preis für die beste geschichtlich-statistisch kritische Darstellung der bei Eisenbahnwagen angewandten Schmiervorrichtungen und Schmiermittel ausgeschrieben, welcher dem vorzüglichen Werke von E. Heusinger von Waldegg zuerkannt wurde. In diesem Werke sind 141 Lagertypen der Bahnen des Vereins Deutscher Eisenbahn-Verwaltungen, die im Jahre 1870 bestanden, dargestellt, und diese Zahl ist noch keineswegs vollständig, da von vielen Bahnen nur deren wichtigste Lagertypen behandelt wurden. Wenn auch das löbliche Bestreben des Oesterreichischen Ingenieur-Vereins, und die mit seltener Sorgfalt und Objectivität behandelte Darstellung des um das Eisenbahnwesen so hochverdienten Autors Heusinger von Waldegg gewiss im hohen Grade erfolgreich und nutzbringend war, so konnte es doch damals nicht gelingen, unter dem vielen

Guten das Beste herauszufinden, und es blieb die Anzahl der Lagertypen in steter Zunahme. Dass auch die österreichischen Bahnen das Ihrige zur reichlichen Schaffung von Wagenlagertypen beigetragen haben, mag daraus ersehen werden, dass dermalen [1897] im Wagenpark der k. k. Staatsbahnen allein 64 verschiedene Wagenlagertypen im Betriebe sind, in welche Zahl jedoch solche mit unwesentlichen Constructions-Differenzen und bereits cassirte Typen nicht einbezogen sind. Die Ursache dieser Mannigfaltigkeit liegt zunächst in der verschiedenen Form der Achsen, in der Verschiedenartigkeit des Schmiermaterials, in der Form und Stellung der Achsgabeln und Tragfedern, welche gewisse Formen der Lager bedingen und eine Abweichung nur mit grossen Kosten möglich machen, und in dem Umstande, dass die Anzahl und Dauer der Lager sehr gross ist, und mehrere Jahrzehnte erforderlich sind, um minder zweckmässige Typen im Wege des normalen Ersatzes verschwinden zu lassen.

Bei dieser Fülle von Lagertypen ist es wohl nicht möglich, die historische Entwicklung derselben genau zu verfolgen, und es können nur wesentlichere Einzelheiten hervorgehoben werden.

Die Wagen der alten österreichischen Pferdebahnen hatten zwischen den Rädern situirte Achshälse und direct an den Langträgern, beziehungsweise Achsstöcken befestigte Achslager. Bei der geringen Fahrgeschwindigkeit genügte die Herstellung der Lager aus Gusseisen ohne Lagerschale. [Abb. 317.]

Die ältesten Wagenlager der Locomotivbahnen waren nicht vollkommen geschlossen, sondern liessen den Achsstummel auf der unteren Seite oder an der Stirnseite frei [Abb. 318], es war hiebei die Achse der Verunreinigung durch Staub und Sand, und den Witterungseinflüssen preisgegeben. Diese für Starrschmiere eingerichteten Lager, von welchen im Jahre 1863 auf den Linien der Oesterreichischen Staatseisenbahn-Gesellschaft noch 176 Stück vorhanden waren, mussten nach etwa fünfzehn zurückgelegten Meilen bereits nachgeschmiert werden. Es wurden daher gleich vom Anfang an diese Typen nicht mehr weiter gebaut, sondern Lager mit geschlossenen Untertheilen und Vorrichtungen, welche das Schmieren des Achsstummels von unten ermöglichten, construirt. Die auf österreichischen Bahnen in den Jahren 1847—1854 ausgeführten Lager zeigen bereits wesentliche Fortschritte, man findet bei denselben Oberkammern für feste, und Unterkammern für flüssige Schmiere, in letzteren federnde Holzschemel. Desgleichen wurden zu auch die verschiedenen Constructionen. Für die Schmierung von oben wurde der Hauptwerth auf entsprechend geformte und eingesetzte Saugdochte, auf genügend grosse Oelkammern und auf guten Verschluss der letzteren gesehen. Solche Lager wurden zuerst im Jahre 1854 auf der Kaiser Ferdinands-Nordbahn ausgeführt. [Abb. 319.]

Es ergab sich jedoch bald das Bedürfnis, das abfliessende Schmiermaterial

Abb. 318. Achslager der k. k. Staatsbahnen. [1914.]

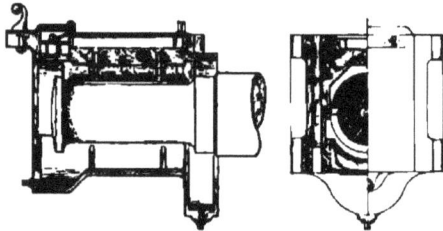

Abb. 319. Achslager der Kaiser Ferdinands-Nordbahn. [1854.]

dieser Zeit bereits Dichtungsscheiben von Leder und mit Composition ausgegossene Rothgusslager ausgeführt.

Man kann annehmen, dass in diese Zeitperiode der grösste Fortschritt in der Lagerconstruction fällt. Die weiteren Verbesserungen schlossen sich so ziemlich an diese Grundformen an und waren mehr oder weniger nur eine zweckentsprechendere Ausbildung derselben. Insofere Oelschmierung verwendet wurde, waren die Ansichten getheilt, es gab Verfechter des Princips der Schmierung nur von oben, der Schmierung nur von unten und der beiderseitigen Schmierung, demgemäss in irgend einer Weise nutzbar zu machen. Dies führte dazu, dass die Unterkammern mit Wolle, Lindenspänen etc. ausgefüllt wurden, wodurch einerseits ein Verschleudern des Oeles verhindert, anderseits eine Schmierung auch von unten erreicht wurde. Diese Lagertypen, bei welchen die normale Schmierung mittels Saugdochtes von oben und eine secundäre Schmierung durch das Stopfmaterial des Untertheiles erfolgt, fanden ziemlich rasche Verbreitung und bildeten Haupttypen der Kaiser Ferdinands-Nordbahn, der Carl Ludwig-Bahn, der Böhmischen Westbahn, der Kaiser Franz Josef-Bahn [Abb. 320] u. a. Das zweite Princip, das der Achsenschmierung von unten, war bei den österreichischen Bahnen bereits seit dem Jahre 1846 in Anwendung. Auf den südöstlichen Linien der k. k. Staatsbahnen enthielten die Achsbüchsen des ersten Fuhrparkes (circa 2000 Lager) im Untertheile elastische Schmierschemel, welche mit Baumwollplüsch überzogen und mit Saugdochten versehen waren.

Nachdem die flüssige Schmierung in Oesterreich von Anfang an besondere Beachtung fand, und es in der Natur dieser Schmiermittel liegt, durch Saugwirkung der Verwendung zugeführt zu

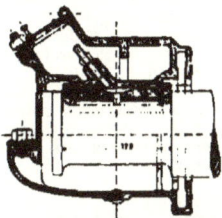

Abb. 320.   Oellager der Kaiser Franz
Josef-Bahn. (1872.)

werden, so wurden auch die Achslager mit Schmierung von unten in Oesterreich besonders gepflegt, und stammen die darin gemachten Verbesserungen grösstentheils aus Oesterreich. Eine specifisch österreichische Lagertype ist das Paget-Lager, welches, im Jahre 1853 eingeführt, rasche Verbreitung fand und eine Haupttype der Staatseisenbahn-Gesellschaft und der Kaiserin Elisabeth-Bahn (Abb. 321) bildete.

Das Paget-Lager hat gegenüber den älteren Lagertypen eine bedeutende Oelersparnis ergeben, und auch später bei der Einführung des Mineralschmieröles sich gut bewährt.

Verschiedene Form- und Dimensionsänderungen hatten hauptsächlich den Zweck, einen möglichst dichten Abschluss zu erzielen. Besonders reichlich waren die Vorrichtungen, welche die Achse gegen das Lagergehäuse abzuschliessen hatten. Es wurden Dichtungsscheiben aus Leder, Filz, Holz in verschiedener Form verwendet; eine der älteren und

besseren Dichtungsscheiben ist von L. Becker construirt und besteht aus zwei Halbscheiben, welche durch einen in eine Nuth eingelegten federnden Stahldraht zusammengezogen und an die Achse angepresst werden. Diese Scheiben werden gewöhnlich aus Linden- oder Pappelholz erzeugt. Die guten Resultate dieser Dichtungsscheiben, welche für alle Lagersysteme angewendet werden, brachten besonders in den Siebziger-Jahren eine Unzahl patentirter Lagerschutzscheiben hervor, welche jedoch meist auf demselben Princip beruhen.

Wenn berücksichtigt wird, dass bei den österreichischen Bahnen in den Siebziger-Jahren drei Hauptgruppen von Lagern in Verwendung waren, Starrschmierlager, Saugdochtschmierlager und Paget-Lager, und dass die Starrschmierlager meist auf den Aussterbeetat gesetzt waren, so erklärt es sich, dass weitere Lagertypen aus einer Verschmelzung der vorgenannten Typen hervorgegangen sind. Es wurde grösstentheils die Schmierung von unten beibehalten, jedoch die etwas primitive Woll- oder Späne-Ausstopfung durch federnde Schmierpolster mit Saugdochten ersetzt; dies hatte zur Folge, dass der das Paget-Lager charakterisirende doppelte Boden wieder durchbrochen wurde, um die Saugdochte der Schmierpolster in den unteren Oelraum zu führen. Die Schmierbehälter im Lageroberthcil wurden nur für Nothschmierung angebracht. Auf diesem Principe beruhen die meisten neueren Lagertypen. (Abb. 322.)

Wenn demnach auch in Oesterreich zahlreiche Lagertypen bestehen, so haben sich alle doch so ziemlich aus den vorgenannten Grundtypen entwickelt.

Die vielfach entstandenen und wieder verschwundenen oder nur in mässiger Anzahl vorhandenen Lager von complicirter, abenteuerlicher Form, mit Schöpfscheiben, Pumpwerken, rotirenden Schmierwalzen etc., hatten ihren Ursprung grösstentheils im Auslande, und fanden in Oesterreich nie besonderen Anwerth.

Die Construction und das Materiale der Lagerfutter hat seit Beginn des Eisenbahn-Betriebes wenig Aenderung erfahren; es wurde stets Rothguss und Composition verwendet, deren Qualität sich im Laufe der Zeit ziemlich gleich geblieben ist, ebenso zeigt sich in der Anarbeitung wenig Unterschied.

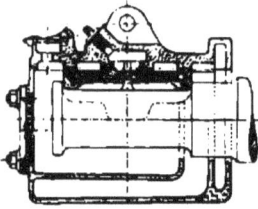

Abb. 321. Pagel-Lager. [1891.]

f) Tragfedern.

Die Tragfedern waren bereits in der Vor-eisenbahnzeit bei Kutschen verwendet und sind von diesen auf die Eisenbahnwagen übergegangen. Bei den alten Pferdebahn-wagen findet man noch die damals bei Kutschen übliche sichelförmige Feder mit den darüber gelegten Hängeriemen. [Vgl. Abb. 323.] Bei den Locomotivbahnen war diese Anordnung nicht mehr möglich, weil die feste Verbindung der vier Lager mit dem Rahmen nicht nur Entgleisungen verursachte, sondern auch eine gleiche Gewichtsvertheilung auf die einzelnen Räder unmöglich gemacht hätte. Man verband daher den Kasten mit dem Rahmen und gab die elastische Zwischen-lage zwischen Lager und Rahmen. Die Zusammensetzung der Tragfedern aus einzelnen Blättern war bereits bekannt, man hatte deshalb nur nöthig, der Feder die richtige Form zu geben. Auch diese war naheliegend, nachdem für den Stütz-punkt das Lager und für die Trage-punkte die Langträger vorhanden waren. Demgemäss wurde bei den älteren Wagen die Feder mittels Ueberlegplatte und Schrauben mit dem Lager verbunden und ihre abgerundeten Enden in guss-eiserne Gleitschuhe eingelegt, welche mit den Langträgern verschraubt waren. Diese Anordnung wurde noch bis zum Jahre 1870 vielfach für Güterwagen an-gewendet, hatte aber den Uebelstand, dass

das freie Spiel der Federn durch die Reibung in den Gleitschuhen sehr beein-trächtigt ward. Man zog es daher bereits zur Zeit des Beginnes des Eisenbahn-Wagenbaues vor, bei besseren Wagen die Enden der Federn in Augen zu rollen und mittels Bolzen und Hängeeisen mit am Rahmen befestigten Consolen zu ver-binden. Bei Personenwagen werden diese Gehänge mittels Schraubenmuttern stell-bar gemacht. In den Fünfziger-Jahren wurden mehrfach an Stelle der Blatt-Trag-federn, Volutfedern angewendet, indem man vier solche Federn nebeneinander auf einen Schemel stellte, welcher mit dem Lagerobertheil gelenkig verbunden war; auf den oberen Enden der Federn ruhte in einem Schuh der Langträger; diese Construction wurde jedoch bald wieder verlassen. Eine wesentliche Ver-besserung in der Erzeugung der Blatt-tragfedern wurde Ende der Sechziger-Jahre durch die Herstellung von geripptem Federstahl erzielt.

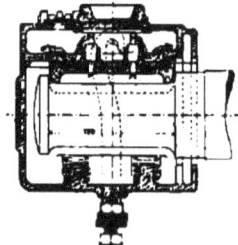

Abb. 322. Achslager der k. k. Staatsbahnen. [1844.]

g) Bremsen.

Ebenso wie der Strassenwagen der Stammvater des Eisenbahnwagens ist, ebenso stammt auch die Eisenbahnwagen-Bremse von der Strassenwagen-Bremse ab. Sieht man von der Stärke der Be-standtheile und der durch das Wagen-gerippe bedungenen strammeren Ver-bindung ab, so ist bei den älteren Eisen-bahnwagen-Bremsen nicht viel Neues gegenüber den Strassenwagen-Bremsen zu finden. Während man beim Strassenwagen mit einem Antriebe nur die Räder einer Achse bremsen kann, benützte man bei den Eisenbahnwagen die steife Lage der Achsen, um zwei oder drei Räderpaare gleichzeitig zu bremsen, und versah vielfach auch jedes Rad mit zwei Bremsklötzen. Die Bremse bildete alsbald den Gegenstand eines fachlichen Studiums; dazu kamen noch die zahlreichen werthvollen Versuche und Experimente, welche zur Ermittlung der Bremswiderstände und Bremswirkungen gemacht wurden, so dass bereits in den Vierziger-Jahren auf theoretischen Grundlagen construirte Bremsen gebaut wurden. Eine zahlreiche Menge von Erfindungen befasste sich damit, die Bremswirkung durch Verminderung des Reibungswiderstandes in der Spindel zu erhöhen und durch Beseitigung des todten Ganges zu beschleunigen, letzteres hauptsächlich dadurch, dass durch selbstthätige Sperr- oder Schaltvorrichtungen die Anzahl der Kurbelumdrehungen beim Oeffnen der Bremse beschränkt wurde. In verschiedenen Varianten wurden auch Schrauben mit verschiedener Ganghöhe angewendet, so dass für den Leergang die grosse Steigung, für das Festziehen die geringe Steigung zur Wirkung kommt. Alle diese Constructionen hatten den Mangel, dass die Kosten der Herstellung und Instandhaltung in keinem günstigen Verhältnisse zum erzielten Erfolg standen. Die meisten derartigen Ausführungen blieben auf die Sphäre des Erfinders beschränkt und verschwanden mit der Zeit wieder vom Schauplatze.

Nachdem durch die Achsbelastung die Grenze der bei einem Wagen zu erzielenden Bremswirkung gegeben ist, so kann eine Erhöhung der Gesammtbremswirkung eines Zuges nur durch Vermehrung der in Wirksamkeit tretenden Bremsen erreicht werden, und dies bedingte wieder eine Vermehrung des Bremserpersonals. Man ersann daher verschiedene Einrichtungen, durch welche die Bremsen von zwei und mehr Wagen von einem Manne bedient werden können. Obwohl in Oesterreich auch verschiedene derartige Zweiwagen-Bremsen construirt wurden, so gelangten dieselben doch nicht über den Versuch hinaus, weil bei Per-

sonenzügen, welche grösstentheils aus Coupéwagen zusammengestellt waren, die Bremsen durch die Conducteure genügend besetzt waren, und bei Lastzügen es kaum möglich war, zusammenpassende Wagen dauernd mitsammen laufen zu lassen. Etwas ausgedehntere Anwendung fanden solche Systeme in Deutschland, und sei hier nur die Exterbremse erwähnt, welche im Jahre 1847 in Bayern eingeführt wurde und auf vielen bayrischen Linien bis in die Siebziger-Jahre in Betrieb war. Bereits bei dieser Bremse wurde die Menschenkraft wenigstens theilweise durch ein Gewicht ersetzt, da man erkannte, dass für grosse und rasche Bremswirkungen die Menschenkraft allein nicht genügt. Es war demnach das Bestreben der Constructeure dahin gerichtet, andere Kräfte dienstbar zu machen. Solche Kräfte fanden sich in Gewichten, Federn, Friction zwischen Rädern und Schienen, Wasser, Luft, Dampf, Elektricität und indirect in der Bufferpressung. Eine der ältesten Constructionen beruht auf der Verwendung starker Federn, welche durch irgend einen Ausschalt-Mechanismus zur Wirksamkeit gelangten. Solche Systeme wurden in den Vierziger-Jahren von Creamer in Amerika, in den Fünfziger-Jahren von Newall in England ausgeführt, fanden jedoch auf dem Continente wenig Nachahmung. Das Bestreben, die Pressung der Buffer als Bremskraft auszunützen, führte auch in Oesterreich zu mehreren wohldurchdachten Constructionen. So wurde bereits im Jahre 1854 eine Bufferbremse von Riener in Graz ausgeführt und später auf dem Semmering in Betrieb genommen, ohne jedoch einen dauernden Erfolg zu erringen. Auch mehrere ähnliche spätere Projecte konnten nicht zu allgemeinerer Ausführung gelangen.

Nachdem von Heberlein bereits im Jahre 1855 Versuche mit Frictionsbremsen gemacht wurden, gelangte diese Bremse in den Sechziger-Jahren in Salzburg zur weiteren Erprobung, und wurde im Laufe der Jahre mehrfachen Verbesserungen unterzogen. Das Princip dieser Bremse besteht darin, dass eine auf der Achse festsitzende Frictionsscheibe eine zweite solche Scheibe in Drehung

versetzt und durch diese eine Kette auf-
wickelt, welche das Anziehen des Bremsgestänges bewirkt. Je nach der Stärke
der Pressung zwischen den Frictionsscheiben nimmt die Intensität der Bremswirkung zu oder ab. Diese Aenderung
in der Pressung erfolgt dadurch, dass
das Frictionsrad, in Hängeeisen beweglich, mittels Hebel- oder Zugstangenvor-
richtungen beliebig angepresst werden
kann. Um jedoch diese Bremse von
einem Wagen oder von der Locomotive
aus als Gruppenbremse für eine Reihe
von Wagen oder einen ganzen Zug verwenden zu können, wurde ähnlich wie
bei der Exterbremse eine Leine über
den Zug gelegt, welche — über Rollen
laufend — das Gestänge, mit welchem
die Frictionsrolle in Verbindung war, in
Bewegung setzte und so die Frictionsrollen zum Eingriff brachte.

Eine ähnliche Bremse wurde Mitte
der Siebziger-Jahre von L. Becker construirt und auf der Kaiser Ferdinands-
Nordbahn an einer grösseren Anzahl von
Wagen ausgeführt. Bei dieser Bremse
wurden die Radreifen als Frictionsrollen
benützt, die Bremswelle war parallel zu
der Radachse in Hängeeisen aufgehängt
und trug gegenüber den Radreifen Frictionsrollen, über welche ein mit Eisen
armirter Holzring gelegt war. Durch
Senken der Bremswelle wurde der Holzring von den Radreifen in Drehung versetzt, welcher die Frictionsrollen und mit
diesen die Welle in Bewegung setzte.
Hiedurch wurde auf letzterer eine Kette
aufgewickelt, welche die Bremse anzog.
Sobald die Bremse festgezogen war,
blieben die Frictionsrollen stehen und
der Ring drehte sich leer um dieselben.
Durch Heben der Welle kam der Radreifen und der Frictionsring ausser Berührung und die Bremse löste sich von
selbst. Um diese Bremse als Gruppenbremse zu benützen, wurde unter dem
Wagen eine Kette geführt, durch deren
Spannung die Frictionswellen gehoben
wurden; diese Ketten wurden von Wagen
zu Wagen über zwei gelenkig verbundene
Kuppelstangen geführt, welche an den
Charnierenden mit Rollen versehen waren.
Dadurch war es möglich, eine grössere
Anzahl Wagen, beziehungsweise deren

Bremsen mitsammen zu verbinden, ohne
einen empfindlichen todten Gang in der
Kette zu erlangen. Wenn auch bei guter
Instandhaltung und sorgfältiger Bedienung
diese Bremse sowie die Heberleinbremse
recht gute Resultate ergaben, so waren
dieselben doch noch weit von dem Ziele
der Wünsche entfernt, und man könnte
die günstigen Resultate gewissermassen
erzwungene Erfolge nennen.

Allgemeines Aufsehen in den Fachkreisen erregten Anfangs der Siebziger-
Jahre die Berichte über die Erfolge,
welche in Amerika die Luftdruckbremse
von Westinghouse erzielte.

Obwohl schon im Jahre 1854 von
Andrand die Verwendung comprimirter
Luft als Bremskraft angeregt wurde, so
gelangte doch erst circa 1866 eine Luftdruckbremse von Kendall in England
zur Ausführung. Bei dieser Bremse wurden
mehrere Luftpumpen mittels Riemen von
der Wagenachse aus betrieben, welche
die Luft in Reservoirs comprimirten.
Durch Ventile konnte die comprimirte
Luft aus diesen Reservoirs in die Bremscylinder gelassen und durch diese die
Bremsgestänge in Thätigkeit gesetzt
werden. Durch eine längs der Wagen
geführte und zwischen denselben gekuppelte Rohrleitung waren die Bremscylinder der einzelnen Wagen verbunden.
Dieser Bremse hafteten aber so namhafte
Mängel an, dass sie ebenso wie die
Heberlein- und Beckerbremse nur in
beschränktem Masse zur Ausführung gelangte, hauptsächlich jedoch wurde sie von
der viel besseren Westinghousebremse
verdrängt. Der grosse Vortheil, welchen
diese Bremse vor der Kendall'schen und
allen früheren Bremssystemen hat, besteht
darin, dass der Locomotivführer dieselbe
durch einen Handgriff ohne weitere Kraft-
anstrengung in Thätigkeit setzen kann,
dass dieselbe auch von irgend einem Wagen
aus im ganzen Zuge zur Wirkung gebracht werden kann, und nicht nur rasch
und kräftig sondern auch selbstthätig functionirt, wenn eine Störung in der Luftleitung
eintritt. Ohne auf das Wesen, die Einzelheiten dieser Bremse, für welche eine
reiche Literatur besteht, näher einzugehen,
sei hier nur bemerkt, dass im Gegensatz
zur Kendallbremse die gepresste Luft

nicht durch die Rohrleitung in die Cylinder gelangt, wenn gebremst werden soll, sondern dass umgekehrt die in den Hilfsbehältern enthaltene comprimirte Luft in die Cylinder übertritt, sobald der Luftdruck in der Rohrleitung vermindert wird. Dies wird durch Oeffnen von Hähnen oder Ventilen in der Rohrleitung bewirkt. Durch eine automatisch wirkende Dampf-Luftpumpe auf der Locomotive wird permanent die bestimmte Luftpressung in der Leitung erhalten, beziehungsweise nach Gebrauch erneuert. So ganz einfach ist die Sache allerdings nicht, und es sind sehr sinnreiche und complicirte Mechanismen, welche die vorerwähnte Wirkung ermöglichen; insbesondere sind die Functionsventile, durch welche der Lufteintritt in die Cylinder und Hilfsreservoirs und gleichzeitig der Luftaustritt bewirkt wird, Bestandtheile, deren genaue Kenntnis ein besonderes Studium erfordert.

Gleichzeitig mit der Luftdruckbremse wurde in England auch die Luftsaugebremse, die Vacuumbremse, zuerst von Smith ausgeführt. Diese mächtige Concurrentin der Luftdruckbremse, ähnlich in der Wirkung, beruht auf dem entgegengesetzten Princip. Bei der Vacuumbremse wird eine Luftleere in der Rohrleitung und in den Cylindern hergestellt, und gelangt hiebei in letzteren der natürliche Luftdruck zur Wirkung. Das Vacuum wird erst erzeugt, wenn die Bremswirkung eintreten soll. Der wesentlichste Bestandtheil derselben ist der Ejector, der Dampfluftsauger, welcher auf der Locomotive angebracht ist. Wird durch denselben Dampf gelassen, so saugt er sehr rasch die Luft aus der Rohrleitung des ganzen Zuges und aus den einzelnen Vacuumcylindern.

In richtiger Erkenntnis der Tragweite, welche die Einführung continuirlicher Bremsen für den Verkehr der schnellfahrenden Züge haben müsse, wendete sich das Interesse der Fachmänner mit grosser Lebhaftigkeit der Bremsfrage zu, dieselbe wurde in technischen Zeitschriften behandelt, in Fachvereinen besprochen, und während man darüber einig war, dass continuirliche Bremsen ein Bedürfnis seien, theilte sich das Lager in Vertreter der selbst-

thätigen und nicht selbstthätigen Systeme; auch in den österreichischen Fachkreisen wurde die Bremsfrage mit Lebhaftigkeit discutirt, und die Eisenbahn-Directionen entsendeten Delegirte nach England zum Studium der neuen Systeme. Während man sich in Eisenbahnkreisen in wissenschaftlichen Debatten erging, erfasste der Chef der Südbahnwerkstätte, J. Hardy, die Sache vom praktischen Standpunkte, er brachte die Smith'sche Bremse von England nach Oesterreich, er verbesserte dieselbe durch Einführung der Vacuumcylinder mit Lederkappen, der Schlauchkuppelungen und sonstiger Details und war Mitbegründer und Vertreter der Vacuum Brake Company. So gelangte diese Bremse Ende der Siebziger-Jahre bei der Südbahn zur Ausführung, dort lernten sie andere Bahnverwaltungen kennen und begannen sie versuchsweise einzuführen. Doch auch die Vertreter der Luftdruckbremsen waren nicht müssig, dieses System, das in Deutschland und Frankreich bereits Boden gefasst hatte, auch in Oesterreich einzuführen. Im Jahre 1882 richtete die k. k. Direction für Staatseisenbahn-Betrieb zwei gleiche Züge mit Vacuum- und mit Westinghousebremse ein und veranstaltete parallele Probefahrten über die Linien der Salzkammergut-Bahn, an welchen Vertreter sämmtlicher österreichischer Bahnen theilnahmen. Bei diesen Fahrten ergab sich, dass auf langen Gefällsstrecken die Vacuumbremse viel gleichmässiger und regelmässiger functionirte als die Westinghousebremse, und es dürfte der Erfolg dieser Fahrten gewesen sein, welcher die österreichischen Bahnen für die Vacuumbremse gewann. Einmal in grösserer Menge eingeführt, war es für andere Systeme schwer, noch in eine erfolgreiche Concurrenz zu treten. Im Jahre 1885 war die Vacuumbremse bereits bei 29 verschiedenen Bahnen Oesterreich-Ungarns eingeführt und an 1204 Locomotiven, 3014 Bremswagen und 1386 Leitungswagen angebracht, im Jahre 1895 erreichte dieselbe die Zahl von 2931 Locomotiven, 8733 Bremswagen und 6259 Leitungswagen.

Bei den k. k. österreichischen Staatsbahnen wurden auch Versuche mit der Carpenter-Luftdruckbremse und der Körting'schen Vacuumbremse, jedoch ohne dauernden Erfolg, gemacht.

Die Streitfrage, ob automatisch oder nicht automatisch, kam jedoch nicht zur Ruhe, die bequeme Handhabung, die nicht übermässige Empfindlichkeit gegen kleine Gebrechen und die geringen Instand-

wurde, so konnte doch die einfache Hardybremse nicht mehr als den neuesten Luftdruckbremsen vollkommen gleichwerthig angesehen werden. In richtiger Erkenntnis dessen, dass die nicht automatischen Bremsen in der ferneren Zukunft doch nicht mehr entsprechen werden, wurde seitens der Vacuum Brake Company die Construction einer selbstthätigen Vacuumbremse in Angriff genommen.

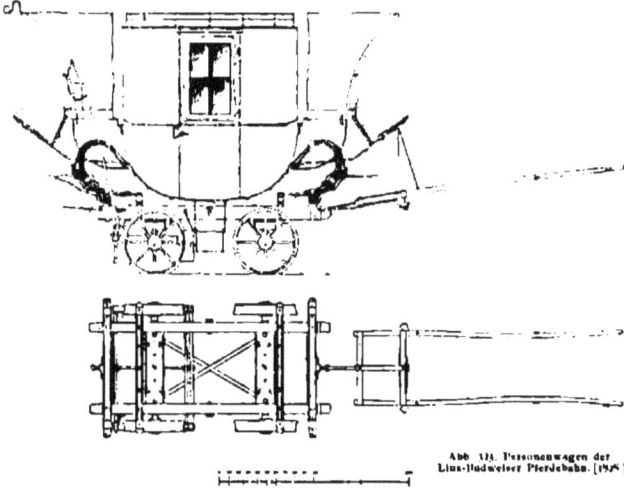

Abb. 335. Personenwagen der Linz-Budweiser Pferdebahn. [1828.]

haltungskosten sprachen sehr zu Gunsten der Hardy'schen Vacuumbremse, wogegen nicht in Abrede zu stellen war, dass die selbstthätige Wirkung der Luftdruckbremsen und die raschere Wirkung der neueren Typen dieses Systems nicht zu unterschätzende Vortheile sind. Es wurde daher neuerdings in den Kreisen der österreichischen Bahnverwaltungen in Erwägung gezogen, ob die einfache Hardybremse den Anforderungen der Zukunft noch genügen werde, oder ob man sich entschliessen müsse, auf eine automatische Bremse überzugehen. Wenn auch unter dem Drucke der Kostenfrage letzteres Bedürfnis noch nicht anerkannt

Bereits im Jahre 1889 wurden die ersten Fahrbetriebsmittel der Bosna-Bahn mit automatischer Hardybremse ausgeführt, des Weiteren wurde der ganze Fahrpark dieser Bahn für die automatische Vacuumbremse eingerichtet. Der wesentlichste Bestandtheil dieser Bremse ist der auf der Locomotive angebrachte, äusserst sinnreiche Combinations-Ejector, in welchem durch die einfache Bewegung eines Drehschiebers die verschiedenen Phasen der Bremsung zur Wirkung gebracht werden können. Bei ungebremster Fahrt befindet sich in den Cylindern beiderseits des Kolbens Luftleere. Wird nun Luft in die Rohrleitung eingelassen oder dringt dieselbe, z. B. durch Reissen eines Schlauches, ein, so entsteht sofort hinter dem Kolben Luftüberdruck, welcher sich bis zum Atmosphärendruck steigert. Der Locomotivführer hat es vollkommen in seiner Hand, die Differenz des Luftdruckes vor und hinter dem Kolben, mithin den Bremsdruck durch die Stellung des Drehschiebers zu variiren. Die automatische Vacuumbremse hat mithin nicht nur die Vorzüge der einfachen Vacuumbremse, sondern auch jene der übrigen automatischen Bremsen. Wenn auch nur nach Secunden gemessen, ist doch einige Zeit erforderlich, bis die entleerte Rohrleitung und die Räume in den Cylindern mit der durch den Drehschieber einströmenden Luft gefüllt werden. J. Hardy hat deshalb schnell wirkende Ventile construirt, welche an jedem Bremswagen angebracht sind. Diese Ventile sind derart eingerichtet, dass durch eine momentane, also stossartig eintretende, wenn auch geringe Druckdifferenz in der Leitung eine Umstellung dieser Ventile und damit eine Verbindung des Cylinder-Untertheiles mit der freien Luft bewirkt wird, wodurch die Bremswirkung plötzlich eintritt. Wenn auch die automatische Vacuumbremse durch die verschiedenen fein construirten Bestandtheile sich hinsichtlich der Complicirtheit den Luftdruckbremsen von Westinghouse, Schleifer und Carpenter nähert, so sind damit doch auch alle jene Vorzüge erkauft, welche den letzteren zugeschrieben werden.

Im Jahre 1895 wurden auf der Linie Wien-Gmünd sehr interessante Vergleichsversuche mit Vacuumbremsen angestellt, von welchen hier nur einige Daten angeführt sein mögen. Der Zug bestand aus sieben Wagen mit 27 Achsen, hatte eine Länge von 132 m, ein Gewicht von 211 t [exclusive Locomotive] und war für gewöhnliche Vacuumbremse sowie für automatische Vacuumbremse mit und ohne Schnellventilen eingerichtet. Bei einer Geschwindigkeit von 72 km bei Beginn der Bremsung, gelangte der Zug zum Stillstand bei einfacher Vacuumbremse in 42 Secunden, bei automatischer Vacuumbremse in 31 Secunden, bei letzterer mit Schnellventilen in 23 Secunden. Die entsprechend zurückge-

legten Wege, vom Beginn der Bremsung bis zum Stillstand, betrugen 580, 395, 280 m. Man sieht, dass unter gleichem Verhältnis der Zug mit schnell wirkenden Ventilen um eine Distanz von 300 m früher zum Stehen kam. Bei einer Geschwindigkeit von 86 km betrug diese Differenz bereits 400 m. Je geringer die Geschwindigkeit der Fahrt, desto geringer ist auch der Unterschied im Bremseffecte. Auf Grund dieser Resultate hat sich die k. k. General-Direction der Oesterreichischen Staatsbahnen veranlasst gesehen, zunächst den Luxuszug Wien-Carlsbad mit der automatischen schnellwirkenden Hardybremse auszurüsten. Noch eine weitere sinnreiche Einrichtung hat J. Hardy getroffen, durch welche es möglich wird, die automatische Bremse auch einfach wirken zu lassen. Es ist dadurch die Möglichkeit geboten, solche Wagen nach Belieben mit Wagen, die nur für einfache Bremse eingerichtet sind, in einem Zuge zusammenzustellen. — Bis zum Jahre 1895 waren in Oesterreich bereits 122 Locomotiven und 624 Wagen für die automatische Vacuumbremse eingerichtet.

Die Luftdruck- und Luftsaugbremsen sind von dem Luftmotor auf der Locomotive und von der geschlossenen Leitung abhängig, und deshalb nur für Personenzüge geeignet, wogegen deren Anwendung für Güterzüge unübersteigbare Hindernisse entgegenstehen, da es nicht möglich ist, dass sämmtliche Güterwagen Europas für ein einheitliches Bremssystem eingerichtet werden. Selbst Gruppenbremsen, wie die Becker'sche, konnten nur bei einem geschlossenen Güterzug-Verkehr, wie den Kohlenverkehr auf der Nordbahn, einigen Werth für kurze Zeit finden.

Es erübrigt noch die Erwähnung der Schmid'schen Schraubenrad-Bremse, eine Nachfolgerin der Heberleinbremse, welche in Oesterreich auf der Kremsthalbahn eingeführt wurde. Obwohl dieselbe in ihrer dermaligen Ausführung mit den Luftdruck- und Vacuumbremsen nicht concurrenzfähig ist, so ist dieselbe doch insoferne von Interesse, als die Aufgabe, die Achsendrehung als Antrieb der Bremse zu benützen, sehr sinnreich ge-

Personenwagen der Kaiser Ferdinands-Nordbahn. [1839.]

Abb. 321a. I. Classe.

Abb. 321b. II. Classe.

Abb. 321c. III. Classe.

Abb. 321d. IV. Classe.

löst ist. Bei dieser Bremse wird durch die Frictionsrollen von der Achse aus eine Schraube bewegt, welche in ein Wurmrad eingreift, dieses überträgt die Bewegung durch Friction zweier Reibscheiben auf die Kettentrommel des Bremsgestänges. Die Pressung zwischen den Reibscheiben ist beliebig stellbar, wodurch auch ein beliebiger Maximal-Bremsdruck eingestellt werden kann. Durch eine Hebelcombination ist die Einrichtung getroffen, dass bei einem bestimmten Bremsdrucke die Frictionsrollen automatisch ausgelöst werden, wogegen das Schraubenrad das selbstthätige Aufgehen der Bremse hindert.

Das Lösen der Bremse erfolgt durch Aufhebung der Pressung zwischen den Reibscheiben; das Einschalten der Bremse wird dadurch bewirkt, dass mittels eines Hebels die Frictionsscheiben zum Eingriff gebracht werden. Die Bewegung der Hebel kann entweder, wie bei der Heberleinbremse, mittels einer Leine, oder auf pneumatischem oder elektrischem Wege erfolgen. Die Mängel aller Frictionsbremsen, Empfindlichkeit gegen Witterungseinflüsse etc., sind auch bei diesem System nicht gänzlich beseitigt.

Unsere besten Bremssysteme würden kaum möglich geworden sein, wenn dieselben noch mit hölzernen Bremsklötzen arbeiten müssten. Die kurzen Wege, welche den Bremsklötzen gestattet werden, der momentane grosse Druck und die grosse Umdrehungs-Geschwindigkeit der Räder verlangen ein widerstandsfähigeres Materiale als Holz.

Bis in die Siebziger-Jahre glaubte man, dass Holz das einzig richtige Materiale für Bremsklötze sei. In dem Beschluss der Münchner Eisenbahntechniker-Versammlung vom Jahre 1868 heisst es unter Anderem: »Von fast allen Bahnen werden Bremsklötze von Pappelholz empfohlen.« Als man allmählich Versuche mit Bremsklötzen aus Schmiedeeisen, Hartguss, Stahlguss, Gusseisen machte, gelangte man schliesslich zu dem Resultate, dass hartes Gusseisen dem Zwecke vollkommen genüge und auch das billigste Materiale sei. Es werden demnach seit circa 15 Jahren keine Wagen mit hölzernen Bremsklötzen

gebaut, und bei alten Wagen diese allmählich durch eiserne ersetzt.

Für die Unterbringung des die Bremsen bedienenden Personals, für die Conducteure und Bremser, war in der ersten Zeit des Eisenbahnbetriebes sehr wenig vorgesehen. Auf den ältesten Coupéwagen findet man auf dem Dache ganz frei einen kleinen Sitz, beinahe ohne Lehne, zu welchem nur einige sehr schmale und hochgestellte Fusstritte führen, wie solche damals bei Kutschen und Omnibussen üblich waren.

Es ist ein Verdienst der österreichischen Bahnen, dass diese früher und ausgiebiger für den Schutz der Zugsbegleiter vorgesehen hatten, als die meisten ausländischen Bahnen, insbesondere jene Amerikas, wo in dieser Beziehung noch wenig Rücksicht geübt wird. In den seit dem Jahre 1892 bestehenden behördlichen Vorschriften über die Bauart der Fahrbetriebsmittel für österreichische Bahnen ist nur mehr die Ausführung von gedeckten Plateaux und mindestens von drei Seiten geschlossenen Bremserhüttchen gestattet.

II. Personenwagen.

Der Personenwagen der Linz-Budweiser Pferdebahn [Abb. 323] war eine auf ein Eisenbahnwagen-Gestelle in Federn gehängte Strassenkutsche, und auch die Wagen englischer Type schlossen sich im Kastenbau noch ganz der Bauart der damals üblichen Strassenreisewagen an. Letztere Wagen, welche als ein Opfer der Eisenbahnen seit Jahrzehnten aus dem Verkehre verschwunden sind und vielleicht nur vereinzelt noch als Rarität in Remisen alter Palais sich finden, waren ganz achtbare Leistungen der damaligen Wagenbauer und dienten den Eisenbahn-Wagenbauern in mancher Hinsicht als Vorbild. Insbesondere war die Form, Polsterung und Tapezirung der Sitze und Lehnen, die Bauart der Seitenthüren, die herablassbaren Fenster und Vorhänge diesen Wagen entlehnt, auch die Armschlingen beiderseits der Coupéthüren

Personenwagen der Wien-Gloggnitzer Eisenbahn [1843.]

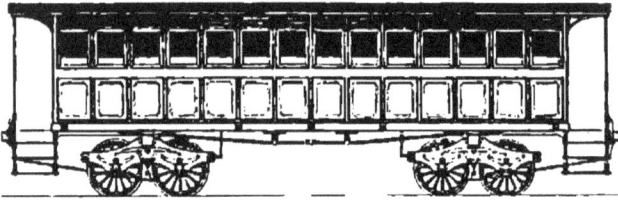

Abb. 315 a. Wagen I. Classe für 36 Personen.

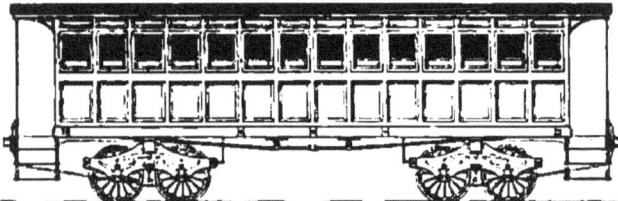

Abb. 315 b. Wagen II. Classe für 64 Personen.

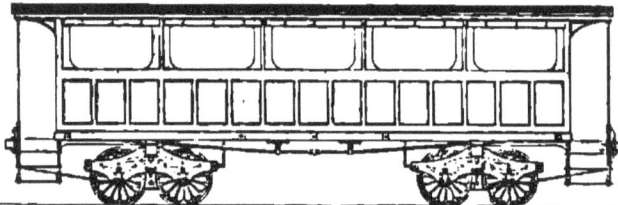

Abb 315 c. Wagen III. Classe für 72 Personen.

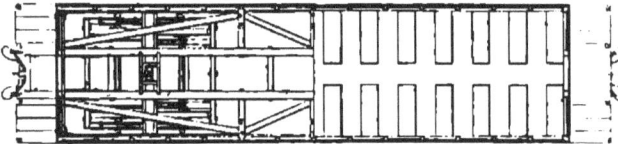

Abb. 315 d. Grundriss eines Personenwagens.

33*

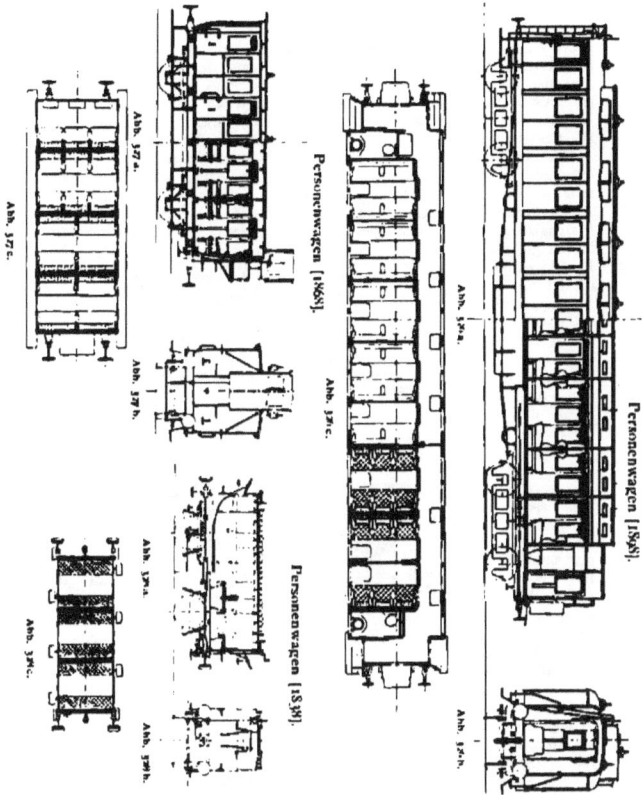

Abb. 327a.

Abb. 327c.

Abb. 327b.

Personenwagen [1868].

Abb. 326a.

Abb. 326c.

Abb. 326b.

Personenwagen [1858].

Personenwagen [1848].

Abb. 325a.

Abb. 325c.

Personenwagen [1838].

Abb. 325b.

findet man noch in Eisenbahnwagen, ebenso wie in der äusseren Verschalung die Kutschenform wenigstens markirt wurde. Es war also für die besseren Classen der Personenwagen die Grundlage einer ziemlich soliden Ausstattung bereits vorhanden. Die erste Ausrüstung der Kaiser Ferdinands-Nordbahn bestand aus 66 Personenwagen. [Abb. 324a, b, c, d.] Die Wagen I. Classe enthielten drei Coupés mit 18 Sitzplätzen, waren wie Kutschen ausgestattet, gepolstert und mit Tuch überzogen und hatten Glasfenster. Die Wagen II. Classe waren bescheidener gehalten, dieselben enthielten 24 mit Leder überzogene Sitzplätze, jedoch keine Abtheilungswände, dieselben hatten vorne und rückwärts geschlossene Stirnwände, waren auf der Seite offen und nur mit Ledervorhängen verschliessbar. So viel Annehmlichkeit wurde den Passagieren der

Wagen III. Classe nicht mehr geboten. Diese Wagen hatten keine geschlossenen Stirnwände, sondern nur ein auf Säulen ruhendes Dach und seitliche Plachen; sie enthielten 32 einfache hölzerne Sitze. Endlich gab es noch ungedeckte Wagen IV. Classe.

Für die Wien-Gloggnitzer Bahn wurden im Jahre 1842 115 Personenwagen beschafft [Abb. 325 a, b, c, d], dieselben waren vierachsige Durchgangswagen mit Plateau-Aufgängen. Die Wagen I. Classe hatten 56, die II. Classe 64, die III. Classe 72 Sitzplätze; die I. und II. Classe hatten Glasfenster, die III. Classe nur Plachen. Die Ausstattung war jener der Wagen der Kaiser Ferdinands-Nordbahn ziemlich gleich.

Nachdem man bald nach Beginn des ersten Eisenbahn-Verkehrs zur Ueberzeugung gelangte, dass offene oder nur theilweise geschlossene Wagen dem regelmässigen Verkehre nicht genügen, so wurde der Bau solcher Wagen nicht mehr fortgesetzt und man versah auch die Wagen II. und III. Classe mit beweglichen Fenstern.

Die Dimensionen der ältesten Eisenbahnwagen zeigen zwar schon eine wesentliche Vergrösserung gegenüber den Strassenwagen, waren jedoch nach unseren heutigen Anschauungen nur auf das Nothwendigste beschränkt. Besonders genügsam war man in den Höhendimensionen, welche ein aufrechtes Stehen selbst Personen mittlerer Grösse nicht mehr gestatteten. Die durchschnittlichen Abmessungen eines Coupés waren im Jahre 1838: Höhe 1·60, Breite 1·75, Länge 1·6 m, während dieselben im Jahre 1868

durchschnittlich betrugen: Höhe 2·00, Breite 2·5, Länge 1·8 m. Es entfiel demnach für einen Passagier II. Classe im Jahre 1838 ein Luftraum von circa 0·56 m², und im Jahre 1868 ein solcher von circa 1·1 m², mithin fand nahezu eine Verdoppelung des Rauminhaltes pro Sitzplatz statt. Der Vergleich der Skizzen [Abb. 326, 327 und 328] von Personenwagen aus den Jahren 1838, 1868 und 1898 zeigt das Verhältnis der Hauptdimensionen der Personenwagen aus jenen Zeitperioden.

Die Eintheilung der Classen hat sich vom Anbeginn des Eisenbahn-Betriebes bis in die Neuzeit so ziemlich gleichmässig erhalten; die vierte Wagenclasse erfreute sich jedoch in Oesterreich nie einer besonderen Frequenz und wurde allmählich gänzlich aufgelassen.

Auf die gleiche Wagenbreite entfallen drei Sitze I. Classe, oder vier Sitze II. Classe, oder fünf Sitze III. Classe; dieses Verhältnis, welches bereits bei den ersten Wagen bestand und als eine allgemeine Norm angenommen ist, entspricht auch den übrigen räumlichen Verhältnissen, mit Ausnahme der Höhe des Wagens, welche durch das vorgeschriebene Maximalprofil beschränkt wird. Während ursprünglich für jede Wagenclasse separate Wagen gebaut wurden, ergab sich später die Nothwendigkeit, gemischte Wagen zu bauen, und insbesondere waren es die Wagen I. Classe, welche wegen ungenügender Ausnützung seltener gebaut und mehr durch gemischte [I. und II. Classe] ersetzt wurden. Eine aus den Fünfziger-Jahren stammende Erhöhung der Bequemlichkeit war die

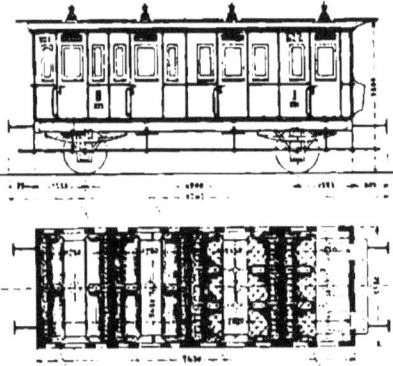

Abb. 329.   Personenwagen mit Halb-Coupé und Schlafsitzen. [1870.]

Eintheilung von Halb-Coupés, welche sowohl für I. als II. Classen in Anwendung kamen. [Abb. 320.]

Die Halb-Coupés I. Classe wurden bereits in den Fünfziger-Jahren als Schlaf-Coupés eingerichtet, indem an der Stirnwand umklappbare Fussschemel angebracht wurden, welche in umgelegter Stellung eine Verlängerung des hervorgezogenen Sitzes bildeten, so dass aus Rücklehne, Sitzpolster und Schemel ein ganz bequemes Ruhebett gebildet wurde.

Kopfkissen. Eine andere Anordnung bestand darin, dass ein vollständiges Ruhebett senkrecht gestellt in die Rückwand des Sitzes eingelassen war und in Charnieren umgelegt werden konnte, wobei es über zwei gegenüber stehende Sitze zu liegen kam. Diese Anordnung erfordert eine Vergrösserung des Coupés, beziehungsweise die Einschaltung eines Zwischenraumes zwischen den Coupés zur Unterbringung des Ruhebettes. Die Construction dieser verschiedenen mecha-

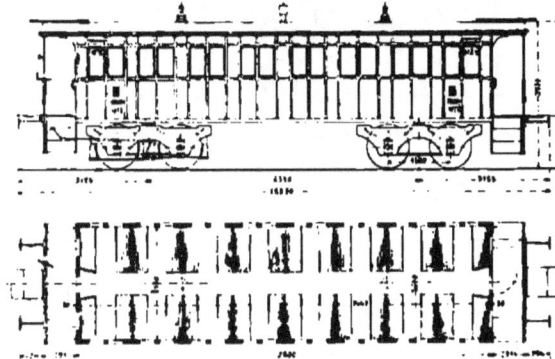

Abb. 320. Personenwagen III. Classe der nördlichen Staatsbahnen. (89).

Während die Halb-Coupés I. Classe grösstentheils mit Einrichtungen zur Umgestaltung der Sitze in Schlafstellen versehen waren, bestanden solche bei den Voll-Coupés I. Classe nur vereinzelt. Grösstentheils war die Einrichtung getroffen, dass durch aufklappbare Armlehnen drei neben einander befindliche Sitze als Schlafdivan benutzt werden konnten; die Verschiebbarkeit der Sitzpolster gestattete dann noch diese Lagerstätte zu verbreitern. Es wurden auch verschiedene Einrichtungen getroffen, um zwei gegenüber liegende Sitze zu einer Lagerstätte zu verbinden, besonders dadurch, dass man die Sitze auf gelenkige Füsse stellte, welche eine Vorbewegung und geringe Neigung der Sitze ermöglichten; gleichzeitig war auch die Rücklehne beweglich und bildete ein bequemes

nischen Einrichtungen zur Umwandlung von Sitzplätzen in Schlafstellen beschäftigte besonders den Wagenbau Ende der Sechziger- und Anfangs der Siebziger-Jahre. Es waren derartige Einrichtungen bei den meisten in der Ausstellung im Jahre 1873 ausgestellten Wagen zu finden. Wenn es auch gelang, mit den erwähnten Einrichtungen bequeme Lagerstätten herzustellen, so konnten dieselben doch noch kein Bett ersetzen.

Die ersten Wagen der Wien-Gloggnitzer Bahn boten einen grossen Fassungsraum bei relativ geringem Eigengewicht und hatten alle Vorzüge, welche man damals für einen lebhaften Localverkehr bei nicht zu langer Fahrdauer verlangte; man fand daher die Wahl dieser Type sehr entsprechend und es muss dieser Beurtheilung auch heute

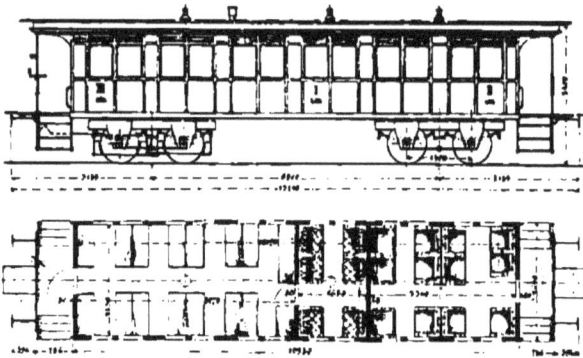

Abb. 331. Personenwagen I., II. und III. Classe der nördlichen Staatsbahnen [1849.]

noch beigestimmt werden, wenn berück-sichtigt wird, dass dieselbe im Grossen und Ganzen die Grundtype unserer neuesten Localzugwagen geworden ist. Es war daher naheliegend, dass bei der Beschaffung der Fahrbetriebsmittel für die nördlichen Staatsbahnlinien in den Jahren 1844—1854 die Type der Wien-Gloggnitzer Bahn beibehalten wurde. Nachdem diese Wagen bereits für längere Linien bestimmt waren, konnte man dem Publicum nicht mehr die dichtgedrängten und leichtgehaltenen Sitzplätze bieten, sondern es musste für mehr Raum und Bequemlichkeit vorgesehen werden. Es wurden demnach die Sitze I. und II. Classe gut gepolstert und mit hohen gepolsterten Lehnen versehen, insbesondere die Sitze I. Classe wurden mehrfach in Fauteuil-form hergestellt; auch die Sitze III. Classe wurden bequemer geformt und mit Lehnen versehen. Die Sitzreihen wurden paar-weise gegenüber gestellt, so dass Ab-theilungen zu zwei oder vier Sitzen ge-bildet wurden. Für zwei gegenüberliegende Sitze wurde eine Länge von 1·3 bis 1·7 m gewährt und in der Breitenrichtung wurden bei I. und theilweise II. Classe nur drei Sitze, bei III. Classe vier Sitze [Abb. 330] angeordnet, endlich wurden die Wagen vielfach als gemischte Wagen I., II., oder I., II., III., oder II., III. Classe gebaut und durch Scheidewände in

mehrere Abtheilungen getheilt. [Abb. 331.] Bei der grösseren Verzweigung der Eisen-bahnen und Verlängerung der Linien kamen jedoch die Mängel dieser Wagen immer mehr zur Geltung. Sowohl für das reisende Publicum, als auch für den Be-trieb erwiesen sich kleinere Wagen mit abgeschlossenen Coupés zweckmässiger, indem sich in denselben die Reisenden gegenseitig weniger belästigten und für längere Fahrten bequemer einrichten konnten; umsomehr, als damals für Be-heizung, gute Beleuchtung, Closets etc. noch nicht vorgesehen war. Man baute daher für Hauptlinien nur mehr Coupé-wagen und verwendete die amerikanischen Wagen für den Localverkehr, in welchem sie vorzügliche Dienste leisteten, und wo sie theilweise heute noch Verwendung finden. Mit diesen vorhandenen vierachsigen Wagen wurde der Bedarf auf den Local-strecken der Südbahn und Staatseisen-bahn-Gesellschaft durch lange Zeit ge-deckt. Erst im Jahre 1872 ergab sich das Bedürfnis, eine Vermehrung der aus-schliesslich für den Localverkehr be-stimmten Wagen vorzunehmen. Da jedoch mittlerweile der Bau zweiachsiger Wagen wesentliche Fortschritte gemacht hatte, wurden die amerikanischen Wagen nicht mehr vierachsig mit Drehgestellen oder mit Adams-Achsen, sondern etwas kürzer und zweiachsig gebaut. Es war dies die auf der Südbahn zuerst und bald darauf auch auf der Kaiserin Elisabeth-Bahn gebaute Localzug-Type [Abb. 332], welche heute noch als solche gebaut wird und neuester Zeit auch für die Wiener Stadtbahn angenommen wurde. [Abb. 333.] Es ist wohl selbstverständlich, dass hier nur die Grundzüge der Type und die Gesammteintheilung in Betracht kommen, und dass in den Details im Laufe der Zeit wesentliche Aenderungen stattgefunden haben.

Während die an die Wagen für den Localverkehr gestellten Anforderungen durch die Intercommunications-Wagen mit Mittelgang zo ziemlich befriedigt wurden, konnte es nicht so leicht gelingen,

bildete bereits vom Anbeginn des speciellen Eisenbahnwagen-Baues eine schwere Aufgabe, deren Lösung andauerndes Studium und zahlreiche Versuche in Anspruch nahm.

Die Type der Wagen selbst war für die Einrichtung der Beheizungsanlagen von nebensächlichem Einflusse, weshalb mit dem Fortschritte in den Beheizungssystemen die allmähliche Einführung derselben sowohl bei Coupéwagen als Intercommunications - Wagen gleichmässig stattfand.

Von wesentlicherer Bedeutung für die Bauart der Wagen war die Unterbringung von Closets in denselben.

Der Umstand, dass bei dem Betriebe

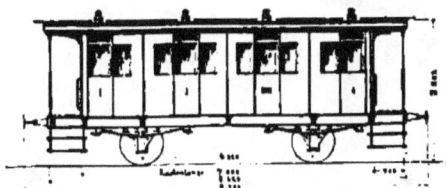

Abb. 332. Localzugwagen. [1878.]

den viel höher gespannten Anforderungen des Fernverkehrs ebenso rasch zu genügen. Die alten amerikanischen Wagen waren bereits gänzlich aus dem Fernverkehr eliminirt, die neueren Coupéwagen waren zwar viel besser, aber es gab noch genug der Wünsche, welchen die Wagenconstructeure entsprechen sollten. Es war besonders die Zeitperiode Anfangs der Siebziger-Jahre, in welcher man mit dem gewöhnlichen Coupéwagen nicht mehr zufrieden war und noch etwas mehr verlangte, als bequeme Sitzplätze, wenn sich dieselben auch zu Schlafstellen umgestalten lassen. Besonders in zwei Hinsichten waren Verbesserungen nothwendig, in Herstellung einer entsprechenden Beheizung und in Anbringung von bequem zugänglichen Closets.

Die Waggonbeheizung, welche noch an anderer Stelle eingehend besprochen wird,[*]

[*] Vgl. Bd II, Beheizung und Beleuchtung der Wagen von R. Freiherrn von Gostkowski.

der ersten Eisenbahnen in allen Stationen reichliche Aufenthaltszeiten vorgesehen waren, brachte es mit sich, dass der Mangel an derartigen Einrichtungen im Zuge kaum fühlbarer war als bei irgend einem Strassenverkehrsmittel, und dass man überhaupt gar nicht daran dachte, derartige Anforderungen an die Eisenbahnen zu stellen.

So wie für die Beheizung, stellte sich auch das Bedürfnis nach Closets zuerst bei jenen Dienstwagen ein, welche das Personal während der Stationsaufenthalte nicht verlassen darf, also bei den Postwagen und Gepäckswagen. Man findet demnach auch bereits die ältesten Post- und Gepäckswagen mit Aborten versehen, welche zwar einfach ausgestattet waren, aber doch für das Personal genügten. Die Closets in den Gepäckswagen waren auch dem Publicum zugänglich und wurden deshalb etwas besser ausgestattet; manche Bahnen hatten auch je zwei Closets in den Gepäckswagen. Dies musste für Jahrzehnte den Anforderungen genügen, obwohl während dieser Zeit sich der Zugsverkehr wesentlich geändert hatte. Die Züge wurden länger, die Aufenthaltszeiten wurden kürzer, und es vergingen mehrere Stunden von einem längeren Aufenthalte bis zum nächsten.

Die Unterbringung von Closets in den Personenwagen musste unbedingt eine ungünstigere Raumausnützung für die Sitzplätze zur Folge haben, und deshalb ist es wohl erklärlich, dass die Herstellung solcher Einrichtungen nur sehr

eine Stirnthüre in eine Abtheilung gelangt, in welcher sich rechts ein Wartesitz, links das Closet befindet. Nachdem einmal der Anfang gemacht war, folgten rasch verschiedene Projecte und Ausführungen, so dass bereits in der Wiener Weltausstellung 1873 die meisten der ausgestellten Wagen I. und II. Classe Closets enthielten.

Es würde zu weit führen, die verschiedenen projectirten und ausgeführten Wagentypen mit Closeteinrichtungen einzeln zu besprechen, und sei nur so viel

Abb. 333. Personenwagen der Wiener Stadtbahn. [1:67.]

zögernd in Angriff genommen wurde. Bezeichnend ist, dass noch in den Sechziger-Jahren Salonwagen, bei denen weder mit Raum noch mit Geld gespart werden musste, ohne Closets gebaut wurden.

Anfangs der Siebziger-Jahre wurden die ersten Einrichtungen getroffen, welche Besserung schaffen sollten. Die Kaiser Ferdinands-Nordbahn baute im Jahre 1869 Personenwagen, in welchen Closets, ähnlich wie in den Gepäckswagen, untergebracht waren. Ebenso baute die Kaiserin Elisabeth-Bahn im Jahre 1871 eine Anzahl Wagen I. und II. Classe mit Closets; diese Wagen haben auf der einen Stirnseite ein Bremserplateau, von welchem man durch

bemerkt, dass das Bestreben der Constructeure hauptsächlich dahin gerichtet war, sämmtlichen Passagieren eines Wagens das in demselben befindliche Closet zugänglich zu machen. Dies führte zu zwei Grundtypen, indem man entweder durch Verbindung der Coupés einen Durchgang schaffte, wodurch der Vorzug der abgeschlossenen Coupés wieder beeinträchtigt wurde, oder dass man die beiden Endcoupés durch einen Seitengang verband, von welchem aus die Mittelcoupés und das Closet zugänglich waren. [Abb. 334.] Letztere Anordnung hat den wesentlichen Vortheil, dass die Passagiere der einzelnen Coupés durch den Verkehr über den Seitengang nicht belästigt werden und sich abschliessen können.

...

Derartige Wagen wurden bereits Ende der Siebziger-Jahre in Deutschland gebaut und fanden später auch auf österreichischen Bahnen Nachahmung.

Bei der Bauart als Coupéwagen mit seitlichen Eingangsthüren war jedoch die Breite des Wagens auf 2620 mm beschränkt. Infolgedessen konnten die Mittel-Coupés nur sehr schmal gemacht, beziehungsweise weniger Sitzplätze in denselben untergebracht

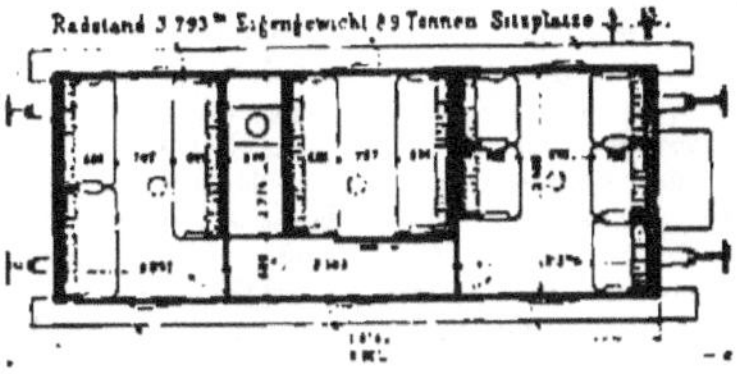

Abb. 334. Coupéwagen mit Seitengang. [1882.]

werden. Es war daher der erzielte Vortheil ziemlich theuer erkauft, und dies war wohl auch theilweise die Ursache, dass solche Wagen nicht in grosser Anzahl gebaut wurden.

Gleichzeitig gab jedoch die sonstige Zweckmässigkeit dieser Eintheilung den Impuls, eine Verbreiterung der Wagen dadurch anzustreben, dass man, so wie bei den alten amerikanischen Wagen, den Eingang über Plattformen von den Stirnseiten der Wagen eröffnete, und die seitlichen Coupéthüren wegliess.

der Coupéwagen und der amerikanischen Wagen vereint. Es währte jedoch mehrere Jahre bis ein solcher Wagen zur Ausführung gelangte, einerseits, weil die damaligen Bestimmungen der technischen Vereinbarungen auch für Wagen ohne Seitenthüren nur eine Breite von 2745 m gestatteten, andererseits, weil Wagen dieser Type doch nur für den Sommerverkehr geeignet gewesen wären. Erst im Jahre 1874 wurde ein Wagen nach dem System Heusinger für die hessische Ludwigs-Bahn gebaut.

In Oesterreich war infolge der wirthschaftlichen Verhältnisse die Zeitperiode von 1873 bis circa 1880 für den Wagen-Neubau im Allgemeinen ungünstig, da in dieser Zeit weder für neue Linien, noch für die bestandenen älteren Linien grössere Wagenbeschaffungen stattfanden und auch für einzelne Ersätze oder Ergänzungen meistens die älteren vorhandenen Typen noch beibehalten wurden.

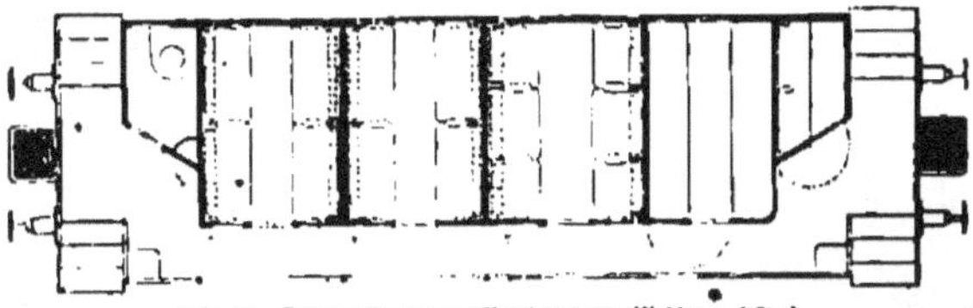

Abb. 335. Personenwagen von Heusinger von Waldegg. [1870.]

Das erste derartige Project wurde von Heusinger von Waldegg im Jahre 1870 entworfen. [Abb. 335.] Nach diesem Projecte erhielt der Wagen zwei offene Plattformen mit seitlichen Aufstiegen; diese beiden Plattformen waren durch eine offene Galerie verbunden, welche nach aussen und auf den Stirnseiten, soweit die Stiegen eingebaut sind, durch ein eisernes Geländer geschützt wurde. In diesem Projecte waren die Vortheile

Waren bereits Anfangs der Siebziger-Jahre die einfachen Coupéwagen als nicht mehr zeitgemäss erkannt, so war nach circa zehn Jahren die Zeit der verschiedenen Projecte und Experimente wieder in ihrem Ende nahe, um einer klarer vorgezeichneten Richtung zu folgen. Nach einigen Versuchen, das Coupé-System mit dem Durchgangs-System zu vereinigen, von welchen nur der im Jahre 1877 gebaute Galeriewagen der Südbahn und die etwas später gebauten Mittelgang-Wagen der Nordbahn erwähnt seien, wandte man sich auch in Oesterreich im Principe der Heusinger'schen Type zu. Die Staatseisenbahn-Gesellschaft baute im Jahre 1880 einen Suitewagen für den Hofzug, in welchem dieses System voll zur Geltung kam. Nach gleicher Type, nur mit entsprechend geänderter Sitzeintheilung, wurden in den Jahren 1881 und 1882 weitere 74 Stück Personenwagen I. und II. Classe seitens der Oesterreichisch-Ungarischen Staatseisenbahn-Gesellschaft gebaut. Noch mehr kam jedoch diese Type zur Geltung, als man sich im Jahre 1883 entschloss, dieselbe als Grundtype

Langlebigkeit der Personenwagen die Intercommunications - Wagen nicht sofort auf allen Bahnen eingeführt werden, aber auf Hauptlinien und für Schnellzüge sind Intercommunications-Wagen so ziemlich allgemein in Verwendung.

Wenn auch die Type der Intercommunications - Wagen mit Seitengang gegenwärtig noch als die zweckmässigste erkannt wird, so hat dieselbe doch in den letzten 15 Jahren so manche Verbesserung und Ergänzung erfahren, und sind bei den Wagen dieser Type die neuesten Beheizungs- und Beleuchtungsanlagen, Signal- und Bremsvorrichtungen

Abb. 336. Vierachsiger Personenwagen I. II. Classe. [1898.]

der Personenwagen der Arlbergbahn zu acceptiren. Es war von grossem Vortheil, dass man die verschiedenen Erfahrungen der letzten Jahre beim Bau dieser Wagen verwerthete, und dadurch eine Wagentype in den Verkehr setzte, welche sich nicht nur rasch allgemeiner Beliebtheit erfreute, sondern auch die Grundlage für den weiteren Personenwagenbau in Oesterreich bot, so dass mit deren Einführung das Coupéwagen - System mit Seitenthüren sich in Oesterreich überlebt hatte, und dass für den Fernverkehr seit Mitte der Achtziger - Jahre nur mehr Intercommunications-Wagen gebaut wurden.

In die behördlichen Bestimmungen über die Bauart der Fahrbetriebsmittel der österreichischen Eisenbahnen [vom Jahre 1892] wurde bereits die Vorschrift aufgenommen, dass Wagen für Hauptbahnen nur mehr nach dem Intercommunications-System gebaut werden dürfen. Allerdings können bei der

etc. zu finden. Im Allgemeinen aber war man bestrebt, solche Wagen für grosse Schnelligkeiten zu bauen, es wurden daher die Radstände der zweiachsigen Wagen von 4·5 m allmählich unter Anwendung von freien Lenkachsen auf 6 m erhöht, dann baute man dreiachsige Wagen, welche wohl für Flachlandbahnen auch früher schon vielfach verwendet wurden, und nachdem für den dreiachsigen Wagen, insoferne es sich um Gebirgsbahnen handelt, eigentlich die Existenzberechtigung fehlt, so ging man noch weiter und begann vierachsige Drehgestellwagen zu bauen. [Abb. 336.]

* * *

Bei den neueren Personenwagen kommen nebst den Beheizungs- und Beleuchtungs - Einrichtungen verschiedene Details zur Anwendung, welche, wenn auch für den Entwicklungsgang des Wagenbaues nicht von massgebender

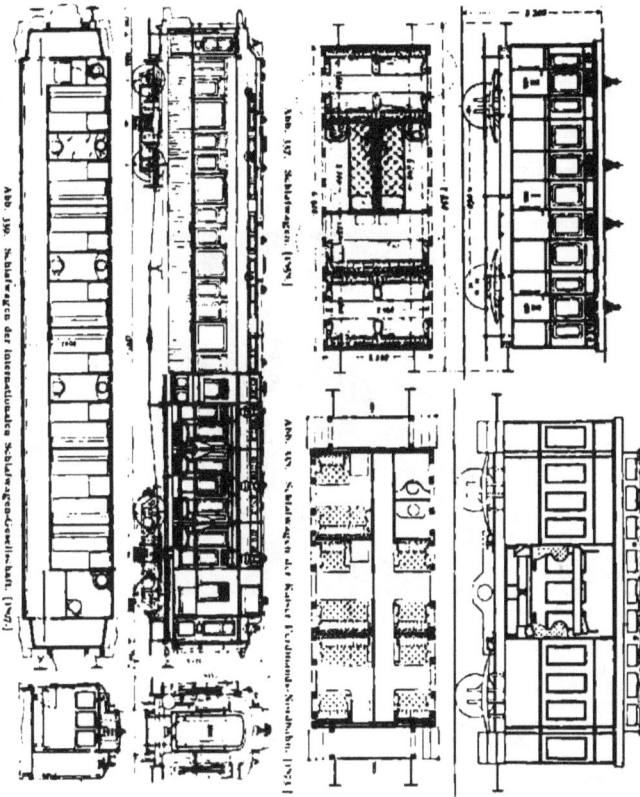

Abb. 189. Schlafwagen der internationalen Schlafwagen-Gesellschaft. [1/96.]

Abb. 157. Schlafwagen. [1/96.]

Abb. 159. Schlafwagen der Kaiser Ferdinands-Nordbahn. [1/96.]

Bedeutung, doch immerhin als Fortschritte zu erwähnen wären. Hieher
gehören die verschiedenen Thür- und
Fensterverschlüsse, die Einrichtungen
von Doppelfenstern und Jalousien, die
Ventilationen, die Bodenbeläge und
Wandverkleidungen, die Uebergänge von
Wagen zu Wagen mittels Brücken,
flexiblen Geländern und Faltenbälgen,

nach beiden Seiten zu öffnende Eingangsthüren und sämmtliche Signaleinrichtun-
gen, von welchen besonders die verschiedenen Intercommunications-Signale
das Ergebnis langjähriger Studien und
Versuche sind.[*]

* Vgl. Bd. III, L. Kohlfürst, Signal-
und Telegraphenwesen. S. 94.

III. Luxuswagen.

Die Personenwagen und deren Einrichtungen, welche bisher besprochen wurden, dienen dem allgemeinen Verkehr, und bieten dem Passagier nichts Aussergewöhnliches, d. h. das in solchen Wagen Gebotene ist in den normalen Fahrpreis mit einbezogen. Es gibt jedoch noch viele Personenwagen, welche entweder überhaupt nur für die Reisen einzelner Persönlichkeiten bestimmt sind, oder welche nur gegen erhöhte Gebühren beigestellt werden, oder welche Einrichtungen enthalten, für deren Benützung eine besondere Gebühr zu entrichten ist. Alle diese Wagen kann man kurzweg als Luxuswagen bezeichnen.

Es hat von jeher Reisende gegeben, welche gerne einen höheren Preis bezahlen, wenn ihnen eine gesicherte und ungestörte Schlafstelle geboten wird, und welche sich doch nicht sofort den Luxus eines separaten Wagens gestatten. Um diesen Ansprüchen gerecht zu werden, war man bestrebt, separate Schlaf-Coupés zu bauen. Bereits im Jahre 1858 hatte die Staatseisenbahn-Gesellschaft einen derartigen Wagen. [Abb. 337.] In demselben war ein Halb-Coupé mit vier Sitzplätzen, von diesem gelangte man durch zwei Thüren in zwei Abtheilungen, welche in der Mitte des Wagens durch eine Längenwand getrennt waren. An dieser Scheidewand waren beiderseits je zwei Betten übereinander angebracht, ähnlich wie in Schiffscabinen, so dass jeder Passagier seinen Sitz und sein Bett hatte. Der Wagen enthielt vier Plätze I. Classe mit Betten und 16 Plätze II. Classe.

Die Einrichtung von Schlafplätzen in den Coupéwagen [vgl. S. 518] bilden ein Uebergangsstadium, einerseits war das Bestreben vorhanden für die Bequemlichkeit der Reisenden etwas mehr zu bieten, als einfache Sitzplätze, andererseits fehlte noch das Vertrauen in die Rentabilität besonderer Schlafwagen, weshalb man sich scheute, für die Erbauung solcher namhafte Kosten aufzuwenden. Trotzdem aber verfolgte man mit Interesse die Bauart der Wagen in Amerika. Was bei uns noch mehr oder weniger Luxus war, war dort bereits Bedürfnis, infolgedessen nahm der Bau von Schlafwagen in Amerika einen rapiden Aufschwung. Besonders die Schlafwagen, System Pullmann, fanden in Amerika rasche Verbreitung und wurden vielfach in der deutschen Fachliteratur besprochen. Es waren demnach auch die in Deutschland und Oesterreich zuerst gebauten Schlafwagen, von welchen in der Wiener Ausstellung im Jahre 1873 fünf verschiedene Ausführungen zu sehen waren, diesem Systeme nachgebildet. [Vgl. Abb. 338.]

Abb. 340. Schlafwagen, Seitengang.

Obwohl bereits mehrere Jahre früher in Amerika vier- und sechsachsige Schlafwagen gebaut wurden, so findet man doch, dass die ersten österreichischen Schlafwagen noch ziemlich die Dimensionen der damals üblichen zweiachsigen Wagen beibehielten und infolgedessen für keine grossen Geschwindigkeiten und für keine besonders grosse Frequenz berechnet waren. Die Hauptursache liegt wohl darin, dass dieselben den damaligen Verhältnissen gemäss hauptsächlich für den inländischen Verkehr, beziehungsweise für den Verkehr auf den eigenen Bahnlinien bestimmt waren. Es gab nicht nur in Oesterreich, sondern auch in Deutschland, Belgien und Frankreich wenige Bahnen, welche auf ihren Linien allein eigene Schlafwagen mit Vortheil ausnützen konnten. Dies führte bereits im Jahre 1872 zur Gründung der ersten Schlafwagen-Gesellschaft, Georges Nagelmackers & Co., welche sich den internationalen Schlafwagen-Verkehr zur Aufgabe stellte und ihre Wagen in den renommirtesten Fabriken bauen liess.

Die ersten Wagen dieser Gesellschaft wurden im Jahre 1873 auf der Linie Berlin-Aachen und Cöln-Ostende in Betrieb gesetzt und im selben Jahre noch verkehrte der erste Schlafwagen dieser Gesellschaft auf der Linie Wien-München-Paris. Im Jahre 1874 wurden bereits für dieselbe mehrere Schlafwagen in der Hernalser Waggonfabrik gebaut. Diese Wagen waren zweiachsig und wurden vorherrschend für kürzere Linien verwendet, während für weitere Relationen dreiachsige und Ende der Siebziger-Jahre auch vierachsige Schlafwagen in Verwendung kamen. Mit Ausnahme der ältesten zwei- und dreiachsigen Schlafwagen sind die Wagen der Schlafwagen-Gesellschaft mit Plateau-Eingängen und Seitengang [Abb. 339 und 340], mithin nach dem System Mann gebaut. Die Schlaf-Coupés sind theils als Voll-Coupés mit vier Sitzen, theils als Halb-Coupés mit zwei Sitzen gebaut.

Der internationale Verkehr der Schlafwagen blieb nicht ohne Einfluss auf den Wagenbau, nicht nur mit Bezug auf die Wagen der Gesellschaft, sondern auch im Allgemeinen, und insbesondere auf die Bauart der vierachsigen Wagen.

Ein für den Verkehr noch mehr als für den Wagenbau wichtiger Fortschritt war die Einführung von Luxuszügen, welche hauptsächlich der Schlafwagen-Gesellschaft ihr Entstehen und ihre Verbreitung zu verdanken haben. Der erste derartige internationale Zug war der Orient-Expresszug, welcher im Jahre 1883 zwischen Paris und Constantinopel in Verkehr gesetzt wurde. Der Wagenbau war dabei insoferne interessirt, als mit diesen Zügen auch die Restaurations- und Küchenwagen in Betrieb kamen. Die Speisewagen sind in ihren Hauptdimensionen gleich den vierachsigen Schlafwagen, sie enthalten meistens einen Speisesalon mit 24 Gedecken [Abb. 341] und einen Rauch- und Kaffeesalon mit 12 Gedecken; ausserdem noch einen Servirraum, wenn die Küche

Abb. 341. Speisewagen. [1/50.]

in einem separaten Wagen untergebracht ist; oder statt des Servirraumes die Küche. Die Annehmlichkeit der Speisewagen hatte zur Folge, dass solche nicht nur in den Luxuszügen, sondern bald auch in den wichtigeren Schnellzügen geführt wurden; so verkehrte bereits im Jahre 1884 ein Speisewagen zwischen Wien und Berlin. Die Speisewagen machten die Herstellung von vollkommen sicheren Uebergängen von Wagen zu Wagen zum Bedürfnis. Lange Zeit musste man sich auch beim Orient-Expresszuge mit zwar sicheren, aber offenen Ueberbrückungen begnügen, erst seit wenigen Jahren gelangten die geschlossenen Faltenbälge bei den Luxuszügen zur Anwendung. Dem Orient-Expresszuge folgte im Jahre 1894 der Ostende-Expresszug, und im Jahre 1895 der Nizza-Expresszug.

Welchen Einfluss die Schlafwagen-Gesellschaft auf den Verkehr in Oesterreich hat, mag daraus ersehen werden, dass mit Ende des Jahres 1896 83 Schlafwagen, 43 Restaurationswagen und

Abb. 342. Luxuszug-Wagen. [1896.]

10 Gepäckswagen der Schlafwagen-Gesellschaft auf österreichischen Linien verkehrten.

Die Anforderungen an den Wagenbau im Allgemeinen wurden dadurch gesteigert, dass auch seitens der Bahnverwaltungen eigene Luxuszüge eingeleitet wurden. So wurden für den Luxuszug Wien-Karlsbad separate Luxuswagen gebaut [Abb. 342], diese Wagen, welche in ihrer Hauptbauart den vierachsigen Arlbergwagen ziemlich gleich sind, unterscheiden sich von denselben hauptsächlich durch die luxuriösere Raumaustheilung und Ausstattung. [Abb. 343.] Das Gewicht eines solchen Wagens beträgt 32 650 kg, es entfällt somit auf einen Sitzplatz eine todte Last von 1632 kg. Diese Luxuswagen sind nur für die Tageszüge bestimmt, enthalten daher keine Schlafstelle.

Eine besondere Gattung von Luxuswagen sind die Aussichtswa-

gen, welche für die, die Alpenländer durchziehenden Bahnlinien, besonders für die Kronprinz Rudolf-Bahn und die Salzburg-Tiroler Bahn in verschiedenen Formen gebaut wurden. Der damaligen Zeit, Anfang der Siebziger-Jahre, entsprechend, waren dies leichte zweiachsige Wagen von der Dimensionirung der Coupéwagen ohne Abtheilungen mit freistehenden

Abb. 343. Luxuszug-Wagen.

Fauteuils oder einem länglichen Puff in der Mitte [Abb. 344]; Fenster an Fenster, oder zur Hälfte geschlossen und zur Hälfte als offene Veranda gebaut [Abb. 345]; auch ganz offen mit Eisenmöbel. Letztere Wagen konnten sich jedoch für die Dauer nicht bewähren, da dieselben gar keinen Schutz gegen Regen, Wind und Rauch boten. Nachdem der Reiz der Neuheit vorüber war und Seitenlinien sowie Zahnradbahnen bis in die höheren Alpenregionen führten, schwand auch das Interesse für die landschaftlichen Reize der Hauptlinien, die leichten Aussichtswagen wurden auf manchen Linien durch die mehr Annehmlichkeiten bietenden Restaurationswagen verdrängt, und finden nur noch auf Nebenlinien oder bei Zügen minderen Ranges Verwendung. Infolgedessen bestehen auf Normalspurbahnen in Oesterreich nur Aussichtswagen älterer Construction.

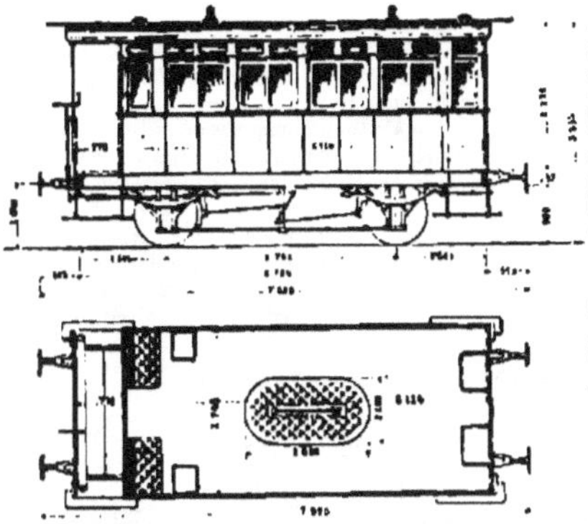

Abb. 344. Aussichtswagen der Kronprinz Rudolf-Bahn.

Aehnlich waren auch die ältesten Hofwagen der Südbahn und der Kaiserin Elisabeth-Bahn gebaut. Die später gebauten Hofwagen waren meistens dreiachsig bei annähernd gleicher Grösse und Eintheilung wie die vorerwähnten vierachsigen Wagen.

In den Jahren 1857 und 1858 wurden von der Staatsbahn zwei dreiachsige und ein zweiachsiger Hofwagen gebaut. Die Firma Lauenstein in Hamburg lieferte im Jahre 1863 einen dreiachsigen Hofwagen an die Carl Ludwig-Bahn und im Jahre 1864 einen solchen an die Kaiser Ferdinands-Nordbahn. Für die Kaiser Franz Josef-Bahn wurden im Jahre 1870 drei zusammengehörige Hofwagen von F. Ringhoffer in Prag geliefert, es folgte dann noch der Bau mehrerer zwei- und dreiachsiger Hofwagen, unter welchen die Hofjagdwagen der Südbahn und der Kaiser Ferdinands-Nordbahn zu erwähnen wären.

Alle diese älteren Hofwagen waren ursprünglich den Mängeln des damaligen Wagenbaues unterworfen, und wenn man

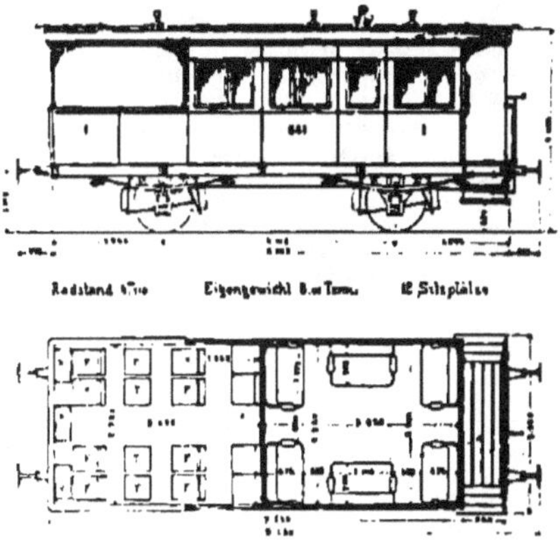

Während Restaurations-, Schlaf- und Aussichtswagen noch immer in regelmässigem Turnus fahrplanmässig verkehren und jedermann zugänglich sind, sind die eigentlichen Salonwagen nur für einzelne Persönlichkeiten und nur nach Bedarf im Verkehr. Die Salonwagen der verschiedenen Zeitperioden repräsentiren die jeweilige Leistungsfähigkeit des Wagenbaues sowie der decorativen Gewerbe, und würden, detaillirt beschrieben, alle Fortschritte des Gesammt-Wagenbaues aufweisen, andererseits aber sind auch für solche Wagen stets so viele specielle Motive massgebend, dass eine detaillirte Besprechung der Construction auch die Darlegung des jeweiligen Bauprogrammes bedingen würde. Vor Allem sind es die Hofwagen, an welchen der Wagenbau sein Bestes zu bieten bestrebt war. Bereits im Jahre 1845 wurde von Heindorfer ein Hofwagen für die Staatsbahnen gebaut [Abb. 346], welcher, der damaligen Type der amerikanischen Wagen entsprechend, vierachsig mit zwei Drehgestellen und mit Plateau-Eingängen versehen war.

Radstand 4710   Eigengewicht 8.0 Tonn.   12 Sitzplätze

Abb. 345. Aussichtswagen der Kaiserin Elisabeth-Bahn.

auch bemüht war für Beleuchtung, Beheizung und Toiletten mehr zu leisten als bei gewöhnlichen Wagen, so war der Erfolg doch noch immer sehr bescheiden. Bei den meisten dieser Wagen wurde durch öftere Reconstructionen und Adaptirungen das Fehlende zwar theilweise nachgeholt, so dass die Wagen im Laufe der Zeit wesentliche Aenderungen erlitten, es war jedoch nur bis zu einer gewissen Grenze möglich, ältere Wagen zu modernisiren, da man insbesondere

genommen und nach gemeinschaftlicher Aufstellung eines Programmes, der Bau dieser Wagen der Firma F. Ringhoffer übertragen.

Als Bedingung wurde aufgestellt, dass diese Wagen auf allen Bahnen des Deutschen Eisenbahn-Verbandes und auch auf den normalspurigen Bahnen der Nachbarländer sowohl zusammen als auch einzeln verwendbar seien; die Ausstattung sollte stilgerecht, doch einfach, ruhig und ohne jede Ueberladung gehalten und die Ausführung

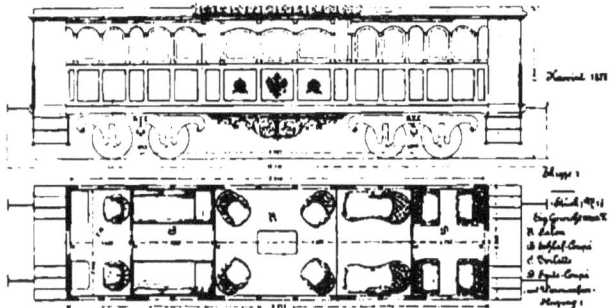

Abb. 360. Hofwagen der Staatsbahnen. [1848.]

hinsichtlich des Laufwerkes bei Reconstructionen ziemlich beschränkt ist. Auch die Geschmacksrichtung hat sich vielfach geändert. Während die alten Hofwagen in erster Linie Paradewagen und als solche mit Vergoldungen und grellfarbigen Tapezirungen reich ausgestattet waren, neigte man sich später der Tendenz hin, den hohen Reisenden vor Allem bequeme und angenehme Wagen zu bieten und das Auge nicht durch grelle Farben und übermässige Vergoldung zu ermüden.

Als im Jahre 1872 in Eisenbahnkreisen die Anregung gemacht wurde, durch Erbauung einer aus zwei Wagen bestehenden Reisewagen-Garnitur für Ihre Majestät die Kaiserin die Huldigung der gesammten österreichischen Eisenbahnen zum Ausdruck zu bringen, wurde diese Anregung von sämmtlichen Eisenbahn-Verwaltungen mit Freuden auf-

in jeder Hinsicht die sorgfältigste sein. Auch der Radstand dieser dreiachsigen Wagen wurde, um den Verkehr der Wagen nicht einzuschränken, nur mit 4·43 *m* ausgeführt; im Zusammenhange damit konnte auch die Gesammtlänge des Wagens nur 9 *m* betragen. Es muss hier bemerkt werden, dass man damals keine Lenkachsen ausführte und infolgedessen eine Vergrösserung des Radstandes für scharfe Krümmungen unzulässig war. Man musste daher trachten, den gebotenen geringen Raum möglichst zweckmässig auszunützen und glaubte dies dadurch zu erreichen, dass der eine Wagen als Schlafwagen, der zweite als Salonwagen gebaut wurde und beide Wagen durch eine mit Faltenbälgen geschlossene Ueberbrückung verbunden wurden.

Im Jahre 1874 wurden diese Wagen vollendet, und obwohl infolge der geringen Dimensionen die Eintheilung der Appartements selbst für die damalige Zeit keineswegs reichhaltig genannt werden kann, so wurde den Erbauern doch die Ehre zutheil, dass diese Wagen nunmehr seit 23 Jahren für die Reisen Ihrer Majestät der Kaiserin nahezu ausschliesslich verwendet wurden. Im Laufe dieser Zeit erlitten diese Wagen nur wenige Aenderungen; im Jahre 1895 wurden sie für elektrische Accumulatoren-Beleuchtung eingerichtet.

Für Reisen Sr. Majestät des Kaisers wurden meistens die Hofwagen der Staatseisenbahn-Gesellschaft, der Kaiser Ferdinands-Nordbahn und der Südbahn benützt. Sowohl die Kaiser Ferdinands-Nordbahn, als auch die Staatseisenbahn, haben mit Verwendung verschiedener Salonwagen complete Hofzüge zusammengestellt und dieselben durch Beigabe eines Speisewagens und eines Küchenwagens vervollständigt.

Nachdem jedoch diese Züge aus Wagen bestanden, welche aus verschiedenen Zeitperioden stammten, so kam in denselben der zeitgemässe Fortschritt nicht vollständig zur Geltung und die österreichischen Bahnverwaltungen konnten sich nicht verhehlen, dass die Zusammenstellung dieser Hofzüge nicht mehr dem entspreche, was sie ihres geliebten Kaisers würdig erachteten. Es wurde deshalb im Jahre 1891 der Beschluss gefasst, einen completen Zug für Reisen Sr. Majestät des Kaisers zu erbauen, in welchem alle Fortschritte des modernen Wagenbaues zur Geltung kommen sollten. Nachdem

Abb. 35. Zug für Reisen Sr. Majestät des Kaisers. [1892.]

durch ein aus den einzelnen österreichischen Bahnverwaltungen gebildetes Comité das Programm und die Projecte verfasst waren, übernahm die Firma F. Ringhoffer den Bau des Kaiserzuges, welcher im Jahre 1892 vollendet und Sr. Majestät vorgeführt wurde. [Abb. 347.]

Der Kaiserzug besteht aus acht Wagen, von welchen fünf Wagen je vier und drei Wagen je drei Achsen erhielten und in nachstehender Reihenfolge im Zuge zusammengestellt sind:

1. Dienst-, Gepäcks- und Beleuchtungswagen.
2. Wagen für Hofbedienstete.
3. Wagen für Se. Majestät den Kaiser.
4. Wagen für die Begleitung Sr. Majestät.
5. Speisewagen.
6. Küchenwagen.
7. Wagen für die Begleitung Sr. Majestät.
8. Wagen für Bedienstete, Gepäcksabtheilung.

Nächst dem Wagen für den Kaiser ist der Speisewagen der bemerkenswertheste im Zuge. [Abb. 348.]

Im Speisesalon [Abb. 349] sind als Wandverkleidung in Holzfriesen eingerahmte, silber- und goldbronzirte Lederfüllungen in reicher Handschnitzerei angebracht. Die Decke ist in drei Felder getheilt, in welchen Oelgemälde in geschnitzten Nussrahmen befestigt sind. [Abb. 350.]

Die Wagen für die Begleitung Sr. Majestät und für Hofbedienstete sind Seitengangwagen in mehr oder weniger reicher Ausstattung.

Der vierachsige Küchenwagen ist gleichfalls als Seitengangwagen gebaut

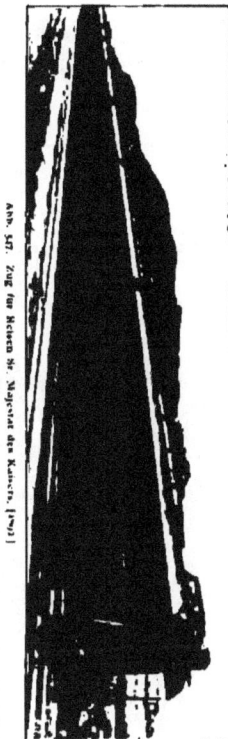

und enthält eine grosse Küche, einen
Servirraum und ein Schlafcoupé für den
Küchenchef und ein Closet.

Der vierachsige Maschinenwagen
enthält das Conducteurcoupé, daran an-

An den Maschinenraum reiht sich der Gepäcksraum und an diesen das Dienstcoupé
I. Classe, welches durch einen Seitengang
abgeschlossen ist, von welchem man auf
den gedeckten Vorraum gelangt.

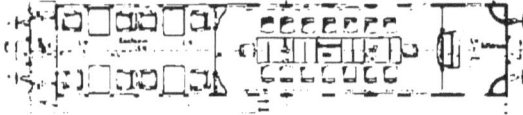

Abb. 348. Speisewagen des Kaiserzuges.

schliessend ein kleines Dienstcoupé; von
diesem gelangt man in den Maschinenraum, in welchem der Dampfkessel, die
Dampfmaschine und die Dynamomaschine
für die elektrische Beleuchtung aufgestellt ist sowie alles Zugehör, als
Schaltbrett, Wasser- und Kohlenbehälter,
Verbindungen für die Dampfheizung etc.

Durch Erbauung dieses Zuges hat die
Firma F. Ringhoffer ein glänzendes
Zeugnis der österreichischen Wagenbau-
Industrie geliefert, ebenso hat die Firma
Bartelmus in Brünn in der Construction
und Ausführung der elektrischen Be-
leuchtungsanlage Vorzügliches geleistet.
Die Arbeiten für die Ausschmückung

Abb. 349. Speisesalon im Speisewagen des Kaiserzuges.

34*

des Zuges erfolgten nach Zeichnungen der Professoren der Prager Kunstgewerbeschule Architekt G. Stibral und J. Kastner, die Gemälde im Speisesalon sind von Professor F. Ženisek in Prag. Für die Erbauung des Zuges wurde nach Möglichkeit inländisches Material verwendet. Der complete Zug findet gewöhnlich nur bei Reisen Sr. Majestät mit grossem Gefolge Verwendung, wogegen bei sonstigen Reisen nur nach Erfordernis einzelne Wagen benützt wer-

IV. Secundärzug-Wagen.

Durch Einführung des Secundärbetriebes auf einzelnen Bahnlinien, noch mehr aber durch die Erbauung von Schmalspurbahnen, Zahnradbahnen, Drahtseilbahnen, Dampftramways und elektrischen Bahnen hat sich ein Specialzweig des Wagenbaues gebildet. Im Allgemeinen wird für Wagen derartiger Bahnen ein möglichst geringes Gewicht, leichte Beweglichkeit in kleinen Bahn-

Abb. 350. Mittleres Deckengemälde im Speisewagen des Kaiserzuges.

den. Für kurze Fahrten, besonders zu Jagden, werden von Sr. Majestät noch meistens die kleineren Wagen der Südbahn und Nordbahn benützt. Gewiss ist es von Interesse, dass Se. Majestät bis vor wenigen Jahren sich auf der Reise keines Bettes bediente, sondern sich mit einem Schlaffauteuil begnügte. Diese Fauteuils, welche unter der Bezeichnung »Kaiser-Fauteuil« bekannt sind, bestehen aus zwei Theilen, einem Fauteuil gewöhnlicher Form und einer Verlängerung desselben, welche zusammengestellt eine Chaiselongue bilden. An einer Armlehne des Fauteuils ist ein Klapptischchen angebracht. Man findet demnach auch die älteren, für Reisen Sr. Majestät früher verwendeten Hofwagen nur mit Schlaffauteuils ausgerüstet.

krümmungen, zweckmässige, nicht allzubeengte Sitzeintheilung, freie Aussicht und geschmackvolle Ausstattung verlangt; dagegen wird auf grosse Fahrgeschwindigkeiten, auf lange Züge und auf jene Bequemlichkeiten, welche für langdauernde Fahrten verlangt werden, verzichtet. Ferner kommt bei vielen dieser Bahnen die Nothwendigkeit der Berücksichtigung des Ueberganges der Wagen auf fremde Linien überhaupt nicht in Frage. Es entfallen mithin sehr viele constructive Beschränkungen und Verpflichtungen, welche bei Normalspurbahnen nicht zu umgehen sind. Für Localbahnen mit normaler Spurweite, welche meistens doch an Hauptlinien anschliessen oder wenigstens in absehbarer Zeit einen Anschluss erwarten lassen, werden in neuerer Zeit nur mehr Wagen derselben Type wie für die Localstrecken der Hauptbahnen gebaut. In früherer Zeit, als noch solche Linien vereinzelt waren und auf Uebergänge und Anschlüsse weniger Bedacht genommen wurde, war man bestrebt, für dieselben leichtere Wagen zu bauen. Diese Sparsamkeit führte auch zum Bau der sogenannten Etagewagen. In einem Etagewagen III. Classe von 11.290 *kg* Eigengewicht, konnten 90 Sitzplätze III. Classe untergebracht werden. [Abb. 351.] Obwohl bei den Etagewagen an Gewicht pro Sitzplatz ziemlich viel erspart wurde, zeigten dieselben doch bedeutende Uebelstände; es beschränkte sich daher der Bau der Etagewagen auf die Periode Anfangs der Siebziger-Jahre und wurde nicht weiter fortgesetzt. Eine gleichfalls in dieselbe Zeitperiode fallende Wagen-Construction waren die Dampfwagen oder Omnibuswagen, bei

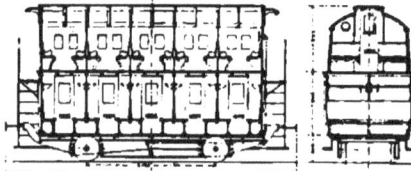

Abb. 351. Etagewagen. (1870.)

welchen man den Motor und den Wagen in einem Fahrzeuge vereinigte. Es waren vierachsige Wagen mit zwei Drehgestellen, von welchen das eine mit vollständigem Dampfbetriebs-Mechanismus versehen war. [Abb. 352.] Im Kasten ober diesem Drehgestelle war der stehende Dampfkessel nebst Zugehör untergebracht. Der übrige Theil des Wagens war als Personenwagen III. Classe gebaut. Auch diese Dampfwagen hatten keine lange Lebensdauer und, werden nur mehr für manche Zahnradbahnen gebaut. Es würde zu weit führen, auf die Bauart der Wagen für Schmalspur-Bahnen, für Dampftramways, Zahnrad- und Drahtseilbahnen sowie Tramways und elektrische Bahnen näher einzugehen und es sei nur erwähnt, dass insbesondere auf den bosnisch-herzegowinischen Bahnen eine Fülle von sinnreich durchdachten und sorgfältigst ausgeführten Wagen-Constructionen zu finden ist, welche den Verkehr auf

diesen Schmalspur-Bahnen jenen der Normalspur-Bahnen ebenbürtig machen.*)

Zu den für Personen-Beförderung bestimmten Wagen sind auch noch jene Wagen zu zählen, welche die Bestimmung haben, dem müden Erdenwanderer auch noch auf seinem letzten Wege zur Verfügung zu stehen. Es war die Erste Eisenbahnwagen-Leihgesellschaft in Wien, für welche von der Waggonbau-Anstalt von Kasimir Lipiński in Sanok im Jahre 1894 der erste österreichische Leichentransport-Wagen gebaut wurde. Früher wurden für Leichentransporte gewöhnliche gedeckte Güterwagen verwendet und es war dabei nicht zu vermeiden, dass durch das ganze, gewissermassen rohe Aussehen der Wagen, durch die Art der Verladung, durch den plumpen Schubthürverschluss und die, eine Begleitung ausschliessende Bauart des Güterwagens, der Bahntransport von Leichen wenig pietätvoll erscheinen musste. Der erwähnte Leichenwagen ist nach Bauart der Intercommunications-Wagen mit zwei Plattformen hergestellt, der Kasten des Wagens enthält zwei Abtheilungen, den Aufbahrungsraum und ein Coupé für die Begleiter. Auf beiden Seiten des Wagens führt eine gedeckte, seitlich offene Galerie um den Kasten, so dass die Passage durch den Wagen, ohne Betreten der Innenräume, möglich wird. In dem Aufbahrungsraume, welcher mit grossen Fenstern versehen und entsprechend drapirt ist, ist in der Mitte ein Podium aufgestellt, welches, auf Schienen beweglich, durch eine Doppelthüre über die Plattform vorgerollt werden kann. Die Verladung des Sarges erfolgt in gleicher Weise wie bei den Fourgons der Leichenbestattungs-Unternehmungen. Die ganze Ausstattung,

*) Vgl. Bd. III., F. Zezula, Die Eisenbahnen im Occupationsgebiete.

Form und Decorirung des Wagens ist eine ernste, würdevolle, dem Zwecke entsprechende.

V. Dienstwagen.

Ein Mittelding zwischen den Personen- und Güterwagen sind die sogenannten Dienstwagen, und diese scheiden sich wieder in Conducteur- und Postwagen. Der Conducteurwagen war von jeher ein etwas besserer Güterwagen mit Personenwagen-Untergestelle, und hat an den allgemeinen Verbesserungen nur insoferne Theil genommen, als diese auch den übrigen in Personenzügen rollenden Wagen zu Gute kamen. Die Conducteurwagen erfreuen sich kaum seit mehr als zwei Decennien einer Beheizung; gar oft hatte früher eingefrorene Tinte die Eintragungen in den Stundenpässen erschwert. Die ältesten Conducteurwagen hatten offene Plattformen, auf welchen die Zugführer und Conducteure verweilen mussten, um die Bremsen zu bedienen, und diese Eintheilung ist auch bei jenen Bahnen beibehalten, welche Plateaubremsen hatten; bei anderen Bahnen wurden die Bremsersitze des Conducteurwagens in erhöhte, mit Glasfenstern versehene Aufbaue des Manipulationsraumes verlegt, so dass der Zugsführer, ohne das Innere des Wagens zu verlassen, den Zug überblicken und die Bremse bedienen kann.

In den ersten Zeiten des Eisenbahnbetriebes waren Conducteur- und Posträume in einem Wagen vereint, wie dies auch gegenwärtig noch auf vielen Seiten-

linien der Fall ist. Mit dem Eisenbahnbetrieb nahm jedoch auch das Postwesen einen rapiden Aufschwung, so dass in kurzer Zeit eine Abtheilung im Conducteurwagen für Postzwecke nicht mehr genügte, und besondere Postwagen eingestellt werden mussten. Zudem ergab sich das Bedürfnis, Postmanipulationen auch während der Fahrt vorzunehmen. Es wurden daher im Jahre 1849 die ambulanten Postbureaux eingeführt. Die Bauart der Wagen bot keine besonderen Schwierigkeiten, indem die für den Postdienst erforderliche Einrichtung, Schreibtische, Facherstellagen etc. im Wagenkasten leicht unterzubringen war.

Etwas mehr Schwierigkeit bot für die damalige Zeit die Beheizung der Postwagen, da man doch eine ziemlich gleichmässige Erwärmung des Wagens bei Vermeidung von Feuersgefahr verlangen musste. Es wurde daher im Jahre 1849 der bekannte Pyrotechniker Professor Meissner eingeladen, diese Frage einem eingehenden Studium zu unterziehen. Seitens der k. k. General-Direction der Communicationen wurde demselben ein Wagen III. Classe auf dem Stationsplatze Hohenstadt zur Vornahme von Versuchen zur Verfügung gestellt. Nach verschiedenen Probefahrten wurden im Juni 1850 amtliche Proben vorgenommen, deren günstiges Resultat die General-Direction veranlasste, bis zum Herbste 1850 weitere 26 Wagen für die ambulante Post nach dem Meissner'schen System einzurichten und zwischen Wien-Bodenbach und Wien-Oderberg in Betrieb zu setzen. Diese Heizungseinrichtung wurde für alle Postambulanz-Wagen angenommen und

Abb. 353. Omnibuswagen [1874]

blieb lange Zeit das vorgeschriebene Normale für die Postambulanz-Wagen.*) Für die Erfordernisse der Post genügten auf den Hauptlinien bereits in den Fünfziger-Jahren zweiachsige Wagen nicht mehr, es wurden daher aus zwei Wagen combinirte Postambulanz-Wagen gebaut, welche mit ganz kurzer Kupplung und Buffern enge verbunden und mit einer von einem Lederbalg umschlossenen Ueberbrückung versehen wurden. [Abb. 353.] Wir finden daher bei den Postwagen die ersten Faltenbälge angewendet. In neuester Zeit, bei der allgemeineren Anwendung von vierachsigen Drehgestellwagen, werden auch die Postambulanz-

Strassenbauten, Uferbauten etc. in den verschiedensten Varianten findet.

Der charakteristische Unterschied zwischen diesen Fahrzeugen und dem eigentlichen Eisenbahnwagen besteht in der Anwendung von Tragfedern bei letzteren, welche einerseits zum Schutze der Ladung und des Oberbaues gegen harte Stösse, andererseits zur Vertheilung der Belastung auf die einzelnen Räder nothwendig wurden. In England wurden bereits im Jahre 1830 offene Güterwagen mit Tragfedern gebaut. Diese Wagen, welche auch als erste Güterwagen auf den österreichischen Bahnen eingeführt

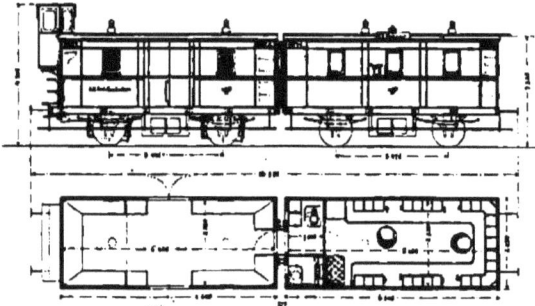

Abb. 353. Postambulanz-Wagen [1898.]

Wagen nach dieser Type gebaut. Die Abtheilungen für den Manipulationsdienst sind wie die stationären Postämter eingerichtet. [Abb. 354.]

VI. Güterwagen.

Ursprünglich war der offene Güterwagen das einzige Lastfuhrwerk auf den älteren Pferde-Eisenbahnen. [Abb. 355.] Alle diese Wagen gehören zu jener Type, welche wir heute als provisorische Baufuhrwerke und Bahnwagen bezeichnen, und welche man bei Steinbrüchen,

wurden und unter dem Namen Lowries bekannt sind, wurden für eine Tragfähigkeit von 80 Ctr. ausgeführt, dienten für den Transport aller Güter, welche, wenn nöthig, mit Theerdecken zugedeckt wurden. Im Jahre 1838 wurden solche Lowries in England mit abnehmbaren Stirn- und Seitenwänden gebaut; um mehr Raum für die Unterbringung der Frachtstücke zu gewinnen, wurden von Stirnwand zu Stirnwand Firstbäume gelegt, über welche die beweglichen Decken gespannt wurden. Aus letzterer Construction entwickelte sich die gedeckte Güterwagen.

Für den Bau der Güterwagen war von jeher nur der Geschäftsstandpunkt massgebend. Man will in der Beschaffung und in der Erhaltung möglichst billige

*) Vgl. auch Bd. II, R. Freiherr v. Gostkowski, Beheizung und Beleuchtung der Wagen.

Wagen, welche dem allgemeinen oder einem speciellen Transportzwecke vollkommen entsprechen und ungehindert in jenen Relationen, für welche sie bestimmt sind, verkehren können. Allerdings werden diese Bedingungen zu verschiedenen Zeiten und an verschiedenen Orten auch verschieden aufgefasst und es ist daher oft schwer zu beurtheilen, ob eine neue Constructionstype gegenüber älteren Typen als ein Fortschritt zu bezeichnen ist. Der Fortschritt liegt beim Lastwagenbau hauptsächlich in der Materialverwendung und Materialbearbeitung. Heute stehen uns Eisen- und Stahlfabricate zur Verfügung, die vor 50 Jahren noch unbekannt waren, und in den Fabriken liefern die Maschinen Arbeiten, welche früher eben nicht zu leisten waren.

Mit dem wachsenden Verkehr nahm auch das Bedürfnis nach Wagen für specielle Zwecke zu. Es ist ein Zeichen des sich immer mehr entwickelnden Handels und Verkehrs, dass für verschiedene Frachtgattungen heute zahlreiche Specialwagen bestehen, für welche Frachten man in früheren Zeiten die Erbauung von Specialwagen nicht rationell erachtete. Der Lastwagenpark jeder Bahn stellt sich aus den eben dort benöthigten Typen zusammen, so dass eigentlich jede Bahn für sich eine Entwicklungs-Geschichte ihrer Lastwagen aufzuweisen hat.

Im Nachstehenden werden die ersten Beschaffungsjahre verschiedener Wagengattungen der alten nordöstlichen Staatsbahnen und deren Nachfolgerin, der Staatseisenbahn-Gesellschaft, angegeben, welche Daten jedoch nur ein allgemeines Bild geben sollen, für welche Wagentypen damals bereits ein Bedürfnis auf jenen Linien vorhanden war.

Lowries, gedeckte Güterwagen, Pferdewagen 1845, Federviehwagen 1846, Langholzwagen 1850, Kohlenwagen 1853, Borstenviehwagen 1854, Hornviehwagen, Hochbordwagen, Cokeswagen 1855, Oeltransportwagen 1858, Bierwagen 1867, Krahnwagen 1867, Wasserwagen 1869, Kesselwagen 1870. Selbstverständlich haben diese Wagengattungen bei späteren Beschaffungen manche Aenderungen erlitten, so dass die modernen Wagen wesentlich anders aussehen, als die erwähnten ältesten Typen.

Mit der Zunahme der Eisenindustrie wurde beim Bau der Lastwagen zwar das Eisen mehr verwendet als zur Zeit der Erbauung der älteren Wagen; es wurden wohl auch ganz eiserne Wagen mehrfach gebaut, im Allgemeinen blieb man jedoch bei dem gemischten System und verwendet besonders für Verschalungen, Decken und Fussböden und auch für die Kastengerippe beinahe ausschliesslich Holz.

Das Bestreben der Wagenbauer war stets darauf gerichtet, die Güterwagen ohne wesentliche Erhöhung des Gewichtes möglichst fest und dauerhaft zu bauen und nothwendige Reparaturen thunlichst zu erleichtern. Während bei den ältesten Güterwagen, besonders Kastenwagen, noch die Bauart mit zahlreichen Holzverbindungen und Verzapfungen, mehrfachen Verschalungen und vollständiger Trennung des Kastens vom Untergestelle üblich war, begann man später, nachdem man die Mängel dieser Construction für die Instandhaltung und Reparatur kennen gelernt hatte, die Holzverschneidungen und Verzapfungen möglichst zu vermeiden, die Kastensäulen möglichst frei zu legen und mittels Consolen und Schrauben kräftig mit dem Untergestelle zu verbinden; ebenso wurde die in den Sechziger-Jahren beliebte doppelte Verschalung durch eine stärkere einfache innere Verschalung vortheilhaft ersetzt.

Hinsichtlich der Grösse und der Tragfähigkeit der Güterwagen wäre zu erwähnen, dass, wenn auch in der Neuzeit etwas grössere Wagen gebaut werden, dies jedoch als kein wesentlicher Fortschritt im Wagenbau, sondern lediglich als eine Anforderung des Verkehrs und der Tarife zu betrachten ist. Die Tragfähigkeit der Wagen ist gleichfalls vielfach durch die Verkehrsanforderungen bedingt; für den Wagenbau sind die Grenzen durch den zulässigen Achsdruck gegeben, und durch Vermehrung der Anzahl der Achsen kann eine ganz bedeutende Tragfähigkeit erzielt werden. So wurden für Krupp in Essen, Gruson in Magdeburg, Skoda in Pilsen u. A.

eigene Wagen mit 6 bis 16 Achsen und einer Tragfähigkeit bis zu 140 t gebaut. Dies sind natürlich Ausnahmen; gewöhnliche Güterwagen wurden früherer Zeit beinahe allgemein für 200 Zollcentner = 10 t Tragfähigkeit gebaut. Erst seit den Achtziger-Jahren kann als übliche Tragfähigkeit 12·5 t und für offene Güterwagen 15 t angenommen werden. Eine weitere Steigerung der Tragfähigkeit findet ihre Grenze in der zulässigen Belastung der Brücken und Bauobjecte, durch welche der Verkehr schwerer Wagen viele Beschränkungen erleidet.

porte und für alle offen zu verladenden Stückgüter verwendet werden. Man baut auch Universalwagen, welche als gedeckte Güterwagen und als Personenwagen verwendbar sind. Die jeweilige Umgestaltung der Universalwagen ist jedoch in vielen Fällen zu umständlich, um den vollen Werth derselben zur Geltung kommen zu lassen.

Anders verhält es sich mit mobilen Transporteinrichtungen, welche nur das Vorhandensein gewisser permanent im Wagen angebrachter Bestandtheile bedingen. In erster Reihe sind hier die

Abb. 354. Gepäcksraum eines vierachsigen Postwagens. [1/76.]

Es entstand nun die Aufgabe, innerhalb der gestatteten Grenzen Wagen zu bauen, welche dem Güterverkehr am meisten entsprachen. Diese Aufgabe führt zu zwei geradezu entgegengesetzten Constructions-Bedingungen, nämlich zur Construction von Universalwagen und von Specialwagen.

Beim Bau von Universalwagen liegt die Tendenz zugrunde, den Wagen für möglichst verschiedenartige Frachtgattungen verwendbar zu machen. Solche Universalwagen sind z. B. offene hochbordige Wagen mit abnehmbaren Bordwänden, Rungen und Drehschemeln. Diese Wagen können abwechselnd für Kohlentransporte, für Brettertransporte, für Langholztrans-

Einrichtungen für Militärmannschafts- und Pferdetransporte zu nennen; die für diese Transporte erforderlichen, nach einem Normale vorgeschriebenen fixen Beschläge bilden ebenso integrirende Bestandtheile der Güterwagen, wie beispielsweise die Beschläge für Zollverschlüsse oder die Signallaternstützen. Am Wagen selbst sind jedoch im Verwendungsfalle keinerlei Aenderungen oder Umgestaltungen vorzunehmen, und deshalb ist auch eine rasche Einrichtung der Wagen mit mobilen Einrichtungs-Gegenständen in allen Dépotstationen möglich.

Nachdem alle oder doch die überwiegende Mehrzahl der gedeckten Güterwagen für den Militärtransport verwend-

bar sein sollen, so ist es erklärlich, dass
durch diese Eignung die Wagen in keiner
Weise für ihre normale Verwendung als
Güterwagen eingeschränkt werden dürfen,
und dass nicht nur neue Wagen, sondern
auch alte Wagen für Militärzwecke geeignet sein müssen. Die Transporteinrichtungen wurden daher den üblichen
Wagenformen angepasst. Als im Jahre
1886 einheitliche Normalien für Militär-
Transporteinrichtungen aufgestellt wurden, ergaben sich mit Rücksicht auf diese
Normalien verschiedene Bedingungen,
welche beim Bau neuer Wagen berück-

Abb. 355. Güterwagen der Linz-Budweiser
Pferde-Eisenbahn. [INM.]

sichtigt werden mussten. Diese Einrichtungen genügen auch thatsächlich
bei Truppentransporten, konnten jedoch
nicht mehr entsprechend befunden
werden, sobald es sich um die Beförderung von Kranken und Verwundeten
handelt.

Die Kriegsjahre 1866 und 1870
gaben reichlich Gelegenheit, die Erfordernisse für die Krankentransporte
kennen zu lernen. Im Jahre 1866 bestanden noch keine vorbereiteten Sanitätswagen. Allerdings wurde von der Kaiser
Ferdinands-Nordbahn eine grössere Anzahl Güterwagen für Krankentransporte
eingerichtet, indem in diesen Wagen
Hängegurten und transportable Tragbetten in sehr zweckmässiger Weise untergebracht wurden, aber gewisse Mängel
der Güterwagen konnten doch nicht beseitigt werden, welche für den Gesunden
weniger fühlbar, für den Kranken noch
immer empfindlich sind.[*] Auch im

[*] Vgl. auch Bd. II, Unsere Eisenbahnen
im Kriege. S. 148 und ff.

deutsch-französischen Kriege waren die
Lazarethzüge noch keineswegs dem
Erfordernis entsprechend, wenn auch für
dieselben bereits umfangreichere Vorbereitungen getroffen waren. Auf Grund
dieser Erfahrungen wurde in der folgenden
Zeit mit lebhaftem Eifer an der Aufstellung von Grundzügen und der Organisation von Eisenbahn-Sanitätszügen gearbeitet, und in der Weltausstellung vom
Jahre 1873 war bereits eine zahlreiche
Reihe eingerichteter Eisenbahn-Sanitätswagen deutscher und französischer Provenienz zu sehen, in welchen die verschiedenen Bestrebungen zur Förderung
des humanen Werkes zum Ausdrucke
kamen. Es war bald klar, dass weder der
gewöhnliche Personenwagen, noch der gewöhnliche Güterwagen geeignet seien, unmittelbar als zweckmässiger Lazarethwa-
gen verwendet zu werden, und dass es nothwendig sei, für diese Zwecke besondere
Wagen zu bauen oder durch Umbau
herzustellen. Nach mehrfachen Versuchen
und Berathungen in den massgebenden
militärischen und Eisenbahnkreisen, gelangte im Jahre 1877 das Normale für
Eisenbahn-Sanitätszüge in Wirksamkeit,
in welchem die Zusammensetzung der
Sanitätszüge, deren Einrichtung und alle
Functionen von der Activirung der Züge
bis zu deren Abrüstung eingehend behandelt sind. Nach diesem Normale ist
die Adaptirung der Eisenbahnwagen in
eine vorbereitende und eine definitive
getrennt. Die Eisenbahn-Verwaltungen
sind verpflichtet, eine bestimmte Anzahl
Wagen vorbereitend adaptirt in ihrem
Lastwagenparke zu führen. [Abb. 356.]

Sowohl die Bauart dieser Wagen als
auch die Unterbringung der Tragbetten
und das System der Beladung durch die
Schubthüren basiren auf denselben Grund-
ideen, welche bei der provisorischen Einrichtung der Nordbahnwagen im Jahre
1866 und bei den im Jahre 1873 ausgestellten deutschen Wagen zur Anwendung kamen, und die bei aller Rücksicht auf die sanitären Anforderungen
doch mehr den Umbau vorhandener
Güterwagen, als den Neubau solcher
Wagen im Auge behielten. Noch vor
Erscheinen des Normales für Eisenbahn-Sanitätszüge befasste sich der

souveräne Malteser Ritterorden eingehend mit dem Studium der Sanitäts-
züge und fasste den Beschluss, aus eigenen
Mitteln einen Muster-Sanitätszug zu bauen,
auszurüsten und als Schulzug zu verwenden. Mit unermüdlichem Eifer wurden
von Dr. Freiherrn von M u n d y und dem
Director der Simmeringer Waggonfabrik,
Herrn H. Z i p p e r l i n g, die Bauart dieser
Sanitätswagen, die ganze Einrichtung und
Ausrüstung, aus-
gearbeitet, und
im März 1875
war der aus 16
Wagen beste-
hende Zug voll-
endet. Der Ver-
wendung und
Einrichtung nach
besteht der Zug
aus:

1 Commandan-
ten- und
Aerztewagen,
1 Vorrathswa-
gen,
1 Küchenwa-
gen,
1 Speisewagen,
1 Magazinswa-
gen,
1 Montur- und
Rüstungswa-
gen,
10 Ambulanzwa-
gen.

Obwohl auch
bei der Construc-
tion dieser Wa-
gen auf ihre Verwendbarkeit als Güterwagen Rücksicht genommen war, so
wurde diese doch nur insoferne zur
Richtschnur genommen, als es sich um
die Herstellung neuer Wagen handelte. Die Malteserwagen [Siehe Bd. II,
Abb. 25 und 26, Seite 150] sind nach
Art der im Jahre 1873 ausgestellten
französischen Wagen gebaut und beruhen
auf dem Systeme der Verladung durch
die Stirnthüren und der Beleuchtung von
oben. Diese Wagen besitzen daher auf
beiden Enden Plattformen mit Stiegen,
in gleicher Weise wie die Intercommu-

nications-Personenwagen mit offenen
Plattformen. Aussen sind die Wagen mit
dem Genfer Kreuz und je zwei Malteser
Kreuzen gekennzeichnet. Die gesammte
innere Einrichtung und Ausrüstung wurde
auf Grund der reichen Erfahrungen des
Freiherrn von M u n d y auf das Zweckmässigste angeordnet.

Nachdem der Musterzug des souveränen Malteser Ritterordens erbaut, ausgerüstet und in
dessen Domäne
Strakonitz remi-
sirt worden war,
kam im Jahre
1876 ein Ueber-
einkommen des
souveränen Mal-
teser Ritter-
ordens mit den
österreichischen
Bahnverwaltun-
gen zustande,
nach welchem
letztere sich ver-
pflichteten, die
für fünf Züge
erforderlichen
Wagen zu be-
schaffen, diese
nach dem Nor-
male der Mu-
sterwagen zu er-
bauen und im
Mobilisirungs-
falle dem souve-
ränen Malteser
Ritterorden zur
Verfügung zu
stellen. Diese als
Malteserwagen bezeichneten Wagen stehen
als gedeckte Güterwagen in Verwendung.
Der Malteser Schulzug leistete im bosni-
schen Feldzuge hervorragende Dienste.

* * *

Die neuere Richtung des Güterwagen-
Baues ist besonders durch den Bau von
Specialwagen gekennzeichnet. Gewisse
Specialwagen, z. B. Pferdewagen, Klein-
viehwagen, Langholzwagen, bestanden
zwar in der ältesten Zeit der Eisenbahnen
[siehe Seite 536], andere Typen entwickelten sich jedoch erst später, nachdem

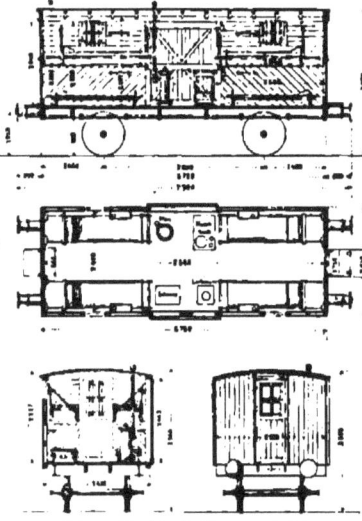

Abb. 150 Eisenbahn-Sanitätswagen [1877.]

das Bedürfnis hiefür eingetreten war. Ganz besonders wird der Bau von Specialwagen durch die Einstellung von Parteiwagen in die Fahrparke der einzelnen Bahnen begünstigt. Die Bahnverwaltungen können in ihren Fahrparken nur Wagen besitzen, für welche eine dauernde Verwendung sicher oder wenigstens wahrscheinlich ist, und entschliessen sich schwer, besondere Wagen zu bauen, deren Verwendbarkeit nur von dem Bestande eines einzelnen Etablissements oder einer temporären Geschäfts-Conjunctur abhängig ist.

Da nahezu täglich neue Specialwagen entstehen, so würde es zu weit führen, richtung specieller Biertransport-Wagen. Es wurden damals unter Leitung des Central-Inspectors W. Bender zwölf Güterwagen für Biertransporte eingerichtet, welche Type im Allgemeinen heute noch für Biertransport-Wagen angewendet wird. Diese zwölf Wagen waren in regelmässigem Turnus zwischen Wien und Paris und ermöglichten es, dass das Bier mit einer Temperatur von $+ 5^\circ$ in Paris anlangte. Das Renommée, dessen sich das Schwechater Bier in Paris erfreute, hatte es demnach nicht zum geringen Theil dem inländischen Wagenbau zu verdanken.

Abb. 357. Biertransport-Wagen. [1905]

solche einzeln besprechen zu wollen und es mögen hier nur die wichtigsten Typen erwähnt werden.

Eine wesentliche Bedeutung haben die Kühlwagen erlangt. Lange Zeit war es nicht möglich, in der warmen Jahreszeit gewisse Artikel, welche in der Wärme dem Verderben ausgesetzt sind, auf weite Entfernungen zu befördern; selbst bei Transporten, welche keine längere Zeit als eine Nacht erforderten, war es schwer, die erforderliche Temperatur zu erhalten. Es war daher nahezu ausgeschlossen, die Versendung von gewissen Consumartikeln, zu welchen in erster Linie das Bier zu rechnen ist, auf weitere Absatzgebiete auszudehnen.

Die Ausstellung in Paris im Jahre 1867 gab den Anlass dazu, die Verfrachtung des Bieres in Gebinden auf weite Entfernungen ernstlich anzustreben und die Firma A. Dreher wendete sich an die Staatseisenbahn-Gesellschaft wegen Ein-

Der damals erzielte glänzende Erfolg bewirkte, dass der Biertransport in Kühlwagen nicht auf die Ausstellungs-Periode und nicht auf die Relation Wien-Paris beschränkt blieb, sondern auch im Inlande immer mehr Beachtung fand. In Oesterreich waren es besonders böhmische Brauereien, die sich durch Verwendung von Kühlwagen veranlasst fanden, ihr Absatzgebiet wesentlich zu erweitern. Anfangs der Siebziger-Jahre war es noch nicht üblich, dass sich die Parteien eigene Wagen anschafften; um nun Kühlwagen für einen regelmässigen Verkehr zur Verfügung zu haben, wurden zwischen den Parteien und Bahnverwaltungen Verträge abgeschlossen, nach welchen die Bahnverwaltungen aus ihrem Fahrparke gedeckte Güterwagen zur Verfügung stellten, welche auf Kosten der Brauerei zu Kühlwagen umgestaltet wurden und der letzteren ausschliesslich zur Ver-

fügung standen. Der rasch zunehmende Bedarf an Kühlwagen verursachte den am meisten betheiligten
Bahnverwaltungen einen empfindlichen
Abgang an gedeckten Güterwagen, so
dass von mehreren derselben die Ver-
miethung der Wagen sistirt und dafür
den Brauereien die Beschaffung eigener
Wagen anheimgestellt wurde. Die Einstellung solcher Bierwagen in den Fahrpark der Eisenbahnen hat seither wesentlich zugenommen, so dass bereits über
700 Bierwagen österreichischer Brauereien im Verkehr sind. Im Fahrparke
der k. k. Staatsbahnen allein waren Ende
1896 von 36 verschiedenen Brauereien
458 Stück Bier-
wagen einge-
stellt. [Vgl
Abb. 357.]

Der Werth
der Kühlwa-
gen kommt
zwar vorherr-
schend nur im
Sommer zur
Geltung, aber
auch im Win-
ter haben diese
Wagen den
Vortheil, dass
die Ladung

Abb. 358 Fleischtransport-Wagen. [System Mann.] [1896.]

durch die dichten Wände gegen den Einfluss der äusseren Kälte viel länger
geschützt bleibt, so dass nur bei star-
kem und andauerndem Froste das Einfrieren des Bieres in den Fässern zu
befürchten ist. Um jedoch auch diesem
Mangel vorzubeugen, werden seit fünf
Jahren auch heizbare Bierwagen gebaut.
Bisher haben sich die Briquetheizungen
gut bewährt, und werden wegen der
Einfachheit und Billigkeit den Gasofen-
heizungen vorgezogen.

Nächst der Verwendung von Kühlwagen für Biertransporte gelangten solche
auch für Fleischtransporte zu besonderer
Bedeutung.

Die Anforderungen, welche an Fleischtransport-Wagen gestellt werden, sind viel
complicirter als bei den Bierwagen.
Während bei letzteren nur eine niedere
Temperatur im Wagen verlangt wird,
und diese durch isolirte Wände und

dichten Verschluss leicht erhalten werden
kann, ist für den Fleischtransport nicht
nur eine gleiche Abkühlung sondern
auch eine gute Ventilation erforderlich,
gleichzeitig soll das Fleisch auch gegen
Nässe geschützt sein und darf auch
nicht in compacter Masse geschlichtet
werden. Bei Construction der Fleischwagen waren daher schwierige Aufgaben zu lösen, und es entstanden infolgedessen mehrere patentirte Systeme,
von welchen das System Tiffany und
das System Mann in Oesterreich am
meisten zur Ausführung gelangten. [Abb.
358.]

Die complicirte Bauart macht die
Fleischwagen
ziemlich theuer
und auch der
Eisverbrauch
ist bedeutend
grösser als bei
Bierwagen,
weil durch die
Luftcirculation
viel mehr ver-
dunstet wird.
Es sind daher
die Fleischwa-
gen nur unter
gewissen com-
merziellen Be-
dingungen und für wenige Relationen
rentabel, weshalb die Zahl derselben in
Oesterreich kaum 100 Stück beträgt;
mehrere solche Wagen wurden bereits,
infolge des verminderten Absatzes von
frischem Fleisch nach Frankreich, in Bierwagen umgestaltet.

Eine wichtige Gruppe der Specialwagen bilden die Kesselwagen, auch
Reservoir- oder Cisternenwagen genannt.
Der älteste Cisternenwagen ist der Tender, welcher so ziemlich ebenso alt wie
die Locomotive ist. Lange Zeit dachte
man nicht daran, andere Flüssigkeiten als
Wasser in Cisternenwagen zu befördern,
und dies hatte seinen guten Grund. Erst
nachdem die Bahnnetze soweit entwickelt
waren, dass die Geleiseverbindungen von
einer Productionsstelle unmittelbar bis
zur Consumstelle führten, dass die Flüssigkeiten in die Waggons direct eingefüllt
und wieder direct von diesen abge-

schlauch werden konnten, begann der Werth der Cisternenwagen an Bedeutung zu gewinnen. Einer der ältesten Cisternenwagen dürfte ein von der Staatseisenbahn-Gesellschaft im Jahre 1858 gebauter Oelwagen sein. Derselbe war ein kleiner zweiachsiger Wagen von 3500 *kg* Tragfähigkeit und trug ein vierkantiges, geradwandiges Reservoir mit geschlossener Decke und einem mit einem Deckel geschlossenen Füllstutzen. Ein ähnlicher Wagen, jedoch für 8500 *kg* Tragfähigkeit, wurde im Jahre 1860 gebaut. Nach ganz ähnlicher Type wurden im Jahre 1865 in Deutschland die ersten

angewendet, welche durch einen entsprechenden Rahmenbau fixirt werden.

Specialwagen mit zweckentsprechender Einrichtung, mit Ventilations-Vorrichtung, mitunter auch heizbar, bestehen für den Transport von Früchten, Gemüsen, Milch, Eier, Butter, ebenso für lebende Thiere, wie Pferde, Hornvieh, Borstenvieh, Gänse, Hühner, Fische.

Der Bauart der Wagen für den Transport lebender Thiere wurde viel Sorgfalt zugewendet, um durch entsprechende Tränke- und Fütterungs-Einrichtungen, durch genügenden Schutz gegen Hitze und Kälte und durch ent-

Abb. 359. Cisternenwagen. [1893.]

Transportwagen für Steinkohlentheer gebaut, welche auch bald darauf bei den Gaswerken in Oesterreich Verwendung fanden. Die vierkantige Kastenform war zwar dem Untergestelle des Wagens angepasst, jedoch für Flüssigkeiten theoretisch nicht richtig, da für diese der runde Querschnitt, also die Kesselform am geeignetsten ist. Es wurden daher bereits im Jahre 1870 Kesselwagen mit cylindrischen Gefässen gebaut. [Vgl. Abb. 359.]

Die Kesselwagen sind Specialwagen der neuesten Zeit; in den Achtziger-Jahren in noch geringer Zahl vorhanden, waren Mitte 1897 in dem Fahrparke österreichischer Bahnen circa 2500 Stück enthalten, von welchen mindestens 2400 Stück Eigenthum von Privaten sind.

Für Flüssigkeiten, welche in eisernen Kesseln nicht befördert werden können, z. B. Salzsäure, werden Thongefässe

sprechende Ventilation den Massentransport von Thieren nicht in Thierquälerei ausarten zu lassen.

Von sonstigen Specialwagen, welche für Gütertransporte dienen, seien hier nur erwähnt die Wagen für Transporte von Langholz, Kohle, Erzen, leichten Artikeln wie Korbwaaren etc., Holzkohle, Cokes, Kalk, Spiegel und aussergewöhnlich schweren Objecten. Alle diese Specialwagen erforderten sorgfältige Detailconstructionen mit genauer Berücksichtigung der Verlade-Einrichtungen, und der Anforderungen, welche zum Schutze des Frachtgutes nothwendig sind.

VII. Hilfswagen.

Eine besondere Gattung von Specialwagen sind jene, welche nicht direct für Transportzwecke dienen, sondern welche eigentlich mobile Apparate oder mobile Anlagen sind. Hieher gehören zunächst die Krahnwagen. Es sind dies Hebekrahne von circa 7000 *kg* Tragfähigkeit und 5 *m* Ausladung, welche so ziemlich nach Bauart leichterer stationärer Krahne gebaut und mit dem Rahmenbau des Wagenuntergestelles fest verbunden sind. Die Detailconstruction der Krahnwagen ist ebenso verschiedenartig wie jene der stationären Krahne.

Ebenso wie der Krahnwagen den Zweck hat, eine Hebevorrichtung in Stationen oder auf sonstige Geleiseanlagen zu bringen, wo keine anderen geeigneten Hebevorrichtungen zur Verfügung stehen, haben auch die auf allen Bahnen in Bereitschaft stehenden Rettungs- oder Requisitenwagen [Abb. 360] den Zweck, das zur Hilfeleistung bei

Abb. 360. Requisitenwagen. [1:75.]

Unfällen erforderliche Werkzeug und Materiale, wenigstens für das erste Erfordernis ohne Zeitversäumnis an die Unfallstelle bringen zu können. Die Kaiser Ferdinands-Nordbahn hat nebst diesen Rettungswagen auch noch Hilfswagen, welche, ähnlich den Malteserwagen gebaut, permanent eingerichtet sind und zum Transporte Verwundeter ständig in Bereitschaft gehalten werden.

Andere, gleichfalls für Bahnzwecke dienende Wagen sind die Gerüstwagen, welche zur Untersuchung und Reparatur von Tunnels dienen; Gewichtswagen welche zur Tarirung von Geleisebrückenwagen verwendet werden, und elektrische Beleuchtungswagen. Letztere Wagen dienen dazu, um an entlegenen Stellen die für eine dringende Nachtarbeit erforderliche ausgiebige Beleuchtung rasch an Ort und Stelle etabliren

zu können, und leisten vorzügliche Dienste bei Freimachung von Geleisen bei Erdabrutschungen, bei Damm- und Uferschutzbauten, und ebenso auch bei Militär-Einwaggonirung in kleinen Stationen. Zu erwähnen wären auch die Imprägnirungswagen [Abb. 361], welche die vollständige Einrichtung für die Imprägnirung von Schwellen enthalten, und nach Erfordernis in jenen Stationen aufgestellt werden, in welchen die Schwellen zur Einlieferung gelangen.

Als Hilfsfahrzeuge sind auch noch die mobilen Schneepflüge zu zählen, welche bereits bei der Pferdebahn Prag-Lana in den Dreissiger-Jahren Verwendung fanden [Abb. 362] und später bei den Locomotiv-Bahnen als separate Fahrzeuge zur Ausführung gelangten.[*] Für die Bauart der Schneepflüge wurde meistens die Keilform angewendet, welche in sehr verschiedenen Typen zur Ausführung gelangte; die Constructeure waren bemüht, für den Bau der Schneepflüge sinnreiche Theorien zu entwickeln, nach denen die Wandungen in mehrfach geschweifter und und gekrümmter Form ausgeführt wurden [Abb. 363], aber keiner dieser Schneepflüge entsprach den an ihn gestellten Anforderungen. Als daher circa 1880 die fixen Schneepflüge an den Locomotiven üblich wurden, fanden die mobilen Schneepflüge immer weniger Verwendung und wurden theilweise cassirt und nicht mehr ersetzt.

Ein in neuerer Zeit mehrfach gebauter Schneeräumer, System M a r i n, hat einige Aehnlichkeit mit den alten Schneepflügen,

[*] Vgl. auch Bd. II, O. K a z d a, Zugförderung.

unterscheidet sich jedoch wesentlich von jenen, indem er von der Locomotive nicht geschoben, sondern gezogen wird und nicht den Zweck hat, den Schnee durch-

gebaut wird. Beim Bau der Draisinen wurden viele Experimente gemacht, bis man schliesslich doch ziemlich einheitlich auf den Leitstangen-Antrieb mit verti-

Abb. 361, Imprägnirungswagen.

zubrechen, sondern den vom fixen Schneepflug der Locomotive durchbrochenen Schnee seitlich wegzuräumen.

Ein ganz specielles Fahrzeug ist die Draisine,[*] welche bereits bei den

calen Arbeitshebeln überging. Die jetzt am meisten gebaute Draisine ist die Plank'sche. [Abb. 364.]

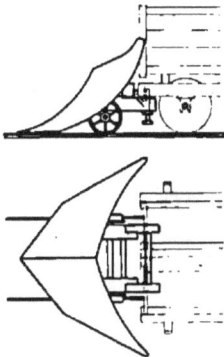

Abb. 362. Schneepflug der Pferdebahn Prag-Lana [circa 1845.]

ältesten Bahnbauten gebräuchlich war, und jetzt nur in etwas verbesserter Form

———
[*] Die erste Draisine, die in Oesterreich gebaut wurde, war jene von dem trefflichen Mechaniker J. Božek im Jahre 1826 für Gerstner hergestellte »Fahrmaschine«. Vgl. Bd. I, 1. Theil, H. Strach, Pferde-Eisenbahnen, Seite 99.

VIII. Wagenbau-Anstalten.

Seit Beginn des Eisenbahnbetriebes war der Fahrpark der österreichischen Eisenbahnen stets auf der Höhe des Fortschrittes geblieben, so dass er den Vergleich mit dem Fahrparke der übrigen europäischen Staaten nicht nur aushalten kann, sondern dabei noch eine hervorragende Stelle einnimmt. Dass Oesterreich auch im Wagenbau eine ehrenvolle Stelle einnimmt, beweist nicht nur das im Inland rollende Fahrmateriale, sondern zeigen auch die vielfachen Lieferungen von Wagen ersten Ranges an das Ausland.

Der Anfang des Wagenbaues in Oesterreich lässt sich nicht genau bestimmen, da derselbe in der ersten Zeit kein specieller Industriezweig war und nur so nebenbei betrieben wurde.

Die ersten Wagen der Linz-Budweiser Pferdebahn wurden nach englischem Muster in Mariazell, Blansko und Horžowitz ausgeführt und es waren im Jahre 1827 von diesen Wagen 236 Stück vorhanden.[*] Später wurden die Wagen in

———
[*] Vgl. Bd. II, J. Spitzner, Werkstätten-wesen, Seite 570 und 571.

Linz in der eigenen Werkstätte der Pferdebahn gebaut. Nachdem die ersten Wagen
unserer ältesten Locomotiv-Bahnen aus
dem Auslande bezogen waren, wurde
nach diesem Muster der Bau weiterer
Wagen in den eigenen Werkstätten begonnen und es waren besonders die
Werkstätte der Kaiser Ferdinands-Nordbahn in Wien und
die Maschinenfa-
brik der Wien-
Gloggnitzer Ei-
senbahn, welche
sich mit Wagen-
bau beschäftigten.
In den Vierziger-
Jahren begannen
mehrere Maschi-
nenfabriken und
Stellmachereien
sich mit dem Ei-
senbahn-Wagen-
bau zu beschäf-
tigen und bei
einigen dersel-
ben wurde dies
der Hauptfabri-
cationszweig. Un-
ter diesen wären
besonders H e i n-
d o r f e r, S p i e-
r i n g, H. D.
S c h m i d,
S c h o n k o l l a,
K r a f t, M o s e r
& A n g e l i zu
nennen.

Besonders von
den drei erstge-
nannten Firmen
wurde ein grosser
Theil der in den
Vierziger- und

Abb. 363. Schneepflug. [1870.]

Abb. 364. Draisine, System Plank. [1845.]

Fünfziger-Jahren gebauten österreichischen Wagen geliefert. Von diesen Fabriken besteht gegenwärtig nur mehr
die von H. D. S c h m i d. Im Jahre 1852
begann die Maschinenfabrik F. R i n g-
h o f f e r in Smichow den Wagenbau. In
der Zeit bis Ende der Sechziger-Jahre entstanden keine grösseren Waggonfabriken, vielmehr wurde von den Eisenbahnen, besonders der Staatseisenbahn,
ein grosser Theil ihres Wagenbedarfes

in den eigenen Werkstätten hergestellt.
Die Zeit des wirthschaftlichen Aufschwunges und der Gründerperiode begann sich auch im Wagenbau fühlbar
zu machen, es wurde eine Reihe von
Waggonfabriken gegründet und der Bau
derselben in grossem Stile begonnen.
So entstanden die Waggonfabriken in
Buhna, Holub-
kau, Teplitz,
Linz, Graz,
Mödling, Her-
nals, Back in
Prag, von wel-
chen einige nicht
einmal zur Be-
triebseröffnung
gelangten, keine
jedoch bis auf
die Neuzeit als
Waggonfabrik
erhalten blieb.
Während die aus
der Gründerzeit
stammenden
Waggonfabriken
infolge der mehr
oder weniger lo-
ckeren finanziel-
len Verhältnisse
die der Bauperi-
ode der grossen
Bahnen folgende
sterile Zeit des
Wagenbaues
nicht überdauern
konnten, blieben
die beiden alten
solid fundirten
Waggonfabriken
in S m i c h o w und
S i m m e r i n g
nicht nur aufrecht,
sondern es gelang denselben auch während dieser Zeit den guten Ruf des österreichischen Wagenbaues im Auslande zu
befestigen und zu vermehren, und wir
können mit Recht auf diese Vertreter der
österreichischen Industrie stolz sein.

Die Fabrik des Freiherrn von Ringhoffer
in Smichow ist alten Ursprunges. Die Firma
F. Ringhoffer wurde als Kupferschmiede im
Jahre 1771 gegründet und später zu einer
Metallwaaren-Fabrik erweitert; im Jahre

1848 erfolgte die Gründung der Maschinenfabrik und Kesselschmiede, im Jahre 1852
die Errichtung der Waggon- und Tender-
fabrik, im Jahre 1854 wurde die Eisengiesserei, und im Jahre 1856 der Kupfer-
hammer und das Walzwerk errichtet. Der
erste Wagen verliess im Jahre 1852 die
Werkstätten dieser Firma. Derselbe war
ein gedeckter vierachsiger Güterwagen
ohne Bremse für die nördlichen Staatsbahnen. [Abb. 365.] In steter Zunahme
wuchs die Leistungsfähigkeit dieser
Fabrik, so dass dieselbe nicht nur unter
den österreichischen Fabriken den ersten

»Maschinen- und Waggonbau-
Fabriks-Actien-Gesellschaft in
Simmering, vormals H. D. Schmid«,
über und wurde im Laufe der Zeit mehrfach erweitert.

Die Nesselsdorfer Wagenbau-
fabriks-Gesellschaft ist aus der von
Herrn Ignaz Schustala im Jahre 1850
begründeten Kutschenfabrik hervorgegangen. Ursprünglich eine einfache Wagnerei,
wurde dieselbe allmählich vergrössert und
nahm bald eine hervorragende Stelle im
Kutschenbau ein, in welchem dieselbe gegenwärtig eine der grössten und leistungs-

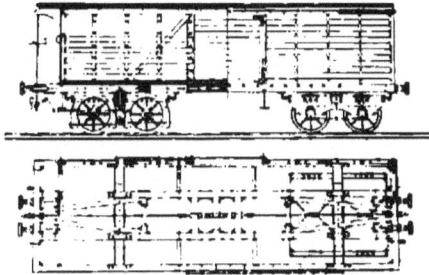

Abb. 365. Erster in der Fabrik von F. Ringhoffer gebauter Wagen. [1852.]

Rang einnahm, sondern auch mit den
grössten und renommirtesten Fabriken des
Auslandes erfolgreich in Concurrenz
treten konnte.

Die Fabrik beschäftigt durchschnittlich 3000 Arbeiter.

Die Firma H. D. Schmid wurde im
Jahre 1831 als Maschinenfabrik gegründet
und begann den Bau von Eisenbahnwagen im Jahre 1846. Es waren offene
Güterwagen für die Kaiser Ferdinands-
Nordbahn, welche als erste Eisenbahnwagen diese Fabrik verliessen. Im Jahre
1850 wurde die Wiener Werkstätte aufgelassen und die Fabrik in Simmering
etablirt, wo dieselbe heute noch besteht;
die ersten Wagen, welche in der neuen
Fabrik gebaut wurden, waren Personenwagen für die Staatsbahn.

Im Jahre 1869 ging die Fabrik ohne
Unterbrechung des Betriebes in eine
Actien-Gesellschaft unter der Firma

fähigsten Firmen Europas ist. Mit dem
Baue von Eisenbahnwagen beschäftigt sich
diese Fabrik erst seit dem Jahre 1882, zu
welcher Zeit Güterwagen für die Stauding-
Stramberger Localbahn gebaut wurden.

In den ersteren Jahren wurden nur
Güterwagen und minderwerthige Personenwagen gebaut. Im Jahre 1891
ging die Fabrik an eine Actien-Gesellschaft über und wurde bedeutend vergrössert. Seither hat die Fabrik in der
Fabrication von Eisenbahnwagen einen
raschen Fortschritt genommen. Nicht nur
in der Qualität der fabriksmässig erzeugten
neuen Wagen, hat sich die Nesselsdorfer
Wagenfabrik in kurzer Zeit den älteren
Waggonfabriken gleichwerthig erwiesen,
sondern auch durch Schaffung neuer
Typen und Detailconstructionen um den
Wagenbau im Allgemeinen viele Verdienste erworben, und sich einen guten
Namen auch jenseits des Oceans errungen.

Die Fabrik hat bis zum Jahre 1897 circa 9000 Wagen gebaut, von welchen 172 Stück ins Ausland geliefert wurden. Sie beschäftigt circa 1200 Arbeiter.

Die Erste galizische Waggon- und Maschinenbau-Actien-Gesellschaft in Sanok entstand aus der dort bestandenen Maschinenfabrik für Naphtha-Industrie von Kasimir Lipiński. Die ersten Wagen wurden im Jahre 1891 gebaut.

Im Jahre 1895 ging die Fabrik in eine Actien-Gesellschaft über, welche mit dem Bau einer neuen Fabriksanlage in Sanok begann und dieselbe Mitte 1897 in Betrieb setzte. Die neue Fabrik ist für alle Gattungen Wagen und eine Leistung von circa 800 Wagen pro Jahr berechnet. Bisher wurden grösstentheils Güterwagen, seit 1896 auch Personen- und Dienstwagen gebaut. Die bisherige Erzeugung beträgt circa 1500 Wagen. Die Fabrik beschäftigt durchschnittlich in beiden Anlagen zusammen 400 Arbeiter.

Die gegenwärtige Waggonfabrik in Graz steht mit der alten Waggonfabrik in Graz nur insoweit in Verbindung, als beide Fabriken von Herrn Joh. Weitzer gegründet wurden.

Die alte im Jahre 1864 gegründete Waggonfabrik lieferte die ersten Wagen an die Graz-Köflacher Eisenbahn und an die Ungarische Westbahn. Im Jahre 1872 ging diese Fabrik an die Grazer Waggon-, Maschinenbau- und Stahlwerks-Gesellschaft über, welche eine grössere Anzahl Personenwagen an die Kaiser Franz Josef-Bahn und an die Dalmatiner Staatsbahn lieferte; wie bereits bemerkt, stellte diese Fabrik im Jahre 1879 den Betrieb ein.

Bereits im Jahre 1873 errichtete Herr Joh. Weitzer in Graz eine neue Fabrik unter der Firma k. k. priv. Wagenfabrik Joh. Weitzer, in welcher Equipagen und Strassenfuhrwerke aller Art angefertigt wurden; im Jahre 1879 wurde die Fabrication von Tramwaywagen aufgenommen und wurden solche zuerst für die Grazer Tramway geliefert; dieser Fabricationszweig wurde bald eine Specialität dieser Fabrik, und verschaffte derselben auch im Auslande einen guten Ruf und bedeutende Lieferungen nach dem Auslande.

Durch ungünstige Zollverhältnisse wurde der bezügliche Exporthandel nahezu lahmgelegt, und es musste wieder mehr auf den Bedarf an Fahrbetriebsmitteln im Inlande das Augenmerk gerichtet werden; der Aufschwung des allgemeinen Verkehrs begünstigte dabei die weitere Entwicklung der Fabrik, indem dieselbe nicht nur für die meisten österreichischen Dampftramways Wagen lieferte, sondern sich auch besonders auf den Bau von Wagen für schmalspurige Bahnen verlegte. Der grösste Theil des Wagenparkes der österreichisch-ungarischen Schmalspurbahnen ist von der Grazer Wagenfabrik geliefert, und stammen viele Neuerungen und Verbesserungen in diesem Specialzweige aus dieser Fabrik. Im Jahre 1888 wurde der erste normalspurige Wagen gebaut und seither der Bau solcher Fahrbetriebsmittel in der Fabrik fortgesetzt.

Im Jahre 1895 ging die Fabrik in eine Actien-Gesellschaft über unter der Firma »Grazer Wagen- und Waggon-Fabriks-Actien-Gesellschaft vormals J. Weitzer« und wurde bedeutend vergrössert, wodurch dieselbe auch für den Bau normaler Eisenbahnwagen in grösserem Umfange geeignet wurde und denselben als Hauptfabricationszweig aufnahm. Dagegen wurde die Fabrication von Equipagen gänzlich aufgelassen, nachdem in der Zeit von 1873 bis 1886 circa 2200 solcher Fahrzeuge gebaut worden waren. Obwohl der Bau normaler Wagen in grösserem Umfange betrieben wird, so blieb doch die Fabrication von Fahrzeugen für Special-Eisenbahnen, Zahnradbahnen, Drahtseilbahnen, elektrische Bahnen eine Specialität, in welcher diese Fabrik sowohl hinsichtlich der Construction und Ausführung, als auch der praktischen und gefälligen Formen sich des besten Rufes erfreut.

Auch hinsichtlich der Herstellung von Fahrbetriebsmitteln für provisorische Eisenbahnen, für Feldbahnen, Bauten etc. kann diese Fabrik, die in neuerer Zeit an 600 Arbeiter beschäftigt, als Specialfirma gelten.

Die Brünn-Königsfelder Maschinenfabrik von Lederer & Porges wurde im Jahre 1890 gegründet und hat sich in

35*

der ersten Zeit vorwiegend mit Maschinen- und Kesselfabrication befasst. Nachdem in jener Zeitperiode der Bedarf an Kesselwagen sehr bedeutend war, so wurde anschliessend an die Fabrication der Kessel für Kesselwagen, auch mit dem Baue completer Kesselwagen begonnen und damit der Wagenbau in der Fabrik eingeführt. Derzeit ist der Bau von Cisternenwagen sowie von Bier-, Fleisch- und Weinwagen eine Hauptbeschäftigung der Wagenbau-Abtheilung. In neuerer Zeit werden in dieser Fabrik auch Dienstwagen und Personenwagen gebaut. Die Fabrik hat bisher circa tausend Wagen gebaut und beschäftigt durchschnittlich 500 Arbeiter.

Nebst den genannten Fabriken haben auch noch andere Fabriken vereinzelte Wagen gebaut, ohne jedoch deshalb als Waggonfabriken gelten zu können.

Ziemlich bedeutend ist die Herstellung von Wagen in den eigenen Werkstätten der verschiedenen Bahnen und werden besonders Güterwagen, seltener Personenwagen, auch in grösseren Partieen in eigener Regie gebaut.

Der Bedarf an Wagen wird seit circa zwanzig Jahren in Oesterreich nahezu vollständig durch inländische Erzeugung gedeckt. In früheren Jahren, besonders bis Anfang der Siebziger-Jahre, wurden noch viele Wagen aus dem Auslande nach Oesterreich geliefert.

* * *

Wenn man den Entwicklungsgang der gesammten technischen Wissenschaft und Industrieen ins Auge fasst, so erscheint der Wagenbau nur als ein Glied der Kette, als ein Rad im grossen Mechanismus, welches dem Gesammtfortschritte nicht voreilen konnte und nicht zurückbleiben durfte. Ebenso nothwendig als die fortschrittliche Ausbildung und Entwicklung des Wagenbaues für die Entwicklung des ganzen Eisenbahnwesens war, ebenso nothwendig waren auch für den Wagenbau die Fortschritte in allen übrigen Zweigen des Eisenbahnwesens und der Gesammtindustrie. Gewiss muss es uns eine Befriedigung gewähren, dass der österreichische Wagenbau in seinen Leistungen jenen der übrigen Culturstaaten ebenbürtig zur Seite steht und dass viele der Fortschritte und Verbesserungen der Thätigkeit österreichischer Fachmänner zu verdanken sind.

Wir wollen aber die Hoffnung hegen, dass unser Vaterland die ehrenvolle Stelle im Wagenbau behaupten werde, welche es sich bisher in diesem Fachzweige der Industrie und technischen Wissenschaft errungen hat.

Beheizung und Beleuchtung
der Eisenbahnwagen.

———

Von

ROMAN FREIHERRN VON GOSTKOWSKI,

k. k. o. ö. Professor an der technischen Hochschule in Lemberg, Generaldirections-Rath der
k. k. österreichischen Staatsbahnen a. D.

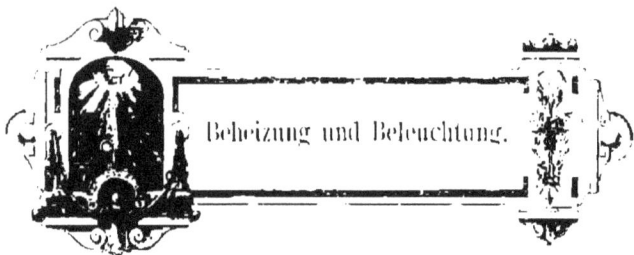

Beheizung und Beleuchtung.

I.

Beleuchtung der Eisenbahnwagen.

DER Gedanke, Eisenbahnwagen zu beleuchten, lag den Verwaltungen der Bahnen anfangs ziemlich ferne, verkehrten doch die Züge der ersten Eisenbahnen nur bei Tage. Ja selbst, als später Nachtzüge eingeführt wurden, sah man nicht überall die Nothwendigkeit ein, die Coupés der Wagen beleuchten zu müssen. Behauptete doch noch im Jahre 1890 der Hygienist Wichert, dass das Lesen im Eisenbahnwagen zu Nerven- und Augenkrankheiten führe!

Der passive Widerstand der Eisenbahn-Verwaltungen, Coupés zu beleuchten, musste erst durch einen königlichen Willen gebrochen werden. König Friedrich Wilhelm IV. von Preussen erzwang nämlich in seinem Reiche die Beleuchtung der Eisenbahnwagen durch einen Erlass, welchen er 1844 durch seinen Cabinetsminister an den damaligen Minister der Finanzen und des Innern richtete.

Noch vor diesem Erlasse hatte die Leipzig-Dresdner Eisenbahn ihre Nachtzüge mit Kerzen beleuchtet, sie scheint überhaupt die erste Bahn des europäischen Continents gewesen zu sein, welche die Wagenbeleuchtung einführte. [1836.]

Unter dem Hochdrucke des königlichen Willens verfiel man auf die Idee, die Lichtquelle ausserhalb des Wagens anzubringen und die leuchtenden Strahlen derselben durch geeignet angebrachte Reflectoren in das Innere des Coupés zu leiten. Das reisende Publicum konnte je-

doch an dieser Art von Beleuchtung keine Befriedigung finden, namentlich dann nicht, wenn die Reflectoren, durch Rauch, Kohlenstaub oder Schnee bedeckt, ihre Dienste versagten. Es blieb also nichts übrig, als die Wagen mit Wachskerzen zu beleuchten, welchen später Stearinkerzen folgten. Man stellte die Kerze in eine Blechbüchse, welche an ihrem oberen Ende mit einer Klappe versehen war, die eine kleine Oeffnung für den Kerzendocht enthielt. Eine am Boden der Büchse angebrachte Spiralfeder drückte nach Massgabe des Abbrennens die Kerze in die Höhe. Hinausschnellen konnte die Kerze nicht, weil der obere Deckel der Büchse sie daran hinderte; sie konnte nur in dem Masse nachrücken, in welchem sie kürzer wurde, so dass die Flamme derselben stets in unveränderter Höhe verblieb.

Die Blechbüchse — Patrone genannt — war vermittels eines Armes an der innern Seitenwand des Wagens befestigt und erhielt ebenso einen Reflector als auch einen Glasballon. Das Verschmelzen und Abtropfen des Stearins sowie des Wachses während der Fahrt war Ursache, dass die Federn der Patronen bald schlecht oder gar nicht functionirten. Hiemit war aber das Urtheil über diese, ohnehin theure Art der Wagenbeleuchtung auch schon gesprochen.

Die Beleuchtungskosten kamen pro Stunde und Kerze auf 2 bis 2^1, kr. zu stehen.

Im Jahre 1789 hatte Argand in Paris den Hohldocht, welcher so ausserordentlich viel zur Verbesserung des Verbrennungsprocesses beitrug, bei Lampen eingeführt, und ersetzte ausserdem die damals benützten, über die Flammen gestülpten Zugröhren aus Eisenblech durch gläserne, die Flamme umgebende Cylinder. Diese, damals sogar in Versen besungene Lampe, litt jedoch an dem grossen Mangel, dass durch den Schatten, welchen ihr seitlich angebrachter Oelbehälter warf, ein grosser Theil des Lichtes verloren ging. Um diesen Fehler zu beseitigen, gab es nur ein Auskunftsmittel und dieses bestand darin, den Behälter in den Fuss der Lampe zu verlegen und das Oel nach Massgabe des Verbrauches künstlich in die Höhe zu schaffen. Nach vielen misslungenen Versuchen blieb man endlich bei jener Construction stehen, nach welcher das unten befindliche Oel durch eine, mittels eines Uhrwerkes betriebene Pumpe, welche man im Fusse der Lampe versteckt hielt, in die Höhe geschafft wurde. Die erste solche Uhrlampe wurde durch Carcel in Paris zu Anfang unseres Jahrhunderts construirt und nach ihrem Erfinder Carcellampe benannt. Ein im Innern des Lampenfusses verstecktes, von aussen aufziehbares Uhrwerk versagt aber leicht. Erst 1837 gelang es Franchot, eine Regulatorlampe herzustellen, welche allen damaligen Anforderungen entsprach und Moderateurlampe genannt wurde.

Zur Beleuchtung der Eisenbahnwagen konnten jedoch derlei Lampen nicht verwendet werden, weil sie viel zu empfindlich gegen Stösse waren, die doch bei einer Eisenbahnfahrt kaum vermeidlich sind.

Man musste daher auf andere Constructionen sinnen und kam nach einer stattlichen Reihe von Jahren nach vielen Versuchen endlich auf die heutige Deckenlampe.

Die Glasglocke der früheren Deckenlampe war nach unten umzukippen, so dass der Docht und durch diesen die Flamme zu reguliren werden konnte. Die Glocke der neueren Deckenlampe ist nicht umlegbar, die Lampe muss also von aussen, vom Wagendache aus bedient werden, was den Vortheil hat, dass die Reisenden durch die Bedienung nicht belästigt werden, und dass das Innere des Wagens durch Tropföl nicht verunreinigt wird.

Eine Dachlampe mit Flachdocht fasst gewöhnlich $\frac{1}{4} - \frac{1}{3}$ kg Oel, welche Menge einer Brenndauer von 24—25 Stunden entspricht. Eine Runddochtlampe fasst nicht ganz $\frac{2}{3}$ kg Oel und brennt 18 Stunden lang.

* * *

Mit der Einführung des Petroleums erhielt bekanntlich das ganze Beleuchtungswesen eine vollständige Umgestaltung.

In Europa stammen die ersten Funde von Erdöl aus dem Jahre 1430, woselbst am Tegernsee das Vorkommen desselben bereits bekannt war. Erst spätere Jahrhunderte brachten Kunde von Petroleumquellen im Elsass sowie im Braunschweig'schen.

Allerjüngsten Datums ist unsere Kenntnis des Erdöls in Galizien. Wir verdanken sie Haquet,[*) der im Jahre 1783 als

<hr/>

*) Haquet war früher Arzt in der österreichischen Armee, dann Anatomie-Professor in Laibach, durchwanderte die Ostalpen und die Karpathen, und liess über die Ergebnisse seiner geologischen Forschungen im Jahre 1794 in Nürnberg ein Buch erscheinen. In diesem dreibändigen Werke wird unter Anderem erzählt, dass circa 12 km westlich von Drohobycz (durch seine Ozokeritgruben heute berühmt) Erdöl vorkomme, welches dadurch gewonnen wird, dass die Einwohner in dem lehmigen Boden 4—6 m tiefe Gruben machen, in welchen kurze Zeit nach deren Fertigstellung so viel Wasser sich ansammelt, dass sie beinahe voll werden. Mit dem Wasser kommt auch Erdöl. Der Arbeiter nimmt sodann eine Art Rechen in die Hand und rührt das Wasser solange durcheinander, bis sich das Oel zusammenhäuft, wonach es dann in kleine Lehmgruben geschöpft wird. Hier lässt man es eine Zeit lang stehen, damit das Oel vom Wasser sich trenne. Ist dies geschehen, so wird das Oel abgeschöpft und in Fässern verführt. Die grösste Oelerzeugung Galiziens bestand damals in Kwaszenica, einem Orte zwischen Lisko und Lasko. In diesem Orte producirte man durchschnittlich 6000 l Erdöl pro Jahr, welches Quantum, nach unserer heutigen Währung gezählt, einen Werth von 634 fl. 5 kr. besass. Das gewonnene Erdöl war zumeist zu Wagenschmiere verarbeitet worden, die im ganzen Lande gerne gekauft wurde. Auch diente es hie und da als Arzneimittel.

Professor der Naturgeschichte nach Lemberg berufen wurde.

Der Gedanke, destillirtes Erdöl als Beleuchtungsmittel, d. h. dasselbe anstatt Rüböl zu verwenden, ist jedoch neu. Die ersten schwankenden Versuche in dieser Richtung, Versuche, welche die Beleuchtungsindustrie angebahnt haben, stammen aus Oesterreich.

In dem Orte Hubicze, in der Nähe von Boryslaw, bestand nämlich im Jahre 1817 bereits eine kleine Fabrik, in welcher Rohöl destillirt wurde. Das Destillat war für Prag bestimmt, woselbst es zur Beleuchtung der Strassen verwendet werden sollte. Kurze Zeit nach Inbetriebsetzung der kleinen Fabrik wurde jedoch die Destillation des Erdöls eingestellt, weil das Destillat wegen des Mangels an Communicationsmitteln nicht an seinen Bestimmungsort geschafft werden konnte.

Erst gegen Ende 1848 erschienen in der noch heute bestehenden Apotheke des Mikolasch in Lemberg zwei unternehmende Juden, Namens Schreiner und Stiermann, mit einem Fässchen einer dunkelgrünen, ins Gelbe opalisirenden Flüssigkeit, welche von der Oberfläche eines nächst Drohobycz fliessenden Baches abgeschöpft worden war, mit dem Ansinnen, der Apotheker möge untersuchen, ob diese Flüssigkeit zur Beleuchtung verwendbar sei. Łukasiewicz, der damalige Provisor dieser Apotheke, in Gemeinschaft mit seinem Collegen Zech, erkannten in dieser Flüssigkeit sofort Erdöl und schlossen aus der stark russenden Flamme desselben, dass es ein vorzügliches Beleuchtungsmittel abgeben könnte, falls es gelänge, ein reines Destillat desselben zu erhalten und Lampen mit entsprechendem Brenner zu construiren. An ein Brennen des Destillats in den damaligen Lampen, war nämlich nicht zu denken. Nach vielen langwierigen Versuchen gelang es Łukasiewicz endlich [1852] eine Lampe zu bauen, in welcher das durch ihn bereits hell gemachte Destillat des dunklen Erdöls mit einer halbwegs ruhigen Flamme brannte, ohne viel zu russen.

Prokesch, der damalige Materialverwalter der Kaiser Ferdinands-Nordbahn, wurde sofort hievon verständigt und eingeladen, das Ergebnis der Versuche zu besichtigen. Prokesch kam nach Lemberg und erkannte sofort die Vortheile, welche die Verwendung dieses Beleuchtungsmaterials der Nordbahn bringen könnte. Zum Abschlusse eines Lieferungsvertrages kam es jedoch nicht, weil sich Niemand fand, der es unternehmen wollte, die verlangte Quantität von 10 t Naphtha nach Wien zu schaffen. Ein Jahr später [1854] brachten die bereits erwähnten Unternehmer Schreiner und Stiermann auf eigene Rechnung 15 t Naphtha nach Wien, welches Quantum die Nordbahn sofort ankaufte. Diese Bahn war sonach die erste und damals die einzige Abnehmerin des galizischen Petroleums gewesen.

Dieses Petroleum wurde jedoch nur zur Beleuchtung der Bureaux, nicht aber zur Beleuchtung der Eisenbahnwagen verwendet, weil es sich gezeigt hatte, dass die Naphtha-Lampe nur in windgeschützten Räumen, nicht aber im Luftzuge brenne und für die geringste Bewegung der Luft ganz ausserordentlich empfindlich sei.

Trotzdem setzte sich Pechar, damals Inspector der Südbahn, in den Kopf, eine Lampe zustande zu bringen, welche als Signallampe für Eisenbahnwagen zu verwenden wäre. Der Industrielle R. Ditmar, Inhaber einer Lampenfabrik in Wien, ward für diese Frage gewonnen. Dieser setzte sein Wissen und sein Geld ein, um eine im Luftzuge nicht verlöschende Petroleum-Lampe zu construiren. Dies wollte jedoch lange nicht gelingen. Ein grosser Raum der Fabrik ward zum Friedhof für die zahllos begrabenen Constructionen. Endlich, nach acht langen Jahren gelang es [1862] eine Lampe herzustellen, die nicht nur im Luftzuge russfrei brannte, die man sogar umstürzen und im Kreise drehen konnte, ohne dass sie verlöschte!

Die Lampe war da, mit ihr aber auch ein Verbot, dieselbe im Innern der Eisenbahnwagen benützen zu dürfen.

In Oesterreich, Deutschland und einzelnen anderen Staaten dürfen nämlich Mineralöle aus Sicherheitsrücksichten zur Beleuchtung der Personenwagen nicht verwendet werden. Dagegen kommt diese Beleuchtungsart in England, Frankreich, Belgien und der Schweiz sowie jenseits des Oceans in grosser Ausdehnung vor.

*   *   *

Im Jahre 1858 hatte Thompson die Personenwagen der Dublin-Kingston-Eisenbahn für Gasbeleuchtung, so gut es damals ging, eingerichtet. Dieselben trugen auf ihrem Dache hölzerne Kisten, die in ihrem Innern Kautschuksäcke bargen, welche man mit Leuchtgas vollgefüllt hatte. Auf jedem dieser Säcke lag ein Brett, welches mit Gewichten beschwert war, um auf diese Weise jenen Druck zu erzeugen, welcher zum guten Brennen der Flamme unerlässlich ist.

Nachahmung fand diese Art der Beleuchtung freilich nicht. Die Unterbringung der Gasbehälter in den Wagen bot nämlich weit mehr Schwierigkeiten, als man erwartet hatte. Ein Cubikmeter Leuchtgas reicht gerade eine Stunde für acht Flammen, wie sie in den Strassenlaternen unserer Städte brennen. Nun dauert im Winter die Beleuchtungszeit 16 Stunden. Man würde sonach in jedem Wagen einen Behälter mit 16 m^3 Gas unterbringen müssen. Das würde den dritten Theil jenes Raumes in Anspruch nehmen, den ein gewöhnlicher Personenwagen seinen Insassen bietet.

Ein Ingenieur der »Société du gaze portatif« in Paris kam ein Jahr nach den Versuchen Thompson's auf den Einfall, Leuchtgas zu comprimiren, wodurch ja die Behälter wesentlich kleiner werden könnten. Es zeigte sich aber, dass Leuchtgas sich nicht gut pressen lasse, indem es bereits bei drei Atmosphärendruck sich zu condensiren beginne und bei zehn Atmosphären seine Leuchtkraft einbüsse. Nach vielen Versuchen kam er auf den Gedanken, Gas anzuwenden, welches nicht aus Steinkohle, sondern aus Fett erzeugt worden war. Mit einem solchen Gase war damals ein Zug probeweise beleuchtet, welcher zwischen Strassburg und Paris regelmässig verkehrte.

Erst der Berliner Ingenieur Julius Pintsch kam [1867] auf das Geheimnis, aus kleineren Behältern so viel, und zwar billiges Gas herauszupressen, als zur Erhellung langer Winternächte nöthig war. Ja, noch mehr! Er rang seinen Behältern soviel Licht ab, dass es für zwei Nächte genügte.

Aus unbrauchbar gewordener Schmiere, welche aus den Lagerbüchsen der Eisenbahnwagen herausgenommen wird, gelang es ihm, ein lichtstarkes Gas darzustellen, welches sogar auf zehn Atmosphären sich zusammendrücken liess, ohne flüssig zu werden, und dabei immer noch $3^1/_2$ Mal stärker leuchtete als das gewöhnliche Kohlengas.

Ein Jahr darauf [1868] waren mit diesem Gase die Züge der damaligen Niedermärkischen Eisenbahn — freilich mit einem recht schlechten Erfolge — beleuchtet. Erst als Pintsch im Jahre 1871 eine Vorrichtung erfand, welche das comprimirte Gas auf den im Brenner erforderlichen Druck zu reduciren gestattete, trat die Gasbeleuchtung der Eisenbahnwagen plötzlich aus dem Stadium der Versuche heraus und fand bald allgemeine Verbreitung.

England eröffnete [1876] den Reigen. Auf dem Continente begann die Gasbeleuchtung der Eisenbahnwagen erst im Jahre 1880.

Heute wird Fettgas aus Braunkohlen-Theeröl dargestellt. Mit einem Cubikmeter dieses Gases kann man eine Stunde lang 40 Flammen speisen, während das gleiche Quantum gewöhnlichen Steinkohlengases nur acht Flammen von gleicher Lichtstärke befriedigen kann.

Zwischen Gasbehälter und Brenner muss selbstverständlich ein Regulator eingeschaltet werden, welcher bewirkt, dass trotz Abnahme des Gasdrucks im Behälter diese Flammen dennoch gleichmässig hell brennen. Auch der für Stösse unempfindliche Regulator ist eine geniale Erfindung des bereits gedachten Berliner Ingenieurs, ebenso die Deckenlampe, welche dem neuen Leuchtstoffe angepasst werden musste.

In dieser Form ist die Gasbeleuchtung der Eisenbahnwagen in Oesterreich, Deutschland, Frankreich, England und Holland eingeführt.

Noch im Jahre 1815 weigerten sich die Londoner Feuerassecuranz - Compagnien Gebäude zu versichern, welche mit Gasbeleuchtung versehen waren, weil allgemein behauptet wurde, Gas explodire. Um diesem Vorurtheil zu begegnen, lud Clegg, der Ingenieur, welcher damals die Gasinstallation besorgte, die Vertreter der Feuerversicherungs-Gesellschaften ein, mit ihm die Gaswerke zu inspiciren und erbot sich, die Grundlosigkeit jener Annahme experimentell zu erweisen. Im Augenblicke, als die Commission auf dem grossen, mit vielen Tausenden Cubikmetern gefüllten Gasbehälter stand, entriss Clegg einem neben ihm stehenden Arbeiter die Hacke und schlug, weit ausholend, mit dieser auf den Behälter. Eine klaffende Spalte war die Folge des wuchtigen Schlages. Mit einem Male schoss auch schon aus derselben das durch eine Fackel angezündete Gas in einer mehrere Meter hohen Garbe lichterloh in die Höhe! Entsetzt wichen die Nahestehenden zurück, beruhigten sich jedoch und staunten das eigenartige Schauspiel an. Clegg hatte drastisch bewiesen: Gas explodire nur dann, wenn es in entsprechendem Masse mit Luft gemischt werde. Im Gasometer steht das Gas unter einem Drucke, welcher es aus demselben herauszutreiben suche, einem Drucke, der also grösser ist als jener der Atmosphäre. Es könne daher in das Innere des Behälters Aussenluft nicht gelangen, daher dort eine Explosion nicht erfolgen.

Aber dennoch wurden vielfach Brände bei Zügen der Gasbeleuchtung zugeschrieben. Die Vorkommnisse in Wannsee bei Berlin [1885], in Limito nächst Mailand [1891], die Explosion auf der Berliner Stadtbahn [1894] sowie aus Amerika gemeldete Zugbrände sprechen ja laut dafür. Um in dieser Richtung klar zu sehen, wurden seitens des Ministeriums der öffentlichen Arbeiten in Berlin im Jahre 1887 Versuche angestellt, welche den Zweck hatten, zu entscheiden, ob das Gas der Eisenbahnwagen Ursache von Zugsbränden sein könne. Beim Unfalle nächst Wannsee wurde constatirt, dass der Gasbehälter des damals an-

gefahrenen Zuges ein circa 6 cm^2 grosses Loch hatte sowie dass dieser Behälter mit 200 l Fettgas von vier Atmosphären Spannung gefüllt war. Es handelte sich also um ein Quantum von insgesammt 800 l Fettgas.

Um sich die Ueberzeugung zu verschaffen, ob unter solchen Verhältnissen eine Gasexplosion möglich sei, wurden zwei Behälter gleicher Grösse wie der zerstörte, mit Fettgas von demselben Drucke gefüllt. Jeder von ihnen hatte eine Oeffnung so gross, wie der zerstörte Behälter sie aufwies. Die künstlich gemachten Oeffnungen waren mit einer Vorrichtung verschlossen gewesen, die sich jeden Augenblick leicht öffnen liessen. 1.5 m von der so verschlossenen Oeffnung des einen dieser Behälter entfernt, wurde ein mit Hobelspänen gefüllter Korb aufgestellt und dessen Inhalt angezündet. Als die Späne in vollem Brande standen, wurde der Verschluss des Blechbehälters beseitigt. Das Resultat war, dass das aus dem Behälter ausströmende Gas sich nicht nur nicht entzündete, sondern dass es die brennenden Späne verlöschte. Auch beim zweiten Versuche, bei welchem der brennende Holzkorb 3/4 m weit vom Gasbehälter stand, entzündete sich das aus demselben ausströmende Gas nicht. Der Druck desselben war hier so gross gewesen, dass der brennende Korb umgeworfen wurde und verlosch.

Das für Zwecke der Beleuchtung der Eisenbahnwagen bei den Zügen mitgeführte Gas, kann also unmöglich Ursache eines Zugbrandes werden.

Die Gasbeleuchtung der Eisenbahnwagen hat jedoch zwei Uebelstände: Die Schwierigkeit der Befestigung der Gasbehälter am Wagen und Umständlichkeit der Bedienung.

Das Anzünden der Gasflammen vom Dache aus ist schwerfällig und bei Glatteis sogar gefährlich. Die Gasbrenner werden, weil sie einen sehr engen Schlitz haben, nicht selten durch Staub und Russ verstopft, wodurch ein flackerndes und schlecht leuchtendes Licht entsteht.

Wesentlich ist der Nachtheil, dass die Gasflammen nicht erst im Falle des wirklichen Bedarfes an Licht, sondern lange vor Einbruch der Dunkelheit angezündet werden müssen, weil ja die Dunkelheit den Zug nicht gerade in der Station, sondern auch während der Fahrt überraschen kann. Aehnlich verhält es sich beim Abstellen der Beleuchtung, welche nicht sofort nach Eintreten der Entbehrlichkeit derselben, sondern in vielen Fällen später eintritt.

Wie sehr aber sich hiedurch die Kosten der Beleuchtung vergrössern, möge daraus ersehen werden, dass bei der Dortmund-Enscheder Eisenbahn, welche die Gasbeleuchtung ihrer Wagen im Jahre 1894 durch elektrische Beleuchtung ersetzt hatte, eine Ersparnis von 50% an Brennstunden in einem Jahre erzielt wurde, obwohl ihre Wagen ebensolange beleuchtet wurden, als vorher.

Die Verminderung der Brennstunden ist aber dadurch erzielt worden, dass die elektrische Beleuchtung erst im Augenblicke des Bedarfes bewerkstelligt sowie dass die Beleuchtung eines nichtbesetzten Wagens sofort nach dessen Leerwerden abgestellt werden konnte. Eine ähnliche Ersparnis fand [1894] auch bei der elektrischen Beleuchtung der dänischen Schnellzüge statt, und wird überall beobachtet, wo Gas durch Elektricität ersetzt wurde.

Indes stösst die allgemeine Einführung der elektrischen Beleuchtung, wenn sie auch vollkommen wäre, was sie bei Weitem nicht ist, auf die Schwierigkeit, dass heute über 85% aller Personenwagen Deutschlands bereits für Gas eingerichtet sind, dass also ein Uebergang die Brachlegung eines grossen Capitals verursachen würde.

* * *

Zur Zeit als der erste mit Personen besetzte Zug auf den Schienen rollte [1825], war das elektrische Licht zwar schon entdeckt gewesen, doch war es nur wenigen Physikern gegönnt, dasselbe zu schauen. Ja selbst ein halbes Jahrhundert später ward es noch als Curiosum gezeigt; so bewunderte man es beispielsweise im Jahre 1848 in der Pariser Oper. Später kam es bei grösseren Schaustellungen, Illuminationen, Volksfesten, Concerten etc. zur Verwendung. An eine Ausbreitung des

elektrischen Lichtes für industrielle Zwecke war nicht zu denken, weil dieses Licht damals nur wenige Minuten ohne Nachhilfe brennen konnte. Die einander gegenübergestellten Kohlen verbrannten nämlich in der elektrischen Gluth schnell, die Distanz zwischen ihnen wuchs rasch und erreichte bald jene Grenze, welche der elektrische Strom nicht mehr überschreiten konnte. Das Licht löschte aus, oder es mussten aus freier Hand die Kohlen wieder einander näher gerückt werden. Selbst die Einführung von Apparaten, welche diese Nachstellung automatisch besorgten, konnte zur Verbreitung des elektrischen Lichtes nur wenig beitragen, weil das so erzeugte Licht viel zu theuer war.

Angesichts solcher Verhältnisse ist es begreiflich, dass eine Erfindung, welche die Erzeugung des elektrischen Lichtes ohne Zuhilfenahme von galvanischen Elementen ermöglicht hatte, einen Aufschwung des Beleuchtungswesens herbeiführen musste.

Eine solche Erfindung war aber die Dynamo-Maschine.

Das mittels dieser Maschine erzeugte Licht [Bogenlicht] ist aber für Zwecke der Beleuchtung von Eisenbahnwagen unbrauchbar, weil es viel zu grell ist, eine Abschwächung desselben sich aber nur schwer durchführen lässt. Die schwächste Intensität eines Bogenlichtes wird nämlich immer noch eine Lichtstärke von 30 Kerzen haben, und dies ist bedeutend mehr als zur Beleuchtung eines Coupés erforderlich ist.

Die epochemachende Erfindung der Dynamo-Maschine wäre sonach für Zwecke der Beleuchtung der Eisenbahnwagen höchstwahrscheinlich unverwerthet geblieben, wenn ihr nicht eine zweite, fast ebenso wichtige Erfindung zu Hilfe gekommen wäre. Man kam nämlich auf den Gedanken, statt die Kohlenstäbe von einander zu trennen und die Elektricität durch die zwischenliegende Luftschichte zu treiben, um diese zum Leuchten zu bringen — die Stäbe zusammen zu schieben, respective einen ungetheilten Stab durch den Strom der Dynamo-Maschine zur Weissgluth zu erhitzen und das Licht dieser Gluth zur Beleuchtung zu verwenden. Zu diesem Zwecke schloss man den Kohlenstab (Kohlenfaden), damit derselbe nicht so schnell verbrenne, in einen luftleer gemachten Glasballon ein; — Die Glühlampe war erfunden!

Die Glühlampe liefert zwar ein siebenmal theureres Licht als die Bogenlampe, sie hat aber den grossen Vortheil, dass man Licht in sehr kleinen Quantitäten erzeugen, es also besser vertheilen kann, als bei Bogenlampen möglich ist. Auch ist das Licht der Glühlampen äusserst ruhig, weil die Schwankungen des Wagens auf dasselbe keinen Einfluss haben.

Mit Hinblick darauf scheint es, dass die elektrische Beleuchtung eines Eisenbahnzuges ebenso einfach ausführbar sei, als eine stationäre Beleuchtungsanlage. Man braucht ja nichts weiter zu thun, als längs der Schienen Drähte auszuspannen und die Elektricität, welche sie führen, durch geeignete Vorrichtungen zu den Glühlampen der Wagen zu leiten. Carell in London hatte ein ähnliches System erdacht und im Jahre 1887 bei der elektrischen Tramway in Glasgow durchgeführt. Da aber bei Vollbahnen an eine Zuleitung des galvanischen Stromes, welcher in einer Centrale erzeugt wird, durch Drähte, die längs der Bahn ausgespannt sind, nicht gut zu denken ist, so kann diese Idee der Wagenbeleuchtung kaum verwirklicht werden.

Es blieb daher nichts übrig, als auf die Locomotive eine kleine Dampfmaschine aufzusetzen, diese durch den Kesseldampf der Locomotive zu speisen und mit ihrer Hilfe die Dynamo-Maschine zu betreiben. Leider kann aber dann die Locomotive vom Zuge nicht abgetrennt werden, ohne dass das Licht erlischt. Um dies zu verhindern, versah man jeden der zu beleuchtenden Wagen mit einer besonderen Dynamo-Maschine und betrieb sie nicht mehr directe durch die Kraft des Kesseldampfes, sondern mittelbar durch jene der rollenden Räder des betreffenden Wagens.

Auf diese Art brachte man es zustande, dass jeder einzelne Wagen einen completen Beleuchtungsapparat hatte,

also von den anderen unabhängig wurde. Eine derartige Einrichtung, so vollkommen sie auch auf den ersten Blick zu sein scheint, hat jedoch nur einen untergeordneten Werth, weil die Ruhe des Lichtes abhängig ist von der Stetigkeit der Rotation des Inductors der Dynamo-Maschine, eine solche aber nicht vorhanden ist, weil die Räder des Wagens bald schneller, bald langsamer rollen, da ja der Zug verschiedene Strecken verschieden schnell befährt. Auch müssten die Lampen beim Stillstande des Zuges verlöschen.

Das nächstliegende Mittel, dieser Schwierigkeit zu begegnen, würde die Einstellung des Dampfkessels in jeden einzelnen Wagen sein. Da es aber nicht angeht, in demselben Raume, in welchem die Passagiere sich befinden, einen Feuerherd einzustellen, so verfiel man auf Dampfkessel, welche zur Erzeugung des Dampfes keines Feuers bedürfen. Es sind dies Behälter mit überhitztem Wasser.

Dies hätte den Vortheil, dass alle Nebenapparate entfallen, welche zum Reguliren und zur Erhaltung der Spannung dienen, dass die Beleuchtung von der Fahrgeschwindigkeit unabhängig ist, dass die Reparaturen der Heisswasser-Behälter ganz gering sind und dass die Bedienung ausserordentlich einfach wird. Es zeigte sich jedoch, dass man nicht jeden Wagen mit einer besonderen Lichtquelle versehen kann, da es nicht angeht, in jedem Wagen einen Heisswasser-Behälter zu führen, man ist vielmehr angewiesen, einen Behälter für den ganzen Zug aufzustellen.

Durch Anwendung von Accumulatoren wurde man von der Bewegung des Zuges ganz unabhängig, denn man verwendete die Energie der ungleichmässigen Bewegung rollender Räder nicht mehr zur Erzeugung des elektrischen Stromes, sondern zum Lösen von chemischen Verbindungen (zum Laden der Accumulatoren).

Man sieht also, dass drei Erfindungen zusammentreten mussten, um die Beleuchtung fahrender Züge durch Elektricität zu ermöglichen. Es sind dies die Erfindung der Dynamo-Maschine, des Glühlichtes und des Accumulators.

558   R. Freiherr von Gostkowski.

Die ersten Versuche, Eisenbahnwagen mittels Accumulatoren zu beleuchten, stammen aus England. Auf der London-Brighton-Eisenbahn verkehrte nämlich bereits im Jahre 1881 ein Schlafwagen, der in dieser Weise erhellt worden war. Diese Beleuchtungsweise befriedigte jedoch nicht, da die damaligen Accumulatoren praktisch noch nicht verwendbar waren. Faure nahm ja erst in jenem Jahre ein Patent auf die berühmte Erfindung, welche den Accumulatoren den Weg vom Laboratorium in die Praxis öffnete.

Die erste Bahn, welche ihren Wagenpark vollständig für Accumulatoren-Beleuchtung einrichten liess, war die italienische Bahn Novara-Seregno-Saronno.

Auf Nachahmung konnte diese Bahn nicht rechnen, da ihre Beleuchtungsmethode Manches zu wünschen übrig liess und keine Bahn die Kosten einer langwierigen Ausprobung tragen wollte.

Einen Impuls, der Frage der elektrischen Wagenbeleuchtung näher zu treten, gab erst der schweizerische Bundesrath, welcher an Stelle der üblichen Petroleum-Beleuchtung, die als gefährlich erkannt wurde, die Einführung einer andern angeordnet hatte. [1888.]

Die Jura-Simplon-Eisenbahn war die erste, welche nach Durchführung umfassender Versuche im Jahre 1893 einen grossen Theil ihres Wagenparkes elektrisch einrichten liess.

Dem Beispiele der Jura-Simplon-Eisenbahn folgend, eröffnete in Oesterreich die Kaiser Ferdinands-Nordbahn mit der elektrischen Wagenbeleuchtung den Reigen, indem sie im Jahre 1893 Züge zwischen Wien und Krakau in Verkehr setzte, welche für Accumulatoren-Beleuchtung eingerichtet waren. Zur Beleuchtung der 20 Wagen dieser Züge wurden durchwegs Glühlampen mit einer Leuchtkraft von sechs Kerzen für eine mittlere Spannung von 21 Volts und einem Energie-Verbrauche von 2½ Watts pro Kerze verwendet. Ein Wagen I./II. Classe hat 14, ein Wagen III. Classe 8 Lampen.

Das Laden der Accumulatoren erfolgt auf dem Nordbahnhofe in Wien, woselbst 16 Ladestellen eingerichtet wurden, auf welchen je 20 Tröge [40 Zellen] Platz finden. Die Dynamo-Maschine, welche den Ladestrom liefert, ist eine Nebenschlussmaschine von 110 Volts Spannung und gibt einen Strom von 140 Ampères, so dass also ihre Leistung 15·4 Kilowatt beträgt. Für die mit Accumulatoren auszurüstenden Wagen wurde ein eigenes, in der Nähe der Ladestellen gelegenes Geleise bestimmt, auf welches die Wagen nach ihrem Eintreffen gestellt werden. Zu beiden Seiten des Aufstellungs-Geleises läuft eine schmalspurige Bahn von 300 mm Spurweite, auf welcher die Accumulatoren mit Hilfe kleiner Rollwagen von und zu den Wagen gefahren werden.

Im ersten Betriebsjahre wurden ¾ Millionen Lampenstunden geleistet, wozu eine Ladung von 6527 Batterien zu je zwölf Zellen während einer Betriebszeit von 4255 Stunden nöthig war. Die hiefür verausgabte Ladungsarbeit betrug 34.368 Kilowattstunden, entsprechend einer Arbeit der Dampfmaschine von 52.400 Pferdekraftstunden. Die Kosten einer Glühlampenstunde, inclusive der Kosten der Amortisation und Verzinsung des Anlage-Capitales, belaufen sich auf rund 1⅛ Kreuzer.

Durch das Beispiel der Nordbahn angeregt, haben sowohl die österreichischen wie auch die ungarischen Staatsbahnen sowie die Kaschau-Oderberger Eisenbahn die Einrichtung einer grossen Anzahl von Wagen für Accumulatoren-Beleuchtung beschlossen.

In jüngster Zeit [1896] hat die Altdam-Kolberger Eisenbahn Versuche angestellt, die Wagen nicht nur im Innern, sondern auch aussen elektrisch zu beleuchten und dies zu dem Zwecke, um kleine Stationen, die während der Abwesenheit des Zuges wenig oder gar nicht beleuchtet sind, bei der Einfahrt des Zuges mit diesen Lampen zu erhellen. Selbstverständlich werden die Aussenlampen erst bei der Einfahrt des Zuges durch Druck auf einen Taster zum Leuchten gebracht.

Die zuerst von dem österreichischen Elektrotechniker Krzižik in Prag, vor etlichen Jahren ausgesprochene Idee, wurde also hier zum ersten Male ins Praktische übersetzt.

Die elektrische Beleuchtung der Eisenbahnwagen hat so viele Vorzüge, dass ihre Zukunft gesichert ist. Mit Rücksicht jedoch darauf, dass die Accumulatorenfrage noch nicht endgiltig gelöst ist, kann bei dem grossen Capitale, welches in den Einrichtungen für Gasbeleuchtung steckt, an eine allgemeine Einführung der elektrischen Beleuchtung der Eisenbahnwagen vorläufig nicht gedacht werden.

* * *

Zu Ende des Jahres 1894 warf in Nord-Carolina ein Adept der schwarzen Kunst das bei seinen Versuchen abgefallene Nebenproduct in den Bach und aus dem Wasser begannen Gasblasen stürmisch zu entweichen. Dieselben liessen sich entzünden und brannten, einmal entfacht, mit hellleuchtender Flamme. Wilson — so hiess der Chemiker — wusste eben nichts von dem Calcium-Carbid der alten Welt, welches die Eigenschaft hat, mit Wasser übergossen, ein Gas zu bilden, das mit der stärkstleuchtenden Flamme brennt, welche wir bis jetzt kennen.

Zu Anfang unseres Jahrhunderts hatte Davy beobachtet, dass der Rückstand, welcher bei Gewinnung des metallischen Kaliums entsteht, mit Wasser übergossen, ein übelriechendes Gas liefere, welches mit heller Flamme brennt. Ueber dieses Gas schrieb im Jahre 1862 Wöhler die folgenden Worte: »Bei sehr hoher Temperatur erhält man aus einer Legirung von Zink und Calcium in Berührung mit Kohle ein Kohlenstoff-Calcium [also unser Calcium-Carbid], welches die merkwürdige Eigenschaft hat, sich mit Wasser in Kalkhydrat und Acetylengas zu zersetzen.«

Die Darstellung der Metallcarbide stiess jedoch auf die Schwierigkeit der Erzeugung hoher Temperaturen, auf deren Nothwendigkeit bereits Wöhler hingewiesen hatte. Das Verdienst, diese Schwierigkeit behoben zu haben, gebührt dem französischen Chemiker Moissan, der zielbewusst zur Elektricität seine Zuflucht nahm. Im Jahre 1894 stellte

Moissan in Paris in der Gluth des elektrischen Feuers das Calcium-Carbid dar.

Bei der Erzeugung des Calcium-Carbides bedarf es der Elektricität nicht als solcher. Ihre Hilfe ist nur nöthig, um eine so intensive Hitze zu erzeugen [3500° C.], wie es die chemische Reaction erfordert.

Das Calcium-Carbid ($Ca\,C_2$) hat, wie gesagt, die Eigenschaft, mit Wasser Acetylengas [$C_2\,H_2$] zu bilden, dessen Flamme durch die grösste Lichtfülle sich auszeichnet, die wir kennen, obwohl sie den niedrigsten Wärmegrad unter allen bisher bekannten Flammen aufweist.

Wird nämlich in einem Gasbrenner, welcher 140 l Gas pro Stunde consumirt, gewöhnliches Leuchtgas verbrannt, so erhält man eine Flamme, welche so viel Licht gibt, als 12 Stearinkerzen. Wird dagegen in einem entsprechend construirten Brenner von demselben Consum Acetylengas verbrannt, so liefert dessen Flamme ein Licht von 240 Kerzen!

Die Ueberlegenheit der Flamme des Acetylengases in Bezug auf die Leuchtkraft, gegenüber der Flamme anderer Gase, kommt in der nachstehenden Zusammenstellung recht drastisch zum Ausdrucke. Der Materialverbrauch für eine Stunde Brennens, mit der Helligkeit einer Kerze, beträgt nämlich bei:

Leuchtgas im Schnittbrenner 11·5 Liter
»   » Argandbrenner 10·0 »
»   in der Siemenslampe
    Nr. ∞ . . . . 3·7 »
»   im Auerlichte . . 3·0 »
Acetylengas . . . . . . 0·8 »
»   in der Reginalampe 0·7 »

Leider kommt Acetylengas heute noch recht theuer zu stehen.

Es kostet nämlich in Neuhausen 1 kg Calcium-Carbid gegenwärtig 24 kr. [40 Pfennige]. Da man aber zur Erzeugung von einem Cubikmeter Acetylengas $3\frac{1}{2}$ kg Calcium-Carbid benöthigt, so kommt ein Cubikmeter Acetylengas auf 80 kr. zu stehen. Man hat Grund zu behaupten, dass es unter 30 kr. nicht sobald sinken werde, weil schon bei diesem Preise die heutigen Selbstkosten kaum gedeckt sein dürften.

Trotzdem dachte man daran, Eisenbahnwagen mit Acetylengas zu beleuchten, weil man im Auge hatte, dass bei gleicher Gewichtsvermehrung des Wagens, Acetylengas die Mitnahme einer weit grösseren Menge von Licht gestattet, als elektrisches Glühlicht oder Oelgas.

Der technischen Direction der schweizerischen Hauptbahnen und den Vertretern des Eisenbahn-Departements der Schweiz wurde am 24. April 1896 auf der Strecke Olten-Bern ein mit Acetylengas beleuchteter, vom Maschinen-Ingenieur Kühn eingerichteter Wagen vorgeführt. Der gelungene Versuch veranlasste die Compagnie de Chemins de fer de l'Est, denselben zu wiederholen. Das Acetylengas wurde in einem Behälter comprimirt und in einem Brenner von besonders engem Schlitze verbrannt.

Indessen scheint die Aussicht auf eine glänzende Zukunft, welche die Chemiker dem Acetylengase in die Wiege legten, sich wesentlich vermindert zu haben. Nicht der Preis dürfte die Schuld daran tragen, vielmehr scheint die Furcht vor Explosionen das Acetylengas in Verruf zu bringen.

Während es bei einem Drucke von einer Atmosphäre keine explosiven Eigenschaften zeigt, hat das Acetylengas schon bei einem Drucke, der zwei Atmosphären um Weniges überschreitet, die gewöhnlichen Eigenschaften explosiver Gasgemische.

Das Acetylen bildet vorläufig das letzte Glied in der Entwicklung des Beleuchtungswesens. Inwieweit seine allgemeine praktische Verwendung, insbesondere auch für Eisenbahnzwecke möglich wird, dürfte eine nahe Zukunft lehren.

II.

Beheizung der Eisenbahnwagen.

Die nächstliegende Idee, auf die wohl Jeder verfällt, sobald er sich befragt, auf welche Weise ein Eisenbahnwagen zu beheizen sei, ist wohl die, einen eisernen Ofen zu verwenden. Freilich muss die Construction eines solchen Ofens den Verhältnissen angepasst werden, weil ja der beengte Raum eines Eisenbahnwagens die Aufstellung grosser Oefen nicht gestattet. Ausserdem müsste auch der Ofen am Fussboden des Wagens angeschraubt sein, damit er beim Anhalten, Anfahren und plötzlichen Bremsen des Zuges nicht umfalle. Man muss also kleine, aber scharf geheizte Oefen verwenden, wobei stets darauf Bedacht genommen werden muss, dass die Heizung so ergiebig sei, dass sie für jeden Wagen 10.000 Calorien stündlich zu liefern vermag.

Heizungstechniker haben herausgebracht, dass für diesen Zweck die sogenannten Füllöfen am besten — oder richtiger gesagt, am wenigsten schlecht — sich eignen. Diese Oefen haben den Vorzug der Einfachheit, der guten und

schnellen Heizung, wie auch den Vortheil, dass bei deren Verwendung eine ausgiebige Lüftung der Wagen herbeigeführt wird.

Eine andere, vielfach gebrauchte Form der Wagenheizung besteht darin, dass der Ofen sich nicht im Innern, sondern ausserhalb des Wagens befindet, und die an seinen Wänden erwärmte Luft durch Canäle in den Wagen geleitet wird. Man nennt eine solche Heizungsmethode Luftheizung. Die ältesten Versuche, eine Luftheizung zu erzielen, stammen noch aus dem Jahre 1868, um welche Zeit die Rheinische Eisenbahn kleine Oefen zwischen die Buffer ihrer Wagen aufhängte und deren Rauchrohre durch das Innere der Wagen nach aussen führte. Später wurden auf der Grossherzoglich Badischen Eisenbahn Versuche mit bereits verbesserter Luftheizung angestellt. Unter dem Wagen, möglichst nahe an einem Ende, ist ein kleiner Steinkohlen-Ofen angebracht, von welchem aus das Rauchrohr, von welchem aus das Rauchrohr den Wagen entlang, an der entgegengesetzten Seite bis über die

Wagendecke hochgeführt ist. Ofen und Rauchrohr sind mit einem Mantel umgeben, in welchem durch selbstthätige Klappen die Luft bei Bewegung des Zuges eintritt, hier erwärmt und von da durch Röhren und regulirbare Klappen in das Innere der Wagen geführt wird [»System Allen«].

Am meisten ausgebildet erscheint das System der österreichischen Ingenieure Thamm und Rothmüller [1871], welches später durch Macy und Anschütz verbessert wurde. Dieses Heizsystem besteht aus drei von einander getrennten Theilen: aus dem Ofen, in welchem das Feuer unterhalten wird, aus der Kammer, in welcher die kalte Luft erwärmt wird, und aus den Canälen, durch welche die erwärmte Luft in das Innere des Wagens gelangt. Der Ofen besteht aus einer, aus eisernen Gitterstäben zusammengefügten Trommel, welche nahezu so lang wie der Wagen breit ist, und die, mit glühendem Cokes gefüllt, unter dem Boden des Wagens derart in einen dortselbst angebrachten, der Quere des Wagens nach liegenden, hölzernen Kasten geschoben wird, dass sie horizontal zu liegen kommt. Die Gluth wird durch den Luftzug, welcher während der Fahrt des Zuges auftritt, erhalten, und erwärmt die Luft, welche sich zwischen dem Ofen und dem ihn umgebenden Kasten befindet. Dieser Holzkasten, welcher natürlich erheblich grösser ist als die Trommel, bildet sonach die Kammer. Die hier erwärmte Luft findet so viele Canäle als der Wagen Coupés hat und vertheilt sich in dieselben, um so in die verschiedenen Abtheilungen zu gelangen, woselbst sie sich mit der dort befindlichen kalten Luft mischt.

Die Luftheizung System Macy-Pape, die zumeist auf Eisenbahnen in der Schweiz zu finden ist, unterscheidet sich von dem System Thamm-Rothmüller dadurch, dass anstatt der Trommel ein verticaler, gusseiserner Füllofen angewendet wird, und dass Sauger von eigenthümlicher Form sich an demselben befinden. Da bei dieser Heizvorrichtung der Kamin, durch welchen die Rauchgase entweichen, an der Stirnseite des Wagens angebracht ist, so müssen die

Wagen in den Zug stets so einrangirt werden, dass der Ofen nach vorne zu stehen kommt. Dies ist aber eine grosse Unbequemlichkeit, welche die Heizung Thamm-Rothmüller nicht besitzt. Auch kommt sie bei der durch Anschütz gemachten Verbesserung nicht vor, weil bei dieser der Schornstein an der Längsseite des Wagens angebracht ist.

Endlich muss bemerkt werden, dass diese beiden Systeme eine Ventilation der Wagen unmöglich machen, weil die in das Innere der Wagen einströmende Luft viel zu warm ist, um sich flächenweise am Boden auszubreiten, welche Ausbreitung aber eine unerlässliche Bedingung einer regelrechten Ventilation ist.

Auch mangelt es allen Luftheizsystemen an geeigneten Vorrichtungen, welche den Luftzutritt reguliren würden, ebenso fällt der Uebelstand schwer ins Gewicht, dass die Functionirung der Apparate von Seite des Zugspersonales nicht gut überwacht werden kann, da auch Vorrichtungen fehlen, welche in jedem Augenblicke anzeigen würden, ob der Verbrennungsprocess regelrecht vor sich geht oder eine Nachhilfe erforderlich ist.

Die Beheizung der Wagen, gleichviel ob die Oefen in deren Innerem oder ausserhalb angebracht sind, bedingt stets eine Feuersgefahr.

Die Geschichte des Zugverkehrs weiss genug Fälle zu verzeichnen, welche die grosse Gefahr der Ofenheizung vor Augen führen. Der Wunsch, dieser Gefahr zu begegnen, führt zur Heizung mit Briquettes, eine Methode der Wagenbeheizung, welche keiner Flamme bedarf, und selbst dann noch functionirt, wenn keine Luftcirculation besteht.

Man hat die Briquettes [ein Gemisch von Holzkohle und Salpeter oder chlorsaurem Kali] unter den Sitzen der Personenwagen oder unter dem Fussboden in Kästen angelegt, welche gegen das Coupé vollkommen abgeschlossen sind und nur nach hinten aus dem Wagen hervorragen, woselbst sie mit Oeffnungen versehen sind. Der Abschluss der Heizkästen gegen die Coupés ist unerlässlich, weil bei Verbrennung der Presskohle das giftige Kohlenoxydgas entsteht.

Die Briquettesheizung ist aber fast ebenso feuergefährlich, wie die Ofenheizung, sie erzeugt verdorbene Luft, bedarf eines besonderen Brennmaterials, welches wegen Hygroskopie gewisse Vorsichtsmassregeln für seine Aufbewahrung bedingt, und das umständliche Vorbereitungen zu seiner Verwendung erfordert. Auch dürfte die Presskohlen-Heizung im Betriebe unter allen hauptsächlich angewendeten Heizungsarten die theuerste sein.

Gänzlich frei von Feuersgefahr ist eine Beheizungsmethode, welche zu allererst auf Eisenbahnen üblich war. Es ist dies die Methode zur Beheizung der Wagen mittels Wärmeflaschen.

Man pflegt die Wärmeflaschen entweder in den Boden der Wagen-Coupés zu versenken oder aber, was häufiger der Fall, einfach in die Coupés hinein zu legen, wobei ein Coupé gewöhnlich mit zwei Wärmeflaschen betheilt wird.

Versuche, welche in der Werkstätte Stanislau im Jahre 1882 angestellt wurden, haben gelehrt, dass eine 70° C. heisse kupferne Wärmeflasche bei einer Kälte von −10° C. schon nach drei Stunden auf +10° C. sich abkühlt. Die Wärmeabgabe von 900 Calorien vertheilt sich sonach auf drei Stunden, so dass die stündliche Wärmeproduction einer Wärmeflasche im Durchschnitte 900 : 3 = 300 Calorien beträgt, also ebenso gross ist, als die Wärmeproduction zweier Menschen. Zwei Menschen liefern nämlich durch den Athmungsprocess beiläufig so viel Wärme, als eine Wärmeflasche.

Die Versuche, Wärmeflaschen mit heissem Sand, geschmolzenem Salpeter oder mit geschmolzener essigsaurer Thonerde [Ancellin, 1881] zu füllen, erbrachten wohl eine bessere Wirkung dieser Heizmethode, die sich aber für unser Klima noch immer nicht als zureichend erwies.

Das Vorwärmen der Wärmeflaschen, seien sie nun mit Wasser oder mit anderen Stoffen gefüllt, ist stets umständlich. Der nächstliegende Gedanke war wohl der, alle Wärmeflaschen eines Zuges durch ein Röhrensystem derart miteinander zu verbinden, dass die Füllung derselben von einem einzigen Gefässe aus, in welches man während des Zugaufenthaltes heisses Wasser giesst, erfolgen könnte. Hiedurch würde man das umständliche Auswechseln der Wärmeflaschen ersparen.

Die Staatseisenbahn-Gesellschaft war die Erste, welche ihre Salonwagen in dieser Weise erwärmt hatte [1869] und die Kaiserin Elisabeth-Bahn dehnte diese Beheizungsmethode auch auf die Personenwagen aus. Die Rheinische Eisenbahn ging einen Schritt weiter. Sie stellte nämlich, um das Zutragen des heissen Wassers zu ersparen, in jeden zu heizenden Wagen einen besonderen, mit einer entsprechenden Feuerung versehenen Kessel ein und füllte die Flaschen während der Fahrt des Zuges aus diesem Kessel.

Die Ingenieure Weibel und Briquet kamen [1872] auf den Gedanken, das Wasser, welches zur Heizung eines Wagens zu dienen hat, ein für allemal in ein allseitig verschlossenes Röhrensystem einzuschliessen. Statt aber das ganze Röhrensystem sammt seinem Inhalte zu erwärmen, wurde nur die tiefste Stelle desselben durch ein Wasserbad erhitzt. Das an dieser Stelle erwärmte Wasser stieg, weil specifisch leichter, in die Höhe und verbreitete sich, im kälteren Wasser fortschreitend, insolange, bis es seine Wärme verlor und, kalt geworden, durch das nachdrängende warme Wasser gezwungen wurde, wieder an dieselbe Stelle zurückzukommen, von welcher es ausgegangen war. Auf diese Art erzielte man in einem fixen, mit Wasser vollgefüllten Röhrensysteme einen beständigen Kreislauf warmen Wassers.

Dieses gut durchdachte System der Beheizung der Eisenbahnwagen war zur Zeit der Wiener Weltausstellung [1873] daselbst zu sehen, und ergaben Versuche, welche mit dieser Heizmethode auf der Strecke Biel-Lausanne in den Jahren 1872 und 1873 durchgeführt wurden, dass zur Erhaltung der Circulation in einem 44½ m langen Röhrensysteme von 5 cm Durchmesser 1 kg Cokes pro Stunde vollauf genüge.

Wegen der Unabhängigkeit dieser Beheizungsmethode von den Einrichtungen der Bahnen eignet sie sich für geschlossene Züge, welche die Gebiete vieler Bahnverwaltungen durchfahren, ganz vorzüglich, und sie wird sich voraussichtlich so lange behaupten, als die Heizeinrichtungen der einzelnen Bahnen unter einander differiren werden.

Grössere Vortheile versprach die Beheizung der Eisenbahnwagen mittels **Wasserdampf**. Um eine Dampfheizung einzurichten, braucht man nichts Anderes zu thun, als den Dampf längs des ganzen Zuges durch eine an ihrem zweiten Ende offene Röhre durchzuleiten und ihn am offenen Ende frei ausströmen zu lassen. In einem solchen Falle wird er sich während seines Laufes theilweise zu Wasser condensiren, seine grosse Aggregatwärme an die Umgebung abtreten, und nur der unverbrauchte Rest wird sammt dem Condensationswasser nach aussen abfliessen.

Die ersten Versuche, die Eisenbahnwagen mit Dampf zu beheizen, reichen in das Jahr 1858 zurück. Samman, Ober-Maschinenmeister der Oberschlesischen Eisenbahn, benützte nämlich für die Heizzwecke den aus dem Abblaserohre entweichenden, also bereits verbrauchten Dampf. Diese Versuche mussten jedoch wegen Unthunlichkeit, solche Wagen auf andere Bahnen übergehen zu lassen, damals eingestellt werden.

Uebrigens hatte diese Methode der Dampfheizung den grossen Uebelstand, dass die Beheizung nur wirksam war, wenn die Maschine arbeitete. Dies macht aber die Vorwärmung der Wagen vor der Abfahrt des Zuges unmöglich, und die Heizung versagt gerade dann, wann sie am meisten erwünscht ist, wie z. B. wenn Züge im Schnee stecken bleiben.

Einige Jahre später wurden Versuche, Eisenbahnwagen mit Dampf zu beheizen, von der Berlin-Hamburger, Berlin-Potsdamer und der Cöln-Mindener Bahn, jedoch mit der Abänderung wieder aufgenommen, dass man nicht mehr den Abdampf, sondern den Betriebsdampf der Locomotive verwendete. Doch auch diesmal machte man schlechte Erfahrun-

gen, weil die betreffenden Einrichtungen noch unvollkommen waren, was zur Folge hatte, dass die Röhren durch den mangelhaften Abfluss des Condensationswassers regelmässig einfroren.

Die erste Dampfheizung, welche thatsächlich gelang, rührt von dem damaligen Ober-Maschinenmeister, gegenwärtig geheimen Regierungsrathe Graef her, welcher im Jahre 1865 eine ganz entsprechende Dampfheizung auf der preussischen Ostbahn eingerichtet hatte.

Der Dampf zur Beheizung des Wagens wurde dem Kessel der Locomotive entnommen; da jedoch ein solcher Dampf eine für Zwecke der Dampfheizung weitaus zu hohe Spannung besitzt, dessen Verwendung sonach den Röhren, namentlich aber den aus Kautschuk angefertigten Kuppelungsschläuchen Gefahr bringen müsste, so ist es nothwendig, durch mechanische Vorrichtungen (sogenannte Drosselung) die Dampfspannung beim Uebertritte aus dem Kessel in die Heizkörper auf ein entsprechendes Mass herabzudrücken. In der Regel drosselt man die Anfangsspannung auf drei Atmosphären und noch tiefer.

Der relativ grosse Dampfverbrauch, welchen die Beheizung zureichend ventilirter Eisenbahnwagen erheischt,[*] drängt den Gedanken auf, dass bei starken Zügen die Locomotive nicht genug Dampf haben werde, um ausser dem zur Führung der Züge erforderlichen, auch noch Dampf für Zwecke der Beheizung der Wagen abgeben zu können.

Ein allen Systemen der Dampfheizung anhaftender Uebelstand ist der, dass das Anheizen der Züge eine verhältnismässig lange Zeit erfordert. Diese Zeit beträgt nämlich, je nach der Länge des Zuges und der Aussentemperatur ein bis zwei Stunden und bedarf in den Zugbildestationnen eines besonderen Dampferzeugers. Wo es sich ermöglichen lässt, wendet man für diesen Zweck einen (gleichzeitig anderen Zwecken dienenden) stationären Dampfkessel an.

Ein weiterer Mangel der Dampfheizung ist die Schwierigkeit der Regulirung der Heizung von aussen. Die Regulirung

---

[*] Vgl. Bd. III, O. Kazda, Zugförderung.

36*

der Heizung, welche dadurch erfolgt, dass man das eine Mal mehr Dampf von höherer Spannung und das andere Mal wenig Dampf von niederer Spannung in die Heizkörper eintreten lässt, hat nämlich nur einen sehr unbedeutenden Effect, weil die Wärmemenge des Dampfes von hoher Spannung von der Wärmemenge, welche der Dampf bei geringerer Spannung enthält, nur wenig verschieden ist.

Diese Eigenschaft des Dampfes ist, wie Eingangs erwähnt, sehr schätzenswerth, sobald es sich um die Gleichmässigkeit der Heizung handelt, da sie bewirkt, dass die Wärme am Anfange und am Ende des Zuges nahezu dieselbe ist; für die Wärmeregulirung ist sie aber geradezu ein Hemmnis.

Würde man den Dampf unter Druck mit Luft vermischen, so würde ein solches Gemisch für die Beheizung von Wagen ganz vorzüglich sich eignen, weil die Wärme-Abgabsfähigkeit desselben fast nur von dem Gehalte an Wasserdampf abhängt und daher beliebig veränderlich gemacht werden kann. Die praktische untere Grenze eines derartigen Heizgasgemisches wird aber die sein, dass darin nur etwas mehr Dampf vorhanden sein muss als erforderlich ist, um das Einfrieren der Dampfleitung zu verhindern. Indessen ist dieses Mittel der Regulirung praktisch noch nicht erprobt worden.

Endlich hat die Dampfheizung den Nachtheil, dass für die zu beheizenden Wagen eine durchlaufende Dampfleitung erforderlich ist, welche in Verbindung mit der Locomotive oder dem Kesselwagen gebracht werden muss. Es können demnach solche Wagen nur in Zügen geheizt werden, bei welchen die Locomotiven die nöthigen Einrichtungen besitzen oder Kesselwagen vorhanden sind und die Verbindung der Dampfleitung des Wagens mit der Dampfquelle möglich ist.

Der nicht hoch genug anzuschlagende Vortheil einer Dampfheizung, nicht feuergefährlich zu sein, bringt es mit sich, dass diese Methode der Wagenheizung trotz all ihrer Mängel unter allen Heizungsarten am meisten verbreitet ist.

Der Dampfheizung gehört allem Anscheine nach die Zukunft, weil sie die Möglichkeit bietet, die Wagen ausgiebig zu erwärmen, ohne eine gar zu grosse Sorgfalt in der Bedienung zu beanspruchen, und weil bei ihr eine Feuersgefahr nicht besteht. Bei einer Entgleisung wird nämlich der Verbindungsschlauch der Dampfheizung zwischen den einzelnen Wagen reissen, wodurch sämmtlicher Dampf, der sich in den anderen Röhren befindet, sofort ins Freie entweicht, was in einigen Minuten geschehen kann.

Bei Beheizung der Wagen mittels Electricität sollen Verbrennungsproducte nicht zur Last, weil eben keine gebildet werden.

Elektrisches Feuer braucht nicht aus unmittelbarer Nähe, wie dies beim gewöhnlichen Feuer der Fall ist, angefacht zu werden. Das Einschalten elektrischer Heizapparate kann also aus der Ferne erfolgen. Auch lässt sich die Form der Heizkörper dem jeweiligen Zwecke weit besser anpassen, als bei irgend einer anderen Methode der Wagenheizung, und was ganz besonders wichtig ist, die Heizung lässt sich stets genau an der verlangten Stelle hervorbringen und spielend reguliren, sie wird auch durch Frost nicht beeinflusst.

Diese stattliche Reihe von Vorzügen, welche die elektrische Beheizung thatsächlich auszeichnen, blendet Viele dermassen, dass sie wähnen, in dieser Methode der Beheizung der Eisenbahnwagen das Heil gefunden zu haben. Die elektrische Beheizung von Eisenbahnwagen ist jedoch dermalen aus öconomischen Rücksichten nicht durchführbar. Die Beheizung des Zuges durch Electricität kann nämlich unter Umständen ebensoviel Arbeit als dessen Fortbewegung absorbiren.

Die Zukunft der elektrischen Beheizung der Eisenbahnwagen hängt davon ab, ob es gelingen wird, den Dampfverbrauch derselben jenem gleich zu machen, welcher der Dampfheizung eigen ist.

Die Bedingung, von welcher der praktische Erfolg der elektrischen Beheizung von Eisenbahnwagen abhängt, ist vorläufig unerfüllbar. Hiemit ist selbstverständlich nicht gesagt, dass eine elektrische Beheizung der Eisenbahnwagen undurchführbar sei. Dass sie durchführbar ist, daran zweifelt kein Elektrotechniker, wie dies ja am Besten die schweizerische Zahnradbahn beweist, welche über den Mont Selève führt. Diese Bahn verwendet nämlich die durch die Betriebseinschränkung verfügbar gewordene elektrische Energie zur Heizung der Wagen.

Dass die elektrische Beheizungsmethode unmöglich öconomisch sein kann, geht schon aus den vielen Umwandlungen hervor, welche die Energie der verbrennenden Kohle durchmachen muss, bevor sie auf dem Umwege der Elektricität für Zwecke der Beheizung der Wagen verwerthet wird.

Werkstättenwesen.

Von

JULIUS SPITZNER,

k. k. Baurath im Eisenbahn-Ministerium.

Werkstättenwesen.

Bei der ersten Eisenbahn-Unternehmung in Oesterreich, der Pferde-Eisenbahn Linz-Budweis, konnte von eigentlichen Eisenbahn-Werkstätten noch nicht die Rede sein. Die Reparatur der Wagen wurde bei der genannten Eisenbahn-Unternehmung im Jahre 1827, zu welcher Zeit bereits die ersten Güter auf eine Bahnlänge von sieben Meilen verführt wurden, für eine bestimmte Summe pro Tag und Wagen verpachtet.

Dieses System der Verpachtung stammte aus England und es war der Bauführer der Linz-Budweiser Bahn, Franz Anton Ritter von Gerstner, welcher dasselbe hieher übertrug. Der einschlägige, höchst interessante Vertrag hatte eine Giltigkeitsdauer bis Ende März 1828 und gewährt einen genauen Einblick in die damaligen Verhältnisse hinsichtlich der Erhaltung der Fahrbetriebsmittel. Er ist in dem »Berichte an die P. T. Actionäre über den Stand der k. k. priv. Eisenbahn-Unternehmung zwischen der Moldau und der Donau vom Bauführer Franz Anton Ritter von Gerstner [December 1827]« enthalten und sei hier im Wortlaute wiedergegeben:

Vertrag.

Heute zu Ende gesetztem Jahre und Tage ist zwischen dem Herrn Franz Anton Ritter von Gerstner im Namen der k. k. privilegirten ersten österreichischen Eisenbahn-Unternehmung einerseits, und dem Johann Sautzek,[*] gebürtig von Schwichau, Klattauer Kreises anderseits, nachstehender Vertrag hinsichtlich der Unterhaltung und Reparatur sämmtlicher Eisenbahnwägen unter nachfolgenden Bedingnissen geschlossen worden:

I. Joseph Sautzek übernimmt als Pächter die Unterhaltung und Reparatur sämmtlicher Eisenbahnwägen, sie mögen nun zur Verführung der Güter oder auch zum Transporte der Baumaterialien dienen.

II. Die Unterhaltung dieser Wägen betrifft die Aufsicht über dieselben und die Lieferung der nothwendigen Schmiere.

Der Pächter ist verpflichtet, eine sorgfältige Aufsicht über alle bey der Eisenbahn befindlichen, und zu ihrer Befahrung geeigneten Wägen zu pflegen: und derselbe muss stets in genauer Kenntniss des Zustandes aller dieser Wägen seyn, um wo möglich ihren Gebrechen in der gehörigen Zeit abzuhelfen, und keine Reparaturen während den Transporten zu veranlassen.

Die Schmiere, welche der Pächter zu den Wägen liefert, muss zweckmässig bereitet seyn, und in jener Quantität beygestellt werden, wie es das Bedürfniss erfordert; der Pächter hat die Schmiere den Bauaufsehern einzuliefern, und die letztern versehen die Contrahenten damit.

III. Unter der Reparatur der Eisenbahnwägen, welche dem Pächter weiters obliegt, sind folgende Arbeiten begriffen:

---

[*] Merkwürdigerweise erscheint der Name des Unternehmers in dem im genannten Berichte abgedruckten Vertrage einmal als »Johann«, ein andermal als »Joseph« Sautzek angegeben.

570   Julius Spitzner.

a) Die Ergänzung jener, obgleich kleinern Theile, welche den Eisenbahnwägen noch fehlen, wenn sie von den Eisenwerken oder Lieferanten an die Unternehmung abgegeben werden; diese Theile, nähmlich: Auspannhaken, Tritteln, Verbindungsstangen der Wägen untereinander u. s. w. müssen von dem Pächter geliefert werden.

b) Weiters ist der Pächter verpflichtet, alle schadhaft oder unbrauchbar gewordenen Theile wieder zu ergänzen oder zu ersetzen, diese Theile mögen übrigens gross oder klein, von Holz, Eisen, Stahl, Messing oder was immer für einem Materiale seyn.

IV. Wenn die Beschädigung oder der Verlust eines oder mehrerer Theile eines Wagens aus erwiesener Nachlässigkeit des Contrahenten, welcher hiermit Baumaterialien oder Güter verführte, herrührt, so ist der Pächter Joseph Sautzek zwar verbunden, die Reparatur oder neue Herbeyschaffung sogleich zu bewirken; er hat jedoch das Recht, die Bezahlung von dem nachlässigen Contrahenten zu fordern. Das Erkenntniss, ob etwas bey dem Transporte verschuldet worden sey, hat sich der Herr Bauführer für die ganze Pachtzeit vorbehalten.

V. Der Pächter hat alle, zu seinen Arbeiten nothwendigen Materialien, nähmlich Holz, Eisen, Stahl, Messing, Kohlen, Oel, Schmiere etc. selbst anzukaufen und zuzuführen; sollte derselbe jedoch einige Gegenstände auf der Eisenbahn zuführen wollen, so steht es ihm gegen Entrichtung des bestimmten Frachttarifes wie jedem andern frey; es wird ihm aber zur Pflicht gemacht, bloss gutes steyrisches Eisen zu verwenden und die Unternehmung behält sich die Controlle hiefür vor.

VI. Dem Pächter wird die unentgeldliche Benützung der Schmidtwerkstätten und Wagnereyen, welche die Unternehmung in Bienendorf, Wilen, und am Scheidungspunkte errichtet hat, sammt den daselbst befindlichen Wohnzimmern eingeräumt. Die vorhandenen Materialvorräthe werden dem Pächter, da sie unbedeutend sind, unentgeldlich überlassen, die Werkzeuge aber von Seite des Herrn Bauführers ordentlich übergeben, und nach ihrem gegenwärtigen Werthe abgeschätzt; der hiefür im Ganzen entfallende Betrag als à Conto Zahlung bey der Cassa vorgemerkt, und ein Theil hievon am Schlusse jeden Monathes von dem contractmässig entfallenden Lohne abgezogen; der ganze Betrag wird sonach entweder zu Ende der Pachtzeit getilgt seyn, so, dass der Unternehmung um diese Zeit nur die Schmidtwerkstätten, dem Pächter aber alle darin befindlichen Werkzeuge und Apparate gehören, oder aber die Unternehmung übernimmt um diese Zeit die noch vorhandenen Gegenstände nach einer neuen hiezu veranstalteten Schätzung.

Es ist dem Pächter ausdrücklich verbothen, die ihm übergebenen Werkzeuge auszuleihen und in den Schmidten andere, zur Eisenbahn nicht gehörige Arbeiten herzustellen.

VII. Da jene Pächter, welche den Transport der Güter oder Baumaterialien auf der Eisenbahn übernahmen, besonders verpflichtet wurden, alle der Reparatur bedürftige Wägen binnen 24 Stunden in die nächste Schmidte zu schaffen, so ist der im Eingange genannte Pächter Joseph Sautzek andererseits verbunden, dafür zu sorgen, dass jeder Wagen, so wie er in die Schmidte kommt binnen längstens 4 Mahl 24 Stunden dieselbe wieder vollkommen hergestellt zu verlassen im Stande sey.

VIII. Der Pächter erhält für die, in den vorstehenden Nummern verzeichneten Leistungen wenn dieselben gehörig erfüllt wurden, monathlich einen bestimmten Betrag, welcher zu Folge der bisherigen Erfahrungen für die gegenwärtig beygeschafften Eisenbahnwägen auf folgende Weise bemessen ist:

		Reparaturs-Betrag			
		per Tag für einen Wagen		per Monath für alle Wägen	
Angekaufte Wägen im Jahre 1824 und 1825.		in Couven.-Münze			
		fl.	kr.	fl.	kr.
1	50 Stück zweiräderige Erd- und Steinkarren mit 4½ Fuss hohen hölzernen Rädern von Mechanikus Bošek	—	1½	37	30
2	1 Stück detto von Mariazell	—	1½	—	45
3	1 » » mit 4½ Fuss hohen gusseisernen Rädern von Mariazell	—	1½	—	45
4	5 Stück Horžowitzer Wägen mit 3 Fuss hohen gusseisernen Rädern	—	4	10	—
5	1 Stück Mariazeller detto	—	4	2	—
15	Uebertrag	—		51	

			Reparaturs-Betrag		
			per Tag für einen Wagen		per Monath für alle Wagen
	Vierräderige Wägen vom Jahre 1826.		fl.	kr.	fl.	kr.
15	Uebertrag	—	—	51	—
6	16 Stück Mariazeller Wägen mit 4½ Fuss hohen Rädern und gusseisernen Speichen	—	3	24	—
7	3 Stück Mariazeller Wägen mit 4½ Fuss hohen Rädern und geschmiedeten Speichen	—	5	7	30
8	29 Stück Mariazeller Wägen mit 4½ Fuss hohen Rädern und hölzernen einfachen Speichen	—	7	101	30
9	30 Stück Botck'sche Wägen mit 4½ Fuss hohen Rädern und doppelten hölzernen Speichen	—	6	90	—
10	10 Stück Reinscher'sche Wägen mit 4½ Fuss hohen Rädern und doppelten schmidteisernen Speichen	—	6	30	—
11	2 Stück Eisenärzter sogenannte Schienenhunde mit 2 Fuss hohen gusseisernen Rädern	—	3	3	—
12	39 Stück ordinäre Wägen zum Erdverführen auf der Bahn mit 3 Fuss hohen hölzernen Rädern von Linz und Prag	—	4	78	—
13	Eine Fahrmaschine von Boxck in Prag	—	4	2	—
	Wägen vom Jahre 1827 nach englischer Art verfertigt.					
14	28 Stück in Mariazell verfertigt, zum Erdverführen mit doppelten Kästen, wovon aber 16 Stück zum Salztransporte noch vorgerichtet wurden	—	3	42	—
15	2 Stück als Gesellschaftswägen vorgerichtet	—	3	3	—
16	2 » zum Scheitholzführen	—	3	3	
17	2 » » Föhren langer Baumstämme	—	3	3	—
18	2 » » Kohlentransporte	—	3	3	—
19	2 » » Bahnausschottern zu verwenden	—	3	3	—
20	5 » in Horiowitz verfertigt zum Salztransporte	—	3	7	30
21	5 » » Blansko verfertigt zum Erdverführen	—	3	7	30
	Summa 236 Stück, theils zwey-, theils vierräderige Wägen, wofür, wenn sie fortwährend gehörig gebraucht werden, monatlich die Summe von ausbezahlt wird.	—	—	459	—

IX. Die Summe wird dem Pächter von Seite der Unternehmung in dem Falle am letzten jedes Monaths nach Abzug des, unter No. VI für die übernommenen Werkzeuge angeführten Betrages bezahlt, wenn die Wägen durch die ganze Zeit des Monaths, welches immer zu 30 Tagen berechnet wird, fortwährend zum Transporte von Gütern oder Baumaterialien verwendet wurden, wobey aber noch bedingt wird:

a) Wenn ein oder mehrere Wägen zwey Tage hintereinander ohne Schuld des Contrahenten Santzek nicht benützet werden, erhält derselbe dennoch die betreffende Bezahlung.

b) Wenn ein Wagen 3 oder mehrere Tage hintereinander ohne Schuld des Contrahenten nicht benützt wird, verliert derselbe, vom dritten Tage angefangen die betreffende Bezahlung.

c) Dem Pächter wird gestattet, von 10 Stück Wägen monathlich einen während vier Tagen in der Schmidte zur Reparatur zu behalten, sollten aber mehrere Wägen in die

Schmidte kommen, oder daselbst aus Schuld des Pächters länger als 4 Tage verweilen, so
verliert derselbe für jeden solchen Wagen und jeden Tag nicht bloss den oben Nr. VIII
bestimmten Reparatursbetrag, sondern er bezahlt ausserdem noch eine Strafe von 6 kr.
C.-M. für jeden Tag und jeden Wagen an die Unternehmung; von dieser Strafzahlung
werden bloss jene Wägen ausgenommen, für deren Reparatur einzelne Theile erst in den
Eisenwerken ausgefertigt werden müssen.

X. Die Pachtzeit beginnt vom 1. July 1827, und endigt sich mit letztem März 1828,
wesshalb alle seit 1. July bis heute von der Cassa geleisteten und hieher gehörigen Zahlungen
von dem Pächter unter einem übernommen, und die ordentliche Abrechnung hierüber gemacht wird.

XI. Verspricht der Pächter allen Fleiss und Thätigkeit zur Erfüllung der eingegan-
genen Verbindlichkeiten zu verwenden, und derselbe verpfändet sein gesammtes Vermögen
hiefür.

So geschehen zu Kaplitz am 24. October 1827.

Abb. 366. Die Maschinenwerkstätte der Wien-Raaber Eisenbahn in Wien. [Nach einer Handzeichnung
aus dem Jahre 1848.]

Der genannte Bauführer spricht sich
in dem angeführten Berichte dahin aus,
dass nach Ablauf dieses Pachtvertrages
die Reparatur der Wagen p r o C e n t n e r
und M e i l e d e r v e r f ü h r t e n G ü t e r
contrahirt werden dürfte.

Gerstner bedauert, dass es im Lande
noch so wenige Eisenwerke gebe, welche
mit derart grossen Dreh- und Bohrmaschinen versehen sind, um die Lieferung
von Wagen übernehmen zu können. Wenn
dies der Fall wäre, meint derselbe, dann
könnten, ähnlich, wie bei einem grossen
Theile der gewöhnlichen englischen Postkutschen, die Wagen von einem Wagen-
fabrikanten derartig ausgeliehen werden,
dass dem letzteren ein bestimmter Preis

für jede Reise gezahlt wird, für welchen
er alle Reparaturen, die während
einer Reise nöthig würden, auszuführen
hätte.

Dies Verfahren wurde während der
Anwesenheit Gerstner's in England im
Februar 1827 bei der Stokton-Darlington-
Bahn eingeführt, und zwar wurde den
Fabrikanten, welche die Bahnwagen her-
lieferten und alle Reparaturen zu bestreiten
hatten, der Betrag von $\frac{1}{3}$ Penny pro Tonne
und Meile der mit diesen Wagen wirk-
lich verführten Güter angeboten. Für
Rückfahrten o h n e Ladung erfolgte keine
Vergütung.

Die K a i s e r F e r d i n a n d s - N o r d -
b a h n hatte bei ihrer Gründung im

Abb. 397. Werkstätte Linz der k. k. österreichischen Staatsbahnen [Schmiede.]

Jahre 1836, um bald zur Herstellung der nöthigen Personentransport-Wagen nach bereits bestelltem Wagengestellmuster zu schreiten und zugleich die etwa vorkommenden Maschinenreparaturen vornehmen zu können, den englischen Mechaniker John Baillie [aus der Werkstätte von George Stephenson zu New-Castle] berufen. Ebenso nahm man, um mit den eben erwähnten Arbeiten, welche den hiesigen Handwerkern ganz neu waren, den Anfang zu machen und die Arbeiter entsprechend unterrichten zu können, auch englische Maschinenbauer in Dienst.

In den wichtigsten Stationen der Kaiser Ferdinands - Nordbahn wurden Werkstätten und Schmieden erbaut.

Die bedeutendste Anlage war in Wien mit einer Wagenremise für 40 Personenwagen und einer Locomotivremise für zwölf Maschinen. Die nächstgrössere, jene in Brünn, war für elf Maschinen und ebensoviele Wagen eingerichtet. Bei dieser Werkstätte erhielt sowohl die Locomotiv- als auch Wagenremise die Form eines regelmässigen Zwölfeckes, ähnlich jenen bei der London-Birmingham-Bahn. Im Mittelpunkte einer jeden Remise befand sich eine entsprechend grosse Drehscheibe, nach welcher die einzelnen Reparaturgeleise in radialer Richtung zusammen liefen.*)

An die Werkstätte in Brünn der Kaiser Ferdinands-Nordbahn reihte sich hinsichtlich ihrer Grösse jene in Lundenburg mit sechs Locomotiv- und acht Wagenständen. Die kleinste war jene in Gänserndorf, welche nur eine Remise für zwei Maschinen und eine solche für drei Wagen besass. Selbstverständlich hatten die angeführten Werkstätten auch die entsprechenden Räume und Einrichtungen für Schlosser, Dreher, Schmiede, Tischler etc.

Zur Zeit der Eröffnung des Betriebes der Kaiser Ferdinands-Nordbahn im Juli 1839 verfügte dieselbe über 17 Locomotiven und 66 Personenwagen. Der Waarentransport war noch nicht eingeleitet und

---

*) Es sei hier erwähnt, dass die kreisrunde Form von Locomotiv- und Wagenschupfen, beziehungsweise Montirungen heute noch in sehr bedeutenden amerikanischen Werkstätten angetroffen wird.

wurden für diesen 120 Lastwagen bestimmt, von welchen jedoch bereits 40 zur angeführten Zeit fertig waren.

Vergleicht man den damals vorhandenen Fahrpark mit den für seine Erhaltung zur Verfügung gestandenen gedeckten Reparaturständen, so ergibt sich, dass für 17 Locomotiven 31 gedeckte Locomotiv-Reparaturstände, und nach Fertigstellung sämmtlicher 120 Lastwagen, für diese sowie für die 66 Personenwagen 62 gedeckte Reparaturstände zur Verfügung waren. Die Werkstätten waren demnach so reichlich bemessen, dass sie für eine Reihe von Jahren unter Berücksichtigung der mit dem steten Wachsen des Verkehrs nothgedrungenen Vermehrung des Fahrparkes ausreichten.

Die nächste Vermehrung der Werkstätten der Kaiser Ferdinands-Nordbahn fand durch Erbauung einer Wagenwerkstätte in Stockerau statt, zur Zeit des Baues der im Jahre 1841 dem Verkehre übergebenen Flügelbahn von Floridsdorf nach Stockerau. Diese Werkstätte befasste sich zumeist mit dem Neubau gedeckter Güterwagen und Personenwagen III. Classe. In den letzten Jahren ihres Bestandes besass dieselbe nicht viel mehr als 50 Arbeiter, meist Tischler, da sämmtliche Beschläge der Wagen und sonstige Eisenbestandtheile im fertigen Zustande eingeliefert wurden, demnach keine weiteren erheblichen Ausarbeitungen forderten, weshalb nur ein geringer Bedarf an Schlossern und Schmieden vorhanden war. Die Tischler hatten zu jener Zeit die angestrengtesten Arbeiten zu verrichten, da ihnen keine Hilfsmaschinen zur Bearbeitung der Hauptträger, Bruststücke, Untergestellhölzer zur Verfügung standen.

Mit dem fortschreitenden Ausbau der Kaiser Ferdinands-Nordbahn wurde alsbald die Nothwendigkeit erkannt, auch an einem von Wien entfernteren Orte eine Werkstätte zu erbauen. Die Wahl des Ortes fiel auf Mährisch-Ostrau, wo im Jahre 1847, als die Hauptbahn bis Oderberg eröffnet war, eine Werkstätte errichtet wurde. Diese erfuhr eine ganz bedeutende Erweiterung in den darauf folgenden Jahren. Fünf Jahre nach Eröffnung der Werkstätte in Mährisch-

Ostrau, also bereits im Jahre 1852, wurde in Floridsdorf eine Wagen-werkstätte und im Jahre 1873 angrenzend an dieselbe eine Locomotiv-Werkstätte erbaut. Die genannten drei Werkstätten werden später noch eingehendere Berücksichtigung finden. [Siehe Seite 582 und ff.]

Wenngleich wir hier nur die eigentlichen Werkstätten der Eisenbahnen im Auge behalten wollen, können wir doch Betrieb zu erhalten und dessen Bedürfnisse vom Auslande ganz unabhängig zu machen, mit dem Wiener Bahnhofe eine Maschinenwerkstätte in Verbindung zu bringen. Diese sollte nicht nur für das eigene Unternehmen sämmtliche Transportmittel liefern und die nöthigen Theile des Oberbaues, wie Drehscheiben, Weichen etc., herstellen, sondern zugleich eine mechanische Werkstätte für die

Abb. 366. Werkstätte Linz der k. k. österreichischen Staatsbahnen, 'Kesselschmiede, im Vordergrunde Seitenansicht der feststehenden hydraulischen Nietmaschine.]

nicht die bekannte Maschinenfabrik der Staatseisenbahn-Gesellschaft an dieser Stelle übergehen, da diese Maschinenfabrik, gleichzeitig mit der Gründung der alten Wien-Raaber Eisenbahn ins Leben gerufen, die erste in ihrer Art war, wie sie bis zu jenem Zeitpunkte keine Eisenbahn Oesterreichs oder Deutschlands besass. Dieselbe war ein Unternehmen, welches zwar nicht zum Bahnbau gehörte, jedoch vom Gelde der Actionäre ausgeführt wurde. Die Wien-Raaber Actien-Gesellschaft hatte nämlich damals den Entschluss gefasst, um einen geregelten ganze österreichische Monarchie werden. Diese Maschinenwerkstätte [Abb. 366, und Abb. 173, Bd. I, 1. Theil, Seite 171] war auf dem Gebiete des Wiener Bahnhofes erbaut, jedoch die ganze Anlage hinsichtlich ihres Betriebes vollkommen von dem der Bahn getrennt. Schon die ersten Jahre ihres Betriebes wiesen sehr befriedigende Resultate auf, welche sich mit der Zeit immer günstiger gestalteten. Am 21. April 1840, also schon in der Zeit des Bahnbaues, erfolgte die Betriebseröffnung dieser Werkstätte, welche aus fünf grösseren Gebäuden bestand, und zwar:

1. Der eigentlichen Maschinenfabrik mit einer Locomotivmontirung für die Aufstellung von zwölf Locomotiven, einer Dreherei, Schlosserei, Modell- und Wagentischlerei, Schmiede und einem Zeichensaal. In demselben Objecte waren weiters die erforderlichen Räume vorhanden, in welchen die zwei Dampfmaschinen mit je 12 Pferdekräften, drei Dampfkessel und ein Maschinenpumpwerk standen.

3. Einem gleichen Gebäude wie das eben genannte, der Giesserei mit zwei Cupolöfen, zwei Trockenöfen, einem Krahne und dem nöthigen Raume für die Formerei. Vor der Giesserei befand sich ein Krahn mit Schlagwerk.

4. Einer Remise für 36 Personenwagen neben der Kesselschmiede.

5. Einer gleich grossen Wagenremise neben der Giesserei.

Abb. 99. Werkstätte Linz der k. k. österreichischen Staatsbahnen. (Kesselschmiede und Blechbearbeitungs-Werkstätte, im Vordergrunde fixe hydraulische Nietmaschine.)

Letzteres hatte das Wasser in ein auf dem Dachboden angebrachtes Reservoir zu heben, von wo aus der Wasserbedarf für die Dampfkessel und sämmtliche Werkstättenräume sowie auch für die Wasserstation gedeckt wurde.

Es sei hier hervorgehoben, dass man schon damals die wirthschaftliche Ausnützung des Auspuffdampfes der Maschinen für Heizzwecke erkannte und denselben für die Beheizung einzelner Räume verwendete.

2. Der Kesselschmiede für die Anfertigung der Locomotiv- und Dampfmaschinen-Kessel.

Ueberdies wurden noch ein Häuschen für die Arbeitercontrole als Eingang zur Werkstätte, ferner zwei Wasserstationen mit den nöthigen Löschapparaten für Feuerlöschzwecke erbaut.

Für die Verbindung der Geleise zum Ein- und Ausbringen von Fahrbetriebsmitteln sowie einzelner Bestandtheile in die verschiedenen genannten Räume waren sieben grosse und zehn kleine Drehscheiben vorhanden. Die verbaute Grundfläche der ganzen Anlage umfasste 7700 m^2.

Die Erbauung einer grösseren, zur Bahn selbst gehörigen Eisenbahn-Reparatur-Werkstätte war bei der Gründung der

Abb. 550. Werkstätte Linz der k. k. Oesterreichischen Staatsbahnen. [Locomotivumführung.]

Wien-Gloggnitzer Eisenbahn nicht in Aussicht genommen, hingegen gelangten in nachbenannten Stationen kleine Reparatur-Werkstätten und Remisen zur Ausführung, und zwar:

Am Wiener Bahnhofe zwei Locomotivremisen und eine Reparaturschmiede, welch letztere hauptsächlich für kleine Reparaturen an Dampfwagen diente.

In Mödling eine Wagen- und Locomotivremise, und im Wasserreservoir-Gebäude eine kleine Werkstätte für die Reparaturen an Dampf- und Reisewagen.

In Baden ein Locomotivschupfen und eine Schmiede; da der Locomotivschupfen auf dem Viaduct situirt war, gelangte der unterhalb dieser Remise gelegene Raum für eine Tischlerwerkstätte zur Benützung.

In Wiener-Neustadt eine Wagenremise und eine Reparatur-Werkstätte für kleinere Reparaturen an Locomotiven und Reisewagen. Dieselbe war mit vier Schmiedefeuern und einer kleinen Drehbank ausgestattet.

Von einer eigentlichen Entwicklung des Werkstättenwesens der österreichischen Eisenbahnen vor dem Jahre 1848 kann kaum die Rede sein. Von diesem Zeitpunkte an bis zum heutigen Tage, also während der Regierungszeit unseres Kaisers, brachte der Ausbau und die Vervollkommnung der bereits vor dem Jahre 1848 eröffneten Bahnen sowie die Anlage einer grossen Anzahl neuer Eisenbahnlinien, endlich der stets steigende Verkehr und die durch denselben bedingte stetige Vermehrung des Fahrparkes auch einen sehr bedeutenden Aufschwung des Werkstättenwesens mit sich.

Die angeführten Factoren hatten naturgemäss nicht nur wiederholte Erweiterungen der bestandenen, sondern insbesondere die Errichtung vieler neuer Werkstätten und die stetige Ausgestaltung derselben zur Folge. Es war demnach erst dieser Epoche vorbehalten, in Oesterreich Eisenbahn-Werkstätten zu schaffen, welche auch vom Auslande als Musterwerkstätten anerkannt werden.

Der hier zur Verfügung stehende Raum reicht nicht aus, um sämmtliche grösseren und kleineren Reparatur-Werkstätten sowie die sogenannten Heizhauswerkstätten näher betrachten zu können. Wir wollen demnach nur einzelne grössere Werkstätten der bedeutendsten Bahnverwaltungen Oesterreichs ins Auge fassen und hinsichtlich der kleineren Reparatursowie Heizhaus-Werkstätten blos anführen, wo solche von den bezüglichen Bahnverwaltungen errichtet wurden.

Bedeutendere Werkstättenanlagen der österreichischen Eisenbahnen.

I. K. k. priv. Aussig-Teplitzer Bahn.

Nach Erbauung dieser Bahn (1858) wurde eine Werkstätte in Aussig mit einem gesammten Flächenmasse von 8025 m^2, einer verbauten Grundfläche von 2650 m^2, mit zwei gedeckten Locomotiv- und acht gedeckten Wagenständen für die Erhaltung von vier Locomotiven und 300 Wagen eröffnet. Dieselbe war mit zwölf Arbeitsmaschinen ausgerüstet und beschäftigte 75 Arbeiter. Da insbesondere vom Jahre 1868 bis 1871 eine namhafte Vermehrung der Fahrbetriebsmittel eintrat und weitere Vermehrungen infolge der Anforderung des Betriebes zu gewärtigen waren, wurde im Jahre 1872 ein Project für eine neue, bedeutend grössere Werkstätte verfasst und alsbald mit dem Bau derselben begonnen, so dass im August 1873 der Betrieb eröffnet werden konnte.

In derselben werden nach der derzeit in Durchführung begriffenen Erweiterung in gedeckten heizbaren Räumen 18 Locomotiven und 198 Wagen untergebracht werden können. Diese Ziffern entsprechen 17·3° $_0$, beziehungsweise 2·7° $_0$ der zur Erhaltung zugewiesenen Locomotiven, beziehungsweise Wagen.

Die Holzbearbeitungs-Werkstätte besitzt eine Späne-Absaugevorrichtung, welche die von den Holzbearbeitungs-

Maschinen erzeugten Säge- und Holz-
späne sowie den Staub von den Band-
und Circularsägen und Schmirgelma-
schinen in eine Kammer neben dem
Kesselhause bringt, von wo sie direct
unter dem Dampfkessel zur Verbrennung
gelangen.

Die Beleuchtung der Werkstätte,
welche heute 650 Arbeiter beschäftigt,
erfolgt mittels Gas und die Beheizung,

Die erstere gleichzeitig mit der Turnau-Kraluper Eisenbahn im Jahre 1865
erbaut, besitzt ein Gesammtausmass von
8260 m², von welchen 1746 m² verbaut
sind. Dieselbe hat im Laufe der Jahre
keine Erweiterung erfahren, beschäftigt
durchschnittlich 90 Arbeiter und besorgt die Reparaturen (mit Ausnahme
der Auswechslung von Kesseltheilen)
an den in Prag und Kralup stationirten

Abb. 371. Werkstätte Linz der k. k. Oesterreichischen Staatsbahnen. [Blechbearbeitungs-Werkstätte.]

mit Ausnahme der Montirungsräume,
welche Ofenheizung besitzen, durch den
Abdampf der 100pferdigen Betriebs-
Dampfmaschine.

Die alte Werkstätte steht seit Eröffnung der neuen als Heizhaus-Werkstätte in Verwendung.

II. K. k. priv. Böhmische
Nordbahn.

Diese Eisenbahn-Gesellschaft besitzt
eine Werkstätte in Kralup und eine
Hauptwerkstätte in Böhm.-Leipa.

Locomotiven sowie an durchschnittlich
800 Wagen.

Die Hauptwerkstätte in Böhm.-Leipa
war im Jahre 1876 von der k. k. priv.
Böhmischen Nordbahn erbaut worden.
Bis zu diesem Zeitpunkte erfolgte die
Durchführung der Hauptreparaturen an
Locomotiven und namentlich das Ab-
drehen der Locomotiv-, Tender- und
Wagenräder auf Grund eines Ueberein-
kommens mit der k. k. priv. Turnau-
Kraluper Eisenbahn in der Werkstätte
Kralup, während die kleineren laufen-
den Reparaturen die Heizhaus-Werk-

37*

stätten Bakov, Tetschen und Warnsdorf ausführten. Die Böhm.-Leipa'er
Hauptwerkstätte umfasste im Jahre der
Erbauung 12.380 m^2 [hievon 3300 m^2
verbaute] Grundfläche.

Die Locomotivmontirung war für
sechs Locomotiven, die Wagenmontirung für zehn Wagen bemessen und
entspricht diese Anzahl gedeckter Reparaturstände für 33% der zur Erhaltung zugewiesenen Locomotiven und

fläche 16.590 m^2, von welcher 6780 m^2
verbaut sind. In derselben können auf
den vorhandenen zehn gedeckten Locomotivständen 15% und in der für 16
Wagen bemessenen Wagenmontirung
0·9% der zur Erhaltung zugewiesenen
Locomotiven, beziehungsweise Wagen
untergebracht werden. Ueberdies finden
12 Wagen unter einem Flugdache für
die Durchführung kleiner, laufender Reparaturen Platz. Die Anzahl der Arbeits-

Abb. 573. Werkstätte Linz der k. k. Oesterreichischen Staatsbahnen. [Räderdreherei.]

1·6% der zur Erhaltung zugewiesenen
Wagen. Sämmtliche sechs Locomotivstände besassen eine gemeinsame Räder-
Versenkvorrichtung. Ausgerüstet war
diese Werkstätte mit 34 Arbeitsmaschinen und einer 35pferdigen, eincylindrigen Betriebs-Dampfmaschine. Für
die Dampferzeugung gelangten zwei
Stück Dampfkessel System Dupuis mit
Treppenrostfeuerung und zusammen
114 m^2 Heizfläche mit fünf Atmosphären Betriebsspannung zur Aufstellung.
Der Arbeiterstand bezifferte sich mit
26 Arbeitern.

Derzeit beträgt die gesammte Grund-

maschinen ist auf 57 gestiegen und der
Arbeiterstand hat sich um 100 Mann
erhöht.

Die Erbauung der früher genannten drei
Heizhaus-Werkstätten in Bakov, Warnsdorf und Tetschen erfolgte im Jahre 1867.
Von diesen wurden die beiden erstgenannten nach Fertigstellung der Hauptwerkstätte in Böhm.-Leipa, hingegen die
Tetschener Heizhaus-Werkstätte nach Erbauung einer solchen in Bodenbach im
Jahre 1872 aufgelassen.

Ausser dieser besitzt die Böhmische
Nordbahn noch eine Heizhaus-Werkstätte
in Prag.

III. Ausschl. priv. Buschtěhrader Eisenbahn.

Mit der Erbauung der Bahn [1855] fand die Errichtung einer Werkstätte in Kralup, welche erst in den Jahren 1889 und 1891 eine Erweiterung erfuhr, statt. Die Hauptwerkstätte befindet sich in Komotau und hatte im Jahre der Erbauung [1871] eine gesammte Grundfläche von 33.937 m^2 und eine verbaute von 7666 m^2. Sie beschäftigte 50 Arbeiter. Infolge der stufenweisen Erweiterung in den Jahren 1880, 1881, 1882, 1886, 1888 und 1889 umfasst die gesammte Grundfläche 35.380 m^2, die verbaute 10.551 m^2; die Anzahl der Arbeiter stieg auf 260. Die Locomotivmontirung gelangte mit 15 gedeckten Ständen [entsprechend 25·4%, der damals und 9·4%, der heute zur Erhaltung zugewiesenen Locomotiven] zur Ausführung und erfuhr keine Vergrösserung. Die Wagenmontirung hatte im Jahre der Erbauung 26 gedeckte Wagenstände [= 1·7% der zur Erhaltung zugewiesenen Wagen], hingegen können infolge der durchgeführten Erweiterung heute 59 Wagen [= 0·9%] in gedecktem Raume aufgestellt werden. Ausgerüstet wurde die Werkstätte mit 46 Arbeitsmaschinen, deren Zahl auf 86 stieg, ferner mit einer Copferdigen eincylindrigen Dampfmaschine; zwei Cylinderkessel mit je zwei Siedern für 5 Atmosphären Betriebsdruck und je 62 m^2 Heizfläche, später adaptirt auf eine gesammte Heizfläche von 290 m^2, liefern den für den Maschinen- und Dampfhammerbetrieb sowie den für die theilweise Beheizung der Werkstättenräume erforderlichen Dampf.

An Heizhaus-Werkstätten besitzt die Buschtěhrader Bahn eine in Prag, eine in Falkenau, erstere erbaut 1868, letztere 1891, ferner die durch die Bayrische Ostbahn in Eger [1870] für Rechnung der Buschtěhrader Eisenbahn erbaute Heizhaus-Werkstätte.

IV. Kaiser Ferdinands-Nordbahn.

Die bereits früher erwähnte, im Jahre 1847 mit einem Arbeiterstande von 66 Mann eröffnete Werkstätte Mähr.-Ostrau wurde in den Jahren 1856, 1863, 1871, 1872, 1883, 1889 und 1896—1898 stetig erweitert. Während im Jahre der Erbauung die gesammte Grundfläche 13.690 m^2 und die verbaute 2068 m^2 betrug, wird nach Vollendung der im Zuge befindlichen Vergrösserung, bei einem gesammten Flächenmasse von etwa 207.000 m^2 die verbaute Fläche circa 26.870 m^2 betragen.

Die Locomotivmontirung besass ursprünglich zwei, die Wagenmontirung sechzehn Stände. Demgegenüber wird die Werkstätte nach Vollendung der genannten Vergrösserung über 33 Locomotiv- und 134 Wagenstände in gedecktem Raume verfügen. Bemerkenswerth ist, dass bereits im Jahre 1872 durchgeführte Erweiterung der Wagenwerkstätte nach dem Shed-Dachsystem zur Ausführung kam.

Die Kaiser Ferdinands-Nordbahn traf keine gesonderte Eintheilung der Fahrzeuge hinsichtlich der Zuweisung an bestimmte Werkstätten und können demnach die Procentsätze nicht angegeben werden, welche den Locomotiv- und Wagen-Reparaturständen in Bezug auf die Anzahl der zur Erhaltung zugewiesenen Fahrbetriebsmittel entsprechen würden.

Im Jahre 1852 setzte die Kaiser Ferdinands-Nordbahn, wie schon früher angegeben, die unmittelbar vor diesem Jahre in Floridsdorf bei Wien neu erbaute Wagenwerkstätte für Wagen-Reparaturen aller Art, dann für den Umbau und auch Neubau von Wagen in Betrieb. [Vgl. Fig. 1 der beigegebenen Tafel.]

In gedeckten heizbaren Räumen konnten 80 Wagen aufgestellt werden. Die verbaute Grundfläche bezifferte sich mit 9280 m^2. Für den Betrieb der zu jener Zeit vorhandenen 27 Arbeitsmaschinen war eine Copferdige Balancier-Dampfmaschine vorhanden.

Die erste Vergrösserung, welche die Werkstätte erfuhr, umfasste den Neubau eines eigenen Sägehauses im Jahre 1856, dessen Verlängerung und Ausdehnung auf das heutige Ausmass in das Jahr 1868 fällt. In der Schmiede befanden sich für die Ausführung der verschiedenen Schmiedearbeiten noch zwei Schwanzhämmer

Abb. 574. Werkstätte k.nc der k. k. Oesterreichischen Staatsbahnen. [Festwagenmontirung.]

und eine Schmiedemaschine für Rundeisen, ferner 18 Schmiedefeuer.

Im Jahre 1870 traten Dampfhämmer an Stelle der Schwanzhämmer und der Schmiedemaschine. Die Anzahl der Schmiedefeuer wurde bereits im Jahre 1858 auf 24, im Jahre 1870 auf 30 erhöht und sind heute deren 32 vorhanden.

Die Dreherei erfuhr im Jahre 1869 insoferne eine Vergrösserung, als die bis dahin in derselben untergebrachten Werkstättenkanzleien und das Magazin in ein eigenes Gebäude verlegt wurden. In demselben Jahre erfolgte die erste Verlängerung der Lackirerei und Sattlerei, jedoch erst im Jahre 1872 erhielt dieses Gebäude seine gegenwärtige Grösse.

Die nächste Erweiterung der Werkstätte fällt in das Jahr 1870, und zwar erfolgte eine Vermehrung von gedeckten Arbeitsräumen durch Erbauung einer offenen Ausbindehalle.

Infolge der angeführten stetigen Erweiterung der Wagenwerkstätte misst die gesammte Grundfläche derselben heute 101.300 m^2, die verbaute 26.300 m^2 und beziffert sich die Arbeiterzahl mit 720. In den zur Unterbringung von Wagen vorhandenen gedeckten, heizbaren Arbeitsräumen können 92, in der früher genannten, an einer Stirnseite offenen, nicht heizbaren Ausbindehalle, in welcher zwei Geleise nur für den Rädertransport etc. dienen, 88 Wagen aufgestellt werden.

Für die Trocknung des Wagenbauholzes besitzt diese Werkstätte eine Trockenkammer, welche ausschliesslich mit den bei der Holzbearbeitung abfallenden Spänen geheizt wird. Um den Trocknungsprocess nach erfolgter Lackirung von Wagen zu beschleunigen, sind zwei Dampf-Trockenkammern zur Aufnahme je eines Wagens vorhanden, in welchen das Trocknen bei einer Temperatur von 56—67° C. vor sich geht.

Die Anzahl der Arbeitsmaschinen stieg vom Jahre der Erbauung bis heute von 27 auf 148. Letztere werden durch eine Zwillings-Dampfmaschine mit hundert und ein Locomobil mit zwölf Pferdestärken betrieben.

Zur Dampferzeugung für die Dampfmaschine der Dampfhämmer sowie für die im Sägehaus und in der Tischlerei befindlichen Dampfheiz-Anlagen sind ein Verticalkessel mit 26 m^2 Heizfläche und 5¼ Atmosphären Betriebsdruck, welcher mit dem Schweissofen combinirt ist, und ein Dampfkessel mit 117·3 m^2 Heizfläche für 10 Atmosphären Betriebsdruck gebaut, vorhanden. Die ursprünglich primitive Beleuchtung wurde durch die Gasbeleuchtung ersetzt.

Die Locomotiv-Werkstätte in Floridsdorf (vgl. Fig. I auf der beigegebenen Tafel), welcher die Reparaturen sowie die Umstaltungen an Locomotiven und Wasserstations-Einrichtungen, dann die Erzeugung von Locomotiv- und anderen Dampfkesseln obliegen, wurde, wie bereits früher angeführt, im Jahre 1873 erbaut und schon im Jahre 1874 konnte der volle Betrieb mit 500 Arbeitern in derselben aufgenommen werden. In dem genannten Jahre gelangten zwei grosse Tracte zur Ausführung, von welchen der eine grössere die Locomotiv- und Tendermontirung, die Schlosserei und Dreherei aufnahm, während der zweite die Schmiede, Siederohr-Werkstätte, Giesserei und die Kesselschmiede enthielt. Aber schon im Jahre 1881 ergab sich infolge des durch den erhöhten Betrieb bedingten grösseren Locomotivparkes die Nothwendigkeit, die Werkstätte zu erweitern.

Die gesammte Grundfläche der Locomotiv-Werkstätte betrug im Jahre der Erbauung 90.580 m^2, eine Vergrösserung derselben fand bis heute nicht statt; die verbaute Grundfläche bezifferte sich ursprünglich mit 20.800 m^2 gegen 24.600 m^2 nach dem heutigen Ausmasse und finden derzeit 720 Arbeiter in der Werkstätte Beschäftigung.

Im Jahre 1890 ergab sich die Nothwendigkeit, für die Dreherei eine grössere, und zwar 200pferdige Maschine zu beschaffen. Um den für diese neue Maschine, für die Dampfhämmer und den für die weiter in Aussicht genommene Dampfheizanlage nöthigen Dampf zu erzeugen, wurde im selben Jahre zwischen der Kesselschmiede und den Tender-Aufstellungsgeleisen eine centrale Kesselanlage für die gesammte Werkstätte errichtet. Vorerst kamen drei Multitubularkessel mit je 120 m^2 Heizfläche und für zehn

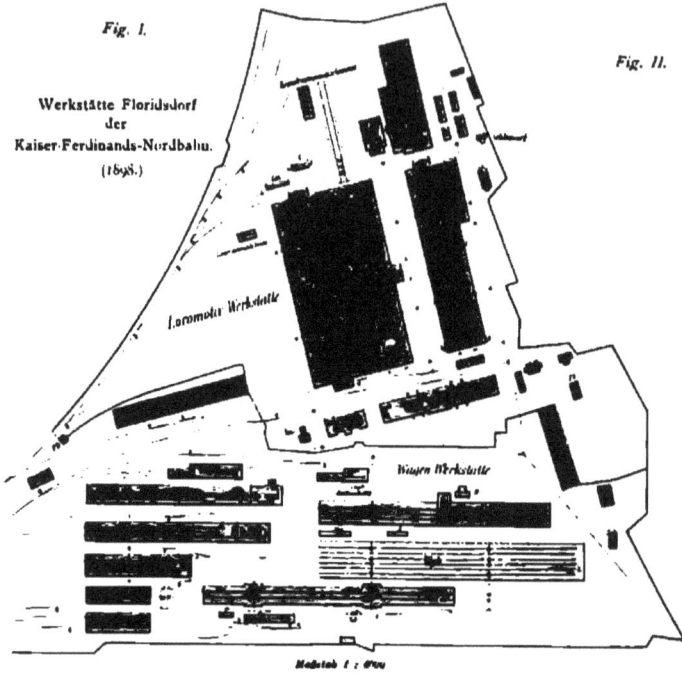

Fig. 1.

Werkstätte Floridsdorf
der
Kaiser-Ferdinands-Nordbahn.
(1898.)

Locomotiv Werkstätte

Wagen Werkstätte

Maßstab 1 : 6000

Fig. II.

Werkstätte Pardu

Brünn

Fig. IV.

Fig. VIb

Werkstätte Laun der k. k. österr. Staatsbahnen. (1898.)

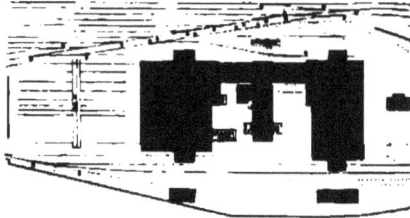

Fig. V.

Maßstab 1 : 4000

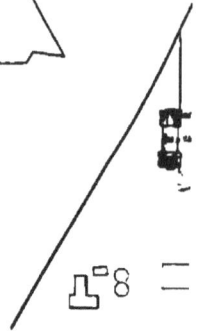

Werkstätte Neu-Sandez der k. k. österr. Staatsbahnen. (1898.)

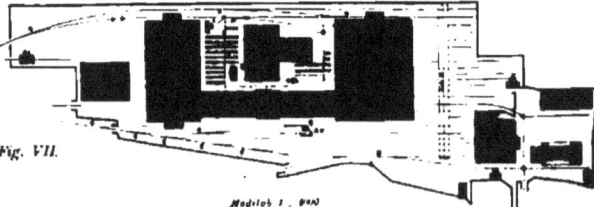

Fig. VII.

Maßstab 1 : 6000

Werkstätte Linz
Elisabeth-Bahn nach E

Fig. VIa.

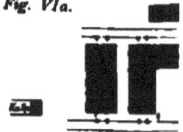

itz der Staatseisenbahn. (1845.)

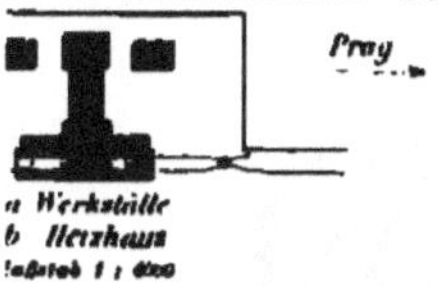

Prag

a Werkstätte
b Heizhaus

Werkstätte Böhm.-Trübau der Staatseisenbahn-Gesellschaft. (1855.)

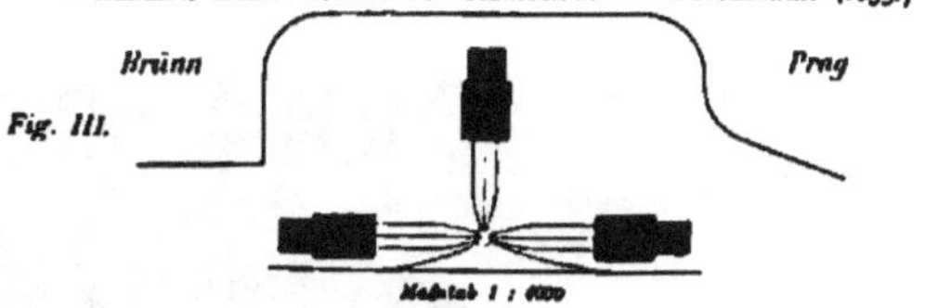

Brünn   *Prag*

Fig. III.

Maßstab 1 : 6000

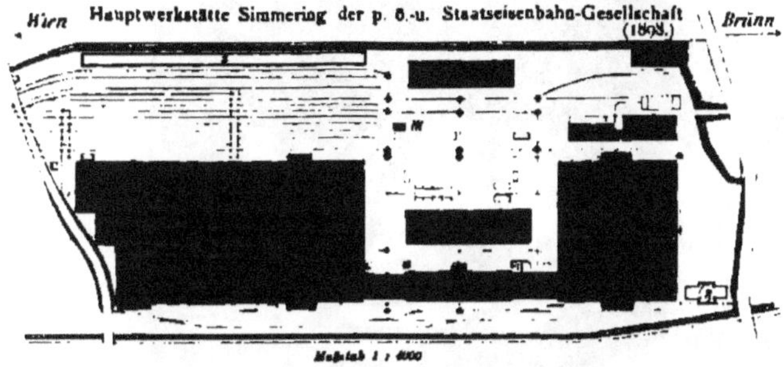

Wien Hauptwerkstätte Simmering der p. ö.-u. Staatseisenbahn-Gesellschaft. (1898.)   *Brünn*

Maßstab 1 : 6000

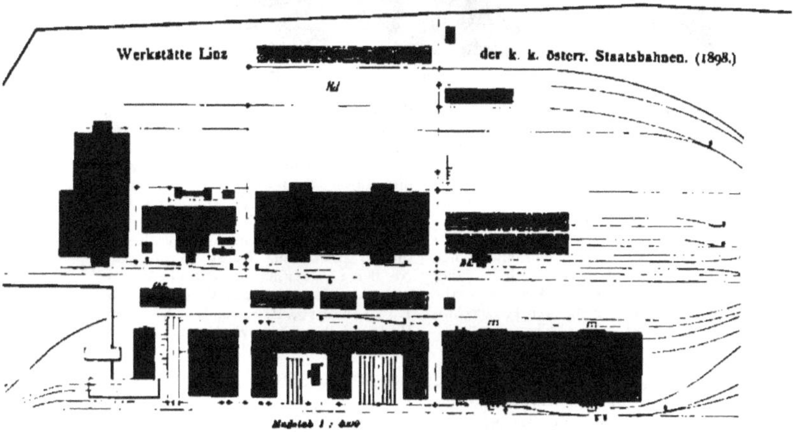

Werkstätte Linz   der k. k. österr. Staatsbahnen. (1898.)

Maßstab 1 : 6000

er ehemaligen Kaiserin-
auung derselben. (1858—1860).

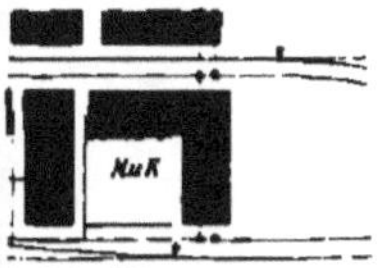

Maßstab 1 : 6000

A.	Abort.	Hd.	Holzdepôt.	T. M.	Tendermontirung.
A. C.	Arbeiter-Controlhaus und Warteraum.	Ht.	Holztrockenkammer.	Wg.	Wohngebäude.
Ad.	Administrations-gebäude.	K.	Kesselhaus.	Wgh.	Wagenausbindehalle.
		Km.	Kohlenmagazin.	W. M.	Wagenmontirung.
Au.	Anstreicherei.	Ks.	Kesselschmiede.	Ws.	Werkzeugmacherei.
B.	Bureau.	Ku. s.	Kupferschmiede.		
Bh.	Blechbearbeitungs-werkstätte.	L.	Lackirerei für Wagen.		
		L. M.	Locomotiv-Montirung		
Bh.	Radehaus.	M.	Maschinenhaus.		
B. L.	Brückenwage für Loco-motiven.	Mg.	Magazin.		
		Oc.	Oelmagazin.		
B. W.	Brückenwage für Wag-gons.	Ph.	Portierhaus.		
		Rd.	Räderdreherei.		
D.	Dreherei.	Rw.	Räderwerkstätte.		
Dp.	Depôt.	S.	Sattlerei.		
Em.	Eisenmagazin.	Sch.	Schmiede.		
F.	Flugdächer.	Schl.	Schlosserei.		
FL	Feuerlöschrequisiten-depôt.	Sch. L.	Schiebebühne für Loco-motiven.		
Fs.	Federnschmiede.	Sch. W.	Schiebebühne für Wag-gons.		
G.	Gießerei.	Sh.	Speisenhaus.		
Gb. E.	Gebäude für elektrische Beleuchtung.	Sp.	Spänglerei.		
		Spk.	Spähnehaus.		
Hb.	Holzbearbeitungs-Werkstätte.	Sps.	Speisesaal.		
		T.	Tischlerei.		

	Bestand im Jahre der Erbauung der Werk-stätte.	Erweite-rung nach der Erbauung bis zum J. 1898.	Demolirt.
Mauer-werk.			
Holz-bauten.			
Flug-dächer.			

Abb. 375. Werkstätte Linz der k. k. Oesterreichischen Staatsbahnen. [Tyres-Werkstätte.]

Atmosphären Betriebsdruck construirt, sodann noch zwei gleiche Kessel zur Aufstellung. Diese Kesselanlage liefert durch eine im Jahre 1895 ausgeführte Dampfleitung auch den erforderlichen Dampf für die in der Wagenwerkstätte befindlichen Dampfheizanlagen.

Um die zur Hauptreparatur bestimmten Kessel auszuklopfen und untersuchen zu können, entschied man sich im Jahre 1893 zur Erbauung einer Locomotivhalle angrenzend an die genannten Tender-Aufstellungsgeleise.

Die letzte Erweiterung dieser Werkstätte erfolgte im Jahre 1895 durch die Ausführung eines Anbaues an die Kesselschmiede, in welchen vorwiegend die zur Bearbeitung von Kessel-Bestandtheilen dienenden Arbeitsmaschinen aufgestellt wurden, was die Möglichkeit und Durchführung einer Vergrösserung der Tendermontirung zur Folge hatte. Die ursprüngliche Anzahl von Arbeitsmaschinen stieg von 132 auf 198. Einzelne Arbeitsmaschinen sowie die Ventilatoren, für die Metallgiesserei und das Kesselhaus, werden auf elektromotorischem Wege angetrieben.

Ein besonderes Augenmerk lenkte die Kaiser Ferdinands-Nordbahn unter Anderem auch auf die Erprobung von Constructions-Materialien.

Behufs Durchführung kleinerer Reparaturen besitzt die Kaiser Ferdinands-Nordbahn eine Filialwerkstätte in Wien und je eine Heizhaus-Werkstätte in Lundenburg, Prerau, Krakau und Brünn [Ober-Gerspitz].

1. K. k. priv. Oesterreichische Nordwestbahn und Süd-norddeutsche Verbindungsbahn.

a) K. k. priv. Oesterreichische Nordwestbahn.

Auf einer gesammten Grundfläche von 52.200 m^2 errichtete diese Eisenbahn [1872] eine Hauptwerkstätte in Jedlesee mit einer verbauten Grundfläche von 11.090 m^2 und eine solche in Nimburg [1873 und 1874] mit einer gesammten Grundfläche von 71.737 m^2 und einer verbauten von 14.110 m^2.

Bei der erstgenannten Werkstätte stieg, infolge des Baues einer neuen Kesselschmiede [1881 und 1882], einer Vergrösserung der Wagenmontirung und des Holzschupfens [1885, 1895 und 1896] sowie einer Vergrösserung der Locomotivmontirung [1893 und 1897], das gesammte Ausmass auf 59.800 m^2, jenes der verbauten Grundfläche auf 18.287 m^2 und die Anzahl der Arbeiter von 80 auf 320.

Im heutigen Jahre erfolgte neuerdings eine Vergrösserung der Wagenmontirung im Ausmasse von circa 1200 m^2. Die ursprüngliche Anzahl der gedeckten Locomotivstände betrug 11 und erhöhte sich auf 22, die Anzahl der Stände für die Unterbringung von Wagen in heizbaren Räumen stieg von 64 auf 120. Unter Berücksichtigung der dieser Werkstätte zur Erhaltung zugewiesenen Fahrbetriebsmittel konnten unmittelbar nach der Erbauung derselben 12% der Locomotiven und 7·9% der Wagen, hingegen dermalen 20% der Locomotiven und 15% der Wagen untergebracht werden. Ein 25pferdiges Locomobil trieb die Arbeitsmaschinen, 50 an der Zahl, an.

Die Erweiterung der Werkstätte gegenüber dem ursprünglichen Bestande hatte eine Vermehrung der Arbeitsmaschinen um 27 Stück zur Folge, und da das Locomobil für den gesammten Betrieb nicht ausreichte, gelangte eine neue 40pferdige, eincylindrige Ventilmaschine und ein Siederohrkessel mit 54 m^2 Heizfläche und 9 Atmosphären Betriebsspannung zur Aufstellung. Mit dem Abdampf der neuen Dampfmaschine erfolgt die Beheizung der Locomotivmontirung.

Die Erweiterung der Hauptwerkstätte Nimburg umfasst den Bau einer neuen Kesselschmiede, einer Wagenmontirung, einer Wagenausbindehalle, eines Flugdaches für Wagen sowie die Vergrösserung der Lackirerei.

In der Locomotivmontirung können 20 Locomotiven, in der Wagenmontirung

ausschliesslich der Ausbindehalle 60 Wagen aufgestellt werden.

Infolge dieser Vergrösserung umfasst die verbaute Grundfläche 17.189 m^2; die Anzahl der Arbeiter stieg von 140 (ursprünglich) auf 500.

Für die allgemeine Beleuchtung in der Locomotivabtheilung und Holzbearbeitung stehen seit dem Jahre 1881 fünf elektrische Bogenlampen in Verwendung.

An Heizhaus-Werkstätten besitzt diese Eisenbahn eine solche in Iglau mit fünf Locomotiv- und sechs Wagenständen, eine in Trautenau mit zwei Locomotiv- und drei Wagenständen und eine in Tetschen mit drei Locomotiv- und acht Wagenständen.

b) K. k. priv. Süd-norddeutsche Verbindungsbahn.

Die Hauptwerkstätte dieser Eisenbahn mit 246 Arbeitern befindet sich in Reichenberg, wo im Jahre 1857 eine Giesserei eine Werkstätte erbaut wurde, die sowohl für den Eisenbahnbetrieb als auch für die Privatindustrie arbeiteten. Bei einer gesammten Grundfläche von 21.560 m^2 bezifferte sich die verbaute mit 4799 m^2.

Die Locomotivmontirung hatte vier Stände, die Wagenmontirung 20, entsprechend 10% der zur Erhaltung zugewiesenen Locomotiven, beziehungsweise 3·8% der zur Erhaltung zugewiesenen Wagen. An maschineller Einrichtung besass dieselbe unter Anderem eine eincylindrige, verticale, 30pferdige Dampfmaschine, einen Flammrohrkessel mit 25 m^2 Heizfläche bei 5 Atmosphären Betriebsdruck und 30 Arbeitsmaschinen.

Im Jahre 1861 durch Brand zerstört, wurde diese Werkstätte mit geringen Aenderungen wieder aufgebaut. In den Jahren 1875 und 1876 erfolgte eine Abtrennung des Giessereibetriebes und der mit derselben verbundenen Appreturwerkstätte als eigenes Unternehmen, auf den Werkstätten-Grundflächen wurden für die Giesserei zwei Gebäude aufgeführt, die mit eigenen Betriebsmitteln und Werkstätten-Einrichtungen versehen wurden.

Abb. 175. Werkstätte Linz der k. k. österreichischen Staatsbahnen. [Hölzern-Jahnen in der Lastwagenmontierung.]

Abb. 377. Werkstätteanlage Neu-Sandec der k. k. Oesterreichischen Staatsbahnen.

Eine wesentliche Erweiterung der Eisenbahn - Werkstätte erfuhr dieselbe [1892—1894] durch die Erbauung einer Locomotiv- und Tendermontirung sammt Kesselschmiede, einer Dreherei, Tischlerei, Schmiede, eines Kessel- und Maschinenhauses, Kohlenschupfens, Portierhäuschens sammt zugehörigen Bureaux etc. Von der früheren Anlage blieb die alte Wagenmontirung, das Administrations- und Magazinsgebäude mit den Dienstwohnungen in Benützung; aus der Dreherei wurden theils Magazine, theils Speiseräume für Arbeiter geschaffen, und die alte Locomotivmontirung als Ausbindehalle in Verwendung genommen.

Mit Rücksicht auf die eben genannte Erweiterung umfasst die gesammte Grundfläche 42.600 m^2, die verbaute 9113 m^2, und können in gedeckten heizbaren Räumen 12 Locomotiven und 60 Wagen, entsprechend 14·6%, beziehungsweise 4·2% der dieser Werkstätte zur Erhaltung zugewiesenen Locomotiven, beziehungsweise Wagen aufgestellt werden.

Die Anzahl der Arbeitsmaschinen stieg auf 61, für deren Antrieb eine 60pferdige Zwillings-Dampfmaschine vorhanden ist. Ein Siederohrkessel mit Tenbrinkfeuerung, für welchen ein Locomotivkessel als Reserve vorhanden ist, liefert den Dampf für die gesammte Anlage, einschliesslich jenes für die Beheizung einzelner Arbeitsräume. Die Beleuchtung erfolgt mittels Gas.

Schliesslich sei erwähnt, dass diese Bahnverwaltung eine kleine Heizhaus-Werkstätte in Pardubitz und Josefstadt besitzt. Die Erbauung der erstgenannten Heizhaus-Werkstätte fällt in das Jahr 1857, jene der letztgenannten in das Jahr 1870/71.

VI. Priv. österreichisch-ungarische Staatseisenbahn-Gesellschaft.

Bei Constituirung der Staatseisenbahn-Gesellschaft [1855] übernahm diese vom österreichischen Staate die Reparaturwerkstätten der k. k. nördlichen und südöstlichen Staatsbahnen zu Prag, Böhmisch-Trübau, Pardubitz, Neuhäusel, Pest und Oravicza und die kleineren Werkstätten in Pressburg, Czegléd und Szegedin.

Die Werkstätte Prag wurde im Jahre 1845, Böhmisch-Trübau 1849, Pardubitz 1845, Neuhäusel 1850 und Oravicza 1855 vom österreichischen Staate, hingegen die Werkstätte Pest im Jahre 1846 von der ehemaligen Ungarischen Centralbahn erbaut. Aus Figur II der beigegebenen Tafel ist der Lageplan der Werkstätte Pardubitz im Jahre der Erbauung, und aus Figur III jener der Werkstätte Böhmisch-Trübau, im Jahre 1855 zu ersehen.

Auf den ungarischen Linien mussten in Ermangelung genügend leistungsfähiger grösserer Werkstätten auch die kleinen Werkstätten in Pressburg [erbaut 1848 von der Ungarischen Centralbahn], Czegléd und Szegedin [erstere 1850, letztere 1854 vom Staate erbaut] zur Reparatur der Fahrbetriebsmittel herangezogen werden.

Infolge des unöconomischen Betriebes bei Ausführung der Arbeiten in mehreren kleineren Werkstätten sowie der stetigen Vermehrung der Fahrbetriebsmittel und endlich auch durch den Ausbau des Netzes von Szegedin bis an die Donau, sah sich die Staatseisenbahn-Gesellschaft gleich in den folgenden Jahren veranlasst, die Reparaturen in grösseren Werkstätten zu concentriren. Zu dem Ende wurden die übernommenen Werkstätten zu Pest und Neuhäusel durch Ergänzungsbauten leistungsfähiger gestaltet, in Temesvár im Jahre 1859 eine neue grössere Werkstätte errichtet, und in der Werkstätte Pest die im Jahre 1857 abgebrannte Locomotivmontirung in grösserem Umfange wieder hergestellt. Diese Arbeiten waren Ende 1859 voll-

Bruck a. d. L. und erweiterte dieselbe in den folgenden Jahren (bis 1860), weil die in Wien befindliche, von der Wien-Raaber Bahn-Gesellschaft angelegte kleine Werkstätte nicht genügte.

In den Jahren 1861 bis 1866 wurde die Vervollständigung der den Anforderungen nicht mehr genügenden Werkstätten auf der nördlichen Linie durchgeführt.

Abb. 474. Werkstätte Neu-Sandec der k. k. Oesterreichischen Staatsbahnen. [Schmiede-Werkstätte.]

endet, so dass von diesem Zeitpunkte ab ausschliesslich die drei Werkstätten Neuhäusel, Pest und Temesvár die Reparaturen besorgten. Die kleinen Werkstätten zu Pressburg, Czegléd, Szegedin und Oravicza konnten sonach aufgelassen, beziehungsweise in Heizhaus-Werkstätten umgewandelt werden.

Für die Erhaltung des Fahrparkes der Wien-Raaber Bahn, welche seitens der Gesellschaft ebenfalls 1855 erworben und sodann bis Uj-Szöny verlängert wurde, erbaute die Staatseisenbahn-Gesellschaft im Jahre 1857 eine neue Werkstätte in

Als nun die Staatseisenbahn-Gesellschaft im Jahre 1866 die Concession für das Ergänzungsnetz erhielt, durch dessen Linien die bisher getrennten Strecken im Norden und Südosten verbunden wurden, und in Wien durch Ausgestaltung der alten Bahnhofsanlage der ehemaligen Wien-Raaber Bahn ein Centralbahnhof für die drei Hauptlinien Wien-Prag-Bodenbach, Wien-Budapest-Báziás und Wien-Bruck-Uj-Szöny entstand, war es im Interesse einer möglichst öconomischen Gebarung gelegen, die Instandhaltung der in bedeutendem Masse

vermehrten Fahrbetriebsmittel nach Thunlichkeit in Hauptwerkstätten zu concentriren, die bisher betriebenen kleineren
Werkstätten aber theils in ihrer Leistungsfähigkeit wesentlich einzuschränken und
fernerhin nur als Heizhaus-Werkstätten
zu verwenden, theils ganz aufzulassen.

So wurde im Jahre 1871 im Knoten-
punkte Wien mit dem Bau der grossen,
für Locomotiv- und Wagenreparatur bestimmten Hauptwerkstätte Simmering,

und Budapest — welch letztere im Jahre
1872 vergrössert worden war — für die
Reparatur der Fahrbetriebsmittel zur Verfügung, so dass in den folgenden Jahren
1873 bis 1875 die kleineren Werkstätten
in Pardubitz, Böhmisch-Trübau, Wien,
Neuhäusel und Temesvár restringirt und
in Heizhaus-Werkstätten umgewandelt,
die Werkstätte Bruck a. d. L. jedoch ganz
aufgelassen werden konnte.

Im Jahre 1884 wurde ein Anbau an

Abb. 370. Werkstätte Neu-Sandec der k. k. Oesterreichischen Staatsbahnen. [Kesselschmiede.]

ferner in Bubna bei Prag mit der Anlage
einer speciell für die Güterwagen-Reparatur
bestimmten Werkstätte begonnen, beide
Werkstätten 1873 vollendet und erstere
mit einem Arbeiterstande von circa 400,
letztere mit einem solchen von circa
320 Arbeitern eröffnet. Die Letztere,
eine Ergänzung der alten Werkstätte
Prag, wurde mit derselben vereinigt und
als Hauptwerkstätte Prag-Bubna ein
und derselben Leitung unterstellt.

Es standen nunmehr die drei grossen
Hauptwerkstätten Prag-Bubna, Simmering

die Schmiede der Werkstätte Simmering
behufs Vergrösserung der Eisen- und Metallgiesserei, die für den erheblich gesteigerten Bedarf an Gussstücken nicht
mehr genügte, geschaffen, ferner im
Jahre 1888 eine Lackirerei und Sattlerei
in der Werkstätte Bubna eingerichtet. Um
für den gesteigerten Verkehr am Bahnhofe
Prag Platz zu gewinnen, musste die Per-
sonenwagen-Reparatur von der Werkstätte
Prag nach Bubna verlegt werden.

Im September 1891 brannte ein beträchtlicher Theil der Werkstätte Bubna

Abb. 96. Werkstätte Neu-Sandec der k. k. Oesterreichischen Staatsbahnen. [Blechbearbeitungs-Werkstätte.]

ab, doch wurde anlässlich des Wiederaufbaues keine nennenswerthe Veränderung des früheren Bestandes vorgenommen.

Nach Verstaatlichung der in Ungarn gelegenen gesellschaftlichen Bahnstrecken, verblieben der Staatseisenbahn - Gesellschaft nur mehr die Hauptwerkstätten Prag-Bubna und Simmering.

Die vom österreichischen Staate [1845] erbaute Werkstätte Prag hatte im Jahre 1855 eine gesammte Grundfläche von 33.100 m^2 und eine verbaute von 7500 m^2 mit 2050 m^2 Stockwerksbau, eine Locomotivmontirung für 21 Locomotiven, eine Wagenmontirung für 15 Wagen, 73 Arbeitsmaschinen [von einer 20pferdigen stehenden Dampfmaschine angetrieben], zwei Bouilleurkessel mit 80 m^2 Heizfläche, 5 Atmosphären Betriebsdruck, Oelbeleuchtung, Ofenheizung und beschäftigte circa 500 Arbeiter.

Infolge der bereits angeführten Umstaltungen, welche diese Werkstätte erfahren hatte, und der Verlegung der Reparatur und Lackirung der Personenwagen von Prag nach der Werkstätte Bubna [1888], beziffert sich derzeit die gesammte Grundfläche der Werkstätte Prag mit 16.000 m^2, die verbaute mit 6820 m^2 und 1770 m^2 Stockwerksbau. Die Werkstätte besitzt gegenwärtig 30 gedeckte Locomotivstände und 116 Arbeitsmaschinen, die von einer liegenden 52pferdigen Dampfmaschine angetrieben werden. Den für diese Dampfmaschine und die Dampfhämmer etc. nöthigen Dampf liefern zwei liegende Röhrenkessel mit zusammen 153 m^2 Heizfläche und 8 und 10 Atmosphären Betriebsdruck. Der durchschnittliche Arbeiterstand beziffert sich mit 280 Personen.

Die Werkstätte Bubna besitzt eine Gesammtgrundfläche von 78.200 m^2 und eine verbaute von 15.140 m^2. In der Wagenmontirung dieser Werkstätte können 140 [3% der zur Erhaltung zugewiesenen] Wagen untergebracht werden. Während ursprünglich nur 58 Arbeitsmaschinen und für den Betrieb derselben

ein 25pferdiges Locomobil, ferner zwei
liegende Röhrenkessel mit zusammen
55 m² Heizfläche vorhanden waren,
besitzt diese Werkstätte derzeit 130 Arbeitsmaschinen, eine 50pferdige Zwillings-
dampfmaschine und zwei liegende Röhrenkessel mit 130 m² Heizfläche. Infolge
der bedeutenden Vermehrung der zur
Erhaltung zugewiesenen Wagen können
heute nur 2¹/₂⁰/₀ derselben in der Wagenmontirung aufgestellt werden. Der durchschnittliche Arbeiterstand von Jahre 1873
bis heute ist von 320 auf 420 Arbeiter
gestiegen.

Die Hauptwerkstätte Simmering
[vgl. Fig. IV der beigegebenen Tafel],
welche durchschnittlich 750 Arbeiter beschäftigt, besitzt bei 71.500 m² gesammter und 31.320 m² verbauter
Grundfläche, eine Locomotivmontirung mit
50 Locomotivständen und eine Wagenmontirung für 180 Wagen, das sind in
Bezug auf die der Werkstätte im Jahre
der Erbauung [1873] zugewiesenen Fahrbetriebsmittel 40⁰/₀, beziehungsweise 6·6⁰/₀,
des Locomotiv-, beziehungsweise Wagen-
Reparaturstandes, hingegen unter Zugrundelegung der dermalen zur Erhaltung
zugewiesenen Fahrbetriebsmittel 23⁰/₀,
beziehungsweise 3⁰/₀. Die ursprüngliche
Ausrüstung umfasste u. A. zwei Wand-
Dampfmaschinen, zwei liegende Dampfmaschinen mit zusammen 112 Pferdestärken, vier liegende Röhrenkessel mit
zusammen 306 m² Heizfläche bei 6 Atmosphären Betriebsdruck und 167 Arbeitsmaschinen. Die Anzahl der Letzteren erhöhte sich bis heute auf 271 und sind jetzt
für deren Antrieb eine Wand-Dampf-
maschine und zwei liegende Dampfmaschinen mit zusammen 145 Pferdestärken, ferner fünf liegende Röhrenkessel mit zusammen 434 m² Heizfläche
bei 7 und 10 Atmosphären Betriebsdruck vorhanden.

An Heizhaus-Werkstätten besitzt
die Staatseisenbahn-Gesellschaft ausser
den bereits genannten noch die folgenden:

Wien, erbaut 1846 von der Wien-Raaber
Bahn.

Marchegg, erbaut 1848 von der Ungarischen Centralbahn.

Brünn, erbaut 1848 vom Staate.

Aussig, erbaut 1851 vom Staate.

Bodenbach, erbaut 1851 vom Staate
sowie die von der Gesellschaft in den
Siebziger-Jahren erbauten Heizhaus-Werkstätten Chotzen, Halbstadt, Bubna,
Prag und Kralup und Stadlau.

Die vom österreichischen Staat [1845]
in Olmütz erbaute Werkstätte wurde
im Jahre 1855, die [1850—1854] in
Grau erbaute im Jahre 1859 und jene
von der Staatseisenbahn - Gesellschaft
[1856] in Wieselburg erbaute im
Jahre 1864 aufgelassen.

VII. K. k. priv. Südbahn-Gesellschaft.

Für die Reparatur der Fahrbetriebsmittel besitzt diese Eisenbahn-Gesellschaft eine Hauptwerkstätte in Wien,
erbaut [1856—1858] von den ehemaligen
k. k. südlichen Staatsbahnen, eine Hauptwerkstätte in Marburg, erbaut [1863
bis 1866] von der Südbahn - Gesellschaft, je eine Werkstätte in Innsbruck, erbaut [1858] von den ehemaligen
k. k. südlichen Staatsbahnen, Stuhlweissenburg, erbaut [1861] von der
Südbahn - Gesellschaft und Graz [Köf-
lacher Bahnhof] erbaut [1860] von der
Graz-Köflacher Bahn, ferner die Heizhaus-Werkstätten in Mürzzuschlag und
Laibach, beide erbaut von den ehemaligen k. k. südlichen Staatsbahnen,
und zwar erstere im Jahre 1854, letztere
im Jahre 1857, schliesslich die Heizhaus-
werkstätte in Triest, erbaut [1880] von
der Südbahn-Gesellschaft. Die alte Werkstätte Triest, erbaut [1857] von den ehemaligen k. k. südlichen Staatsbahnen,
wurde im Jahre 1880 aufgelassen.

Die älteste Werkstätte, nämlich jene
in Wien, hatte im Jahre der Erbauung
51.660 m² gesammte Grundfläche, von
welcher 9375 m² überdeckt waren.
Das derzeitige Flächenausmass dieser
Werkstätte beträgt 66.200 m², wovon
20.533 m² verbaut sind.

Bei Eröffnung des Betriebes [1858]
waren vorhanden: Eine Locomotivmontirung mit 19 Ständen, eine Wagenmontirung, in welcher 22 Stück vierachsige Personenwagen, wie selbe die
k. k. südlichen Staatsbahnen und später

die Südbahn - Gesellschaft durch die Maschinenfabrik der ehemaligen Wien-Raaber Actien - Gesellschaft anfertigen liess, beziehungsweise 44 Wagen mit je 10 *m* Länge untergebracht werden konnten, eine Lackirer-Werkstätte, eine Schmiede, Dreherei sammt Dampfanlage und zwei Wohngebäude. Im Jahre 1864 fand die erste Erweiterung der Werkstätte durch Vergrösserung der Schmiede magazins, eine weitere Vergrösserung der Schmiede [1891] und eine solche des Kesselhauses [1895] schliessen die letzten Bauherstellungen dieser Werkstätte in sich. Es werden durchschnittlich 890 Arbeiter beschäftigt. Auf den vorhandenen 33 gedeckten Locomotivständen können 16% der dieser Werkstätte zur Erhaltung zugewiesenen Locomotiven aufgestellt werden. Fünf Dampf-

Abb. 581. Werkstätte Neu-Sandec der k. k. Oesterreichischen Staatsbahnen. [Rohr- und Kupferschmiede.]

und Wagenmontirung sowie Erbauung einer neuen, nicht heizbaren Wagenremise statt, mit welcher man bis zum Jahre 1872 das Auslangen fand. In diesem Jahre schritt die Südbahn-Gesellschaft zu einer neuerlichen Erweiterung der Werkstätte durch Erbauung einer neuen Locomotivmontirung mit 14 Ständen, eines neuen Kessel- und Maschinenhauses und durch Vergrösserung der Dreherei. Die Errichtung einer Rosshaarsiederei [1888], eines Rohrmagazins [1891], einer Hofwagenremise, eines Hand- maschinen mit zusammen 134 Pferdestärken sind für den Antrieb der 108 Arbeitsmaschinen und acht Dampfkessel mit zusammen 376 m^2 Heizfläche für die Erzeugung des für die Dampfmaschinen und Dampfhämmer nöthigen Dampfes vorhanden.

Die in Marburg [1866] auf einer gesammten Grundfläche von 84.470 m^2 errichtete Hauptwerkstätte besitzt 46 gedeckte Locomotiv- und 250 gedeckte Wagen-Reparaturstände bei einer verbauten Grundfläche von 32.746 m^2. Sie erfuhr eine Erweiterung nur durch

Erbauung von drei Holzschupfen und einer Trockenhütte im Jahre 1873, einer neuen Wagenmontirung für 30 Wagen im Jahre 1875, eines Säge-Gebäudes mit einem Maschinenhaus im Jahre 1879 und von anderweitigen kleinen Objecten. Von den dieser Werkstätte zur Erhaltung zugewiesenen Locomotiven können 15·3% untergebracht werden. Für die theils mittels Transmissionen, theils elektromotorisch angetriebenen 268 Arbeitsmaschinen sind fünf Dampfmaschinen mit zusammen 225 Pferdestärken in Thätigkeit.

Durchschnittlich beschäftigt die Werkstätte 1070 Arbeiter.

VIII. K. k. Oesterreichische Staatsbahnen.

Einschliesslich der im Staatsbetriebe befindlichen Linien besitzen die k.k.Oesterreichischen Staatsbahnen nachbenannte Werkstätten, und zwar:

Abb. 342. Motorhäuschen der elektrisch betriebenen Schiebebühne.

1. Die Werkstätte Bodenbach, errichtet [1871] von der ehemaligen Dux-Bodenbacher Eisenbahn, mit einer verbauten Grundfläche von 1620 m^2, sechs gedeckten Locomotiv- und zwölf gedeckten Wagenständen, erweitert bis zur Uebernahme in den Staatsbetrieb [1884] um 3120 m^2 gedeckte Werkstättenräume inclusive einer Wagenmontirung für 18 Wagen. Die Vergrösserung seit Uebernahme in den Staatsbetrieb beträgt 670 m^2 überdachte Fläche für die Aufstellung von fünf Locomotiven oder neun Tendern.

2. Die Werkstätte Gmünd, errichtet [1869] von der ehemaligen Franz Josef-Bahn, mit einer verbauten Grundfläche von 9000 m^2, einer Locomotivmontirung für 16 Locomotiven und einer Wagenmontirung für 35 Wagen; in den Staatsbetrieb übernommen 1884, bis zu welcher Zeit, abgesehen von kleineren Objecten, nur die Dreherei erweitert und eine neue Kupferschmiede erbaut wurde.

Die seit Uebernahme in den Staatsbetrieb ausgeführten Erweiterungsbauten umfassen eine Locomotiv- und Wagenmontirung, eine Locomotiv- und Wagenlackirerei, eine Vergrösserung der alten Wagenmontirung, einen Speisesaal sammt Portierhaus, eine Arbeitercontrole und ein Feuerlöschrequisiten-Dépôt, so dass die verbaute Grundfläche derzeit 13.770 m^2 beträgt und 21 Locomotiven und 70 Wagen in heizbaren Räumen untergebracht werden können.

3. Die Werkstätte Knittelfeld, errichtet [1869] von der ehemaligen Kronprinz Rudolf-Bahn in einem Ausmasse von 4268 m^2 verbauter Grundfläche, mit fünf Locomotiv- und 26 Wagenständen im heizbaren Raume. Vor Uebernahme in die Staatsbetrieb [1884] erfuhr diese Werkstätte eine Vergrösserung durch Erbauung einer Wagenmontirung für 14 Wagen, einer Locomotivmontirung mit sieben Ständen und eines Kesselhauses.

In jüngster Zeit ergab sich die Nothwendigkeit einer bedeutenden Erweiterung.

Mit derselben wurde durch Vergrösserung der Locomotivmontirung um acht Stände bereits begonnen und sind die Ausführungen eines Zubaues an die Locomotivmontirung für zwölf Locomotiven sammt Dreherei, einer neuen Wagenmontirung für 64 Wagen, einer neuen Schmiede, Dreherei, eines neuen Maschinen- und Kesselhauses sammt Kohlendépôt, einer neuen Kesselschmiede sammt Blechbearbeitung und Kupferschmiede, eines Feuerlöschrequisiten-Dépôts, eines Bade-

4. Die Werkstätte Laun [vgl. Fig. V der beigegebenen Tafel], erbaut [1872] von der ehemaligen k. k. Prag-Duxer Eisenbahn mit 3390 m^2 überdeckter Grundfläche, für die Unterbringung von sechs Locomotiven und zehn Wagen in heizbaren Räumen. Bis zur Uebernahme in den Staatsbetrieb [1884] erfuhr diese Werkstätte keine nennenswerthe Vergrösserung.

Die namhafte Erweiterung [und zwar um 7581 m^2 verbauter Grundfläche] kam

Abb. 985. Wagenschiebebühne mit elektrischem Antrieb.

hauses sammt Speisesaal, einer Holztrockenkammer sowie die Vermehrung der Geleise-, Drehscheiben- und Schiebebühnen-Anlagen und die Herstellung von Flugdächern für die Aufstellung von Wagen in das Bauprogramm aufgenommen, so dass nach einigen Jahren die Leistungsfähigkeit dieser Werkstätte wesentlich erhöht sein wird. Nach Fertigstellung der genannten projectirten Objecte wird die gesammte verbaute Grundfläche circa 22.000 m^2 betragen und 28 Locomotiven sowie 78 Wagen werden in heizbaren Räumen Aufstellung finden können. Der Antrieb der Arbeitsmaschinen wird auf elektromotorischem Wege erfolgen und auch die elektrische Beleuchtung der einzelnen Arbeits- und Hofräume eingeführt.

in den Jahren 1895 und 1896 zur Ausführung und können nun 18 Locomotiven und 45 Wagen in heizbaren Räumen aufgestellt werden.

Anlässlich der bedeutenden Vermehrung der Arbeitsmaschinen, von welchen einzelne Gruppen auf elektromotorischem Wege angetrieben werden, sowie der Einrichtung des elektrischen Betriebes von Schiebebühnen, eines Laufkrahnes etc. wurde eine neue circa 80pferdige Compound-Betriebs-Dampfmaschine aufgestellt und die alte Dampfmaschine für die elektrische Beleuchtung einzelner Werkstätten-Objecte belassen.

5. Die Werkstätte Lemberg, errichtet [1862] von der ehemaligen Galizischen Carl Ludwig-Bahn mit einer

38*

verbauten Grundfläche von 9699 m^2 als Hauptwerkstätte. Dieselbe war im Jahre 1863 dermassen ausgerüstet, dass sie, im Vereine mit den beiden Werkstätten in K r a k a u [derzeit Heizhaus-Werkstätte] und P r z e m y s l, sowohl die für den Betrieb erforderlichen Reparaturen zu leisten, als auch nach Bedürfnis neues Betriebsmateriale in eigener Regie herzustellen, ja sogar Bestellungen für fremde Parteien auszuführen im Stande war. Der Schwerpunkt der Arbeiten wurde nach Lemberg verlegt und die Leistung der Werkstätte in Krakau entsprechend verringert. In den mit Räderversenk-Vorrichtungen versehenen Locomotivmontirungen konnten 18 Locomotiven, in der Wagenmontirung 30 Wagen aufgestellt werden.

In den Jahren 1872—1873 wurde eine nicht heizbare Wagenremise für 64 Wagen erbaut. Da die Anzahl der Reparaturstände in der Locomotivmontirung nicht ausreichte, erfolgte [1878] eine Vergrösserung derselben durch Anbau eines neuen Tractes mit einer im gedeckten Raume befindlichen neuen Schiebebühne. Dieser Anbau hatte eine theilweise Verfinsterung der alten Locomotivmontirung zur Folge und mit Rücksicht auf diesen Umstand und des Vorhandenseins der Räderversenk-Vorrichtungen können nur 35 Locomotiven in heizbaren Montirungsräumen untergebracht werden.

Die Wagenmontirung, im Jahre 1890 durch einen Brand zerstört, wurde in ihrer ursprünglichen, langgestreckten Form wieder aufgebaut, jedoch durch zwei feuersichere Abtheilungswände in drei gleiche Räume getheilt. Behufs Einbringung von Wagen in den mittleren Raum besitzen die Abtheilungswände eiserne Schubthore und für die sonstige leichte Communication kleine eiserne Thüren.

In den letzteren Jahren machte sich jedoch insbesondere der Mangel einer gut eingerichteten Kessel- und Kupferschmiede fühlbar und erfolgte demnach [1897] die Erbauung dieser Objecte einschliesslich eines Raumes für Blechbearbeitung, ausgestattet mit pneumatischen Niet- und Stemm-Maschinen, den erforderlichen Lauf- und Drehkrahnen und

modernen Arbeitsmaschinen etc. Der ganze Betrieb in diesen neuen Abtheilungen erfolgt mittels elektrischer Kraftübertragung.

Infolge der erhöhten Kraftanforderung in der Werkstätte ergab sich die Nothwendigkeit, drei neue Dampfkessel und eine neue [250pferdige] Dampfmaschine aufzustellen. Für letztere sowie für die nöthigen Primär-Dynamomaschinen wurde ein neues Maschinenhaus gebaut.

Die Primär-Dynamomaschine dient für die bereits angeführte elektrische Kraftübertragung, ferner für den zur gleichen Zeit installirten elektrischen Antrieb der Holzbearbeitungs-Maschinen und sonstiger bisher mittels Transmission ungünstig betriebener Arbeitsmaschinen.

Die gesammte verbaute Grundfläche, einschliesslich der Wagenremise, beziffert sich dermalen mit 17.020 m^2.

6. Die Central-Werkstätte L i n z, angelegt [1858] von der ehemaligen Kaiserin Elisabeth-Bahn als Filialwerkstätte mit 7008 m^2 verbauter Grundfläche, 14 gedeckten Locomotiv- und 20 gedeckten Wagen-Reparaturständen. [Vgl. Fig. VI a und VI b der beigegebenen Tafel.]

Die erste Veränderung trat im Jahre 1872 ein, als die im Lageplane [vgl. Fig. VI b der beigegebenen Tafel] mit »W M I« bezeichnete Wagenmontirung für Locomotiv- und Tenderreparatur bestimmt, und der halbe Raum der mit »W M II« bezeichneten als Lackirerei adaptirt wurde. Der verbliebene Theil der Wagenmontirung war infolgedessen zu klein und es kam [1874] eine Wagen-Reparaturwerkstätte mit Riegelwänden und nicht heizbar für 20 Wagen zur Ausführung, welche jedoch, als mit dem Umbau der Werkstätte zur Centralwerkstätte begonnen wurde, demolirt werden musste. Sodann erfolgte [1876] die Verlegung der Kupferschmiede in die Schmiede, und als sich letztere hiedurch später als zu klein erwies, wieder [1880] die Rückverlegung der ersteren in den ursprünglichen Raum.

Bald nach der Uebernahme in den Staatsbetrieb fand [1884] die Erbauung einer Locomotivmontirung mit sieben Ständen statt.

Zur Zeit des Umbaues dieser Werkstätte zur Central-Werkstätte waren 8623 m^2

verbaut und 21 gedeckte Locomotiv- und 40 gedeckte Wagen-Reparaturstände vorhanden.

Dieser Umbau begann [1887] mit einer nicht unbedeutenden Erdbewegung, indem ein Hügel ganz abgetragen werden musste.

An neuen Objecten wurden erbaut [vgl. Abb. 367—376], und zwar in nachstehender Reihenfolge: Die Personen-

mit 32 Locomotivständen, mit einem Bureau und einem Raume für Eisenbearbeitungs-Maschinen, ein Kohlenmagazin hinter der Schmiede, eine Holztrockenkammer, ein Flugdach für Werkholz, zwei Flugdächer für Wagen und zwei Flugdächer als Anbau an die alten Magazine.

Im alten Kesselhause gelangten vier Stück neue Dampfkessel mit zusammen

Abb. 384. Werkstätte Wien, Westbahnhof, der k. k. Oesterreichischen Staatsbahnen. [Locomotivmontirung.]

wagen-Montirung sammt Lackirerei mit 114 Wagenständen, die Blechbearbeitungs-Werkstätte, Kupferschmiede, Schmiede mit angebautem Kessel- und Maschinenhaus, ein Kohlenschupfen, das Gebäude für die elektrische Beleuchtungsanlage des Bahnhofes Linz, die Lastwagen-Montirung mit 85 Ständen [einschliesslich des Raumes für Holz- und Eisenbearbeitungs-Maschinen, eines Bureaus und der Spänglerei], das Spänehaus, das Waghaus mit einer zehnflügeligen Locomotiv-Brückenwage, das Magazin für feuergefährliche Gegenstände, das Portierhaus mit Arbeiter-Speisesaal, Ordinationszimmer und Arbeitercontrole, die mit Locomotiven befahrbare Waggon-Brückenwage, die Locomotivmontirung

440 m² Heizfläche zur Aufstellung. Ueber drei dieser Kessel und der Wasserversorgungs-Pumpe kamen vier Wasserreservoirs mit einem Gesammtfassungsraum von 280 m³, und zwar in einer Höhe von 15 m über Schwellenhöhe, zur Aufstellung.

Die ehemalige Locomotivmontirung [Object Ks in Fig. VI a der beigegebenen Tafel] wurde zur Kesselschmiede adaptirt und mit einer feststehenden und transportablen hydraulischen Nietanlage ausgerüstet. Diese, im Inlande angefertigte hydraulische Anlage enthält einen stationären Nieter, einen hydraulischen Drehkrahn zum Heben und Senken, Vor- und Rückwärtsfahren, Rechts- und Linksschwenken des zu nietenden Kessels,

Abb. 5%. Trockendock in Bregenz.

ferner einen beweglichen [transportablen] Nieter, einen Drehkrahn mit Handbetrieb für die Manipulation mit dem transportablen Nieter, eine Presspumpe mit Dampfbetrieb zur Erzeugung des Druckwassers, einen Accumulator für das Druckwasser und die Druck- und Retourleitung.

Im neuen Kesselhause befinden sich fünf Stück Dampfkessel mit je 110 m^2 Heizfläche. Oberhalb der im neuen Maschinenhause aufgestellten Dampfmaschine sind drei Stück Reservoirs mit je 5 m^3 Inhalt vorhanden.

Die Lastwagen-Montirung mit 7979 m^2 verbauter Grundfläche besitzt zwischen einzelnen Geleisen für den bequemen Rädertransport eigene schmalspurige Geleise.

Die Holzbearbeitungs-Werkstätte wurde in die Lastwagen-Montirung verlegt. Für die Wegschaffung aller Späne und Holzabfälle der Holzbearbeitungs-Maschinen kam eine Exhaustor-Anlage zur Ausführung, mittels welcher die Holz- und Sägespäne etc. abgesaugt und in das neben dem Kesselhause befindliche Spänehaus geschafft werden. Das Spänehaus hat zwei getrennte Spänekammern, um während der Zeit, als die eine angeblasen wird, die andere entleeren zu können.

Die Beheizung der Lastwagen-Montirung findet mit in Gruppen geschalteten Dampföfen statt. Zur Beheizung kann sowohl directer Kesseldampf, als auch Abdampf in Verwendung kommen, und zwar nicht nur der Auspuffdampf der Betriebsmaschine, sondern auch jener der jeweilig im Betrieb befindlichen Dampfmaschine der elektrischen Beleuchtungsanlage des Bahnhofes.

Die neue Locomotivmontirung besteht aus drei Haupträumen, nämlich einem niedrigeren, für die Bewegung der etwa 8 m langen Schiebebühne und links und rechts aus je einem Raume mit 16 Locomotivständen.

Die beiden Räume für die Locomotivstände sind behufs Unterbringung der für Hand- und elektrischen Antrieb vorgeschenen Laufkrahne, welche zum Heben der Locomotiven zu dienen haben, entsprechend höher gehalten. Für die Aufstellung der für die Locomotivmontirung nöthigen Arbeitsmaschinen ist ein eigener Raum vorgesehen. Der Antrieb der Arbeitsmaschinen dortselbst erfolgt elektromotorisch.

Die Beheizung der Locomotivmontirung erfolgt ähnlich wie jene der Wagenmontirungen.

Grundfläche, zwei Locomotiv- und sechs Wagen-Reparaturstände im heizbaren Raume, besass zur Zeit der Uebernahme aus dem Privat- in den Staatsbetrieb [1884] zwei gedeckte Locomotiv-, sechs gedeckte Wagen- und einen gedeckten Lackirerstand. Im Jahre 1886 wurde eine Wagenmontirung [WM I in Figur VII der beigegebenen Tafel] mit 24 gedeckten Wagen-Reparaturständen, und zwar als Fachwerksbau aufgeführt. Hiedurch

Abb. 96. Bohrmaschine mit sehn. Bohrspindeln.

Die anlässlich der Erweiterung der Werkstätte Linz zu einer Central-Werkstätte neu aufgeführten Objecte bedecken zusammen eine Grundfläche von 28.826 m², die gesammte verbaute Grundfläche beziffert sich ausschliesslich der als Holzbauten ausgeführten Kohlenschupfen und der diversen Flugdächer mit 36.400 m² und einschliesslich derselben mit 40.692 m².

In heizbaren Räumen können 30 Locomotiven und 199 Wagen untergebracht werden.

7. Die Werkstätte Neu-Sandec, errichtet [1876] von der k. k. Staatsbahn Tarnów-Leluchów mit 1620 m² verbauter

konnten die früher für die Wagenreparatur verwendeten Stände als Locomotiv-Reparaturstände benützt werden.

Sodann erfolgte bis zum Jahre 1889 die Erbauung nachbenannter Objecte, und zwar: einer Locomotivmontirung mit zwölf Ständen, einer Dreherei mit einstöckigem Bureaugebäude sammt Maschinenhaus und Werkzeugdepôt, einer Holzbearbeitungs-Werkstätte mit Fein- und Modelltischlerei, einer Schmiede, eines Kesselhauses, einer Kupferschmiede, Metallgiesserei und Tyresschmiede, eines Feuerlöschrequisiten-Depôts, Kohlenschupfens, eines Material- und Handmagazins, Werkholzschupfens und schliesslich die Her-

stellung der zur Werkstätte gehörigen
Geleise, Drehscheiben und Schiebebühnen
sowie eines Waghauses mit zehntheiliger
Locomotiv-Brückenwage.

Da mit der oben angeführten Wagenmontirung das Auslangen nicht gefunden werden konnte, wurde im Jahre 1891
die neue Wagenmontirung [WM II]
mit 26 Reparaturständen, acht Lackirer-
ständen und einem Sattlerstand gebaut.
Aber auch die Locomotivmontirung erwies sich bald als unzureichend, so dass
im gleichen Jahre an die Vergrösserung
derselben um weitere zwölf Stände geschritten werden musste.

In den letzten Jahren wurden erbaut:
Ein Object, anstossend an die Schmiede
für das Bureau, Federnschmiede und
Spänglerei und die neue Kessel- und
Kupferschmiede sammt der Blechbearbei-
tungs-Werkstätte. [Vgl. Abb. 377—379.]

In der Locomotivmontirung befindet
sich über jeder Reihe von Reparaturständen je ein Laufkrahn mit je zwei Win-
den, jede Winde für 20 t Tragfähigkeit
construirt.

Die Locomotiv-Schiebebühne ist für
56 t Tragkraft gebaut, besitzt eine
Länge von 7 m und einen Mechanismus, um mittels eines Drahtseiles die Maschinen auf die Schiebebühne ziehen
und von derselben wieder abziehen zu
können.

Im Maschinenhause ist eine circa
40pferdige Dampfmaschine für den Antrieb
der Transmissionen und eine Primär-
Dynamomaschine für den elektrischen
Antrieb der Arbeitsmaschinen in der
Kessel- und Kupferschmiede und in der
Blechbearbeitungs-Werkstätte situirt.

Um jenen Theil der Transmission,
welcher in die Holzbearbeitungs-Werkstätte führt, abstellen zu können, befindet
sich im Maschinenhause eine rasch aus-
lösbare Klauenkuppelung.

Nachträglich wurde noch eine zehnpferdige Dampfmaschine aufgestellt.

Im Kesselhause waren ursprünglich
für die Erzeugung des nöthigen Betriebs-
und Heizdampfes zwei Stück Zweiflamm-
rohrkessel mit je 50 m² wasserbenetzter
Heizfläche aufgestellt. Infolge der Erweiterung der Wagen- und Locomotivmontirung gelangte noch ein Röhren-

kessel mit 100 m² Heizfläche zur Aufstellung. Da jedoch mit Rücksicht auf
den für Heizzwecke erforderlichen Dampf
trotz der Aufstellung des dritten Kessels
das Auslangen mit denselben nicht
gefunden werden konnte, erfolgte im
Vorjahre eine Auswechslung der beiden
50 m² Kessel gegen zwei Multitubularkessel mit je 110 m² Heizfläche. Die
beiden alten Flammrohrkessel erhielten
Rohrpumpen, System Dubiau, und kamen
in der Werkstätte Przemyśl zur Aufstellung.

Die durch den stets wachsenden Verkehr
bedingte Vermehrung der Fahrbetriebsmittel erhöhte die an die Werkstätte zu
stellenden Anforderungen und machte
[1895] die Erbauung einer modern eingerichteten Kesselschmiede sammt Blechbearbeitungs-Werkstätte und einer grösseren
Kupferschmiede nöthig. [Abb. 380 u. 381.]

Die im Freien situirte, unversenkte
Wagenschiebebühne, welche ursprünglich nur für Handbetrieb eingerichtet
war, wurde Anfangs des Jahres 1896
für elektrischen Betrieb, und zwar sowohl
für das Verschieben der Wagen als
auch für das Auf- und Abziehen derselben adaptirt, und wird der Strom
von der Primär-Dynamomaschine im
Dampfmaschinenraume der Werkstätte
bezogen.

Längs der circa 120 m langen
Schiebebühnen-Bahn ist in einer Höhe von
5·5 m über Schienenkante die Contact-
leitung gespannt. Die Stromabnahme
erfolgt durch ein Trolley und die Rück-
leitung des Stromes durch die Schienen.
Das Trolley wird von Armen, welche seitlich an der Schiebebühne montirt sind,
getragen. [Vgl. Abb. 382 und 383.]

Der Elektromotor hat eine Leistung
von neun effectiven Pferdestärken bei 770
Touren pro Minute und 150 Volts Spannung. Für die grösste Belastung der
Schiebebühne, das ist 20 t, beträgt die
Geschwindigkeit 1 m pro Secunde,
und leistet der Motor hiebei circa vier
Pferdekräfte. Für das Aufziehen einer Last
von circa 20 t bei einer Geschwindigkeit
von durchschnittlich 0·4 m pro Secunde
sind circa acht bis neun Pferdekräfte
erforderlich, wenn ein Räderpaar auf
der schiefen Ebene läuft.

Die derzeit verbaute Grundfläche beziffert sich mit 15.768 m^2, und können 23 Locomotiven und 49 Wagen in heizbaren Räumen untergebracht werden. Weiter besitzen die k. k. Staatsbahnen:

8. Zwei Werkstätten in Pilsen, und zwar eine errichtet [1873] von der ehemaligen Eisenbahn Pilsen-Priesen [Komotau] mit 3310 m^2 verbauter Grundfläche, sechs Locomotiv- und 14 Wagen-Reparaturständen im heizbaren Raume, die zweite eröffnet [1862] von der ehemaligen

schliessen, eine neue Werkstätte an geeigneter Stelle zu erbauen. Um sich ein beiläufiges Bild von der Grösse der projectirten Werkstätte zu vergegenwärtigen, sei bemerkt, dass dieselbe so gross angelegt werden soll, dass gleichzeitig 54 Locomotiven und 200 Wagen in heizbaren Räumen untergebracht werden können. Sowohl für den Antrieb der Arbeitsmaschinen als auch der Hebevorrichtungen, Schiebebühnen etc. wird die elektrische Kraftübertragung in Aussicht genommen.

Abb. 987. Muttterschneidmaschine.

Böhmischen Westbahn mit 7900 m^2 verbauter Grundfläche, neun Locomotiv- und 26 Wagen-Reparaturständen im heizbaren Raume.

Infolge Erweiterung der Wagenmontirung in erstgenannter Werkstätte können in derselben dermalen 39 Wagen untergebracht werden. Die wesentlich gesteigerten Verkehrsbedürfnisse in der Station Pilsen ergaben die Nothwendigkeit, den Bahnhof bedeutend zu vergrössern. Dieser in Ausführung begriffenen Vergrösserung fällt in nächsten Jahre die Werkstätte Pilsen der ehemaligen Eisenbahn Pilsen-Priesen [Komotau] zum Opfer, so dass nur eine der Böhmischen Westbahn in Pilsen verbliebe. Mit dieser kann weder das Auslangen gefunden werden, noch ist wegen des dort herrschenden Platzmangels eine rationelle Erweiterung derselben möglich. Man musste sich demnach ent-

9. Die Werkstätte Przemyśl, erbaut [1860] von der ehemaligen Galizischen Carl Ludwig-Bahn mit 3380 m^2 bedeckter Grundfläche, einer Locomotivmontirung für elf Maschinen, einer Wagenmontirung für neun [eventuell 18 sehr kurze] Wagen, erweitert [1873 und 1874] durch Errichtung einer neuen Wagenmontirung für 60 Wagen. Mit Ausnahme einer noch im Jahre 1897 durchgeführten Vergrösserung des Kessel- und Maschinenhauses erlitt diese Werkstätte keine wesentliche Veränderung mehr, und beträgt die dermalen verbaute Grundfläche 7390 m^2.

10. Die Werkstätte Salzburg, eröffnet [1860] von der ehemaligen Kaiserin Elisabeth-Bahn mit sieben Locomotiv- und 18 Wagen-Reparaturständen in heizbaren Räumen. Infolge der Erbauung einer neuen Locomotivmontirung

mit sieben Ständen können derzeit 13 Locomotiven in heizbaren Räumen untergebracht werden. Die verbaute Grundfläche misst 5980 m^2. Da sich insbesonders die Wagenmontirung in den letzten Jahren als zu klein erweist, wird an die Erbauung einer neuen geschritten. Im Zusammenhange damit steht die Vergrösserung der Holzbearbeitungs-Werkstätte, der Dampf- und Betriebs-Kraftanlage durch Aufstellung neuer Kessel, einer neuen Dampfmaschine, eines Generators für elelektromotorische Antriebe etc. Theilweise sind

Abb. 3**. Schraubenschneidmaschine.
[System Sellers.]

diese Arbeiten bereits in Ausführung begriffen, theilweise ist die Ausarbeitung der noch nöthigen Detailprojecte im Zuge.

11. Die Werkstätte Stanislau, errichtet [1866] von der ehemaligen Lemberg-Czernowitzer Eisenbahn-Gesellschaft mit einer Locomotivmontirung für neun Locomotiven und einer Wagenmontirung für 14 Wagen, bei 4660 m^2 gesammter verbauter Grundfläche, erweitert [1874] durch Erbauung einer neuen Wagenmontirung für 24 Wagen.

Die nach Uebernahme in den Staatsbetrieb [1889] seitens der k. k. Oesterreichischen Staatsbahnen theils bereits durchgeführten, theils noch in Ausführung begriffenen Erweiterungsbauten in dieser Werkstätte umfassen: Eine neue Locomotivmontirung mit 22 Ständen sammt zugehörigen Locomotiv-Hebekrahnen und Schiebebühnen; eine neue Wagenmontirung für 54 Wagen, anstossend an die im Jahre 1874 gebaute, mit Räder-Transportgeleisen und Schiebebühnen; eine neue Dreherei, Holzbearbeitungs-Werkstätte und Giesserei, die Ver-

grösserung des Kesselhauses, die Erbauung eines neuen Schornsteins und Kohlenmagazins, ein Gebäude für eine Räderversenk-Vorrichtung und ein Arbeiter-Controlhaus sammt Warteraum und Portierhaus. Die stetige Vermehrung der Arbeitsmaschinen bedingte die Aufstellung einer neuen, und zwar circa 80pferdigen Betriebs-[Compound-]Dampfmaschine.

Von der alten Locomotivmontirung wurde ein Theil der bestandenen Dreherei zugewiesen, ein Theil als Kesselschmiede, Siederohr-Bearbeitungs-Werkstätte und Tyresschmiede adaptirt, mit den erforderlichen Krahnen ausgerüstet und den nöthigen Geleiseverbindungen versehen. Infolge der neu hinzugekommenen Objecte beträgt die gesammte verbaute Grundfläche 16.180 m^2, und können in heizbaren Räumen 22 Locomotiven und 96 Wagen untergebracht werden.

12. Die Werkstätte in Stryj, errichtet [1873] von der ehemaligen Erzherzog Albrecht-Bahn mit 3281 m^2 verbauter Grundfläche und vier Locomotiv- und sechs Wagen-Reparaturständen in heizbaren Räumen. Bei einer dermalen bedeckten Grundfläche von 9347 m^2 können 16 Locomotiven und 49 Wagen in heizbaren Räumen untergebracht werden.

13. Die Werkstätte Wien, Westbahnhof, errichtet [1858] von der ehemaligen Kaiserin Elisabeth-Bahn mit 14.081 m^2 verbauter Grundfläche. In der Locomotivmontirung 14 Locomotiven, in der Wagenmontirung und Wagenlackirerei 38 Wagen zur Aufstellung gelangten.

Da sich diese Objecte als zu klein erwiesen, wurde [1877] eine neue Locomotivmontirung [Abb. 384] mit acht Reparaturständen und eine neue Wagenlackirerei für acht Wagen erbaut. Eine weitere Vergrösserung konnten dieser Werkstätte fand bis zum Zeitpunkte der Uebernahme in den Staatsbetrieb [1882] nicht statt.

Erst im Jahre 1887 erfolgte insoferne eine kleine Veränderung, als an das Kesselhaus ein Maschinenhaus für die Aufstellung einer Compound-Dampfmaschine mit circa 70 effectiven Pferdestärken und vier Dynamomaschinen zum

Zwecke der elektrischen Beleuchtung des Bahnhofes Wien I angebaut wurde. Zur gleichen Zeit mussten die alten Werkstätten-Betriebskessel, da dieselben nicht mehr vollkommen betriebssicher waren, durch neue ersetzt werden.

Die letzte Erweiterung erfuhr diese Werkstätte [1897] durch Erbauung einer dritten Locomotivmontirung mit neun Ständen, die mit der älteren mittels einer im gedeckten Raume befindlichen neuen Locomotiv-Schiebebühne verbunden erscheint. Diese Locomotivmontirung besitzt einen Laufkrahn mit 50 t Tragfähigkeit, der wie die Schiebebühne für Hand- und elektrischen Betrieb eingerichtet ist.

Da einerseits die Compound-Dampfmaschine voll ausgenützt wird und für die erforderliche Erweiterung der Bahnhofsbeleuchtung nicht ausreicht, andererseits auch die Werkstätten-Betriebsmaschine für die gesteigerten Anforderungen zu schwach ist, wird nunmehr die Compound-Dampfmaschine für die Erzeugung von elektrischem Strom zu Kraftübertragungs-Zwecken für die Werkstätte herangezogen, und die ganze elektrische Bahnhof-Beleuchtung von einer Wiener elektrischen Centralstation aus erfolgen.

Bei einer dermalen verbauten Grundfläche von 18.434 m^2 können in der Wiener Werkstätte 31 Locomotiven und 46 Wagen in heizbaren Räumen untergebracht werden.

14. Die Schiffswerfte in Bregenz. Zur Zeit der Erbauung der Arlbergbahn fasste das Handelsministerium den Entschluss, in Bregenz zuerst eine eigene Trajectanstalt für die directe Uebergabe von Eisenbahnwagen an die schweizerischen, badischen und württembergischen Bahnen in Romanshorn, Constanz und Friedrichshafen, weiters aber auch eigene Boote für die Beförderung von Personen anzuschaffen. Am 15. September 1884 wurde der Betrieb der österreichischen Schifffahrt auf dem Bodensee eröffnet.

Der Schiffspark der k. k. Oesterreichischen Staatsbahnen umfasst gegenwärtig drei Salon-Dampfboote, und zwar »Kaiser Franz Joseph I.«, »Kaiserin Elisabeth« und »Kaiserin Maria Theresia«, mit einer maximalen Tragfähigkeit von je circa 300 t und einem Fassungsraum für circa 440 Personen; ferner zwei Flachdeck-Dampfboote [Personen- und Remorqueur-Schiff] »Habsburg« und »Austria« mit je 282 t maximaler Tragfähigkeit und einem Fassungsraume für je circa 360 Personen, ein Propellerboot [Remorqueur] »Bregenz« mit 175 t Tragfähigkeit, ein Propellerboot [Personenschiff] »Caroline« für 24 t und 25 Personen, vier Trajectkähne für je acht beladene Wagen mit zusammen 1470 t Tragfähigkeit und vier Ruderboote für den Hafendienst.

Behufs Durchführung von kleineren Reparaturen an den einzelnen Schiffen be-

Abb. 384. Einfache selbstthätige Fräsmaschine.

fand sich auf dem kleinen Molo eine kleine Werkstätte. Um jedoch jene Reparaturen und Arbeiten, welche eine Trockenlegung der Schiffe bedingten, durchführen zu können, musste bis zur Zeit der Erbauung einer eigenen, für die österreichische Bodensee-Schiffahrt bestimmten Werfte die Hilfe der anderen vier Uferstaaten, welche bereits eigene Werften besassen, in Anspruch genommen werden. Man entschloss sich deshalb [1886], in das Programm für die Vergrösserung des Hafens in Bregenz unter Anderem auch den Bau einer eigenen Werfte aufzunehmen.

Bei der Verfassung der Detailprojecte entschied man sich für die Erbauung eines Trockendocks [Abb. 385] mit einem

Maschinen- und Pumpenhaus, einer Werkstätte sowie der erforderlichen Magazine
für Verbrauchs - Materialien und der
Dépôts für die Aufbewahrung der Aus-
rüstungs-Gegenstände.

Mit dem Haue des Trockendocks
wurde im März 1888 begonnen; Ende
1890 war es fertig, und konnte mit dem

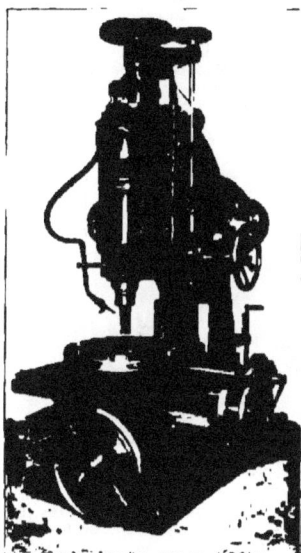

Abb. 390 Freistehende, selbstthätige
Feuerwaschine.

Einhängen der eisernen Stemmthore,
welche als Schwimmthore construirt sind,
begonnen werden. Ende September 1891
wurde der ganze Dockbau sammt Werfte
zur Benützung übergeben und bereits am
3. October erfolgte die erste Dockung des
Salondampfers »Kaiser Franz Joseph I.«,
der binnen 2½ Stunden trocken auf der
Klotzung lag.

In das currente Geleise der Bahn
musste, um die Zufahrt der Schiffe zum

Dock zu ermöglichen, eine Drehbrücke
eingelegt werden.

Abb. 385 gewährt einen Blick ins
Trockendock, und ist aus derselben auch
die Drehbrücke sowie die rückwärtige Fa-
çade des Maschinen- und Pumpenhauses
und ein Theil der angrenzenden Werkstätte zu sehen. [Vgl. auch Bd. I, 2. Theil,
Abb. 57 und 58, und Bd. II, Abb. 164.]

Das Trockendock ist für die grössten
Boote auf dem Bodensee dimensionirt,
besitzt eine oberste Breite von 16·36 m
bei einer grössten Länge von 61·61 m.
Der senkrechte Abstand zwischen den
Widerlagern der Drehbrücke und dem
Unterhaupte misst 14·86 m.

Behufs Trockenlegung des Docks kam
eine circa 60pferdige Compound-Conden-
sations-Dampfmaschine für den Betrieb
einer Centrifugalpumpe mit einer maximalen Leistung von 1100 m^3 pro Stunde zur
Aufstellung. Diese Dampfmaschine dient
auch für die elektrische Beleuchtung des
Bahnhofes Bregenz und der Werftanlage.

Zum Ausbringen der Sickerwässer
aus dem Dock ist überdies eine eigene
Dampfpumpe mit einer Leistung von
circa 20 m^3 pro Stunde vorhanden.

Die Werkstätte [sammt Maschinen-
und Pumpenhaus mit 1134 m^2 Grund-
fläche] ist mit den nöthigen Eisen- und
Holzbearbeitungs-Maschinen ausgestattet,
deren Antrieb eine zehnpferdige Dampfmaschine besorgt.

Einschliesslich der im Staatsbetriebe
befindlichen Linien besitzen die k. k.
Oesterreichischen Staatsbahnen je eine
Heizhaus- Werkstätte in: Amstetten,
Budweis, Czernowitz, Divača,
Ebensee, Feldkirch, Graz, Jägern-
dorf, Krakau, Laibach, Mähr.-
Schönberg, Nusle, Spalato, Tabor
und Wien II [Kaiser Franz Josef-
Bahnhof].

*　*　*

Die Ausdehnung sämmtlicher Werkstätten der k. k. Oesterreichischen Staatsbahnen in ihren verschiedenen ursprünglichen Erbauungsjahren zusammengefasst, ergibt eine gesammte verbaute
Grundfläche von 68.088 m^2 mit 109 Loco-

motiv- und 234 Wagen-Reparaturständen in heizbaren Räumen.

In den Staatsbetrieb wurden 86.977 m^2 verbaute Grundfläche mit 137 Locomotiv- und 410 Wagen-Reparaturständen übernommen.

Dagegen besitzen d e r z e i t die Werkstätten der k. k. Oesterreichischen Staatsbahnen eine gesammte verbaute Grundfläche von 179.667 m^2, 248 Locomotiv- und 817 Wagen-Reparaturstände in heizbaren Räumen.

Diese Zahlen sprechen deutlich für die namhafte Ausgestaltung der verstaatlichten Werkstätten in der Zeit von der

stärken, an Dampfkessel 30 Stück mit zusammen 1570 m^2 Heizfläche vorhanden; derzeit arbeiten in sämmtlichen Werkstätten 29 Dampfmaschinen mit zusammen circa 1640 Pferdestärken und für den gesammten Dampfbedarf 50 Dampfkessel mit zusammen 4345 m^2 Heizfläche. Sämmtliche neu hinzugekommenen Dampfmaschinen und Dampfkessel wurden von inländischen Firmen ausgeführt.

Zur Zeit der Verstaatlichung der einzelnen Privatbahnen waren nur in wenigen Werkstätten einzelne Räume mit Dampfheizung ausgestattet. Während des Staatsbetriebes wurden aber nicht

Abb. 301. Doppelte Tyres-Fräsmaschine.

Uebernahme der bezüglichen Privatbahnen in den Staatsbetrieb bis zum heutigen Tage.

Wenn wir in analoger Weise die Anzahl der Arbeitsmaschinen, Dampfkessel und Dampfmaschinen betrachten, gelangen wir zu folgenden, gleichfalls interessanten Ziffern:

Die ursprüngliche Anzahl der Arbeitsmaschinen der Werkstätten der k. k. Oesterreichischen Staatsbahnen, abgesehen von allen Arten Hebevorrichtungen, Schiebebühnen, Drehscheiben, diversen Schmiedefeuern, Glühöfen, Richtplatten, Schleifsteinen, Ventilatoren, Farbenreibmaschinen etc. stieg bis zur Uebernahme in den Staatsbetrieb von 699 auf 884 und beträgt heute 1586.

An Dampfmaschinen waren ursprünglich 16 Stück mit zusammen 481 Pferde-

nur fast sämmtliche neu erbauten Objecte, deren Gesammtausmass jenes der übernommenen übersteigt, sondern auch ein Theil der schon bestandenen Räume mit Dampfheizung versehen.

Berücksichtigt man weiter, dass ein Mehrverbrauch von Dampf infolge der höheren Maschinenleistungen nothwendig wurde, ferner dass in der angeführten Kesselanzahl auch jene der Reservekessel enthalten ist und schliesslich bei Bemessung der Kessel auf eine künftige Steigerung des Dampfconsums Rücksicht genommen wurde, dann muss die Anzahl der Kessel, von welchen die neu aufgestellten je 100 bis 110 m^2 Heizfläche besitzen, gewiss noch als eine geringe bezeichnet werden. Dass das Auslangen mit derselben gefunden werden kann, hat seinen Hauptgrund in der wirthschaftlichen Ausnützung des Auspuffdampfes zu Heizzwecken. Auch die neu aufgestellten Dampfmaschinen, bei deren Bemessung gleichfalls auf eine künftige Mehrbelastung Rücksicht genommen wurde, arbeiten ôconomisch.

Im Vorstehenden haben wir in flüchtigen Zügen die Entwicklung der Hauptwerkstätten der österreichischen Eisenbahnen gekennzeichnet. Die bedeutende Entwicklung, die das Werkstättenwesen der österreichischen Eisenbahnen genommen hat, ist in nachstehenden Ziffern zusammengefasst:

Im Jahre 1848 hatten die bis dahin eröffneten Eisenbahnen Oesterreichs circa 16.000 m² Grundfläche für Werkstätten-Zwecke verbaut. Mit Ende des heurigen Jahres bedecken sämmtliche Objecte der in diesem Abschnitte zur Sprache gekommenen Eisenbahn-Werkstätten einen Flächenraum von circa 474.000 m². Es sind hiebei weder die in einzelnen Werkstätten vorhandenen Flugdächer, noch die Heizhaus-Werkstätten berücksichtigt. Auch die Maschinenfabrik der Staatseisenbahn-Gesellschaft wurde in diese Betrachtung nicht einbezogen.

Arbeitsmaschinen.

Die ersten Werkstätten bezogen die Arbeitsmaschinen grösstentheils aus dem Auslande, und zwar von England. Im Jahre 1854 begann man in Oesterreich Arbeitsmaschinen zu bauen und bereits Ende der Sechziger- und Anfangs der Siebziger-Jahre wurden österreichische Eisenbahn-Werkstätten fast vollständig nur mit inländischen Maschinen ausgerüstet.

Heute können wir mit Genugthuung feststellen, dass die Maschinenindustrie Oesterreichs bereits auf jener Höhe angelangt ist, welche gestattet, dass nicht nur sämmtliche für Eisenbahn-Werkstätten allgemein erforderlichen maschinellen Einrichtungen, sondern auch die verschiedenartigsten Specialmaschinen im Inlande erzeugt werden. Unsere Abb. 386—393 zeigen einige dieser in den Eisenbahn-Werkstätten Oesterreichs in Verwendung stehenden und im Inlande erzeugten Specialmaschinen: Abb. 386 eine zehnspindlige Bohrmaschine mit gemeinsam verstellbaren Bohrspindeln zum gleichzeitigen Bohren von Nietlöchern in Kesselblechen in gleichen Abständen von 130 bis 240 mm; Abb. 387 eine sechsfache Muttterschneidmaschine zum Gewindeschneiden; Abb. 388 eine Schraubenschneidmaschine, System Sellers, zum Schneiden von Witworthgewinden von ¹⁄₂—2" englisch und von Kuppelungsgewinden.

In den letzten Jahren ist es insbesonders die Fräsmaschine, welche im allgemeinen Maschinenbau und in Eisenbahn-Werkstätten in vielen Fällen an Stelle der Hobelmaschine, Stossmaschine etc. ausgedehnteste Anwendung findet, wenngleich für Massenerzeugung Special-Fräsmaschinen schon seit einer langen Reihe von Jahren in den verschiedensten Industrieen bei Herstellung von Werkzeugen, Armatur-Bestandtheilen u. s. w. in ausgedehntesten Gebrauche stehen.

Das Fräsen bietet gegenüber dem Arbeitsgange beim Hobeln, Stossen u. dgl. den Vortheil, dass die gewünschten Arbeitsflächen mittels eines nur einmaligen Uebergehens durch das Werkzeug — die »Fräse« — so vollkommen hergestellt werden können, dass hiebei weitere Nacharbeiten, wie dies bei Bearbeitung mit anderen Werkzeugmaschinen der Fall ist, entbehrlich sind.

Das Fräsen wird zur Bearbeitung der verschiedenartigsten Materialien, wie Metall, Holz etc., angewendet. Aber erst durch die Verwendung des Schmirgelschleifrades beim Herstellen und Schärfen der Fräser ist die Fräsarbeit, die bis dahin auf Metall nur in beschränktem Masse Anwendung fand, zu jener Bedeutung gelangt, die sie heute sowohl als vorzügliches Mittel zur Massenerzeugung als auch für allgemeine Zwecke in den Werkstätten besitzt.

Unsere Abb. 389 stellt eine einfache selbstthätige Fräsmaschine zum Fräsen der verschiedenartigsten Maschinentheile sowie für die Massenerzeugung gleichartiger Gegenstände dar; Abb. 390 eine freistehende, selbstthätige Fräsmaschine mit vertical verstellbarem Fräsapparat und mit einem der Länge und Quere nach verstellbarem und im Kreise drehbarem, rundem Tisch; die Abb. 391, 392 und 393 stellen eine doppelte Tyres-Fräsmaschine zum Fräsen der Wagenräder-

zweckmässig, indem einerseits der Druck der Keile schwer zu bemessen ist, andererseits die Ausübung zu hoher Drucke beim Eintreiben der Keile nicht selten ein Sprengen der Radnaben zur Folge hatte. Diese Missstände führten dazu, die genannten Theile mittels Aufpressen (in gewissen Fällen unter gleichzeitiger Anwendung von Keilen) zu befestigen. Die ersten Pressen waren Spindelpressen mit Handbetrieb, welche bald durch hydraulische Pressen ersetzt wurden, da mit

Abb. 392. Doppelte Tyres-Fräsmaschine.

laufkränze mit Façonfräsern, mit Pumpe und Druckleitung dar.

Während ursprünglich nur die Arbeitsmaschinen von den mittels Dampfmaschinen in Bewegung gesetzten Transmissionen angetrieben wurden, waren die sonstigen mechanischen Werkstätten-Einrichtungen, wie beispielsweise Schiebebühnen, Drehscheiben, Krahne etc., fast ausnahmslos nur für Handbetrieb eingerichtet. Als sich jedoch die Fortschritte der Technik der Verwendung von Druckwasser, Druckluft, explosiblen Gasen und Elektricität etc. für verschiedenartige Arbeitszwecke bemächtigte, verschafften sich diese motorischen Kräfte auch im Werkstättenbetriebe Eingang.

Die Befestigung der Räder und Kurbeln auf den Achsen der Fahrzeuge fand seinerzeit nur mittels Keilen statt. Diese Befestigungsart erwies sich nicht als

denselben ein beliebig hoher und leicht zu bemessender Druck bequem erzeugt werden kann.

Die neuesten hydraulischen Räderpressen sind sowohl für das Vorwärtstreiben als auch für das Rückziehen des Presskolbens hydraulisch eingerichtet, im Bedarfsfalle behufs Ein- und Ausheben der Räderpaare mit hydraulischen Krahnen ausgerüstet, und schliesslich zum Verzeichnen des ausgeübten Druckes während der Pressperiode mit eigenen Indicatoren versehen.

Eine weitere Anwendung der Hydraulik finden wir in einzelnen Eisenbahn-Werkstätten bei den dort verwendeten hydraulischen, feststehenden und transportablen Nietmaschinen zur Herstellung von Vernietungen an Dampfkesseln etc., wie z. B. in der Kesselschmiede der Locomotiv-Werkstätte in Floridsdorf der Kaiser Ferdinands-Nordbahn und in der Central-

Werkstätte Linz der k. k. Oesterreichischen Staatsbahnen.

Ebenso hat sich die Verwendung von Druckwasser für verschiedenartige Hebevorrichtungen Eingang zu verschaffen gewusst, insbesondere für Drehkrahne, Hebeböcke, Räderversenk - Vorrichtungen etc. Einen grösseren hydraulischen fahrbaren Drehkrahn besitzt die Kesselschmiede der Locomotiv-Werkstätte der Kaiser Ferdinands-Nordbahn in Floridsdorf. Zum Heben der Räderpaare, Radreifen etc. besitzt die Tyresschmiede der Centralwerkstätte Linz zwei Stück hydraulische Drehkrahne mit einer Tragfähigkeit von je 4000 kg bei 3·6 mm Ausladung. [Vgl. Abb. 375.]

Eine ziemlich ausgedehnte Verwendung des Druckwassers finden wir auch bei den verschiedenartigsten Schmiedepressen, Rohrprobir-Maschinen etc.

Für die Fortbewegung von Schiebebühnen sowie für das Auf- und Abziehen von Fahrzeugen auf, beziehungsweise von denselben sind Dampf-, Petroleum- oder elektrische Motoren in Verwendung. Die Dampfmotoren sind älteren Datums und häufig für diese Zwecke anzutreffen, Petroleummotoren kommen wohl seltener, dagegen elektrische Motoren in neuester Zeit mit immer wachsender Beliebtheit in Gebrauch.

Ein Petroleummotor für den Antrieb einer Schiebebühne kam bei den österreichischen Eisenbahnen zum ersten Male [1889] in der Werkstätte Gmünd der k. k. Oesterreichischen Staatsbahnen für den Antrieb einer Locomotiv-Schiebebühne mit 56 t Tragfähigkeit dauernd in Verwendung. Bei einer Belastung der Schiebebühne mit 54 t wird dieselbe mit 10 bis 12 m Geschwindigkeit pro Minute vom Petroleummotor fortbewegt, wogegen bei gleicher Belastung mit Handbetrieb durch vier Mann die Geschwindigkeit nur 1·6 m beträgt.

Die Verwendung von Druckluft finden wir für einzelne Arbeitsmaschinen, wie z. B. bei Lufthämmern, pneumatischen Nietanlagen, wie eine solche in der Werkstätte Lemberg der k. k. Oesterreichischen Staatsbahnen im heurigen Jahre zur Ausführung kam, bei Blechstemm-Maschinen etc.

Einen wesentlichen Einfluss auf den maschinellen Werkstättenbetrieb sowie auf die Situirung der einzelnen Objecte bei Verfassung von Projecten für Erweiterung oder Neuanlage von Eisenbahn-Werkstätten nimmt in den letzten Jahren ganz besonders die elektrische Kraftübertragung.

Dieselbe findet bei Hebvorrichtungen, wie z. B. bei Laufkrahnen zum Heben von Locomotiven, beim Antrieb von Schiebebühnen, von Gruppen- und Einzelantrieb diverser Arbeitsmaschinen, Ventilatoren etc., Anwendung.

Derartige Einrichtungen sehen wir in den grösseren Werkstätten der k. k. Oesterreichischen Staatsbahnen und theilweise auch in anderen Eisenbahn-Werkstätten Oesterreichs.

Die seit der Betriebseröffnung der ersten Eisenbahnen Oesterreichs auf eine bedeutende Höhe gebrachte inländische Production, insbesonders jene von Metallen und Baumaterialien aller Art hat das Zustandekommen von Materialprüfungs-Maschinen, mit welchen man in der Lage ist, die verschiedenen Eigenschaften der Materialien, wie deren Festigkeit, Dehnung, Elasticität etc., zu prüfen, rascher als in manch anderen Ländern gefördert. In der Construction und Ausführung dieser Maschinen hat man es zu einer bedeutenden Vervollkommnung gebracht.

In voller Erkenntnis der Wichtigkeit der Material-Erprobungen wenden auch die Eisenbahn-Werkstätten denselben jeher besonderes Augenmerk zu. Zumeist werden die zur Verwendung kommenden Materialien schon an den Erzeugungsstellen durch die von den Eisenbahn-Verwaltungen zur Uebernahme dahin delegirten Organe erprobt, zu welchem Ende in den bezüglichen Werken die geeigneten Materialprüfungs-Maschinen vorhanden sind. Trotzdem besitzen die grösseren Eisenbahn-Werkstätten eigene derartige Maschinen, um jederzeit in der Lage zu sein, sowohl von gelieferten Materialien, als auch von Stücken, welche im Betriebe defect geworden, genaue Erprobungen durchführen zu können.

Auch bei diesen Specialmaschinen kommt in vielen Fällen Druckwasser in Verwendung. Wir wollen aber hier gleich bemerken, dass die derart durchgeführte Beanspruchung der Probestücke auf den Zerreissmaschinen noch keinen sicheren Schluss auf das Verhalten des betreffenden Materials im Betriebe zulässt, da hier auch noch verschiedenartige Stosswirkungen auftreten.

Man ist daher angewiesen, durch anderweitige Proben die Beschaffenheit des Materials zu untersuchen, wie z. B. durch Schmiede-, Biege-, Loch- und sonstige Proben.

Da die Achsen und Räder für die Sicherheit des Betriebes eine hervorragende Rolle spielen, wird naturgemäss denselben die grösste Aufmerksamkeit geschenkt. Es er-

Zum Schlusse seien hier noch die Brückenwagen erwähnt, welche als Special-Einrichtung sowohl in den Werkstätten, als auch im sonstigen Eisenbahnbetriebe eine wichtige Rolle spielen.

Für Werkstättenzwecke finden einerseits die Geleise- oder Waggonwagen, andererseits die Locomotiv-Brückenwagen Anwendung. Letztere dienen dazu, um den Druck, welchen jedes einzelne Rad der Locomotive auf seine Unterlage ausübt, möglichst genau zu bestimmen und die Federspannungen an der Locomotive derart reguliren zu können, dass das Gesammtgewicht der Maschine

Abb. 395. Doppelte Tyres-Fraesmaschine.

folgt nicht nur eine Erprobung der Materialien, aus welchen sie angefertigt werden rücksichtlich der an dieselben zu stellenden Anforderungen, sondern auch fertige Achsen, Radsterne, Radscheiben, Radreifen etc. werden verschiedenartigen Proben unterworfen. Gegenüber den im Betriebe auftretenden Stosswirkungen wird auf sogenannten Schlag- und Fallwerken geprüft.

Derartige Vorrichtungen besitzen alle jene Eisenwerke, welche die genannten Theile erzeugen.

Auch die Kaiser Ferdinands-Nordbahn erbaute [1894] in ihrer Floridsdorfer Locomotiv-Werkstätte ein solches modern ausgerüstetes Schlagwerk, behufs Durchführung der vorerwähnten Material-Güteproben mit einer Höchstleistung von 7000 mkg.

in entsprechender Weise auf die einzelnen Räder vertheilt wird. Die Waggon- und Locomotiv-Brückenwagen auf eine so hohe Stufe der Vervollkommnung gebracht zu haben, ist ebenfalls ein Hauptverdienst der heimischen Industrie.

* * *

Wir haben hier zuerst die wenigen vor dem Jahre 1848 gegründeten Eisenbahn-Werkstätten dem Leser vorgeführt und deren grösstentheils vom Auslande bezogenen, primitiven maschinellen Einrichtungen Erwähnung gethan. Ferner wurden die Werkstätten der einzelnen grösseren österreichischen Bahnverwaltungen und deren Entwickelung seit ihrer Erbauung bis zum heutigen Tage kurz geschildert und schliesslich gezeigt, wie dieselben heute mit den modernsten Arbeitsmaschinen und anderen Werkstätten-Einrichtungen ausgestattet sind, die fast ausschliesslich im Inlande erzeugt werden.

Wenige Ziffern haben uns gezeigt, dass schon die räumliche Ausdehnung der Werkstätten im Laufe der Zeit gewaltige Fortschritte gemacht hat. Die Technik im Werkstättenwesen hat auch in unserem Vaterlande sich die neuesten Erfindungen und Erfahrungen zu Nutze gemacht und seiner Bedeutung entsprechend hervorragend gefördert, geht dasselbe in Oesterreich stetig seiner weiteren Vervollkommnung entgegen.

Zugförderung.

Von

Ottokar Kazda,

Ober-Ingenieur der priv. österreichisch-ungarischen Staatseisenbahn-Gesellschaft.

Zugförderung.

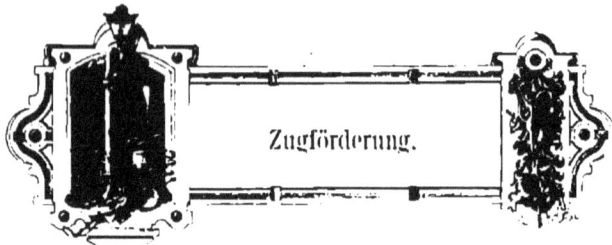

Die Zugförderung ist das unmittelbare Ergebnis von Stephenson's genialer Idee, die Wagen auf den Schienenwegen mittels Dampfkraft fortzuschaffen, sie als Zug formirt, zu fördern.

Dies besorgten auf den heimischen Bahnen zu Beginn der Eisenbahnära, im Verbande der damaligen Betriebsleitungen [Sectionen], aus dem Auslande berufene Maschinisten, die ihre in der Führung der Locomotive daheim erworbenen Kenntnisse und Erfahrungen nunmehr Oesterreichs jungen Unternehmungen nutzbringend zu machen hatten.

Sicheres Auftreten gepaart mit ausgeprägtem Standesbewusstsein verhalf diesen, zumeist infolge besonderer Qualification, herangezogenen und deshalb auch höher entlohnten Locomotivführern zu einem persönlichen Ansehen, das nicht wenig durch den Umstand gehoben wurde, dass die Vorgesetzten des Führers in jener Zeit dem eigentlichen Locomotivbetriebe mehr oder weniger noch fremd gegenüberstanden und infolgedessen in maschinentechnischer Hinsicht auf die Erfahrung des Locomotivführers und der zumeist aus diesem Stande hervorgegangenen Maschinenmeister angewiesen waren.

Es kann daher nicht wundernehmen, dass die Ansicht sich verbreitete, nur der Führer allein vermöge Leistung und Zustand seiner Locomotive richtig zu beurtheilen, den Umfang allfällig erforderlicher Nacharbeiten zu ermessen und diese sachgemäss auszuführen. Dies hatte zur weiteren Folge, dass der Führer und seine Locomotive gleichsam ein untrennbares Ganzes bildeten, das auch dann bestehen blieb, wenn die betreffende Locomotive an die Werkstätte zur Reparatur abgehen musste.

Dadurch entwickelte sich ein in das Mystische hinüberspielendes Verhältnis zwischen Führer und Locomotive, das dem Dienste der ersteren in den Augen der Fernerstehenden den Anstrich einer Kunst verlieh, gleichzeitig aber auch die Führer veranlasste, der Wartung ihrer Locomotiven grössere Obsorge zu widmen, um diese Meinung zu rechtfertigen.

Die Mitwirkung der Locomotivführer in den Werkstätten hatte ihr Gutes, weil sie den Führern ermöglichte, den Zustand ihrer Locomotiven thatsächlich bis in das kleinste Detail kennen zu lernen; trotzdem erwies sich dieselbe in der Folge als unzureichend, da der später fast ausschliesslich dem Heizerstande entnommene Führernachwuchs, mangels genügender Ausbildung im Schlosserhandwerke, den Anforderungen nicht mehr in jenem Masse nachzukommen vermochte, als dies seitens der älteren Führer geschah.

Infolge letzteren Umstandes trat aber auch die Nothwendigkeit einer eingehenderen Ueberwachung des Fahrdienstes ein, die im Beginne der Fünfziger-Jahre zur Aufstellung eigener Heizhausleitungen führte.

An die Spitze dieser wurden im Maschinendienste erfahrene Beamte gestellt, denen nebst der Regelung und Ueberwachung des Fahrdienstes vorwiegend die Erhaltung der im Betriebe stehenden Locomotiven und Wagen übertragen wurde. Dies war der erste Schritt zu einer den Betriebs-Erfordernissen Rechnung tragenden Ausgestaltung des Zugförderungsdienstes.

Kurze Zeit darauf, nach dem Jahre 1855, geschah der zweite Schritt, indem die bereits weiter ausgebildete Dienstesorganisation der französischen Bahnen in Oesterreich-Ungarn zur Einführung gelangte. Diese erforderte die Trennung der Agenden des Zugförderungsdienstes von jenem des Verkehrsdienstes und die Vereinigung des ersteren mit dem Werkstättendienste zu einem eigenen, administrativ abgesonderten Ressort, dem die bestehenden Heizhausleitungen und Werkstätten sammt allenfalls eingeschobenen Ueberwachungsstellen unterstellt wurden.

Diese Organisation blieb, abgesehen von einigen, seither eingetretenen, nicht gerade wesentlichen Aenderungen, bis auf den heutigen Tag in Kraft.

Mit der Loslösung des Zugförderungsdienstes aus dem Zusammenhange der Betriebsleitungen beginnt dessen sachgemässe Ausgestaltung, und datirt auch der Fortschritt in diesem Dienstzweige. Entsprechende Einflussnahme auf die Fahrweise und die Belastung der Züge und damit auf den Aufbau des Fahrplanes, führte zu einer rationelleren Ausnützung des Locomotivparkes und ermöglichte, bei gleichzeitig erhöhter Betriebssicherheit dem in steter Steigerung begriffenen Verkehre mit den gegebenen Mitteln Rechnung zu tragen.

Zwei Richtungen sind es vornehmlich, nach denen dem Zugförderungsdienste stets neue und grössere Anforderungen erwuchsen: — schwerere Züge und diese Züge schneller zu fördern. Dazu bedurfte es vor Allem entsprechend leistungsfähiger Locomotiven, die zu fordern die nächste Aufgabe des Zugförderungsdienstes sein musste.

In pflichtgemässer Ausübung dieser Obliegenheit fiel es letzterem zu, anregend,

mitunter auch entscheidend auf den Locomotivbau einzuwirken und so die im praktischen Dienste erworbenen Erfahrungen einer entsprechenden Verwerthung zuzuführen, woraus ihm die Berechtigung erwuchs, einen Theil des Erfolges auf dem Gebiete des Locomotivbaues für sich in Anspruch nehmen zu dürfen.

Die Belastung der Züge, vordem lediglich nach der Zugsgattung ohne besondere Rücksicht auf die Profilirung der einzelnen Theilstrecken normirt, musste zum Zwecke besserer Ausnützung der zur Verfügung stehenden Zugkräfte den Streckenverhältnissen mehr angepasst werden; dies erforderte vor Allem die Aufstellung detaillirterer Belastungs-Bestimmungen, aus welchen zu Anfang der Siebziger-Jahre auf Locomotivleistung, Fahrgeschwindigkeit und Neigungsverhältnissen fussende generelle Belastungsnormen in Form von Anhängen zu den Fahrordnungs-Büchern entstanden, die, im Laufe der Zeit immer mehr und mehr vervollkommt, schliesslich zu einem unentbehrlichen Dienstbehelf für die Executivorgane wurden.

Zur Veranschaulichung der stetig zunehmenden Belastung der personenführenden Züge dienen die nachfolgenden Uebersichten der Zusammensetzung dieser Züge in den einzelnen Decennien. (Vgl. Beilage I/II.)

Aber auch die Lastzüge, die in den ersten Zeiten selten aus mehr als vierzig Achsen bestanden, wurden von Jahr zu Jahr länger und dementsprechend schwerer, ja so schwer, dass schliesslich sogar die Betriebssicherheit in Frage kam, und eine Normirung der Maximal-Achsenanzahl für die einzelnen Zugsgattungen nöthig wurde. Gelegentlich des Zuwachses von Strecken mit grösseren Steigungen musste im Hinblick auf die zulässige Inanspruchnahme der Zugvorrichtungen eine weitere Abstufung der Belastung platzgreifen, die jedoch zumeist nur dort fühlbar wird, wo zwei Locomotiven an der Zugspitze zur Verwendung gelangten.

Was die Fahrzeit der Züge, beziehungsweise deren Fahrgeschwindigkeit anbelangt, so war für die Bemessung dieser zu Anbeginn lediglich die Leistungsfähigkeit der Locomotiven, beziehungsweise die Zugsgattung massgebend; infolge der wachsenden Zugkräfte traf das Polizeigesetz für Eisenbahnen vom Jahre 1847 die Anordnung, »dass in Bezug auf die Beförderungszeit keine grössere Fahrgeschwindigkeit stattfinden dürfe, als eine solche, mittels welcher Züge, die zur Beförderung von Personen bestimmt sind, eine Weglänge von 6 Meilen [46 *km*] in der Stunde, und Züge, mit welchen blos Lasten befördert werden sollen, eine Weglänge von 4 Meilen [30 *km*] in der Stunde zurücklegen«.

Diese Grenzen wurden durch die im Jahre 1851 erschienene Eisenbahn-Betriebsordnung dahin erweitert, dass für Personenzüge 7 Meilen [53 *km*] und für Lastzüge 5 Meilen [38 *km*] in der Stunde als Höchstgeschwindigkeit gestattet wurden.

Doch auch dies erwies sich nur zu bald als beengend; die Fortschritte in der Construction des Oberbaues und im Maschinenwesen ermöglichten die Anwendung immer grösserer Geschwindigkeiten, und führten zu einer Reihe örtlicher Zugeständnisse seitens der Bahn-Aufsichtsbehörden, so waren 1862 schon Geschwindigkeiten von 10 Meilen [76 *km*] gestattet — die später in den Grundzügen der Vorschriften für den Verkehrsdienst auf Eisenbahnen vom Jahre 1876 insoferne Berücksichtigung fanden, dass darin die erhöhte Maximalgeschwindigkeit von 80 *km* in der Stunde für Personenzüge und 40 *km* in der Stunde für Lastzüge unter der Bedingung als zulässig erkannt wurde, dass der Zustand der Bahn, der Objecte und Fahrbetriebsmittel die Anwendung dieser Geschwindigkeit gestatte.

Doch auch da gab es kein Halt! Denn im Jahre 1894 gelangten auf einzelnen Strecken Schnellzüge mit Geschwindigkeiten bis zu 90 *km* in der Stunde zur Einleitung, was den Zeitpunkt nicht gar so ferne erscheinen lässt, wo diese Geschwindigkeit auf allen Hauptverkehrsrouten Anwendung finden wird, zumal das Beispiel des Auslandes auf die heimischen Bahnen in dieser Beziehung nicht ohne Rückwirkung bleiben dürfte.

Die Tendenz des schnelleren Fahrens besteht aber nicht bei den personenführenden Zügen allein, auch die Lastzüge mussten im Laufe der Zeit beschleunigt werden, weil immer höhere Anforderungen an diese gestellt werden, und dringende Frachten, insbesondere Approvisionirungs-Artikel rascher verkehrende Lastzüge erfordern und Concurrenzrücksichten den Wettbewerb rege erhalten.

Naturgemäss konnten die normirten Höchstgeschwindigkeiten stets nur dort zur Anwendung kommen, wo Streckenverhältnisse und Locomotivleistung dies gestatteten; daher ist es auch begreiflich, dass auf ungünstiger profilirten Strecken die mittlere Fahrdauer weit geringeren als den angeführten Geschwindigkeiten entspricht. Am annäherndsten kommen diese in den die zulässige Minimal-Fahrdauer von Haltepunkt zu Haltepunkt festsetzenden sogenannten »kürzesten Fahrzeiten« zum Ausdruck, die den Fahrordnungen beigefügt werden.[*]

Der zu Beginn der Sechziger-Jahre gemachte Versuch, einzelne Züge ohne Aufenthalt in den minderwichtigen Unterwegs-Stationen und damit rascher ihrem Ziele zuzuführen, konnte von Seite des Zugförderungsdienstes nur begrüsst werden, da hiedurch eine raschere Circulation der Locomotiven und damit eine bessere Ausnützung derselben zu erwarten stand. Leider wurde die Institution der Schnellzüge, deren Einführung schon in den Fünfziger-Jahren versucht worden war,[*] vom reisenden Publicum nicht in dem Masse gewürdigt, dass diese ein in öconomischer Beziehung auch nur halbwegs befriedigendes Resultat geboten hätten. Die Bahnen sahen sich infolgedessen örtlich sogar benüssigt, den ursprünglich täglichen Verkehr dieser Züge auf einzelne Tage der Woche zu beschränken, eine Massnahme, die dem Zugförderungsdienste, der ungleichen Inanspruchnahme wegen, nichts weniger als gelegen kam. Erst zu Ende der Sechziger-Jahre konnte der tägliche Verkehr dieser Züge wieder voll aufgenommen werden, um in den folgenden Jahren sich zu dem

*) Näheres siehe Bd. III, G. Gerstel, Mechanik des Zugsverkehrs, Seite 45 und 48.

heutigen, so hoch entwickelten Schnell-
zugsverkehre auszubilden.

Aehnlich erging es dem fast zu
gleicher Zeit inaugurirten Transito-Güter-
zugsdienste; vorerst nur ein vorüber-
gehendes Auskunftsmittel, um die zu
Anfang der Sechziger-Jahre der Verfrachtung harrenden Getreidemengen so
rasch als möglich ihren Bestimmungs-
orten zuzuführen, gelangte dieser Dienst
erst nach einer mehrjährigen Pause wieder
zur Geltung.

Anders liegen die Verhältnisse in
Bezug auf Geschwindigkeit bei den erst
seit dem Jahre 1880 entstandenen Localbahnen und bei den Secundärzügen der
Hauptbahnen, wo specielle Betriebs-
Erleichterungen hinsichtlich Signalisirung,
Streckenüberwachung und Ausrüstung
eine Restringirung der Fahrgeschwindigkeit als zweckmässig erscheinen lassen,
die in der Normirung einer Höchstgeschwindigkeit von im Maximum 30 km
in der Stunde zum Ausdruck kommt.
Noch geringere Geschwindigkeiten
müssen beim Zahnstangenbetriebe eingehalten werden, bei welchen solche von
höchstens 15 km in der Stunde zur Anwendung kommen dürfen.

So lange die Lastzüge der Hauptbahnen noch mit einer verhältnismässig
geringen Fahrgeschwindigkeit verkehrten,
bestand für den örtlichen Nachschiebedienst keine besondere Fahrbestimmung;
die Zweckmässigkeit einer solchen erwies
sich erst später, als grössere Geschwindigkeiten bei den Zügen zur Anwendung
kamen. Die Grundzüge für den Verkehrsdienst aus dem Jahre 1876 enthalten
demzufolge bereits die Norm, dass mit
Nachschub verkehrende Züge keine
grössere Fahrgeschwindigkeit einhalten
dürfen, als 25 km in der Stunde. Dabei
stand es ausser Frage, dass ein Nachschub nur bei reinen Güterzügen angewendet werde, bei personenführenden
Zügen aber im Falle unzureichender
Zugkraft lediglich eine Vorspannleistung
platzgreifen dürfe. In neuerer Zeit machten
es örtliche Verhältnisse nöthig, davon
abzusehen, und auch personenführende
Züge über Rampen mit Nachschub in
Verkehr zu setzen, womit im Zusammenhange die bisher gestattete Geschwindig-

keit eine Erhöhung auf 35 km in der
Stunde erfuhr.

Dabei ist noch zu erwähnen, dass der
Nachschiebedienst bis in das Jahr 1885
lediglich mit nicht angekuppelter Schiebe-
Locomotive bewerkstelligt wurde, denn
erst da wurde der Versuch gemacht, die
letztere an den Signalwagen anzukuppeln,
weil die sägeförmige Profilirung der
betreffenden Strecke es rathsam erscheinen liess, das immerhin mit Gefahr
verbundene Abwarten der auf dem Gefälle nachfahrenden Nachschiebe-Locomo-
tive durch das Ankuppeln der letzteren
zu vermeiden.

Bei genügend starker Anlage und
entsprechender Erhaltung des Oberbaues
bot die freie Strecke dort, wo günstige
Neigungs- und Richtungsverhältnisse ob-
walten, niemals ein Hindernis für die
Anwendung der grösst zulässigen Geschwindigkeiten.

Die Stationen aber, besonders deren
Weichenanlagen liessen von allem Anfange an die Anwendung grösserer Geschwindigkeiten unthunlich erscheinen;
sie waren die Anlass zu Beschränkungen,
die sich jedoch erst dann fühlbar machten,
als die Stationen ohne Aufenthalt durchfahren werden sollten, denn bis dahin
wurde mit der naturgemäss eintretenden
Geschwindigkeits-Ermässigung beim Anhalten, beziehungsweise mit der Verzöge-
rung beim Ingangsetzen der Züge das
Auslangen gefunden. In erster Linie betreffen diese Beschränkungen das Befahren
der Weichen gegen die Spitze, die man
im günstigsten Falle nur eine Geschwindigkeit von 30 km in der Stunde
gestattet wissen wollte. Mit der seither
eingetretenen Versicherung der Weichen
konnte diese Bestimmung eine Weiterung
erfahren, die in der Folge dadurch zum
Ausdruck kam, dass die Höchstgeschwindigkeit für die Fahrt gegen die Spitze
bei günstig situirten und versicherten
Weichen mit 50 km in der Stunde normirt wurde.

Für den Dienst in der Station, die
Zusammenstellung und Auflösung der
Züge, Wagen-Beistellung und Abgabe
kommt die Beschränkung der Geschwindigkeit für die Fahrt über Weichen nicht
so in Betracht, da für alle diese Ver-

Uebersicht der Zusammense

1848
1860
1870
1880
1890
1898

Uebersicht der Zusammens

1860
1870
1880
1890
1898

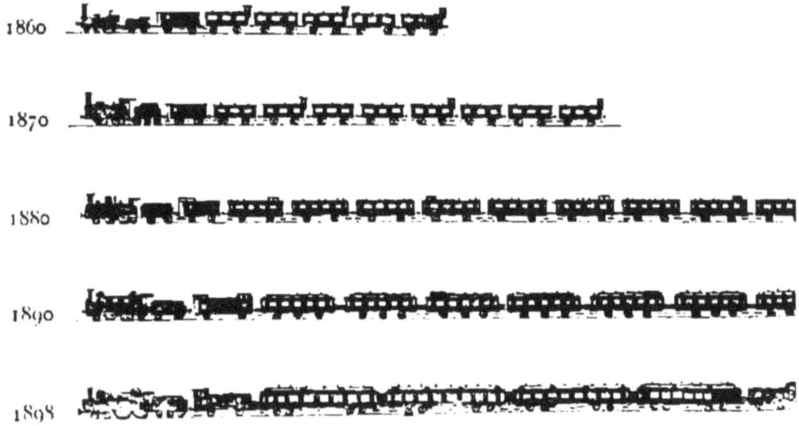

:zung der Personenzüge.

Der Zug vom Jahre 1848 bestand aus 8 Wagen mit 60 Tonnen Gewicht;

»	»	»	»	1860	»	»	5	»	»	80	»	»
»	»	»	»	1870	»	»	14	»	»	120	»	»
»	»	»	»	1880	»	»	20	»	»	180	»	»
»	»	»	»	1890	»	»	20	»	»	240	»	»
»	»	»	»	1898	»	»	18	»	»	300	»	»

und fand dessen Beförderung mit einer Geschwindigkeit
im Jahre 1848 von 40 *km* per Stunde statt.

»	»	1860	»	50	»	»	»	»
»	»	1870	»	50	»	»	»	»
»	»	1880	»	55	»	»	»	»
»	»	1890	»	60	»	»	»	»
»	»	1898	»	60	»	»	»	»

etzung der Schnellzüge.

Der Zug vom Jahre 1860 bestand aus 6 Wagen mit 70 Tonnen Gewicht;

»	»	»	»	1870	»	»	9	»	»	90	»	»
»	»	»	»	1880	»	»	12	»	»	120	»	»
»	»	»	»	1890	»	»	11	»	»	150	»	»
»	»	»	»	1898	»	»	6	»	»	180	»	»

und fand dessen Beförderung mit einer Geschwindigkeit
im Jahre 1860 von 55 *km* per Stunde statt.

»	»	1870	»	60	»	»	»	»
»	»	1880	»	62	»	»	»	»
»	»	1890	»	65	»	»	»	»
»	»	1898	»	70	»	»	»	»

schub-Manipulationen nur Geschwindigkeiten zur Anwendung kommen dürfen,
die dem dabei betheiligten Personale es
ermöglichen, den verschiebenden Zugs-
theilen nebenher zu folgen. Lauf- und
Schnellschritt waren die landläufigen
Begriffe für das Mass der Vor- und
Rückwärtsbewegungen, dem auch die
späterinstructionsmässig vorgeschriebenen
Geschwindigkeiten von 15 *km* in der
Stunde für gezogene und 10 *km* in der
Stunde für geschobene Zugstheile entsprechen. Diese Geschwindigkeiten finden
auch bei der Verschub-Manipulation auf
den neueren Anlagen, Gruppen- und
Abrollgeleisen Anwendung, weil nicht so
sehr eine Erhöhung der Geschwindigkeit
als vielmehr die rationellere Vertheilung
und Gruppirung der Wagen nach Richtung und Bestimmung das angestrebte
Ziel, die Verschiebungen rascher und
geordneter zu vollziehen, erreichen machen.

Für die einzuhaltende Geschwindigkeit ist aber auch die Construction
der Fahrbetriebsmittel, insbesonders die
der Locomotiven von massgebendstem
Einflusse; infolgedessen erwuchs dem
Zugförderungsdienste die Aufgabe, darauf
zu sehen, dass der Fahrplan mit den zur
Verfügung stehenden Locomotiven stets
in Einklang gebracht und die Disposition
so getroffen werde, dass für die Fortschaffung der Züge ihrer Geschwindigkeit entsprechende Locomotiven verwendet
werden.

Ein in seinen Folgen glücklicherweise
nicht erheblicher Vorfall im Jahre 1881
führte dahin, dass durch Aufstellung
kürzester Fahrzeiten für jede einzelne Locomotivtype unzulässige
Geschwindigkeiten für die Zukunft vorgebeugt wurde. Den gleichen Zweck verfolgt auch die seit dem Jahre 1890 bestehende Anordnung der Aufsichtsbehörde,
dass jede Locomotive an der Innenwand
des Führerschutzhauses eine Tafel zu
tragen habe, auf welcher die im Hinblick
auf die Construction der betreffenden
Locomotive gestattete Maximalgeschwindigkeit ersichtlich gemacht ist.

Die Herabminderung der Geschwindigkeit der Züge, sei es auf Gefällen,
bei Annäherung an Stationen oder in
Gefahrsmomenten und dergleichen mehr,

wurde von allem Anfange an mittels
Bremsvorrichtungen angestrebt, zu deren
ältesten wohl die Handbremse gehört. Der
beträchtliche Zeitaufwand zwischen Impuls und Wirkung bringt es bei dieser
Art von Bremsung mit sich, dass der
Auslauf der Züge, Zeit und Weg in
Rechnung gezogen, ein beträchtlicher ist;
und früher mitunter ein noch erheblicherer
war, weil die Bremsenbesetzung nicht
nach der Geschwindigkeit, sondern nach
der Gattung der Züge erfolgte.

Eine ganze Reihe von Constructionen,
speciell bei Wagen, sollte in Bezug auf
Bremsung eine Besserung der Verhältnisse herbeiführen, doch kam die Mehrzahl dieser Neuerungen nicht über das
Versuchsstadium hinaus. Constructiv rich-
tigere Anordnung des Bremsgestänges und
Ersatz der ursprünglich hölzernen Bremsklötze durch eiserne dürften die dauernd-
sten Errungenschaften dieser Epoche sein.

Auch die um das Jahr 1867 in Oesterreich-Ungarn örtlich eingeführte, durch
Gegendampf in den Cylindern wirkende
Dampfbremse von Lechatelier konnte
infolge des Umstandes, dass sich ihre
Wirkung lediglich auf die Locomotive
erstreckte, deren Triebwerk überdies sehr
in Mitleidenschaft gezogen wurde, keine
grössere Ausbreitung finden.[*)]

Erst mit dem Inslebentreten der unter
der Bezeichnung Vacuumbremse bekannten, von J. Hardy verbesserten
Smith'schen Luftsaugbremse, deren Einführung in Oesterreich-Ungarn zu Ende der
Siebziger-Jahre erfolgte, änderte sich die
Sachlage; diese die Locomotive und den
Wagenzug umspannende Bremsvorrichtung ermöglicht es dem Locomotivführer,
ohne Mithilfe des Zugbegleitungs-Perso-
nales, vom Führerstande aus, die Fahrgeschwindigkeit des Zuges vollends zu
regeln und dies war auch die Veranlassung, dass in verhältnismässig kurzer
Zeit alle schneller verkehrenden Züge auf
den österreichischen Bahnen mit dieser
Bremse ausgerüstet wurden. Neuester
Zeit gelangt auch Hardy's automatische
Vacuumbremse zur Einführung, bei
welcher sich dem früher erwähnten Vor-

*) Vgl. Bd. II, K. Gölsdorf, Locomotiv-
bau, Seite 453 und 458

theile selbstthätiges Ingangsetzen der Bremse bei Zugstrennungen hinzugesellt.

In Ungarn wurde nach kurzem Schwanken der automatisch wirkenden Luftdruckbremse nach System Westinghouse der Vorzug gegeben, was zur Folge hatte, dass auch auf den österreichischen Anschluss-Strecken dies Bremssystem zur Einführung gelangte.

Der Hauptvortheil beider Bremssysteme, sowohl Hardy als Westinghouse, liegt darin, dass die volle Bremswirkung durch einen Handgriff erzeugt werden kann, was insbesondere bei Unfällen ausschlaggebend ist.

Die stete Erhöhung der Zugsgeschwindigkeiten brachte es mit sich, dass mit dem früher bestandenen Principe, das Bremsausmass nach der Zugsgattung in Anwendung zu bringen, gebrochen werden musste. An Stelle dieses gelangt seit mehreren Jahren ein auf Grund der Fahrgeschwindigkeit aufgebautes Bremsausmass zur Anwendung, das dem Gebote der Betriebssicherheit jedenfalls in entsprechenderer Weise Rechnung zu tragen vermag.

Die Betriebssicherheit erfordert vor Allem eine freie Fahrbahn, weshalb das Locomotiv-Personale, insbesondere die Locomotivführer auch verpflichtet werden mussten, sich durch Ausblick nach den Signalen und auf die Strecke die Gewissheit zu verschaffen, dass der Fahrt kein Hindernis entgegensteht. In den ersten Zeiten, wo lediglich optisch fortgepflanzte Signale in Verwendung standen, erforderte diese Streckenüberwachung weit intensivere Aufmerksamkeit seitens des Locomotiv-Personales als in der Folge, so zwar, dass für den Fall eigens vorgesorgt werden musste, wenn eine Locomotive in verkehrter Stellung in Verwendung kommen sollte. Dies bestand darin, dass

Abb. 394. Anordnung der Apparate bei einer Locomotive älterer Type.

ein mit der Signalisirung und den sonstigen Betriebs-Einrichtungen der Strecke vertrautes Organ als Tenderwache aufgestellt wurde, das dem durch die Wartung der Locomotive von der Streckenüberwachung abgelenkten Locomotivführer alle die Fahrbarkeit der vorliegenden Strecke betreffenden Wahrnehmungen zur Kenntnis zu bringen hatte.

Mit der Anwendung der Elektricität im Eisenbahnbetriebe, insbesondere aber mit dem Inslebentreten des elektrischen Telegraphen und der Glockenschlagwerke gewann der Betriebsdienst auf den damit eingerichteten Linien so an Sicherheit, dass das Locomotiv-Personale von der eigentlichen Streckenüberwachung, im Hinblick auf den Umstand, dass die Fahrt in verlässlicher Weise avisirt, das Stations- und Streckenpersonale am Platze ist, mehr oder weniger enthoben werden konnte, eine Erleichterung, die bei den meisten Bahnen den Entfall der Tenderwache zur Folge hatte.

Das Schwergewicht wurde mehr auf die Signale übertragen, denen mit der Zeit eine immer grössere Bedeutung zukam als früher, wo das Signalwesen noch in der primitivsten Weise gehandhabt wurde. In maschineller Hinsicht besser, in neuerer Zeit sogar in Abhängigkeit von den Fahrstrassen angeordnet, bieten die Signale, ganz besonders in Strecken, die für das Fahren in Raumdistanz eingerichtet sind, heute thatsächlich das Mittel für jene Verständigung zwischen Strecke und Zug, die eine unerlässliche Vorbedingung der Betriebssicherheit ist.

Wie hoch diese zu schätzen ist, empfindet wohl Niemand mehr als das zum Dienste auf der Locomotive berufene Personale, das, der ihm zufallenden Verantwortung bewusst, oft in tiefdunkler Nacht mit dem Zuge dahin-

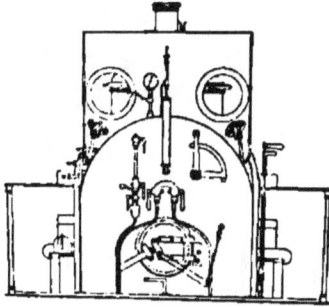

jagend, in den Signalen das einzige Mittel zur Orientirung sucht und finden muss. Dabei blieb es bis in das letzte Decennium hinein ganz der subjectiven Beurtheilung des Locomotivführers überlassen, an der Hand der Uhr oder sonstiger Anhaltspunkte, wie Schienenstösse, Telegraphensäulen etc. das Mass für die jeweils einzuhaltende Geschwindigkeit zu finden. Der wiederholt unternommene Versuch, dem Führer mittels eigener Apparate Kenntnis über die angewendete Geschwindigkeit zu geben, hat zur Anbringung von Geschwindigkeitsmessern geführt. Am meisten Verbreitung fand hierzulande noch ein von Haushälter construirter Apparat, der durch Ausschlag und Markirung die gefahrene Geschwindigkeit anzugeben vermag.

Um Geschwindigkeits-Ueberschreitungen, namentlich in ungünstiger profilir-

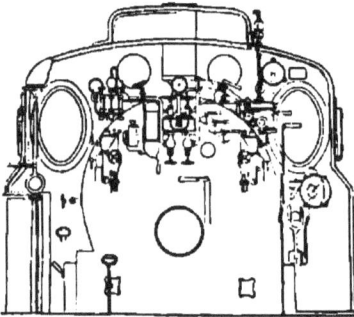

Abb. 365. Anordnung der Apparate bei einer Locomotive neuerer Type.

ten Strecken hintanzuhalten, wurde seitens der Bahnen von früher Zeit an strenge Ueberwachung in dieser Hinsicht gepflogen; doch musste sich dies zumeist auf eine Begleitung der Züge durch erfahrene Organe beschränken. Neuerer Zeit geht man daran, durch Anbringung eigener Contactapparate zur Registrirung der Zugsgeschwindigkeiten, in grösseren Gefällen eine genauere Controle zu schaffen.

So zweckentsprechend all diese Apparate auch sind, so ändern sie doch nichts an der Thatsache, dass die Förderung der Züge und damit Leben und Gut vieler Menschen einzig und allein in den Händen des betreffenden Locomotivführers ruht. Demzufolge musste es auch eine der ersten Aufgaben des seit dem Jahre 1855 neuorganisirten Zugförderungsdienstes abgeben, die fachliche Aus-

bildung der nachwachsenden Locomotivführer auf jenes Niveau zu heben, das eine sichere Gewähr für den anstandslosen Betrieb bietet.

Vor Allem wurden die Locomotivführer von der Begleitung ihrer reparaturbedürftigen Locomotiven entbunden und durch entsprechende Zutheilung von Ersatz-Locomotiven ihrem eigentlichen Berufe, dem Fahrdienste, erhalten. Sodann wurde der zum Theile auf einer Ueberschätzung der Feuerungs-Manipulation beruhende, zum Theile aber auch auf eine überstandene Oeconomie zurückzuführende Vorgang, die Locomotivführer dem Heizerstande zu entnehmen, zumeist eingestellt und so der bereits fühlbar gewordenen Unzulänglichkeit des Nachwuchses vorgebeugt, weiters aber auch die Vorsorge getroffen, dass den dem Stande der gelernten Schlosser nunmehr entnommenen Führerlehrlingen die erforderliche Ausbildung in der Wartung und Führung der Locomotive in vollem Masse zutheil werde. Zu diesem Zwecke wurden in der zweiten Hälfte der Sechziger-Jahre örtlich sogar Aneiferungsprämien für das mit der Schulung der Lehrlinge betraute Führerpersonale ausgeworfen, die dieses an den Erfolgen mitinteressiren sollten.

Auch den Heizern trachtete man vorwegs jene Anleitung zu bieten, die sie befähigte, die Locomotivführer in der Wartung der Locomotiven zu unterstützen und sie in den Stand setzte, den ihnen zukommenden Verrichtungen gerecht zu werden.

Steter Contact mit dem Personale ermöglichte dem nunmehr sachkundigen Ueberwachungsorganen sich ein klares Bild über die Leistungsfähigkeit und Verlässlichkeit jedes Einzelnen zu bilden und dessen Verwendung letzterem entsprechend anzupassen.

Die fortschreitende Entwicklung des Verkehrs, die Vervollkommnung der Betriebseinrichtungen, nicht zumindest die von Jahr zu Jahr zuwachsenden Verbesserungen und Neuerungen an den Locomotiven erfordern stets neuerliche Schulung des Personales und bedingen, dass dieses sich jene manuelle Fertigkeit in der Handhabung der Apparate aneigne, die ein wichtiges Erfordernis für die correcte Ausübung des Dienstes bildet.

Insbesonders gilt dies für die Locomotiven moderner Bauart mit ihrem Labyrinthe von Handgriffen, deren jeder benützt, mitunter zu bestimmter Zeit bethätigt werden soll, eine Aufgabe, welche bei der, zunehmenden Fahrgeschwindigkeit der Züge nicht zu unterschätzende Anforderungen an die Intelligenz und Thatkraft der Locomotivführer stellt. Gegen einst ist durch eine handsamere Ausgestaltung der einzelnen Apparate, eventuell durch deren Anordnung für selbstthätiges Functioniren wohl eine Entlastung des Personales eingetreten, doch hat diese der Zuwachs der neuen Apparate zum grössten Theile wieder aufgewogen, wenn nicht überholt, so dass der Dienst eines Locomotivführers nach wie vor seinen ganzen Mann erfordert. [Abb. 394 und 395.]

Aber nicht in der Handhabung der vermehrten Apparate allein ist die erhöhte Inanspruchnahme des Locomotivführers zu suchen, diese wird auch durch die umfangreichere Wartung der Locomotive, durch deren Untersuchung in Bezug auf betriebssicheren Zustand sowie durch die complicirteren Instandhaltungs-Arbeiten an denselben bedingt, die von Jahr zur Jahr mehr Sachkenntnis und Aufmerksamkeit erfordern.

Zu Beginn der Siebziger-Jahre gingen einzelne Bahnen daran, das Auffinden betriebsgefährlicher Gebrechen an Locomotiven und Tendern, ja auch Wagen, zu prämiiren, um das Personale zu einer eingehenderen Untersuchung der Fahrbetriebsmittel anzueifern.

Den gleichen Zweck verfolgte auch die auf anderer Seite eingeführte Betriebs-

prämie für länger andauernde anstandslose Dienstleistung, die einer besonderen Entlohnung des Personales für die sorgfältige Wartung der Locomotiven gleichkommt.

Die vereinzelt in Anwendung gebrachte Erhaltungsprämie sollte im selben Sinne wirken, doch war das öconomische Moment dieser Prämie so vorherrschend, dass sie in vorstehender Beziehung keinen nennenswerthen Erfolg aufzuweisen vermochte. Diese Prämie verblieb deshalb auch nur verhältnismässig kurze Zeit in Kraft, während die beiden ersterwähnten Prämien auch heutigen Tages noch zur Auszahlung gelangen.

Ursprünglich waren jedem Locomotivführer zur Besorgung des Kesselbetriebes nicht minder auch zu seiner Unterstützung in der Wartung der Locomotive zwei Heizer zugewiesen. Mit dem Entfall der zeitraubenden Schlichtung und Vorrichtung der Cokes- und Holzvorräthe auf dem Tender beim Uebergange zur Kohlenfeuerung um das Ende der Siebziger-Jahre konnte infolge der verringerten Manipulation ein Heizer abgezogen werden. Die seither einem Heizer allein zufallende Beschickung der mitunter ganz bedeutende Dimensionen aufweisenden Rostflächen, das Nachspeisen der Kessel, das Reinigen und Putzen der Locomotiven nebst all den anderen kleineren Verrichtungen stellen Anforderungen an diesen, namentlich in physischer Beziehung, die zu dem Ausspruche berechtigen, dass der Heizerdienst zu den schwersten Erwerbszweigen gehört. Der Umstand, dass die Heizer ihre Locomotivführer auch in der Wartung der Locomotiven zu unterstützen haben, lässt es, besonders bei den modernen Locomotiven, erwünscht erscheinen, dass auch die Heizer fachliche Kenntnisse im Schlosserhandwerke besitzen, womöglich gelernte Schlosser seien; man geht demzufolge in neuerer Zeit immer mehr daran, die Locomotiven mit zwei Führern zu besetzen, von denen der jüngere den Dienst des Heizers zu versehen hat und erst nach längerer Verwendung als solcher die Führerlaufbahn betreten kann.

Führer und Heizer, zu den verschiedensten Tag- und Nachtstunden, bei jeder Witterung, in jeder Jahreszeit zum Dienst auf der Locomotive berufen, haben es redlich verdient, dass die Bahnen gelegentlich des Baues neuer Locomotiven auch auf die Bedürfnisse, das leibliche Wohl dieses Personals Bedacht nahmen und mit der Zeit Schutzvorrichtungen anbrachten, die das Verweilen auf der Locomotive erträglicher gestalteten.

Von dem Grundsatze ausgehend, dass das Locomotiv-Personale in der Strecken-Überwachung durch nichts behindert sein

da die Verwendung schützender Umhüllungen ihre Grenze haben musste, wenn die zur Ausübung des Dienstes nöthige Beweglichkeit darunter nicht leiden sollte, und so kam es, dass der Dienst auf der Locomotive zu Zeiten ins Masslose erschwert war.

Den ersten Anlass zu einer Besserung dieser Verhältnisse bot wohl der Umstand, dass auch die Armatur der Kessel bei den älteren Locomotiven unter dem directen Anprall von Wind und Wetter

Abb. 396. Schneepflug. (Nach einer Original-Aufnahme von A. Stempf.)

dürfe, waren die Locomotiven aus ersterer Zeit, wie in der Geschichte des Locomotivbaues des Näheren ausgeführt erscheint,[*]) nur mit Plattformen versehen, die mitunter nicht einmal verschalte Geländer aufzuweisen hatten, so dass das Personale auf der Locomotive schutzlos den Witterungsunbilden ausgesetzt war. Am schlechtesten erging es wohl den unbedeckten Gesichtstheilen im Winter, wo selbe nicht selten von der Gefahr des Erfrierens bedroht waren; aber auch die bedeckten Körpertheile hatten nicht wenig unter dem Einflusse der Kälte zu leiden,

zu leiden hatte, der Gefahr des Versagens ausgesetzt war. Um dem abzuhelfen, wurden Schirme über dem Stehkessel angebracht, die später, in immer grösseren Dimensionen ausgeführt, auch dem Personale etwas Schutz zu bieten vermochten. Nun erst, als man den Werth dieser sogenannten Brillen kennen gelernt, die Befürchtungen in Bezug auf Behinderung der Fernsicht durch die Praxis widerlegt sah, ging man daran, überdeckte Schutzhäuser über dem Führerstande aufzuführen, die nach vorn und nach der Seite genügend Ausblick gewährten. Mit der Zeit zweckmässiger und geräumiger angeordnet, seitlich mit Ketten, Vorlegblechen oder Thüren ver

*) Vgl. Bd. II, K. Gölsdorf, Locomotivbau, Seite 446 und 447.

sichert und abgeschlossen, mitunter auch
mit Ventilationsklappen im Dache versehen, bieten diese Schutzhäuser auf den
neueren Locomotiven dem Personale einen
Aufenthaltsort, der dasselbe in die Lage
setzt, seinen Dienstesverrichtungen unter
weit günstigeren Verhältnissen als früher
nachzukommen. In neuester Zeit werden
die Schutzhäuser auch mit Sitzen versehen, die dem Personale ein Ausruhen
in dienstfreier Zeit ermöglichen sollen.

Am fühlbarsten werden diese gebesserten Verhältnisse wohl bei Schnee-
pflugs-Fahrten, die in früheren Zeiten,
wo die Führerstände der Locomotiven
keinen oder doch nur unzulänglichen
Schutz hatten, oft mit unsäglichen Leiden
verbunden waren.

Zu derlei Fahrten benützte man, abgesehen von den im ersten Beginne der
Eisenbahnen an den Locomotiven angebrachten pflugscharähnlichen Schnee-
räumern, in älterer Zeit vorwiegend
Schneepflüge von ungefähr 1·5 m Höhe,
die, auf eigenen Rädern laufend, vor die
Locomotive gestellt wurden.*) Der Umstand, dass das Angriffsmoment dieser
Schneepflüge ein zu grosses, die Leistung
hingegen eine geringe war, führte dazu,
die Schneepflüge grösser und mit wind-
schiefen Flächen und schärferer Schneide
auszuführen, um sie leistungsfähiger zu
machen. Solche, oft Höhen von 2·8 m aufweisende Schneepflüge [Abb. 396] blieben
lange Zeit nahezu ausschliesslich in Verwendung, zumal sie bei Wehen bis 1·0 m
Schneelage noch gute Arbeit verrichteten.
Der Umstand, dass ein vorausgeschobener
Schneepflug bei stärkerem seitlichem
Schneedrucke zur Entgleisung neigt, das
unmittelbare Vorausenden eines Schnee-
pfluges immerhin eine Gefährdung für
den nachfolgenden Zug in sich birgt,
die nur durch besondere Aufmerksamkeit
vermieden werden kann, war Veranlassung,
dass einige der Bahnen in neuerer Zeit
daran gingen, das Wegräumen des
Schnees auf reger befahrenen oder dem
Verwehen weniger ausgesetzten Strecken
durch die Zugslocomotiven besorgen zu
lassen, die zu diesem Zwecke mit an

der Brust anmontirbaren Schneepflügen
oder Schneepflug-Scharen versehen wurden, mittels welcher die in den jeweiligen
Zugsintervallen zugewachsenen Schnee-
lagen aus dem Geleise entfernt werden
können.

Infolgedessen hat auch die Zahl der
auf eigenen Rädern laufenden Schneepflüge in letzterer Zeit keinen nennenswerthen Zuwachs aufzuweisen, zumal
die Ansicht Raum gewinnt, dass durch
feststehende Schneeschutz-Vorrichtungen,
wie Hürden, Planken, Coulissen etc., für
die Sicherung des Verkehrs rationeller
vorgesorgt werden kann, als dies mittels
der Schneepflugarbeit der Fall ist.

In den ersten Zeiten wurde das für
die Dampfproduction nöthige Wasser-
quantum den Locomotivkesseln mittels
eigener Speisepumpen zugeführt, die
solange functionirten, als die Locomotive
in Bewegung war. Um den Kesselbetrieb
aber auch während des Stillstandes der
Locomotiven aufrecht erhalten zu können,
ging man zu Ende der Vierziger-Jahre
bereits daran, die Locomotiven überdies
noch mit Handpumpen zu versehen, welch
letztere dann gegen Ende der Fünfziger-
Jahre durch Dampfpumpen ersetzt wurden,
deren Betriebskraft man den Locomotivkesseln entnahm. Jede dieser Pumpen
war im Stande, die zum Vollbetriebe
erforderliche Wassermenge dem Locomotivkessel zuzuführen. Die Regulirung
der Pumpen, beziehungsweise der Wasser-
zufuhr in den Kessel hatten eigene Vorrichtungen zu bewirken, denen sich bei
den meisten Locomotiven auch solche
für das Vorwärmen des Speisewassers
zugesellten.

Ende der Sechziger-Jahre wurden die
Pumpen durch den Injector verdrängt,
der wegen der Einfachheit seines Betriebes bald allgemein zur Einführung
gelangte.*) Leichte Handhabung und verlässliches Functioniren sicherten diesen
Dampfstrahl-Apparaten bald eine domi-
nirende Stellung, umsomehr als es gelungen war, dieselben für die Zufuhr
auch höher temperirten Wassers geeignet
herzustellen.

---

*) Vgl. Bd. II, J v. Ow, Wagenbau,
Seite 513 und ff.

*) Vgl. Bd. II, K. Golsdorf, Locomotiv-
bau, Seite 451 und ff.

Das zum Locomotivbetrieb erforderliche Nutzwasser musste früher sowie
heute, den Fall natürlichen Zuflusses ausgenommen, durch eigene Wasserförder-
Anlagen beschafft werden. Anfänglich
waren dies zumeist für Handbetrieb eingerichtete Pumpwerke, doch begegnete
man schon damals vereinzelt auch mit

Anlagen, speciell die Handpumpen, durch
neuere ersetzt, zu denen unter Anderem
auch die sehr verbreiteten Pulsometer
gehören.

Das anfänglich der geringeren Widerstände wegen eingehaltene Princip, Schöpf-
werk und Reservoir im selben Baue
unterzubringen, wurde zu Beginn der

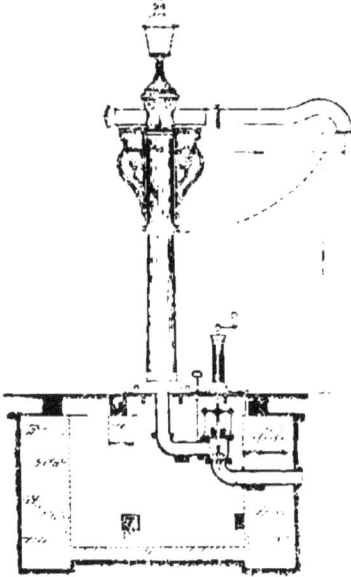

Abb. 5/7. Säulenkrahn älterer Type.

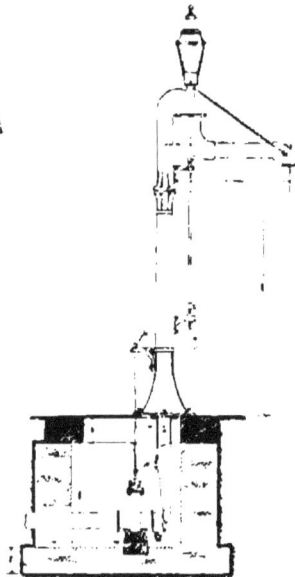

Abb. 5/8. Säulenkrahn Oldenburger Type.

Dampf arbeitenden derlei Anlagen, wenn
auch primitivster Construction. Der Fortschritt in diesem Zweige des Maschinenbaues brachte es mit sich, dass die in
späterer Zeit zuwachsenden Bahnlinien
mit stets moderneren Typen ausgerüstet
wurden, da sich die Bahnen die Vortheile
deren grösserer Leistungsfähigkeit nicht
entgehen lassen wollten. Des letzteren
Umstandes wegen wurden auch die mit
der Zeit unzulänglich gewordenen älteren

Siebziger-Jahre fallen gelassen; man entschloss sich, das Erstere selbst nach einer
mehr abseits gelegenen Stelle zu verlegen, wenn hiedurch günstigere Wasser-
verhältnisse ausgenützt werden konnten.
Massgebend hiefür war die Erkenntnis,
dass ein Speisewasser von entsprechender
Qualität sein müsse, wenn Oeconomie
im Betriebe erzielt werden soll. Dies
war auch Veranlassung, dass man den
Betrieb einzelner älterer Anlagen, ins-

besondere dort, wo die immer grösser
werdenden Tenderfassungsräume der
neueren Locomotiven diese Massnahme
unterstützten, gänzlich aufliess oder doch
thunlichst beschränkte.

Eingehende Analysen der Speise-
wässer trugen dazu bei, dass man durch
Aufstellung eigener Wasserreinigungs-
Apparate die Qualität des Wassers zu
bessern suchte. In neuester Zeit schritt
man sogar zur Vornahme von Tief-
bohrungen, um besseres Wasser führende
Schichten aufzuschliessen, wobei den
Compressoranlagen die Rolle zufällt, das
Heben des Wassers zu unterstützen.

An Stelle der ursprünglich gemauerten oder aus Gusseisen erzeugten
Reservoirs traten in späterer Zeit, des
geringeren Eigengewichtes wegen, vorwiegend solche aus Schmiedeeisen, die
man behufs Erzielung eines entsprechenden Betriebsdruckes höher als früher zu
stellen trachtet.

Die Rohrleitungen von den Reservoirs
zu den die Verausgabung des Wassers
an die Locomotiven ermöglichenden Aus-
laufsöffnungen waren in den älteren Zeiten
durch eingefügte Drosselklappen absperr-
bar eingerichtet; letztere mussten jedoch
zwecks besseren Abschlusses der Leitung
in der Folge fast durchgehends Schieber-
ventilen Platz machen.

Das Wasser an die Locomotiven oder
deren Tender abzugeben, fand seit jeher
mittels Wasserkrahnen statt, die von
allem Anfang an, nahezu ausnahmslos,
nach dem System der Säulenkrahne gebaut
waren. Zu Beginn mit mehr decorativ aus-
gestalteten Steigrohren und wagrecht aus-
ladenden Querarmen versehen, erforderten
sie zu ihrer Benützung Schlauchenden,
die das Füllen der Tenderwannen zu
ermöglichen hatten. Der Querarm war
drehbar eingerichtet und konnte mittels
Kette in die Füllstellung gebracht werden,
worauf nach dem Lüften eines am Kopfe
oder Fusse des Krahnes befindlichen
Ventiles der Wasserausfluss eintrat. Die
erste nothwendige werdende Aenderung
bestand in einem Heben der Krahn-
Ausflussöffnung, bedingt durch die Höher-
situirung der Füllöffnungen bei den neueren
Tendern, dem erst die Normalisirung der
hier in Frage kommenden Grössenverhält-

nisse durch die technischen Vereinbarungen
des Vereins deutscher Bahnverwaltungen
über Bau und Betrieb der Bahnen ein
Ziel setzte. [Abb. 397.]

Die alte Krahntype erforderte wegen
der im Steigrohre nach dem Abschlusse
des Krahnventils verbleibenden Wasser-
säule beständig Vorkehrungen für den
Winter, um das Einfrieren des Krahnes
hintanzuhalten. Das gebräuchlichste Mittel
war, die Krahne mit schlechten Wärme-
leitern, wie Hanf- oder Strohseile, zu
umhüllen, doch bot dies niemals eine
Gewähr für den anstandslosen Betrieb,
wie das immer wiederkehrende Versagen
der Krahne leider nur zu oft bewies.

Um diesem Anstande vorzubeugen,
versuchte man vorerst die Wasserkrahne
heizbar einzurichten, sah sich jedoch
Kosten halber bald veranlasst, hievon
wieder abzugehen.

Der nächste Schritt war, für eine entsprechende Krahn-Entleerungsvorrichtung
vorzusorgen; am rationellsten erscheint
dies bei der sogenannten Oldenburger
Krahntype gelöst, die mit ihrer selbstthätigen Entleerungsvorrichtung und das
Lichtraumprofil wenig beengenden Form
bis auf den heutigen Tag das Feld behauptet, und nach der sogar eine grosse Anzahl
älterer Typen umgestaltet wurde. [Abb. 398.]

Die Erhaltung der Wasserförderungs-
Anlagen war ursprünglich eigenen Maschinisten anvertraut, die zu diesem Zwecke
die Wasserstationen des ihnen zugewiesenen Bereiches zu bereisen und allfällige Mängel zu beheben hatten. Mit
der Creirung der Heizhausleitungen ging
die Obsorge für diese Anlagen gleichfalls
an letztere über, die nun auch der Schulung
des beim Dampfpumpenbetriebe verwendeten Wärterpersonales das nöthige Augenmerk zuwenden konnten. Die bei den
Wasserheb-Anlagen örtlich eingeführten
Ersparungs-Prämien verfolgen gleichfalls
den Zweck, das betheiligte Personale zu
einer möglichst oeconomischen Gebarung
anzueifern. [Abb. 399.]

Bei den Locomotiven der ersten
Periode wurde, gleichwie bei ihren
englischen Vorbildern, ausschliesslich
Coke als Brennmaterial verwendet,
dessen Erzeugung die Bahnen aus oeconomischen Gründen zumeist in eigener

Regie besorgten.*) Der nahezu unberührte Waldbestand der von den Bahnen durchzogenen Gegenden liess es angezeigt erscheinen, diesen den Bedarf an Brennstoff zu entnehmen und das Holz zur Locomotivfeuerung heranzuziehen. Die Hoffnung, dauernd aus diesem stets sich erneuernden Vorrathe der Natur schöpfen zu können, erwies sich infolge des rapid fortschreitenden Lichtens der Wälder als trügerisch, so dass mit dem Versiegen dieser Quellen neuerdings die Kohlenlager für Locomotiv-Feuerungszwecke in Anspruch genommen werden mussten, nur waren es diesmal bereits Rohproducte, die den Ersatz für das Holz zu liefern hatten.

Die Erschliessung neuer Kohlenreviere und deren Einbeziehung in das sich erweiternde Bahnnetz ermöglichte, der erhöhten Nachfrage ein durch intensivere Kohlenproduction ermässigtes Angebot gegenüberzuhalten und den Bahnen ihren Bedarf an Grubenerzeugnissen für Betriebszwecke in öconomischer Weise zu decken. Durch den steigenden Ertrag der Kohlengruben angeregt, schritten einzelne Bahnverwaltungen sogar an den Erwerb solcher, um sich, abgesehen von allfällig damit verbundenen kaufmännischen Interessen, die für Regiezwecke benöthigten Kohlenmengen durch Abbau im Eigenen wohlfeiler zu beschaffen, so die Nordbahn im Ostrauer, die Staatsbahn im Kladnoer, Teplitzer und Banater Reviere etc.

Seit Mitte der Sechziger-Jahre geschieht die Dotirung der Brennstoff-Dépôts für Locomotiv-Feuerungszwecke nahezu ausschliesslich mit Kohle. Dem Holze blieb, von wenigen Ausnahmen

*) Vgl. Bd. I, 1. Theil, H. Strach, Die ersten Privatbahnen, Seite 152 und 160.

Geschichte der Eisenbahnen. II.

abgesehen, nur seine Verwendung als Anheizmaterial, und da sind es vorwiegend Prügelholz und Abfälle, wie Säumlinge, Latten etc., welche für die Locomotiven zur Verausgabung gelangen. Selbst dort, wo ausreichender Waldbestand die Benützung von Holz zur Streckenfeuerung noch rationell erscheinen lässt, wie dies auf neueren, zumeist abseits liegende Gegenden erschliessenden Bahnen auch heute noch der Fall ist, kann der Uebergang zur Kohlenfeuerung nur eine Frage der Zeit sein.

An den Zugförderungsdienst trat die Aufgabe heran, den Werth der einzelnen Kohlengattungen in Bezug auf Dampfproduction und sonstiges Verhalten beim Locomotivbetriebe festzustellen, die richtige Auswahl der Bezugsquellen

Abb. 500. Locomotive bei der Ausrüstung.

zu treffen und die Dotirung der Dépôts zu regeln. Mit der Ausbreitung des Bahnnetzes, der Eröffnung neuer Transportwege wurde der ursprüngliche Bannkreis der einzelnen Kohlenreviere gebrochen, die Einbeziehung selbst entlegenerer Gruben in die Calculation über die Kohlenbedeckung ermöglicht und damit ein weites Feld für die Bethätigung der Oeconomie geschaffen.

Sehr bald gewann man die Ueberzeugung, dass letztere nur unter Mitwirkung des Locomotiv-Personales zu erzielen ist. Die Bahnen waren deshalb auch darauf bedacht, letzteres in der rationellen Beschickung der Feuerfläche eingehend zu schulen, während der Dienstleistung genau zu überwachen sowie dasselbe in richtiger Erkenntnis der Sachlage auch persönlich an dem Erfolge zu interessiren. Zu Beginn der Vierziger-Jahre suchte man dies durch eigene Brennstoff-Remunerationen für wirthschaftliches Gebaren zu erreichen, ein Weg, der dem Verdienste nicht immer

40

den ihm zukommenden Lohn brachte. Dies war Veranlassung, dass man zu Anfang der Fünfziger-Jahre behufs gleichmässigerer Entlohnung für bethätigte Wirthschaftlichkeit Ersparnis-Prämien einführte, welche Massnahme ein ganz auffallend günstiges Ergebnis aufzuweisen hatte, das in einem bedeutend geringeren Brennstoff-Verbrauche klar zum Ausdrucke kam. Ein Theil des damals erzielten Erfolges muss wohl dem Umstande zugeschrieben werden, dass die Locomotiven zu dieser Zeit für veränderliche Expansion eingerichtet wurden, womit gleichsam ein Wendepunkt im Locomotivbetriebe eintrat.

Weitere Fortschritte in der Kohlenöconomie wurden durch die zu Anfang der Sechziger-Jahre beginnende Verwendung qualitativ minder hoch stehender Kohlensorten erzielt. Entsprechende Schulung ermöglichte den Uebergang von Stück- auf Klein-, Förder- und schliesslich sogar auf Staubkohlenfeuerung, ohne dass die Zugsleistung oder Fahrweise eine Einbusse erfuhr. Der Umstand, dass die Locomotiven mit minderwerthigem, ja sogar mit Abraummaterial beschickt werden können, die werthvolleren Kohlensorten infolgedessen für die Industrie frei bleiben, bildet eine nicht zu unterschätzende Errungenschaft in volkswirthschaftlicher Hinsicht, die herbeigeführt zu haben, der Zugförderungsdienst zum grössten Theile als sein Verdienst in Anspruch nehmen kann.

In constructiver Hinsicht sind es vornehmlich die rationellere Anordnung der Roste, verbunden mit einer besseren Luftzufuhr, allfällig auch die die Verbrennung des Feuerungsmaterials begünstigenden Einbauten in den Feuerkästen sowie auch die Blasrohr-Vorrichtungen, die obigen Erfolg hervorbringen halfen. Dazu kommen seit dem letzten Decennium auch noch die auf eine weitere Ausnützung des Dampfes hinzielenden Compoundsysteme, die von Jahr zu Jahr mehr Anhänger aufzuweisen haben.

In neuester Zeit beschäftigt man sich auf diesem Gebiete auch mit dem Problem der Rauchverzehrung oder Rauchvermeidung.*)

*) Vgl. Bd II, K Golsdorf, Locomotivbau, Seite 416 und ff.

Ausser den bereits genannten wurden vereinzelt auch noch andere Brennmaterialien zur Locomotivfeuerung herangezogen, so Torf und in neuester Zeit auch Petroleum, welch letzteres wohl nur als Raffinat-Rückstand zur Verwendung gelangt, seines verhältnismässig hohen Brennwerthes aber mit Erfolg obigem Zwecke zugeführt werden kann. Die Liste der Brennmaterialien vervollständigen die Briquettes mit ihren verschiedenen Formen und Bindemitteln, denen stets neue zuwachsen.

Die Einbusse an Heizwerth, welche die anfänglich verwendete Coke durch Nässe erleidet, war Veranlassung, dass die Bahnen der ersten Bauperiode darauf Bedacht nehmen mussten, gedeckte Räume für dieses Brennmaterial zu beschaffen. Die aus dieser Zeit herrührenden Materialschupfen, der damaligen Bauart entsprechend, zumeist aus solidem Mauerwerk aufgeführt, erwiesen sich auch während der Periode der Holzfeuerung als zweckmässig, da auch dies Material, gleich dem hie und da zur Locomotiv-Feuerung herangezogenen Torfe, behufs entsprechender Dampfproduction möglichst lufttrocken zur Verwendung kommen soll. Auch der später benützten Braunkohle kamen diese Materialschupfen gelegen, weil sie ihr Schutz gegen Verwitterung boten; erst die Steinkohle konnte bei ihrer grösseren Beständigkeit gegen die Einflüsse von Luft und Feuchtigkeit auf eine Unterbringung in gedeckten Räumen verzichten, die kostspielige Erhaltung solcher Schupfen entbehrlich machen. Heute wird die Kohle zumeist nur mehr in loser Schüttung auf entsprechend vorgerichtete, besten Falles abgepflasterte Dépôtplätze gelagert, die zwecks besserer Ausnützung des Raumes mit Bordwänden versehen werden. Die Aufführung von Schupfen unterbleibt dermalen nahezu gänzlich und wird grösseren Heizwerth-Verlusten beim Locomotiv-Feuerungsmateriale durch eine entsprechende geregelte Verausgabung des Brennstoffes und zeitgemässe Vorrathsansammlung vorzubeugen getrachtet. Anders verhält es sich mit dem in Barrels eingelieferten Petroleum, das die Aufbewahrung in geschlossenen Räumen nicht entbehren kann.

Die Verladung des Brenn-materials auf die Tender erfuhr im Laufe der Jahre keine nennenswerthen Aenderungen und geschieht heute zumeist ganz in derselben Weise wie ehedem; das Holz wird durch Handreichung, die Kohle mittels Körben theils direct vom Dépôtplatz, theils von Ladebühnen nach dem Kohlenraume des Tenders gebracht, darunter befindlichen Locomotiven zu bewirken haben.

In den ersten Zeiten des Bahnbetriebes oblag das Schmieren der bewegten Lo-comotiv-Bestandtheile nur zum Theile dem Locomotiv-Personale, da die Locomotiv- und Tenderachslager der Obsorge der mit den Zügen fahrenden Wagenschmierer überantwortet waren; letztere ging erst

Abb. 500. Locomotiv-Drehscheibe auf dem Wiener Nordwestbahnhofe.

es sei denn, dass zu Zeiten regerer Abfas-sung eine directe Verladung der Kohle vom Wagen nach dem Tender vorgezogen wird.

Eine Aenderung ist nur bezüglich der Ladebühnen insoferne eingetreten, dass an Stelle der früher fixen Laderampen mit Untermauerung, der besseren Raum-ausnützung wegen, in späterer Zeit fast ausnahmslos mobile Ladebühnen zur Aufstellung gelangten.

Moderne Anlagen für Kohlenverladung kommen auf den österreichischen Bahnen nur ganz vereinzelt vor; dieselben be-stehen durchwegs aus Kipp - Caissons, die, von Hand stellbar, das Füllen der mit der Auflassung der ambulanten Wagenschmierung an das Locomotiv-Personale über.

Als Schmiermateriale gelangte ur-sprünglich für die Bestandtheile des Triebwerkes nur reines Olivenöl zur Ver-wendung, den unter Dampf arbeitenden Theilen wurde meistentheils aber Unschlitt zugeführt, während die Locomotiv- und Tenderachslager gleich jenen der Wagen consistente Wagenschmiere erhielten. Zu Ende der Sechziger-Jahre erwuchs dem Olivenöl in dem durch ein entsprechendes Entschleimungs- und Entsäuerungs-Ver-fahren für Schmierzwecke verwendbar ge-

40*

wordenen Rüböle ein ernster Concurrent, der in nicht langer Zeit das Olivenöl und im Weiteren auch die Wagenschmiere nach gelungener Abdichtung der Lager zu verdrängen vermochte. In der Folge eingeleitete Versuche, Mineralöle zur Locomotivschmierung heranzuziehen, scheiterten stets an dem ungenügenden Fettgehalt und der grossen Dünnflüssigkeit des damals erzeugten Materials, so dass das Rüböl viele Jahre hindurch seinen Platz behaupten konnte. Erst zu Beginn der Siebziger-Jahre gelang es der Mineralöl-Industrie, ein widerstandsfähigeres und schwereres Product in den Handel zu bringen, dessen Erprobung beim Bahnbetrieb ein günstiges Ergebnis lieferte. Die später ausgedehntere Verwendung des Mineralöles endete schliesslich in der allgemeinen Einführung dieses Mittels bei der Locomotivschmierung, zumal diesem, ausser dem öconomischen Moment, auch in chemischer Hinsicht eine günstigere Einwirkung nachgewiesen wurde.

In quantitativer Beziehung suchte man durch Verbesserungen an den Schmiervorrichtungen Erfolge zu erzielen; rationellere Ausgestaltung der Lagergehäuse, bessere Anordnung der Schmierbehälter, insbesondere an den bewegten Locomotivtheilen und Anbringung entsprechender Einspritzvorrichtungen mit handlichem, später sogar selbstthätigem Antriebe für die unter Dampf arbeitenden Theile bezeichnen die Richtungen, nach welchen sich die einschlägigen Studien und Versuche bewegten. Auch der Auswahl des Materials der Gleitflächen wurde die nöthige Aufmerksamkeit zugewendet und solcher Art alle auf den Schmiermaterial-Verbrauch Einfluss nehmenden Umstände in den Kreis der Erwägung gezogen, um ein möglichst öconomisches Ergebnis zu erzielen. Dem bewährten Grundsatze folgend, dass an der Erreichung des letzteren auch das Locomotiv-Personale sich betheiligen muss, schritt man zu Ende der Siebziger-Jahre auch hier an die Einführung einer Prämie für Ersparnisse, die jedoch niemals jene Grenze überschreiten dürfen, wo ein Mehr die Gefahr vorzeitiger Abnützung der bewegten Theile oder gar deren Warmlaufen zur Folge hat.

Die ganze Bauart der Locomotive deutet darauf hin, dass diese, soweit thunlich, mit dem Rauchfang nach vorne zur Verwendung kommen soll; die ersten Bahnen waren demnach auch schon bestrebt, für Anlagen vorzusorgen, welche das Ausdrehen der von der Strecke einlaufenden Locomotiven für die neue Fahrtrichtung ermöglichen sollten. Als solche gelangten anfänglich mit kreisförmiger Bedielung versehene Drehscheiben geeigneten Ortes zur Aufstellung, deren Bewegung mittels Zahnradübersetzung und eines für Handbedienung eingerichteten Kurbelantriebes erfolgte. Mit Durchmessern von etwa 8—10 m ausgeführt, erwiesen sich diese Drehscheiben dem Radstande der neueren Locomotiven gegenüber nur zu bald als unzulänglich; das getrennte Umdrehen von Locomotiven und Tendern half wohl darüber hinweg, trotzdem musste der Umtausch dieser älteren Drehscheiben gegen grössere ernstlich in Erwägung gezogen werden, weil die Umstände und der Zeitaufwand, welche mit dem Abkuppeln, zur Seite schieben und Wiederankuppeln der Tender verbunden sind, mit einem geregelten Betriebe nicht in Einklang zu bringen waren. Dabei war das Bestreben aber nicht allein nach grösseren Drehscheiben, sondern auch nach leichter zu handhabenden, weniger Kraftaufwand benöthigenden gerichtet, welchen Anforderungen erst die um das Jahr 1875 eingeführten sogenannten Balancierdrehscheiben in ausreichendem Masse gerecht zu werden vermochten und deshalb auch rasch Verbreitung fanden.

Ab und zu wurde auch auf den heimatlichen Bahnen der Versuch gemacht, den Stationen eine derartige Geleiseanlage zu geben, dass das Umdrehen der Locomotiven in die neue Fahrtrichtung ohne Drehscheibe ermöglicht werde; doch waren die Anlagekosten und nicht minder auch die Betriebskosten dieser Drehcurven solche, dass man selbst im Falle entsprechender, örtlicher Vorbedingungen, dennoch lieber an den Bau von Drehscheiben schritt.

Ausser dem Ausrüsten und Umdrehen erfordert die neuerliche Indienststellung

Abb. 401. Heizhausanlage (gerade) auf dem Wiener Central-Bahnhofe der Staatseisenbahn-Gesellschaft.
[Nach einer Original-Aufnahme von A. Stempf.]

der Locomotiven, dass dieselben auch entsprechend gereinigt und gewartet werden, welche Arbeiten am zweckmässigsten in den für die folgende Remisirung der Locomotiven bestimmten H e i z-h ä u s e r n vorzunehmen sind.

Ursprünglich aus schwerem Steinbau ausgeführt, weisen diese Heizhäuser zwei Grundformen auf, die älteren g e r a d e und die späteren r o t u n d e n - [Abb. 401 und 402] oder s e g m e n t f ö r m i g e. Der Einfluss des Zugförderungsdienstes hatte sich vorwiegend dahin zu erstrecken, dass diese Heizhäuser jene Ausgestaltung erfuhren, die eine ungehinderte Locomotiv-Circulation ermöglichte. Insbesondere war letzterer das übliche Verhältnis der Breiten- und Längendimensionen hinderlich; so litten die geraden Heizhäuser, nach älterer Type selten mehr als zwei, nach älterer Type aber möglichst lange Geleise umfassend, an dem Uebelstande, dass die Verschiebungen innerhalb derselben sehr behindert waren. Demzufolge mussten die neueren Heizhäuser kürzer und breiter, mehr Geleise überdeckend, ausgeführt werden, was naturgemäss die Anwendung grösserer Spannweiten und das Höherstellen der Dachconstruction im Gefolge hatte; durch reichlichere Verglasung und Anbringung von Rauchabzugsschloten wurde für entsprechende Lichtzufuhr und ausreichende Ventilation gesorgt und solcherart Innenräume geschaffen, die von den früheren tunnelartigen Gängen weit verschieden sind.

Die Rotunden-Heizhäuser waren in ihren ersten Ausführungen durch mächtige Zwischenmauern in die einzelnen Segmente geschieden und boten deshalb nicht jene Raumausnützung, die dieser

Type zum Vortheile gereicht, so dass sie anfänglich nur eine geringe Verbreitung fanden. Erst als man an die Weglassung der Zwischenmauern schritt, fand diese Type mehr Anklang; auch sie erhielt im Laufe der Zeit jene Ausgestaltung in Bezug auf Lichtzufuhr und Ventilation, die den geraden Heizhäusern zutheil wurde, um sie in entsprechende Arbeitsräume umzuwandeln. [Abb. 403.]

Die in früherer Zeit versuchte Ausführung c o m b i n i r t e r Heizhäuser gerader und rotundenartiger Type wurde des Umstandes wegen, dass derlei Bauten wohl die Nachtheile nicht aber auch die Vortheile der einzelnen Typen anhaften, wieder fallen gelassen und dafür die Anordnung so getroffen, dass die Heizhäuser dort, wo beide Typen an einem Orte erforderlich werden, wenigstens räumlich getrennt zum Baue gelangen.

Anfänglich nur für die Remisirung der Locomotiven bestimmt, haben die Heizhäuser mit der Zeit jene Einrichtungen erhalten, die für den anstandslosen Betrieb erforderlich sind. Mit den nöthigen Hilfsmitteln werkstättlicher Natur, Arbeitscanälen, Hydranten, allenfalls Hebe- und Versenkvorrichtungen und Abwageplateaux ausgerüstet, ermöglichen sie die Untersuchung und Wartung der Betriebs-Locomotiven sowie die Ausführung laufender Instandhaltungs-Arbeiten in jener rationellen Weise, die vom Standpunkte der Betriebssicherheit und Oeconomie beansprucht werden muss.

Bei hintereinander angeordneten Heizhäusern gelangten mit der Zeit maschinelle Vorrichtungen zur Ausführung, welche das directe Ueberstellen der Locomotiven von einem Standgeleise nach einem anderen, seitlich gelegenen ermöglichen sollten. Die ersten derlei S c h i e b e b ü h n e n waren für Handbetrieb eingerichtet, der, wie bei allen anderen grösseren Anlagen, mit der Zeit dem Dampfbetriebe weichen musste, welch letzterer dann im Weiteren zur Anbringung des Seilbetriebes führte, um auch das Ueberstellen kalter Locomotiven zu ermöglichen.

Das R e i n i g e n der Locomotiven, soweit es sich um das Entfernen der Brennstoff-Rückstände handelt, wurde einst wie jetzt über eigens hiefür bestimmten P u t z g r u b e n vorgenommen, die, in gelegener Stelle eingebaut, im weiteren Verlaufe auch mit Deckvorrichtungen, unter Anderem sogar mechanischer Natur versehen, die Ablagerungen temporär aufzunehmen haben, nur ging man hier Kosten halber auch daran, wohlfeilere, dem Zwecke aber noch voll entsprechende Bauherstellungen, wie P u t z m u l d e n, zur Ausführung zu bringen. Was das eigentliche Reinigen der Locomotiven anbelangt, so wurde dasselbe von Anfang an als eines der Erfordernisse für den ordnungsmässigen Betrieb erkannt, nicht so sehr wegen des äusseren Aussehens der Locomotiven, als vielmehr darum, weil dadurch erst die unumgänglich nöthige Untersuchung der dem Verschleisse und der Abnützung unterliegenden Theile ermöglicht wird. Dies ist auch der Grund, dass in Bezug auf die Reinigungsarbeit als solche im Laufe der Zeit keine nennenswerthe Aenderung eingetreten ist; dagegen wurde selbstverständlich von den neueren Erzeugnissen an Putzmateriale und den sonstigen Fortschritten der Industrie auf diesem Gebiete stets entsprechender Gebrauch gemacht.

Was das Vorrichten der Locomotiven für die neuerliche Indienststellung anbelangt, so war diese zu Anfang ausschliesslich den Locomotivführern überlassen, deren Pflicht es war und auch heute noch ist, die ihnen zugewiesenen Locomotiven v o r und n a c h jeder Dienstleistung eingehend zu untersuchen, um allfälligem Schadhaftwerden einzelner Bestandtheile rechtzeitig vorbeugen zu können. Zu Beginn der Siebziger-Jahre ging diese Verpflichtung zur Unter-

suchung der Locomotiven und Tender auch auf die Heizhausleitungen über, indem diese verhalten wurden, die dem Verschleisse unterliegenden Bestandtheile dieser Fahrbetriebsmittel periodisch einer Revision zu unterziehen. Diese Anordnung besteht bis auf den heutigen Tag, wo derselben eine eminente Bedeutung beigelegt wird, voll in Kraft.

Für die Revision der Locomotivkessel und deren Armirung enthielt schon die Verordnung über Anlage und Benützung der Dampfkessel vom Jahre 1845 die Bestimmung, dass die ersteren, gleich den stabilen, periodisch einer Druckprobe mit zweifachem Drucke zu unterziehen seien. Dieser Probedruck wurde später im Gesetzeswege etwa auf den eineinhalbfachen reducirt, gleichzeitig aber die Verfügung getroffen, dass die Kessel in wiederkehrenden Zeiträumen einer eingehenden Besichtigung und Untersuchung von aussen und innen unterzogen werden müssen, welch letztere Massnahme, wie die Erfahrung lehrt, in Bezug auf Betriebssicherheit vom besten Erfolge begleitet ist.

Von Wichtigkeit für den Betrieb und die Erhaltung der Kessel ist aber auch deren Reinigung von Schlamm und Kesselsteinablagerungen. Anfänglich legte man diesem Umstande nicht die ihm gebührende Bedeutung bei, bis eine Reihe von Betriebsanständen diesfalls gebieterisch Abhilfe erheischte. Nun erst ging man daran, das im Betriebe unrein gewordene Wasser öfter aus dem Kessel abzulassen; doch erwies sich dies allein als unzureichend, weshalb man sich an ein gründliches A u s w a s c h e n der Kessel unter allenfalls mechanischer Nachhilfe zu schreiten gezwungen sah. Die folgenden Jahre brachten eine ganze Reihe der verschiedenartigsten A n t i - k e s s e l s t e i n - M i t t e l, wie Graphit, Zinkstreifen, Sägespäne, Kleien, Soda etc. in den Betrieb, von denen manche jedoch an sich allein schon eine Verunreinigung der Kessel bedeuteten. Erst als die Einwirkung der einzelnen Zusätze durch präcise chemische Analysen festgestellt war, konnte unter den angebotenen Gegenmitteln eine den örtlichen Verhältnissen Rechnung tragende Auswahl getroffen und so mit mehr Erfolg der schädlichen Kesselsteinbildung entgegen gearbeitet werden.

Die eminenten Vortheile, welche der rechtzeitigen Vornahme laufender Erhaltungsarbeiten innewohnen, lagen zu sehr am Tage, als dass nicht von allem Anfange an diesen die vollste Aufmerksamkeit zugewendet worden wäre; die späteren Generationen hatten dem diesfalls gegebenen Beispiele nur zu folgen, um dem Gebote der Betriebssicherheit in dieser Hinsicht Genüge zu leisten,

hältnissen angemessenen Ausrüstung an die Locomotiven war eine bemerkenswerthe Besserung gegen den früheren Bestand, wo jeder Locomotivführer das ihm handlich erscheinende Werkzeug mit sich führte, eingetreten, weil damit die Mittel gegeben waren, die erforderlichen Nacharbeiten rationell bewirken und bei Unfällen besser ausgerüstet an die erste Hilfeleistung schreiten zu können; mit der später erfolgten Dotirung der Heizhausleitungen mit gehörig ausgerüsteten Hilfswagen wurden die Vor-

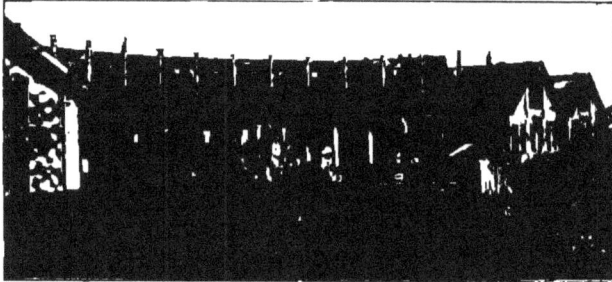

Abb. 407. Heizhausanlage (rotundenförmige) auf dem Franz Josef-Bahnhofe in Wien.
[Nach einer Original-Aufnahme von A. Stelopf.]

wobei ihnen die Arbeiten in nicht unwesentlichem Masse durch die seither eingetretene Vervollkommnung der Hilfsmittel erleichtert wurden.

Trotz weitgehender Vorsorge in dieser Richtung ist es bis heute nicht gelungen, das Dienstuntauglichwerden einzelner Locomotiven, Tender oder Wagen während des Betriebes aus der Welt zu schaffen, denn derlei Störungen im Zugsverkehre kommen leider immer wieder vor. Durch die seinerzeit erfolgte Aufstellung eigener Bereitschafts-Locomotiven erfuhren diese Störungen in ihrer Dauer wenigstens eine Beschränkung, zumal in der Folge sogar bestimmte Hilfsrayons geschaffen wurden, innerhalb welcher die Bereitschafts-Locomotiven zur Verwendung zu kommen haben, womit die Hilfeleistung erst eine entsprechende Organisation erhielt.

Auch mit der Zuweisung einer den Ver-

kehrungen für die Durchführung allfälliger Bewältigungs-Arbeiten ganz bedeutend vervollkommt und dadurch die Möglichkeit geboten, das Rettungsmateriale in unverhältnismässig kürzerer Zeit nach der Unfallsstelle zu bringen; hiezu ist auch das Sanitätsmateriale zu rechnen, das einzelne der Bahnen in eigens hiefür gebauten Sanitätswagen gelegentlich eingetretener Verletzungen von Menschen an den Bestimmungsort zu stellen in der Lage sind.

Zu den Agenden des Zugförderungsdienstes gehört auch der Wagenaufsichtsdienst, die Erhaltung und Wartung der Wagen während des Betriebes.

Insolange die letzteren nur im Binnenverkehre der Eigenthumsbahn verwendet wurden, wie dies in den ersteren Zeiten des Bahnbetriebes der Fall war, wurde dieser Dienst in seinem damals mässigen

Umfange durch die Wagenmeister der betreffenden Betriebssectionen versehen; diese Organe erlangten durch persönliche Ueberwachung und durch die Meldungen der den Zügen beigegebenen Wagenschmierer Kenntnis über den Zustand und Gang der ihrer Obsorge anvertrauten Wagen und wurden so in die Lage gesetzt, die reparaturbedürftigen den zuständigen Werkstätten überweisen zu können.

Mit der Vermehrung des rollenden Materials, erwies sich dies als unzureichend, zumal die fortschreitende Abnützung eine öftere Untersuchung der Wagen auf ihren betriebsfähigen Zustand während ihrer Benützung erforderlich machte. Dies bedingte die Heranziehung eines geschulten und professionsmässig ausgebildeten Personales, weil die dem gewöhnlichen Arbeiterstande entnommenen Wagenschmierer doch nicht genügend fachliche Kenntnisse besassen, um den Anforderungen in dieser Beziehung entsprechen zu können. Infolgedessen wurden zu Ende der Sechziger-Jahre bereits geschulte Schlosser in Stationen mit grösserem Wageneinlauf und an den Bahngrenzen aufgestellt, die unter Oberaufsicht der Wagenmeister die einlaufenden Wagen auf ihren Betriebszustand zu untersuchen hatten. Diese Revision wurde mit der Zeit auch auf die transitirenden Züge ausgedehnt und so durch die damit verbundene Aufstellung eigener Revisionsschlosser-Particen, eine Organisation dieses Dienstes geschaffen, die bis heute in Kraft besteht. Erst in neuester Zeit kehrt man theilweise wieder zu der ursprünglichen Gepflogenheit zurück, die Untersuchung der in Schnellzüge eingereihten Wagen durch beim Zuge befindliche Organe vornehmen zu lassen, nur müssen diese im Wagenrevisions-Dienste erfahrene Schlosser sein.

Ausser dieser laufenden Untersuchung sind die Wagen von Zeit zu Zeit auch einer eingehenderen — sogenannten periodischen Revision — zu unterziehen, für deren Vornahme der vom Wagen zurückgelegte Weg massgebend ist, für jene Wagen, welche diese Grenze in absehbarer Zeit nicht erreichen, ist in späterer Zeit ein bestimmter Zeitraum vorgeschrieben worden, nach dessen Ablauf diese

Wagen an die Werkstätte behufs Durchführung der einschlägigen Arbeiten zu überweisen sind.

Der Anschluss an Nachbarbahnen brachte es mit sich, dass Wagen behufs Vermeidung von Umladungen in gegenseitigen Wechselverkehr gelangten, was in der Folge zu bindenden Vereinbarungen zwischen den betheiligten Bahnen bezüglich des gegenseitigen Wagenüberganges führte. Aus diesen fallweise, zumeist dem Uebereinkommen des norddeutschen Eisenbahn-Verbandes für directe Abfertigung der Güter nachgebildeten Vereinbarungen entstand zu Beginn der Siebziger-Jahre eine gemeinsame Dienstvorschrift über gegenseitige Wagenbenützung für den Bereich der österreichisch-ungarischen Eisenbahn-Verwaltungen, die abweichend von den früheren Vereinbarungen bereits Bestimmungen über die Behandlung beschädigter Wagen und deren Wiederherstellung enthielt.

Im Jahre 1873 wurde obige Dienstvorschrift durch das geänderte Regulativ des Vereines der deutschen Eisenbahn-Verwaltungen für die gegenseitige Wagenbenützung ersetzt, nachdem dieses durch Aufnahme der Bestimmungen für die Zurückweisung von Wagen wegen specificirter Mängel und für das Meldeverfahren eine Fassung erhalten hatte, die dem Standpunkte der österreichischen und ungarischen Bahnen Rechnung trug.

Die grundlegenden Bestimmungen dieses Regulativs, dass nur Wagen in vollkommen brauchbarem, die Sicherheit des Verkehres in keiner Weise gefährdendem Zustande erst nach gehöriger Untersuchung zum Uebergange von Bahn zu Bahn zuzulassen sind und für Verluste und Beschädigungen an fremden Wagen in der Regel die benützende Bahn verantwortlich ist, Schäden aber bis zu einer bestimmten Höhe ohne Ersatz bleiben, bestehen bis heute in Kraft, nur fanden die diesfälligen Bestimmungen dieses Wagen-Uebereinkommens insoferne eine Weiterung im Laufe der Zeit, dass auch die Beladung offener Wagen, die Desinfection, das Schmieren der Wagen und dergleichen mehr in den Complex der Normen Aufnahme gefunden haben.

Das umfassende Gebiet dieses Wagen-Uebereinkommens lässt darauf schliessen, welche Aufgabe den mit der Untersuchung der Wagen betrauten Zugförderungs-Organen aus dem Uebergange der letzteren von Bahn zu Bahn erwuchs; dieselbe erfordert ein wohlgeschultes und verlässliches Personale in den Grenzstationen, das über die massgebenden Bestimmungen und über die Wagentypen der Bahnen genau informirt sein muss.

Was die Wagenschmierung anbelangt, besassen die ersten Fahrbetriebsmittel der mit Locomotivkraft betriebenen Eisenbahnen Oesterreichs gleich ihren englischen und deutschen Vorbildern ausschliesslich Achslager für steife Schmieren, welch letztere aus einem Gemenge von Unschlitt mit anderen animalischen oder vegetabilischen Fettstoffen bestanden. Ein durch das Lager reichender Schlitz hatte die Schmiere aus dem oberhalb befindlichen Behälter den Achsschenkeln zuzuführen.

Der missliche Umstand, dass der Zulauf der Schmiere erst dann eintrat, wenn dieselbe infolge Erwärmung des Lagers durch Reibung die nöthige Consistenz erhalten hatte, war, abgesehen von der bedeutenden Inanspruchnahme der Zugkraft, eine stete Quelle für Betriebsstörungen, und, gleich der schwierigen Erzeugung einer ordentlichen Schmiere, Veranlassung, dass die Bahnen auf eine entsprechendere Ausgestaltung der Achsbüchsen Bedacht nahmen. Aus der langen Reihe der diesfälligen Versuche kann geschlossen werden, dass die damals massgebenden

Kreise dieser Aufgabe intensivste Aufmerksamkeit zuwendeten, bis endlich die angestrebte Lösung gefunden wurde.[*] Diese bestand in einem gut abdichtenden Lagergehäuse mit Wollstopfung, beziehungsweise Schmierpolster und Nachfüllung von oben; damit kam aber auch die Oelschmierung zum Durchbruche, die bis auf den heutigen Tag das Feld behauptet.

Anfänglich wurde an Stelle der steifen Schmiere das an der Luft wenig veränderliche, gleichzeitig aber eine bedeutende Schmierfähigkeit aufweisende Baumöl zu Schmierzwecken verwendet, bis dieses in der Folge durch das wohlfeilere Rübschmieröl verdrängt wurde.

Zu Anfang der Siebziger-Jahre erwies sich ein aus Destillatrückständen erzeugtes Mineral-Schmieröl für die Wagenschmierung als verwendbar, dem die österreichischen Bahnen als die ersten Eingang gewährten. Seither hat die Mineralöl-Industrie ihre Producte derart concurrenzfähig zu machen gewusst, dass seit Längerem das Mineralöl nahezu ausschliesslich auch die Wagenschmierung beherrscht.

Den österreichischen Bahnen gebührt auf dem Gebiete der Wagenschmierung aber auch das weitere Verdienst, zuerst auf die Vortheile einer periodischen Schmierung der Wagen verfallen zu sein. Schon zu Ende der Sechziger-Jahre wurden die Züge der heimischen Bahnen nicht mehr, wie vordem üblich, von Wagenschmierern begleitet, die das Nachfüllen der Schmierbehälter vor und während der Fahrt zu besorgen hatten,

Abb. 493. Inneres eines Rotunden-Heizhauses.

[*] Vgl. Bd. II, J. v. Ow, Wagenbau, S. 503.

sondern die Wagen in bestimmten Stationen nachgeschmiert. Die reichlichere Dimensionirung der Oellager gestattete auf diesem Wege noch weiter zu gehen, und das Nachfüllen der Lager in bestimmten Terminen vorzunehmen — die Wagen periodisch zu schmieren — was in Bezug auf Oeconomie und Verlässlichkeit von solchem Erfolge war, dass in nicht langer Zeit auch die ausländischen Bahnen diesem Beispiele folgten.

In der letztverflossenen Epoche fällt dem Zugförderungsdienste auch noch die Beheizung der Wagen während der Kältemonate zu, dort nämlich, wo selbe mittels Dampf zu erfolgen hat.

Die Abstellung betriebsunfähig werdender Fahrzeuge an die zur Reparaturvornahme berufenen Werkstätten und die Erprobung ersterer nach bewirkter Reparatur gehören mit zu den Pflichten der Heizhausleitungen, in deren speciellem Interesse es liegen muss, den Betriebszustand der ihnen zugewiesenen Fahrbetriebsmittel in gewährleistender Weise sichergestellt zu wissen, und im Vertrauen auf diesen die Deckung der von Seite des Verkehrsdienstes angesprochenen Erfordernisse an Locomotiven und Personale vornehmen zu können.

Abgesehen von dem ursprünglich aufgestellten Grundsatze, dass die Locomotivführer bei den ihnen zugewiesenen Locomotiven ein für allemal zu verbleiben haben, wurde ein Personalwechsel während der Verwendungsdauer der Locomotiven zwischen je zwei aufeinander

folgenden Reparatur-Einstellungen immerhin als schädlich angesehen, und von der ursprünglichen Diensteintheilung nur in unvermeidlichen Fällen abgewichen. Erst gegen das Ende der Sechziger-Jahre schritten einzelne der Bahnen mangels ausreichenden Locomotivstandes gezwungen daran, die Locomotiven gewisser Dienstgruppen, vornehmlich beim Verschubdienste, doppelt, das heisst mit einander ablösendem Personale zu besetzen.

Die immer mehr zum Durchbruch kommende Tendenz, das rollende Materiale bis an die Grenze des Zulässigen auszunützen, führte in den Achtziger-Jahren dazu, einzelne Locomotiven oder Gruppen sogar mehrfach zu besetzen, um selbe unbehindert durch das Ruhebedürfnis des Personales so lange als möglich im Dienste zu erhalten, eine Massnahme, die bei günstigen Vorbedingungen von bestem Erfolge begleitet ist.

Nebst all den vorerwähnten, den Zugförderungsdienst so ziemlich umfassenden Agenden, obliegt letzterem Dienstzweige auch noch die technische Ueberwachung, zum Theile auch die Betriebsführung der meisten anderen maschinellen Bahnanlagen, speciell solcher, deren Instandhaltung eine umfassendere technische Ausbildung erfordert; letzterer ist es auch zu danken, dass der Zugförderungsdienst auf jene Höhe gebracht wurde, deren wir uns heute erfreuen, und die zu erhalten und weiter auszubauen, den Zugförderungs-Organen zur Pflicht erwächst.

INHALT

des II. Bandes.

www.ingramcontent.com/pod-product-compliance
Lightning Source LLC
Chambersburg PA
CBHW020852210326
41598CB00018B/1637